“十四五”国家重点出版物出版规划项目·重大出版工程

—— 中国学科及前沿领域2035发展战略丛书

学术引领系列

国家科学思想库

中国合成科学 2035发展战略

“中国学科及前沿领域发展战略研究（2021—2035）”项目组

科学出版社

北　京

内 容 简 介

合成科学是目标导向的创造物质的科学，在当前形势下呈现出许多新的特点，也面临许多新的挑战。《中国合成科学 2035 发展战略》主要从生物学促进的化学合成和化学促进的生物合成两个方面入手，研究和分析合成科学的历史、现状、挑战、机遇与趋势；指出需要通过化学与生物学的深度交叉与融合，开拓跨学科前沿交叉的新空间以构建合成科学的新方向。本书为我国合成科学的持续、协调、跨越发展提出了有针对性的政策建议。

本书为相关领域战略与管理专家、科技工作者、企业研发人员及高校师生提供了研究指引，为科研管理部门提供了决策参考，也是社会公众了解合成科学发展现状及趋势的重要读本。

图书在版编目（CIP）数据

中国合成科学 2035 发展战略 /“中国学科及前沿领域发展战略研究（2021—2035）”项目组编 . — 北京：科学出版社，2023.5
（中国学科及前沿领域 2035 发展战略丛书）
ISBN 978-7-03-075122-5

Ⅰ. ①中…　Ⅱ. ①中…　Ⅲ. ①合成 - 化学反应工程 - 发展战略 - 研究 - 中国　Ⅳ. ① TQ031.2

中国国家版本馆 CIP 数据核字（2023）第 040738 号

丛书策划：侯俊琳　朱萍萍
责任编辑：朱萍萍　姚培培　高　徽 / 责任校对：韩　杨
责任印制：师艳茹 / 封面设计：有道文化

科学出版社 出版
北京东黄城根北街 16 号
邮政编码：100717
http://www.sciencep.com

中国科学院印刷厂 印刷

科学出版社发行　各地新华书店经销

*

2023年5月第　一　版　开本：720×1000　1/16
2023年5月第一次印刷　印张：41 3/4
字数：642 000

定价：298.00元

（如有印装质量问题，我社负责调换）

“中国学科及前沿领域发展战略研究（2021—2035）”

联合领导小组

组　长　常　进　李静海

副组长　包信和　韩　宇

成　员　高鸿钧　张　涛　裴　钢　朱日祥　郭　雷
　　　　　杨　卫　王笃金　杨永峰　王　岩　姚玉鹏
　　　　　董国轩　杨俊林　徐岩英　于　晟　王岐东
　　　　　刘　克　刘作仪　孙瑞娟　陈拥军

联合工作组

组　长　杨永峰　姚玉鹏

成　员　范英杰　孙　粒　刘益宏　王佳佳　马　强
　　　　　马新勇　王　勇　缪　航　彭晴晴

《中国合成科学2035发展战略》

编 委 会

总　　序

党的二十大胜利召开，吹响了以中国式现代化全面推进中华民族伟大复兴的前进号角。习近平总书记强调"教育、科技、人才是全面建设社会主义现代化国家的基础性、战略性支撑"①，明确要求到2035年要建成教育强国、科技强国、人才强国。新时代新征程对科技界提出了更高的要求。当前，世界科学技术发展日新月异，不断开辟新的认知疆域，并成为带动经济社会发展的核心变量，新一轮科技革命和产业变革正处于蓄势跃迁、快速迭代的关键阶段。开展面向2035年的中国学科及前沿领域发展战略研究，紧扣国家战略需求，研判科技发展大势，擘画战略、锚定方向，找准学科发展路径与方向，找准科技创新的主攻方向和突破口，对于实现全面建成社会主义现代化"两步走"战略目标具有重要意义。

当前，应对全球性重大挑战和转变科学研究范式是当代科学的时代特征之一。为此，各国政府不断调整和完善科技创新战略与政策，强化战略科技力量部署，支持科技前沿态势研判，加强重点领域研发投入，并积极培育战略新兴产业，从而保证国际竞争实力。

擘画战略、锚定方向是抢抓科技革命先机的必然之策。当前，新一轮科技革命蓬勃兴起，科学发展呈现相互渗透和重新会聚的趋

① 习近平. 高举中国特色社会主义伟大旗帜 为全面建设社会主义现代化国家而团结奋斗——在中国共产党第二十次全国代表大会上的报告. 北京：人民出版社，2022：33.

势，在科学逐渐分化与系统持续整合的反复过程中，新的学科增长点不断产生，并且衍生出一系列新兴交叉学科和前沿领域。随着知识生产的不断积累和新兴交叉学科的相继涌现，学科体系和布局也在动态调整，构建符合知识体系逻辑结构并促进知识与应用融通的协调可持续发展的学科体系尤为重要。

擘画战略、锚定方向是我国科技事业不断取得历史性成就的成功经验。科技创新一直是党和国家治国理政的核心内容。特别是党的十八大以来，以习近平同志为核心的党中央明确了我国建成世界科技强国的"三步走"路线图，实施了《国家创新驱动发展战略纲要》，持续加强原始创新，并将着力点放在解决关键核心技术背后的科学问题上。习近平总书记深刻指出："基础研究是整个科学体系的源头。要瞄准世界科技前沿，抓住大趋势，下好'先手棋'，打好基础、储备长远，甘于坐冷板凳，勇于做栽树人、挖井人，实现前瞻性基础研究、引领性原创成果重大突破，夯实世界科技强国建设的根基。"①

作为国家在科学技术方面最高咨询机构的中国科学院（简称中科院）和国家支持基础研究主渠道的国家自然科学基金委员会（简称自然科学基金委），在夯实学科基础、加强学科建设、引领科学研究发展方面担负着重要的责任。早在新中国成立初期，中科院学部即组织全国有关专家研究编制了《1956—1967年科学技术发展远景规划》。该规划的实施，实现了"两弹一星"研制等一系列重大突破，为新中国逐步形成科学技术研究体系奠定了基础。自然科学基金委自成立以来，通过学科发展战略研究，服务于科学基金的资助与管理，不断夯实国家知识基础，增进基础研究面向国家需求的能力。2009年，自然科学基金委和中科院联合启动了"2011—2020年中国学科发展

① 习近平. 努力成为世界主要科学中心和创新高地 [EB/OL]. (2021-03-15). http://www.qstheory.cn/dukan/qs/2021-03/15/c_1127209130.htm[2022-03-22].

战略研究”。2012 年，双方形成联合开展学科发展战略研究的常态化机制，持续研判科技发展态势，为我国科技创新领域的方向选择提供科学思想、路径选择和跨越的蓝图。

联合开展“中国学科及前沿领域发展战略研究（2021—2035）”，是中科院和自然科学基金委落实新时代“两步走”战略的具体实践。我们面向 2035 年国家发展目标，结合科技发展新特征，进行了系统设计，从三个方面组织研究工作：一是总论研究，对面向 2035 年的中国学科及前沿领域发展进行了概括和论述，内容包括学科的历史演进及其发展的驱动力、前沿领域的发展特征及其与社会的关联、学科与前沿领域的区别和联系、世界科学发展的整体态势，并汇总了各个学科及前沿领域的发展趋势、关键科学问题和重点方向；二是自然科学基础学科研究，主要针对科学基金资助体系中的重点学科开展战略研究，内容包括学科的科学意义与战略价值、发展规律与研究特点、发展现状与发展态势、发展思路与发展方向、资助机制与政策建议等；三是前沿领域研究，针对尚未形成学科规模、不具备明确学科属性的前沿交叉、新兴和关键核心技术领域开展战略研究，内容包括相关领域的战略价值、关键科学问题与核心技术问题、我国在相关领域的研究基础与条件、我国在相关领域的发展思路与政策建议等。

三年多来，400 多位院士、3000 多位专家，围绕总论、数学等 18 个学科和量子物质与应用等 19 个前沿领域问题，坚持突出前瞻布局、补齐发展短板、坚定创新自信、统筹分工协作的原则，开展了深入全面的战略研究工作，取得了一批重要成果，也形成了共识性结论。一是国家战略需求和技术要素成为当前学科及前沿领域发展的主要驱动力之一。有组织的科学研究及源于技术的广泛带动效应，实质化地推动了学科前沿的演进，夯实了科技发展的基础，促进了人才的培养，并衍生出更多新的学科生长点。二是学科及前沿领域的发展促进深层次交叉融通。学科及前沿领域的发展越来越呈现出多学科相互渗透的发展态势。某一类学科领域采用的研究策略和技术体系所产生的基础理论与方法论成果，可以作为共同的知识基础适用于不同学科领域的多个研究方向。三是科研范式正在经历深刻变革。解决系统性复杂问题成为当前科学发展的主要目标，导致相应的研究内容、方法和范畴等的改变，形成科学研究的多层次、多尺度、动态化的基本特征。数据驱动的科研模式有力地推动了新时代科研范式的变革。四是科学与社会的互动更加密切。发展学科及前沿领域愈加重要，与此同时，"互联网 +"正在改变科学交流生态，并且重塑了科学的边界，开放获取、开放科学、公众科学等都使得越来越多的非专业人士有机会参与到科学活动中来。

"中国学科及前沿领域发展战略研究（2021—2035）"系列成果以"中国学科及前沿领域2035发展战略丛书"的形式出版，纳入"国家科学思想库－学术引领系列"陆续出版。希望本丛书的出版，能够为科技界、产业界的专家学者和技术人员提供研究指引，为科研管理部门提供决策参考，为科学基金深化改革、"十四五"发展规划实施、国家科学政策制定提供有力支撑。

在本丛书即将付梓之际，我们衷心感谢为学科及前沿领域发展战略研究付出心血的院士专家，感谢在咨询、审读和管理支撑服务方面付出辛劳的同志，感谢参与项目组织和管理工作的中科院学部的丁仲礼、秦大河、王恩哥、朱道本、陈宜瑜、傅伯杰、李树深、李婷、苏荣辉、石兵、李鹏飞、钱莹洁、薛淮、冯霞，自然科学基金委的王长锐、韩智勇、邹立尧、冯雪莲、黎明、张兆田、杨列勋、高阵雨。学科及前沿领域发展战略研究是一项长期、系统的工作，对学科及前沿领域发展趋势的研判，对关键科学问题的凝练，对发展思路及方向的把握，对战略布局的谋划等，都需要一个不断深化、积累、完善的过程。我们由衷地希望更多院士专家参与到未来的学科及前沿领域发展战略研究中来，汇聚专家智慧，不断提升凝练科学问题的能力，为推动科研范式变革，促进基础研究高质量发展，把科技的命脉牢牢掌握在自己手中，服务支撑我国高水平科技自立自强和建设世界科技强国夯实根基做出更大贡献。

“中国学科及前沿领域发展战略研究（2021—2035）”
联合领导小组
2023 年 3 月

前　言

合成科学是目标导向的创造物质的科学，最显著的特点在于其强大的创造力：不仅可以制造出自然界业已存在的物质，而且可以创造出具有理想性质和功能的、自然界中不存在的新物质。合成科学包含合成化学和合成生物学两个既相互独立又密切关联的领域。中国科学院学部化学部的周其林院士在2016年牵头完成并出版了《中国学科发展战略·合成化学》，对合成化学的学科地位、学科发展水平、趋势、方向与需求进行了分析，并提出了发展建议和对策；中国科学院学部生命与医学部的赵国屏院士也正在组织一个"合成生物学发展战略研究"项目，拟在总结合成生物学的学科内涵和特点基础上，分析该领域的战略动向并提出相关规划的重点布局和政策举措，亦将出版《中国学科发展战略·合成生物学》。毫无疑问，这两个学科都是以分子创制为目标导向的合成科学，都是极其重要的，并有其各自的前沿方向。那么在这两个学科之间或者与更多领域之间，能否突破传统的学科研究范式，建立深度的科学链接，融合化学合成与生物合成各自的独特优势，拓展跨学科前沿交叉的发展新空间，构建合成科学新方向，是本战略研究希望达成的主要目标。2020年，我牵头成立了"合成科学发展战略研究（2021—2035）"研究项目组。经过两年多的深入分析、反复研讨，项目组最终完成了稿件的编写。

本书从合成化学促进的合成生物学、合成生物学促进的合成化学、三大生命物质的合成等三大板块进行了阐述，重点关注了合成化学与合成生物学的交叉特色和相互融合的特点，通过对三大板块中的15个前沿研究方向的归纳、总结和分析，从两大学科互相促进的角度展示了合成科学发展的历史、现状、趋势和挑战，强调了基于化学和生物学及其他相关学科在分子层次上的高度融合。相信随着合成化学与合成生物学的不断交叉和融合，合成科学将迎来新的巨大发展机遇。事实上，2018年和2021年的诺贝尔化学奖得主的成果中就蕴含了两者交叉与融合的结晶。

本书由刘文、李昂教授和我共同设计、组织与审定，编写工作得到超过百位的领域专家的大力支持。参与本书编写的人员包括：第一章总论，刘文、李昂、赵宝国；第二章仿生反应，贾彦兴、唐叶峰、姜雪峰、渠瑾、肖文精；第三章仿生催化，赵宝国、周永贵、叶松、罗三中、朱守非、孙伟、鲍红丽、王晓明、陈雯雯、焦继文；第四章仿生天然产物合成，洪然、雷晓光、樊春安、刘波；第五章对酶进行人工改造的定向进化，周佳海、朱敦明、吴边、李爱涛、郑高伟、古阳；第六章酶催化反应驱动的活性分子合成，项征、郁惠蕾、周强辉、罗小舟；第七章生物合成化学——新酶学机制与途径解析，陈义华、徐正仁、潘国辉、马明、高书山、李鹏伟、刘玲；第八章组合生物合成，林双君、瞿旭东、邹懿、唐满成、杜艺铃、徐飞、朱义广、黄婷婷、林芝；第九章新产物、新机制导向的基因组挖掘，戈惠明、王欢、李泳新、董廖斌、张博、闫岩、唐啸宇；第十章异源生物合成，卞小莹、黄胜雄、刘涛、陶美凤、罗应刚、闫岩、王莉、马俊英、李青连、鞠建华；第十一章生物合成研究的技术、方法与策略，胡友财、尹文兵、徐玉泉、訾佳辰、董世辉、闫岩、胡丹、陈日道；第十二章生物降解与转化，唐鸿志、宋茂勇、刘双江、周宁一、许平、蒋建东、于波、柳泽深、陶飞；第十三章DNA信息存储与计算，樊春海、李茜、李江、王飞、刘小果；第十四章糖的合成，万谦、曹鸿志、尹健、曾静、李微、熊德彩；第十五章蛋白质的合成，何春茂、王平、李学臣、董甦伟、刘磊；第十六章核酸的合成，元英进、刘磊、李炳志、王雪强、汤新景、左小磊、邱丽萍、齐浩。谨对这些学者在本书的编写过程中表现出的智慧和付出的艰辛表示由衷的感谢！

本书在编写过程中得到中国科学院学部工作局、国家自然科学基金委员会的指导、帮助和支持，谨致衷心谢意！科学出版社的编辑主动热情地参与本书的出版工作，朱萍萍等在统稿和编辑过程中付出了辛勤劳动，中国科学院上海有机化学研究所科研管理处特别是杨慧娜等在课题的研讨、本书的编写过程中做了大量的组织和保障工作，在此一并致谢！

由于编者的水平和时间有限，书中不妥之处敬请广大读者批评指正！

丁奎岭

《中国合成科学2035发展战略》编委会主任

2022年6月

摘　要

合成科学是分子创制的核心和基础，包含化学合成和生物合成两种重要方式。合成科学与生命、健康、农业、材料和能源等领域密切关联。在当前形势下，合成科学的发展呈现出新的特点，也面临新的挑战。随着化学和生物学领域的发展与技术进步，化学合成和生物合成之间出现由点到面的快速融合与相互促进的趋势，为合成科学带来了前所未有的创新机遇。本书拟从合成化学促进的合成生物学和合成生物学促进的合成化学两个方面入手，总结合成科学的研究特点、发展规律和趋势，凝练关键科学问题、发展思路、发展目标和重要研究方向，为合成科学未来发展的有效资助机制及政策提供建议。本书旨在通过战略研究，在化学合成与生物合成之间建立深度的科学链接，融合两者各自的独特优势，突破传统的学科研究范式，构建跨越化学合成与生物合成的合成科学新方向。

化学合成的发展史是一部与生物科学和技术相伴相随的发展史。生物学促进的化学合成主要是指模拟生物催化（如酶催化的方式）进行化学合成的过程。生物体系的创制能力在催化机制、反应原理、合成策略、分子功能等多个方面都对化学合成的发展有重要的启发、促进和借鉴作用。因此，生物学促进的化学合成除了具备传统化学合成条件耐受性好、规模化容易、底物适用范围广等优点，还具有生物合成高效、精准、绿色的优势，有望实现环境友好、安全经济的合成化学。生物学促进的化学合成主要包括催化剂、反应和复杂分子的合成策略三个层次，在本书中将围绕如下内容展开。

反应是合成化学的工具和基石，生物转化过程的理解能促进仿生反应的发展和应用。仿生反应是通过化学手段模拟生物体中酶催化反应的成/断键方式而进行的化学转化。本书第二章总结了有代表性的五类仿生反应：仿生离子型反应、仿生自由基反应、仿生协同反应、仿生杂原子转移反应和仿生光化学反应。发展新型仿生反应对于丰富化学反应类型和扩展合成化学边界具有重要意义。

催化是合成化学的关键，它决定了合成的效率、选择性和可行性。生物合成促进的化学催化包括对生物酶进行化学模拟的仿生催化（本书第三章）和对酶进行人工改造的定向进化（本书第五章）。本书第三章阐述的仿生催化，是用化学方法在分子水平上模拟生物酶的化学催化技术，主要是基于酶的结构和催化机制，设计并合成人工酶，以模拟和实现酶的催化功能。该章总结了已有的对催化中心的模拟和蛋白质骨架模拟的仿生催化。发展仿生催化，可以综合酶催化和化学催化的优点，使催化剂的活性更高、选择性更好，使合成更加精准、高效、温和、经济与绿色，有利于创造更多的新功能分子，满足医药、农药、材料、能源等多领域发展的需要。本书第五章讲述的是人工酶的新型合成转化。天然酶存在催化类型有限、底物范围狭窄及稳定性较差等问题，大大限制了其应用。通过对酶的工程性改造，设计创造新型的人工酶，从而实现非天然的化学转化，可以扩展酶催化的反应类型，使其在食品加工、饲料、洗涤、材料等领域具有广阔的应用前景。

合成策略是高效构建复杂分子的前提和保障，对复杂分子生物合成过程的理解有助于提炼出高效的合成策略（本书第四章和第六章）。本书第四章讲述的仿生天然产物合成，是以相关生物合成机制或生源假说为启发和指导，模仿生物体内导向天然产物的反应和转化途径，实现天然产物分子及其类似物的高效、快速构建。仿生合成发轫于对天然产物结构和官能团反应性的深刻理解，是推动新合成策略和合成方法研究的灵感源泉，对生物合成机制研究也具有重要的指导意义。本书第六章阐述的酶催化反应驱动的活性分子合成，从策略角度可以分为化学–酶法合成、异源–化学合成和体外酶催化合成三种类型。酶催化反应与传统有机合成的良好结合，为有机合成路线的设计提供了新的思路。

生物合成本质上是一个发生在生物体系中的合成化学过程，即利用生物体内的各种酶促反应，完成化学结构的逐步构筑的过程。生物合成通常以天然存在的功能分子为研究对象，研究范式和发展方式与物理学、化学和生物学及相关技术的进步息息相关，属于典型的交叉学科范畴。随着天然功能分子进化与演变规律认知的不断深入，生物合成研究也从单纯的“学习自然”过程迈向“超越自然”的目标，有力地促进了传统的天然产物化学、药物化学及合成化学等在研究方法和思路方面的变化，同时也为21世纪初兴起的合成生物学在功能分子的创制研究方面提供了理论基础。化学促进的生物合成体现在基因、蛋白质（酶）、细胞，以及反应、途径等不同层次，在本书中将围绕如下内容展开。

解析生物体系中功能分子形成的化学过程，是生物合成研究的主要内容（第七章）。第七章依据天然产物化学结构或生物合成的典型特征，对不同类型的分子骨架组装和组装后修饰相关的酶学机制与规律进行了总结。深入解析天然产物的生物合成途径并阐明相关酶的催化机理，有利于理解生物合成过程中遵循的基本反应规律，有助于利用组合生物合成或合成生物学技术来设计、改造和开发新型的活性天然产物分子，进而探索其发挥的重要生物学功能，最终服务于人类生活和健康。

以创造化合物结构多样性为目标，将不同的生物催化元件或化合物前体作为模块，根据不同的组合方式，在体内或体外经过人为巧妙构思和编辑，从而产生预期的分子多样性群体，是生物合成研究成果应用的重要体现（第八章）。第八章根据组合生物合成的研究理论及研究深度和广度，将其分为四个阶段（即探索期、起步期、拓展期、快速发展期）介绍了组合生物合成的研究进展、现状和存在的问题。

生物合成研究成果应用的另一个重要体现，在于采用基因组挖掘技术发现新产物和新机制（第九章）。通过建立结构特征和基因序列信息之间的逻辑关联，以基因组大数据的生物信息学分析为基础，挖掘和寻找潜在的编码生物合成基因簇并最终获得相应天然产物，是天然产物化学领域研究策略的重大突破。从科学逻辑上看，基因组挖掘策略将天然产物研究的起始对象，从复杂的、具有三维结构的化合物简化至一维的、易于读取和分析的DNA序列信息，可显著提高天然产物发现过程的可预测性和成功率，有望从天然资源中深度挖掘出更多有用的药物分子。

作为一种重要的生物学技术，异源生物合成可以有效弥补合成化学在复杂天然产物药物生产方面的不足，降低大宗及精细化学品、能源产品等的成本，解决环境和资源的协调发展问题（第十章）。第十章将对微生物源、植物源天然产物及工业化学品异源生物合成研究的溯源、发展、现状和发展趋势进行归纳总结，并对影响高效异源生物合成的关键要素——基因编辑技术和底盘细胞进行详细讨论。

生物合成研究属于典型的交叉学科范畴，其研究范式和发展方式与物理学、化学和生物学及相关技术的进步密切相关。第十一章总结了生物合成研究所采用的技术方法，包括化学、物理学、生物学、计算机信息学和其他相关学科等技术方法。根据不同历史阶段生物合成研究所采用技术、策略的不同，该章还对生物合成研究历史的发展脉络进行了梳理。特别是以吗啡、红霉素等为例，对天然产物生物合成研究的经典案例进行了分析，体现了技术发展对领域发展的推动作用。

作为不破不立、对立统一的矛盾体的另一面，生物降解与转化和生物合成不同，主要研究如何利用微生物的代谢能力，将污染物降解成无毒终产物或转化为经济产品，从而安全地处理合成科学产生的海量新型人工化合物，实现变危为安、变无为有、变废为宝、变弱为强。第十二章就生物降解与转化对于合成科学的绿色发展的重要意义进行了阐述。

DNA 信息存储与计算是一个新兴的、多学科深度交叉融合的研究方向，对国家开发替代性的数据存储介质、维护生态环境安全和能源安全等具有重要的战略意义（第十三章）。目前该领域正处于取得重大突破与开拓应用的关键阶段。国内 DNA 信息存储与计算领域刚起步不久，提前做好对 DNA 信息存储与计算技术的战略布局，有利于在新兴产业中提前立足、在国防安全中提前防御，并推动一批基础与前沿交叉学科的发展。

对生物分子结构和功能关系的理解有助于各种生物功能大分子（如糖、蛋白质和核酸）的设计和发展，在本书中将围绕如下三章展开。①第十四章讲述糖的合成。应用合成化学的新趋势、新进展和新手段，发展糖苷键的高效构建方法、开发糖链的有效组装策略，高效获取复杂糖链和糖类药物是糖合成研究的首要目标与发展方向。②第十五章阐述蛋白质的合成。利用高化学选择性的连接反应将多肽片段组装成完整的、具有生物活性的蛋白质，适用于精准制备生物方法难以获取的均一、选择性修饰的蛋白质样品，有助于生化功能机制研究、蛋白质药物与功能材料研发，为靶向化学干预、疾病的诊疗和病理解析提供新思路。③第十六章描述核酸的合成。主要研究方向包括基因组合成、核酸的化学法和酶法合成、核酸高通量合成、功能核酸的开发等。

Abstract

Synthesis, which includes chemical synthesis and biosynthesis, is a fundamental approach to generate molecules. The science of synthesis is closely related to the fields of biology, human health, agriculture, materials, and energy. Currently, the science of synthesis has new features and meanwhile faces new challenges. Based on the recent advances in chemistry and biology, the integration of chemical synthesis and biosynthesis provides an unprecedented opportunity for the development of the science of synthesis. In this strategic study, we focus on biology-facilitated chemical synthesis and chemistry-facilitated biosynthesis and summarize the characteristics, challenges, and directions of the science of synthesis. We hope to establish a linkage between chemical synthesis and biosynthesis and provide insight into the next-generation synthesis which is expected to break the boundary between chemistry and biology.

The development of chemical synthesis is associated with the development of biological science and technology. Biology-facilitated chemical synthesis mainly refers to the chemical synthesis that mimics the biological transformation (e.g., enzymatic catalysis). Chemists are inspired by biological systems in many aspects, such as the catalyst design, reaction mechanism, synthetic strategies, and structure-function relationship. Thus, biology-facilitated chemical synthesis offers both the advantages of conventional chemical synthesis, including simplicity and flexibility, and those of biosynthesis, including high selectivity and efficiency and environmental friendliness. In the following five chapters, biology-facilitated chemical synthesis is described in detail from the perspectives of reactions, catalysts, and strategies.

Reactions are fundamental tools of synthetic chemistry. The understanding of biosynthetic mechanisms in reaction can facilitate the development of biomimetic reactions, which mimic the bond formation/cleavage patterns of their biosynthetic counterparts. Five representative classes of biomimetic reactions are summarized in Chapter 2: biomimetic ionic reactions, biomimetic radical reactions, biomimetic pericyclic reactions, biomimetic heteroatom transfer reactions, and biomimetic photochemical reactions. The development of new biomimetic reactions would further enrich our chemical toolbox.

Catalysis is an important field of synthetic chemistry. The use of catalysis significantly improves the efficiency of synthesis and reduces environmental pollution. Biology-facilitated catalysis is discussed in two aspects: biomimetic catalysis (Chapter 3) and directed evolution of enzymes for non-natural reactions (Chapter 5). Taking advantages of the core structures and catalytic mechanisms of enzymes, chemists design simplified ligands and catalytic systems for various catalytic processes. Two strategies for developing biomimetic catalysis are introduced in Chapter 3: mimicking the catalytic center and mimicking the protein scaffold. Biomimetic catalysis offers the advantages of enzyme catalysis and chemical catalysis, which is expected to play an increasingly more important role in the synthesis of functional molecules. Chapter 5 focuses on directed evolution of enzymes, which helps to overcome the problems of natural enzymes, such as limited reaction types and substrate scope and unsatisfactory stability. The most exciting advance in this area is to engineer enzymes for catalyzing non-natural reactions. The combination of the design from chemists and the diversity generated by protein evolution demonstrates remarkable power in the search for new catalysts.

Synthetic strategies form the basis of the logic of multi-step synthesis of complex molecules. Biosynthesis provides valuable information for the development of useful strategies for the synthesis of complex molecules, in particular natural products (see Chapters 4 and 6). In Chapter 4, biomimetic natural product synthesis is discussed. As a fundamental approach to natural product synthesis, biomimetic synthesis offers many advantages, due to the intrinsic correlation between the biogenesis and the structure of natural products. It stimulates the development of various useful strategies and meanwhile provides crucial clues for elucidation of biosynthetic pathways. Empowered with chemists' logic, enzymatic reactions can serve as powerful tools for complex molecule synthesis, as described in Chapter 6. The combination of strategies and methods of chemical synthesis and enzymatic reactions proves to be superior to conventional chemical synthesis in the selected cases.

Biosynthesis is essentially a chemically synthetic process that occurs in a biological system, where various enzymatic reactions are employed to furnish chemical structures through a multistep pathway. Biosynthetic studies often target naturally occurring functional molecules and fall into a scope of multidiscipline, as related research paradigms and developing ways are highly associated with the advances in the fields of physics, chemistry and biology. With the deepening of knowledge in the regularity of molecule evolution and developing in nature, biosynthetic studies are stepping from "learning the nature" to "surpassing the nature", greatly facilitating changes in the research methods and strategies of traditional natural products chemistry, medicinal chemistry and synthetic chemistry. In addition, these studies lay the theoretical foundation of synthetic biology, a new interdiscipline that emerged in the beginning of the 21st century, in terms of the creation of functional molecules. Studies on chemistry-facilitated biosynthesis, which are discussed in the following seven chapters in this strategic study, can be conducted at a variety of levels, including encoding genes, catalytic enzymes, biosynthetic pathways and producing cells.

Dissection of the chemical processes for the formation of functional molecules in biological systems serves as one of the main objectives of biosynthetic studies. Chapter 7 summarizes the enzymatic mechanisms of skeleton formation and tailoring that are associated with a variety of natural products classified according to their structural characteristics and biosynthetic origins. Deep insights into the pathways and related catalytic mechanisms facilitate the understanding of the regularities of enzymatic reactions that are followed in the biosynthesis and subsequently the creation and discovery of new (designed) functional molecules by engineering and mining with various combinatorial biosynthesis and synthetic biology approaches. These studies can provide access to important biological functions or processes and eventually benefit the life and health of human being.

The importance of biosynthetic studies is exemplified by diversity-oriented biosynthesis, which occurs through the combination and permutation of different biological elements or chemical precursors following an idea of combinatorial chemistry or elaborate designing editing. Based on the theoretical formation and development that can be classified into the four periods of exploring, starting, developing and rapidly developing, Chapter 8 introduces the progress, current situations and existing problems of the studies on combinatorial biosynthesis.

In addition, the importance of biosynthetic studies is exemplified by genome mining, which allows for the discovery of new molecules or new biosynthetic mechanisms (as shown in Chapter 9). Based on the established relationship between characteristic structures and gene sequences, the bioinformatics analysis of genome data can reveal the potential biosynthetic gene clusters and their associated molecules, thereby representing one of the significant breakthroughs in the strategies of natural products chemistry. Genome mining approaches, which simplify the target molecules with complex, three-dimensional structures to simple, readable and analyzable DNA sequences, can greatly improve the predictability and success rate and eventually lead to the discovery of pharmaceutically useful molecules from natural sources.

As an important biotechnology, heterologous biosynthesis can effectively make up for the deficiency of chemical synthesis in the production of natural medicines with complex structures, lower the costs of staple/refined chemicals and energy products and facilitate the coordinated development of environmental and resources. Chapter 10 reports the history, development, current situations and future in the heterologous biosynthesis of natural products (either microbial or plant) and industrial chemicals and particularly discusses gene editing technologies and chassis cells, both of which are of importance to the effectiveness of heterologous biosynthesis.

Biosynthesis is a typical interdescipline whose research paradigms and developing ways are closely related to the advances of physics, chemistry and biology and their associated technologies. Chapter 11 summaries the strategies/methods used in biosynthesis, where technologies relevant to chemistry, physics, biology, computational informatics and others are involved. According to the strategies/methods used in different stages, this chapter reviews the history of the development of biosynthetic studies. In particular, the analysis of classical cases, e.g., those for morphine and erythromycin, highlights the significance of technological advance to field development.

In contrast to biosynthesis, biodegradation or transformation is a process through which the metabolic capability of microorganisms can be used for degrading or detoxifying pollutants (especially the results from chemical synthesis) to chemical products with economic values. Chapter 12 states the significance of biodegradation or transformation to the green development of the science of synthesis.

DNA information storage/computing is a newly emerging interdisciplinary direction that plays an important role in developing alternative data storage media and maintaining security for ecological environment and energy (as shown in Chapter 13). At present, this research field has just started in China, and is at the key stage of making major breakthroughs and exploring applications. The strategic plan of this research direction will be conducive to early foothold in emerging industries, as well as national defense and security. In addition, it will promote the development of a number of basic and cutting-edge interdisciplinary studies.

Synthesis of biomacromolecules including carbohydrates, proteins, and nucleic acids has long been an active field at the chemistry-biology interface. In Chapter 14, the recent advances in the synthesis of carbohydrates, in particular the development of the state-of-the-art methods for glycosylation and strategies for polysaccharide assembly, are summarized. Chapter 15 focuses on the synthesis of proteins. Natural chemical ligation has become a powerful tool for the synthesis of homogeneous, selectively modified proteins that are otherwise difficult to obtain. This approach facilitates the functional study of biologically active proteins. The synthesis of nucleic acids is described in Chapter 16, which covers the following topics: the genome synthesis, the chemical/enzymatic nucleic acid synthesis, the high-throughput nucleic acid synthesis, and the development of functional nucleic acids.

目　录

第一章 总 论

第一节 合成科学的核心内涵与意义

合成科学（synthetic science）以化学的基本原理为指导，通过设计并发展实用工具实现可控的化学键活化、断裂和重组，并以适当的策略将相应的模式和工具进行整合，完成特定功能物质的合成。它是分子创制的核心和基础，包括化学合成（chemical synthesis）和生物合成（biosynthesis）两种重要方式，与生命、健康、农业、材料和能源等领域密切关联。

化学合成已有近200年的发展历史，展现了合成化学家卓越的智慧、强大的创造力和高度的主观能动性，不仅可以制造自然界中业已存在的物质，而且能主动设计、创造自然界中不存在的、有价值的分子，包括医药、农药、肥料、新材料及精细化工品等。化学合成彻底改变了人类社会的生产、生活方式，对科学发展、创新和人类进步起着重要的支撑和促进作用。

相较于化学合成，生物合成具有探究自然智慧和奥秘的使命。通过揭示天然存在的分子进化与演变基本规律，致力于回答“自然如何创造有功能的小分子”这一基本科学命题；通过建立基因和化学结构之间的逻辑关联，以酶促反应为桥梁，人工设计“细胞工厂”实现功能分子创制，加速功能分子的进化与演变并拓展其用途。作为合成科学的重要组成部分，生物合成在生命、健康、农业、材料和能源等领域发挥着越来越重要的作用。

第二节　合成科学的发展历程与趋势

化学合成创造了辉煌的历史，为人类的发展做出了重要贡献。1828 年，弗里德里希·维勒（Friedrich Wöhler）人工合成了尿素，首次打开了合成化学的大门。该工作彻底推翻了当时作为主流的神学观点，即生命体征的物质只能由生命体自身来创造，在科学史上具有里程碑式的意义。此后人们逐渐发现，通过化学合成不但可以在生命体外制备几乎所有生命体内存在的物质，而且可以创造出很多种生命体没有的物质。例如，1856 年，威廉·亨利·珀金（Sir William Henry Perkin）合成了苯胺紫，该化合物可用作染料，极大地推动了纺织业的发展。在人类通过化学合成认识自然、改造自然的过程中，还有很多里程碑式的工作。例如，公认的合成大师罗伯特·伯恩斯·伍德沃德（Robert Burns Woodward）完成了维生素 B_{12} 非常复杂的全合成工作；中国科学家完成了牛胰岛素的人工合成；塞缪尔·丹尼谢夫斯基（Samuel J. Danishefsky）首次实现了生物大分子药物促红细胞生成素（erythropoietin，EPO）的人工合成。“合成创造价值，分子改变世界。”进入 20 世纪以来，化学合成在创造新物质的过程中，催生、带动和促进了诸多相关学科的发展，为科学研究和新材料的来源等开拓了新的领域，给人们的生活方式带来了巨大的变化。例如，1932 年，格哈德·多马克（Gerhard Johannes Paul Domagk）合成出抗生素，开启了药物合成的伟大历程。此后，人工合成各类小分子药物取得了巨大的成功，如 1997 年上市的他汀类小分子药物立普妥，降低总胆固醇的疗效与安全性相当卓越，2012 年的年销售额超过百亿美元；2013 年上市的明星药物索菲布韦，12 周即可治愈丙型肝炎，2014 年的销售额即超过 100 亿美元。化学合成在新材料创制的多个阶段至关重要，是核心的推动力与创新驱动力。1953 年发现的齐格勒－纳塔（Ziegler-Natta）催化剂，是有机高分子合成化学的历史性突破，可用于大规模合成高立体规整性的聚烯烃，从此开创了定向聚合的新领域，促进了合成塑料、合成橡胶、合成纤维等材料的诞生。自 1888 年发现第一个液晶分子以来，历经百年的基础研究和技术研发，液晶显示器取代了笨重的阴极射线管显示器，成功应用于电脑、电视和手机三大产品屏幕及由此衍生的各种产品，推动了信息社会三大支柱产业的发展，为人类的生产和生活做出了巨大的贡献。此外，化学合成还为化肥、农药的生产提供了原动力和技术保障。氨是化肥工业和有机化工的主要原料，主要用于制造氮肥和复合肥料，也可作为工业原料和氨化饲料，用于制造硝酸、各种含氮的无机盐（如硝酸铵、磷酸铵和氯化氨）及有机中间体（如尿素）等。哈伯（Haber）和博施（Bosch）开创的催化合成氨技术，被认为是 20 世纪对人类最伟大的贡献之一。合成氨工业是关系国民经济的重要行业，是化肥工业的基础。如果没有合成氨、合成农药的发明，维持当今世界 70 多亿人口生存的粮食供应就将成为严重问题。

历经将近 200 年的发展，化学合成有效推动了制药及化学制造工业的发展，通过功能物质的创制改变了人类社会的生产、生活方式，对人类社会的文明起到极大的推动作用。然而，这些领域的发展也对化学合成在效率、生态、环保和功能等方面提出了更高的要求和挑战，需要进一步解决。

作为联系化学生物学和合成生物学的重要纽带，生物合成本质上是一个发生在生物体系中的合成化学过程，即利用生物体内的各种酶促反应，完成化学结构的逐步构筑过程。生物合成通常以天然存在的功能分子为研究对象，主要包括生物合成途径的建立和相关酶学机制的阐明两方面的研究内容，其研究范式和发展方式与物理学、化学和生物学及相关技术的进步息息相关，属于典型的交叉学科范畴。19 世纪初，基于天然产物的纯化与鉴定，依据化学结构推测生物合成的逻辑，人们提出了一些生源途径的假说。1887 年，奥托・瓦拉赫（Otto Wallach）在发现多种萜烯类化合物的基础上对其结构进行了比较分析，推测萜类化合物是由异戊二烯首尾相连而成的聚合体，由此提出了经验异戊二烯规则。Collie 从地衣中分离出苔黑素和苷色酸，并在 20 世纪初推测该类化合物可能通过乙酰基首尾相连或烯酮聚合而成，这是聚酮理论的雏形。自 20 世纪 50 年代起，随着物理与化学技术的快速发展，生物合成研究逐渐脱离了没有实验支撑的“猜想”，进入对假说进行实验证据支持和验证的阶段。其中最重要的是同位素标记技术的应用，同时相关分离纯化技术和光谱技术的开发应用也极大地促进了生物合成实验科学的确立，重要成果包括：1953 年，Birch 完善了 Collie 的聚酮理论，提出该类化合物可能是基于乙酸的重复单元（— CH_2— CO —）而形成的；同年，Ružička 深入研究了萜烯类化合物的生物合成途径，提出生源的异戊二烯规则，即推测萜类化合物是由甲羟戊酸（mevalonic acid，MVA）途径形成的。20 世纪 70 年代，生物化学的理论和技术开始得到有效运用，生物合成的研究深入到酶学水平。例如，Walker 和 Kniep 等通过纯化得到脱氢酶、转氨酶、激酶、磷酸酶及糖基转移酶等，成功地在体外构建了链霉素（streptomycin）的部分生化反应体系，证实了链霉素的部分生物合成途径。20 世纪 80 年代，随着微生物学、遗传学和细胞生物学等学科的进步，特别是分子生物学技术的广泛应用，生物合成研究进入一个比较快速的发展时期，从基因水平介入生物合成途径的解析逐渐成为一种主要的研究范式。1984 年，Hopwood 确定了放线紫红素的生物合成基因簇，并将获得相关基因的突变株分为 7 种类型，不同表型的突变株代表其生物合成过程中的不同阶段，从而建立了一个初步的放线紫红素（actinhordin）生物合成途径。1985 年，Hopwood 与 Omura 等在了解相关生物合成基因簇的基础上，首次利用基因工程的手段获得了杂交的新化合物，开创了通过组合生物合成扩展化学结构多样性的研究先河。2002 年，Hopwood 等完成了对模式菌株天蓝色链霉菌（*Streptomyces coelicolor*）A3（2）基因组的测序工作，标志着生物合成研究进入“后基因组时代”，采用基因组挖掘技术发现新分子和新机制逐渐成为研究的热点。随着包括脱氧核糖核酸（deoxyribonucleic acid，DNA）测序技术、DNA 合成技术、DNA 编辑技术与人工智能（artificial intelligence，AI）技术在内的现代生物学技术和生物信息学技术的快速发展，可以预见，未来生物合成的研究将会步入一个崭新的时代，将更加趋于理性和智能化。

随着对天然功能分子进化与演变规律认知的不断深入，生物合成研究必然从单纯的“学习自然”过程逐步迈向“超越自然”的目标。依靠酶学机制的阐明和生物合成途径的建立这一共性研究基础，近年来生物合成研究的内涵和外延都得到进一步的丰富和拓展，相关研究方向包括：基于基因组信息、从不同角度发掘生物体系制造潜力的新分子发现研究，有机结合体内组合生物合成和体外化学合成的新功能分子创制研究，以及结合化学合成和生物合成各自的优势、发展功能分子高效精准制备的新方法与新策略研究等。需要指出的是，生物合成研究有力地促进了传统的天然产物化学、药物化学及合成化学等在研究方法和思路方面的变化，同时也为21世纪初兴起的合成生物学在功能分子的创制研究方面提供了理论基础。

在当前形势下，化学和生物学的发展都在加速，特别是与生物学相关的科学和技术不断深入与进步，展现出广阔的发展前景，两门学科之间出现由点到面的快速融合和相互促进的趋势，带来了前所未有的创新机遇。化学合成有效支撑了生物合成的深入研究；生物合成则在催化机制、反应原理、合成策略、分子功能等方面为化学合成的发展提供了智慧。两者的交叉互融与相互促进具有重要的战略价值，推动了合成科学的变革和发展。因此，合成科学呈现出新的特点，也面临新的挑战：①它使物质合成更加绿色、高效，有助于解决传统合成中单纯采用化学合成或生物合成难以解决的环境、效率和生态问题；②合成的手段更加丰富，有望解决合成中的重大战略问题，如二氧化碳（CO_2）的固定和高效利用、人工室温固氮、生物质的高效转化和利用等；③它有助于人们设计与合成更多、更好的新功能分子，满足和促进医药、健康、农业、食品、材料、能源、电子等多个领域的发展和创新；④充分发挥化学合成和生物合成各自的优势，取长补短，能够有效突破发达国家在合成科学中已经确立的技术优势和壁垒，助力我国在与物质科学相关领域的创新、发展和产业升级。

综上所述，合成科学已经成为包容了化学合成、生物合成、合成生物学等不同方向的系统科学，在取得突出成就的同时也面临着挑战和巨大的机遇。特别是，当今通过合成科学研究的进步加速认识自然、服务人类，高效、绿色获取功能物质和材料的需求前所未有。这要求化学和生物学及其他相关学科知识的高度融合，围绕重大科学问题和重要应用方向获取新知识，发展新方法和新技术，满足高速发展的人类社会需要。相关研究方向也得到欧洲、美国、日本、澳大利亚等发达国家和地区的高度重视。

本书的主要目的是从合成化学促进的合成生物学和合成生物学促进的合成化学两个方面入手，总结合成科学的研究特点、发展规律和趋势，凝练关键科学问题、发展思路、发展目标和重要研究方向，为合成科学未来发展的有效资助机制及政策提供建议。本书旨在通过战略研究，在化学合成与生物合成之间建立深度的科学链接，融合两者各自的独特优势，突破传统的学科研究范式，构建跨越化学合成与生物合成的合成科学新方向。其中，生物学促进的化学合成主要是指模拟生物催化（如酶催化的方式）进行化学合成的过程，在本书中将围绕“仿生反应”、“仿生催化”、“仿生天然产物合成”、“对酶进行人工改造的定向进化”和“酶催化反应驱动的活性分子合成”五个方面展开；化学促进的生物合成本质上是一个化学物质的合成过程，即利用各种酶促反应，完成化学结构的逐步构筑的过程，其研究体现在基因、蛋白（酶）、反应、途径和细胞等不同层次，在本书中将围绕“生物合成化学（新酶学机制与途径解析）”、“组合生物合成”、“新产物、新机制导向的基因组挖掘”、“异源生物合成”、“生物合成研究的技术、方法与策略”、“生物降解与转化”和“DNA 信息存储与计算”七个方面展开。此外，对生物分子结构和功能关系的理解有助于各种生物功能大分子（如糖、蛋白质和核酸）的设计和发展，在本书中也将具体阐述。

第三节　我国合成科学的关键科学问题与发展方向

一、关键科学问题

近年来，我国在合成科学领域，尤其是化学合成与生物合成之间的交叉互融和相互促进方面取得了巨大的进步，各个主要方向都具备了一定的研究力量，一些研究方向已经达到或接近世界一流水平，但是在更多的研究领域中，我国尚处于“跟跑”或“并跑”的阶段，亟待加强和整体布局，形成系统性的竞争力和优势。合成化学仍将是合成科学的主要内容，其发展将会融合越来越多的生物元素；另外，合成生物学的重要性将愈加明显。合成科学领域发展很快，但也面临不少关键科学问题。

（1）化学合成与生物合成之间的交叉互融面临的第一个关键科学问题是增强对生物合成机制的深层次认知，包括酶的结构与催化功能的关系、酶的动态催化机制、生物转化的化学原理和复杂分子的生物合成策略等。对生物合成机制的深层次认识和理解是该领域发展的前提和基础。

（2）如何学习和模拟生物体系的能量和物质的转移机制，构筑高效的仿生催化剂和人工酶，发展高效的仿生反应，实现各种功能分子的高效精准创造，是该领域中的又一个关键科学问题。

（3）如何聚焦具有重大战略价值的合成转化和功能分子，充分发挥生物合成与化学合成各自的优势和价值，对接医药、材料、能源、健康、"碳中和"、人工固氮等重大经济领域和社会问题，是该领域有待解决的第三个关键科学问题。

（4）如何通过化学合成和生物合成的交叉研究加深我们对生命、对自然的认识是第四个关键科学问题。从分子进化演变的化学规律与生物学功能关系入手，有助于我们从新的角度思索地球演化、环境失衡、生命进化及健康和疾病等基础方向，提出创造性的解决方案。

二、发展方向

预计未来在合成科学框架下，化学合成与生物合成之间的交叉互融将主要围绕催化剂、反应、合成策略和功能分子等四个层次的多个方向展开。

（1）生物合成的分子机制的研究。深层次理解酶的结构和催化机制，生物转化的化学原理和复杂分子的生物合成策略等，为生物促进的合成化学提供理论支撑。

（2）仿生催化体系的发展和创新。模拟生物酶的结构和催化机制，设计和发展高效的仿生催化体系，尤其是有重大合成价值和重要战略意义的合成转化的仿生催化体系，注重催化剂的效率和选择性。

（3）仿生反应的发展和创新。提炼生物转化的化学要素，发现和发展仿生转化的化学反应，重点发展有重大合成价值和重要战略意义的仿生转化，注重反应的效率和普适性。

（4）复杂天然产物的仿生合成。模拟复杂天然产物分子的生物合成策略，实现高生物活性天然产物分子及其类似物的高效、快速构建，助力生物医药的创新和发展。

（5）人工酶的发展和应用。运用定向进化或化学的方法改造酶的结构，获得新的酶催化功能，提升酶催化效率和底物适应性，开发人工酶在化学合成中的应用。

（6）酶催化反应驱动的活性分子合成。运用酶促的化学转化合成活性分子，包括复杂天然产物和医药分子的构建，研发活性分子的新型合成方法。

（7）生物分子糖、蛋白质和核酸的合成。糖、蛋白质和核酸具有很高的生物活性和重要的生物功能，发展这些化合物的高效构建方法，推动以生物分子为基础的生命科学研究。

（8）生物促进的合成化学策略的开发和运用。聚焦医药、材料、能源、健康、“碳中和”、人工固氮等重大经济领域和社会问题中的重要转化，挖掘和拓展生物促进合成化学的应用价值。

第四节　合成科学领域发展的相关政策建议

鉴于合成科学领域面临的关键科学问题和未来的发展趋势，我们提出以下建议。

（1）加强人才队伍的培养与建设。化学合成与生物合成的融合涉及催化、反应、合成策略和功能分子等多层次多方向，需要长期建设、整体布局，在各个重要方向培育一批国内外有影响力、研究特色鲜明的研究团队，成长出大量的研究型人才和技术型人才，为该领域的创新和发展打下坚实的基础并不断注入新的动力。

（2）持续的资助，推动该领域的创新发展和技术应用。长期支持开拓性的基础研究，提供产生探索性、原创性成果的“土壤”，发展引领性、变革性的生物与化学融合的合成化学，促进合成科学的变革和发展，使合成化学更加高效、绿色、精准；积极支持发展 CO_2 固定、室温化学固氮、生物质的高效利用等重大转化的仿生催化技术，为重大合成转化提供新的解决策略；鼓励和支持生物促进合成化学的广泛应用，服务和推动化工、医药、农业、能源、材料等多个国民经济领域的创新和发展。

（3）组织保障和顶层设计。发挥科技主管部门在相关政策制定、项目指南编制过程中的主导作用，在人才培养和资金支持方面生物合成与化学合成相互促进的各个重要发展方向的合理布局、平衡发展，形成整体的优势和国际竞争力。

（4）鼓励交叉合作，促进原始创新。重视交叉合作项目和国家级重大项目层面的资助，形成攻坚克难的交叉研究团队，拉近生物学家和化学家的距离，鼓励合作，形成创新思维，促进原始创新成果的产生。

第二章

仿 生 反 应

第一节　科学意义与战略价值

合成化学是化学的核心，其重要性在于它不仅可以制造自然界存在的物质，而且可以创造更多自然界中不存在的且与人类生活密切相关的物质，如医药、农药、新材料及精细化工品等。因此，合成化学对科学发展和人类进步起着至关重要的支撑与促进作用。

化学反应是合成化学的基石。化学反应的效率、经济性、安全性和环境友好性就决定了化学合成的效率、经济成本与环境成本。当前，社会的可持续性发展及其所涉及的生态、环境、资源、经济等方面的问题已经成为国际社会关注的焦点，被提升到发展战略的高度。这不仅对合成化学提出了更高的要求和更大的挑战，而且为合成化学的发展提供了新的机遇。因此，发展新的化学反应是合成化学永恒不变的主题之一。

仿生反应是指通过化学手段模拟生物体中酶催化反应的成 / 断键方式而进行的化学转化。仿生反应的发展过程包括以下几个步骤：①解析生物体内酶催化反应的基本过程；②提取其中蕴含的基本化学原理；③寻找化学手段模拟酶催化反应历程；④发展具有普适性的仿生反应，实现化学创新。简而言之，仿生反应的发展过程就是合成化学家不断认识自然、学习自然和超越自然的过程。

与传统化学反应相比，仿生反应往往体现一些酶催化反应的特点。例如，反应条件温和，具有绿色化学特点；反应效率高，尤其是一些仿生串联反应，可以经过一步反应构建多个化学键或环系；反应选择性高，尤其是一些仿酶催化反应表现出优异的化学选择性和对映选择性。毫无疑问，发展仿生反应对于丰富合成化学手段、提高物质的合成效率和实现社会的可持续性发展具有重要的推动作用。

第二节　现状及其形成

纵观合成化学发展历史，化学反应的发现大致有三种方式。

（1）偶然发现。在合成化学发展早期，基本的化学理论和合成化学体系尚未成形，因此化学反应的发现往往依赖于化学家的不断试错和偶然发现，如第尔斯-阿尔德（Diels-Alder）反应（简称DA反应）就是在对一些副反应的探究过程中发现的。

（2）理性设计。第二次世界大战以后，随着现代化学理论体系的不断发展和完善，合成化学进入高速发展的黄金时期，化学反应的类型和数目呈现爆炸式发展，同时理性设计也成为发展新化学反应的主要手段，如伊文思（Evans）羟醛反应、夏普莱斯（Sharpless）环氧化反应、野依（Noyori）不对称催化反应等。

（3）仿生反应。从20世纪50年代起，随着人类对生命体系的了解不断深入，化学家开始有意识地通过学习和借鉴自然界中存在的酶催化反应来设计与发展各类化学反应，其中的代表性例子包括有机卡宾催化的苯偶姻（benzoin）缩合反应、多烯串联环化反应及自由基氧化偶联反应等。

仿生反应是化学家师法自然的产物，反映了当代化学的水平；而化学反应在发展的同时，也促进了人类对天然产物生源合成途径的认知。仿生反应发展历史最早可以追溯到20世纪初期。例如，1917年，英国剑桥大学的R. 罗宾森（R. Robinson）完成了天然产物托品酮（tropinone）的仿生合成，此项研究被后人视为“仿生合成”的起源。在这一工作中，Robinson 以仿生串联脱羧曼尼希（Mannich）反应为关键步骤，仅通过两步反应即实现了目标分子的高效合成，充分展现了仿生反应的巨大潜力。令人称奇的是，当时关于托品酮的生源合成途径尚不明确，因此 Robinson 的仿生反应设计思想并非真正源于自然启发，而是依赖其个人超强的化学直觉和灵感。再如，1914 年，普梅雷尔（Pummerer）等就发现苯酚用氯化铁和铁氰化钾氧化可以得到多种结构不同的氧化产物。在此之后，Pummerer 及很多有机化学家开始通过氧化偶联来解释天然产物的生源合成途径和预测天然产物的结构。现在，人们已熟知很多天然产物的生物合成途径中包括酶（如漆酶、过氧化物酶和其他氧化酶）催化氧化偶联反应。1956 年，巴顿（Barton）报道了松萝酸（usnic acid）的仿生合成，真正开创了基于仿生氧化策略的天然产物全合成。

随着合成化学家对天然产物生源途径的了解不断深入，仿生反应研究逐渐受到越来越多的重视。例如，20 世纪 50 年代，Woodward 和布洛赫（Bloch）等提出了甾体类化合物羊毛固醇可能的生源合成途径，认为其可能是从环氧角鲨烯经过酶催化的碳正离子诱导的串联环化反应中得到的；基于这一生源假说，以斯托克（Stork）、科里（Corey）、R 塔梅伦（Van Tamelen）和约翰逊（Johnson）等为代表的合成化学家对该类反应的底物设计、催化模式、选择性和反应机制进行了系统深入的研究，相继发展了多种不同类型的多烯串联环化反应，极大地丰富了甾体合成化学，并对仿生反应（合成）的发展起到巨大的推动作用。同一时期，Breslow 对维生素 B_1（又称硫胺素）催化的苯偶姻缩合反应机制进行了深入的研究，并据此设计出第一代小分子氮杂卡宾，从而开创了有机卡宾化学的新纪元，其研究热潮持续至今。值得一提的是，Breslow 还是第一个正式提出“仿生化学”（biomimetic chemistry）概念的化学家，并在小分子仿酶的设计和应用方面做出了开创性的研究成果，是这个领域当之无愧的奠基人。

经过数十年的发展，仿生反应在反应类型、反应机制和反应条件等方面均取得了长足的进展。接下来，本章将对仿生离子型反应、仿生自由基反应、仿生协同反应、仿生杂原子转移反应和仿生光化学反应的发展历史、关键科学问题和未来发展方向进行简要总结。

一、仿生离子型反应

离子型反应在仿生合成中最多见，如前述的托品酮的仿生合成。天然产物生源合成中最为典型的离子型反应是涉及碳正离子中间体的分子内串联环化反应，这些反应由简单的线型底物出发，通过一步环化能够高效地构建结构复杂度大大升级的多环产品，以下以研究较多的两类仿生离子型反应为例进行讨论。

（一）通过仿生多烯串联环化反应高效构筑多环萜烯

许多高氧化态的天然多环类萜具有显著的生物活性，如用于治疗疟疾的青蒿素和治疗多种癌症的紫杉醇。高氧化态多环类萜的生源合成分为环化和后期氧化修饰两个阶段。例如，法尼醇焦磷酸酯经酶催化环化生成青蒿二烯，后者再被氧化为青蒿素。目前，绝大多数高氧化态多环类萜的全合成采用“绣花”式合成策略，即在构建分子骨架的同时引入立体化学正确的氧化基团，这种策略的优点是能够快速精准地合成目标类萜，缺点是多数情况下一次只能完成一个类萜的全合成，对于具有相同骨架、不同氧化形式的同家族其他类萜经常需要发展新的合成策略。用仿生的环化-氧化两阶段法合成高氧化态多环类萜时，第二阶段对多环萜烯的氧化修饰可以获得多个具有相同骨架不同氧化形式的类萜。

通过仿生的环化-氧化合成策略合成高氧化态多环类萜目前已取得初步进展。2009 年，Baran 课题组将桉烷（eudesmane）家族类萜按照氧化态不同进行分级，从低氧化态的二氢刺柏烯醇（dihydrojunenol）出发逐步向分子上引入羟基，经过较高氧化态的 4-*epi*-ajanol、二羟基桉烷（dihydroxyeudesmane）和 pygmol，最终实现了最高氧化态 eudesmantetraol 的合成[1]。2012 年，Baran 课题组报道了一条七步反应合成紫杉二烯的合成途径[2]；2014 年，该课题组从紫杉二烯出发合成了紫杉烷（taxane）家族较高氧化态的 (−)-taxuyunnanine D[3]，随后又从紫杉二烯酮（taxadienone）出发合成了更高氧化态的 taxabaccatin[4]；2020 年，该课题组通过两阶段仿生合成策略最终完成了最高氧化态的紫杉醇的全合成[5]。近年来，C—H 官能团化领域取得长足进步，即实现第二阶段对多环萜烯的氧化修饰已经成为可能，这也使得人们更加重视通过仿生的多烯串联环化合成多环萜烯。根据环化方式的不同，多烯串联环化可以分为“头到尾环化”和“尾到头环化”，以下对这两种多烯串联环化反应分别进行讨论。

由 2, 3−环氧角鲨烯通过多烯串联环化生成羊毛固醇的反应属于“头到尾环化”，羊毛固醇生源合成途径的探究始于 20 世纪 30 年代，Woodward、Stork、埃申莫瑟（Eschenmoser）、Corey 等合成大师都对这一领域做出了卓越的贡献[6]。2004 年，羊毛固醇环化酶单晶结构的获得使人们对这一过程有了更详细的了解[7]。由多烯前体通过仿生的多烯串联环化合成多环类萜的反应一直受到合成化学家的关注。Corey 课题组通过长期探索发展了 $MeAlCl_2$ 催化的多烯串联环化，并将该方法成功地运用到 β−香树脂醇（β-amyrin）、达玛烯二醇（dammarenediol）、scalarenedial、桐花树双烯醇（aegiceradienol）、羽扁豆醇（lupeol）等多个多环类萜的全合成中[8-13]。2014 年，库学功课题组以 Et_2AlCl 催化的多烯串联环化反应为关键步骤，首次实现了 (−)-Walsucochin B 的不对称全合成[14]。2016 年，渠瑾课题组发现四氟硼酸盐 / 六氟异丙醇［Ph_4PBF_4（0.1 mol/L）/HFIP］溶剂体系在温和的反应条件下也能够高效地促进环氧引发的多烯串联环化[15]（图 2-1）。

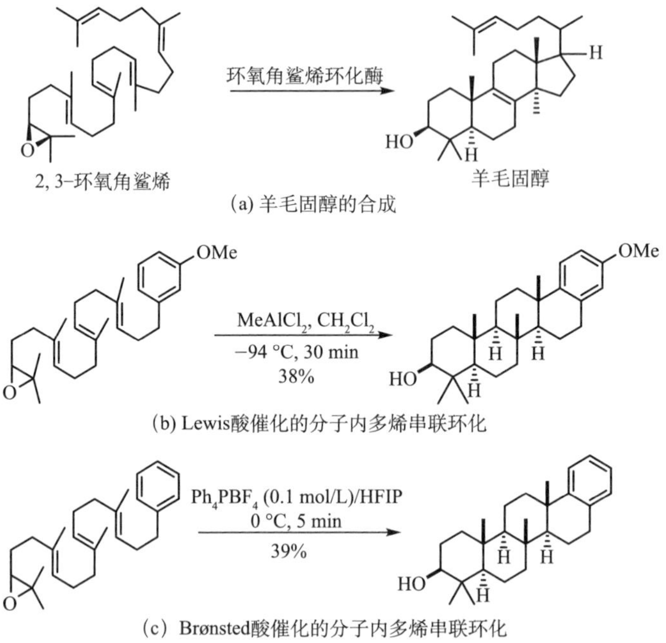

环氧角鲨烯环化酶

2, 3−环氧角鲨烯　　羊毛固醇

(a) 羊毛固醇的合成

$MeAlCl_2$, CH_2Cl_2
−94 °C, 30 min
38%

(b) Lewis酸催化的分子内多烯串联环化

Ph_4PBF_4 (0.1 mol/L)/HFIP
0 °C, 5 min
39%

(c) Brønsted酸催化的分子内多烯串联环化

图 2-1　头到尾多烯串联环化合成羊毛固醇和多环类萜

Me：甲基

颇具挑战性的不对称多烯串联环化反应也有数篇文献报道。1999 年，Yamamoto 课题组巧妙地设计了路易斯（Lewis）酸辅助的手性布朗斯特（Brønsted）酸催化剂，实现了首例对映选择性的多烯串联环化反应[16]。2012 年，Corey 课题组对 Yamamoto 等设计的催化剂进行了改进，以 $SbCl_5$ 替代 $SnCl_4$ 辅助手性 Brønsted 酸获得了更高的对映选择性[17]。2012 年，Carreira 课题组用联萘手性配体和 Ir/Zn$(OTf)_2$ 催化烯丙醇引发的不对称多烯串联环化获得极高的立体选择性[18]。2018 年，李昂课题组以该方法为关键步骤，实现了 septedine 和 7-deoxyseptedine 的首次不对称全合成[19]。2018 年，赵军锋课题组实现了手性磷酰胺催化的亚胺引发的不对称多烯串联环化，并用该方法完成了天然产物铁锈醇（ferruginol）的不对称合成[20]（图 2-2）。

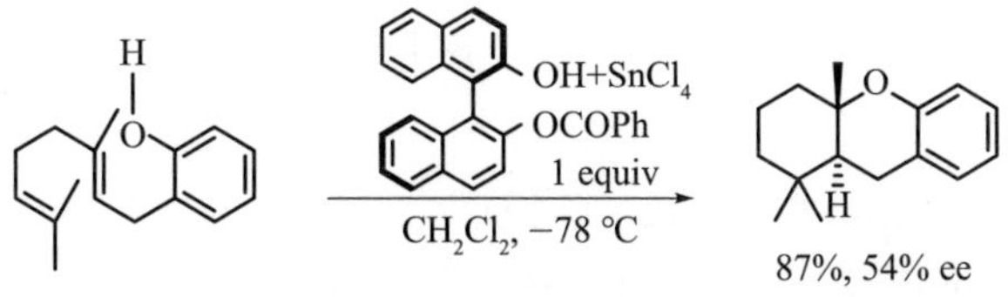

（a）Lewis酸辅助的手性Brønsted酸催化

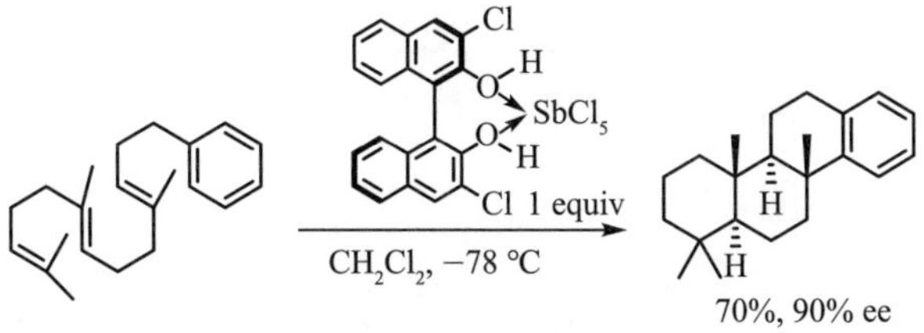

（b）改进的Lewis酸辅助手性Brønsted酸催化

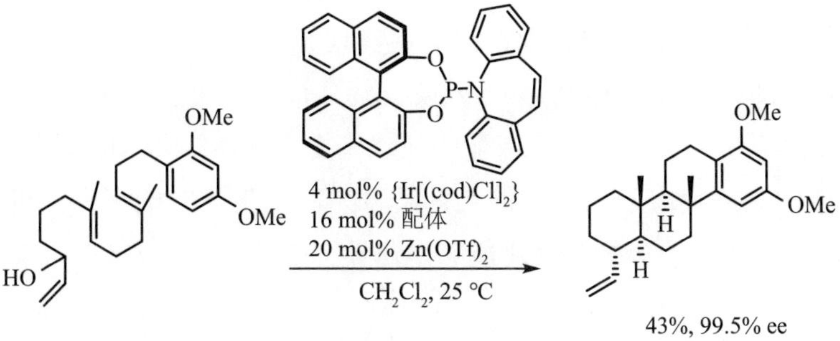

（c）手性铱配合物催化

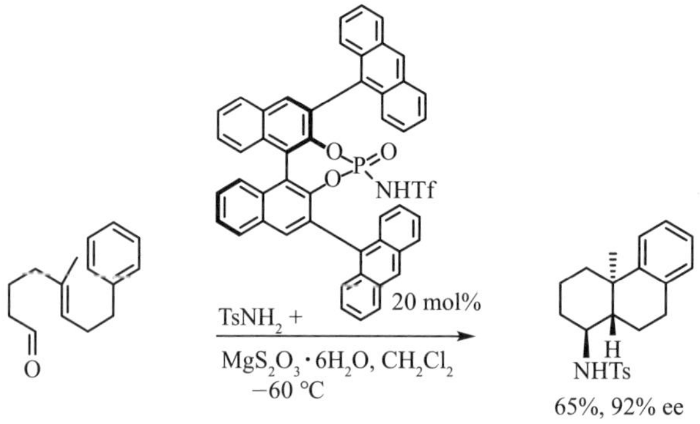

（d）手性Brønsted酸催化

图 2-2　对映选择性的多烯串联环化

equiv：当量

经过合成化学家多年的努力，目前已经实现类似羊毛固醇合成的高效多烯串联环化反应，并且也已实现具有高度对映选择性的多烯串联环化反应。然而，就整体合成效率和选择性而言，羊毛固醇的生物合成目前仍然是人类无法超越的一项杰作。

绝大多数多环类萜生源合成中的第一阶段环化都属于“尾到头环化”，如之前所述的生成青蒿二烯的环化方式。全球每年大概有 3.5 亿～5 亿人感染疟疾，青蒿素的年需求量约为 180 t，从植物中提取青蒿素远远不能满足患者需求。虽然用合成生物学方法以大肠杆菌或酿酒酵母为底盘细胞合成青蒿酸已经实现工业化，但是通过仿生的环化-氧化两阶段法全天候地生产质量稳定的青蒿素仍然是一个很有吸引力的生产途径。与“头到尾环化”中第一次环化生成的碳正离子不需要迁移就能直接发生进一步环化不同，“尾到头环化”中第一次环化生成的碳正离子一般要在迁移或重排后才能继续环化。但是烷基碳正离子 α-H 的酸性极高，即使是强酸的酸根也能使碳正离子发生消除反应。

2012 年，美国的 Shenvi 课题组首次实现了尾到头多烯串联环化中最重要的一环。即在有机溶剂中使第一次环化后生成的碳正离子经迁移后继续环化。该工作以精心设计的橙花叔醇的环氧化物为底物，$MeAlCl_2$ 活化环氧开环后生成的烷氧负离子因与铝催化剂结合无法对生成的碳正离子进行消除反应，碳正离子迁移后继续环化能够得到具有柏木烯（cedrene）骨架的醇和醛 [21]。2018 年，Tiefenbacher 用仿酶的超分子自组装体包裹直链倍半萜醇，作者认为超分子体可以将反应体系中的配阴离子与碳正离子分隔开，避免了配阴离子促进的碳正离子消除反应。当以法尼醇（farnesol）或其乙酸酯为底物时可以得到具有 α-柏木烯（α-cedrene）、δ-芹子烯（δ-selinene）、ε-广藿香烯（ε-patchoulene）和 10-*epi*-zonarene 骨架的多环萜烯[22-25]（图 2-3）。

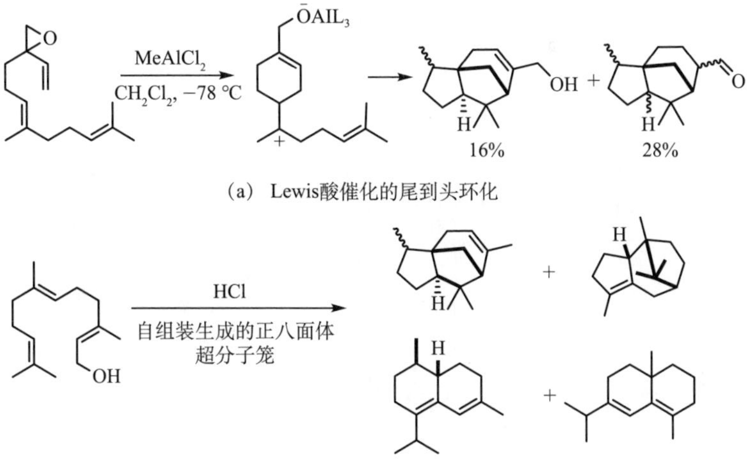

$\bar{O}AlL_3$

MeAlCl$_2$

CH$_2$Cl$_2$, −78 ℃

OH + O

16% 28%

（a） Lewis酸催化的尾到头环化

HCl

自组装生成的正八面体超分子笼

OH

（b）超分子空腔中的尾到头环化

图 2-3 尾到头多烯串联环化合成多环萜烯

虽然上述两种仿生的“尾到头环化”策略初步实现了直链萜经一步环化合成结构复杂度升级的多环萜烯，但是目前仍不能很好地控制该类反应的区域选择性和立体选择性。如果能在实验室中实现类似酶催化的高效和高立体选择性的尾到头多烯串联环化，就可以通过仿生的环化−氧化合成策略合成青蒿素、紫杉醇等具有高氧化态的多环类萜药物。

（二）通过仿生环氧开环 / 关环串联反应快速构筑海洋梯形聚醚天然产物

1981 年，Nakanishi 课题组分离鉴定了第一个赤潮藻类产生的海洋梯形聚醚短裸甲藻毒素 B（brevetoxin B），后来又陆续发现了 50 多个具有相似结构特征的天然产物。海洋梯形聚醚大多数具有极强的神经毒性，但是也有一些海洋梯形聚醚具有可以开发为药物的生物活性。研究表明，短裸甲藻醛（brevenal）对慢性肺病（如慢性阻塞性肺病）和哮喘有治疗作用。近数十年来由于大气污染、吸烟或肺部感染等因素的诱发，我国慢性阻塞性肺病的发病率持续升高，但目前该病还缺乏特效的治疗药物。

海洋梯形聚醚类天然产物极强的生物活性引起了诸多有机合成化学家的关注。1995 年，Nicolaou 课题组通过 83 步反应首次实现了 brevetoxin B 的全合成，之后该类天然产物的多个成员也相继有全合成路线报道，但是以逐环构建的策略合成含有多个环的梯形聚醚难以高效地合成这类天然产物 [26-28]。其实 Nakanishi 早在 1985 年就提出了 brevetoxin B 的生源合成途径，推测首先环氧化酶催化由聚酮化合物衍生的长链多烯前体的不对称环氧化反应，所得同手性多环氧化合物发生分子内的 *endo* 选择性环氧开环 / 关环串联反应，一步构建 brevetoxin B 中的 11 个环 [29]（图 2-4）。

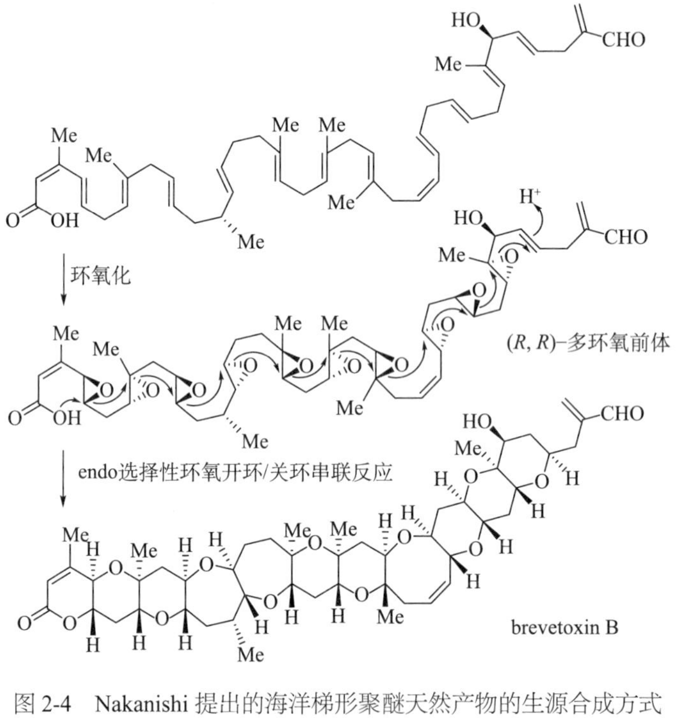

图 2-4　Nakanishi 提出的海洋梯形聚醚天然产物的生源合成方式

Nakanishi 的猜想至今仍然没有实现，这是因为 Baldwin 分子内环化反应经验规则总结，环氧醇的分子内开环 / 关环倾向于以 *exo* 环化方式生成较小的五元环的聚醚，以 *endo* 方式环化生成六元环的聚醚在能量上是不利的。在这一极富挑战性的研究领域，目前有四例报道能通过仿生的环氧开环 / 关环串联反应构筑梯形聚醚的骨架结构。2000 年，日本的 Murai 课题组通过向三环氧底物每个环氧的 *exo* 环化位点引入甲氧基甲基，并在镧盐的催化下能够以

较好的 *endo* 选择性得到含三个六元环的聚醚 [30]。2005 年，美国的 McDonald 课题组发现当多环氧醇开环以碳酸酯而不是羟基作为终止基团时，在 Lewis 酸催化下可发生 *endo* 选择性环化，构建全部环醚为七元环的聚醚 [31]。2007 年 Jamison 课题组在《科学》（*Science*）发表的论文中报道了在长链多环氧底物的一端事先引入一个四氢吡喃环作为引导结构，在热水中可发生 *endo* 选择性环化，构建全部环醚为六元环的聚醚 [32]。2020 年，渠瑾课题组发现，不同长度的多环氧醇在 [EMIM]BF_4/PFTB① 反应介质中进行反应时能以 *endo* 选择性环化构筑含有不同大小环的聚醚（六、七元环聚醚和含有顺式双键的八元环聚醚）骨架结构，该方法能一步构筑半短裸甲藻毒素 B（hemibrevetoxin B）的 7/7/6/6 四环结构和 brevenal 的 7/7/6/7/6 五环结构 [33]（图 2-5）。

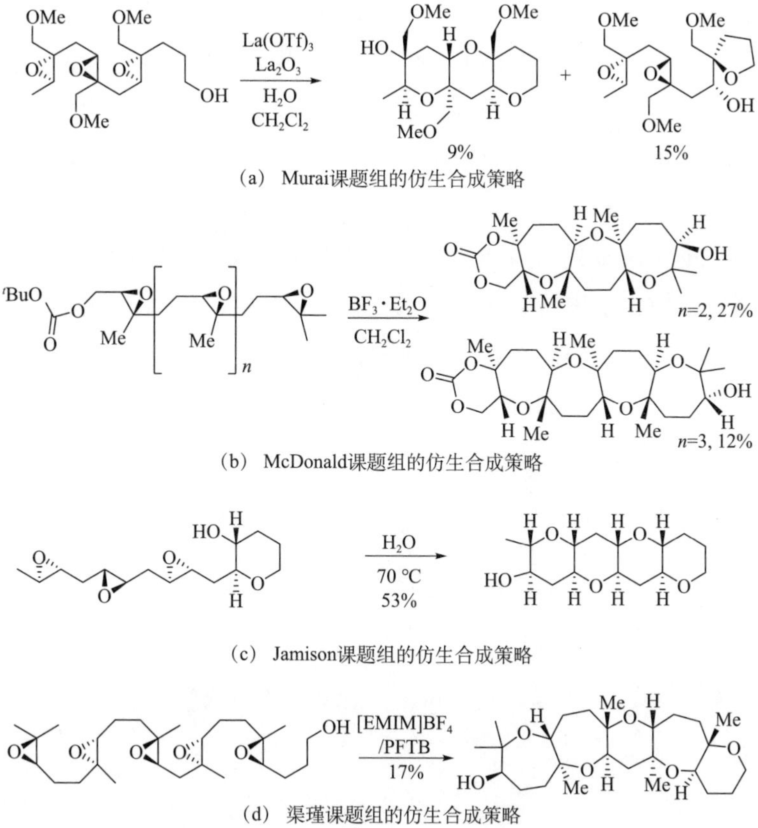

(a) Murai课题组的仿生合成策略

(b) McDonald课题组的仿生合成策略

(c) Jamison课题组的仿生合成策略

(d) 渠瑾课题组的仿生合成策略

图 2-5 以仿生的环氧开环 / 关环串联反应构筑海洋梯形聚醚骨架的尝试

① PFTB：全氟叔丁醇。

目前，人们还未能以 Nakanishi 猜想所提出的仿生合成途径合成一个梯形聚醚天然产物，但是已有通过仿生的环氧开环 / 关环串联反应合成含有 3～4 个环的小的聚醚片段，然后通过偶联的方法将这些小的片段连接起来的全合成路线，其合成效率已远高于之前的逐环构建的合成策略。

二、仿生自由基反应

自由基反应在天然产物的生物合成过程中很常见，其中涉及自由基反应最为典型的过程是氧化偶联反应。如前所述，氧化偶联反应的发现也早于人类对天然产物生源合成途径中包括氧化偶联反应过程的认知。

氧化偶联反应是两个富电子官能团，如烯醇，在氧化剂的存在下直接偶联生成一个 σ 键（碳－碳键或碳－杂原子键）的反应（图 2-6）。这些氧化偶联反应的机制最初被认为是一个双自由基偶联过程，即富电子官能团在氧化剂存在下发生单电子氧化生成自由基，进而两个自由基发生偶联反应生成相应的 σ 键，再进一步异构化生成产物。进一步的研究表明，最可能的反应途径是氧化生成的自由基先与另一烯醇的烯烃发生加成反应生成偶联产物的自由基，再进一步发生单电子氧化生成碳正离子，最终经过质子消除和异构化生成产物。从合成经济角度来看，由于氧化偶联反应不需要对参与反应的原子进行官能团化，避免了额外合成操作从而可以有效地提高合成效率，具有步骤经济性和原子经济性。

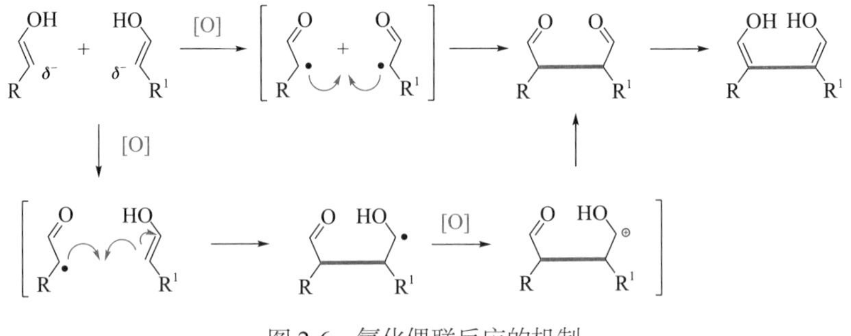

图 2-6　氧化偶联反应的机制

由于氧化偶联反应具有步骤经济性和原子经济性的特点，该类反应过去已经受到合成化学家的广泛关注并取得很多进展。然而，由于当时的条件所限，人们对该反应的机制和底物范围了解很少。事实上，直到今天，关于这种反应还有许多问题未得到解答。例如，自由基氧化偶联法合成由于缺乏区域选择性和立体选择性的控制，尤其是不同分子间的烯醇负离子氧化偶联时往往还存在其他较多的竞争反应，从而产率很低，因而往往需要其中一种原料大大过量以限制同分子的氧化偶联反应。这些缺点在一定程度上限制了氧化偶联反应在有机合成中的应用。

近年来，该类仿生氧化偶联反应重新引起有机化学家的重视并得到进一步的发展[34, 35]，其中主要包括三个方面的内容：①新的氧化剂提高了氧化偶联的效率；②氧化偶联反应的底物范围得以拓展；③可实现不同分子间烯醇负离子的氧化偶联。接下来将通过四类天然产物分别进行讨论。

（一）片螺素类海洋天然产物

片螺素类及其相关吡咯海洋天然产物具有良好的生物活性，在预防人类癌症、抗多药耐药性和抗艾滋病等方面具有良好的医用前景。1994 年，德国的 Steglich 课题组受生源合成途径的启发，首次以 3-吲哚基丙酮酸甲酯为原料，碘为氧化剂，在氢氧化铵水溶液中通过一锅法制备多取代吡咯，以 42% 的收率实现了天然产物 lycogalic acid A 二甲酯的合成［图 2-7(a)］[36]。利用

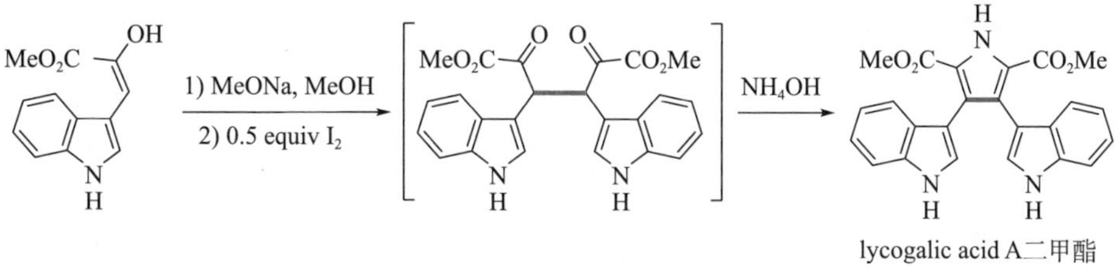

1) MeONa, MeOH
2) 0.5 equiv I_2
NH_4OH
lycogalic acid A二甲酯

（a）Steglich课题组对lycogalic acid A二甲酯的合成

AgOAc
NaOAc
THF
50%
lamellarin H

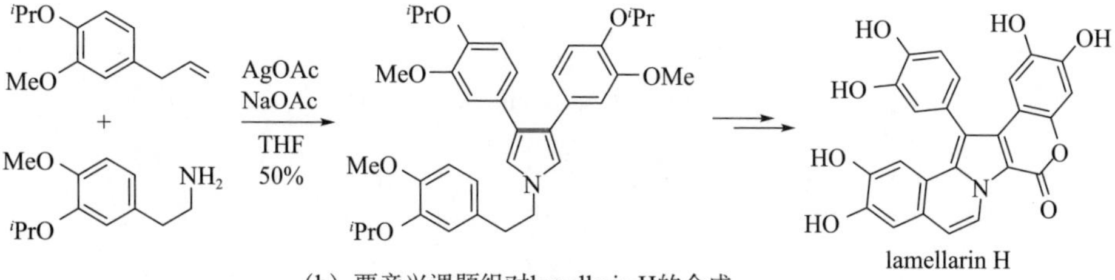

（b）贾彦兴课题组对lamellarin H的合成

图 2-7　仿生氧化偶联反应在片螺素类天然产物合成中的应用

Pr：丙基；THF：四氢呋喃；Ac：乙酰基

相似的策略，Steglich 课题组还完成了 polycitrin A 和 lamellarin G 三甲基醚的仿生合成[37, 38]。2010 年，北京大学的贾彦兴课题组发展了以简单的胺和醛为原料，乙酸银为氧化剂，通过一锅法合成 1, 3, 4-三取代吡咯的新方法[39]。该方法主要利用胺和醛原位生成烯胺，再进一步发生氧化偶联。利用该方法作为关键反应步骤，完成了海洋天然产物 purpurone、lamellarin D、lamellarin H［图 2-7(b)］、lamellarin R 和 ningalin B 的仿生合成[40]。

（二）吲哚生物碱

2004 年，美国化学家 Baran 课题组在对吲哚萜类生物碱全合成研究中，通过系统的条件筛选发现，吲哚（indole）作为烯胺可以和羰基化合物的烯醇负离子发生分子间的氧化偶联，从而实现了羰基 α 位的直接吲哚化[41]。正是基于这一反应，Baran 课题组完成了复杂吲哚生物碱 hapalindole 家族［图 2-8(a)］、fisherindole 家族及 welwitindolinone 等的全合成[42]。Baran 等随后对分子间选择性氧化偶联的底物范围、反应机制和应用进行了系统研究，从而使其成为一种非常有用的方法[43-45]。

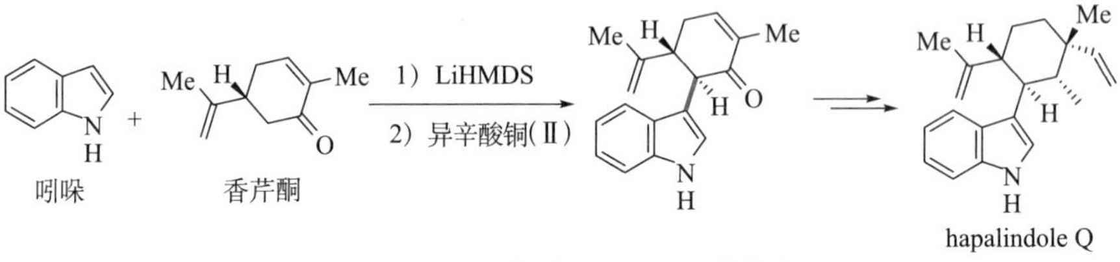

(a) Baran课题组对hapalindole Q的合成

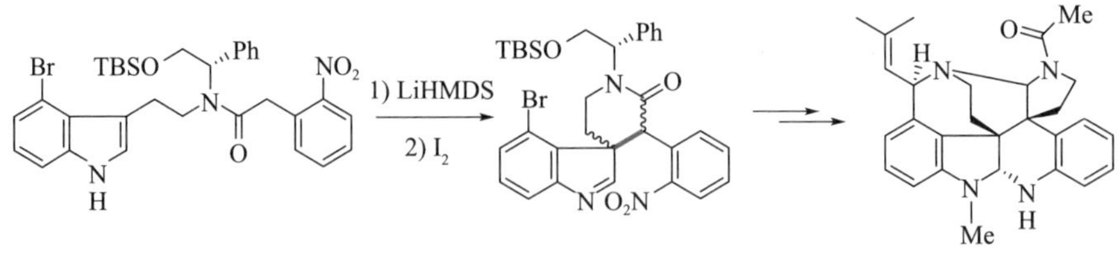

(b) 马大为课题组对communesin F的合成

图 2-8 吲哚和羰基化合物的氧化偶联反应在吲哚生物碱合成中的应用

HMDS：六甲基二硅烷；TBSO：叔丁基二甲硅氧基

为了克服分子间偶联反应的复杂性，提高反应的选择性，另外一种策略是采用分子内氧化偶联的方法。这样不但可以提高反应的收率，同时能够构建复杂环系骨架。正是基于这一思路，Baran 等通过分子内氧化偶联反应，构建了合成 stephacidin 的关键的桥环中间体[46, 47]。美国化学家 Overman 课题组应用分子内氧化偶联高效地完成了 actinophyllic acid 的全合成[48]。中国科学院上海有机化学研究所（简称上海有机所）的马大为课题组在该领域开展了系统、深入的研究，通过设计含有吲哚的关环前体，以分子内的氧化偶联反应为关键合成步骤完成了对 communesin A、communesin B、communesin F［图 2-8(b)］、vincorine、aspidophylline 等吲哚生物碱的全合成[49]。通过上面的合成可以看出，分子内氧化偶联反应能够高效构建多环骨架，从而提高了整个合成的效率。

（三）苯并呋喃吲哚啉类生物碱

苯并呋喃吲哚啉结构广泛存在于生物活性天然产物中，其包括两种不同的区域异构体——苯并呋喃［2, 3-*b*］吲哚啉和苯并呋喃［3, 2-*b*］吲哚啉结构单元（图2-9）[50]。有意思的是，苯并呋喃［2, 3-*b*］吲哚啉广泛存在于天然产物中，而苯并呋喃［3, 2-*b*］吲哚啉则非常少见，仅存在于 phalarine 结构中。

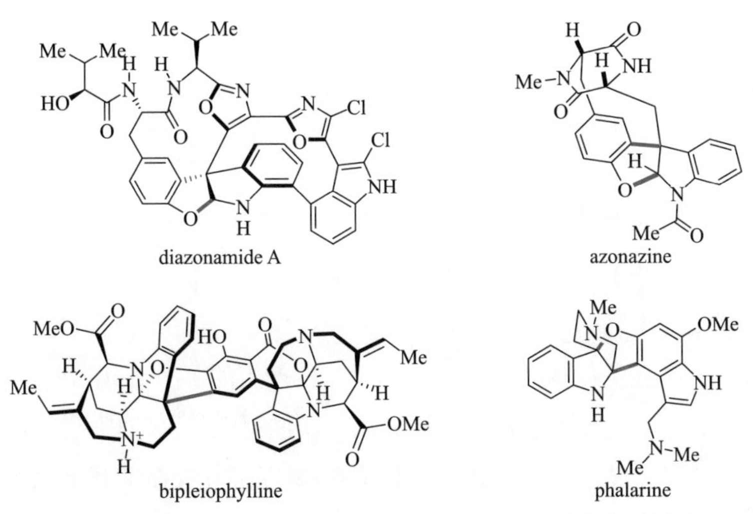

（a）苯并呋喃吲哚啉的生源合成途径

（b）以吲哚和苯酚的仿生氧化偶联为关键步骤合成的代表性天然产物

图 2-9 吲哚和苯酚的仿生氧化偶联反应在天然产物合成中的应用

2003 年，美国的 Harran 课题组通过碘苯二乙酸（PIDA）介导的分子内吲哚和苯酚的仿生氧化偶联反应成功构建了苯并呋喃［2, 3-*b*］吲哚啉结构，实现了天然产物 diazonamide A 的首次全合成并修正了其结构[51]。2015 年，该课题组进一步报道了分子内吲哚和苯酚的电化学氧化合成方法，并实现了 diazonamide A 类似物药物分子 DZ2384 的合成[52]。2013 年，南京大学的姚祝军课题组通过碘苯二乙酸介导的分子内吲哚和苯酚的仿生氧化偶联反应构建苯并呋喃［2, 3-*b*］吲哚啉骨架，实现了天然产物 azonazine 的首次全合成并修正了其结构[53, 54]。2017 年，法国的 Guillaume Vincent 课题组采用两步仿生氧化环化法实现了复杂天然产物 bipleiophylline 的半合成，但转化效率极低，两步总收率仅有 3%[55]。

直到最近几年，苯并呋喃［3, 2-*b*］吲哚啉结构的仿生构建方法才取得突破。2014 年，法国的 Guillaume Vincent 课题组报道了 N-Ac 吲哚与苯酚在二氯二氰基苯醌（DDQ）和 $FeCl_3$ 存在下发生氧化偶联，首次实现了苯并呋喃［3, 2-*b*］吲哚啉的仿生直接合成。然而，其底物局限性比较大，仅适用于 2 位没有取代的吲哚底物[56]。2019 年，北京大学贾彦兴课题组通过在吲哚 1 位氮原子上引入苯甲酰基保护，并使用碘苯二乙酸为氧化剂，使 2, 3-双取代吲哚与苯酚的氧化偶联反应的区域发生了选择性翻转，实现了对苯并呋喃［3, 2-*b*］吲哚啉的直接合成。基于该方法，从商业起始原料色胺出发，仅用 8 步反应就实现了 phalarine 的仿生高效全合成，与之前最短的 15 步合成相比，合成步骤缩短了 7 步[57]。该研究表明，现代合成方法学的发展对解决有机合成问题有巨大的推动作用。

（四）色胺（色氨酸）及其衍生物二聚体生物碱

色胺（色氨酸）及其衍生物二聚体生物碱是具有高度复杂的分子结构，往往包括多个环系和多个手性中心，以及一对相邻的季碳中心。生源上，它们是色胺（色氨酸）及其衍生物氧化偶联二聚产生的［图 2-10(a)］。在化学合成中，色胺（色氨酸）及其衍生物氧化偶联过程中的区域和立体选择性仍然面临许多挑战。过去二十年中，很多课题组发展了仿生的氧化偶联新方法，陆续完成了多硫代二酮哌嗪（epipolythiodiketopiperazine，ETP）二聚体生物碱等的全合成[58]。

2007年，美国 Mohammad Movassaghi 课题组发展了 $CoCl(PPh_3)_3$ 介导的叔丁基溴的还原二聚反应，成功构建了具有相邻季碳中心的核心结构［图 2-10(b)］[59]。然而，该方法仅适用于相同单体的偶联，对不同前体的偶联并不适用。对于含有不对称结构的二聚体，2011年，他们通过首先将两个不同官能团的片段偶联生成混合磺胺，然后氧化挤出二氧化硫产生关键的重氮烯，在紫外线照射下形成两个叔苄基自由，在溶剂笼内快速重组偶联生成产物［图 2-10(c)］[60, 61]。应用该方法作为关键步骤，他们完成了十几种天然产物的合成，其中许多是首次全合成，进而实现了它们的结构确认。2015年，云南大学的夏成峰课题组通过铜介导的色氨酸环化和二聚反应，一步构建了相邻的季碳中心。重要的是，该反应可以通过简单地改变吲哚氮原子（Nb）的保护基（PG），实现 *endo* 和 *exo* 的立体选择性合成[62]。

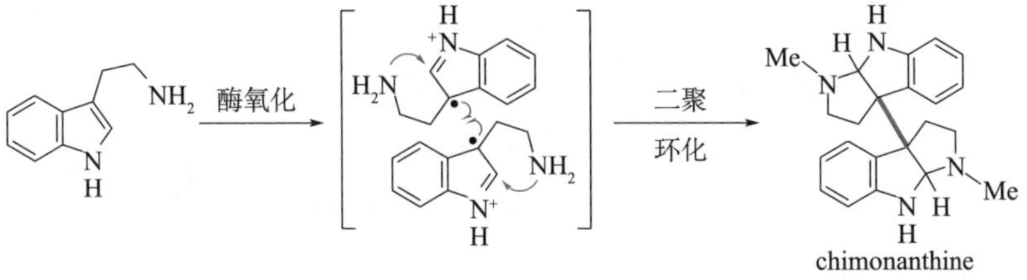

(a) chimonanthine的生源合成途径

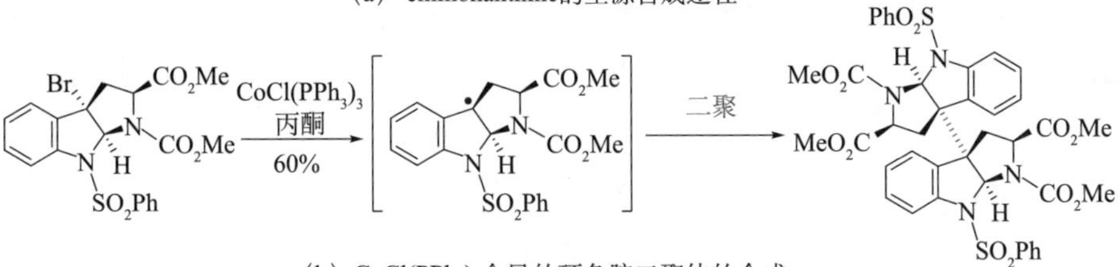

(b) $CoCl(PPh_3)_3$介导的环色胺二聚体的合成

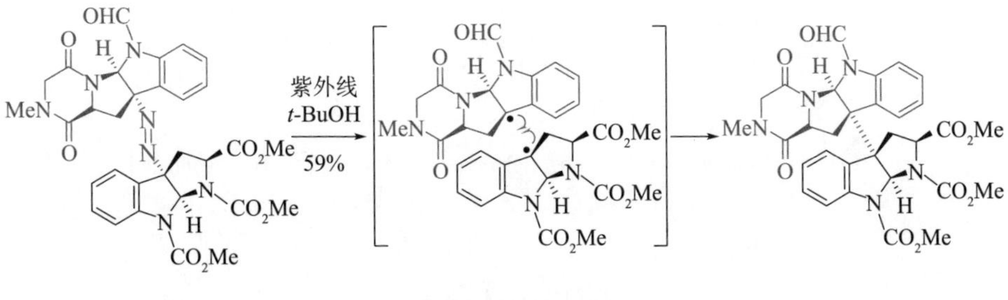

(c) 通过重氮烯合成异源环色胺二聚体

图 2-10 仿生自由基偶联在 ETP 二聚体生物碱合成中的应用

Ph：苯基

三、仿生协同反应

协同反应是指两个或两个以上的化学键形成或断裂在同一步骤中进行的化学转化。目前已知的大多数协同反应可以归纳为三种类型：环加成反应、σ 迁移反应和电环化反应。尽管协同反应在合成化学中占据极其重要的地位，但仿生协同反应的发展却相对滞后。究其原因，主要是很长一段时间内并没有在生物体内发现明确具有催化协同反应功能的酶，因此协同反应的“仿生理念”也就无从谈起。近年来，随着生物合成领域的快速发展，一些催化协同反应的特异性酶陆续被发现，相应地也促进了仿生协同反应的发展。

Diels-Alder 反应可谓有机化学中最重要的周环反应之一，已有近百年的发展历史[63]。然而，早在合成化学家发现 Diels-Alder 反应之前，大自然就已经利用这一反应构建各类复杂天然产物[64]。因此，历史上仿生 Diels-Alder 反应的发展与天然产物合成密不可分。1971 年，Chapman 等首次利用仿生 Diels-Alder 二聚化反应实现了天然产物卡帕酮（carpanone）的全合成[65]，自此关于仿生 Diels-Alder 反应在全合成中的应用研究可谓长盛不衰。国际上该领域的领军人物主要是 John Porco 和 Dirk Trauner。近年来，我国科学家在利用仿生 Diels-Alder 反应构筑复杂天然产物方面也做出了一系列出色的研究成果（图 2-11）[66-70]。然而，目前仿生 Diels-Alder 反应研究主要体现在应用层面，即以仿生 Diels-Alder 反应为关键步骤合成复杂天然产物。相对来说，从

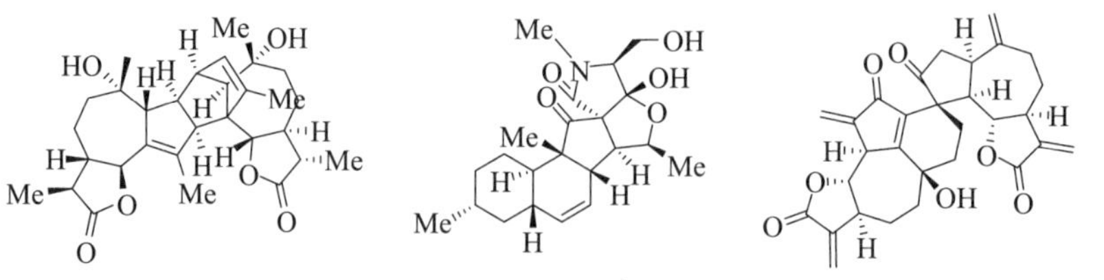

（a）(+)-absinthin （b）(−)-fusarisetin A （c）gochnatiolide B

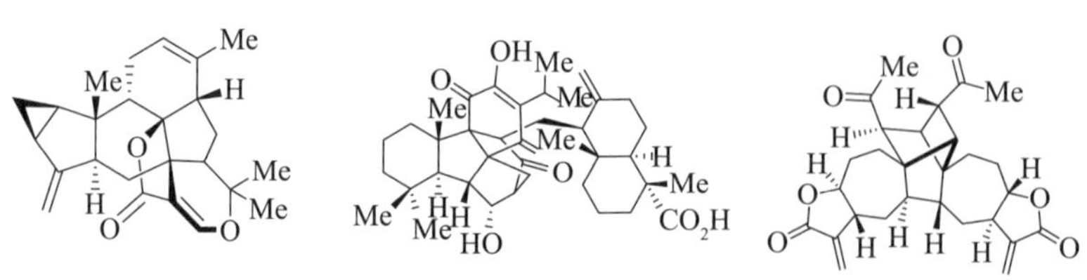

（d）bolivianine （e）taiwaniadduct D （f）mogolide A

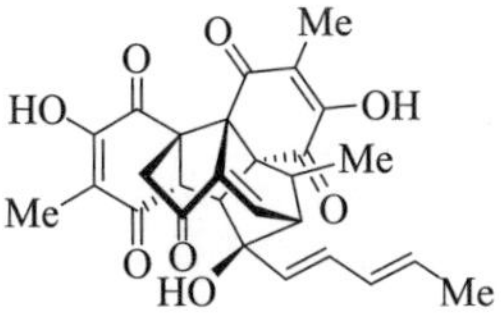

(g) homodimericin A 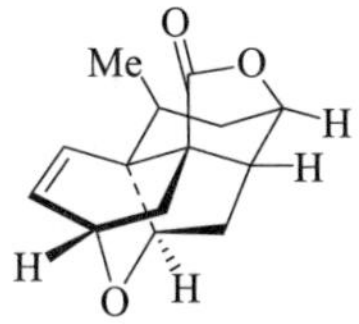 (h) xanthipungolide 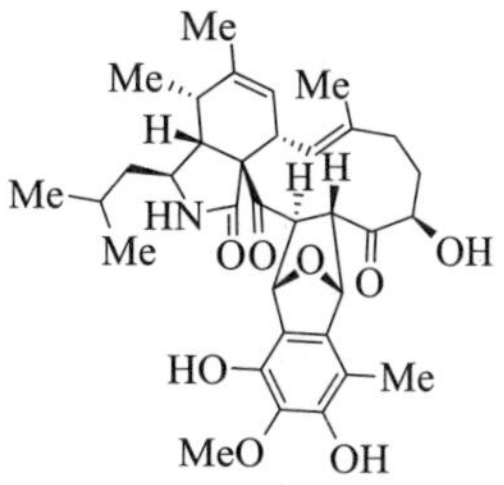 (i) asperchalasine B

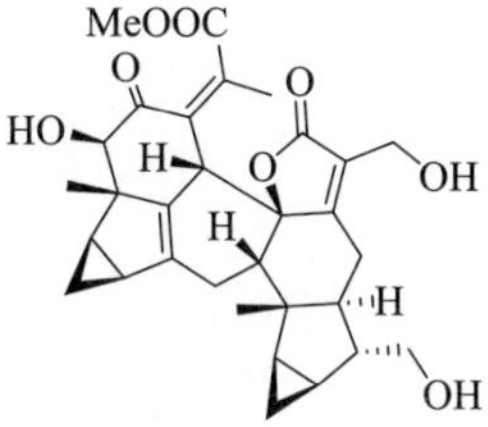

(j) sarcandrolide J 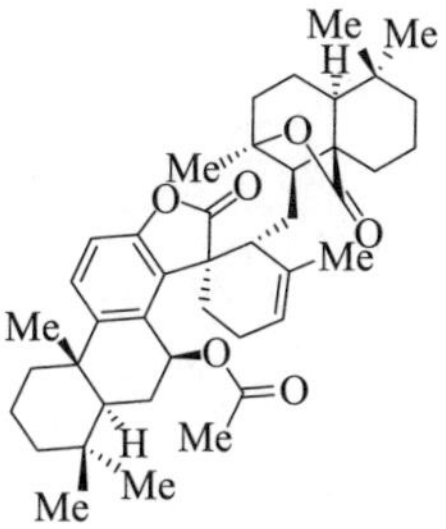 (k) hispidanin A 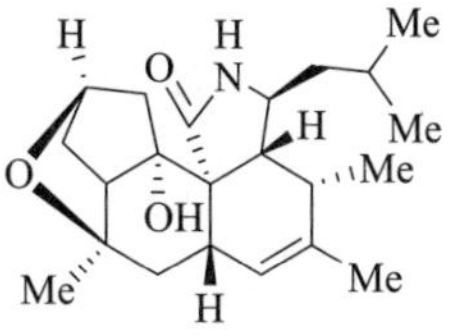 (l) periconiasin D

图 2-11 中国学者以仿生 Diels-Alder 反应为关键步骤完成的代表性天然产物

absinthin：苦艾素；fusarisetin A：夫沙瑞汀 A；xanthipungolide：变苍耳内酯；asperchalasine B：黄柄曲霉菌素 B

催化角度来研究仿生 Diels-Alder 反应的研究工作还非常少。究其原因，一方面生物体内发生的绝大多数 Diels-Alder 反应并非直接通过酶催化进行，因此在很长一段时间内，被发现的 Diels-Alder 酶非常有限 [71]；另一方面，对于已发现的 Diels-Alder 酶的催化作用机制研究仍然处于初级阶段，其中不少 Diels-Alder 酶的催化作用主要体现在反应底物的合成上，而非 Diels-Alder 反应本身。值得一提的是，近期我国科学家在发现具有单一催化功能的 Diels-Alder 酶方面取得了突破性进展。例如，北京大学的雷晓光课题组首先发展了手性硼酸酯催化的仿生 Diels-Alder 反应，并以此为关键步骤实现了黄酮类天然产物桑皮酮（kuwanon）I 和 J 的全合成（图 2-12）[72]；在此基础上，该课题组和戴均贵、黄璐琦课题组合作，利用基于“天然产物生物合成中间体分子探针”的研究策略，成功解析了传统中药桑白皮中的此类天然产物的生物合成途径，并发现首例催化分子间 Diels-Alder 反应的单功能酶——桑树 D-A 酶（MaDA）[73]。该项工作表明，研究仿生 Diels-Alder 反应不仅可以促进天然产物的全合成，也有助于挖掘天然产物的合成中的关键酶及其功能。

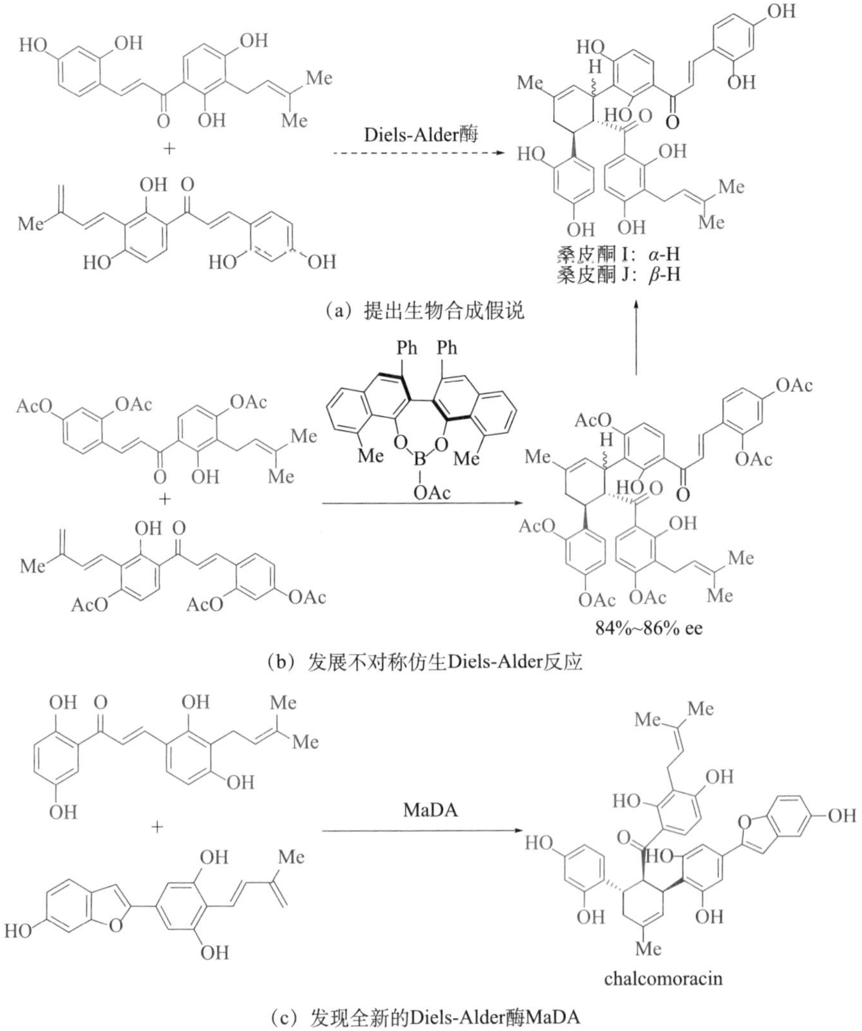
Diels-Alder酶
桑皮酮 I：α-H
桑皮酮 J：β-H
(a) 提出生物合成假说
84%~86% ee
(b) 发展不对称仿生Diels-Alder反应
MaDA
chalcomoracin
(c) 发现全新的Diels-Alder酶MaDA

图 2-12　仿生 Diels-Alder 反应研究和相关 Diels-Alder 酶的发现

传统 Diels-Alder 反应一般是在热力学条件下发生的，需要加热或使用催化剂。相对来说，光引发的 Diels-Alder 反应的研究较少，其合成价值也未得到重视。近年来，光引发的仿生 Diels-Alder 反应取得了一些进展，其主要研究思路是利用光反应产生一个高活性中间体，进而实现常规条件下难以发生的 Diels-Alder 反应（图 2-13）。该类反应的优点在于反应产物结构和立体化学常常不同于传统 Diels-Alder 反应，因此可作为后一类反应的有益补充。例如，近年来 David Sarlah 课题组利用可见光诱导的激发态亲芳香体和苯环之间的 Diels-Alder 反应，实现了在温和条件下苯环的去芳香化官能团化反应[74-76]。该反应的设计思想源于生物体内存在的芳烃双加氧酶催化的苯环双羟化反应，不同的是作者利用两个切实可行的化学反应（光引发的 Diels-Alder 反应和双键的双羟基化反应）实现了上述酶催化过程。高栓虎课题组近年来在发展光诱导的烯醇化 /Diels-Alder 反应方面做出了系统性的研究工作[77, 78]，其主要贡献在于将 Lewis 酸引入此类反应，实现了 Lewis 酸 / 光照协同促进的不对称 Diels-Alder 反应。此外，唐叶峰课题组利用光照促进的反式环庚烯 Diels-Alder 二聚化反应完成了天然产物 mogolide A 的合成[79]。该研究工作将环庚烯酮的双键顺反异构化和 Diels-Alder 反应串联起来，可高效构建 6/7 反式并环体系，在天然产物合成方面具有广泛的应用潜力。

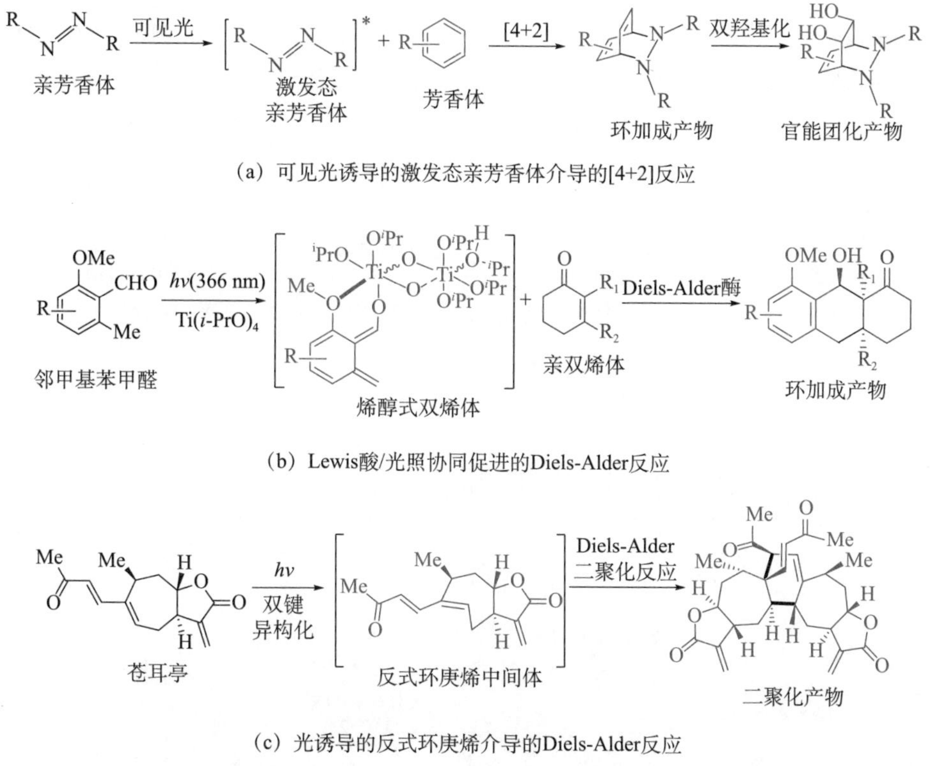

（a）可见光诱导的激发态亲芳香体介导的[4+2]反应

（b）Lewis酸/光照协同促进的Diels-Alder反应

（c）光诱导的反式环庚烯介导的Diels-Alder反应

图 2-13 光引发的高活性中间体介导的 Diels-Alder 反应

除应用于天然产物合成以外，近年来仿生 Diels-Alder 反应的另一个发展方向是作为生物正交工具应用于化学生物学（图 2-14）。生物正交反应

（bioorthogonal reaction）是指能够在活体细胞或组织中于不干扰生物自身生化反应条件下进行的化学反应，其最大的特点是需要同时具备生物兼容性和化学特异性。目前大多数常用的生物正交反应均是从已知化学反应中衍生而来的，具有较好的特异性，但往往存在生物兼容性问题。相反，仿生反应的优势在于其源于生物体系，因此天然具备生物兼容性；在此基础上，化学家可以通过融入理性设计，改善其化学特异性，就能发展出实用的生物正交工具。例如，北京大学雷晓光课题组借鉴天然产物合成中常见的 α–亚甲基苯醌介导的逆电子 Diels-Alder 反应，发展了更具实用性的点击化学反应，并将其作为生物正交工具应用在生物体系中[80, 81]。此外，清华大学唐叶峰课题组提出了“自然启发的生物正交反应”这一研究理念[82, 83]，其核心思想是将自然界存在的一些高张力体系应用于环张力驱动的生物正交反应。基于这一理念，该课题组发展了一系列基于仿生 Diels-Alder 反应的生物正交工具，并将其应用于不同水平（体外或细胞水平）上的蛋白质标记和示踪。

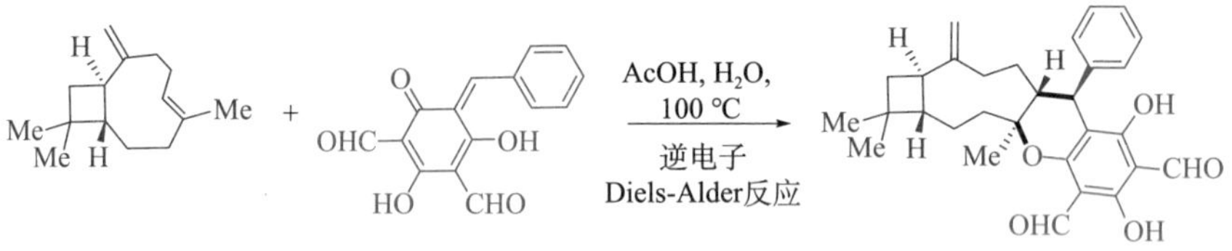

β–石竹烯　邻亚甲基苯醌　AcOH, H_2O, 100 ℃ 逆电子 Diels-Alder反应　番石榴二醛

(a) 天然产物生源途径启发

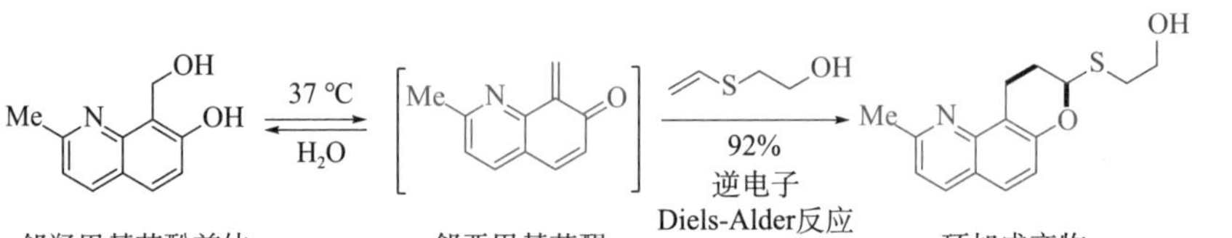

邻羟甲基苯酚前体　37 ℃ H_2O　邻亚甲基苯醌中间体　92% 逆电子 Diels-Alder反应　环加成产物

(b) α–亚甲基苯醌介导的逆电子Diels-Alder反应

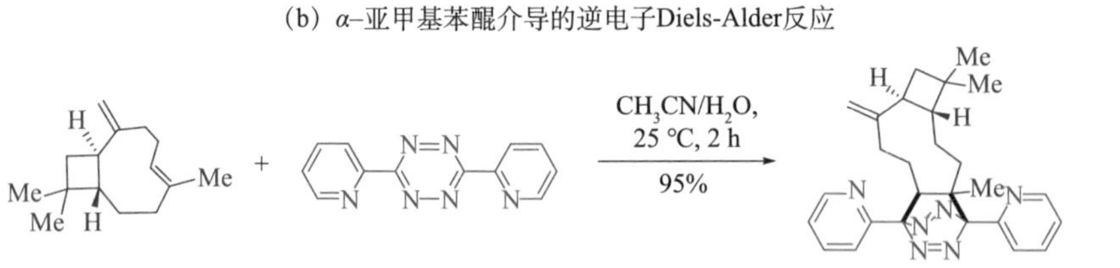

β–石竹烯　3, 6–二吡啶四嗪　CH_3CN/H_2O, 25 ℃, 2 h 95%　环加成产物

(c) β–石竹烯介导的逆电子Diels-Alder反应

图 2-14　仿生 Diels-Alder 反应在生物正交化学方面的应用

电环化反应是另一大类常见的协同反应。与 Diels-Alder 反应类似，电环化反应的发展历史也与天然产物合成密切关联（图 2-15）[84]。早在 20 世纪 60 年代，Havinga 等就系统研究了维生素 D_3 的生物合成途径中的 6π 电环化反应，从而开启了仿生电环化反应的研究热潮[85]。其后，Woodward 和霍夫曼（Hofmann）等系统总结了电环化反应规律，提出了著名的伍德沃德-霍夫曼规则（Woodward-Hofmann rule），为这一领域的发展提供了重要的理论基础[86, 87]。然而，迄今尚未在生物体内发现具有确定功能的电环化反应酶，因此关于仿生电环化反应的研究更多局限在将其作为关键步骤应用于天然产物

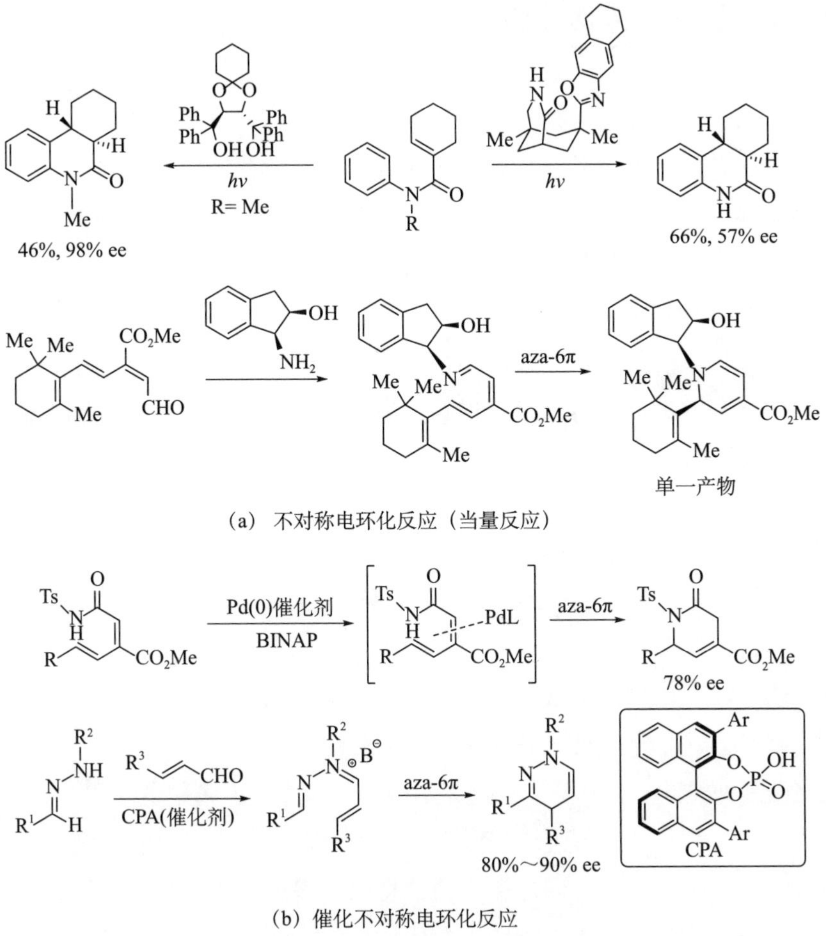

（a）不对称电环化反应（当量反应）

（b）催化不对称电环化反应

图 2-15　不对称电环化反应

aza-6π：氮杂 6π 电环化反应；BINAP：1, 1′-联萘-2, 2′-双二苯膦；CPA：手性磷酸（chiral phosphoric acid）；Ts：对甲苯磺酰基；Ar：芳基

合成，而对于催化电环化反应的研究较少。从合成角度来看，该领域最具挑战性的问题是如何实现催化不对称电环化反应[88]。历史上，一些国外课题组针对这一问题进行了初步研究，并取得了一些成果。例如，Toda、Back 和 Rueping 课题组发展了小分子催化的不对称氮杂 6π 电环化反应；Katsumura 课题组则发展了 Lewis 酸催化的不对称氮杂 6π 电环化反应[89-93]。但总体来说，该领域的发展仍然存在较大不足，主要表现在反应底物类型局限、催化模式和催化剂类型较少、催化活性和选择性有待进一步提高。

四、仿生杂原子转移反应

硫、氮、氧、卤素等杂原子在生命、药物、材料领域都起着不可替代的作用。这些杂原子的相关化学转化关乎人类健康、生态环境和可持续性发展战略等重要方面。传统化学方法完成杂原子转移通常需要使用一些复杂的催化剂或者苛刻的反应条件和对环境不友好的试剂。以仿生策略实现杂原子转移则可以很好地克服传统方法中的一些弊端，可以为人类提供高效、经济、最接近于生物系统的技术，最终造福人类。总的来说，仿生杂原子转移策略的发展将会开辟独特的技术发展道路，它通过向生物界模仿来开阔人们的眼界，解决人类面临的科学问题。

（一）仿生硫原子转移

作为生物必需的大量营养元素之一，硫参与了细胞的能量代谢与蛋白质、维生素和抗生素等物质代谢。在自然界中，硫以多种化学形态存在，包括单质硫、还原性硫化物、硫酸盐和含硫有机物。硫氧化是硫元素生物地球化学循环的重要组成部分，通常是指单质硫或还原性硫化物被微生物氧化的过程。硫氧化细菌种类繁多，其硫氧化相关基因、酶和途径也多种多样[94]。

此外，生命体内的硫原子转移过程也有非常重要的功能。例如，蛋白质在执行生命活动的响应调控和生命信息的传递过程中，需要在肽链分子上连接某种分子或分子团，以改变蛋白质的功能。如果在蛋白质的分子链上接一个乙酰基，即为“乙酰化”修饰，蛋白质的乙酰化是改变蛋白质功能最主要的修饰方式之一。修饰后的蛋白质可以对细胞内的各类通路进行精确的调节与控制。硫酯由于同时具备催化条件下良好的反应性和常态条件下的高度稳定性，常常作为优秀的酰基转移试剂，在生命现象如蛋白质修饰与改性、信号通路与抑制、大环内酯与肽链的生物合成中都充当关键中间体。乙酰辅酶A就是生命体中进行酰基转移的硫酯，乙酰辅酶A由辅酶A（CoA）的—SH基与乙酰基形成硫酯键，在乙酰化酶——组蛋白乙酰转移酶（HAT）的调节下对组蛋白进行乙酰化，是生命体中酶催化酰基转移过程的重要因子（图2-16）。

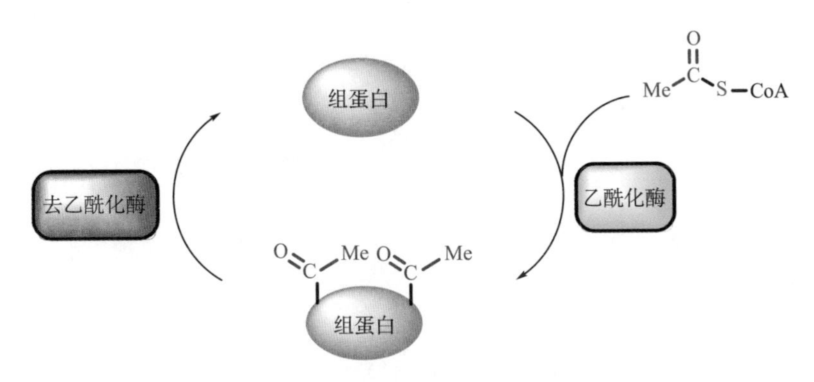

图2-16　生命体中乙酰化与去乙酰化

姜雪峰课题组借鉴硫酯的仿生合成思路，发展了一种双羰基硫酯类试剂。该试剂的设计利用了双羰基C—S键具有较低的高反应性，且双羰基硫酯具有良好的热力学稳定性的双重特点。他们运用三硫阴离子自由基捕获α-羟基酮自由基，重排、异构化，即可十分方便地获得1, 2-二羰基硫酯。这一系列稳定试剂的高效克级构建将为双羰基酰化反应带来广谱的便利。为了进一步建立该类双羰基试剂的多样性用途，他们将该双羰基试剂应用于不同类型化合物的双羰基化反应：不但可与各类胺、手性天然氨基酸及各类醇等杂原子化合物在温和条件下进行双羰基化反应，而且可以与硼酸酯催化偶联实现广谱的碳链双羰基化（图2-17）[95]。此外，仿生不对称催化硫转移反应也被发展。在生物转化过程中，了解水的作用对于设计催化反应系统以模拟自然界中酶的作用及获得高反应速率和（立体）选择性是至关重要的。水上催化由于疏水水合作用，催化剂和基质之间的疏水相互作用增强，从而增加反应速率。Song等利用该仿生思路设计了手性硫脲催化剂用于硫醇对羰基化合物的加成，构建手性半硫代缩醛类化合物（图2-18）[96]。

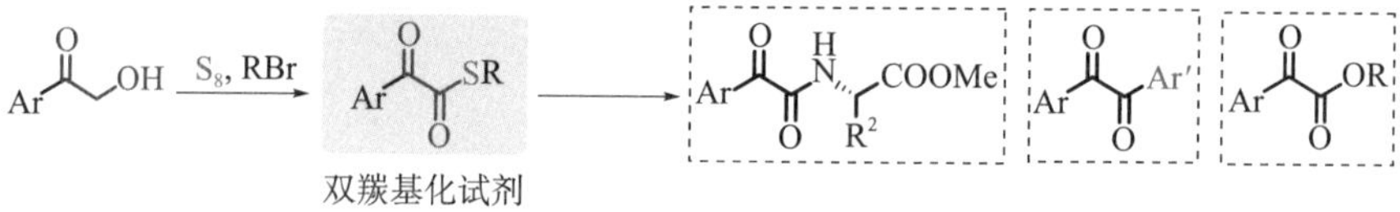

图 2-17　仿生双羰基硫酯试剂

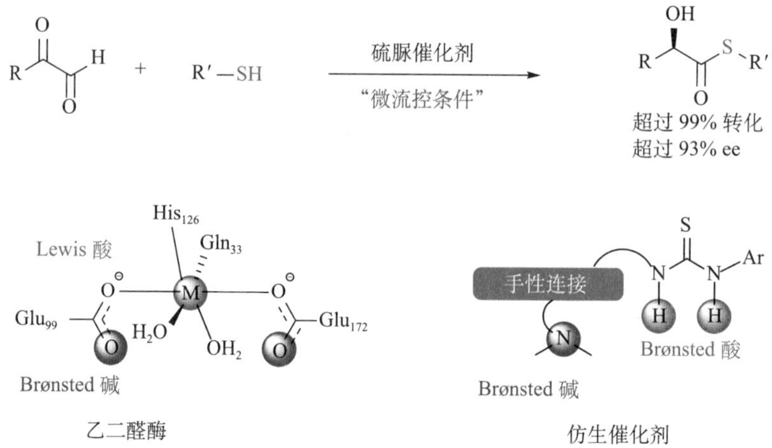

图 2-18　仿生手性硫脲催化剂

（二）仿生氧化反应

在化学化工生产中，氧化反应是最常见的基本反应之一，但是传统氧化反应常常伴随着高温、高压、易爆炸等风险。相比较而言，生命体中的氧化过程则可以在温和条件下发生。因此，如何模仿自然界或者生命体的氧化过程来发展绿色温和的仿生氧化方法在化学工业中具有非常重要的意义。以人体内的氧化酶为例，细胞色素 P450 酶就是代表性的氧化酶之一，它分布广泛，主要参与生物体外源物质代谢与天然产物生物合成，能以结构多样的有机化合物作为底物，催化多种类型的化学反应。P450 酶可在温和条件下实现底物分子中 C—H 键的选择性氧化，因而在精细化学品、化学中间体及药物分子的生产上具有很高的实用价值及多年的应用历史。随着蛋白质工程、代谢工程与合成生物学的发展，目前已可初步实现根据反应需求来理性设计或定向进化改造 P450 酶催化系统以高效催化多种有机反应，拓宽了 P450 酶在生物合成与有机合成反应中的应用范围。它的催化过程是其结构中的含铁离子与目标分子结合，接受从 P450 酶传递来的一个电子，使铁转变为二价亚铁离子。随之，它与氧和质子结合，产生水和铁氧复合物。复合物再与氢原子分离，形成自由基中间体。最终，氧化型目标分子从复合物中释放出来并再生 P450 酶。基于生命中的仿生过程，一些仿生氧化反应体系陆续被发展。例如，Han 课题组设计了一种以细胞色素 P450 酶为“灵感”的铁催化剂-烷烃的催化氧化，包括在还原酶存在下分子氧对其铁原卟啉Ⅸ的还原活化（血红素）。他们探索了铁催化剂直接催化氧化甲基芳烃制备芳醛的反应体系。该方法具有高效、底物范围广的特点（图 2-19）[97]。

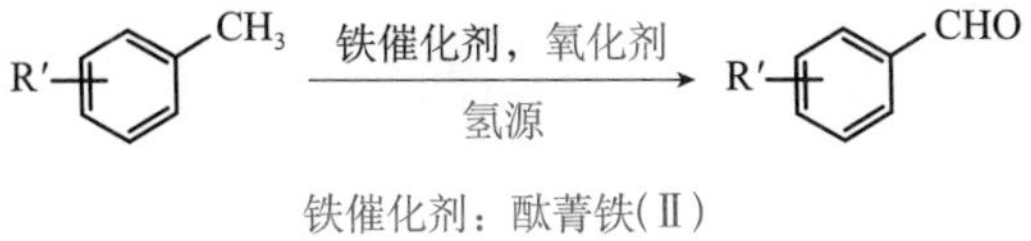

图 2-19 仿生催化氧化甲基芳烃制备芳醛

（三）仿生催化氮原子转移（硝化）

过氧化物酶是一类广泛存在于动物、植物、真菌和细菌中的氧化还原酶。它以血红素为辅基，参与生物体内的生理代谢。过氧化物酶不仅可催化过氧化氢（H_2O_2）与多种有机、无机氢供体发生氧化还原反应，如羟基化反应、环氧化反应、聚合反应，而且可以催化硝化反应。过氧化物酶催化的硝化反应的底物有多种，如芳香族化合物、酚类化合物及蛋白质等。人们在人和动物体内的很多发病组织中发现了蛋白质硝化产物 3-硝基酪氨酸的存在，且证明有些和过氧化物酶有关。例如，很多发病的人和动物的血清蛋白、肺部肌球组织等组织蛋白中都检测到 3-硝基酪氨酸的存在。蛋白质中氨基酸残基硝化的机制通常包括 NO_3^- 硝化酪氨酸残基，NaN_3 在过氧化氢酶 /H_2O_2 体系中发生氧化反应引起酪氨酸硝化等过程 [98]。另外，传统有机合成中的硝化方法是芳基化合物与硝酸反应，生成不同位点的硝化混合物。而且芳香族化合物在硝化过程中常常容易被硝酸氧化，导致产率很低、副产物较多。

与传统的化学反应相比，过氧化物酶在芳香族化合物硝化反应中由于具有反应温和的特点，该催化体系的应用越来越受到人们的关注。例如，以正丁醇为有机溶剂对苯酚的硝化反应中，以 NO_2^- 和 H_2O_2 为底物，辣根过氧化物酶（HRP）在水-有机两相体系中催化的反应体系被开发[99]。在两相体系中，通过适当的搅拌强化传质，反应速率主要受水相反应动力学的控制。该结果还可能为设计更具挑战性的仿生催化不对称反应提供一个良好的标杆。

（四）仿生卤化

天然卤代有机物大多数来自海洋，主要是由海藻、海绵、细菌及其他海洋生物等通过次级代谢合成的。此外，陆生植物、真菌、昆虫、一些高等动物甚至人类也导致了部分天然卤代有机物的形成。自 1896 年 Drechsel 等分离出第一个含卤天然产物 3, 5-二碘酪氨酸之后[100]，越来越多的天然卤代有机物相继被发现，其中包括卤代烷烃、卤代烯烃及卤代芳烃等，这些天然卤代有机物大多数具有药理学活性，如抗癌、抗菌、抗炎及抗病毒等[101]，为医药和农药的研发提供了重要的分子基础。

卤过氧化物酶是最早发现并在体外鉴定的卤化酶之一，这类酶可催化 H_2O_2 对卤负离子进行氧化生成次卤酸进而完成对有机化合物的卤化反应。来自真菌 *Caldariomyces fumago* 的氯过氧化物酶（CPO）是典型的血红素铁卤过氧化物酶，其在天然产物卡尔里霉素（caldariomycin）的生物合成中首次被分离出来[102, 103]，晶体学研究表明，CPO 是一种 42 kDa 的糖蛋白，具有血红素辅助因子和 8 个螺旋主导的三级结构[104]。其在催化卡尔里霉素的合成中主要经历如下过程（图 2-20）：硫代半胱氨酸连接的血红素铁（Ⅲ）-卟啉即 CPO 被 H_2O_2 激活生成 Fe(Ⅳ)-O 物种，与 P450 羟化酶不同，卤化物的亲核加成会产生催化的铁(Ⅲ)-次卤酸盐。随后的卤化过程可能存在两种途径：一种是 CPO 可以将底物与铁(Ⅲ)-次卤酸盐结合，导致亲电子卤离子转移到富电子底物上；另一种是通过酶释放次卤酸盐，从而非选择性地卤化富电子底物中心。其中后者认可度较高[105, 106]。

基于该仿生过程的启发，Nicewicz 等使用吖啶类光敏剂与 PhSH 共催化，使用氢卤酸、磷酸或磺酸作为亲核试剂对苯乙烯进行反马氏加成反应[107]。虽然反应过程中存在自由基过程，但是以卤负离子形式对中间体进行亲核加成。其中合适的氧化还原活性氢原子供体 PhSH 对于提高反应的收率至关重要（图 2-21）。

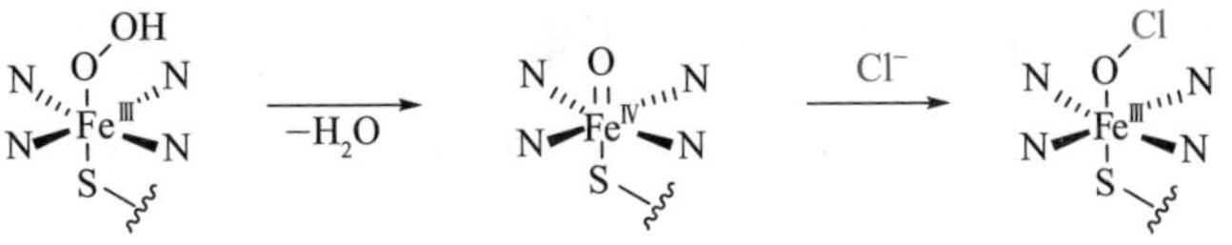

图 2-20 氯过氧化物酶氯化历程

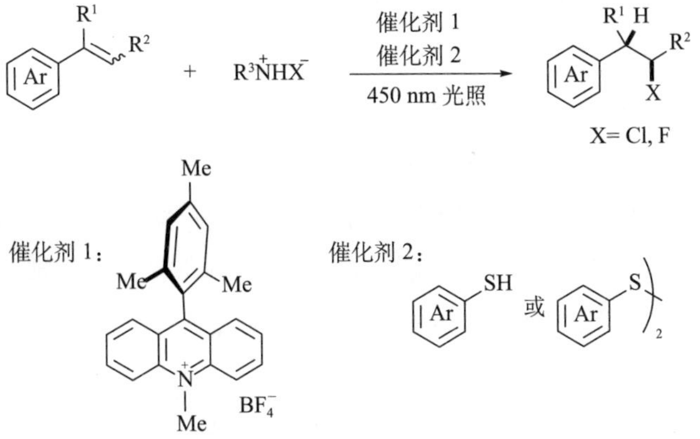

图 2-21 仿生卤化

五、仿生光化学反应

仿生光化学反应主要是指在可见光的照射下，通过化学手段实现酶或非酶催化的化学转化，是受自然界光合作用启发而兴起的研究领域，对于新型能源及新的合成工艺的探索具有重要的研究价值。可见光是一种含量丰富、来源广泛、绿色无污染且可再生的自然资源。仿生光化学反应能够克服传统热化学反应和高能紫外光引发的反应中的一些弊端，反应发生所需要的条件非常温和，从而为合成化学提供了一种绿色、节能的策略，有望成为 21 世纪最具潜力的绿色化学技术。

早在 1843 年，Drape 就发现氢与氯在气相中可发生光化学反应。1908 年，Ciamician 便利用地中海地区的强阳光开展了一些化合物的光化学反应与合成研究。到 20 世纪 60 年代，已经有部分仿生光化学反应被发现；20 世纪 80 年代以来，随着量子化学、配位化学及染料化学的快速发展和物理测试手段的突破，仿生光化学反应逐步进入人们的视野并得到快速的发展。

（一）二氧化碳的仿生光化学固定

二氧化碳的化学固定是落实我国绿色低碳发展政策的重要方式，对促进资源开发和人类可持续发展具有重要意义。目前二氧化碳化学转化中，80%以上是制备尿素和水杨酸。此外，利用电化学方法还原二氧化碳制备甲醇、碳酸二甲酯也引起了合成化学家和工业界的高度关注。最近，丁奎岭团队通过发展新型金属有机催化剂，实现了在温和条件下从二氧化碳到*N*, *N*-二甲基甲酰胺（DMF）的工业化过程。

余达刚利用“连续单电子转移”策略，成功实现了第一例可见光促进二氧化碳参与的吲哚类化合物的还原去芳构化-羧基化反应[108-110]。在无过渡金属、较低的光催化剂用量及1atm①二氧化碳的温和条件下，他们实现了吲哚类化合物的高选择性地还原去芳构化反应，为合成重要的吲哚-3-羧酸类化合物提供了新方法。此外，他们还实现了烯烃、1, 3-二烯和联烯与二氧化碳的双羧基化反应，以较高的化学选择性和区域选择性得到结构多样的二酸产物[111]。

通过模仿自然环境来转化二氧化碳的方法，Baret和Erb等通过从叶绿体中提取具有吸光作用的膜，成功研发了人造叶绿体组装平台，发展了人工生物固碳途径[112, 113]。该途径称为CETCH循环，可以通过一系列自然和工程化酶（包括巴豆酰辅酶A/乙基丙二酰辅酶A/羟基丁酰辅酶A）将二氧化碳转化为有机分子，如糖、燃料等。值得注意的是，CETCH循环复合体系是比自然生物系统效率高20%的酶催化系统。尽管目前尚不清楚该方法是否能够在确保成本不高的前提下实现大规模的二氧化碳转化，但其为有朝一日减少大气中二氧化碳的含量奠定了科学基础。

（二）光-酶催化的合成转化

如何将太阳能转换为化学能已经成为化学及生物学研究领域的重点问题。植物的光合作用系统作为一种天然的解决方案，因其清洁、自组装、可持续和高光致电荷分离效率等优势而受到广泛关注。然而，天然光合作用系统由复杂的膜蛋白亚基和多种辅酶组成，这给研究和实际应用带来了不便。王江云开发了基因编码的人工光合作用系统，可以理性设计荧光蛋白的荧光发色团化学

① 1 atm = 1.01325×10^5Pa。

结构，优化其吸收光谱、激发态寿命、自由基还原电势等一系列光化学性质。这种人工设计的光合蛋白质不仅可以为研究挑战性的化学转化提供新思路，也可以为进化具有非天然光催化活性的人工生命体提供研究基础[114-117]。

2020年，赵惠民等报道了可见光诱导的烯还原酶催化端烯烃的分子间自由基烷基化方法（图2-22）。在可见光诱导下，他们利用烯还原酶（ene-reductase，ER）将简单易得的羰基α-卤代物和末端烯烃通过不对称的分子间自由基氢烷基化反应转化为γ-手性羰基化合物（产率高达99%，ee值高达99%）。机制研究表明，在酶活性位点形成的基质/烯还原酶复合物诱导了对映选择性的光诱导自由基反应[118]。Mendoza报道了二氢烟酰胺衍生物N-丁基二氢烟酰胺（BuNAH）和还原型烟酰胺腺嘌呤二核苷酸（NADH）在蓝光照射下促进氧化还原活性酯和迈克尔（Michael）受体的偶联反应。这些反应不需要外部光催化剂或添加剂，没有可检测的背景反应性，可以在水中运行，即使在低浓度下也有异常高的速率[119]。Hyster等发现黄素依赖烯还

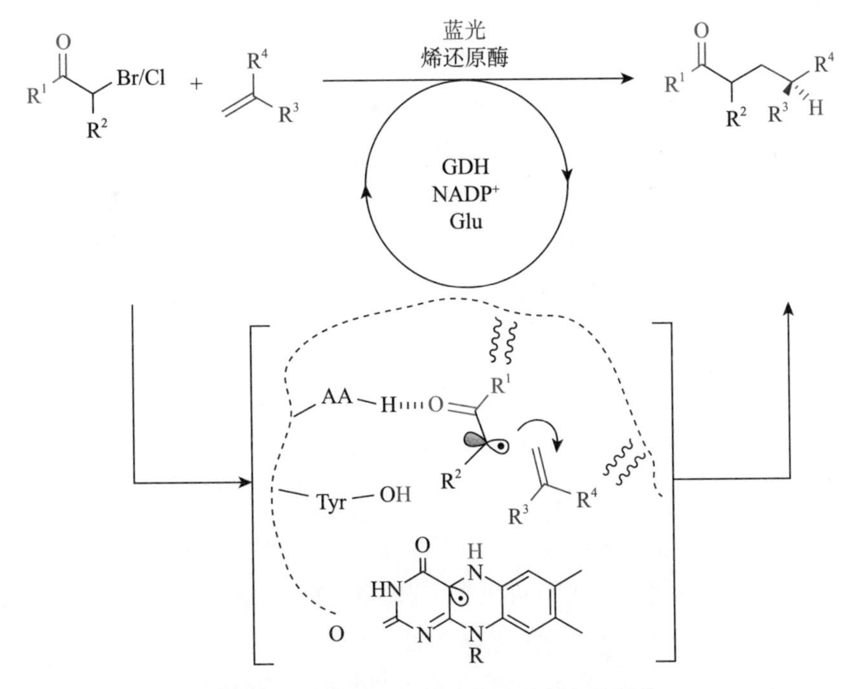

图2-22 光酶催化的分子间自由基氢烷基化

AA—H：作为氢键供体的关键氨基酸残基；Tyr—OH：作为质子供体的酪氨酸残基；GDH：葡萄糖脱氢酶；NADP+：烟酰胺腺嘌呤二核苷酸磷酸；Glu：葡萄糖

原酶在光引发的条件下能够实现不对称自由基环化，反应能以高的立体选择性构建五元、六元、七元和八元内酰胺。机制研究表明，在形成前手性自由基后，这种酶引导黄素释放氢原子，而最初的电子转移是通过在底物和酶活性部位内的还原黄素辅因子之间形成的电子供体–受体复合物的直接激发发生的[120]。

（三）非酶催化的光促不对称合成

手性是自然界的根本属性。为了合成具有特定构型的光学纯化合物，不对称合成已成为现代有机合成中最受重视的研究领域之一。其中，非酶催化的光促不对称合成受到合成化学家的高度重视。

2008 年，MacMillan 结合光氧化还原催化与手性亚胺催化的优势，成功实现了可见光照射下光敏剂与二级胺协同催化的醛的不对称 α–烷基化反应[121]，开启了光促不对称催化的新纪元，国内科学家也开展了大量杰出的研究工作。由于光敏剂或光催化剂的激发态与底物发生单电子转移或者能量转移后不再与底物相互作用，早期的光促不对称催化通常需要额外的催化体系来实现不对称诱导。2014 年，Bach 和 Meggers 相继发展了两类双功能的手性光催化剂，成功实现了单一催化剂催化的不对称光促［2+2］环加成及含有咪唑官能团的羰基化合物的 α–烷基化反应[122, 123]。但是，无论是 Bach 的具有光敏活性的手性酰胺催化剂还是 Meggers 的 Ir 和 Rh 催化剂，其催化的反应非常局限，且催化剂的制备较为复杂。2017 年，肖文精团队将手性双噁唑啉骨架与光敏剂噻吨酮片段相结合，设计了一类新型的可见光响应的手性噁唑啉配体（图 2-23）。该类手性配体可以通过简单的酯化反应合成得到，并且能与多种 Lewis 酸络合形成一类既具有不对称诱导功能又具有可见光敏化功能的双功能手性可见光催化剂，实现了氧气参与的 β–酮酸酯的 α–羟基化反应，以高的产率和对映选择性合成了一系列 α–羟基–β–酮酸酯类化合物[124]。

利用部分有机化合物可被可见光引发的特性，肖文精、陆良秋等率先发展了无光敏剂或光催化剂参与的钯催化的光促不对称合成[125-127]。通过发展手性磷、硫配体，他们成功实现了可见光诱导的 1, n–偶极子与 α–重氮酮的不对称［n+2］环化反应，为温和条件下五元至十元含氧、含氮杂环的不对称合成提供了新的策略和方法。

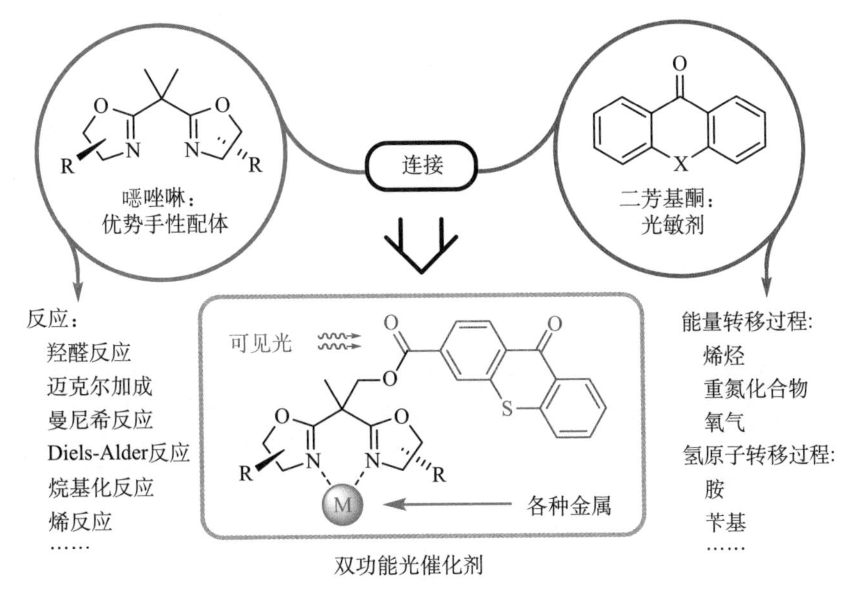

图 2-23　双功能光敏剂的设计

（四）仿生光化学反应在天然产物全合成中的应用

具有复杂化学结构的天然产物在创新药物发现中起到重要的作用。传统上，由动植物产品、微生物发酵液进行分离作为获得天然产物的重要手段，在大多数情况下难以满足新药研究对天然产物的需求。因此，发展新的合成方法与策略并用于天然产物的化学合成是合成化学家面临的重要挑战之一。由于反应条件温和、操作简单等特点，仿生光化学反应在天然产物全合成中的应用越来越受到合成化学家的重视。

2013 年，李昂等通过仿生光化学反应策略实现了亚胺–烯烃环化反应，成功地将 drementine F 转换为 indotertine A[128]。该策略相对于传统的自由基引发剂而言，具有更好的反应选择性，减少了副反应的发生，大大提高了合成效率。Overman 等采用 *N*–酰氧基邻苯二甲酰亚胺作为三烷基自由基的前体，通过可见光诱导的自由基与烯酮的共轭加成反应，实现了 (–)-aplyviolene 的全合成[129]。高栓虎等通过可见光促进的自由基串联反应合成了过氧化合物，高效地实现了天然产物 (+)-fusarisetin A 及其 C5 异构体的全合成[130]。在该合成中，他们首次发现了光氧化还原催化所产生的活性氧物种（reactive oxygen species，ROS）可以有效地替代金属氧化剂，这为合成其他复杂化合物提供了一种新思路。

仿生光化学反应不仅可以产生活性自由基，也可以形成自由基离子，该活性物种参与的反应同样可以应用于天然产物的全合成中。2014年，Stephenson等采用连续流动反应装置，通过可见光诱导的碎片化反应，高效、高选择性地实现了(−)-pseudotabersonine、(−)-pseudovincadifformine和(+)-coronaridine这三类天然产物的全合成[131]。值得一提的是，流动反应器的使用促使光催化的碎片化反应在2 min内即可快速完成，同时能获得高达96%的收率。与传统的一锅反应相比，连续流动反应可以大大缩短反应时间，提高反应效率，具有重要的应用前景。

2014年，肖文精和陈加荣提出了“脱质子光致电子转移”策略，实现了从N—H键到中心氮自由基的仿生光化学转化[132]。无独有偶，秦勇等巧妙利用氮自由基的缺电子特性[133]，反转了传统理论上认为不可能发生的两个原本带负电性的苯胺氮原子和烯胺β-碳原子间的反应性，发展了新的手性吲哚啉的合成方法，为单萜吲哚生物碱的合成及其药物化学研究提供了创新的合成方法和策略。

第三节 关键科学问题、关键技术问题与发展方向

如上所述，尽管仿生反应受到越来越多的关注，而且取得了长足的进步，同时也解决了现有合成中的一些问题，但仿生反应的发展还有巨大的潜力，目前该领域仍然存在一些关键科学问题和技术瓶颈有待解决，一些要点概括如下。

（1）仿生反应的普适性问题。当前，很多仿生反应是在天然产物合成过程中发展起来的，通常仅适用于特定底物，因此如何发展更广谱的仿生反应是该领域需要解决的关键问题之一。为此，一方面，合成化学家需要加深对反应机制的研究，进而通过设计和发展新的化学试剂来实现具有普适性的仿生反应；另一方面，在研发模式上，应当加强合成化学和合成生物学领域研

究人员的交叉合作，从研究生物合成途径中重要的酶催化反应入手，剖析酶催化反应机制，提炼其内在的化学原理，进而通过理性设计，实现化学基础创新。

（2）仿生反应的选择性问题。与生物体内的酶催化反应相比，当前绝大多数仿生反应在区域选择性、立体选择性和对映选择性控制方面仍然难以媲美，这也是发展新型化学反应的共性问题。尽管一些仿生反应能够解决一些传统方法无法实现的化学转化，但在反应选择性的精准调控方面的研究还不够充分，因而影响了其合成效率和实用性。因此，发展更加精准可控的仿生反应将是该领域需要解决的另一个关键问题。

（3）仿生反应的实用性问题。当前，仿生反应研究主要集中于基础研究层面，大多数仿生反应尚处于概念验证阶段，其实用价值有待于进一步挖掘和扩展。如何实现大规模工业级的仿生反应，并将其应用于面向国家重大需求的医药、农药、材料及精细化学品的合成是有待解决的关键技术难题，必将是这一领域未来研究的一个重要方向。

第四节 相关政策建议

近年来，我国合成化学领域取得了巨大的进步，一些领域已达到或接近世界一流水平。同时，也应当意识到在更多的研究领域中我国尚处于“跟跑”的阶段。就仿生化学领域而言，目前国内学者在仿生天然产物合成方面取得了显著进步，但在仿生反应发展和创新方面尚处于初级发展阶段。一方面，发展仿生反应的关键在于模拟酶催化反应的高效性和选择性，因此仿酶催化剂的设计至关重要，但由于发展仿酶催化剂挑战性大、周期长，因而国内从事这一研究领域的课题组较少，尚未形成人才梯队。另一方面，仿生反应的发现和发展往往依赖于生物合成领域取得的进步（如解析生物合成途径、研究酶催化作用机制等），而生物合成研究在国内起步较晚，尚未形成学科优势，因此很难从源头上为仿生化学的发展提供原动力。建议国家专门设立一些重大研究课题，以解决面向国家重大需求的课题为契机，大力促进合成化学和合成生物学领域的研究人员的交叉合作，实现“优势互补、协同发展”的发展局面，从而促进仿生反应的发展，并最终推动科学的发展和人类的进步。

本章参考文献

[1] Chen K, Baran P S. Total synthesis of eudesmane terpenes by site-selective C—H oxidations. Nature, 2009, 459: 824-828.

[2] Mendoza A, Ishihara Y, Baran P S. Scalable enantioselective total synthesis of taxanes. Nat Chem, 2012, 4: 21-25.

[3] Wilde N C, Isomura M, Mendoza A, et al. Two-phase synthesis of (−)-taxuyunnanine D. J Am Chem Soc, 2014, 136: 4909-4912.

[4] Yuan C X, Jin Y H, Wilde N C, et al. Short enantioselective total synthesis of highly oxidized taxanes. Angew Chem Int Ed, 2016, 55: 8280-8284.

[5] Kanda Y, Nakamura H, Umemiya S, et al. Two-phase synthesis of taxol. J Am Chem Soc, 2020, 142: 10526-10533.

[6] Yoder R A, Johnston J N. A case study in biomimetic total synthesis: Polyolefin carbocyclizations to terpenes and steroids. Chem Rev, 2005, 105: 4730-4756.

[7] Thoma R, Schulz-Gasch T, D’arcy B, et al. Insight into steroid scaffold formation from the structure of human oxidosqualene cyclase. Nature, 2004, 432: 118-122.

[8] Corey E J, Sodeoka M. An effective system for epoxide-initiated cation-olefin cyclization. Tetrahedron Lett, 1991, 32: 7005-7008.

[9] Corey E J, Lee J. Enantioselective total synthesis of oleanolic acid, erythrodiol, β-amyrin, and other pentacyclic triterpenes from a common intermediate. J Am Chem Soc, 1993, 115: 8873-8874.

[10] Corey E J, Lin S Z. A short enantioselective total synthesis of dammarenediol Ⅱ. J Am Chem Soc, 1996, 118: 8765-8766.

[11] Corey E J, Luo G L, Lin S Z. A simple enantioselective synthesis of the biologically active tetracyclic marine sesterterpene scalarenedial. J Am Chem Soc, 1997, 119: 9927-9928.

[12] Huang A X, Xiong Z M, Corey E J. An exceptionally short and simple enantioselective total synthesis of pentacyclic triterpenes of the β-amyrin family. J. Am Chem Soc, 1999, 121: 9999-10000.

[13] Surendra K, Corey E J. A short enantioselective total synthesis of the fundamental pentacyclic triterpene lupeol. J Am Chem Soc, 2009, 131: 13928-13929.

[14] Xu S Y, Gu J X, Li H L, et al. Enantioselective total synthesis of (−)-walsucochin B. Org Lett, 2014, 16: 1996-1999.

[15] Tian Y, Xu X, Qu J. Tetraphenylphosphonium tetrafluoroborate/1,1,1,3,3,3-hexafluoroisopropanol (Ph_4PBF_4/HFIP) effecting epoxide-initiated cation-olefin polycyclizations. Org Lett, 2016, 18: 268-271.

[16] Ishihara K, Nakamura S, Yamamoto H. The first enantioselective biomimetic cyclization of polyprenoids. J Am Chem Soc, 1999, 121: 4906-4907.

[17] Surendra K, Corey E J. Highly enantioselective proton-initiated polycyclization of polyenes. J. Am Chem Soc, 2012, 134: 11992-11994.

[18] Schafroth M A, Carreira E M. Iridium-catalyzed enantioselective polyene cyclization. J Am Chem Soc, 2012, 134: 20276-20278.

[19] Zhou S P, Guo R, Yang P, et al. Total synthesis of septedine and 7-deoxyseptedine. J Am Chem Soc, 2018, 140: 9025-9029.

[20] Fan L W, Han C Y, Li X R, et al. Enantioselective polyene cyclization catalyzed by a chiral Brønsted acid. Angew Chem Int Ed, 2018, 57: 2115-2119.

[21] Pronin S V, Shenvi R A. Synthesis of highly strained terpenes by non-stop tail-to-head polycyclization. Nat Chem, 2012, 4: 915-920.

[22] Zhang Q, Tiefenbacher K. Terpene cyclization catalysed inside a self-assembled cavity. Nat Chem, 2015, 7: 197-202.

[23] Zhang Q, Catti L, Pleiss J, et al. Terpene cyclizations inside a supramolecular catalyst: Leaving-group-controlled product selectivity and mechanistic studies. J Am Chem Soc, 2017, 139: 11482-11492.

[24] Zhang Q, Rinkel J, Goldfuss B, et al. Sesquiterpene cyclizations catalysed inside the resorcinarene capsule and application in the short synthesis of isolongifolene and

isolongifolenone. Nat Catal, 2018, 1: 609-615.

[25] Zhang Q, Tiefenbacher K. Sesquiterpene cyclizations inside the hexameric resorcinarene capsule: Total synthesis of δ-selinene and mechanistic studies. Angew Chem Int Ed, 2019, 58: 12688-12695.

[26] Nakata T. Total synthesis of marine polycyclic ethers. Chem Rev, 2005, 105: 4314-4347.

[27] Inoue M. Convergent strategies for syntheses of *trans*-fused polycyclic ethers Chem Rev, 2005, 105: 4379-4405.

[28] Nicolaou K C, Frederick M O, Aversa R J. The continuing saga of the marine polyether biotoxins. Angew Chem Int Ed, 2008, 47: 7182-7225.

[29] Nakanishi K. The chemistry of brevetoxins: A review. Toxicon, 1985, 23: 473-479.

[30] Tokiwano T, Fujiwara K, Murai A. Biomimetic construction of fused tricyclic ether by cascaded *endo*-cyclization of the hydroxy triepoxide. Synlett, 2000, (3): 335-338.

[31] Valentine J C, McDonald F E, Neiwert W A, et al. Biomimetic synthesis of *trans*, *syn*, *trans*-fused polyoxepanes: Remarkable substituent effects on the *endo*-regioselective oxacyclization of polyepoxides. J Am Chem Soc, 2005, 127: 4586-4587.

[32] Vilotijevic I, Jamison T F. Epoxide-opening cascades promoted by water. Science, 2007, 317: 1189-1192.

[33] Li F X, Ren S J, Li P F, et al. *Endo*-selective epoxide-opening cascade for fast assembly of the polycyclic core structure of marine ladder polyethers. Angew Chem Int Ed, 2020, 59: 18473-18478.

[34] Nagaraju K, Ma D W. Oxidative coupling strategies for the synthesis of indole alkaloids. Chem Soc Rev, 2018, 47: 8018-8029.

[35] Guo F H, Clift M D, Thomson R J. Oxidative coupling of enolates, enol silanes, and enamines: Methods and natural product synthesis. Eur J Org Chem, 2012, (26): 4881-4896.

[36] Fröde R, Hinze C, Josten I, et al. Isolation and synthesis of 3, 4-bis(indol-3-yl)pyrrole-2, 5-dicarboxylic acid derivatives from the slime mould *Lycogala epidendrum*. Tetrahedron Lett, 1994, 35: 1689-1690.

[37] Tcrpin A, Polborn K, Steglich W. Biomimetic total synthesis of polycitrin A. Tetrahedron, 1995, 51: 9941-9944.

[38] Heim A, Terpin A, Steglich W. Biomimetic synthesis of lamellarin G trimethyl ether. Angew Chem Int Ed, 1997, 36(1/2): 155-156.

[39] Li Q J, Fan A L, Lu Z Y, et al. One-pot AgOAc-mediated synthesis of polysubstituted pyrroles from primary amines and aldehydes: Application to the total synthesis of purpurone. Org Lett, 2010, 12: 4066-4069.

[40] Li Q J, Jiang J Q, Fan A L, et al. Total synthesis of lamellarins D, H, and R and ningalin B. Org Lett, 2011, 13: 312-315.

[41] Baran P S, Richter J M. Direct coupling of indoles with carbonyl compounds: Short, enantioselective, gram-scale synthetic entry into the hapalindole and fischerindole alkaloid families. J Am Chem Soc, 2004, 126: 7450-7451.

[42] Baran P S, Maimone T J, Richter J M. Total synthesis of marine natural products without using protecting groups. Nature, 2007, 446: 404-408.

[43] Baran P S, DeMartino M P. Intermolecular oxidative enolate heterocoupling. Angew Chem Int Ed, 2006, 45: 7083-7086.

[44] Richter J M, Whitefield B W, Maimone T J, et al. Scope and mechanism of direct indole and pyrrole couplings adjacent to carbonyl compounds: Total synthesis of acremoauxin A and oxazinin 3. J Am Chem Soc, 2007, 129: 12857-12869.

[45] DeMartino M P, Chen K, Baran P S. Intermolecular enolate heterocoupling: Scope, mechanism and application. J Am Chem Soc, 2008, 130: 11546-11560.

[46] Baran P S, Guerrero C A, Ambhaikar N B, et al. Short enantioselective total synthesis of stephacidin A. Angew Chem Int Ed, 2005, 44: 606-609.

[47] Baran P S, Hafensteiner B D, Ambhaikar N B, et al. Enantioselective total synthesis of avrainvillamide and the stephacidins. J Am Chem Soc, 2006, 128: 8678-8693.

[48] Martin C L, Overman L E, Rohde J A. Total synthesis of (±)-actinophyllic acid. J Am Chem Soc, 2008, 130: 7568-7569.

[49] Zi W W, Zuo Z W, Ma D W. Intramolecular dearomative oxidative coupling of indoles: A unified strategy for the total synthesis of indoline alkaloids. Acc Chem Res, 2015, 48: 702-711.

[50] Tang S Y, Vincent G. Natural products originated from the oxidative coupling of tyrosine and tryptophan: Biosynthesis and bioinspired synthesis. Chem Eur J, 2021, 27: 2612-2622.

[51] Burgett A W G, Li Q Y, Wei Q, et al. A concise and flexible total synthesis of (−)-diazonamide A. Angew Chem, Int Ed, 2003, 42: 4961-4966.

[52] Ding H, DeRoy P L, Perreault C, et al. Electrolytic macrocyclizations: Scalable synthesis of a diazonamide-based drug development candidate. Angew Chem Int Ed, 2015, 54: 4818-4822.

[53] Zhao J C, Yu S M, Yao Z J. Biomimetic synthesis of *ent*-(−)-azonazine and stereochemical reassignment of natural product. Org Lett, 2013, 15: 4300-4303.

[54] Zhao J C, Yu S M, Qiu H B, et al. Total synthesis of *ent*-(−)-azonazine using a biomimetic direct oxidative cyclization and structural reassignment of natural product. Tetrahedron, 2014, 70: 3197-3210.

[55] Lachkar D, Denizot N, Bernadat G, et al. Unified biomimetic assembly of voacalgine A and bipleiophylline via divergent oxidative couplings. Nat Chem, 2017, 9: 793-798.

[56] Tomakinian T, Guillot R, Kouklovsky C, et al. Direct oxidative coupling of *N*-acetyl indoles and phenols for the synthesis of benzofuroindolines related to phalarine. Angew Chem Int Ed, 2014, 53: 11881-11885.

[57] Li L, Yuan K, Jia Q L, et al. Eight-step total synthesis of phalarine by bioinspired oxidative coupling of indole and phenol. Angew Chem Int Ed, 2019, 58: 6074-6078.

[58] Kim J, Movassaghi M. Biogenetically-inspired total synthesis of epidithiodiketopiperazines and related alkaloids. Acc Chem Res, 2015, 48: 1159-1171.

[59] Movassaghi M, Schmidt M A. Concise total synthesis of (−)-calycanthine, (+)-chimonanthine, and (+)-folicanthine. Angew Chem Int Ed, 2007, 46: 3725-3728.

[60] Movassaghi M, Ahmad O K, Lathrop S P. Directed heterodimerization: Stereocontrolled assembly via solvent-caged unsymmetrical diazene fragmentation. J Am Chem Soc, 2011, 133: 13002-13005.

[61] Pompeo M M, Cheah J H, Movassaghi M. Total synthesis and anti-cancer activity of all known communesin alkaloids and related derivatives. J Am Chem Soc, 2019, 141: 14411-14420.

[62] Liang K J, Deng X, Tong X G, et al. Copper-mediated dimerization to access 3a, 3a′-bispyrrolidinoindoline: Diastereoselective synthesis of (+)-WIN 64821 and (−)-ditryptophenaline. Org Lett, 2015, 17: 206-209.

[63] Nicolaou K C, Snyder S A, Montagnon T, et al. The Diels-Alder reaction in total synthesis. Angew Chem Int Ed, 2002, 41: 1668-1698.

[64] Stocking E M, Williams R M. Chemistry and biology of biosynthetic Diels-Alder reactions. Angew Chem Int Ed, 2003, 42: 3078-115.

[65] Chapman O L, Engel M R, Springer J P, et al. The total synthesis of carpanone. J Am Chem Soc, 1971, 93: 6696-6698.

[66] Zhang W H, Luo S J, Fang F, et al. Total synthesis of absinthin. J Am Chem Soc, 2005, 127:

18-19.

[67] Li C, Dian L Y, Zhang W D, et al. Biomimetic syntheses of (–)-gochnatiolides A–C and (–)-ainsliadimer B. J Am Chem Soc, 2012, 134: 12414-12417.

[68] Yuan C C, Du B, Yang L, et al. Bioinspired total synthesis of bolivianine: A Diels-Alder/intramolecular hetero-Diels-Alder cascade approach. J Am Chem Soc, 2013, 135: 9291-9294.

[69] Li F Z, Tu Q, Chen S J, et al. Bioinspired asymmetric synthesis of hispidanin A. Angew. Chem Int Ed, 2017, 56: 5844-5848.

[70] Feng J, Lei X Q, Bao R Y, et al. Enantioselective and collective total syntheses of xanthanolides. Angew Chem Int Ed, 2017, 56: 16323-16327.

[71] Jeon B S, Wang S A, Ruszczycky M W, et al. Natural [4 + 2]-cyclases. Chem Rev, 2017, 117: 5367-5388.

[72] Han J G, Li X, Guan Y, et al. Enantioselective biomimetic total syntheses of kuwanons I and J and brosimones A and B. Angew Chem Int Ed, 2014, 53: 9257-9261.

[73] Gao L, Su C, Du X X, et al. FAD-dependent enzyme-catalysed intermolecular [4+2] cycloaddition in natural product biosynthesis. Nat Chem, 2020, 12: 620-628.

[74] Southgate E H, Pospech J, Fu J K, et al. Dearomative dihydroxylation with arenophiles. Nat Chem, 2016, 8: 922-928.

[75] Okumura M, Nakamata Huynh S M, Pospech H J, et al. Total synthesis of lycoricidine and narciclasine by chemical dearomatization of bromobenzene. Angew Chem Int Ed, 2016, 55: 15910-15914.

[76] Okumura M, Shved A S, Sarlah D. Palladium-catalyzed dearomative syn-1,4-carboamination. J Am Chem Soc, 2017, 139: 17787-17790.

[77] Yang B C, Lin K K, Shi Y B, et al. $Ti(O\textit{i}\text{-}Pr)_4$-promoted photoenolization Diels-Alder reaction to construct polycyclic rings and its synthetic applications. Nat Commun, 2017, 8: 622-631.

[78] Yang B C, Wen G E, Zhang Q, et al. Asymmetric total synthesis and biosynthetic implications of perovskones, hydrangenone and hydrangenone B. J Am Chem Soc, 2021, 143: 6370-6375.

[79] Shang H, Liu J H, Bao R Y, et al. Biomimetic synthesis: Discovery of xanthanolide dimers. Angew Chem Int Ed, 2014, 53: 14494-14498.

[80] Li Q, Dong T, Liu X H, et al. A bioorthogonal ligation enabled by click cycloaddition of *o*-quinolinone quinone methide and vinyl thioether. J Am Chem Soc, 2013, 135: 4996-4999.

[81] Zhang X Y, Zhang S Q, Li Q, et al. Computation-guided development of the "click" *ortho*-quinone methide cycloaddition with improved kinetics. Org Lett, 2020, 22: 2920-2924.

[82] Wu Y F, Hu J L, Sun C, et al. Nature-inspired bioorthogonal reaction: Development of *β*-caryophyllene as a chemical reporter in tetrazine ligation. Bioconjugate Chem, 2018, 29: 2287-2295.

[83] Yang H Z, Zeng T Y, Xi S, et al. Photo-induced, strain-promoted cycloadditions of *trans*-cycloheptenones and azides. Green Chem, 2020, 22: 7023-7030.

[84] Beaudry C M, Malerich J P, Trauner D. Biosynthetic and biomimetic electrocyclizations. Chem Rev, 2005, 105: 4757-4778.

[85] Havinga E, de Kock R J, Rappoldt M P. The photochemical interconversions of provitamin D, lumisterol, previtamin D and tachysterol. Tetrahedron, 1960, 11: 276-284.

[86] Woodward R B, Hoffmann R. Stereochemistry of electrocyclic reactions. J Am Chem Soc, 1965, 87: 395-397.

[87] Woodward R B, Hoffmann R. The conservation of orbital symmetry. Angew Chem Int Ed, 1969, 8: 781-853.

[88] Thompson S, Coyne A G, Knipe P C, et al. Asymmetric electrocyclic reactions. Chem Soc Rev, 2011, 40: 4217-4231.

[89] Tanaka K, Kakinoki O, Toda F. Control of the stereochemistry in the photocyclisation of acrylanilides to 3, 4-dihydroquinolin-2(1*H*)-ones. delicate dependence on the host compound. J. Chem Soc, Chem Commun, 1992,(9): 1053-1054.

[90] Tanaka K, Katsumura S. Highly stereoselective asymmetric 6π-azaelectrocyclization utilizing the novel 7-alkyl substituted *cis*-1-amino-2-indanols: Formal synthesis of 20-epiuleine. J Am Chem Soc, 2002, 124: 9660-9661.

[91] Bach T, Grosch B, Strassner T, et al. Enantioselective [6π]-photocyclization reaction of an acrylanilide mediated by a chiral host. Interplay between enantioselective ring closure and enantioselective protonation. J Org Chem, 2003, 68: 1107-1116.

[92] Das A, Volla C M R, Atodiresei I, et al. Asymmetric ion pair catalysis of 6π electrocyclizations: Brønsted acid catalyzed enantioselective synthesis of optically active 1, 4-dihydropyridazines. Angew Chem Int Ed, 2013, 52: 8008-8011.

[93] Tsuchikawa H, Maekawa Y, Katsumura S. Palladium-catalyzed asymmetric 6-*endo* cyclization of dienamides with substituent-driven activation. Org Lett, 2012, 14: 2326-2329.

[94] Liu Y, Jiang L J, Shao Z Z. Advances in sulfur-oxidizing bacterial taxa and their sulfur oxidation pathways. Acta Microbiologica Sinica, 2018, 58: 191-201.

[95] Wang M, Dai Z H, Jiang X F. Design and application of α-ketothioesters as 1, 2-dicarbonyl-forming reagent. Nat Commun, 2019, 10: 2661.

[96] Park S J, Hwang I S, Chang Y J, et al. Bio-inspired water-driven catalytic enantioselective protonation. J Am Chem Soc, 2021, 143: 2552-2557.

[97] Hu P H, Tan M X, Cheng L, et al. Bio-inspired iron-catalyzed oxidation of alkylarenes enables late-stage oxidation of complex methylarenes to arylaldehydes. Nat Commun, 2019, 10: 2425.

[98] Andreadis A A, Hazen S L, Comhair S A A, et al. Oxidative and nitrosative events in asthma. Free Radical Bio Med, 2003, 35: 213-225.

[99] Kong M M, Zhang Y, Li Q D, et al. Kinetics of horseradish peroxidase-catalyzed nitration of phenol in a biphasic system. J Microbiol Biotechnol, 2017, 27: 297-305.

[100] Drechsel E. Contribution to the chemistry of a sea animal. Zeitschrift Fur Biologie, 1896, 33: 85-107.

[101] Butler A, Sandy M. Mechanistic considerations of halogenating enzymes. Nature, 2009, 460: 848-854.

[102] Morris D R, Hager L P. Chloroperoxidase I. Isolation and properties of the crystalline glycoprotein. J Biol Chem, 1966, 241: 1763-1768.

[103] Fujimori D G, Walsh C T. What's new in enzymatic halogenations. Curr Opin Chem Biol, 2007, 11: 553-560.

[104] Sundaramoorthy M, Terner J, Poulos T L. The crystal structure of chloroperoxidase: A heme peroxidase-cytochrome P450 functional hybrid. Structure, 1995, 3: 1367-1378.

[105] Poulos T L. Heme enzyme structure and function. Chem Rev, 2014, 114: 3919-3962.

[106] Neumann C S, Fujimori D G, Walsh C T. Halogenation strategies in natural product biosynthesis. Chem Biol, 2008, 15: 99-109.

[107] Wilger D J, Grandjean J M, Lammert T R, et al. The direct *anti*-markovnikov addition of mineral acids to styrenes. Nat Chem, 2014, 6: 720-726.

[108] Ye J H, Miao M, Huang H, et al. Visible-light-driven iron-promoted thiocarboxylation of styrenes and acrylates with CO_2. Angew Chem Int Ed, 2017, 56: 15416.

[109] Ju T, Fu Q, Ye J H, et al. Selective and catalytic hydrocarboxylation of enamides and imines

with CO_2 to generate α, α-disubstituted α-amino acids. Angew Chem Int Ed, 2018, 57: 13897.

[110] Liao L L, Cao G M, Ye J H, et al. Visible-light-driven external-reductant-free cross-electrophile couplings of tetraalkyl ammonium salts. J Am Chem Soc, 2018, 140: 17338.

[111] Ju T, Zhou Y Q, Cao K G, et al. Dicarboxylation of alkenes, allenes and (hetero)arenes with CO_2 via visible-light photoredox catalysis. Nat Catal, 2021, 4: 304.

[112] Miller T E, Beneyton T, Schwander T, et al. Light-powered CO_2 fixation in a chloroplast mimic with natural and synthetic parts. Science, 2020, 368: 649.

[113] Schwander T, von Borzyskowski L S, Burgerer S, et al. A synthetic pathway for the fixation of carbon dioxide *in vitro*. Science, 2016, 354: 900.

[114] Liu X H, Li J S, Dong J S, et al. Genetic incorporation of a metal-chelating amino acid as a probe for proteinelectron transfer. Angew Chem Int Ed, 2012, 51: 10261.

[115] Liu X H, Li J S, Hu C, et al. Significant expansion of the fluorescent protein chromophore through the genetic incorporation of a metal-chelating unnatural amino acid. Angew Chem Int Ed, 2013, 52: 4805.

[116] Liu X H, Jiang L, Li J S, et al. Significant expansion of fluorescent protein sensing ability through the genetic incorporation of superior photo-induced electrontransfer quenchers. J Am Chem Soc, 2014, 136: 13094.

[117] Lv X X, Yu Y, Zhou M, et al. Ultrafast photoinduced electron transfer in green fluorescent protein bearing a genetically encoded electron acceptor. J Am Chem Soc, 2015, 137: 7270.

[118] Huang X Q, Wang B J, Wang Y J, et al. Photoenzymatic enantioselective intermolecular radical hydroalkylation. Nature, 2020, 584: 69.

[119] Chowdhury R, Yu Z Z, Tong M L, et al. Decarboxylative alkyl coupling promoted by NADH and blue light. J Am Chem Soc, 2020, 142: 20143.

[120] Biegasiewicz K F, Cooper S J, Gao X, et al. Photoexcitation of flavoenzymes enables a stereoselective radical cyclization. Science, 2019, 364: 1166.

[121] Nicewicz D A, MacMillan D W. Merging photoredox catalysis with organocatalysis: The direct asymmetric alkylation of aldehydes. Science, 2008, 322: 77.

[122] Alonso R, Bach T A. Chiral thioxanthone as an organocatalyst for enantioselective [2+2] photocycloaddition reactions induced by visible light. Angew Chem Int Ed, 2014, 53: 4368.

[123] Huo H H, Shen X D, Wang C Y, et al. Asymmetric photoredox transition-metal catalysis

activated by visible light. Nature, 2014, 515: 100.

[124] Ding W, Lu L Q, Zhou Q Q, et al. Bifunctional photocatalysts for enantioselective aerobic oxidation of β-ketoesters. J Am Chem Soc, 2017, 139: 63.

[125] Li M M, Wei Y, Liu J, et al. Sequential visible-light photoactivation and palladium catalysis enabling enantioselective [4+2] cycloadditions. J Am Chem Soc, 2017, 139: 14707.

[126] Wei Y, Liu S, Li M M, et al. Enantioselective trapping of Pd-containing 1, 5-dipoles by photogenerated ketenes: Access to 7-membered lactones bearing chiral quaternary stereocenters. J Am Chem Soc, 2019, 141: 133.

[127] Zhang Q L, Xiong Q, Li M M, et al. Palladium-catalyzed asymmetric [8+2] dipolar cycloadditions of vinyl carbamates and photogenerated ketenes. Angew Chem Int Ed, 2020, 59: 14096.

[128] Sun Y, Li R F, Zhang W H, et al. Total synthesis of indotertine A and drimentines A, F, and G. Angew Chem Int Ed, 2013, 52: 9201.

[129] Schnermann M J, Overman L E. A concise synthesis of (−)-aplyviolene facilitated by a strategic tertiary radical conjugate addition. Angew Chem Int Ed, 2012, 51: 9576.

[130] Yin J, Kong L L, Wang C, et al. Biomimetic synthesis of equisetin and (+)-fusarisetin A. Chem Eur J, 2013, 19: 13040.

[131] Beatty J W, Stephenson C R J. Synthesis of (−)-pseudotabersonine, (−)-pseudovincadifformine, and (+)-coronaridine enabled by photoredox catalysis in flow. J Am Chem Soc, 2014, 136: 10270.

[132] Hu X Q, Chen J R, Wei Q, et al. Photocatalytic generation of *N*-centered hydrazonyl radicals: A strategy for hydroamination of β, γ-unsaturated hydrazones. Angew Chem Int Ed, 2014, 53: 12163.

[133] Liu X Y, Qin Y. Indole alkaloid synthesis facilitated by photoredox catalytic radical cascade reactions. Acc Chem Res, 2019, 52: 1877.

第三章

仿 生 催 化

第一节　科学意义与战略价值

合成化学与国民经济关系密切，在精细化工、医药、农药、化肥、食品、能源、新材料、环保等众多领域中发挥着至关重要的作用。一方面，合成化学为这些领域的发展和创新提供物质基础；另一方面，这些领域的发展也对合成化学提出了更高的要求和挑战。催化是合成化学的关键，它决定了合成的效率、经济成本和环境成本，所以发展高效、绿色的催化过程不仅有重要的科学意义，对国民经济的发展也有重大的促进作用。

化学催化在工业中的应用极为广泛。传统的化学催化往往具备催化剂稳定易得、改造容易、底物适用范围广等优点，但也经常会面临催化效率低、条件苛刻和环境不友好等问题，导致经济成本高、环境压力大。酶是生物催化剂，酶催化具有绿色高效、条件温和（室温，水介质中进行）和产物选择性专一等突出优点，但其稳定性不高、反应类型少、底物范围窄等问题，也常常会限制酶更加广泛的应用。

仿生催化是一门融合化学与生物学的交叉科学，是用化学方法在分子水平上模拟生物酶的化学催化技术。仿生催化的主要任务是基于酶的结构和催化机制，设计并合成人工酶，以模拟和实现酶的催化功能。目的是综合酶催化和化学催化的优点，使催化剂活性更高、选择性更好，使合成更加精准、高效、温和、绿色。仿生催化有利于从源头减少污染，并有望为实现碳、氮、氧绿色循环提供新思路，它顺应了可持续性发展战略的需要，是催化科学的一个重要发展趋势。仿生催化的科学意义和社会价值体现在以下几个方面。

（1）仿生催化的发展将会使得化学合成更加高效、精准和绿色，降低合成的经济成本和环境压力。

（2）仿生催化有利于促进新催化体系和新化学转化的发现。

（3）仿生催化通过模拟二氧化碳光合作用、生物固氮、甲烷氧化合成甲醇等重大转化过程，为 C_1（二氧化碳、一氧化碳、甲烷等）化学固定、人工固氮等重大合成科学问题提供新的催化策略。

（4）仿生催化有利于创造更多的新功能分子，满足医药、农药、材料、能源等多领域发展的需要。

（5）仿生催化的研究还能促进对酶催化机制和相关生物过程的更加深入的理解。

第二节　现状及其形成

生物体内的合成高效、温和、绿色、精准，是因为它有高效的催化剂——酶。大部分酶由催化中心（包括辅酶）和蛋白质骨架两部分组成（图 3-1）。催化中心是催化反应发生的位置；蛋白质骨架也发挥了重要作用：稳定催化中心、发挥协同催化功能、提供手性催化环境和实现底物的专一性识别等。仿生催化对酶的模拟包括两个方面：对催化中心的模拟和对蛋白质骨架的模拟（图 3-1）。酶催化中心的结构往往决定了仿生催化剂的类型及其催化反应的种类，对其进行模拟可以实现酶的基本催化功能。对蛋白质骨架的模拟，可以引入多重活化、协同催化、底物专一性识别等辅助催化功能，能显著提高仿生催化剂的活性和选择性。

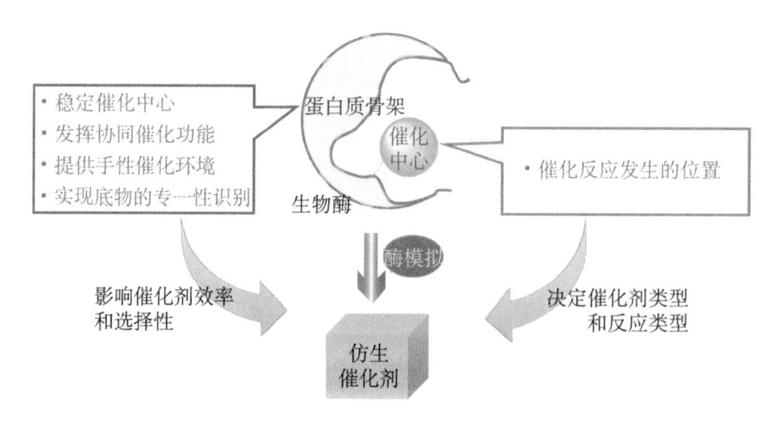

图 3-1 仿生催化的模拟策略

仿生催化很早就受到化学家的高度关注。如 20 世纪 40 年代，Snell 等揭示了辅酶维生素 B_6 在生物活性分子合成中的催化功能[1, 2]。1958 年，Breslow 提出维生素 B_1 中的噻唑盐在碱作用下生成的卡宾是其发挥生物催化功能的活性位点[3]。该课题组还设计并合成了 γ-环糊精的维生素 B_1 的人工酶，可以高效地完成苯偶姻缩合反应[4]；还发展了手性维生素 B_6 的人工酶，能够促进酮酸的不对称转氨化反应[5, 6]。Breslow 在酶的仿生化学领域做出了许多重要贡献，还首次提出了仿生化学的概念[7, 8]。几十年来，仿生催化已经吸引了许许多多的化学家在该领域进行研究，他们模拟不同的酶，研究其在不对称催化和分子合成中的应用，仿生催化已经成为催化化学的一个前沿方向。

迄今，大多数的仿生催化主要关注的是对催化中心的模拟（图 3-2）。根据酶催化中心有无金属可以分为仿生有机小分子催化和仿生金属催化。其中仿生金属催化又可以分为单核的仿生金属催化和双（多）核的仿生金属催化。对酶蛋白质骨架的模拟更多的是关注其辅助催化功能的引入，往往可以通过引入合适的功能化侧链得以实现。模拟酶蛋白质的独特手性空腔在合成上往往具有较大的挑战性，一个比较成功的策略是用分子印迹技术来模拟酶蛋白质骨架的手性空腔，即分子印迹催化。下面分别介绍仿生催化的几个代表性方向。

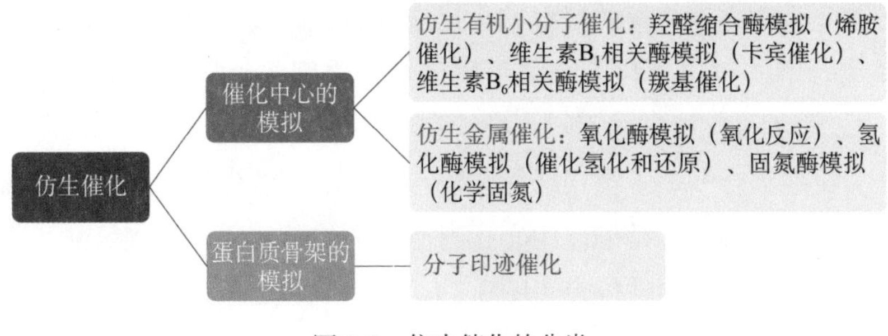

图 3-2 仿生催化的分类

一、催化中心的模拟

（一）仿生有机小分子催化

许多酶的催化中心（包括辅酶）是一个不含金属的、结构独特的有机小分子。如 I 类羟醛缩合酶的催化中心是一个游离的伯胺基团，即以赖氨酸残基的氨基基团为活性位点[9-11]；转酮酶的催化中心是辅酶维生素 B_1[12, 13]；转氨酶的催化中心是辅酶维生素 B_6（吡哆醛、吡哆胺）等[14, 15]。基于这些辅酶的核心骨架，可以用一个合适的有机小分子来模拟酶的催化功能，即仿生有机小分子催化。仿生有机小分子催化有许多突出优点：条件非常温和，对水和氧气大多不敏感，还避免了重金属污染的问题。2000 年以后，这一领域得到快速发展，已经诞生了多种新型催化体系和新的催化模式，极大地拓展和促进了催化化学的发展[16-18]。

1. 羟醛缩合酶模拟

1）羟醛缩合酶的结构和催化性能

不对称羟醛缩合反应，是化学和生物体系中最常用的构建碳–碳键的重要方法之一[19-21]。这种反应的多功能性源于它通过立体选择性形成碳–碳键来构建手性砌块，以合成手性醇药物、结构复杂的天然产物、非天然的药物分子和一些高附加值精细化学品，在工业中具有很重要的应用价值[22-26]。

在有机化学中，传统的不对称羟醛缩合反应通常需要将一个羰基化合物先转变成活化的烯醇等价物，再对另一分子的醛、酮进行不对称加成[27-29]。这样既可以活化底物酮，又可以有效地抑制醛酮的自缩合。不进行预活化，两个羰基化合物之间直接的羟醛缩合反应在有机合成中难以实现，但生物体内羟醛缩合酶却可以催化两个醛、酮化合物之间的直接不对称羟醛缩合反应[9, 30, 31]。根据催化机制的不同，羟醛缩合酶可以分为两类，即Ⅰ类羟醛缩合酶和Ⅱ类羟醛缩合酶。Ⅰ类羟醛缩合酶存在于从原核生物到真核生物的所有生物体中，其结构特征是催化中心含有游离的伯胺基团，即赖氨酸残基的氨基基团，它是催化的活性位点（图 3-3）。反应是通过赖氨酸残基的氨基基团与酮形成烯胺，再立体选择性地进攻受体醛，得到羟醛缩合加成产物，其详细的反应机制如图 3-4 所示[32-35]。Ⅱ类羟醛缩合酶仅存在于原核生物和低等真核生物（如酵母、藻类和真菌）中，因为其需要金属辅助因子如锌辅因子来介导羟醛缩合反应[36, 37]，所以又被称为金属醛缩酶。在这里，我们主要讨论Ⅰ类羟醛缩合酶。

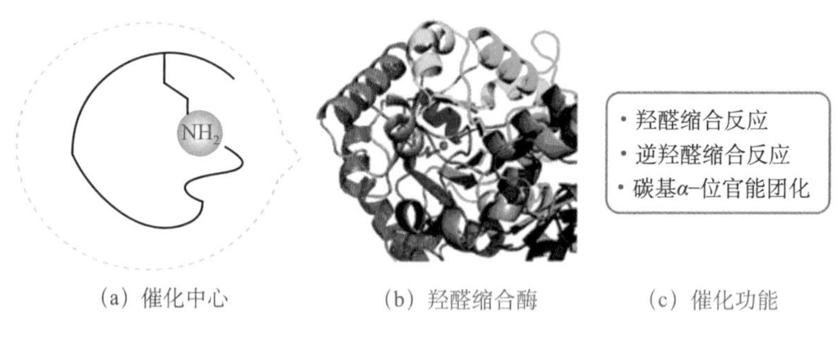

图 3-3　Ⅰ类羟醛缩合酶：结构和功能

羟醛缩合酶可以催化羟醛缩合反应和逆羟醛缩合反应（图 3-4），能催化合成手性多羟基化合物（图 3-5）[38]。

2）仿生模拟思路

醛、酮间的直接不对称羟醛缩合反应长期以来一直是有机化学中的一个挑战。羟醛缩合酶催化中心的伯胺是其执行催化功能的关键基团（图 3-6），酶的蛋白质骨架又为该反应提供了手性环境。受羟醛缩合酶结构特点的启发，化学家发展手性胺催化剂来模拟羟醛缩合酶的催化功能，用有机小分子催化直接不对称羟醛缩合反应。催化剂的仲胺或伯胺基团通过形成烯胺来增强醛酮的 α–亲核能力，加速亲核加成过程。催化剂的手性骨架能调节催化活性和选择性。迄今，化学家已发展出一系列手性胺催化剂，并实现了多种醛酮的不对称羟醛缩合反应，图 3-6 列举了几种有代表性的仿生手性胺催化剂（**7**～**10**）[22, 39-52]。

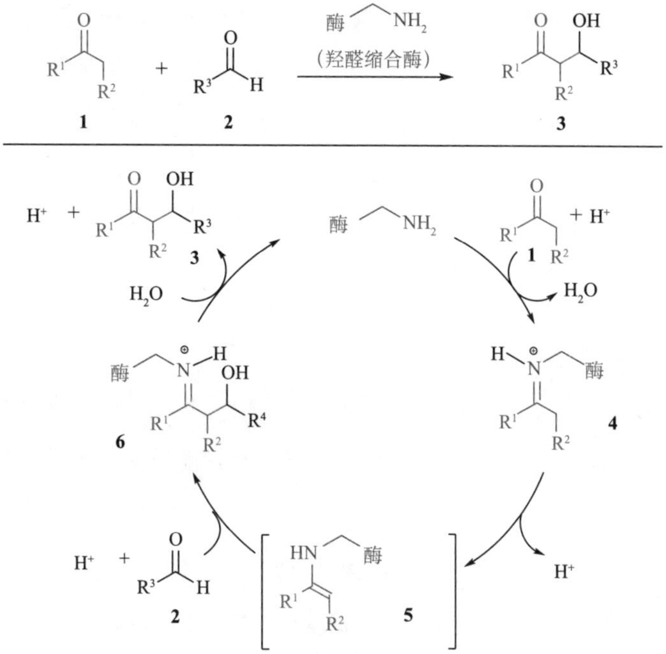

图 3-4 酶促羟醛缩合反应机制

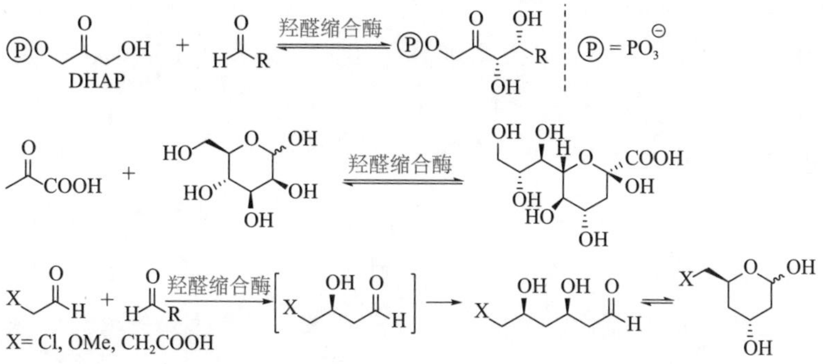

图 3-5 羟醛缩合酶催化的代表性反应

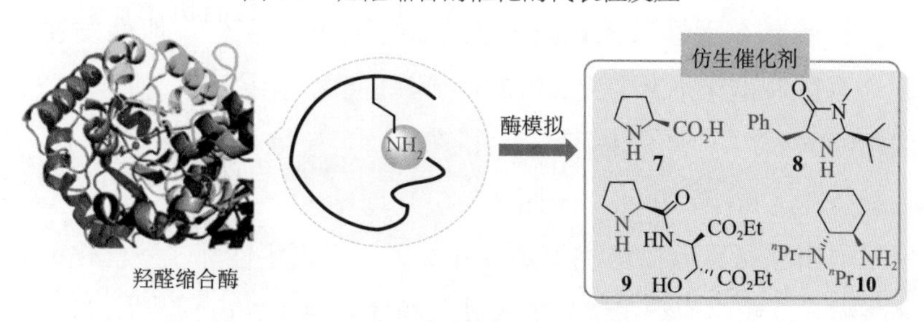

图 3-6 羟醛缩合酶的模拟思路

Et：乙基

3）发展历程和现状

早在1974年，Hajos课题组发现(*S*)-脯氨酸（**7**）能催化不对称分子内羟醛缩合反应，仅需3 mol%的催化剂用量，就能以定量的收率和93% ee的对映选择性成功构建六元并五元环的*β*-羟基酮环化产物[43]（图3-7 ①）。这是第一例手性胺仿生催化的不对称羟醛缩合反应，也是首例小分子催化的直接不对称羟醛缩合反应。但在利用该反应制备六元并六元环的环化产物时，反应的对映选择性降为74% ee。尽管该反应发现较早，但一直没有引起化学家的关注，直到2000年，List课题组[44-48]报道了首例脯氨酸催化的分子间不对称羟醛缩合反应后，该领域才得到快速发展（图3-7 ②）。以30 mol%的(*S*)-脯氨酸为催化剂，芳香醛能与丙酮直接发生羟醛缩合反应，以良好的收率、中等的对映选择性得到一系列*β*-羟基酮产物[44]。值得一提的是，虽然直链的脂肪醛并不能得到相应的羟醛缩合产物，但是*α*-支链的异丁醛能以97%收率和96% ee得到目标产物。该反应经历了与酶促羟醛缩合反应类似的烯胺催化历程[49, 50]。几乎在同时，MacMillan课题组报道了首例手性胺催化不对称Diels-Alder反应（图3-7 ③）[51, 52]。以10 mol%的手性胺**8**为催化剂，活化*α, β*-不饱和醛，可以实现其与不同二烯发生Diels-Alder反应，以85%～96% ee得到手性环化产物。

2001年，Barbas课题组[53-56]发现(*S*)-脯氨酸和5, 5-二甲基噻唑烷-4-羧酸盐（DMTC）**11**都是很好的氨基酸催化剂，可催化直链酮和环酮与各种醛的羟醛缩合反应，高立体选择性地得到手性*β*-羟基酮（图3-7 ④）。当采用羟基丙酮作为羟醛缩合供体时，生成的主要产物为反式-*α, β*-二羟基酮，ee值高达＞99%[53]。

龚流柱团队在手性胺催化方面也做出了出色的工作，他们发展了手性(*S*)-脯氨酸酰胺催化剂**9**[57-59]。在2 mol%的催化剂用量下，脯氨酸酰胺**9**能有效催化丙酮、2-丁酮、环酮等与醛的不对称羟醛缩合反应，产物*β*-羟基酮的对映选择性达96%～99%[57]（图3-7 ⑤）。

罗三中研究员和程津培院士团队开发了一系列手性邻二胺催化剂，在不对称羟醛缩合反应中取得了优异的对映选择性（图3-7 ⑥）[60-64]。该反应适用的底物范围较广，对于颇具挑战性的直链脂肪酮也能取得不错的结果。2015

年，罗三中研究员还发展了含有二茂铁骨架的手性胺催化剂，并在不对称羟醛缩合反应中也取得了较好的催化效果[64]。

2008 年，冯小明院士团队以鹰爪豆碱为基础，通过引入合适的手性氨基酸侧链，开发了一系列新型手性胺催化剂（图 3-7 ⑦），当以二胺 **12** 为催化剂时，可以在温和的条件下，实现 *α*-酮磷酸酯、*α*-酮酯、*α, α*-二烷氧基酮等与醛的不对称羟醛缩合反应，ee 值最高可达 98%[65]。

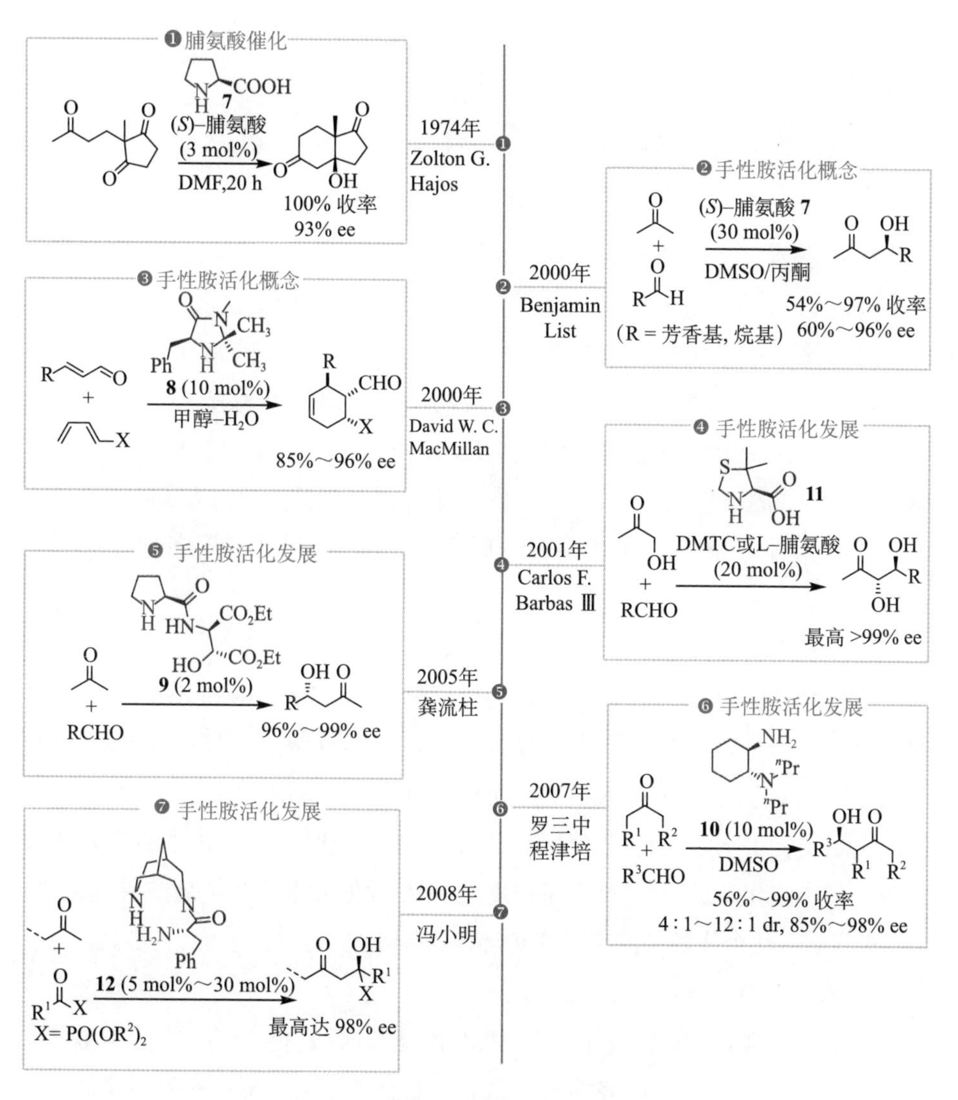

图 3-7 羟醛缩合酶模拟的发展历程

DMSO：二甲基亚砜

4）未来展望

经过二十多年的发展，模拟羟醛缩合酶的手性胺催化取得了长足的发展，实现了多种醛、酮化合物间的直接不对称羟醛缩合反应。基于烯胺的机制，手性胺催化剂还被成功应用于不对称曼尼希反应、迈克尔加成反应、分子内 α-烷基化等多种反应中。但该领域仍然存在一些亟待解决的问题，如反应的催化效率、反应的放大效应和化学选择性等问题。模拟羟醛缩合酶的仿生催化未来将聚焦于发展更加高效的催化体系、发展新的反应类型和进一步拓展其合成应用。

2. 维生素 B_1 相关酶的模拟

1）维生素 B_1 相关酶的结构和催化性能

在生物体内，维生素 B_1 主要以自由的维生素 B_1 和硫胺素焦磷酸的形式存在。它可以作为多种酶的辅助因子参与能量代谢及碳水化合物分解代谢，这些酶包括转酮酶、线粒体丙酮酸脱氢酶、α-酮戊二酸脱氢酶等。其中转酮酶参与由磷酸戊糖合成还原性物质（如烟酰胺腺嘌呤二核苷酸磷酸）的过程，脱氢酶可催化丙酮酸盐及 α-酮戊二酸酯的氧化脱羧，从而维持人体正常的生理功能[12, 13, 66, 67]。生物体外，维生素 B_1 可以催化产生酰基负离子等价体，发生苯偶姻缩合、斯泰特（Stetter）反应等多种反应[68, 69]（图 3-8）。

2）仿生模拟思路

通过对维生素 B_1 催化的化学反应机理的研究，Breslow 提出维生素 B_1 中的噻唑盐在碱作用下生成的卡宾是催化反应的活性位点，其与 α-酮酸或醛作用生成的烯胺醇是催化反应的关键中间体（Breslow 中间体）[3]。受此启发，人们发展了一系列的氮杂环卡宾催化剂，来模拟维生素 B_1 相关酶的催化功能[70-74]。催化剂的手性骨架控制反应的选择性和调节催化剂的催化活性。图 3-9 列举了几个代表性的手性氮杂环卡宾催化剂。

3）发展历程和现状

1943 年，Ukai 等发现噻唑盐可以催化醛的苯偶姻缩合反应[75]（图 3-10 ①），揭示了卡宾催化可以实现醛的极性翻转。1958 年，Breslow 发现噻唑盐在碱作用下失去质子形成两性离子，该两性离子通过共振可以形成卡宾，是维生素 B_1 催化的活性物种[3]。Breslow 还进一步揭示了噻唑卡宾与 α-酮酸或醛作用生成的烯胺醇是催化反应的关键中间体（Breslow 中间体）（图 3-10 ②）。该研究为卡宾仿生催化奠定了基础。

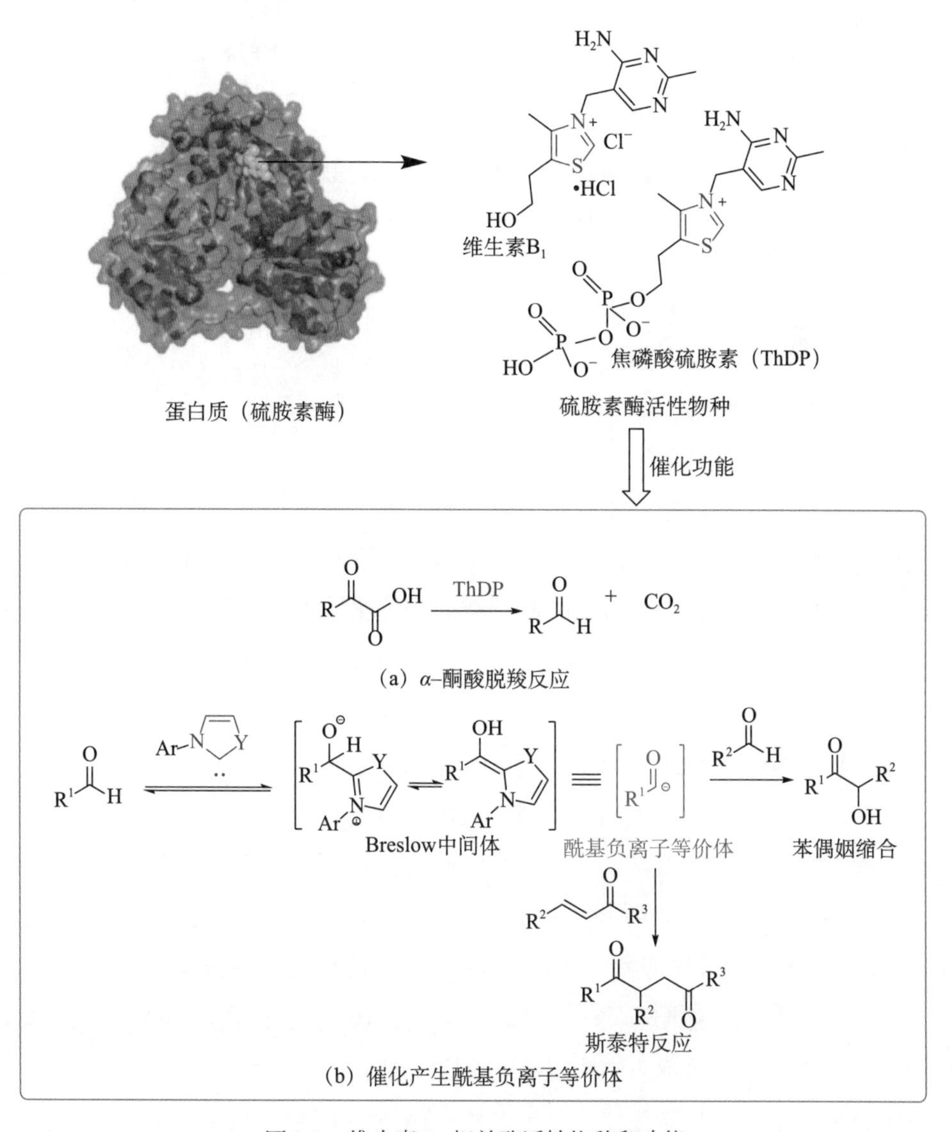

图 3-8 维生素 B_1 相关酶活性物种和功能

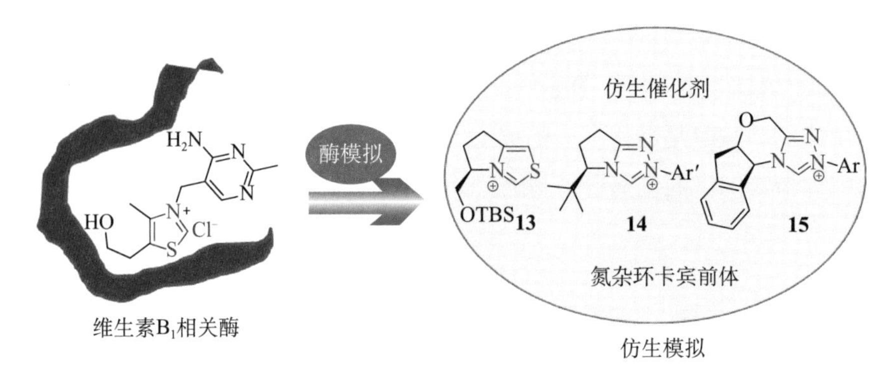

图 3-9　维生素 B_1 相关酶的模拟思路

OTBS：二甲基叔丁基硅醚

1966 年，Sheehan 和 Hunneman 首次报道合成了手性噻唑盐 **16**，化合物 **16** 作为氮杂环卡宾前体能催化苯甲醛的苯偶姻缩合反应，但产物的对映选择性不高[76]（图 3-10 ③）。1996 年，Enders 等首次利用手性三唑鎓盐 **17** 作为卡宾前体催化苯偶姻缩合反应[77]，产物 ee 值最高可达 86%（图 3-10 ④），该研究成功地将催化剂由噻唑卡宾拓展到三唑卡宾，是卡宾催化研究领域的一个重要进展。1997 年，Leeper 等合成了并环结构的手性噻唑盐 **13**[78] 和手性并环结构的三唑鎓盐 **18**[79]（图 3-10 ⑤），它们能催化苯甲醛的不对称苯偶姻缩合反应，产物 ee 值最高可达 80%。2002 年，Rovis 等发展了手性四环结构的三唑鎓盐 **15**，并利用 **15** 实现了分子内的不对称斯泰特反应[80]（图 3-10 ⑥），反应具有较好的收率（64%～94%）和优秀的对映选择性（82%～97% ee）。

我国学者在卡宾仿生催化领域也做出了重要贡献[81-96]。在新颖卡宾催化剂方面，游书力团队由易得的手性樟脑原料出发，合成了含有桥环结构的手性三唑鎓盐 **19**，并以此为卡宾前体，高产率、高对映选择性地实现了分子内不对称交叉醛-酮苯偶姻缩合[81]（图 3-10 ⑦）；叶松团队基于氢键的作用发展了双功能化的手性氮杂环卡宾前体 **20**[82]（图 3-10 ⑧），化合物 **20** 在苯偶姻缩合[83, 84]、环加成[85]等反应中均展示出较好的催化效果。成莹、龚流柱、黄湧、汪舰等在新型底物及活化模式，不对称催化合成手性化合物等方面都有突出贡献[86-94]。

经过几十年的发展，维生素 B_1 相关酶的仿生化学已从早期的非手性模拟发展到手性模拟，手性氮杂环卡宾作为模拟维生素 B_1 相关酶的仿生有机小分子催化剂，在不对称酰基转移反应中展现出好的催化活性和出色的立体选择性控制能力，具有较好的合成价值。

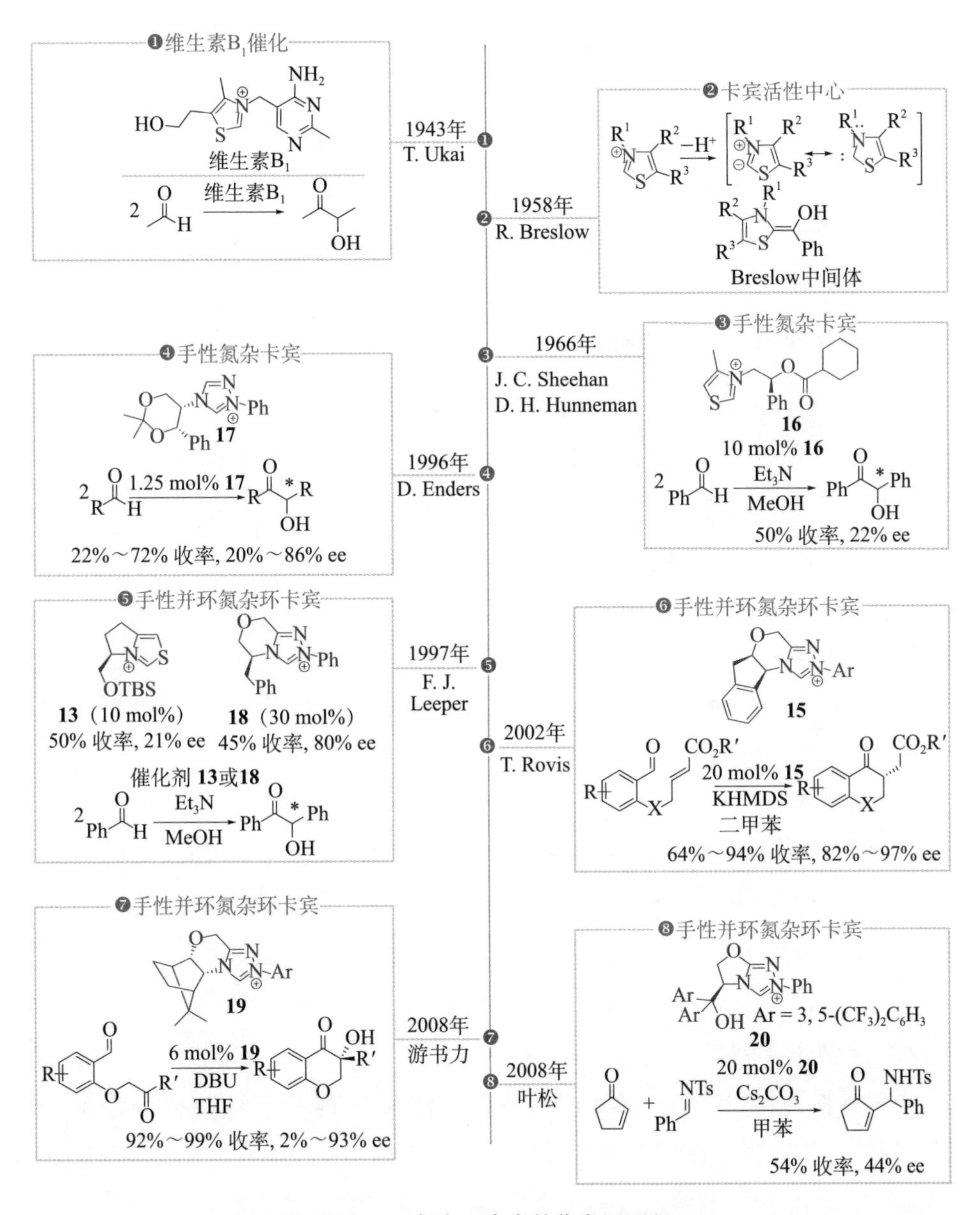

图 3-10 氮杂环卡宾催化发展历程

Et：乙基；KHMDS：双(三甲基硅烷基)氨基钾；

DBU：1, 8-二氮杂二环[5.4.0]十一碳-7-烯；THF：四氢呋喃

4）未来展望

尽管手性氮杂环卡宾能模拟维生素 B_1 相关酶的催化功能，并在不对称催化领域得到广泛应用，但其发展仍面临不少问题，如目前卡宾催化的催化剂用量普遍较高，通常为 10 mol%～20 mol%，这大大限制了其在合成化学中的应用，因此，发展高活性、高选择性手性氮杂环卡宾催化剂是该领域的一个亟待解决的问题。另外，卡宾催化剂的活性物种容易失活，如何稳定催化活性物种也是该领域发展的一个难题。随着以上问题的解决，并通过与 Lewis 酸催化、过渡金属催化、光化学、电化学等的有机结合，卡宾催化将为有机化学贡献更多的新反应，具有广阔的发展空间。

3. 维生素 B_6 相关酶模拟

1）维生素 B_6 相关酶的结构和催化性能

在生物体内，维生素 B_6 主要以磷酸吡哆醛和磷酸吡哆胺的形式存在，是一类非常重要的辅酶，它与不同的蛋白质结合可以形成几百种酶，如转氨酶（transaminase）、苏氨酸醛缩酶（threonine aldolase）等，约占酶总量的 4%，是一个非常大的酶家族（图 3-11）[14, 15, 97]。辅酶维生素 B_6 是其催化中心，即催化反应发生的位置；酶的蛋白质骨架为反应提供了手性环境，不仅能专一性地识别底物，还通过蛋白质上氨基酸的残基的协同催化作用来调控催化性能和提高催化活性[14, 15, 97-99]。

该类酶的催化功能非常强大，能催化很多生物转化，尤其是生物体内与胺的合成和代谢相关的转化，如转氨化、氨基酸的消旋化、氨基酸脱羧、胺的氧化（脱氨）、丝氨酸 β-取代合成色氨酸、β-羟基氨基酸的逆羟醛缩合反应和甘氨酸的羟醛缩合反应合成 β-羟基-α-氨基酸等（图 3-11）[14, 15, 97-99]。这些转化过程为生命提供了各种具有生理活性的手性胺化合物。

2）仿生模拟思路

维生素 B_6 相关酶的催化功能强大，能催化各种手性胺化合物的合成[100-105]。而手性胺在医药、精细化工、材料等领域中又有广泛的应用，因此模拟维生素 B_6 相关的酶，发展仿生的催化体系有重要意义，并很早就得到化学家的高度关注[4, 106-108]。前期的研究发现[1, 109]，辅酶吡哆醛 / 吡哆胺的吡啶环的 3-位羟基、4-位的醛基［或亚甲基氨基（CH_2NH_2）］和吡啶环是其执行催化功能的必需官能团，而吡啶环5–位的亚甲基磷酸酯并不参与催化，5–位离催化中心4–位的醛基［或亚甲基氨基（CH_2NH_2）］距离又比较近，因此，可以在吡啶环的5–位引入侧链，发展相应的手性吡哆醛/吡哆胺催化剂，模拟维生素B_6相关酶的催化功能，催化相关的化学转化（图3-12）[4, 106-108]。在仿生催化剂的设计中，可以通过改变吡啶环上的取代基来调节吡哆醛/吡哆胺的催化性能，还可以通过引入合适的侧链来模拟酶蛋白质骨架的辅助催化功能，提高仿生催化剂的催化活性和选择性。

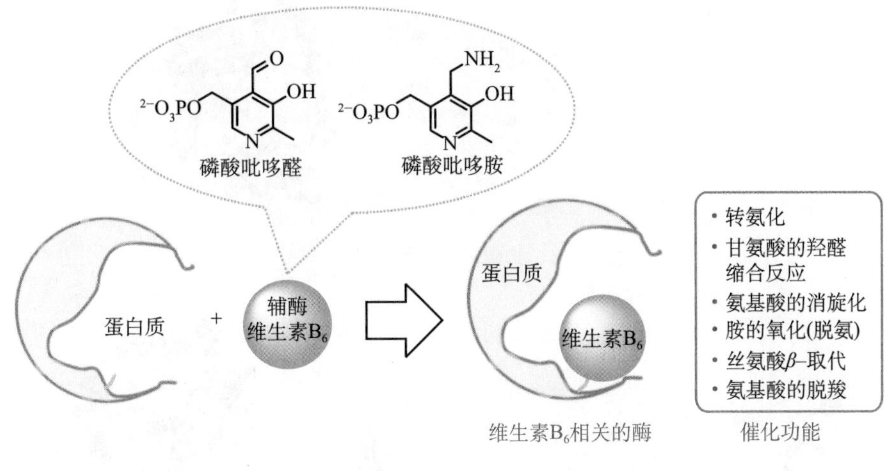

图3-11 维生素B_6相关的酶：结构和功能

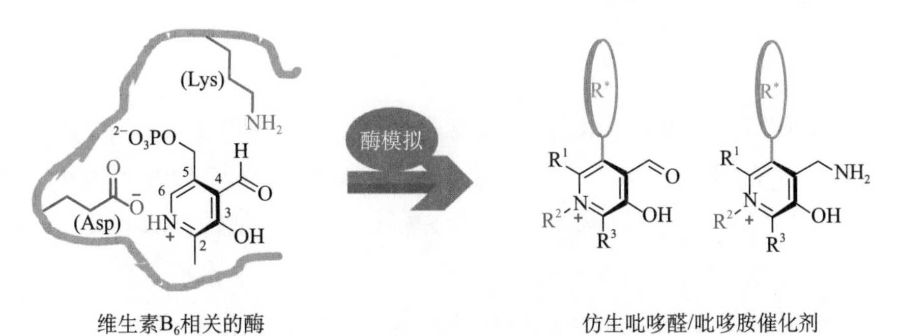

图3-12 维生素B_6相关酶的模拟思路

Lys：赖氨酸；Asp：天冬氨酸

3）发展历程和现状

如上所述，维生素B_6相关的酶能催化很多转化，其中转氨酶促进的转氨化和苏氨酸醛缩酶促进的甘氨酸的羟醛缩合反应尤为重要。转氨化可以实现由易得的羰基化合物一步合成手性胺（图 3-13）[100-104]；甘氨酸的羟醛缩合反应能在不需要对氨基进行保护的情况下直接得到手性 β-羟基-α-氨基酸（图 3-14）[105, 110]，并且能进一步发展成羰基催化伯胺的 α C—H 不对称官能化 [111-115]，合成各种手性胺。由于这两种转化具有很好的合成价值，维生素 B_6 相关酶的仿生催化的研究主要集中在对转氨酶和苏氨酸醛缩酶的模拟上。

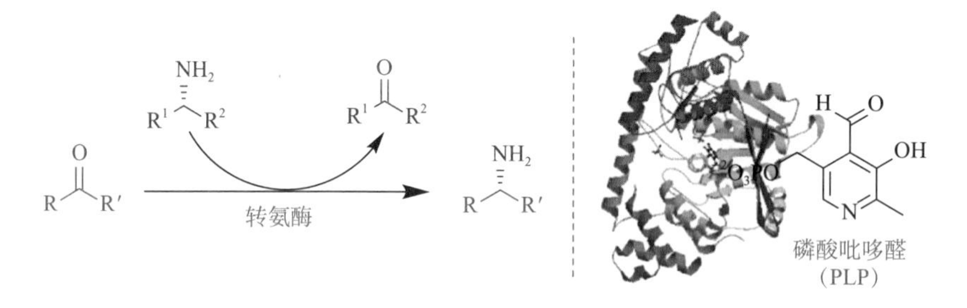

图 3-13　转氨酶促进的转氨化反应

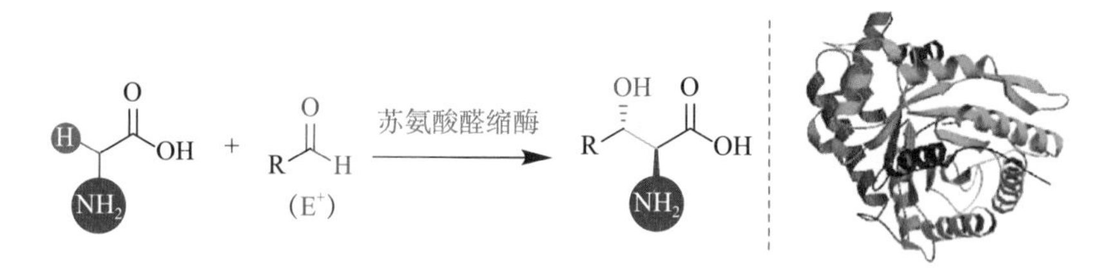

图 3-14　苏氨酸醛缩酶促进的甘氨酸的羟醛缩合反应

早在 1952 年，Snell 课题组就发现当量的吡哆醛（PL）与一系列的氨基酸在 Lewis 酸催化下可以发生转氨化，生成相应的吡哆胺（PM）和 α-酮酸（图 3-15 ①）[109]，说明辅酶吡哆醛具有转氨化活性，是转氨酶的催化中心。这是生物氨化的非手性计量模拟。

日本化学家 Kuzuhara 等于 1978 年实现了生物转氨化的第一个不对称计量模拟（图 3-15 ②）[116, 117]。他们发现，以当量的桥环手性吡哆胺 **21** 为氨源，丙酮酸可以发生不对称转氨化，生成光学活性的丙氨酸，产物的对映选择性最高可以达 96% ee[117]。哥伦比亚大学 Breslow 等在生物转氨化的不对称计量模拟方面也做了大量的研究，先后发展了一系列的手性吡哆胺衍生物，如环糊精的吡哆胺衍生物 **22** 和手性的并环吡哆胺 **23** 等，并用于 α-酮酸不对称转氨化，产物 ee 值最高可达 92%（图 3-15 ③）[5, 6]。Kuzuhara 和 Breslow 等还分别用计量的桥环手性吡哆醛实现了苏氨酸醛缩酶促进的甘氨酸羟醛缩合反应的不对称计量模拟[118, 119]。

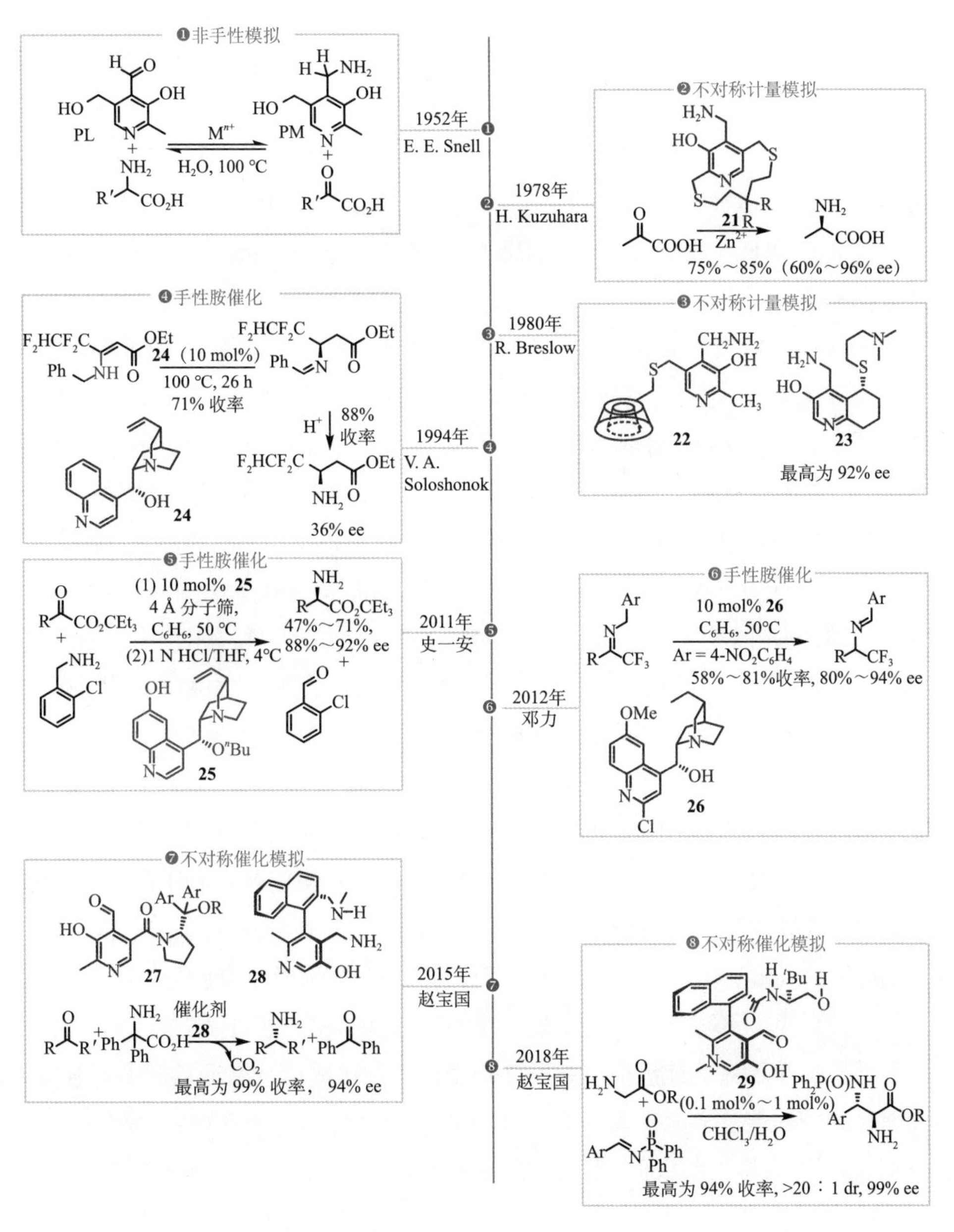

图 3-15　维生素 B_6 相关酶模拟的发展历程

化学家发现，手性胺可以催化酮亚胺发生不对称1, 3–质子迁移，生成新的手性亚胺，水解后即可得到手性胺化合物。该反应模拟了生物转氨化中的1, 3–质子迁移过程[107]。首先实现这一转化的是Soloshonok课题组，他们在1994年报道了辛可尼丁**24**催化*β*–烯胺酯的不对称1, 3–质子迁移得到相应的手性亚胺，再水解即可得到*β*–三氟烷基*β*–氨基酸酯，产物ee值为36%（图3-15 ④）[120]。该领域的一个重要突破是史一安在2011年报道的*α*–酮酯不对称转氨化，当以手性胺**25**为催化剂时，产物手性*α*–氨基酯的ee值高达92%（图3-15 ⑤）[121]。邓力用对硝基苄胺为氨源、氯代的金鸡纳生物碱**26**为催化剂，实现了三氟甲基酮的不对称转氨化，产物的ee值为80%～94%（图3-15 ⑥）[122]。

2015年，赵宝国课题组用手性吡哆醛**27**为催化剂，实现了生物转氨化的不对称催化模拟，由*α*–酮酸经仿生不对称转氨化合成手性*α*–氨基酸（图3-15 ⑦）[123]。以联芳基轴手性吡哆胺**28**为催化剂时，产物*α*–氨基酸的ee值高达94%，收率高达99%（图3-15 ⑦）[124]。在催化过程中，吡哆胺**28**的胺基侧链参与了催化，加速了转氨化过程。该催化剂成功模拟了转氨酶的催化活性和对映选择性控制及赖氨酸残基的协同催化作用，因此表现出较高的催化活性和优秀的对映选择性。通过模拟苏氨酸醛缩酶，该课题组还发展了轴手性*N*–甲基吡哆醛催化剂**29**，并提出了羰基催化的新催化模式（图3-15 ⑧）[114, 115]。运用羰基催化的策略，以吡哆醛**29**为催化剂，实现了甘氨酸酯的仿生不对称曼尼希反应，高活性、高选择性地得到一系列手性*α*, *β*–二氨酸酯化合物，产物的立体选择性高达＞20∶1 dr和99% ee。催化剂的吡哆醛片段活化甘氨酸酯，形成活泼的*α*–亚胺碳负离子，同时催化剂侧链上的—NH—和—OH官能团又通过氢键活化磷酰亚胺。两个反应底物被活化的同时，也相互靠近，这种像酶一样的协同的双重活化作用是该催化剂具有高活性、高选择性的原因。

由此可见，经过几十年的发展，维生素B_6相关酶的仿生化学已从早期的非手性模拟和不对称计量模拟，发展到手性的催化模拟，展示了维生素B_6强大而又独特的催化性能，为维生素B_6的强大催化性能在不对称催化和有机合成领域中的广泛应用打开了大门。

4）未来展望

尽管模拟转氨酶和苏氨酸醛缩酶的仿生催化化学已经取得了一定的进展，

但基于维生素 B_6 相关酶的模拟仍然处于发展的早期阶段，还存在不少挑战需要解决：①转氨化主要适用于活化的羰基化合物，非活化酮 / 醛的转氨化还有待发展，催化活性也有待进一步提高；② 模拟苏氨酸醛缩酶发展的羰基催化伯胺 α C—H 官能化还有待进一步发展，非活化伯胺的反应性还有待解决；③ 更加高效的吡哆醛 / 吡哆胺仿生催化体系有待发展，更多的新化学转化也有待进一步探索。将来随着这些问题的逐步解决，维生素 B_6 相关酶的强大催化功能也将在仿生催化领域中逐步得以模拟和利用，把转氨化、羰基催化伯胺 α C—H 官能化、氨基酸脱羧、丝氨酸 β-取代等多种反应发展成效率高、普适性好的转化，为手性胺的合成贡献绿色、高效的仿生新方法，对有机合成、生物医药、精细化工、新材料等领域有重要意义。

4. 基于辅酶 NAD (P)H 的仿生不对称还原

1）辅酶 NAD(P)H 的结构和催化性能

在细胞中，NADH 和还原型烟酰胺腺嘌呤二核苷酸磷酸（NADPH）是一类非常重要的辅酶，生物体中将近 400 个生物化学过程需要它们的参与（如三羧酸循环、糖酵解和氨基酸降解等）。在生物体内，NAD(P)H 和 $NAD(P)^+$ 之间可以相互转化［图 3-16(a)］[125-131]。NADH 和 NADPH 结构中含有 1, 4-二氢吡啶环［图 3-16(b)］，可以作为转移氢源，还原不饱和双键合成手性醇和手性胺等化合物 [132, 133]。

2）仿生模拟思路

受 NAD(P)H 还原机制的启发，人们设计并合成了一系列仿生的杂环氢转移试剂，这些试剂在多种还原反应中表现出优异的转移氢的能力 [133-135]（图 3-17）。另外，通过引入合适的手性基团，发展了多种仿生的手性杂环氢转移试剂，能够催化不饱和键的不对称还原 [136, 137]。

3）发展历程和现状

1975 年，Ohnishi 等首次使用手性 1, 4-二氢烟碱衍生物 **30**（mNADHs）模拟 NAD(P)H 对苯甲酰甲酸乙酯进行还原，在高氯酸镁作用下可以定量收率得到还原产物，但产物的对映选择性较低，ee 值为 19%（图 3-18 ①）[138]。1985 年，Gelbard 课题组以汉斯酯 **31a** 作为 NAD(P)H 的模拟物，在 10 mol% 的手性位移试剂三［3-(三氟甲基羟亚甲基)-(+)-樟脑酸］铕［(+)-$Eu(tfc)_3$］的催化下，对苯甲酰甲酸甲酯发生不对称还原，产物的 ee 值为 55%（图 3-18

②）[139]。2006 年，List 课题组以汉斯酯 **31b** 为氢转移试剂，在手性磷酸催化下，α,β-不饱和酯能有效发生不对称还原，产物的对映选择性非常优秀（图 3-18③）[140]。

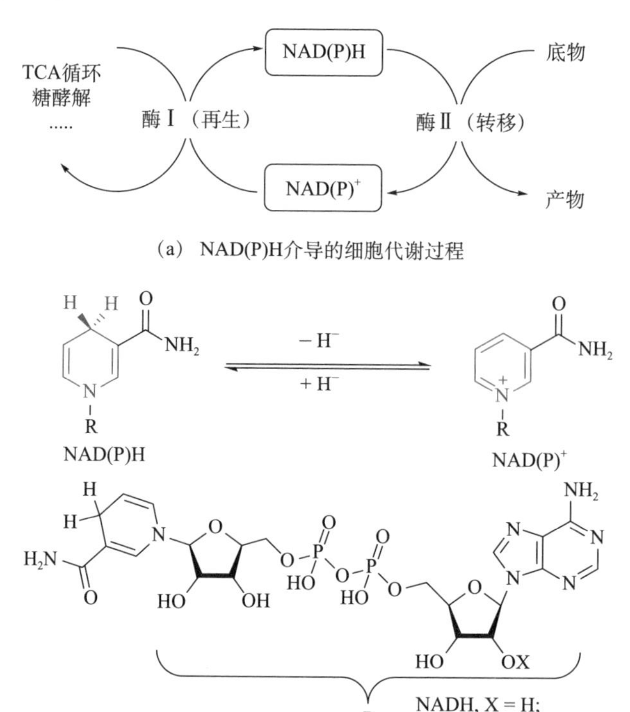

图 3-16　NAD(P)H 相关酶介导的代谢过程及 NAD(P)H 结构

TCA：三羧酸

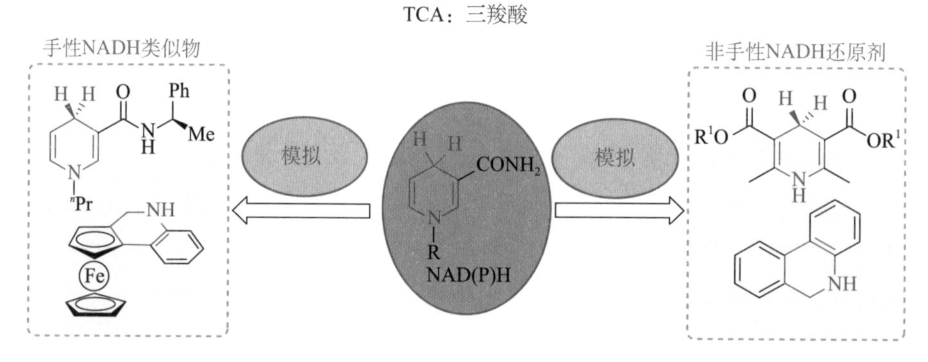

图 3-17　仿生 NAD(P)H 模拟

在早期的仿生不对称还原体系中，NAD(P)H 模拟物大多是需要化学计量的。2012 年，周永贵研究员利用催化量的菲啶 **32** 模拟 NAD(P)H 体系，以 2 mol% 手性磷酸作为催化剂，在钌催化氢化条件下可以实现苯并噁嗪酮、苯并噁嗪、苯并吡嗪和喹啉等的不对称还原（图 3-18 ④）[141, 142]。利用类似的策略，Beller 课题组用廉价金属铁的络合物作为再生催化剂，可以实现酮酸酯和亚胺的仿生不对称还原 [143, 144]。2019 年，周永贵研究员发展了含有二茂铁骨架的面手性 NAD(P)H 模拟物 **33**，以氢气作为终端还原剂，钌作为再生催化剂，以稀土 Lewis 酸和 Brøsted 酸作为转移催化剂，实现了四取代缺电子烯烃、亚胺和含氮芳香杂环化合物等的仿生不对称还原（图 3-18 ⑤）[145-147]。

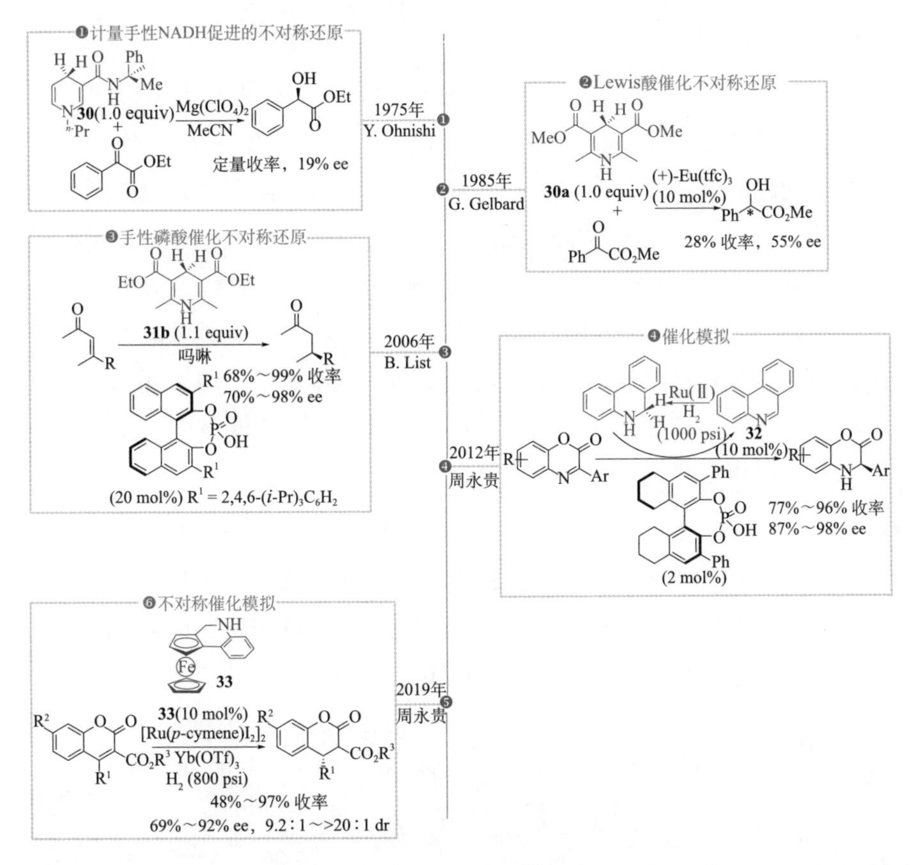

图 3-18　仿生 NAD(P)H 模拟发展历程

$[Ru(p\text{-cymene})I_2]_2$：二碘双 (4−甲基异丙基苯基) 钌 (Ⅱ)；MeCN：乙腈；$Yb(OTf)_3$：三氟甲磺酸镱

4）未来展望

NAD(P)H 的仿生不对称还原已经取得了一定的进展，由早期的化学计量的模拟发展到现在的可再生模拟，在碳-碳双键、碳-氮双键和碳-氧双键的不对称还原反应中展现出优异的转移氢的能力和高的立体选择性，但该研究领域还处于发展的早期阶段。现阶段一个突出的问题是 NADH 的仿生催化体系的效率不高，仿生催化剂用量需要 10 mol%～20 mol%，更加高效的 NADH 手性仿生催化体系有待发展。随着该领域的进一步发展，基于辅酶 NAD(P)H 的仿生不对称还原将会成为一种合成手性醇和手性胺等重要化合物的新方法，具有较好的合成应用前景。

5. 醌酶的模拟

1）醌酶的结构和种类

醌酶作为一类氧化还原酶，广泛存在于原核生物和真核生物中[148, 149]，目前研究发现了共 5种存在于生物体中的邻醌辅酶（图 3-19）。根据作用的物质的不同，醌酶可以分为两类：醇脱氢酶和胺氧化酶。醇脱氢酶多见于厌氧的原核生物中，是最早发现的醌酶，能够参与醇类的氧化并为细胞提供能量。1979 年，Kennard 等[150] 通过甲醇脱氢酶活性位点的晶体结构确定了辅基吡咯喹啉醌（PQQ）的结构。目前发现的两种以 PQQ 为辅基的甲醇脱氢酶分别是以钙离子和稀土元素（镧、铈等）为金属中心的［图 3-20(a)］。铜胺氧化酶广泛存在于哺乳动物、高等植物、真菌及原核生物体中，能够参与体内胺类的氧化代谢[151]。1990 年，Klinman 等[152] 第一次成功地分离了牛血清胺氧化酶中含辅基的活性多肽片段，并确定了该辅基的结构为 6-羟基多巴醌（TPQ）。铜胺氧化酶的活性中心存在一个邻醌结构的辅基（TPQ）和多个组氨酸配位的二价铜离子［图 3-20(b)］。由于铜和 TPQ 相距较远，一般认为底物的氧化由 TPQ 完成，二价铜与氧气作用，使 TPQ 再生，完成催化循环。

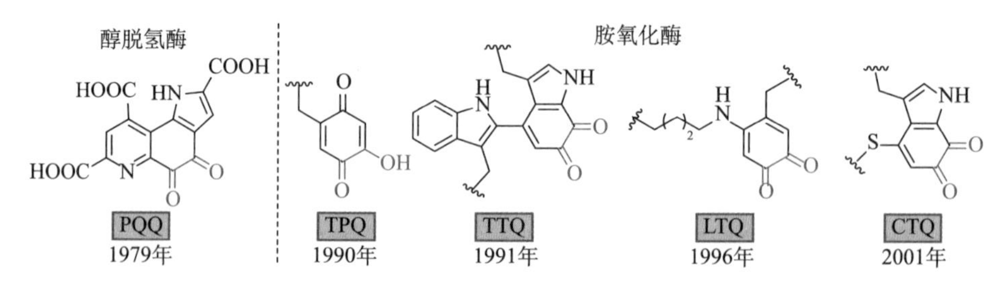

图 3-19　醌酶辅基

TTQ：色氨酸-色胺酰醌；LTQ：赖氨酸-酪氨酰醌；CTQ：半胱氨酸-色胺酰醌

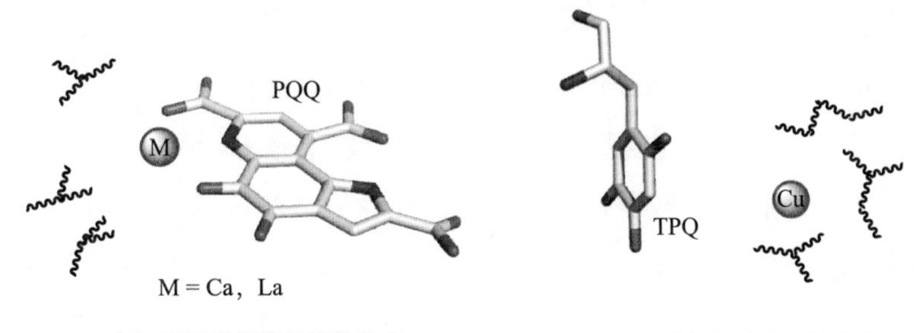

(a) 甲醇脱氢酶的活性位点　　(b) 铜胺氧化酶的活性位点

图 3-20　甲醇脱氢酶的活性位点和铜胺氧化酶的活性位点

2）仿生模拟思路

在醌酶的辅基结构被确定后，化学家则通过合成醌酶的辅基来研究其化学性质，并期望通过体外的模型研究推测酶催化的机制。但基于 PQQ 的人工酶体系反应效率低，催化剂合成烦琐，没有很好地实现对该类醌酶的模拟。铜胺氧化酶辅基的结构相对简单，催化机制更加明确，同时胺的氧化产物是合成中非常重要的化学骨架。因此，基于 TPQ 邻醌类的人工酶催化胺的氧化反应在近年来得到较大的发展（图 3-21）。在生物体中酮胺氧化酶能够将伯胺氧化成醛，并还原一分子的氧气生成过氧化氢［图 3-22(a)］[153, 154]。以仿生邻醌酶为催化剂，伯胺经氧化 / 缩合可以得到亚胺化合物［图 3-22(b)］。

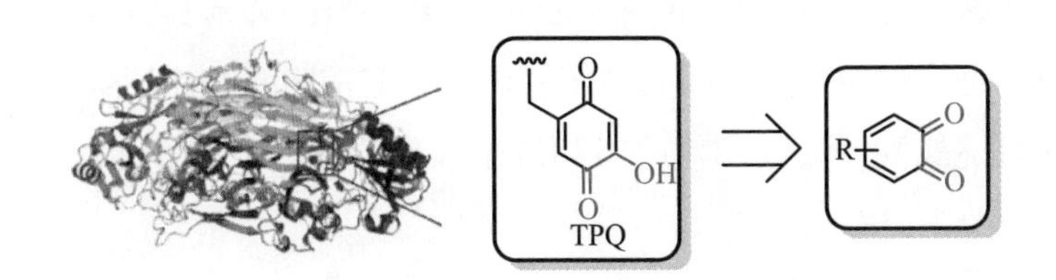

图 3-21　邻醌小分子模拟铜胺氧化酶

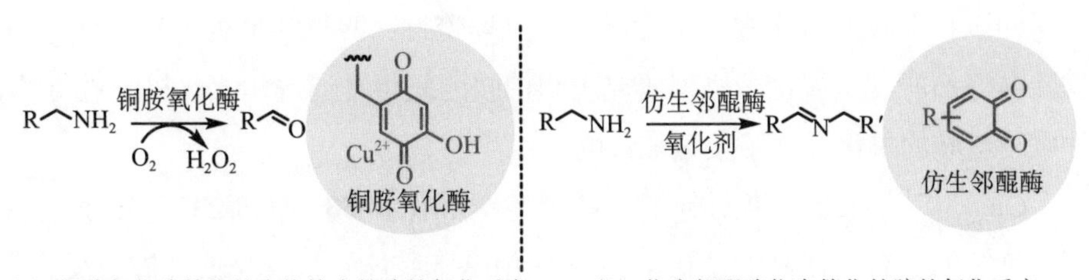

(a) 铜胺氧化酶催化的生物体内的胺的氧化反应　　(b) 仿生邻醌酶仿生催化的胺的氧化反应

图 3-22　生物体内和仿生体系中的胺的氧化反应

3）发展历程和现状

Largeron 等[155]在 2000 年首次使用氮杂邻醌 **34** 作为催化剂，在电化学条件下成功氧化了苄胺化合物。随后他们对脂肪伯胺进行了底物拓展[156]，发现带有位阻的伯胺反应较差，仲胺则不发生反应。2012 年，他们改变反应条件，用空气作为终端氧化剂，在一价铜盐的辅助下实现伯胺的氧化自缩合和交叉缩合[157]。铜盐明显加快了反应速率，苄胺底物表现出较高的反应活性（图 3-23 ①）。值得一提的是，该仿生体系对于铜胺氧化酶无法氧化的 *α*-甲基苯乙胺也能以较低的产率得到亚胺产物。但脂肪伯胺的反应结果较差，仲胺在此条件下仍然不反应。

2012 年，Stahl 等[158]报道了无金属参与的邻醌 **35** 催化的伯胺氧化反应（图 3-23 ②）。该反应能够在温和的条件下进行，富电子苄胺比缺电子苄胺活性更高，但脂肪胺、仲胺和叔胺都不能被氧化。*α*-甲基苯乙胺能在当量甲酸钠的作用下以 69% 的产率转化为相应的亚胺。

铜胺氧化酶在生物体内只能氧化伯胺，并不能氧化仲胺和叔胺，因此仲胺通常作为铜胺氧化酶的抑制剂。2014 年，Stahl 等[159]使用邻菲罗啉二酮 **36** 作为催化剂，氧气为氧化剂，在碘化锌和布 Brøsted 酸的辅助下能够实现各种环状和开链仲胺的氧化。他们随后发现，将金属 Ru 和邻菲罗啉二酮 **36** 制备成金属络合物，与 Co salophen（salophen 为双小杨醛邻苯二胺与钴的配合物）能够共同作用，对仲胺和叔胺的催化氧化有着非常明显的加速效果[160]。该金属络合物对挑战性的底物四氢喹啉和烷基取代的吲哚啉的氧化也具有较高的催化活性（图 3-23 ③）。

2015 年，罗三中研究员合成了一类小分子邻醌催化剂 **37**，该催化剂能够使 *α*-甲基苯乙胺在温和的条件下发生胺的氧化（图 3-23 ④）[161]。该课题组也对仲胺和叔胺的氧化进行了尝试，四氢异喹啉、四氢咔啉类、*N*-芳基四氢异喹啉等都能发生氧化，机理研究表明伯胺的氧化是通过转氨化机制进行的，仲胺与叔胺的氧化经历了负氢转移的历程[162]。

Oh 等[163]在 2016 年制备了一系列萘醌催化剂 **38**（图 3-23 ⑤），该催化剂对直链伯胺有着很高的催化活性，*α*-甲基苄胺能够被氧化成亚胺，反应经历了转氨化历程[164]。2019 年，Oh 等又报道了萘醌催化伯胺与硝基烷烃的氧化缩合反应[165]。反应机制为伯胺与邻醌催化剂缩合发生转氨化后形成亚胺，硝基烷烃与该亚胺发生缩合反应得到硝基烯烃。

2017 年，Largeron 等发现邻苯三酚在空气中可以自发地转化为天然产物红倍酚 **39**（图 3-23 ⑥），化合物 **39** 能有效催化伯胺的氧化[166, 167]。

综上所述，在过去的二十多年间，以铜胺氧化酶的辅基 TPQ 为模板的小分子邻醌催化剂得到较好的发展。他们与金属共同作用或只需要自身催化即可在温和的条件下氧化胺类化合物。研究发现了一些催化活性超越天然铜胺氧化酶的邻醌催化剂，能够实现仲胺甚至是叔胺的氧化，得到各种重要的含氮化合物。

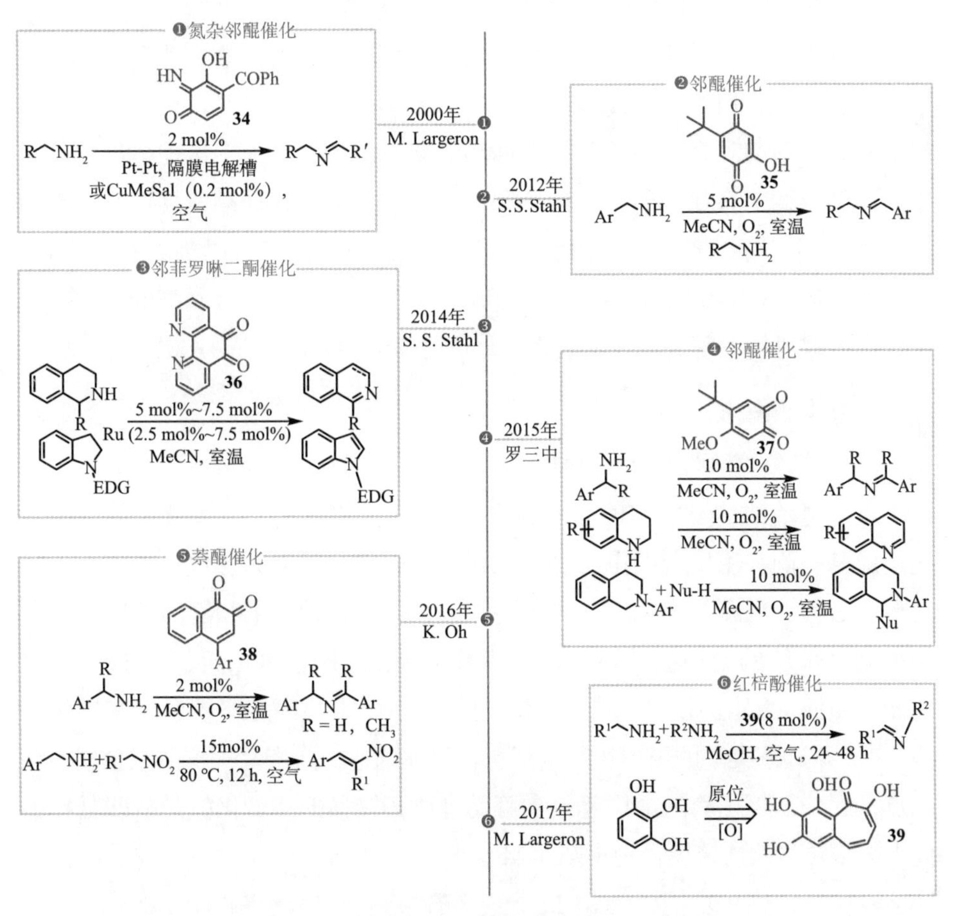

图 3-23　邻醌模拟铜胺氧化酶催化的发展历程

CuMeSal：3-甲基水杨酸铜；EDG：拉电子基团（electron donating group）

4）未来展望

基于醌酶的仿生催化伯胺 / 仲胺的氧化已经取得了一定的进展，但这些仿生催化体系对脂肪胺和叔胺化合物的催化活性较低，需要进一步发展更加有效的催化体系。此外，目前没有实现对邻醌催化醇的仿生氧化，有待进一步探索研究。随着该邻域的发展，邻醌小分子催化剂可应用到 N 端氨基标记或其他类型的生物正交反应中。同时目前邻醌催化剂已经在某些反应中展示出超出天然醌酶的催化能力，根据这些高活性的催化体系来改造天然酶以合成更高效的人工酶体系也是今后值得开拓的研究方向。

（二）仿生金属催化

很多生物酶的催化中心原子是金属，如氢化酶、血红素氧化酶、非血红素酶、固氮酶、甲烷氧化酶等。根据中心金属的数目，又可以分为单核金属酶、双核金属酶和多核金属酶。金属酶的蛋白质骨架作为多齿配体稳定催化中心，同时调节金属核的电子性质和催化性能。模拟金属酶发展仿生的金属络合物，不仅可以实现高效的氧化、还原等反应，而且可以挑战 CO_2 固定、室温化学固氮等重大化学转化。经过几十年的发展，模拟金属酶的仿生催化化学已经取得了重要进展，下面介绍几个代表性的方向。

1. 氢化酶模拟

1）氢化酶的结构和催化性能

氢气是清洁的燃料和理想的还原剂[168, 169]。氢化酶是一种非常有效的氧化还原酶，能利用所获的电子高效催化质子，将其还原为氢气，实现无污染的放氢过程；它还能催化氢气的可逆裂解，促进各种不饱和键的还原[170-176]。根据活性部位的金属核的不同，这些酶可分为［Fe］氢化酶、［FeFe］氢化酶和［NiFe］氢化酶[177]三类。后两类酶的活性中心都是双核金属有机化合物[178, 179]。这三类酶的蛋白质结构都包含气体通道，允许氢气扩散至金属活性位点，此外，氢化酶的结构还包含可促进质子转移的离子化氨基酸残基和能促进电子转移的铁硫簇合物（图 3-24）。

氢化酶的催化功能强大。［Fe］氢化酶中不含镍原子和［FeS］簇，它的 Lewis 酸性铁（Ⅱ）中心能促进 H—H 键的异裂，能在氢气存在下可逆地催化次甲基四氢甲基蝶呤（$CH\text{-}H_4MPT^+$）还原产生亚甲基四氢甲基蝶呤（CH_2-

H_4MPT）和质子，该过程是微生物将二氧化碳转化成甲烷的一个关键步骤[180]。在三种酶中，[FeFe]氢化酶的催化效率最高[181]，可以可逆地催化质子和氢气之间的氧化还原过程。[NiFe]氢化酶[182-185]不仅能催化氢气氧化，还可以作为良好的产氢催化剂。

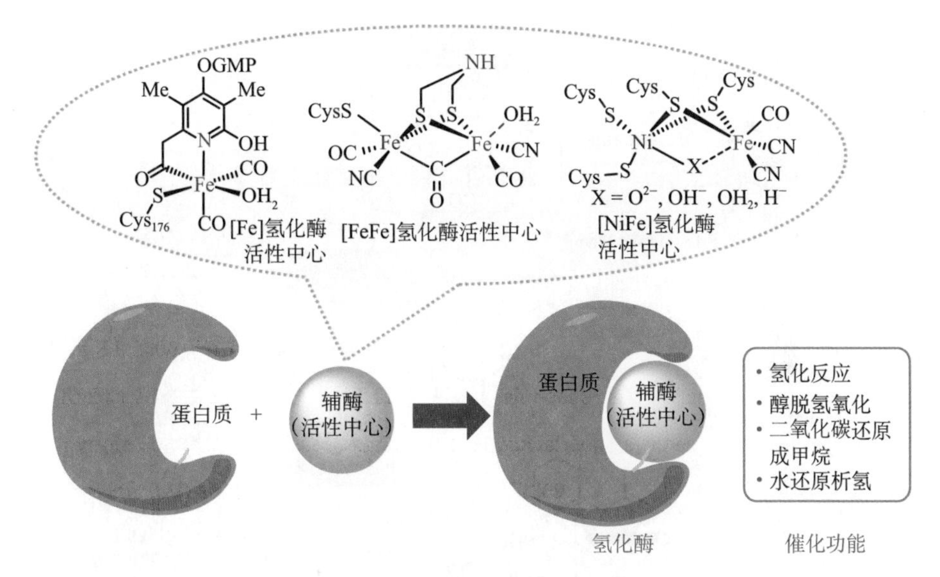

图 3-24 氢化酶的结构和功能

Cys：半胱氨酸；GMP：单磷酸鸟苷

2）仿生模拟思路

氢化酶的仿生化学是一个前沿热点课题。化学家期望通过仿生手段，能像大自然一样温和地利用氢气。同时，由于氢气是一种清洁能源，化学家还希望通过酶模拟发展出高效的仿生析氢催化剂。

三类氢化酶的活性中心及代表性的仿生催化剂如图 3-25 所示。[Fe]氢化酶的活性中心为铁糖蛋白（FeGP）辅酶，含有一个特殊的"吡啶酮亚甲基酰基"配体[186]，且只有一个铁原子，对该酶的模拟主要是在于合成含类似配体结构的单核金属络合物。[FeFe]氢化酶的活性中心[181]是一个[Fe_2S_2]子簇，两个铁中心通过一个双硫醇负离子配体桥联，两个硫间的连接基团可以为—NH—，—NH—基团和催化中心的铁原子共同与氢气作用，实现氢-氢键的异裂。该酶的仿生催化剂的设计，主要利用的就是配体中—NH—单元与金属协同活化氢气的模式。[NiFe]氢化酶的活性中心[182-185]是一个镍-铁异双核结构，与镍配位的为四个半胱氨酸，其中两个通过半胱氨酸的硫原子作为端基配位，另外两个则通过半胱氨酸的硫原子与铁相连，铁原子周围还配有一个一氧化碳和两个氰基负离子，镍-铁之间还有一个配位的氧桥。仿生的杂双核金属络合物的设计合成是极富挑战的。

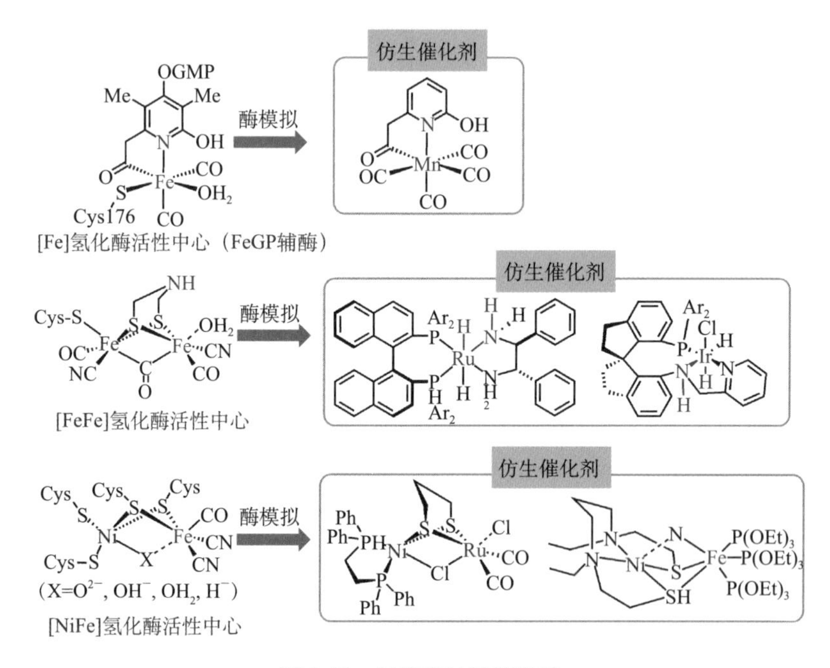

图 3-25　氢化酶的模拟思路

3）发展历程和现状

模拟［FeFe］氢化酶的配体协助活化氢气分子的作用模式，一系列高效、高选择性的仿生催化剂被开发并且应用于不对称催化氢化方面。早在1995年，Noyori 课题组发展了手性钌-双膦配体-二胺络合物 **40**［$RuCl_2$(BINAP)(diamine)］。它是一种非常高效的不对称氢化催化剂，在苯乙酮的不对称氢化反应中，当催化剂的 TON（产物与催化剂的物质的量之比）为 1 000 000 以下时，对映选择性高达 99% ee，但当 TON 为 2 400 000 时，对映选择性下降为 80% ee。这表明该催化剂的稳定性不是很高（图 3-26 ①）[187]。同年，该课题组还报道了手性钌-二胺络合物 **41**，能有效催化芳香酮的不对称转移氢化，产物醇的对映选择性最高可达 98% ee（图 3-26 ②）[188]。

张绪穆教授在不对称氢化方面做出了大量的出色工作[189-194]。多年来，他发展了许多标志性双膦配体，包括 TangPhos[191]、DuanPhos[191]、PennPhos[191]等，已被广泛应用于不对称氢化、氢甲酰化等反应中。1998 年，他首次提出了三齿氮配体的“NH 效应”策略，并基于该策略发展了 Ru-ambox 催化剂 **42**。该络合物表现出与 Noyori 的 Ru-TsDPEN 转移氢化体系[188]相当的对映选择性（高达 98% ee）[192]。当反应在较高温度下进行时，催化剂 **42** 活性更高，而对映选择性得以保持（图 3-26 ③）。

周其林院士团队在不对称催化氢化领域做出了非常卓越的工作[195-197]。他们发展了一系列极具特色的手性螺环骨架的配体，在包括催化氢化在内的多个不对称催化领域有着极为广泛的应用。其中他们在 2011 年发展的手性三齿螺环 PNN-Ir 络合物 **43** 是一种非常高效的不对称氢化的催化剂，在简单酮化合物的不对称氢化中表现出非常优秀的催化效果，产物的对映选择性高达 99.9% ee，转化数 TON 高达 4 550 000（此时对映选择性仍然保持 98% ee，表明该手性催化剂具有超高稳定性，在整个反应过程中没有发生结构改变），是迄今最高效的手性分子催化剂（图 3-26 ④）[195]。

丁奎岭院士团队在该领域也作出了非常重要的贡献[198-201]。2012 年，他们发展了 PNP-Ru① 络合物 **44**，能高效催化环状碳酸酯的还原氢化，得到重要的化工原料甲醇和乙二醇，TON 高达 87 000（图 3-26 ⑤）[200]。环状碳酸酯可以由廉价的化工原料环氧乙烷和 CO_2 反应得到，因此该转化实际上实现了 H_2 还原 CO_2 制备甲醇，为 CO_2 的固定和高效利用提供了一种新策略。2019 年该团队还发展了手性锰络合物 **45**，该络合物 **45** 在酮的不对称氢化反应中表现出很好的催化活性，TON 高达 9800，对映选择性为 85%～98% ee（图 3-26 ⑤）[201]。

上述发展的仿生催化剂都包含一个 NH 单元，在催化过程中能够协助金属中心活化氢气分子，与［FeFe］氢化酶的作用模式相似，是相应的催化氢化反应能够达到高效和高选择性的关键。

［Fe］氢化酶可以催化产氢和活化氢气，对该酶的模拟在 2010～2020 年这十年间取得了一定的进展[202-208]。2017 年，Rose 课题组报道了蒽骨架的仿生络合物 **46**，该络合物能在温和条件下活化氢气，也能催化 C—H 键的攫氢反应（图 3-26 ⑥）[209]。该领域的另一重要突破是胡喜乐课题组于 2019 年报

① 嘌呤核苷磷酸化酶（purine nucleoside phosphorylase，PNP）。

道的一种模拟［Fe］氢化酶的仿生模型络合物 **47**（图 3-26 ⑦）[210]。该络合物以锰为金属中心，它不仅能催化加氢反应，而且能异裂氢气。

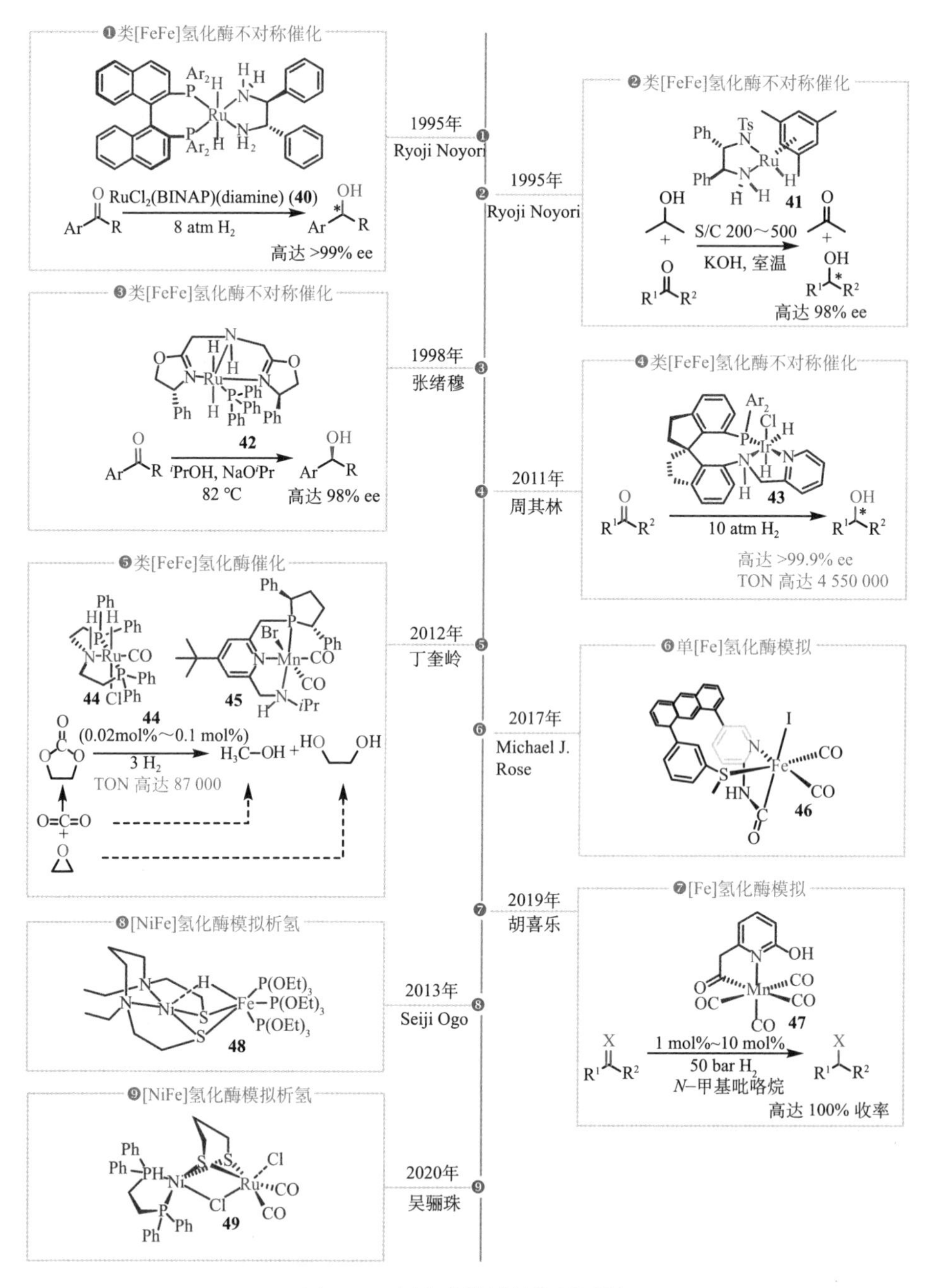

图 3-26　氢化酶模拟的发展历程

有关［NiFe］氢化酶仿生模拟的研究相对较少，且大多数仿生络合物的析氢效率较低，可能是因为异质双金属中心的结构更加复杂，难以合成[182, 211-214]。2013年，Ogo课题组报道了模拟［NiFe］氢化酶的仿生物络合物**48**（图3-26⑧）[215]。该络合物在碱性条件下可以异裂氢气生成氢化物，在酸性条件下又可以催化质子还原产生氢气。

吴骊珠院士团队在模拟氢化酶实现可见光催化制氢方面做出了卓越的研究工作[216-218]。他们发展的［NiFe］氢化酶的仿生络合物(dppe)Ni(μ-pdt)(μ-Cl)Ru(CO)$_2$Cl（**49**）能高效催化光解析氢，产氢的基准转换频率（TOF）高达1936 h^{-1}（图3-26⑨）[216]。机理研究表明化合物**49**的二聚体是活性催化物种。该研究展示了仿生催化在光解析氢领域也具有广阔的应用前景。

4）未来展望

基于［Fe］、［FeFe］和［NiFe］氢化酶的仿生催化化学已经取得了重要进展，展示了氢化酶仿生催化剂在不对称氢化、CO_2还原固定、可见光解制氢等领域中的巨大应用价值和潜力。但该领域的发展仍然有不少问题需要解决：①需要发展更加高效、稳定性好的新仿生催化体系，以进一步提高不对称氢化、CO_2还原固定、析氢等重要转化的催化效率和选择性，拓展氢化反应的底物类型；②CO_2固定有助于实现“碳中和”，但现阶段能实现CO_2固定和高效利用的转化非常有限，利用仿生的策略发展CO_2还原固定的新转化有重要意义。总之，发展具有工业应用前景的、模拟氢化酶的高效仿生催化剂，将对合成化学、能源、环境等领域都有重要意义。

2. 血红素氧化酶模拟

1）血红素氧化酶的结构和催化性能

选择性氧化反应广泛应用于石油化工、精细化学品及生物医药等众多领域[219-228]，但工业中氧化过程普遍存在能耗高、污染重、原子经济性和安全性差等问题。选择性氧化也是非常重要的生物转化，在生物体内它主要是在金属氧化酶催化下实现的[229, 230]。模拟氧化酶，发展仿生的金属络合物催化剂，实现温和条件下的高活性、高选择性的催化氧化对合成化学和工业应用都有重要意义[231, 232]。在生物氧化中，血红素氧化酶占有重要地位，至今已发现的血红素氧化酶中，仅细胞色素 P450 酶就有一千多种。血红素氧化酶是一类以铁卟啉（或血红素）作为辅基的酶（图 3-27），它广泛参与动物、植物及酵母、好氧菌、厌氧光合菌等的氧化还原反应[233-235]。

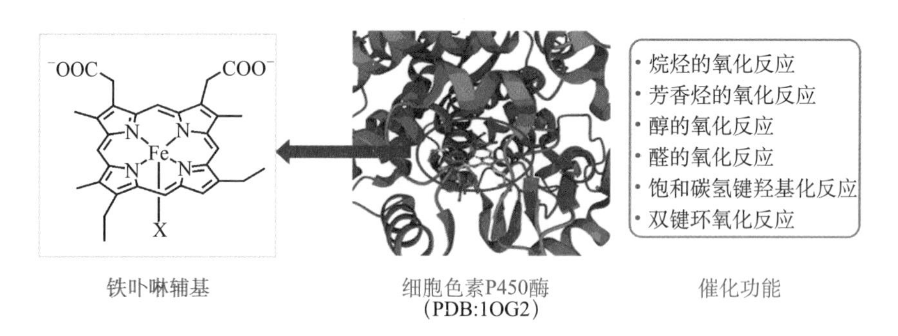

图 3-27　细胞色素 P450 酶：结构和功能

该类酶的催化过程是从氧气与亚铁血红素结合形成铁超氧化物加合物开始的，然后通过氧–氧键断裂还原为铁–过氧和高价铁氧中间体。以细胞色素 P450 酶催化烷烃羟基化反应为例（图 3-28）[236]，关键中间体为卟啉 π–阳离子自由基 Fe(Ⅳ)═O 物种［图 3-28**A**］，通过攫取烷烃 C—H 键的氢原子（图 3-28，**A → B**）和氧反弹过程（oxygen rebound）形成产物（图 3-28，**B → C**）。氧反弹过程是由 Groves 等于 1976 年提出并逐渐获得证实的，是酶催化氧化循环及仿生体系的经典机理[237-240]。血红素氧化酶的催化功能强大，能催化各种外源化合物的定向氧化，如烷烃的氧化反应、饱和碳–氢键羟基

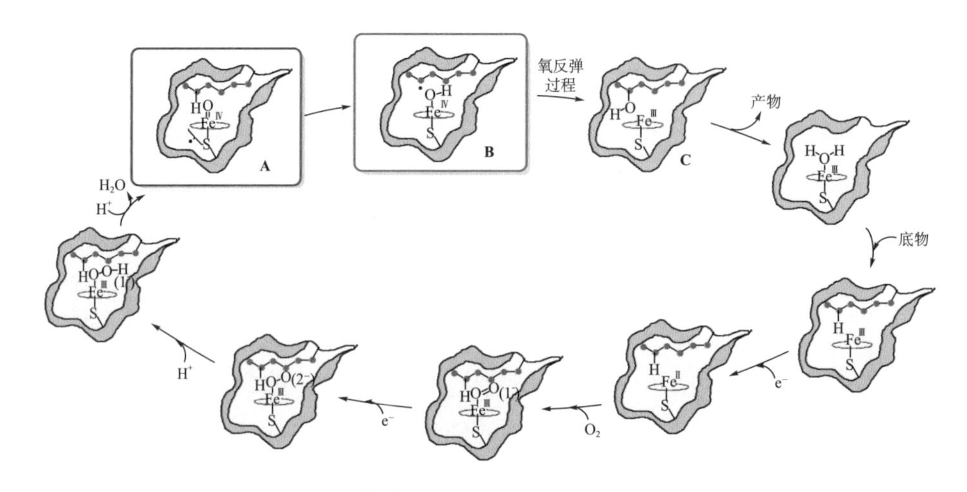

图 3-28　细胞色素 P450 酶催化烷烃羟基化反应机理

化反应、杂原子氧化反应、芳香烃氧化反应、醇的氧化反应和双键环氧化反应等多种反应（图 3-29）[241-243]。

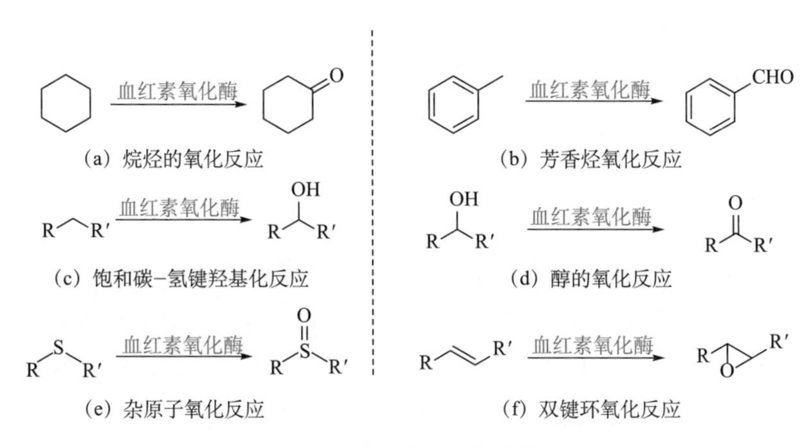

图 3-29 血红素氧化酶催化的常见反应

2）仿生模拟思路

血红素氧化酶的催化中心是铁卟啉辅基，它是执行催化功能的关键位点（图 3-30）。可以用卟啉金属络合物来模拟血红素氧化酶的催化功能。如果在卟啉配体上引入手性基团，还可以实现不对称催化模拟。与血红素氧化酶类似，金属卟啉络合物可以通过活化分子氧形成活性催化物种，催化烷烃C—H氧化、烯烃环氧化等多种反应（图 3-30）[244-251]。

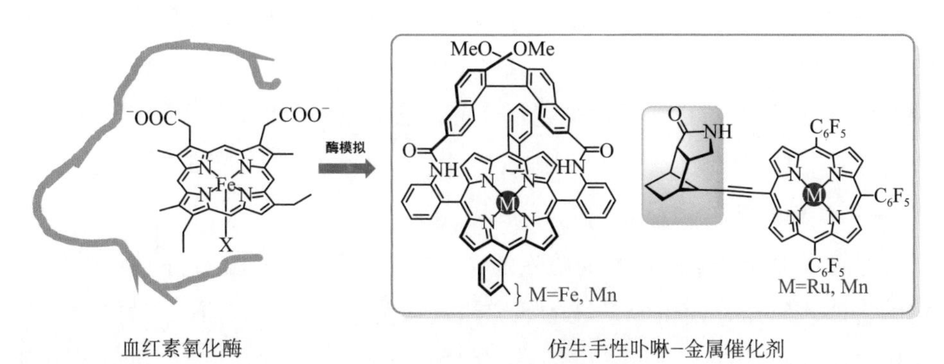

图 3-30 血红素氧化酶的模拟思路

3）发展历程和现状

化学家对卟啉金属络合物催化的仿生氧化反应及其机理进行了大量研究。例如，1979 年，Groves 等发现以亚碘酰苯为氧化剂，TPP-Fe(Ⅲ)-Cl 配合物

50 可以催化烯烃环氧化及烷烃 C—H 氧化，并提出形成了卟啉 Fe═O 或卟啉 Fe—O═I-Ph 中间体（图 3-31 ①）[252]。1981 年，Groves 课题组通过间氯过氧苯甲酸（*m*-CPBA）与 Fe(TMP)Cl 反应，合成了首例卟啉 π-阳离子自由基［(TMP)$^{+\cdot}$Fe^{Ⅳ}═O］，该物种具有环氧化活性[253]。1989 年，Groves 等在前期工作基础上，发展了基于联萘轴手性的四苯基卟啉配体，该卟啉的铁和锰络合物能催化苄位 C—H 键的不对称羟化反应，其中乙苯羟化获得了 41% ee（图 3-31 ②）[244, 245]。

受卟啉结构的启发，Jacobsen（图 3-31 ③）[246] 和 Katsuki（图 3-31 ④）[251] 分别独立发展了手性二胺衍生的 salen 配体。salen-Mn 络合物可以模拟血红素氧化酶的催化功能，催化烯烃的不对称环氧化，产物的对映选择性优秀。该反应被称为“Jacobsen-Katsuki 环氧化”，适用于顺式二取代烯烃、反式多取代烯烃等的不对称环氧化。手性 salen-Mn 催化剂还可以催化烷烃的不对称 C—H 氧化。

香港大学支志明院士团队在卟啉金属络合物催化仿生氧化方面做出了许多非常重要的贡献。他们发展了多种卟啉金属络合物的仿生催化剂，能有效催化烯烃环氧化[254, 255]、烯烃氧化成醛[256]、烷烃 C—H 不对称羟化等多种反应[257]，取得了很好的催化效果（图 3-31 ⑤）。

2010 年以来，Bach 课题组在卟啉配体上引入刚性手性酰胺基团，通过手性酰胺与反应底物间的氢键诱导，分别实现了特殊烯烃的不对称环氧化（图 3-31 ⑥）[258, 259] 和烷烃 C—H 氧化（图 3-31 ⑦）[260, 261]。近年来，张小祥课题组发展了 D_2 对称的手性酰氨基卟啉，它的钴络合物 **57** 能催化酯的 α 位不对称 C—H 胺化反应，产物对映选择性高达 97% ee[262]（图 3-31 ⑧）。

4）未来展望

尽管模拟血红素氧化酶的仿生催化化学起步较早，但由于手性卟啉化合物的合成较复杂，使得该领域的研究进展较为缓慢。一方面，该类酶结构、作用机制还有待深入理解，以促进催化剂的设计和发展。另一方面，C—H 键的惰性及不同 C—H 键反应活性差别很小，导致烃类 C—H 键不对称氧化极具挑战，因此亟待发展活性更高、选择性更好的手性仿生催化体系来解决氧化难题。另外，现阶段能有效利用氧气作为氧化剂的催化体系很少，因此利用仿生策略，实现烷烃、烯烃的空气氧化，将会使氧化过程对环境更友好，并具有很好的工业应用价值。

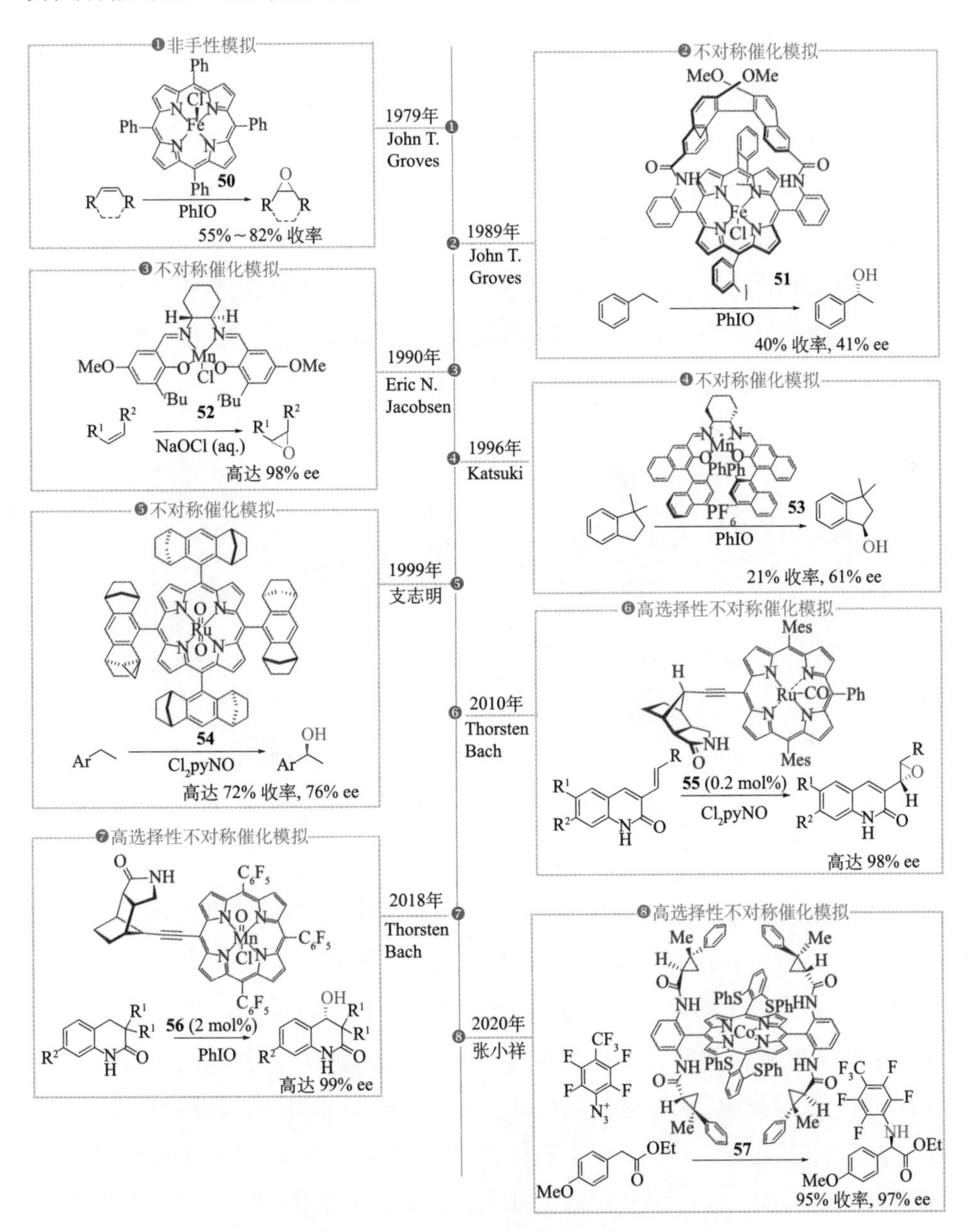

图 3-31　血红素氧化酶模拟的发展历程

PhIO：亚碘酰苯；Cl_2pyNO：2, 6-二氯吡啶氮氧化物

3. 非血红素酶模拟

1）非血红素酶的结构、功能和催化机制

非血红素酶是一大类金属氧化酶，有几百种之多，分单核非血红素酶和双核非血红素酶两种[125, 263-268]。该类酶的催化中心是由蛋白质链上的氨基酸残基与金属配位形成的，其中金属多为铁离子，参与配位的多为组氨酸、天冬氨酸、谷氨酸等氨基酸的残基[264]。单核非血红素酶通常含有二组氨酸一羧酸的结构，如里斯克（Rieske）双加氧酶［图 3-32(a)］[269]和脂肪氧化酶（lipoxygenase）[270]等；双核非血红素酶具有双核铁活性中心，典型的代表为甲烷单加氧酶，可在温和条件下实现甲烷的 C—H 氧化［图 3-32(b)］[271, 272]。迄今，基于单核非血红素酶模拟的仿生化学研究较多。

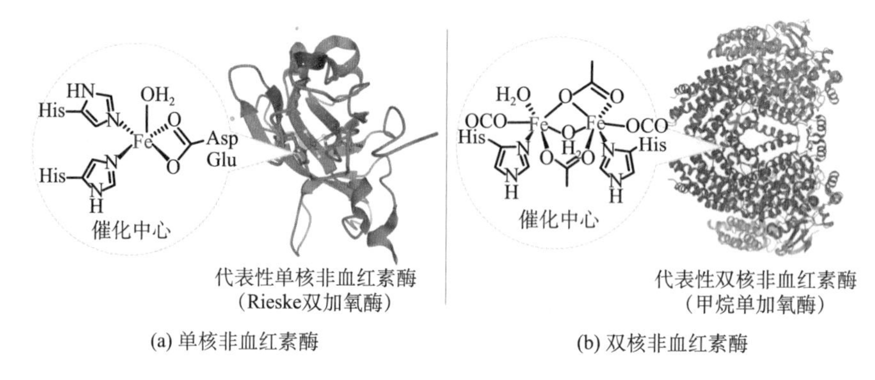

图 3-32　单核非血红素酶和双核非血红素酶

His：组氨酸；Asp：天冬氨酸；Glu：谷氨酸

非血红素酶有强大的催化功能，可催化烃类惰性碳-氢键的羟基化和卤化、芳香烃的 C—H 羟基化、烯烃环氧化等多种反应（图 3-33）[273-276]。这些反应大多经历了酶中心金属促进的自由基历程。以非血红素酶催化惰性 C—H 键的羟基化反应为例（图 3-34）：α-酮戊二酸的二价铁络合物与氧气作用，脱除一分子二氧化碳后生成高活性 Fe^{IV}═O 物种，该物种攫取底物分子中的氢原子生成 Fe^{IV}—OH 和碳自由基，碳自由基与 Fe^{IV}—OH 发生自由基回弹（rebound）反应（也称自由基取代）得到羟基化的产物并重新生成二价铁络合物[125, 263, 277-279]。非血红素酶也能催化惰性 C—H 键的自由基卤化［图 3-35(a)］[274]和叠氮化反应［图 3-35(b)］[275]，反应经历了类似的自由基转移历程。

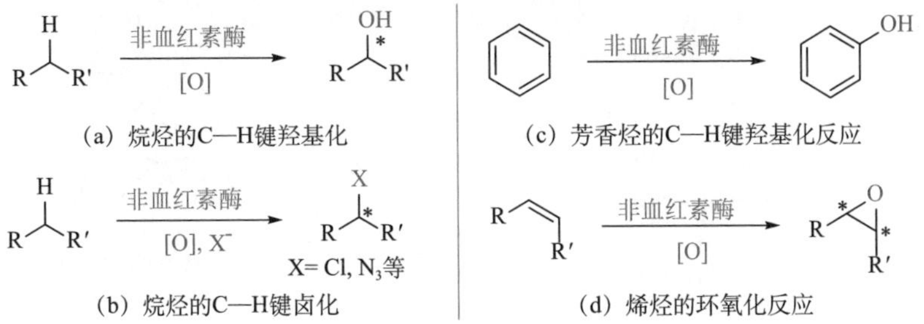

非血红素酶
[O]
(a) 烷烃的C—H键羟基化
非血红素酶
[O], X⁻
X= Cl, N₃等
(b) 烷烃的C—H键卤化
非血红素酶
[O]
(c) 芳香烃的C—H键羟基化反应
非血红素酶
[O]
(d) 烯烃的环氧化反应

图 3-33 非血红素酶催化功能

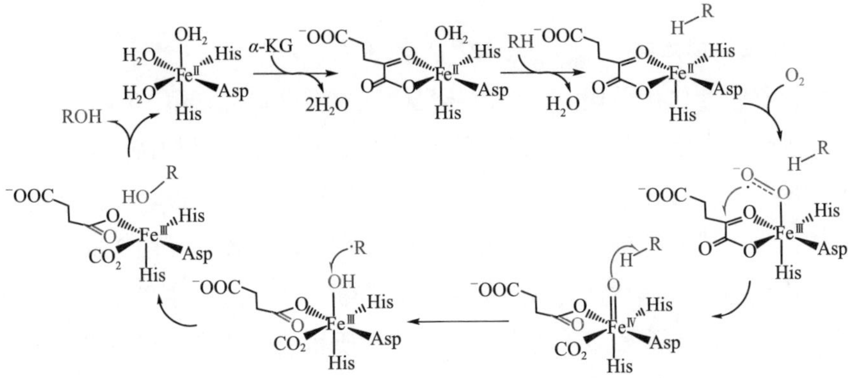

α-KG
2H₂O
RH
H₂O
O₂
ROH

图 3-34 非血红素酶催化的惰性 C—H 键羟基化反应机理（α-KG：α-酮戊二酸）

PDB: 2FCV
丁香霉素 E
(a)
丁二酸盐
+
CO₂
+ R—Cl
α-KG + Cl⁻
RH
H₂O
O₂
R—H = L-Thr-S-SyrB1

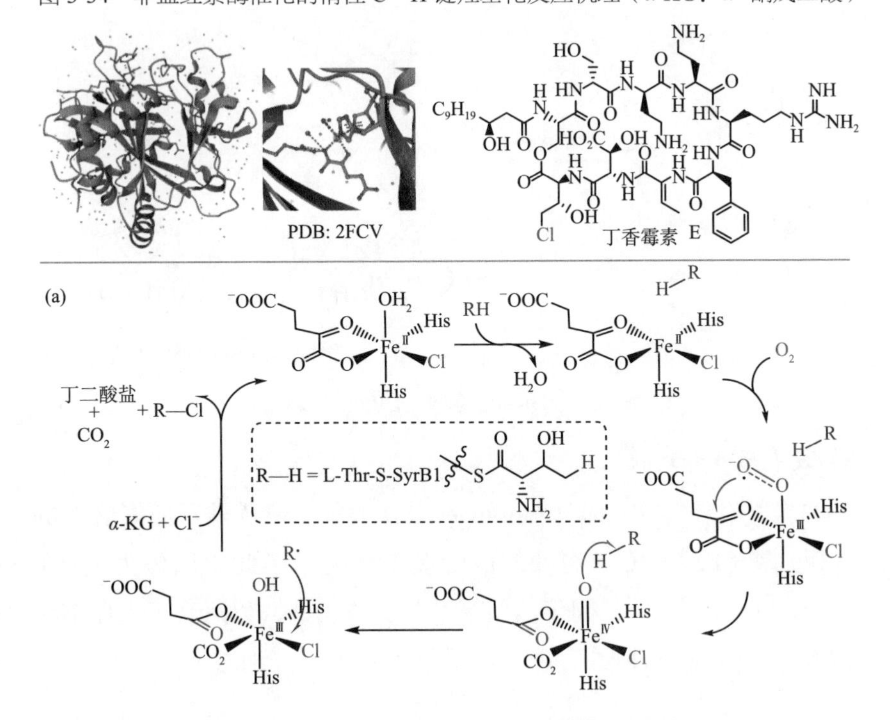

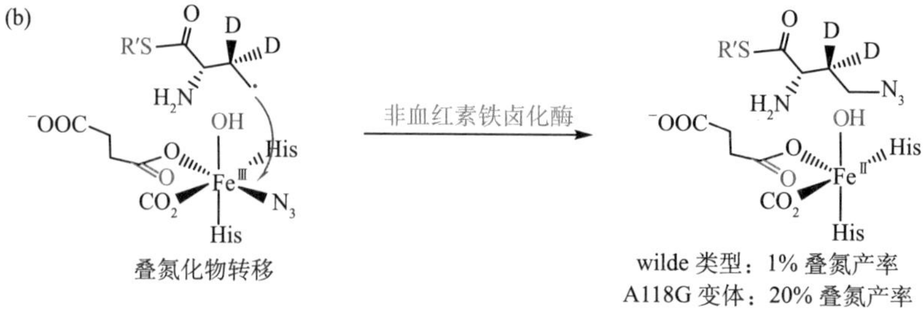

(b)
非血红素铁卤化酶
叠氮化物转移
wilde 类型：1% 叠氮产率
A118G 变体：20% 叠氮产率

图 3-35　非血红素酶催化惰性 C—H 键的自由基卤化 (a) 和叠氮化反应 (b)

2）仿生模拟思路

非血红素酶仿生催化的发展主要集中在单核非血红素酶的模拟上。单核非血红素酶的催化中心是多齿配位的金属铁核[280]，受其结构特点的启发，化学家发展了手性多齿配体配位的铁、锰等金属络合物来模拟非血红素酶的催化功能，催化不对称氧化[281, 282]和不对称自由基转移反应（图 3-36）[283, 284]。仿生催化剂的铁、锰等金属核是氧化反应的催化中心；手性多齿配体为反应提供了手性环境，能调节中心金属的电子性质和催化性能，并稳定催化中心的结构。图 3-36 列举了几个代表性的仿生催化剂。

单核非血红素酶
仿生催化剂
手性四氮配体–金属催化剂

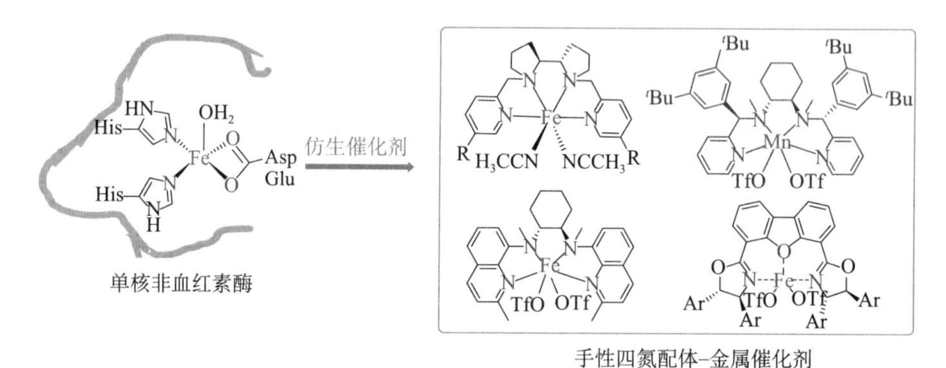

图 3-36　非血红素氧化酶的模拟思路

3）发展历程和现状

2003 年，化学家 Krebs 和 Bollinger 首次表征了牛磺酸双加氧酶（TauD）的铁（Ⅳ）氧（$Fe^{IV}=O$）物种，穆斯堡尔谱揭示了此中间体为高自旋的 $Fe^{IV}=O$（$S=2$）[279, 285]。同年，明尼苏达大学 Que、梨花女子大学 Nam 及卡内基梅隆大学 Münck 团队合作获得了首例模拟非血红素酶的铁（Ⅳ）氧物种的晶体结构，Fe—O 键长为 1.646（3）Å（图 3-37），此 Fe^{IV}═O 配合物由 14-TMC-$Fe(OTf)_2$ 与氧化剂亚碘酰苯（PhIO）在 −40 ºC 环境下反应获得，其在 820 nm 处有特征紫外吸收峰[286]。非血红素酶催化中心结构的确定有利于仿生催化剂的发展。至今，大量的非血红素金属络合物及其相应的高价金属-氧加合物被表征[287-290]，其中很多配合物表现出极高的反应活性，如［$(N_4Py)Fe^{IV}$═$O]^{2+}$ 中间体在室温下可活化环己烷 C—H 键，尽管其 C—H 键解离能高达 99.3 kcal/mol[291]。

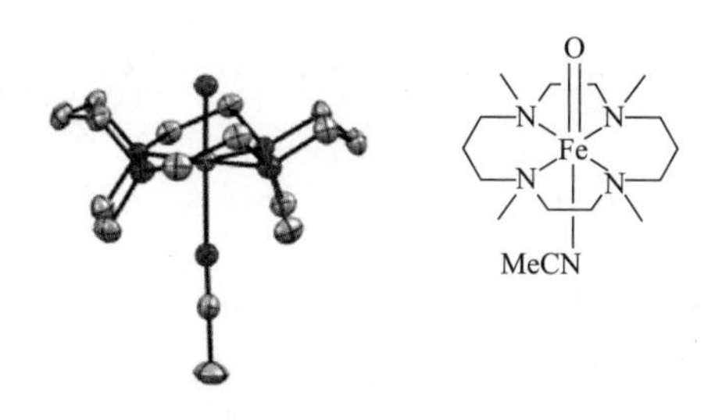

图 3-37 14-TMC-Fe^{IV}═ O 配合物晶体结构

非血红素酶的仿生催化剂可以用于催化 C—H 氧化、烯烃环氧化和双羟化和自由基转移等多种反应。

在 C—H 键仿生氧化反应方面[292]，Que 课题组自 1990 年就开始了 Fe^{III}-TPA 配合物 **58** 催化烷烃氧化的研究工作，初步探索以叔丁基过氧化氢（TBHP）作为氧化剂的可能性（图 3-38 ①）[293]。1997 年，他们实现了 Fe^{II}-TPA/H_2O_2 催化体系的烷烃 C—H 键氧化反应，如环己烷可获得环己醇和环己酮。同时，此体系也可催化烯烃进行环氧化反应[294, 295]。尽管此体系使用了过量的烯烃底物与限量的过氧化氢氧化剂，这些初期的探索已开启了非血红素铁配合物催化烃类氧化反应的研究。在 C—H 键仿生氧化方面，White 等做出了重要贡献[296-300]。2007 年，她们发展了 PDP 配体，该配体以刚性 2, 2′-联吡咯烷为骨架，其 Fe 络合物 Fe^{II}-PDP（**59**）［图 3-38 ②，左］[296] 和 Mn 络合物 Mn^{II}-(CF_3-PDP)（**60**）［图 3-38 ②，右］[299] 可以催化多种惰性 C—H 键的选择性氧化，反应的选择性由底物的空间效应和电子效应共同决定。2020 年，兰州化学物理研究所的孙伟课题组通过对手性氨基吡啶锰络合物的重新设计，高非对映选择性和高对映选择性地实现了 2-酮取代的二氢化茚的 C—H 键不对称羟基化（图 3-38 ③）[301]。反应经历了自由基的机理。该络合物在烯烃的不对称环氧化中也表现出很好的催化效果，TON 可以高达 9600[302]。

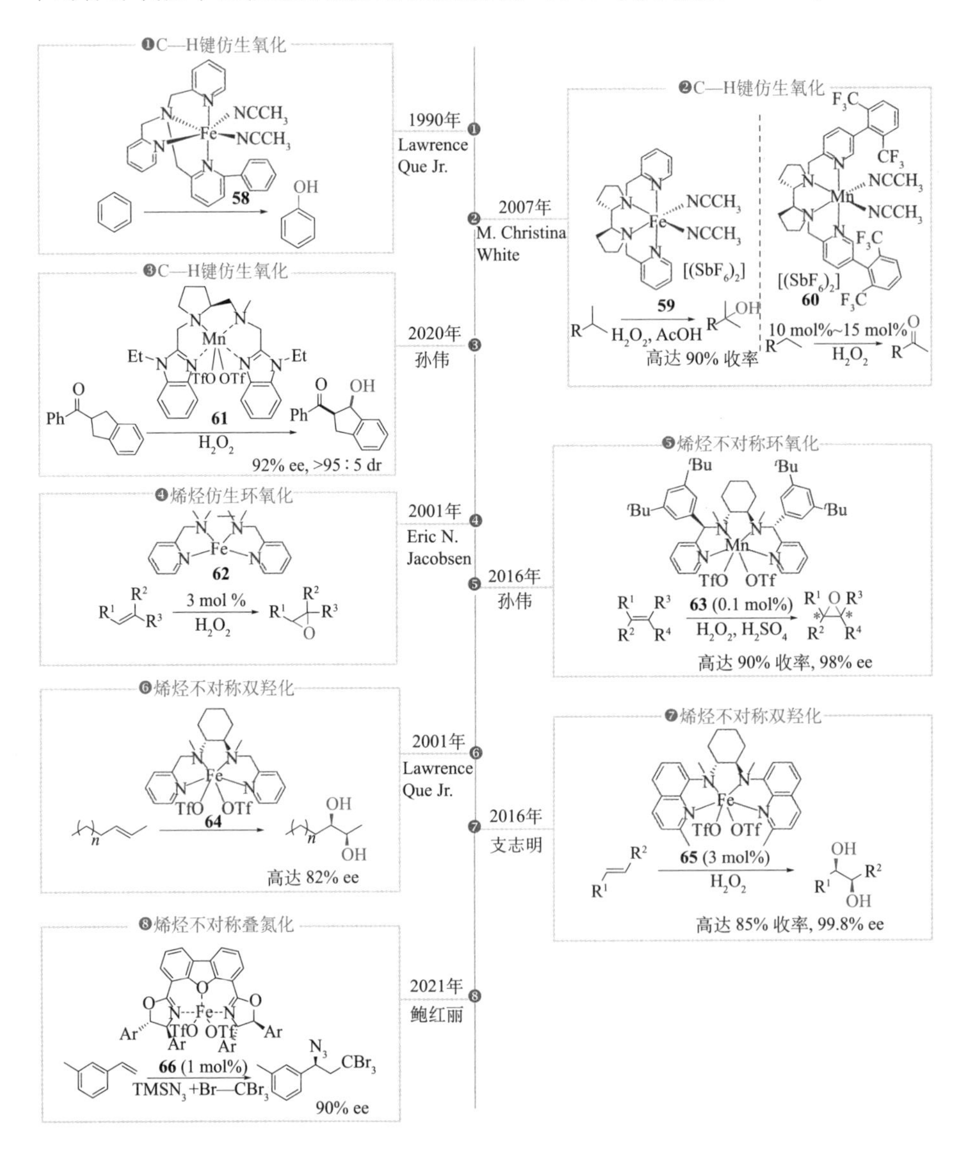

图 3-38　非血红素酶模拟的发展历程

2001 年，哈佛大学 Jacobsen 报道了以过氧化氢作为氧化剂、Fe^{II}(MEP)$(CH_3CN)_2$[①] 络合物 **62** 催化的直链烯烃的环氧化反应，体系中添加少量

① MEP：2-(-甲基-1)-赤藻糖醇4-磷酸。

乙酸作为助催化剂，配合物阴离子换为 SbF_6^-，可实现烯烃的快速环氧化（图 3-38 ④）[303]。孙伟课题组基于前期的机理研究，发展了催化量硫酸作为添加剂的新催化体系，该体系以多芳基取代的手性 dbp-mcp-Mn$(OTf)_2$ 配合物 **63** 为催化剂（0.1 mol%），实现了系列烯烃不对称环氧化反应（图3-38 ⑤）[304, 305]。2020 年，美国安进（Amgen）公司基于该仿生催化氧化技术，实现了其公司重要药物卡非佐米关键中间体环氧酮的高效生产，大大降低了环境污染。

在烯烃的不对称双羟化反应方面，Que 课题组于 2001 年报道了手性环己二胺衍生的四氮配体 (N_4)BPMCN 及其 6-Me_2-BPMCN 铁配合物 **64** 催化烯烃的不对称双羟化反应，最高获得了 82% ee，此体系需大大过量的底物（图 3-38 ⑥）[306]。2016 年，支志明课题组在此工作的基础上，以甲醇作为反应介质，实现了高对映选择性的烯烃不对称双羟化反应（>99% ee），也避免了使用大量底物，因此也赋予此体系合成用途（图 3-38 ⑦）[307]。

2021 年，鲍红丽课题组用二苯并呋喃噁唑啉铁 **66** 作催化剂，在较低催化剂用量下，实现了苯乙烯类底物的自由基不对称叠氮化反应，最高获得 94% ee，机理研究揭示了外球模型的自由基叠氮转移的反应机制（图3-38 ⑧）[283]。

综上所述，基于手性二胺骨架的四氮配体成功应用于锰、铁配合物催化的 C═C、C—H 键的不对称氧化反应和不对称自由基转移反应，展现出优秀的催化活性和不对称诱导能力。由于这类配体由饱和键或芳香杂环构成，在氧化条件下较为稳定，其催化剂用量可低至万分之一。此外，配体合成主要以商品化手性二胺或天然氨基酸为原料，来源丰富且价格相对便宜，为其工业应用提供了可能性[308, 309]。

4）未来展望

对非血红素酶的成功模拟，可开发高效、清洁的氧化等技术，降低对环境的污染，有望应用于工业生产，因此有重要意义。对机理的深入理解与认识，是非血红素酶仿生体系取得进展的重要基础。目前主要存在的问题是，谱学表征手段在表征高活性中间体方面仍有不足，使得机理的理解难于进一步深入。基于密度泛函理论（DFT）通过计算来研究反应机理将是很好的补充[310]。另外，基于非血红素酶仿生策略发展的成功反应类型还很有限，且底物限制较大，对映选择性控制也是一个挑战。因此，深入研究学习非血红素酶的作用机制，发展更为高效稳定的多齿配体−金属络合物的仿生催化剂，拓展新的、清洁的、高效的氧化反应和自由基转移反应，解决不对称氧化和自由基转移反应中的选择性控制，将是模拟非血红素酶的仿生催化化学的重要发展方向。

4. 固氮酶模拟

1）固氮酶的结构及其催化性能

氮是维持有机体生命活动的基本元素，其主要来源是大气中的氮气。由于氮气分子的惰性，大多数生物无法直接吸收利用，只能从其“固定”的形式（如氨或硝酸盐）中获取氮元素。在农林产业中，需求量巨大的氮肥在工业上主要通过哈伯-博施（Haber-Bosch）法合成氨获得，即铁触媒在 350～550 ℃高温、150～350 bar[①] 高压的条件下催化高纯氮气和氢气合成氨[311]。但是，Haber-Bosch 法合成氨需要在高温高压的苛刻条件下进行，能量消耗非常大。

在生物体系中，氮气的利用是通过生物固氮来实现的。生物固氮过程是微生物界（如豆科植物的根瘤菌）所特有的，即固氮酶在常温常压下将空气中的氮气还原成氨。固氮酶由钼铁蛋白和铁蛋白组成（图 3-39）。其中，钼

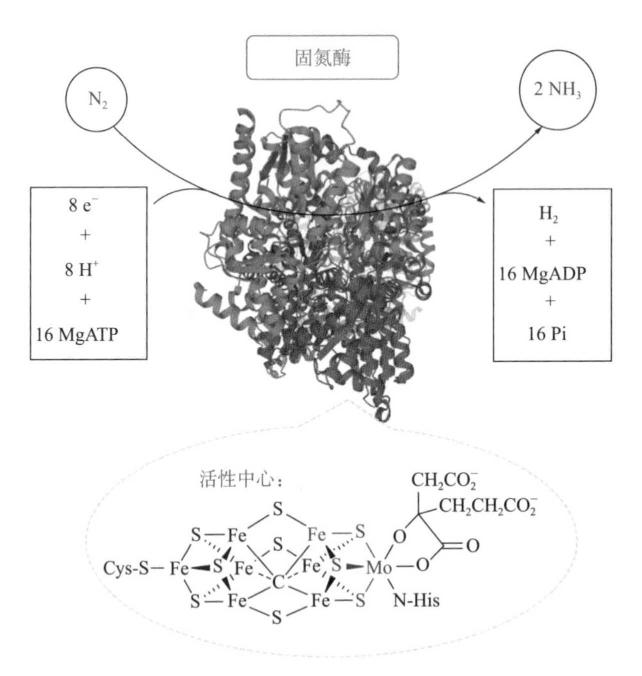

图 3-39　固氮酶促的生物固氮及催化中心

ADP：腺苷二磷酸；Pi：磷酸基团

① 1 bar=10^5 Pa。

铁蛋白是催化中心，铁蛋白起着传递电子的作用 [312-316]。关于生物固氮酶，目前最普遍接受的是索恩利-洛韦（Thornely-Lowe）模型 [312-316]：铁蛋白将还原剂腺苷三磷酸（ATP）的电子传递到钼铁蛋白，在钼铁蛋白的催化中心将氮气还原成氨。但是详细的反应机理迄今还不清楚。正是由于固氮过程的重要性，模拟生物过程发展室温化学固氮有重要战略意义，一直受到化学家的高度关注。

2）仿生模拟思路

由于氮气分子的氮氮三键有非常高的键能（941 kJ/mol），断裂氮氮三键较困难。并且，氮气分子不易接受或失去电子，使其难以被氧化或还原。固氮酶的钼铁蛋白催化中心可以很好地结合和活化 N_2，将其还原。受此启发，化学家希望通过设计可以活化氮气的仿生过渡金属络合物催化剂来模拟生物固氮过程，在温和条件下实现氮气的还原。

氮气分子可以与过渡金属（TM）络合，过渡金属的空 d 轨道可以接受氮气分子中的孤对电子，同时，其 d 电子又能反馈到氮气分子的反键 π 轨道中，这种轨道相互作用可以弱化甚至切断氮氮三键。根据过渡金属活化氮气分子的配位方式，可以分为侧基型和端基型两种活化模式［图 3-40(a)］[317-320]。另外，过渡金属还能与富电子配体配位，不仅增加了金属中心的电子云密度，

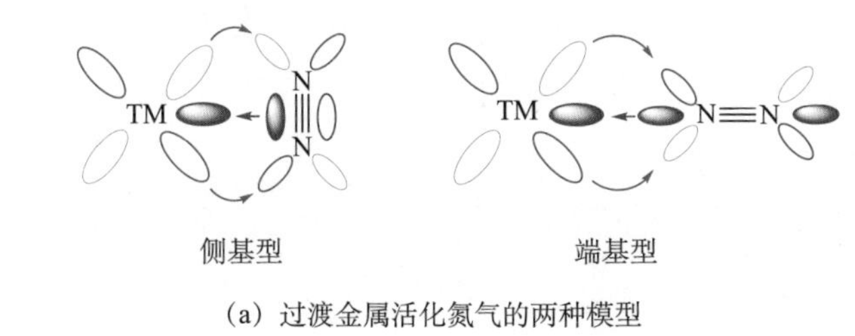

(a) 过渡金属活化氮气的两种模型

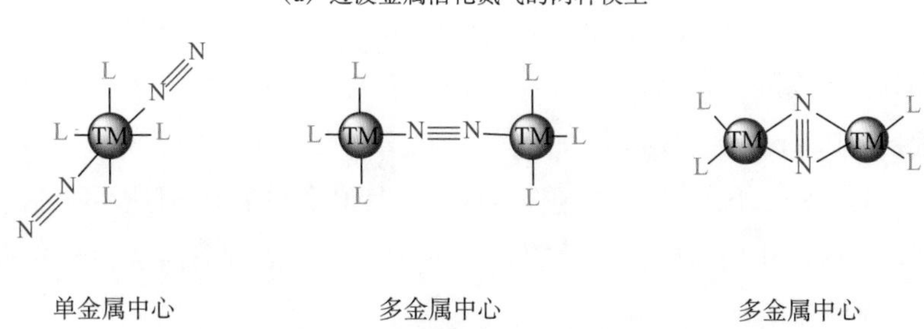

(b) 单金属中心和多金属中心的N_2-过渡金属络合物

图 3-40 过渡金属活化氮气的两种模型和单 / 多金属中心的 N_2-过渡金属络合物

也增强了氮气分子的反键轨道中的电子云密度，从而进一步增强对氮气分子的活化作用。基于这些活化模型，化学家发展了多种类型的 N_2-过渡金属络合物，包括单金属中心和多金属中心的络合物［图 3-40(b)］[317-324]，这些金属主要有钨、钼、铁、钴、钪、钛等。化学家运用这些 N_2-过渡金属络合物，分别实现了化学计量金属络合物促进的氮气还原和过渡金属催化的氮气还原，合成氨及含氮有机化合物。

3）发展历程和现状

基于上述氮气分子的活化思路，国内外化学家在化学模拟生物固氮的研究中做出了很多出色的研究工作。自从 1965 年 Allen 和 Senoff 首次制备分离出 N_2-过渡金属络合物［$Ru(NH_3)_5N_2$］$^{2+}$（**67**）以后（图 3-41 ①）[325]，化学家发展了多种 N_2-过渡金属络合物[317-325]。这些络合物能促进或催化氮气的还原，合成氨及含氮有机化合物，促进了该领域的发展。

1975 年，英国化学家 Chatt 等发现[326]，与钨或者钼单配位的 N_2 络合物 **68** 在质子介质 H_2SO_4/MeOH 中可以被还原为氨，其中顺式的 N_2-W 络合物 *cis*-$W(N_2)_2(PMe_2Ph)_4$ 能以 90% 的收率得到氨（图 3-41 ②）。这是化学模拟固氮研究中，首次发现的 N_2 络合物在温和条件下还原得到氨，它代表了化学模拟固氮的一个重大进展。

2003 年，美国化学家 Schrock 和 Yandulov 首次实现了过渡金属催化氮气还原合成氨（图 3-41 ③）[327]。他们设计合成了四齿单钼络合物［$(HIPTN_3N)Mo(N_2)$］(**69**)，在 1 atm 下，该 Mo-N_2 络合物可以催化氮气还原为氨，其中质子源为 2, 6-二甲基吡啶鎓，还原剂为十甲基二茂铬（$CrCp^*_2$）。2011 年，日本化学家 Nishibayashi 等发展了双钼-N_2 络合物 [$Mo(N_2)_2(PNP)]_2(\mu\text{-}N_2)$（**70**），在温和条件下，也能催化 N_2 直接还原合成氨（图 3-41 ④）[328]。

除钼络合物外，铁络合物也可以在温和条件下催化 N_2 的还原。2013 年，美国化学家 Peters 发展了多种 Fe-N_2 络合物 **71**（图 3-41 ⑤）[329, 330]。该类铁络合物可以在 −78 ℃下催化 N_2 的还原合成氨，其最高的 TON 可达 84（基于铁原子）[330]。在该催化模型中，灵活的 Fe—B 键可能与固氮酶活性中心的 Fe—C 键类似，对催化活性有促进作用。

2019 年，日本化学家 Nishibayashi 发展了更加高效的钼络合物 **73**，在室温下，以水为质子源、SmI_2 为还原剂，催化 N_2 的还原，每个钼催化剂可以催化产生 4350 equiv 的氨（图 3-41 ⑦）[331]。值得注意的是，该反应体系的 TOF（112.9～117.0 min^{-1}）与固氮酶体系的 TOF（40～120 min^{-1}）相当。

除模拟生物固氮合成氨外，化学家还运用模拟生物固氮的策略构建 N—Si 键和 N—C 键，以合成含氮化合物[318-320, 324, 332, 333]。

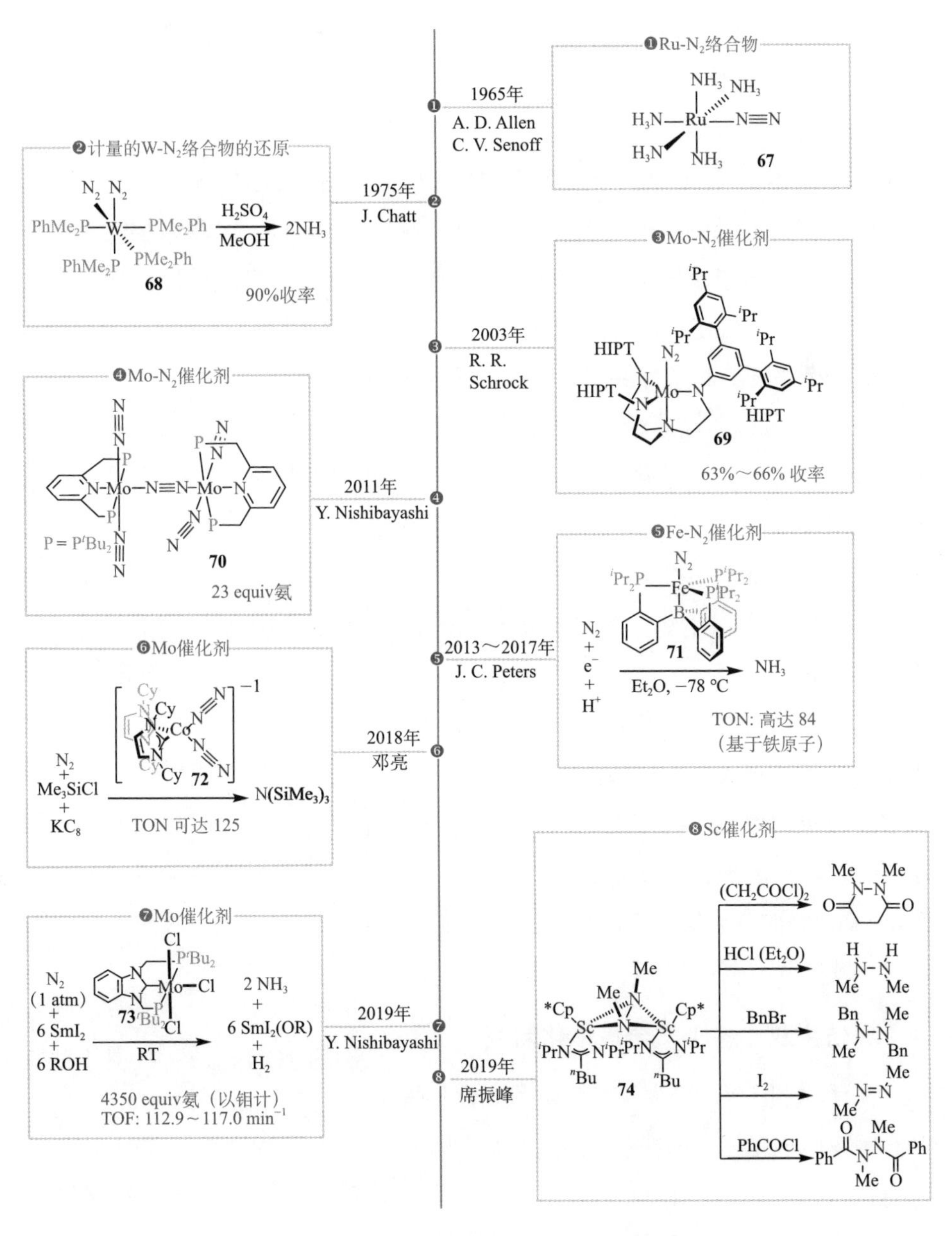

图 3-41　化学模拟生物固氮的发展历程

1972年，日本化学家Shiina首次报道了$CrCl_3$、$MnCl_2$、$FeCl_3$、$CoCl_3$在常压下催化氮气还原硅化合成三（三甲基硅）胺［$N(SiMe_3)_3$］。其中，Cr表现出最好的催化活性，最高可以催化得到5.4 equiv硅基胺[334]。随后，化学家发现，N_2–过渡金属络合物也可以很好地催化N_2的还原硅化。2018年，中国科学院上海有机化学研究所的邓亮研究员发展了N_2-Co-NHC络合物**72**，该钴络合物在温和条件下可以催化氮气的还原硅化，得到$N(SiMe_3)_3$，TON值可达125，超过了目前已报道的三维（3D）金属催化体系（图3-41⑦）[335]。

化学家还发现N_2–过渡金属络合物能发生*N*–烷基化和*N*–酰基化反应，再进一步转化可以得到相应的含氮有机化合物。2019年，北京大学的席振峰院士课题组报道了钪促进的直接由氮气高效合成肼衍生物的过程。该工作首次实现了稀土有机化合物促进的还原氮气合成含氮有机物，并为四取代和^{15}N标记的肼衍生物的制备提供了新的方法（图3-41⑧）[336]。

经过半个多世纪的发展，化学模拟生物固氮的研究从化学计量的N_2–过渡金属络合物还原制备氨，到目前已经实现的过渡金属络合物催化氮气还原合成氨和含氮有机化合物，已经取得了卓有成效的进展。

4）未来展望

虽然化学模拟生物固氮的研究已经取得了一定的进展，但该领域还面临许多巨大的挑战。一个突出的问题是如何提高化学固氮仿生催化剂的活性，使得氮气向氨或含氮有机物的转化具有应用价值。另外，迄今还原氮气所使用的还原剂大多数比较昂贵，如何实现有效利用氢气还原氮气也是室温化学模拟生物固氮需要解决的问题。仿生催化室温固氮有着广阔的前景，该领域的发展有可能会改变氨和含氮有机化合物的构建方式，不仅能大大减少Haber-Bosch法合成氨带来的环境问题和能源消耗，还对化工、农业、医药等多个领域具有重要意义。

5. 仿生双（多）核金属催化研究

1）相关双（多）核金属酶的结构和催化性能

生物体内的一些多核金属酶能够在温和的条件下高效地完成一些挑战性的转化，这在一定程度上归功于金属酶中的双（多）金属结构和催化反应中存在的双（多）金属协同作用[178, 337]。例如，尿素水解酶（urease）结构中含有两个镍金属中心[338, 339]，通过这两个金属离子分别对水分子（亲核试剂）和尿素（亲电试剂）的活化，尿素分子的水解速率可以提高10^{14}倍[图 3-42(a)]。在肽水解酶、磷酸酯水解酶、酰基及磷酰基转移酶中也含有双核金属结构。自然界中的另外一些多核金属酶，两个金属之间存在直接的“金属-金属键”相互作用，并且这种相互作用能够有效促进催化转化过程。例如，在[Fe-Fe]氢化酶促进H^+的还原过程中，有一种机制认为，催化中心具有“Fe—Fe键”，且通过其断裂，起到一个“两电子还原剂”的作用[图 3-42(b)][340-342]。类似地，[Ni-Fe]氢化酶或者一氧化碳脱氢酶（carbon monoxide dehydrogenase）中都被认为含有“Ni—Fe键”[343-346]。

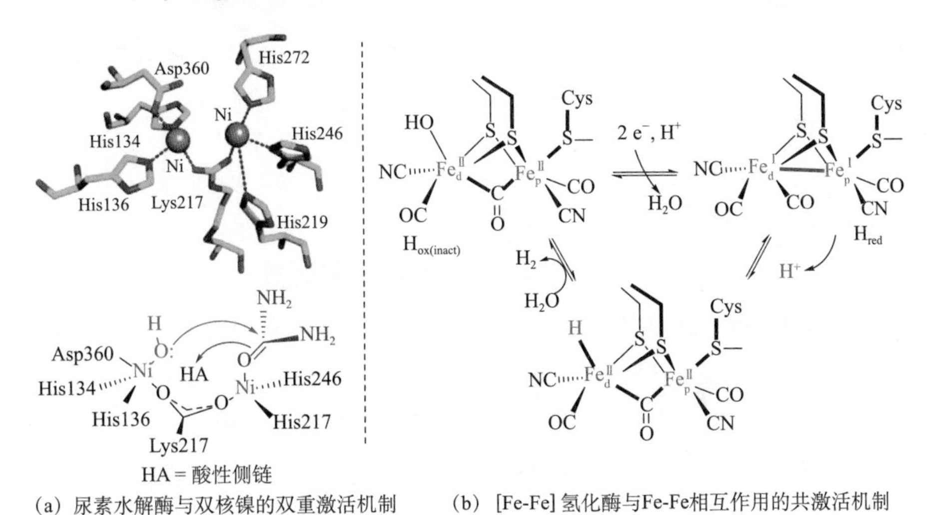

(a) 尿素水解酶与双核镍的双重激活机制　　(b) [Fe-Fe] 氢化酶与Fe-Fe相互作用的共激活机制

图 3-42　尿素水解酶的双镍中心和 [Fe-Fe] 氢化酶的双铁中心

2）仿生模拟思路

酶催化反应具有条件温和、高效和高选择性的优势，同时多核金属酶中金属的协同效应起到关键的作用。因此，通过模拟多核金属酶的双核金属结构和相应的催化机制，有望为提升金属催化剂的催化性能和开发新型高效的均相金属催化剂提供新策略和新思路。目前，化学家主要模拟多核金属酶的两种活化机制来开发双核金属催化剂：① 双核金属协同的双活化机制。其中两个活性金属位点（M_1和M_2）分别与亲核物种（Nu-H）和亲电物种（E-X）发生配位活化，并且使得两者处于适宜的反应构象，从而降低分子内反应的熵效应和催化能垒，最终有效地提高反应活性和立体选择性

[图 3-43(a)]。② 通过“金属-金属键”相互作用的双核金属共活化机制[图 3-43(b)]。这种活化作用方式是多样的，“金属-金属键”可以在整个催化循环中保持稳定不变，一个金属或者两个金属同时与底物作用；“金属-金属键”也可以在催化循环中动态变化，通过其断裂和形成过程促进反应的进行。

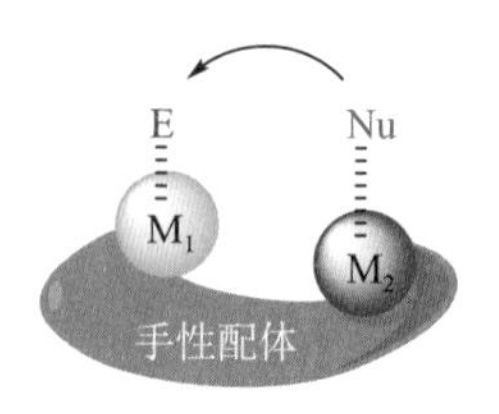

(a) 双核金属协同的双活化机制

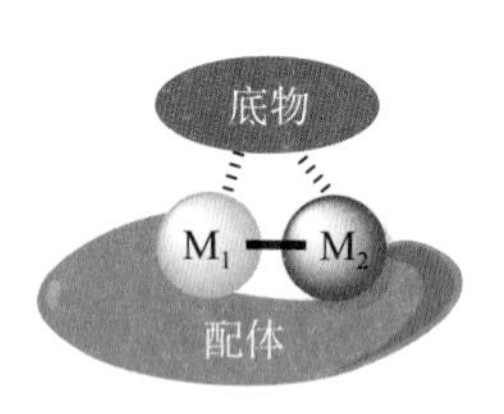

(b) 通过“金属-金属键”相互作用的双核金属共活化机制

图 3-43 双核金属催化剂的两种催化活化机制

3）发展历程和现状

（1）通过双活化机制的双核金属协同催化

早在 1988 年，Breslow 课题组[347]首次模拟 RNA 磷酸酯水解酶结构合成了双锌络合物 **75**。研究表明，该络合物催化磷酸酯的水解速率为相应单核络合物的 4.4 倍（图 3-44 ①）。

迄今，已经发展了许多代表性的双（多）核金属协同催化体系[348, 349]。例如，Shibasaki 课题组[350-357]于 1995 年报道了催化体系 **76**。它是由一个稀土金属、三个碱金属和三个 BINOL（1, 1′-联-2, 2′-萘酚）组成，可以应用于丙二酸酯与不饱和酮的不对称迈克尔加成反应，产物的 ee 值高达 92%。这是首例多功能异核双金属手性催化剂。研究表明，La^{III}和 Na^{I}分别起到活化不饱和酮和丙二酸酯的作用（图 3-44 ②）[350]。利用类似的策略，该课题组还发展了多种双（多）核金属和双核金属希夫碱（Schiff 碱）的催化体系，并成功应用于不对称催化环氧化合物的开环[354]、迈克尔加成[355]、羟醛缩合[356]及曼尼希[357]等反应。

Jacobsen 课题组发展了桥联双 salen-M（M = Cr, Co, Al）体系，分别成功应用于亲核试剂对内消旋环氧化合物的不对称开环和三甲基氰硅烷（TMSCN）与不饱和酰亚胺的不对称迈克尔加成等反应，双核络合物比相应单核络合物表现出更高的催化活性（图 3-44 ③）[358-362]。

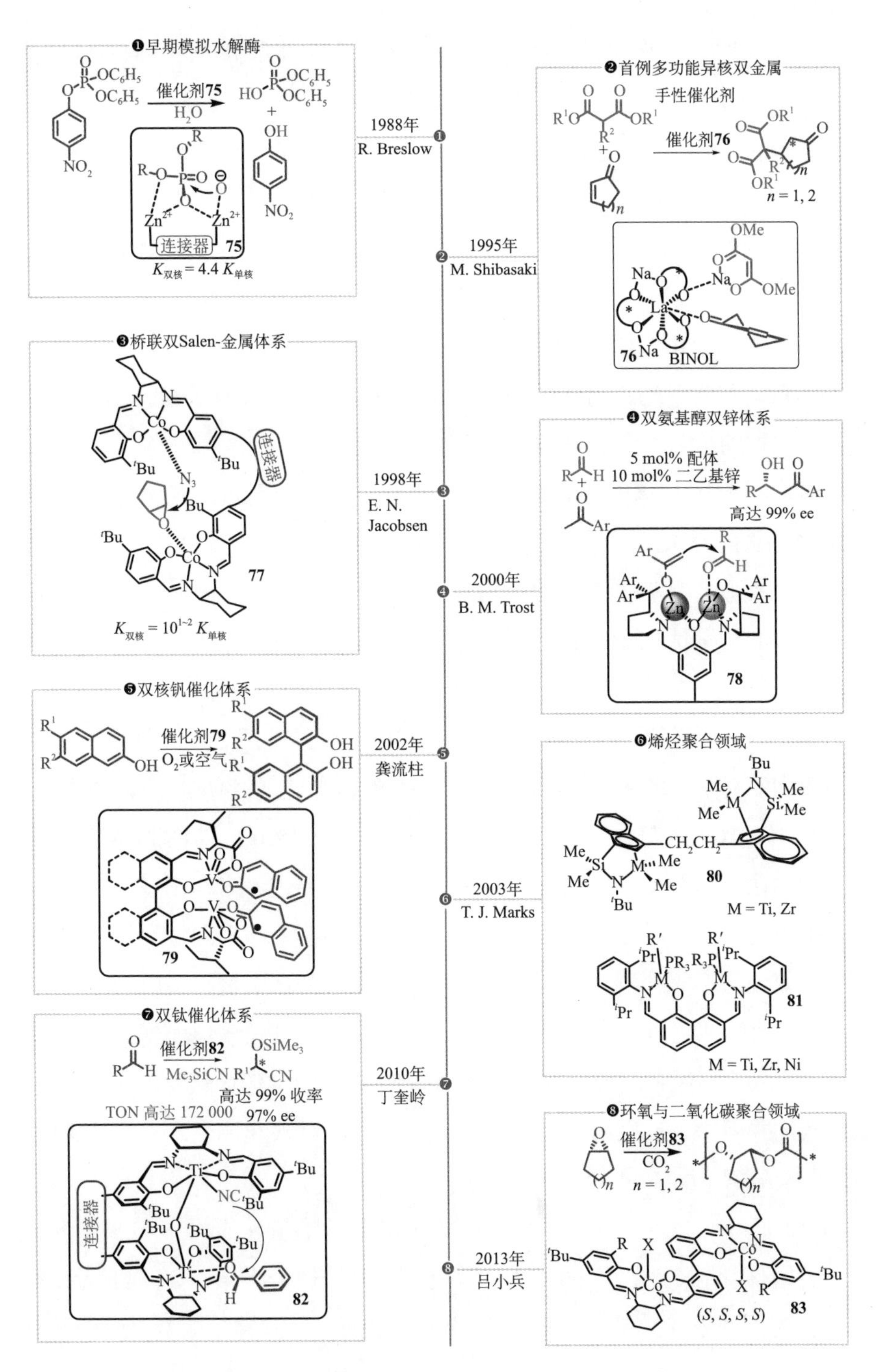

图 3-44　代表性的模拟双活化机制的双核金属催化剂

斯坦福大学的 Trost 课题组发展了双氨基醇双锌体系 **78**（图 3-44 ④）[363, 364]，并成功应用于羟醛缩合、醛的炔基加成、曼尼希反应、迈克尔加成、氮杂-亨利（*aza*-Henry）反应及弗里德-克拉夫茨反应（Friedel-Crafts reaction）等多种类型的不对称反应，均取得了优秀的催化效果[363, 364]。催化剂的两个锌离子分别对两种底物分子进行活化，这种协同作用对于催化剂的优异表现至关重要。

Marks 课题组发展了多种含桥联茂结构的双金属 / 双希夫碱（M = Ni, Ti, Zr）体系，并成功地应用于一系列烯烃聚合反应中，取得了有别于相应单核金属催化剂的结果（图 3-44 ⑥）[365-367]。

国内科学家在该领域也做出了许多重要贡献。例如，龚流柱课题组发展了联芳基酚骨架的氧桥双钒络合物 **79**，该络合物能有效催化 2-萘酚的不对称氧化偶联，具有非常优秀的对映选择性（高达 97% ee）[368, 369]。催化剂的双钒中心分别活化一个底物分子，并协同促进两分子自由基的不对称偶联（图 3-44 ⑤）。

2010 年，丁奎岭课题组发展了具有共价键联结的双 salen-钛络合物 **82**，该络合物能够高效催化三甲基硅氰（TMSCN）对醛基的氰化反应，产物的 ee 可达 97%，TON 和 TOF 分别高达 172 000 h^{-1} 和 23 520 h^{-1}（图 3-44 ⑦）[370]。催化剂中两个钛原子分别活化氰基和醛基，协同促进不对称亲核加成，因此表现出极高的催化活性和对映选择性。该课题组还发展了手性双核锌络合物，可以有效催化二氧化碳在常压下与环氧化合物的开环聚合，反应经历了两个锌离子的协同催化历程[371]。

吕小兵课题组将手性的双核钴络合物 **83** 应用于催化环氧丙烷衍生物与二氧化碳的共聚中，反应给出了极高的催化活性和对映选择性，生成了相应的手性聚碳酸酯（图 3-44 ⑧）[372]。

（2）通过“金属-金属键”相互作用的双核金属催化

根据催化反应过程中的“金属-金属键”是否断裂，该双核金属催化可分为两种模式[373-376]：①具有稳定“金属-金属键”的双核金属催化［图 3-45(a)］；②动态“金属-金属键”促进的双核金属催化［图 3-45(b)］。

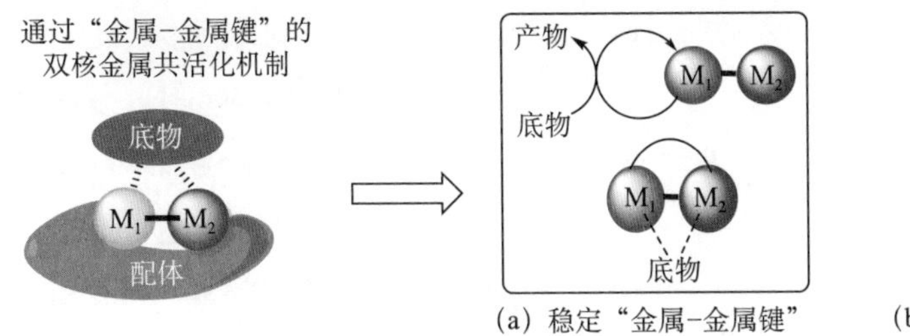

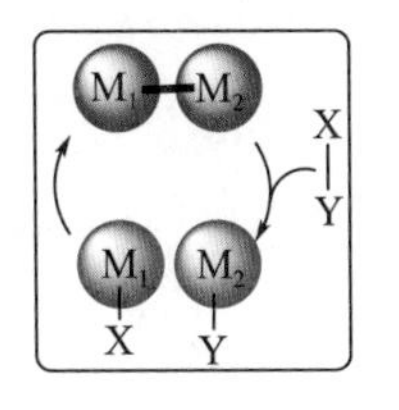

（a）稳定“金属-金属键” （b）动态“金属-金属键”

图 3-45 通过“金属-金属键”的双核金属催化模式

前者参与的催化反应通常只发生在一个金属中心上。由于两个金属间存在一定程度的电子共享效应，因此另一个金属可被看作金属配合物配体（metalloligand），起到调节催化中心电子性质的作用。双核铑络合物 **84** 就是典型代表之一，它具有四个桥联的羧酸根和一个非极性的“Rh^{II}-Rh^{II}键”（图 3-46 左①）[377-379]。双铑络合物在卡宾转移反应中得到广泛应用，国外的 Doyle[380]、Davies[381] 和国内的胡文浩 [382, 383]、周其林 [384]、王剑波 [385] 等课题组在该领域做出了重要贡献。通过理论计算，Berry 等认为双核铑卡宾是一个三中心四电子的结构，“Rh^{II}-Rh^{II}键”的存在不仅使得 Rh_2-C σ 键被弱化，也会导致 Rh-Rh-C 的最低未占分子轨道（LUMO）向碳原子高度极化，有效增强铑卡宾碳的亲电性，从而表现出优秀的催化活性 [386, 387]。

钌也能形成稳定的“金属-金属键”。2000 年，Hidai 等发展了硫桥结构的双 Cp*Ru 络合物 **86** 并实现了丙炔醇的亲核取代反应，而相应的单核钌络合物无法催化该反应（图 3-46 左③）[388]。机理研究表明，反应的关键在于炔基与双钌生成联烯基钌卡宾中间体，而“Ru-Ru 键”的存在不仅能够促进联烯基钌卡宾中间体的生成，并且能够稳定产物解离后的催化物种。

除了非极性键，“金属-金属键”还可以是极性共价键或配位键 [389]。如早在 1990 年，Bergman 等 [389] 发现，［Ta^{III}-Ir^{I}］双核络合物 **85** 能够高效催化氢化乙烯，反应中催化剂的双核络合物结构保持不变，钽（Ta）与金属铱（Ir）之间的配位键能够有效稳定反应中的低配位催化物种，使其催化活性比单核催化剂快 150 倍（图 3-46 左②）。2009 年，Nagashima 课题组 [390] 报道的［Ti^{IV}-Pd^{II}］双核络合物 **87** 在烯丙基胺化反应中表现出极高的催化活性（图 3-46 左④）。络合物中钯（Pd）与钛（Ti）之间的配位键不仅提高了烯丙基钯的亲电性，而且能够稳定取代反应发生后生成的零价钯，从而提高了催化活性，这与［Ni-Fe］氢化酶 / 一氧化碳脱氢酶中的“Ni-Fe 键”作用相似 [343-346]。

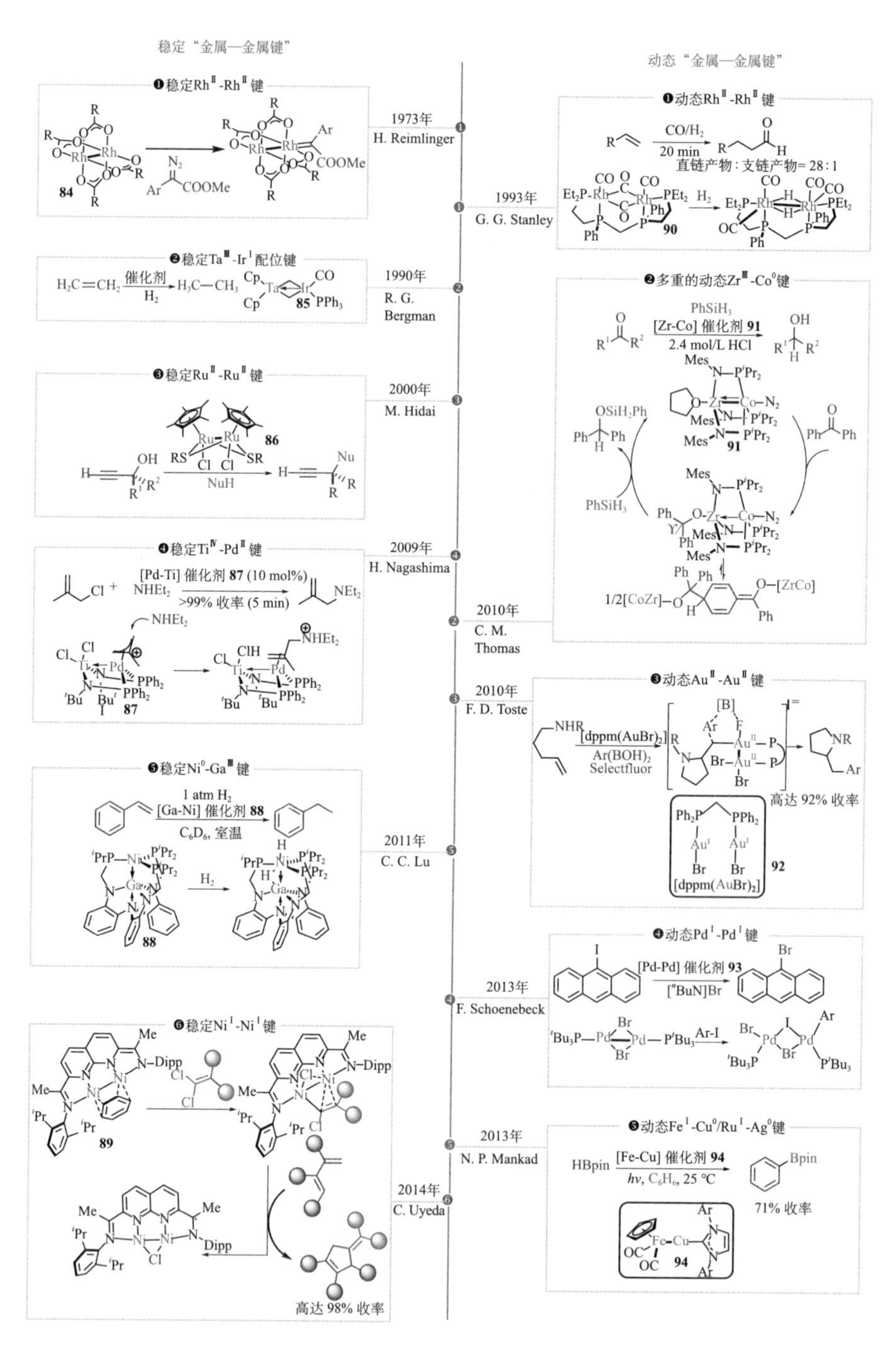

图 3-46 代表性的包含“金属-金属键”的双核金属催化剂

NuH：亲核试剂；Mes：均三甲苯；Selectfluor：1-氯甲基-4-氟-1, 4-二氮杂双环［2.2.2］辛烷双（四氟硼酸盐）；Dipp：二异丙基磷酸甲基酯；Bpin：频哪醇硼酸酯

2011 年，美国明尼苏达大学的 Lu 课题组[391, 392] 制备了一系列［Ni^0-M^{III}］（M = Al, Ga, In）双核络合物，并且当使用 Ni^0-Ga^0 的双核络合物 **88** 时，烯烃加氢反应的产物收率＞99%，而单核镍络合物基本没有催化活性（图 3-46 左⑤）。国内科学家包括安徽师范大学的崔鹏[393]、南京大学的朱丛青[394] 等，在此领域的研究工作主要涉及双核络合物的设计合成和结构表征。

2014 年，Uyeda 等[395, 396] 合成了具有 1, 8-萘啶双亚胺骨架的［Ni^I-Ni^I］双核络合物 **89**，并利用其实现了 1,1-二氯代烯烃与烯烃/共轭二烯的［1+2］/［1+4］环加成反应（图 3-46 左⑥）。在反应过程中“Ni^I-Ni^I 键”可保持稳定，并且络合物中的一个 Ni 原子与 1, 1-二氯代烯烃生成烯基卡宾，同时另一个镍原子通过分子内 η^2-π 的配位作用稳定烯基卡宾中间体。“金属-金属键”促进的双核金属不对称催化实例还很少[261]。Cramer 课题组[397] 和 Uyeda 课题组[398] 在上述工作的基础上，于 2020 年分别报道了双镍催化的不对称［2+1］和［4+1］环加成反应。

相比之下，由于含有动态“金属-金属键”的双核络合物存在离域的“金属-金属键”，两个金属中心可以共同应对氧化还原过程，该络合物将表现出更为丰富的氧化还原性质。1993 年，Stanley 课题组[399] 将四膦双铑络合物 **90** 应用于催化烯烃的氢甲酰化反应，产物具有优秀的直链选择性（图 3-46 右①）。其中消旋的双铑络合物可通过生成“Rh^{II}-Rh^{II} 键”和氢桥的封闭式结构，促进后续的转化过程，从而提高反应的速率和选择性。

两个金属间也能形成多重的“金属-金属键”[400-402]。2010 年，Thomas 课题组[400, 401] 合成了具有两重“金属-金属键”作用的 Zr^{III}-Co^0 双核络合物 **91**（1 个共价键和 1 个配位键），并将其应用于催化酮羰基的硅氢化反应中。其中“Zr^{III}-Co^0”共价键可作为单电子还原剂发生均裂，保留的“Zr^{IV}-Co^0”配位键可通过 Co^0 的给电子效应稳定高价 Zr^{IV}（图 3-46 右②）。随后，该络合物被进一步应用于碳-碳不饱和键的选择性氢化、Kumada 偶联等反应中。此外，对于相同金属间的动态“金属-金属多重键”也有研究利用，但是例子还很少[402]。

通过形成“Au^I-Au^I 键”，双核 Au^I 络合物中的金原子可以展现出更加丰富的氧化还原变化[403-405]。2010 年，Toste 课题组[403] 首次利用双金络合物

92［dppm(AuBr)$_2$］催化烯烃的分子内胺化–芳基化反应，而单核金络合物对于该反应没有催化活性（图3-46右③）。南京大学谢劲课题组在双核金催化方面也取得了重要进展，实现了双核金络合物催化的芳基硼酸酯与芳基硅醚之间的交叉偶联[404, 405]。［Pd^{I}-Pd^{I}］络合物可借助“Pd-Pd键”的断裂和重建，每个Pd原子只需失去/得到一个电子就能完成整体两电子的氧化还原过程[406-408]。2013年，德国的Schoenebeck课题组[407]采用［Pd^{I}-Pd^{I}］络合物**93**实现了9–碘代蒽与［n-Bu$_4$N］Br的I/Br交换反应，而单核钯物种无法催化该反应（图3-46右④）。随后，该类双核催化剂被进一步应用于C—Se/C—S/C—C键偶联反应中[408]。

此外，利用动态“金属–金属键”还能调节和改善丰产金属的催化性质。如2013年，Mankad课题组[409]使用［Cu^{0}-Fe^{I}］络合物**94**实现了苯环与片呐醇硼烷（Hbpin）的C—H硼化（图3-46右⑤），而相应的单核络合物是没有催化活性的。

总之，经过几十年的发展，模拟多核金属酶的双核金属结构和相应的催化机制已经取得了一定的研究成果，展示了双核金属催化剂强大而又独特的催化性能。利用双核金属在催化中的协同效应，已经成为提升催化剂的催化性能和开发新型高效金属催化剂的重要策略之一。

4）未来展望

综上所述，经过多年的发展，仿生双核金属催化剂已经得到一定的发展和应用，包括实现一些单核金属络合物很难甚至无法实现的催化转化，但是仍然存在一些问题和挑战。现举例如下：①优秀催化体系的种类和所能催化的反应类型相对有限，特别是利用“金属–金属键”的双核催化研究，整体上还处于起步阶段；②优秀催化体系的发现和发展存在相当的经验性和偶然性，双金属催化体系的设计和应用缺少系统性的理论指导。今后，基于有机合成、谱学分析及理论计算等领域的通力合作，深入研究和学习多核金属酶的催化过程，加深对双核金属催化反应机理的研究和理解，将大大加快仿生的双/多核金属催化领域的发展，这也是开发更多新颖高效金属催化剂的一种重要思路和策略。仿生的双/多核金属催化研究将促进温和、绿色的催化方法的开发，高效、高选择性地实现一些挑战性转化，为我国绿色化工的发展提供科学基础和技术储备。

6. 基于叶绿素的仿生光催化体系研究

1）叶绿素的结构和催化性能

叶绿素（chlorophyl）是能进行光合作用的生物体所含有的一类绿色色素[410]。叶绿素是含镁的四吡咯衍生物，其基本结构与含铁的卟啉化合物血红素相似。叶绿素有多种类型[410]，如叶绿素 a、叶绿素 b、叶绿素 c、叶绿素 d 和叶绿素 f，以及细菌叶绿素和绿菌属叶绿素等（图 3-47）。各种叶绿素之间的结构差别很小，其结构的共同特点是由两部分组成：核心部分是由四个吡咯构成的卟啉环，同时四个吡咯与金属镁元素相结合，其功能是吸收光能；另一部分是一个很长的脂肪烃侧链，称为叶绿醇（phytol），叶绿素用这种侧链插入叶绿体内的类囊体膜中[411]。与含铁的血红素不同的是，叶绿素卟啉环中含有一个镁原子。叶绿素分子通过卟啉环中单键和双键的改变来吸收可见光。作为一种安全、价廉的天然色素，叶绿素已被应用于现代发光材料、化妆品、食品和纺织工业中[411]。

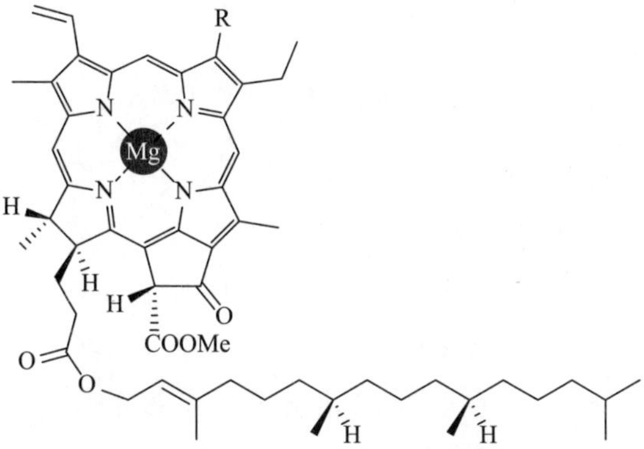

图 3-47　叶绿素 a、叶绿素 b 的结构

叶绿素 a：R=Me；叶绿素 b：R=CHO

根据功能不同，叶绿素又可以分为两类：一类具有吸收和传递光能的作用，包括绝大多数的叶绿素 a，以及全部的叶绿素 b、胡萝卜素和叶黄素；另一类是少数处于特殊状态的叶绿素 a，这种叶绿素 a 不仅能够吸收光能，还能使光能转换成电能。在光的照射下，具有吸收和传递光能作用的色素，将吸收的光能传递给少数处于特殊状态的叶绿素 a，使这些叶绿素 a 被激发而失去电子。脱离叶绿素 a 的电子，经过一系列的传递，最后传递给带正电荷的辅

酶烟酰胺腺嘌呤二核苷酸磷酸（$NADP^+$）。失去电子的叶绿素 a 变成一种强氧化剂，能够从水分子中夺取电子，使水分子氧化生成氧分子和氢离子，叶绿素 a 由于获得电子而恢复稳态[412]。这样，在光的照射下，少数处于特殊状态的叶绿素 a，连续不断地丢失电子和获得电子，从而形成电子流，并最终使二氧化碳和水转化成碳水化合物，同时释放氧气，使得光能转换成化学能。这个过程就称为光合作用。

光合作用是绿色植物利用阳光作为能量来源，将二氧化碳和水转化为碳水化合物，并释放出氧气的过程，这是自然界最著名的化学反应之一[412]（图 3-48）。叶绿素是地球上含量最丰富的天然可见光光催化剂，也是大多数绿色植物叶绿体中的主要光受体。可以说，叶绿素是植物进行光合作用时必需的催化剂。需要指出的是，叶绿素不参与氢的传递或氢的氧化还原，而仅以光诱导电子传递（PET，即电子得失引起的氧化还原）及共轭传递（直接能量传递）的方式参与能量的传递。

$$n\,CO_2 + n\,H_2O \xrightarrow[\text{叶绿素}]{\text{光照}} (CH_2O)_n + n\,O_2$$

图 3-48　绿色植物光合作用通式

2）仿生模拟思路

光是一种廉价、丰富且可再生的清洁能源[413]。因此，可见光光催化作为一种有效且通用的方法，已成为一种强大且有前途的工具，它已被有效地用于推动有机合成领域的化学转化[414-417]。由于光诱导电子转移反应可用于构建难以合成的分子结构，光化学将对化学合成的多个方面产生重大影响。叶绿素实现光合作用的核心部分是卟啉环，它是吸收光能、执行催化功能的关键部分。受叶绿素结构特点的启发，化学家进行仿生模拟的思路主要集中于：①改变卟啉环上的取代基，发展合成方便、结构简单的卟啉 / 二氢卟啉型光敏剂；②用 Sn、Fe 等金属离子置换卟啉环中的镁离子，能使其对酸、光、氧、热等的稳定性大大提高，利于调节催化活性和选择性。迄今，化学家已发展了一些金属–卟啉催化剂来模拟叶绿素的催化功能，实现了更多的光催化反应。图 3-49 列举了几种代表性的仿生光催化剂[418-424]。

3）发展历程和现状

叶绿素作为一种绿色、环保的天然光敏剂，在光驱动的有机合成中应用较少。2015 年，Boyer 课题组利用光照下叶绿素 a 的电子转移机制，进行可控自由基聚合反应[425]。2017 年，He 课题组报道了以叶绿素作为高效光敏剂，在可见光催化下，*N*, *N*−二甲基苯胺和马来酰亚胺在空气中合成四氢喹啉化合物[426]［图 3-50(a)］。2020 年，Jafarpour 课题组报道了叶绿素催化的光化学区域选择性香豆素与重氮盐的 C—H 芳基化反应，以中等到良好的收率得到一系列 3−芳基香豆素衍生物[427]［图 3-50(b)］。2021 年，Hosseini-Sarvari 课题组实现了在可见光下叶绿素催化的串联氧化/［3+2］环加成反应合成吡咯［2, 1-*a*］异喹啉化合物[428]［图 3-50(c)］。

叶绿素a
仿生模拟
仿生催化剂
95
96
(X = Cl, OH)
Fe-TMP
Fe-TDCPP

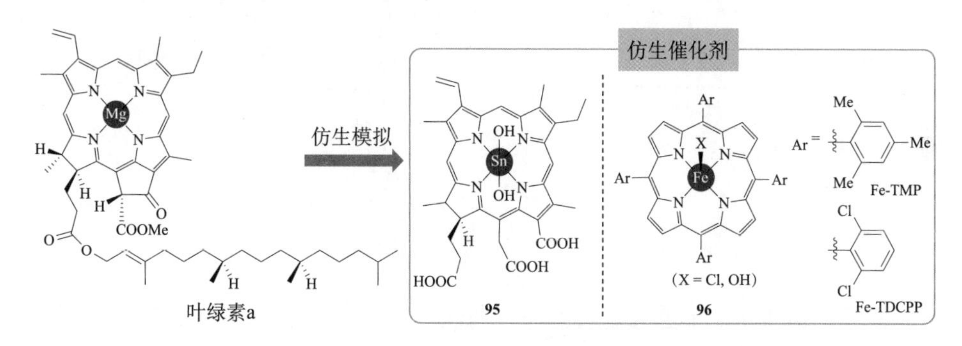

图 3-49　叶绿素的仿生模拟思路

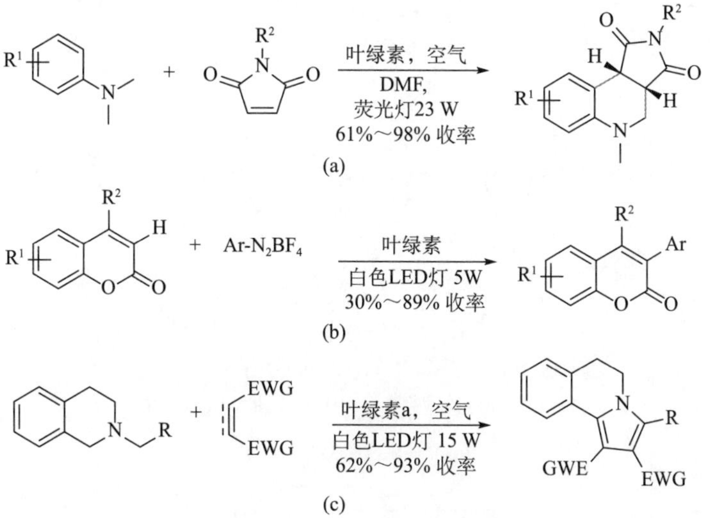

叶绿素，空气
DMF,
荧光灯23 W
61%～98% 收率
(a)
叶绿素
白色LED灯 5W
30%～89% 收率
(b)
叶绿素a，空气
白色LED灯 15 W
62%～93% 收率
(c)

图 3-50　叶绿素介导的光催化反应

LED：发光二极管

从 20 世纪 90 年代开始，化学家致力于模拟并简化叶绿素的卟啉结构、更换叶绿素中的镁离子为其他金属离子，发展了一系列金属-卟啉衍生物用作光敏剂或反应中心，以提高现有光催化体系的光吸收能力或催化选择性。

1991 年，Mansuy 课题组报道了紫外-可见光照射下，铁-卟啉［Fe(TDCPP)(OH)］溶液在氧饱和的环己烷中可以促进环己酮的逐步生成[418]（图 3-51）。在 Fe(TDCPP)(OH) 催化剂存在下，在其 Fe—OH 键被光活化后，通过氧气自身可将烷烃氧化为相应的酮（和醇），而不消耗任何还原剂。

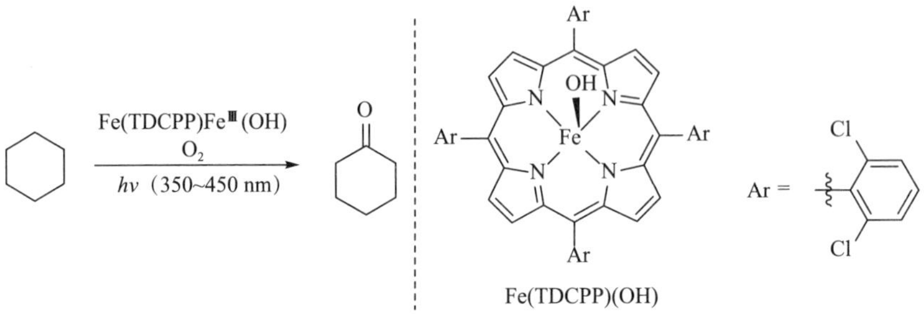

Fe(TDCPP)Fe^{III}(OH)
O_2
$h\nu$（350~450 nm）
Fe(TDCPP)(OH)
Ar =

图 3-51　模拟叶绿素的发展历程-1

同年，Maldotti 课题组报道了一系列铁-四芳基卟啉配合物的光催化性能，可以实现四氯化碳的还原转化和碳氢化合物的氧化[419]［图 3-52(a)］。1996 年，Maldotti 课题组实现了四芳基卟啉铁(Ⅲ)-羟基配合物［Fe(TDCPP)(OH)］光助氧气分子氧化环己烷成环己醇的反应[420]［图 3-52(b)］。原文作者提出，该反应中可能形成卟啉 Fe^{IV}═O 中间体。

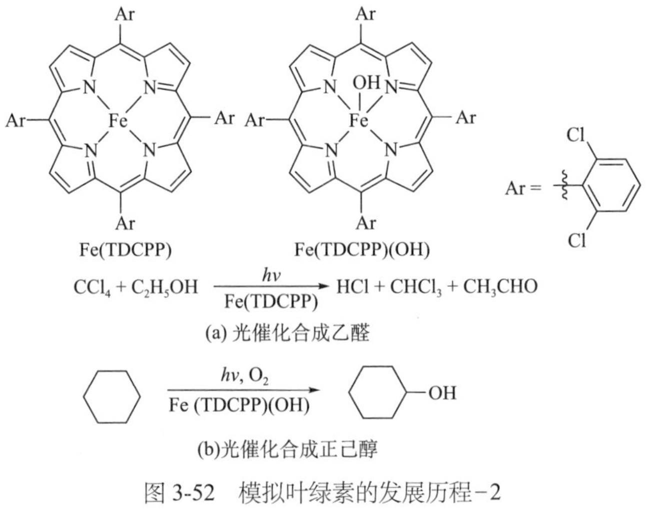

Fe(TDCPP)　Fe(TDCPP)(OH)　Ar =

$$CCl_4 + C_2H_5OH \xrightarrow[\text{Fe(TDCPP)}]{h\nu} HCl + CHCl_3 + CH_3CHO$$

(a) 光催化合成乙醛

$h\nu$, O_2
Fe (TDCPP)(OH)

(b)光催化合成正己醇

图 3-52　模拟叶绿素的发展历程-2

2013 年，Knör 课题组发展了类叶绿素锡－二氢卟啉为光敏剂，光催化还原人工和天然核苷酸辅因子[421]。作者提出并表征了一种新的光催化体系，用于光驱动下核苷酸辅因子的区域选择性双电子还原。这是首次在非生物系统中证明，可以利用可见光谱长波区（＞610 nm）的光子为 NADH 的积累提供能量。使用合成的辅因子类似物 *N*－苄基－3－氨甲酰吡啶（BNADH）作为还原当量的存储介质，也可以成功地转换红光能量。作者利用锡(Ⅳ)－二氢卟啉络合物（SnC）实现了光收集和光催化产物形成的过程（图 3-53）。该锡－二氢卟啉络合物表现出良好的水溶性和长期稳定性。反应中产生的锡(Ⅳ)－二氢卟啉阴离子络合物（$SnCH^-$）被认为是作为光化学产生主要氢源的关键中间体，用于 NADH 生成的后续催化步骤（图 3-53）。

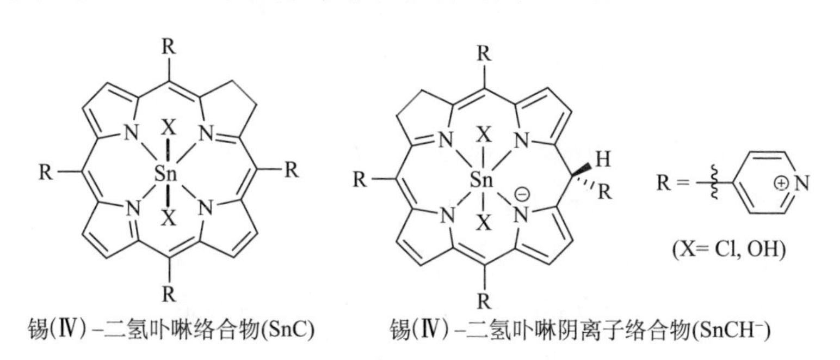

图 3-53　模拟叶绿素的发展历程－3

2016 年，Amao 课题组报道了在可见光存在下，基于锌－卟啉络合物光敏剂、醛脱氢酶（AldDH）和醇脱氢酶（ADH），以及还原态的百草枯双正离子辅酶（MV^{2+}）组成的氧化还原体系将乙酸转化为乙醇的反应[422]（图 3-54）。由于游离的叶绿素并不稳定，对光或热都很敏感，作者使用了更为稳定的锌－卟啉（Zn Chl-e_6）为光敏剂。该反应中，还原态的 MV^{2+} 是在 NADPH 作为电子供体存在下，Zn Chl-e_6 的可见光光敏作用所产生的。

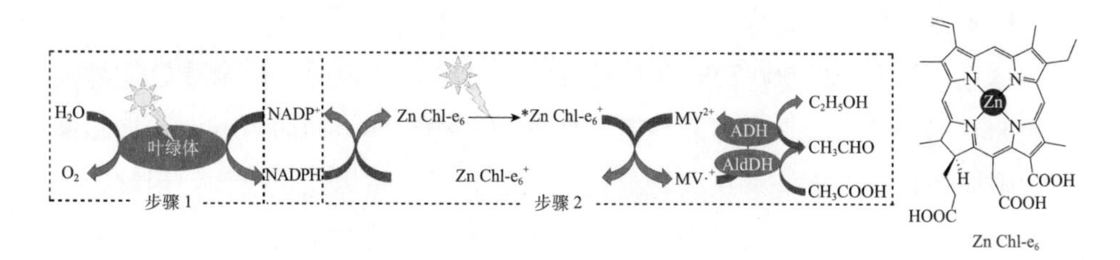

图 3-54　模拟叶绿素的发展历程－4

2017 年，Bonin 和 Robert 课题组发展了取代的铁−四苯基卟啉（Fe-*p*-TMA），在每个苯环的对位都带有带正电的三甲基氨基[423]（图 3-55）。实验证实，该铁−卟啉络合物作为催化剂在可见光照射下，可以在有机溶剂中选择性地将二氧化碳还原为一氧化碳，并且在数天内没有出现竞争性析氢。

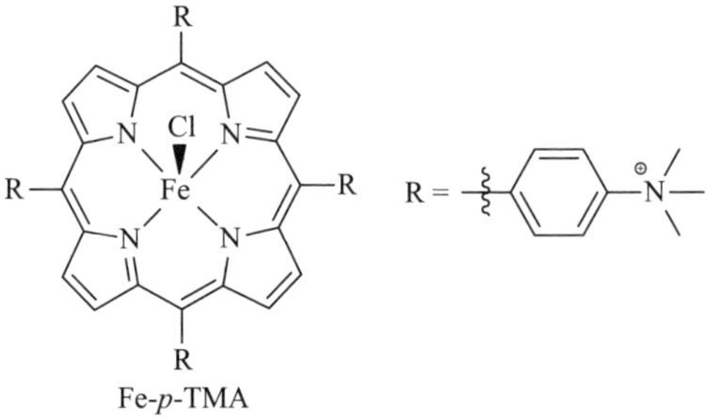

图 3-55　模拟叶绿素的发展历程−5

2022 年，MacMillan 课题组报道了红光催化近距离标记方法，即以模拟叶绿素的锡−卟啉（Sn^{IV} Chl-e_6）络合物为光敏剂，使用红光激发的 Sn^{IV} Chl-e_6 催化剂激活叠氮苯生物素探针。该锡−卟啉络合物也能高效催化 4−叠氮苯甲酸的光化学反应生成 4−氨基苯甲酸[424]（图 3-56）。

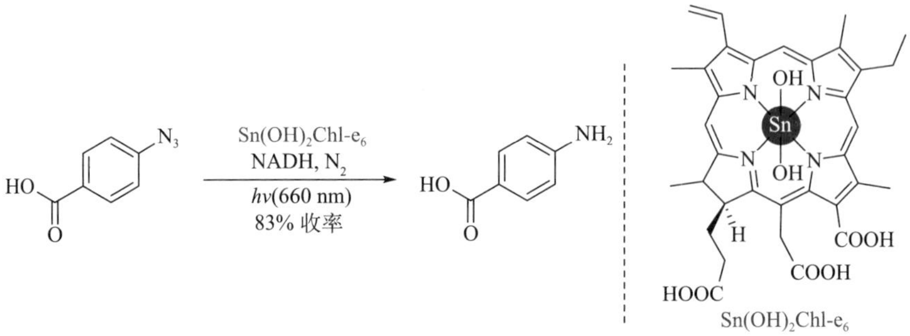

图 3-56　模拟叶绿素的发展历程−6

4）未来展望

每年大约有 120 000 TW 的太阳能可以到达地球表面，是全球总能源需求的 8000 倍[429]。由于太阳能具有分散性和不稳定性，如何更好地转换和储存太阳能是利用太阳能解决能源危机的关键。受自然界绿色植物利用叶绿素进行光合作用的启发，采用光催化技术将太阳能直接转化为化学物质中的化学能对人类的可持续发展至关重要。经过三十多年的发展，模拟叶绿素的金属-卟啉光催化剂及其催化反应的研究取得了一定的进展，但该领域仍处在发展的早期阶段，仍然存在一些亟待解决的问题，如反应的催化效率、反应的放大效应等。目前的挑战是需要发展简单且具有成本竞争力的合成路线来获得卟啉类化合物。另一大挑战是从经济角度，探索已发展的卟啉金属光催化剂在工业和制药行业合成重要产品方面的广泛潜力和应用。模拟叶绿素的仿生催化未来将聚焦于新型卟啉衍生物分子的设计，发展更稳定、氧化还原能力更强的新卟啉分子与不同金属离子的配合物作为光催化剂，发展更加高效的催化体系和新的反应类型。相信随着该领域的不断发展，光催化的叶绿素仿生体系会有更好的合成应用前景。

二、蛋白质骨架的模拟

酶蛋白质通过构建独特的手性空腔来实现对底物的专一性识别，在酶催化中发挥了重要作用。用传统的有机合成方法很难设计和合成类似的三维手性空腔，因此，模拟酶的蛋白质骨架是仿生催化化学的一个挑战。模拟酶蛋白质骨架的一个较为成功的代表是分子印迹催化。分子印迹催化是以反应过渡态的模型分子为模板，利用聚合的方法构建具有特定空腔的催化材料，模拟酶的催化功能。

（一）分子印迹聚合物的仿生模拟思路和发展历程

分子印迹是源于人们对酶的专一性或“抗体”和“抗原”间的相互作用的理解而发展的一项化学技术，即一种酶只能选择性地识别一种或固定的几种底物，一种抗体只能针对一种抗原。分子印迹技术概念的提出可以追溯到20世纪40年代，Pauling[430] 在研究抗体生物合成理论时提出可以制备一种针对目标分子的“印迹”材料，以实现对目标化合物的选择性识别，该设想为以后分子印迹技术的发展奠定了基础。20世纪70年代，Wulff等[431] 成功制备出了高选择性的分子印迹聚合物（molecularly-imprinted polymer，MIP），从此开启了现代分子印迹技术之门。科学家利用特定分子模板通过共价键（称为分子预组装）、非共价键（包括氢键、疏水作用、亲水作用、金属螯合作用、静电作用及离子作用、配位键的形成等，称为分子自组装）和半共价键（如金属络合物的配体交换）等方式结合功能单体形成复合物Ⅰ，该复合物在交联剂作用下形成高分子聚合物Ⅱ，在洗去模板分子之后即得到具有三维分子印迹的聚合物Ⅲ。聚合物通过其具有高识别度的、模拟蛋白酶的空腔，对模板分子类似物进行识别，实现分子印迹的仿生合成（图3-57）[432]。

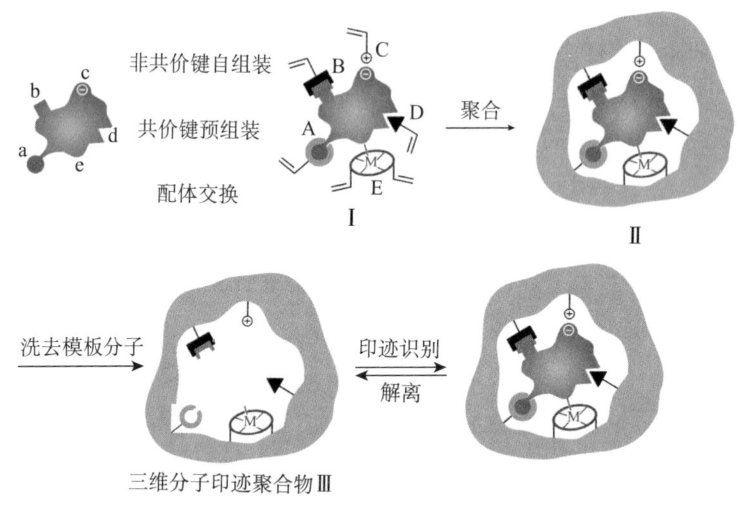

图3-57　分子印迹模拟蛋白酶空腔过程简介

（二）发展现状

高活性的分子印迹的聚合物一般以底物分子、过渡态、产物或反应中间体为模板进行制备。分子印迹技术由于其构效预定性、特异识别性和广泛实用性（利于催化剂回收和产品分离）受到人们极大的关注，分子印迹催化剂目前已经被用于催化水解反应、羟醛缩合、环加成、氧化还原、酯交换等多种有机反应[433, 434]。

羧肽酶是一种含锌的金属蛋白酶，它能够去除肽链末端的氨基酸残基，目前在分子印迹领域是被最广泛仿生研究的酶之一。Wulff等[435]将磷酸衍生物作为羧酸酯水解反应的过渡态的模板，使用含有脒基团和与Zn（Ⅱ）配位的三烷基胺为功能单体合成相应的分子印迹催化剂来模拟羧肽酶的活性。在甲酸二苯基酯的水解反应中，分子印迹催化剂显著提高了反应的速率，使得催化反应速率与溶液背景反应速率比（K_{cat}/K_{soln}）达6900。这是分子印迹催化剂第一次表现出高于催化抗体的反应活性（图3-58）。在此之后，Wulff继续优化分子印迹催化剂的结构，例如改变金属离子，增加脒基团功能单体，进一步加快羧酸酯水解的反应速率，令 K_{cat}/K_{soln} 可高达 410 000[436]。值得一提的是，分子印迹聚合物的物理性质也对催化效率有着重要的影响，制备的高分子材料颗粒越小，其在溶剂中的溶解性越好，通常导致更高的反应活性 [437, 438]。近来，热敏的分子印迹催化剂也被关注 [439, 440]，它们会在不同温度下表现出较大差异的催化活性，而由于安装的单体功能分子的不同，它们在不同温度下展现的活性规律甚至会截然相反。

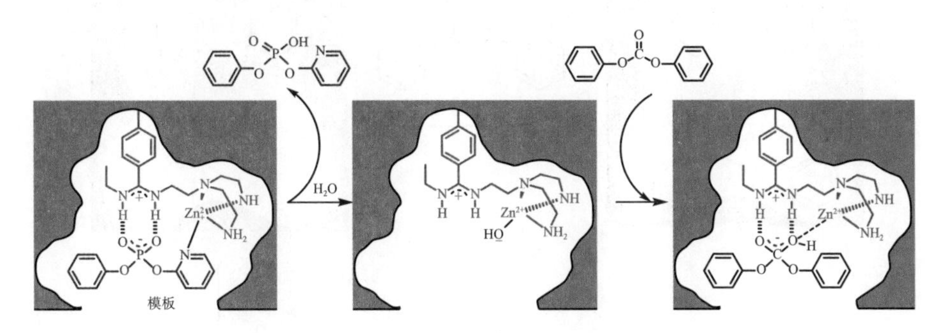

图 3-58 分子印迹聚合物仿生催化水解反应

分子印迹催化剂在有机合成中的 C—C 键形成反应中也有着较好的应用。Matsui 等 [441] 报道了第一例分子印迹聚合物仿生催化的 C—C 键形成反应，即羟醛缩合反应。他们以二苯甲酰甲烷（一种羟醛缩合反应活性中间体类似物）为模板，将乙烯基吡啶和 Co（Ⅱ）的络合物印迹在聚合物分子上，模拟二类缩醛酶的催化机理，得到查耳酮产物（图 3-59）。Resmini 课题组 [442] 则将脯氨酸的苯磺酰胺衍生物单体印迹在高分子空腔、活化酮羰基、仿生一类缩醛酶的催化过程。他们发现纳米凝胶作为印迹材料比普通凝胶表现出更高的活性，这再次证实了分子印迹聚合物的颗粒大小和反应活性之间的密切关系。

过氧化酶能催化过氧化氢、有机过氧化物对有机化合物的氧化。其中辣根过氧化酶的底物专一性不强，因此能够催化过氧化氢氧化多种类型的有机物。然而，这种底物专一性差的特性又会降低辣根过氧化酶在定向合成反应中的效率。因此，发展辣根过氧化酶的分子印迹仿生催化剂就更有意义。李元宗等 [443] 以底物高香草酸为模板，以 4−乙烯基吡啶、血红素和丙烯酰胺为功能单体，用乙二醇二甲基丙烯酸酯（EDMA）交联制备活性位点，制备了一类分子印迹聚合物并以此合成了具备强荧光的二聚体。其中血红素（金属卟啉）为催化中心，模拟辣根过氧化酶的催化过程（图3-60）。这类仿生的分子印迹催化剂不仅有高的催化活性，更展示出了明显针对模板分子高香草酸的底物专一性。后期，通过发展水凝胶聚合物[444]或磁性分子印迹聚合物[445]等方法，此类人工酶的底物专一性有较大提高。除上述的模拟蛋白酶空腔的人工酶之外，分子印迹技术还应用在谷胱甘肽过氧化酶、丝氨酸水解酶和磷酸三酯酶等仿生体系中，并取得了较为理想的结果[435]。

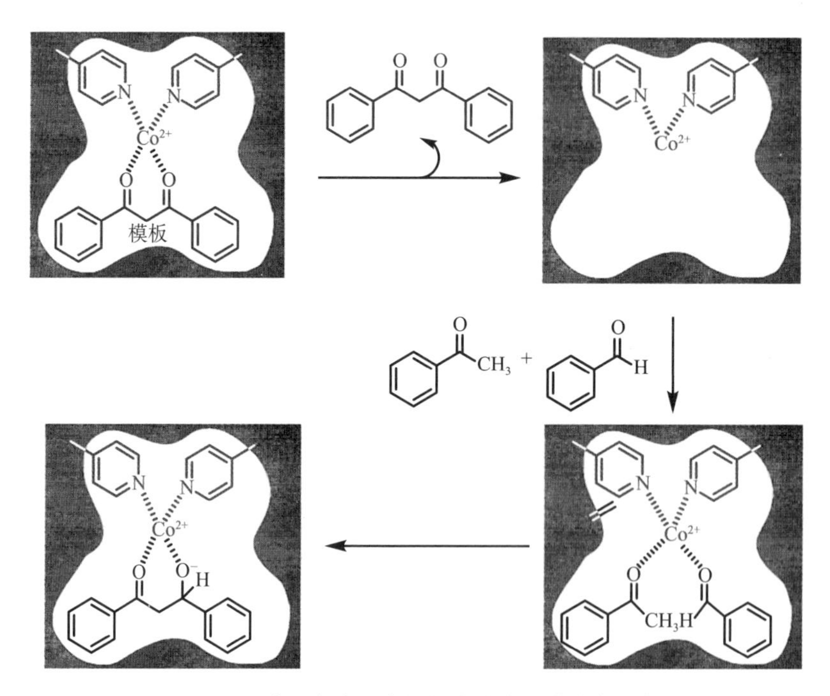

图3-59　分子印迹聚合物仿生催化羟醛缩合反应

（三）未来展望

分子印迹仿生催化剂已经应用在许多重要的反应中，并显示出了良好的催化能力。现有的分子印迹仿生催化仍然存在如何精准设计和构建催化剂、催化活性和底物识别专一性有待提高等问题。未来在这一领域可能会有如下三个方面的发展：①发展更多类型的分子印迹催化剂，模拟更多种类生物酶的催化功能；②更加深入地理解和描述反应的机制，优化功能单体结构，以便更加精准有效地设计聚合物空腔以模拟自然过程；③研究影响催化活性的因素，特别是聚合物基质在响应外部变化时的特性表现。如果分子印迹催化剂在以上方向得到良好发展，在可期的未来，这一领域的工作将会提供可广泛应用于各种实际应用的人工催化系统。

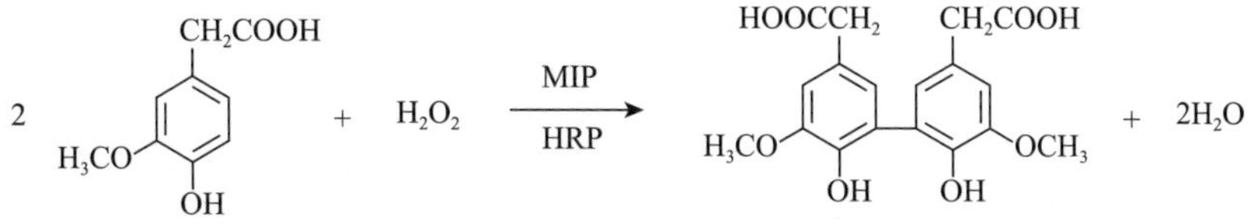

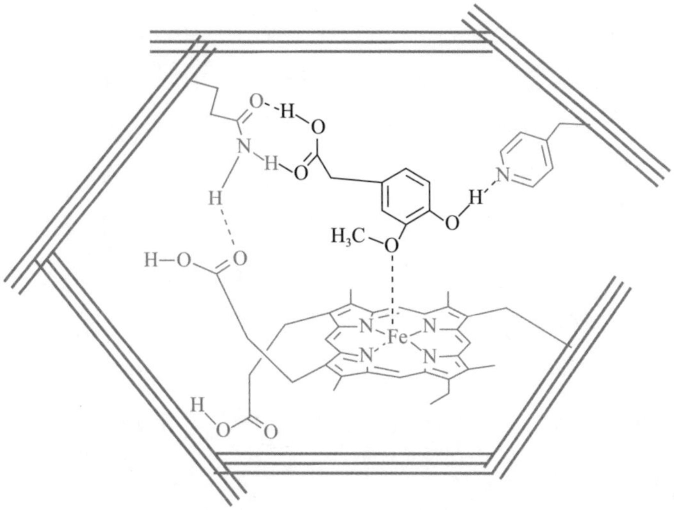

图 3-60 分子印迹聚合物模拟辣根过氧酶催化氧化反应

MIP：分子印迹聚合物；HRP：辣根过氧酶

三、小 结

经过几十年的发展，仿生催化领域已经取得了许多重要进展，实现了多种酶的仿生模拟及其催化应用。对酶的模拟包括对其催化中心的模拟和对其蛋白质骨架的模拟两个方面。其中，对酶催化中心进行模拟又可以分为仿生有机小分子催化和仿生金属催化，它们已经成为仿生催化领域的两个主要发展方向，涉及的生物酶有：以有机分子为催化中心（辅酶）的酶（如羟醛缩合酶、转酮酶，维生素 B_6 相关的酶、NADH 相关的酶、醌酶等）及以金属核为催化中心的酶［如氢化酶、P450 单氧酶、非血红素酶、固氮酶、双（多）

核金属酶等]。对酶蛋白质骨架的模拟由于合成上的挑战发展较慢，一个比较成功的策略是用分子印迹的技术发展仿生的催化材料，模拟酶的催化功能，即分子印迹催化。

迄今，已经诞生了许多优秀的仿生催化体系。尽管这些催化剂比生物酶要小得多，但仍然展现出活性高、选择性好、对环境友好、条件温和等酶催化的特点，展示了仿生催化的独特优势和应用潜力。这些仿生催化剂可以用于氧化、还原、取代、水解、聚合等多种反应，催化C—C、C—N、C—O、C—X等键的构建，被广泛应用于合成化学和工业中。

尽管仿生催化已经发展成为催化科学领域的重要发展方向，但它仍然处于发展的早期阶段，主要表现在以下几个方面：① 虽然少数仿生催化剂表现出与酶类似，甚至更高的催化效率，但大多数仿生催化体系的催化活性同酶相比还是有不小的差距，有待通过对酶进行多层次的模拟得以进一步提高；② 光合作用将CO_2转变成富能有机物和生物固氮将N_2转变成可吸收的NH_3，是生物实现碳循环和氮循环绿色平衡的主要途径，模拟相应的酶，发展CO_2固定和化学固氮的高效仿生催化体系具有重要价值，需要进一步发展；③ 新的仿生催化体系，如甲烷单加氧化酶、酰胺水解/合成酶等的模拟，也有待进一步发展。

生物酶多达几千种，能催化的转化数不胜数，其催化机制之精巧也让人叹为观止。总之，酶是催化科学发展的一个取之不尽、用之不竭的智慧源泉和宝库。仿生催化借鉴和学习大自然的智慧，已经成为催化科学的一个重要研究领域和发展方向，有着广阔的空间和无限的潜力。

第三节　关键科学问题与发展方向

一、关键科学问题

仿生催化已初步展现了它在催化活性、选择性控制等方面的巨大潜力，也显示了它具有条件温和、绿色环保等独特的优势，但仿生催化仍然处于发展的早期阶段，面临的关键问题主要有以下三个方面。

（1）仿生催化领域面临的第一个关键科学问题是对酶催化机制的深层次认识和理解还不够，尤其是对酶的限域效应、动态属性、多重活化、协同催化、底物识别等多种辅助催化功能的作用机制的理解。对酶催化机制的深入理解为发展高效的仿生催化剂提供了基础。

（2）模拟生物体内物质和能量转移机制，构筑高效的仿生催化剂，是仿生催化领域中的第二个关键科学问题。现阶段的大多数仿生催化体系还处于简单模拟酶催化中心的初步阶段，进一步的发展需要深层次模拟酶的多重辅助催化功能，实现催化效率和选择性的突破。仿生催化学习酶，但它又不止于此。长远的发展将使仿生催化有望在催化活性、反应类型、底物范围等多方面接近、达到，甚至超越酶催化。

（3）仿生催化体系的应用是该领域的第三个关键科学问题。运用仿生催化体系，实现重要转化的效率突破，创新化学反应，创制重要功能分子，对接和促进医药、材料、能源、健康、“碳中和”、人工固氮等领域的物质创新和发展，推进仿生催化的工业应用。

二、重要发展方向

仿生催化的发展方向主要有以下三个方面。

（1）进一步研究各种重要生物酶的结构和催化机制，为高效仿生催化剂的发展提供理论基础。

（2）从多重活化、协同催化、底物识别等多角度模拟酶，发展活性高、选择性好、结构稳定的仿生催化体系，包括仿生有机小分子催化剂、仿生单金属催化剂和仿生双（多）金属催化剂。

（3）利用仿生催化剂，发展碳–碳、碳–氮、碳–氧和其他碳–杂原子键的生成和断裂的绿色、高效、原子经济性好的仿生转化，发展 C_1（CO_2、CO、CH_4 等）固定、室温固氮等重大转化的仿生催化过程。

第四节　相关政策建议

仿生催化是一门融合化学与生物学的交叉学科，涉及化学、生物学、能源科学和材料科学等多学科，该学科方向的发展需要化学人才和生物人才的共同努力与合作，需要国家的支持和政策引导。

（1）仿生催化领域需要加强人才队伍的建设，通过长期建设，培育一批国内外有影响力、研究特色鲜明的仿生催化研究团队，在该领域的各个重要方向成长出大量的研究型人才和技术型人才，为该领域的创新和发展打下坚实的基础并注入新的动力。

（2）仿生催化领域需要持续的资助，推动该领域基础研究的创新发展。长期支持开拓性的基础研究，发展引领性、变革性的仿生催化核心技术，促进催化化学和合成科学的发展，使合成化学更加高效、绿色；积极支持发展 C_1（CO_2、CO、CH_4 等）固定、室温化学固氮等重大转化的仿生催化技术，为重大合成转化提供新的解决策略。

（3）鼓励和支持仿生催化技术的应用。运用仿生催化的策略，创制新功能分子，发展重要分子的规模化制造，升级和创新重大的合成转化过程，服务和推动化工、医药、农业、能源、材料等多个国民经济领域的创新和发展。

本章参考文献

[1] Snell E E. The vitamin B_6 group. V. The reversible interconversion of pyridoxal and pyridoxamine by transamination reactions. J Am Chem Soc, 1945, 67: 194-197.

[2] Metzler D E, Ikawa M, Snell E E. A general mechanism for vitamin B_6-catalyzed reactions. J Am Chem Soc, 1954, 76: 648-652.

[3] Breslow R. On the mechanism of thiamine action. Ⅳ. Evidence from studies on model systems. J Am Chem Soc, 1958, 80: 3719-3726.

[4] Breslow R. Biomimetic chemistry and artificial enzymes: Catalysis by design. Acc Chem Res, 1995, 28: 146-153.

[5] Breslow R, Hammond M, Lauer M. Selective transamination and optical induction by a *β*-cyclodextrin-pyridoxamine artificial enzyme. J Am Chem Soc, 1980, 102: 421-422.

[6] Zimmerman S C, Breslow R. Asymmetric synthesis of amino acids by pyridoxamine enzyme analogs utilizing general base-acid catalysis. J Am Chem Soc, 1984, 106: 1490-1491.

[7] Breslow R. Centenary lecture. Biomimetic chemistry. Chem Soc Rev, 1972, 1: 553-580.

[8] Breslow R. Biomimetic chemistry: Biology as an inspiration. J Biol Chem, 2009, 284: 1337-1342.

[9] Wakagi T. Aldolase-distinctive characters in archaeal enzymes. Trends Glycosci Glyc, 2013, 25: 71-81.

[10] Haridas M, Abdelraheem E M M, Hanefeld U. 2-Deoxy-*d*-ribose-5-phosphate aldolase (DERA): Applications and modifications. Appl Microbiol Biotechnol, 2018, 102: 9959-9971.

[11] Ji W Y, Sun W J, Feng J M, et al. Characterization of a novel *N*-acetylneuraminic acid lyase favoring *N*-acetylneuraminic acid synthesis. Sci Rep, 2015, 5: 9341.

[12] Jordan F. Current mechanistic understanding of thiamin diphosphate-dependent enzymatic reactions. Nat Prod Rep, 2003, 20: 184-201.

[13] Pohl M, Lingen B, Mueller M. Thiamin-diphosphate-dependent enzymes: New aspects of asymmetric C—C bond formation. Chem Eur J, 2002, 8: 5288-5295.

[14] Mozzarelli A, Bettati S. Exploring the pyridoxal 5′-phosphate-dependent enzymes. Chem Rec, 2006, 6: 275-287.

[15] Jansonius J N. Structure, evolution and action of vitamin B_6-dependent enzymes. Curr. Opin Struct Biol, 1998, 8: 759-769.

[16] Dalko P I, Moisan L. Enantioselective organocatalysis. Angew Chem Int Ed, 2001, 40: 3726-3748.

[17] List B. Introduction: Organocatalysis. Chem Rev, 2007, 107: 5413-5415.

[18] MacMillan D W C. The advent and development of organocatalysis. Nature, 2008, 455: 304-308.

[19] Trost B M, Brindle C S. The direct catalytic asymmetric aldol reaction. Chem Soc Rev, 2010,

39: 1600-1632.

[20] Mandal S, Mandal S, Ghosh S K, et al. A review on aldol reaction. Synth Commun, 2016, 46: 1327-1342.

[21] Knochel P, Molander G A . Comprehensive Organic Synthesis. 2nd ed. Amsterdam: Elsevier, 2014: 273-339.

[22] Nazari A, Heravi M M, Zadsirjan V. Oxazolidinones as chiral auxiliaries in asymmetric aldol reaction applied to natural products total synthesis. J Organomet Chem, 2021, 932: 121629.

[23] Aullón G, Romea P, Urpí F. Substrate-controlled aldol reactions from chiral α-hydroxy ketones. Synthesis, 2017, 49: 484-503.

[24] Ferreira M A B, Dias L C, Leonarczyk I A, et al. Exploring the aldol reaction in the synthesis of bioactive compounds. Curr Org Synth, 2015, 12: 547-564.

[25] Kalesse M, Cordes M, Symkenberg G, et al. The vinylogous mukaiyama aldol reaction (VMAR) in natural product synthesis. Nat Prod Rep, 2014, 31: 563-594.

[26] Hosokawa S. Asymmetric aldol reactions in the total syntheses of natural products// Andrushko V, Andrushko N. Stereoselective Synthesis of Drugs and Natural Products. Hoboken: John Wiley & Sons, 2013: 215-247.

[27] Nelson S G. Catalyzed enantioselective aldol additions of latent enolate equivalents. Tetrahedron: Asymmetry, 1998, 9: 357-389.

[28] Gröger H, Vogl E M, Shibasaki M. New catalytic concepts for the asymmetric aldol reaction. Chem Eur J, 1998, 4: 1137-1141.

[29] Bach T. Catalytic enantioselective C—C coupling-allyl transfer and mukaiyama aldol reaction. Angew Chem Int Ed, 1994, 33: 417-419.

[30] Clapes P, Joglar J. Enzyme-catalyzed aldol additions // Mahrwald R. Modern Methods in Stereoselective Aldol Reactions. Weinheim: Wiley-VCH Verlag GmbH & Co. KGaA , 2013, 475-527.

[31] Clapes P, Fessner W D. Enzymic direct aldol additions // de Vries, J. G., Molander, G. A. Science of Synthesis, Stereoselective Synthesis. London: Georg Thieme Verlag Stuttgart, 2011: 677-734.

[32] Marsh J J, Lebherz H G. Fructose-bisphosphate aldolases: An evolutionary history. Trends Biochem Sci, 1992, 17: 110-113.

[33] Rutter W J. Evolution of aldolase. Fed Proc, 1964, 23: 1248-1257.

[34] Lai C Y, Nakai N, Chang D. Amino acid sequence of rabbit muscle aldolase and the structure of the active center. Science, 1974, 183: 1204-1206.

[35] Morris A J, Tolan D R. Lysine-146 of rabbit muscle aldolase is essential for cleavage and condensation of the C3—C4 bond of fructose 1, 6-bis(phosphate). Biochemistry, 1994, 33: 12291-12297.

[36] Fessner W D, Schneider A, Held H, et al. The mechanism of class II, metal-dependent aldolases. Angew. Chem. Int. Ed., 1996, 35: 2219-2221.

[37] Gijsen H J M, Qiao L, Fitz W, et al. Recent advances in the chemoenzymatic synthesis of carbohydrates and carbohydrate mimetics. Chem. Rev., 1996, 96: 443-473.

[38] Sugai T, Fuhshuku K. Aldolase-catalyzed C—C bond formation of carbohydrate synthesis// Knochel P, Molander G A. Comprehensive Organic Synthesis. 2nd ed. Amsterdam: Elsevier. 2014: 512-522.

[39] Yamashita Y, Yasukawa T, Yoo W J, et al. Catalytic enantioselective aldol reactions. Chem Soc Rev, 2018, 47: 4388-4480.

[40] Bartok M, Dombi G. Organocatalytic asymmetric aldol reactions in aqueous or neat conditions: Review of data published in 2009-2013. Curr Green Chem, 2014, 1: 191-201.

[41] Bisai V, Bisai A, Singh V K. Enantioselective organocatalytic aldol reaction using small organic molecules. Tetrahedron, 2012, 68: 4541-4580.

[42] Vicario J L, Badia D, Carrillo L, et al. α-Amino acids, β-amino alcohols and related compounds as chiral auxiliaries, ligands and catalysts in the asymmetric aldol reaction. Curr Org Chem, 2005, 9: 219-235.

[43] Hajos Z G, Parrish D R. Asymmetric synthesis of bicyclic intermediates of natural product chemistry. J Org Chem, 1974, 39: 1615-1621.

[44] List B, Lerner R A, Barbas I C F. Proline-catalyzed direct asymmetric aldol reactions. J Am Chem Soc, 2000, 122: 2395-2396.

[45] Notz W, List B. Catalytic asymmetric synthesis of anti-1, 2-diols. J Am Chem Soc, 2000, 122: 7386-7387.

[46] List B, Pojarliev P, Castello C. Proline-catalyzed asymmetric aldol reactions between ketones and α-unsubstituted aldehydes. Org Lett, 2001, 3: 573-575.

[47] List B. Amine-catalyzed aldol reactions//Mahrwald R. Modern Aldol Reactions. Weinheim: Wiley-VCH Verlag GmbH & Co. KGaA, 2004: 161-200 .

[48] List B. Proline-catalyzed asymmetric reactions. Tetrahedron, 2002, 58: 5573-5590.

[49] Mukherjee S, Yang J W, Hoffmann S, et al. Asymmetric enamine catalysis. Chem Rev, 2007, 107: 5471-5569.

[50] List B. Enamine catalysis is a powerful strategy for the catalytic generation and use of carbanion equivalents. Acc Chem Res, 2004, 37: 548-557.

[51] Ahrendt K A, Borths C J, MacMillan D W C. New strategies for organic catalysis: The first highly enantioselective organocatalytic Diels-Alder reaction. J Am Chem Soc, 2000, 122: 4243-4244.

[52] Lelais G, MacMillan D W C. Modern strategies in organic catalysis: The advent and development of iminium activation. Aldrichim Acta, 2006, 39: 79-87.

[53] Sakthivel K, Notz W, Bui T, et al. Amino acid catalyzed direct asymmetric aldol reactions: A bioorganic approach to catalytic asymmetric carbon-carbon bond-forming reactions. J Am Chem Soc, 2001, 123: 5260-5267.

[54] Notz W, Tanaka F, Barbas C F. Enamine-based organocatalysis with proline and diamines: The development of direct catalytic asymmetric aldol, Mannich, Michael, and Diels-Alder reactions. Acc Chem Res, 2004, 37: 580-591.

[55] Mase N, Nakai Y, Ohara N, et al. Organocatalytic direct asymmetric aldol reactions in water. J Am Chem Soc, 2006, 128: 734-735.

[56] Utsumi N, Imai M, Tanaka F, et al. Mimicking aldolases through organocatalysis: Syn-selective aldol reactions with protected dihydroxyacetone. Org Lett, 2007, 9: 3445-3448.

[57] Tang Z, Yang Z H, Chen X H, et al. A highly efficient organocatalyst for direct aldol reactions of ketones with aldedydes. J Am Chem Soc, 2005, 127: 9285-9289.

[58] Tang Z, Jiang F, Cui X, et al. Enantioselective direct aldol reactions catalyzed by L-prolinamide derivatives. Proc Natl Acad Sci, 2004, 101: 5755-5760.

[59] Chen X H, Yu J, Gong L Z. The role of double hydrogen bonds in asymmetric direct aldol reactions catalyzed by amino amide derivatives. Chem Commun, 2010, 46: 6437-6448.

[60] Luo S Z, Xu H, Li J Y, et al. A simple primary-tertiary diamine-Brønsted acid catalyst for asymmetric direct aldol reactions of linear aliphatic ketones. J Am Chem Soc, 2007, 129: 3074-3075.

[61] Luo S Z, Xu H, Chen L J, et al. Asymmetric direct aldol reactions of pyruvic derivatives. Org Lett, 2008, 10: 1775-1778.

[62] Hu S S, Li J Y, Xiang J F, et al. Asymmetric supramolecular primary amine catalysis in aqueous buffer: Connections of selective recognition and asymmetric catalysis. J Am Chem Soc, 2010, 132: 7216-7228.

[63] Zhang L, Luo S Z. Bio-inspired chiral primary amine catalysis. Synlett, 2012, 23: 1575-1589.

[64] Zhang Q Y, Cui X L, Zhang L, et al. Redox tuning of a direct asymmetric aldol reaction. Angew Chem Int Ed, 2015, 54: 5210-5213.

[65] Liu J, Yang Z G, Wang Z, et al. Asymmetric direct aldol reaction of functionalized ketones catalyzed by amine organocatalysts based on bspidine. J Am Chem Soc, 2008, 130: 5654-5655.

[66] Fattal-Valevski A. Thiamine (vitamin B_1). Evid. Based Complemen. Alternat Med, 2011, 16: 12-20.

[67] Manzetti S, Zhang J, Spoel D. Thiamin function, metabolism, uptake, and transport. Biochemistry, 2014, 53: 821-835.

[68] Biju A T, Kuhl N, Glorius F. Extending NHC-catalysis: Coupling aldehydes with unconventional reaction partners. Acc Chem Res, 2011, 44: 1182-1195.

[69] Kluger R, Tittmann K. Thiamin diphosphate catalysis: Enzymic and nonenzymic covalent intermediates. Chem Rev, 2008, 108: 1797-1833.

[70] Enders D, Balensiefer T. Nucleophilic carbenes in asymmetric organocatalysis. Acc Chem Res, 2004, 37: 534-541.

[71] Enders D, Niemeier O, Henseler A. Organocatalysis by *N*-heterocyclic carbenes. Chem Rev, 2007, 107: 5606-5655.

[72] Bugaut X, Glorius F. Organocatalytic umpolung: *N*-heterocyclic carbenes and beyond. Chem Soc Rev, 2012, 41: 3511-3522.

[73] Flanigan D M, Romanov-Michailidis F, White N A, et al. Organocatalytic reactions enabled by *N*-heterocyclic carbenes. Chem Rev, 2015, 115: 9307-9387.

[74] Chen X Y, Gao Z H, Ye S. Bifunctional *N*-heterocyclic carbenes derived from L-pyroglutamic acid and their applications in enantioselective organocatalysis. Acc Chem Res, 2020, 53: 690-702.

[75] Ugai T, Tanaka S, Dokawa S. A new catalyst for the acyloin condensation. Pharm Soc Jpn, 1943, 63: 296-300.

[76] Sheehan J C, Hunnema D H. Homogeneous asymmetric catalysis. J Am Chem Soc, 1966, 88:

3666-3667.

[77] Enders D, Breuer K. A novel asymmetric benzoin reaction catalyzed by a chiral triazolium salt. Helv Chim Acta, 1996, 79: 1217-1221.

[78] Knight R L, Leeper F J. Synthesis of and asymmetric induction by chiral bicyclic thiazolium salts. Tetrahedron Lett, 1997, 38: 3611-3614.

[79] Knight R L, Leeper F J. Comparison of chiral thiazolium and triazolium salts as symmetric catalysts for the benzoin condensation. J Chem Soc, Perkin Trans, 1998, 1: 1891-1894.

[80] Kerr M S, Alaniz J R, Rovis T. A highly enantioselective catalytic intramolecular Stetter reaction. J Am Chem Soc, 2002, 124: 10298-10299.

[81] Li Y, Feng Z, You S L. D-camphor-derived triazolium salts for catalytic intramolecular crossed aldehyde-ketone benzoin reactions. Chem Commun, 2008, 2263-2265.

[82] He L, Zhang Y R, Huang X L, et al. Chiral bifunctional *N*-heterocyclic carbenes: Synthesis and application in the Aza-Morita-Baylis-Hillman reaction. Synthesis, 2008, 2008: 2825-2829.

[83] Huang X L, Ye S. Enantioselective benzoin condensation catalyzed by bifunctional *N*-heterocyclic carbenes. Chin Sci Bull, 2010, 55: 1753-1757.

[84] Sun L H, Liang Z Q, Jia W Q, et al. Enantioselective *N*-heterocyclic carbene catalyzed Aza-Benzoin reaction of enals with activated ketimines. Angew Chem Int Ed, 2013, 52: 5803-5806.

[85] Shao P L, Chen X Y, Ye S. Formal [3+2] cycloaddition of ketenes and oxaziridines catalyzed by chiral lewis bases: Enantioselective synthesis of oxazolin-4-ones. Angew Chem Int Ed, 2010, 49: 8412-8416.

[86] Zhao Y M, Cheung M S, Lin Z Y, et al. Enantioselective synthesis of *b*, *g*-unsaturated *α*-fluoroesters catalyzed by *N*-heterocyclic carbenes. Angew Chem Int Ed, 2012, 51: 10359-10363.

[87] Chen J A, Huang Y. Asymmetric catalysis with *N*-heterocyclic carbenes as non-covalent chiral templates. Nat Commun, 2014, 5: 3437.

[88] Chen J A, Yuan P F, Wang L M, et al. Enantioselective *β*-protonation of enals via a shuttling strategy. J Am Chem Soc, 2017, 139: 7045-7051.

[89] Zhang Z J, Zhang L, Geng R L, et al. *N*-heterocyclic carbene/copper cooperative catalysis for the asymmetric synthesis of spirooxindoles. Angew Chem Int Ed, 2019, 58: 12190-12194.

[90] Du D, Zhang K L, Ma R, et al. Bio- and medicinally compatible *α*-amino-acid modification

via merging photoredox and *N*-heterocyclic carbene catalysis. Org Lett, 2020, 22: 6370-6375.

[91] Zhao C G, Guo D H, Munkerup K, et al. Enantioselective [3+3] atroposelective annulation catalyzed by *N*-heterocyclic carbenes. Nat Commun, 2018, 9: 611.

[92] Chen X Y, Zhang C S, Yi L, et al. Intramolecular α-oxygenation of amines via *N*-heterocyclic carbene-catalyzed domino reaction of aryl aldehyde: Experiment and DFT calculation. CCS Chem, 2019, 1: 343-351.

[93] Chen X Y, Xia F, Cheng J T, et al. Highly enantioselective γ-amination by *N*-heterocyclic carbene catalyzed [4+2] annulation of oxidized enals and azodicarboxylates. Angew Chem Int Ed, 2013, 52: 10644-10647.

[94] Xu K, Li W C, Zhu S S, et al. Atroposelective arene formation by carbene-catalyzed formal [4+2] cycloaddition. Angew Chem Int Ed, 2019, 58: 17625-17630.

[95] Wu Z J, Li F Y, Wang J. Intermolecular dynamic kinetic resolution cooperatively catalyzed by an *N*-heterocyclic carbene and a Lewis acid. Angew Chem Int Ed, 2015, 54: 1629-1633.

[96] Chen K Q, Gao Z H, Ye S. (Dynamic) kinetic resolution of enamines/imines: Enantioselective *N*-heterocyclic carbene catalyzed [3+3] annulation of bromoenals and enamines/imines. Angew Chem Int Ed, 2019, 58: 1183-1187.

[97] Steffen-Munsberg F, Vickers C, Kohls H, et al. Bioinformatic analysis of a PLP-dependent enzyme superfamily suitable for biocatalytic applications. Biotechnol Adv, 2015, 33: 566-604.

[98] Toney M D. Controlling reaction sin pyridoxal phosphate enzymes. BBA Proteins Proteom, 2011, 1814: 1407-1418.

[99] Phillips R S. Chemistry and diversity of pyridoxal-5′-phosphate dependent enzymes. BBA Proteins Proteom, 2015, 1854: 1167-1174.

[100] Taylor P P, Pantaleone D P, Senkpeil R F, et al. Novel biosynthetic approaches to the production of unnatural amino acids using transaminases. Trends Biotechnol, 1998, 16: 412-418.

[101] Fuchs M, Farnberger J E, Kroutil W. The industrial age of biocatalytic transamination. Eur J Org Chem., 2015, 2015: 6965-6982.

[102] Mathew S, Yun H. ω-transaminases for the production of optically pure amines and unnatural amino acids. ACS Catal, 2012, 2: 993-1001.

[103] Kelly S A, Pohle S, Wharry S, et al. Application of ω-transaminases in the pharmaceutical industry. Chem Rev, 2018, 118: 349-367.

[104] Du Y L, Ryan K S. Pyridoxal phosphate-dependent reactions in the biosynthesis of natural products. Nat Prod Rep, 2019, 36: 430-457.

[105] Dückers N, Baer K, Simon S, et al. Threonine aldolases-screening, properties and applications in the synthesis of non-proteinogenic β-hydroxy-α-amino acids. Appl Microbiol Biotechnol, 2010, 88: 409-424.

[106] Murakami Y, Kikuchi J I, Hisaeda Y, et al. Artificial enzymes. Chem Rev, 1996, 96: 721-758.

[107] Xie Y, Pan H J, Liu M, et al. Progress in asymmetric biomimetic transamination of carbonyl compounds. Chem Soc Rev, 2015, 44: 1740-1748.

[108] Chen J F, Liu Y E, Gong X, et al. Biomimetic chiral pyridoxal and pyridoxamine catalysts. Chin J Chem, 2019, 37: 103-112.

[109] Metzler D E, Snell E E. Some transamination reactions involving vitamin B_6. J Am Chem Soc, 1952, 74: 979-983.

[110] Nozaki H, Kuroda S, Watanabe K, et al. Gene cloning, purification, and characterization of alpha-methylserine aldolase from *Bosea* sp. AJ110407 and its applicability for the enzymatic synthesis of α-methyl-L-serine and α-ethyl-L-serine. J Mol Catal B Enzym, 2009, 59: 237-242.

[111] Li S, Chen X Y, Enders D. Aldehyde catalysis: New options for asymmetric organocatalytic reactions. Chem, 2018, 4: 2026-2028.

[112] Wang Q, Gu Q, You S L. Enantioselective carbonyl catalysis enabled by chiral aldehydes. Angew Chem Int Ed, 2019, 58: 6818-6825.

[113] Gong L Z. Chiral aldehyde catalysis: A highly promising concept in asymmetric catalysis. Sci China Chem, 2019, 62: 3-4.

[114] Chen J F, Gong X, Li J Y, et al. Carbonyl catalysis enables a biomimetic asymmetric Mannich reaction. Science, 2018, 360: 1438-1442.

[115] Ma J G, Zhou Q H, Song G S, et al. Enantioselective synthesis of pyroglutamic acid esters from glycinate via carbonyl catalysis. Angew Chem Int Ed, 2021, 60: 10588-10592.

[116] Kuzuhara H, Komatsu T, Emoto S. Synthesis of a chiral pyridoxamine analog and nonenzymatic stereoselective transamination. Tetrahedron Lett, 1978, 19, 3563-3566.

[117] Tachibana Y, Ando M, Kuzuhara H. Asymmetric synthesis of α-amino acids by nonenzymatic transformation. Versatility of the reaction and enantiomeric excesses of the products. Chem. Lett., 1982, 11: 1765-1768.

[118] Ando M, Watanabe J, Kuzuhara H. Asymmetric synthesis of α-amino-β-hydroxy acids using a chiral pyridoxal-like pyridinophane-zinc complex as an enzyme mimic; scope and limitation. Bull Chem Soc Jpn, 1990, 63: 88-90.

[119] Koh J T, Delaude L, Breslow R. Geometric control of a pyridoxal-catalyzed aldol condensation. J Am Chem Soc, 1994, 116: 11234-11240.

[120] Soloshonok V A, Kirilenko A G, Galushko S V, et al. Catalytic asymmetric synthesis of β-fluoroalkyl-β-amino acids via biomimetic [1,3]-proton shift reaction. Tetrahedron Lett, 1994, 35: 5063-5064.

[121] Xiao X, Xie Y, Su C X, et al. Organocatalytic asymmetric biomimetic transamination: From α-keto esters to optically active α-amino acid derivatives. J Am Chem Soc, 2011, 133: 12914-12917.

[122] Wu Y W, Deng L. Asymmetric synthesis of trifluoromethylated amines via catalytic enantioselective isomerization of imines. J Am Chem Soc, 2012, 134: 14334-14337.

[123] Shi L, Tao C A, Yang Q, et al. Chiral pyridoxal-catalyzed asymmetric biomimetic transamination of α-keto acids. Org Lett, 2015, 17: 5784-5787.

[124] Liu Y E, Lu Z, Li B L, et al. Enzyme-inspired axially chiral pyridoxamines armed with a cooperative lateral amine chain for enantioselective biomimetic transamination. J Am Chem Soc, 2016, 138: 10730-10733.

[125] Wallar B J, Lipscomb J D. Dioxygen activation by enzymes containing binuclear non-neme iron clusters. Chem Rev, 1996, 96: 2625-2658.

[126] Gebicki J, Marcinek A, Zielonka J. Transient species in the stepwise interconversion of NADH and NAD^+. Acc Chem Res, 2004, 37: 379-386.

[127] Lin H N. Nicotinamide adenine dinucleotide: Beyond a redox coenzyme. Org Biomol Chem, 2007, 5: 2541-2554.

[128] Houtkooper R H, Cantó C, Wanders R J, et al. The secret life of NAD^+: An old metabolite controlling new metabolic signaling pathways. Endocr Rev, 2010, 31: 194-223.

[129] Wu H, Tian C Y, Song X K, et al. Methods for the regeneration of nicotinamide coenzymes. Green Chem, 2013, 15: 1773-1789.

[130] Walsh C T, Tu B P, Tang Y. Eight kinetically stable but thermodynamically activated molecules that power cell metabolism. Chem Rev, 2018, 118: 1460-1494.

[131] Zhu Z H, Ding Y X, Wu B. et al. Design and synthesis of chiral and regenerable 2.2 paracyclophane-based NAD(P)H models and application in biomimetic reduction of flavonoids. Chem Sci, 2020, 11: 10220-10224.

[132] Nakamura M, Bhatnagar A, Sadoshima J. Overview of pyridine nucleotides review series. Circ Res, 2012, 111: 604-610.

[133] Phillips A M F, Pombiro A J L. Recent advances in organocatalytic enantioselective transfer hydrogenation. Org Biomol Chem, 2017, 15: 2307-2340.

[134] Paul C E, Arends I W C E, Hollmann F. Is simpler better? Synthetic nicotinamide cofactor analogues for redox chemistry. ACS Catal, 2014, 4: 788-797.

[135] Zheng C, You S L. Transfer hydrogenation with hantzsch esters and related organic hydride donors. Chem Soc Rev, 2012, 41: 2498-2518.

[136] Bai C B, Wang N X, Xing Y, et al. Progress on chiral NAD(P)H model compounds. Synlett, 2017, 28: 402-414.

[137] Wang N X, Zhao J. Progress in coenzyme NADH model compounds and asymmetric reduction of benzoylformate. Synlett, 2007, 18: 2785-2791.

[138] Ohnishi Y, Kagarni M. Reduction by a model of NAD(P)H. Effect of metal ion and stereochemistry on the reduction of α-keto esters by 1, 4-dihydronicotinarnide derivatives. J Am Chem Soc, 1975, 97: 4766-4768.

[139] Zehani S, Gelbard G. Asymmetric reductions catalysed by chiral shift reagents. J Chem Soc, Chem Commun, 1985, (17): 1162-1163.

[140] Martin N J A, List B. Highly enantioselective transfer hydrogenation of α, β-unsaturated ketones. J Am Chem Soc, 2006, 128: 13368-13369.

[141] Chen Q A, Chen M W, Yu C B, et al. Biomimetic asymmetric hydrogenation: *In situ* regenerable hantzsch esters for asymmetric hydrogenation of benzoxazinones. J Am Chem Soc, 2011, 133: 16432-16435.

[142] Chen Q A, Gao K, Duan Y, et al. Dihydrophenanthridine: A new and easily regenerable NAD(P)H model for biomimetic asymmetric hydrogenation. J Am Chem Soc, 2012, 134: 2442-2448.

[143] Lu L Q, Li Y H, Junge K, et al. Iron-catalyzed hydrogenation for the *in situ* regeneration of

an NAD(P)H model: Biomimetic reduction of α-keto-/α-iminoesters. Angew Chem Int Ed, 2013, 52: 8382-8386.

[144] Lu L Q, Li Y H, Junge K, et al. Relay iron/chiral Brønsted acid catalysis: Enantioselective hydrogenation of benzoxazinones. J Am Chem Soc, 2015, 137: 2763-2768.

[145] Wang J, Zhu Z H, Chen M W, et al. Catalytic biomimetic asymmetric reduction of alkenes and imines enabled by chiral and regenerable NAD(P)H models. Angew Chem Int Ed, 2019, 58: 1813-1817.

[146] Wang J, Zhao Z B, Zhao Y N, et al. Chiral and regenerable NAD(P)H models enabled biomimetic asymmetric reduction: Design, synthesis, scope, and mechanistic studies. J Org Chem, 2020, 85: 2355-2368.

[147] Zhao Z B, Li X, Chen M W, et al. Biomimetic asymmetric reduction of benzoxazinones and quinoxalinones using ureas as transfer catalysts. Chem Commun, 2020, 56: 7309-7312.

[148] Anthony C. Quinoprotein-catalysed reactions. Biochem J, 1996, 320: 697-711.

[149] Mure M. Tyrosine-derived quinone cofactors. Acc Chem Res, 2004, 37: 131-139.

[150] Salisbury S A, Forrest H S, Cruse W B T, et al. A novel coenzyme from bacterial primary alcohol dehydrogenases. Nature, 1979, 280: 843-844.

[151] Klinman J P. Mechanisms whereby mononuclear copper proteins functionalize organic substrates. Chem Rev, 1996, 96: 2541-2561.

[152] Janes S, Mu D, Wemmer D, et al. A new redox cofactor in eukaryotic enzymes: 6-Hydroxydopa at the active site of bovine serum amine oxidase. Science, 1990, 248: 981-987.

[153] Finney J, Moon H J, Ronnebaum T, et al. Human copper-dependent amine oxidases. Arch Biochem Biophys, 2014, 546: 19-32.

[154] Brazeau B J, Johnson B J, Wilmot C M. Copper-containing amine oxidases. Biogenesis and catalysis; a structural perspective. Arch Biochem Biophys, 2004, 428: 22-31.

[155] Largeron M, Fleury M B. Oxidative deamination of benzylamine by electrogenerated quinonoid systems as mimics of amine oxidoreductases cofactors. J Org Chem, 2000, 65: 8874-8881.

[156] Largeron M, Neudorffer A, Fleury M B. Oxidation of unactivated primary aliphatic amines catalyzed by an electrogenerated 3, 4-azaquinone species: A small-molecule mimic of amine oxidases. Angew Chem Int Ed, 2003, 42: 1026-1029.

[157] Largeron M, Fleury M B. A biologically inspired CUI/topaquinone-like co-catalytic system

for the highly atom-economical aerobic oxidation of primary amines to imines. Angew Chem Int Ed, 2012, 51: 5409-5412.

[158] Wendlandt A E, Stahl S S. Chemoselective organocatalytic aerobic oxidation of primary amines to secondary imines. Org Lett, 2012, 14: 2850-2853.

[159] Wendlandt A E, Stahl S S. Bioinspired aerobic oxidation of secondary amines and nitrogen heterocycles with a bifunctional quinone catalyst. J Am Chem Soc, 2014, 136: 506-512.

[160] Li B, Wendlandt A E, Stahl S S. Replacement of stoichiometric DDQ with a low potential *o*-quinone catalyst enabling aerobic dehydrogenation of tertiary indolines in pharmaceutical intermediates. Org Lett, 2019, 21: 1176-1181.

[161] Qin Y, Zhang L, Lv J, et al. Bioinspired organocatalytic aerobic C—H oxidation of amines with an *ortho*-quinone catalyst. Org Lett, 2015, 17: 1469-1472.

[162] Zhang R D, Qin Y, Zhang L, et al. Mechanistic studies on bioinspired aerobic C—H oxidation of amines with an *ortho*-quinone catalyst. J Org Chem, 2019, 84: 2542-2555.

[163] Goriya Y, Kim H Y, Oh K. *o*-Naphthoquinone-catalyzed aerobic oxidation of amines to (ket) imines: A modular catalyst approach. Org Lett, 2016, 18: 5174-5177.

[164] Golime G, Bogonda G, Kim H Y, et al. Biomimetic oxidative deamination catalysis via *ortho*-naphthoquinone-catalyzed aerobic oxidation strategy. ACS Catal, 2018, 8: 4986-4990.

[165] Si T, Kim H Y, Oh K. Substrate promiscuity of *ortho*-naphthoquinone catalyst: Catalytic aerobic amine oxidation protocols to deaminative cross-coupling and *N*-nitrosation. ACS Catal, 2019, 9: 9216-9221.

[166] Largeron M, Fleury M B. A bioinspired organocatalytic cascade for the selective oxidation of amines under air. Chem Eur J, 2017, 23: 6763-6767.

[167] Largeron M, Deschamps P, Hammad K, et al. A dual biomimetic process for the selective aerobic oxidative coupling of primary amines using pyrogallol as a precatalyst. isolation of the [5 + 2] cycloaddition redox intermediates. Green Chem, 2020, 22: 1894-1905.

[168] Crabtree G W, Dresselhaus M S. The hydrogen fuel alternative. MRS Bull, 2008, 33: 421-428.

[169] Wang M, Chen L, Sun L C. Recent progress in electrochemical hydrogen production with earth-abundant metal complexes as catalysts. Energy Environ Sci, 2012, 5: 6763-6778.

[170] Alper J. Water splitting goes Au naturel. Science, 2003, 299: 1686-1687.

[171] Vincent K A, Parkin A, Armstrong F A. Investigating and exploiting the electrocatalytic properties of hydrogenases. Chem Rev, 2007, 107: 4366-4413.

[172] Lubitz W, Reijerse E J, Messinger J. Solar water-splitting into H_2 and O_2: Design principles of photosystem Ⅱ and hydrogenases. Energy Environ Sci, 2008, 1: 15-31.

[173] Cracknell J A, Vincent K A, Armstrong F A. Enzymes as working or inspirational electrocatalysts for fuel cells and electrolysis. Chem Rev, 2008, 108: 2439-2461.

[174] Yang J H, Wang D G, Han H X, et al. Roles of cocatalysts in photocatalysis and photoelectrocatalysis. Acc Chem Res, 2013, 46: 1900-1909.

[175] Willkomm J, Orchard K L, Reynal A, et al. Dye-sensitised semiconductors modified with molecular catalysts for light-driven H_2 production. Chem Soc Rev, 2016, 45: 9-23.

[176] Evans R M, Siritanaratkul B, Megarity C F, et al. The value of enzymes in solar fuels research-efficient electrocatalysts through evolution. Chem Soc Rev, 2019, 48: 2039-2052.

[177] Vignais P M, Billoud B. Occurrence classification, and biological function of hydrogenases: An overview. Chem Rev, 2007, 107: 4206-4272.

[178] Lindahl P A. Metal-metal bonds in biology. J Inorg Biochem, 2012, 106: 172-178.

[179] Armstrong F A, Belsey N A, Cracknell J A, et al. Dynamic electrochemical investigations of hydrogen oxidation and production by enzymes and implications for future technology. Chem Soc Rev, 2009, 38: 36-51.

[180] Shima S, Thauer R K. A third type of hydrogenase catalyzing H_2 activation. Chem Rec, 2007, 7: 37-46.

[181] Camara J M, Rauchfuss T B. Combining acid-base, redox and substrate binding functionalities to give a complete model for the [FeFe]-hydrogenase. Nat Chem, 2012, 4: 26-30.

[182] Tard C, Pickett C J. Structural and functional analogues of the active sites of the [Fe]-, [NiFe]-, and [FeFe]-hydrogenases. Chem Rev, 2009, 109: 2245-2274.

[183] Gloaguen F, Rauchfuss T B. Small molecule mimics of hydrogenases: Hydrides and redox. Chem Soc Rev, 2009, 38: 100-108.

[184] Kubas G J. Fundamentals of H_2 binding and reactivity on transition metals underlying hydrogenase function and H_2 production and storage. Chem Rev, 2007, 107: 4152-4205.

[185] Tye J W, Hall M B, Darensbourg M Y. Better than platinum? Fuel cells energized by enzymes. Proc Natl Acad Sci, 2005, 102: 16911-16912.

[186] Shima S, Pilak O, Vogt S, et al. The crystal structure of [Fe]-hydrogenase reveals the geometry of the active site. Science, 2008, 321: 572-575.

[187] Ohkuma T, Ooka H, Hashiguchi S, et al. Practical enantioselective hydrogenation of aromatic ketones. J Am Chem Soc, 1995, 117: 2675-2676.

[188] Hashiguchi S, Fujii A, Takehara J, et al. Asymmetric transfer hydrogenation of aromatic ketones catalyzed by chiral ruthenium(Ⅱ) complexes. J Am Chem Soc, 1995, 117: 7562-7563.

[189] Wen J L, Wang F Y, Zhang X M. Asymmetric hydrogenation catalyzed by first-row transition metal complexes. Chem Soc Rev, 2021, 50: 3211-3237.

[190] Wan F, Tang W J. Phosphorus ligands from the Zhang lab: Design, asymmetric hydrogenation, and industrial applications. Chin J Chem, 2021, 39: 954-968.

[191] Zhang W C, Chi Y X, Zhang X M. Developing chiral ligands for asymmetric hydrogenation. Acc Chem Res, 2007, 40: 1278-1290.

[192] Jiang Y T, Jiang Q Z, Zhang X M. A new chiral bis(oxazolinylmethyl)amine ligand for Ru-catalyzed asymmetric transfer hydrogenation of ketones. J Am Chem Soc, 1998, 120: 3817-3818.

[193] Li W, Hou G H, Wang C J, et al. Asymmetric hydrogenation of ketones catalyzed by a ruthenium (Ⅱ)-indan-ambox complex. Chem Commun, 2010, 46: 3979-3981.

[194] Wu W L, Liu S D, Duan M, et al. Iridium catalysts with *f*-amphox ligands: Asymmetric hydrogenation of simple ketones. Org Lett, 2016, 18: 2938-2941.

[195] Xie J H, Liu X Y, Xie J B, et al. An additional coordination group leads to extremely efficient chiral iridium catalysts for asymmetric hydrogenation of ketones. Angew Chem Int Ed, 2011, 50: 7329-7332.

[196] Xie J H, Bao D H, Zhou Q L. Recent advances in the development of chiral metal catalysts for the asymmetric hydrogenation of ketones. Synthesis, 2015, 47: 460-471.

[197] Zhu S F, Zhou Q L. Iridium-catalyzed asymmetric hydrogenation of unsaturated carboxylic acids. Acc Chem Res, 2017, 50: 988-1001.

[198] Wang X M, Han Z B, Wang Z, et al. A type of structurally adaptable aromatic spiroketal based chiral diphosphine ligands in asymmetric catalysis. Acc Chem Res, 2021, 54: 668-684.

[199] Wang X M, Ding K L. Making spiroketal-based diphosphine (SKP) ligands via a catalytic

asymmetric approach. Chin J Chem, 2018, 36: 899-903.

[200] Han Z B, Rong L C, Wu J, et al. Catalytic hydrogenation of cyclic carbonates: A practical approach from CO_2 and epoxides to methanol and diols. Angew Chem Int Ed, 2012, 51: 13041-13045.

[201] Zhang L L, Tang Y T, Han Z B, et al. Lutidine-based chiral pincer manganese catalysts for enantioselective hydrogenation of ketones. Angew Chem Int Ed, 2019, 58: 4973-4977.

[202] Chen D F, Scopelliti R, Hu X L. Fe-hydrogenase models featuring acylmethylpyridinyl ligands. Angew Chem Int Ed, 2010, 49: 7512-7515.

[203] Chen D F, Scopelliti R, Hu X L. A five-coordinate iron center in the active site of Fe-hydrogenase: Hints from a model study. Angew Chem Int Ed, 2011, 50: 5671-5673.

[204] Hu B W, Chen D F, Hu X L. Synthesis and reactivity of mononuclear iron models of Fe -hydrogenase that contain an acylmethylpyridinol ligand. Chem Eur J, 2014, 20: 1677-1682.

[205] Turrell P J, Wright J A, Peck J N T, et al. The third hydrogenase: A ferracyclic carbamoyl with close structural analogy to the active site of Hmd. Angew Chem Int Ed, 2010, 49: 7508-7511.

[206] Schultz K M, Chen D F, Hu X L. [Fe]-hydrogenase and models that contain iron-acyl ligation. Chem Asian J, 2013, 8: 1068-1075.

[207] Song L C, Hu F Q, Wang M M, et al. Synthesis, structural characterization, and some properties of 2-acylmethyl-6-ester group-difunctionalized pyridine-containing iron complexes related to the active site of Fe-hydrogenase. Dalton Trans, 2014, 43: 8062-8071.

[208] Royer A M, Salomone-Stagni M, Rauchfuss T B, et al. Iron acyl thiolato carbonyls: Structural models for the active site of the Fe-hydrogenase (Hmd). J Am Chem Soc, 2010, 132: 16997-17003.

[209] Junhyeok S, Taylor A M, Michael J R. Structural and functional synthetic model of monoiron hydrogenase featuring an anthracene scaffold. Nat Chem, 2017, 9: 552-557.

[210] Pan H J, Huang G F, Wodrich M D, et al. A catalytically active [Mn]-hydrogenase incorporating a non-native metal cofactor. Nat Chem, 2019, 11: 669-675.

[211] Ogo S. Electrons from hydrogen. Chem Commun, 2009, 23: 3317-3325.

[212] Kaur-Ghumaan S, Stein M. [NiFe] hydrogenases: How close do structural and functional mimics approach the active site? Dalton Trans, 2014, 43: 9392-9405.

[213] Simmons T R, Berggren G, Bacchi M, et al. Mimicking hydrogenases: From biomimetics to

artificial enzymes. Coord Chem Rev, 2014, 271: 127-150.

[214] Schilter D, Camara J M, Huynh M T, et al. Hydrogenase enzymes and their synthetic models: The role of metal hydrides. Chem Rev, 2016, 116: 8693-8749.

[215] Ogo S, Ichikawa K, Kishima T, et al. A functional NiFe hydrogenase mimic that catalyzes electron and hydride transfer from H_2. Science, 2013, 339: 682-684.

[216] Wang X Z, Meng S L, Xiao H Y, et al. Identifying a real catalyst of [NiFe]-hydrogenase mimic for exceptional H_2 photogeneration. Angew Chem Int Ed, 2020, 59: 18400-18404.

[217] Chen B, Wu L Z, Tung C H. Photocatalytic activation of less reactive bonds and their functionalization via hydrogen-evolution cross-couplings. Acc Chem Res, 2018, 51: 2512-2523.

[218] Wu L Z, Chen B, Li Z J, et al. Enhancement of the efficiency of photocatalytic reduction of protons to hydrogen via molecular assembly. Acc Chem Res, 2014, 47: 2177-2185.

[219] Liang Y F, Jiao N. Oxygenation via C–H/C–C bond activation with molecular oxygen. Acc Chem Res, 2017, 50: 1640-1653.

[220] Dai C N, Zhang J, Huang C D, et al. Ionic liquids in selective oxidation: Catalysts and solvents. Chem Rev, 2017, 117: 6929-6983.

[221] Hutchings G J. Methane activation by selective oxidation. Top Catal, 2016, 59: 658-662.

[222] Wendlandt A E, Stahl S S. Quinone-catalyzed selective oxidation of organic molecules. Angew Chem Int Ed, 2015, 54: 14638-14658.

[223] Hanson S K, Baker R T. Knocking on wood: Base metal complexes as catalysts for selective oxidation of lignin models and extracts. Acc Chem Res, 2015, 48: 2037-2048.

[224] Talsi E P, Ottenbacher R V, Bryliakov K P. Bioinspired oxidations of aliphatic C—H groups with H_2O_2 in the presence of manganese complexes. J Organomet Chem, 2015, 793: 102-107.

[225] Guo Z, Liu B, Zhang Q H, et al. Recent advances in heterogeneous selective oxidation catalysis for sustainable chemistry. Chem Soc Rev, 2014, 43: 3480-3524.

[226] Davis S E, Ide M S, Davis R J. Selective oxidation of alcohols and aldehydes over supported metal nanoparticles. Green Chem, 2013, 15: 17-45.

[227] Bordeaux M, Galarneau A, Drone J. Catalytic, mild, and selective oxyfunctionalization of linear alkanes: Current challenges. Angew Chem Int Ed, 2012, 51: 10712-10723.

[228] Hermans I, Spier E S, Neuenschwander U, et al. Selective oxidation catalysis: Opportunities

and challenges. Top Catal, 2009, 52: 1162-1174.

[229] Erratico C A, Deo A K, Bandiera S M. Regioselective versatility of monooxygenase reactions catalyzed by CYP2B6 and CYP3A4: Examples with single substrates//Hrycay E, Bandiera S. Monooxygenase, Peroxidase and Peroxygenase Properties and Mechanisms of Cytochrome P450. Advances in Experimental Medicine and Biology. vol 851. Cham: Springer, 2015.

[230] Solomon E I. Dioxygen binding, activation, and reduction to H_2O by Cu enzymes. Inorg Chem, 2016, 55: 6364-6375.

[231] Chen Z Q, Yin G C. The reactivity of the active metal oxo and hydroxo intermediates and their implications in oxidations. Chem Soc Rev, 2015, 44: 1083-1100.

[232] Guo M, Corona T, Ray K, et al. Heme and nonheme high-valent iron and manganese oxo cores in biological and abiological oxidation reactions. ACS Cent Sci, 2019, 5: 13-28.

[233] Poulos T L. Heme enzyme structure and function. Chem Rev, 2014, 114: 3919-3962.

[234] de Montellano P R O, Wilks A. Heme oxygenase structure and mechanism. Adv Inorg Chem, 2001, 51: 359-407.

[235] de Montellano P R O. Heme oxygenase mechanism: Evidence for an electrophilic, ferric peroxide species. Acc Chem Res, 1998, 31: 543-549.

[236] Krest C M, Onderko E L, Yosca T H, et al. Reactive intermediates in cytochrome P450 catalysis. J Biol Chem, 2013, 288: 17074-17081.

[237] Groves J T, McClusky G A. Aliphatic hydroxylation via oxygen rebound. Oxygen transfer catalyzed by iron. J Am Chem Soc, 1976, 98: 859-861.

[238] Huang X Y, Groves J T. Beyond ferryl-mediated hydroxylation: 40 years of the rebound mechanism and C—H activation. J Biol Inorg Chem, 2017, 22: 185-207.

[239] Estabrook R W, Cooper D Y, Rosenthal O Z. The light-reversible carbon monoxide inhibition of the steroid C-21 hydroxylase system of the adrenal cortex. Biochemische Zeitschrift, 1963, 338: 741-755.

[240] Rittle J, Green M T. Cytochrome P450 compound Ⅰ: Capture, characterization, and C—H bond activation kinetics. Science, 2010, 330: 933-937.

[241] Shriver D F, Atkins P W. Inorganic Chemistry. New York: Oxford University Press, 1999: 60.

[242] Vaz A D N. Multiple oxidants in cytochrome P450 catalyzed reactions: Implications for

drug metabolism. Curr Drug Metab, 2001, 2: 1-16.

[243] Cook D J, Finnigan J D, Cook K, et al. Cytochromes P450: History, classes, catalytic mechanism, and industrial application //Advances in Protein Chemistry and Structural Biology. New Yourk: Elsevier Ltd., 2016: 105: 105-126.

[244] Groves J T, Viski P. Asymmetric hydroxylation by a chiral iron porphyrin. J Am Chem Soc, 1989, 111: 8537-8538.

[245] Groves J T, Viski P. Asymmetric hydroxylation, epoxidation, and sulfoxidation catalyzed by vaulted binaphthyl metalloporphyrins. J Org Chem, 1990, 55: 3628-3634.

[246] Zhang W, Loebach J L, Wilson S R, et al. Enantioselective epoxidation of unfunctionalized olefins catalyzed by salen manganese complexes. J Am Chem Soc, 1990, 112: 2801-2903.

[247] Deng L, Jacobsen E N. A practical, highly enantioselective synthesis of the taxol side chain via asymmetric catalysis. J Org Chem, 1992, 57: 4320-4323.

[248] Palucki M, McCormick G J, Jacobsen E N. Low temperature asymmetric epoxidation of unfunctionalized olefins catalyzed by (salen) Mn (Ⅲ) complexes. Tetrahedron Lett, 1995, 36: 5457-5460.

[249] Irie R, Noda K, Ito Y, et al. Catalytic asymmetric epoxidation of unfunctionalized olefins. Tetrahedron Lett, 1990, 31: 7345-7348.

[250] Irie R, Noda K, Ito Y, et al. Enantioselective epoxidation of unfunctionalized olefins using chiral (salen)manganese (Ⅲ) complexes. Tetrahedron Lett, 1991, 32: 1055-1058.

[251] Hamachi K, Irie R, Katsuki T. Asymmetric benzylic oxidation using a Mn-salen complex as catalyst. Tetrahedron Lett., 1996, 37: 4979-4982.

[252] Groves J T, Nemo T E, Myers R S. Hydroxylation and epoxidation catalyzed by iron-porphine complexes. oxygen transfer from iodosylbenzene. J Am Chem Soc, 1979, 101: 1032-1033.

[253] Groves J T, Haushalter R C, Nakamura M, et al. High-valent iron-porphyrin complexes related to peroxidase and cytochrome P-450. J Am Chem Soc, 1981, 103: 2884-2886.

[254] Zhang J L, Che C M. Dichlororuthenium (Ⅳ) complex of meso-tetrakis(2, 6-dichlorophenyl) porphyrin: Active and robust catalyst for highly selective oxidation of arenes, unsaturated steroids, and electron-deficient alkenes by using 2, 6-dichloropyridine *N*-oxide. Chem Eur J, 2005, 11: 3899-3914.

[255] Shing K P, Cao B, Liu Y, et al. Arylruthenium (Ⅲ) porphyrin-catalyzed C−H oxidation and

epoxidation at room temperature and [Ru^{V}(Por)(O)(Ph)] intermediate by spectroscopic analysis and density functional theory calculations. J Am Chem Soc, 2018, 140: 7032-7042.

[256] Chen J, Che C M. A practical and mild method for the highly selective conversion of terminal alkenes into aldehydes through epoxidation-isomerization with ruthenium (Ⅳ)-porphyrin catalysts. Angew Chem Int Ed, 2004, 43: 4950-4954.

[257] Zhang R, Yu W Y, Lai T S, et al. Enantioselective hydroxylation of benzylic C—H bonds by D4-symmetric chiral oxoruthenium porphyrins. Chem Commun, 1999, 1791-1792 .

[258] Fackler P, Berthold C, Voss F, et al. Hydrogen-bond-mediated enantio- and regioselectivity in a Ru-catalyzed epoxidation reaction. J Am Chem Soc, 2010, 132: 15911-15913.

[259] Fackler P, Huber S M, Bach T. Enantio- and regioselective epoxidation of olefinic double bonds in quinolones, pyridones, and amides catalyzed by a ruthenium porphyrin catalyst with a hydrogen bonding site. J Am Chem Soc, 2012, 134: 12869-12878.

[260] Burg F, Gicquel M, Breitenlechner S P, et al. Site- and enantioselective C—H oxygenation catalyzed by a chiral manganese porphyrin complex with a remote binding site. Angew Chem Int Ed, 2018, 57: 2953-2957.

[261] Burg F, Breitenlechner S, Jandl C, et al. Enantioselective oxygenation of exocyclic methylene groups by a manganese porphyrin catalyst with a chiral recognition site. Chem Sci, 2020, 11: 2121-2129.

[262] Jin L M, Xu P, Xie J J, et al. Enantioselective intermolecular radical C—H amination. J Am Chem Soc, 2020, 142: 20828-20836.

[263] Que L Jr, Ho R Y N. Dioxygen activation by enzymes with mononuclear non-heme iron active sites. Chem Rev, 1996, 96: 2607-2624.

[264] Solomon E I, Brunold T C, Davis M I, et al. Geometric and electronic structure/function correlations in non-heme iron enzymes. Chem Rev, 2000, 100: 235-349.

[265] Solomon E I, Light K M, Liu L V, et al. Geometric and electronic structure contributions to function in non-heme iron enzymes. Acc Chem Res, 2013, 46: 2725-2739.

[266] Solomon E I, Park K. Structure/function correlations over binuclear non? Heme iron active sites. J Biol Inorg Chem, 2016, 21: 575-588.

[267] Rokob T A, Chalupský J, Bím D, et al. Mono- and binuclear non-heme iron chemistry from a theoretical perspective. J Biol Inorg Chem, 2016, 21: 619-644.

[268] Peck S C, van der Donk W A. Go it alone: Four-electron oxidations by mononuclear non-

heme iron enzymes. J Biol Inorg Chem, 2017, 22: 381-394.

[269] Karlsson A, Parales J V, Parales R E, et al. Crystal structure of naphthalene dioxygenase: Side-on binding of dioxygen to iron. Science, 2003, 299: 1039-1042.

[270] Andreou A, Feussner I. Lipoxygenases-structure and reaction mechanism. Phytochemistry, 2009, 70: 1504-1510.

[271] Balasubramanian R, Rosenzweig A C. Structural and mechanistic insights into methane oxidation by particulate methane monooxygenase. Acc Chem Res, 2007, 40: 573-580.

[272] Sirajuddin S, Rosenzweig A C. Enzymatic oxidation of methane. Biochemistry, 2015, 54: 2283-2294.

[273] Butler A, Sandy M. Mechanistic considerations of halogenating enzymes. Nature, 2009, 460: 848-854.

[274] Blasiak L C, Vaillancourt F H, Walsh C T, et al. Crystal structure of the non-haem iron halogenase $SyrB_2$ in syringomycin biosynthesis. Nature, 2006, 440: 368-371.

[275] Matthews M L, Chang W C, Layne A P, et al. Direct nitration and azidation of aliphatic carbons by an iron-dependent halogenase. Nat Chem Biol, 2014, 10: 209-215.

[276] Barry S M, Challis G L. Mechanism and catalytic diversity of rieske non-heme iron-dependent oxygenases. ACS Catal, 2013, 3: 2362-2370.

[277] Feig A L, Lippard S J. Reactions of non-heme iron (Ⅱ) centers with dioxygen in biology and chemistry. Chem Rev, 1994, 94: 759-805.

[278] Abu-Omar M M, Loaiza A, Hontzeas N. Reaction mechanisms of mononuclear non-heme iron oxygenases. Chem Rev, 2005, 105: 2227-2252.

[279] Krebs C, Fujimori D G, Walsh C T, et al. Non-heme Fe(Ⅳ)-oxo intermediates. Acc Chem Res, 2007, 40: 484-492.

[280] Bruijnincx P C A, van Koten G, Klein Gebbink R J M. Mononuclear non-heme iron enzymes with the 2-His-1-carboxylate facial triad: Recent developments in enzymology and modeling studies. Chem Soc Rev, 2008, 37: 2716-2744.

[281] Radhika S, Aneeja T, Philip R M, et al. Recent advances and trends in the biomimetic iron-catalyzed asymmetric epoxidation. Appl Organomet Chem, 2021, 35: e6217.

[282] Gelalcha F G. Biomimetic iron-catalyzed asymmetric epoxidations: Fundamental concepts, challenges and opportunities. Adv Synth Catal, 2014, 356: 261-299.

[283] Ge L, Zhou H, Chiou M F, et al. Iron-catalysed asymmetric carboazidation of styrenes. Nat

Catal, 2021, 4: 28-35.

[284] Lv D Q, Sun Q, Zhou H, et al. Iron-catalyzed radical asymmetric aminoazidation and diazidation of styrenes. Angew Chem Int Ed, 2021, 60: 12455-12460.

[285] Price J C, Barr E W, Tirupati B, et al. The first direct characterization of a high-valent iron intermediate in the reaction of an α-ketoglutarate-dependent dioxygenase: A high-spin Fe(Ⅳ) complex in taurine/α-ketoglutarate dioxygenase (TauD) from *Escherichia coli*. Biochemistry, 2003, 42: 7497-7508.

[286] Rohde J U, In J H, Lim M H, et al. Crystallographic and spectroscopic characterization of a nonheme Fe(Ⅳ)=O complex. Science, 2003, 299: 1037-1039.

[287] Cho J, Sarangi R, Nam W. Mononuclear metal-O_2 complexes bearing macrocyclic *N*-tetramethylated cyclam ligands. Acc Chem Res, 2012, 45: 1321-1330.

[288] Nam W. Synthetic mononuclear nonheme iron-oxygen intermediates. Acc Chem Res, 2015, 48: 2415-2423.

[289] Que L Jr, Tolman W B. Biologically inspired oxidation catalysis. Nature, 2008, 455: 333-340.

[290] Cho J, Jeon S, Wilson S A, et al. Structure and reactivity of a mononuclear non-haem iron(Ⅲ)-peroxo complex. Nature, 2011, 478: 502-505.

[291] Kaizer J, Klinker E J, Oh N Y, et al. Nonheme Fe^{IV} O complexes that can oxidize the C—H bonds of cyclohexane at room temperature. J Am Chem Soc, 2004, 126: 472-473.

[292] Milan M, Bietti M, Costas M. Enantioselective aliphatic C—H bond oxidation catalyzed by bioinspired complexes. Chem Commun, 2018, 54: 9559-9570.

[293] Leising R, Norman R E, Que L Jr. Alkane functionalization by nonporphyrin iron complexes: Mechanistic insights. Inorg Chem, 1990, 29: 2553-2555.

[294] Kim C, Chen K, Kim J, et al. Stereospecific alkane hydroxylation with H_2O_2 catalyzed by an iron(Ⅱ)-tris(2-pyridylmethyl)amine complex. J Am Chem Soc, 1997, 119: 5964-5965.

[295] Chen K, Que L. Stereospecific alkane hydroxylation by non-heme iron catalysts: Mechanistic evidence for an Fe^{V}=O active species. J Am Chem Soc, 2001, 123: 6327-6337.

[296] Chen M S, White M C. A predictably selective aliphatic C–H oxidation reaction for complex molecule synthesis. Science, 2007, 318: 783-787.

[297] Chen M S, White M C. Combined effects on selectivity in Fe-catalyzed methylene oxidation. Science, 2010, 327: 566-571.

[298] Osberger T J, Rogness D C, Kohrt J T, et al. Oxidative diversification of amino acids and peptides by small-molecule iron catalysis. Nature, 2016, 537: 214-219.

[299] Zhao J P, Nanjo T, de Lucca E C, et al. Chemoselective methylene oxidation in aromatic molecules. Nat Chem, 2019, 11: 213-221.

[300] Feng K B, Quevedo R E, Kohrt J T, et al. Late-stage oxidative $C(sp^3)$–H methylation. Nature, 2020, 580: 621-627.

[301] Sun Q S, Sun W. Catalytic enantioselective methylene $C(sp^3)$–H hydroxylation using a chiral manganese complex/carboxylic acid system. Org Lett, 2020, 22: 9529-9533.

[302] Wang B, Miao C X, Wang S F, et al. Manganese catalysts with C1-symmetric N4 ligand for enantioselective epoxidation of olefins. Chem Eur J, 2012, 18: 6750-6753.

[303] White M C, Doyle A G, Jacobsen E N. A synthetically useful, self-assembling MMO mimic system for catalytic alkene epoxidation with aqueous H_2O_2. J Am Chem Soc, 2001, 123: 7194-7195.

[304] Miao C X, Wang B, Wang Y, et al. Proton-promoted and anion-enhanced epoxidation of olefins by hydrogen peroxide in the presence of nonheme manganese catalysts. J Am Chem Soc, 2016, 138: 936-943.

[305] Du J Y, Miao C X, Xia C G, et al. Mechanistic insights into the enantioselective epoxidation of olefins by bioinspired manganese complexes: Role of carboxylic acid and nature of active oxidant. ACS Catal, 2018, 8: 4528-4538.

[306] Costas M, Tipton A K, Chen K, et al. Modeling rieske dioxygenases: The first example of iron-catalyzed asymmetric *cis*-dihydroxylation of olefins. J Am Chem Soc, 2001, 123: 6722-6723.

[307] Zang C, Liu Y G, Xu Z J, et al. Highly enantioselective iron-catalyzed *cis*-dihydroxylation of alkenes with hydrogen peroxide oxidant via an Fe^{III}-OOH reactive intermediate. Angew Chem Int Ed, 2016, 55: 10253-10257.

[308] Sun W, Sun Q S. Bioinspired manganese and iron complexes for enantioselective oxidation reactions: Ligand design, catalytic activity, and beyond. Acc Chem Res, 2019, 52: 2370-2381.

[309] Bryliakov K P. Catalytic asymmetric oxygenations with the environmentally benign oxidants H_2O_2 and O_2. Chem Rev, 2017, 117: 11406-11459.

[310] Usharani D, Janardanan D, Li C, et al. A theory for bioinorganic chemical reactivity of

oxometal complexes and analogous oxidants: The exchange and orbital-selection rules. Acc Chem Res, 2013, 46: 471-482.

[311] Smil V. Enriching the Earth: Fritz Haber, Carl Bosch, and the Transformation of World Food Production. Cambridge: MIT Press, 2001.

[312] Burgess B K, Lowe D J. Mechanism of molybdenum nitrogenase. Chem Rev, 1996, 96: 2983-3012.

[313] Eady R R. Structure-function relationships of alternative nitrogenases. Chem Rev, 1996, 96: 3013-3030.

[314] Howard J B, Rees D C. How many metals does it take to fix N_2? A mechanistic overview of biological nitrogen fixation. Proc Natl Acad Sci, 2006, 103: 17088-17093.

[315] Hoffman B M, Lukoyanov D, Dean D R, et al. Nitrogenase: A draft mechanism. Acc Chem Res, 2013, 46: 587-595.

[316] Hoffman B M, Lukoyanov D, Yang Z Y, et al. Mechanism of nitrogen fixation by nitrogenase: The next stage. Chem Rev, 2014, 114: 4041-4062.

[317] Rösch B, Gentner T X, Langer J, et al. Dinitrogen complexation and reduction at low-valent calcium. Science, 2021, 371: 1125-1128.

[318] Tanabe Y, Nishibayashi Y. Overviews of the preparation and reactivity of transition metal-dinitrogen complexes//Nishibayashi Y. Transition Metal-Dinitrogen Complexes: Preparation and Reactivity. Weinheim: Wiley-VCH Verlag GmbH & Co. KGaA, 2019: 1-77.

[319] Lv Z J, Wei J N, Zhang W X, et al. Direct transformation of dinitrogen: Synthesis of *N*-containing organic compounds via N—C bond formation. Natl Sci Rev, 2020, 7: 1564-1583.

[320] Kim S, Loose F, Chirik P J. Beyond ammonia: Nitrogen-element bond forming reactions with coordinated dinitrogen. Chem Rev, 2020, 120: 5637-5681.

[321] Shaver M P, Fryzuk M D. Activation of molecular nitrogen: Coordination, cleavage and functionalization of N_2 mediated by metal complexes. Adv Synth Catal, 2003, 345: 1061-1076.

[322] Singh D, Buratto W R, Torres J F, et al. Activation of dinitrogen by polynuclear metal complexes. Chem Rev, 2020, 120: 5517-5581.

[323] Chalkley M J, Drover M W, Peters J C. Catalytic N_2-to-NH_3 (or -N_2H_4) conversion by well-defined molecular coordination complexes. Chem Rev, 2020, 120: 5582-5636.

[324] Masero F, Perrin M A, Dey S, et al. Dinitrogen fixation: Rationalizing strategies utilizing molecular complexes. Chem Eur J, 2021, 27: 3892-3928.

[325] Allen A D, Senoff C V. Nitrogenopentammineruthenium (Ⅱ) complexes. J Chem Soc, Chem Commun, 1965, 24: 621-622.

[326] Chatt J, Pearman A J, Richards R L. The reduction of mono-coordinated molecular nitrogen to ammonia in a protic environment. Nature, 1975, 253: 39-40.

[327] Yandulov D V, Schrock R R. Catalytic reduction of dinitrogen to ammonia at a single molybdenum center. Science, 2003, 301: 76-78.

[328] Arashiba K, Miyake Y, Nishibayashi Y. A molybdenum complex bearing PNP-type pincer ligands leads to the catalytic reduction of dinitrogen into ammonia. Nat Chem, 2011, 3: 120-125.

[329] Anderson J S, Rittle J, Peters J C. Catalytic conversion of nitrogen to ammonia by an iron model complex. Nature, 2013, 501: 84-87.

[330] Chalkley M J, Del Castillo T J, Matson B D, et al. Catalytic N_2-to-NH_3 conversion by Fe at lower driving force: A proposed role for metallocene-mediated PCET. ACS Cent Sci, 2017, 3: 217-223.

[331] Ashida Y, Arashiba K, Nakajima K, et al. Molybdenum-catalysed ammonia production with samarium diiodide and alcohols or water. Nature, 2019, 568: 536-540.

[332] Li J P, Yin J H, Yu C, et al. Direct transformation of N_2 to *N*-containing organic compounds. Acta Chim Sinica, 2017, 75: 733-743.

[333] Tanabe Y, Nishibayashi Y. Recent advances in catalytic silylation of dinitrogen using transition metal complexes. Coord Chem Rev, 2019, 389: 73-93.

[334] Shiina K. Reductive silylation of molecular nitrogen via fixation to tris (trialkylsilyl) amine. J Am Chem Soc, 1972, 94: 9266-9267.

[335] Gao Y F, Li G Y, Deng L. Bis(dinitrogen)cobalt(-1) complexes with NHC ligation: Synthesis, characterization, and their dinitrogen functionalization reactions affording side-on bound diazene complexes. J Am Chem Soc, 2018, 140: 2239-2250.

[336] Lv Z J, Huang Z, Zhang W X, et al. Scandium-promoted direct conversion of dinitrogen into hydrazine derivatives via N—C bond formation. J Am Chem Soc, 2019, 141: 8773-8777.

[337] Sträter N, Lipscomb W N, Klabunde T, et al. Two-metal ion catalysis in enzymatic acyl- and phosphoryl-transfer reactions. Angew Chem Int Ed, 1996, 35: 2024-2055.

[338] Lippard S J. At last-the crystal structure of urease. Science, 1995, 268: 996-998.

[339] Jabri E, Carr M B, Hausinger R P, et al. The crystal structure of urease from klebsiella aerogenes. Science, 1995, 268: 998-1004.

[340] Cao Z X, Hall M B. Modeling the active sites in metalloenzymes. 3. Density functional calculations on models for [Fe]-hydrogenase: Structures and vibrational frequencies of the observed redox forms and the reaction mechanism at the diiron active center. J Am Chem Soc, 2001, 123: 3734-3742.

[341] Roseboom W, de Lacey A L, Fernandez V M, et al. The active site of the [FeFe]-hydrogenase from desulfovibrio desulfuricans. Ⅱ. Redox properties, light sensitivity and CO-ligand exchange as observed by infrared spectroscopy. J Biol Inorg Chem, 2006, 11: 102-118.

[342] Pandey A S, Harris T V, Giles L J, et al. Dithiomethylether as a ligand in the hydrogenase H-cluster. J Am Chem Soc, 2008, 130: 4533-4540.

[343] Dole F, Fournel A, Magro V, et al. Nature and electronic structure of the Ni-X dinuclear center of desulfovibrio gigas hydrogenase. Implications for the enzymatic mechanism. Biochemistry, 1997, 36: 7847-7854.

[344] Huyett J E, Carepo M, Pamplona A, et al. ^{57}Fe Q-band pulsed ENDOR of the hetero-dinuclear site of nickel hydrogenase: Comparison of the NiA, NiB, and NiC states. J Am Chem Soc, 1997, 119: 9291-9292.

[345] Stein M, Lubitz W. DFT calculations of the electronic structure of the paramagnetic states Ni-A, Ni-B and Ni-C of NiFe hydrogenase. Phys Chem Chem Phys, 2001, 3: 2668-2675.

[346] Lindahl P A. The Ni-containing carbon monoxide dehydrogenase family: Light at the end of the tunnel? Biochemistry, 2002, 41: 2097-2105.

[347] Breslow R, Singh S. Phosphate ester cleavage catalyzed by bifunctional zinc complexes: Comments on the "*p*-nitrophenyl ester syndrome". Bioorg Chem, 1988, 16: 408-417.

[348] Park J, Hong S. Cooperative bimetallic catalysis in asymmetric transformations. Chem Soc Rev, 2012: 41: 6931-6943.

[349] Bratko I, Gómez M. Polymetallic complexes linked to a single-frame ligand: Cooperative effects in catalysis. Dalton Trans, 2013, 42: 10664-10681.

[350] Sasai H, Arai T, Satow Y, et al. The first heterobimetallic multifunctional asymmetric catalyst. J Am Chem Soc, 1995, 117: 6194-6198.

[351] Shibasaki M, Yoshikawa N. Lanthanide complexes in multifunctional asymmetric catalysis. Chem Rev, 2002, 102: 2187-2210.

[352] Shibasaki M, Kanai M, Matsunaga S, et al. Recent progress in asymmetric bifunctional catalysis using multimetallic systems. Acc Chem Res, 2009, 42: 1117-1127.

[353] Matsunaga S, Shibasaki M. Recent advances in cooperative bimetallic asymmetric catalysis: Dinuclear schiff base complexes. Chem Commun, 2014, 50: 1044-1057.

[354] Matsunaga S, Das J, Roels J, et al. Catalytic enantioselective meso-epoxide ring opening reaction with phenolic oxygen nucleophile promoted by gallium heterobimetallic multifunctional complexes. J Am Chem Soc, 2000, 122: 2252-2260.

[355] Kumagai N, Matsunaga S, Shibasaki M. Enantioselective 1, 4-addition of unmodified ketone catalyzed by a bimetallic Zn-Zn-linked-BINOL complex. Org Lett, 2001, 3: 4251-4254.

[356] Kumagai N, Matsunaga S, Kinoshita T, et al. Direct catalytic asymmetric aldol reaction of hydroxyketones: Asymmetric Zn catalysis with a Et_2Zn/linked-BINOL complex. J Am Chem Soc, 2003, 125: 2169-2178.

[357] Handa S, Gnanadesikan V, Matsunaga S, et al. Syn-selective catalytic asymmetric nitro-Mannich reactions using a heterobimetallic Cu-Sm-Schiff base complex. J Am Chem Soc, 2007, 129: 4900-4901.

[358] Konsler R G, Karl J, Jacobsen E N. Cooperative asymmetric catalysis with dimeric salen complexes. J Am Chem Soc, 1998, 120: 10780-10781.

[359] Ready J M, Jacobsen E N. Highly active oligomeric (salen)Co catalysts for asymmetric epoxide ring-opening reactions. J Am Chem Soc, 2001, 123: 2687-2688.

[360] Loy R N, Jacobsen E N. Enantioselective intramolecular openings of oxetanes catalyzed by (salen) Co (Ⅲ) complexes: Access to enantioenriched tetrahydrofurans. J Am Chem Soc, 2009, 131: 2786-2787.

[361] Mazet C, Jacobsen E N. Dinuclear {(salen)Al} complexes display expanded scope in the conjugate cyanation of α, β-unsaturated imides. Angew Chem Int Ed, 2008, 47: 1762-1765.

[362] Haak R M, Wezenberg S J, Kleij A W. Cooperative multimetallic catalysis using metallosalens. Chem Commun, 2010, 46: 2713-2723.

[363] Trost B M, Ito H. A direct catalytic enantioselective aldol reaction via a novel catalyst design. J Am Chem Soc, 2000, 122: 12003-12004.

[364] Trost B M, Hung C I, Mata G. Dinuclear metal-prophenol catalysts: Development and synthetic applications. Angew Chem Int Ed, 2020, 59: 4240-4261.

[365] Li H B, Li L T, Marks T J, et al. Catalyst/cocatalyst nuclearity effects in single-site olefin polymerization. Significantly enhanced 1-octene and isobutene comonomer enchainment in ethylene polymerizations mediated by binuclear catalysts and cocatalysts. J Am Chem Soc, 2003, 125: 10788-10789.

[366] Salata M R, Marks T J. Synthesis, characterization, and marked polymerization selectivity characteristics of binuclear phenoxyiminato organozirconium catalysts. J Am Chem Soc, 2008, 130: 12-13.

[367] Delferro M, Marks T J. Multinuclear olefin polymerization catalysts. Chem Rev, 2011, 111: 2450-2485.

[368] Luo Z B, Liu Q Z, Gong L Z, et al. Novel achiral biphenol-derived diastereomeric oxovanadium(Ⅳ) complexes for highly enantioselective oxidative coupling of 2-naphthols. Angew Chem Int Ed, 2002, 41: 4532-4535.

[369] Guo Q X, Wu Z J, Luo Z B, et al. Highly enantioselective oxidative couplings of 2-naphthols catalyzed by chiral *Bimetallic oxovanadium* complexes with either oxygen or air as oxidant. J Am Chem Soc, 2007, 129: 13927-13938.

[370] Zhang Z P, Wang Z, Zhang R Z, et al. An efficient titanium catalyst for enantioselective cyanation of aldehydes: Cooperative catalysis. Angew Chem Int Ed, 2010, 49: 6746-6750.

[371] Xiao Y L, Wang Z, Ding K L. Copolymerization of cyclohexene oxide with CO_2 by using intramolecular dinuclear zinc catalysts. Chem Eur J, 2005, 11: 3668-3678.

[372] Liu Y, Ren W M, Liu J, et al. Asymmetric copolymerization of CO_2 with meso-epoxides mediated by dinuclear cobalt (Ⅲ) complexes: Unprecedented enantioselectivity and activity. Angew Chem Int Ed, 2013, 52: 11594-11598.

[373] Gade L H. Highly polar metal-metal bonds in “early-late” heterodimetallic complexes. Angew Chem Int Ed, 2000, 39: 2658-2678.

[374] Buchwalter P, Rose J, Braunstein P. Multimetallic catalysis based on heterometallic complexes and clusters. Chem Rev, 2015, 115: 28-126.

[375] Powers I G, Uyeda C. Metal-metal bonds in catalysis. ACS Catal, 2017, 7: 936-958.

[376] Campos J. Bimetallic cooperation across the periodic table. Nat Rev Chem, 2020, 4: 696-702.

[377] Paulissen R, Reimlinger H, Hayez E, et al. Transition metal catalysed reactions of diazocompounds- Ⅱ insertion in the hydroxylic bond. Tetrahedron Lett., 1973, 14: 2233-

2236.

[378] Boyar E B, Robinson S D. Rhodium (Ⅱ) carboxylates. Coord Chem Rev, 1983, 50: 109-208.

[379] Chifotides H T, Saha B, Patmore N J, et al. Group 9 metal-metal bonds//Liddle S T. Molecular Metal-Metal Bonds: Compounds, Synthesis, Properties. Weinheim: Wiley-VCH Verlag GmbH & Co. KGaA, 2015: 279-324.

[380] Doyle M P, Duffy R, Ratnikov M, et al. Catalytic carbene insertion into C—H bonds. Chem Rev, 2010, 110: 704-724.

[381] Davies H M L. Finding opportunities from surprises and failures. Development of rhodium-stabilized donor/acceptor carbenes and their application to catalyst-controlled C—H functionalization. J Org Chem, 2019, 84: 12722-12745.

[382] Guo X, Hu W H. Novel multicomponent reactions via trapping of protic onium ylides with electrophiles. Acc Chem Res, 2013, 46: 2427-2440.

[383] Zhang D, Hu W H. Asymmetric multicomponent reactions based on trapping of active intermediates. Chem Rec, 2017, 17: 739-753.

[384] Zhu S F, Zhou Q L. Transition-metal-catalyzed enantioselective heteroatom-hydrogen bond insertion reactions. Acc Chem Res, 2012, 45: 1365-1377.

[385] Xia Y, Qiu D, Wang J B. Transition-metal-catalyzed cross-couplings through carbene migratory insertion. Chem Rev, 2017, 117: 13810-13889.

[386] Berry J F. The role of three-center/four-electron bonds in superelectrophilic dirhodium carbene and nitrene catalytic intermediates. Dalton Trans, 2012, 41: 700-713.

[387] Kornecki K P, Briones J F, Boyarskikh V, et al. Direct spectroscopic characterization of a transitory dirhodium donor-acceptor carbene complex. Science, 2013, 342: 351-354.

[388] Nishibayashi Y, Wakiji I, Hidai M. Novel propargylic substitution reactions catalyzed by thiolate-bridged diruthenium complexes via allenylidene intermediates. J Am Chem Soc., 2000, 122: 11019-11020.

[389] Hostetler M J, Bergman R G. Synthesis and reactivity of $Cp_2Ta(CH_2)_2Ir(CO)_2$: An early-late heterobimetallic complex that catalytically hydrogenates, isomerizes and hydrosilates alkenes. J Am Chem Soc, 1990, 112: 8621-8623.

[390] Tsutsumi H, Sunada Y, Shiota Y, et al. Nickel(Ⅱ), palladium(Ⅱ), and platinum(Ⅱ) η^3-allyl complexes bearing a bidentate titanium(Ⅳ) phosphinoamide ligand: A Ti ← M_2 dative bond

enhances the electrophilicity of the π-allyl moiety. Organometallics, 2009, 28: 1988-1991.

[391] Rudd P A, Liu S S, Gagliardi L, et al. Metal-alane adducts with zero-valent nickel, cobalt, and iron. J Am Chem Soc, 2011, 133: 20724-20727.

[392] Cammarota R C, Lu C C. Tuning nickel with lewis acidic group 13 metalloligands for catalytic olefin hydrogenation. J Am Chem Soc, 2015, 137: 12486-12489.

[393] Du J, Huang Z M, Zhang Y A, et al. A scandium Metalloligand-based heterobimetallic Pd-Sc complex: Electronic tuning through a very short Pd → Sc dative bond. Chem Eur J, 2019, 25: 10149-10155.

[394] Feng G F, Zhang M X, Shao D, et al. Transition-metal-bridged bimetallic clusters with multiple uranium-metal bonds. Nat Chem, 2019, 11: 248-253.

[395] Zhou Y Y, Hartline D R, Steiman T J, et al. Dinuclear nickel complexes in five states of oxidation using a redox-active ligand. Inorg Chem, 2014, 53: 11770-11777.

[396] Zhou Y Y, Uyeda C. Catalytic reductive [4+1] -cycloadditions of vinylidenes and dienes. Science, 2019, 363: 857-862.

[397] Braconi E, Cramer N. A chiral naphthyridine diimine ligand enables nickel-catalyzed asymmetric alkylidenecyclopropanations. Angew Chem Int Ed, 2020, 59: 16425-16429.

[398] Behlen M J, Uyeda C. C_2-symmetric dinickel catalysts for enantioselective [4+1]-cycloadditions. J Am Chem Soc, 2020, 142: 17294-17300.

[399] Broussard M E, Juma B, Train S G, et al. A bimetallic hydroformylation catalyst: High regioselectivity and reactivity through homobimetallic cooperativity. Science, 1993, 260: 1784-1788.

[400] Greenwood B P, Rowe G T, Chen C H, et al. Metal-metal multiple bonds in early/late heterobimetallics support unusual trigonal monopyramidal geometries at both Zr and Co. J Am Chem Soc, 2010, 132: 44-45.

[401] Zhou W, Marquard S L, Bezpalko M W, et al. Catalytic hydrosilylation of ketones using a Co/Zr heterobimetallic complex: Evidence for an unusual mechanism involving ketyl radicals. Organometallics, 2013, 32: 1766-1772.

[402] Chen H Z, Liu S C, Yen C H, et al. Reactions of metal-metal quintuple bonds with alkynes: [2+2+2] and [2+2] cycloadditions. Angew Chem Int Ed, 2012, 51: 10342-10346.

[403] Brenzovich Jr, Benitez D, Lackner A D, et al. Gold-catalyzed intramolecular aminoarylation of alkenes: C—C bond formation through bimolecular reductive elimination. Angew Chem

Int Ed, 2010, 49: 5519-5522.

[404] Liu K, Li N, Ning Y Y, et al. Gold-catalyzed oxidative biaryl cross-coupling of organometallics. Chemistry, 2019, 5: 2718-2730.

[405] Wang W L, Ji C L, Liu K, et al. Dinuclear gold catalysis. Chem Soc Rev, 2021, 50: 1874-1912.

[406] Powers D C, Ritter T. Bimetallic redox synergy in oxidative palladium catalysis. Acc Chem Res, 2012, 45: 840-850.

[407] Bonney K J, Proutiere F, Schoenebeck F. Dinuclear Pd (Ⅰ) complexes-solely precatalysts? Demonstration of direct reactivity of a Pd(Ⅰ) dimer with an aryl iodide. Chem Sci, 2013, 4: 4434-4439.

[408] Fricke C, Sperger T, Mendel M, et al. Catalysis with palladium(Ⅰ) dimers. Angew Chem Int Ed, 2021, 60: 3355-3366.

[409] Mazzacano T J, Mankad N P. Base metal catalysts for photochemical C—H borylation that utilize metal-metal cooperativity. J Am Chem Soc, 2013, 135: 17258-17261.

[410] Willstätter R. Chlorophyll. J Am Chem Soc, 1915, 37: 323-345.

[411] 丁芳林 . 食品化学 . 2 版：武汉：华中科技大学出版社，2017: 170.

[412] Blankenship R E. Molecular Mechanisms of Photosynthesis. Oxford: Blackwell Science, 2002.

[413] Ciamician G. The photochemistry of the future. Science, 1912, 36: 385-394.

[414] Prier C K, Rankic D A, MacMillan D W C. Visible light photoredox catalysis with transition metal complexes: Applications in organic synthesis. Chem Rev, 2013, 113: 5322-5363.

[415] Schultz D M, Yoon T P. Solar synthesis: Prospects in visible light photocatalysis. Science, 2014, 343: 985-993.

[416] Xuan J, Xiao W J. Visible-light photoredox catalysis. Angew Chem Int Ed, 2012, 51: 6828-6838.

[417] Yoon T P. Visible light photocatalysis: The development of photocatalytic radical ion cycloadditions. ACS Catal, 2013, 3: 895-902.

[418] Maldotti A, Bartocci C, AmadeIIi R, et al. Oxidation of alkanes by dioxygen catalysed by photoactivated iron porphyrins. J C S Chem Comm, 1991: 1487-1489.

[419] Bartocci C, Maldotti A, Varani G, et al. Photoredox and photocatalytic characteristics of various iron meso-tetraarylporphyrins. Inorg Chem, 1991, 30: 1255-1259.

[420] Maldotti A, Bartocci C, Varani G, et al. Oxidation of cyclohexane by molecular oxygen photoassisted by meso-tetraarylporphyrin iron(Ⅲ)-hydroxo complexes. Inorg Chem, 1996, 35: 1126-1131.

[421] Oppelt K T, Wöß E, Stiftinger M, et al. Photocatalytic reduction of artificial and natural nucleotide co-factors with a chlorophyll-like tin-dihydroporphyrin sensitizer. Inorg Chem, 2013, 52: 11910-11922.

[422] Amao Y, Shuto N, Iwakuni H. Ethanol synthesis based on the photoredox system consisting of photosensitizer and dehydrogenases. Appl Catal B: Environ, 2016, 180: 403-407.

[423] Rao H, Bonin J, Robert M. Non-sensitized selective photochemical reduction of CO_2 to CO under visible light with an iron molecular catalyst. Chem Commun, 2017, 53: 2830-2833.

[424] Buksh B F, Knutson S D, Oakley J V, et al. μ Map-Red: Proximity labeling by red light photocatalysis. J Am Chem Soc, 2022, 144:6154-6162.

[425] Shanmugam S, Xu J T, Boyer C. Utilizing the electron transfer mechanism of chlorophyll a under light for controlled radical polymerization. Chem Sci, 2015, 6: 1341-1349.

[426] Guo J T, Yang D C, Guan Z, et al. Chlorophyll-catalyzed visible-light-mediated synthesis of tetrahydroquinolines from *N*, *N*-dimethylanilines and maleimides. J Org Chem, 2017, 82: 1888-1894.

[427] Moazzam A, Jafarpour F. Chlorophyll-catalyzed photochemical regioselective coumarin C—H arylation with diazonium salts. New J Chem, 2020, 44: 16692-16696.

[428] Koohgard M, Hosseini-Sarvari M. Chlorophyll-catalyzed tandem oxidation/[3+2] cycloaddition reactions toward the construction of pyrrolo[2,1-*a*]isoquinolines under visible light. J Photochem Photobiol A: Chem, 2021, 404: 112877.

[429] Kc C B, D' Souza F. Design and photochemical study of supramolecular donor-acceptor systems assembled via metal-ligand axial coordination. Coord Chem Rev, 2016, 322: 104-141.

[430] Pauling L. A theory of the structure and process of formation of antibodies. J Am Chem Soc, 1940, 62: 2643-2657.

[431] Wulff G, Sarhan A, Zabrocki K. Enzyme-analog built polymers and their use for the resolution of racemates. Tetrahedron Lett, 1973, 44: 4329-4332.

[432] Refaat D, Aggour M G, Farghali A A, et al. Strategies for molecular imprinting and the evolution of MIP nanoparticles as plastic antibodies–Synthesis and applications. Int J Mol Sci, 2019, 20: 6304.

[433] Wulff G. Enzyme-like catalysis by molecularly imprinted polymers. Chem Rev, 2002, 102: 1-28.

[434] Chen Z Y, Huang S, Zhao M P. Molecularly imprinted polymers for biomimetic catalysts// Li S J, Cao S S piletshy S A, et al. Molecularly Imprinted Catalysts. Amsterdam: Elsevier, 2016: 229-239.

[435] Liu J Q, Wulff G. Molecularly imprinted polymers with strong carboxypeptidase A-like activity: Combination of an amidinium function with a zinc-ion binding site in transition-state imprinted cavities. Angew Chem Int Ed, 2004, 43: 1287-1290.

[436] Liu J Q, Wulff G. Functional mMimicry of the active site of carboxypeptidase A by a molecular imprinting strategy: Cooperativity of an amidinium and a copper ion in a transition-state imprinted cavity giving rise to high catalytic activity. J Am Chem Soc, 2004, 126: 7452-7453.

[437] Pasetto P, Maddock S C, Resmini M. Synthesis and characterisation of molecularly imprinted catalytic microgels for carbonate hydrolysis. Anal Chim Acta, 2005, 542: 66-75.

[438] Pasetto P, Flavin K, Resmini M. Simple spectroscopic method for titration of binding sites in molecularly imprinted nanogels with hydrolase activity. Biosens Bioelectron, 2009, 25: 572-578.

[439] Wang H F, Yang H, Zhang L M. Temperature-sensitive molecularly imprinted microgels with esterase activity. Sci Sin Chim, 2011, 41: 524-530.

[440] Li S J, Ge Y, Tiwari A, et al. 'On/off'-switchable catalysis by a smart enzyme-like imprinted polymer. J Catal, 2011, 278: 173-180.

[441] Matsui J, Nicholls I A, Karube I, et al. Carbon-carbon bond formation using substrate selective catalytic polymers prepared by molecular imprinting: An artificial class Ⅱ aldolase. J Org Chem, 1996, 61: 5414-5417.

[442] Carboni D, Flavin K, Servant A, et al. The first example of molecularly imprinted nanogels with aldolase type I activity. Chem Eur J, 2008, 14: 7059-7065.

[443] Cheng Z Y, Zhang L W, Li Y Z. Synthesis of an enzyme-like imprinted polymer with the substrate as the template, and its catalytic properties under aqueous conditions. Chem Eur J, 2004, 10: 3555-3561.

[444] Chen Z Y, Xu L, Liang Y, et al. pH-sensitive water-soluble nanospheric imprinted hydrogels prepared as horseradish peroxidase mimetic enzymes. Adv Mater, 2010, 22: 1488-1492.

[445] Antuña-Jiménez D, Blanco-López M C, Miranda-Ordieres A J, et al. Artificial enzyme with magnetic properties and peroxidase activity on indoleamine metabolite tumor marker. Polymer, 2014, 55: 1113-1119.

第四章

仿生天然产物合成

第一节　科学意义与战略价值

广义上，天然产物包括矿物以及生命体产生的任何化学物质；狭义上，天然产物主要指生命体中产生的次级代谢产物。经由自然界生物的亿万年演化形成，天然产物具有丰富的化学结构多样性和生物学功能，是分子层次上连接化学领域与生命、医药等科学领域的重要功能性分子。天然产物在小分子药物研发中体现出与生俱来的优势，为现代药物创制提供重要的物质基础和研发灵感，如镇痛药吗啡、抗疟药青蒿素和抗癌药紫杉醇等。但需要指出的是，对于天然产物的生物学功能与药用价值的探索和利用经常受限于“无法获得足量的天然产物样品及其结构类似物”这一瓶颈。天然产物并非取之不尽、用之不竭，很多活性天然分子的自然含量稀少，而且常常由于自然来源的复杂性和生长环境的脆弱性使得样品难以持续获取。因此，天然产物的人工合成是生理活性物质的获取、保护稀缺自然资源和生态环境的可持续发展等重大科学问题的有效解决途径。

在过去两个世纪的天然产物化学合成的发展历程中，1917 年英国化学家

Robinson 里程碑式的托品酮的全合成揭开了天然产物“仿生合成”的大幕，展现了仿生合成中策略与方法运用的艺术性和高效性的完美统一，奠定了人工化学模拟自然界生源合成途径的研究范式[1]。仿生天然产物合成是化学合成研究的重要组成部分，它运用仿生学的哲学原理，以相关生物合成过程研究或生源假说为启发和指导，直接或间接模仿生物体内导向天然产物的反应或构造策略，实现天然产物的高效化学合成；化学合成的实践可以用来验证和修正生源假说的合理性，或者为生物合成途径的研究提供合适的中间体和简化模型。相对于生物合成而言，仿生天然产物合成一方面可侧重于生物合成策略的模拟，从化学键形成、断裂的科学集成角度发展高效的合成路线，以实现传统化学合成策略难以企及的复杂分子的高效化学合成；另一方面，可受益于部分关键生源转化的途径与机理的启发，研究仿酶催化反应与方法，为发展新的合成方法和拓展其在有机合成化学中的应用提供新思路，从而设计开发出已有经典化学合成反应无法实现的反应性与选择性。

在过去一个多世纪的探索和发现中，仿生天然产物合成取得了许多划时代的进展和突破，已经成为认识、探索、模拟大自然及生命奥秘的重要研究领域，对于丰富化学、生物学和药学等相关学科领域的研究内容和学科前沿的交叉具有重要的意义。1960～2020 年，美国化学文摘数据库——科学网（Web of Science）中，涉及天然产物 biomimetic synthesis（仿生合成）的论文共有 2240 篇，其中 2005～2020 年该研究领域的发展尤为迅速①。随着当今在生物合成机制方面认识的不断深入，仿生天然产物合成在经历了百年的积淀后，有望迎来学科发展的新突破。作为学科布局或是推动相关交叉学科的跨越式发展，仿生天然产物合成的战略价值与科学意义至少可以从以下几个方面得以体现和加强。

一、推动具有药用价值天然产物的高效合成

具有重要生物学意义与药用价值的天然产物一直是合成化学的重要研究对象，开展其仿生合成，通过对可能生源合成途径的化学模拟与理性设计、

① Web of Science 数据统计至2020年12月31日，时间跨度为1960～2020年，以“bioinspired synthe*” or “biomimetic synthe*” or “bio-inspired synthe*” or “biogenetic-type synthe*” 作为主题词，但不包含 nano* or NPs or QDs or inorgan*（无机或纳米相关主题词）。

合成策略与合成方法的科学集成，实现相关天然产物（特别是复杂天然产物）的高效合成，成为获取稀缺资源天然产物的重要手段，同时也是不断创新高效合成的模式、挑战理想合成极限的重要途径。仿生天然产物合成不仅可以推动有机化学新概念、新理论及有机合成新策略、新反应和新方法的发现，也为物质科学中合成化学学科自身的内涵式发展提供综合性的创新平台，从而推动合成化学与合成生物学的交叉，为医药健康领域的新药创制与药物合成工艺的创新提供科学与技术支撑。

二、揭示生物活性天然产物的生物合成途径

“师法自然”是人类科学与技术研究的重要灵感与动力，有助于人们在认识自然、学习自然、模拟自然、改造自然的过程中实现知识积累和科技创新，进而促进社会进步和文明发展。对于具有复杂化学结构与重要生物学功能的天然产物，它们的生物合成研究的核心是所涉及独特的酶催化转化过程。就目前的科学发展状况而言，很多天然产物的生物合成过程仍然不甚明确，基因组学数据庞大，酶学机制复杂，因此对生物催化的认知仍然任重而道远。结合天然产物的微观化学作用规律，发挥化学合成能创制新结构的优势，借助简化的底物模型，在实验室设计的仿酶体系中模拟可能的生源途径，多维度地开展天然产物的仿生合成，对联合生物学科以揭示自然合成机制乃至发现相关合成酶具有重要意义。从学科交叉的角度来看，仿生天然产物合成不仅为生物合成中化学本质的规律性阐述奠定科学基础，还可推动生命进化史前化学的演化研究，为探索生命科学中系统化学的复杂性与统一性提供基础性的认识与理解。

三、促进天然产物的分子功能探索与利用

天然产物分子结构具有一定程度的多样性与复杂性，这是其凸显分子功能与调控的内在要求，而仿生合成研究为复杂天然产物、类天然产物及其衍生物与类似物的多样性获取提供了强有力的分子编辑方法，使得天然产物分子功能的广泛和深入的探索与利用成为可能，特别是对药物化学中小分子药物的发现与开发、生物化学和化学生物学中小分子参与的生物大分子功能调

节等研究具有重要的意义。

总之，仿生天然产物合成研究涉及多个学科领域，具有基础性、前沿性、学科交叉性和应用综合性，有力地支撑和拓展了现代合成化学的研究范畴，为合成化学与合成生物学、人工智能等有机融合提供了广阔的发展空间。从“分子合成的仿生设计”到“生源假说的化学验证”，从“模拟自然”到“超越自然”的仿生合成策略与方法的化学进化，仿生天然产物合成不仅为“天然产物功能的理解和利用”提供科学与技术支撑，还为与“史前生命化学探索”等相关的交叉研究提供化学赋能的新机遇。

第二节　现状及其形成

一、仿生合成百年掠影

仿生天然产物合成研究可以追溯至19世纪末。1891年，Claisen和Hori报道了从两分子乙酸和两分子草酸出发，经过简单的缩合反应，实现柠檬酸和乌头酸的合成[2]。这可能是最早的模拟生物合成过程的例子。Collie在研究一系列聚酮类天然产物时，认为乙酸可能是基本的合成单元，并利用缩合反应实现了吡喃酮类化合物的合成，建立了聚酮天然产物现代生物合成研究的基本组建模式[3]。这个时期的研究虽然多为个别简单化合物的合成，没有形成较为系统的指导性原则，因而没有引起学术界的广泛重视。直到1917年，Robinson依据所推测生源合成的历程，利用甲基胺、丁二醛和丙酮二羧酸钙盐三个简单的原料，一步完成托品酮的合成，而1901年Willstätter的全合成则需21步[1]。这一开创性的研究工作把生源猜测（假说）的化学验证带入天然产物合成的范畴，真正展示了仿生合成的魅力。仅仅十天之后，Robinson就在另一篇奠基性论文中系统梳理了当时具有代表性的一些生物碱，根据结构特点和可能的基本原料，提出了生源合成假说，标志着仿生合成概念的诞生[4]。

生物碱的合成研究由此成为仿生合成研究领域的主流，也促进了亚胺阳离子化学的广泛和深入的研究。1953 年，Robinson 在以色列的 Weizmann 系列纪念讲座报告中，进一步将萜类化合物和聚酮类化合物纳入总结，将天然产物的结构特点和化学转化结合起来，系统地总结了自然界产生这些天然产物可能的生源合成逻辑，坚信有机化学家所提出的天然产物的内在合成机制将为生物化学家的研究奠定化学基础 [5]。1961 年，van Tamelen 撰写了仿生合成领域的第一篇系统性综述，有力地推动了该理念在不同类型天然产物合成中的应用和展示 [6]。2000 年，Winterfeldt 在世纪之交时回顾了近百年来生物碱的仿生合成研究，从亚胺阳离子延伸到碳正离子的重排反应，赞叹从自然界生物合成设计的高效和优雅中发展新的转化化学和合成策略的创新仍然是仿生合成的重要发展方向 [7]。

二、仿生合成中的碳正离子化学

甾体化合物是自然界广泛存在的一类结构复杂的多环化合物，是 20 世纪上半叶重要的研究领域之一。20 世纪 50～60 年代以来，科学家开发了一系列甾体药物（如甾体口服避孕药、蜕皮激素、维生素 D）。与此同时，哈塞尔-巴顿（Hassel-Barton）的构象分析理论成为理解有机化学三维空间结构和化学反应性与选择性的重要工具 [8]，以 Johnson 为代表的一大批合成化学家，在斯托克-埃申莫瑟（Stork-Eschenmoser）多烯环化的甾体生源合成假说 [9, 10] 的基础上，系统研究了多烯环化反应的成环立体化学控制、不同官能团的驱动和终止等，不仅完成了系列甾体天然产物的高效合成，也为生物合成研究提供了很多原有合成技术难以企及的重要中间体，对理解反应的立体选择性控制，以及对复杂萜类化合物的化学合成和生物合成研究产生了深远的影响 [11]。另一个重要进展是萜类生物碱复杂环系的仿生合成研究，典型的例子是 Heathcock 报道的虎皮楠生物碱的仿生合成 [12]。这一里程碑式的工作揭示了简单烯烃和亚胺作为重要有机化学结构单元在生源合成中同样扮演着非常重要的角色，揭示了生物酶催化过程中复杂底物的构象多样性所引发新颖骨架的生成，为该家族天然产物后续生物合成的研究提供了丰富的化学结构基础，为仿生合成研究提供了全新的研究范式。碳正离子驱动的多烯环化目前仍然是天然产物合成和合成方法学研究的热点领域，不断激励合成化学家提出创新性的设想。

三、仿生合成中的自由基化学

自由基物种具有高反应活性和独特的官能团兼容性，这使得自由基反应成为生物合成过程中最为常见的反应类型之一。其中，自由基反应的化学选择性和立体选择性的控制是生物酶催化的精妙之处。一些重要的生理活性分子（如吗啡和加兰他敏）都是通过酚、酚氧醚及苄基醚的氧化偶联来形成分子骨架的关键化学键的。20 世纪 50 年代，Barton 总结了酚类化合物的结构特点，提出了酚芳基自由基偶联位置选择性的基本反应规律，并且通过氧化剂的选择，实现了苯酚自由基的邻-对位偶联，完成了地衣酸的仿生合成[13]。近半个世纪以来，虽然有不少基于生源合成启发的骨架构建合成研究，但是真正意义上无需保护基的酚氧自由基的氧化偶联仍然是相关仿生合成领域中的挑战。利用分子的对称性，Chapman 等通过金属氧化物与酚氧的络合作用，调控了具有挑战性的芳基自由基偶联的位置选择性，通过苯乙烯类底物的二聚和随后的 Diels-Alder 环加成反应，实现了 carpanone 的仿生全合成[14]。Stephenson 则进一步利用共轭体系中稳定自由基的特性，实现了白藜芦醇四聚体的仿生全合成，是该领域的突破性进展之一[15]。其他自由基仿生合成包括 Movassaghi 利用自由基偶联和巯基对亚胺亲核进攻的关键反应，完成了二聚体双脱氧轮枝菌素 A（dideoxyverticillin A）的仿生全合成，该工作是异二硫代二酮哌嗪（epidithiodiketopiperazine，ETP）系列天然产物合成中的代表性例子[16]。此外，Corey 等通过氧气分子的三线态双自由基与间多烯反应，迅速完成了 1, 3-环戊二醇核心骨架的构建，完美地诠释了前列腺素仿生合成的高效和优雅[17]。

四、仿生合成中的成环策略

1928 年，德国化学家 Otto Diels 和 Kurt Alder 首次报道了 Diels-Alder 反应，该反应至今仍然是复杂天然产物合成领域中应用最广泛的合成方法之一。

Sorensen 推测具有优异抗癌活性的聚酮天然产物 FR182877 的生源合成可能通过跨环的分子内杂 Diels-Alder 和 Diels-Alder 的串联反应，实现了在温和条件下目标分子中多环的构建和立体选择性的控制，凸显了在敏感官能团众多的底物中采用仿生合成策略的优势[18]。Shair 等则巧妙地利用分子间 / 分子内的 Diels-Alder 反应实现了高氧化态的萜类化合物的长胸酮 A（longithorone A）的仿生全合成[19]。与此同时，生物合成化学家在不同天然产物的生物合成机制中不断探寻 Diels-Alder 酶，直到最近才有确切的实验证据表明该类合成酶的存在[20]。

电环化反应是周环反应中一类特殊的反应，是伍德沃德–霍夫曼规则中重要的组成部分，也是化学基本原理预测最为成功的研究领域之一。Nicolaou 在复杂的共轭多烯底物的电环化中完成了系列土楠酸（endiandric acids）的仿生合成，为生源合成假说提供了直接和可靠的证据，是仿生合成研究中的代表性案例[21]。

20 世纪 70 年代，日本近海的赤潮对海洋渔业的危害及海洋生物的中毒事件引起了社会的广泛关注。Nakanishi 等推测，主要毒性成分聚醚海洋天然产物在生源上是从长链萜烯类化合物经环氧化后，在一定条件下通过醇的不同开环模式转化而来的[22]。但是一个长期困扰合成化学家的问题是反鲍德温（Baldwin）规则的 6-*endo* 的成环模式。Jamison 等发现以水作为媒介，可以获得反 Baldwin 规则的四氢吡喃环（六元环）为主的产物，并且可以实现多个环氧开环串联，得到聚环醚天然产物连续的四并环体系[23]。这些重要结构片段的成功获得，不仅揭示了生物合成中生物酶催化位点的多氢键位点的作用模式，而且有助于发展新的合成方法，拓展了有机合成化学的边界。

五、我国的仿生合成研究现状

我国的仿生天然产物合成研究较欧美国家和日本起步晚，无论是数量还是目标分子的复杂度均有明显的差距。青蒿素的全合成是 20 世纪 80 年代我国科学家完成的代表性工作之一。上海有机所的周维善和许杏祥等借鉴生源合成，将环内烯烃通过光照过氧化断裂和重排反应，完成过氧桥的引入，实现了青蒿素的全合成[24]。2015 年，屠呦呦研究员因抗疟天然药物青蒿素的发现而获得诺贝尔生理学或医学奖。这一荣誉充分肯定了我国科学家在天然药物研究领域的突出贡献。2000 年以来，随着我国对基础科学研究的支持力度逐年加大，以及一大批优秀的合成化学家从海外回国工作，国内的全合成研究特别是复杂天然产物全合成研究得到蓬勃发展。近些年来，我国每年所发表的天然产物全合成论文数量逐年上升，而且工作的创新性与国际影响力也与日俱增。国内很多课题组利用仿生合成策略来开展复杂天然产物全合成研究，并且取得了一系列标志性成果。这些工作为我国天然产物合成研究逐渐成为国际重要研究力量做出了贡献。

国内不少课题组曾多次利用不同类型的 Diels-Alder 反应和其他环加成反应实现了多个复杂、多环结构天然产物的仿生全合成。例如，上海有机所翟宏斌从山道年的光促进的结构重排和生源启发的 Diels-Alder 反应，高效完成了苦艾素的不对称仿生全合成[25]。四川大学刘波、北京大学雷晓光和清华大学唐叶峰等均在复杂二倍半萜和萜类二聚化合物的合成中采用了 Diels-Alder 反应[26-30]，揭示了这类底物特殊的反应规律。兰州大学涂永强利用［3+2］环加成反应实现了石松生物碱的仿生全合成[31]，北京大学贾彦兴同样利用［3+2］环加成反应实现了吲哚生物碱的仿生全合成[32]。

在聚酮环醚的形成过程中，南开大学渠瑾发展了新的分子内环氧开环环化的催化体系，实现了环氧醇开环环化从 *exo* 选择性逆转为 *endo* 选择性，一步构筑了海洋稠聚醚 hemibrevetoxin B 的 7/7/6/6 四环结构和 brevenal 的 7/7/6/7/6 五环结构，为 Nakanishi 的生源合成假说提供了新的佐证[33]。前面已经叙及，多烯环化反应在甾体萜类仿生天然产物合成中的应用就是最好的实例之一。北京大学雷晓光在对香茶菜属二萜的合成研究过程中，通过可见光介导的自由基重排反应为该类型天然产物的仿生合成提供了新的思路。他们发现，通过紫外光引发的［3,2,1］桥环骨架重排得到目标的延叶叶苔酮（jungermannenone）型骨架产物 (−)-jungermannenone C，而 (−)-jungermannenone C 在紫外光下也可以通过［3,2,1］桥环骨架重排转化成对映-贝壳杉烷骨架产物[34]。上海有机所洪然通过温和条件下热解脱醇的方法原位生成高活性的亚胺中间体，创新性地实现仿生的 Mannich 大环成环和立体化学的协同构建，完成了复杂聚酮抗生素兰卡菌素的仿生全合成和该家族若干天然产物的结构修正，为生源合成假说的修正和新天然产物的发现提供新思路[35]。

仿生合成不仅助力合成化学家高效地完成具有复杂结构天然产物的全合成工作，也为化学生物学研究及创新药物开发奠定了坚实的基础。北京大学雷晓光通过综合运用仿生合成与集群合成策略，实现了多个倍半萜多聚体类天然产物的高效、集群全合成[36]，并且发现该类天然产物中的倍半萜内酯二聚体兔耳风内酯二聚体 A（ainsliadimer A）的生物作用靶点和新颖的抗肿瘤活性机制[37]。上海有机所马大为等借鉴了生源合成的策略，通过链上预置的辅基手性，实现了吲哚 C3 位的不对称氧化偶联，完成了抗癌活性的 communesin A、communesin B、communesin F 吲哚生物碱的不对称全合成[38,39]。马大为利用皮克特–施彭格勒（Pictet-Spengler）环化和光促进的亚甲基化等一系列仿生转化，实现了临床上用于晚期软组织肿瘤治疗的海洋天然药物曲贝替定（ET-743）的全合成，该工作为该天然药物的规模化生产提供了更高效的方法[40]。

此外，对于仿生合成的深入理解可以帮助探究天然产物的生物合成途径，发现新的生物合成酶，拓展非天然的底物范围。在这个领域，国内合成化学家也做出了一些有益的探索。雷晓光、戴均贵和黄璐琦等通过对桑科植物来源天然产物的仿生合成研究，进一步探究了这类天然产物的生物合成途径，发现了首例催化分子间 Diels-Alder 反应的生物合成酶[41]。

六、仿生策略发展的新阶段

自然界中天然产物结构多样、种类繁多，它们在进化过程中对群落或种群（植物、动物、真菌和微生物）的繁衍和共同抵御外敌方面起着重要的作用，同时也给人类在抵御疾病方面提供了丰富的药物资源。结构类似的天然产物往往暗示生源合成的相关性，特别是近十年来基因组学推动的合成生物学的迅猛发展，能快速发现合成类似天然产物的基因簇的同源性。因此，发展可以合成多个或者系列天然产物的化学合成策略与生物合成有异曲同工之妙。Clardy 认为，萜类化合物的生物合成中有“两阶段”特点，其中第一阶段是环化酶，快速构建分子碳环环系，这也是进行天然产物结构分类的依据；第二阶段在不同氧化酶和其他后修饰酶（如重构、与其他结构片段耦合等）作用下，实现结构中位点选择性的氧化和后续的结构重排反应，实现多样性合成[42]。这也是生物合成机制的杂泛性和有机分子多样性的紧密联系的根源。这一“两阶段”思想在 Baran 开展系列结构复杂的萜类和生物碱的仿生合成中得到生动的体现。例如，对于临床上用于治疗乳腺癌的天然药物紫杉醇的仿生合成中，他们先快速完成复杂三环体系的构建，再逐步完成氧化态的引入[43]。这一策略的战略运用不仅为那些保留核心骨架的结构类似物的快速合成提供了新的合成方法和路径，而且为合成生物学中深入研究氧化酶的作用机制提供新的底物。这一从天然产物整体骨架出发设计合成路线的思路给化学生物学和药物化学带来了独特的研究机遇。

骨架重排反应也是天然产物生物合成中常见的策略来构造不同的环系骨架。Baran 课题组采用完整的甾体四环骨架，通过 B 环的扩环反应，完成了抗癌天然产物皮质他汀 A（cortistatin A）的全合成[44]，掀起了合成化学界对该分子的研究兴趣，推动了结构类似物的临床应用。国内有多个课题组（兰州大学涂永强、樊春安，北京大学雷晓光，南京大学姚祝军，中国科学院昆明植物研究所杨玉荣等）开展了对于石松生物碱类天然产物系统和深入的全合成研究。其中，兰州大学樊春安通过分析该类天然产物的生物合成途径，设计并实现了利用后期骨架重排策略的仿生合成路线[45]。上海有机所桂敬汉等以麦角甾醇（ergosterol）为起始原料，借鉴生源合成中的骨架重组策略，构建了天然产物的三环双酮骨架结构和三个连续的手性中心，高效简洁地完成开环甾体天然产物平尼柳珊瑚醇 B（pinnigorgiol B）和 pinnigorgiol E 的全合成[46]。

电环化反应在天然产物的生物合成中时有应用，如维生素 D 的合成就是通过 7-脱氢胆固醇的 B 环的 6π 电环化开环而形成。借鉴电环化反应的底物兼容性，上海有机所李昂针对含多取代芳香结构单元的复杂天然产物，设计了一系列结构多样的 6π 共轭三烯底物，实现了汇聚高效的合成路线[47,48]。他们利用电环化结合芳构化策略，完成了多个复杂萜类和生物碱类天然产物的仿生合成。此外，他们还利用碳正离子启动的普林斯（Prins）环化策略，完成了多个吲哚萜类生物碱及二萜生物碱的仿生全合成[49]。这些研究成果的取得对天然产物的仿生合成的骨架跃迁策略有很好的启发意义，同时这些受生源合成启发的合成策略，在广义上提升了仿生合成的深度和外延。

七、仿生合成面临的挑战

化学工业中染料和聚合物的需求，使合成方法学的研究发展迅速，一大批卓越的合成化学家综合运用各类化学转化，魔术般地完成了各类复杂的天然产物构筑，催生了合成设计的逻辑规律，使其成为可讲授的科学分支。“反合成分析”遵从科学家的内在创造性，自如地“分解”目标分子和用已知的方法重新组合，从而迅速推动当代合成方法学的发展[50]。近20年来，随着人工智能尤其是机器学习的突飞猛进和大数据的运用，“合成的机器化”也成为新的热点和前沿[51-53]。仿生合成需要基于天然产物的结构，甚至生源合成的整体信息来设计合成路线，而现在对于复杂天然产物的生源合成机制完整阐明仍然任重而道远，因此从源头上就有先天不足的因素。即使有些生源合成机制比较明晰，也因为我们无法很好地控制官能团的化学选择性而难以推动仿生合成的开展。不管是van Tamelen还是Winterfeldt，均提倡开展仿生合成不应受限于“真正的生源合成底物”，这也间接地绕开了挑战性的合成方法学的问题，而这些挑战恰恰是仿生天然产物合成的灵魂。尝试从生源合成所需的前体出发的化学转化理应成为学术研究的前沿。只有深入理解化学反应性和选择性，才能真正发展新颖的合成方法，实现复杂分子的仿生合成。例如，半个世纪以来，合成化学在多烯环化领域做出了大量的工作，但是化学家仍然无法像生物催化剂——酶那样，通过改变催化剂或者反应体系，自如地控制反应的选择性，合成结构迥异的甾体类、西松烷类、巨大戟类或者紫杉烷类复杂二萜天然产物。又如一些重要的天然药物吗啡、奎宁和三尖杉酯碱等的来源仍然依赖于天然提取和化学转化，发展可以工业化的高效仿生合成路线仍然面临巨大的挑战。

自2010年来，国际上每年有1000余篇有关全合成工作的论文，其中有关采用仿生合成策略或者生源合成启发的合成工作的论文数量占比保持在1/10左右。虽然相比其他的合成策略，以上的代表性例子在合成效率上往往是最好的，但在实验室里的合成研究中，仿生合成策略的选择首先要解决官能团的反应性和化学选择性调控的困难。例如，过渡金属催化的不对称反应和系列成环反应是当代有机化学的主流和发展最迅猛的领域，而在生物合成中往往比较罕见。采用更多的敏感官能团的底物或者无保护基策略能更好地体现当代有机化学发展的研究成果，但较少见到用于突破原有合成方法学限制的精彩的仿生全合成工作中。另外，像金属催化的交叉偶联和复分解反应，成为当代天然产物全合成和药物合成中不可或缺的反应工具。它们在天然产物合成中的广泛运用，使得模拟生物合成中的成环反应（大环）成为仿生合成研究较少关注的领域。近十年来，酶的定向进化和合成生物学的飞速发展，拓展了原有生物酶难以逾越的底物谱系和反应类型，但对于生物催化体系模拟的仿生合成体系，其转化效率仍有很大的提升空间。因此，把仿生全合成作为新方法和新策略创新的策动源泉还未形成广泛共识，仿生合成急需在合成策略和合成方法等方面多维度地开展研究，提升仿生合成的深度和广度。

第三节　关键科学问题与发展方向

复杂天然产物在立体电子、位阻和构象等效应上与简单小分子差异显著，需要建立相对复杂的模型来探究其反应规律和合成规律；仿生合成为特定位点的化学键切断和非常规的多键同时切断（串联反应、多组分反应等）提供了不可替代的设计思想，能够解决复杂化学结构单元构筑的效率（如多键即时构建、无保护基合成、多重汇聚式合成等）、选择性（化学、区域、立体）等关键科学问题。探究天然产物的生物合成机制和途径，并运用生物合成手段合成功能分子，为人类学习自然、用自然规律适应和改造世界提供了新的分子创制方式；仿生合成能够帮助探明生物合成各步骤中酶的具体功用（如酶催化 / 非酶催化、促进反应动力学 / 控制立体化学或两者兼有）。同时，仿生天然产物合成不仅是对天然产物的自然合成过程的验证和再现，更重要的是能作为与自然合成效率媲美的高效手段，以化学手段保障来源受限的天然药物或类天然药物的临床供给。

一、关键科学问题

未来，仿生天然产物合成领域需要加强研究队伍的培育和持续的资助，推动该领域的纵深发展，更好地促进引领性与变革性的科学和技术的孕育，壮大处于国际引领地位的仿生天然产物合成研究队伍，在数量和质量上，建立我国在该领域的高端学术影响力、国际辐射力，从而保障我国在生物医药、高端材料、特殊能源等行业及时提供复杂物质的可持续发展能力，逐步为我国国家科技和经济安全贡献重要的基础研究力量。

二、优先发展领域或重要研究方向

（1）针对具重要生物学功能、自然来源受限的天然产物和复杂天然药物的目标导向型仿生合成。挖掘同家族天然产物内在的结构和生源关联性，探索仿生合成策略，实现集群合成，保障天然来源创新分子的大量制备和多样化，建立结构多样化、性能多样化的复杂非天然分子库，以推进后续药物研发和临床用药。

（2）基于化学合成和基因挖掘信息，建立完善生物合成的详细机制，为目标分子导向的化学合成与生物合成的深度融合奠定基础。通过仿生合成，确定酶催化串联反应中的成键顺序等机理问题；确定生物酶在酶催化反应中的功能，如控制反应速率、调控产物立体化学或者兼而有之。

（3）定向仿生天然产物合成的新策略、新方法的建立，特别是可发展化学合成与生物合成（如酶催化）结合的高效策略。其核心是解决关键反应和挑战性分子的合成效率和选择性问题。结合酶学机制的生物合成和化学合成规律，实现天然产物的全链条高效仿生全合成，最终实现天然产物分子在高度系统集成的“合成机器”中的一锅合成，以高度模仿细胞内的生物合成。

第四节 相关政策建议

坚持以问题导向和创新导向的原则确立资助策略，加强这一基础研究领域的资助强度。通过前面的分析和讨论，我们知道仿生合成策略的成功运用有赖于精确调控官能团的反应性和化学选择性的平衡，而对这些问题的深刻理解，能直接推动新合成方法的发展和创新。对这类问题迎难而上，往往需要研究者长期的不懈努力。对于问题导向策略，可以考虑邀请中青年科学家，与相关领域专家一起组织和凝练亟待解决的学术型和应用型难题，设立专项来定向推进。对于创新导向的资助策略，可以考虑继续已实施多年富有成效的自由申请方式，坚持以原创性为核心的评价标准；同时强化顶层设计，以项目指南的方式实现本领域各研究方向的全覆盖，规避某些方向研究者过多或过少的情况，确保研究各领域的健康和可持续发展。

引导各相关领域研究者聚焦重大科学问题，强化学科的交叉和融合。仿生天然产物合成与其他研究领域有密切的纵向联系：其上游领域包括天然产物分离、鉴定及自然形成机制的天然产物化学和生物合成，其下游领域包括应用天然产物及其合成中间体的化学生物学、药学（包括药物化学、药理、毒理等）。同时，要实现高效仿生合成，须与合成方法学在横向角度紧密结合，发展和验证新概念、新思想。结合这些横纵向关系，需要引导各相关领域研究者聚焦重大科学问题，强化学科的交叉和融合，需要坚持以问题为导向，鼓励打破以单位和学科为界限开展密切合作。这需要在制度和组织层面上确保来自不同单位的研究团队的合作研究成果在各自研究单位被认可，而非以第一署名单位确定成果归属，应承认合作研究者在成果中的实际贡献。

突出原创工作的宣传力度和加强学科建设，吸引更多优秀研究者充实该领域。近年来，仿生天然产物合成领域的研究人员在绝对数量上有一定规模，但较其他研究领域占比仍然比较低，而且致力于仿生合成研究的团队因受资助强度的不足而难以形成系统性的研究。这导致该方向的研究生培养数量少，与我国生物医药、材料类行业对复合型分子合成研究人才大大增加的需求矛盾突出。这在很大程度上是由于多数研究单位对不同领域研究人员采用“唯论文”的评价考核标准，在客观上难以保障队伍的稳定支持。这需要在制度和政策层面疏通渠道，可以考虑由项目主管部门在整体上鼓励与该领域成果产出相吻合的评级机制，促进我国科学家在该领域有更多原创性的工作展示，为其他（新）学科的发展提供新的研究工具和研究视角，推动新的学科增长点。

本章参考文献

[1] Robinson R L. A synthesis of tropinone. J Chem Soc Trans, 1917, 111: 762-768.

[2] Claisen L, Hori E. Ueber eine synthese der aconitsäure. Ber Dtsch Chem Ges, 1981, 24: 120-127.

[3] Collie J N. Derivatives of the multiple keten group. J Chem Soc, 1907, 91: 1806-1813.

[4] Robinson R A. Theory of the mechanism of the phytochemical synthesis of certain alkaloids. J Chem Soc Trans, 1917, 111: 876-899.

[5] Robinson R. The Structural Relations of Natural Products. The Weizmann Memorial Lecture. Oxford: Clarendon Press, 1955.

[6] van Tamelen E E. Biogenetic-type synthesis. Fortschr Chem Org Naturst, 1961, 19: 242-290.

[7] Scholz U, Winterfeldt E. Biomimetic synthesis of alkaloids. Nat Prod Rep, 2000, 17: 349-366.

[8] Barton D H R. The principles of conformational analysis. Science, 1970, 169: 539-544.

[9] Stork G, Burgstahler A W. The stereochemistry of polyene cyclization. J Am Chem Soc, 1955, 77: 5068-5077.

[10] Eschenmoser A, Ruzicka L, Jeger O, et al. Zur kenntnis der triterpene. 190. mitteilung. Eine stereochemische interpretation der biogenetischen isoprenregel bei den triterpenen. Helv Chim Acta, 1955, 38: 1890-1904.

[11] Johnson W S. Biomimetic polyene cyclization. Angew Chem Int Ed Engl, 1976, 15: 9-17.

[12] Heathcock C H. The enchanting alkaloids of yuzuriha. Angew Chem Int Ed, 1992, 31: 665-681.

[13] Barton D H R, Deflorin A M, Edwards O E. The synthesis of usnic acid. J Chem Soc, 1956, (0):530-534.

[14] Chapman O L, Engel M R, Springer J P, et al. The total synthesis of carpanone. J Am Chem Soc, 1971, 93: 6696-6698.

[15] Keylor M H, Matsuura B S, Griesser M, et al. Synthesis of resveratrol tetramers via a stereoconvergent radical equilibrium. Science, 2016, 354: 1260-1265.

[16] Kim J, Ashenhurst J A, Movassaghi M. Total synthesis of (+)-11, 11′-dideoxyverticillin A.

Science, 2009, 324: 238-241.

[17] Corey E J, Shimoji K, Shih C. Synthesis of prostaglandins via a 1, 2-dioxabicyclo[2.2.1] heptane (endoperoxide) intermediate. Stereochemical divergence of enzymic and biomimetic chemical cyclization reactions. J Am Chem Soc, 1984, 106: 6425-6427.

[18] Vosburg D A, Vanderwal C D, Sorensen E J. A synthesis of (+)-FR182877, featuring tandem transannular Diels-Alder reactions inspired by a postulated biogenesis. J Am Chem Soc, 2002, 124: 4552-4553.

[19] Layton M E, Morales C A, Shair M D. Biomimetic synthesis of (−)-longithorone A. J Am Chem Soc, 2002, 124: 773-775.

[20] Kim H J, Ruszczycky M W, Choi S H, et al. Enzyme-catalysed [4+2] cycloaddition is a key step in the biosynthesis of spinosyn A. Nature, 2011, 473:109-112.

[21] Nicolaou K C, Petasis N A, Zipkin R E. The endiandric acid cascade. electrocyclizations in organic synthesis. 4. "Biomimetic" approach to endiandric acids A-G. Total synthesis and thermal studies. J Am Chem Soc, 1982, 104: 5560-5562.

[22] Nakanishi K. The chemistry of brevetoxins: A review. Toxicon, 1985, 23: 473-479.

[23] Vilotijevic I, Jamison T F. Epoxide-opening cascades promoted by water. Science, 2007, 317: 1189-1192.

[24] Xu X X, Zhu J, Huang D Z, et al. Total synthesis of arteannuin and deoxyarteannuin. Tetrahedron, 1986, 42: 819-828.

[25] Zhang W H, Luo S J, Fang F, et al. Total synthesis of absinthin. J Am Chem Soc, 2005, 127: 18-19.

[26] Yuan C C, Du B, Yang L, et al. Bioinspired total synthesis of bolivianine: A Diels-Alder/ intramolecular hetero-Diels-Alder cascade approach. J Am Chem Soc, 2013, 135: 9291-9294.

[27] Yuan C C, Du B, Deng H P, et al. Total syntheses of sarcandrolide J and shizukaol D: Lindenane sesquiterpenoid [4+2] dimers. Angew Chem Int Ed, 2017, 56: 637-640.

[28] Du B, Huang Z S, Wang X, et al. A unified strategy toward total synthesis of lindenane sesquiterpenoid [4+2] dimers. Nat Commun, 2019, 10: 1892.

[29] Shang H, Liu J H, Bao R Y, et al. Biomimetic synthesis: Discovery of xanthanolide dimers. Angew Chem Int Ed, 2014, 53: 14494-14498.

[30] Feng J, Lei X Q, Bao R Y, et al. Enantioselective and collective total syntheses of

xanthanolides. Angew Chem Int Ed, 2017, 56: 16323-16327.

[31] Shao H, Fang K, Wang Y P, et al. Total synthesis of fawcettimine type alkaloid lycojaponicumin A. Org Lett, 2020, 22: 3775-3779.

[32] Liu H C, Chen L J, Yuan K, et al. A ten-step total synthesis of speradine C. Angew Chem Int Ed, 2019, 58: 6362-6365.

[33] Li F X, Ren S J, Li P F, et al. An *endo*-selective epoxide-opening cascade for the fast assembly of the polycyclic core structure of marine ladder polyethers. Angew Chem Int Ed, 2020, 59: 18473-18478.

[34] Hong B K, Liu W L, Wang J, et al. Photoinduced skeletal rearrangements reveal radical-mediated synthesis of terpenoids. Chem, 2019, 5: 1671-1681.

[35] Zheng K, Shen D F, Hong R. Biomimetic synthesis of lankacidin antibiotics. J Am Chem Soc, 2017, 139: 12939-12942.

[36] Li C, Dian L Y, Zhang W D, et al. Biomimetic syntheses of (−)-gochnatiolides A-C and (−)-ainsliadimer B. J Am Chem Soc, 2012, 134: 12414-12417.

[37] Dong T, Li C, Wang X, et al. Ainsliadimer A selectively inhibits IKK α/β by covalently binding a conserved cysteine. Nat Commun, 2015, 6: 6522.

[38] Zuo Z W, Xie W Q, Ma D W. Total synthesis and absolute stereochemical assignment of (−)-communesin F. J Am Chem Soc, 2010, 132: 13226-13228.

[39] Zuo Z W, Ma D W. Enantioselective total syntheses of communesins A and B. Angew Chem Int Ed, 2011, 50: 12008-12011.

[40] He W M, Zhang Z G, Ma D W. A scalable total synthesis of the antitumor agents ET-743 and lurbinectedin. Angew Chem Int Ed, 2019, 58: 3972-3975.

[41] Gao L, Su C, Du X X, et al. FAD-dependent enzyme-catalysed intermolecular [4+2] cycloaddition in natural product biosynthesis. Nat Chem, 2020, 12: 620-628.

[42] Fischbach M A, Clardy J. One pathway, many products. Nat Chem Biol, 2007, 3: 353-355.

[43] Kanda Y, Nakamura H, Umemiya S, et al. Two-phase synthesis of taxol. J Am Chem Soc, 2020, 142: 10526-10533.

[44] Shenvi R A, Guerrero C A, Shi J, et al. Synthesis of (+)-cortistatin A J Am Chem Soc, 2008, 130: 7241-7243.

[45] Zhao X H, Zhang Q, Du J Y, et al. Total synthesis of (±)-lycojaponicumin D and lycodoline-type lycopodium alkaloids. J Am Chem Soc, 2017,139: 7095-7103.

[46] Li X H, Zhang Z L, Fan H F, et al. Concise synthesis of 9,11-secosteroids pinnigorgiols B and E. J Am Chem Soc, 2021, 143: 4886-4890.

[47] Lu Z Y, Li Y, Deng J, et al. Total synthesis of the *Daphniphyllum* alkaloid daphenylline. Nat Chem, 2013, 5: 679-684.

[48] Li J, Yang P, Yao M, et al. Total synthesis of rubriflordilactone A. J Am Chem Soc, 2014, 136: 16477-16480.

[49] Zhou S P, Xia K F, Leng X B, et al. Asymmetric total synthesis of arcutinidine, arcutinine, and arcutine. J Am Chem Soc, 2019, 141: 13718-13723.

[50] Corey E J. The logic of chemical synthesis: Multistep synthesis of complex carbogenic molecules (Nobel Lecture). Angew Chem Int Ed, 1991, 30: 455-465.

[51] Trobe M, Burke M D. The molecular industrial revolution: Automated synthesis of small molecules. Angew Chem Int Ed, 2018, 57: 4192-4217.

[52] Davies I W. The digitization of organic chemistry. Nature, 2019, 570: 175-181.

[53] Empel C, Koenigs R M. Artificial-intelligence-driven organic synthesis—en route towards autonomous synthesis? Angew Chem Int Ed, 2019, 58: 17114-17116.

第五章

对酶进行人工改造的定向进化

第一节　科学意义与战略价值

一、生物催化技术的国内外发展趋势

随着现代生物科学技术的迅猛发展，生物催化已成为21世纪前沿工业技术的重要发展方向之一，在医药、食品、材料等领域取得了广泛的生产应用与技术革新[1]。在国际形势日趋复杂、科技竞争不断加速、环境治理挑战艰巨的时代背景下，发展生物催化对当下我国维护产业链安全稳定、推动制造业转型升级、降低生产线污染耗能等方面具有难以替代的现实意义。2011～2021年，我国已连续11年为世界第一制造业大国，也是世界第一石油进口国。近年来，地区冲突、航道阻断、黑客入侵等多重不稳定因素持续冲击全球石油供应链，对我国经济社会正常运转的潜在威胁不可忽视[1-6]。另外，守护绿水青山、共建美丽中国已成为全社会的共识，我国提出了2030年前实现“碳达峰”、2060年前实现“碳中和”的目标，大幅降低化石能源占能源消费总量比例已是大势所趋[7]。这意味着，未来大宗化工原材料、精细化

学品、运输燃料等工业品的生产需要逐渐降低对石油资源与传统化学工艺的依赖，转而采用更多可再生的生物质原料与清洁能源。在这个过程中，以酶为直接功能执行者的生物催化具有得天独厚的优势，可在相对温和、能耗较低的条件下实现对生物质原料的高效处理及复杂化合物的精准合成[1]。目前，我国已经形成具备一定规模的生物催化制造产业，氨基酸、有机酸及多元醇等产品类别的产量多年稳居世界第一位，但大部分生物催化路线仍然源于自然界中的已有代谢途径，技术门槛较低，国内同质化竞争激烈，导致行业利润低[8]。在高端生物催化领域，发达国家利用先发优势抢占技术高地，在专利层面设置重重障碍，使得后发经济体在技术追赶方面举步维艰，在生产应用中付出巨大代价[8]。中国生物发酵产业协会的2020年度报告显示，进口酶制剂占国内市场吨量不足1%，其总金额却超过国内酶制剂总量的七成，生物催化制造的利润大头被发达国家寡头企业攫取[9]。因此，发展生物催化新酶、新反应、新工艺，在发达国家设置的专利“荆棘”中另辟蹊径，抢先攻占下一个技术高地，已成为我国生物催化制造产业摆脱国外技术掣肘，向高端、高附加值产业转型的必由之路。

近年来，以合成生物学为代表的多个跨学科领域蓬勃发展，将生物催化制造产业的前景提升到前所未有的高度。发达国家和组织纷纷加大对生物催化领域的投入并立下远景目标。美国政府预期2030年生物基产品将替代25%的有机化学品与20%的石油燃料。欧盟则制定了更高的发展目标，到2030年可再生原料将占总体化学品原料的30%及运输燃料的25%，推动基于生物炼制的农村二次工业化[10]。酶作为生物催化的“直接执行者”，无疑是这一轮科技竞争的焦点。从自然界筛选获得天然酶来催化非天然化学品合成的概率十分渺茫，同时天然酶大多难以持续承受工业生产的严苛环境，因此针对非天然化学品制定全新合成路径，人工设计、改造能够催化新反应且具有高稳定性、高鲁棒性等优异性能的非天然酶，是当今生物催化领域研究的一项主线任务[11]。在有限时间内研发获得优质非天然酶的数量、覆盖反应类别的广度及合成重要化学品的种类与规模，将决定未来各国在生物催化制造产业全新格局中的定位。面对打开产业转型升级新局面的关键机遇，我国生物催化领域应牢牢抓住当下的窗口期，直面国际科技竞争，抢占人工新酶、新反应、新工艺的技术高地，建立保卫产业发展的“护城河”。

二、非天然酶的设计与应用的战略意义

作为典型的交叉学科，生物催化最初旨在利用自然界赋予的酶与细胞，高效催化化学工业中有机合成难以实现的反应[1]。人类在充分认识自然时，也在学习如何利用自然，通过非天然酶的设计与改造以进一步理解天然酶的诞生与演化，从而推动酶学基础理论的发展，反馈新型非天然酶的研发与应用[12]。近年来，随着蛋白质晶体衍射技术的普及推广、冷冻电子显微术的发展优化及人工智能预测蛋白质结构的突破，解析酶的三维结构并建立构效关系的门槛逐步降低，化学生物学“设计改造—理解归纳—设计改造”的正反馈过程持续加速，为新酶、新反应、新工艺展开的研究提供了合适的土壤[13]。另外，采用正向工程学技术方法、以创造新生命形式与生化途径为学科根本任务的合成生物学成为国家科技竞争的焦点学科[14]。作为合成生物学的重要研究内容之一，“全新蛋白与酶”的从头设计拓展了生物催化领域的研究方向，使新型非天然酶的设计与改造成为连接众多交叉学科的纽带：完善生化酶工程经典理论，验证化学生物学先进技术，推动合成生物学前沿探索，促进生物制造业高效生产。这符合我国推进产学研深度融合的发展方向，同时也意味着生物催化人工新酶、新反应、新工艺的研究需要化学、生物学、工程学等多学科背景的研究者协作完成，是促进我国跨学科学术交流的前沿交叉领域。

第二节　现状及其形成

作为大自然的合成工具，酶可以在温和的条件下实现高选择性的合成，同时酶催化可以减少能耗和废弃物产生，减轻环境负担，符合绿色化学的多项原则，是一类理想的合成工具。但是天然酶存在催化类型有限、底物范围狭窄及稳定性较差等问题，大大限制了其在合成科学中广泛应用，因此如何丰富天然酶的反应类型、拓宽酶催化底物范围、增强酶的稳定性已成为生物

催化中急需解决的问题。通过对天然酶的工程性改造从而实现非天然的化学转化，可以扩展酶催化的反应类型，延伸合成化学的转化手段，为合成生物学提供更加丰富的元器件。

一、非天然酶的发展历史回溯

早在 20 世纪 60 年代，人们已经开始通过对蛋白质骨架进行化学方法修饰来提高天然酶的活性，如经过甲硫氨酸氧化修饰的糜蛋白酶（chymotrypsin）对芳香类等大位阻的底物具有比天然酶更高的反应活性[15]。1978 年，Whitesides 等第一次通过将合成的金属铑催化剂和生物素的蛋白质骨架组合，成功构建了基于亲核素四聚体的人工金属酶，并实现了人工金属酶的催化下的手性氨基酸酯的合成的概念验证[16]。尽管早期的化学修饰方法可以提高蛋白质的稳定性和初步拓展酶催化反应范围，但是由于其反应的特异性较差，很难对蛋白质结构进行精准的修饰。2010 年以来，随着生物正交反应的兴起和非蛋白质氨基酸表达系统的应用，蛋白质结构的精准改造成功实现了众多非天然条件下的转化。例如，中国科学院生物物理研究所王江云等将三联吡啶配位的金属镍络合物引入蛋白质骨架中，成功实现了光敏酶催化二氧化碳还原转化，为光催化下的二氧化碳转化提供了新思路[17]。

20 世纪 80 年代之后，随着基因技术的进步和酶的异源底盘细胞表达技术的使用，人们对酶的工程性改造有了突飞猛进的发展。例如，1985 年，Wells 等将枯草芽孢杆菌蛋白酶上 222 位点的甲硫氨酸替换为其他氨基酸，提高了酶在氧化条件下的稳定性[18]。酶的异源底盘细胞表达技术又大大简化了酶的合成方法，使得酶催化更加具有经济实用性，并在医药等生物活性分子中间体及聚合物单体的合成上开始替代传统的化学合成。例如，在酵母中表达的植物源醇氰酶，被成功地应用于重要的医药中间体醇氰类的不对称合成[19]。

从 20 世纪 90 年代开始，将高效的基因编辑建库技术和高通量快速筛选策略相结合，模拟自然进化策略的酶“定向进化”，大大拓展了人们改造天然酶的能力。新型基因编辑工具的应用可以在短时间内构建数目庞大的变异体文库，通过对文库中变异体的性能测试，在人为设定挑选标准下发掘优势变异体，并以优势变异体为母体迭代进化，这类“试管中定向进化”大大加速了非天然酶的构建。根据基因编辑建库策略的不同，可以将其分为非理性策略及半理性策略。在非理性策略中，基因编辑建库技术主要采用易错聚合酶链式反应（error-prone PCR，简称易错 PCR）[20]、DNA 改组（DNA shuffling）[21] 等随机变异的方式展开，并结合荧光检测等高通量筛选手段，通过对随机变异库的大量筛选和迭代进化来提高酶在有机溶剂等非天然条件下的稳定性和反应活性。在半理性策略中，基因编辑建库主要围绕反应的活性中心特定氨基酸位点展开。例如，Reetz 等围绕水解酶反应活性中心采用组合活性中心饱和突变 / 迭代饱和突变（CAST/ISM）等策略建库，通过定向进化的改造，发展了一系列高选择性的水解酶，实现了非天然手性中心的构建 [22]。目前，非理性策略主要应用于酶催化结构缺失或者催化机制不明确的体系，而半理性策略则多基于蛋白质结构进行重点位点的设计。

进入 21 世纪以后，人们对酶的改造开始从非天然底物的天然转化拓展到非天然的选择性和化学转化上。在非天然的选择性方面，Reetz 等采用半理性策略对 $P450_{BM3}$ 进行改造，实现了不同变异体对甾体类化合物的高选择氧化 [23]。在非天然的化学转化方面，Arnold 通过将 P450 酶中与铁配位的半胱氨酸变异为丝氨酸，构建了卡宾转移酶 P411 类的非天然酶，实现了包括 C—H、N—H、X—H 等一系列化学键的卡宾插入反应和对于不饱和键的环化反应 [24]。同时，Ward 等发展了人工金属酶体系，将化学催化的广谱性和生物催化的高效性相结合，实现了包括 C—C 键偶联反应、烯烃换位反应等非天然酶的非天然转化 [25]。Hyster 等则基于天然酶催化中自由基中间体的认识，发展了天然酶在光照条件下的自由基类型的转化反应，实现了光照条件下的脱卤氢化、脱卤环化和加成反应 [26]。

二、非天然酶的研究现状

化学合成技术极大地促进了材料、药物、食品添加剂、化妆品等精细化学品的生产，同时也导致环境污染的加剧，对人们的健康和日常生活产生不利影响。因此，亟须开发绿色合成方法来生产人们需要的化工产品，促进化工行业可持续发展。酶催化反应具有高化学选择性、区域选择性、立体选择性和反应条件温和等优势，同时酶可以催化传统化学难以实现的各种反应。引入酶催化步骤可以设计创新的合成路线，大幅减少反应步骤。利用酶催化技术，通过工艺和过程替代，可以减少传统化学品的使用，降低原材料、水和能源消耗，改善生产条件，简化工艺过程，避免或减少副产物的生成及减少废物排放，保护环境，提高使用安全性。例如，治疗丙肝的药物波普瑞韦（boceprevir）关键中间体的合成，传统化学合成需要八步反应，而利用单胺氧化酶选择性氧化前手性底物为手性亚胺的方法仅需两步反应，使产率提高了 150%，原料和水各节省了 60% 和 61%，污染物排放减少 63%，整个合成途径更加绿色、环保、节能，更加适合工业化生产[27]。酶催化对精细化学品的绿色制造、化工行业的可持续发展发挥着举足轻重的作用。但是自然界中存在的野生型酶一般存在作用底物谱窄、催化反应的类型受限及工业生产适应性差等问题，难以满足化工产业持续发展的需求。因此，科学家需要通过定向进化、理性设计等对酶分子进行改造来扩展酶的底物谱、实现崭新的催化反应、改善工业生产适应性。进入 21 世纪，该领域快速发展，为化学工业的绿色发展提供了诸多的关键合成技术，多项成果获得美国总统绿色化学挑战奖。

酶的定向进化技术被广泛应用于食品工业、医药卫生、精细化工及生物能源等诸多领域。通过定向进化可有效驯服天然酶在环境（包括酸碱性、温度、有机溶剂等）耐受性、立体 / 区域选择性、底物特异性、催化效率及产物抑制性等方面存在的缺陷，使得自然界成千上万年的进化历程可以于短时间内在实验室完成。美国弗朗西斯 · 阿诺德（Frances H. Arnold）因其在“酶定向进化”领域的突出贡献同另外两名科学家分享了 2018 年诺贝尔化学奖。

医药工业是典型的知识、技术密集型产业，对合成新技术的嗅觉灵敏，酶定向进化技术的应用可以扩展酶的底物谱、实现崭新的催化反应、改善工业生产适应性，从而获得高效酶催化剂，实现医药、农药等化学品的绿色制造。因此，各大国际制药公司［辉瑞（Pfizer）、默克（Merck）等］都建立了非常强大的酶工程和生物催化技术团队。他们不仅研究开发新型高效的酶催化反应，改进已上市药物和中间体的生产工艺，实现其绿色制造，而且介入新药的发现阶段，与新药发现团队合作。他们一方面对有潜力的药物分子设计开发高效的化学–生物组合合成路线，提供公斤级的样品供药理测试和临床试验使用，另一方面通过生物催化对化合物母核进行衍生，获得结构多样的化合物库供药物筛选使用。近年来，研究人员利用生物催化技术制造原料药及其中间体取得了卓越的成就，研究报道和成功案例比比皆是。手性胺化合物西他列汀是治疗 2 型糖尿病的特效药物，以前采用重金属铑催化的化学合成法来生产，反应过程涉及高温高压和易燃易爆气体——氢气。美国克迪科思（Codexis）和 Merck 公司采用通过分子对接（molecular docking）计算指导下的数轮定向进化，将商业化 ω–转氨酶 ATA-117 的底物结合口袋扩大并保持了酶的 (*R*)–立体选择性，获得了一个 27 个位点发生突变、催化活性提高了 4 个数量级的突变酶，成功应用于抗 2 型糖尿病药物西他列汀的高效生产。由于反应条件温和，对反应容器的要求降低，不再需要特殊的高压高温反应装置，西他列汀的产量提升了 10%～13%，生产效率提升了 53%，废物排出量减少了 19%，消除了重金属污染，降低了总生产成本。该成果获得了 2010 年美国总统绿色化学挑战奖，成为生物催化法在药物生产应用中的一个里程碑 [28]。

三、非天然酶国内外发展评估

巴斯夫、杜邦、迪斯曼、赢创等国际化工公司也投入巨额资金发展生物催化技术，创建基于酶法和化学–酶法合成新策略的化学品绿色生物制造工艺。例如，巴斯夫公司构建了 D–氨基酸氧化酶 /L–谷氨酸脱氢酶催化体系的 L–草铵膦合成路径，实现了 L–草铵膦的绿色生物制造。这些化工巨头及诺维信等公司更将酶的应用领域扩展到化学工业以外的洗涤剂、淀粉加工、动物饲料、造纸、水果或蔬菜加工、能源、纺织品、酿造、制革等行业，促进了社会经济的可持续发展。

酶定向进化和新型酶制剂的创制受到各国政府和学术界的高度重视，随着政府投入的加大，酶定向进化、酶制剂的创制和应用都得到飞速的发展。从 2010 年起，基于定向进化及理性设计技术获得的人工设计新酶不断涌现。在 C—C 成键方面，Arnold 团队通过构建 $P450_{BM3}$ 突变体，实现卡宾中间体与烯烃类底物的高立体选择性不对称环丙烷化反应 [29]；通过定向进化 P450 单加氧酶实现分子间苄位不对称C—H键胺化反应，以合成高附加值苄胺类分子[30, 31]；对枯草蛋白酶E、P450酶进行改造，实现了自然界不存在的C—B、C—Si等酶催化新反应功能的构建[32, 33]。德国马普煤炭研究所Reetz将定向进化概念和方法应用到对酶的立体选择性改造，实现了多种酶催化的不对称催化合成，并创立了用于酶立体选择性改造的CAST/ISM方法，简化了突变文库的构建规模，实现了酶的半理性化设计[34, 35]。英国曼彻斯特大学Turner通过定向进化扩展亚胺还原酶和单胺氧化酶的底物谱，发展了化学-酶法催化合成一系列手性胺类化合物的方法[36-39]，并于2021年开发了基于逆向生物合成分析的生物催化串联反应设计的计算工具——RetroBioCat，可以通过一些反应选择原则对文献报道的酶催化反应参数进行筛选和组合，设计出目标分子的生物合成途径[40]。欧洲很多高校都有比较强的酶工程和生物催化研究团队，而且基本上都是聚集了化学、生物学、信息技术和工程技术等多学科背景的研究人员。相对来说，美国高校从事生物催化的研究团队要少一些，这可能与美国政府的研究经费资助的倾向性和美国制药公司有比较强大的生物催化研究团队有关。

除上述酶定向进化改造上的研究外，近年来在更具有挑战的蛋白精准设计方面也取得了很大的进展。例如，Baker团队利用计算机设计从头构建了醛醇缩合酶、肯普（Kemp）消除酶等一系列非天然酶[41, 42]。荷兰格罗宁根大学开发了计算确定催化选择性（CASCO）策略，应用于研究底物谱拓展、新型立体选择性人工新酶设计。以色列魏茨曼科学研究所根据蛋白质序列进化关系、系统设计突变的理论和方法，提高了酶活与稳定性，揭示了蛋白质进化的理论。中国科学院微生物研究所吴边团队首次将计算机蛋白质设计技术应用于工业菌株设计改造研究中[43, 44]。中国科学技术大学刘海燕团队自主研发给定主链结构从头设计氨基酸序列的算法（ABACUS）程序，设计的人工蛋白质结构能较准确地再现天然蛋白二级结构堆积构型，为搭建高“可设计性”蛋白质主链结构提供解决方案。

主题是酶定向进化工程的国际会议主要有中日韩酶工程会议、在欧洲举办的国际生物转化工程会（Biotrans、Engineering Conferences International）系列中的酶工程（Enzyme engineering）会议、金门研究会议（Gordon Research Conference）系列的生物催化（Biocatalysis），并设立了相应的酶工程奖，嘉奖在酶工程领域做出重要贡献的科学家。其他诸多的生物、化学等学科的国际会议也常常有酶定向进化的主题分会。

近年来，我国在酶工程与生物催化领域也得到飞速的发展。通过WOS（Web of Science）数据库检索，2015～2020年我国申请相关专利数量占据全球申请数量的50%左右，排名较靠前的高校有江南大学、浙江工业大学、天津科技大学、上海交通大学等，排名较靠前科研院所有中国科学院天津工业生物技术研究所、中国农业科学院、中国科学院青岛生物能源与过程研究所等；我国发表的论文数量也占据相关论文数量的30%左右。从我国的酶定向进化的研究投入、产出的现状可以看出，高校、科研院所仍是主力军，而企业的创新能力相对薄弱。这是因为对于酶的定向进化及产业化应用来说，需要的人才团队必须是复合型的，这个团队中必须包含化学、生物、工程等领域的多学科人才。我国目前也有不少微型生物技术公司正在开展酶定向进化和生物催化的技术开发和商业化，传统的化学合成公司也与科研院所的生物技术研究团队开展合作，但是在酶催化技术开发及商业化方面仍然处于初级阶段，均尚未达到如Codexis公司及国际大制药公司那样的研究规模和影响。

第三节　非天然酶的关键科学问题、关键技术问题与发展方向

一、非天然酶的关键科学问题与关键技术问题

目前国内外的酶催化研究还主要集中于天然酶催化剂的开发、酶结构功能关系解析、酶结构的分子改造、酶催化技术的应用开发等方面。这些研究显著提升了天然催化剂的工业应用性能，促使越来越多的酶催化技术从基础研究走向工业应用。然而，相对于化学催化剂来说，目前酶催化剂所能催化的反应类型和所能接受的底物范围还非常有限，不能像化学催化剂一样更加

广泛地服务于有机合成。因此，为进一步提高酶催化合成化学品的效率，突破天然酶催化合成的局限，未来需要解决以下几个问题。

（一）高效非天然酶的从头设计

为了开发具有更加多样性功能的新酶催化剂，以美国华盛顿大学 David Baker 课题组为代表的研究课题组，已经实现了具有催化活性的非天然酶的从头设计[45,46]，但是目前通过从头设计获得的非天然酶的催化活性仍然很低，需要配合后续大量的酶改造工作来提升其催化活性，从而使其拥有接近天然酶的催化活力[43,47]。因此，未来不仅需要研究蛋白质设计与构建的科学原理，丰富、发展和创新蛋白质基础理论，而且需要一系列计算机算法、方法和技术创新的支撑，最终实现面向工业化应用高性能非天然酶的从头设计，从而替代更多高耗能、高污染的化学催化过程，推动化学、化工、医药等领域的绿色化发展。

（二）工业用酶的智能设计与改造

在实际生产中，特定生产环境（高温、酸碱和有机溶剂）往往对酶的催化活性产生一定程度抑制，导致其催化活性低、稳定性差及选择性不高等，大大阻碍了其在工业中的实际应用[48]。因此，需要综合运用多种酶空间结构解析策略，获得在真实催化环境下酶的空间结构，从而揭示在特定生产环境下其结构与功能的相互关系[48,49]。在此基础之上，通过定向进化的方式提高酶对生产环境的适应性和鲁棒性，从而实现高效工业用酶的创制[50]。

（三）高通量筛选方法的构建

在数量庞大的突变体库中寻找具有期望性能的突变体是定向进化实验的主要挑战。基于常规的琼脂板或者微量滴定板的筛选是定向进化的巨大瓶颈，尤其是针对催化不同手性的突变体的筛选，目前只能逐个对单个突变体进行液相或者气相分析，极大地限制了对性状改良的酶的获得。因此，针对不同的筛选任务，应选择适当的高通量筛选方法［如荧光激活细胞分选法（FACS）、微流控高通量筛选法］，检测底物消耗和产物生成的色谱法［紫外-可见光、荧光或核磁共振光谱法和质谱法（MS）等］[51]。同时，利用分子动力学模拟，结合突变位点对酶蛋白质整体能量、局部能量及罗塞塔（Rosetta）

能量等半经验预测模型计算方法对突变体进行虚拟筛选，提高突变体的筛选效率。

（四）高效生物催化工艺的创建

传统的生物催化工艺优化耗时、耗力，开发人工智能技术来实时监视和控制生物过程，计算流体动力学（CFD）与强大的刺激响应代谢模型相结合已应用于生物过程中，准确有效地预测和评估生物催化过程，以实现更快的放大规模和更低的资源浪费[51]。

二、非天然酶的发展方向

（一）基于大数据和人工智能的酶分子改造

近年来，随着数据库中大量的酶催化数据被报道，未来酶催化技术需要大力发展基于大数据和人工智能（机器学习）的酶分子改造技术，从而降低酶分子改造的成本、提高其改造成功率，以解决目前天然酶催化类型受限、催化性能不足的问题，创制更多具有应用价值的非天然酶，为化学家提供可供选择的高性能生物酶催化剂[50,52]。同时，非天然酶元件的开发也将为高附加值化合物提供更加简单高效的人工合成生物体系，提高关键催化元件和调控元件的人工设计合成能力与范围，减少工程代谢途径和网络构建中冗长的路线设计，构建高效合成的人工细胞工厂[53]。

（二）可再生能源和原材料的应用

近年来，能源储备枯竭及有害的温室气体向大气中的释放，导致气候格局日益不稳定、环境条件日益严峻。目前，碳燃料最终以几乎惰性的 CO_2 结束，从而进一步加剧了碳氢燃料的消耗[53]。为了防止环境进一步恶化并确保持久的能源来源，我们必须找到一种可部署的策略，以便同时利用可再生能源并关闭碳循环。其中，利用光、电提供电子和能量，以可再生原料取代化石原料，将 CO_2 转化和酶催化进行有效结合[53-57]，促进一些以高污染、高能耗为特征的传统制造业向环境友好的“绿色”生物制造业转变，从而助力国家提出的“碳达峰”“碳中和”重大战略目标的实现。以此为基础，发展新材料、新燃料与有机化学品的绿色生物合成技术，发展重大天然产物发酵合成技术，推动药物、材料等摆脱对自然资源的依赖，促进绿色生物技术产业发展。

（三）氧化还原酶等重要酶的工业化应用

以细胞色素 P450 酶为代表的氧化还原酶，能够在温和条件下催化复杂分子骨架中惰性 C—H 键的区域和立体选择性官能团化，使得它们优于许多化学催化剂，在制药、化学、生物技术的应用方面具有显著吸引力[58]。然而，该类氧化还原酶稳定性差、催化效率低，且依赖氧化还原伴侣的电子传递（电子耦合效率低），大大阻碍了该类酶的工业应用进程[59]。未来需要结合蛋白质工程、氧化还原伴侣工程及建立电化学方法和光活化的电子传递体系，构建该类酶高效生物催化转化体系，实现其工业化应用。

第四节　非天然酶的发展政策建议

非天然酶经历数十年的发展，已经大大拓展了酶催化的底物类型和反应范围，构建了不少非天然的酶催化体系，为合成化学的发展提供了新型的合成工具。但是相比于化学催化剂，非天然酶无论从转化类型上还是从应用范围上都有很大的发展空间。随着我国对绿色合成的需求增长，以及发展“碳中和”合成化学的需要，非天然酶需要在以下几个方面进一步发展。

（1）进一步融合信息科学和生物催化，加强基于大数据和人工智能的非天然酶设计，将信息技术（IT）与生物技术（BT）融合并利用大装置等平台，实现高通量快速筛选与智能设计相结合，加速新型非天然酶的设计开发。

（2）通过对酶催化反应的机理研究，结合化学转化理论基础，发展新型的酶催化的非天然转化；综合利用酶催化的高选择性和化学催化的广谱性，发展将两者优势结合的杂合酶催化体系及化学酶接力催化的合成体系，综合利用各种合成工具来构建高效绿色的新合成方法。

（3）进一步将非天然酶融合到合成化学的日常设计中，通过增加酶催化在合成化学等学科布局的比例，让更多的合成化学家在天然产物和药物合成路线的设计中使用酶催化转化，进而加快非天然酶的应用开发，促进非天然酶顺利从实验室研发到工业界产业化应用，真正实现大宗化学品和精细中间体的“碳中和”合成。

随着国家对生物催化研究领域支持力度的不断加强、广大科研人员的不断创新，以及相关学科领域的交叉融合，相信在不久的将来，我国在生物催化领域特别是非天然酶催化研究领域一定会有长足的发展，成为世界绿色合成的“领头羊”，为我国早日实现“碳中和”目标打下坚实的技术基础。

本章参考文献

[1] 许建和，倪燕，郑高伟．生物催化合成 // 中国科学院．中国学科发展战略・合成化学．北京：科学出版社，2016.

[2] 张棉棉．工信部：我国制造业已连续 11 年位居世界第一．http://china.cnr.cn/news/20210914/t20210914_525601199.shtml[2021-04-08].

[3] 中国石油新闻中心．中国原油进口量位居世界首位．http://news.cnpc.com.cn/system/2019/12/18/001756105.shtml[2021-04-08].

[4] 刘晨，程帅朋．沙特石油设施遇袭加剧地区紧张局势．http://m.xinhuanet.com/mil/2019-09/16/c_1210282004.htm[2021-04-08].

[5] 宿亮．苏伊士运河堵塞会让世界经济有多痛？https://baijiahao.baidu.com/s?id=1695468749416469412&wfr=spider&for=pc[2021-04-08].

[6] 张莹．科普 | 迫使美国燃油供应“大动脉”关闭的是何种黑客攻击？ https://baijiahao.baidu.com/s?id=1699608075676086643&wfr=spider&for=pc[2021-05-13].

[7] 习近平．习近平在第七十五届联合国大会一般性辩论上的讲话（全文）. https://baijiahao.baidu.com/s?id=1678546728556033497&wfr=spider&for=pc[2021-04-08].

[8] 中国生物发酵产业协会．2020 年生物发酵行业经济运行状况及协会工作总结．北京，2021.

[9] 中国生物发酵产业协会 . 酶制剂分会 2020 年工作总结及 2021 年工作计划 . 北京 , 2021.

[10] 邓勇 , 陈方 , 王春明 , 等 . 美国生物质资源研究规划与举措分析及启示 . 中国生物工程杂志 , 30(1): 2010, 111-116.

[11] 崔颖璐 , 吴边 . 符合工程化需求的生物元件设计 . 中国科学院院刊 , 2018, 33: 1150-1157.

[12] 张锟 , 曲戈 , 刘卫东 , 等 . 工业酶结构与功能的构效关系 . 生物工程学报 , 2019, 35: 1806-1818.

[13] 曲戈 , 朱彤 , 蒋迎迎 , 等 . 蛋白质工程：从定向进化到计算设计 . 生物工程学报 , 2019, 35: 1843-1856.

[14] 刘磊 , 王志鹏 , 刘文 , 等 . 合成生物学 // 中国科学院 . 中国学科发展战略 • 合成化学 . 北京 : 科学出版社 , 2016.

[15] Knowles J R. The role of methionine and α-chymotrypsin-catalysed reactions. Biochem J, 1965, 95: 180-190.

[16] Wilson M E, Whitesides G M. Conversion of a protein to a homogeneous asymmetric hydrogenation catalyst by site-specific modification with a diphosphinerhodium(I) moiety. J Am Chem Soc, 1978, 100: 306-307.

[17] Liu X, Kang F, Hu C, et al. A genetically encoded photosensitizer protein facilitates the rational design of a miniature photocatalytic CO_2-reducing enzyme. Nat Chem, 2018, 10: 1201-1206.

[18] Estell D A, Graycar T P, Wells J A. Engineering an enzyme by site-directed mutagenesis to be resistant to chemical oxidation. J Biol Chem, 1985, 260: 6518-6521.

[19] Griengl H, Schwab H, Fechter M. The synthesis of chiral cyanohydrins by oxynitrilases. Trends Biochem Sci, 2000, 18: 252-256.

[20] Chen K Q, Arnold F H. Tuning the activity of an enzyme for unusual environments: Sequential random mutagenesis of subtilisin E for catalysis in dimethylformamide. Proc Natl Acad Sci, 1993, 90: 5618-5622.

[21] Stemmer W P C. Rapid evolution of a protein *in vitro* by DNA shuffling. Nature, 1994, 370: 389-391.

[22] Liebeton K, Zonta A, Schimossek K, et al. Directed evolution of an enantioselective lipase. Chem Biol, 2000, 7: 709-718.

[23] Kille S, Zilly F E, Acevedo J P, et al. Regio- and stereoselectivity of P450-catalysed hydroxylation of steroids controlled by laboratory evolution. Nat Chem, 2011, 3: 738-743.

[24] Arnold F H. Directed evolution: Bringing new chemistry to life. Angew Chem Int Ed, 2018, 57: 4143-4148.

[25] Schwizer F, Okamoto Y, Heinisch T, et al. Artificial metalloenzymes: Reaction scope and optimization strategies. Chem Rev, 2018, 118: 142-231.

[26] Sandoval B A, Hyster T K. Emerging strategies for expanding the toolbox of enzymes in biocatalysis. Curr Opin Chem Biol, 2020, 55: 45-51.

[27] Li T, Liang J, Ambrogelly A, et al. Efficient, chemoenzymatic process for manufacture of the boceprevir bicyclic [3.1.0]proline intermediate based on amine oxidase-catalyzed desymmetrization. J Am Chem Soc, 2012, 134: 6467-6472.

[28] Savile C K, Janey J M, Mundorff E C, et al. Biocatalytic asymmetric synthesis of chiral amines from ketones applied to sitagliptin manufacture. Science, 2010, 329: 305-309.

[29] Coelho P S, Brustad E M, Kannan A, et al. Olefin cyclopropanation via carbene transfer catalyzed by engineered cytochrome P450 enzymes. Science, 2013, 339: 307-310.

[30] Yang Y, Cho I, Qi X T, et al. An enzymatic platform for the asymmetric amination of primary, secondary and tertiary $C(sp^3)$—H bonds. Nat Chem, 2019, 11: 987-993.

[31] Prier C K, Zhang R K, Buller A R, et al. Enantioselective, intermolecular benzylic C—H amination catalysed by an engineered iron-haem enzyme. Nat Chem, 2017, 9: 629-634.

[32] Kan S B J, Huang X, Gumulya Y, et al. Genetically programmed chiral organoborane synthesis. Nature, 2017, 552: 132-136.

[33] Kan S B J, Lewis R D, Chen K, et al. Directed evolution of cytochrome C for carbon−silicon bond formation: Bringing silicon to life. Science, 2016, 354: 1048-1051.

[34] Acevedo-Rocha C G, Hollmann F, Sanchis J, et al. A pioneering career in catalysis: Manfred T. Reetz. ACS Catal, 2020, 10: 15123-15139.

[35] Reetz M T. Biocatalysis in organic chemistry and biotechnology. J Am Chem Soc, 2013, 135: 12480-12496.

[36] Marshall J R, Yao P, Montgomery S L, et al. Screening and characterization of a diverse panel of metagenomic imine reductases for biocatalytic reductive amination. Nat Chem, 2021, 13: 140-148.

[37] Yao P, Marshall J R, Xu Z F, et al. Asymmetric synthesis of N-substituted α-amino esters from α−ketoesters via imine reductase−catalyzed reductive amination. Angew Chem Int Ed, 2021, 60: 8717-8721.

[38] Cosgrove S C, Brzezniak A, France S P, et al. Imine reductases, reductive aminases, and amine oxidases for the synthesis of chiral amines: Discovery, characterization, and synthetic applications. Method Enzymol, 2018, 608: 131-149.

[39] Batista V F, Galman J L, Pinto D C G A, et al. Monoamine oxidase: Tunable activity for amine resolution and functionalization. ACS Catal, 2018, 8: 11889-11907.

[40] Finnigan W, Hepworth L J, Flitsch S L, et al. Retrobiocat as a computer-aided synthesis planning tool for biocatalytic reactions and cascades. Nat Catal, 2021, 4: 98-104.

[41] Jiang L, Althoff E A, Clemente F R, et al. *De Novo* computational design of retro-aldol enzymes. Science, 2008, 319: 1387-1391.

[42] Röthlisberger D, Khersonsky O, Wollacott A M, et al. Kemp elimination catalysts by computational enzyme design. Nature, 2008, 453: 190-195.

[43] Cui Y, Wang Y, Tian W, et al. Development of a versatile and efficient C—N lyase platform for asymmetric hydroamination via computational enzyme redesign. Nat Catal, 2021, 4: 364-373.

[44] Li R, Wijma H J, Song L, et al. Computational redesign of enzymes for regio- and enantioselective hydroamination. Nat Chem Biol, 2018, 14: 664-670.

[45] Dou J Y, Vorobieva A A, Sheffler W, et al. *De novo* design of a fluorescence-activating *β*-barrel. Nature, 2018, 561: 485-491.

[46] Silva D A, Yu S, Ulge U Y, et al. *De novo* design of potent and selective mimics of IL-2 and IL-15. Nature, 2019, 565:186-191.

[47] Burke A J, Lovelock S L, Frese A, et al. Design and evolution of an enzyme with a non-canonical organocatalytic mechanism. Nature, 2019, 570: 219-223.

[48] Bhatia S K, Vivek N, Kumar V, et al. Molecular biology interventions for activity improvement and production of industrial enzymes. Bioresour Technol, 2021, 324: 124596.

[49] Madhavan A, Arun K B, Binod P, et al. Design of novel enzyme biocatalysts for industrial bioprocess. Bioresour Technol, 2021, 325: 124617.

[50] Xu Y, Wu Y, Lv X, et al. Design and construction of novel biocatalyst for bioprocessing. Bioresour Technol, 2021, 332: 125071.

[51] Markel U, Essani K D, Besirlioglu V, et al. Advances in ultrahigh-throughput screening for directed enzyme evolution. Chem Soc Rev, 2020, 49: 233-262.

[52] Mao N, Aggarwal N, Poh C L, et al. Future trends in synthetic biology in Asia. Adv Genet,

2021, 2: 10038.

[53] Li G Y, Qin Y C, Fontaine N T, et al. Machine learning enables selection of epistatic enzyme mutants for stability against unfolding and detrimental aggregation. Chem Bio Chem, 2021, 22: 904-914.

[54] Cestellos-Blanco S, Zhang H, Kim J M, et al. Photosynthetic semiconductor biohybrids for solar-driven biocatalysis. Nat Catal, 2020, 3: 245-255.

[55] Schmermund L, Jurkaš V, Özgen F F, et al. Photo-biocatalysis: Biotransformations in the presence of light. ACS Catal, 2019, 9: 4115-4144.

[56] Schmermund L, Reischauer S, Bierbaumer C K, et al. Chromoselective photocatalysis enables stereocomplementary biocatalytic pathways. Angew Chem Int Ed, 2021, 60: 6965-6969.

[57] Hu G, Li Z, Ma D, et al. Light-driven CO_2 sequestration in *Escherichia coli* to achieve theoretical yield of chemicals. Nat Catal, 2021, 4: 395-406.

[58] Li Z, Jiang Y, Guengerich F P, et al. Engineering cytochrome P450 enzyme systems for biomedical and biotechnological applications. J Biol Chem, 2020, 295: 833-849.

[59] Jung S T, Lauchli R, Arnold F H. Cytochrome P450: Taming a wild type enzyme. Curr Opin Biotech, 2011, 22: 809-817.

第六章

酶催化反应驱动的活性分子合成

第一节　科学意义与战略价值

天然产物是自然界赋予人类的宝贵财富之一。很多来自植物、微生物和海洋生物的天然产物具有重要的药理活性，其中部分已经作为药物在临床治疗中广泛使用；还有很多天然产物作为小分子探针，为我们在分子水平上理解生命现象的本质发挥了重要作用。除了这些源自自然界的次级代谢产物，药物化学家还发展了很多针对各种疾病的小分子药物。与生物药相比，小分子药物具有生物利用度高、给药方便、没有免疫原性、生产成本低等诸多优点。以西他列汀、伊布替尼、依斯拉韦等为代表的手性药物在抗 2 型糖尿病、抗癌、抗人体免疫缺陷（HIV）等领域发挥了重要作用，具有庞大的市场和重要的经济价值。在活性天然产物与小分子药物的研究中，如何高效、高选择性地合成这些化合物一直是化学家关注的重点。

化学合成是获得活性天然产物与小分子药物的重要途径。随着有机合成的发展，化学家发展了各种新颖的合成策略和高效的合成方法来实现各类化合物的制备。但是，传统的有机合成也逐渐显露出一些弊端。首先，有机合成依赖于化石能源，由于其储量有限、不可再生，对化石能源的过度依赖具有诸多潜在的问题。其次，有机合成过程中会使用大量对环境有害的有机试剂和有机溶剂等，为了减轻环境污染，处理合成过程中产生的废弃物需要耗费大量的人力和财力。同时，有机合成中的能源消耗和安全问题也是不可忽视的因素。如何克服这些弊端，环境友好、安全地合成各类活性分子成为化学家追求的目标。

与传统的有机合成相比，酶催化反应具有高效性、高选择性、反应条件温和、环境友好等特点，因此得到越来越多的重视，被逐渐应用于各种活性天然产物和小分子药物的合成[1-4]。目前，国际一些大型制药公司和化工公司（默克公司、辉瑞公司、巴斯夫公司等）对利用生物催化生产小分子药物和精细化学品日益重视，一些提供该方面技术服务的公司也应运而生。美国和欧盟国家等已将生物制造纳入国家发展战略，将发展生物基化学品作为未来目标。但是，相比于有机合成领域已经发展得非常成熟的合成方法、合成策略与特殊试剂，酶催化的反应类型仍非常有限，这极大地限制了生物催化在药物合成等领域的应用。因此，将有机合成与生物催化相结合、取长补短成为未来的发展趋势。酶催化反应驱动的有机合成是绿色生物制造的重要组成部分，符合我国的绿色发展理念，是我国推动产业技术变革和制造业产业模式转变的重要手段之一。

第二节　现状及其形成

酶催化反应驱动的有机合成涉及有机合成化学、酶学、结构生物学、微生物学、生物信息学等多个学科和研究领域的交叉与融合，因此这些领域的发展极大地推动了生物催化这一领域的快速发展。首先，随着生物信息学的发展，更多种类的酶被挖掘，极大地丰富了生物催化剂的种类。其次，随着结构生物学的发展，这些酶的三维结构被解析，使生物化学家对催化机制有了更深入的认识。不仅如此，分子生物学技术、自动化分析技术和高通量筛选技术的发展使酶的定向进化（directed evolution）变得更高效，极大地促进了科学家对酶的改造能力。

酶催化反应驱动的活性分子合成从策略角度可以分为化学-酶法合成、异源-化学合成和体外全酶催化合成三种类型：化学-酶法合成是利用纯酶或粗酶催化的反应替代传统多步有机合成中的一步或多步化学反应以实现更高效的转化；异源-化学合成则是基于异源合成策略，利用微生物生产天然产物前体，然后通过化学转化实现天然产物的合成；体外全酶催化合成则是从非代谢产物出发，所有合成步骤均为体外的酶催化反应合成。

一、活性天然产物的化学-酶法合成

（一）酶催化碳-碳键形成反应驱动的活性天然产物合成

碳-碳键形成反应是有机合成化学中最重要的一类反应。2010年以来，随着越来越多天然产物生物合成途径被解析，很多催化碳-碳键形成反应的酶被鉴定得到，并在化学-酶法合成中发挥了重要作用。

1. 酶催化的碳-碳键氧化偶联反应

红藻氨酸是20世纪50年代从热带海藻海人草（*Digenea simplex*）中提取到的一种天然产物，并在90年代之前用于治疗蛔虫感染。后来的研究发现，这个天然产物可以激活中枢神经系统中离子型谷氨酸受体（ionotropic glutamate receptor，iGluR），是神经科学领域研究中的一种重要试剂。由于该化合物的短缺，有机合成化学家发展了超过70条化学合成路线来生产这种天然产物。Moore课题组利用纳米孔测序（nanopore sequencing）技术对*Digenea simplex*进行了全基因组测序并鉴定了红藻氨酸的生物合成基因簇，从中分析鉴定得到红藻氨酸的两个生物合成酶KabA和KabC（图6-1）[5]。Moore课题组进一步设计并实现了一条非常高效的化学-酶法合成路线：通过化学还原胺化反应制备红藻氨酸的前体，然后通过KabC催化的立体选择性碳-碳键形成反应以32%的总收率制备克级红藻氨酸。与化学全合成策略相比，这条化学酶合成路线在反应步骤、产率、选择性等方面具有很大的优势。

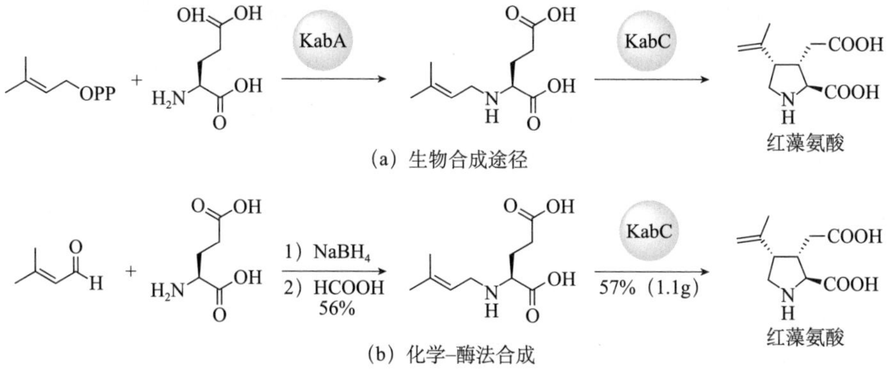

(a) 生物合成途径

(b) 化学-酶法合成

图 6-1　红藻氨酸的生物合成途径与化学-酶法合成途径

作为最有效的微管蛋白阻聚剂之一，鬼臼毒素（podophyllotoxin）是抗肿瘤药物开发中的重要先导化合物，也是依托泊苷（etoposide）的合成前体，发展高效、高选择性的鬼臼毒素合成方法具有重要的意义。Sattely 课题组于 2015 年发现了依托泊苷母核骨架生物合成途径中的 6 个关键酶，包括构建其分子骨架最重要的碳-碳键氧化偶联酶 2-ODD-PH [6]。Fuchs、Kroutil 研究组与 Renata 研究组基于这一发现，分别设计了两条不同的化学合成路线来获得其氧化偶联前体，然后通过 2-ODD-PH 催化的氧化偶联和简短的化学转化实现了鬼臼毒素的高效合成（图 6-2）[7,8]。

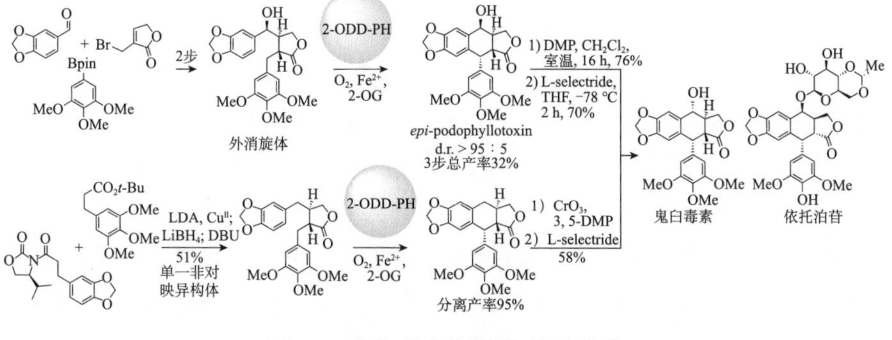

图 6-2　鬼臼毒素的化学-酶法合成

L-selectride: 三仲丁基硼氢化锂

2. Diels-Alder 酶催化的环加成反应

多杀菌素 A（spinosyn A）是多杀霉素（spinosad）的主要活性部分，具有非常好的杀虫活性。Evans、Roush、Paquette 等课题组均报道了它的化学全合成过程。刘鸿文课题组对 spinosyn A 的生物合成机制进行了深入研究，鉴定并验证了其中涉及的合成酶。在此基础上，刘鸿文课题组通过化学方法合成了大环内酯中间体，然后在 Diels-Alder 酶 SpnF 和其他三种酶的催化下实现了 spinosyn A 前体的化学酶全合成（图 6-3）[9]。Liu 课题组进一步尝试了酶催化的方法来进行糖基化，但未能成功，因此采用 Lewis 酸介导的糖基化反应完成了 spinosyn A 的合成。

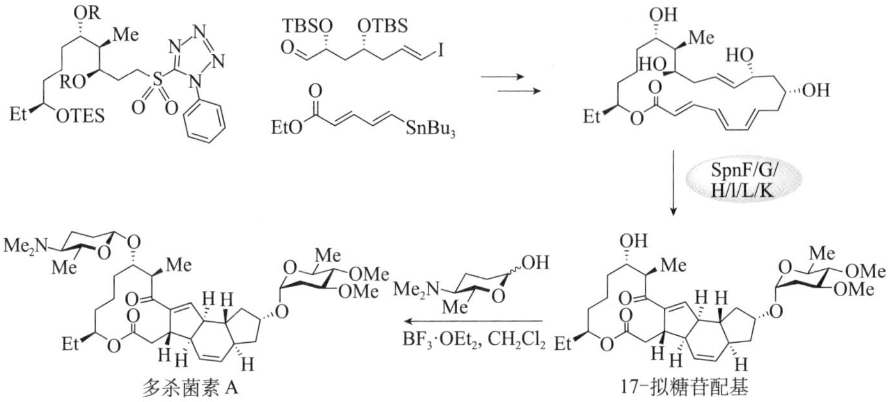

图 6-3　spinosyn A 的化学－酶法合成

尹奎色亭（equisetin）是 1974 年由 Hesseltine 等从陆生真菌木贼镰刀菌（*Fusarium equiseti* NRRL 5537）中分离得到的一种聚酮类天然产物，具有抗 HIV 活性。2011 年，Ahn 等从土壤真菌 *Fusarium* sp. FN080326 中提出得到其类似物 fusarisetin A。Osada 等随后报道了尹奎色亭和 fusarisetin A 生物合成途径中的关键基因 *fsa2*，并通过敲除 *fsa2* 基因实验推测其功能是催化分子内 Diels-Alder 反应生成内型产物。高栓虎课题组和刘文课题组在此基础上通过化学方法以 7 步合成了 Diels-Alder 反应前体，然后尝试了酶催化的和非酶催化的分子内 Diels-Alder 反应（图 6-4）[10]。结果发现，非酶催化的反应会生成内型和外型两种产物，比例为 1∶1～2∶1；对于 Fsa2 酶催化的反应内型产物是唯一的产物。这一结果很好地展示了酶催化反应在提高产物选择性方面的巨大优势。

相比于催化分子内 Diels-Alder 反应的合成酶，能够催化分子间 Diels-Alder 反应的合成酶直到 2020 年才被发现。雷晓光课题组、戴均贵课题组和黄璐琦课题组从桑树中鉴定得到一种黄素腺嘌呤二核苷酸（flavin adenine dinucleotide，FAD）依赖型环加成酶 MaDA，可以催化查可霉素（chalcomoracin）的合成，这是从植物中鉴定得到的首个催化分子间 Diels-

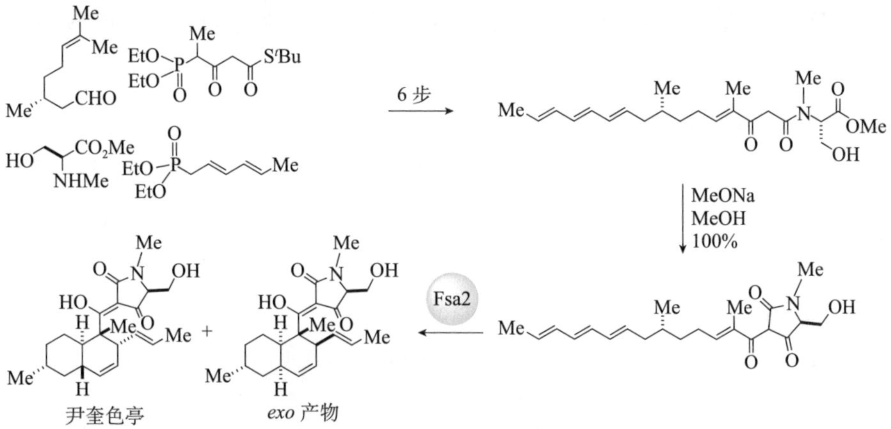

图 6-4　尹奎色亭的化学-酶法合成

Alder 反应的合成酶（图 6-5）[11]。他们对 MaDA 的催化机制进行了深入研究，并通过化学合成了双烯体和亲双烯体，利用 MaDA 催化的分子间 Diels-Alder 反应成功实现了 artonin I 的化学-酶法合成 [12]。

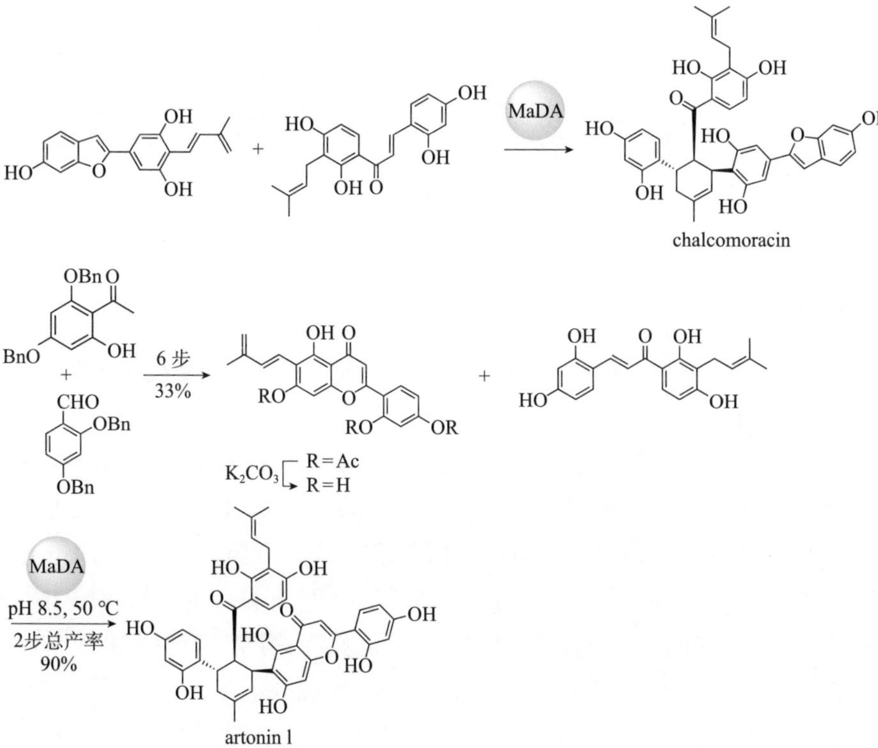

图 6-5　酶催化的分子间 Diels-Alder 反应与 artonin I 的化学-酶法合成

3. 酶催化的 Pictet-Spengler 反应在四氢异喹啉生物碱合成中的应用

具有抗肿瘤活性的四氢异喹啉（tetrahydroisoquinoline）生物碱是通过非核糖体肽生物合成机制生成的一类天然产物，吸引了众多有机合成化学家对其进行研究，如何高效地构建其高度官能团化的五环母核结构是核心问题。Oguri 和 Oikawa 等利用番红霉素（saframycin）生物合成途径中的 SfmC 模块，设计了一条简洁的化学-酶法合成路线（图 6-6）[13]。通过将三个化学合成的片段在 SfmC 催化条件下发生两次 Pictet-Spengler 反应构建五环母核骨架，然后通过 2～3 步简洁的化学转化生成 jorunnamycin A 和番红霉素 A。

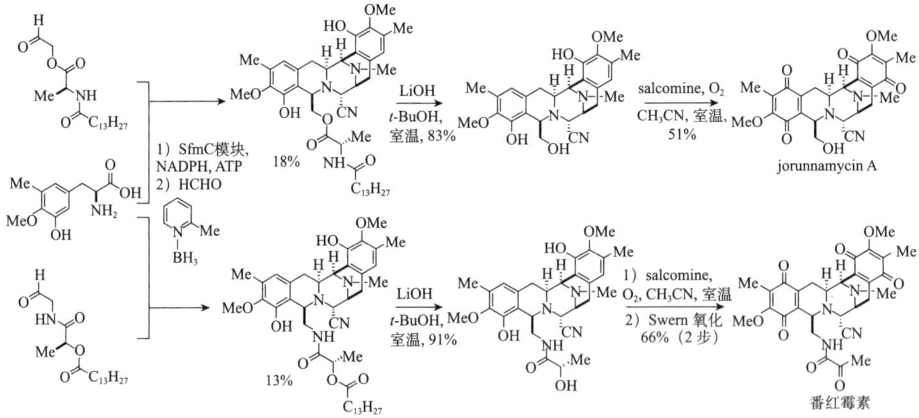

图 6-6 jorunnamycin A 与番红霉素 A 的化学-酶法合成

salcomine：*N*, *N'*-二水杨醛乙二胺钴（Ⅱ）

4. 萜类化合物的化学-酶法全合成

萜类化合物是自然界存在的种类最多、结构最复杂的一类天然产物，很多萜类天然产物都具有重要的生理活性。萜类天然产物的生物合成是通过异戊烯基转移酶将两种异戊烯单元二甲基烯丙焦磷酸酯（dimethylallyl pyrophosphate，DMAPP）和异戊烯焦磷酸（isopentenyl pyrophosphate，IPP）连接成 10 个、15 个、20 个、25 个、30 个碳的直链焦磷酸酯中间体，经过萜类合成酶进行环化生成萜类骨架，最后通过 P450 单加氧酶等进行修饰得到的。与萜类化合物的化学合成方法相比，萜类合成酶催化的碳环骨架的构建具有更高的效率。因此，萜类化合物的化学-酶法合成也是利用这些酶来实现的。

Allemann 课题组对抗疟药物青蒿素的合成前体二氢青蒿醛进行了化学-酶法合成（图 6-7）[14]。与生物合成先环化后氧化的策略不同，Allemann

课题组采取了先化学氧化再酶催化环化的策略。他们首先化学合成了 13-乙酰氧基法尼醇焦磷酸酯，然后在紫惠槐-4, 11-二烯合酶（amorpha-4,11-dienesynthase，ADS）的催化下生成二氢青蒿醛，二氢青蒿醛可以作为中间体进一步转化为青蒿素。但是，这种方法所得到的二氢青蒿醛为一对非对映异构体，不具有很好的选择性，与二氢青蒿酸的异源合成相比并没有优势。Allemann 课题组进一步发展了一种模块化的化学-酶法合成策略来构建萜类化合物及其衍生物[15]。

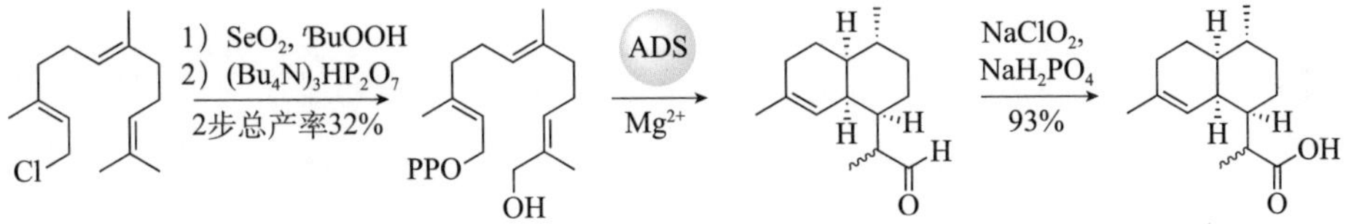

图 6-7　二氢青蒿酸的化学-酶法合成

通过上述研究可以看出，将天然产物生物合成途径中催化碳-碳键形成反应的合成酶应用于天然产物的化学-酶法合成，可以高效、立体选择性地构建天然产物母核骨架，与传统的化学合成相比具有极大的优势[16]。

（二）酶催化碳-氧键形成反应驱动的活性天然产物合成

1. 氧杂-迈克尔加成酶催化的碳-氧键形成

四氢吡喃结构广泛存在于具有重要生理活性的聚酮类天然产物中，立体选择性构建多取代四氢吡喃结构是合成中的难点。Hahn 课题组对一种可以催化分子内氧杂-迈克尔加成（intramolecular oxa-Michael addition，IMOMA）反应形成四氢吡喃结构的酶 AmbDH3 进行了深入研究（图 6-8）[17]，作者发现其在多种底物（如烯硫醇盐和乙烯基酮）上均表现出较好的底物特异性和保守的立体选择性，可以合成一系列手性四氢吡喃结构。他们对其体外实验的催化体系进行了改进，以实现扩大反应规模的目的，并利用该酶实现了天然产物 (−)-centrolobine 的化学-酶法合成。

2. 聚酮合酶① 在大环内酯类天然产物合成中的应用

在大环内酯类天然产物的化学合成中，将线型底物转化为环状底物是关

① 聚酮合酶（polyketide synthase，PKS）。

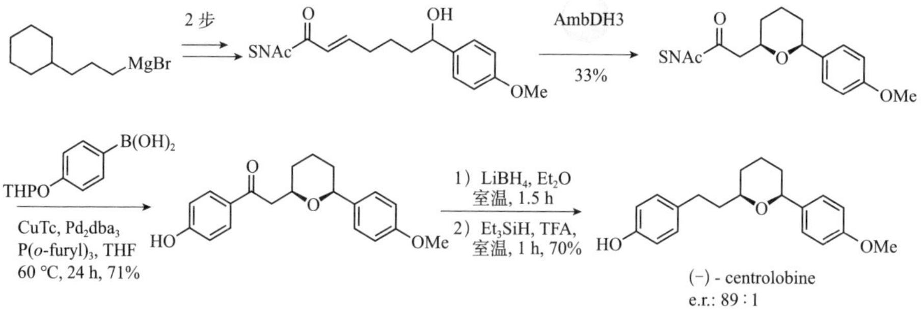

2 步
SNAc
OH
MgBr
OMe
AmbDH3
33%
SNAc
O
OMe
$B(OH)_2$
THPO
CuTc, Pd_2dba_3
P(*o*-furyl)$_3$, THF
60 °C, 24 h, 71%
HO
OMe
1）$LiBH_4$, Et_2O
室温, 1.5 h
2）Et_3SiH, TFA,
室温, 1 h, 70%
HO
OMe
(−) - centrolobine
e.r.: 89∶1

图 6-8　氧杂-迈克尔加成酶催化的 (−)-centrolobine 的化学-酶法合成

键的一步。在这类天然产物的生物合成中，环化过程是通过端粒酶（TE）催化的转酯化反应实现的。Sherman 课题组报道了一种利用端粒酶实现隐藻霉素（cryptophycin）类似物的多样性合成策略（图 6-9）[18]。隐藻霉素属于大环二肽天然产物的家族，对抗药性癌症显示出异常有效的抗增殖活性。隐霉素硫酯酶（CrpTE）和隐霉素环氧化酶（CrpE）是一组通用的酶，可催化 20 多种天然隐藻代谢物的大环化和环氧化。Sherman 课题组首先评估了野生型 CrpTE 催化中间体形成大环内酯的转化，发现该酶具有出色的底物兼容性。随后他们考察了 CrpE 催化烯烃环氧化的活性，合成了一系列隐藻霉素的类似物，并从中筛选得到一种抗肿瘤活性更高的隐藻霉素类似物。该工作不仅证明了端粒酶可作为独立生物催化剂使用，用于该类天然产物的多样性合成，还证明了生物催化方法可以作为药用化学和化学生物学研究中的重要工具。

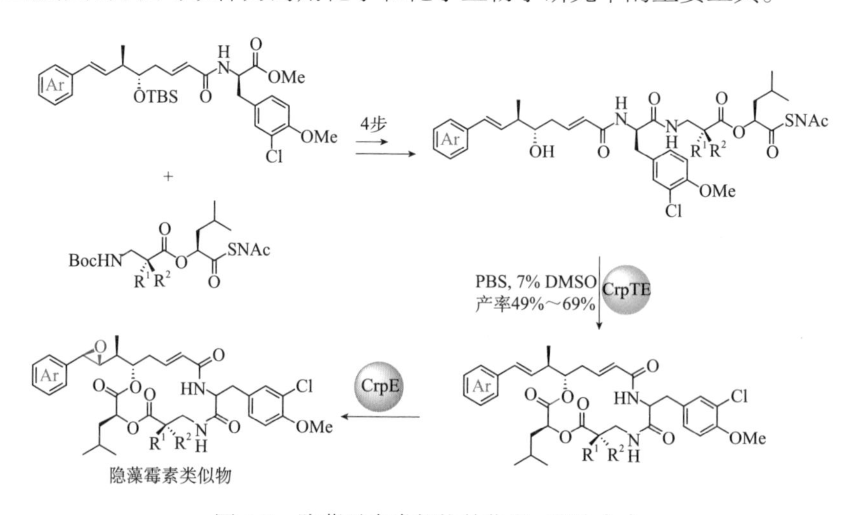

图 6-9　隐藻霉素类似物的化学-酶法合成

3. 选择性碳-氢键官能团化

金属催化的碳-氢键官能团化在过去 20 年取得了极大的发展，但是其在复杂天然产物合成中的应用却相对有限。在天然产物的生物合成过程中，酶催化的碳-氢键官能团化扮演着非常重要的角色，因此如何利用这些酶实现天然产物的高效合成具有重要的意义。实现碳-氢键活化氧化的酶主要包括细胞色素 P450 酶、Rieske 加氧酶、黄素依赖型单加氧酶（FMO）及 Fe/α-酮戊二酸（α-ketoglutaric acid，αKG）依赖型单加氧酶等，它们都能对小分子进行位点选择性碳-氢键官能团化。

细胞色素 P450 酶是被研究最深入、最广泛的一种加氧酶[19]。多种 P450 酶，尤其是 $P450_{BM3}$ 的发现和结构解析，极大地推动了酶催化碳-氢键氧化这一领域的发展[20]。在此过程中，Arnold、Reetz、Fasan 等课题组对各种链状、环状底物的选择性碳-氢键氧化进行了研究，并发展了一系列突变体可以用于各类底物的转化，为将 $P450_{BM3}$ 应用于天然产物合成奠定了基础[21]。

Stoltz 课题组和 Arnold 课题组于 2017 年合作报道了利用 $P450_{BM3}$ 的突变体实现复杂底物的烯丙位碳-氢键选择性氧化，并完成了生物碱 nigelladine A 的首次不对称全合成（图 6-10）[22]。作者首先经过 10 步反应合成了三环中间体，期望在后期通过烯丙位碳-氢键氧化来引入 C7 位的羰基。作者尝试了多种化学烯丙位碳-氢键氧化方法，但是发现 C7 位在发生氧化的同时也伴随着 C10 位三级碳氧化的竞争过程。因此，他们尝试利用酶催化氧化的方法解决这一问题：首先在变体库中筛选出可以催化 C7 位碳-氢键氧化的酶，结果发现 $P450_{BM3}$ 对 C7 位氧化表现出一定的选择性。然后作者对该酶的一些活性位点进行突变，最终发现 P450 8C7 工程酶具有良好的效果，可以得到目标氧化产物。最后再将 C7 位羟基氧化成羰基，以两步 21% 的总收率完成了 nigelladine A 的合成。

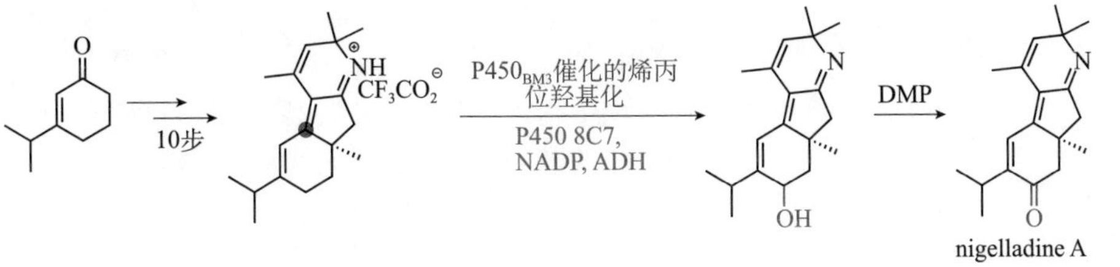

10步

$P450_{BM3}$催化的烯丙位羟基化

P450 8C7, NADP, ADH

DMP

$CF_3CO_2^-$

nigelladine A

图 6-10 nigelladine A 的化学-酶法合成

Reetz、Fasan 等课题组都对萜类、甾体类化合物的碳–氢键活化氧化进行了深入研究[23,24]。Fasan 课题组发现 $P450_{BM3}$ 的突变体可以立体选择性地氧化香紫苏内酯（sclareolide）的 C3 位[24]。Renata 课题组在此基础上对其进行了进一步优化，发现 $P450_{BM3}$-MERO1（1857-V328A）和 $P450_{BM3}$-MERO1-L75A 两种突变体可以高效地催化香紫苏内酯和香紫苏醇（sclareol）的 C3 位选择性氧化（图 6-11）[25]。他们将这一策略与金属催化的自由基反应应用于氧化杂萜化合物的化学–酶法合成，完成了 8 种天然产物的模块化合成。

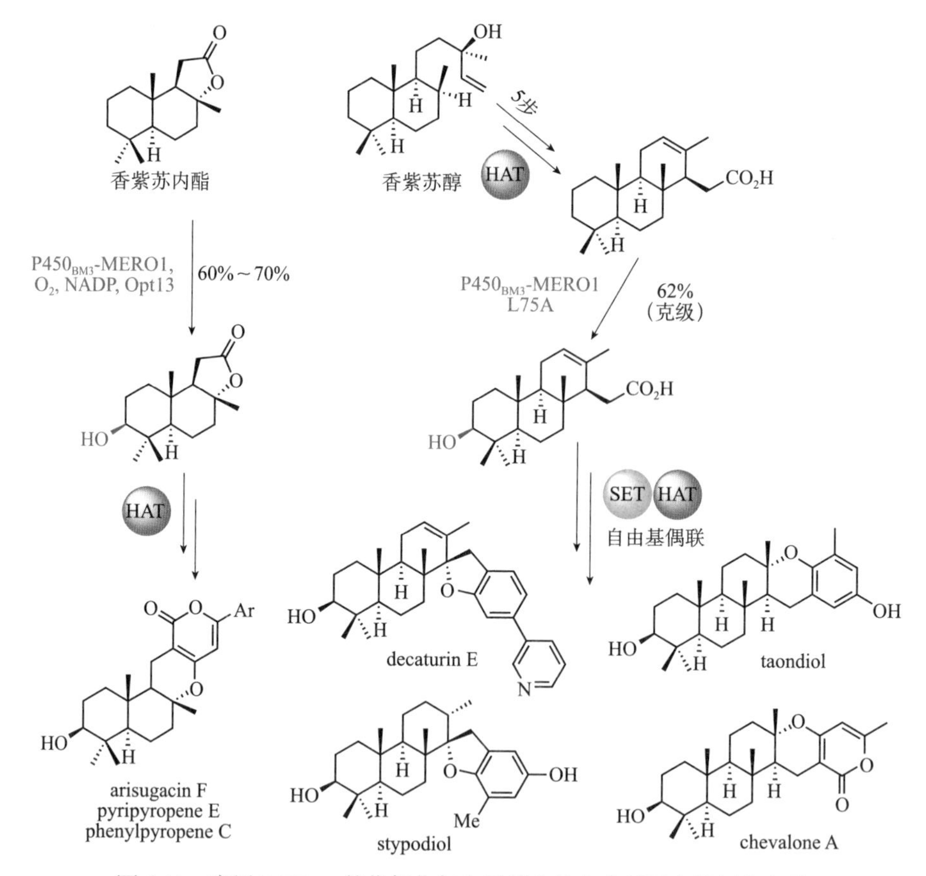

图 6-11 应用 $P450_{BM3}$ 催化氧化与金属催化的自由基反应的氧化杂萜化合物的化学–酶法合成

甾体化合物的 19 位甲基的碳–氢键羟基化是雄性激素向雌性激素转化及合成 19–去甲甾体药物的关键步骤，无论是用化学合成还是生物合成的方式，都难以实现其高效转化。武汉大学周强辉课题组和瞿旭东课题组利用野生型真菌瓜亡革菌（*Thanatephorus cucumeris*）对甾体 C19 位进行羟化（图 6-12）[26]，通过筛选合适的底物，成功将羟化效率由 20% 提高到 80%，从而发现了由廉价甾体原料可托多松直接制备 19-羟化可托多松的高效方法，可方便合成各种有用的甾体中间体。在此基础上通过 3～8 步化学转化，完成了六种 19-羟化孕甾烷的首次合成，并完成了对甾体 sclerosteroid B 的结构修正。

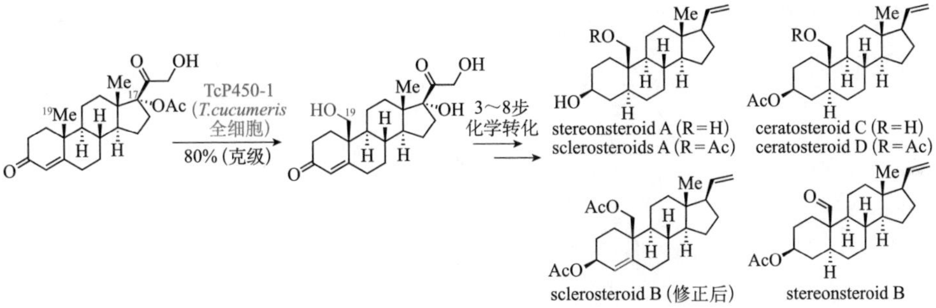

图 6-12　19-羟化孕甾烷的化学-酶法合成

除了细胞色素 P450 酶，Fe/α KGs 依赖型单加氧酶也可以实现复杂底物的碳-氢键活化氧化。沈奔课题组在研究平板霉素的生物合成机制时发现了 PtmO6 可以选择性地氧化对映贝壳杉烯类底物的 C7 位碳-氢键[27]。在此基础上，Renata 课题组与沈奔课题组发展了一种化学-酶法合成策略，从甜菊醇（steviol）出发，以 10 步或更少的步骤合成了 9 种含有对映贝壳杉烯及其相似骨架的二萜类天然产物（图 6-13）[28]。

黄素依赖型单加氧酶也得到较多的研究，可催化多种类型的反应，包括杂原子的氧化、卤化、Baeyer-Villiger 氧化及苯酚的氧化去芳构化等。Gulder 课题组报道了一种单加氧酶 SorbC 可以对简单聚酮山梨醇进行氧化去芳构化（图 6-14）[29]，并通过改变芳环系统上的取代基或改变山梨糖基侧链的饱和度，快速构建多种真菌山梨醇类天然产物及其类似物。这种化学-酶法合成策略为大多数山梨醇类化合物提供了高度简化的合成途径，对其生物医学潜力的评估起到重要的促进作用。

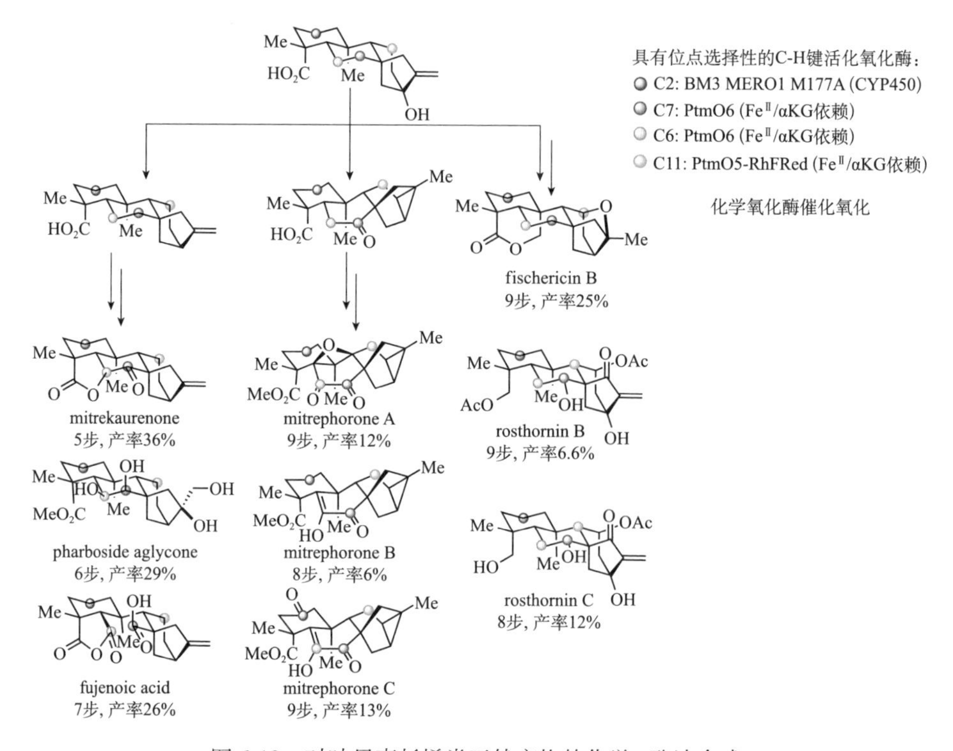

图 6-13　对映贝壳杉烯类天然产物的化学-酶法合成

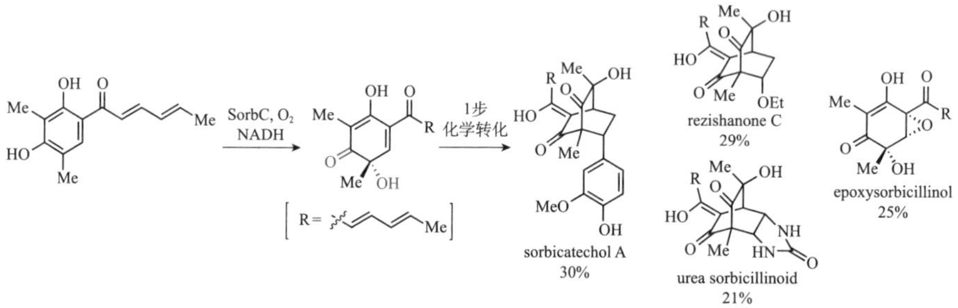

图 6-14　黄素依赖型单加氧酶 SorbC 在多种天然产物合成中的应用

Rieske 加氧酶中的［2Fe-2S］簇比较敏感，导致其应用受限。目前常见的 Rieske 加氧酶便是甲苯双加氧酶（TDO），能活化芳环的碳-氢键，得到 1, 2-顺式二羟化产物。1989 年，D. T. Gibson 将在恶臭假单胞菌 F1（*Pseudomonas putida* F1）中发现的编码 TDO 的基因导入大肠杆菌 JM109 中，过量表达产生的几种 TDO，分别命名为 JM109（pDT-601）、JM109（pDTG602）和 JM109（pDTG603）[30]。在中等规模（10～15 L）下用大肠杆菌 JM109（pDTG601）对芳香族化合物进行全细胞发酵，可以产生对映体纯的环己二烯二醇手性中间体，随后可使用化学方法合成一系列活性天然产物和药物分子（图 6-15）。

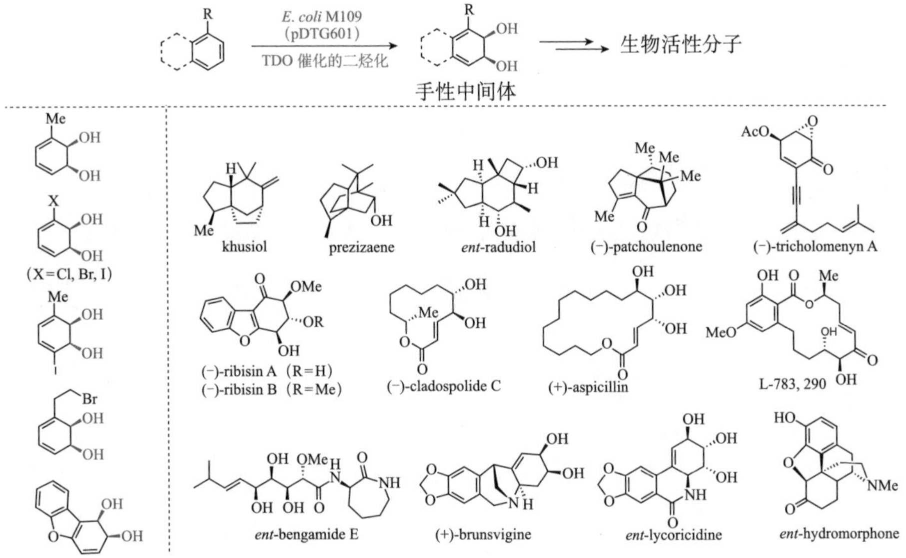

图 6-15 Rieske 加氧酶在多种天然产物化学-酶法合成中的应用

（三）酶催化碳-氮键形成反应驱动的活性天然产物合成

Caprio 等报道了一种利用转氨酶引发氮杂迈克尔加成来构建 C—N 键的方法（图 6-16）[31]。作者利用 Codexis 公司所发展的两种 ω-转氨酶，以易得的烯酮作为底物，利用关键的生物催化转氨反应和自发分子间氮杂迈克尔加成进行 2, 6-二取代哌啶的区域和立体选择性合成，最终分别以高产量和高 ee 值得到哌啶化合物。

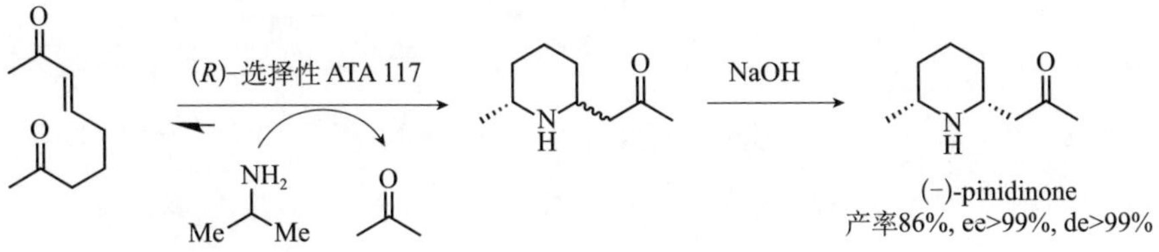

图 6-16 ω-转氨酶在 pinidinone 合成中的应用

Kroutil 等五步合成了吡咯烷类生物碱异丁烯碱的一对对映体，分别以＞99% ee 和＞99% de 的形式获得 17% 和 30% 的总收率（图 6-17）。作者从市售的非手性 2-(正庚基)呋喃开始，两步制备三酮中间体。随后将其作为底物，分别考察了来自不同菌体中的转氨酶，结果发现来自关节杆菌属的两种对映体互补转氨酶催化效果较为出色，都能以＞99% 的收率和＞99% ee 值得到目标胺化产物。由于胺化产生的中间体会自发地环化生成五元环亚胺，因此无论是 *S* 选择性的转氨酶还是 *R* 选择性的转氨酶，对反应的最终产物都没有影响。利用转氨酶催化三酮的区域和立体选择性单胺化这一策略，实现了 (+)-xenovenine 和 (−)-xenovenine 的高效全合成，是迄今路线最短、效率最高的合成路线 [32]。

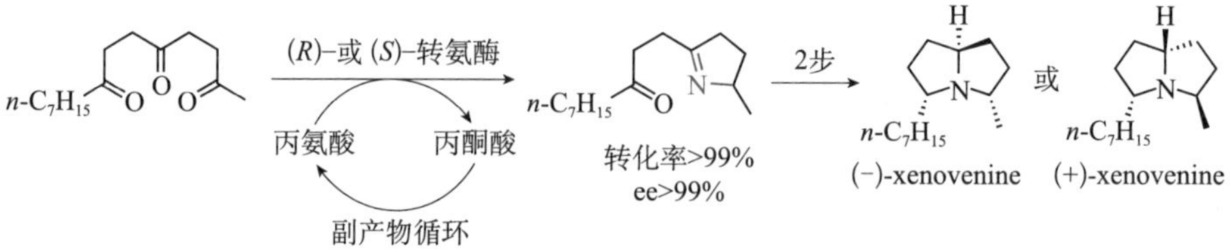

图 6-17　(+)-xenovenine 和 (−)-xenovenine 的化学−酶法合成

碳青霉烯耐药的革兰氏阴性菌的出现和传播是威胁人类健康的重要问题之一。2014 年 Wright 等发现真菌天然产物曲霉菌胺 A（aspergillomarasmine A，AMA）可以抑制超级细菌的 NDM-1 酶，该物质有望作为对抗细菌耐药性的候选药物 [33]。雷晓光课题组于 2016 年通过化学全合成纠正了 AMA 手性中心的绝对构型 [34]，但是化学全合成策略无法用于这类化合物的高效大量制备。2018 年，Poelarends 课题组报道了利用乙二胺−*N*, *N′*−二琥珀酸裂解酶（ethylenediamine-*N*, *N′*-disuuinic acid，EDDS）催化的胺类化合物对富马酸的不对称加成反应，他们发现 EDDS 的底物范围宽泛，具有很高的立体选择性。他们将这一反应应用于 AMA 的高效合成（图 6-18）[35]。值得一提的是，雷晓光课题组鉴定了 AMA 生物合成途径中的关键酶，并对其结构和催化机制进行了深入研究，有望发展另一条生物合成 AMA 的策略 [36]。

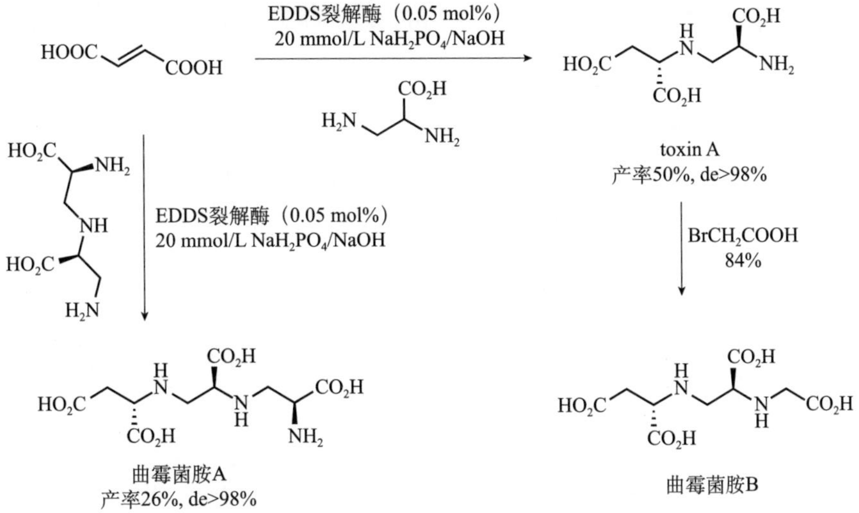
HOOC
COOH
EDDS裂解酶（0.05 mol%）
20 mmol/L NaH2PO4/NaOH
CO2H
H2N
NH2
HO2C
N
H
CO2H
NH2
CO2H
toxin A
产率50%, de>98%
BrCH2COOH
84%
HO2C
NH2
NH
HO2C
H2N
EDDS裂解酶（0.05 mol%）
20 mmol/L NaH2PO4/NaOH
曲霉菌胺A
产率26%, de>98%
曲霉菌胺B

图 6-18　曲霉菌胺 A 的化学-酶法合成

二、活性天然产物的异源-化学合成

随着天然产物生物合成机制的解析和生物技术的发展，科学家开始尝试将一些药用天然产物的生物合成基因在微生物（如大肠杆菌、酵母、链霉菌）中进行异源表达，利用微生物作为细胞工厂实现这些化合物的异源合成。通过这一方法，科学家已经成功实现了青蒿酸、紫杉二萜、毛喉素等化合物的异源合成。但是这一方法还存在一定的局限性，主要有两个原因：首先，目前只有一小部分活性天然产物的生物合成途径被完整解析，因此大部分化合物无法利用这种方式来获得；其次，很多天然产物生物合成酶在异源宿主中存在表达、定位异常等问题，有些合成酶的活性太低，因此极大地限制了产量的提高。基于上述问题，科学家提出了一种新的策略，即将异源合成与化学合成相结合，利用各自的优势来实现活性天然产物的高效合成，这一策略在萜类化合物的合成中已经得到很好的应用。

神经退行性疾病是影响人类健康最重要的疾病之一，目前获得批准的用于临床治疗的药物很少。2002 年日本科学家从胎牛血清中分离得到一种二萜类天然产物 serofendic acid，该物质具有非常有效的神经保护作用。由于其含量极低（每 250 L 胎牛血清中含有 3.1 mg），对其进行高效的合成显得非常重要。由于 serofendic acid 的生物合成途径未知，因此无法通过经典的异源合成手段获得。Smanski 课题组通过对已知能够合成半日花烷（labdane）类化合物的链霉菌属（*Streptomyces*）的基因组进行分析，从中鉴定得到可能的 *ent*-atiserene 合成酶和 P450 氧化酶，然后在 *Streptomyces albidoflavus* J1074 中进行异源合成，获得关键中间体 *ent*-atiserenoic acid（摇瓶产量为 547.9 g/L）。中间体 *ent*-atiserenoic acid 通过 4 步化学转化可以生成天然产物 serofendic acid（图 6-19）[37]。

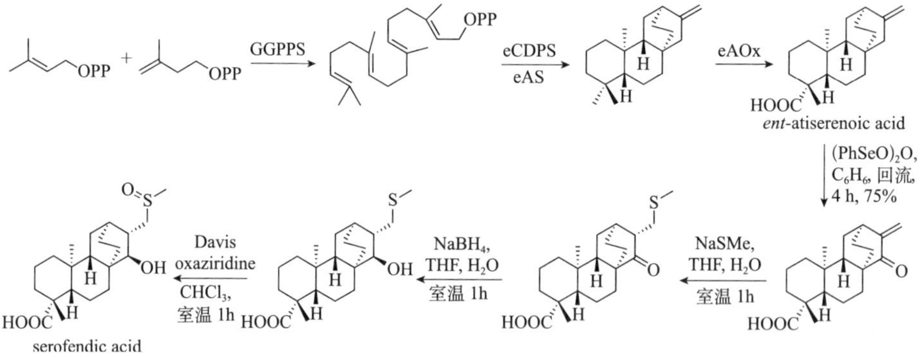

图 6-19　serofendic acid 的异源-化学合成

englerin A 是美国国立癌症研究所（NCI）的 Beutler 课题组从东非大戟科植物 *Phyllanthus engleri* 的树皮中分离得到的一种环氧愈创木烷类天然产物，对肾癌细胞具有非常好的选择性抑制作用。它的重要的生理活性和独特的化学结构引起了有机合成化学家、药物化学家的广泛兴趣，目前已经有 20 个课题组完成了它的化学全合成或形式全合成。由于 englerin A 的生物合成途径未知，因此无法利用异源合成方法通过微生物发酵得到。2016 年，Dickschat 课题组报道了从 *Fusarium fujikuroi* 中鉴定得到的倍半萜合成酶 STC5 可以催化法尼醇焦磷酸酯生成 (−)-guaia-6, 10(14)-diene。该化合物具有与 englerin A 相同的碳环骨架与手性中心。2020 年，Christmann、Liu 团队与项征课题组几乎同时报道了利用“异源合成 + 化学合成”的策略来实现 englerin A 及其他 3 种环氧愈创木烷类天然产物的高效合成方法（图 6-20）[38,39]。两种策略均以大肠杆菌或酵母中异源合成的化合物 (−)-guaia-6, 10(14)-diene 为合成前体，通过两条不同的化学合成路线实现了 englerin A 与其他 2 种 /3 种环氧愈创木烷类天然产物的高效合成。

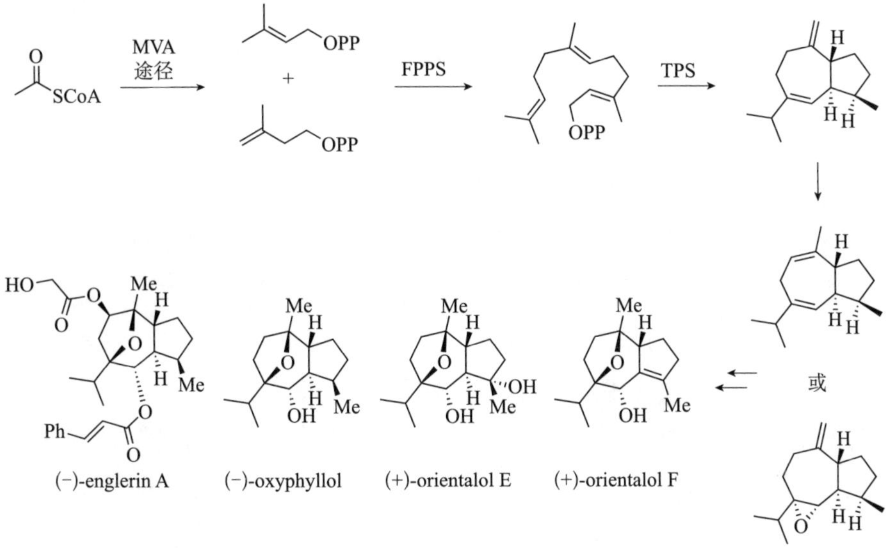

图 6-20　环氧愈创木烷类天然产物的异源-化学合成

含有胡萝卜烷骨架的倍半萜和二萜类天然产物广泛存在于植物中，其中有些该类分子具有重要的生理活性。项征课题组利用 Dickschat 课题组从委内瑞拉链霉菌（*Streptomyces venezuelae*）ATCC 10712 中鉴定得到的倍半萜合成酶 IDS，实现了重要中间体 (+)-isodauc-8-en-11-ol 在大肠杆菌中的克级制备，然后通过 2 步和 5 步化学转化完成了具有抗 HBV 活性的倍半萜 (+)-schisanwilsonene A 和二萜化合物 (+)-tormesol 的高效合成（图 6-21）[40]。

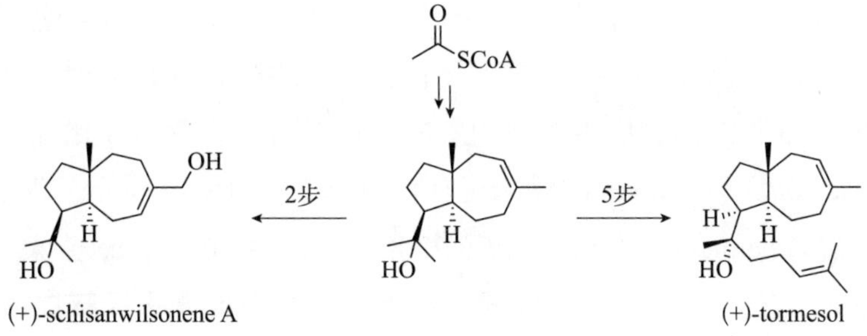

图 6-21　(+)-schisanwilsonene A 和 (+)-tormesol 的异源-化学合成

三、酶催化反应驱动的小分子药物合成

随着绿色环保理念的兴盛，亟须对传统药物制造工艺进行技术升级和革新，大力发展以“可持续发展”、“绿色化学”和“环境友好制造”为特色的医药化学品绿色制造新工艺。酶催化技术具有反应条件温和、催化效率高、选择性好、副产物少、能耗低、催化剂无毒且可降解等优点，越来越受到学术界和工业领域的关注与重视，同时也成为各国重要科技与产业发展的战略重点。

但是要将天然酶应用于复杂活性药物分子的合成中，还面临许多问题和挑战。例如，天然酶在转化非天然的药物分子或其中间体时，由于酶与非天然底物的适配性差，因此常常催化活性非常低甚至根本没有活性；人工设计的非天然底物一般疏水性大，需要在反应体系中添加高浓度的有机溶剂或提高反应温度来增加底物的溶解度，而天然酶也难以耐受这些苛刻的反应条件。另外，对于药物活性分子的合成路线，大部分情况下酶催化反应作为生成手性中心的一个重要环节，还需要与上下游的化学或酶法步骤进行匹配和衔接，因此要实现整个合成路线的高效运行还需对酶催化底物谱的兼容性、酶的底物或产物抑制性等问题进行优化改进。随着生物信息学、结构生物学和酶工程学等现代生物技术的发展，针对特定要求进行酶的筛选和分子改造已经成为可能，出现了不少酶催化反应驱动的小分子药物合成新路线。

（一）基于新酶挖掘构建药物合成的新方法

四氢-β-咔啉类化合物的生物活性十分广泛，其立体选择性的合成方法也备受关注。在植物界，异胡豆苷合成酶催化裂环马钱子苷和色胺的不对称 Pictet-Spengler 反应，生成 *S* 构型的异胡豆苷。Kroutil 课题组研究异胡豆苷合成酶催化色胺和小分子脂肪族醛的 Pictet-Spengler 反应时发现，异胡豆苷合成酶可以催化它们生成 *R* 构型的产物 [41]。通过筛选和比较，他们选择来自 *Rauvolfia serpentina* 的异胡豆苷合成酶（RsSTR），建立了化学-酶法两步合成 (*R*)-hamicine 的路线（图 6-22），总收率为 67%，ee 值大于 98%。这一酶促不对称合成方法为通过碳-碳键形成反应合成手性胺提供了新的选择。

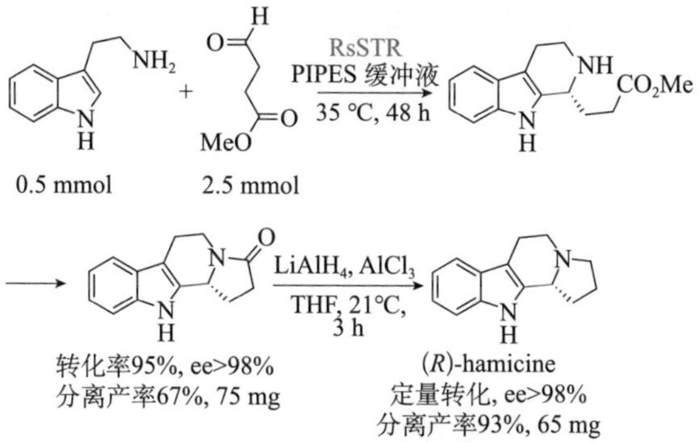

RsSTR
PIPES 缓冲液
35 ℃, 48 h
0.5 mmol
2.5 mmol
LiAlH4, AlCl3
THF, 21℃,
3 h
转化率95%, ee>98%
分离产率67%, 75 mg
(R)-hamicine
定量转化, ee>98%
分离产率93%, 65 mg

图 6-22　基于异胡豆苷合成酶的 (*R*)-hamicine 合成路线

在手性胺的不对称合成中，亚胺还原酶催化的不对称还原具有条件温和、原子经济性好等优点。最近由华东理工大学的研究者发现的两个立体选择性互补的亚胺还原酶——来自棒状链霉菌（*Streptomyces clavuligerus*）的 ScIR 和来自产绿色素链霉菌（*Streptomyces viridochromogenes*）的 SvIR，可催化还原一系列 2-芳基吡咯啉底物生成一系列立体选择性互补的手性 2-芳基吡咯烷化合物，所有产品的光学纯度均大于 99%（图 6-23）[42]。例如，ScIR 催化还原底物 **1a** 所形成的相应构型产物是合成广谱抗肿瘤药物拉罗替尼（larotrectinib）的重要手性中间体，SvIR 催化还原底物 **1g** 所形成的相应构型产物是合成细胞周期蛋白激酶抑制剂 MSC2530818 的手性中间体，表明这两个酶在手性 2-芳基吡咯烷的合成中具有一定的应用潜力。

(S)-选择性 SvIR
NADP+, GDH, 葡萄糖
MSC2530818
(R)-选择性 ScIR
NADP+, GDH, 葡萄糖
拉罗替尼
R = 2, 5-diF(1a)　3-Cl(1f)
2-F(1b)　4-Cl(1g)
3-F(1c)　2-Me(1h)
4-F(1d)　3-Me(1i)
2-Cl(1e)　4-Me(1j)

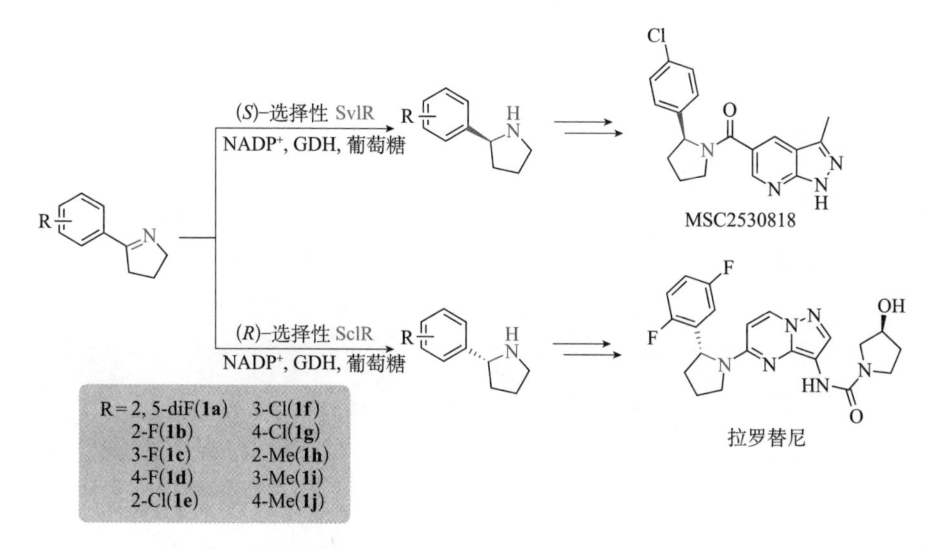

图 6-23　基于亚胺还原酶的手性 2-芳基吡咯烷化合物合成路线

（二）基于酶的定向进化构建化学-酶法合成小分子药物的新路线

英国曼彻斯特大学的研究者开发了黑曲霉（*Aspergillus niger*）单胺氧化酶变体（monoamine oxidase，MAO-N）的工具箱。该工具箱中的单胺氧化酶突变体显示了广泛的催化底物范围和很强的底物空间位阻耐受性［图 6-24(a)］[43]。这些经过工程改造的 MAO-N 生物催化剂可以有效地不对称合成活性药物成分索利那新（solifenacin）、左西替利嗪（levocetirizine）等的手性胺中间体［图 6-24(b)］。另外，Codexis 公司联合默克公司对来自米曲霉的单胺氧化酶进行多轮定向进化，提高了该酶的活性、稳定性和可溶性表达，获得了突变体酶 MAON401，该酶可催化氧化前手性胺的去消旋化，开发了一条化学-酶法合成丙型肝炎蛋白酶抑制剂波普瑞韦的核心结构是双环［3.1.0］脯氨酸基团 P2 的途径（图 6-25）[44]。相比于原有传统拆分方法路线，该途径显著降低了原料成本和废物排放量。

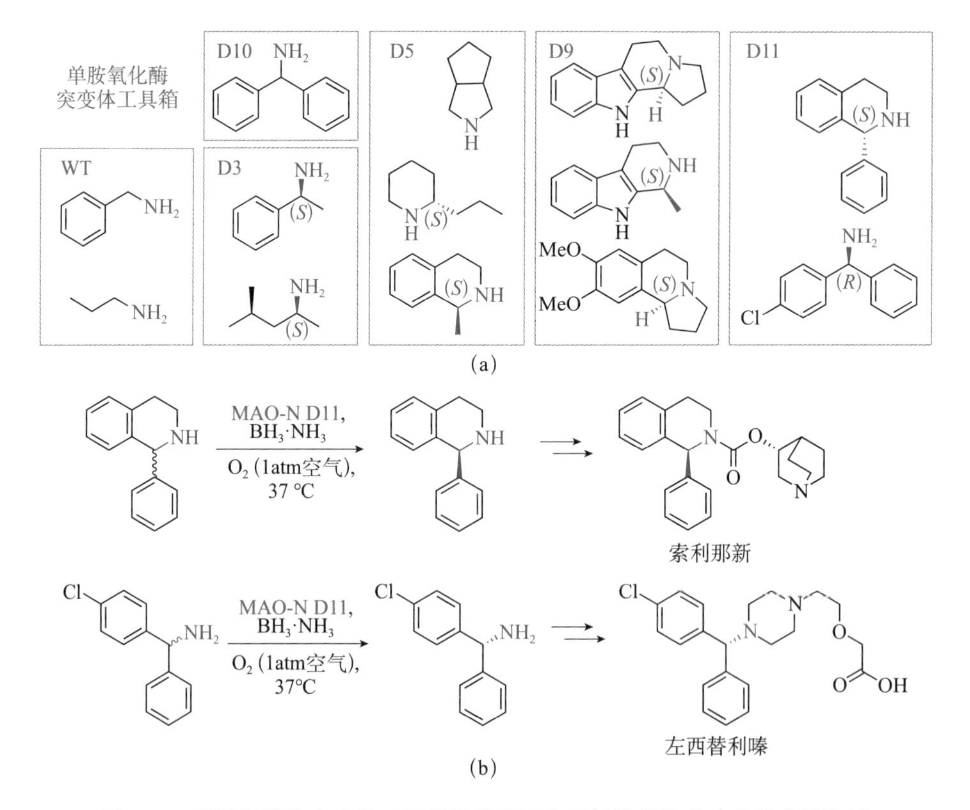

图 6-24　单胺氧化酶突变体工具箱的构建及在手性胺药物合成中的应用案例

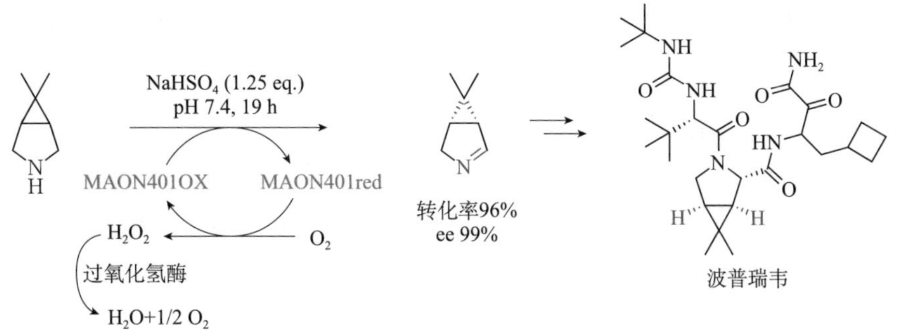

图 6-25　单胺氧化酶参与的化学－酶法合成波普瑞韦的路线

Baeyer-Villiger 单加氧酶（BVMOs）属于黄素类单加氧酶，通常被用来立体选择性地氧化链状和环状的酮，生成相应的酯或内酯。Codexis 公司对源于不动杆菌的环己酮单加氧酶进行了多轮分子改造，使其能不对称地氧化拉唑硫醚底物从而产生 *S*－奥美拉唑，底物浓度为 100 g/L，产物光学纯度高达 99.9%［图 6-26(a)］[45, 46]。华东理工大学课题组成功解析了环己酮单加氧酶 AcCHMO 的晶体结构，并通过对底物通道瓶颈周围氨基酸位点的组合饱和突变，成功将底物从小分子环己酮转变为超大位阻的拉唑硫醚底物，并实现了 *S*－奥美拉唑的百升级中试规模的制备[47,48]。同样利用环己酮单加氧酶的突变体可生产手性亚砜药物阿莫达菲尼（armodafinil）的中间体，产物光学纯度高达 99.85%［图 6-26(b)］[49]。

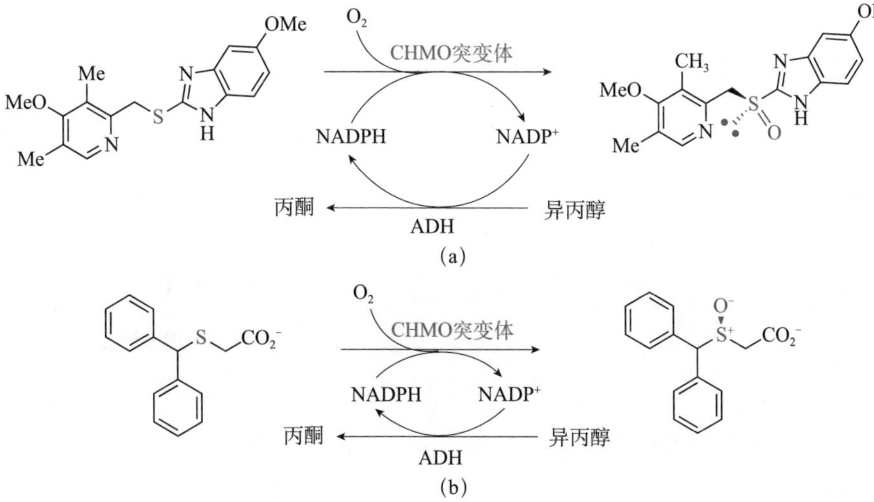

图 6-26　环己酮单加氧酶突变体催化硫醚不对称氧化合成手性药物中间体

葛兰素史克公司的研究者通过改造一种野生型亚胺还原酶 IR-46，使其催化非天然底物的胺化活性提高超过 38 000 倍，同时提高了该酶的稳定性、耐酸性和底物上载量（图 6-27）。利用进化的酶，为赖氨酸特异性脱甲基酶 1 抑制剂 GSK2879552 的合成提供了一条崭新的生产路线（图 6-28），千克级的 GSK2879552 关键中间体的产率为 84%，纯度为 99.9%，对映体过量为 99.7%，生产强度得到显著改善[50]。与原有路线相比，亚胺还原酶缩短了原始合成途径，提升了整体路线的合成终产率，并显著降低了溶剂消耗。

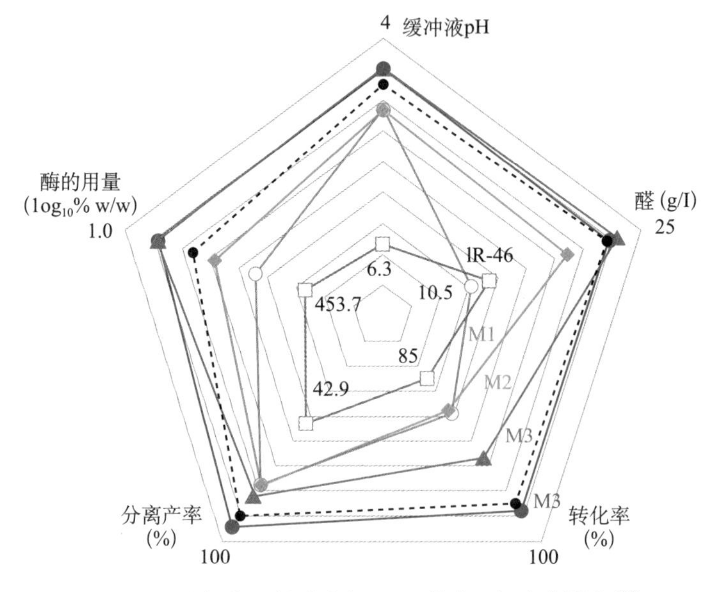

图 6-27 野生型亚胺还原酶 IR-46 的多目标定向进化[50]

在美国默克公司和 Codexis 公司研发改性转氨酶绿色生产 2 型糖尿病药物西他列汀（sitagliptin）案例中[51]（图 6-29），通过前两轮理性设计和定向进化提高了非天然大位阻底物的酶催化效率，而在后九轮定向进化中通过逐步提高环境筛选压力来增强酶的环境耐受能力，最终反应温度达到 45～50 ℃，并且耐受 50% DMSO，底物浓度高达 200 g/L，产物 ee 值＞99.95%。相比于金属铑催化的化学合成法，采用 ω-转氨酶催化法制备西他列汀路线的时空产率［space-time yield(STY), 单位为 g/(L · h)］提高了 53%，且废弃物总量减少了 19%，最终成功地替代传统化学催化工艺，该项工作获得了 2010 年美国总统绿色化学挑战奖。

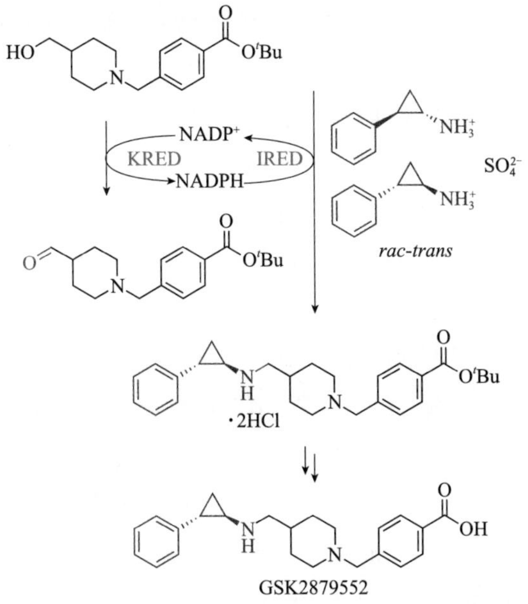

图 6-28　生产 GSK2879552 的化学–酶法合成路线

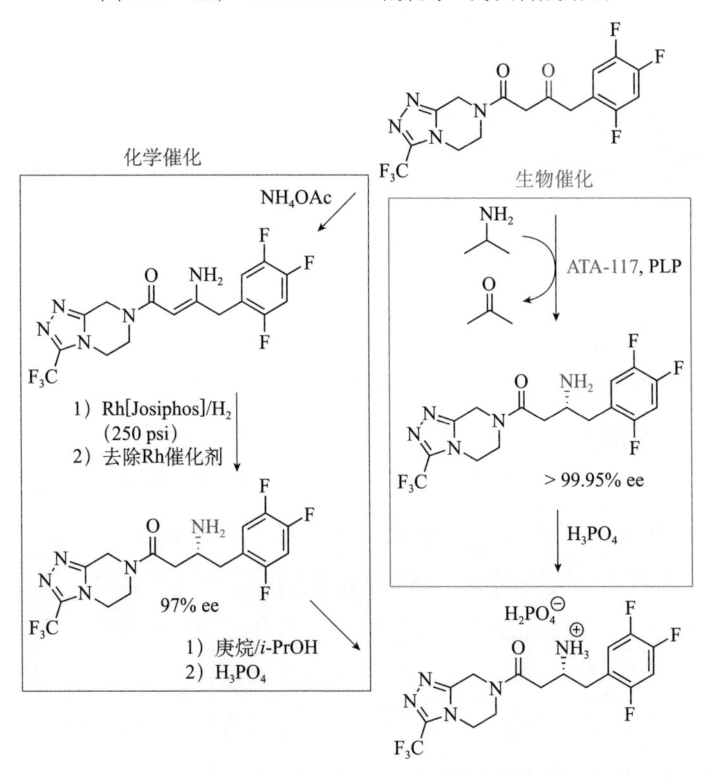

图 6-29　西他列汀的金属催化合成路线和转氨酶催化合成路线

合成药物维贝格龙（vibegron）的挑战是其独特的 *R*, *R*(C1′, C2) 立体构型，而目前仍然缺乏在开链系统中合成 *syn*–1, 2–氨基醇的方法。研究者的新策略首先是通过用苯基溴化镁处理氨基腈而制得底物 *β*–羰基氨基甲酸酯，而底物 *β*–羰基氨基甲酸酯只有在高温（≥45 ℃）和高 pH（≥10）下才能实现快速消旋。这些条件通常对羰基还原酶是十分苛刻的，挑战了酶性能的极限。但是羰基还原酶只有耐受住这一苛刻条件，才可能实现对底物 *β*–羰基氨基甲酸酯的动态动力学拆分。研究者首先从 Codexis 的羰基还原酶库中筛选能够还原底物 *β*–羰基氨基甲酸酯的酶，然后通过基于蛋白质结构分析和多轮定向进化，提高了该酶的选择性、活性和稳定性。最终在 pH=10 的硼酸盐缓冲液–50% 异丙醇混合体系中，反应温度为 45 ℃的条件下，利用 1 wt% 的羰基还原酶就可以催化 *β*–羰基氨基甲酸酯生成 (*R*)–*β*–羟基氨基甲酸酯，收率为 95%，产物 ee 值大于 99%，dr 大于 100∶1，并最终通过后续步骤合成了产物维贝格龙（图 6-30）。这一案例基于羰基还原酶的定向进化耦合烯醇式互变引起的羰基消旋化，实现了羰基还原酶动态动力学拆分控制 2 个手性中心，并打通了膀胱过度活动症治疗药物维贝格龙的新型合成路线[52]。

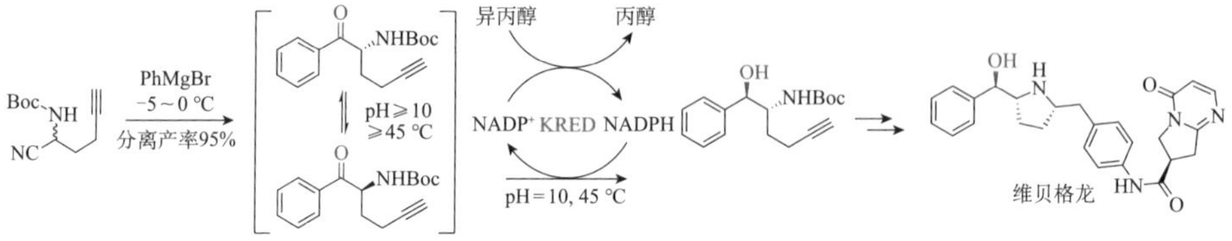

图 6-30　基于羰基还原酶动态动力学拆分的维贝格龙合成路线

羟腈裂解酶催化合成手性氰醇具有选择性好、原子经济性好的优点，但是天然羟腈裂解酶对于大位阻醛底物的活力非常低，难以用于复杂药物手性氰醇中间体的合成。以哮喘治疗药物 β_2–受体激动剂 (*R*)–沙美特罗为例，使用更易脱除的缩酮保护基底物醛可以有效抑制后续产物消旋化的发生，但是天然酶难以催化转化该类大位阻底物。华东理工大学许建和团队联合上海有机所洪然团队通过蛋白质工程理性设计羟腈裂解酶，成功打通这一化学–酶法合成路线（图 6-31）。研究者首先解析了巴达木羟腈裂解酶 PcHNL5 和天然底物苯甲醛的复合物晶体结构，基于苯并［1, 3］［*d*］二噁烷环潜在的结合位置，成功识别了位于底物通道上的关键位点 Leu331，仅单个位点突变使得 PcHNL5 针对目标底物的活力提高 590 倍。利用突变体 L331A，由简单合成的缩酮保护基底物醛出发，酶促羟氰化后，经氢化铝锂还原和溴代物的 *N*-烷基化，最终在乙酸 / 水中脱除丙酮叉保护，以 54% 的总收率完成了光学纯 (*R*)-沙美特罗的克级制备。这彰显出基于理性设计的蛋白质工程在构建新型化学-酶法合成途径的贡献[53]。通过构建小巧突变库，将亮氨酸（Leu）突变为不同的氨基酸（W、F、V、A、G）还能实现一系列结构各异的复杂芳香醛转化数达到 1.5～293 倍的提升，可用于 β_1-受体阻断剂、镇静剂、β_1-受体激动剂及血管紧张素转换酶（ACE）抑制剂等一系列药物活性分子前体手性氰醇的高效转化。

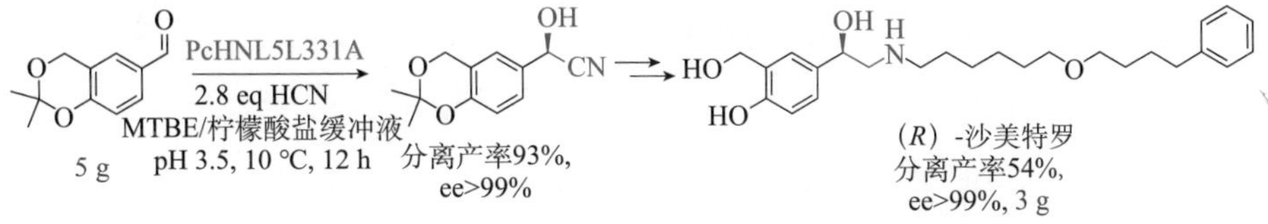

PcHNL5L331A
2.8 eq HCN
MTBE/柠檬酸盐缓冲液
pH 3.5, 10 °C, 12 h
5 g
分离产率93%,
ee>99%
(*R*) -沙美特罗
分离产率54%,
ee>99%, 3 g

图 6-31　(*R*)-沙美特罗的新型化学-酶法合成路线

（三）基于酶的定向进化建立生物催化级联合成小分子药物的新方法

邻氨基醇甲氧胺具有血管加压的功能，是治疗低血压和尿失禁的潜在候选药物，或在眼科中将有所应用。德国亚琛工业大学 Dörte Rother 课题组基于前期的酶改造工作，利用立体选择性互补的突变体 ThDP 依赖型脱羧酶 1 和转氨酶 2，成功从 2, 5-二甲氧基苯乙酮出发，通过一锅两步法合成不同构型的甲氧胺（图 6-32）[54]。

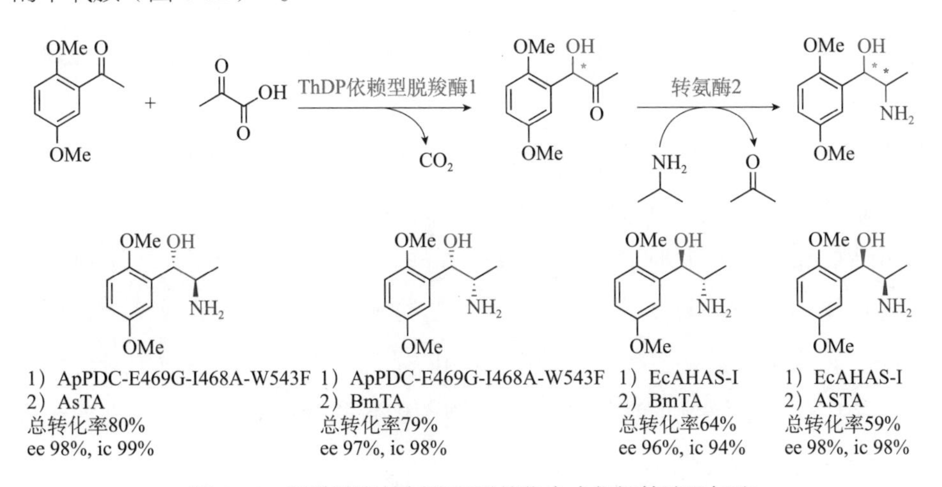

图 6-32　脱羧酶和转氨酶级联催化合成邻氨基醇甲氧胺

美国默克公司联合Codexis公司的研发人员共同设计了体外生物催化级联途径用于抗HIV药物伊斯拉韦（islatravir）的生产（图6-33）[55]。研究者首先利用细菌的核苷补救途径中三个酶的可逆性来构建伊斯拉韦的合成途径，即脱氧核糖-5-磷酸醛缩酶（deoxyribose-5-phosphate aldolase，DERA）、戊磷酸变位酶（phosphopentomutase，PPM）和PNP。但是要让这三种酶接受非天然的人工底物还需进行一系列的筛选和分子改造。该研究经过筛选发现天然大肠杆菌来源的PPM对非天然底物伊斯拉韦表现出最高的活性，并且进一步通过同源建模和定向进化将PPM的催化活性提高了70倍以上。通过单点饱和突变，将PNP的活性提高了约350倍。经过两轮定向进化，解决了DERA对高浓度乙醛耐受性差的限制，得到的突变体在乙醛浓度高于400 mmol/L时仍保持了高的活性。另外，已知糖基化反应的无机磷酸盐副产物会抑制PPM，通过向反应中加入蔗糖磷酸化酶（SP）和蔗糖可将游离磷酸转化为葡萄糖1-磷酸，为解决平衡和抑制问题提供了有效的解决方案。

在获得伊斯拉韦的级联合成模块后，研究者又设计了2-磷酸乙炔基甘油醛的合成模块。通过筛选发现泛酸激酶（PanK）具有磷酸化目标底物的活性，进一步通过定向进化提高了该酶的活性和稳定性；同时，配合热稳定的乙酸激酶（AcK）可实现ATP的再生。半乳糖氧化酶（GOase）具有2-乙炔基甘油的去对称氧化活性，通过分子进化可提高其活性，降低产物抑制，并逆转其对映选择性；同时配合过氧化氢酶和辣根过氧化物酶，减少过氧化氢的积累。

在获得从简单结构单元到伊斯拉韦合成途径中催化的每个步骤所需的酶后，研究者还采取各种策略来提高整个体外合成途径的效率。最终这一体外生物催化级联反应使用了5种工程酶和4种辅助酶来合成伊斯拉韦，其总产率为51%（图6-33），原子经济性远远超过以前的合成路线，反应步骤不到原来的一半。整个过程在温和的条件下在单一水溶液中进行，无须分离中间体。这一成功案例也为生物催化级联合成其他复杂活性分子提供了借鉴。

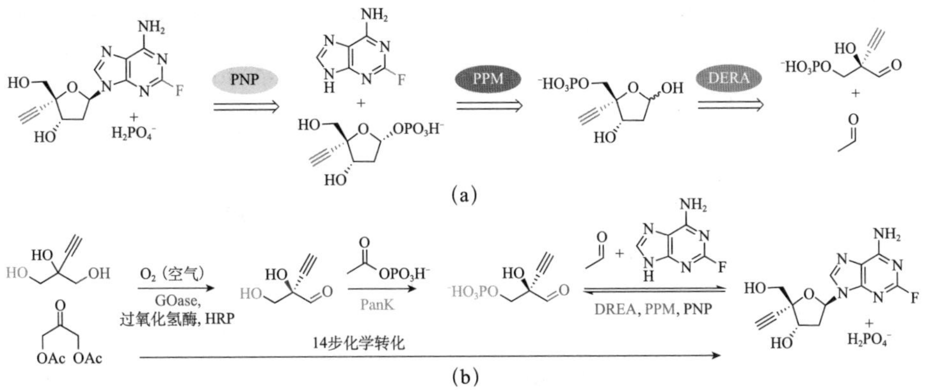

(a)

(b)

图 6-33　从简单的单元立体选择性地组装合成伊斯拉韦的生物催化级联合成途径

第三节　关键科学问题、关键技术问题与发展方向

从上述三方面的研究可以发现，酶催化反应驱动的活性天然产物和小分子药物的合成这一领域自 2010 年以来取得了很大进展。早期所采用的酶催化反应多数为手性拆分、官能团转换反应，主要用途是提供合成中的一些手性基元。近年来酶催化的碳-碳键、碳-杂原子键的形成反应扮演着重要角色，使酶催化反应能够更好地与传统有机合成相结合，并为有机合成路线的设计提供新的思路。这些进展主要受益于如下几个领域所取得的成就：①随着高通量测序技术和生物信息学的发展，越来越多的活性天然产物的生物合成途径被解析，生物合成酶得以鉴定和异源表达，为化学-酶法合成和异源-化学合成提供了更多的酶元件；②结构生物学的发展促进了酶的结构解析和机理阐明，为酶的进一步改造提供了理论基础；③定向进化技术的发展使科学家摆脱了之前只能利用天然酶来催化反应的束缚，能够改进酶的底物适用性、催化效率、选择性、稳定性、与有机溶剂的兼容性等性质，使越来越多的有机反应可以通过酶催化的方式来实现。

可以预见，在未来的 10～20 年，酶催化反应在有机合成化学中所起的作用会越来越突出，成为未来有机合成中的一个重要发展方向，可能但不局限于如下几方面的进一步拓展。

（1）定向进化、机器学习等技术的发展与融合将进一步推动酶的改造。酶催化反应驱动活性分子合成这一领域的核心是酶元件，仅凭借现有的实验手段无法满足酶的改造和高通量筛选。因此，如何发展新的定向进化技术至关重要。经典的定向进化是利用体外筛选来实现的，目前已经有体内连续进化系统被开发出来。同时，将机器学习等手段应用于酶的改造已初见端倪，预计多种技术的结合将在未来发挥更重要的作用。

（2）酶催化的非天然反应将进一步拓展。目前所采用的酶催化反应基本都是利用酶催化的天然反应来实现的，如氧化、还原、酯化等官能团转换反应等。与金属催化和有机小分子催化相比，酶催化的碳-碳键形成反应的种类较少，亟待拓展。自 2013 年 Arnold 课题组首次将细胞色素 P450 酶用于不对称环丙烷化反应，酶催化的非天然反应开始得到更广泛的关注。基于反应机理的酶催化非天然反应的设计将极大地促进这一领域的发展，有机化学家将在这一领域发挥更重要的作用，更多地在有机合成中已经广泛应用的合成方法学会以酶催化的方式实现。

（3）生物逆合成分析的应用。在有机合成中最常用的逆合成分析策略将会随着酶催化反应的拓展而改进，合成化学家可以在设计合成路线时更多地考虑酶催化反应的切断方式，即生物逆合成分析，这种方法的可行性在伊斯拉韦的级联合成中已经被证明。随着酶催化反应的扩充，将会有更多药物分子的合成路线通过生物逆合成分析进行设计，并以级联合成的方式实现。

（4）异源合成途径的设计与异源-化学合成。随着合成生物学技术的发展，异源合成被越来越多地应用于具有重要药理功能和经济价值的天然产物的制造中，但是单纯应用这一手段无法解决所有问题。随着酶催化反应和合成生物学技术的进一步发展，有机化学家或许可以根据对天然产物结构的深刻理解，设计比天然合成途径更简洁、更高效的异源合成策略并在微生物、植物中实现，这将在药用天然产物的绿色制造领域实现新的突破。

第四节　相关政策建议

将有机合成、生物合成、生物催化等相关领域进行融合来更好地解决合成化学、药物化学中重要的科学问题是化学与生物学交叉领域的一个新兴研究方向，也是未来的发展趋势。这一领域的特点是需要研究者在至少两个相关领域接受过训练，具有较深的造诣，如此才能将相关的理念、技术进行结合。我国在这一领域还处于初级发展阶段，但是欣喜的是一些在有机合成化学领域已经取得优秀成果的中国化学家在接受了生物合成、生物催化等方面的训练后开始崭露头角，将有利于推动我国在这一领域的快速发展。这一领域未来的发展需要国家政策的引导和支持。

（1）酶催化反应驱动的有机合成领域需要加强人才队伍的建设。通过本科和研究生学习阶段相关课程的设置，提高科研人员在有机化学、生物化学、分子生物学等学科的基础理论水平，为未来从事合成化学与合成生物学交叉研究奠定基础。通过举办相关会议促进有机合成、生物合成、生物催化等领域人才的广泛交流和深入合作。

（2）对于从事合成化学与合成生物学交叉研究的团队，需要搭建不同的研究平台和培养相关人才，成果产出周期更长，因此需要持续、稳定的科研经费支持。这将有利于我国科学家在源头上提出新的概念、发展新的方法和技术、取得原创性成果，而不是追逐国外研究者发现的研究热点。

（3）酶催化反应驱动的有机合成领域具有广泛的应用前景，如何更好地促进产学研合作、实现科研成果的转化是相关政策制定过程中需要着重考虑的因素。

本章参考文献

[1] Moore B S, Gulder T A M. Enzymes in natural product total synthesis. Nat Prod Rep, 2020,

37: 1292-1293.

[2] Piel J. Natural Products Via Enzymatic Reactions. Heidelbery, Berlin: Springer Verlag, 2010.

[3] Truppo M D. Biocatalysis in the pharmaceutical industry: The need for speed. ACS Med Chem Lett, 2017, 8: 476-480.

[4] Devine P N, Howard R M, Kumar R, et al. Extending the application of biocatalysis to meet the challenges of drug development. Nat Rev Chem, 2018, 2: 409-421.

[5] Chekan J R, McKinnie S M K, Moore M L, et al. Scalable biosynthesis of the seaweed neurochemical, kainic acid. Angew Chem Int Ed, 2019, 58: 8454-8457.

[6] Lau W, Sattely E S. Six enzymes from mayapple that complete the biosynthetic pathway to the etoposide aglycone. Science, 2015, 349: 1224-1228.

[7] Lazzarotto M, Hammerer L, Hetmann M, et al. Chemoenzymatic total synthesis of deoxy-, epi-, and podophyllotoxin and a biocatalytic kinetic resolution of dibenzylbutyrolactones. Angew Chem Int Ed, 2019, 58: 8226-8230.

[8] Li J, Zhang X, Renata H. Asymmetric chemoenzymatic synthesis of (−)-podophyllotoxin and related aryltetralin lignans. Angew Chem Int Ed, 2019, 58: 11657-11660.

[9] Kim H J, Choi S H, Jeon B S, et al. Chemoenzymatic synthesis of spinosyn A. Angew Chem Int Ed, 2014, 53: 13553-13557.

[10] Li X J, Zheng Q F, Yin J, et al. Chemo-enzymatic synthesis of equisetin. Chem Commun, 2017, 53: 4695-4697.

[11] Gao L, Su C, Du X X, et al. FAD-dependent enzyme-catalysed intermolecular [4+2] cycloaddition in natural product biosynthesis. Nat Chem, 2020, 12: 620-628.

[12] Liu X J, Yang J, Gao L, et al. Chemoenzymatic total syntheses of artonin I with an intermolecular Diels-Alderase. Biotechnol J, 2020, 15: 2000119.

[13] Tanifuji R, Koketsu K, Takakura M, et al. Chemo-enzymatic total syntheses of jorunnamycin A, saframycin A, and *N*-Fmoc saframycin Y3. J Am Chem Soc, 2018, 140: 10705-10709.

[14] Demiray M, Tang X, Wirth T, et al. An efficient chemoenzymatic synthesis of dihydroartemisinic aldehyde. Angew Chem Int Ed, 2017, 56: 4347-4350.

[15] Johnson L A, Dunbabin A, Benton J C R, et al. Modular chemoenzymatic synthesis of terpenes and their analogues. Angew Chem Int Ed, 2020, 59: 8486-8490.

[16] Zetzsche L E, Narayan A R H. Broadening the scope of biocatalytic C—C bond formation. Nat Rev Chem, 2020, 4: 334-346.

[17] Hollmann T, Berkhan G, Wagner L, et al. Biocatalysts from biosynthetic pathways: Enabling

stereoselective, enzymatic cycloether formation on a gram scale. ACS Catal, 2020, 10: 4973-4982.

[18] Schmidt J J, Khatri Y, Brody S I, et al. A versatile chemoenzymatic synthesis for the discovery of potent cryptophycin analogs. ACS Chem Biol, 2020, 15: 524-532.

[19] de Montellano P R O. Cytochrome P450: Structure, Mechanism and Biochemistry. https://link.springer.com/content/pdf/bfm%3A978-0-387-27447-8%2F1.pdf[2022-07-25].

[20] Urlacher V B, Girhard M. Cytochrome P450 monooxygenases: An update on perspectives for synthetic application. Trends Biotechnol, 2012, 30: 26-36.

[21] Fasan R. Tuning P450 enzymes as oxidation catalysts. ACS Catal, 2012, 2: 647-666.

[22] Loskot S A, Romney D K, Arnold F H, et al. Enantioselective total synthesis of nigelladine A via late-stage C–H oxidation enabled by an engineered P450 enzyme. J Am Chem Soc, 2017, 139: 10196-10199.

[23] Kille S, Zilly F E, Acevedo J P, et al. Regio- and stereoselectivity of P450-catalysed hydroxylation of steroids controlled by laboratory evolution. Nat Chem, 2011, 3: 738-743.

[24] Zhang K D, Damaty S E, Fasan R. P450 fingerprinting method for rapid discovery of terpene hydroxylating P450 catalysts with diversified regioselectivity. J Am Chem Soc, 2011, 133: 3242-3245.

[25] Li J, Li F Z, King-Smith E, et al. Merging chemoenzymatic and radical-based retrosynthetic logic for rapid and modular synthesis of oxidized meroterpenoids. Nat Chem, 2020, 12: 173-179.

[26] Wang J L, Zhang Y N, Liu H H, et al. A biocatalytic hydroxylation-enabled unified approach to C19-hydroxylated steroids. Nat Commun, 2019, 10: 3378.

[27] Dong L B, Zhang X, Rudolf J D, et al. Cryptic and stereospecific hydroxylation, oxidation, and reduction in platensimycin and platencin biosynthesis. J Am Chem Soc, 2019, 141: 4043-4050.

[28] Zhang X, King-Smith E, Dong L B, et al. Divergent synthesis of complex diterpenes through a hybrid oxidative approach. Science, 2020, 369: 799-806.

[29] Sib A, Gulder T A M. Chemo-enzymatic total synthesis of oxosorbicillinol, sorrentanone, rezishanones B and C, sorbicatechol A, bisvertinolone, and (+)-epoxysorbicillinol. Angew Chem Int Ed, 2018, 57: 14650-14653.

[30] Zylstra G J, Gibson D T. Toluene degradation by *Pseudomonas putida* F1: Nucleotide sequence of the *todC1C2BADE* genes and their expression in *Escherichia coli*. J Biol Chem,

1989, 264: 14940-14946.

[31] Ryan J, Siauciulis M, Gomm A, et al. Transaminase triggered Aza-Michael approach for the enantioselective synthesis of piperidine scaffolds. J Am Chem Soc, 2016, 138: 15798-15800.

[32] Payer S E, Schrittwieser J H, Grischek B, et al. Regio- and stereoselective biocatalytic monoamination of a triketone enables asymmetric synthesis of both enantiomers of the pyrrolizidine alkaloid xenovenine employing transaminases. Adv Synth Catal, 2016, 358: 444-451.

[33] King A M, Reid-Yu S A, Wang W, et al. Aspergillomarasmine A overcomes metallo-beta-lactamase antibiotic resistance. Nature, 2014, 510: 503-506.

[34] Liao D H, Yang S Q, Wang J Y, et al. Total synthesis and structural reassignment of aspergillomarasmine A. Angew Chem Int Ed, 2016, 55: 4291-4295.

[35] Fu H G, Zhang J L, Saifuddin M, et al. Chemoenzymatic asymmetric synthesis of the metallo-*β*-lactamase inhibitor aspergillomarasmine A and related aminocarboxylic acids. Nat Catal, 2018, 1: 186-191.

[36] Guo Q Q, Wu D S, Gao L, et al. Identification of the AMA synthase from the aspergillomarasmine A biosynthesis and evaluation of its biocatalytic potential. ACS Catal, 2020, 10: 6291-6298.

[37] Hsu S Y, Perusse D, Hougard T, et al. Semisynthesis of the neuroprotective metabolite, serofendic acid. ACS Synth Biol, 2019, 8: 2397-2403.

[38] Siemon T, Wang Z Q, Bian G K, et al. Semisynthesis of plant-derived englerin A enabled by microbe engineering of guaia-6,10(14)-diene as building block. J Am Chem Soc, 2020, 142: 2760-2765.

[39] Mou S B, Xiao W, Wang H Q, et al. Syntheses of epoxyguaiane sesquiterpenes (−)-englerin A, (−)-oxyphyllol, (+)-orientalol E, and (+)-orientalol F: A synthetic biology approach. Org Lett, 2020, 22: 1976-1979.

[40] Mou S B, Xiao W, Wang H Q, et al. Syntheses of the carotane-type terpenoids (+)-schisanwilsonene A and (+)-tormesol via a two-stage approach. Org Lett, 2021, 23: 400-404.

[41] Pressnitz D, Fischereder E M, Pletz J, et al. Asymmetric synthesis of (*R*)-1-alkyl-substituted tetrahydro-*β*-carbolines catalyzed by strictosidine synthases. Angew Chem Int Ed, 2018, 57: 10683-10687.

[42] Zhang Y H, Chen F F, Li B B, et al. Stereocomplementary synthesis of pharmaceutically

relevant chiral 2-aryl-substituted pyrrolidines using imine reductases. Org Lett, 2020, 22: 3367-3372.

[43] Ghislieri D, Green A P, Pontini M, et al. Engineering an enantioselective amine oxidase for the synthesis of pharmaceutical building blocks and alkaloid natural products. J Am Chem Soc, 2013, 135: 10863-10869.

[44] Li T, Liang J, Ambrogelly A, et al. Efficient, chemoenzymatic process for manufacture of the boceprevir bicyclic [3.1.0]proline intermediate based on amine oxidase-catalyzed desymmetrization. J Am Chem Soc, 2012, 134: 6467-6472.

[45] Bong Y K, Clay M D, Collier S J, et al. Synthesis of Prazole Compounds: WO2011071982.2011.

[46] Bong Y K, Song S, Nazor J, et al. Baeyer–Villiger monooxygenase-mediated synthesis of esomeprazole as an alternative for kagan sulfoxidation. J Org Chem, 2018, 83: 7453-7458.

[47] Zhang Y, Wu Y Q, Xu N, et al. Engineering of cyclohexanone monooxygenase for the enantioselective synthesis of (*S*)-omeprazole. ACS Sustain Chem Eng, 2019, 7: 7218-7226.

[48] Ren S M, Liu F, Wu Y Q, et al. Identification two key residues at the intersection of subdomains of a thioether monooxygenase for improving its sulfoxidation performance. Biotechnol Bioeng, 2021, 118: 737-744.

[49] Ang E L, Clay M D, Behrouzian B, et al. Biocatalysts and Methods for the Synthesis of Armodafinil: WO 2012078800, 2012.

[50] Schober M, MacDermaid C, Ollis A A, et al. Chiral synthesis of LSD1 inhibitor GSK2879552 enabled by directed evolution of an imine reductase. Nat Catal, 2019, 2: 909-915.

[51] Savile C K, Janey J M, Mundorff E C, et al. Biocatalytic asymmetric synthesis of chiral amines from ketones applied to sitagliptin manufacture. Science, 2010, 329: 305-309.

[52] Xu F, Kosjek B, Cabirol F L, et al. Synthesis of vibegron enabled by a ketoreductase rationally designed for high pH dynamic kinetic reduction. Angew Chem Int Ed, 2018, 57: 6863-6867.

[53] Zheng Y C, Li F L, Lin Z, et al. Structure-guided tuning of a hydroxynitrile lyase to accept rigid pharmaco aldehydes. ACS Catal, 2020, 10: 5757-5763.

[54] Erdmann V, Sehl T, Frindi-Wosch I, et al. Methoxamine synthesis in a biocatalytic 1-pot 2-step cascade approach. ACS Catal, 2019, 9: 7380-7388.

[55] Huffman M A, Fryszkowska A, Alvizo O, et al. Design of an *in vitro* biocatalytic cascade for the manufacture of islatravir. Science, 2019, 366: 1255-1259.

第七章

生物合成化学——新酶学机制与途径解析

第一节　科学意义与战略价值

自 19 世纪起，天然产物研究深刻影响着人类的生存和发展，在很大程度上提高了人们的健康水平，乃至改变了人们的生活方式。据统计，1981～2019 年，在美国食品药物监督管理局（Food and Drug Administration，FDA）新批准的药物中，超过 49% 都直接或间接来自天然产物[1]。1804 年，德国科学家 Sertürner 从罂粟中首次分离出化合物吗啡，开创了发现活性天然产物的先河，也标志着天然产物化学研究进入初级阶段[2]。后期随着天然产物研究方法的不断发展，从不同的生物体内陆续发现了更多的重要天然产物，如 20 世纪最伟大的发现之一——青霉素（penicillin）[3]。它的发现不仅扩大了天然产物的研究范围，而且开创了以结构清晰的天然产物作为药物或先导化合物的先河，大大促进了天然产物药物研究的快速发展，包括链霉素及红霉素等重要抗生素的改造和应用[4, 5]。另外，还发现了一些其他著名的天然产物药物分子，如从中国特有植物喜树中分离出的植物抗癌药物喜树碱、从土曲霉中分离出的用于降低胆固醇的药物洛伐他汀（lovastatin）及从红豆杉中发现的抗癌药物紫杉醇等[6-8]。值得一提的是，由我国获得诺贝尔奖的科学家屠呦呦发现的青蒿素可以有效治疗疟疾，挽救了无数人的生命。

天然产物具有极其复杂的化学结构，根据其主要结构特征可以分为不同的类型，包括聚酮、非核糖体肽、翻译后修饰的核糖体肽、杂合的聚酮 / 聚肽、萜类、氨基糖苷类等。多样的化学结构是天然产物的显著特征，除了基本的化学骨架不同，还包含许多新颖的功能修饰基团及不同的手性中心等。天然产物的来源也十分广泛，主要包括动物、植物和微生物，其中植物和微生物来源的天然产物占比最大。天然产物来源的差异在很大程度上决定了其结构的多样性和复杂程度。另外，在理解天然产物生物合成机制的基础上，利用组合生物合成的策略，基于不同的天然产物的特定结构开发了更多的天然产物的衍生物，进一步扩大了天然产物化合物库的种类和数量。

在天然产物合成领域中，化学仿生合成可以将生物合成与有机合成结合起来，根据已知或推测的生物合成过程，利用化学合成的手段去模仿生成相关的天然产物，从而利用生物合成过程指导化学合成[9]。另外，对推测的天然产物生物合成过程进行化学仿生合成，可以为假定的生物合成途径提供线索。例如，Bosch 等通过仿生合成了与生物合成过程中类似的中间体，再经过一系列操作获得了生物碱厄维辛（ervitsine），从而证实了这一生物合成途径的合理性[10]。

天然产物生物合成的发展史主要分为如下五个阶段（图 7-1）：首先，从 19 世纪初开始，主要是基于天然产物的化学结构进行生物合成逻辑推测，提出一些生源途径的假说。1804 年，Sertürner 首次从罂粟中分离得到单体化合物吗啡，开创了天然药物化学研究的先河[11]。1887 年，Wallach 在发现多种萜烯类化合物的基础上对其结构进行分析，提出经验异戊二烯规则，即推测萜类化合物是由异戊二烯首尾相连而成的聚合体[12]。另外，Collie 从地衣中分离得到苔黑素和苷色酸，并在 20 世纪初推测该类化合物可能通过乙酰基首尾相连或烯酮聚合而成，这是聚酮理论的雏形[13]。其次，从 20 世纪 50 年代起到 70 年代，主要通过同位素标记对假定的生源途径进行确认，提出一些修正后的生物合成假说。为证实天然产物的生物合成途径，这一时期主要是在生物体中对带有标记的前体物质进行追踪，以期检测到相关的代谢物，如利用放射性同位素标记法揭示酪氨酸可能为吗啡形成的前体分子。

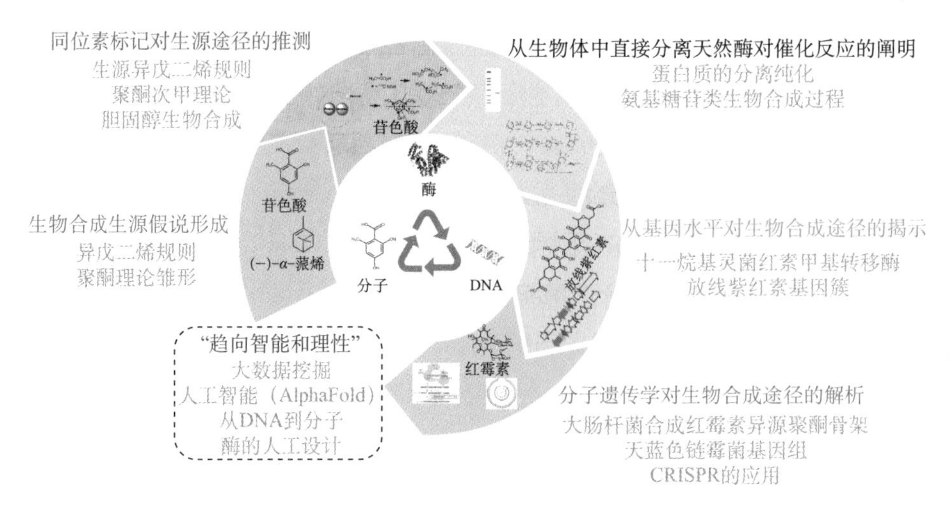

图 7-1　天然产物生物合成的不同发展阶段

1953 年，Birch 完善了 Collie 的聚酮理论，提出该类化合物可能是基于乙酸的重复单元（—CH_2—CO—）而形成的[14]。同年，Ruzicka 深入研究了萜烯类化合物的生物合成途径，提出生源的异戊二烯规则，即推测萜类化合物是由甲羟戊酸途径形成的[15]。接着，从 20 世纪 70 年代起到 80 年代，主要是从生物体中分离相关的天然酶，通过体外生化反应来证实天然产物的生物合成途径。从 1971 年开始，Walker 和 Kniep 等通过纯化得到脱氢酶、转氨酶、激酶、磷酸酶及糖基转移酶，成功在体外构建了链霉素的部分生化反应体系，证实了链霉素的部分生物合成途径[16, 17]。然后，从 20 世纪 80 年代起到 21 世纪初，主要是从基因水平对天然产物生物合成的途径进行解析。1984 年，Hopwood 确定了放线紫红素的生物合成基因簇，并将获得相关基因的突变株分为 7 种类型，不同表型的突变株代表其生物合成过程中的不同阶段，从而推测得到一个初步的放线紫红素生物合成途径[18]。2002 年，Hopwood 等完成了对模式菌株天蓝色链霉菌 A3(2) 基因组的测序工作[19]。最后一阶段主要是利用分子遗传学技术对生物合成途径进行解析，在这一过程中也会得到一些非天然的化合物。1985 年，Hopwood 与 Omura 等在了解相关生物合成基因簇的基础上，首次利用基因工程的手段获得了杂交的新化合物，为之后天然产物生物合成途径的遗传操作奠定了基础[20]。随着现代分子生物学技术和生物信息学技术的快速发展，包括规律间隔成簇短回文重复序列（clustered regularly interspaced short palindromic repeats and their associated proteins，CRISPR）技术的兴起及合成生物学时代的到来，未来对天然产物领域的研究将全面进入鼎盛时期。人们对天然产物生物合成的研究将更加趋于理性和智能化。通过天然优质元件的挖掘和改造结合理性设计构建人工合成体系，将有望实现多种天然产物的高效合成，并为天然产物的研究提供了新的思路，大大推动了目前天然产物的研发效率，可以预见未来天然产物的研究将会步入一个崭新的时代。

天然产物结构的多样性决定了其具有广泛的生物活性（图 7-2）。目前，天然产物在药物开发和疾病治疗中发挥着重要的作用，包括抗生素、抗癌药物、免疫抑制剂及其他一些药物[21, 22]。另外，天然产物还具有其他重要的生理意义和生态功能。部分天然产物具有抗氧化、防辐射及渗透压保护剂等功能。例如，蓝细菌为了避免自身受到高强度的紫外照射带来的伤害，会产生类菌胞素或其衍生物来吸收紫外线从而对自身起到光保护的作用[23]。天然产物的产生是需要在特定条件下才能被激活的。这就说明其对生物自身的生长和繁殖是至关重要的，在防御和保卫自身免受其他生物的侵害的过程中发挥着生物武器的作用。近年来，随着微生物和其他多种生物间相互作用研究领域的兴起与拓展，越来越多的科学家致力于揭示次级代谢产物作为信号介质与宿主间产生的相互影响及其作用机制。有些微生物与其他动物或者植物以共生的形式存在，通过产生抗生素保护其共生体免遭其他致病微生物的伤害，从而构成相互依赖又彼此牵制的复杂的生态系统。例如，在植物根际发现的微生物可以产生促进植物生长并提高植物抗性的次级代谢产物赤霉素（gibberellin，GA）[24]。不同种属的微生物产生的次级代谢产物在亚抑制浓度下会作为拮抗物质实现物种丰度有所差异的特殊生态位。目前，人体微生物组对人类的健康和疾病的发生具有重要作用，其中由人体微生物产生的天然产物的结构鉴定和功能解析是阐明其作为介质的分子机制的关键。另外，有些天然产物对产生菌的发育分化也起着重要的调控作用。例如，化合物灵杆菌素（prodigiosin）可以通过损伤 DNA 启动天蓝色链霉菌细胞的程序性死亡，从而驱使细胞进一步分化[25]。此外，天然产物还可以作为群感效应分子介导细菌细胞间的相互识别和群体行为。例如，由红杆菌产生的庚烷三烯酮类化合物既具有抗生素的活性，又可以作为群感效应分子来激活相应基因的表达，影响细菌的吸附和运动功能[26]。

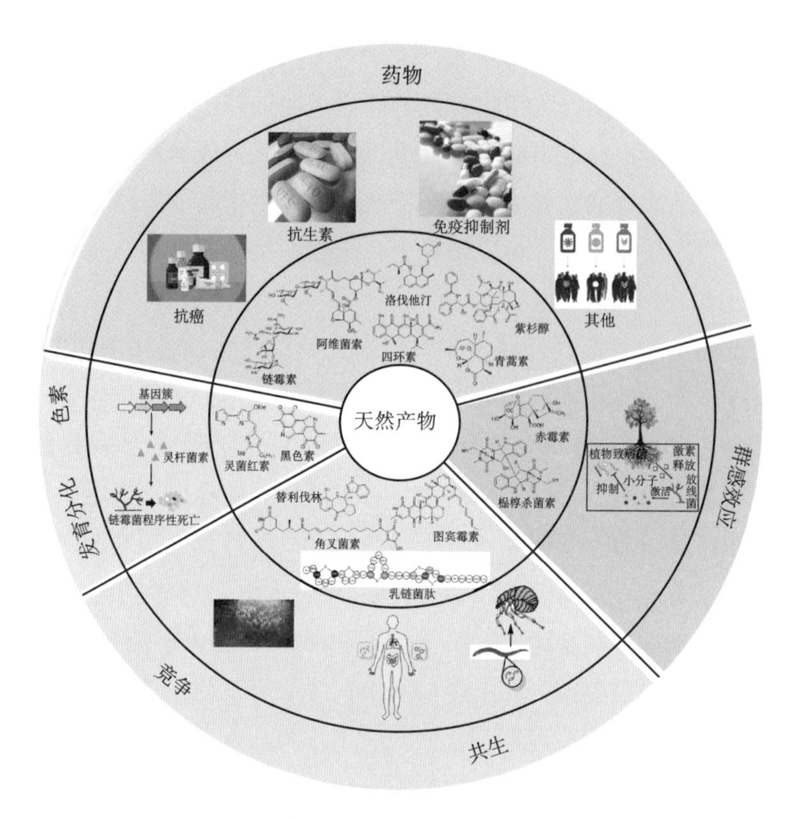

图 7-2　天然产物的结构及其功能的多样性

天然产物的生物合成依靠合成酶进行有序的化学反应从而合成最终的产物。从某种意义上讲，天然产物的生物合成过程也反映了化合物和蛋白质间的最初始的相互作用。有研究报道，天然产物的生物合成酶与其药物靶点蛋白质间存在一定的关系，蛋白质间局部次级结构的相似性有助于鉴定蛋白质的保守功能并对寻找该化合物的可能的药物作用靶点具有指导意义。例如，负责黄酮类化合物生物合成的合成酶与磷酸肌醇激酶受体间就具有相同的配体结合模式[27]。未来希望在深入理解天然产物生物合成路径和解析生化反应酶学机制的基础上，通过建立生物合成酶与药物治疗靶点的结构相关性，为新型药物的设计和改造提供新的思路，从而加速天然产物被开发成临床药物的研究进程，同时也可以依据药物治疗靶点，设计出能够更好地与之相互作用的药物分子。将天然产物的生物合成研究与其潜在的应用机制相结合，实现理论研究向实际应用的跨越。

第二节　现状及其形成

一、分子骨架的生物合成模式

（一）分子骨架及其生物合成概述

微生物、植物和动物等生命体可以利用简单的前体分子合成具有复杂化学结构、多样生物活性的天然产物分子，如聚酮、聚肽、萜、氨基糖苷类、生物碱等。生物合成酶是这一过程的执行者，通常催化简单的前体分子（如乙酰辅酶 A、氨基酸等）发生碳－碳键、酰胺键的形成及氧化还原等多种反应，先形成天然产物的分子骨架，再进一步对分子骨架进行氧化还原、基团转移等修饰反应获得最终的成熟天然产物。总体来说，天然产物的生物合成过程可以分为分子骨架的生物合成及对骨架的修饰合成两个部分。本节将主要阐述分子骨架的生物合成模式、关键的科学发现及意义。

根据骨架合成酶的不同作用方式，天然产物骨架的生物合成可以分为“装配线”和“非装配线”两种模式。在“装配线”模式中，底物在生物合成机器（多酶复合体）上按顺序传递并组装形成骨架结构。聚酮、聚肽类天然产物通常由“装配线”模式合成，聚酮类抗感染药物红霉素的生物合成便是其典型例子之一[28-30]［图 7-3(a)］。在“非装配线”模式中，生物合成过程的底物及中间产物在独立的酶间传递，从而形成骨架结构。利用“非装配线”模式合成的天然产物类型包括萜、氨基糖苷类、生物碱等，著名的萜类抗疟药青蒿素便是利用这种模式进行生物合成的［图 7-3(b)］。下面将具体阐述生物合成酶如何利用这两种模式合成种类繁多的天然产物分子骨架。

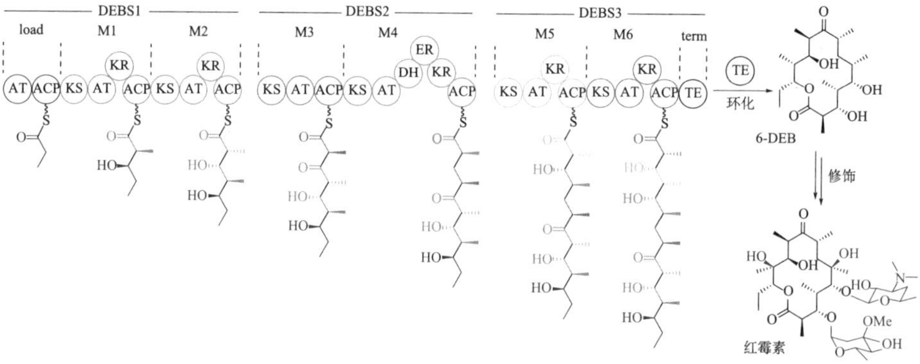

(a)“装配线”模式：以红霉素分子骨架6-脱氧红霉内酯B（6-deoxyerythronolide B, 6-DEB）的生物合成为例

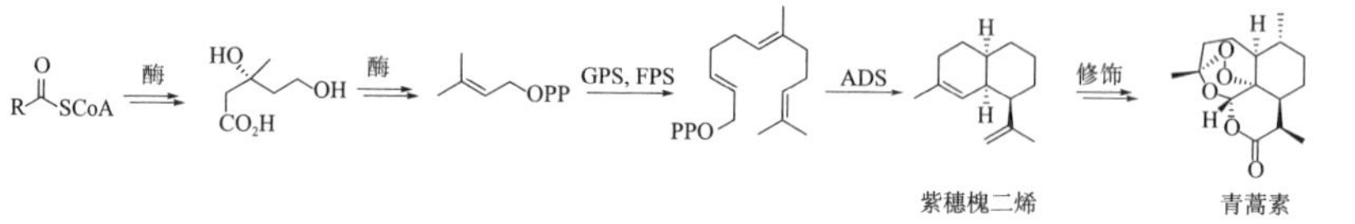

(b)“非装配线”模式：以青蒿素分子骨架紫穗槐烯（amorpha-4, 11-diene）的生物合成为例

图 7-3　天然产物骨架的生物合成模式

load：模块化聚酮合酶的起始模块；M1 至 M6：六个延伸模块；term：终止结构域；AT：酰基转移酶；ACP：酰基载体蛋白质；KS：酮基合酶；KR：酮基还原酶；DH：脱水酶；ER：烯酰还原酶；TE：硫酯酶；GPS：香叶基焦磷酸合成酶；FPS：法尼基焦磷酸合酶

（二）“装配线”合成

1. 聚酮类天然产物骨架的生物合成

利用“装配线”模式合成的天然产物代表类型有聚酮和聚肽。聚酮类天然产物生物合成的研究有悠久的历史。早在1893年，Collie推测苷色酸、苔黑素等分子是通过乙酰基首尾相连或烯酮聚合而成的，这是聚酮生源途径的理论雏形[13, 31-33]。1955年，Birch通过放射性示踪法发现6-甲基水杨酸源于乙酸[34]。直到1991年，Leadlay和Katz课题组通过分子遗传学鉴定了红霉素的生物合成基因簇，首次揭示了模块化的聚酮合酶（又称Ⅰ型聚酮合酶），并提出红霉素分子骨架6-脱氧红霉内酯B的“装配线”生物合成模式[28, 29]。以Leadlay、Katz、Khosla、Cane为代表的课题组通过体内点突变、体外酶学等手段对6-脱氧红霉内酯B合成酶（DEBS）的不同结构域展开了深入研究[30]。

随后，研究人员又对雷帕霉素（又称西罗莫司）、利福霉素（rifamycin）及阿维菌素（avermectin）等聚酮化合物生物合成进行了系统研究，解析了这类聚酮天然产物生物合成的共性规律[35-37]。该类聚酮合酶通常由多个模块组成，且每个模块包含多个不同结构域，各个结构域执行特定的催化功能，包括酰基底物的装载、聚酮链延伸、修饰与释放。其中，起始模块识别特定的酰基底物（如乙酰CoA、丙酰CoA），并将其以共价连接的方式装载到该模块的ACP结构域；延伸模块的多个结构域催化延伸单元（如丙二酸单酰CoA、甲基丙二酸单酰CoA）的装载、聚酮链延长（酮基合酶结构域催化克莱森缩合反应形成碳-碳键）、β-酮基的修饰（酮基还原、脱水、烯酰还原等）；聚酮合酶C末端通常含有一个硫酯酶结构域，催化聚酮链发生环化或者水解等反应，使得聚酮链从模块化聚酮合酶中释放，形成游离的聚酮分子骨架（图7-4）。需要特别指出的是，在链释放之前，聚酮中间产物均以共价连接的方式在不同模块的ACP结构域间按顺序传递，是一种典型的“装配线”模式。可以看出，聚酮分子骨架的结构多样性源于起始、延伸、“装配线”上修饰及链释放方式的不同。聚酮合酶中单个结构域的催化机制已得到很好的解析，但阐明多个结构域间如何协同配合完成聚酮骨架的生物合成，需要对完整模块及多个模块的蛋白三维结构进行研究[38, 39]。2014年，Dutta和Whicher等利用冷冻电子显微术解析了苦霉素（pikromycin）生物合成中的一个聚酮合酶PIKAII（含一个完整的模块）的蛋白质三维结构，并

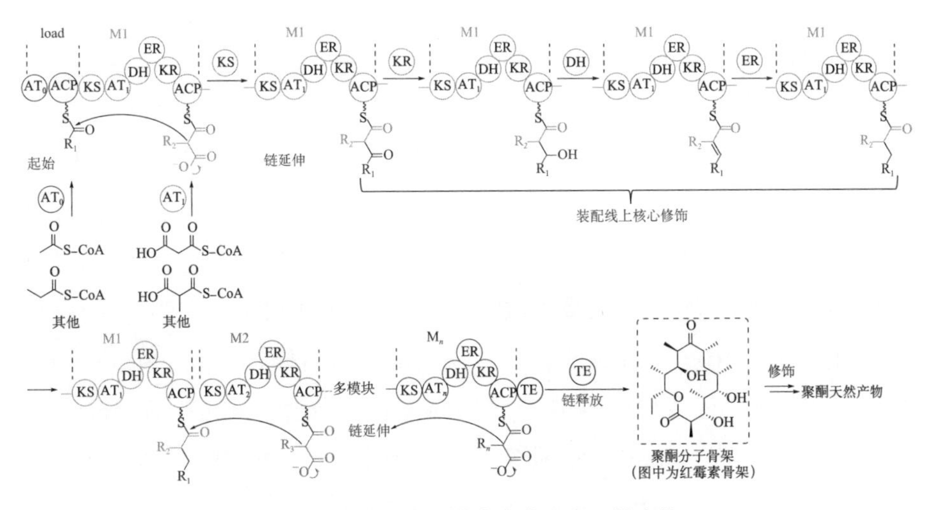

图7-4　“装配线”模式合成聚酮天然产物

捕捉到其催化过程中的三种构象，加深了人们对不同结构域协同催化机制的认知[40-42]。

2. 聚肽类天然产物骨架的生物合成

聚肽天然产物主要包括非核糖体肽和核糖体肽两大类。1963年，研究者提出聚肽分子短杆菌酪肽（tyrocidine）并不是由核糖体所合成的假说[43]。直至1991年左右，鉴定了短杆菌肽（gramicidin）、青霉素的生物合成基因簇，发现这类天然产物由模块化的非核糖体肽合成酶（NRPS）合成[44, 45]。以Marahiel、Walsh为代表的科学家通过对耶尔森杆菌素（yersiniabactin）、肠杆菌素（enterobactin）及万古霉素（vancomycin）等天然产物的生物合成展开系统研究，阐明了非核糖体肽合成酶的作用机制[35, 37, 46-48]。与上述模块化聚酮合酶作用模式相似，非核糖体肽合成酶通常包含起始模块和多个延伸模块，每个模块由多个结构域组成。其中，起始模块中的腺苷酰化结构域（A domain）识别和活化氨基酸底物，并以共价连接的方式将氨基酸装载到肽基载体蛋白（PCP）结构域上；延伸模块中不同结构域负责延伸单元（氨基酸）的识别与装载、肽链延长（缩合结构域催化形成酰胺键）及修饰（如异构化）（图7-5）。类似地，非核糖体肽合成酶C末端通常含有催化肽链释放的硫酯酶结构域，负责形成非核糖体肽的分子骨架。与核糖体只能利用20种天然氨基酸不同，非核糖体肽合成酶可以利用多达千种不同结构的氨基酸底物，其中绝大多数是结构特殊的非蛋白质氨基酸，这极大地丰富了非核糖体肽的分子骨架结构多样性。此外，“装配线”上的不同修饰反应及链释放反应也会导致非核糖体肽的分子骨架发生变化。

除了独立的模块化聚酮合酶和非核糖体肽合成酶，自然界还进化出数量众多的杂合聚酮合酶-非核糖体肽合成酶。这极大地丰富了模块化生物合成酶的多样性，并可合成结构多样的聚酮-聚肽杂合天然产物，著名的例子有抗癌药物博莱霉素和埃博霉素、免疫抑制剂西罗莫司和FK520等[49, 50]。

核糖体肽（RiPP）是由核糖体合成经由翻译后修饰得到的另外一大类聚肽天然产物，其中代表性的天然产物有乳链菌肽（nisin）、硫链丝菌素（thiostrepton）等[51]。1966年，研究者发现蛋白质合成抑制剂可以抑制乳链菌肽的生物合成，提出乳链菌肽由核糖体合成的假说[52]。1988年，通过基因

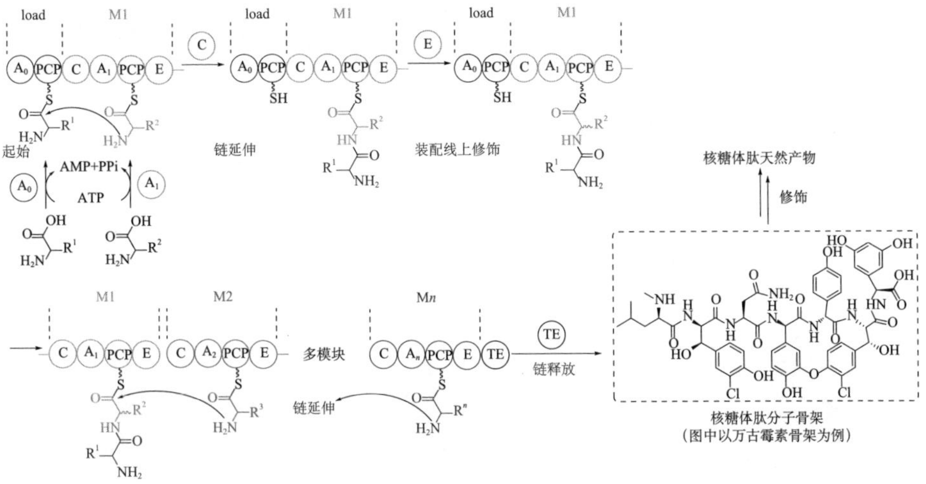

图 7-5 “装配线”模式合成非核糖体肽天然产物

A：腺苷化结构域；C：缩合结构域；E：异构化结构域

克隆及生物合成研究，证实表皮抗菌肽（epidermin）源自核糖体合成的多肽，开启了核糖体肽的生物合成分子机制研究[53, 54]。21 世纪初，多个课题组对乳链菌肽和硫链丝菌素的生物合成机制展开了深入研究。乳链菌肽因具有很好的抗菌活性且安全无毒，作为食品防腐剂被广泛应用[52]。自 1989 年起，中国科学院微生物研究所还连栋等几代科研人员克隆表达了乳链菌肽的前体合成基因，并通过菌种改良实现了乳链菌肽 Z 的工业化生产，推动我国相关饮料和食品产品进入“绿色生产”时代[55]。以 van der Donk 为代表的科学家深入研究了乳链菌肽生物合成酶的催化机制[56, 57]。我国科学家刘文研究员及其课题组对硫链丝菌素及其他多个核糖体肽天然产物的生物合成基因簇和关键酶催化过程进行了系统研究[58, 59]。基于这些结果，揭示了核糖体肽的生物合成共性规律（图 7-6）。与蛋白质合成机制一样，相关生物合成基因经核糖体翻译成初始多肽。该多肽由信号肽、前导肽、核心肽和识别序列四个主要部分组成。基因簇中编码的其他修饰酶，对该多肽中特定氨基酸进行翻译后修饰（如脱水、形成二硫键）和剪切，形成核糖体肽天然产物。编码序列、翻译后修饰及剪切方式的不同导致核糖体肽天然产物具有丰富多样的化学结构。由于核糖体肽合成过程中翻译后修饰反应类型复杂多变，2013 年，多国科学家达成共识，提出了针对不同结构类型核糖体肽的系统命名规则[51]。

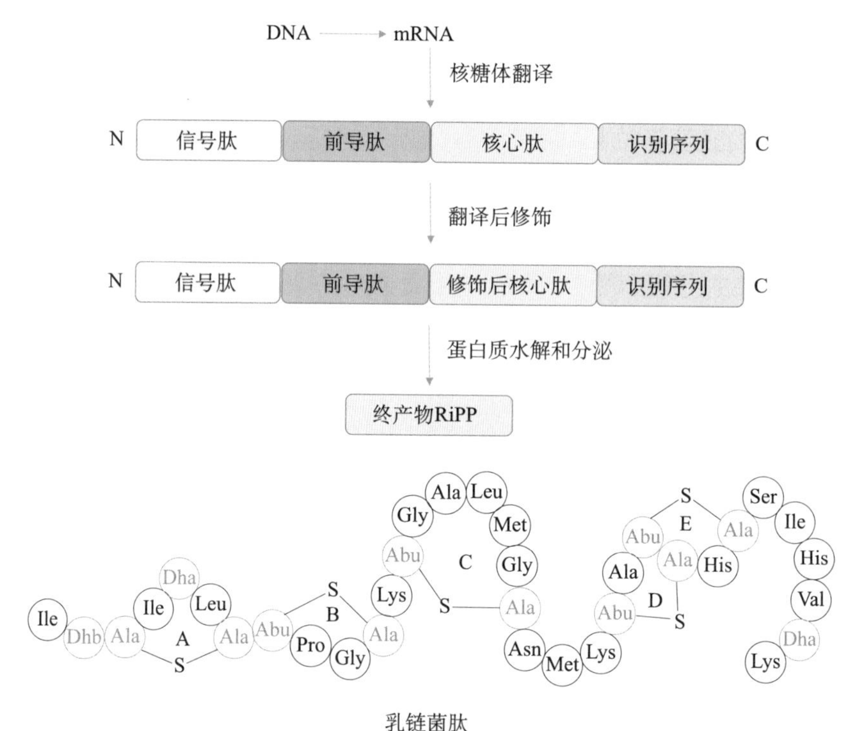

图 7-6 “装配线”模式合成核糖体肽类天然产物

N：N 末端；C：C 末端；Ile：异亮氨酸；Dhb：脱氢丁氨酸；Ala：丙氨酸；Dha：脱氢丙氨酸；Leu：亮氨酸；Abu-S-Ala：甲基羊毛硫氨酸；Pro：脯氨酸；Gly：甘氨酸；Lys：赖氨酸；Met：甲硫氨酸；Asn：天冬酰胺；His：组氨酸；Ser：丝氨酸；Val：缬氨酸；Ala-S-Ala：羊毛硫氨酸

（三）“非装配线”合成

利用“非装配线”模式合成的天然产物有多种类型，其中代表性的有萜和氨基糖苷类化合物。

1. 萜类天然产物骨架的生物合成

萜类化合物（terpenoids）在自然界中分布广泛、种类繁多。高等植物、微生物、昆虫及海洋生物中都可以产生萜类天然产物。目前已鉴定的萜类天然产物超过 55 000 多个，占所有天然化合物的 60%[60, 61]。从化学结构来看，萜类化合物多是异戊二烯的聚合体及其衍生物，分子式符合通式（C_5H_8），一般根据结构中异戊二烯单元的数目将萜类化合物进行分类。国内外对萜类化合物的生物合成研究已有百余年历史。早在1887年，德国化学家Wallach就提出了异戊二烯规则，认为萜类碳骨架是由异戊二烯以头尾或非头尾顺序相连而成的，也就是经验异戊二烯规则。Wallach也因此获得1910年诺贝尔化学奖。但是随着研究逐渐深入，化学家Leopold Stephen Ruzicka发现，若异戊二烯为萜类的前体化合物，则应该在自然界中大量存在，但事实上异戊二烯单体在自然界中分布甚少，某些天然萜类化合物也不能分解成异戊二烯碳骨架[62]，因此Ruzicka在Wallach的研究基础上，进一步对萜类化合物展开研究，最终提出了新的异戊二烯规则，即生源的异戊二烯规则，认为所有天然萜类化合物都是经甲羟戊酸途径衍生出的化合物，或者说萜类化合物都有一个活性的异戊二烯前体化合物[63]，Ruzicka也由此荣获1939年诺贝尔化学奖。随后，Lynen等证实了IPP的存在，之后，Folkers又证实了IPP关键前体物质是甲羟戊酸。由此最终证实了萜类化合物合成的甲羟戊酸途径，即初级代谢产物乙酰辅酶A经串联缩合及还原反应生成甲羟戊酸，后经数步反应转化成两个区域异构的五碳异戊二烯基焦磷酸DMAPP和IPP，它们作为生物源异戊二烯基供体形成了萜类化合物的骨架结构。直到1993年，Rohmer等报道了另外一条合成DMAPP和IPP的途径，该途径以初级代谢产物丙酮酸和3-磷酸甘油醛作前体，合成中间体2-C-甲基-D-赤藻糖醇-4-磷酸（2-C-methyl-D-erythritol-4-phosphate，MEP）后经过多步反应生成DMAPP和IPP用于萜类化合物的合成。这条途径又被称为MEP途径[64, 65]。

在自然界中，萜类化合物可经过甲羟戊酸途径和MEP途径合成，生物体可利用这两个途径及异戊烯基焦磷酸异构酶合成萜类化合物前体物质IPP和DMAPP，随后经过异戊烯基转移酶（prenyltransferase，PT）催化合成不同链长的异戊二烯单元，并经萜类合酶（terpene synthase，TPS）和各种的修饰酶的作用下催化合成不同类型的萜类化合物（图7-7）。DMAPP和IPP两者可以通过头尾相连缩合形成不同碳数的直接线型前体。例如，C_{10}骨架的香叶基二磷酸（GDP）是单萜类化合物的基本前体物质，它通过双键异构化环化等转化成各种单萜类化合物；而GDP通过与IPP的缩合反应生成C_{15}骨架的法尼基二磷酸（FDP），进而衍生出倍半萜（如青蒿素）及三萜类化合物；FDP通过与IPP的缩合反应生成C_{20}骨架的香叶基香叶酯二磷酸（GGDP），衍生出二萜类化合物（如紫杉醇和赤霉素）等。

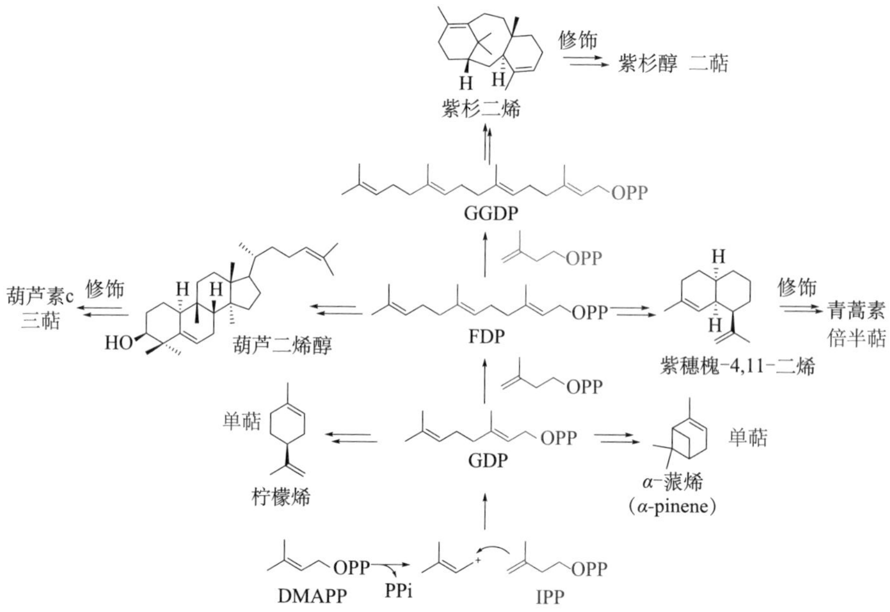

图 7-7　萜类化合物生物合成示意图

PPi：焦磷酸

萜类分子骨架的多样性源自异戊二烯链长和环化方式的不同，在很大程度上可归因于萜类合酶催化形成的萜类骨架的多样性。萜类合酶是萜类化合物生物合成中的一类关键酶，包括单萜合酶、倍半萜合酶、二萜合酶等。Christianson 提出根据起始碳正离子形成的方式，可将萜类合酶分为三类，即Ⅰ型、Ⅱ型及Ⅰ型和Ⅱ型的组合双功能酶[66]。Ⅰ型萜类合酶主要包括单萜、倍半萜及二萜合酶，通过酶空腔的金属离子引起线型前体的焦磷酸离去，引发环化反应；Ⅱ型萜类合酶主要包括部分二萜合酶、三萜合酶等，通过酶空腔强酸催化线型前体的双键质子化作用引发环化反应；同时他还指出萜类合酶有 3 个不同的蛋白质结构域（α，β，γ），同一种萜类合酶可由不同的结构域组合而成。

不同的萜类合酶决定了萜类碳骨架的多样性，也决定了其功能的多样性。许多著名分子的萜环系骨架的生物合成都取决于其萜类合酶的作用。例如，在青蒿素的生物合成过程中（图 7-8），从 FDP 开始进入其特异性的下游代谢途径，经过紫穗槐-4, 11-二烯合酶催化生成青蒿素前体紫穗槐二烯（amorpha-4,11-diene），进一步形成青蒿醇和青蒿醛[67-69]。青蒿醛可在青蒿醛双键还原酶（DBR2）[70] 的催化下先转化成二氢青蒿醛，然后在醛脱氢酶 ALDH1[71] 的催化下生成青蒿素的直接前体二氢青蒿酸，同时青蒿醛在细胞色素 P450 酶 CYP71AV1 和 ALDH1 作用下生成青蒿酸，之后通过氧化反应分别获得青蒿素和青蒿素 B[72-76]。

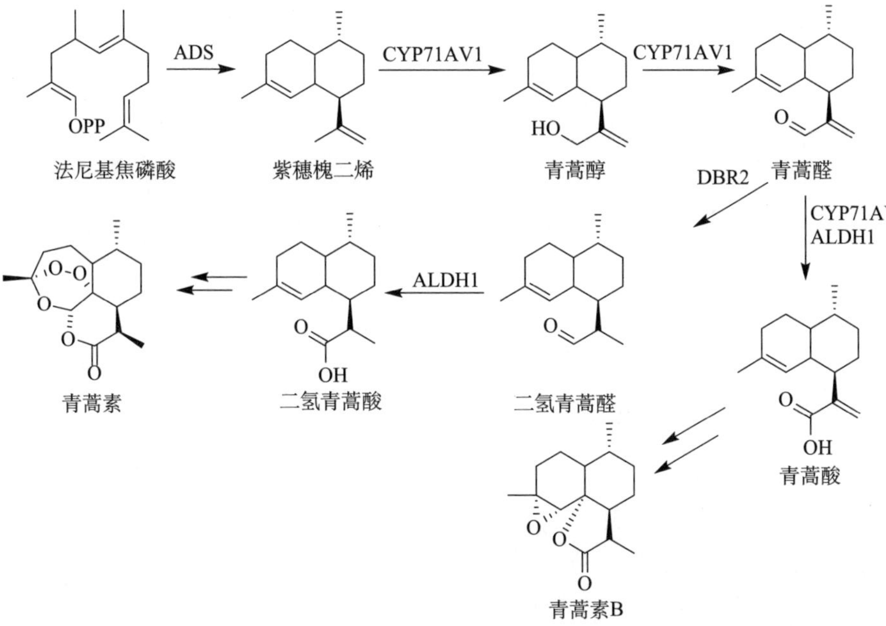

图 7-8　青蒿素的生物合成途径

同为二萜类化合物的紫杉醇和赤霉素，两者的生物合成起始于二萜类化合物的共同合成前体——GGDP，后续由于环化酶的差异，生成不同的萜类骨架，最终合成具有不同结构与功能的两种重要化合物。紫杉醇是天然的抗癌药物，是获得 FDA 批准的第一个来自天然植物的化学药物，也是目前世界上使用最广泛的抗癌药物之一。在紫杉醇的生物合成过程中（图 7-9），双烯前体 GGDP 经过紫杉二烯合成酶（taxadiene synthase，TS）的作用环化形成前体化合物紫杉-4(5),11(12)-二烯［taxa-4(5), 11(12)-diene］，之后经过一系列的细胞色素 P450 酶介导的羟基化和依赖于乙酰 CoA 的乙酰化反应，最后形成紫杉醇的碳环骨架[77, 78]。而赤霉素是一种天然的植物生长调节剂，广泛分布于细菌、真菌与植物中。不同于紫杉醇的生物合成途径，赤霉素的合成过程中 GGPP 需经过双功能环化酶（CPS/KS）的催化（图 7-9），其中柯巴基焦磷酸合酶（*ent*-copalyl diphosphate synthase，CPS）催化GGDP合成CDP（*ent*-copalyl diphosphate），然后由内根－贝壳杉烯合酶（*ent*-kaurene synthase，KS）环化生成具有碳环骨架的内根－贝壳杉烯（*ent*-kaurene）。之后，内根－贝壳杉烯在细胞色素 P450 酶的一系列催化下生成内根－贝壳杉烯酸（*ent*-kaurenoic acid）和一系列不同种类的赤霉素[79-81]。

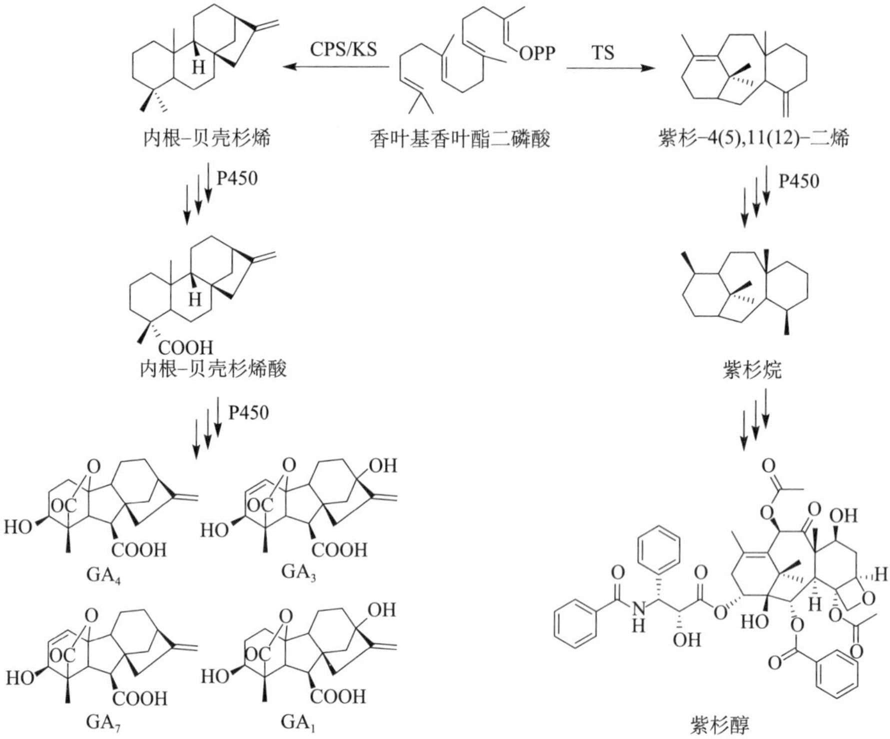

图 7-9　紫杉醇和赤霉素的生物合成途径

萜类化合物长期以来都是以化学合成的方式来提供产品。然而，随着生命科学的不断发展，萜类生物合成相关研究不断深入，研究者已开始从传统的化学合成扩展至生物合成领域。由于萜类化合物的生源途径较统一，从其生物合成途径出发进行合成生物学研究具有显著优势，近年来国内外研究团队在该研究领域的一些重大研究成果也进一步证实萜类生物合成研究具有十分重要的现实意义和应用价值[82-87]，其飞速发展为萜类化合物的生物合成研究开辟了新的机遇，也为利用微生物工厂生产高效、可持续的高价值萜类化合物奠定了坚实基础。我国近年来虽在萜类化合物生物合成研究领域取得了多项突破性进展，但仍然与欧美顶尖生物合成研究团队存在差距。未来，我们要继续深入挖掘萜类化合物生物合成基因元件、深度优化微生物合成体系、开发高效基因编辑技术及对酶蛋白质结构生物学等方向开展研究，并积极布局以生物合成为基础的合成生物学前沿方向，最终在未来10～15年真正迎来萜类天然产物人工合成的新时代，实质性加强基础研究与工业化生产的深入对接，系统整合各方实力，建立我国从上游到下游、从源头到萜类产品的系统性和可持续性研发体系，彻底变革萜类产品的创制模式，实现萜类制品产业的源头创新和转型升级。

2. 氨基糖苷类天然产物的生物合成

氨基糖苷类化合物是一类氨基糖与六元氨基环醇通过糖苷键相连形成的抗生素的统称。氨基糖苷类化合物大多由链霉菌或小单孢菌产生。在特殊情况下，某些产生菌可以合成多种此类化合物。例如，黑暗链霉菌（*Streptomyces tenebrarius*）可以生产妥布霉素（tobramycin）、卡那霉素（kanamycin）和阿泊拉霉素（apramycin）[88-90]。这类化合物主要通过抑制细菌的蛋白质合成而起到抗菌的作用，一般结合在核糖体30S小亚基上，阻止转位，进而干扰肽链合成[91]。氨基糖苷类药物经常与β-内酰胺类或糖肽类抗菌药物联合使用，治疗需氧细菌所致的严重感染。它具有广泛的抗菌谱，可以抑制革兰氏阳性菌和革兰氏阴性菌，临床上可用于治疗多种感染性疾病。氨基糖苷类抗生素抗菌谱广、疗效好、性质稳定、生产工艺简单，因此应用广泛，有实际应用的药品达到30多种。

根据氨基环醇结构不同，氨基糖苷类化合物可以分为肌醇（inositol）衍生物和2-脱氧链霉胺（2-deoxystreptamine，2-DOS）衍生物两类（图7-10）。链霉素和壮观霉素（spectinomycin）是肌醇衍生的氨基糖苷类化合物的代表[92, 93]。绝大多数氨基糖苷类化合物由2-DOS衍生而来，包括很多已经在临床中应用的药物［卡那霉素、庆大霉素（gentamicin）、西索米星（sisomicin）、新霉素（neomycin）、巴龙霉素（paromomycin）等］，以及一些用于畜牧业的农用抗生素［阿泊拉霉素、潮霉素B（hygromycin B）等］。自1944年Waksman发现链霉素以来，已经有多种氨基糖苷类抗生素被发现和应用，成为一类重要的临床药物。

肌醇衍生的氨基糖苷类抗生素以肌醇作为合成的起始化合物。由于共有的母体结构，这类抗生素的生物合成共用肌醇的生物合成途径为：葡萄糖-6-磷酸（glucose-6-phosphate）在肌醇-1-磷酸合酶的催化下生成肌醇-1-磷酸（*myo*-inositol-1-phosphate）。然后在磷酸酶的作用下去磷酸化，产生肌醇。肌醇作为这一氨基糖苷类骨架的共同合成起始物，将开启其他肌醇衍生的氨基糖苷抗生素的生物合成 [94-96]。链霉素是该类氨基糖苷类抗生素的典型代表 [97]。

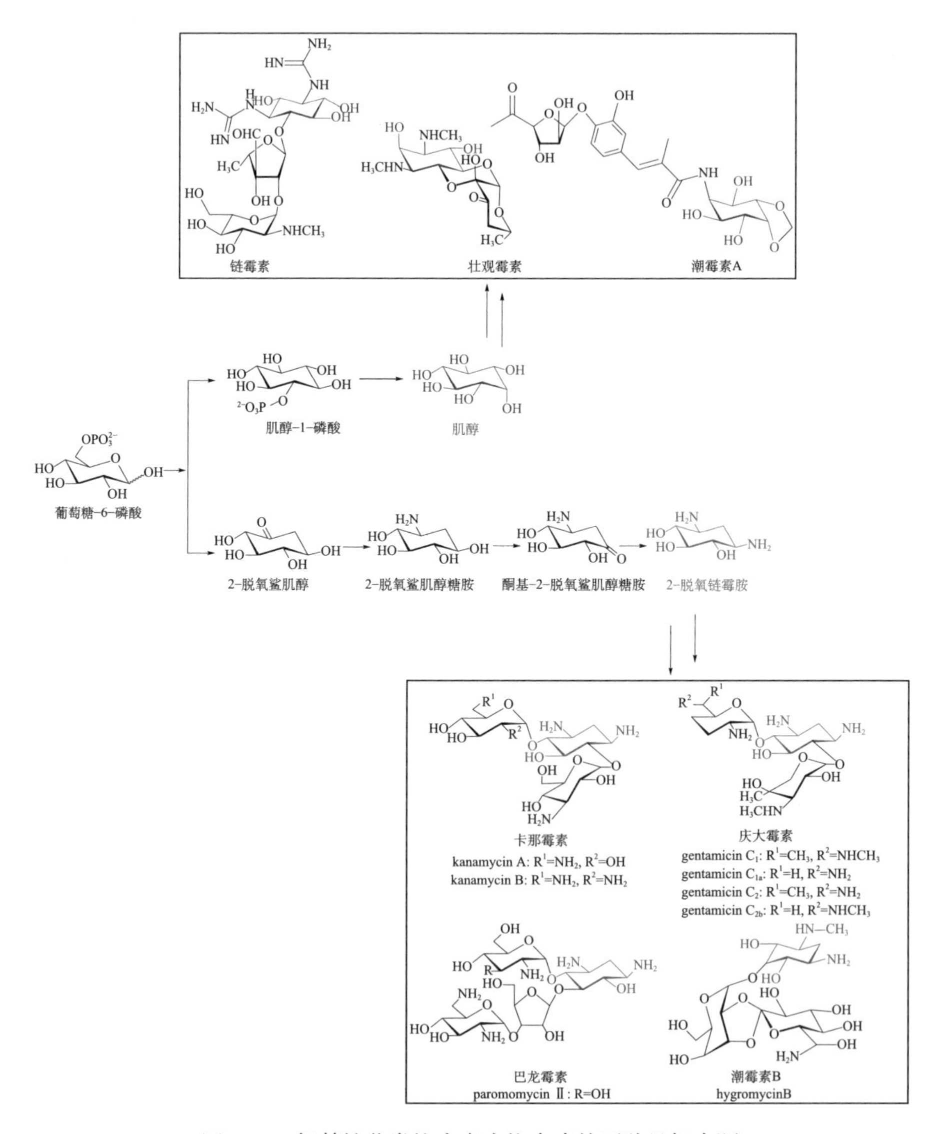

图 7-10　氨基糖苷类抗生素生物合成的两种骨架来源

另一个重要的氨基糖苷类抗生素的骨架是基于 2-DOS 衍生而来的，而且大多数的氨基糖苷类抗生素都属于这一类。关于 2-DOS 生物合成途径的探究最早源于 1974 年。在对新霉素生物合成途径研究时，通过同位素标记前体喂养发现 2-DOS 源于 D－葡萄糖[98]。这类骨架结构的生物合成过程为首先由葡萄糖 6－磷酸经 2－脱氧鲨肌醇（2-deoxy-scyllo-inosose，2-DOI）合酶还原，生成 2-DOI，再经过保守的转氨和脱氢反应，形成 2-DOS[99-102]。在不同氨基糖苷类抗生素的 2-DOS 生物合成途径中，具有相同功能的酶在结构和催化机制上往往高度相似。在合成 2-DOS 母核结构之后，氨基糖苷抗生素将按照糖基取代位置的不同分别进入不同的生物合成途径。这一过程通常会形成重要的合成中间体——巴龙霉胺，它是大多数 2-DOS 衍生的氨基糖苷类抗生素生物合成途径中的关键二糖，其生物合成途径在不同的氨基糖苷类抗生素的生物合成中也高度保守。接着通过糖基转移酶在不同的位置连接不同的氨基糖（包括 4, 5－二取代型的新霉素、巴龙霉素，4, 6－二取代型的卡那霉素、庆大霉素，以及单取代型的阿泊拉霉素等），最后再经过一系列脱氢酶、转氨酶等修饰形成多种终产物，造成自然界中氨基糖苷类抗生素的结构多样性[103-105]。

氨基糖苷类抗生素一般具有明显的副作用，主要体现在其可以引起肾毒性和耳毒性等不良反应，在很大程度上限制了该类抗生素的广泛应用。深入理解不同的氨基糖苷类抗生素的详细生物合成过程，通过对不同氨基糖苷类抗生素的基团进行修饰，筛选获得肾毒性和耳毒性降低的化合物分子，不仅能够帮助我们更好地利用和开发这类抗生素，还可以大大提高氨基糖苷类抗生素的应用范围。近年来，综合遗传学、生物化学和结构生物学的相关研究，使得对氨基糖苷类抗生素的生物合成途径和机制的解析逐渐深入，为人们利用合成生物学策略理性设计和改造新型的氨基糖苷类抗生素奠定了坚实的基础。另外，结构生物学的快速发展，包括冷冻电子显微术的兴起将有助于我们解析难以获得结晶的蛋白质的结构。这将使得氨基糖苷类抗生素生物合成过程中更多蛋白质的结构和功能将被揭示，从而进一步加深人们对这类抗生素的理解和应用。

二、合成修饰过程中的化学

（一）合成修饰化学概述

天然产物的结构复杂多样性是其最显著的特征之一，与一般的合成化合物库相比，天然产物占据了非常独特的化学空间。这一方面来自于其骨架的生物合成过程中所具有的独特组合模式；另一方面，生物合成过程中的修饰反应也在很大程度上拓展了天然产物结构的复杂程度和多样性。修饰反应可以发生在生物合成过程中的不同阶段，既可以对源于初级代谢中间体（乙酰辅酶 A、氨基酸等）的简单砌块单元进行前修饰，又可以以顺式或反式作用的形式对骨架形成过程中的中间体进行修饰，还可以在骨架形成后对其进行后修饰。后修饰是天然产物合成修饰中的主要过程，包括糖基化、甲基化、酰基化、卤代、羟基化等。修饰过程不仅可以在天然产物骨架的特定的位置进行选择性的官能团转化，而且可以对初始生成的骨架进行重排，从而从数量相对有限的骨架出发，衍生出更丰富多样的天然产物[106]。

修饰的过程是天然产物生物合成的重要组成部分，与天然产物的骨架生物合成过程不同，合成修饰没有固定的模式，过程十分复杂多样，几乎涵盖所有的化学反应类型，因此很难用短短的篇幅对所有的反应进行全面概括。不过需要强调的是，催化这些修饰反应的主体是酶，其催化的反应具有较好的化学、区域及立体选择性。但是，无论从国际生物化学与分子生物学联合会（International Union of Biochemistry and Molecular Biology）酶学专业委员会（Enzyme Commission）对酶的分类数量来看，还是从酶所使用的决定其反应机理的辅酶 / 辅因子的数量来说，酶所能催化的修饰反应数量都远远超过其表面上的分类数量。从进化的角度看，生物体主要通过多样进化和趋同进化两个主要方式来实现其功能。反映到酶催化的合成修饰过程，一方面，同一类型的酶可以实现多种类型的修饰（修饰类型的多样性）；另一方面，生物体实现特定的修饰反应具有一定的灵活性，即不同类型的酶可以实现同一种类型的修饰反应（修饰反应的汇聚性）。通过以上两种方式，酶可以通过有限的种类来实现天然产物多样的修饰过程。

本节将根据多样性和汇聚性两个方面介绍修饰反应，同时，还将介绍相关学科基础理论和实验技术的发展在加速我们对相关合成修饰过程的研究进程并促进对其化学机理认识的深入等方面的作用。

（二）合成修饰的多样性

1. 概述

在催化天然产物的修饰过程中，同一类型的酶可以通过类似的或不同的机理进行多种类型的化学转化，从而实现合成修饰的多样化。细胞色素 P450 酶是其中一个典型的代表，可以在天然产物骨架上进行高度选择性的羟化修饰。但是，P450 酶催化能力不局限于羟基化，它还能实现环氧化、脱氢、碳-碳成键、碳-杂成键等多样化的反应类型。另外，P450 酶的催化能力具有很大的可塑性，通过适当的改造可以改变或拓展其催化能力，获得具有应用潜力的生物催化剂。

细胞色素 P450 酶最早由 Tsuneo Omura 和 Ryo Sato 在 1962 年从兔肝微粒体中分离出，由于其硫醇基配位的血红素在还原态与一氧化碳络合后在 450 nm 处有最大吸收而得名 [107]。P450 酶参与的反应需要经过复杂的催化循环过程，并需要额外的氧化还原系统来提供所需的电子。因此，根据 P450 酶存在的位置及其氧化还原系统的组成，一般将其分为微粒体 P450 酶系统（包含膜结合的 P450 酶和 NADPH-细胞色素 c 还原酶二元体系）、线粒体 P450 酶系统（包含内膜结合的 P450 酶及可溶的含铁硫簇蛋白及其还原酶的三元体系）及细菌 P450 酶系统（包含可溶的 P450 及含铁硫簇蛋白及其还原酶三元体系）[108]。线粒体 P450 酶系统和微粒体 P450 酶系统主要涉及真核生物对外源物质的代谢及甾体激素的生物合成过程；细菌 P450 酶系统大多涉及天然产物的生物合成修饰，而且大多是可溶性蛋白，是目前研究最广泛的 P450 系统。$P450_{cam}$（CYP101）作为细菌 P450 酶的一个代表，可以对樟脑的 4-位进行选择性羟基化，是首个从细菌中分离得到 [109]（1968 年）、首个完成全氨基酸测序 [110]（1982 年）、首个在大肠杆菌中进行异源表达 [111]（1985 年），也是首个得到蛋白质晶体的 P450 酶 [112]（1985 年）。另一个最具代表性的酶是 $P450_{BM3}$，于 1982 年从巨大芽孢杆菌（*Bacillus megaterium*）中分离得到 [113]，是首个发现的与其还原体系融合的 P450 酶，目前对 P450 酶的功能改造大多是基于 $P450_{BM3}$ [114]。测序技术的飞速发展及生物信息学数据的积累，为我们快速发现和预测参与天然产物修饰过程的P450提供了良好的基础。尽管目前鉴定P450酶参与天然产物修饰过程的速度无法与生物信息学的数据积累速度相匹配，但是我们仍然在P450酶参与的修饰反应研究中取得了重大进展，表明P450参与的修饰反应具有优良的选择性和多样性，并且还通过蛋白质改造展现了P450的功能具有很大的可塑性。

2. 细胞色素P450参与的修饰反应

作为单加氧酶，细胞色素P450酶的原型反应类型是羟基化。一般来说，不同的P450酶催化的修饰反应具有良好的底物选择性、区域选择性和立体选择性。例如，在抗菌药物红霉素的生物合成中，存在两个细胞色素P450酶EryF和EryK，分别负责在大环内酯形成后对其6-位和12-位进行选择性的羟基化。需要指出的是，两个酶具有很强的底物选择性，EryF的底物是红霉素苷元，而EryK催化糖基化后的底物进行羟基化[115, 116]。对于萜类抗肿瘤天然产物紫杉醇，在通过紫杉二烯合成酶形成紫杉二烯的二萜骨架之后，还需要对其在不同的位置进行修饰，之后才能形成紫杉醇，目前已经鉴定了5个P450酶，在不同的生物合成阶段，分别对其2-位、5-位、7-位、10-位和13-位进行区域和立体选择性羟基化[117]（图7-11）。但是迄今还没有发现并鉴定催化紫杉醇中1-位和9-位的羟化酶，以及催化4, 5-位形成氧杂环丁烷的酶，尽管推测其过程很可能涉及P450酶的催化。

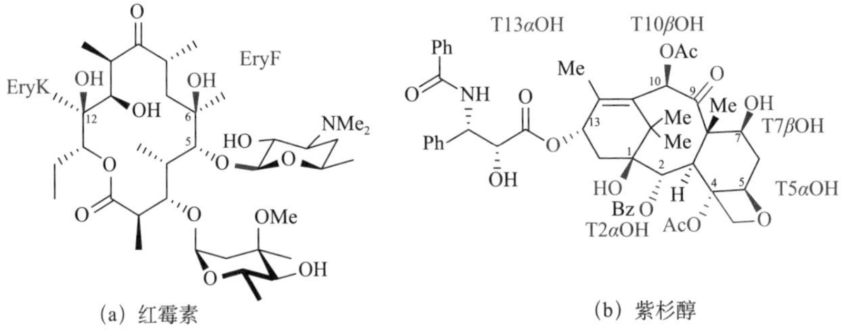

(a) 红霉素　　(b) 紫杉醇

图7-11　修饰反应的选择性：红霉素和紫杉醇生物合成中P450酶参与的修饰反应

细胞色素P450酶所能催化的修饰反应不仅局限于对碳氢键的羟化反应，而且可以催化氮氧化、硫氧化和双键环氧化等氧插入反应。另外，P450酶还能通过反应过程中形成的自由基中间体，构建新的碳-碳键及碳-氮键、碳-

硫键等不同形式的碳-杂原子键[118]。并且，不同的 P450 酶可以催化相同或类似的底物，以不同的选择性形成多样的天然产物。Kenji Watanabe 等报道了细胞色素 P450 酶 DtpC 可以催化二酮哌嗪类化合物短胺 F（brevianamide F）的二聚化，生成 C3-C3′ 偶联产物二聚化短胺 F（dibrevianamide F）[119]；瞿旭东等报道细胞色素 P450 酶 NascB 可以催化形成 C3-C5′ 偶联产物鼻塞嗪 C（naseseazine C）[120]；李书明等报道了细胞色素 P450 酶 AspB 可以利用同样的底物形成 N1-C6′ 偶联的产物曲霉嗪 A（aspergilazine A）[121]；David Sherman 报道了细胞色素 P450 酶 NznB 可催化形成 C3-C6′ 偶联产物鼻塞嗪 B（naseseazine B），并同时发现 NzeB 能催化同时生成 C3-C5′、N1-C6′ 和 C3-C6′ 偶联的产物[122]（图 7-12）。另外，P450 还能催化烷烃的脱氢反应，形成相应的烯烃和炔烃。例如，Ikuro Abe 等发现在双甘碱 B（biscognienyne B）的生物合成过程中，细胞色素P450酶BisI可以催化芳基异戊烯基的脱氢反应，生成正原型酸（eutypinic acid）[123]；林晓青等在研究阿斯彭汀（asperpentyn）的生物合成过程中发现细胞色素 P450 酶 AtyI 可以催化相同的脱氢反应[124]。

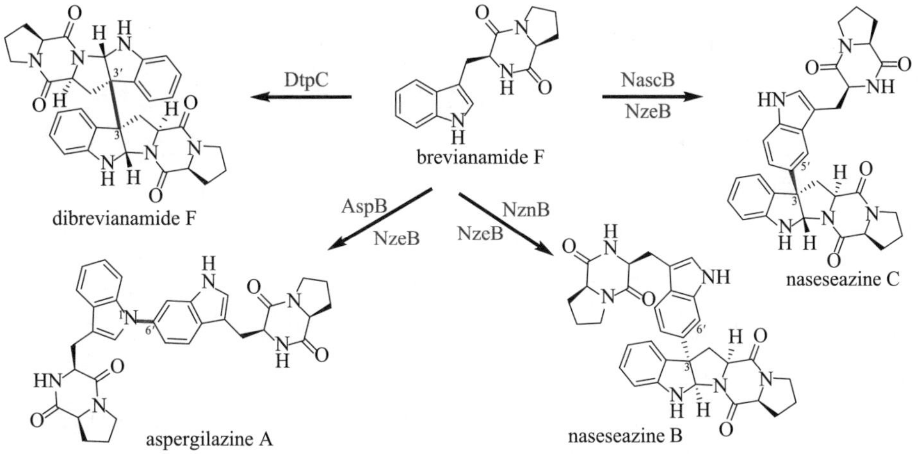

图 7-12 修饰反应的多样性与选择性：二酮哌嗪类天然产物的二聚化

细胞色素 P450 酶功能的实现除了需要相应的氧化还原系统提供电子外，有时还需要额外蛋白质或功能域的辅助才能实现其功能。例如，在糖肽类抗生素万古霉素的生物合成过程中，七肽母核在非核糖体肽合成酶上组装完成后，需要其中的 X-功能域来募集细胞色素 P450 酶 OxyB、OxyA 和 OxyC，对连接在肽基载体蛋白上的七肽母核进行氧化偶联修饰，形成最终的万古霉素结构[125]。

与催化初级代谢的酶不同，催化天然产物修饰反应的酶具有较大的可塑性，主要表现在以下三个方面。首先，野生型酶本身具有一定的底物宽泛性。例如，瞿旭东等报道 NascB 除了能够催化其天然底物 brevianamide F 通过 C3-C5′ 进行二聚化之外，还能催化一系列合成的二酮哌嗪底物进行 C3-C5′ 二聚化，而且对于有些底物，还能催化形成 C3-C6′ 偶联的产物[120]。其次，野生型酶通过一定的改造，能够接受更广泛的底物，而且还能改变其反应的选择性，$P450_{BM3}$ 是其中的代表酶，研究者对其进行了一系列系统的改造。例如，Rudi Fasan 等通过评估改造的 $P450_{BM3}$ 酶对五个代表性结构母核进行羟化活性评估，以此为指标对改造的 $P450_{BM3}$ 酶进行催化性能的描述，并以此为指导拓展了 P450 的底物和选择性[126]。最后，还可以进一步利用血红素的化学催化性质对 P450 酶进行改造，实现在天然产物生物合成中罕见或未见的化学转化反应。另外，Frances Arnold 等在这方面做了大量的工作，实现了改造的 P450 酶通过铁卡宾对碳–碳双键的插入生成环丙烷，以及通过铁氮宾对碳–氢键的插入形成碳–氮键的反应[127]。

（三）合成修饰的汇聚性

在生物合成过程中，生物体经过趋同进化，可以通过不同类型的酶以类似的甚至不同的机理来实现同一类型的修饰。催化卤化反应的酶是其中的典型代表。目前发现的代表性卤化酶可分为五大类，包括血红素依赖型卤过氧化酶、钒依赖型卤过氧化酶、黄素依赖型卤化酶、非血红素铁 /α–酮戊二酸依赖型卤化酶与 *S*–腺苷甲硫氨酸（*S*-adenosylmethionine，SAM）依赖型卤化酶。从其催化机理上看，前三种卤化酶通过氧化卤素负离子形成次卤酸后对富电性底物进行卤代，非血红素铁 /α–酮戊二酸依赖型卤化酶则通过自由基机理对非活化的碳–氢键进行卤代，而 SAM 依赖型卤化酶则是直接通过卤负离子的 S_N2 反应实现卤代[128]。

血红素依赖型卤过氧化酶是最早被发现的一类卤化酶。1959 年，Shaw 等首次报道了烟曲霉 *Caldariomyces fumago* 中的血红素依赖型氯过氧化酶（CPO）。它负责抗生素卡尔里霉素生物合成中两个氯原子的引入[129]（图 7-13）。血红素依赖型卤过氧化酶活性中心的血红素铁离子可以介导过氧化氢对卤离子的氧化，形成相应的次卤酸。随后，这些次卤酸被释放，与溶液中游离的富电子化合物发生亲电反应。因此，血红素依赖型卤过氧化物酶往往倾向于表现出非常低的区域选择性，并且经常产生一系列的单卤代产物、双卤代产物和三卤代产物。

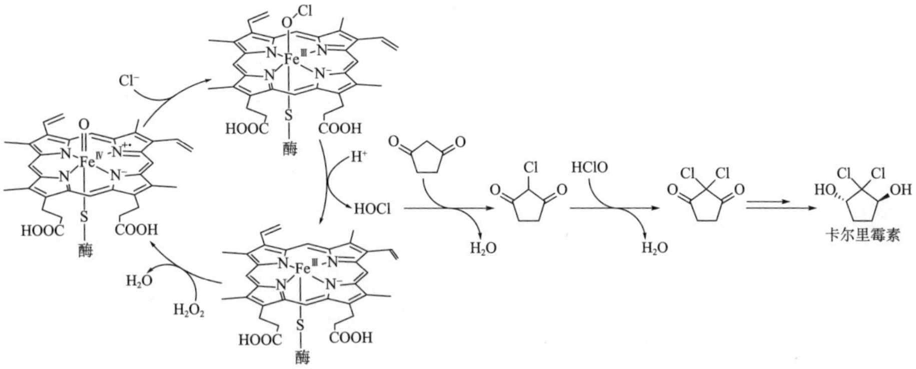

图 7-13　血红素依赖性卤过氧化酶催化的卤代反应

钒依赖型卤过氧化酶也是较早被发现的一类卤化酶，其反应机理与血红素依赖型卤过氧化酶类似，由活性中心的钒酸盐介导过氧化氢对卤离子的氧化，产生次卤酸，并与富电子化合物发生亲电反应。不同于血红素依赖型卤过氧化酶的是，部分钒依赖型卤过氧化酶具有区域选择性与立体选择性。2011 年，Moore 等报道了链霉菌（*Streptomyces* sp.）CNQ-525 中的钒依赖型卤过氧化酶 NapH1。它在萘霉素（napyradiomycin）生物合成中催化高度立体选择性的氯化与溴化反应，表明这类酶可能以高度特异性的方式结合其底物[130]（图 7-14）。

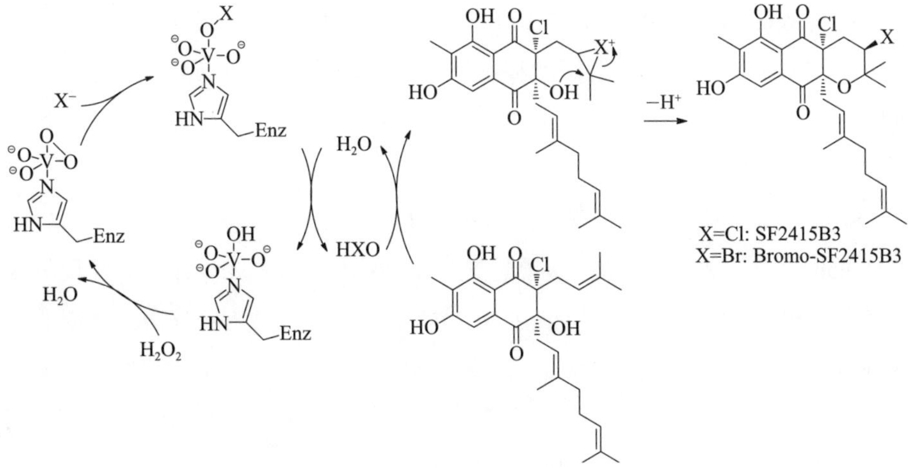

图 7-14　钒依赖型卤过氧化酶催化的卤代反应

与血红素依赖型卤过氧化酶和钒依赖型卤过氧化物酶不同，黄素依赖型卤化酶普遍具有高度的底物特异性和区域选择性。大多数这类卤化酶利用游离的还原型黄素腺嘌呤二核苷酸（$FADH_2$），介导氧气对卤离子的氧化，产生次卤酸，进而与富电子底物发生卤代反应。2005 年，Walsh 等报道了蝴蝶霉素（rebeccamycin）生物合成中黄素依赖型氯化酶 RebH 的功能。它能够特异性在 L–色氨酸的 7–位引入氯原子，产生蝴蝶霉素的关键前体 7–氯–色氨酸[131]（图 7-15）。

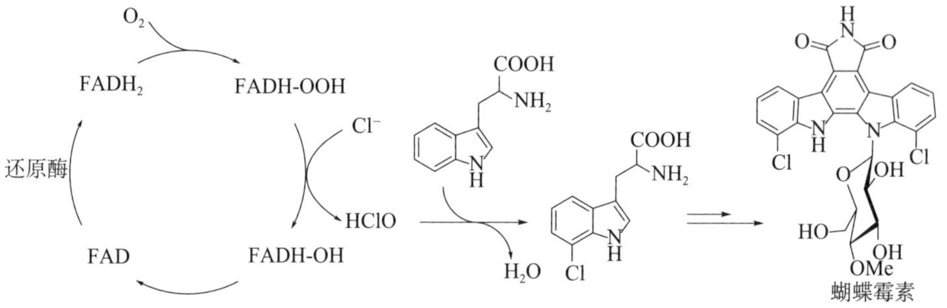

图 7-15　黄素依赖型卤化酶催化的卤代反应

FAD：黄素腺嘌呤二核苷酸

非血红素铁 /α–酮戊二酸依赖型卤化酶是迄今发现的唯一一类可催化自由基中间体卤化反应的酶。这类酶可以选择性地卤化未活化的脂肪碳，在能量上非常具有挑战性。2014 年，Liu 等首次报道了威尔维茨吲哚啉酮（welwitindolinone）生物合成中非血红素铁 /α–酮戊二酸依赖型氯化酶 WelO5 的功能。WelO5 能够区域选择性和立体选择性地对底物中未活化碳原子进行氯代生成 12–*epi*–费舍吲哚 G（12-*epi*-fischerindole G）且无需底物载体蛋白的参与[132]（图 7-16）。

SAM 依赖型卤化酶能够催化一类特殊的卤代反应——氟代反应。2003 年，O' Hagan 等首次报道了从链霉菌属洋兰（*Streptomyces cattleya*）中发现的天然氟化酶 5′-FDAS。该酶可以催化 SAM 与氟离子反应生成 5′–氟–脱氧腺苷（5′-FDA）与 L–甲硫氨酸[133]（图 7-17）。5′-FDA 随后可在不同酶的作用下转化形成氟代乙酸、氟代苏氨酸、氟乙基丙二酰辅酶 A 等重要前体。这些氟代前体可以参与多种类型天然产物的生物合成。

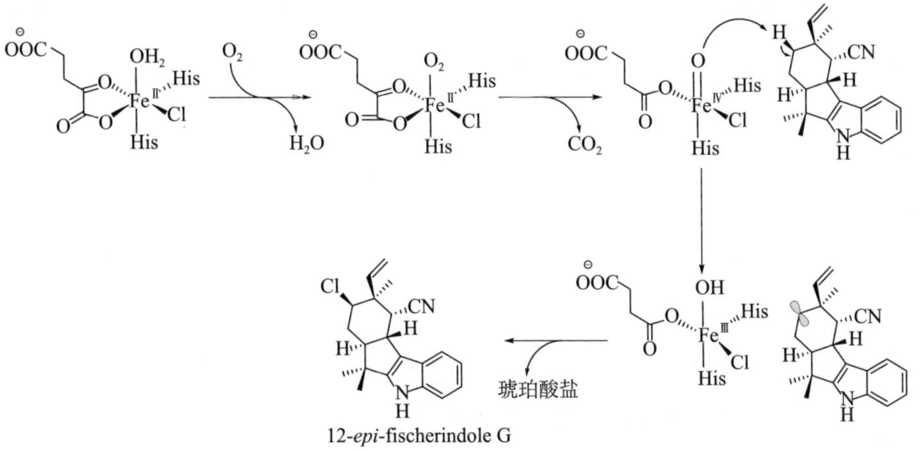

图 7-16　非血红素铁 /α- 酮戊二酸依赖型卤化酶催化的卤代反应

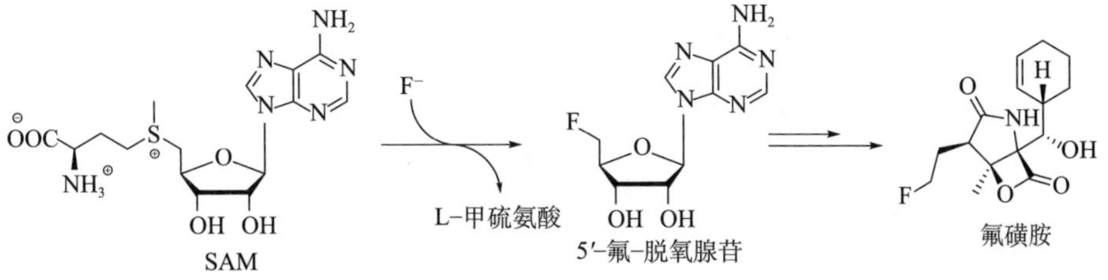

图 7-17　SAM 依赖型卤化酶催化的卤代反应

（四）学科发展加深了对合成修饰化学的理解

1. 周环反应酶研究概述

随着天然产物生物合成相关学科的理论和技术的发展，逐渐加深了我们对修饰酶的研究，同时还为我们研究特定的修饰酶提供了新的研究手段，最终加深了我们对生物催化与生命化学过程的理解。周环反应酶包括能催化［4+2］反应的 Diels-Alder 酶、［6+4］周环反应酶及 Alder-ene 周环反应酶等。尽管根据天然产物的结构很早就推测存在相应的周环反应酶，但是其发现、鉴定、机理及从头设计等方面的研究从 2011 年开始才有所突破，并且充分显示了多学科结合研究的趋势[134, 135]。

2011 年，刘鸿文等报道了第一例真正意义上的 Diels-Alder 酶 SpnF，其蛋白质序列注释为 SAM 依赖型甲基转移酶。生化实验表明，与自发的反应相比，SpnF 可以将 Diels-Alder 反应的速率增大 500 倍[136]。接下来，研究者报道了一系列天然 Diels-Alder 酶，具有代表性的如 2015 年刘文等报道的两个 Diels-Alder 酶能连续催化的两步串联 Diels-Alder 环化反应[137]、2016 年 Yi Tang 等报道的首个真核生物（真菌）来源的 Diels-Alder 酶能催化合成十氢萘环[138]。随着相关研究的深入，唐奕课题组于 2017 年报道了首例能催化杂 Diels-Alder 和逆克莱森重排反应的多功能 SAM 依赖酶 LepI[139]，胡友财课题组于 2019 年首次报道了具有催化脱水反应及分子间杂 Diels-Alder 反应的多功能酶 EupF[140]。雷晓光、戴均贵、黄璐琦等在 2020 年首次报道了植物中能催化分子间 Diels-Alder 反应的单功能酶 MaDA[141]。此外，除了催化［4+2］类型的反应，研究者还发现了催化其他类型周环反应的酶，如戈惠明等在 2019 年报道的 StmD 能催化［6+4］周环反应[142]，而 Yi Tang 等在 2020 年报道的 PdxI 能够催化 Alder-ene 周环反应[143]。

2. 不同学科发展对周环反应酶研究的推动

周环反应酶的研究涉及众多复杂科学与技术问题，包括酶的发现、酶学机制的解析及酶的设计改造等多方面内容，必须依赖于多学科的综合交叉应用（图 7-18）。

Kendall N. Houk 课题组首次将量子化学计算引入 SpnF 的催化机制解析工作[144]。通过计算发现，自发反应存在双峰过渡态，可以直接生成［4+2］和［6+4］两个环化产物，［6+4］环化产物由于具有较高的能量，可以通过 Cope 重排进一步转化为［4+2］产物。在近年来的多种周环反应酶的机制解析过程中，计算化学都发挥了重要的作用[138-142]。

由于周环反应酶通常通过一般酸碱机理催化反应，因此结构生物学能为周环反应的机理解析提供直接的证据。刘文课题组首次报道了 Diels-Alder 酶 Pyrl4 与底物分子复合物的晶体结构，表明 Pyrl4 的催化机制与人工抗体酶类似，即蛋白质与底物结合后，两者相互的构象诱导使得底物的构象接近其 Diels-Alder 反应过渡态的构象，从而降低了反应的活化能，并大大提高了反应的速率[145]。生物信息学分析及基因组挖掘，是发现新酶的有效方式，并在很大程度上促进新的催化周环反应酶的发现。唐奕课题组从催化杂 Diels-Alder 反应的 LepI 出发，在真菌天然产物生物合成途径中鉴定出具有很

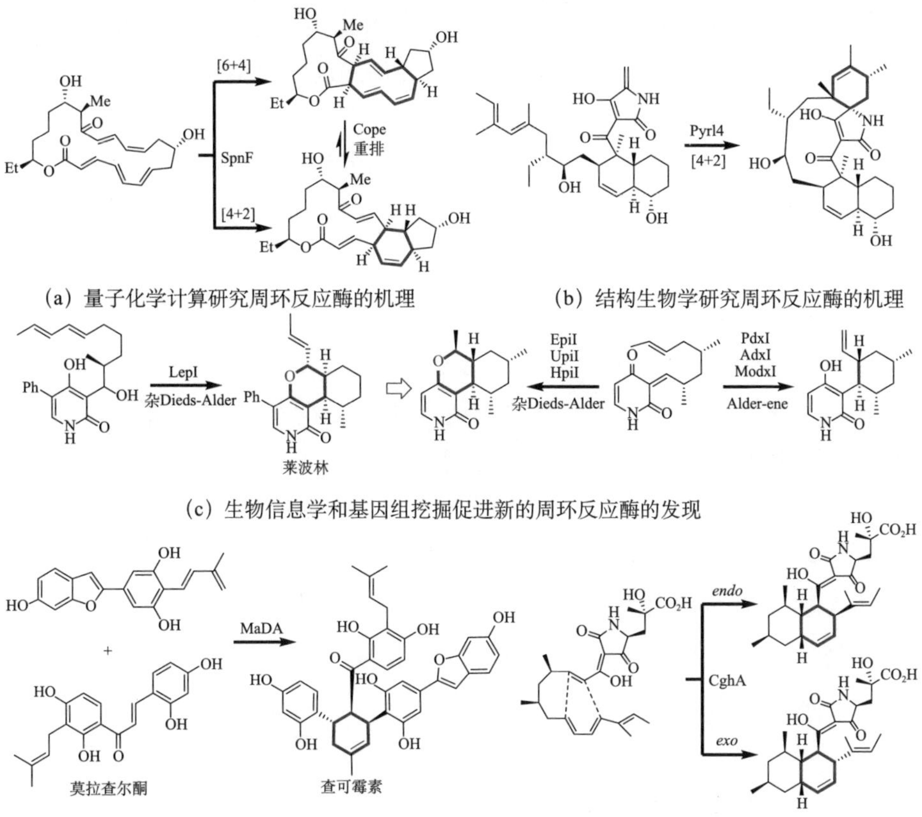

(a) 量子化学计算研究周环反应酶的机理　　(b) 结构生物学研究周环反应酶的机理

(c) 生物信息学和基因组挖掘促进新的周环反应酶的发现

(d) 化学生物学手段促进Dieds-Alder酶的发现　　(e) 蛋白改造改变Diels-Alder酶的立体选择性

图 7-18　不同学科发展对周环反应酶研究的推动

高序列相似度的六个预测为 O-甲基转移酶的蛋白质。通过体外酶学发现并验证了 EpiI、UpiI、HpiI 与 LepI 类似能催化杂 Diels-Alder 反应，而 PdxI、AdxI、ModxI 能催化新颖的 Alder-ene 周环反应[139, 143]。植物的基因组信息量巨大，而且参与植物天然产物生物合成的基因往往不成簇分布，因此植物来源天然产物的生物合成研究方法有限，而近期化学生物学工具和方法的发展为寻找植物来源的 Diels-Alder 酶提供了新的手段。例如，雷晓光、戴均贵、黄璐琦等在 2020 年报道了采用基于天然生物合成中间体分子探针（biosynthetic intermediate probe，BIP）的靶标垂钓策略，成功鉴定了自然界中存在的首个催化分子间 Diels-Alder 反应的单功能酶 MaDA[141]。Kenji Watanabe 课题组在研究催化合成十氢化萘环 Diels-Alder 酶 CghA 的基础上，成功获得了酶-底物复合物结构。通过点突变、化学计算及分子动力学测试，解析了参与催化的关键残基和酶学机制。需要指出的是，野生型 CghA 会催化形成 *endo* 的［4+2］环化产物，而该研究通过理性改造获得了一种新突变体，它可以催化形成 *exo* 的［4+2］环化产物[146]。该研究为未来的大规模天然 Diels-Alder 酶的发现及生物 / 化学合成的应用奠定了基础。

值得注意的是，在天然的 Diels-Alder 酶未被发现以前，David Baker 等在 2010 年报道了基于一般酸碱催化机理从头设计了一种可以催化 Diels-Alder 反应的人工酶。该酶通过催化底物双烯体与亲双烯体的分子间 Diels-Alder 反应合成环化产物[147]。随后，Baker 课题组利用 Foldit 软件，在蛋白质结构中引入一条额外的环区，促进底物的结合并加快了反应速率。最后，Hilvert 课题组利用定向进化将该酶催化效率提高了 100 倍[148, 149]。此外，Gonzalo Jiménez-Osés 与 Donald Hilvert 课题组合作，基于在化学合成中广泛应用的 Lewis 酸催化的 Diels-Alder 反应机理，通过人工设计与定向进化，将一种无生物功能的锌结合蛋白改造成一种高效、高手性控制的杂 Diels-Alder 酶，该酶的反应活性高于所有已表征的 Diels-Alder 酶[150]。这些研究为解析 Diels-Alder 酶的机理并设计人工 Diels-Alder 酶开辟了一条全新的途径。

第三节　关键科学问题、关键技术问题与发展方向

一、关键科学问题

经过长达几十年的研究，我们已基本解析清楚重要类型天然产物分子骨架的生物合成规律。通过遗传学、生物化学及结构生物学等技术手段，对模块化生物合成酶（如聚酮合酶）中的不同结构域及非模块化生物合成酶（如萜合酶）进行了较深入的研究，揭示了相应的酶催化机制，使得我们可以绘制分子骨架的生物合成过程。然而，天然产物生物化学和酶催化方面仍有诸多科学问题亟待解决。

一方面，我们应持续加大对不同结构域及非模块化酶的底物识别和催化

机制研究，为拓展其底物识别范围和提高催化效率提供理论指导，这将有力地推动相关生物合成酶的合成生物学应用。

另一方面，我们对模块化合成酶中多个结构域如何协同催化中间产物的生成和顺序传递，实现无（低）渗漏、高效率的天然产物生物合成方面的认知还非常缺乏。主要原因是，前期难以对大型的模块化合成酶进行结构生物学研究，尤其是难以捕捉生物合成中间产物在模块化合成酶中的不同状态。

天然产物结构的多样性决定了其修饰过程所涉及的酶和化学机制极其丰富。对这些反应的理解不仅可以促进天然产物研究的深入，拓展天然产物在不同领域的应用，而且可以得到多种具有实际应用价值的催化工具。在未来的研究中，建议投入精力解决如上两个生物合成化学研究中的关键科学问题，深入理解天然产物的整个精细组装过程及各个大型关键生物合成酶间的协作机制，进而实现高度统一的合成方式，以结构生物学为基础清晰地阐明生物合成酶的催化机理和组装方式将为更好地利用与改造天然产物奠定坚实的理论基础。

二、关键技术问题

从研究趋势来看，多学科交叉是生物合成化学领域蓬勃发展的重要推动力。天然产物生物合成化学的研究将需要整合分子生物学、生物化学、天然产物化学、计算化学、结构生物学及生物信息学等多个学科和多项技术，从而从多个角度和层面清晰地揭示天然产物的生物合成过程，进而对具有潜在应用潜力的合成通路或催化元件进行深入开发和利用。

目前，随着冷冻电子显微术等技术的发展，已经有少数模块化合成酶的结构生物学研究，这使得我们可以阐明其中的复杂协同催化机制。对这一过程展开深入研究非常重要和必要，因为这将为未来设计和构筑高效率的人工生物合成酶奠定必要的理论基础。另外，微生物天然产物在人体健康和疾病治疗中发挥着重要的作用，但是目前对源于人体微生物的天然产物的生理功能及其精细任务分工的研究仍处于初步阶段，其中重要的阻碍就是难以通过微生物培养技术对所有人体来源的微生物进行培养。未来将需要投入更多的精力重点发展不同的微生物培养技术，建立模拟人体微生物原始生态位的三维环境，在获得纯培养微生物的同时发现不同微生物天然产物的真实生理功能，拓展基于其重要生态功能的应用潜力。

三、发展方向

目前，我们对不同来源的天然产物的真正生理功能和生态角色的了解还只是冰山一角。充分挖掘不同结构的天然产物与其产生者的演变和进化关系及次级代谢产物在人体健康、疾病发生、作物改良及生态环境中的作用将是未来研究的重要方向。以人体微生物天然产物为例：人体微生物在人类的健康和疾病的发生中发挥着重要的作用，而微生物代谢产物作为直接的传递媒介在这一过程中扮演着举足轻重的角色。将来需要揭示不同人体微生物在行使其生物学功能的过程中如何以代谢物为信号或效应物激活下游的生理生化反应，建立代谢物受体的响应和反馈机制，在理解其作用靶点的基础上，为发展不同疾病的临床诊断和治疗策略提供新的思路。

总体来说，需要建立化合物—生物合成机制—靶点及作用机制研究的全方位研究策略，在解析化合物结构的基础上，阐释其生物合成机制，促进其结构改造和优化，同时开发能够高效鉴定化合物靶点或受体蛋白的策略。围绕天然产物化学结构的多样性如何作用于不同的靶点进而调控重要生命过程展开研究，为解决人类健康和环境保护中的问题提供新的思路。

第四节　相关政策建议

目前，生物合成化学的研究正处于蓬勃发展的阶段，多项新兴技术的建立和发现更是为生物合成领域的快速发展带来了新的契机。作为生物学科和化学学科高度交叉的学科，生物合成化学近些年来又与生物信息学、合成生物学等新兴学科高度融合，在多个研究领域和技术范围都具有较高的理论价值与良好的应用前景。因此，生物合成化学的研究与发展需要国家和政府给予充分的政策鼓励及方向引导。

（1）建议针对生物合成化学的学科发展特点，在支持和评价生物合成化学研究时综合考虑交叉学科因素，同时设置一些体现交叉特点的项目，吸引不同背景的科学家合作申请，争取通过深度交流促进新方法和新思路的形成。

（2）我国在微生物天然产物生物化学研究领域主要的问题是研究手段相对传统，多学科交叉融合程度相对较低，高度创新的前沿性成果不多。建议未来针对本领域的重要问题，有序引导整合国内多个高水平的研究团队，集合不同学科的力量，引入创新性的思维和先进的技术手段，从不同的角度和切入点协同开展研究，针对重要的分子修饰机制和反应类型完成具有影响力的工作。

（3）前期在研究天然产物生物合成催化机制方面，我国科学家参与较少，主要的突破性进展由英国、美国和德国等国家的科学家完成。未来，在对生物合成酶进行更高维度的机制研究时，建议我国科学家务必抓住机遇，做出突破性发现，大力加强生物合成化学在合成生物学领域的应用，开发出对国民经济和人民健康具有较高应用价值的创新产品。

本章参考文献

[1] Newman D J, Cragg G M. Natural products as sources of new drugs over the nearly four decades from 01/1981 to 09/2019. J Nat Prod, 2020, 83: 770-803.

[2] Jurna I. Sertürner und Morphin-eine historische Vignette. Schmerz, 2003, 17: 280-283.

[3] Fleming A. On the antibacterial action of cultures of a penicillium, with special reference to their use in the isolation of *B. influenzae*. 1929. Bull W H O, 2001, 79: 780-790.

[4] Zhang H R, Wang Y, Wu J Q, et al. Complete biosynthesis of erythromycin a and designed analogs using *E. coli* as a heterologous host. Chem Biol, 2010, 17: 1232-1240.

[5] Waksman S A, Reilly H C, Johnstone D B. Isolation of streptomycin-producing strains of *Streptomyces griseus*. J Bacteriol, 1946, 52: 393-397.

[6] Alberts A W. Discovery, biochemistry and biology of lovastatin. Am J Cardiol, 1988, 62: J10-J15.

[7] De Corte B L. Underexplored opportunities for natural products in drug discovery. J Med Chem, 2016, 59: 9295-9304.

[8] Li Q Y, Zu Y G, Shi R Z, et al. Review camptothecin: Current perspectives. Curr Med Chem, 2006, 13: 2021-2039.

[9] Bulger P G, Bagal S K, Marquez R. Recent advances in biomimetic natural product synthesis. Nat Prod Rep, 2008, 25: 254-297.

[10] Bennasar M L, Vidal B, Bosch J. 1st total synthesis of the indole alkaloid ervitsine—A straightforward, biomimetic approach. J Am Chem Soc, 1993, 115: 5340-5341.

[11] Krishnamurti C, Rao S C. The isolation of morphine by serturner. Indian J Anaesth, 2016, 60: 861-862.

[12] Christmann M. Otto wallach: Founder of terpene chemistry and nobel laureate 1910. Angew Chem Int Ed Engl, 2010, 49: 9580-9586.

[13] Bentley R, Bennett J W. Constructing polyketides: From Collie to combinatorial biosynthesis. Annu Rev Microbiol, 1999, 53: 411-446.

[14] Birch A J, Donovan F W. Studies in relation to biosynthesis. I. Some possible routes to derivatives of orcinol and phloroglucinol. Aust J Chem, 1953, 6: 360-368.

[15] Ruzicka L. The isoprene rule and the biogenesis of terpenic compounds. Experientia, 1953, 9: 357-367.

[16] Walker M S, Walker J B. Streptomycin biosynthesis. separation and substrate specificities of phosphatases acting on guanidinodeoxy-scyllo-inositol phosphate and streptomycin-(streptidino)phosphate. J Biol Chem, 1971, 246: 7034-7040.

[17] Kniep B, Grisebach H. Biosynthesis of streptomycin. purification and properties of a dTDP-l-dihydrostreptose: Streptidine-6-phosphate dihydrostreptosyltransferase from streptomyces griseus. Eur J Biochem, 1980, 105: 139-144.

[18] Malpartida F, Hopwood D A. Molecular cloning of the whole biosynthetic pathway of a streptomyces antibiotic and its expression in a heterologous host. Nature, 1984, 309: 462-464.

[19] Bentley S D, Chater K F, Cerdeno-Tarraga A M, et al. Complete genome sequence of the model actinomycete *Streptomyces coelicolor* A3(2). Nature, 2002, 417: 141-147.

[20] Hopwood D A, Malpartida F, Kieser H M, et al. Production of 'hybrid' antibiotics by genetic engineering. Nature, 1985, 314: 642-644.

[21] Fialho A M, Bernardes N, Chakrabarty A M. Recent patents on live bacteria and their products as potential anticancer agents. Recent Pat Anti-Cancer Drug Discovery, 2012, 7: 31-55.

[22] Pham J V, Yilma M A, Feliz A, et al. A review of the microbial production of bioactive natural products and biologics. Front Microbiol, 2019, 10: 1404.

[23] Colabella F, Moline M, Libkind D. UV sunscreens of microbial origin: Mycosporines and mycosporine-like aminoacids. Recent Pat Biotechnol, 2014, 8: 179-193.

[24] Spaepen S. Plant hormones produced by microbes // Lugtenberg B. Principles of Plant-Microbe Interactions. Heidelberg, New, York, Dordrecht, London: Springer, 2015: 247-256.

[25] Tenconi E, Traxler M F, Hoebreck C, et al. Production of prodiginines is part of a programmed cell death process in *Streptomyces coelicolor*. Front Microbiol, 2018, 9: 1742.

[26] Duan Y, Petzold M, Saleem-Batcha R, et al. Bacterial tropone natural products and derivatives: Overview of their biosynthesis, bioactivities, ecological role and biotechnological potential. ChemBioChem, 2020, 21: 2384-2407.

[27] Kellenberger E, Hofmann A, Quinn R J. Similar interactions of natural products with biosynthetic enzymes and therapeutic targets could explain why nature produces such a large proportion of existing drugs. Nat Prod Rep, 2011, 28: 1483-1492.

[28] Donadio S, Staver M J, McAlpine J B, et al. Modular organization of genes required for complex polyketide biosynthesis. Science, 1991, 252: 675-679.

[29] Haydock S F, Dowson J A, Dhillon N, et al. Cloning and sequence analysis of genes involved in erythromycin biosynthesis in *Saccharopolyspora erythraea*: Sequence similarities between EryG and a family of *S*-adenosylmethionine-dependent methyltransferases. Mol Gen Genet, 1991, 230: 120-128.

[30] Cane D E. Programming of erythromycin biosynthesis by a modular polyketide synthase. J Biol Chem, 2010, 285: 27517-27523.

[31] Collie J N. XXIII.—The production of naphthalene derivatives from dehydracetic acid. J Chem Soc Trans, 1893, 63: 329-337.

[32] Collie J N. CLXXI.—Derivatives of the multiple keten group. J Chem Soc Trans, 1907, 91: 1806-1813.

[33] Davies A G J. Norman Collie, the inventive chemist. Sci Prog, 2014, 97: 62-71.

[34] Birch A J, Donovan F W. Studies in relation to biosynthesis. Ⅳ. The structures of some natural quinones. Aust J Chem, 1955, 8: 529-533.

[35] Fischbach M A, Walsh C T. Assembly-line enzymology for polyketide and nonribosomal peptide antibiotics: Logic, machinery, and mechanisms. Chem Rev, 2006, 106: 3468-3496.

[36] Khosla C, Herschlag D, Cane D E, et al. Assembly line polyketide synthases: Mechanistic insights and unsolved problems. Biochemistry, 2014, 53: 2875-2883.

[37] Pang B, Wang M, Liu W. Cyclization of polyketides and non-ribosomal peptides on and off their assembly lines. Nat Prod Rep, 2016, 33: 162-173.

[38] Keatinge-Clay A T. The structures of type I polyketide synthases. Nat Prod Rep, 2012, 29: 1050-1073.

[39] Keatinge-Clay A T. Stereocontrol within polyketide assembly lines. Nat Prod Rep, 2016, 33: 141-149.

[40] Dutta S, Whicher J R, Hansen D A, et al. Structure of a modular polyketide synthase. Nature, 2014, 510: 512-517.

[41] Whicher J R, Dutta S, Hansen D A, et al. Structural rearrangements of a polyketide synthase module during its catalytic cycle. Nature, 2014, 510: 560-564.

[42] Weissman K J. Uncovering the structures of modular polyketide synthases. Nat Prod Rep, 2015, 32: 436-453.

[43] Lee S G, Lipmann F. Tyrocidine synthetase system. Methods Enzymol, 1975, 43: 585-602.

[44] Weckermann R, Furbass R, Marahiel M A. Complete nucleotide sequence of the *tycA* gene coding the tyrocidine synthetase 1 from *Bacillus brevis*. Nucleic Acids Res, 1988, 16: 11841.

[45] Marahiel M A. Multidomain enzymes involved in peptide synthesis. FEBS Lett, 1992, 307: 40-43.

[46] Strieker M, Tanovic A, Marahiel M A. Nonribosomal peptide synthetases: Structures and dynamics. Curr Opin Struct Biol, 2010, 20: 234-240.

[47] Marahiel M A. A structural model for multimodular NRPS assembly lines. Nat Prod Rep, 2016, 33: 136-140.

[48] Walsh C T. Insights into the chemical logic and enzymatic machinery of NRPS assembly lines. Nat Prod Rep, 2016, 33: 127-135.

[49] Du L C, Sanchez C, Shen B. Hybrid peptide-polyketide natural products: Biosynthesis and prospects toward engineering novel molecules. Metab Eng, 2001, 3: 78-95.

[50] Mander L, Liu H W. Comprehensive Natural Products : Chemistry and Biology. Amsterdam: Elsevier, 2010: 7388.

[51] Arnison P G, Bibb M J, Bierbaum G, et al. Ribosomally synthesized and post-translationally modified peptide natural products: Overview and recommendations for a universal nomenclature. Nat Prod Rep, 2013, 30: 108-160.

[52] Cheigh C I, Pyun Y R. Nisin biosynthesis and its properties. Biotechnol Lett, 2005, 27: 1641-1648.

[53] Schnell N, Engelke G, Augustin J, et al. Analysis of genes involved in the biosynthesis of lantibiotic epidermin. Eur J Biochem, 1992, 204: 57-68.

[54] Augustin J, Rosenstein R, Wieland B, et al. Genetic analysis of epidermin biosynthetic genes and epidermin-negative mutants of *Staphylococcus epidermidis*. Eur J Biochem, 1992, 204: 1149-1154.

[55] Chen X Z, Hu H J, Yang W, et al. Cloning and expression of *nisZ* gene in *Lactococcus lactis*. Acta Genetica Sinica, 2001, 28: 285-290.

[56] Ortega M A, van der Donk W A. New insights into the biosynthetic logic of ribosomally synthesized and post-translationally modified peptide natural products. Cell Chem Biol, 2016, 23: 31-44.

[57] Repka L M, Chekan J R, Nair S K, et al. Mechanistic understanding of lanthipeptide biosynthetic enzymes. Chem Rev, 2017, 117: 5457-5520.

[58] Wang S F, Zhou S X, Liu W. Opportunities and challenges from current investigations into the biosynthetic logic of nosiheptide-represented thiopeptide antibiotics. Curr Opin Chem Biol, 2013, 17: 626-634.

[59] Zheng Q F, Fang H, Liu W. Post-translational modifications involved in the biosynthesis of thiopeptide antibiotics. Org Biomol Chem, 2017, 15: 3376-3390.

[60] Zhang Y P, Nielsen J H, Liu Z H. Engineering yeast metabolism for production of terpenoids for use as perfume ingredients, pharmaceuticals and biofuels. FEMS Yeast Res, 2017, 17: 1-11.

[61] Li J X, Cai Q R, Wu J Q. Research progresses on the synthetic biology of terpenes in *Saccharomyces cerevisiae*. Biotech Bull, 2020, 36: 199-207.

[62] Eschenmoser A, Arigoni D. Revisited after 50 years: The ‘stereochemical interpretation of the biogenetic isoprene rule for the triterpenes’. Helv Chim Acta, 2005, 88: 3011-3050.

[63] Ferguson J J, Durr I F, Rudney H. The biosynthesis of mevalonic acid. Proc Natl Acad Sci

USA, 1959, 45: 499-504.

[64] Rohdich F, Kis K, Bacher A, et al. The non-mevalonate pathway of isoprenoids: Genes, enzymes and intermediates. Curr Opin Chem Biol, 2001, 5: 535-540.

[65] Hunter W N. The non-mevalonate pathway of isoprenoid precursor biosynthesis. J Biol Chem, 2007, 282: 21573-21577.

[66] Christianson D W. Structural and chemical biology of terpenoid cyclases. Chem Rev, 2017, 117: 11570-11648.

[67] Wang H Z, Han J L, Kanagarajan S, et al. Trichome-specific expression of the amorpha-4, 11-diene 12-hydroxylase (*cyp71av1*) gene, encoding a key enzyme of artemisinin biosynthesis in *Artemisia annua*, as reported by a promoter-GUS fusion. Plant Mol Biol, 2013, 81: 119-138.

[68] Wang Y Y, Yang K, Jing F Y, et al. Cloning and characterization of trichome-specific promoter of *cpr71av1* gene involved in artemisinin biosynthesis in *Artemisia annua* L. Mol Biol (Mosk), 2011, 45: 751-758.

[69] Teoh K H, Polichuk D R, Reed D W, et al. *Artemisia annua* L. (Asteraceae) trichome-specific cDNAs reveal CYP71av1, a cytochrome P450 with a key role in the biosynthesis of the antimalarial sesquiterpene lactone artemisinin. FEBS Lett, 2006, 580: 1411-1416.

[70] Zhang Y S, Teoh K H, Reed D W, et al. The molecular cloning of artemisinic aldehyde Delta11(13) reductase and its role in glandular trichome-dependent biosynthesis of artemisinin in *Artemisia annua*. J Biol Chem, 2008, 283: 21501-21508.

[71] Teoh K H, Polichuk D R, Reed D W, et al. Molecular cloning of an aldehyde dehydrogenase implicated in artemisinin biosynthesis in *Artemisia annua*. Botany, 2009, 87: 635-642.

[72] Lommen W J, Elzinga S, Verstappen F W, et al. Artemisinin and sesquiterpene precursors in dead and green leaves of *Artemisia annua* L. crops. Planta Med, 2007, 73: 1133-1139.

[73] Brown G D, Sy L K. *In vivo* transformations of artemisinic acid in *Artemisia annua* plants. Tetrahedron, 2007, 63: 9548-9566.

[74] Lommen W J, Schenk E, Bouwmeester H J, et al. Trichome dynamics and artemisinin accumulation during development and senescence of *Artemisia annua* leaves. Planta Med, 2006, 72: 336-345.

[75] Brown G D, Sy L K. *In vivo* transformations of dihydroartemisinic acid in *Artemisia annua* plants. Tetrahedron, 2004, 60: 1139-1159.

[76] Li Q, Gao X Y, Chen W S, et al. Research on transcription factors related to artemisinin biosynthesis in *Artemisia annua*. Chin Tradit Herbal Drugs, 2021, 52: 1827-1833.

[77] Hefner J, Rubenstein S M, Ketchum R E B, et al. Cytochrome P450-catalyzed hydroxylation of taxa-4(5),11(12)-diene to taxa-4(20),11(12)-dien-5alpha-ol: The first oxygenation step in taxol biosynthesis. Chem Biol, 1996, 3: 479-489.

[78] Kuang X J, Wang C X, Zou L Q, et al. Recent advances in biosynthetic pathway and synthetic biology of taxol. China J Chin Mater Med, 2016, 41: 4144-4149.

[79] Salazar-Cerezo S, Martinez-Montiel N, Garcia-Sanchez J, et al. Gibberellin biosynthesis and metabolism: A convergent route for plants, fungi and bacteria. Microbiol Res, 2018, 208: 85-98.

[80] Tudzynski B, Rojas M C, Gaskin P, et al. The gibberellin 20-oxidase of *Gibberella fujikuroi* is a multifunctional monooxygenase. J Biol Chem, 2002, 277: 21246-21253.

[81] Rojas M C, Hedden P, Gaskin P, et al. The *P450-1* gene of *Gibberella fujikuroi* encodes a multifunctional enzyme in gibberellin biosynthesis. Proc Natl Acad Sci USA, 2001, 98: 5838-5843.

[82] Yee D A, Kakule T B, Cheng W, et al. Genome mining of alkaloidal terpenoids from a hybrid terpene and nonribosomal peptide biosynthetic pathway. J Am Chem Soc, 2020, 142: 710-714.

[83] Ajikumar P K, Xiao W H, Tyo K E, et al. Isoprenoid pathway optimization for taxol precursor overproduction in *Escherichia coli*. Science, 2010, 330: 70-74.

[84] Scheler U, Brandt W, Porzel A, et al. Elucidation of the biosynthesis of carnosic acid and its reconstitution in yeast. Nat Commun, 2016, 7: 12942.

[85] Wei W, Wang P P, Wei Y J, et al. Characterization of *Panax ginseng* UDP-glycosyltransferases catalyzing protopanaxatriol and biosyntheses of bioactive ginsenosides F1 and Rh1 in metabolically engineered yeasts. Mol Plant, 2015, 8: 1412-1424.

[86] Yan X, Fan Y, Wei W, et al. Production of bioactive ginsenoside compound K in metabolically engineered yeast. Cell Res, 2014, 24: 770-773.

[87] Bian G K, Han Y C, Hou A W, et al. Releasing the potential power of terpene synthases by a robust precursor supply platform. Metab Eng, 2017, 42: 1-8.

[88] Higgins C E, Kastner R E. Nebramycin, a new broad-spectrum antibiotic complex. Ⅱ. description of *Streptomyces tenebrarius*. *Antimicrob.* Agents Chemother, 1967, 7: 324-331.

[89] Umezawa H, Ueda M, Maeda K, et al. Production and isolation of a new antibiotic: Kanamycin. J Antibiot, 1957, 10: 181-188.

[90] Thompson R Q, Presti E A. Nebramycin, a new broad-spectrum antibiotic complex. 3. isolation and chemical-physical properties. Antimicrob Agents Chemother, 1967, 7: 332-340.

[91] Houghton J L, Green K D, Chen W J, et al. The future of aminoglycosides: The end or renaissance? ChemBioChem, 2010, 11: 880-902.

[92] Schatz A, Bugie E, Waksman S A. Streptomycin, a substance exhibiting antibiotic activity against Gram-positive and Gram-negative bacteria. 1944. Clin Orthop Relat Res, 2005, 437: 3-6.

[93] Lamichhane J, Jha A K, Singh B, et al. Heterologous production of spectinomycin in *Streptomyces venezuelae* by exploiting the dTDP-D-desosamine pathway. J Biotechnol, 2014, 174: 57-63.

[94] Loewus M W, Loewus F A, Brillinger G U, et al. Stereochemistry of the myo-inositol-1-phosphate synthase reaction. J Biol Chem, 1980, 255: 11710-11712.

[95] Majumder A L, Johnson M D, Henry S A. 1L-myo-inositol-1-phosphate synthase. Biochim Biophys Acta, 1997, 1348: 245-256.

[96] Thapa L P, Oh T J, Liou K, et al. Biosynthesis of spectinomycin: Heterologous production of spectinomycin and spectinamine in an aminoglycoside-deficient host, *Streptomyces venezuelae* YJ003. J Appl Microbiol, 2008, 105: 300-308.

[97] Mansouri K, Piepersberg W. Genetics of streptomycin production in *Streptomyces griseus*: Nucleotide sequence of five genes, *strFGHIK*, including a phosphatase gene. Mol Gen Genet, 1991, 228: 459-469.

[98] Reinhart K L Jr, Malik J M, Nystrom R S, et al. Biosynthetic incorporation of (1-^{13}C) glucosamine and (6-^{13}C)glucose into neomycin. J Am Chem Soc, 1974, 96: 2263-2265.

[99] Kudo F, Tamegai H, Fujiwara T, et al. Molecular cloning of the gene for the key carbocycle-forming enzyme in the biosynthesis of 2-deoxystreptamine-containing aminocyclitol antibiotics and its comparison with dehydroquinate synthase. J Antibiot, 1999, 52: 559-571.

[100] Kudo F, Hosomi Y, Tamegai H, et al. Purification and characterization of 2-deoxy-scyllo-inosose synthase derived from *Bacillus circulans*. A crucial carbocyclization enzyme in the biosynthesis of 2-deoxystreptamine-containing aminoglycoside antibiotics. J Antibiot, 1999, 52: 81-88.

[101] Tamegai H, Nango E, Kuwahara M, et al. Identification of L-glutamine: 2-deoxy-scyllo-

inosose aminotransferase required for the biosynthesis of butirosin in *Bacillus circulans*. J Antibiot, 2002, 55: 707-714.

[102] Yokoyama K, Kudo F, Kuwahara M, et al. Stereochemical recognition of doubly functional aminotransferase in 2-deoxystreptamine biosynthesis. J Am Chem Soc, 2005, 127: 5869-5874.

[103] Truman A W, Huang F L, Llewellyn N M, et al. Characterization of the enzyme BtrD from *Bacillus circulans* and revision of its functional assignment in the biosynthesis of butirosin. Angew Chem Int Ed Engl, 2007, 46: 1462-1464.

[104] Huang F L, Spiteller D, Koorbanally N A, et al. Elaboration of neosamine rings in the biosynthesis of neomycin and butirosin. ChemBioChem, 2007, 8: 283-288.

[105] Li S C, Guo J H, Reva A, et al. Methyltransferases of gentamicin biosynthesis. Proc Natl Acad Sci USA, 2018, 115: 1340-1345.

[106] Walsh C T, Fischbach M A. Natural products version 2.0: Connecting genes to molecules. J Am Chem Soc, 2010, 132: 2469-2493.

[107] Omura T, Sato R. A new cytochrome in liver microsomes. J Biol Chem, 1962, 237: 1375-1376.

[108] Hannemann F, Bichet A, Ewen K M, et al. Cytochrome P450 systems-biological variations of electron transport chains. Biochim Biophys Acta, 2007, 1770: 330-344.

[109] Katagiri M, Ganguli B N, Gunsalus I C. A soluble cytochrome P-450 functional in methylene hydroxylation. J Biol Chem, 1968, 243: 3543-3546.

[110] Haniu M, Armes L G, Tanaka M, et al. The primary structure of the monoxygenase cytochrome P450CAM. Biochem Biophys Res Commun., 1982, 105: 889-894.

[111] Koga H, Rauchfuss B, Gunsalus I C. P450cam gene cloning and expression in *Pseudomonas putida* and *Escherichia coli*. Biochem Biophys Res Commun, 1985, 130: 412-417.

[112] Poulos T L, Finzel B C, Gunsalus I C, et al. The 2.6-Å crystal structure of *Pseudomonas putida* cytochrome P-450. J Biol Chem, 1985, 260: 16122-16130.

[113] Narhi L O, Fulco A J. Phenobarbital induction of a soluble cytochrome P-450-dependent fatty acid monooxygenase in *Bacillus megaterium*. J Biol Chem, 1982, 257: 2147-2150.

[114] Whitehouse C J, Bell S G, Wong L L. $P450_{BM3}$ (CYP102A1): Connecting the dots. Chem Soc Rev, 2012, 41: 1218-1260.

[115] Weber J M, Leung J O, Swanson S J, et al. An erythromycin derivative produced by targeted

gene disruption in *Saccharopolyspora erythraea*. Science, 1991, 252: 114-117.

[116] Lambalot R H, Cane D E, Aparicio J J, et al. Overproduction and characterization of the erythromycin C-12 hydroxylase, EryK. Biochemistry, 1995, 34: 1858-1866.

[117] Kaspera R, Croteau R. Cytochrome P450 oxygenases of taxol biosynthesis. Phytochem Rev, 2006, 5: 433-444.

[118] Rudolf J D, Chang C Y, Ma M, et al. Cytochromes P450 for natural product biosynthesis in *Streptomyces*: Sequence, structure, and function. Nat Prod Rep, 2017, 34: 1141-1172.

[119] Saruwatari T, Yagishita F, Mino T, et al. Cytochrome P450 as dimerization catalyst in diketopiperazine alkaloid biosynthesis. ChemBioChem, 2014, 15: 656-659.

[120] Tian W Y, Sun C H, Zheng M, et al. Efficient biosynthesis of heterodimeric C^3-aryl pyrroloindoline alkaloids. Nat Commun, 2018, 9: 4428.

[121] Yu H L, Li S M. Two cytochrome P450 enzymes from *Streptomyces* sp. NRRL S-1868 catalyze distinct dimerization of tryptophan-containing cyclodipeptides. Org Lett, 2019, 21: 7094-7098.

[122] Shende V V, Khatri Y, Newmister S A, et al. Structure and function of NzeB, a versatile C—C and C—N bond-forming diketopiperazine dimerase. J Am Chem Soc, 2020, 142: 17413-17424.

[123] Lv J M, Gao Y H, Zhao H, et al. Biosynthesis of biscognienyne B involving a cytochrome P450-dependent alkynylation. Angew Chem Int Ed Engl, 2020, 59: 13531-13536.

[124] Chen Y R, Naresh A, Liang S Y, et al. Discovery of a dual function cytochrome P450 that catalyzes enyne formation in cyclohexanoid terpenoid biosynthesis. Angew Chem Int Ed Engl, 2020, 59: 13537-13541.

[125] Haslinger K, Peschke M, Brieke C, et al. X-domain of peptide synthetases recruits oxygenases crucial for glycopeptide biosynthesis. Nature, 2015, 521: 105-109.

[126] Zhang K D, El Damaty S, Fasan R. P450 fingerprinting method for rapid discovery of terpene hydroxylating P450 catalysts with diversified regioselectivity. J Am Chem Soc, 2011, 133: 3242-3245.

[127] Liu Z, Arnold F H. New-to-nature chemistry from old protein machinery: Carbene and nitrene transferases. Curr Opin Biotechnol, 2021, 69: 43-51.

[128] Vaillancourt F H, Yeh E, Vosburg D A, et al. Nature's inventory of halogenation catalysts: Oxidative strategies predominate. Chem Rev, 2006, 106: 3364-3378.

[129] Shaw P D, Hager L P. An enzymatic chlorination reaction. J Am Chem Soc, 1959, 81: 1011-1012.

[130] Bernhardt P, Okino T, Winter J M, et al. A stereoselective vanadium-dependent chloroperoxidase in bacterial antibiotic biosynthesis. J Am Chem Soc, 2011, 133: 4268-4270.

[131] Yeh E, Garneau S, Walsh C T. Robust *in vitro* activity of RebF and RebH, a two-component reductase/halogenase, generating 7-chlorotryptophan during rebeccamycin biosynthesis. Proc Natl Acad Sci. USA, 2005, 102: 3960-3965.

[132] Hillwig M L, Liu X. A new family of iron-dependent halogenases acts on freestanding substrates. Nat Chem Biol, 2014, 10: 921-923.

[133] Schaffrath C, Deng H, O'Hagan D. Isolation and characterisation of 5′-fluorodeoxyadenosine synthase, a fluorination enzyme from *Streptomyces cattleya*. FEBS Lett, 2003, 547: 111-114.

[134] Jamieson C S, Ohashi M, Liu F, et al. The expanding world of biosynthetic pericyclases: Cooperation of experiment and theory for discovery. Nat Prod Rep, 2019, 36: 698-713.

[135] Jeon B S, Wang S A, Ruszczycky M W, et al. Natural [4+2]-cyclases. Chem Rev, 2017, 117: 5367-5388.

[136] Kim H J, Ruszczycky M W, Choi S H, et al. Enzyme-catalysed [4+2] cycloaddition is a key step in the biosynthesis of spinosyn A. Nature, 2011, 473: 109-112.

[137] Tian Z H, Sun P, Yan Y, et al. An enzymatic [4+2] cyclization cascade creates the pentacyclic core of pyrroindomycins. Nat Chem Biol, 2015, 11: 259-265.

[138] Li L, Yu P Y, Tang M C, et al. Biochemical characterization of a eukaryotic decalin-forming Diels-Alderase. J Am Chem Soc, 2016, 138: 15837-15840.

[139] Ohashi M, Liu F, Hai Y, et al. SAM-dependent enzyme-catalysed pericyclic reactions in natural product biosynthesis. Nature, 2017, 549: 502-506.

[140] Chen Q B, Gao J, Jamieson C, et al. Enzymatic intermolecular hetero-Diels-Alder reaction in the biosynthesis of tropolonic sesquiterpenes. J Am Chem Soc, 2019, 141: 14052-14056.

[141] Gao L, Su C, Du X X, et al. FAD-dependent enzyme-catalysed intermolecular [4+2] cycloaddition in natural product biosynthesis. Nat Chem, 2020, 12: 620-628.

[142] Zhang B, Wang K B, Wang W, et al. Enzyme-catalysed [6+4] cycloadditions in the biosynthesis of natural products. Nature, 2019, 568: 122-126.

[143] Ohashi M, Jamieson C S, Cai Y, et al. An enzymatic Alder-ene reaction. Nature, 2020, 586: 64-69.

[144] Yang Z Y, Yang S, Yu P Y, et al. Influence of water and enzyme spnf on the dynamics and energetics of the ambimodal [6+4]/[4+2] cycloaddition. Proc Natl Acad Sci USA, 2018, 115: E848-E855.

[145] Zheng Q F, Guo Y J, Yang L L, et al. Enzyme-dependent [4+2] cycloaddition depends on lid-like interaction of the *N*-terminal sequence with the catalytic core in PyrI4. Cell Chem Biol, 2016, 23: 352-360.

[146] Sato M, Kishimoto S, Yokoyama M, et al. Catalytic mechanism and *endo*-to-*exo* selectivity reversion of an octalin-forming natural Diels-Alderase. Nat Catal, 2021, 4: 223-232.

[147] Siegel J B, Zanghellini A, Lovick H M, et al. Computational design of an enzyme catalyst for a stereoselective bimolecular Diels-Alder reaction. Science, 2010, 329: 309-313.

[148] Eiben C B, Siegel J B, Bale J B, et al. Increased Diels-Alderase activity through backbone remodeling guided by Foldit players. Nat Biotechnol, 2012, 30: 190-192.

[149] Preiswerk N, Beck T, Schulz J D, et al. Impact of scaffold rigidity on the design and evolution of an artificial Diels-Alderase. Proc Natl Acad Sci USA, 2014, 111: 8013-8018.

[150] Basler S, Studer S, Zou Y K, et al. Efficient Lewis acid catalysis of an abiological reaction in a *de novo* protein scaffold. Nat Chem, 2021, 13: 231-235.

第八章

组合生物合成

第一节　科学意义与战略价值

组合生物合成是指以创造化合物结构多样性为目标，将不同的生物催化元件或化合物前体作为模块，根据组合原理（包括相加组合、杂交组合、替换组合、分割组合、系统组合等），在体内或体外人为地巧妙构思、编辑，从而产生预期的分子多样性群体，形成化合物库。

2019年，世界卫生组织公布了全球健康所面临的挑战，包括空气污染和气候变化引起的疾病高发性、非传染性疾病（肥胖症、糖尿病、癌症、心脏病等）引发的致死率高、耐药病原体增加、全球流感大流行等，迫使人类亟须开发更加有效的新型药物来应对这些挑战。随着药物高通量筛选技术的发展，新药研发对先导化合物库的需求也越来越大。在过去30多年里，组合化学的发展——将化学合成、组合理论、计算辅助设计和机械手结合为一体，利用不同结构的合成砌块以特定的方式进行共价连接从而构建数目庞大的化合物库，为我们提供了数以百万计的新化合物。相比于组合化学，组合生物合成所获得的化合物库的出发点更多是基于活性天然产物。

天然产物是药物发现和发展的主要源泉，虽然在整个已知化合物中的占比较小，但以此为基础发展成新药的占比却很大。根据2019年的统计，1981～2019年国际上被批准的药物中有一半以上源于天然产物、天然产物衍生物及模拟天然产物或其药效基团所合成的化合物，其中天然产物衍生物的占比高达62%。天然产物结构多样，来源各异，但其生物合成途径均是由简单的前体（结构单元）在生物体中经众多酶催化反应组合及修饰而成的。目前，通过传统途径从动植物或微生物中分离提取从而积累天然产物库的方式，已经远远不能满足新药研发高通量筛选所需的化合物库体量。

随着生物技术和生物信息学的发展，越来越多天然产物的生物合成基因簇和生物合成途径被阐明，生物元件的积累也到了爆炸性增长时期。在深入理解天然产物生物合成机制的基础上，组合生物合成也从盲目的探索期步入理性设计的快速发展期；以天然产物为出发点，综合利用生物学、化学、计算机科学等多学科的技术手段，获得新结构“非天然”天然产物，助力于新药研发。相比于组合化学，组合生物合成充分利用了自然长期进化的优势，以进化过程中筛选得到的功能更优的天然产物为出发点，以进化过程中所积累的绿色高效的酶作为催化元件，弥补了化学反应对活性官能团依赖、手性中心构筑困难、造成污染等不足，创造了大量的“非天然”天然产物库，与组合化学形成了有利的互补。然而，组合生物合成在发展过程中也存在一系列不足和尚待解决的问题。本章，我们将通过梳理组合生物合成的发展历程总结发展规律，并在此基础上对其未来的发展趋势进行展望。

第二节　研究现状及其形成

组合生物合成的发展往往与生物技术、生物信息学的发展密不可分，对天然产物生物合成机制的深入理解和相关技术的快速发展推动了组合生物合成理念的运用。组合生物合成的发展历程大致可以分为探索期、起步期、拓展期和快速发展期四个阶段：① 探索期（20世纪80年代中期之前）。在这一时期内，科学家主要基于生源合成假说对天然产物的生物合成途径与机制进行探索，并利用不同的生物合成前体砌块对微生物菌株进行随机喂养，获取天然产物的结构类似物。② 起步期（20 世纪 80 年代中期至 20 世纪末），随着分子生物学技术的发展，尤其是基因克隆和测序技术的进步，科学家开始系统研究和解析天然产物的生物合成机制，并在此基础上利用基因编辑技术有目的地对目标天然产物的生物合成基因或基因簇进行人工改造，获得突变菌株从而精准生产制造“非天然”的天然产物。但是这一阶段的组合生物合成研究主要集中在依赖“装配线”式生物合成的天然产物，如聚酮、多肽等。③ 拓展期（20 世纪末～2010 年）。不同学科的新技术进一步融入天然产物的生物合成机制研究，研究对象从聚酮类和非核糖体肽类化合物拓展到生物碱、核糖体肽类、氨基糖苷类等“非装配线”式生物合成机制的天然产物类别，极大地丰富了人们对生物合成的理解和认知，对天然产物生物合成途径进行理性 / 半理性的组合式改造，从而获得“非天然”天然产物库。④ 快速发展期（2010 年至今），在前期生物合成知识的大量积累下，尤其是基因组测序技术的重大突破，各种生物合成元件急速增加。同时，基因组编辑技术取得了突飞猛进的进步，促使组合生物合成向更深更广的领域范围扩展，极大地丰富了“非天然”天然产物的库容量。目前，这一增长势头还在持续中。下面对这几个时期组合生物合成的发展状况进行总结。

一、基于生源假说的组合生物合成探索

这一阶段主要在 20 世纪 80 年代中期之前，人们在“生源假说”的基础上，借助化合物分离、结构鉴定、同位素标记和体外酶纯化等技术对天然产物生物合成途径进行验证。例如，依据同位素示踪、菌株诱变及相关中间体的分离鉴定、生物转化等手段推测体内生物合成过程；分离纯化获得途径关键蛋白质后对推测中间体进行体外活性测试，验证所推测的生物合成途径的准确性。在这一阶段，人们对天然产物生物合成途径的解析效率及准确性偏低，研究手段也较单一，导致该时期对组合生物合成的运用存在一定的盲目性和随机性，主要研究手段包括生物转化、突变合成及前体喂养等（图 8-1）[1]。

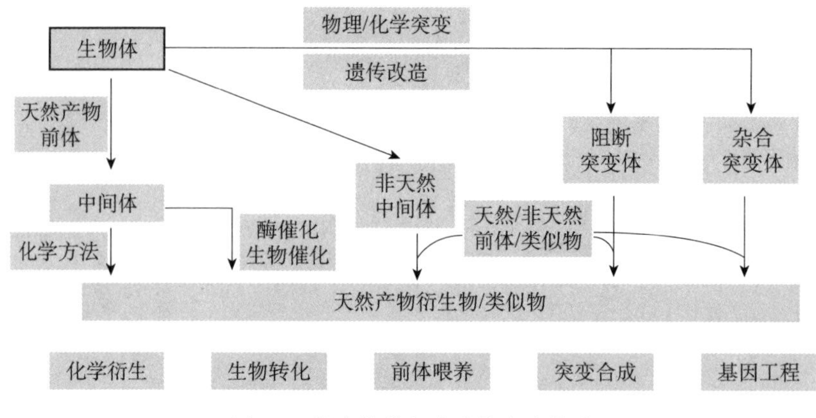

图 8-1　探索期的组合生物合成策略

（一）生物转化

探索期利用生物转化进行组合生物合成主要以生物体为研究对象，采用活体或离体的方法实现天然产物的结构衍生。早在 1921 年，C. Neuberg 和 J. Hirsch 就利用酵母细胞将前体苯甲醛转化成产物 L-1-羟基-1-苯基-2-苯酮，结合一步化学反应生成 D 型麻黄碱［D-(−)-ephedrine］[2]。这是首次成功将生物转化和化学合成相结合的案例。随后，越来越多的生物转化用于化合物合成的案例被报道和应用，其中最具代表性的是利用甾体的羟化、脱氢和环氧化等反应合成甾体类药物的中间体[3, 4]，为后续进行甾体类药物生物合成的工业化建立了基础。不可否认的是，人们在探索期对生物合成途径和酶学催化机理的理解还远远不够，获得目标生物转化反应往往需要筛选大量的生物体，具有极大的随机性和盲目性，产生的化合物结构也非常有限。

（二）突变合成

“突变合成”的概念由 Birch 于 1963 年首次提出，通常是指向阻断了不同合成途径的突变体喂养非天然底物从而获得合成新结构终产物的过程[2]。由于对生物合成途径相关信息理解的欠缺和微生物遗传操作技术的匮乏，物理诱变（如紫外诱变）和化学诱变（如 1-甲基-3-硝基-1-亚硝基胍等）是常采用的目标突变体筛选方式。较为典型的案例是 1980 年通过突变合成获得了一系列蒽环类抗生素的类似物。Matsuzawa 用 1-甲基-3-硝基-1-亚硝基胍对蒽环类抗生素阿克拉霉素（aclacinomycin）的产生菌加利利链霉菌（*Streptomyces galilaeus*）MA144-M1 进行诱变，从 400 个菌落中筛选获得不产阿克拉霉素的突变株；接着，对这些突变株喂养苷元阿克拉霉酮（aklavinone），筛选可恢复阿克拉霉素产生的突变株，并以此为突变合成出发菌株，分别喂养多种阿克拉霉酮类似物，获得了一系列蒽环类抗生素的类似物[5]。Cappelletti 等对竹桃霉素（oleandomycin）产生菌抗生素链霉菌（*Streptomyces antibioticus*）ATCC 31771 进行紫外诱变获得了不产竹桃霉素的突变株，随后喂养红霉内酯 B 获得四个新型的大环内酯类抗生素[6]。类似的突变合成策略也用于氨基糖苷类[7-9]、利福霉素[9-12]、核苷肽类抗生素[13]等的组合生物合成中。

总之，由于生物合成途径相关信息和敲除等遗传操作技术的匮乏，在探索期利用突变合成获得天然产物类似物的组合生物合成策略具有一定的随机性和盲目性，效率也非常低。

（三）前体喂养

天然产物结构鉴定后，基于结构的分析和同位素示踪等技术的出现，部分天然产物的前体得以明确，因此研究者可以通过对生物体喂养一些前体类似物获得相应的天然产物衍生物。通过该种方法，研究者成功获得了多种类型天然产物的衍生物，包括肽类、生物碱类、糖苷类、聚酮类等[1]。如被誉为免疫抑制治疗“金标准”药物的环孢菌素（cyclosporin）是多孔木霉（真菌）产生的非核糖体肽类化合物，其化学结构很早就通过晶体解析和核磁共振（nuclear magnetic resonance，NMR）等技术得以解析，并结合同位素标记确定了其中的氨基酸前体[14]。通过对环孢菌素的产生菌喂养不同的氨基酸前体类似物，获得十多种环孢菌素衍生物，其中 8 位的丙氨酸变成丝氨酸的新化合物相比于环孢菌素具有更高的免疫抑制活性[15]（图 8-2）。在缺乏从基因水平对多孔木霉进行改造遗传学手段的情况下，前体喂养成为一种行之有效的办法。

大环内酯类抗生素含有糖基，糖基上载苷元是由糖基转移酶来实现的，某些糖基转移酶可以识别不同类型的苷元。因此在对大环内酯类抗生素结构改造中，利用糖基转移酶对苷元的容忍性，可以通过喂养不同的苷元得到对应的抗生素衍生物，包括普拉特霉素（platenomycin）、苦霉素（picromycin）、红霉素等[1, 6, 16-18]（图 8-3）。利用聚酮合酶的底物宽泛性，喂养不同的起始单元可以得到相应的抗生素衍生物，包括伏加尔霉素（vulgamycin）[19]、阿维菌素等衍生物（图 8-3）[1, 20]。

产生菌：多孔木霉
（*Tolypocladium inflatum*）
[雪白白僵菌（*Beauveria nivea*）]

环孢菌素A
Cyclosporin A（CyA）

修饰的环孢菌素A衍生物：
MeCyclohexyl-Ala[1] CyA
Ally-Gly[2] CyA
D-Ser[8] CyA
L-Thr[2], D-Ser[8] CyA
L-Val[2], D-Ser[8] CyA
3-F-D- Ala[8] CyA
L- Nval[2,5], Me-L-Nval[11] CyA
L- Nval[5], Me-L-Nval[11] CyA
L-a-Ile[5], Me-L-a-Ile[11] CyA
L-a-Ile[5] CyA
B-CI-D- Ala[8] CyA
D-Abu[8] CyA

图 8-2 基于结构分析和同位素示踪开展的前体喂养环孢菌素产生菌产生环孢菌素的衍生物

喂养菌株	喂养前体化合物	所得产物
那波链霉菌（*Streptomyces narbonensis*）	那波内酯（narbonolide）	苦霉素（Picromycin） 那波霉素（narbomycin）
平板链霉菌（*Streptomyces platensis*）	那波内酯（narbonolide）	5-氧-氨基糖基-那波内酯（5-*O*-mycaminosyl-narbonolide）
抗菌素链霉菌（*Streptomyces antibiotics*）	肟基-红霉素A内酯（erythronolide A-oxime）	5-氧-夹竹桃糖基-赤藓糖基-肟基-红霉素A内酯（5-*O*-oleandrosyl-desosaminyl-erythronolide A-oxime）
那波链霉菌（*Streptomyces narbonensis*）	平板霉素内酯 I（platenolide I）	5-氧-赤藓糖基-平板霉素内酯 I（5-*O*-desos aminyl-platenolide I）
旺达链霉菌（*Streptomyces vendargensis*）	红霉素A（erythromycinA）	2′-(氧-[β-D-葡萄糖])（2′-（*O*-[β-D-Glucopynosyl]））

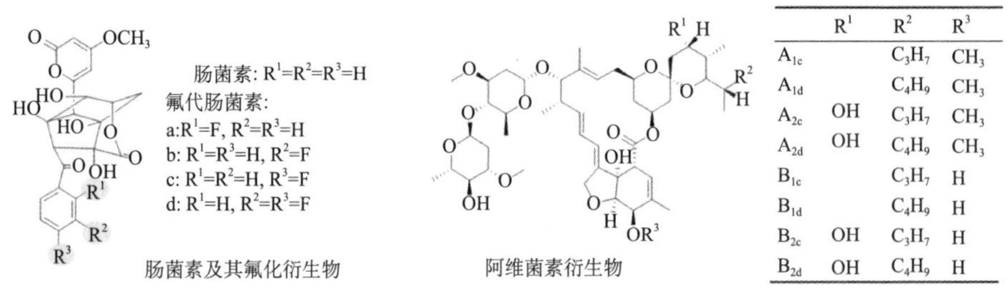

	R^1	R^2	R^3
A_{1c}		C_3H_7	CH_3
A_{1d}		C_4H_9	CH_3
A_{2c}	OH	C_3H_7	CH_3
A_{2d}	OH	C_4H_9	CH_3
B_{1c}		C_3H_7	H
B_{1d}		C_4H_9	H
B_{2c}	OH	C_3H_7	H
B_{2d}	OH	C_4H_9	H

图 8-3 基于部分合成酶的底物宽泛性开展的前体物喂养产生天然产物结构类似物

在该段时期内，受限于生物合成途径的理解及基因操作技术的落后，组合生物合成研究大多具有很大的盲目性和随机性，如目标突变菌株的获得依赖于盲目的紫外和化学诱变，然后经过大量人力进行筛选，获得可能的突变菌株，不仅缺少目标性，并且耗时费力；前体类似物的选择很多是根据分离鉴定的化合物结构进行推测或源于同位素标记试验来推测，对其在生物合成途径中的上载顺序大多未知。因此，该时期的组合生物合成发展较缓慢，也很难精准设计获得单一目标组分的路线。直到 20 世纪 80 年代后，随着 DNA 重组技术、测序技术及聚合酶链式反应（polymerase chain reaction，PCR）技术的出现，组合生物合成才真正进入基因操作水平，步入起步期。

二、基于基因水平开展组合生物合成

20 世纪 80 年代，随着分子生物学技术的发展和微生物（尤其是放线菌）体内遗传平台的建立，从基因 / 蛋白质水平开展天然产物生物合成研究成为现实。1984 年，英国科学家 Hopwood 从天蓝色链霉菌中克隆了放线紫红素的完整生物合成基因簇并成功实现异源表达，开启了从基因 / 蛋白质水平揭示生物体如何利用结构简单的小分子化合物通过一系列功能酶催化级联有序的化学反应合成结构复杂且多样的天然产物的研究[21]。随后，陆续有新的天然产物生物合成基因簇被克隆报道。但在进入 21 世纪前，科学家的生物合成研究对象主要聚焦于微生物来源的临床用聚酮类或者非核糖体肽类抗生素，典型的代表有聚酮类大环内酯抗生素红霉素、非核糖体肽类化合物万古霉素等。通过生物合成机制研究，科学家揭示了这些化合物的“装配线”式合成方式（第七章详细阐述了相关生物合成机制），即不同的蛋白质功能模块分别识别和利用不同的小分子生物合成砌块，然后通过一种不断重复的成键方式实现不同砌块的模块化拼接，最终形成天然产物的骨架结构。

基于对天然产物生物合成在基因 / 蛋白质水平上的认知和理解，组合生物合成则相应进入基因操纵阶段，将催化底物识别、结构延伸、官能团修饰的酶催化组合的元素，利用生物技术把编码酶的基因作为组合元件在生物体内进行组合，创造结构多样的结构衍生物或者类似物。最具开创性的则是 Hopwood 在 1985 年发表的一项研究成果[22]，即利用遗传工程技术手段成功实现不同Ⅱ型聚酮化合物生物合成途径中基因元件的组合，创造性地合成了“非天然”天然产物——一个放线紫红素单体的类似物，为后续的在基因操作基础上的组合生物合成研究开启了一扇新大门。在此之后，科学家针对聚酮类天然产物展开了一系列的组合生物合成研究，其中最具代表性的则是关于红霉素的结构改造研究。下面将以红霉素的组合生物合成改造为例，重点阐述在这一时期的组合生物合成所利用的各种组合技术和取得的成果。

红霉素的组合生物合成：红霉素是一种对革兰氏阳性菌具有广谱抗性的大环内酯类抗生素。在 20 世纪 90 年代初，来自英国的 Peter F. Leadlay 团队和美国雅培（Abbott）实验室的 L. Katz 团队分别独立报道了红霉素 A 的生物合成基因簇，并建立了其大环内酯骨架由聚酮合酶经模块化的线性装配合成模式（第七章详细阐述了相关生物合成机制）[23, 24]。在理解了红霉素 A 的生物合成机制基础上，科学家利用源于噬菌体的 λ-Red 介导的基因重组技术对红霉素开展了组合生物合成研究，并获得了大量的红霉素或 6-红霉内酯的结构类似物。这一时期针对红霉素开展组合生物合成的主要方式包括以下几个方面。

（一）基因替换

阿维菌素同样利用了类似于红霉素的生物合成模式，即以模块化的形式识别和活化相应的合成前体或延伸单元，并且以相同的机理实现链的延伸和组装成大环内酯结构。但是阿维菌素有多个组分，主要是由于阿维菌素生物合成的起始模块可以识别和活化多个酰基单元[25]。基于这些理解，将红霉素生物合成基因 *eryA Ⅰ* 中编码起始模块的基因区域替换成阿维菌素生物合成基因簇中对应的基因区域，形成了杂合的生物合成基因 *avr/eryA Ⅰ*，通过异源表达杂合基因簇，产生了六种新的源于不同酰基的带有不同取代基的红霉素结构类似物（图 8-4）[26]。

进一步，科学家利用来自西罗莫司生物合成途径中的不同生物合成基因片段对红霉素骨架生物合成基因进行特定区域基因片段的替换与杂合改造，在异源宿主中成功实现了 6-红霉内酯结构类似物的制造，最终获得了一个含有数十种在大环内酯骨架上具有不同氧化还原程度的新结构“非天然”天然产物库（图 8-5）[27, 28]。此外，利用类似的方法，将其他天然产物生物合成途径来源的基因或者人工改造基因对红霉素的相关基因进行完整的基因替换，获得了一系列 6-红霉内酯的结构类似物 [29]。

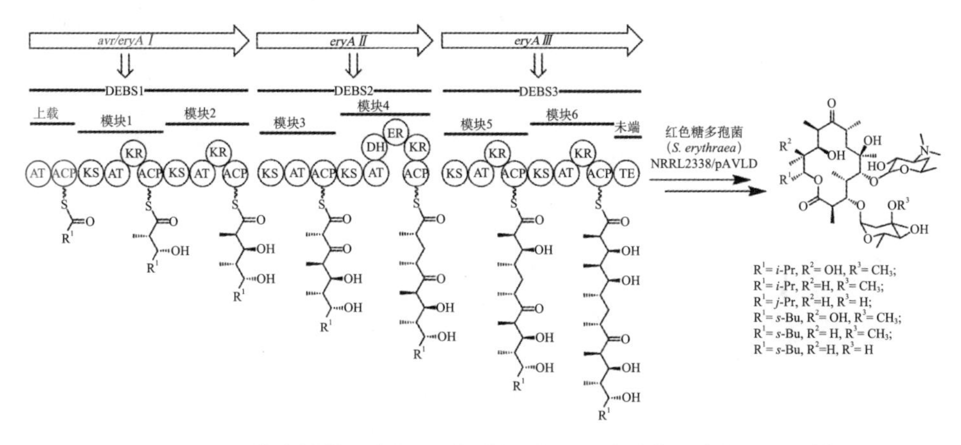

图 8-4　阿维菌素模块 1 底物识别区域替换红霉素模块 1 底物识别区域，产生不同酰基来源的红霉素衍生物

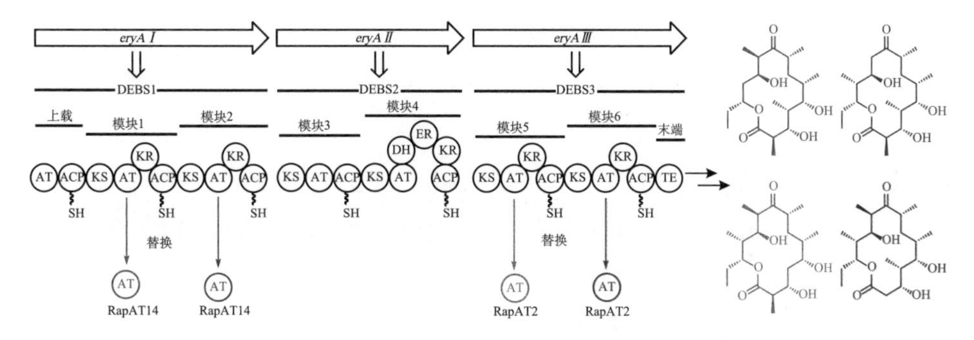

图 8-5　通过红霉素生物合成基因与西罗莫司生物合成基因的部分区域置换产生的突变体获得骨架上修饰的红霉素类似物

（二）基因部分失活

对于基因失活的组合生物合成，可以对某个前体合成或者中间体合成的基因进行失活，产生基因突变体，利用剩余部分酶具有的底物宽泛性，对这样构成的突变体进行前体或者中间体喂养。这些前体或者中间体类似物就可以进入生产线，不仅使整个生物合成进行下去，而且可以合成不同前体或者中间体补充的天然产物类似物。例如，通过对 *eryA Ⅰ* 中编码第一个酮基合酶结构域（KS domain）的基因区域进行定点突变使其丧失功能，利用化学合成的小分子底物对这个突变菌株进行喂养，产生了具有不同取代基的 6-红霉内酯类似物 [30]。对红霉素生物合成基因 *eryA Ⅲ* 中编码最后一个模块［即终止模

块（模块 6）］中编码聚酮和酰基转移酶结构域的基因区域进行了删除，保留了硫酯酶结构域编码基因区域，从而成功实现了对 6–红霉内酯环系大小的改造，获得了内酯环为十二元环的新化合物（图 8-6）[30]。

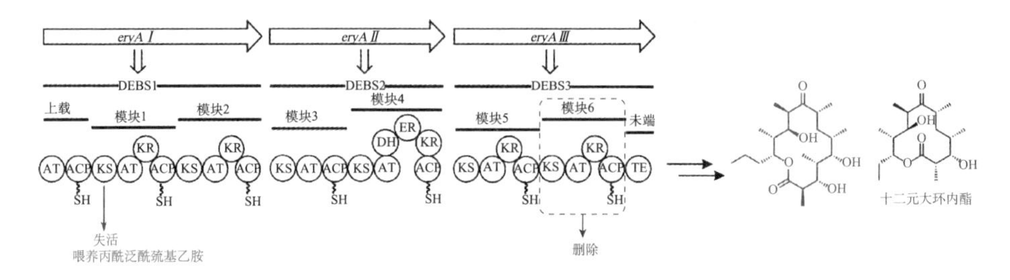

图 8-6　对突变菌株进行底物喂养和模块删除，产生与起始单元不同的红霉素衍生物和缩环衍生物

（三）基因失活与基因替换的叠加组合

基因失活与替换获得的突变体自身可以产生天然产物的衍生物或者类似物，也可以通过对这些突变体进行前体或者中间体类似物喂养产生结构多样化的天然产物类似物，已经形成了有效的组合生物合成方式。在此基础上，同时采取多种策略叠加的方式，可以进一步拓展产物的结构多样性。例如，综合利用基因失活和基因替换叠加的策略，同时改造红霉素生物合成途径中 6–红霉内酯的三个生物合成基因（*eryA Ⅰ*、*eryA Ⅱ* 和 *eryA Ⅲ*）。改造时，对其中一个基因进行部分功能失活，一个基因的部分基因区域和其他聚酮类化合物生物合成基因进行置换，而在最后一个基因中对某个模块进行功能缺失或者基因置换，并在异源宿主中进行组装表达，同时对异源表达宿主进行前体或者中间体喂养，可以制造数量更为庞大的 6–红霉内酯结构类似物（图 8-7）[27, 30]。

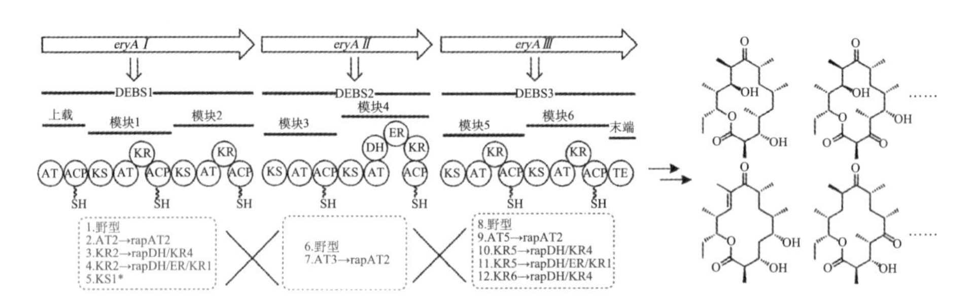

图 8-7　红霉素骨架生物合成基因与其他类似基因随机置换，产生一系列红霉素类似物，构建了红霉素类似物库

总体而言，在这一阶段，由于基因拼接和重组相关技术手段的匮乏，组合生物合成研究往往局限在少数几种天然产物上。同时，由于对天然产物生物合成机制特别是模块的组装及模块和结构域之间相互作用的理解还不够深入，研究主要通过基因的简单编辑改造和对基因编辑改造产生的突变体进行喂养来实现，但并不是所有的改造都能获得预期的结果，具有明显的随机性和不确定性。

三、交叉融合的组合生物合成研究

进入 21 世纪，DNA 高通量测序技术的出现与飞速发展极大地加速了天然产物生物合成的研究。在这一时期，天然产物生物合成研究类型从聚酮类化合物拓展到非核糖体肽类、核糖体肽类、生物碱类、萜类等不同类型的天然产物；就天然产物的物种来源来说，已经从细菌拓展到真菌和植物来源的天然产物。不同物种、不同类型的天然产物合成基因簇及其合成途径被相继鉴定和解析，生物合成催化元件也被大量发现并经过生化表征。此外，随着结构生物学等创新方法和先进技术不断涌现，不但天然产物生物合成的研究在酶催化机理层面得到精准解析，而且底物与酶结合的适配性与反应性也得到一定的阐释。此时，组合生物合成的研究体现了多学科、多物种和多技术手段交叉融合的显著特点。下面分别以类似于聚酮模块化生物合成模式的非核糖体肽达托霉素及非模块化生物合成模式的吲哚咔唑生物碱类、核糖体肽类、香豆素类天然产物的组合生物合成进行阐述。

（一）达托霉素的组合生物合成

达托霉素（daptomycin）是由玫瑰孢链霉菌（*Streptomyces roseosporus*）产生的环脂肽类天然产物，结构上是由富含非蛋白质氨基酸的十元肽环和一个三氨基酸肽链构成，分子结构如图 8-8 所示。2003 年，达托霉素被 FDA 批准上市，用于治疗革兰氏阳性菌引起的感染，包括抗甲氧西林金黄色葡萄球菌（MRSA）和万古霉素耐药肠球菌（VRE）等高致病性耐药菌。McHenney 等在 1998 年鉴定了达托霉素部分生物合成基因簇[31]，科比斯特（Cubist）公司在 2005 年通过细菌人工染色体（bacterial artificial chromosome，BAC）质粒异源表达确认了达托霉素的完整合成基因簇[32]，其聚肽骨架由一系列非核糖体肽合成酶催化生成。随着对达托霉素及其结构类似物 A54145 和钙依赖性抗生素（calcium-dependent antibiotic，CDA）生物合成机制的认识逐渐加深，利用组合生物合成技术实现了达托霉素的结构多样化。

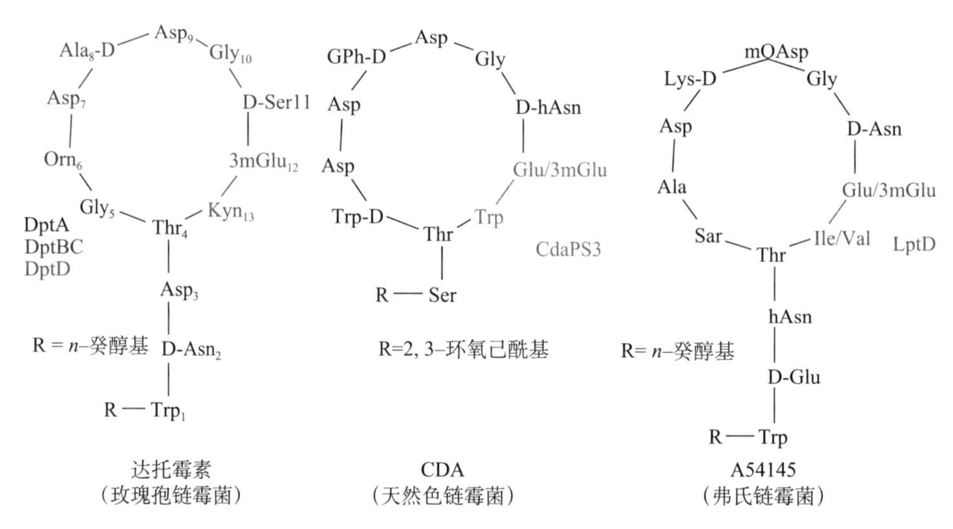

图 8-8　达托霉素生物合成模块与类似物 CDA 和 A54145 生物合成模块相互替换，产生大量的达托霉素类似物

达托霉素的生物合成类似于红霉素类天然产物的模块化生物合成模式，所以达托霉素的组合生物合成模式类似于红霉素的组合生物合成方式，包括同源基因之间的互换和多个模块之间的互换。基因互换方法是通过对功能相近的基因进行置换（置换的基因编码蛋白质的底物谱不同）从而产生起始单元或者延伸单元不同的结构类似物，达到结构多样化的目标。Miao 等通过体内遗传互补方法，将达托霉素合成基因 *dptD* 分别替换为基因 *cdaPS3* 和基因 *lptD*，成功地产生了第 13 位氨基酸分别为 Trp、Ile 和 Val 的达托霉素衍生物[33]。在前期基因互换的研究基础上，Nguyen 等采用多模块或多结构域的互换方式，对达托霉素、CDA 和 A54145 基因簇开展了系统的组合生物合成研究。通过组合置换策略，如将 DptBC 的第 8 个、第 11 个和第 13 个模块与 CDA 和 A54145 的对应模块进行交互替换，采用基因敲除策略失活谷氨酸-3-甲基转移酶（DptI）从而改变第 12 个模块底物识别的偏好性，以及通过喂养脂质侧链类似物改变达托霉素天然脂质侧链的组成方式等方法，最后产生含

有 70 种新的达托霉素类环脂肽类化合物[34]。

达托霉素组合生物合成的开展，不但极大地丰富了达托霉素的结构多样性，为其后续的活性筛选奠定了良好基础，而且为后续非核糖体肽类化合物的组合生物合成开辟了全新的结构理性改造策略与方法。当然，这也得益于拓展期内多技术手段融合的迅速普及，如应用温敏型质粒 pRHB538 通过同源双交换构建基因缺失突变株、应用细菌人工染色体质粒实现完整大片段基因簇的异源表达、多整合位点载体的构建实现基因回补、λ-Red 介导的重组促进了基因簇的遗传改造等。

（二）吲哚并咔唑类生物碱的组合生物合成

上述聚酮类和非核糖体肽类天然产物组合生物合成通过模块部分基因、整个模块的缺失、置换等策略构建突变体，或者对功能缺失突变体进行前体类似物或者中间体类似物的喂养，产生了大量的聚酮类和非核糖体肽类天然产物结构类似物，在天然产物结构多样化创制方面展现了组合生物合成的优势，不仅可以实现对天然产物的结构多样化，而且可以通过代谢网络优化实现某个特定化合物的高产，满足进行生物活性研究和药物生产的需求。在拓展期，天然产物生物合成的类型得到极大拓展，不仅在模块化的生物合成方式上得到丰富，而且在非模块化的生物合成研究领域取得了很大发展，如核糖体肽类、生物碱类、萜类和类似于植物天然产物香豆素类天然产物。下面将对这些类型天然产物的组合生物合成模式进行介绍。

吲哚并咔唑类生物碱主要是由放线菌产生的一类具有显著抗肿瘤和神经保护活性的天然产物。该类化合物具有诱导 DNA 相互作用、抑制 DNA 拓扑异构酶和抑制蛋白激酶等多种生理活性。此外，由于该类化合物还具有卤代、甲基化和糖基化等重要的后修饰，因此该类化合物是极具开发价值的药物小分子骨架类化合物。其中，星孢菌素（staurosporine）和蝴蝶霉素是该类化合物的典型代表。与模板化的聚酮体和非核糖体肽生物合成不同，吲哚并咔唑母核以色氨酸为前体，经一系列独立的核黄素依赖的氧化还原酶和细胞色素 P450 单加氧酶氧化、缩合而成。以白色链霉菌（*Streptomyces albus*）为底盘宿主细胞，采用强启动子替换的基因组合策略，实现了星孢菌素和蝴蝶霉素在白色链霉菌中的异源高效生成；然后通过氯代酶、甲基转移酶和糖基转移酶基因在异源宿主中的随机组合，产生了一系列星孢菌素和蝴蝶霉素结构类似物，以及通过体内整合色氨酸不同位置卤代酶基因，实现位置选择性的氯代星孢菌素和蝴蝶霉素结构衍生物的定向创制；利用糖基转移酶 RebG 具有较好的底物宽泛性的特点，获得 L－鼠李糖（L-rhamnose）、L－洋地黄毒素糖（L－digitoxose）、L－橄榄糖（L－olivose）和 D－橄榄糖（D－olivose）等不同糖基单元的蝴蝶霉素结构类似物，通过这些组合生物合成手段产生了一个结构广泛蝴蝶霉素和星孢菌素的类似物库（图 8-9）[35]。

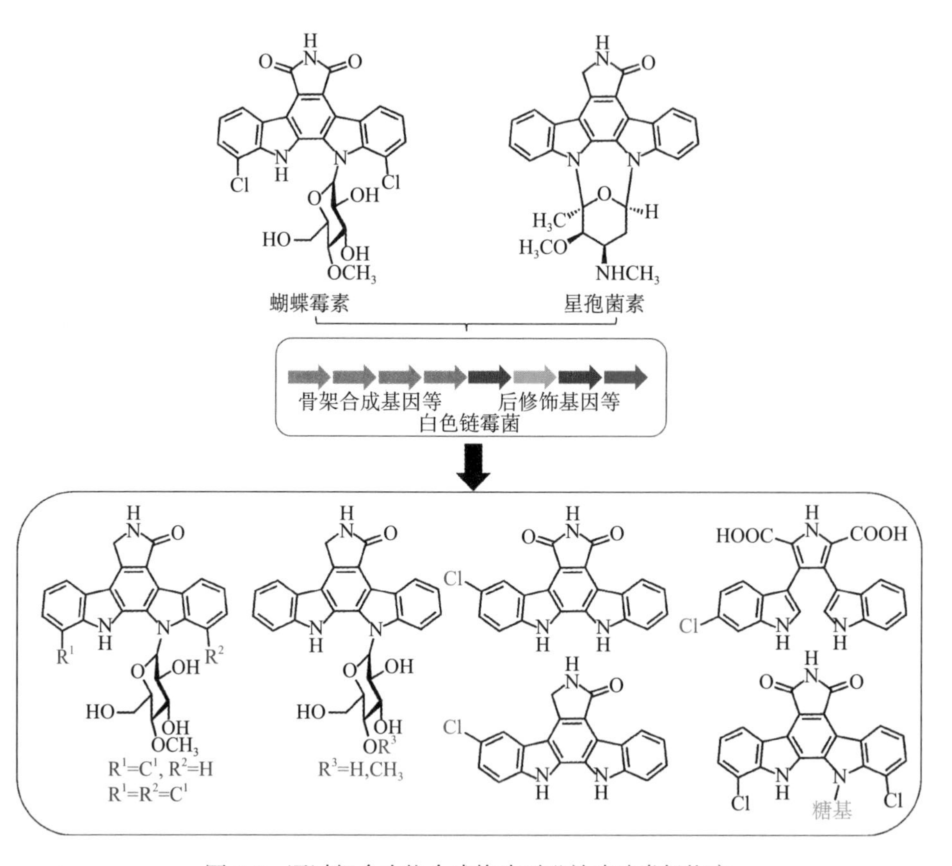

图 8-9　通过组合生物合成构建吲哚并咔唑类似物库

（三）核糖体肽类的组合生物合成

核糖体肽是一类由核糖体翻译合成前体肽，然后经过后修饰而产生的一大类天然产物，具有多样性的结构和生物活性。1988 年，表皮抗菌肽首次被证实为核糖体来源，之后受限于测序技术，核糖体肽类研究一直处于缓慢期，直至 21 世纪初，随着高通量测序技术的发展，越来越多的核糖体肽的生物合成基因簇和合成途径被报道，促进了核糖体肽类组合生物合成的发展。核糖体肽生物合成途径中多数酶特异性地识别先导肽中一小段保守序列，对结构肽容忍性很强，因此可以通过人工编辑结构肽部分，利用酶的底物宽泛性获得多种衍生物，其中最具代表性的例子有Ⅱ型羊毛硫肽乳链球菌素 481（lacticin 481）的组合生物合成。基于 LacM 对结构肽部分的底物宽泛性，研究者通过突变、化学半合成等手段对结构肽部分进行改造，包括点突变、加长、截断、引入非蛋白质氨基酸等，通过体内或体外酶学催化反应获得了几十种生物活性乳链球菌素 481 衍生物（图 8-10）[36-39]。通过对结构肽部分进行遗传改造或化学合成改造，构建不同氨基酸组成的结构肽，然后利用后修饰酶对结构肽的底物宽泛性，从而实现对核糖体肽的结构多样化，这种方法普遍适用于其他核糖体肽类天然产物的结构多样化研究。例如，利用类似的策略获得30多个雷可肽类似物，从中筛选出部分具有更优生物活性的类似物。

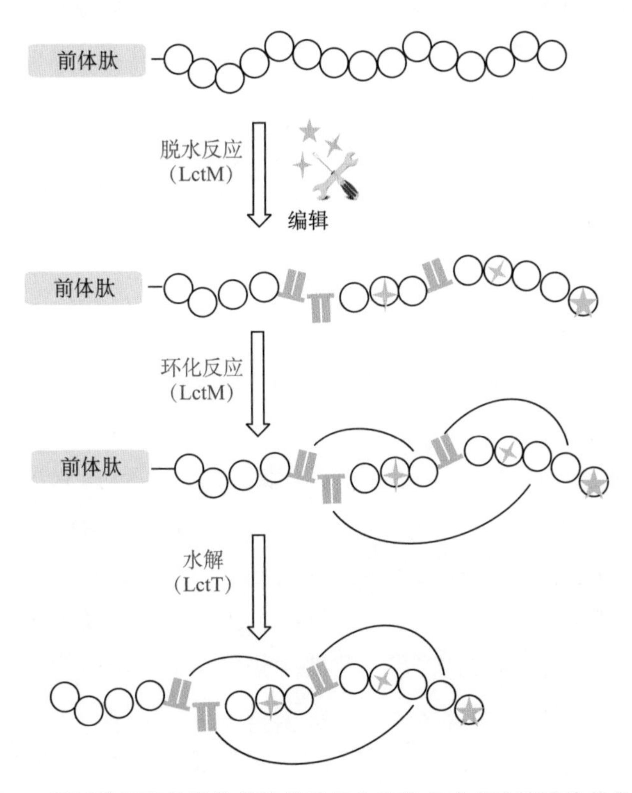

图 8-10　通过编辑结构肽的核糖体肽组合生物合成产生核糖体肽类似物

（四）氨基香豆素类的组合生物合成

氨基香豆素类化合物［如新生霉素（novobiocin）和氯新生霉素（clorobiocin）］是 DNA 解旋酶的抑制剂，通过与 ATP 竞争性结合解旋酶的 β-亚基，从而抑制 ATP 依赖的 DNA 超螺旋过程。生物合成机制研究显示这类化合物是通过非模板化的方式进行合成的。研究者通过几种不同的方式对其进行了结构改造研究（包括通过基因失活的技术手段），分别构建不同的基因失活菌株，发酵获得了数种特定官能团结构缺失的结构类似物（图 8-11）[40, 41]；利用分别源于新生霉素和氯柔比星生物合成途径的基因创建杂合的生物合成途径，制造了一些同时具有两种化合物部分结构特征的、杂合的新结构化合物 [42]；通过化学-酶法合成的方式，利用氨甲酰基转移酶具有较好的底物宽泛性特点，体外合成了五种新结构衍生物 [43, 44]；通过突变合成的方式，构建苯甲酸结构单元生物合成阻断的突变株并对其饲喂化学合成的多取代苯甲酸类化合物，成功创制了二十多种含有不同苯甲酸结构单元的新化合物 [45]。在针对氨基香豆素类化合物的组合生物合成研究中，基本上沿用了模块化聚酮类或非核糖体肽类化合物的组合生物合成模式，对特定功能基因进行操作或者类似化合物之间同源基因的相互替换组合属于催化元件的组合，而构建功能失活突变菌株然后喂养前体类似物属于底物的组合，产生原天然产物结构类似物。不同之处在于，对于单基因组成的催化元件的操作成功率要高于复杂的、模块化的催化元件的基因操控，并且有了一定的理性设计，因为明确了单个酶催化元件的催化机理和底物选择性。此外，香豆素的组合生物合成还融合了基因突变和酶催化，综合利用了不同学科的技术手段，体现了多学科交叉融合的特征。

经过近 30 年的发展，天然产物生物合成取得了长足进步，大量的天然产物生物合成基因簇被鉴定，通过遗传学和体外生物化学的研究，它们的生物合成途径得到清晰的阐明，明确了基因-酶-反应-结构的对应关系，为组合生物合成的发展奠定了理论基础，同时也为组合生物合成提供了更多可供选择的元件；生物技术的快速发展和基因重组手段的丰富，为组合生物合成提供了更丰富多样的技术手段，也推动了组合生物合成从模块化的聚酮类和非核糖体肽类天然产物拓展到非模板化的生物碱类、核糖体肽类、香豆素类等其他类型的天然产物。通过这一时期的发展，组合生物合成已经体现出从起步期的随机改造逐渐向理性设计和定向精准合成与改造过渡的趋势，并且具有多技术和多学科交叉融合的特点。

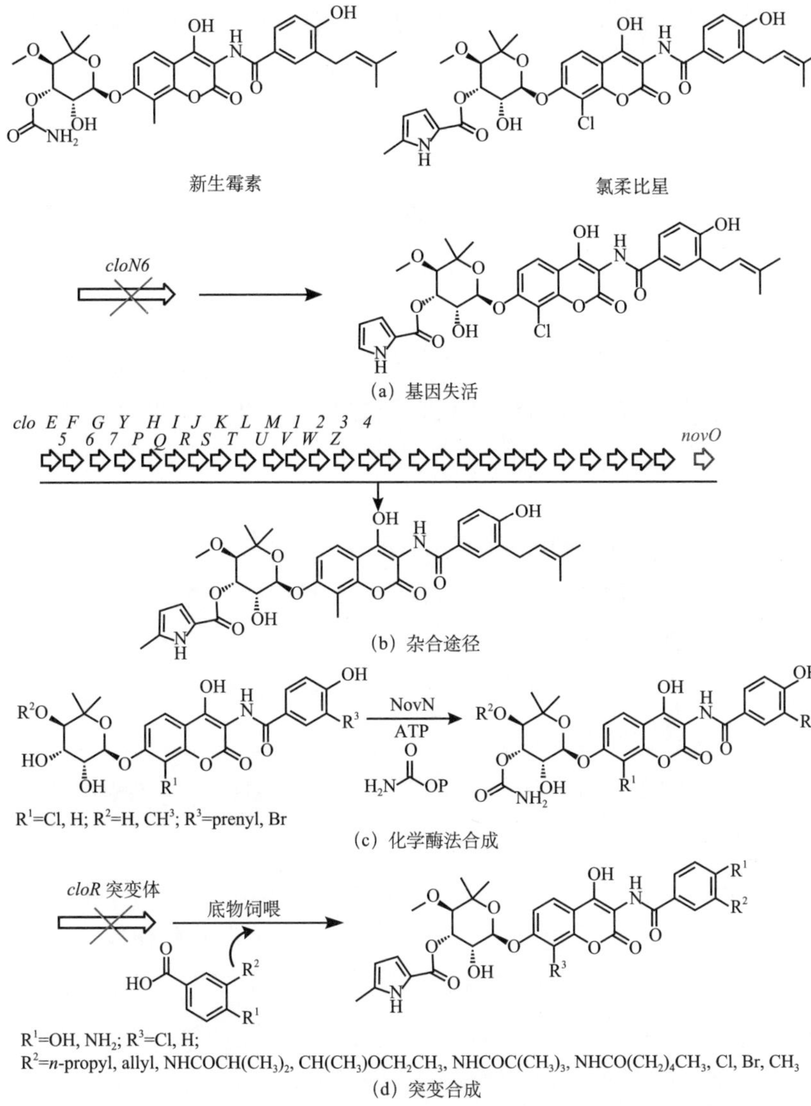
新生霉素
氯柔比星
cloN6
(a) 基因失活
clo E F G Y H I J K L M 1 2 3 4
5 6 7 P Q R S T U V W Z
novO
(b) 杂合途径
NovN
ATP
R¹=Cl, H; R²=H, CH³; R³=prenyl, Br
(c) 化学酶法合成
cloR 突变体
底物饲喂
R¹=OH, NH₂; R³=Cl, H;
R²=n-propyl, allyl, NHCOCH(CH₃)₂, CH(CH₃)OCH₂CH₃, NHCOC(CH₃)₃, NHCO(CH₂)₄CH₃, Cl, Br, CH₃
(d) 突变合成

图 8-11　香豆素类化合物的组合生物合成构建结构类似物库

prenyl：异戊三烯基；propyl：丙基；allyl：烯丙基

四、新技术推动的组合生物合成快速发展

近年来，随着大量微生物基因组测序的完成、结构生物学的介入及基因编辑新技术的出现，人们对聚酮合酶和非核糖体肽合成酶等重要天然产物

生物合成酶家族的催化机理、模块划分、结构域间的动态互作等方面有了进一步的认识，并由此衍生出许多应用于组合生物合成领域的新方法与新策略。

自2010年以后，随着天然产物生物合成领域的研究进一步深入发展，更多的生物合成途径的阐明造就了更多的生物合成元件的积累，除了基于结构生物学和进化分析的理性重构方法，高通量的定向进化及化学-酶法等半理性策略也被成功应用于组合生物合成研究中。同时，CRISPR和Red/ET等新的基因编辑技术、酶定向进化技术及高效异源底盘宿主细胞构建技术的发展，使得生物合成基因簇的基因工程改造和表达变得更加高效，组合生物合成的研究迈上了新台阶。

（一）聚酮合酶和非核糖体肽合成酶的模块重构

逐步丰富的微生物基因组序列信息揭示出越来越多的在进化关系上同源的生物合成基因簇，特别是模块化的聚酮合酶和非核糖体肽合成酶基因簇。同时，这些天然产物“装配线”的模块构成也展示了聚酮合酶和非核糖体肽合成酶的演化规律，即自然界形成这两大类分子化学多样性的组合生物合成策略。这些规律的发现为设计和组合重构人工聚酮合酶和非核糖体肽合成酶途径提供了理论指导。

传统定义的聚酮合酶的模块是由其催化结构域按照KS-AT(DH-ER-KR)-ACP的顺序构成。然而，2017年东京大学Ikuro Abe课题组在对四个氨基多元醇类化合物的生物合成基因簇的研究和系统发育分析中发现，I型聚酮合酶的KS结构域在进化中是与上游ACP等结构域作为一个独立单元参与基因重组的[46]。该研究暗示聚酮合酶的模块构成可能为AT(DH-ER-KR)-ACP-KS，而并非传统所定义的KS-AT(DH-ER-KR)-ACP。研究者认为。这种模块的重新定义将有助于模块化聚酮合酶的理性设计。2020年，Keating-Clay课题组的研究成果也进一步支持了Abe课题组的推测[47]。

与聚酮合酶模块的重新划分情况类似，近年来越来越多的研究工作也表明，已被广泛接受的非核糖体肽合成酶模块构成单元（C-A-T）可能需要修正为（A-T-C）单元。基于此规则，2018年，德国Helge B. Bode课题组将源于15个非核糖体肽合成酶的交换单元（A-T-C结构域）进行组合重构，得到了多种新的肽类化合物。同时，这些人工设计的非核糖体肽合成酶也保留了较高的催化活性[48]。虽然以上基于（A-T-C）为交换单位的组合重构策略较传统的以（C-A-T）模块为功能单元的方法的成功率得到显著提高，但研究者认为这种方法也存在一定的限制性因素。例如，交换单元（A-T-C）中下游C结构域的底物特异性需要与上游A结构域的底物选择性相一致，这也导致了研究人员在设计杂合非核糖体肽合成酶时需要大量的（A-T-C）结构砌块才能满足对产物化学多样性的要求。为了克服以上缺点，Bode团队最近又进一步基于C结构域的结构特征（假二聚体结构）提出一种更理想的非核糖体肽合成酶功能单位的拆分和融合位点。该位点处于C结构域中两个结构亚单位之间的柔性连接区域，可将C结构域拆分为分别与受体底物和供体底物结合的结构亚单元（CAsub和CDsub）。CAsub-A-T-CDsub模块的新交换单元消除了C结构域底物特异性作为非核糖体肽合成酶的组合设计的限制性因素，极大减少了所需要的交换单元的元件数量。

虽然C结构域的底物特异性作为非核糖体肽合成酶组合设计的限制性因素已被领域内同行广泛接受，但新西兰David F. Ackerley课题组关于嗜铁素（pyoverdine）非核糖体肽合成酶的最新研究成果显示，在选择合适的结构域边界的前提下，单独替换A结构域（包括其链接区域）便可以进行非核糖体肽合成酶的高效组合重构，生成有功能的杂合非核糖体肽合成酶[49]。基于该项策略，他们成功实现了同一非核糖体肽合成酶途径中不同模块间A结构域的替换及其源于不同非核糖体肽合成酶途径的A结构域间的替换。同时，该课题组通过进一步的系统进化分析证实了非核糖体肽合成酶的A结构域与C结构域是独立进化的，并且A结构域的替换是驱动自然界非核糖体肽合成酶途径多样化进化的动力。该项研究显示，C结构域的底物特异性并不是非核糖体肽合成酶模块重构的限制性因素，在这点上与上述Helge B. Bode课题组的结论有所出入，为非核糖体肽合成酶系统的组合生物合成研究提供了最新的理论指导。

（二）基因簇的人工加速进化

除了以上聚酮合酶的理性重构，基因簇水平的加速进化（accelerated evolution）策略近年来在组合生物合成领域也显示出很大的应用潜力。2017

年，Matthew A. Gregory 等在对西罗莫司生物合成基因簇进行理性改造（模块替换）时意外发现，携带西罗莫司聚酮合酶基因片段的高拷贝载体在进入西罗莫司生产菌后能够与该基因簇上高度同源区域进行随机重组，通过插入和同源重组等方式产生一系列能够合成不同西罗莫司结构衍生物的子代突变菌株[50]。这种方法类似于酶定向进化的策略，人工加速了聚酮合酶的自然进化过程。研究人员受到该发现的启发，通过模块的替换、增加及剔除等方式，同时辅以喂养多种起始结构单元的策略，共得到 100 多种新的西罗莫司类似物（图 8-12）。此外，该团队还对另一类 I 型聚酮分子泰乐菌素的生物合成基因簇进行了类似的基于加速进化的组合生物合成策略，并成功获得了新的泰乐菌素衍生物，由此进一步证实该方法的普适性。

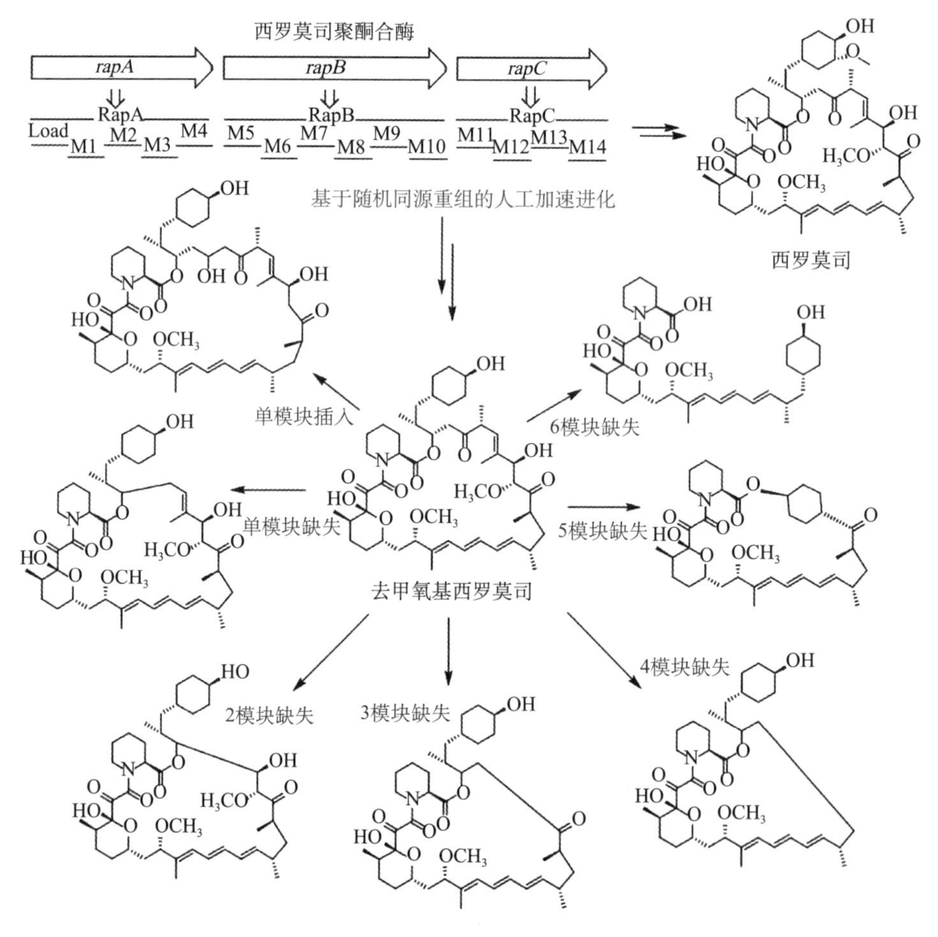

图 8-12　西罗莫司生物合成基因簇的人工加速进化

（三）化学-酶法的组合生物合成

2010 年以后出现了化学-酶法的组合生物合成。这类组合生物合成主要基于酶的底物宽泛性和可以供给多样性的底物，从而产生天然产物结构多样性，其中最具有代表性工作是抗霉素（antimycin）的组合生物合成研究。抗霉素是一个含双内酯九元大环结构的 PKS-NRPS 杂合抗生素，前期多个课题组从抗霉素同系物的分离鉴定、同位素底物喂养和非核糖体肽合成酶的 A 结构域底物特异性生化实验等方面证实负责抗霉素生物合成的 PKS-NRPS“装配线”对底物的变化具有极高的容忍度[51-53]，刘文课题组以此为基础设计了一种多重通路的组合生物合成策略来实现抗霉素家族化合物的多样性，并获得了包含 380 种抗霉素类似物的化合物库（图 8-13）。这也是目前通过组合生物合成策略实现目标产物结构多样性数量最多的一个研究成果[54]。

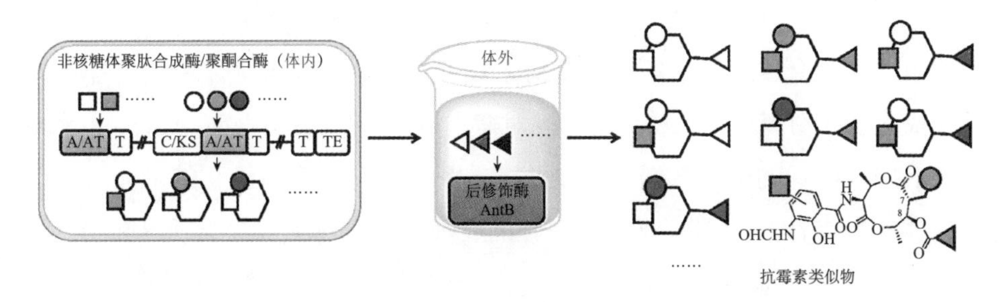

图 8-13　综合运用基因缺失与酶、底物的组合生物合成方法合成抗霉素类似物

随后在此研究基础上，Ikuro Abe 课题组将酶定向进化技术引入抗霉素的组合生物合成研究，解析了巴豆酰 CoA 羧化酶 AntE 的晶体结构，分析并找出了影响底物结合的关键氨基酸残基 V350，以此为基础改造的突变蛋白 AntE V350G 不仅提高了烷基丙二酰 CoA 的催化效率，而且该突变蛋白能够接受含苯基、杂环甚至吲哚基团的 α, β-不饱和酰基 CoA 为底物，大大提高了底物识别的宽泛性。将该突变蛋白引入抗霉素产生菌后，通过添加不同底物，他们获得了一系列杂环和芳烃修饰的抗霉素类似物。该项研究成功地将基于酶晶体结构的理性改造应用于天然产物的组合生物合成中[55-57]。

在组合生物合成研究中，酶定向进化技术不仅用于后修饰基因的改造，而且用于形成化合物骨架的多模块、多结构域“装配线”蛋白，如聚酮合酶或非核糖体肽合成酶的改造。Sherman 课题组巧妙地运用酵母同源重组系统，构建了基于苦霉素和红霉素的聚酮合酶模块蛋白质 PikAIII、PikAIV 和 BEBS3 的杂合聚酮合酶重组文库，并利用体外 96 孔板的高通量表达结合底物喂养，成功地筛选到一个能够催化产生双羟化苦霉素糖苷配基的 PikAIII 杂合 BEBS3 的重组蛋白，证实了利用酶定向进化技术可成功实现化合物的骨架结构多样性 [58]。类似的研究还包括西罗莫司及金链菌素（aureothin）的聚酮合酶“装配线”的重组改造 [50, 59]。另外，还有利用晶体结构对聚酮合酶“装配线”的关键结构域进行点突变以增加底物识别的宽泛性研究，如对聚酮合酶“装配线”负责释放的硫酯酶（TE）的改造 [60]、对负责底物识别的 AT 结构域突变与体外喂养非天然聚酮延伸单元策略相结合并成功获得含有非天然延伸单元的聚酮大环内酯 [61] 等。这些都是酶定向进化技术在组合生物合成研究中的应用。

除体内进行组合生物合成外，近年来发展的体外无细胞表达体系为体外的组合生物合成提供了便利。相对于细胞内体系，无细胞体系具有操作方便、快速、产物容易检测及易于合成对宿主有毒的产物等优点。Mitchell 等将不同的核糖体肽的引导肽嵌合，设计了一系列带有杂合引导肽的前体肽。这些前体肽带有针对不同合成途径来源的合成酶的前体肽识别序列（RS），可以被相应途径的修饰酶识别加工。通过将带有嵌合引导肽的前体肽与各种修饰酶组合，合成了一系列同时具有噻唑及特定的硫醚结构的新型核糖体肽 [62]。羊毛硫型脱水酶催化前体肽的氨基酸脱水反应需要 tRNA 的参与，反应较复杂，难以适用于无细胞体系组合生物合成。Bowers 等通过使用带有苯基硒代半胱氨酸转移 RNA（tRNA）替代一部分半胱氨酸 tRNA，并利用无细胞体系合成了带有苯基硒代半胱氨酸残基的前体肽。在此基础上，他们利用苯基硒代半胱氨酸残基在过氧化氢的存在下能够快速消除形成双键的特点，进一步合成了原本需要脱水酶催化半胱氨酸才能形成的带有 α, β-不饱和双键的丙氨酸残基，再利用后续的修饰酶，方便地合成了一系列硫肽类化合物 [63]。这些研究证实了体外组合生物合成策略的高效性。由于操作方便、快速、适配性强及产物易于检测等优点，体外组合生物合成非常适合用于结构类似物的少量快速合成及活性筛选，同时也便于与化学转化相耦合，产生更多结构类型的化合物。

（四）跨物种的组合生物合成

近年来，随着合成生物学理念的发展，组合生物合成研究进入一个崭新的阶段，体现在利用组合生物合成理念实现真菌天然产物的结构多样性上。目前，利用组合生物合成和合成生物学理念在酿酒酵母（*Saccharomyces cerevisiae*）中已经实现了包括吲哚二萜类[64]和苯二酚大环内酯[65-67]等多种不同结构类型的真菌来源天然产物生物合成基因簇的人工设计、组合重构和表达。同时，利用组合生物合成理念实现植物天然产物结构多样性的研究也进一步得到广泛的开展，O’Connor课题组首次将来自放线菌的色氨酸卤化酶RebH和PyrH导入长春花中，产生了多个在吲哚环芳环的不同位点氯代修饰的单萜吲哚生物碱[68]。这是原核生物来源的后修饰基因在真核植物中首次成功异源表达。随着酵母异源表达体系的发展成熟，以及植物天然产物生物合成元件的积累，多种不同结构类型的植物天然产物在酵母中异源组合生物合成的研究不断被报道。Goossens课题组在酵母中利用来自柴胡的P450氧化酶CYP716Y1、来自拟南芥的羽扇豆醇合成酶AtLUS1及来自糖甜菜的糖基转移酶UGT73C11等多种不同来源的生物合成元件重构了非天然的单糖三萜皂苷生物合成途径并成功表达，同时利用多种植物来源的P450酶（如CYP716Y1及来自蒺藜的CYP716A12）的组合表达，成功获得了多个三萜羟化香树素类似物[69]。Hamberger组则通过51种Ⅰ型和Ⅱ型二萜合酶的组合成功地获得了50余种二萜骨架的化合物[70]。同时，组合生物合成中的化学–酶法在实现植物天然产物的结构多样性的研究中也有广泛报道，2012年包含10个阿片类化合物诺司卡品（noscapine）的生物合成基因的基因簇*HN1b*被报道[71]。随后，Smolke课题组成功地在酵母中重构了诺司卡品的生物合成途径，并通过喂养3位不同的卤代修饰酪氨酸获得了诺司卡品生物合成途径中的关键中间体牛心果碱（reticuline）及乌药碱（methylcoclaurine）的多种氟代、氯代和碘代修饰的类似物[72]。Keasling课题组则报道了利用在多种植物中挖掘到的基因元件在酿酒酵母中人工设计并改造了大麻素的合成途径，成功地合成了四氢大麻酚酸和大麻二酚酸等四种大麻素类似物，并通过喂养多种不同结构的脂肪酸前体获得了多种具有不同脂肪酰修饰基团的四氢大麻酚酸及相关中间体[73]。这些研究证实了源于不同物种的基因可以在合适的宿主中进行组合，产生有效的酶催化剂组合，从而可以利用原始底物或者底物类似物实现不同来源的天然产物的结构多样性（图 8-14）。

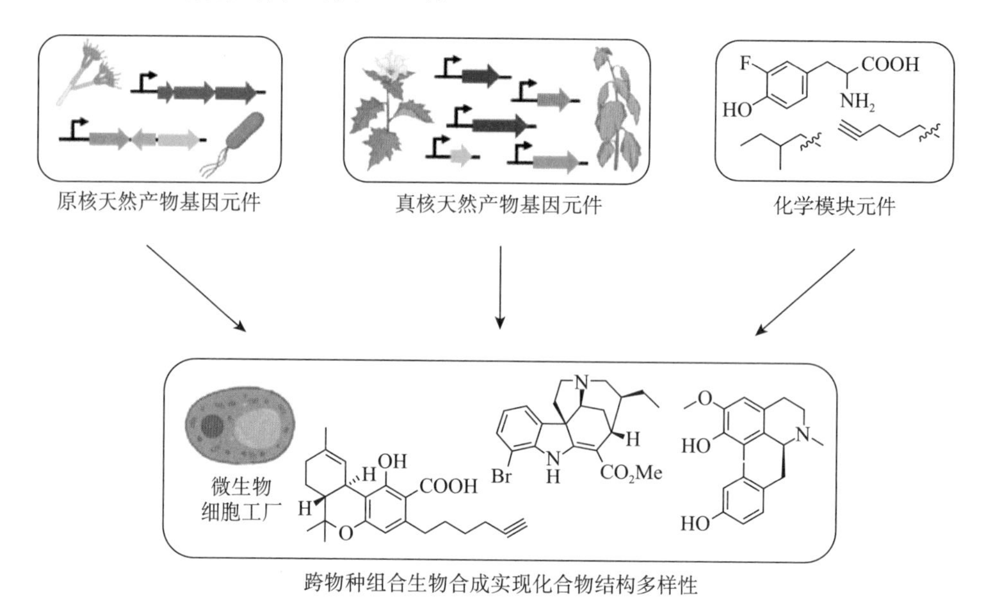

图 8-14　基于合成生物学理念的跨物种组合生物合成

近年来，CRISPR/Cas9、Gibson 和 Red/ET 重组等基因编辑新技术的开发促进了组合生物合成的发展。与传统的基于同源重组的基因编辑策略相比，新技术表现出更高的效率和精准度，被广泛地应用于基因无痕缺失、插入、点突变和大片段的获取，并在遗传操作难建立的菌株中也获得了应用。跨物种的组合生物合成中广泛使用了 CRISPR/Cas9 编辑技术向宿主中导入外来的基因。此外，采用 CRISPR/Cas9 和 Gibson 重组技术对西罗莫司进行了聚酮合酶结构域的精准替换、模块敲除与定点插入等理性设计，并结合异源表达策略实现了西罗莫司的组合生物合成，得到十余种西罗莫司衍生物，其结构的改变包括特定位点延伸单元的替换、立体构型的反转、内酯环结构的缩环与扩环等，实现了西罗莫司更大的结构多样性改造。

天然产物生物合成研究经过 30 多年的发展，并在生物技术和生物信息学快速发展的助推下，大量的生物合成基因簇被鉴定，几乎所有类型天然产物的生物合成模式都被建立起来，积累了更加丰富的催化元件和调控因子，使该时期的组合生物合成逐渐向理性设计、定向合成的合成生物学过渡，基本上形成了合成生物学的雏形。

第三节　关键科学问题与发展方向

在过去几十年间，随着对天然产物生物合成机制的深入理解和相关技术的快速发展，组合生物合成研究经历了探索期、起步期、拓展期及快速发展期，已形成了较成熟的方法体系和技术手段。大量天然产物的生物合成机制的解析，为组合生物合成提供了成熟的化合物人工生物合成的模板和丰富的生物合成元件，酶工程技术的应用进一步提高了生物合成元件的适配性。此外，随着 CRISPR/Cas9、高通量测序等新技术的快速发展，生物合成元件的克隆、合成途径的组装、底盘细胞的构建与优化变得非常便捷，大量的天然产物通过途径组装和异源表达的方式得到挖掘与制造。随着大量新结构天然产物以这种方式被制造出来，组合生物合成在天然产物研究及医药领域的作用已变得越发重要。

尽管组合生物合成研究取得了长足的进步，但目前仍面临着一些问题，需要未来重点突破。

（1）新型酶元件的挖掘及机制解析。生物合成的本质是酶促进反应，因此新的酶元件的发掘对组合生物合成至关重要。随着测序成本的持续下降，越来越多的基因组将被测序，为我们提供了丰富的基因元件。如何从中快速获取所需的酶元件成为关键。目前，新功能酶元件的发掘和验证主要依赖于实验，这种方式的优点在于结果可靠，缺点是通量很低，因此酶学元件的积累还远远不足。

（2）酶的适配性问题。天然产物结构复杂，生物合成往往涉及数个甚至数十个酶。在合成途径中，前一个酶的产物被用作下一个酶的底物，并依次有序地完成最终化合物的合成。因此，当编码代谢途径中某些酶的基因被中断或者强化，或者引入某些外源性的基因，使得代谢途径发生了变化，一些中间产物的结构也相应发生改变，而这些变化了的中间产物能否继续被后续酶所识别和催化，是组合生物合成能否成功的关键因素之一。换言之，酶对底物容忍性的大小（即酶的适配性）在组合生物合成中扮演了至关重要的角色。酶的改造可以拓展酶的底物选择性、提高催化效率及其他性能，如可溶性、稳定性等。尽管当前已有一些案例通过改造关键酶元件的适配性实现了天然产物的组合生物合成，但绝大多数情况仍依赖于半经验的方式，采用简单的基因组合进行组合生物合成研究，成功率和效率都非常低。

（3）超级底盘细胞的构筑。目前组合生物合成的研究还主要局限于微生物来源的复杂天然产物，原因如下。首先，相较于动植物体系，微生物所具有的易于培养、生长迅速、代谢旺盛等生理特点特别适合采用发酵的方法积累各种代谢产物。其次，微生物的遗传背景相对简单，细胞内 DNA 重组的技术手段相对成熟。但是，伴随基因组学研究的深入和生物技术的发展，大量来源广泛的天然化合物的生物合成基因被克隆和测序，而由于原有的生产体系往往难以培养或遗传工具的缺乏等而无法进行有效的体内遗传操作。在此情况下，建立这些化合物的异源表达体系就可能成为唯一的选择。如何优化异源表达的宿主-载体系统，使之成为高效稳定的适合生产成为关键。此外，一些源于动植物的基因元件，为了使其能在微生物中得以高效表达，需要对微生物底盘细胞进行优化。因此，发展高性能的超级底盘细胞将是未来的重点。

为了解决组合生物合成所面临的关键科学问题，未来研究者需要突破一系列的技术瓶颈。首先，对于新型酶元件的挖掘，人工智能较传统的研究策略具有高得多的效率，能够从海量的数据库中快速筛选到所需的酶。因此，如何开发和应用机器学习算法，精准地从数据库发掘新功能的酶元件将是未来组合生物合成研究领域需要解决的一个关键技术难点。该项技术的突破也将极大地助力于新型天然产物的精准挖掘，促进化合物-生物合成机制-酶学元件关系的建立。其次，对于酶学机制的解析，发展和应用先进的结构生物学技术是关键。通过结构解析，理解酶的催化机制和选择性机制，可以为机器学习提供训练集，从而加速酶元件的挖掘。最后，酶的适配性问题需要通过酶工程解决。但是，提高酶被成功改造的效率，主要依赖于两个方面技术的突破：一是可精准预测酶三维结构及其与底物作用方式的机器学习技术；二是确定酶活的高通量筛选技术。未来，人工智能辅助的新型酶元件开发和酶工程应用将是助力组合生物合成研究与发展的重点。

综上所述，组合生物合成已经在天然产物开发方面成为令人关注的新方向，它们的影响力不久将在一些具有显著生物活性的前体药物上表现出来。

组合生物合成研究的不断扩展和丰富将取决于代表新型催化结构的生物合成体系与代表催化活性的生物合成元件的发现，而进一步从蛋白质水平揭示和阐明新型的生物合成机制将成为组合生物合成的理论依据。同时，组合生物合成的成功率和效率还依赖于生物合成元件的适配性、底盘细胞的兼容性，并进一步发展为以合成生物学为基础的组合生物合成。此外，组合生物合成通过和其他领域（如有机合成）等紧密结合，将极大地拓展天然产物的结构多样性，助力新药的开发和发展。

第四节　相关政策建议

组合生物合成是一门以创造化合物结构多样性为目标，融合生物学与化学特别是天然产物化学的交叉学科。该学科研究所创造的丰富化合物资源将极大地推进药物研发进程，助力医药产业的发展。

在数据平台建设方面，基于组合生物合成的研究特色，建议长期支持天然产物挖掘、生物合成途径解析、新型酶元件的挖掘及机制解析等基础研究；支持为解决组合生物合成技术难点开展的生物催化元件挖掘、适配性及超级底盘细胞开发等研究。在大数据、人工智能等先进信息技术的助力下，将组合生物合成关键酶元件、生物合成途径、超级底盘细胞等串联成数据体系，同时整合现有数据库资源、代谢路径分析工具和药物产品市场信息库，建立组合生物合成元件、新化合物、新技术联合的大数据综合开发平台，对实现组合生物合成基因资源的集成管理和高效挖掘利用具有重要的价值。

在人才培养和产业发展方面，基于组合生物合成的学科特色，该领域需要加强生物学与化学交叉型人才的培养，建立相应的政策，通过长期的建设，培育一批国内外有影响力、研究特色鲜明的组合生物合成研究团队。基于组合生物合成在推动医药产业发展的关键作用，需要发挥政府在投入中的引导作用，加强对基础研究和科技研发的稳定投入力度，加强科技基础平台建设，鼓励和支持组合生物合成服务于医药领域之外，从而推动组合生物合成在农业、化工等多个国民经济领域的创新发展。

总之，组合生物合成的下游应用与新药开发密不可分，而药物的研发周期长，包括药理、毒理、药动、临床药学等，因此，对于服务于医药领域开展的组合生物合成研究，应该建立新的评价机制，不单以论文或成药数目评价，而应该综合考虑其学术和社会价值。此外，除了纵向经费的支持，建议组合生物合成研究队伍与医药企事业单位建立密切的合作，以当前卫生健康系统急需的药物为研究目标，精准解决人类面临的健康问题。这也需要不同领域的研究者打破单位界限，在制度和组织层面上　　确保合作研究成果在各自研究单位被认可，而非以署名单位确定成果归属，应予以承认合作研究者在成果中的实际贡献。在人才、经费、合理的评价机制等因素的推动下，组合生物合成研究必然可以从源头上推动药物的研发进程，助力医药产业的发展。

本章参考文献

[1] Thiericke R, Rohr J. Biological variation of microbial metabolites by precursor-directed biosynthesis. Nat Prod Rep, 1993, 10: 265-289.

[2] Yamada H, Shimizu S. Microbial and enzymatic processes for the production of biologically and chemically useful compounds [new synthetic methods (69)]. Angew Chem Int Ed, 1988, 27: 622-642.

[3] Peterson D H, Murray H C. Microbiological oxygenation of steroids at carbon 11. J Am Chem Soc, 1952, 74: 1871-1872.

[4] Perlman D, Titus E, Fried J. Microbiological hydroxylation of progesterone. J Am Chem Soc, 1952, 74: 2126-2126.

[5] Oki T, Yoshimoto A, Matsuzawa Y, et al. Biosynthesis of anthracycline antibiotics by *Streptomyces galilaeus*. I. Glycosidation of various anthracyclinones by an aclacinomycin-negative mutant and biosynthesis of aclacinomycins from aklavinone. J Antibiot, 1980, 33:

1331-1340.

[6] Spagnoli R, Cappelletti L, Toscano L. Biological conversion of erythronolide B, an intermediate of erythromycin biogenesis, into new "hybrid" macrolide antibiotics. J Antibiot, 1983, 36: 365-375.

[7] Kitamura S, Kase H, Odakura Y, et al. 2-Hydroxysagamicin: A new antibiotic produced by mutational biosynthesis of *Micromonospora sagamiensis*. J Antibiot, 1982, 35: 94-97.

[8] Leboul J, Davies J. Enzymatic modification of hygromycin B in *Streptomyces hygroscopicus*. J Antibiot, 1982, 35: 527-528.

[9] Takeda K, Kinumaki A, Okuno S, et al. Mutational biosynthesis of butirosin analogs. Ⅲ. 6′-*N*-methylbutirosins and 3′, 4′-dideoxy-6′-C-methylbutirosins, new semisynthetic aminoglycosides. J Antibiot, 1978, 31: 1039-1045.

[10] Traxler P, Ghisalba O. A genetic approach to the biosynthesis of the rifamycin-chromophore in *Nocardia mediterranei*. V. Studies on the biogenetic origin of 3-substituents. J Antibiot, 1982, 35: 1361-1366.

[11] Cricchio R, Antonini P, Ferrari P, et al. A novel ansamycin from a mutant of *Nocardia mediterranea*. J Antibiot, 1981, 34: 1257-1260.

[12] Lancini G, Hengeller C. Isolation of rifamycin SV from a mutant *Streptomyces mediterranei* strain. J Antibiot, 1969, 22: 637-638.

[13] Delzer J, Fiedler H P, Müller H, et al. New nikkomycins by mutasynthesis and directed fermentation. J Antibiot, 1984, 37: 80-82.

[14]Wartburg A, Traber R. Cyclosporins, fungal metabolites with immunosuppressive activities. Prog Med Chem, 1988, 25: 1-33.

[15] Traber R, Hofmann H, Kobel H. Cyclosporins: new analogues by precursor directed biosynthesis. J Antibiot, 1989, 42: 591-597.

[16] Maezawa I, Kinumaki A, Suzuki M. Biological glycosidation of macrolide aglycones. Ⅱ. Isolation and characterization of desosaminyl-platenolide I. J Antibiot, 1978, 31: 309-318.

[17] Maezawa I, Hori T, Kinumaki A, et al. Biological conversion of narbonolide to picromycin. J Antibiot, 1973, 26: 771-775.

[18] Maezawa I, Kinumaki A, Suzuki M. Biological glycosidation of macrolide aglycones. Ⅰ. Isolation and characterization of 5-*O*-mycaminosyl narbonolide and 9-dihydro-5-*O*-mycaminosyl narbonolide. J Antibiot, 1976, 29: 1203-1208.

[19] Kawashima A, Seto H, Kato M, et al. Preparation of fluorinated antibiotics followed by 19F NMR spectroscopy. I. Fluorinated vulgamycins. J Antibiot, 1985, 38: 1499-1505.

[20] Chen T S, Inamine E S, Hensens O D, et al. Directed biosynthesis of avermectins. Arch. Biochem Biophys, 1989, 269: 544-547.

[21] Malpartida F, Hopwood D A. Molecular cloning of the whole biosynthetic pathway of a *Streptomyces* antibiotic and its expression in a heterologous host. Nature, 1984, 309: 462-464.

[22] Hopwood D A, Malpartida F, Kieser H M, et al. Production of 'hybrid' antibiotics by genetic engineering. Nature, 1985, 314: 642-644.

[23] Cortes J, Haydock S F, Roberts G A, et al. An unusually large multifunctional polypeptide in the erythromycin-producing polyketide synthase of *Saccharopolyspora erythraea*. Nature, 1990, 348: 176-178.

[24] Donadio S, Staver M J, McAlpine J B, et al. Modular organization of genes required for complex polyketide biosynthesis. Science, 1991, 252: 675-679.

[25] Ikeda H, Omura S. Avermectin biosynthesis. Chem Rev, 1997, 97: 2591-2610.

[26] Marsden A F, Wilkinson B, Cortés J, et al. Engineering broader specificity into an antibiotic-producing polyketide synthase. Science, 1998, 279: 199-202.

[27] McDaniel R, Thamchaipenet A, Gustafsson C, et al. Multiple genetic modifications of the erythromycin polyketide synthase to produce a library of novel "unnatural" natural products. Proc Natl Acad Sci USA, 1999, 96: 1846-1851.

[28] Ruan X, Pereda A, Stassi D L, et al. Acyltransferase domain substitutions in erythromycin polyketide synthase yield novel erythromycin derivatives. J Bacteriol, 1997, 179: 6416-6425.

[29] Tang L, Fu H, McDaniel R. Formation of functional heterologous complexes using subunits from the picromycin, erythromycin and oleandomycin polyketide synthases. Chem Biol, 2000, 7: 77-84.

[30] Xue Q, Ashley G, Hutchinson C R, et al. A multiplasmid approach to preparing large libraries of polyketides. Proc Natl Acad Sci USA, 1999, 96: 11740-11745.

[31] McHenney M A, Hosted T J, Dehoff B S, et al. Molecular cloning and physical mapping of the daptomycin gene cluster from *Streptomyces roseosporus*. J Bacteriol, 1998, 180: 143-151.

[32] Miao V, Coëffet-Le Gal M F, Brian P, et al. Daptomycin biosynthesis in *Streptomyces*

roseosporus: Cloning and analysis of the gene cluster and revision of peptide stereochemistry. Microbiology, 2005, 151: 1507-1523.

[33] Miao V, Coëffet-Le Gal M F, Nguyen K, et al. Genetic engineering in *Streptomyces roseosporus* to produce hybrid lipopeptide antibiotics. Chem Biol, 2006, 13: 269-276.

[34] Nguyen K T, Ritz D, Gu J Q, et al. Combinatorial biosynthesis of novel antibiotics related to daptomycin. Proc Natl Acad Sci USA, 2006, 103: 17462-17467.

[35] Sánchez C, Zhu L L, Braña A F, et al. Combinatorial biosynthesis of antitumor indolocarbazole compounds. Proc Natl Acad Sci USA, 2005, 102: 461-466.

[36] Chatterjee C, Patton G C, Cooper L, et al. Engineering dehydro amino acids and thioethers into peptides using lacticin 481 synthetase. Chem Biol, 2006, 13: 1109-1117.

[37] Levengood M R, Kerwood C C, Chatterjee C, et al. Investigation of the substrate specificity of lacticin 481 synthetase by using nonproteinogenic amino acids. ChemBioChem, 2009, 10: 911-919.

[38] Levengood M R, Knerr P J, Oman T J, et al. *In vitro* mutasynthesis of lantibiotic analogues containing nonproteinogenic amino acids. J Am Chem Soc, 2009, 131: 12024-12025.

[39] Ross A C, Vederas J C. Fundamental functionality: Recent developments in understanding the structure-activity relationships of lantibiotic peptides. J Antibiot, 2011, 64: 27-34.

[40] Westrich L, Heide L, Li S M. CloN6, a novel methyltransferase catalysing the methylation of the pyrrole-2-carboxyl moiety of clorobiocin. ChemBioChem, 2003, 4: 768-773.

[41] Gust B, Challis G L, Fowler K, et al. PCR-targeted *Streptomyces* gene replacement identifies a protein domain needed for biosynthesis of the sesquiterpene soil odor geosmin. Proc Natl Acad Sci USA, 2003, 100: 1541-1546.

[42] Eustáquio A S, Gust B, Luft T, et al. Clorobiocin biosynthesis in streptomyces: Identification of the halogenase and generation of structural analogs. Chem Biol, 2003, 10: 279-288.

[43] Xu H, Kahlich R, Kammerer B, et al. CloN2, a novel acyltransferase involved in the attachment of the pyrrole-2-carboxyl moiety to the deoxysugar of clorobiocin. Microbiology, 2003, 149: 2183-2191.

[44] Xu H, Heide L, Li S M. New aminocoumarin antibiotics formed by a combined mutational and chemoenzymatic approach utilizing the carbamoyltransferase NovN. Chem Biol, 2004, 11: 655-662.

[45] Galm U, Dessoy M A, Schmidt J, et al. *In vitro* and *in vivo* production of new

aminocoumarins by a combined biochemical, genetic, and synthetic approach. Chem Biol, 2004, 11: 173-183.

[46] Zhang L H, Hashimoto T, Qin B, et al. Characterization of giant modular PKSs provides insight into genetic mechanism for structural diversification of aminopolyol polyketides. Angew Chem Int Ed, 2017, 56: 1740-1745.

[47] Miyazawa T, Hirsch M, Zhang Z C, et al. An *in vitro* platform for engineering and harnessing modular polyketide synthases. Nat Commun, 2020, 11: 80.

[48] Bozhüyük K A J, Fleischhacker F, Linck A, et al. *De novo* design and engineering of non-ribosomal peptide synthetases. Nat Chem, 2018, 10: 275-281.

[49] Calcott M J, Owen J G, Ackerley D F. Efficient rational modification of non-ribosomal peptides by adenylation domain substitution. Nat Commun, 2020, 11: 4554.

[50] Wlodek A, Kendrew S G, Coates N J, et al. Diversity oriented biosynthesis via accelerated evolution of modular gene clusters. Nat Commun, 2017, 8: 1206.

[51] Yan Y, Zhang L H, Ito T, et al. Biosynthetic pathway for high structural diversity of a common dilactone core in antimycin production. Org Lett, 2012, 14: 4142-4145.

[52] Sandy M, Rui Z, Gallagher J, et al. Enzymatic synthesis of dilactone scaffold of antimycins. ACS Chem Biol, 2012, 7: 1956-1961.

[53] Sandy M, Zhu X J, Rui Z, et al. Characterization of AntB, a promiscuous acyltransferase involved in antimycin biosynthesis. Org Lett, 2013, 15: 3396-3399.

[54] Yan Y, Chen J, Zhang L H, et al. Multiplexing of combinatorial chemistry in antimycin biosynthesis: Expansion of molecular diversity and utility. Angew Chem Int Ed, 2013, 52: 12308-12312.

[55] Zhang L H, Mori T, Zheng Q F, et al. Rational control of polyketide extender units by structure-based engineering of a crotonyl-CoA carboxylase/reductase in antimycin biosynthesis. Angew Chem Int Ed, 2015, 54: 13462-13465.

[56] Kundert J, Gulder T A. Extending polyketide structural diversity by using engineered carboxylase/reductase enzymes. Angew Chem Int Ed Engl, 2016, 55: 858-860.

[57] Vögeli B, Geyer K, Gerlinger P D, et al. Combining promiscuous acyl-CoA oxidase and enoyl-CoA carboxylase/reductases for atypical polyketide extender unit biosynthesis. Cell Chem Biol, 2018, 25: 833-839.

[58] Chemler J A, Tripathi A, Hansen D A, et al. Evolution of efficient modular polyketide

synthases by homologous recombination. J Am Chem Soc, 2015, 137: 10603-10609.

[59] Peng H Y, Ishida K, Sugimoto Y, et al. Emulating evolutionary processes to morph aureothin-type modular polyketide synthases and associated oxygenases. Nat Commun, 2019, 10: 3918.

[60] Koch A A, Hansen D A, Shende V V, et al. A single active site mutation in the pikromycin thioesterase generates a more effective macrocyclization catalyst. J Am Chem Soc, 2017, 139: 13456-13465.

[61] Kalkreuter E, CroweTipton J M, Lowell A N, et al. Engineering the substrate specificity of a modular polyketide synthase for installation of consecutive non-natural extender units. J Am Chem Soc, 2019, 141: 1961-1969.

[62] Burkhart B J, Kakkar N, Hudson G A, et al. Chimeric leader peptides for the generation of non-natural hybrid ripp products. ACS Cent Sci, 2017, 3: 629-638.

[63] Fleming S R, Bartges T E, Vinogradov A A, et al. Flexizyme-enabled benchtop biosynthesis of thiopeptides. J Am Chem Soc, 2019, 141: 758-762.

[64] Tang M C, Lin H C, Li D, et al. Discovery of unclustered fungal indole diterpene biosynthetic pathways through combinatorial pathway reassembly in engineered yeast. J Am Chem Soc, 2015, 137: 13724-13727.

[65] Xu Y Q, Zhou T, Zhang S W, et al. Diversity-oriented combinatorial biosynthesis of benzenediol lactone scaffolds by subunit shuffling of fungal polyketide synthases. Proc Natl Acad Sci USA, 2014, 111: 12354-12359.

[66] Wang X J, Wang C, Duan L X, et al. Rational reprogramming of *O*-methylation regioselectivity for combinatorial biosynthetic tailoring of benzenediol lactone scaffolds. J Am Chem Soc, 2019, 141: 4355-4364.

[67] Xie L N, Zhang L W, Wang C, et al. Methylglucosylation of aromatic amino and phenolic moieties of drug-like biosynthons by combinatorial biosynthesis. Proc Natl Acad Sci USA, 2018, 115: e4980-e4989.

[68] Runguphan W, Qu X D, O'Connor S E. Integrating carbon-halogen bond formation into medicinal plant metabolism. Nature, 2010, 468: 461-464.

[69] Moses T, Pollier J, Almagro L, et al. Combinatorial biosynthesis of sapogenins and saponins in *Saccharomyces cerevisiae* using a C-16α hydroxylase from *Bupleurum falcatum*. Proc Natl Acad Sci USA, 2014, 111: 1634-1639.

[70] Andersen-Ranberg J, Kongstad K T, Nielsen M T, et al. Expanding the landscape of diterpene structural diversity through stereochemically controlled combinatorial biosynthesis. Angew Chem Int Ed Engl, 2016, 55: 2142-2146.

[71] Winzer T, Gazda V, He Z S, et al. A Papaver somniferum 10-gene cluster for synthesis of the anticancer alkaloid noscapine. Science, 2012, 336: 1704-1708.

[72] Li Y R, Li S J, Thodey K, et al. Complete biosynthesis of noscapine and halogenated alkaloids in yeast. Proc Natl Acad Sci USA, 2018, 115: e3922-e3931.

[73] Luo X Z, Reiter M A, d'Espaux L, et al. Complete biosynthesis of cannabinoids and their unnatural analogues in yeast. Nature, 2019, 567: 123-126.

第九章

新产物、新机制导向的基因组挖掘

第一节　科学意义与战略价值

天然产物是现代药物发现和发展的重要支柱，尤其植物和微生物来源的天然产物及其衍生物是新药研发中先导化合物与临床药物的主要来源。例如，20 世纪 20 年代，青霉素和链霉素的发现与临床应用开启了微生物来源天然产物的发现及药物应用的黄金年代。近年来，诸多具有代表性的天然产物及其结构衍生物进入临床试验和治疗，如曲贝替定（抗癌药物）[1]、甲磺酸艾立布林（抗癌药物）[2] 和苔藓抑素（bryostatin，Bry）（抗艾滋病毒药物）[3] 等。

传统的天然产物发现及生物活性筛选基本上遵从“生物样本的获得→有机化合物的萃取和粗提→生物活性或结构特征导向的筛选→目标分子的分离纯化及结构鉴定”的研究策略。这一传统策略在 20 世纪 30～90 年代的历史时期里取得了巨大成功，发现了大量具有新颖结构特点和生物活性的天然产物，为临床医学提供了大量先导化合物。然而，自 21 世纪以来，该传统策略的若干内在局限导致其发现新骨架天然产物的效率逐渐降低，渐渐无法支撑临床药物的发展需求（图 9-1）。首先，由于大部分微生物和低等动物（如海鞘、海绵等）无法在实验条件下分离或规模化培养，该策略仅能覆盖数目有限的、易获得易培养的生物样本，极大地限制了天然产物的来源。其次，大量天然产物在生物样本中的丰度极低，其富集、分离纯化困难，难以获取足量的化合物来满足结构解析和活性研究的需求。同时，该因素也直接造成高丰度天然产物的重复发现，降低了新结构天然产物发现的效率。

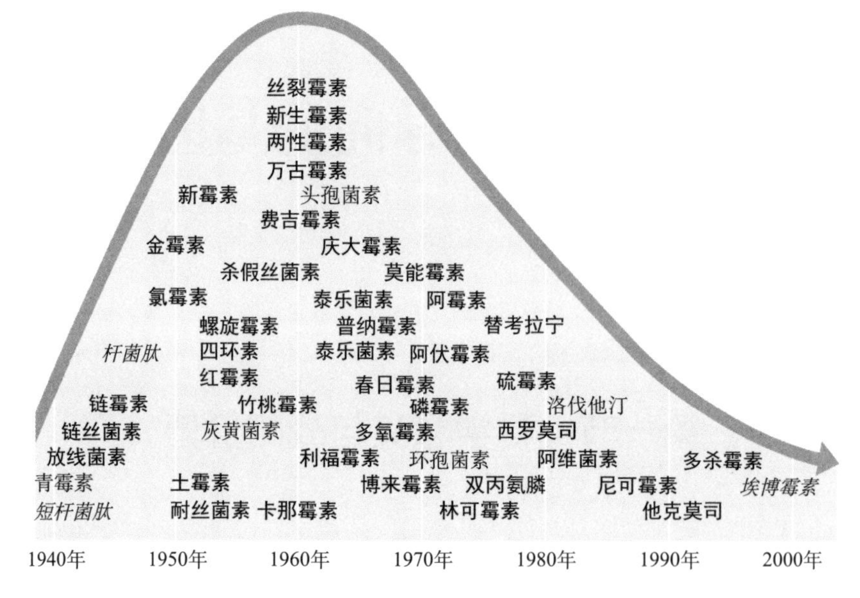

图 9-1　重要微生物来源天然产物的发现时间线

粗体代表放线菌来源天然产物，正常字体代表真菌来源天然产物，斜体代表其他细菌来源天然产物

现代分子生物学理论的建立、DNA 测序技术和基因工程技术的发展使天然产物生物合成的相关研究成为可能，并逐步揭示了不同类别天然产物产生的基因基础和化学逻辑。天然产物生物合成基因簇、生物合成酶的系统研究及基因序列分析方法的建立，使我们实现了“基因序列–天然产物结构”之间对应关系的确立，并可直接预测特定生物样本在基因水平上所具有的生产天然产物的潜能。由此，基于基因组挖掘的天然产物研究策略得以确立，其遵循“生物样本基因组测序→生物信息学分析和生物合成基因簇鉴定→生物合成基因簇的重组→天然产物的生产及分析”的基本流程。

以基因组挖掘为基础的天然产物发现策略作为传统天然产物发现策略的重要补充和发展，摆脱了后者对生物样本可分离性、可培养性的依赖，可通过宏基因组技术对混合的多物种样品进行直接分析。同时，该策略显著简化了样品的分子背景和分离纯化过程，极大地提高了研究的目标特异性和成功率。从科学逻辑上看，基因组挖掘策略将天然产物研究的起始对象，从复杂的、具有三维结构的化合物简化至一维的、易于读取和分析的 DNA 序列信息，显著提高了天然产物发现过程的可预测性和成功率。近 20 年间，随着 DNA 测序成本的不断降低及高通量测序技术的发展，我们获得了海量的微生物基因组和宏基因组数据，并从中发现了数目庞大的天然产物生物合成基因簇，数量远超现阶段已经分离鉴定的天然产物数量（图 9-2）[4]。此外，随着基因组、转录组测序技术的发展和应用，包括植物、动物在内的高等生物的基因组信息必将进一步促进真核生物来源的天然产物研究的发展。这为以基因组挖掘策略为基础的、“后基因组时代”的天然产物发现研究提供了广阔的空间和巨大的机遇。

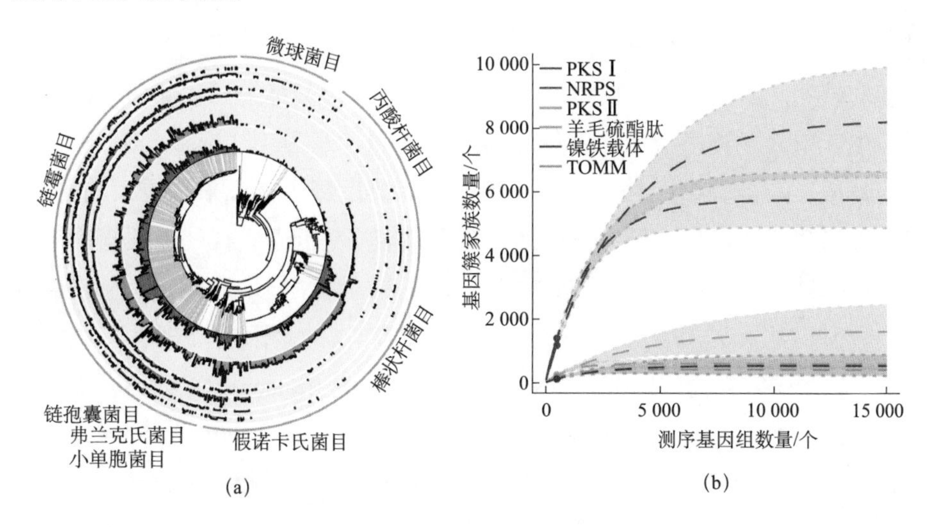

图 9-2 细菌基因组蕴藏海量尚待挖掘的天然产物 [4]

TOMM（thiazole-oxazole modified microcin）：噻唑–噁唑修饰的细菌毒素

第二节 现状及其形成

随着基因组数据的丰富，次级代谢产物的基因簇不再匮乏。更大的挑战转向了如何高效快速地锁定具有挖掘潜力的生物合成基因簇，从而快速地获得药物实体分子。在生物信息学发展的同时，许多数据库和生物信息分析工具应运而生。

一、基因数据的暴增为基因挖掘提供了数据基础

自 1975 年第一代测序技术起，随着生物科技发展，共诞生了三代测序技术。第一代测序技术采用双脱氧链终止法，具有测序准确率高、测序片段较长等特点，是人类基因组计划所使用的主要测序方法 [5]。由于测序效率较低，第一代测序技术很快被第二代的高通量测序技术所取代。高通量测序技术主要有 454 公司的焦磷酸测序法和依诺米那（Illumina）公司的染色测序法 [6]。然而，对于环境宏基因组样品，高通量测序技术也存在测序片段较短及较难组装的缺陷 [6]。针对这一缺陷，单分子测序技术（又称第三代测序技术）应运而生。单分子测序技术能够得到超过 10 000 个碱基对（base pair，bp）的测序片段，给基因组尤其是宏基因组的组装等后续工作带来了极大的便利。但单分子测序技术目前仍然存在测序错误率较高等问题，往往需要与高通量测序技术结合使用 [7]。得益于高效力、低成本的测序技术发展，大量纯培养微生物基因组和宏基因组已被测序，为天然产物的基因挖掘提供了数据基础。以美国国家生物信息中心（National Center for Biotechnology Information，NCBI）、美国能源部联合基因组研究所（DOE Joint Genome Institute，DOE JGI）等线上数据库存储着海量细菌基因组和宏基因组数据为例，细菌基因组数目从 1995年的第一个细菌基因组，增长至 2021 年超过 80 万个（图 9-3）。

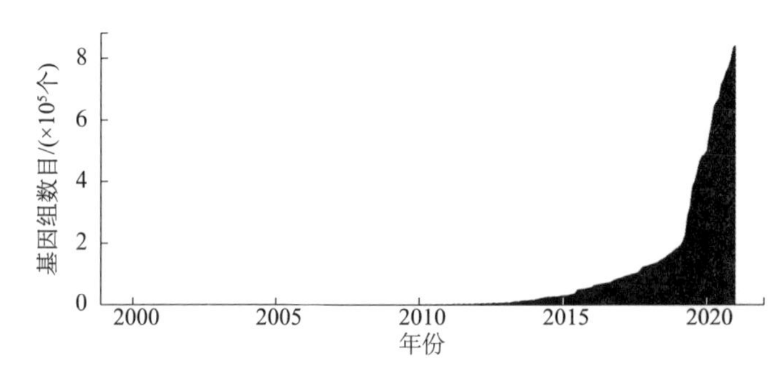

图 9-3　2000～2021 年 NCBI 线上数据库中的细菌基因组数目增长趋势示意图

宏基因组数据的发展使得天然产物的基因挖掘有了新的方向——宏基因组挖掘。宏基因组挖掘结合合成生物学策略，使不依赖于微生物纯培养的天然产物发现模式成为可能，极大地扩大了天然产物研究与开发的广度。

天然产物相关的数据库也随着基因数据的暴增得到迅猛发展。基因银行（Genbank）[8]、联合基因组研究所集成微生物基因组和微生物组（JGI IMG/M）[9] 等数据库提供了大量细菌基因组数据，联合蛋白（Uniprot）[10] 数据库则提供了超过 2 亿个蛋白质的序列与功能信息，生物合成基因簇最小相关信息（MIBiG）[11] 数据库更是提供了 2000 多个已知天然产物的生物合成基因簇。除此之外，细菌转录组、代谢组等组学数据库的建立，开辟了多组学联合指导天然产物发现（omics-guided discovery of natural products）的新途径。例如，Schorn 等提出的配对组学数据平台（Paired Omics Data）[12] 就结合了来自美国能源部联合基因组研究所的基因组数据，来自抗生素与次级代谢产物分析框架（antibiotics & Secondary Metabolite Analysis Shell，antiSMASH）[13]、次级代谢组预测信息学（Prediction Informatics for Secondary Metabolomes，PRISM）[14] 等的基因簇数据和来自全局天然产物相关性分子网络（Global Natural Products Social Molecular Networking，GNPS）[15] 数据库的代谢组质谱数据，多组学联用使天然产物发现变得更加系统化、重复发现率更低、实验可重复性更高。

二、基因挖掘算法与大数据库的发展

基因挖掘的算法有新型方法和传统方法。新型方法包括机器学习与人工智能两种。传统方法包括基因序列、蛋白质序列的比对和聚类，如最先用于基因簇分析的基本局部比对搜索工具（Basic Local Alignment Search Tool，BLAST）[16] 算法与其衍生的 PSI-BLAST[17] 和 RPS-BLAST[18] 等算法（表 9-1、图 9-4）。BLAST 算法将目标基因或蛋白质序列与大数据库进行比对分析，可以快速地寻找与目标序列相似的序列，基于基因的相似性寻找目标骨架基因或者后修饰基因的同源基因（homolog）。轮廓隐马尔可夫模型（profile hidden Markov model，pHMM）[19] 的算法则是基于大量功能相似的蛋白质得到一个蛋白质功能域（domain）的数据库，然后将目标蛋白质与该数据库进行比对，基于蛋白质功能结构域寻找功能相似的生物合成酶。BLAST 挖掘生物合成基因受限于已知序列的亲源关系（phylogenetic closeness）和序列的相似性（sequence similarity），pHMM 者比 BLAST 者更快且受物种同源性的影响更小，因而更加适用于新蛋白质的功能预测。近年来，有许多细菌天然产物合成基因簇的预测软件（如 NP.searcher[20]、antiSMASH 和 PRISM 等）都用到 BLAST 和 pHMM 算法。作为最早的基因簇预测网络服务器之一，天然产物搜索引擎（NP.searcher）可以预测非核糖体肽合成酶和聚酮合酶产物的化学结构，用于新化合物的基因挖掘。antiSMASH 则在此基础上扩充了更多种类的基因簇预测，如萜和 RiPP 等。经过 10 年的发展，antiSMASH 已经成为天然产物基因挖掘领域的标杆之一。另一个天然产物基因挖掘平台 PRISM 是 antiSMASH 的有力竞争者之一，PRISM 除了有类似 antiSMASH 的多种基因簇预测功能，还增加了天然产物结构预测、活性预测等功能，将基因簇和天然产物潜在生物学功能更好地融合在一起，提供了通过基因预测活性的功能基因挖掘策略。此外，抗生素抗性靶点定位平台（Antibiotic Resistant Target Seeker，ARTS）[21] 线上分析工具也提供基于自抗性基因预测生物学活性的策略。

表 9-1　基因挖掘算法与大数据库

	名称	特征描述	对应工具
算法	BLAST	通过序列相似性搜索核酸或蛋白质	antiSMASH, PRISM, ARTS, NP.searcher
	pHMM, PSI-BLAST	搜索蛋白质的同源序列	antiSMASH, PRISM, ARTS, DeepBGC
	CD-Hit, MMseqs	搜索成簇存在的序列相似蛋白质	EFI-EST
	机器学习（HMM, SVM……）	已经用于生物合成基因簇的鉴定和蛋白质分类	MetaBGC, ClusterFinder, RODEO
	深度学习（CNN, LSTM……）	与上诉机器学习类似但是更加精准	DeepBGC, DeepRiPP
数据库	Genbank	集合了所有分离物种的基因组序列信息数据库	
	Uniprot	集合了所有分离物种的蛋白质序列信息数据库	
	JGI IMG-ABC	集合了完整基因组和宏基因组衍生的微生物生物合成基因簇数据库	
	JGI IMG/M	集合了微生物完整基因组和宏基因组信息的分析工具和数据库	
	MGnify	集合了宏基因组信息的分析工具和数据库	
	NCBI-CDD	集合了大量蛋白质注释信息，可用于寻找蛋白质的同源蛋白	
	GNPS	用户提交的代谢组学数据的数据库	

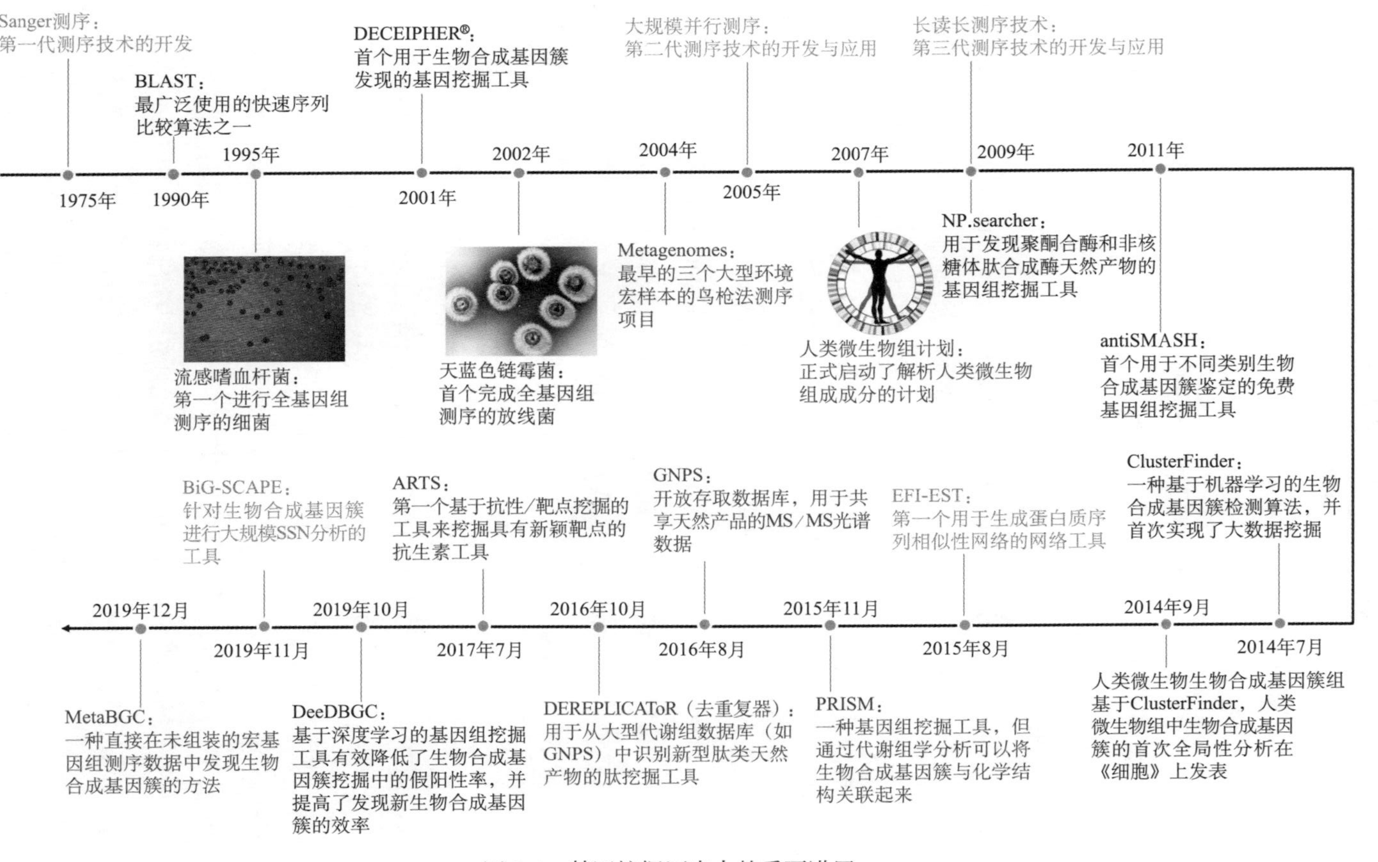

图 9-4　基因挖掘历史上的重要进展

另一类传统的基因挖掘方法是基因或蛋白质的聚类算法。聚类算法包括在计算机科学中较为常用的 *k* 均值（*k*-means）聚类、层次聚类及近年来在生物信息学中发展出来的针对基因和蛋白序列的高速算法，如高度相似与宽容度的聚簇分析数据库（Cluster Database at High Identity with Tolerance，CD-Hit）[22] 和多对多序列搜索引擎（Many-against-Many sequence searching，MMseqs2）[23]。此外，算法的发展和线上工具［如酶功能启动–酶相似性工具（Enzyme Function Initiative-Enzyme Similarity Tool，EFI-EST[24]）］的开发，使研究人员能够将大量天然产物相关的蛋白质、基因或基因簇归类为家族，从而依据骨架及后修饰基因的相似性来高效地区分已知和全新的天然产物家族，加快寻找新型天然产物及其生物合成酶的步伐。然而，传统的基因挖掘方法面临一些问题：如需要较为完整的基因组测序、高度依赖于已知合成基因簇及其生物合成逻辑等。

最近，随着人工智能的高速发展，基于机器学习和深度学习的新型天然产物挖掘方法正逐渐被开发出来。相比于传统的与已知的天然产物合成基因簇进行比较的方法，基于人工智能的新方法能找到更多未知的天然产物家族。例如，Cimermancic 等开发的基因簇定位工具（ClusterFinder）[25] 使用了隐马尔科夫链（HMM）算法，从已知的基因簇中学习形成基因簇的逻辑，成功地从线上细菌基因组数据库中预测了超过 10 000 条生物合成基因簇，其中有 7000 多个是 antiSMASH 等传统方法无法找到的。2019 年，有不同的课题组用深度学习（deep learning）算法代替 HMM 等机器学习算法用于基因挖掘，如深度生物合成基因簇工具（DeepBGC）[26] 和深度核糖体合成后修饰肽工具（DeepRiPP）[27] 等。基于深度学习算法的优势，DeepBGC 比 ClusterFinder 有着更高的基因簇预测准确性和覆盖率，基因簇预测假阳性率大大降低。DeepRiPP 使用深度学习算法，从基因组中预测 RiPP 等短肽序列。在无法获得完整基因簇的情况下，DeepRiPP 也能仅通过短肽序列就判断出该短肽是否是 RiPP 家族的前体肽，并根据已知 RiPP 后修饰酶的特性预测出其结构；结合代谢组的质谱数据，DeepRiPP 还能在代谢组中精确定位出 RiPP 的信号。这种方法克服了宏基因组等测序不完整的缺陷，使从复杂微生物群落中借助宏基因组挖掘发现天然产物成为可能。Sugimoto 等开发的宏基因组生物合成基因簇分析工具（MetaBGC）[28] 虽然使用的是 pHMM 算法，但他们赋予了这种算法全新的用途。MetaBGC 首先将保守的天然产物合成酶序列（如聚酮合酶）打碎成30个氨基酸片段来模拟基因测序的片段，然后对这些片段分别构建pHMM。接着，Sugimoto对每一个片段的pHMM进行评估，挑选得分高的pHMM，然后利用这些pHMM从测序数据中直接找出天然产物合成酶。利用MetaBGC，研究者可以跳过对测序数据进行组装这一步骤，从测序数据直接得到天然产物合成基因簇。这种方法使得从碎片化严重的宏基因组数据中挖掘天然产物变得简单而迅速。

三、菌种资源的丰富和共享使基因组挖掘更为便捷

现在，细菌和真菌的菌种资源也变得比以往更容易获取。中国、日本、美国、德国等国家都有公开的菌种资源共享库（表9-2），任何研究机构都可以在线上购买菌种的活体或冻干粉。其中，美国标准生物品收藏中心（American Type Culture Collection，ATCC）和德国微生物与细胞培养物保藏中心（Deutsche Sammlung von Mikroorganismen und Zellkulturen，DSMZ），采用标准化方法保存着包括模式菌株在内的大量菌株，是非常权威的菌库，很多天然产物相关的文献都使用这两个菌库的编号（表9-2）。美国农业部北方地区研究实验室（Northern Regional Research Laboratory，NRRL）的菌株编号也曾经被大量文献使用，但目前很多菌种都已经无法从NRRL处购买。日本技术评价研究所生物资源中心（NITE Biological Resource Center，NBRC）和日本微生物保藏中心（Japan Collection of Microorganisms，JCM）的菌库同样也保存着大量菌株，其中JCM更是提供跨菌库的菌株编号搜索功能（表9-2）。这两个菌库的价格相对中国农业微生物菌种保藏管理中心（Agricultural Culture Collection of China，ATCC）和DSMZ较为便宜，因此它们也是购买菌种的优先选择。我国的菌种资源丰富，菌库繁多，但往往缺乏标准化保藏和分享机制。菌种最全的当属国家微生物资源平台。该平台由9个科研院所和大学共同承担，分别以中国农业、医学、药用、工业、兽医、普通、林业、典型培养物、海洋9个国家专业微生物菌种管理保藏中心为核心单位，开展微生物资源的整理整合和共享运行服务。大量菌种资源的共享使从基因挖掘、筛选菌种到发酵培养、提取天然产物这一基因挖掘为导向的天然产物研究路线变得可行。

表 9-2　细菌和真菌菌种资源库

保藏中心（中文）	保藏中心（英文）	国家	网站
美国标准生物品收藏中心	ATCC	美国	www.atcc.org
美国农业部北方地区研究实验室	NRRL	美国	nrrl.ncaur.usda.gov
德国微生物与细胞培养物保藏中心	DSMZ	德国	www.dsmz.de
日本技术评价研究所生物资源中心	NBRC	日本	www.nite.go.jp/nbrc/catalogue/NBRCDispSearchServlet
日本微生物保藏中心	JCM	日本	jcm.brc.riken.jp/en
中国农业微生物菌种保藏管理中心	ACCC	中国	www.accc.org.cn
英国典型培养物保藏中心	NCTC	英国	www.phe-culturecollections.org.uk
英国工业食品和海洋细菌保藏中心	NCIMB	英国	www.ncimb.com
印度工业微生物保藏中心	NCIM	印度	www.ncl-india.org/files/NCIM
比利时微生物协调保藏中心	BCCM	比利时	bccm.belspo.be
瑞典哥德堡大学培养物保藏中心	CCUG	瑞典	www.ccug.se
植物微生物国际保藏中心	ICMP	新西兰	www.landcareresearch.co.nz/tools-and-resources/collections/icmp-culture-collection

第三节　关键科学问题与发展方向

随着上述大量基因组数量的增加，以及各类基因挖掘算法与大数据库的快速发展及公共菌种数据库的支持，基于大数据的基因组挖掘成为可能，而以何种基因为“钓取探针”，则成为基因组挖掘的核心科学问题。总体来看，主要可从骨架合成、后修饰及抗性相关的基因这三个方面进行新型天然产物的深度挖掘。

一、基于负责核心骨架合成的基因挖掘

天然产物作为高度功能化的小分子，与其他小分子家族相比，有着优越的结构多样性，从结构上大体可以划分为聚酮类、多肽类、萜类、生物碱、

嘌呤和嘧啶类、苯丙素类及含糖类天然产物。其中，聚酮类和非核糖体肽类天然产物的生物合成是按照“装配线”原理组装，即待添加的单体单元和增长的酮基 / 肽基链作为共价硫酯中间体连接在载体蛋白结构域上；而其他类型天然产物的生物合成不适用“装配线”原理，比如萜类天然产物的生物合成主要通过不同链长（C_5、C_{10}、C_{15}、C_{20} 等）的焦磷酸底物脱去焦磷酸基团，产生碳正离子重排，进而形成单个或多个环系的一大类天然产物类群。无论通过“装配线”还是通过“非装配线”组装的天然产物，在其生物合成的过程中通常都有关键的基因负责天然产物骨架的形成，因此通过定位骨架基因，分析其上下游的其他合成基因，有可能挖掘出基因簇负责的天然产物小分子的化学结构信息。

（一）基于聚酮合酶骨架基因的聚酮类天然产物的发现

聚酮类天然产物是由聚酮合酶合成的一大类天然产物，主要包括大环内酯类、多烯类、芳烃类等化合物类型。著名的抗生素红霉素、免疫抑制剂西罗莫司、畅销的降胆固醇药洛伐他汀及烯二炔类抗肿瘤药都属于聚酮类化合物。因此新颖聚酮化合物的发现一直是天然产物研究的热点之一。

烯二炔类天然产物是一类具有独特骨架结构的聚酮类天然小分子，拥有一个由双键偶联两个炔键构成的烯二炔的核心结构，依据其核心烯二炔环的大小，分为九元环和十元环烯二炔两种类型。烯二炔类天然产物因具有显著的抗肿瘤活性（皮摩尔级），从 1985 年发现第一个该类型天然产物开始就备受关注，也是当前抗体偶联药物研究的热点目标小分子（图 9-5）[29]。早在 2003 年，绿歌伴生物科学（Ecopia BioSciences）公司的 Farnet 团队的以聚酮合酶骨架基因为探针的基因组挖掘工作就已经运用到发现更多的烯二炔类天然产物的探索中 [30]。基于已知报道的烯二炔类天然产物的基因簇，该类天然产物合成需要五个保守的聚酮合酶基因（*E3/E4/E5/E/E10*）（图 9-6）。以此为探针，运用高通量基因组扫描方法，该团队从 70 株放线菌中发现了 11 株具有潜在产生烯二炔类化合物的菌株。Shen 课题组多年来一直致力于烯二炔类天然产物的发现和生物合成研究，通过分析基因组数据库中已知的 4889 个微生物基因组信息，发现了 51 条基因簇中含有上述合成烯二炔骨架结构特征的保守基因盒 [31]。进一步设计特异性的扩增烯二炔聚酮合酶（*E5/E* 或者 *E/E10*）

引物，运用高通量实时 PCR 技术，从 3400 株放线菌中筛选出 81 株潜在的产烯二炔的菌株，对其中的31株菌进行全基因组测序，确证了该方法的可靠性。通过该方法，Shen 课题组发现了 C-1027 的高产菌株，并发现一类新颖的具有优异抗肿瘤活性的天赐霉素类烯二炔类天然产物（图 9-7）[32]。上述方法对于后续发现烯二炔类及其他聚酮类天然产物具有参考意义。

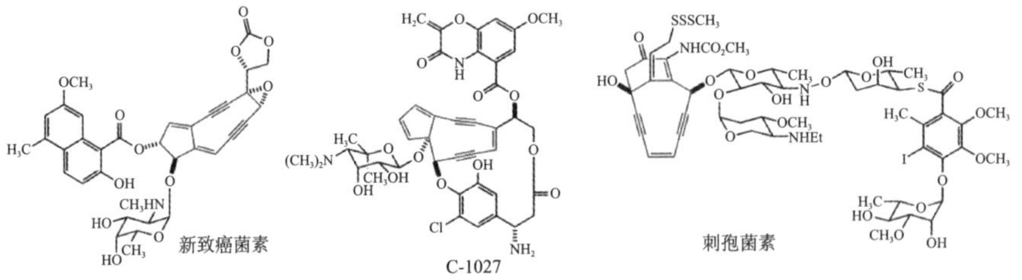

新致癌菌素　C-1027　刺孢菌素

图 9-5　代表性烯二炔聚酮类天然产物

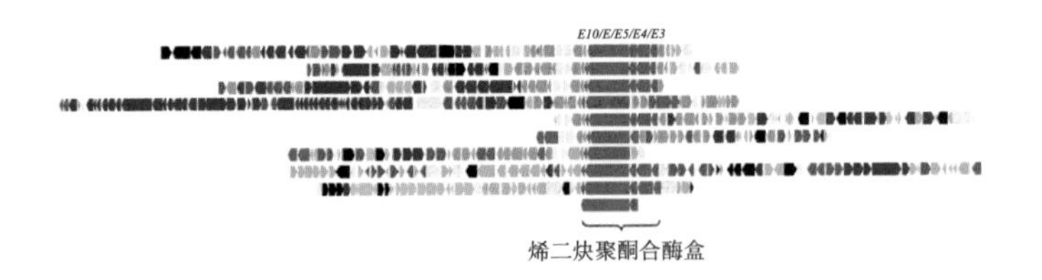

图 9-6　已知烯二炔类天然产物基因及保守烯二炔聚酮合酶盒

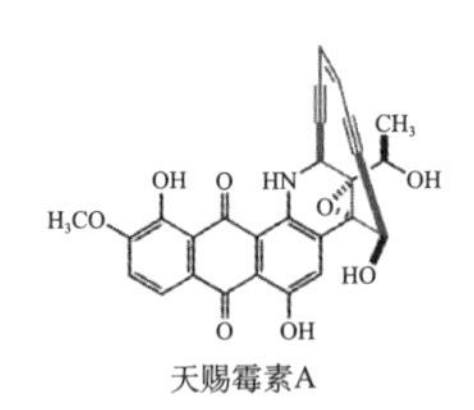

图 9-7　天赐霉素 A 化学结构

雷那霉素（LNM）具有独特的 1, 3-二氧代-1, 2-二硫戊烷结构，同时与 18 元大环内酰胺螺旋融合在一起，是一类具有特殊聚酮-非核糖体肽类杂合骨架结构的天然小分子（图 9-8）。雷那霉素显示出强大的抗肿瘤活性，并对临床上重要的具有耐药性的肿瘤具有活性。自从 1989 年从毛橄榄链霉菌 S-140 中分离出该化合物以来，尚未有与其骨架相似的天然产物被报道。由

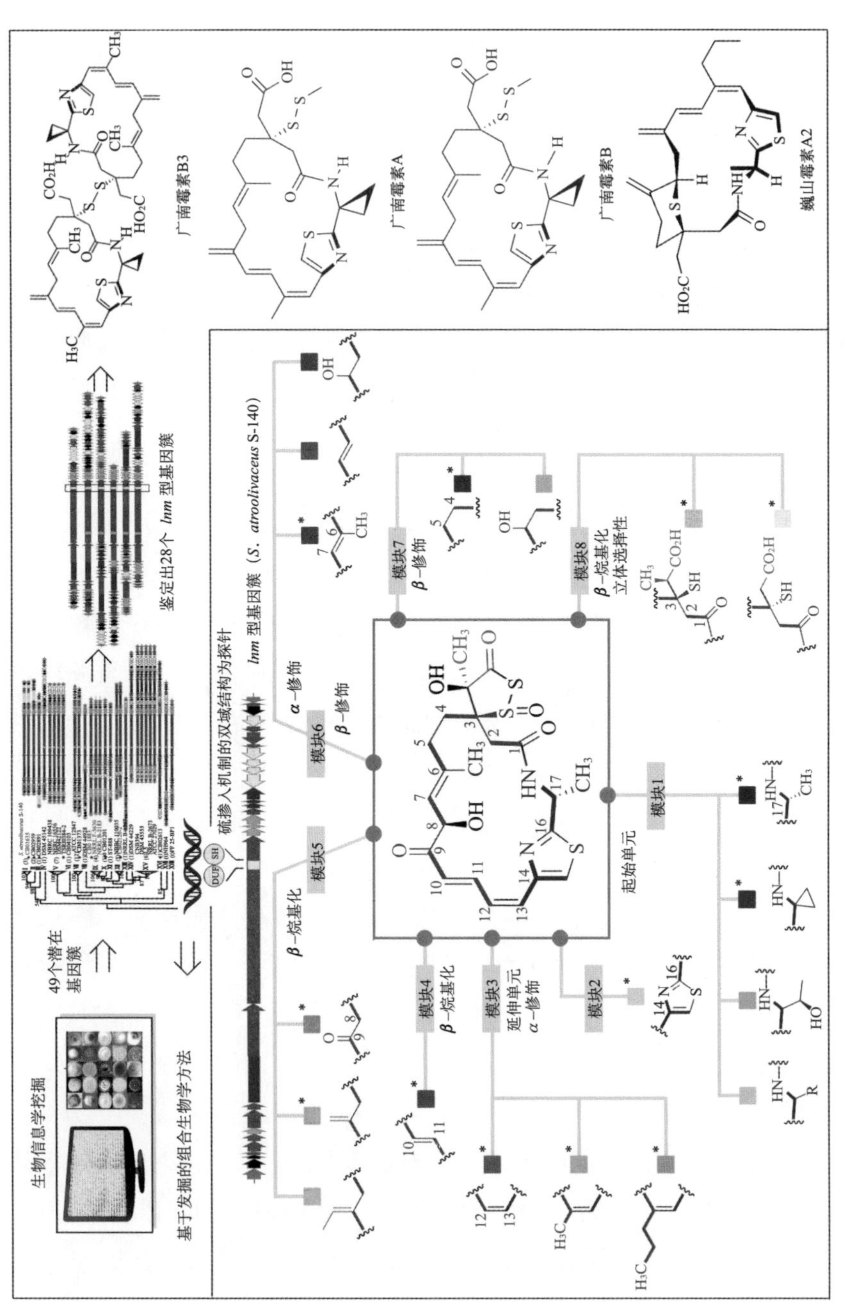

图 9-8 基于保守的 DUF-SH 双结构域挖掘新颖雷诺霉素类天然产物

此，沈奔课题组开展通过基因挖掘策略来寻找 LNM 新衍生物，通过使用硫掺入机制的未知功能域–半胱氨酸裂解酶（DUF-SH）双结构域作为靶向 LNM 类似物的探针，对已知数据库中的 48 780 个细菌基因组数据进行挖掘，发现了 49 个潜在的 *lnm* 型基因簇。并且，通过设计 DUF-SH 双结构域编码区特异性引物，运用高通量实时 PCR 技术及系统发育树分析，进一步确定了 28 个 *lnm* 型基因簇，揭示了 LNM 型生物合成机制编码的结构多样性。最后，对其中的一些基因簇进行深入研究，从 *Streptomyces* sp. CB01883 和 *Streptomyces* sp. CB02120-2 两株放线菌中发现了具有优异抗肿瘤活性的 LNM 衍生物——广南霉素（guangnanmycin）和巍山霉素（weishanmycin）（图 9-8）[33]。上述发现支持了基因挖掘策略在天然产物发现和结构多样性方面的潜在重要价值，为 LNM 型化合物的新药研发奠定了基础。

（二）基于腺苷酰化结构域的非核糖体肽类天然产物的挖掘

非核糖体多肽类天然产物的生物合成是另一类遵循“装配线”机理的天然产物类群。经典的非核糖体多肽生物合成路线主要包含腺苷域和肽基载体蛋白的链启动过程、缩合结构域参与的链延伸及硫酯酶负责的链终止阶段。这些结构域及在“装配线”延伸过程中经常含有的差向异构酶和甲基转移酶都是易于用生物信息学工具预测的。虽然目前酰基化结构域预测工具在预测腺苷结构域的氨基酸偏好上有显著的进步，但是考虑到非核糖体多肽可以利用多达 200 个非蛋白质氨基酸作为合成砌块，如果再叠加非核糖体多肽从“装配线”上解离后的后修饰步骤（氧化还原反应、糖基化等），精准预测非核糖体多肽的化学结构信息困难重重，还需要较长的时间发展。

Challis 课题组首次报道了基于非核糖体肽合成酶挖掘新颖非核糖体多肽类天然产物并预测其化学结构。他们从部分测序的天蓝色链霉菌中发现了一个含有三个非核糖体肽合成酶合成酶的未知基因簇，推测将编码一种新三肽类化合物。通过比对该条基因簇和已知报道的短杆菌肽的腺苷结构域，作者推测该条基因簇的三个腺苷结构域将分别引入 L–5–羟基–5–甲酰鸟氨酸、L–苏氨酸和 L–5–羟基鸟氨酸。鉴于该条基因簇缺少链终止的硫酯结构域，最终作者预测为嗜铁素类化合物[34]。由于该条基因簇为沉默基因簇，两年后同一课题组利用基于底物预测指导下的基因组挖掘技术，从天蓝色链霉菌中分离得到该条基因簇的非核糖体多肽化合物。然而，研究结果发现，该基因簇的三个非核糖体肽合成酶非线性发生作用，最终的产物为一个四肽结构[35]。该结果说明，虽然从基因组信息中可以预测大部分化学结构信息，但是仅凭基因组信息难以精准预测最终的多肽化学结构。

另一个尝试利用基因组信息来预测非核糖体肽结构的工作是 Brady 课题组近几年发展的合成–生物信息天然产物（synthetic-bioinformatic natural product，syn-BNP）的新方法[36]。该方法利用广泛的生物信息学工具，预测腺苷结构域的功能，进而用固相肽合成法合成由生物信息学推导的具有潜在生物活性和化学结构多样的多肽类化合物。利用该技术，作者通过分析肠道微生物中编码非核糖体肽的基因簇信息，以腺苷结构域信息为指导，不依赖微生物的培养和基因簇的激活，利用固相肽合成法化学合成 25 个链状多肽化合物。最终，研究人员发现了两个具有显著抗菌活性的新型抗生素人源霉素 A 和人源霉素 B（图 9-9）。不同于其他基因组挖掘技术，syn-BNP 能够同时获取数百种天然小分子化合物。利用改良的生物信息学算法，将众多的生物合成基因簇注释为精确的小分子化学结构，结合有机化学及化学–酶合成等方法，产生数量庞大的 syn-BNP 小分子库，进而为鉴定新的生物活性小分子，特别是为针对耐药病原菌的抗生素发现提供了一条资源获取新途径[37-39]。

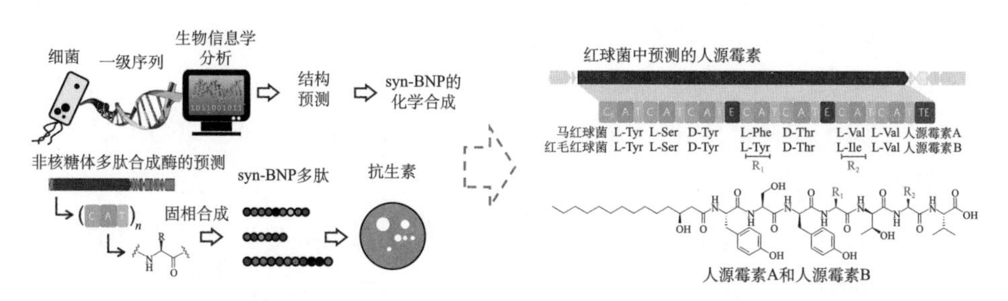

图 9-9　采用 syn-BNP 方法发现新型抗生素人源霉素 A 和人源霉素 B

（三）基于前体肽 / 后修饰酶等骨架基因的 RiPP 的挖掘

RiPP 是细菌重要的次级代谢产物，因其结构和功能的多样性而受到学术界与工业界的广泛关注。RiPP 通常由各种翻译后修饰（post-translational modification，PTM）酶对前体肽进行加工后形成成熟骨架结构，进而产生不同类别的 RiPP。目前已发现超过 13 种具有代表性的 RiPP 类型，每个类型的 RiPP 都可以作为目标基因组挖掘的靶点[40]。

RiPP 早期的基因挖掘策略是使用 BLAST 技术从基因组中寻找特定后修饰酶，而随着发现的 RiPP 数量逐渐增多，分析该类型化合物的生物信息学工具也逐渐发展。例如，在 2006 年开发了第一个用户友好型 RiPP 基因挖掘在线工具——细菌素基因组挖掘工具（BActeriocin GEnome mining tool，BAGEL），到目前已经更新到第四代（BAGEL4）[41]；2011 年开发的完整的生物基因簇挖掘在线工具 antiSMASH 目前已经发展到第五代（antiSMASH 5.0）[42]。

尽管 RiPP 家族化学结构多样，但某些类别的 RiPP 的 PTM 区有十分保守的酶，所以目前流行的挖掘方法是寻找共同的保守酶。通过比较前体肽及其他 PTM 的差异预测新的化学结构。以羊毛硫肽和套索肽（lasso-peptide）中的 Ser/Thr（丝氨酸 / 苏氨酸）脱氢酶或自由基-SAM 酶作为标记基因，通过 BLAST 寻找同源序列，再经过 antiSMASH 和 PRISM 进行基因簇的预测和分析，以评分和 HMM 模型寻找同源序列，进而发现新的羊毛硫肽和套索肽。但是这种挖掘方法依赖于 PTM 酶的同源性及其序列相似性，阻碍了其发现新家族 RiPP。

前体肽是 RiPP 生物合成的底物，挖掘新的前体肽是发现新颖 RiPP 的另一个理想策略。该策略基于 PTM 附近具有可能编码 RiPP 前体肽的小开放阅读框这一前提，利用生物信息学工具［BAGEL 及开放阅读框快速预测和评估在线工具（Rapid ORF Description & Evaluation Online，RODEO）等］搜索 PTM 附近的开放阅读框，再结合评分规则和机器学习来预测 RiPP 前体肽。成功运用该策略挖掘新颖 RiPP 的一个例子是 Mitchell 组从细菌小白色链霉菌（*Streptomyces albulus*）NRRL B-3066 中分离得到的新型瓜氨霉素 A（citrulassin A）（图 9-8）。首先，通过手动筛选得到生物合成套索肽的环化酶，然后经 BLAST 检索，RODEO 搜索 PTM 上下游基因进行 RiPP 前体肽预测。对鉴定的 1419 个潜在套索肽生物合成基因簇进行评分、排序，进一步结合序列相似性网络，分离鉴定了 citrulassin A［图 9-10(a)］[43]。然而，使用已知的 RiPP 前体肽序列或者 PTM 序列进行基因组挖掘 RiPP，都依赖于序列相似性，有可能产生已知化合物的类似物。

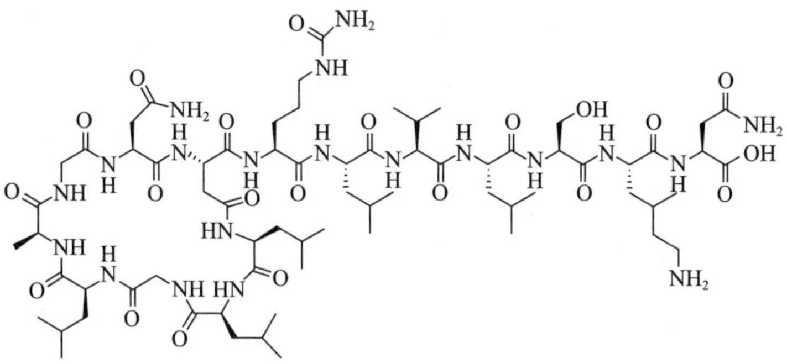

(a) citrulassin A

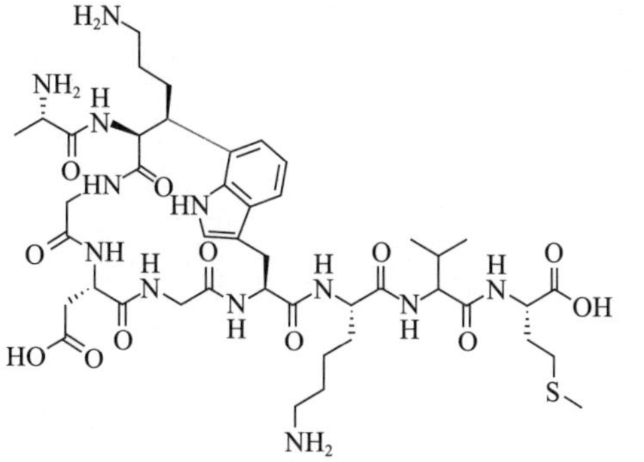

(b) streptide

图 9-10　代表性核糖体合成和翻译后修饰肽 citrulassin A 和 streptide 化学结构

此外，对于没有标记基因可用于基因组挖掘的罕见 RiPP 类型，可以通过分析 RiPP 化学结构特征进行特例挖掘。例如，在其前体肽上游发现了一个群体感应（QS）操纵子，利用这一特点进行基因组挖掘确定了 592 个潜在的生物合成 RiPP 基因簇，并鉴定了一个具有罕见赖氨酸-色氨酸碳-碳键连接的肽类化合物链球菌肽（streptide）[图 9-10(b)] [44]。

（四）基于萜类环化酶的新颖萜类骨架天然产物的挖掘

作为自然界数量最多、结构最多样化的天然产物家族，萜类天然产物广泛存在于各种生命形式中，发挥着举足轻重的作用。《天然产物词典》中记载，现已知有 8 万多种萜类化合物，这些化合物被划分成 400 多种结构（http://dnp.chemnetbase.com）。萜类化合物的结构多样性，决定了它们具有多种多样的生物活性。萜类化合物在临床上也有广泛的运用，具有非常高的药用及经济价值，如著名的抗癌药紫杉醇和抗疟药青蒿素等。

萜类天然产物的生物合成途径，可以明显地分为多环碳骨架的形成和针对碳环骨架的后修饰过程（主要为多个氧化酶的作用过程）两个阶段（图 9-11）。萜类环化酶是萜类天然产物结构多样性的基础，也是利用基因组挖掘技术的常用靶标基因。萜类环化酶依据其作用机理的不同被分为两种类型，分别为 I 型和 II 型萜类环化酶。其中 I 型萜类环化酶采用离子化机理，而 II 型萜类环化酶采用质子化机理形成萜类多环体系。该两种类型的萜类环化酶在基因序列上也有明显不同，其中 I 型萜类环化酶具有保守序列 DDXXD 和 NSE/DTE，其可以与 3 个 Mg^{2+} 配位，促进焦磷酸基团离子化并离去形成碳正离子；II 型萜类环化酶则具有保守序列 DXDD，其能够在保留焦磷酸基团的基础上，质子化远端双键或者环氧官能团，形成碳正离子。总体而言，相比于 I 型萜类环化酶，II 型萜类环化酶具有更加保守的基因序列。

目前天然产物数据库中的绝大部分萜类天然产物都源于高等植物和真菌，源于细菌的萜类天然产物相对稀少，仅占目前萜类化合物总数的 1%（约 1000 种），其中多由放线菌产生（http://dnp.chemnetbase.com）[45]。近年来，以萜类环化酶为靶标的新骨架萜类分子的基因组挖掘多集中于细菌领域，且取得了诸多进展。例如，日本的 Omura 和 Ikeda 课题组从 262 个细菌来源的可能萜类环化酶中发现了 13 种新颖倍半萜和二萜化合物，其中不乏含有新颖的三元和四元碳环骨架类化合物（图 9-12）[46]；德国的 Dickschat 课题组从放线菌 *Allokutzneria albata* 发现 2 种二萜环化酶（BdS 和 PmS），它们可以形成具有新颖的碳环骨架化合物博纳二烯烃（bonnadiene）、菲莫斯二烯烃（phomopsene）和异库兹涅尔氏烯烃（allokutznerene）（图 9-12）[47]。Shen 课题组以不包含 DXDD 保守序列的非典型 II 型二萜环化酶为靶标，应用该基因组邻域网络和基因序列相似度网络联用技术，发现了 66 条含有非典型 II 型二萜环化酶的基因簇。最终，在对链霉菌 CB03234 中的 *tnl* 基因簇进行细致的研究后，得到 11 种新颖天赐内酯素二萜类化合物，其中 2 种化合物具有中等强度的抗菌活性[48]。

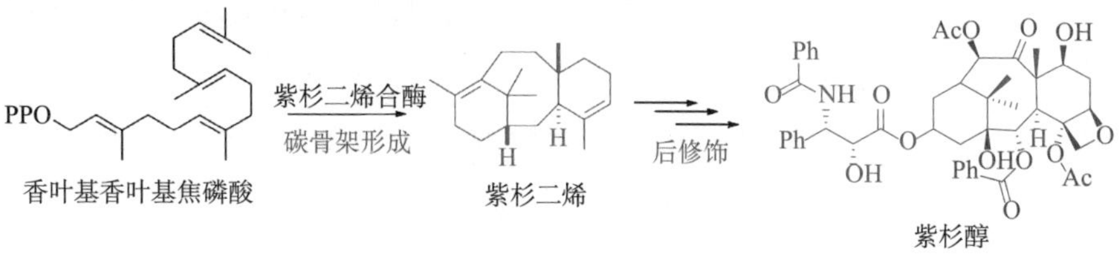

图 9-11　代表性萜类药物（紫杉醇）的两步生物合成法

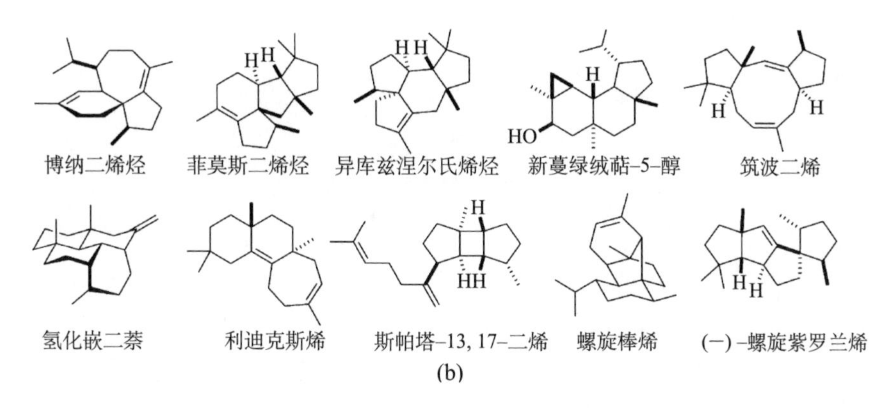

图 9-12　以萜类环化酶骨架基因为探针的代表性萜类新骨架分子的挖掘

二、基于天然产物骨架修饰基因的基因组挖掘

不同于前一小节中，聚酮合酶、非核糖体肽合酶及萜环化酶等负责天然产物骨架的合成，后修饰基因编码的酶不仅可以在天然产物骨架结构中进行氧化、糖基化、卤化、硝化等特定类型修饰，也可催化天然产物骨架的重排，从而大大增加天然产物的结构多样性和复杂性。例如，一线抗肿瘤药物紫杉醇（图 9-13）经过萜环化酶催化形成紫杉二烯骨架后，须经过多轮区域和构型特异的氧化反应，继而与氨基酸单元进行缩合，最终形成紫杉醇[49]；而后与修饰过程相关的异戊烯基化由异戊烯基转移酶负责，是很多天然产物的常见修饰，对其活性也有较大影响，如异戊烯基甘草黄酮 C 和异补骨脂甲素对肝癌细胞株 H4IIE 具有良好抑制活性时，而无异戊烯基取代的黄酮芹菜素和甘草素几乎没有活性，由此推测黄酮 8-位的异戊烯基化后修饰对其活性具有决定性作用[50]。此外，糖基化由糖基转移酶负责引入，可以增加天然产物的

水溶性、透膜性等，如在多杀菌素中，两个糖基的修饰对其杀虫活性至关重要[51]。因此，以特定类型的后修饰酶作为探针对海量基因组信息进行挖掘，有助于发现含有特殊结构单元的新型天然产物，甚至是新颖酶化学机制。

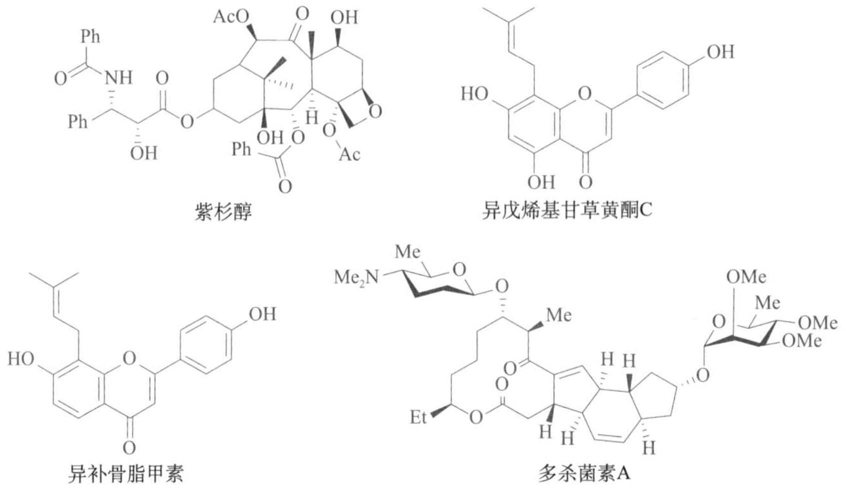

紫杉醇　异戊烯基甘草黄酮C

异补骨脂甲素　多杀菌素A

图 9-13　后修饰酶介导的氧化、异戊烯化和糖基化图示

（一）基于糖基转移酶的含糖类天然产物的挖掘

糖基化修饰是天然产物后修饰过程的重要组成部分，特定糖基化修饰不仅能够增加化合物水溶性和分泌性，还可影响天然产物的反应活性、识别特异性，甚至直接介导天然产物生物活性。例如，庆大霉素的脱氧糖残基利用其羟基和氨基与某些细菌的 16S rRNA 相结合，阻止了核糖体的组装，最终导致细菌死亡[52]；非核糖体糖肽类天然产物 A40926 生物合成途径中，会利用糖基转移酶特异地装载上酰化甘露糖基团，来促进所产生的药物分子被相应运输蛋白所识别，进而通过细胞膜分泌至细胞外[53]。此外，虽然具体作用机制尚未明确，大环内酯类抗生素红霉素[54]和抗寄生物药物阿维菌素[55]中的糖基部分同样对其生物活性起到至关重要的作用。

然而，含糖天然产物的发现多采用传统天然产物“盲”分离策略，高效特异的分离策略屈指可数。生物体内的糖基化修饰多由特定类型糖基转移酶催化核苷二磷酸（nucleoside diphosphate，NDP）活化的糖基单元作为亲电片段连接到糖受体上，最终形成碳、氮、氧甚至硫糖苷键。基于糖基转移酶对含糖天然产物产生的决定性作用及糖苷键的键能相对较低，可被电子轰击断裂，Moore 课题组开发出“糖基因组”与“代谢组”相结合的筛选方法，对次级代谢基因簇中含有糖合成相关基因的菌株发酵后进行质谱筛选，最终从两株菌株中鉴定出糖基化合物烬灰红菌素 B（cinerubin B）、阿伦霉素 A（arenimycin A）、阿伦霉素 B［图 9-14(a)］[56]。随后，Magarvery 课题组进一步开发挖掘含糖天然产物的算法，将戊糖相关生物合成基因整合到前期开发数据库中，并利用该算法从波顿诺卡氏菌（*Nocardiopsis potens*）DSM 45234 中分离鉴定出含糖 I 型聚酮天然产物波顿丝霉素（potensimicin）[57]。Brady 课题组则以 A 和 KS 结构域的保守序列为探针，利用 PCR 技术对土壤宏基因组文库进行潜在非核糖体肽和聚酮天然产物的筛选，结合糖合成基因排重及启动子替换技术，最终从土壤宏基因组中分离鉴定出 3 个 dsA47934 的糖基化衍生物[58]。Salas 以 6-脱氧己糖生物合成途径的关键酶，NDP-D-葡萄糖合酶（NT）和脱水酶的保守序列为探针，对 71 株分离自蚂蚁表皮的放线菌进行筛选，获得 11 株潜在含糖天然产物产生菌株。通过基因敲除、代谢谱比较及培养基优化，成功获得 4 个新颖的含糖天然产物西潘霉素 A（sipanmycin A）、西潘霉素 B、温霉素 CS1（warkmycin CS1）、温霉素 CS2［图 9-14(b)］[59]。

（二）基于卤化酶的含卤素天然产物挖掘

卤素原子是天然产物和临床药物的重要组成部分，许多生物活性化合物中卤素取代基可通过位阻效应、极性效应或与蛋白受体形成卤键来影响化合物活性[60]。例如，治疗多发性骨髓瘤天然产盐孢菌酰胺 A（salinosporamide A）的优良蛋白酶体抑制活性依赖于特定的氯原子取代[61]；而对于吲哚咔唑类天然产物蝴蝶霉素（rebeccamycin）而言，氯原子的缺失会使其失去原本的抗菌活性[62]。生物体内的卤化过程由卤化酶负责，其作用机制与生物氧化相类似，主要包含血红素依赖卤化酶、α-酮戊二酸（α-KG）依赖卤化酶、黄素依赖卤化酶及自由基 SAM 依赖的氟化酶[63]。

以寻找含有卤原子的天然产物为目的，Liu 等对一株植物致病真菌进行基因组分析，发现一条含有黄素依赖卤化酶的聚酮生物合成基因簇，通过液

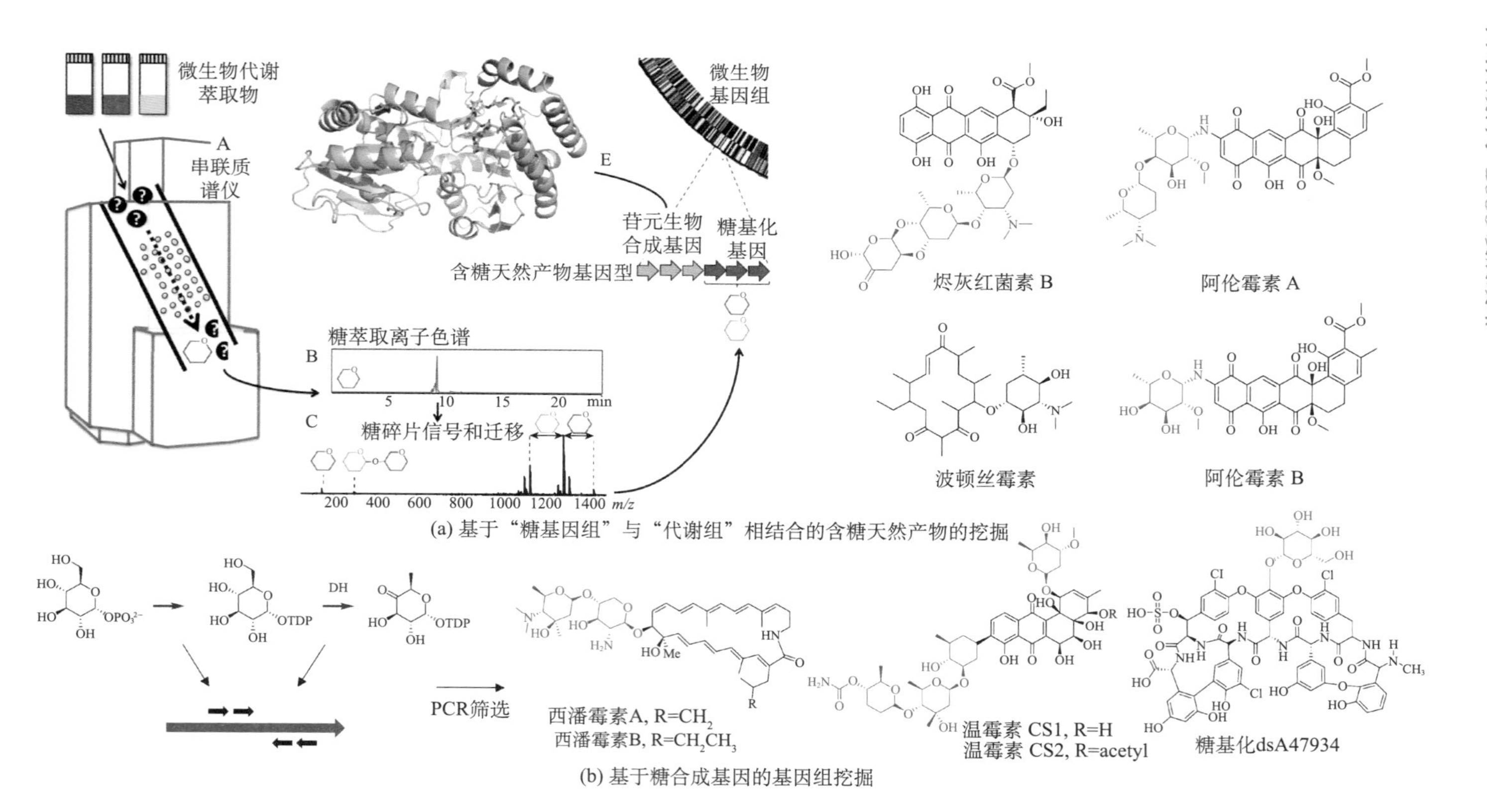

(a) 基于“糖基因组”与“代谢组”相结合的含糖天然产物的挖掘

(b) 基于糖合成基因的基因组挖掘

图 9-14 含糖天然产物基因组挖掘图示

相色谱–质谱联用仪（LC-MS）追踪特征的氯原子信号，最终分离得到一系列氯代色酮化合物，具有较好的抗菌活性[64]。由于卤化酶通常催化 C—Cl 和 C—Br 键的形成，而直接催化 C—F 键形成的氟化酶仅有一例相关报道，因此 O'Hagan 等利用基因组挖掘策略从 3 株不同种属放线菌中鉴定了相关氟化酶并通过体外酶学和晶体学研究证明其功能[65]。Pelzer 等以黄素依赖卤化的保守序列为探针对 550 株随机选择的放线菌进行筛选，从中鉴定出 103 条卤化酶序列，结合进化树分析和质谱检测，分离出卤化Ⅱ型聚酮化合物 CBS40，其对抗甲氧西林金黄色葡萄球菌菌株的最小抑制浓度高达 0.3 ng/mL[66]。

除筛选、寻找含卤素天然产物外，基因挖掘策略还可以发现新型卤化酶，这些卤化酶作为优良的生物催化剂进行卤化反应。Lewis 等以黄素依赖的卤化酶为出发点，采用基因组挖掘策略，从公共数据库中挖掘到 3975 条黄素卤化酶序列，利用序列相似网络分析（SSN）进行功能注释后（图 9-15），选取特殊卤化酶进行特殊底物的卤化反应，结合快速质谱分析策略对超过 20 000 个的反应进行检测，最终鉴定出多个新颖卤化酶，这些卤化酶可针对不同底物进行位点特异性溴化[67]。Chang 等以可卤化非活性 sp^3 碳的 α–酮戊二酸依赖卤化酶 BesD 为探针进行了基因组挖掘，鉴定出 5 类 α–酮戊二酸依赖卤化酶，这些卤化酶可分别对不同氨基酸上、不同位置的 sp^3 碳进行活化，进而产生单取代和双取代卤化氨基酸[68]。

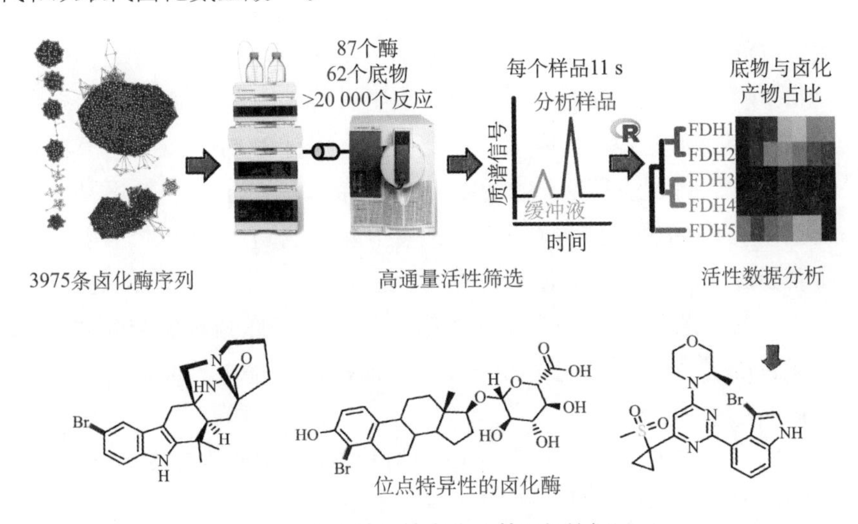

图 9-15　位点特异性卤化酶基因组挖掘图示

（三）基于环加成酶的天然产物挖掘

环加成反应，特别是 Diels-Alder 反应，是有机合成中构建碳-碳或碳-杂原子键的重要方式，自 20 世纪以来被应用到多种复杂天然产物的全合成途径中。基于细菌、真菌及植物来源的复杂天然产物中的环己烯或含有杂原子的环己烯结构单元，科学家一直推测，在生物合成途径中存在着酶促 Diels-Alder 反应。1999 年，Vederas 等对洛伐他汀合成基因簇中的聚酮合酶 LovB 进行体外功能验证，发现它可以在催化聚酮链延伸的同时，还可以提高后续 Diels-Alder 反应的立体选择性，从而鉴定出首个广义的 Diels-Alder 酶[69]。在 2011 年刘鸿文从多杀菌素生物合成途径中鉴定出首个能够独自催化 Diels-Alder 反应（即［4+2］环加成反应的酶 SpnF[70]）后，从多种天然产物的生物合成途径中鉴定出新型 Diels-Alder 酶。例如，在吡咯吲哚霉素（bipyrroindomycin）生物合成中能够级联催化 Diels-Alder 反应的 PyrE3 和 PyrI4[71]；能够同时催化分子间 Diels-Alder 反应、杂 Diels-Alder 反应和逆克莱森重排反应的 LepI[72]；在聚醚合成途径中也发现了意料之外的可催化逆电子需求杂 Diels-Alder 反应的 Tsn15[73]；甚至可以催化 Alder-ene 反应的环加成酶 PdxI、AdxI 及 ModxI[74]。预示研究人员可以利用 Diels-Alder 酶进行基因组挖掘工作，以发现更多含有特殊环己烯结构单元的天然产物。

Tang 及其他课题组从真菌天然产物尹奎色亭、Sch210972 和菌丝嗜热霉素（myceliothermophin）的生物合成途径中分别鉴定出 3 个可催化 *endo* 立体选择性的 Diels-Alder 酶 Fsa2[75]、CghA[76] 和 MycB[77]。以这 3 个已被鉴定的 Diels-Alder 酶为探针，Tang 等对真菌基因组进行挖掘，从可变青霉菌中鉴定出一条生物合成基因簇，其内部存在着与 MycB 有 27% 一致性的潜在 Diels-Alder 酶 PvhB，同时还存在一个 PKS-NRPS 杂合蛋白、一个 *N* 甲基转移酶、一个细胞色素 P450 酶。经异源表达，产生了两个含有十氢萘环结构的天然产物并命名为可变西汀 A（varicidin A）和可变西汀 B。值得注意的是，该类天然产物十氢萘环的构型为反式构型，表明该基因挖掘的 Diels-Alder 酶并没有催化常规 *endo* 选择性的 Diels-Alder 反应，而是特异性催化 *exo* 立体选择性的 Diels-Alder 反应［图 9-16(a)］[78]。

以硫链丝菌素为代表的硫酯肽类天然产物属于核糖体合成和翻译后修饰肽，含特征性吡啶结构单元。由于硫酯肽类天然产物的核心肽序列相似性和数量差距明显，所以以 Diels-Alder 酶为探针可用于新型硫酯肽的高效挖掘。Mitchell 等利用自己开发的生物信息学工具 RODEO，以硫酯肽 Diels-Alder 酶为探针，结合序列网络分析，鉴定出 508 条硫酯肽生物合成基因簇，比前期预测数量增加了 4 倍，最终选取一条硫酯肽基因簇进行研究，从中分离获得萨尔费尔登霉素（saalfelduracin）天然产物，其抗菌活性与硫链丝霉素相类似［图 9-16(b)］[79]。后续，他们继续对构建的硫酯肽网络进行天然产物发掘，然而所选择的野生型菌株并未检测到相应化合物，于是利用 11 步全合成策略及体外酶法合成出相应产物吡啶肽 A1（pyritide A1）和吡啶肽 A2［图 9-16（b）］[80]。

（四）基于特殊 N—N 键形成关键基因的天然产物的挖掘

含有 N—N 键的天然产物在自然界中数量稀少，很多都具有良好的生物活性。2017 年，通过比较含有哌嗪酸结构天然产物的生物合成基因簇，Ryan 等鉴定了一个血红素依赖氧化酶 KtzT，并通过体外催化实验表明 KtzT 可以 *N*-羟基化鸟氨酸为底物来催化 N—N 键的形成，从而生成哌嗪酸结构单元［图 9-17(a)］[81]。由于该反应不需要氧气，也不需要处于氧化态的铁作为辅因子，研究人员推测羟基化鸟氨酸可与铁直接配位，极化 N—O 键从而促进 α-胺对 N5 原子的亲核攻击，最终导致 N—N 键的形成。后续 Andersen 等利用 KtzT 作为探针，从数据库中挖掘到一条非核糖体肽合成酶基因簇，通过 $^{1}H/^{15}N$ 异核单量子相关核磁谱-全相关核磁谱（HSQC-TOCSY）分析，确认该菌株产生了哌嗪酸结构单元的天然产物，最终分离得到肉身肽 A（incarnatapeptin A）和肉身肽 B［图 9-17(a)］[82]。

除哌嗪酸结构单元外，上市抗肿瘤药物链脲佐菌素（streptozotocin）中含有特殊亚硝胺结构结构单元。2019 年，Balskus 等鉴定并解析了该生物合成途径中负责亚硝胺单元形成的金属酶 SznF[83]。由于 SznF 的新颖功能和亚硝胺单元的特殊性，Hertweck 等以 SznF 为探针，利用 EFI-EST 对潜在含有亚硝胺结构单元的嗜铁素类天然产物进行挖掘，最终鉴定出 37 条潜在基因簇，在选取不同菌株进行发酵后，从中分离鉴定出 10 个含有 *N*-亚硝基结构单元的非核糖体多肽天然产物，极大地丰富了该家族天然产物数量［图 9-17(b)］[84]。

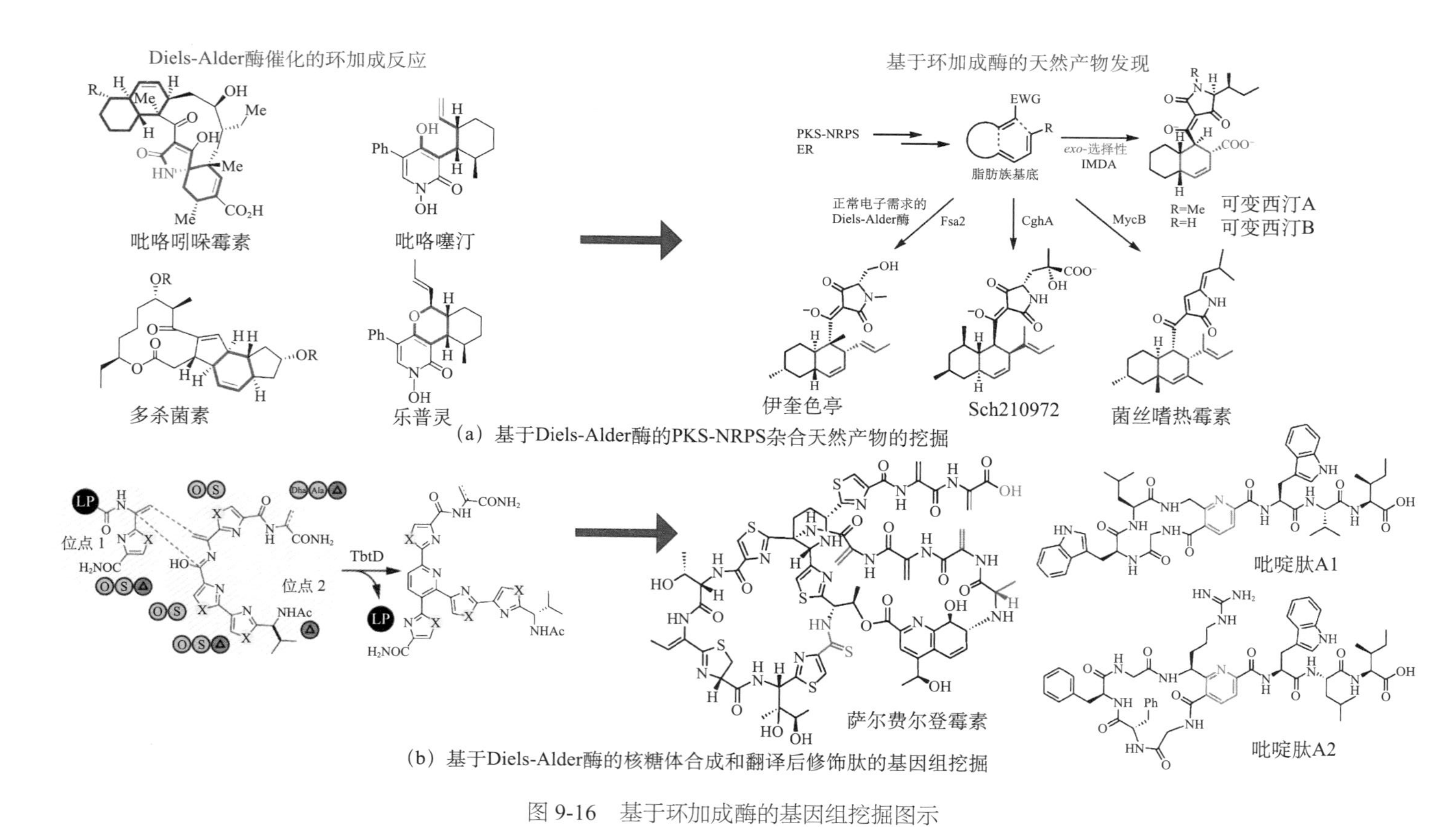

图 9-16 基于环加成酶的基因组挖掘图示

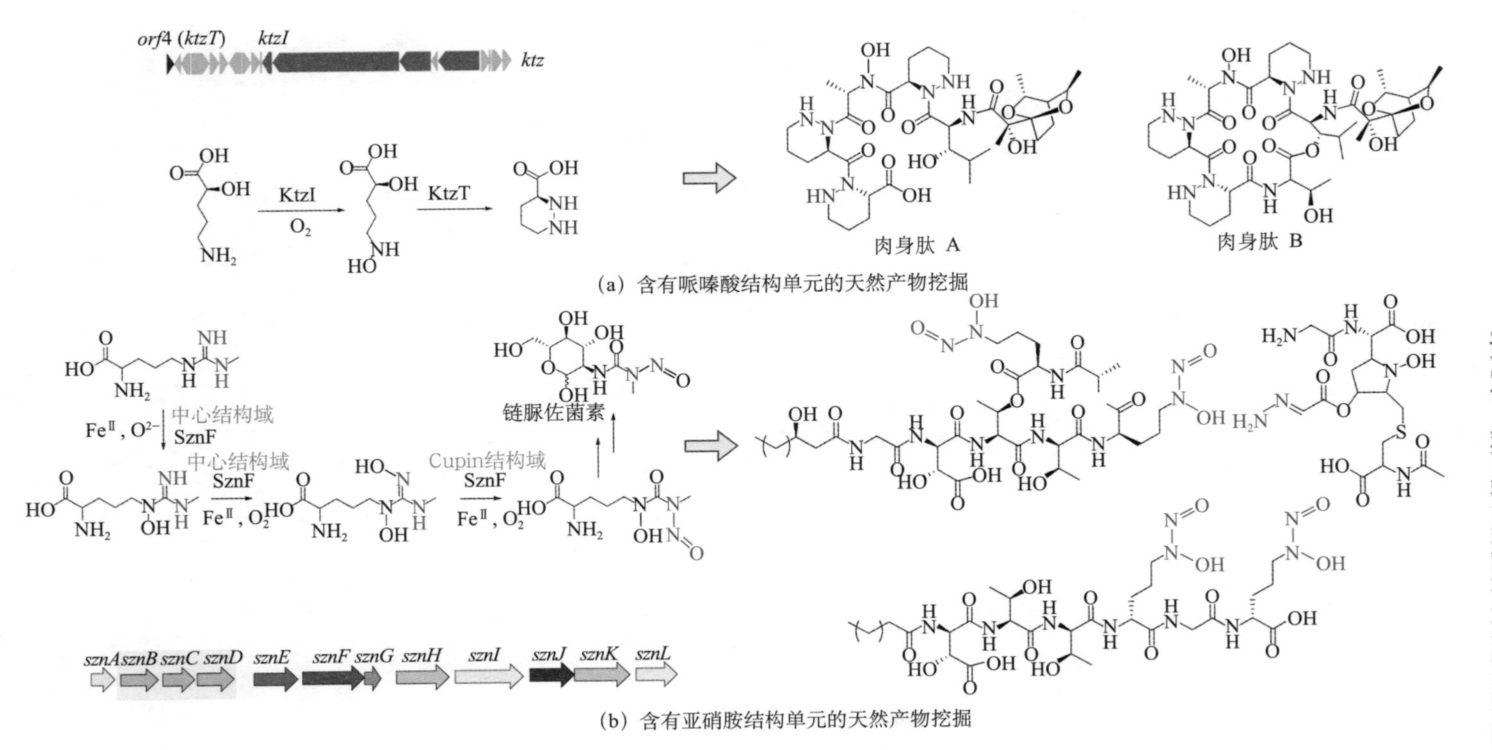

(a) 含有哌嗪酸结构单元的天然产物挖掘

(b) 含有亚硝胺结构单元的天然产物挖掘

图 9-17 含有 N—N 键天然产物的基因组挖掘图示

（五）基于rSAM酶介导碳–碳键形成的天然产物挖掘

自由基*S*–腺苷甲硫氨酸（rSAM）酶可以利用[4Fe-4S]$^+$还原性切割SAM，产生的5′–脱氧腺苷自由基中间体用于后续辅因子生物合成、酶的活化、多肽修饰等多种反应，rSAM酶是目前已知最大的酶超家族[85]。对于RiPP而言，rSAM可催化多肽序列中不同氨基酸之前的交联反应。Sactipeptide是一类特殊的核糖体翻译后修饰多肽，不同于常规羊毛硫酯肽，其C—S交联由rSAM催化形成，并大多发生在氨基酸的α位。为了发现和拓展该类天然产物，Mitchell等从InterPro 7.0数据库中鉴定出450 000个rSAM蛋白质，用已鉴定的rSAM为探针进行先后四轮排重后，选取约4600条蛋白质序列进行SSN分析，对3株处于不同分支的基因簇进行产物分离，最终不仅分离得到新颖常规C_α—S交联产物华扎辛（huazacin），还分离得到C_β—S交联产物弗雷拉辛（freyrasin），以及C_γ-S交联产物嗜热细胞素（thermocellin）[86]。

Morinaka等则对细菌来源的、可催化C—C交联形成环烷结构单元的rSAM酶进行了相关基因挖掘。由于已鉴定的催化C—C形成的rSAM都属于SPASM家族，所以通过TIGR定义蛋白家族（TIGRFAM）数据库调取该家族rSAM序列，进行SSN分析后，产生11种不同聚类，结合异源表达和体外酶反应，对不同家族的rSAM进行了研究，最终鉴定出可催化W-N、F-N、W-R、W-D、F-A、F-S交联反应的rSAM酶和相对应的天然产物[87]。

不同于其他科研人员聚焦于rSAM酶的聚类分析，Seyedsayamdost等自2015年从肠道链球菌中鉴定出含有色氨酸–酪氨酸有（W-K）交联的大环肽——链球肽（streptide）并解析其生物合成途径后[44]，于2018年提出肠道链球菌的自由基*S*–腺苷甲硫氨酸–核糖体翻译后修饰多肽（RaS-RiPP）网络分析[88]，利用rSAM酶寻找定位到RiPP基因簇后，利用核心肽序列构建SSN网络，以底物特异序列来区分rSAM酶的潜在功能，最终产生16种类群并在随后的多年时间内对该网络中不同类群的RiPP进行系统性的挖掘（图9-18）。截至2020年，他们已对其中6个类群的rSAM酶的功能进行了验证，发现可催化W-K、T-X、Y-R、C-N及C-G的环化交联过程并鉴定出相对性的RiPP化合物，是目前对rSAM类RiPP基因挖掘工作中最系统的一项工作[89-92]。

（六）以新颖功能酶为导向的基因组挖掘

以后修饰酶为对象的基因组挖掘策略，不仅可以用来发现新颖天然产物，而且可以用来筛选具有新颖功能的酶。van der Donk 等在对羊毛硫酯肽类天然产物进行生物合成研究时，发现 I 型脱水酶 LanB 应同时存在两个结构域，即 N 端谷氨酰化结构域和 C 端消除结构域，从而产生脱氢丙氨酸或脱氢丁氨酸。然而在对公共数据库中超过 100 000 个细菌基因组进行比较分析时发现，大约有 600 个 LanB 缺失了消除结构域。为了探究该类特殊 LanB 的功能，研究人员对其进行异源表达，最终证明该特殊 LanB 蛋白质可在前体肽 C 末端添加一个半胱氨酸，在后续酶的先后作用下，产生特殊的 3-硫代谷氨酸。虽然该分子的具体作用是什么，目前尚未可知，但是微生物利用核糖体合成过程来产生后修饰氨基酸的这一过程属首次发现（图 9-19）[93]。

人体肠道中存在着大量的微生物，可作为“第二基因组”来影响人类的身体健康。Balskus 等对 6343 个已鉴定甘氨酸自由基酶（GRE）进行 SSN 分析后，与 378 个健康个体的宏基因组文库进行整合，发现人体微生物的 GRE 分别处于 75 个不同聚类中，其中聚类 15 是肠道微生物中含量最丰富的一个聚类，而活性位点的序列比对表明其与常规的甘油脱水酶和丙二醇脱水酶存在很大差别，但是从序列信息上无法鉴定出其真正底物，研究人员发现某些梭杆菌中同样存在着该家族 GRE 并与 5-羧基吡咯啉还原酶成对存在。于是研究人员通过体外酶反应验证该 GRE 可催化反式 4-羟基-脯氨酸，脱水形成 5-羧基吡咯啉并被后续还原成脯氨酸（图 9-20）。至此，研究人员对肠道菌群中多种未被鉴定的 GRE 进行了功能注释并发现了其与人体代谢的交互作用[94]。

三、功能基因导向的基因组挖掘

基因组挖掘策略为我们开启了探索沉默或隐秘天然产物的大门，以生物合成骨架和后修饰基因为导向的挖掘是发现新型天然产物的有效策略，但是这种策略的局限性在于难以发掘具有目标活性的产物。这是由于难以通过基因组序列对产物的活性进行有效的预测。因此，需要找到基因序列与活性的

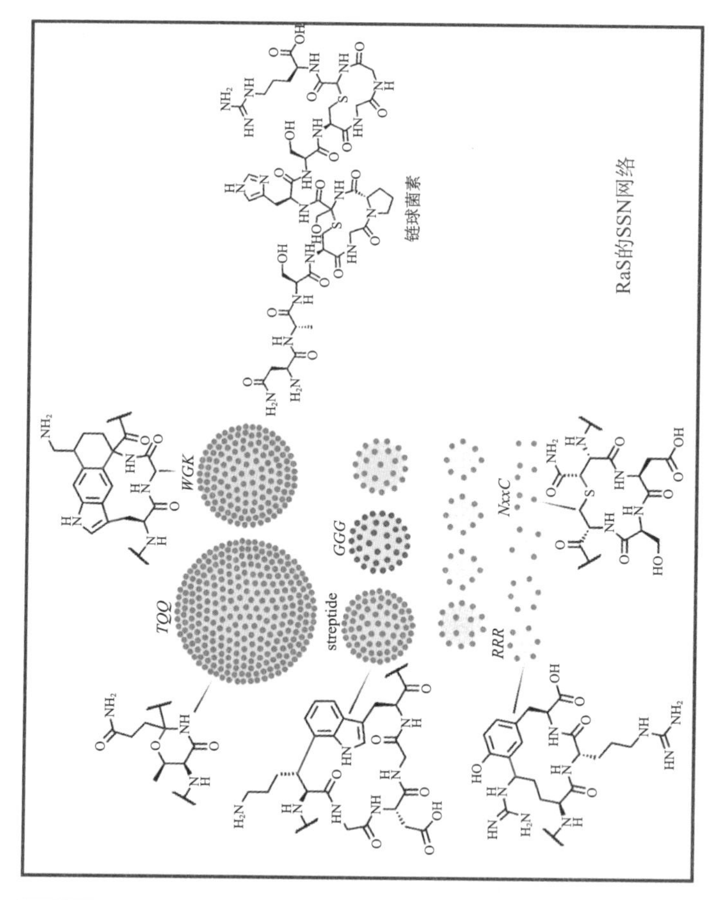

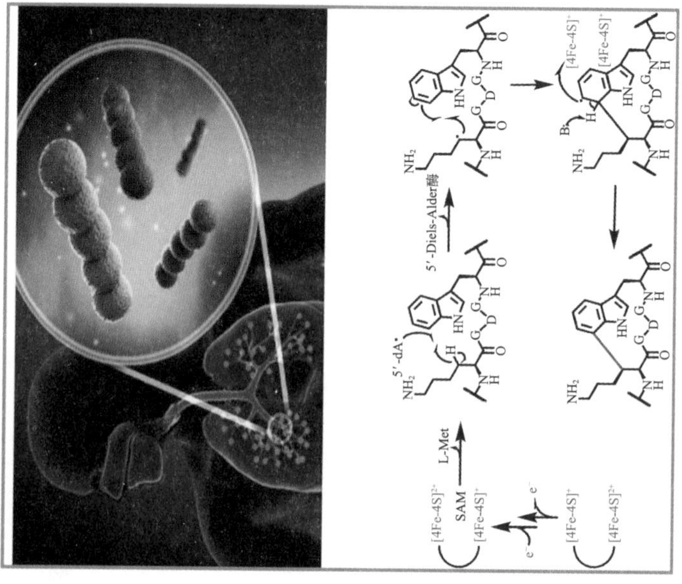

图 9-18　基于链球菌中 RaS-RiPP 的基因组挖掘图示

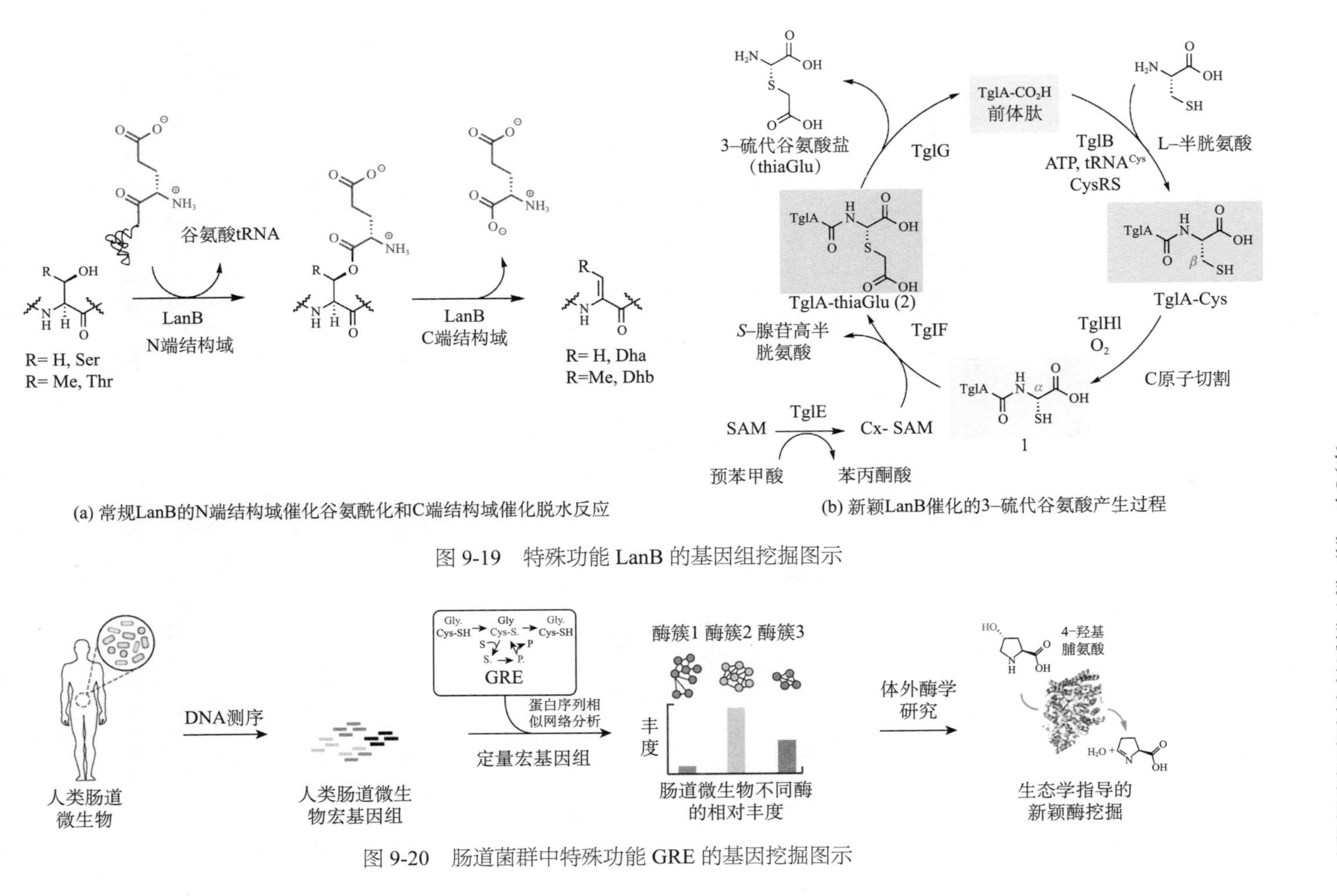

图 9-19　特殊功能 LanB 的基因组挖掘图示

图 9-20　肠道菌群中特殊功能 GRE 的基因挖掘图示

关系来建立一种通过基因组序列信息直接预测产物活性的方法，来实现目标活性天然产物的精准挖掘。

天然产物产生于大自然，并且经过长时间的进化，具有特定的生理功能，通常有利于其产生者在特定环境中的竞争与生存。例如，微生物产生的高活性天然产物通常可以通过抑制竞争者体内重要代谢途径中的酶活性来抑制竞争者的生长。然而在抑制竞争者的同时，这些活性产物也有可能对产生者自身产生毒害作用。为了避免这种毒害作用的产生，生产者需要进化出自抗性机制。已知的自抗性机制种类非常丰富。例如，转运蛋白可以有效地将毒性产物运输到胞外[95]；抗性蛋白可以将细胞内的毒性产物捕获[96]或修饰[97]；抗性修饰酶可以将产物的靶点蛋白进行一定程度的修饰，修饰后的靶点蛋白活性可以不受毒性产物抑制作用的影响[98]。

除了以上的自抗性机制，另一种有趣的自抗性机制是将天然产物的靶点代谢酶进行一定程度的突变，形成自抗性酶（self-resistance enzyme），使之既保存原始代谢酶的催化功能，同时又不被天然产物抑制［图9-21(a)］。这种自抗性酶通常由管家酶（housekeeping enzyme）经过多个单核苷酸点突变形成，所以自抗性酶的蛋白质序列与管家酶具有高度的相似性。因此，天然产物的分子靶点可以通过对自抗性基因功能的生物信息学分析实现准确预测[99, 100]。抗性基因通常与天然产物的生物合成基因连锁，并且共同调控转录，这样可以保障产物在细胞内部积累的同时对生产者自身予以及时的保护。这种自抗性机制广泛地存在于细菌和真菌中。据统计，在目前生物合成基因簇和生物学靶点已知的天然产物中，有37个产物生物合成基因簇中的自抗性基因直接准确地揭示了它们的分子靶点[99]。这36个产物的分子靶点几乎涉及了细胞初级代谢的大部分途径，其中包括蛋白质合成、脂类合成、DNA复制、糖类和能量代谢、蛋白质降解、氨基酸代谢、核苷酸代谢、外毒素降解［图9-21(b)］。特别是，在这36个产物中，已经有5个天然产物获得FDA批准，被开发为药物应用在临床治疗中。因此，以自抗性基因为导向的挖掘策略不仅在靶点种类上具有高度的普适性，同时对于活性的预测也具有极高的准确性［图9-21(c)］。

由于自抗性基因可以为有效而准确地揭示天然产物的分子靶点提供窗口，近年来，这种自抗性机制对天然产物研究和发掘策略的指导意义逐渐得到科

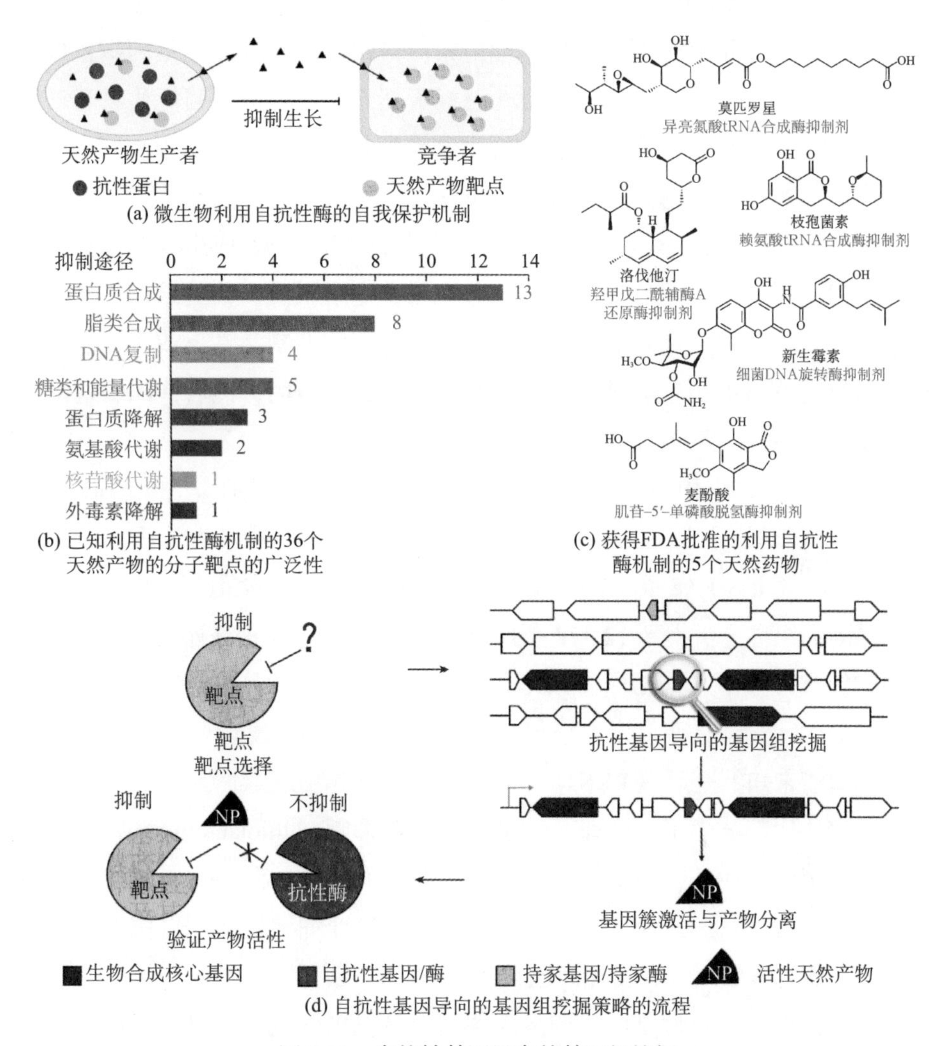

图 9-21 自抗性基因导向的基因组挖掘

研人员的广泛认可。首先，对于已知分子靶点的天然产物，可以通过自抗性基因定位它的生物合成基因簇 [101-103]。其次，对于已知基因簇的天然产物，可以通过自抗性基因来预测它的分子靶点 [104, 105]。这两种研究策略均利用了自抗性基因，有效地将产物基因簇和生物活性进行关联，而这种关联对于基因组挖掘的指导意义在于可以实现自抗性基因（靶点）导向的基因组挖掘（target-directed genome mining）。这种基因组挖掘策略的研究理念在于，运用自抗性基因作为预测产物活性的窗口，来帮助我们对大量功能未知的基因簇进行辨认和优先次序评估，可以在以产物活性为导向的活性筛选和以基因为导向基因组挖掘的两个策略之间有效地搭建桥梁。自抗性基因导向的基因组挖掘策略可以大致总结如下：①选择一个在目标天然产物所针对的目标生物和产物来源的微生物中具有较高保守性的管家酶作为基因组挖掘的抓手（药物或农药靶点）；②在基因组数据库中搜索同时具有靶点基因和目标产物骨架合成基因（聚酮、聚肽、萜烯等）的次级代谢基因簇；③使用合成生物学工具将目标基因簇激活；④运用分析化学方法分离和鉴定所激活产物的结构；⑤通过体外酶学反应比较产物对靶点代谢酶和自抗性酶的抑制活性，或者通过在对产物敏感的底盘细胞中异源表达持家基因和自抗性基因，然后检测表达宿主对产物的敏感性［图 9-21（d）］。

第一个详细阐述自抗性基因导向的标志性挖掘研究工作是由 Moore 团队在 2015 年报道的[106]。他们以脂肪酸合成途径为靶点，成功地发掘了一系列的脂肪酸合酶Ⅱ（FAS Ⅱ）的抑制剂。他们首先在 86 个盐孢菌基因组中基于同源基因的组群分析得到 12 372 个孤儿基因，其中 2707 个在所有盐孢菌种基因组中保守。接下来根据保守孤儿基因进行功能分类，并且筛选具有双拷贝的孤儿基因，作者在脂肪酸合成途径相关的孤儿基因中发现一个 FAS Ⅱ，它与一个功能未知的基因簇 PKS44 相连锁。将 PKS44 在天蓝色链霉菌底盘细胞中异源表达后，产生了一系列 FAS Ⅱ天然产物抑制剂 thiolactomycin，随后作者也证实了自抗性基因确实可以帮助敏感宿主在 thiolactomycin 存在的条件下生存［图 9-22(a)］。这项研究工作首次系统而且详细地证实了自抗性基因导向的挖掘研究方法对发掘目标活性天然产物具有较好的实用性。

随后，根据自抗性基因导向的挖掘理念开发出的生物信息学分析工具实现了生物信息学分析过程的自动化。例如，Ziemert 团队在 2017 年开发了一个在线分析平台——ARTS，用户只要输入基因组序列，分析平台就可以将可能产生抑制特定分子靶点的天然产物基因簇作为输出，以动态图表的形式显示出来[107]。ARTS 分析基因组数据的步骤如下：①利用 antiSMASH 自动分析骨架合成基因；②显示出基于持家基因拷贝数和进化树推测的自抗性基因；③以可视化的表格输出结果，总结出所有含有自抗性基因的天然产物基因簇。尽管 ARTS 目前已经升级到 2.0 版本[21]，可以对多个基因组序列或宏基因组序列进行分析，但是基因序列的来源仍然仅限于细菌，相信在不久的将来，ARTS 的性能将进一步升级以兼容更多的真核物种。

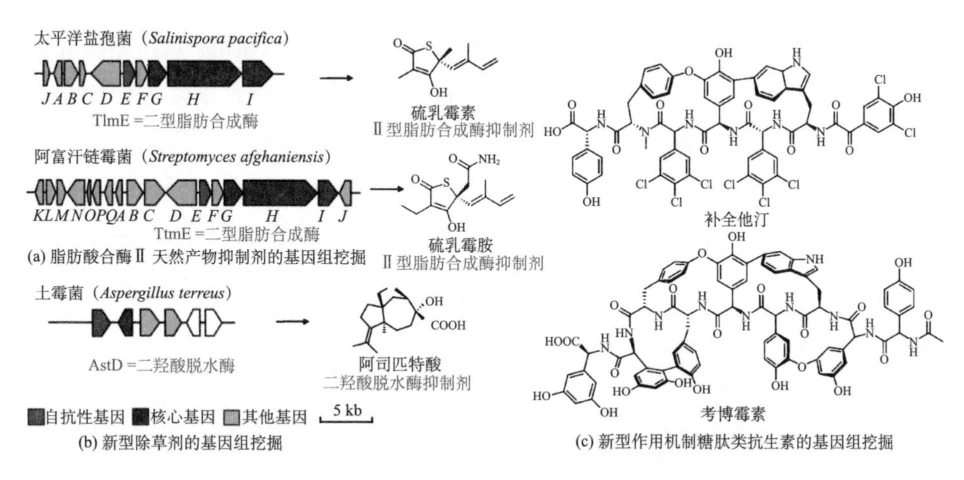

图 9-22 自抗性机制对于天然产物研究的推动作用

2018 年，Tang 团队利用自抗性基因导向的基因组挖掘策略成功发掘了真菌天然产物除草剂 [108]。他们以植物支链氨基酸合成途径中的二羟酸脱水酶作为除草剂的靶点，通过分析真菌基因组数据库，成功发现并激活了与之连锁的生物合成基因，获得了倍半萜产物阿斯匹特酸（aspterric acid），并证实该产物可以抑制植物和真菌来源的二羟酸脱水酶，同时这个产物对自抗性酶却完全不具有抑制活性。这证明了自抗性基因导向的基因组挖掘策略不仅适用于细菌，也适用于真菌［图 9-22(b)］。值得一提的是，Tang 团队还通过结构生物学方法证明了该除草剂的作用和自抗性机制，并且成功证实了自抗性基因可以通过在作物中表达来开发除草剂耐受性作物，从而实现使用除草剂选择性杀死杂草却不伤害作物的功效。

除助力于基因组挖掘外，自抗性机制与天然产物的对应联系在天然产物的发掘与研究中起着重要的作用。例如，Wright 团队通过筛选对特定类型抗生素具有耐药性的天然产物产生菌种，大大提高了发现特定类型新抗生素的概率 [109]。Qian 团队通过分析多个含有 D 构型氨基酸的非核糖体肽合成基因簇发现了这类抗生素普适的自抗性机制是利用一种 D 构型专一的肽酶来进行抗生素的水解，使之失活 [110]。近期为了发掘新型的糖肽类抗生素，Wright 团队对多个未知基因簇中非核糖体肽合酶的缩合结构域进行进化树分析，然后将基因簇中存在已知自抗性基因的进化树分支排除，以排除已知作用机制的糖肽类抗生素，对含有新型自抗性基因的天然产物基因簇进行异源表达，得到具有抗革兰氏阳性菌活性的新糖肽抗生素考博霉素（corbomycin）和补全他汀（complestatin）[111]［图 9-22(c)］。进一步的研究表明，这两个新糖肽抗生素的作用机制是通过结合肽聚糖而抑制细菌生长过程中的肽聚糖重塑，因而是具有新型作用机制的抗生素。这些研究实例都证明了自抗性机制与天然产物内在的紧密联系不仅可以帮助新型天然产物的发掘，而且推动着天然产物研究思路和策略的进步。可以预见，通过对更多自抗性机制的发现和深入研究，将会有更多基于自抗性机制的新策略被科学家揭示。

四、发展趋势及展望

从单细胞生物到高等动物，基因编码产生的化学分子密切地参与一切生命过程，并发挥重要作用。基因组挖掘的本质就是揭示物种遗传信息与生命化学分子之间错综复杂的联系。在研究初期，大部分研究集中在揭示已知化学分子在生命体内的生物化学合成过程上；通过多年的研究积累及相关 DNA 测序和生物信息分析技术的逐渐成熟，该领域已经将研究内容扩展到生命体中未知化学分子的预测和探寻，进而阐释这些化学分子“如何来？为何来？到哪去？”等基本科学问题，最后利用它们为人类健康和社会安定服务。

早期的研究因受 DNA 测序技术和成本等限制，大多集中于基因组相对简单的单个微生物，如模式放线菌天蓝色链霉菌[112]、红霉素产生菌红色糖多孢菌（*Saccharopolyspora erythraea*）[113]及海洋模式放线菌热带盐水孢菌（*Salinispora tropica*）[114]，这些里程碑式的研究成果不但揭示了未知基因组中蕴藏着巨大的化学潜力，也为该领域的蓬勃发展提供了必要的前期积累。进入 21 世纪 20 年代，随着研究的深入，一些高等生物体系中的重要化学分子和生物合成基因（簇）也慢慢被发现，如从植物中发现肽类化合物 lyciumins 的生物合成基因[115]，从海洋硅藻和红藻内分别发现神经毒性物质软骨藻酸（domoic acid）[116]和红藻氨酸（kainic acid）[117]生物合成基因簇，从模式动物秀丽隐杆线虫中发现聚酮聚肽类信息激素天然小分子[118]，从昆虫中发现新型萜类化合物[119]，从海洋软体动物和鸟类羽毛中发现复杂聚酮类化合物[120, 121]，从人体内发现具有抗病毒活性的核糖核苷酸衍生物等[122]。这一系列发现丰富了可供基因组挖掘研究的材料。随着 DNA 测序技术和生物信息分析手段的不断发展，预计高等真核生物基因组挖掘在不久的未来会得到迅速发展，并在天然产物药物开发中发挥重要作用。

基因组挖掘可以加速获取具有自主知识产权的全新活性化学小分子，因此随着技术的成熟，其中蕴含的巨大应用潜力逐渐显现，一些专注于基因组挖掘的初创公司也开始出现。2012 年成立于美国波士顿的曲速引擎生物（Warp Drive Bio）公司是全球首家专门利用细菌基因组挖掘进行早期药物开发的公司，该公司由哈佛大学 Gregory Verdine 创建；随后，他又在 2016 年创建了利用真菌基因组挖掘策略开发药物的公司——生命矿藏治疗（LifeMine Therapeutics）公司；同年，加利福尼亚大学洛杉矶分校的天然产物领域知名专家唐奕参与成立海克斯康生物（Hexagon Bio）公司，致力于使用基因组挖掘的手段获取具有应用价值的真菌天然产物；目前国内虽然还没有相关领域的初创公司出现，但是随着该领域在国内的蓬勃发展及政策的引导，预计在不久的将来国内也会逐渐出现相关生物高科技公司。

总而言之，目前基因组挖掘正在逐步发展成为一个多学科交叉的科学前沿领域，未来机遇与挑战并存。持续开展基因组挖掘领域的研究，并鼓励多学科交叉融合，可望在未来形成一条从“0”到“1”的活性天然分子研发产业链，为我国开发具有自主知识产权的新药物、新化学品和新型酶催化剂服务。

第四节 相关政策建议

（一）加快建立和发展我国的菌种资源库和基因组数据库

通过基因组挖掘天然产物的关键前提是需要有庞大的基因组数据库和相应的菌种资源库。迄今，美国 NCBI 是全世界最大的基因组数据存储中心，储存了绝大部分基因组数据。在 NCBI 数据库中，除了零散的各国科学家上传的菌种基因组数据外，来自国外大型菌种资源库的数据占了很大的比例，如美国农业部 NRRL、美国 ATCC、德国 DSMZ 等。此外，美国能源部联合基因组研究所也存储着较为庞大的基因组资源，而且用户界面非常友好，详细整理了微生物基因组信息，包括物种的分类、生存环境、基因组序列长度、鸟嘌呤 / 胞嘧啶含量、编码基因数目、数据质量及研究项目信息等，目前仅细菌基因组收录的数目已超过 8 万多个。在 IMG 搜索页面（Find Genomes），每个条目均可排序筛选，查询搜索十分方便，且基因组信息可以很方便地输出。相对于欧美国家，我国在基因组数据库的建设和菌种资源库的大规模测序建设方面非常滞后。数据的掌控力必然是今后衡量国家竞争力的关键因素之一，基因组数据安全也是国家安全的一个重要组成部分。因此，深刻认识基因组数据的重要性和紧迫性，尽快成立国家层次的基因组数据中心，并且加快推进我国菌种资源库如中国普通微生物菌种保藏管理中心（CGMCC）菌株的大规模测序工作，将是我们赢得这场竞赛胜利的关键。

（二）发展具有自主知识产权的基因组挖掘的生物信息学工具

除了基因组资源，基因组挖掘的另一个关键是挖掘的工具。目前，尽管有多种用于生物合成基因（簇）预测和分析的软件已被广泛应用，但几乎所有的预测软件均是欧美国家开发的，尚未见中国科学家开发的预测工具。目前的这些软件，绝大多数是根据细菌基因组的特点设计的[123]，并不适用于基因组更加复杂的高等生物。然而这些软件的设计原理可被借鉴，用于设计针对其他物种的基因组分析软件。除了细菌，根据真菌基因组特点设计的真菌次级代谢分析框架（fungiSMASH）[13] 和针对植物基因组特点设计的植物次级代谢分析框架（plantiSMASH）[124] 已经被开发出来，随着领域的发展，未来更多专门针对不同物种设计的生物信息学分析软件会陆续出现。近日，针对宏基因组测序片段碎片化的特点，一个被称为宏生物合成基因簇（MetaBGC）的分析软件被设计出来[125]，尽管该工具存在适用范围窄、错误率较高的问题，但相信在可预测的未来，类似的方法将被不断提出和优化。随着科技的快速发展，人工智能在各个领域开始崭露头角。在科技时代，如何把握技术的更新和运用将成为基因组挖掘研究领域的一大挑战。

（三）加速整合相关学科推动基因组挖掘导向的天然产物发展

基因组挖掘与“微生物组学”和“合成生物学”相互促进并逐渐融合形成新的交叉方向。一方面，各种微生物组学计划（人类微生物组计划[126, 127]、地球微生物组计划[128]、海洋微生物组研究[129] 和野生动物肠道微生物组测序[130]等）的大范围开展为基因组挖掘提供了大量的新资源；与此同时，基因组挖掘技术在微生物组学研究中的应用，不仅为从分子水平解析和调控微生物组-宿主生态系统提供了一个突破口[131-133]，同时也为微生物组药物的开发提供新的研究思路[134]。另一方面，DNA合成方法的发展可以帮助研究者获取大量不可培养微生物编码的生物合成遗传物质，并通过人工建构的“细胞工厂”或者“无细胞体系”获得化学实体[135-137]；通过构建合成微生物种群（synthetic microbial communities，SMC）的方法建立研究模型，可以进一步研究化学产物的相关生物学功能[138, 139]，该方法已经被用于植物代谢产物与根系微生物互作的研究中[140]；此外，高通量的基因簇异源表达技术方法的建立和大范围使用有可能将大量的沉默基因簇激活，获得相应的天然产物；基因组挖掘是发现新基因、新酶和新生化反应的过程，这些基础理论知识的积累可以被合成生物学吸收利用，为构建人工代谢生物合成途径提供基因资源、思路和理论基础[141]，形成学习自然、利用自然、优化自然的科学研究手段。此外，转录组学、代谢组学和人工智能等方法和技术的应用，将大大扩展基因组挖掘的潜力和研究范围。例如，转录组学的方法已经被用于植物抗癌药物长春碱（vinblastine）的生物合成基因（簇）的发现与鉴定[142]，同时也被用于肠道微生物组中抓取活性小分子生物合成基因簇[143]；代谢组学的应用大大加速了产物去重复化的速率，同时也为产物结构的预测提供了有用的信息[12]。深度学习的概念目前已经被用于生物合成基因（簇）预测软件中[25, 26]，随后又被用于基于基因组信息的产物结构和活性的预测[14, 144]。尽管目前开发的方法存在准确性低和适用性窄的情况，这些交叉学科的进展将为该领域随后的发展提供坚实的铺垫。

本章参考文献

[1] Limited A I. Trabectedin: Ecteinascidin 743, ecteinascidin-743, ET 743, ET-743, NSC 684766. Drugs R D, 2006, 7: 317-328.

[2] Swami U, Chaudhary I, Ghalib M H, et al. Eribulin: A review of preclinical and clinical studies. Crit Rev Oncol Hematol, 2012, 81: 163-184.

[3] Raghuvanshi R, Bharate S B. Preclinical and clinical studies on bryostatins, A class of marine-derived protein kinase C modulators: A mini-review. Curr Top Med Chem, 2020, 20: 1124-1135.

[4] Doroghazi J R, Albright J C, Goering A W, et al. A roadmap for natural product discovery based on large-scale genomics and metabolomics. Nat Chem Biol, 2014, 10: 963-968.

[5] Lander E S, Linton L M, Birren B, et al. International human genome sequencing Consortium. Initial sequencing and analysis of the human genome. Nature, 2001, 409: 860-921.

[6] Vliet A H. Next generation sequencing of microbial transcriptomes: Challenges and opportunities. FEMS Microbiol Lett, 2010, 302: 1-7.

[7] Amarasinghe S L, Su S, Dong X Y, et al. Opportunities and challenges in long-read sequencing data analysis. Genome Biol, 2020, 21: 30.

[8] Sayers E W, Cavanaugh M, Clark K, et al. Genbank. Nucleic Acids Res, 2020, 48: D84-D86.

[9] Chen I A, Chu K, Palaniappan K, et al. The IMG/M data management and analysis system v.6.0: New tools and advanced capabilities. Nucleic Acids Res, 2021, 49: D751-D763.

[10] UniProt C. UniProt: The universal protein knowledgebase in 2021. Nucleic Acids Res, 2021, 49: D480-D489.

[11] Kautsar S A, Blin K, Shaw S, et al. MIBiG 2.0: A repository for biosynthetic gene clusters of known function. Nucleic Acids Res, 2020, 48: D454-D458.

[12] Schorn M A, Verhoeven S, Ridder L, et al. A community resource for paired genomic and metabolomic data mining. Nat Chem. Biol, 2021, 17: 363-368.

[13] Blin K, Shaw S, Steinke K, et al. AntiSMASH 5.0: Updates to the secondary metabolite genome mining pipeline. Nucleic Acids Res, 2019, 47: W81-W87.

[14] Skinnider M A, Johnston C W, Gunabalasingam M, et al. Comprehensive prediction of secondary metabolite structure and biological activity from microbial genome sequences. Nat Commun, 2020, 11: 6058.

[15] Wang M X, Carver J J, Phelan V V, et al. Sharing and community curation of mass spectrometry data with global natural products social molecular networking. Nat Biotechnol, 2016, 34: 828-837.

[16] Altschul S F, Gish W, Miller W, et al. Basic local alignment search tool. J Mol Biol, 1990,

215: 403-410.

[17] Altschul S F, Madden T L, Schaffer A A, et al. Gapped BLAST and PSI-BLAST: A new generation of protein database search programs. Nucleic Acids Res, 1997, 25: 3389-3402.

[18] Marchler-Bauer A, Panchenko A R, Shoemaker B A, et al. CDD: A database of conserved domain alignments with links to domain three-dimensional structure. Nucleic Acids Res, 2002, 30: 281-283.

[19] Eddy S R. Profile hidden Markov models. Bioinformatics, 1998, 14: 755-763.

[20] Li M H, Ung P M, Zajkowski J, et al. Automated genome mining for natural products. BMC Bioinformatics, 2009, 10: 185.

[21] Mungan M D, Alanjary M, Blin K, et al. ARTS 2.0: Feature updates and expansion of the antibiotic resistant target seeker for comparative genome mining. Nucleic Acids Res, 2020, 48: W546-W552.

[22] Fu L M, Niu B F, Zhu Z W, et al. CD-HIT: Accelerated for clustering the next-generation dequencing data. Bioinformatics, 2012, 28: 3150-3152.

[23] Steinegger M, Soding J. MMseqs2 enables sensitive protein sequence searching for the analysis of massive data sets. Nat Biotechnol, 2017, 35: 1026-1028.

[24] Gerlt J A, Bouvier J T, Davidson D B, et al. Enzyme function initiative-enzyme similarity tool (EFI-EST): A web tool for generating protein sequence similarity networks. Biochim Biophys Acta, 2015, 1854: 1019-1037.

[25] Cimermancic P, Medema M H, Claesen J, et al. Insights into secondary metabolism from a global analysis of prokaryotic biosynthetic gene clusters. Cell, 2014, 158: 412-421.

[26] Hannigan G D, Prihoda D, Palicka A, et al. A deep learning genome-mining strategy for biosynthetic gene cluster prediction. Nucleic Acids Res, 2019, 47: 110.

[27] Merwin N J, Mousa W K, Dejong C A, et al. DeepRiPP integrates multiomics data to automate discovery of novel ribosomally synthesized natural products. Proc Natl Acad Sci USA, 2020, 117: 371-380.

[28] Sugimoto Y, Camacho F R, Wang S, et al. A metagenomic strategy for harnessing the chemical repertoire of the human microbiome. Science, 2019, 366: 1332-1342.

[29] Shen B, Hindra, Yan X H, et al. Enediynes: Exploration of microbial genomics to discover new anticancer drug leads. Bioorg Med Chem Lett, 2015, 25: 9-15.

[30] Zazopoulos E, Huang K X, Staffa A, et al. A genomics-guided approach for discovering and

expressing cryptic metabolic pathways. Nat Biotechnol, 2003, 21: 187-190.

[31] Rudolf J D, Yan X H, Shen B. Genome neighborhood network reveals insights into enediyne biosynthesis and facilitates prediction and prioritization for discovery. J Ind Microbiol Biotechnol, 2016, 43: 261-276.

[32] Yan X H, Ge H M, Huang T T, et al. Strain prioritization and genome mining for enediyne natural products. mBio, 2016, 7: 02104-02116.

[33] Pan G H, Xu Z R, Guo Z K, et al. Discovery of the leinamycin family of natural products by mining actinobacterial genomes. Proc Natl Acad Sci USA, 2017, 114: E11131-E11140.

[34] Challis G L, Ravel J. Coelichelin, a new peptide siderophore encoded by the *Streptomyces coelicolor* genome: Structure prediction from the sequence of its non-ribosomal peptide synthetase. FEMS Microbiol Lett, 2000, 187: 111-114.

[35] Lautru S, Deeth R J, Bailey L M, et al. Discovery of a new peptide natural product by *Streptomyces coelicolor* genome mining. Nat Chem Biol, 2005, 1: 265-269.

[36] Chu J, Vila-Farres X, Inoyama D, et al. Discovery of MRSA active antibiotics using primary sequence from the human microbiome. Nat Chem Biol, 2016, 12: 1004-1006.

[37] Vila-Farres X, Chu J, Inoyama D, et al. Antimicrobials inspired by nonribosomal peptide synthetase gene clusters. J Am Chem Soc, 2017, 139: 1404-1407.

[38] Chu J, Vila-Farres X, Brady S F. Bioactive synthetic-bioinformatic natural product cyclic peptides inspired by nonribosomal peptide synthetase gene clusters from the human microbiome. J Am Chem Soc, 2019, 141: 15737-15741.

[39] Chu J, Koirala B, Forelli N, et al. Synthetic-Bioinformatic natural product antibiotics with diverse modes of action. J Am Chem Soc, 2020, 142: 14158-14168.

[40] Zhong Z, He B B, Li J, et al. Challenges and advances in genome mining of ribosomally synthesized and post-translationally modified peptides (Ripps). Synth Syst Biotechnol, 2020, 5: 155-172.

[41] van Heel A J, de Jong A, Song C X, et al. BAGEL4: A user-friendly web server to thoroughly mine RIPPs and bacteriocins. Nucleic Acids Res, 2018, 46: W278-W281.

[42]. Medema M H, Blin K, Cimermancic P, et al. AntiSMASH: Rapid identification, annotation and analysis of secondary metabolite biosynthesis gene clusters in bacterial and fungal genome sequences. Nucleic Acids Res, 2011, 39: W339-W346.

[43] Tietz J I, Schwalen C J, Patel P S, et al. A new genome-mining tool redefines the lasso

peptide biosynthetic landscape. Nat Chem Biol, 2017, 13: 470-478.

[44] Schramma K R, Bushin L B, Seyedsayamdost M R. Structure and biosynthesis of a macrocyclic peptide containing an unprecedented lysine-to-tryptophan crosslink. Nat Chem, 2015: 7: 431-437.

[45] Rudolf J D, Alsup T A, Xu B F, et al. Bacterial terpenome. Nat Prod Rep, 2021, 38: 905-980.

[46] Yamada Y, Kuzuyama T, Komatsu M, et al. Terpene synthases are widely distributed in bacteria. Proc Natl Acad Sci USA, 2015, 112: 857-862.

[47] Lauterbach L, Rinkel J, Dickschat J S. Two bacterial diterpene synthases from *Allokutzneria albata* produce bonnadiene, phomopsene, and allokutznerene. Angew Chem Int Ed, 2018, 57: 8280-8283.

[48] Dong L B, Rudolf J D, Deng M R, et al. Discovery of the tiancilactone antibiotics by genome mining of atypical bacterial type Ⅱ diterpene synthases. Chem Bio Chem, 2018, 19: 1727-1733.

[49] Howat S, Park B, Oh I S, et al. Paclitaxel: Biosynthesis, production and future prospects. N Biotechnol, 2014, 31: 242-245.

[50] Watjen W, Weber N, Lou Y J, et al. Prenylation enhances cytotoxicity of apigenin and liquiritigenin in rat H4IIE hepatoma and C6 glioma cells. Food Chem Toxicol, 2007, 45: 119-124.

[51] Creemer L C, Kirst H A, Paschal J W. Conversion of spinosyn A and spinosyn D to their respective 9- and 17-pseudoaglycones and their aglycones. J Antibio, 1998, 51: 795-800.

[52] Thibodeaux C J, Liu H W. Manipulating nature's sugar biosynthetic machineries for glycodiversification of macrolides: Recent advances and future prospects. Pure Appl Chem, 2007, 79: 785-799.

[53] Sosio M, Stinchi S, Beltrametti F, et al. The gene cluster for the biosynthesis of the glycopeptide antibiotic A40926 by *Nonomuraea* Species. Chem Biol, 2003, 10: 541-549.

[54] Staunton J, Weissman K J. Polyketide biosynthesis: A millennium review. Nat Prod Rep, 2001, 18: 380-416.

[55] Ikeda H, Nonomiya T, Usami M, et al. Organization of the biosynthetic gene cluster for the polyketide anthelmintic macrolide avermectin in *Streptomyces Avermitilis*. Proc Natl Acad Sci USA, 1999, 96: 9509-9514.

[56] Kersten R D, Ziemert N, Gonzalez D J, et al. Glycogenomics as a mass spectrometry-guided

genome-mining method for microbial glycosylated molecules. Proc Natl Acad Sci USA, 2013, 110: E4407-E4416.

[57] Johnston C W, Skinnider M A, Wyatt M A, et al. An automated genomes-to-natural products platform (GNP) for the discovery of modular natural products. Nat Commun, 2015, 6: 8421.

[58] Owen J G, Reddy B V B, Ternei M A, et al. Mapping gene clusters within arrayed metagenomic libraries to expand the structural diversity of biomedically relevant natural products. Proc Natl Acad Sci USA, 2013, 110: 11797-11802.

[59] Malmierca M G, Gonzalez-Montes L, Perez-Victoria I, et al. Searching for glycosylated natural products in actinomycetes and identification of novel macrolactams and angucyclines. Front Microbiol, 2018, 9: 39.

[60] Hernandes M Z, Cavalcanti S M, Moreira D R, et al. Halogen atoms in the modern medicinal chemistry: Hints for the drug design. Curr Drug Targets, 2010, 11: 303-314.

[61] Groll M, Huber R, Potts B C. Crystal structures of salinosporamide A (NPI-0052) and B (NPI-0047) in complex with the 20S proteasome reveal important consequences of beta-lactone ring opening and a mechanism for irreversible binding. J Am Chem Soc, 2006, 128: 5136-5141.

[62] Pereira E R, Belin L, Sancelme M, et al. Structure-activity relationships in a series of substituted indolocarbazoles: Topoisomerase I and protein kinase C inhibition and antitumoral and antimicrobial properties. J Med Chem, 1996, 39: 4471-4477.

[63] Latham J, Brandenburger E, Shepherd S A, et al. Development of halogenase enzymes for use in synthesis. Chem. Rev, 2018, 118: 232-269.

[64] Han J Y, Zhang J Y, Song Z J, et al. Genome- and MS-based mining of antibacterial chlorinated chromones and xanthones from the phytopathogenic fungus *Bipolaris Sorokiniana* Strain 11134. Appl Microbiol Biotechnol, 2019, 103: 5167-5181.

[65] Deng H, Ma L, Bandaranayaka N, et al. Identification of fluorinases from *Streptomyces* sp. MA37, *Norcardia brasiliensis*, and *Actinoplanes* sp. N902-109 by genome mining. ChemBioChem, 2014, 15: 364-368.

[66] Hornung A, Bertazzo M, Dziarnowski A, et al. A genomic screening approach to the structure-guided identification of drug candidates from natural sources. ChemBioChem, 2007, 8: 757-766.

[67] Fisher B F, Snodgrass H M, Jones K A, et al. Site-selective C–H halogenation using Flavin-

dependent halogenases identified via family-wide activity profiling. ACS Cent Sci, 2019, 5: 1844-1856.

[68] Neugebauer M E, Sumida K H, Pelton J G, et al. A family of radical halogenases for the engineering of amino-acid-based products. Nat Chem Biol, 2019, 15: 1009-1016.

[69] Kennedy J, Auclair K, Kendrew S G, et al. Modulation of polyketide synthase activity by accessory proteins during lovastatin biosynthesis. Science, 1999, 284: 1368-1372.

[70] Kim H J, Ruszczycky M W, Choi S H, et al. Enzyme-catalysed [4+2] cycloaddition is a key step in the biosynthesis of spinosyn A. Nature, 2011, 473: 109-112.

[71] Tian Z H, Sun P, Yan Y, et al. An enzymatic [4+2] cyclization cascade creates the pentacyclic core of pyrroindomycins. Nat Chem Biol, 2015, 11: 259-265.

[72] Ohashi M, Liu F, Hai Y, et al. SAM-dependent enzyme-catalysed pericyclic reactions in natural product biosynthesis. Nature, 2017, 549: 502-506.

[73] Little R, Paiva F C R, Jenkins R, et al. Unexpected enzyme-catalysed [4+2] cycloaddition and rearrangement in polyether antibiotic biosynthesis. Nat Catal, 2019, 2: 1045-1054.

[74] Ohashi M, Jamieson C S, Cai Y, et al. An enzymatic Alder-ene reaction. Nature, 2020, 586: 64-69.

[75] Kato N, Nogawa T, Hirota H, et al. A new enzyme involved in the control of the stereochemistry in the decalin formation during equisetin biosynthesis. Biochem Biophys Res Commun, 2015, 460: 210-215.

[76] Sato M, Yagishita F, Mino T, et al. Involvement of lipocalin-like CghA in decalin-forming stereoselective intramolecular [4+2] cycloaddition. ChemBioChem, 2015, 16: 2294-2298.

[77] Li L, Yu P, Tang M C, et al. Biochemical characterization of a eukaryotic decalin−forming Diels-Alderase. J Am Chem Soc, 2016, 138: 15837-15840.

[78] Tan D, Jamieson C S, Ohashi M, et al. Genome-mined Diels-Alderase catalyzes formation of the *cis*-octahydrodecalins of varicidin A and B. J Am Chem Soc, 2019, 141: 769-773.

[79] Schwalen C J, Hudson G A, Kille B, et al. Bioinformatic expansion and discovery of thiopeptide antibiotics. J Am Chem Soc, 2018, 140: 9494-9501.

[80] Hudson G A, Hooper A R, DiCaprio A J, et al. Structure prediction and synthesis of pyridine-based macrocyclic peptide natural products. Org Lett, 2021, 23: 253-256.

[81] Du Y L, He H Y, Higgins M A, et al. A Heme-dependent enzyme forms the nitrogen-nitrogen bond in piperazate. Nat Chem Biol, 2017, 13: 836-838.

[82] Morgan K D, Williams D E, Patrick B O, et al. Incarnatapeptins A and B, nonribosomal peptides discovered using genome mining and H-1/N-15 HSQC-TOCSY. Org Lett, 2020, 22: 4053-4057.

[83] Ng T L, Rohac R, Mitchell A J, et al. An N-nitrosating metalloenzyme constructs the pharmacophore of streptozotocin. Nature, 2019, 566: 94-99.

[84] Hermenau R, Mehl J L, Ishida K, et al. Genomics-driven discovery of NO-donating diazeniumdiolate siderophores in diverse plant-associated bacteria. Angew Chem Int Ed, 2019, 58: 13024-13029.

[85] Broderick J B, Duffus B R, Duschene K S, et al. Radical *S*-adenosylmethionine enzymes. Chem Rev, 2014, 114: 4229-4317.

[86] Hudson G A, Burkhart B J, DiCaprio A J, et al. Bioinformatic mapping of radical *S*-adenosylmethionine-dependent ribosomally synthesized and post-translationally modified peptides identifies new C alpha, C beta, and C gamma-linked thioether-containing peptides. J Am Chem Soc, 2019, 141: 8228-8238.

[87] Nguyen T Q N, Tooh Y W, Sugiyama R, et al. Post-translational formation of strained cyclophanes in bacteria. Nat Chem, 2020, 12: 1042-1053.

[88] Bushin L B, Clark K A, Pelczer I, et al. Charting an unexplored streptococcal biosynthetic landscape reveals a unique peptide cyclization motif. J Am Chem Soc, 2018, 140: 17674-17684.

[89] Clark K A, Bushin L B, Seyedsayamdost M R. Aliphatic ether bond formation expands the scope of radical SAM enzymes in natural product biosynthesis. J Am Chem Soc, 2019, 141: 10610-10615.

[90] Caruso A, Martinie R J, Bushin L B, et al. Macrocyclization via an arginine-tyrosine crosslink broadens the reaction scope of radical *S*-adenosylmethionine enzymes. J Am Chem Soc, 2019, 141: 16610-16614.

[91] Caruso A, Bushin L B, Clark K A, et al. Radical approach to enzymatic *beta*-thioether bond formation. J Am Chem Soc, 2019, 141: 990-997.

[92] Bushin L B, Covington B C, Rued B E, et al. Discovery and biosynthesis of streptosactin, a sactipeptide with an alternative topology encoded by commensal bacteria in the human microbiome. J Am Chem Soc, 2020, 142: 16265-16275.

[93] Ting C P, Funk M A, Halaby S L, et al. Use of a scaffold peptide in the biosynthesis of amino

acid-derived natural products. Science, 2019, 36: 280-284.

[94] Levin B J, Huang Y Y, Peck S C, et al. A prominent glycyl radical enzyme in human gut microbiomes metabolizes *trans*-4-hydroxy-L-proline. Science, 2017, 355: 8386.

[95] Mousa J J, Bruner S D. Structural and mechanistic diversity of multidrug transporters. Nat Prod Rep, 2016, 33: 1255-1267.

[96] Galm U, Hager M H, Lanen S G, et al. Antitumor antibiotics: Bleomycin, enediynes, and mitomycin. Chem Rev, 2005, 105: 739-758.

[97] Tooke C L, Hinchliffe P, Bragginton E C, et al. β-lactamases and β-lactamase inhibitors in the 21st century. J Mol Biol, 2019, 431: 3472-3500.

[98] Weisblum B. Insights into erythromycin action from studies of its activity as inducer of resistance. Antimicrob Agents Chemother, 1995, 39: 797-805.

[99] Yan Y, Liu N, Tang Y. Recent developments in self-resistance gene directed natural product discovery. Nat Prod Rep, 2020, 37: 879-892.

[100] O'Neill E C, Schorn M, Larson C B, et al. Targeted antibiotic discovery through biosynthesis-associated resistance determinants: Target directed genome mining. Crit Rev Microbiol, 2019, 45: 255-277.

[101] Wang Z X, Li S M, Heide L. Identification of the coumermycin A1 biosynthetic gene cluster of *Streptomyces Rishiriensis* DSM 40489. Antimicrob Agents Chemother, 2000, 44: 3040-3048.

[102] Regueira T B, Kildegaard K R, Hansen B G, et al. Molecular basis for mycophenolic acid biosynthesis in *Penicillium brevicompactum*. Appl Environ Microbiol, 2011, 77: 3035-3043.

[103] Lin H C, Chooi Y H, Dhingra S, et al. The fumagillin biosynthetic gene cluster in *Aspergillus Fumigatus* encodes a cryptic terpene cyclase involved in the formation of β-*trans*-bergamotene. J Am Chem Soc, 2013, 135: 4616-4619.

[104] Mattheus W, Masschelein J, Gao L J, et al. The kalimantacin/batumin biosynthesis operon encodes a self-resistance isoform of the FabI bacterial target. Chem Biol, 2010, 17: 1067-1071.

[105] Kling A, Lukat P, Almeida D V, et al. Targeting DnaN for tuberculosis therapy using novel griselimycins. Science, 2015, 348: 1106-1112.

[106] Tang X Y, Li J, Millán-Aguiñaga N, et al. Identification of thiotetronic acid antibiotic biosynthetic pathways by target-directed genome mining. ACS Chem Biol, 2015, 10: 2841-

2849.

[107] Alanjary M, Kronmiller B, Adamek M, et al. The Antibiotic Resistant Target Seeker (ARTS), an exploration engine for antibiotic cluster prioritization and novel drug target discovery. Nucleic Acids Res, 2017, 45: W42-W48.

[108] Yan Y, Liu Q Q, Zang X, et al. Resistance-gene-directed discovery of a natural-product herbicide with a new mode of action. Nature, 2018, 559: 415-418.

[109] Thaker M N, Wang W L, Spanogiannopoulos P, et al. Identifying producers of antibacterial compounds by screening for antibiotic resistance. Nat Biotechnol, 2013, 31: 922-927.

[110] Li Y X, Zhong Z, Hou P, et al. Resistance to nonribosomal peptide antibiotics mediated by D-stereospecific peptidases. Nat Chem Biol, 2018, 14: 381-387.

[111] Culp E J, Waglechner N, Wang W L, et al. Evolution-guided discovery of antibiotics that inhibit peptidoglycan remodelling. Nature, 2020, 578: 582-587.

[112] Bentley S D, Chater K F, Cerdeno-Tarraga A M, et al. Complete genome sequence of the model actinomycete *Streptomyces coelicolor* A3(2). Nature, 2002, 417: 141-147.

[113] Oliynyk M, Samborskyy M, Lester J B, et al. Complete genome sequence of the erythromycin-producing bacterium *Saccharopolyspora erythraea* NRRL23338. Nat Biotechnol, 2007, 25: 447-453.

[114] Udwary D W, Zeigler L, Asolkar R N, et al. Genome sequencing reveals complex secondary metabolome in the marine actinomycete *Salinispora tropica*. Proc Natl Acad Sci USA, 2007, 104: 10376-10381.

[115] Kersten R D, Weng J K. Gene-guided discovery and engineering of branched cyclic peptides in plants. Proc Natl Acad Sci USA, 2018, 115: E10961-E10969.

[116] Brunson J K, McKinnie S M K, Chekan J R, et al. Biosynthesis of the neurotoxin domoic acid in a bloom-forming diatom. Science, 2018, 361: 1356-1358.

[117] Chekan J R, McKinnie S M K, Moore M L, et al. Scalable biosynthesis of the seaweed neurochemical, kainic acid. Angew Chem Int Ed, 2019, 58: 8454-8457.

[118] Butcher R A. Small-molecule pheromones and hormones controlling nematode development. Nat Chem Biol, 2017, 13: 577-586.

[119] Beran F, Rahfeld P, Luck K, et al. Novel family of terpene synthases evolved from *trans*-isoprenyl diphosphate synthases in a *Flea beetle*. Proc Natl Acad Sci USA, 2016, 113: 2922-2927.

[120] Cooke T F, Fischer C R, Wu P, et al. Genetic mapping and biochemical basis of yellow feather pigmentation in *Budgerigars*. Cell, 2017, 171: 427-439.

[121] Torres J P, Lin Z J, Winter J M, et al. Animal biosynthesis of complex polyketides in a photosynthetic partnership. Nat Commun, 2020, 11: 2882.

[122] Gizzi A S, Grove T L, Arnold J J, et al. A naturally occurring antiviral ribonucleotide encoded by the human genome. Nature, 2018, 558: 610-614.

[123] Ren H Q, Shi C Y, Zhao H M. Computational tools for discovering and engineering natural product biosynthetic pathways. iScience, 2020, 23: 100795.

[124] Kautsar S A, Suarez Duran H G, Blin K, et al. PlantiSMASH: Automated identification, annotation and expression analysis of plant biosynthetic gene clusters. Nucleic Acids Res, 2017, 45: W55-W63.

[125] Sugimoto Y, Camacho F R, Wang S, et al. A metagenomic strategy for harnessing the chemical repertoire of the human microbiome. Science, 2019, 366: 9176.

[126] Integrative H M P R N C. The integrative human microbiome project. Nature, 2019, 569: 641-648.

[127] Turnbaugh P J, Ley R E, Hamady M, et al. The human microbiome project. Nature, 2007, 449: 804-810.

[128] Thompson L R, Sanders J G, McDonald D, et al. A communal catalogue reveals earth's multiscale microbial diversity. Nature, 2017, 551: 457-463.

[129] Trevathan-Tackett S M, Sherman C D H, Huggett M J, et al. A horizon scan of prioritiesfor coastal marine microbiome research. Nat Ecol Evol, 2019, 3: 1509-1520.

[130] Levin D, Raab N, Pinto Y, et al. Diversity and functional landscapes in the microbiota of animals in the wild. Science, 2021, 372: 254-265.

[131] Fischbach M A, Segre J A. Signaling in host-associated microbial communities. Cell, 2016, 164: 1288-1300.

[132] Fischbach M A. Microbiome: Focus on causation and mechanism. Cell, 2018, 174: 785-790.

[133] Silpe J E, Balskus E P. Deciphering human microbiota-Host chemical interactions. ACS Cent Sci, 2021, 7: 20-29.

[134] Cully M. Microbiome therapeutics go small molecule Nat Rev Drug Discov, 2019, 18: 569-572.

[135] Kim E, Moore B S, Yoon Y J. Reinvigorating natural product combinatorial biosynthesis

with synthetic biology. Nat Chem Biol, 2015, 11: 649-659.

[136] Helm E, Genee H J, Sommer M O A. The evolving interface between synthetic biology and functional metagenomics. Nat Chem Biol, 2018, 14: 752-759.

[137] Smanski M J, Zhou H, Claesen J, et al. Synthetic biology to access and expand nature's chemical diversity. Nat Rev Microbiol, 2016, 14: 135-149.

[138] Diender M, Parera Olm I, Sousa D Z. Synthetic co-cultures: Novel avenues for bio-based processes. Curr Opin Biotechnol, 2021, 67: 72-79.

[139] Rapp K M, Jenkins J P, Betenbaugh M J. Partners for life: Building microbial consortia for the future. Curr Opin Biotechnol, 2020, 66: 292-300.

[140] Huang A C, Jiang T, Liu Y X, et al. A specialized metabolic network selectively modulates arabidopsis root microbiota. Science, 2019, 364: 6389.

[141] Luo X Z, Reiter M A, D'Espaux L, et al. Complete biosynthesis of cannabinoids and their unnatural analogues in yeast. Nature, 2019, 567: 123-126.

[142] Caputi L, Franke J, Farrow S C, et al. Missing enzymes in the biosynthesis of the anticancer drug vinblastine in *Madagascar periwinkle*. Science, 2018, 360: 1235-1239.

[143] Guo C J, Chang F Y, Wyche T P, et al. Discovery of reactive microbiota-derived metabolites that inhibit host proteases. Cell, 2017, 168: 517-526.

[144] Stokes J M, Yang K, Swanson K, et al. A deep learning approach to antibiotic discovery. Cell, 2020, 180: 688-702.

第十章

异源生物合成

第一节　科学意义与战略价值

异源生物合成是指将天然产物、工业化学品等的生物合成途径或经重构的生物合成途径在异源宿主中进行表达，从而实现目标产物的可持续性、稳定性、低成本、绿色、高效生产。

天然产物是生物进化过程中逐渐合成的次生代谢产物，具有优异的生物学活性，已成为治疗重大疾病的药物的源泉。按照其来源，天然产物可以分为微生物源和植物源等天然产物。微生物源天然产物是由细菌或真菌等合成的次级代谢产物，种类丰富、活性多样，一直是抗感染、抗肿瘤、免疫抑制、抗代谢性等疾病药物及农用抗生素的重要来源，在新药研发中具有不可替代性[1-4]。尽管微生物源天然产物具有很好的生物活性和成药性，但其在原始产生菌中往往产量较低，有些即使通过后期的菌种和发酵工艺的优化也较难满足工业化生产的需求。大多数天然产物化学结构复杂，利用化学合成方法去实现其获取极具挑战性，而且还存在合成步骤烦琐、总收率低、能耗高、易造成环境污染等短板，同样难以满足工业化的需求[5]。以天然产物生物合成机制认知为基础的异源生物合成，为微生物源天然产物的药源供给瓶颈问题提供了新手段和机遇，旨在成功获取或构建目标化合物生物合成基因簇的基础上，通过发酵友好的微生物源宿主实现天然产物的高效异源合成。近年来，细菌耐药性问题日益严重，对新型抗生素的研发提出了迫切需求，规模化的基因组测序表明，约90%的微生物源天然产物的生物合成基因在实验室培养环境中是沉默的，蕴含着大量未被挖掘的新结构天然产物，是新型抗生素研发的重要新资源。异源生物合成是激活这些沉默基因从而获得新结构产物的有效手段，对新型抗生素的研发具有重要意义。

植物源天然产物是由植物合成的代谢产物，它们在种间通信、竞争、防御等方面发挥着重要作用[6-8]。植物源天然产物不仅在能源、农药、香料和染色剂等方向具有广泛的应用，最重要的是它们在医药方面的应用价值，是药物研发的重要源泉。早在公元前2600年，很多植物就已被记录具有药用活性，目前许多临床常用的一线药物（青蒿素、吗啡、紫杉醇、莨菪碱等）都源于植物[7, 8]。开发和利用这些植物源天然产物的主要挑战是它们在自然界中的丰度较低，导致其供应有限，在许多情况下无法满足药用活性开发和药物市场需求。化学合成为获取一些结构简单的植物天然产物提供了解决方案，如水杨酸的合成等[9]。然而，与微生物天然产物一样，植物源天然产物同样具有天然产物固有的结构复杂性，使其化学合成也面临较大的挑战，存在合成效率低的问题，难以满足工业化需求，如紫杉醇的全合成[10, 11]。除了化学合成的手段，植物天然产物还可以利用植物细胞或组织培养、植物直接提取的方法来获取，但这两种方法也存在明显的缺点。植物细胞或组织培养虽可以快速、可持续地提供植物源天然产物，但这一方法的挑战性在于扩大植物细胞培养的操作复杂、易污染、生产成本高、目标产物积累量低，不易实现工业化生产，如喜树碱[12]。植物直接提取是目前植物天然产物的主要获取途径，属于资源消耗型产业，完全依赖于自然资源，而天然产物在植物体内积累缓慢，积累量低，有时仅存在于特定的植物器官和组织中，提取过程中大量酸碱及有机溶剂的使用造成了严重的环境污染及生态破坏，植物材料的人工种植也面临栽培周期长、占用耕地、易受气候条件威胁等诸多问题[13]。植物源天然产物异源生物合成是在解析植物天然产物生物合成途径的基础上，将关键模块在模式微生物（大肠杆菌、酿酒酵母等）或模式植物（拟南芥、烟草等）中进行异源重构，从而实现目标化合物的可持续性、稳定性、低成本、绿色高产。这一新的植物源天然产物获取策略具有生产周期短、不受原料供应的限制、发酵产物比较单一、易于分离纯化等优点，容易实现大规模工业化生产，能有效控制原料供给，也能保护自然资源及环境。相比于传统生产方式，这种新的植物源天然产物获取策略在资源可持续利用和经济效益等方面均具有很显著的优势[14]。简言之，这是目前最具研究和开发潜力的科学发展方向，也是未来生产植物天然产物的重要途径。我国作为研究、开发和利用药用植物资源的大国，在植物天然产物的医药应用方面具有悠久的传统和历史。目前，虽然有少数药用植物资源成功实现了人工种植，但绝大多数植物药材仍然依赖于野生资源。此外，相对于已知的植物种类，已知药用价值并实现其开发利用的植物资源仅占极小的一部分。所以，无论是从自然保护和生态平衡的人文角度出发，还是从发展我国现代中药植物资源、开发新型植物源药物先导、促进中药国际化的战略角度考虑，建立植物天然产物的可持续高效获取途径是我们目前面临的重要挑战。

大宗化学品、生物燃料和生物材料等工业化学品在生物化工、能源、军事、医学和材料等领域具有重要应用，具有技术密集、商品性强、附加值高等特点。工业化学品的传统生产方式是由石油路线加工制备的，这种生产方式过度依赖能源资源消耗，环境污染较严重，特别是在石油日渐紧缺、化学与石化工业原料危机日益逼近的后石油时代，显得尤为紧迫并愈演愈烈，将成为影响化学工业可持续发展的全局性重大问题。利用可再生的生物质资源代替石油化工原料制备生物基化学品，可摆脱对化石资源的过度依赖，建立以可再生资源为基础的生物经济，对发展循环经济、建设资源节约型社会，实现国民经济可持续发展具有战略意义。生物基化学品具有原料可再生、生产过程清洁高效等特点，可有效降低对化石资源的依赖，减少温室气体排放。据 Cargill 和麦卡锡公司估计，现有化学品中的 2/3 可以通过生物质的转化得到，潜在市场价值达到 3 万亿美元 /a。工业化学品微生物合成的核心技术是在发酵友好、高效的异源宿主中，设计和构建目标化合物的生物合成途径，通过系统的调控和优化，由重组微生物发酵生产生物基化学品。

总之，异源生物合成的应用，不仅可以有效弥补有机化学在复杂天然产物药物生产方面的不足，为来源稀缺的复杂天然产物的发现和开发提供持续、稳定、经济的原料供给，同时还可以缓解大宗/精细化学品、能源产品等的成本、环境和资源协调问题，对促进我国自主知识产权天然药物的研发、资源的可持续利用和国民经济的可持续发展具有战略性意义。

第二节　现状及其形成

得益于生命科学和生物技术的突飞猛进，天然产物的生物合成研究及以此为基础的组合生物合成研究取得了长足的进展，对天然产物的认识也逐渐深入到结构多样性与基因（簇）、酶催化反应的相互关联，促进了天然产物异源合成概念的诞生。第一例实现异源生物合成的天然产物是由链霉菌产生的放线紫红素。1984 年，Hopwood 团队首次克隆了放线紫红素的生物合成基因簇，并实现其在异源宿主微小链霉菌（*Streptomyces parvulus*）ATCC12434 的成功表达；从那以后，已有大约 120 个微生物源天然产物的生物合成基因簇被成功异源表达。与生长较快、易于遗传操作的微生物相比较，大部分生产高附加值天然产物的植物为非模式植物，遗传背景复杂，可用的分子遗传操作工具较少；植物基因组庞大，重复序列多；植物蛋白的外源表达相对于微生物而言更具挑战性；植物源天然产物的生物合成基因大多不成簇分布；上述的诸多因素致使植物源天然产物的异源生物合成研究较微生物源天然产物而言发展更为缓慢。目前植物源天然产物异源合成研究成功的例证当属青蒿素，2006 年 Keasling 团队率先在酿酒酵母中实现了青蒿素前体青蒿酸的异源合成，优化后的青蒿酸稳定产量达到 25 g/L。

对天然产物或工业化学品的合成基因进行克隆是实现其异源合成的基础。20 世纪 70～80 年代，以限制性内切酶技术为代表的重组 DNA 技术和以 PCR 为代表的 DNA 体外扩增技术是最早发展的基因编辑技术，是小型（＜10 kb）生物合成基因（簇）克隆的首选。然而，复杂天然产物的生物合成基因簇通常较大，重复序列较多，用常规的 PCR 方法和克隆手段难以直接获得，基因文库构建筛选技术的发展极大促进了大型生物合成基因簇的克隆和异源表达，但存在操作复杂、费时费力等问题。近年来，Red/ET 重组工程技术（Red/ET recombineering）、CRISPR/Cas 和 Gibson 重组技术等基因组剪辑技术迅速发展，通过这些技术单独或协同使用，可以从基因组中免建库地直接克隆大片段基因簇或由多个小片段基因序列组装成全长基因簇，为“后基因组时代”的天然产物基因簇的克隆和编辑提供了更简单、高效的方法。

优质的底盘细胞是决定天然产物、工业化学品等异源合成的成败和产量的高低的关键因素。大肠杆菌、酿酒酵母和链霉菌是最常用的异源生物合成宿主，建立一种通用、高效、发酵友好的超级宿主，将有助于实现不同生源途径的天然产物的发酵生产。例如，日本科学家针对农用抗生素阿维菌素的产生菌，通过同源重组和 Cre-*loxP* 介导的位点特异性重组敲除掉约 1.4 Mb 序列，构建了基因组简化到最小的新型宿主 SUKA17，通过该宿主成功实现了包括聚酮、氨基糖苷、氨基酸衍生物等类型的 20 个次级代谢产物的异源表达。

接下来，本节将对微生物源天然产物、植物源天然产物和工业化学品的异源生物合成的发展历史，以及对影响高效异源生物合成的两个关键要素——基因编辑技术和底盘细胞的发展历史进行归纳总结。

一、天然产物、工业化学品等的异源生物合成

（一）微生物源天然产物异源生物合成

微生物源天然产物在人类社会的健康发展中发挥了重要作用，是新机制药物或药物先导的最好来源[1-4]。微生物源天然产物尤其是结构复杂的天然产物，由于具有众多的手性中心，利用化学手段对其进行全合成通常面临挑战性大或收率较低的问题，以致微生物发酵手段仍然是解决复杂天然产物药源供应的主要方式[5]。自从青霉素被发现的近 80 年来，约有多于 30 000 个天然产物已被鉴定，并且绝大多数是由放线菌和真菌产生的。此外，基因组测序结果表明，每个放线菌生产抗生素的潜能数十倍于我们的认知[6, 15]，对这些放线菌潜能的挖掘有望推动新机制抗生素发现的热潮。

以对微生物天然产物生物合成机制的认知为基础的天然产物的异源生物合成为放线菌潜能的挖掘提供了新平台。在生长迅速，代谢背景干净，遗传

稳定且易于操作的模式宿主中，进行异源微生物次级代谢产物生物合成基因簇表达或生物合成研究的过程，称为微生物天然产物的异源生物合成[16, 17]。异源生物合成对产生菌株生长缓慢、遗传操作困难、代谢背景复杂、目标产物产量低的天然产物药物的研发具有重要意义。自 1984 年 Hopwood 团队首次克隆放线紫红素的基因簇并实现其在异源宿主微小链霉菌 ATCC12434 的表达以来[18]，已有大约 120 个次级代谢产物的生物合成基因簇被成功异源表达，为突破部分活性分子的足量供给提供了有效途径。通过异源生物合成来推动天然产物成药性研究的典型实例当数细菌来源抗癌明星药物分子埃博霉素（图 10-1）。

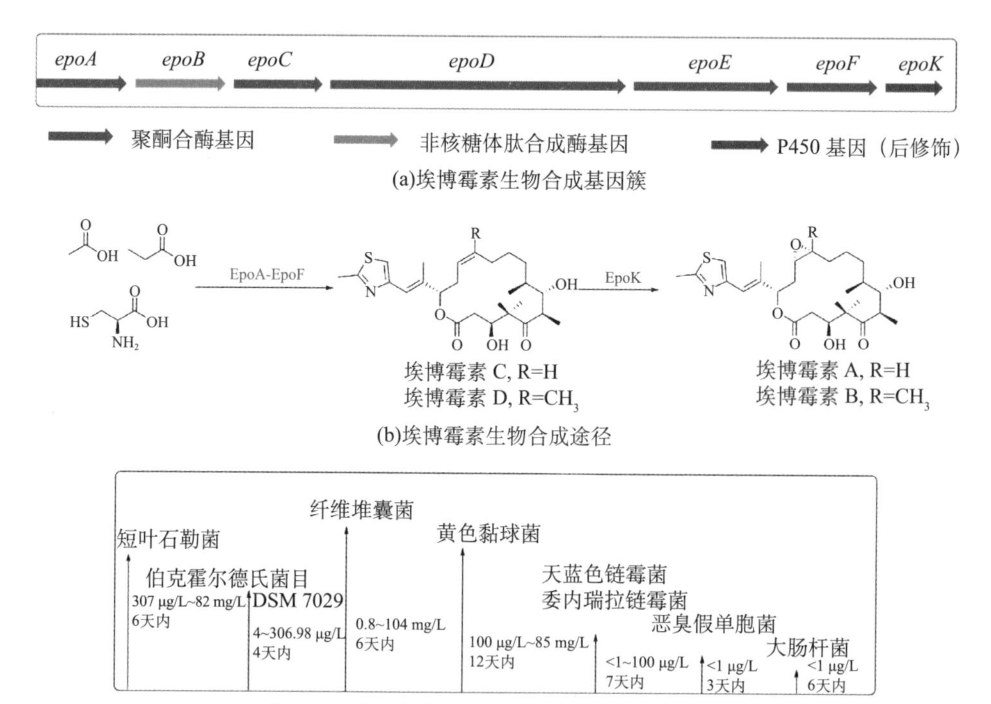

图 10-1　埃博霉素生物合成基因簇的异源表达及在不同宿主表达的优势比较

从结构而言，埃博霉素属于由聚酮合酶和非核糖体肽合成酶杂合合成的一类十六元环大环内酯类抗肿瘤抗生素，由黏细菌亚纲的纤维堆囊菌（*Sorangium cellulosum*）生产[19]。埃博霉素抗肿瘤作用机制与抗癌药物紫杉醇类似，都是通过作用于微管蛋白的 β-亚单位，促进微管蛋白的聚合，防止解聚，使细胞不能进行正常的分裂，抑制细胞的生命活动，进而导致细胞死亡[20-22]。但是，埃博霉素较紫杉醇具有更好的水溶性及对多重耐药癌细胞的抑制活性[20, 23, 24]，而且最近的研究表明，埃博霉素在中枢神经系统的损失及阿尔茨海默病的治疗方面也有较大应用潜力[25, 26]，因此具有更大的开发价值。虽然有很多团队完成了埃博霉素的全合成，但是因其合成步骤过长（>20 步）并且收率较低，其药物开发过程中的生产仍然靠微生物发酵生产来解决。然而，埃博霉素在其野生型生产菌株纤维堆囊菌中的生长周期较长、产量较低（20 mg/L）且提取困难[19]。虽然通过紫外诱变、多重压力选择及基因组改组等技术改造，埃博霉素的产量最高可以达到 104 mg/L[27]，但限制埃博霉素的药源供应的主要问题是其生产菌株的生长过于缓慢（倍增一次的时间是 16 h），致使埃博霉素的生产周期较长和市场价格过高，15 mg 埃博霉素 B 衍生物伊沙匹隆（ixabepilone，埃坡霉素）的市场售价是 921.96 美元[28]。科桑生物科学（KOSAN）公司的科研人员首先克隆了埃博霉素的生物合成基因簇并率先实现了其在模式天蓝色链霉菌 CH999 及黄色黏球菌（*Myxococcus xanthus*）中的异源表达[29-31]。随后，韩国科学家将埃博霉素的生物合成基因簇转移到委内瑞拉链霉菌中，也实现了埃博霉素生物合成基因簇的异源表达[32]。虽然埃博霉素在天蓝色链霉菌（50～100 μg/L）和黏细菌（25～33 μg/L）及委内瑞拉链霉菌（<1 μg/L）中的产量不够理想，但是这些菌株生长速度较埃博霉素的野生型菌株快和具有发酵经济的特点，有利于通过系统的发酵优化和工艺改良，提高埃博霉素的产量及缩短生产周期，进而为埃博霉素的可持续开发创造条件。2005 年，Frykman 等通过分批补料及半连续的发酵方式使埃博霉素 D 在 22 天发酵周期下的产量可达到 85 mg/L[33]。随后，KOSAN 公司的科研人员又在大肠杆菌（*Escherichia coli*）中实现了埃博霉素生物合成基因簇的异源表达，虽然产量仍然较低（<1.0 μg/L），但是密码子优化和改造了的埃博霉素生物合成基因在大肠杆菌中可以成功表达，这为埃博霉素生物合成基因的生化研究和通过生物合成方式获得埃博霉素类似物提供了理想研究平台[34]。在 2014 年，Wenzel 课题组在充分考虑黏细菌的密码子偏好性、GC 含量、启动子等因素的基础上，对埃博霉素的生物合成基因簇进行了人工合成及优化，实现了埃博霉素在黄色黏球菌中的相对高效表达（100 μg/L）[35]，此项研究为埃博霉素的多样化结构改造和以发酵优化为基础

的高效生产提供了新思路。2017年，张友明和Müller团队实现了埃博霉素基因簇在伯克霍尔德氏菌目（Burkholderiales）的一个菌株DSM 7029中的异源表达，并通过培养基优化、外源甲基丙二酸单酰辅酶A合成途径的引入、稀有tRNA基因的过表达等方式，使埃博霉素的产量在4天发酵条件下达到306.98 μg/L[36]。该研究不仅实现了埃博霉素的高效快速的异源表达，而且也为黏细菌中新颖次级代谢产物的挖掘提供了新的优质底盘细胞。最近，赵国屏院士和丁晓明团队通过重组一个新的56 kb埃博霉素生物合成基因簇，在基于RNA-seq分析优化各基因启动子、完善前体合成供给途径和培养基优化的条件下，实现了埃博霉素在短叶石勒菌（*Schlegelella brevitalea*）菌株中的高效表达，使埃博霉素的产量在6天发酵条件下达到82 mg/L[37]，这不仅提高了埃博霉素的产量，缩短了其生产周期，而且能够满足工业生产的需要，具有很大的科学价值和经济价值。

除了埃博霉素通过异源生物合成方式突破了药源供应的瓶颈，还有许多其他重要的细菌来源药物的生物合成基因簇也成功实现了在异源宿主中的高效表达，如达托霉素在2000年由Cubist公司的科研人员克隆了其全长约130 kb的基因簇，并实现了其在模式变铅青链霉菌（*Streptomyces lividans*）TK64中的异源表达，达托霉素在模式菌株的产 量与其在野生型菌株玫瑰孢链霉菌中的产量相当，产量为18～900 mg/L[38]。达托霉素巨型基因簇的成功异源表达为其他巨型基因簇编码的次级代谢产物的挖掘提供了方法借鉴。

与一些生长缓慢的细菌源天然产物相比较，真菌天然产物的发酵周期一般较短，将原始产生菌经过高产菌种筛选和发酵工艺优化后，产量提升较大，可以达到工业生产要求。以FDA批准的真菌天然产物药物如降脂药物洛伐他汀、抗感染药物青霉素、免疫抑制剂霉酚酸和环孢霉素为例：洛伐他汀在野生型土曲霉中的产量可以从最初的100 mg/L[39]提升到约2.2 g/L[40]；青霉素在产黄青霉菌中的产量可以从1 mg/L[41]提升到约60 g/L；霉酚酸和环孢霉素在原始产生菌中的产量可以分别提升达到约4 g/L[42]和8 g/L[43]。此外，由于真菌较大的基因组和基因中的内含子等因素给天然产物生物合成研究带来了挑战，真菌天然产物的生物合成研究比细菌起步晚，因此鲜有依靠异源底盘宿主细胞大量生产真菌天然产物的例子。如Turner团队在1990年将青霉素的基因簇克隆出来，并在黑曲霉和粉色面包霉菌（*Neurospora crassa*）中实现异源表达，产量仅达到约 1 mg/L[44] [图 10-2(b)]。虽然真菌天然产物的异源生物合成在对特定产物进行规模化生产方面没有表现出显著优势，但是，由于真菌基因组中存在大量沉默的天然产物生物合成基因簇，且这些新颖天然产物的合成途径中蕴含着大量新型功能酶，因此，真菌天然产物的异源生物合成在挖掘沉默天然产物和新颖生物合成功能酶、拓展真菌天然产物的化学

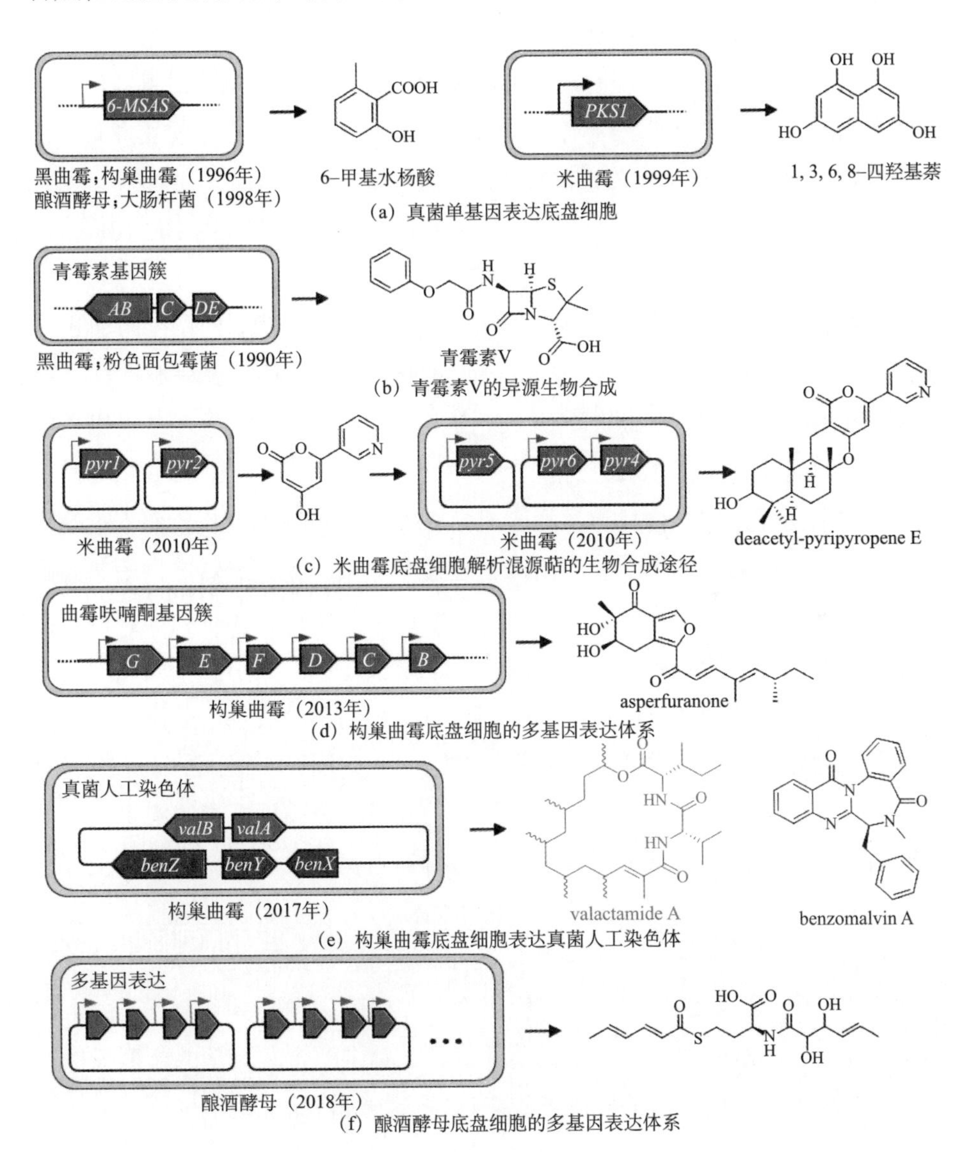

图 10-2　真菌天然产物异源生物合成

结构多样性方面具有重要意义。近年来，伴随着真菌天然产物生物合成机制的研究的兴起，丝状真菌底盘细胞为生物合成机制的阐明提供了有效的平台。例如，Kushiro 团队在 2010 年，成功地通过在米曲霉底盘细胞中重构了混源萜去乙酰基-吡里哌若平 E（deacetyl-pyripyropene E）的途径从而发现了新型的萜类环化酶[45]［图 10-2(c)］。随着基因组测序技术的飞速发展，大量功能未知的真菌天然产物基因簇被发掘。因此，为了探索这些沉默或隐秘基因的功能并挖掘新型真菌天然产物，多种底盘细胞工具被开发出来用于实现真菌天然产物的异源生物合成。例如，Oakley 团队在 2013 年开发了构巢曲霉底盘细胞并成功地表达来自土曲霉的曲霉呋喃酮（asperfuranone）基因簇，这标志着构巢曲霉底盘细胞异源表达真菌基因簇技术的成熟[46]［图 10-2(d)］。随后在 2017 年，Kelleher 团队又进一步利用构巢曲霉底盘细胞用于三株真菌中隐秘次级代谢产物基因簇的表达，并发现了一系列新产物[47]［图 10-2(e)］。2018 年，Hillenmeyer 团队开发了基于酿酒酵母的真菌基因簇异源表达体系 HEx（Heterologous Expression），并成功地用于多个丝状真菌隐秘或沉默次级代谢产物的挖掘[48]［图 10-2(f)］。

从微生物源天然产物异源生物合成研究的发展历程来看，我们不难发现异源生物合成在解决痕量、生产菌株生长缓慢的微生物源天然产物的药源供给瓶颈问题中发挥了重要作用，同时也是激活沉默生物合成基因簇获得新结构药物先导化合物的有效途径。我国的科学家虽在不同大小和不同微生物来源的基因簇的异源表达方面有突出表现，但是我们在解决难培养微生物来源的痕量药物先导的药源供应及药物先导的衍生化方面还有很大的不足或还有很大的提升空间。此外，目前所用的微生物源天然产物异源表达宿主也多数由外国的科学家，尤其是美国科学家改造得到，我国缺少原创的由本土真菌菌种开发成的底盘细胞。基于特殊生境（如深海）微生物底盘细胞的研究空白，我们未来可以开发出特殊生境来源的微生物底盘细胞，为特殊生境微生物来源次级代谢产物的挖掘和开发提供选择和保障。我国具有源于不同生态环境和地域、丰富而独特的微生物菌种资源，其中蕴含着大量的新型天然产物，如能高效地运用合适的底盘细胞对这些产物进行研究，不仅可以加速新型天然产物的发掘，还将揭示其中的生物合成酶学机制，为构建新骨架产物提供酶学基础。随着越来越多的药源分子异源表达的成功实现、基因组挖掘技术的进步和发酵工艺的提升及对创新药物的迫切需求，相信异源生物合成技术在解决更多具有开发价值的药源分子的供应、新型天然产物的挖掘方面具有更大的发展空间，也必将会推动药物研发进程，助力我国自主知识产权的药物研发。

（二）植物源天然产物异源生物合成

随着现代分子生物学、植物化学等相关学科技术的发展，科学工作者利用基因、蛋白质、化学结构单元等的不同层次上的分子水平操作，逐步实现了对植物天然产物生物合成的化学和分子机制的解析，植物天然产物的异源合成理念由此诞生。过去几十年来，随着 DNA 合成和组装、基因编辑、遗传转化等技术的飞速发展，越来越多的植物源天然产物生物合成途径得以解析。在此基础上，近几年来植物基因组、转录组、蛋白质组、代谢组和表型组等组学大数据的快速获取和生物信息学分析技术的发展，促成了植物源天然产物生物合成元件的有效整合，植物源天然产物的异源合成由此实现。植物中天然产物结构特征的分析、生物合成途径的搭建、分子水平上基因功能的挖掘及关键酶催化机制的解析是实现植物源天然产物异源合成的根本。植物源天然产物异源合成科学的发展可为植物源天然产物的药用活性机理解析、基因和天然产物药效基团的有效关联、新型“拟天然”植物源天然产物的生产奠定物质基础。发展植物源天然产物异源合成的研究，不仅有助于实现我国传统中药、农药、香料和化妆品等植物资源的创新生产和开发，也将促进植物源天然产物化学、植物分子生物学、酶学、药物活性机理等相关学科的深入发展。加快植物源天然产物异源合成领域的发展于我国而言意义非凡。

目前植物源天然产物异源合成研究最成功的例证之一当属青蒿素，青蒿素作为治疗疟疾的一线药物，在过去挽救了全球特别是发展中国家数百万人的生命。目前，青蒿素的全球年使用量约 180 t，主要依赖于植物提取（图 10-3，方法 A），且 70% 的青蒿素提取原料来自我国。青蒿素在原料植物黄花蒿（*Artemisia annua*）中的含量差异较大（0.001%～1%），采用溶剂提取法，从 1 t 植物中可得到 6～8 kg 青蒿素，每千克产品价值 4000～6000 元[49]。依赖植物提取的生产方式给我国带来了巨大的原料供应压力，青蒿素的市场稳定性也较差，市场波动、气候变化与黄花蒿价格都有密切关系[49]。相较于植物提取，化学全合成青蒿素可以使青蒿素的生产不再依赖于自然生长的黄花蒿资源。目前青蒿素化学全合成的最高收率约13%，克级反应收率约9%，该合成路线以环己烯酮为原料，经5步反应完成青蒿素的合成[50]（图10-3，方法B），使用了Zn、Cu、Pd等重金属试剂及正丁基锂、乙基铝等易燃易爆试剂，使用了低温反应条件（–78℃），并涉及三步色谱分离纯化过程，未能实现产业化。进入21世纪，美国加利福尼亚大学伯克利分校Keasling团队从合成生物学角度出发，率先在酿酒酵母中实现了青蒿素前体青蒿酸的异源合成[51]，优化后的青蒿酸稳定产量达到25 g/L[52]，这为化学半合成得到商品化的青蒿素奠定了基础[52, 53]（图10-3，方法C）。2016年德国马克斯·普朗克科学促进协会的Bock等使用COSTREL方法将青蒿酸的完整合成途径基因整合到烟草叶绿体的基因组中，达到120 mg/kg的生物产量，为利用重组植物工程实现商业化生产青蒿素前体奠定了基础（图10-3，方法D）[54]。

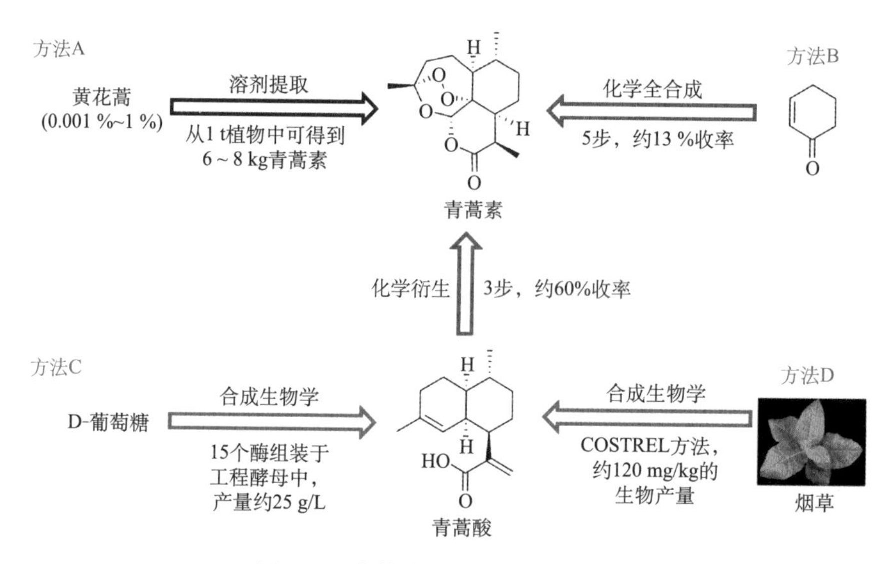

图10-3　青蒿素不同获取方式的比较

COSTREL：质体受体细胞系的组合转化法（combinatorial supertransformation of transplastomic recipient lines）

大部分生产高附加值天然产物的植物为非模式植物，遗传背景复杂，可用的分子遗传操作工具较少；植物基因组庞大，重复序列多；植物蛋白的外源表达相对于微生物而言更具挑战性；植物源天然产物的生物合成基因大多不成簇分布。上述的诸多因素致使植物源天然产物生物合成研究较微生物源天然产物而言发展得更为缓慢。随着转录组 / 基因组测序、基因编辑、RNA 干扰、病毒转染、多种组学分析、大数据分析等相关学科技术的发展，这几年来，除青蒿素外，许多植物源复杂天然产物生物合成与合成生物学研究都取得了长足进步。2015 年，斯坦福大学 Smolke 团队将源于植物、哺乳动物、细菌和酿酒酵母的二十多个基因整合到酿酒酵母中，不断优化酶的表达和代谢流，在酿酒酵母中实现了阿片类生物碱的从头异源合成 [55]。同年，斯坦福大学 Sattely 团队使用转录组挖掘技术对依托泊苷苷元——鬼臼毒素生物合成途径中的基因进行了鉴定，并在烟草中重建了鬼臼毒素的合成路径 [56]。2018 年，Keasling 团队将多个途径的基因整合在酿酒酵母中实现了大麻素类化合物的异源合成 [57]。2019 年，斯坦福大学 Sattely 团队结合转录组学、代谢逻辑和途径重建阐明了近乎完整的秋水仙碱生物合成途径，并使用这些新发现的基因在烟草中实现了 *N*- 甲酰秋水仙胺（秋水仙碱前体）的异源合成 [58]。2020 年，斯坦福大学 Smolke 团队利用全细胞工程策略在酿酒酵母中构建、集成了 34 个染色体修饰（含 26 个基因表达与整合、8 个基因敲除，跨越 4 个界、10 个不同物种），以模块化的构思整合形成一个合成莨菪碱的全细胞系统，并模拟茄科植物中天然莨菪烷生物碱生物合成时所表现出的细胞内和细胞间区室化现象，在不同的亚细胞位置（细胞质基质、线粒体、过氧化物酶体、液泡、内质网）表达酶和转运蛋白，最终在酿酒酵母中以简单的糖和氨基酸为起始原料实现了莨菪碱和东莨菪碱的从头异源合成 [59]。上述这些代表性工作的完成为更多植物源复杂天然产物的合成生物学研究提供了典型案例，也将植物源天然产物异源合成的相关研究推入快速发展时期。

植物源天然产物的微生物异源合成可绕过植物的内源调节，快速混合并匹配不同来源的酶，克服传统化学合成与植物代谢工程的障碍，大大降低植物源天然产物的生产周期。模式植物底盘异源合成植物源天然产物还未能实现实际的工业化生产。植物源天然产物的异源合成具有多学科交叉的背景，从实验室走向市场应用的研发周期长、难度大，相应的经费投入也大。受限于定量标准化元件的缺乏、装置与系统的不兼容、许多植物源天然产物生物合成途径未被解析等，目前植物源天然产物异源合成的发展仍然缓慢，处于上升期。未来植物源天然产物异源合成的发展在很大程度上取决于植物源天然生物合成途径解析等相关基础研究的突破。

植物源天然产物异源合成是合成生物学研究的一个分支。作为一门新兴的交叉学科，很多国家将合成生物学的发展提高到重要战略位置，并设置了国家级的研究中心。2014 年，美国国防部将其列为 21 世纪优先发展的六大颠覆性技术之一，随后设置了劳伦斯伯克利国家实验室的敏捷生物铸造（Agile BioFoundry）、美国麻省理工学院（MIT）的麻省理工－博德铸造（MIT-Broad Foundry）和伊利诺伊大学厄巴纳－香槟分校的伊利诺伊高物生物铸造（Illinois Biological Foundry for Advanced Biomanufacturing，iBioFAB）等 3 个大型合成生物学研究中心。英国商业创新技能部在 2014 年也将其列为未来的八大关键技术之一，并资助成立了英国曼彻斯特大学的合成生物化学中心（SYNBIOCHEM）和英国帝国理工学院的伦敦 DNA 铸造（London DNA Foundry）等 6 个大型合成生物学中心。我国也在 2014 年将合成生物学技术列为十大重大突破类技术之一，并先后建立了中国科学院天津工业生物技术研究所“生物铸造厂”、中国科学院深圳先进技术研究院合成生物学研究所及天津大学合成生物学前沿科学中心等特色研究平台。2020 年科学技术部批复依托中国科学院天津工业生物技术研究所建设国家合成生物技术创新中心。

目前，在植物源天然产物异源合成领域占据前沿位置的主要是美国科学家，许多有明确药效的植物天然分子（如青蒿酸、吗啡、鬼臼毒素、大麻素、秋水仙碱、莨菪碱）的异源合成工作均由美国科学家完成。我国在此领域起步较晚，发展缓慢，与国际前沿还有相当差距。目前，我国科学家奋起直追，取得了较好的进步，如解析了棉酚[60]、甘草黄酮苷[61]、雷公藤甲素[62]、莨菪碱[63]等植物源天然分子生物合成的关键步骤，完成了甜菊糖苷[64]、人参皂苷[65]、天麻素[66]等植物源天然分子的异源合成工作。总体来说，我国科学家的竞争力相对较弱，发展空间大，应当整合多学科技术、手段、人员，协同攻关，促进发展。

（三）工业化学品的微生物合成

工业化学品的传统生产方式是由石油路线加工制备的，随着合成生物学、组学及生物计算等技术的快速发展，1, 3－丙二醇（1, 3-PDO）、1, 4－丁二醇（1, 4-BDO）、己二酸、长链醇等生物基材料单体、能源分子及丝素蛋白等高分子材料实现了微生物异源合成，有的已经或即将取得了对石油路线的竞争优势，实现了产业化应用。

1, 3-PDO 是一种重要的化工原料，可用于溶剂、抗冻剂、增塑剂等领域，以及合成新型可降解聚酯材料聚对苯二甲酸丙二酯单体。传统的化学合成方法包括环氧乙烷羰基化法及丙烯醛水合加氢法[67]。19 世纪，人们发现可以甘油为原料合成 1, 3-PDO 的克雷伯氏菌等，甘油在甘油脱水酶的作用下脱水成 3−羟基丙醛，在还原酶的作用下将醛还原为 1, 3-PDO。以甘油为原料生产 1, 3-PDO 的最高产量为 78 g/L，收率达 55%，生产速率为 3.0 g/(L・h)。杜邦公司开发了以葡萄糖为原料利用微生物合成 1, 3-PDO 的技术。该研究在基因工程菌发酵生产 1, 3-PDO 方面做出了里程碑性的工作，并已实现商业化生产。通过将甘油合成途径和来自克雷伯氏菌的 1, 3-PDO 合成途径导入大肠杆菌中，进一步提升甘油脱水酶等关键酶的活性及表达，减少碳代谢流进入三羧酸循环，促进葡萄糖向甘油代谢，显著提高了 1, 3-PDO 的收率，1, 3-PDO 产量达 135 g/L，生产速率达 3.5 g(L・h)，收率达 1.21 mol/mol[68-71]。与传统的石油化工路线相比，杜邦公司的 1, 3-PDO 生产技术的能耗降低了 40%，二氧化碳排放量降低了 40%。

1, 4-BDO 是重要的基本有机化工和精细化工原料，用途广泛，能够衍生出多种高附加值的精细化工产品，每年的需求量达 200 万 t 以上。工业化的生产方法主要有烯炔法、丁二烯乙酰氧基化法、顺酐酯化加氢法、顺酐直接加氢法及烯丙醇法等[72]。自然界不存在天然的 1, 4-BDO 的生物合成途径。2010 年，美国日诺麦提卡（Genomatica）公司设计了非自然存在的生物合成途径，经由丁二酸或 α−酮戊二酸合成 4−羟基丁酸（4-HB），通过多步还原，实现了微生物合成 1, 4-BDO 的过程。在基因组规模代谢模型指导下，进一步优化调控，1, 4-BDO 产量提升至 200 g/L[73, 74]。2015 年，日本昭和电工株式会社公开了一种以葡萄糖为原料，经由丙酮酸、乙酰辅酶 A、乙酰乙酰 CoA、3−羟基丁酰 CoA、巴豆酰 CoA、4−羟基丁酰 CoA 等中间体，实现大肠杆菌合成 1, 4-BDO[75, 76]。丁二酸是一种重要的平台化合物，是大肠杆菌等的天然代谢产物，可以作为 1, 4-BDO 的生产前体，是生产生物降解塑料聚丁二酸丁二醇酯（PBS）的重要单体。中国科学院天津工业生物技术研究所通过最优合成途径的设计、基因组水平精确调控及生产菌株的性能优化，构建出高效生产丁二酸的细胞工厂[77]。微生物发酵合成技术已在山东兰典生物科技股份有限公司成功应用，在 300 m^3 发酵罐中发酵 36 h，丁二酸产量达 100 g/L，糖酸收率达 1.02 g/g。

己二酸是一种重要的有机二元酸，主要作为尼龙和聚氨酯材料等聚合物的单体原料。己二酸的主要生产方法是以环己醇和环己酮混合物为原料的硝酸氧化法 [酮醇（KA）油法]。江南大学将在嗜热放线菌中鉴定到的一个 5 步反向己二酸降解途径构建到大肠杆菌中，实现己二酸合成，进一步提高限速酶 5-羧基-2-戊烯酰-CoA 还原酶的表达和催化活性，消除了竞争碳流量的主要代谢途径，通过分批补料发酵，己二酸产量达到 68 g/L，这是目前已报道的在大肠杆菌中最高的己二酸效价 [78]。

长链醇（异丁醇、异戊醇等）与乙醇相比具有高能量密度和低吸湿性等优势，具有作为汽油运输燃料替代品的特性，越来越受到人们的关注。美国加利福尼亚大学 Liao 的研究团队于 2008 年在《自然》（*Nature*）上首次报道了利用氨基酸合成的共同前体物 α-酮酸为底物，在 α-酮酸脱羧酶和醇脱氢酶的作用下生产出异丁醇等长链生物醇 [79]。

蛋白质高分子材料的微生物合成也是研究的热点之一。蜘蛛丝是一种高分子蛋白纤维，具有高强度、高弹性等许多重要的优良特性，在军事、医学、纺织等领域具有重要应用 [80]。然而蜘蛛的产丝量小，且无法高密度养殖以获取大量的蜘蛛丝，难以满足实际应用的需要。将蛛丝蛋白基因转入微生物来表达生产蛛丝蛋白，已成为国际研究的热点之一，并已取得很多重要的进展 [81]。大肠杆菌因遗传及代谢背景清楚，是常用来表达外源蛋白质的体系，具有生长周期短、遗传操作简便等优点。1995 年，Prince 等最先尝试利用大肠杆菌来表达蛛丝蛋白，表达蛋白质分子大小为 14.7～41.3 kDa。蛛丝蛋白中的甘氨酸含量很高，从而影响了编码蛛丝蛋白的基因的正常表达 [82]。Xia 等基于重组蛛丝蛋白编码基因的特点，通过扩增关键氨基酸甘氨酸-tRNA 池的方法，优化大肠杆菌代谢途径，最终成功得到 284.9 kDa 的蛛丝蛋白重复单元嵌合体，其中甘氨酸含量占到 44.9%，是目前人工表达出的最大分子质量的蛛丝蛋白，并且利用其纺成的纤维具有与天然蜘蛛丝一样的机械性能 [83]。

随着化石燃料资源日益稀少，以人造生命为载体有效利用生物质资源合成工业化学品为制造业转型发展提供了新的解决方案，引起了世界主要经济体的高度关注和加快部署。美国国家研究理事会于 2015 年发布《生物学工业化路线图：加速化学品的先进制造》，提出了未来“生物合成与生物工程的化学品制造达到化学合成与化学工程生产的水平”的发展愿景。欧盟于 2019 年制定《面向生物经济的欧洲化学工业路线图》，提出到 2030 年，生物基材料、能源分子及精细化工产品等的合成生物学技术将是产业科技竞争焦点。杜邦公司及软件银行集团等投资数百亿美元研发工业化学品合成生物技术。近年来，合成生物制造发展迅速，并取得重要进展，未来有望使越来越多的可再生化学品的合成生物制造成本持续降低，促进经济社会可持续发展。

二、异源生物合成的基因编辑技术

天然产物生物合成基因簇的克隆是异源生物合成提高产量和改造产物结构的基础。基因组测序技术迅速发展及分子生物学操作技术日益成熟，为天然产物的异源生物合成创造了条件。

20 世纪 70～80 年代以限制性内切酶为代表的重组 DNA 技术和以 PCR 为代表的特异 DNA 序列的体外扩增技术已然成为当今生命科学实验室的常规技术，同时也是小型（＜10 kb）生物合成基因（簇）克隆的首选。

然而复杂天然产物的生物合成基因簇通常较大（一般大于 20 kb），重复序列较多，用常规的 PCR 方法和克隆手段难以直接获得，曾是异源生物合成的限制性因素之一。基于黏粒（cosmid）为载体的基因文库构建和筛选技术，能够随机获得较大片段的 DNA 序列（约 45 kb），极大促进了大型生物合成基因簇的克隆和异源表达研究，例如放线紫红素和美达霉素等Ⅱ型聚酮合酶基因簇的克隆和异源表达[18, 84]，但这些基因簇基本在 40 kb 以内，能够完整地克隆到黏粒载体上。对于更大的基因簇，需要利用分步克隆及导入异源宿主的多质粒策略或通过缝合多个质粒构建全长基因簇，然后再进行异源表达，例如埃博霉素基因簇的异源表达不仅利用了多质粒整合策略[29, 30]，而且利用了基因簇缝合策略[85]。为了利用基因文库克隆更大基因簇，科学家又发展了能装载 100～300 kb 基因组序列的细菌人工染色体和 P1 人工染色体（P1 artificial chromosome，PAC）等载体（图 9-4），能够实现超大型生物合成基因簇的克隆，如 128 kb 的达托霉素基因簇和 215 kb 的喹啉地霉素（quinolidomicin）基因簇[38, 86]。Keller 实验室在细菌人工染色体的基础上引入大肠杆菌复制子和构巢曲霉的自主复制序列构建成真菌人工染色体（fungal artificial chromosome，FAC）[87]，由此加快了真菌天然产物基因簇的克隆和异源表达的研究进程。

基因文库的构建和筛选仍然存在操作复杂、费时费力等问题，获得全长的基因簇通常需要筛选大量的重组体及后期的缝合工作。近年来，Red/ET 重组工程技术，基于酿酒酵母自身同源重组的转化耦联重组（transformation-associated recombination，TAR）克隆技术，锌指核酸酶（zinc finger nuclease，ZFN）、类转录激活因子效应物核酸酶（transcription activator-like effector nuclease，TALEN）、Gibson 组装技术、CRISPR/Cas 等基因组编辑工具层出不穷，为基因簇克隆和编辑技术的突破带来了新的机遇（图 10-4）。这些基因组编辑工具单独或协同使用，可以从基因组中免建库地直接克隆大片段基因簇或者由多个小片段序列组装成全长基因簇，为后基因组时代的天然产物基因簇的克隆和编辑提供了更简单、高效的方法。

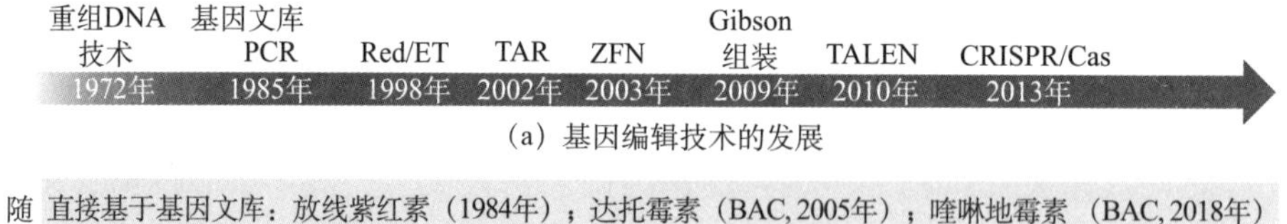

（a）基因编辑技术的发展

随机克隆
- 直接基于基因文库：放线紫红素（1984年）；达托霉素（BAC, 2005年）；喹啉地霉素（BAC, 2018年）
- 基因文库+多质粒：埃博霉素（2000年, 2002年）
- 基因文库+缝合：黏菌色素（2005年）；埃博霉素（2008年）
- 真菌人工染色体：FAC（2015年）

直接克隆
- Red/ET重组工程：LLHR（2012年）；ExoCET（2018年）；
- TAR克隆：DNA assembler（2009年）；pTARa（2010年）；pCAP01（2014年）；DiPaC（2018年）
- 基于CRISPR/Cas：CATCH（2015年）；CAPTURE（2021年）；CAT-FISHING（2021年）

（b）基因簇编辑

图 10-4　基因编辑技术的发展及大型基因簇编辑技术汇总

Red/ET 重组工程技术直接克隆基因簇：Red/ET 重组工程技术是基于大肠杆菌 λ 噬菌体中的 *redαβγ* 基因和 Rac 原噬菌体中的 *recET* 基因建立的利用短同源臂（约 50 bp）的体内同源重组技术[88, 89]。张友明和 Müller 团队利用 Redαβ 介导的线性 DNA 片段与环状质粒之间的线环重组能够高效缝合多个黏粒，获得全长的基因簇[90]，而且还发现全长的 RecET 重组酶能够高效催化线性 DNA 片段之间的线线同源重组（linear plus linear homologous recombination，LLHR）反应[91]。因此，能够利用LLHR从基因组DNA中直接克隆得到目标大片段DNA。将含有聚酮合酶和非核糖体肽合成酶基因簇的基因组片段混合物与含有对应同源臂的线性载体导入带有RecET重组酶系统的大肠杆菌中，免建库直接克隆了10～52 kb的10条生物合成基因簇。通过将RecET重组与体外的核酸外切酶相结合创建了ExoCET技术，进一步提高了直接克隆的效率，并借助限制性内切酶或CRISPR/Cas9切割释放目标片段，可以一步直接克隆106 kb的盐霉素基因簇[92]，基本上可以涵盖大多数的生物合成基因簇。LLHR和ExoCET技术还可以利用合成的小片段DNA或者PCR产物为底物，高效组装基因簇[93]。

酿酒酵母自身同源重组的TAR克隆和组装基因簇：基于酿酒酵母中的自身同源重组的TAR克隆技术能够高效地从基因组中克隆大片段DNA序列[94]。Brady等构建了细菌人工染色体穿梭载体pTARa并从土壤宏基因组文库中组装了多条生物合成基因簇，还直接克隆了56 kb的colibactin基因簇[95, 96]。Moore实验室构建了基于TAR克隆的大型基因簇直接克隆、重构和异源表达平台，获得了67 kb的taromycin基因簇等多条基因簇[97]。此外，基于酿酒酵母自身重组系统，衍生出一系列的基因簇组装技术，如DNA assembler[98, 99]、ExRec[100]、DiPaC[101]，这些技术可以用于基因簇的组装。

基于CRISPR/Cas的基因簇克隆与编辑技术：当前研究最热门的是CRISPR/Cas技术，CRISPR/Cas系统是起源于细菌的RNA-介导的实现精准切割定点敲除的技术。该技术几乎能够作用于任何一个基因，已经应用于细菌、真菌、植物、动物等系统。利用CRISPR/Cas精准切割基因组与DNA组装技术相结合，能够提高基因簇的直接克隆效率。例如，朱听等将体外Cas9切割细菌基因组与Gibson重组技术相结合，创建了CATCH技术，能够直接从基因组中克隆大型基因簇如78 kb的杆菌烯（bacillaene）基因簇[102]。赵惠民团队将Cas12a切割与DNA组装（T4聚合酶+填入DNA组装）和体内Cre-lox重组的DNA环化相结合，发明了CAPTURE技术，可以克隆10～113 kb的基因簇，成功率可达到100%[103]。张立新等将Cas12a体外切割基因组与细菌人工染色体文库结合，构建了CAT-FISHING技术，可用于高GC基因簇的快速克隆[104]。利用体外的Cas切割与Gibson重组技术相结合可以提高大型基因簇的编辑效率，用于聚酮合酶基因簇的重编程等[105]。

我国学者在大型基因簇的编辑技术开发领域取得了长足的进步，尤其是山东大学张友明团队在 Red/ET 重组工程直接克隆和组装大型基因簇方面的工作处于国际领先水平，而且国内多个团队在利用 CRISPR 技术辅助基因簇编辑方面也达到国际先进水平，这些成果极大提升了我国在基因簇编辑技术领域的地位。但是，我国在原创性编辑技术的开发等领域与国际先进水平仍然有一定差距。从国际上来看，细菌和放线菌来源的基因簇克隆和编辑技术呈现多样化趋势，已基本成熟，但还存在效率较低、操作较复杂、通量低等瓶颈。真菌和植物基因簇克隆和编辑技术也逐渐成熟，主要是利用建库和组装，存在随机化、效率低、费时费力等瓶颈。因此，针对不同的目标基因簇（大小、来源等）选择合适的技术将有助于基因簇的克隆和改造。

三、异源生物合成的底盘细胞

优质的底盘细胞是决定天然产物生物合成基因簇异源表达成败和产物产量高低的关键因素。下面将分别对放线菌天然产物、真菌天然产物和植物源天然产物在异源生物合成时常用的底盘细胞的开发和改造历程进行归纳总结。

（一）放线菌天然产物异源生物合成底盘细胞

放线菌等微生物会产生复杂多样的次级代谢产物，是药物研发的重要源泉。在细菌染色体上参与特定天然产物生物合成的多个基因往往成簇存在，并与自我抗性、调控和转运的基因连锁分布，形成长度为 10～200 kb 的生物合成基因簇[106]。天蓝色链霉菌是微生物源天然产物生物合成及其调控研究的主要模式菌种，野生型天蓝色链霉菌菌株产生两种易于观察的色素抗生素——放线紫红素（蓝色）和十一烷基灵菌红素（红色），以及钙依赖性抗生素和质粒 SCP1 编码的次甲基霉素。1984 年和 1985 年利用放线紫红素基因簇分别实现了最早的天然产物基因簇异源表达和组合生物合成[18, 107]，早于第一个链霉菌基因组完成测序十几年。1993 年，通过消除天蓝色链霉菌的内源质粒 SCP1、敲除放线紫红素生物合成基因簇，并在十一烷基灵菌红素基因簇内引入突变得到菌株 CH999，则是最早构建的抗生素背景“干净”的异源表达宿主菌株[108]。

2002年，对天蓝色链霉菌菌株M145（缺失内源质粒SCP1）完成基因组测序，这是最早完成测序的抗生素产生菌。序列分析发现，天蓝色链霉菌中除几个已知抗生素生物合成基因簇，还含有多达21个编码未知次级代谢产物的基因簇[15]。大量测序发现，微生物基因组普遍编码可能合成多种未知天然产物的隐性基因簇，由于其中多数生物合成基因簇在传统的实验室培养条件下不表达或表达水平低，因而采用传统技术未能发现对应化合物[109]。随着生物信息学、基因簇克隆和合成生物学技术的进步，异源表达逐渐成为隐性基因簇编码产物的挖掘及其生物合成研究的重要平台，可以通过生物信息工具预测相关的基因簇，并利用黏粒或细菌人工染色体载体克隆感兴趣的生物合成基因簇，转移到遗传操作便捷、代谢物背景清晰的优质宿主中异源表达，并在异源表达宿主中开展天然产物生物合成、隐性或沉默生物合成基因簇激活、未知化合物产量提高等研究。此外，环境中还有大量不能培养的微生物，异源表达是深入研究这些未培养、难培养微生物中天然产物生物合成的重要手段[110, 111]。

优质的宿主是异源表达成功的关键。理想的异源表达宿主至少应当满足以下条件：①易于通过转化或接合转移将外源DNA引入宿主细胞；②丰富的载体、标记基因等遗传操作工具便于开展基因敲除、敲入等遗传工程改造；③外源生物合成基因簇所有基因表达所需要的转录因子和相同的密码子使用偏好；④有异源天然产物生物合成所需要的前体和辅因子；⑤内源性竞争途径少[110, 111]。由于细菌天然产物中约70%源于链霉菌，目前细菌天然产物异源表达的主要宿主由链霉菌种改造而来，包括天蓝色链霉菌、变铅青链霉菌、阿维链霉菌和白色链霉菌等。这些链霉菌没有难以逾越的DNA限制屏障，允许外源DNA通过原生质体转化或大肠杆菌-链霉菌属间接地转移进入细胞。同时已发展了多种自主复制质粒载体或基于噬菌体的位点特异性整合系统，可以便捷地将外源DNA引入宿主中并稳定地遗传[110]。目前常使用的异源表达宿主主要来自这些菌种进行的理性改造。

天蓝色链霉菌异源表达宿主是在M145菌株基础上构建的。通过敲除放线紫红素、十一烷基灵菌红素和钙依赖性抗生素基因簇及基因组测序新发现的Ⅰ型聚酮合酶隐性基因簇*cpk*［产物被鉴定为天蓝霉素（coelimycin）P1］[112, 113]，并在RNA聚合酶亚基基因*rpoB*中引入C1298T和S433L点突变，构建得到菌株M1152。继续在M1152的核糖体小亚基蛋白质S12基因*rpsL*

中引入 A262G 和 K88E 点突变，得到菌株 M1154。*rpoB* 和 *rpsL* 两个基因的这些点突变引入使异源生物合成基因簇的表达得到改善[112]。M1152 和 M1154 这两个菌株能够表达聚酮、聚肽、氨基糖苷类和萜类等各种类别的天然产物，已被广泛使用。但据报道，该宿主异源表达化合物生产水平不高，在大多数情况下低于原始产生菌[114]。

变铅青链霉菌66是天蓝色链霉菌的近缘种，但对甲基化的外源DNA没有限制作用，因此更容易进行遗传操作。野生型变铅青链霉菌虽含有放线紫红素和十一烷基灵菌红素两种色素的基因簇，但处于沉默状态[115]。菌株 TK24 是已恢复产生放线紫红素的自发突变菌株[115]，其基因组含有 *rpsL*（K88E）点突变，可以上调多种次级代谢产物的合成[116]。研究者在 TK24 基础上构建了一系列变铅青链霉菌宿主菌株，包括 1999 年构建的放线紫红素和十一烷基灵菌红素基因簇缺失菌株 K4-114[117]，以及 2014 年构建的系列菌株 SBT5、GX28（又称 SBT18）和 LJ1018。敲除 TK24 染色体上的放线紫红素和十一烷基灵菌红素基因簇，并将钙依赖性抗生素基因簇的非核糖体肽合成酶基因替换为来自棒状链霉菌的全局性调控基因 $afsR/S_{cla}$ 得到 SBT5[118]。以 SBT5 为宿主，可以激活源于灰红链霉菌的沉默生物合成基因簇，产生已知化合物春山醌[119]。在 SBT5 染色体的噬菌体 ΦBT1 整合位点 $attB^{\Phi BT1}$ 插入抗终止子基因 *nusGsc*、经密码子优化的多重耐药外排转运蛋白 $lmrA_{CO}$ 和 $mdfA_{CO}$ 及另一个拷贝的全局调控基因 $afsR/S_{cla}$，得到变铅青链霉菌菌株 GX28。在 GX28 基础上敲除全局负调控基因 *wblA* 得到变铅青链霉菌菌株 LJ1018[120]。与 GX28 宿主相比，已测试的聚酮和非核糖体肽类异源天然产物的产量在 LJ1018 宿主中均明显提高[120]。以 GX28 为异源表达宿主激活了多种沉默的生物合成基因簇，获得的新结构化合物包括 Ⅰ 型聚酮安首霉素 A（ansaseomycin A）和安首霉素 B[121]、环肽阿史霉素 A（ashimide A）和阿史霉素 B[122]、杂红素[123]和核糖体合成后修饰肽雷可肽（lexapeptide）[124]。LJ1018 是否比 GX28 更易激活沉默基因簇的异源表达则仍有待证明。

阿维链霉菌是阿维菌素的产生菌，野生型菌株中 9.0 Mb 的线型染色体编码阿维菌素生物合成基因簇等 30 个次级代谢基因簇[125]。通过同源重组和 Cre-*loxP* 介导的位点特异性重组敲除靠近线型染色体末端约 1.4 Mb 非核心区域（包括阿维菌素和菲律宾菌素生物合成基因簇）及寡霉素、土腥素等的生物合成基因簇，构建了基因组简化、基因簇敲除的一系列菌株，其中基因组简化到最小的菌株是 SUKA17（7.3 Mb）[126]。SUKA17 比野生型菌株生长更快，生物量积累更多。以阿维链霉菌 SUKA17 为宿主，其成功表达了 20 个次级代谢产物，包括聚酮、氨基糖苷、氨基酸衍生物及甲羟戊酸和甲基赤藓醇磷酸途径衍生物，其中链霉素、头孢霉素 C、巴弗洛霉素（bafilomycin）、乳胞素（lactacystin）和全霉素等化合物的产量均高于原始菌株[126, 127]。

白色链霉菌 G1 天然地具有较小基因组（6.8 Mb），由于核糖体 RNA 拷贝数较多，该菌生长比一般链霉菌快速[128]。白色链霉菌 G1 的衍生菌株 J1074 因缺失 SalGI 限制修饰系统而易于遗传操作，而且该菌株内源基因簇转录沉默，次级代谢物背景低，被广泛用于异源生物合成基因簇的表达，包括源于环境 DNA（宏基因组）的基因簇[129]。通过删除 J1074 菌株中的 15 个生物合成基因簇得到完全缺失内源生物合成基因簇的无簇菌株 del14，在 del14 染色体中插入额外的噬菌体 ΦC31 整合位点 *attB* 得到分别含有 3 个和 4 个 $attB^{\Phi C31}$ 的白色链球菌 B2P1 和 B4[130]。染色体多个 $attB^{\Phi C31}$ 位点可以引入多拷贝的外源基因簇，有利于提高目标基因簇表达。测试 8 种生物合成基因簇的异源表表达发现，其中 7 种生物合成基因簇在菌株 del14、B2P1 和 B4 中的产量高于出发菌株 J1074，也高于天蓝色链霉菌 M1152 和 M1154[130]。将尼博霉素基因簇转到菌株 del14 异源表达，发现产生一种新化合物苯簪酸（benzanthric acid）[131]。因此，del14、B2P1 和 B4 也有望提高激活异源沉默基因簇的效率。

随着基因组测序、生物信息分析工具和合成生物学技术的不断进步，微生物源天然产物生物合成基因簇的预测和完整基因簇的克隆越来越简便，对优质异源表达宿主的需求将越来越广泛。然而现有的异源表达宿主并不能满足基因组挖掘对异源表达的巨大需求，许多基因簇的成功表达还需要测试不同宿主。以挖掘未知新天然产物为目标，需要能进一步提高沉默基因簇激活效率的宿主。因此，一方面需要研究如何全局性地上调基因表达；另一方面也需要分别提高不同底物的动态供应，针对不同种类的天然产物的基因簇，开发相对普适的优质底盘。此外，除链霉菌外的其他放线菌（统称稀有放线菌）生长缓慢，针对该类菌株进行传统的天然产物分离的研究很少；但是，它们基因组中往往蕴含着丰富的隐性基因簇，因此尤其需要针对性地开发优质的稀有放线菌底盘细胞作为表达这些隐性基因簇的异源表达宿主。

（二）真菌天然产物异源生物合成底盘细胞

丝状真菌可以产生种类丰富的天然产物，按照生源合成机制可主要分为聚酮、萜烯、非核糖体肽和杂合型产物。这些产物具有优异的生物学活性，因而成为药物和农药开发的重要资源。真菌底盘细胞开发的重要性在于，它不仅为高价值活性天然产物的大量生产奠定基础，也为真菌产物的生物合成机制研究提供了有效工具。如 Sankawa 团队在 1996 年利用黑曲霉和构巢曲霉（*Asperqillus nidulans*）实现了 6- 甲基水杨酸合酶（6-MSAS）单一基因的诱导异源表达 [132]，随后 Barr 团队又在 1998 年分别利用真核底盘细胞酿酒酵母和原核底盘细胞大肠杆菌成功实现了这个基因的异源表达 [133]［图 10-2(a) 左］。除此以外，Ebizuka 团队在 1999 年利用米曲霉实现了真菌黑色素（melanin）途径 *PKS1* 单一基因的异源表达 [134]［图 10-2(a) 右］。尽管这些底盘细胞都可以实现真菌单一基因的异源表达，然而，若要成功实现由多个基因组成的真菌天然产物生物完整合成途径的表达，需要对真菌底盘细胞进行进一步的完善和开发。目前发展比较完善的、较常用的底盘细胞主要包括模式真菌酿酒酵母及丝状真菌米曲霉与构巢曲霉，这些底盘细胞各自具有优势和特殊的用途。其中，酿酒酵母具有很多优势。例如，遗传操作工具比较齐全，可利用多个 DNA 片段同源重组构建表达载体，基因表达系统比较完善，次级代谢产物比较少等 [135]。值得一提的是，由于酿酒酵母底盘细胞和植物基因的较高兼容性，以及其操作的简便性，它成为多种植物源天然产物的细胞工厂 [136]。然而酿酒酵母底盘细胞也存在一定的局限性。例如，酿酒酵母缺乏次级代谢的常用砌块，可能缺少丝状真菌次级代谢所需的细胞分区，无法有效识别丝状真菌基因内含子 [137] 等。因此，丝状真菌更加适合作为真菌天然产物异源合成的底盘细胞，如米曲霉的次级代谢相对匮乏 [138]，而构巢曲霉则拥有完善的遗传操作平台 [139]。由 Sakai 团队开发的米曲霉底盘细胞 [138] 和由 Oakley 团队开发的构巢曲霉底盘细胞 [139] 均是利用营养缺陷型菌种进行转化子的筛选，然后利用曲霉来源的组成或诱导型启动子表达异源基因的。丝状真菌底盘细胞通常可以准确地识别并切除真菌来源基因中的内含子，从而也为沉默基因簇的激活提供了有效的平台。

（三）植物源天然产物异源生物合成底盘细胞

活性植物源天然产物的结构类型比较多样化，以萜类和生物碱两大类为主，这与植物次生代谢产物在结构类型上的分布是一致的。实现这些植物源天然产物异源合成的底盘细胞主要需要集成以下几个典型特征：①遗传操作具有可行性和简便性；②生长周期远低于植物体本身；③易于大规模培养，可用于工业化大规模生产。基于这些因素考虑，目前植物源天然产物异源合成领域常用的底盘细胞主要有原核微生物大肠杆菌、真核微生物酿酒酵母及模式植物烟草三种。植物源天然产物异源合成在微生物源天然产物异源合成相关研究的基础上发展而来，沿用微生物源天然产物异源合成的相关底盘细胞，大肠杆菌和酿酒酵母成为植物源天然产物异源合成常用的微生物底盘，如前文所述的甜菊糖苷和天麻素在大肠杆菌底盘中完成了异源合成，青蒿酸、吗啡、大麻素和莨菪碱等在酿酒酵母中完成了异源合成。多年的研究实践表明，大肠杆菌和酿酒酵母等微生物底盘细胞在异源合成植物源天然产物时存在一些局限性，如植物来源的酶催化效率低、异源构建的植物源天然产物合成途径与微生物宿主的适配性不佳、产物的累积可能对微生物宿主自身的生长代谢产生不良影响等。

为突破上述微生物异源合成植物源天然产物的局限性问题，在相关技术发展相对成熟的基础上，学界开始探索以模式植物为底盘异源合成植物源天然产物。相较于微生物底盘而言，植物底盘合成植物源天然产物具有诸多优势，如植物底盘仅以二氧化碳和水为原料经光合作用合成各类天然产物，无须像微生物底盘那样需要提供外源的小分子糖类或氨基酸作为原料，能耗更低，生产成本更小；再者，植物底盘不仅可避免高含量活性天然产物对微生物底盘本身的“自毒”作用，而且表达植物源天然产物后修饰中广泛存在的活性 P450 膜蛋白的效率更高；此外，植物底盘细胞本身具有精细的细胞亚结构，不同细胞器的区室化分工为人工模拟植物源天然产物的区室化生产提供了可能。模式植物烟草因其具有高生物量特性、遗传转化易操作性及生物安全性等特点，这促使其成为目前植物源天然产物异源合成领域的几乎唯一的成熟植物底盘。如前文所述，目前一些有明确药效的植物源天然分子——青蒿酸、鬼臼毒素和秋水仙碱等已在烟草中实现了异源合成，但将烟草中的异源合成投入实际工业化生产还需要开展更多的基础研究来进行摸索。为适应复杂植物源天然产物异源合成的需要，在未来还需要设计出更多不同类型的底盘细胞，目前遗传背景研究较为清楚的苔藓植物小立碗藓、番茄，以及模式植物拟南芥、苜蓿等都是未来可以尝试的方向。

第三节　关键科学问题、关键技术问题与发展方向

总体来说，无论是在天然产物，还是工业化工品的异源生物合成方面，欧美等发达国家仍处于“领跑”的位置。近年来，我国的科技实力得到很大的提升，虽然与发达国家相比仍有较大差距，但部分领域已取得突破，未来发展空间大。未来 5～15 年，我国应加强以下三方面的研究，以增强在该学科领域的国际竞争力。

一、加深对天然产物生物合成途径和代谢调控网络的认识

未来 5～15 年，天然产物异源生物合成前沿领域应突破的关键科学问题和关键技术主要有：①复杂天然分子的生物合成途径与代谢调控机制解析；②关键酶的催化机理阐释及定向进化；③生物合成途径的快速、精准重构。其中，优先发展的应是天然药效分子生物合成与代谢调控机制的基础研究及键酶的催化反应机理研究。如此，我们才能实现该领域发展的终极目标——突破进化瓶颈，实现天然产物“非自然”途径的从头全合成。

二、突破人工合成途径设计及构建，创建高效工业化学品异源合成微生物细胞工厂

近年来，我国虽然在利用微生物合成生物基材料单体、生物能源及高分子材料等方面已经取得较大进展，但是总体来讲，实现微生物合成的工业化

学品的数量还较少，大多数产品与石化路线相比还不具备经济可行性，需要进一步提升生产水平。至今仍然以自然界单一生物已有合成途径的化学品生物合成为主，绝大多数化学品并没有天然生物合成途径，这是合成生物学未来发展的主要瓶颈。针对以上瓶颈问题，未来 5～15 年工业化学品微生物合成前沿领域应突破的关键科学问题和关键技术主要有：①开展海量生物大数据快速处理、深度挖掘、整合分析，构建高精度的数字细胞模型，指导工程细胞改造；②开展生物合成酶等高通量挖掘及理性改造，设计人工合成途径，拓展合成化合物的种类；③发展适应进化及高通量筛选技术，选育生产效率高的菌种；④进一步增加原料利用效率，突破 CO_2 等低值原料转化效率低的问题；⑤通过拓展宿主的种类，提升合成目标化合物的效率及滴度。

三、加强底盘细胞的适配优化和发展高效率、多位点、低成本的基因编辑技术

随着基因组测序、生物信息分析工具和合成生物学技术的不断进步，微生物源天然产物的预测和完整基因簇的克隆越来越简便，对异源表达的需求将越来越广泛。然而现有的异源表达宿主并不能满足基因组挖掘对异源表达的巨大需求，许多基因簇的成功表达还需要测试不同宿主。针对以上瓶颈问题，未来 5～15 年异源生物合成底盘细胞构建领域应突破的关键科学和技术问题有：①一方面需要研究如何全局性地上调基因表达，另一方面也需要分别提高不同底物的动态供应，针对不同种类的天然产物的基因簇，开发相对普适的底盘；②摸索、优化异源途径与底盘生物的适配和调控；③针对蕴含丰富隐性基因簇但生长缓慢的稀有放线菌，开发优质底盘作为异源表达宿主，开展未知天然产物的挖掘工作。

此外，实现天然产物的高效异源生物合成，还需要更加高效、更低成本的基因编辑工具。现有基因编辑工具在一些非模式菌株或工业菌株中仍然存在效率较低、流程复杂或大型基因簇的编辑效率低等瓶颈，未来发展趋势：①利用多种重组方式与 CRISPR 技术结合，发展更高效且普适性的基因组编辑技术，构建通用型与个性化兼备的编辑技术体系；②力争能实现多元基因组编辑，提高编辑效率，简化实验流程，用于基因簇和基因组的高效编辑改造；③与基因

合成技术相结合，构建基于 DNA 合成的大型基因簇组装技术，提高根据数据资源获取实体大型基因簇的能力；④鼓励与支持新型重组酶和新型微生物免疫系统研究，为掌握下一代基因组编辑的核心技术提供源头创新。

第四节 相关政策建议

鉴于异源生物合成学科领域面临的关键科学问题和未来的发展趋势，我们提出以下建议。

（1）增加整体基础研究的投入，稳定支持天然产物、工业化学品等的生物合成研究及相关技术策略的开发，鼓励相关企业开展产学研合作。

（2）调整相关专业的设置，重视人才的培养，培养、稳定一支从事天然产物、工业化学品生物合成与合成生物学研究的队伍，开展复杂天然药物、重要工业化学品的异源生物合成研究，鼓励相关专业型人才投身于基础科研、项目管理、实际生产等不同领域的建设。

（3）设立学科领域内集成型的国家级研究平台，鼓励、积极开展与国际同行的学术交流、人员往来与合作。

（4）加强相关的法律法规和安全伦理监管方面的建设，完善相应的制度以保证学科的顺利发展。

本章参考文献

[1] Katz L, Baltz R H. Natural product discovery: Past, present, and future. J Ind Microbiol Biotechnol, 2016, 43: 155-176.

[2] Genilloud O. Actinomycetes: Still a source of novel antibiotics. Nat Prod Rep, 2017, 34: 1203-

1232.

[3] Bérdy J. Thoughts and facts about antibiotics: Where we are now and where we are heading. J Antibiot, 2012, 65: 385-395.

[4] Ikeda H. Natural products discovery from microorganisms in the post-genome era. Biosci Biotech Bioch, 2017, 81: 13-22.

[5] Zhang H B, Boghigian B A, Armando J, et al. Methods and options for the heterologous production of complex patural products. Nat Prod Rep, 2011, 28: 125-151.

[6] Pyne M E, Narcross L, Martin V J J. Engineering plant secondary metabolism in microbial systems. Plant Physiol, 2019, 179: 844-861.

[7] Kotopka B J, Li Y B, Smolke C D. Synthetic biology strategies toward heterologous phytochemical production. Nat Prod Rep, 2018, 35: 902-920.

[8] Li S J, Li Y R, Smolke C D. Strategies for microbial synthesis of high-value phytochemicals. Nat Chem, 2018, 10: 395-404.

[9] 王申军 , 马瑞杰 , 訾秀君 , 等 . 水杨酸合成方法研究进展 . 齐鲁石油化工 , 2015, 43: 76-79.

[10] 李先登 , 张黎 . 紫杉醇的合成研究进展 . 化工能源 , 2021, 47: 163-164.

[11] Nicolaou K C, Yang Z, Liu J J, et al. Total synthesis of taxol. Nature, 1994, 367: 630-634.

[12] Yang Y, Pu X, Qu X X, et al. Enhanced production of camptothecin and biological preparation of *N*-1-acetylkynuramine in *Camptotheca acuminata* cell suspension cultures. Appl Microbiol Biotechnol, 2017, 101: 4053-4062.

[13] 孙文涛 , 李春 . 微生物合成植物天然产物的细胞工厂设计与构建 . 化工进展 , 2021, 40: 1202-1214.

[14] 张博 , 马永硕 , 尚轶 , 等 . 植物合成生物学研究进展 . 合成生物学 , 2020, 1: 121-140.

[15] Bentley S D, Chater K F, Cerdeño-Tárraga A M, et al. Complete genome sequence of the model actinomycete *Streptomyces coelicolor* A3(2). Nature, 2002, 417: 141-147.

[16] Huo L J, Hug J J, Fu C Z, et al. Heterologous expression of bacterial batural product biosynthetic pathways. Nat Prod Rep, 2019, 36: 1412-1436.

[17] Galm U, Shen B. Expression of biosynthetic gene clusters in heterologous hosts for natural product production and combinatorial biosynthesis. Expert Opin Drug Discov, 2006, 1: 409-437.

[18] Malpartida F, Hopwood D A. Molecular cloning of the whole biosynthetic pathway of a *Streptomyces* antibiotic and its expression in a heterologous host. Nature, 1984, 39: 462-463.

[19] Gerth K, Bedorf N, Höfle G, et al. Epothilons A and B: Antifungal and cytotoxic compounds from *Sorangium cellulosum* (myxobacteria). Production, physico-chemical and biological properties. J Antibiot, 1996, 49: 560.

[20] Bollag D M, McQueney P A, Zhu J, et al. Epothilones, a new class of microtubule-stabilizing agents with a taxol-like mechanism of action. Cancer Res, 1995, 55: 2325-2333.

[21] Chou T C, Zhang X G, Harris C R, et al. Desoxyepothilone B is curative against human tumor xenografts that are refractory to paclitaxel. Proc Natl Acad Sci, 1998, 95: 15798-15802.

[22] Giannakakou P, Gussio R, Nogales E, et al. A common pharmacophore for epothilone and taxanes: Molecular basis for drug resistance conferred by tubulin mutations in human cancer cells. Proc Natl Acad Sci, 2000, 97: 2904-2909.

[23] Aghajanian C, Burris Ⅲ H A, Jones S, et al. Phase Ⅰ study of the novel epothilone analog ixabepilone (BMS-247550) in patients with advanced solid tumors and lymphomas. J Clin Oncol, 2007, 25: 1082-1088.

[24] Thomas E, Tabernero J, Fornier M, et al. Phase Ⅱ clinical trial of ixabepilone (BMS-247550), an epothilone B analog, in patients with taxane-resistant metastatic breast cancer. J Clin Oncol, 2007, 25: 3399-3406.

[25] Ruschel J, Hellal F, Flynn K C, et al. Axonal regeneration. systemic administration of epothilone B promotes axon regeneration after spinal cord injury. Science, 2015, 348: 347-352.

[26] Varidaki A, Hong Y, Coffey E T. Repositioning microtubule stabilizing drugs for brain disorders. Front Cell Neurosci, 2018, 12: 226.

[27] Gong G L, Sun X, Liu X L, et al. Mutation and a high-throughput screening method for improving the production of epothilones of *Sorangium*. J Ind Microbiol Biotechnol, 2007, 34: 615-623.

[28] Reed S D, Li Y, Anstrom K J, et al. Cost effectiveness of ixabepilone plus capecitabine for metastatic breast cancer progressing after anthracycline and taxane treatment. J Clin Oncol, 2009, 27: 2185-2191.

[29] Tang L, Shah S, Chung L, et al. Cloning and heterologous expression of the epothilone gene cluster. Science, 2000, 287: 640-642.

[30] Julien B, Shah S. Heterologous expression of epothilone biosynthetic genes in *Myxococcus xanthus*. Antimicrob Agents Chemother, 2002, 46: 2772-2778.

[31] Lau J, Frykman S, Regentin R, et al. Optimizing the heterologous production of epothilone D

in *Myxococcus xanthus*. Biotechnol Bioeng, 2002, 78: 280-288.

[32] Park S R, Park J W, Jung W S, et al. Heterologous production of epothilones B and D in *Streptomyces venezuelae*. Appl Microbiol Biotechnol, 2008, 81: 109-117.

[33] Frykman S A, Tsuruta H, Licari P J. Assessment of fed-batch, semicontinuous, and continuous epothilone D production processes. Biotechnol Prog, 2005, 21: 1102-1108.

[34] Mutka S C, Carney J R, Liu Y Q, et al. Heterologous production of epothilone C and D in *Escherichia coli*. Biochemistry, 2006, 45: 1321-1330.

[35] Osswald C, Zipf G, Schmidt G, et al. Modular construction of a functional artificial epothilone polyketide pathway. ACS Synth Biol, 2014, 3: 759-772.

[36] Bian X Y, Tang B Y, Yu Y C, et al. Heterologous production and yield improvement of epothilones in *Burkholderiales* strain DSM 7029. ACS Chem Biol, 2017, 12: 1805-1812.

[37] Yu Y C, Wang H M, Tang B, et al. Reassembly of the biosynthetic gene cluster enables high epothilone yield in engineered *Schlegelella brevitalea*. ACS Synth Biol, 2020, 9: 2009-2022.

[38] Miao V, Coëffet-LeGal M F, Brian P, et al. Daptomycin biosynthesis in *Streptomyces roseosporus*: Cloning and analysis of the gene cluster and revision of peptide stereochemistry. Microbiology, 2005, 15: 1507-1523.

[39] Alberts A W, Chen J, Kuron G, et al. Mevinolin: A highly potent competitive inhibitor of hydroxymethylglutaryl-coenzyme A reductase and a cholesterol-lowering agent. Proc Natl Acad Sci, 1980, 77: 3957-3961.

[40] Kumar M S, Kumar P M, Sarnaik H M, et al. A rapid technique for screening of lovastatin-producing strains of *Aspergillus terreus* by agar plug and *Neurospora Crassa* bioassay. J Microbiol Methods, 2000, 40: 99-104.

[41] Halpern P E, Siminovitch D, McFarlane W D. The effect of specific amino acids on the yield of penicillin in submerged culture. Science, 1945, 102: 230-231.

[42] Patel G, Patil M D, Soni S, et al. Production of mycophenolic acid by *Penicillium brevicompactum* using solid state fermentation. Appl Biochem Biotechnol, 2017, 182: 97-109.

[43] Survase S A, Kagliwal L D, Annapure U S, et al. Cyclosporin A — A review on fermentative production, downstream processing and pharmacological applications. Biotechnol Adv, 2011, 29: 418-435.

[44] Smith D J, Burnham M K R, Edwards J, et al. Cloning and heterologous expression of the penicillin biosynthetic gene cluster from *Penicillium chrysogenum*. Nat Biotechnol, 1990, 8:

39-41.

[45] Itoh T, Tokunaga K, Matsuda Y, et al. Reconstitution of a fungal meroterpenoid biosynthesis reveals the involvement of a novel family of terpene cyclases. Nat Chem, 2010, 2: 858-864.

[46] Chiang Y M, Oakley C E, Ahuja M, et al. An efficient system for heterologous expression of secondary metabolite genes in *Aspergillus nidulans*. J Am Chem Soc, 2013, 135: 7720-7731.

[47] Clevenger K D, Bok J W, Ye R, et al. A scalable platform to identify fungal secondary metabolites and their gene clusters. Nat Chem Biol, 2017, 13: 895-901.

[48] Harvey C J B, Tang M C, Schlecht U, et al. HEx: A heterologous expression platform for the discovery of fungal natural products. Sci Adv, 2018, 4: 5459.

[49] 贾成友 , 于金英 , 张传辉 , 等 . 国内外青蒿素生产过程差异性比较 . 世界科学技术—中医药现代化 , 2015, 17: 734-739.

[50] Zhu C, Cook S P. A concise synthesis of (+)-artemisinin. J Am Chem Soc, 2012, 134: 13577-13579.

[51] Ro D K, Paradise E M, Ouellet M, et al. Production of the antimalarial drug precursor artemisinic acid in engineered yeast. Nature, 2006, 440: 940-943.

[52] Paddon C J, Westfall P J, Pitera D J, et al. High-level semi-synthetic production of the potent antimalarial artemisinin. Nature, 2013, 496: 528-532.

[53] 张万斌 , 刘德龙 , 袁乾家 . 一种由青蒿酸制备青蒿素的方法：CN201210181561.7. 2012-06-05.

[54] Fuentes P, Zhou F, Erban A, et al. A new synthetic biology approach allows transfer of an entire metabolic pathway from a medicinal plant to a biomass crop. eLIFE, 2016, 5: 13364.

[55] Galanie S, Thodey K, Trenchard I J, et al. Complete biosynthesis of opioids in yeast. Science, 2015, 349: 1095-1100.

[56] Lau W, Sattely E S. Six enzymes from mayapple that complete the biosynthetic pathway to the etoposide aglycone. Science, 2015, 349: 1224-1228.

[57] Luo X Z, Reiter M A, D'Espaux L, et al. Complete biosynthesis of cannabinoids and their unnatural analogues in yeast. Nature, 2019, 567: 123-126.

[58] Nett R S, Lau W, Sattely E S. Discovery and engineering of colchicine alkaloid biosynthesis. Nature, 2020, 584: 148-153.

[59] Srinivasan P, Smolke C D. Biosynthesis of medicinal tropane alkaloids in yeast. Nature, 2020, 585: 614-619.

[60] Huang J Q, Fang X, Tian X, et al. Aromatization of natural products by a specialized detoxification enzyme. Nat Chem Biol, 2020, 16: 250-256.

[61] Zhang M, Li F D, Li K, et al. Functional characterization and structural basis of an efficient di-C-glycosyltransferase from *Glycyrrhiza glabra*. J Am Chem Soc, 2020, 142: 3506-3512.

[62] Tu L C, Su P, Zhang Z R, et al. Genome of *Tripterygium Wilfordii* and identification of cytochrome P450 involved in triptolide biosynthesis. Nat Commun, 2020, 11: 971.

[63] Huang J P, Fang C, Ma X, et al. Tropane alkaloids biosynthesis involves an unusual type Ⅲ polyketide synthase and non-enzymatic condensation. Nat Commun, 2019, 10: 4036.

[64] Wang J F, Li S Y, Xiong Z Q, et al. Pathway mining-based integration of critical enzyme parts for de novo biosynthesis of steviolglycosides sweetener in *Escherichia coli*. Cell Res, 2016, 26: 258-261.

[65] Wang P P, Wei Y J, Fan Y, et al. Production of bioactive ginsenosides Rh2 and Rg3 by metabolically engineered yeasts. Metab Eng, 2015, 29: 97-105.

[66] Bai Y F, Yin H, Bi H P, et al. *De novo* biosynthesis of gastrodin in *Escherichia coli*. Metab Eng, 2016, 35: 138-147.

[67] 吴从意, 陈静. 1, 3- 丙二醇制备研究进展. 分子催化, 2012, 26: 3.

[68] Biebl H, Menzel K, Zeng A P, et al. Microbial production of 1, 3-propanediol. Appl Microbiol Biot, 1999, 52: 289-297.

[69] Whited Gm, Bulthuis B, Trimbur D E, et al. Method for the Production of 1, 3-Propanediol by Recombinant Organisms Comprising Genes for Vitamin B12 Transport: US6432686. 2002-08-13.

[70] Dunn-Coleman N S, Gatenby A A, Valle F. Method for the Production of 1, 3-Propanediol by Recombinant Organisms Comprising Genes for Coenzyme B12 Synthesis: US20060246562A1. 2006-06-29.

[71] Nakamura C E, Whitedy G M. Metabolic engineering for the microbial production of 1, 3-propanediol. Curr Opin Biotech, 2003, 14: 454-459.

[72] 郑薇. 1, 4- 丁二醇的生产现状和发展. 精细石油化工进展, 2005, 12: 38-39.

[73] Yim H, Haselbeck R, Niu W, et al. Metabolic engineering of *Escherichia coli* for direct production of 1, 4-butanediol., Nat Chem Biol, 2011, 7: 452-455.

[74] Burk M J, Burgard A P, Osterhout R E, et al. Microorganisms for the Production of 1, 4-Butanediol: US20180142269A1. 2018-05-24.

[75] Aoki H, Kokido H, Hashimoto Y, et al.Method of Manufacturing 1, 4-Butanediol and

Microbe: US20150291985. 2015-10-15.

[76] Aoki H, Kokido H, Hashimoto Y, et al.Manufacturing Method for 1, 4-Butanediol, Microbe, and Gene: US20150376657. 2015-12-31.

[77] Zhu X N, Tan Z G, Xu H T, et al. Metabolic evolution of two reducing equivalent-conserving pathways for high-yield succinate production in *Escherichia coli*. Metab Eng, 2014, 24: 87-96.

[78] Zhao M, Huang D X, Zhang X J, et al. Metabolic engineering of *Escherichia coli* for producing adipic acid through the reverse adipate-degradation pathway. Metab Eng, 2018, 47: 254-262.

[79] Atsumi S, Hanai T, Liao J C. Non-fermentative pathways for synthesis of branched chain higher alcohols as biofuels. Nature, 2008, 451: 86-89.

[80] Koeppel A, Holland C. Progress and trends in artificial ailk spinning: A aystematic review. ACS Biomater-Sci Eng, 2017, 3: 226-237.

[81] Fahnestock S R, Yao Z J, Bedzyk L A. Microbial production of spider silk proteins. Biotechnol J, 2000, 74: 105-119.

[82] Prince J T, McGrath K P, DiGirolamo C M, et al. Construction, cloning, and expression of synthetic genes encoding spider dragline silk. Biochemistry, 1995, 34: 10879-10885.

[83] Xia X X, Qian Z G, Ki C S, et al. Native-sized recombinant spider silk protein produced in metabolically engineered *Escherichia coli* results in a strong fiber. Proc Natl Acad Sci USA, 2010, 107: 14059-14063.

[84] Hopwood D A. Genetic contributions to understanding polyketide synthases. Chem Rev, 1997, 97: 2465-2498.

[85] Fu J, Wenzel S C, Perlova O, et al. Efficient transfer of two large secondary metabolite pathway gene clusters into heterologous hosts by transposition. Nucleic Acids Res, 2008, 36: 113.

[86] Hashimoto T, Hashimoto J, Kozone I, et al. Biosynthesis of quinolidomicin, the largest known macrolide of terrestrial origin: Identification and heterologous expression of a biosynthetic gene cluster over 200 kb. Org Lett, 2018, 20: 7996-7999.

[87] Bok J W, Ye R, Clevenger K D, et al. Fungal artificial chromosomes for mining of the fungal secondary metabolome. BMC Genomics, 2015, 16: 343.

[88] Zhang Y M, Buchholz F, Muyrers J P, et al. A new logic for DNA engineering using recombination in *Escherichia coli*. Nat Genet, 1998, 20: 123-128.

[89] Zhang Y M, Muyrers J P P, Testa G, et al. DNA cloning by homologous recombination in

Escherichia coli. Nat Biotechnol, 2000, 18: 1314-1317.

[90] Wenzel S C, Gross F, Zhang Y M, et al. Heterologous expression of a myxobacterial natural products assembly line in pseudomonads via Red/ET recombineering. Chem Biol, 2005, 12: 349-356.

[91] Fu J, Bian X Y, Hu S, et al. Full-length rece enhances linear-linear homologous recombination and facilitates direct cloning for bioprospecting. Nat Biotechnol, 2012, 30: 440-446.

[92] Wang H L, Li Z, Jia R N, et al. ExoCET: Exonuclease *in vitro* assembly combined with RecET recombination for highly efficient direct DNA cloning from complex genomes. Nucleic Acids Res, 2018, 46: 28.

[93] Song C Y, Luan J W, Cui Q Y, et al. Enhanced heterologous spinosad production from a 79-kb synthetic multi-operon assembly. ACS Synth Biol,2019, 8: 137-147.

[94] Kouprina N, Larionov V. Selective isolation of genomic loci from complex genomes by transformation-associated recombination cloning in the yeast *Saccharomyces cerevisiae.* Nat Protoc, 2008, 3: 371-377.

[95] Kim J H, Feng Z Y, Bauer J D, et al. Cloning large natural product gene clusters from the environment: Piecing environmental DNA gene clusters back together with TAR. Biopolymers, 2010, 93: 833-844.

[96] Feng Z Y, Kallifidas D, Brady S F. Functional analysis of environmental DNA-derived type II polyketide synthases reveals structurally diverse secondary metabolites. Proc Natl Acad Sci USA, 2011, 108: 12629-12634.

[97] Yamanaka K, Reynolds K A, Kersten R D, et al. Direct cloning and refactoring of a silent lipopeptide biosynthetic gene cluster yields the antibiotic taromycin A. Proc Natl Acad Sci USA 2014, 111: 1957-1962.

[98] Luo Y Z, Huang H, Liang J, et al. Activation and characterization of a cryptic polycyclic tetramate macrolactam biosynthetic gene cluster. Nat Commun, 2013, 4: 2894.

[99] Shao Z Y, Zhao H, Zhao H M. DNA assembler, an *in vivo* genetic method for rapid construction of biochemical pathways. Nucleic Acids Res, 2009, 37: 16.

[100] Schimming O, Fleischhacker F, Nollmann F I, et al. Yeast homologous recombination cloning leading to the novel peptides ambactin and xenolindicin. ChemBioChem, 2014, 15: 1290-1294.

[101] Greunke C, Duell E R, D’Agostino P M, et al. Direct pathway cloning (DiPaC) to unlock

natural product biosynthetic potential. Metab Eng, 2018, 47: 334-345.

[102] Jiang W J, Zhao X J, Gabrieli T, et al. Cas9-assisted targeting of chromosome segments CATCH enables one-step targeted cloning of large gene clusters. Nat Commun, 2015, 6: 8101.

[103] Enghiad B, Huang C S, Guo F, et al. Cas12a-assisted precise targeted cloning using *in vivo* Cre-lox recombination. Nat Commun, 2021, 12: 1171.

[104] Liang M D, Liu L S, Xu F, et al. Activating cryptic biosynthetic gene cluster through a CRISPR-Cas12a-mediated direct cloning approach. Nucleic Acids Res, 2022, 50(6): 3581-3592.

[105] Kudo K, Hashimoto T, Hashimoto J, et al. *In vitro* Cas9-assisted editing of modular polyketide synthase genes to produce desired natural product derivatives. Nat Commun, 2020, 11: 4022.

[106] Medema M H, Kottmann R, Yilmaz P, et al. Minimum information about a biosynthetic gene cluster. Nat Chem Biol, 2015, 11: 625-631.

[107] Hopwood D A, Malpartida F, Kieser H M, et al. Production of 'hybrid' antibiotics by genetic engineering. Nature, 1985, 314: 642-644.

[108] McDaniel R, Ebert-Khosla S, Hopwood D A, et al. Engineered biosynthesis of novel polyketides. Science, 1993, 262: 1546-1550.

[109] Nett M, Ikeda H, Moore B S. Genomic basis for natural product biosynthetic diversity in the actinomycetes. Nat Prod Rep, 2009, 26: 1362-1384.

[110] Baltz R H. *Streptomyces* and *Saccharopolyspora* hosts for heterologous expression of secondary metabolite gene clusters. J Ind Microbiol Biot, 2010, 37: 759-772.

[111] Ongley S E, Bian X Y, Neilan B A, et al. Recent advances in the heterologous expression of microbial natural product biosynthetic pathways. Nat Prod Rep, 2013, 30: 1121-1138.

[112] Gomez-Escribano J P, Bibb M J. Engineering *Streptomyces coelicolor* for heterologous expression of secondary metabolite gene clusters. Microb Biotechnol, 2011, 4: 207-215.

[113] Gomez-Escribano J P, Song L J, Fox D J, et al. Structure and biosynthesis of the unusual polyketide alkaloid coelimycin P1, a metabolic product of the *cpk* gene cluster of *Streptomyces coelicolor* M145. Chem Sci, 2012, 3: 2716-2720.

[114] Kang H S, Kim E S. Recent advances in heterologous expression of natural product biosynthetic gene clusters in *Streptomyces* hosts. Curr Opin Biotech, 2021, 69: 118-127

[115] Kieser T, Bibb M J, Buttner M J, et al. Practical *Streptomyces* genetics. Norwich: John Innes Foundation, 2000.

[116] Shima J, Hesketh A, Okamoto S, et al. Induction of actinorhodin production by *rpsL* (encoding ribosomal protein S12) mutations that confer streptomycin resistance in *Streptomyces lividans* and *Streptomyces coelicolor* A3(2). J Bacteriol, 1996, 178: 7276-7284.

[117] Ziermann R, Betlach M C. Recombinant polyketide synthesis in *Streptomyces*: Engineering of improved host strains. Biotechniques, 1999, 26: 106-110.

[118] Bai T L, Yu Y F, Xu Z, et al. Construction of *Streptomyces lividans* SBT5 as an efficient heterologous expression host. J Huazhong Agric Univ, 2014, 33: 1-6.

[119] Gao G X, Liu X Y, Xu M, et al. Formation of an angular aromatic polyketide from a linear anthrene precursor via oxidative rearrangement. Cell Chem Biol, 2017, 24: 881-891.

[120] Peng Q Y, Gao G X, Lu J, et al. Engineered *Streptomyces lividans* strains for optimal identification and expression of cryptic biosynthetic gene clusters. Front Microbiol, 2018, 9: 3042.

[121] Liu S H, Wang W, Wang K B, et al. Heterologous expression of a cryptic giant type I PKS gene cluster leads to the production of ansaseomycin. Org Lett, 2019, 21: 3785-3788.

[122] Shi J, Zeng J Y, Zhang B, et al. Comparative genome mining and heterologous expression of an orphan NRPS gene cluster direct the production of ashimides. Chem Sci, 2019, 10: 3042-3048.

[123] Zhao Z L, Shi T, Xu M, et al. Hybrubins: Bipyrrole tetramic acids obtained by crosstalk between a truncated undecylprodigiosin pathway and heterologous tetramic acid biosynthetic genes. Org Lett, 2016, 18: 572-575.

[124] Xu M, Zhang F, Zhuo C Z, et al. Functional genome mining reveals a class V lanthipeptide containing a D-amino acid introduced by an $F_{420}H_2$ - dependent reductase. Angew Chem Int Ed, 2020, 59: 18029-18035.

[125] Ikeda H, Ishikawa J, Hanamoto A, et al. Complete genome sequence and comparative analysis of the industrial microorganism *Streptomyces avermitilis*. Nat Biotechnol, 2003, 21: 526-531.

[126] Komatsu M, Uchiyama T, Omura S, et al. Genome-minimized *Streptomyces* host for the heterologous expression of secondary metabolism. Proc Natl Acad Sci USA, 2010, 107: 2646-2651.

[127] Komatsu M, Komatsu K, Koiwai H, et al. Engineered *Streptomyces avermitilis* host for heterologous expression of biosynthetic gene cluster for secondary metabolites. ACS Synth

Biol, 2013, 384-396.

[128] Zaburannyi N, Rabyk M, Ostash B, et al. Insights into naturally minimised *Streptomyces albus* J1074 genome. BMC Genomics, 2014, 15: 97.

[129] Feng Z, Kallifidas D, Brady S F. Functional analysis of environmental DNA-derived type II polyketide synthases reveals structurally diverse secondary metabolites. Proc Natl Acad Sci USA, 2011, 108: 12629-12634.

[130] Myronovskyi M, Rosenkränzer B, Nadmid S, et al. Generation of a cluster-free *Streptomyces albus* chassis strains for improved heterologous expression of secondary metabolite clusters. Metab Eng, 2018, 49: 316-324.

[131] Estévez M R, Gummerlich N, Myronovskyi M, et al. Benzanthric acid, a novel metabolite from *Streptomyces albus* del14 expressing the nybomycin gene cluster. Front Chem, 2020, 7: 896.

[132] Fujii I, Ono Y, Tada H, et al. Cloning of the polyketide synthase gene *atX* from *Aspergillus terreus* and its identification as the 6-methylsalicylic acid synthase gene by heterologous expression. Mol Gen Genet, 1996, 253: 1-10.

[133] Liu L, Kealey J T, Santi D V, et al. Production of a polyketide natural product in nonpolyketide-producing prokaryotic and eukaryotic hosts. Proc Natl Acad Sci, 1998, 95: 505-509.

[134] Fujii I, Mori Y, Watanabe A, et al. Heterologous expression and product identification of *Colletotrichum lagenarium* polyketide synthase encoded by the *PKS1* gene involved in melanin biosynthesis. Biosci Biotechnol Biochem, 1999, 63: 1445-1452.

[135] Tsunematsu Y, Ishiuchi K I, Hotta K, et al. Yeast-based genome mining, production and mechanistic studies of the biosynthesis of fungal polyketide and peptide natural products. Nat Prod Rep, 2013, 30: 1139-1149.

[136] Cravens A, Payne J, Smolke C D. Synthetic biology strategies for microbial biosynthesis of plant natural products. Nat Commun, 2019, 10: 2142.

[137] Spingola M, Grate L, Haussler D, et al. Genome-wide bioinformatic and molecular analysis of introns in *Saccharomyces cerevisiae*. RNA, 1999, 5: 221-234.

[138] Sakai K, Kinoshita H, Nihira T. Heterologous expression system in *Aspergillus oryzae* for fungal biosynthetic gene clusters of secondary metabolites. Appl Microbiol Biotechnol, 2012, 93: 2011-2022.

[139] Meyer V, Wu B, Ram A F J. *Aspergillus* as a multi-purpose cell factory: Current status and perspectives. Biotechnol Lett, 2011, 33: 469-476.

第十一章

生物合成研究的技术、方法与策略

第一节　科学意义与战略价值

生物合成在广义上是指生物体内进行的各种同化反应，一般为吸能反应，是使分子结构复杂化的过程。通常而言，生物合成研究包括两层含义：一是次级代谢产物（天然产物）生物合成途径的研究，二是利用各种现代生物技术及生物合成方法来制备某些感兴趣的特别是有潜在应用价值的化合物的过程。对于第一个层次而言，其实就是为了回答天然产物从哪儿来的科学问题。即它是研究生命体中如何由简单的初级代谢产物逐步形成结构复杂的次级代谢产物的过程，是从分子遗传学和生物化学水平对这一天然过程的理论揭示。具体而言，在生物体内通过对次级代谢途径的阐明，将回答生物学家、化学家和药学家所共同关注的基本问题：自然界中存在着哪些生化反应？这些生化反应的酶学机制是什么？这些酶催化反应如何联系在一起，通过顺序协作的方式共同负责具有复杂化学结构的天然产物形成？在生物体内，这一连续的酶催化反应过程是如何调控的？

因此，从基因/蛋白质层面解析天然产物的生物合成途径。一方面，它有助于理解自然界存在的酶促反应及其催化机制，为天然产物的仿生合成与化学全合成提供灵感；另一方面，阐明天然产物与其生物合成酶之间的对应关系，表征催化生物合成反应的酶的功能，可将它们直接或经改造后用于生物催化，也为合成生物学研究提供所需的生物元器件。这就上升到生物合成研究第二个层次，即生物合成研究为合成生物学提供元件基础和理论支撑，生物合成研究的策略、技术与方法为化学合成及合成生物学的深入研究提供新思路。可以认为，生物合成研究是化学生物学和合成生物学的重要组成部分，也是连接两者的重要纽带。

诚然，天然产物生物合成研究需要在不同时期使用不同的技术，采取不同的策略。例如，早期的生物合成研究受限于当时的技术手段而进展缓慢。在20世纪初到20世纪50年代，天然产物生物研究主要根据天然产物的化学结构特点，并结合基本的有机化学原理对其生源提出假说，但尚缺乏实验性的证据。在1950～1980年，同位素示踪法作为一种利用放射性核素为示踪剂对研究对象进行标记的分析方法，对天然产物生源途径的验证起了很大的作用。通过饲喂^{2}H、^{18}O或^{13}C等标记的底物来判断终产物与底物之间生源关系，从而从实验层面对假定的生物合成途径进行部分验证。即使是今天，同位素示踪法在天然产物生源关系研究中仍然发挥着重要作用。从大约1980年至今，随着生物学技术的快速发展，天然产物生物合成研究进入快速发展期。这个阶段主要是结合生物信息学、分子生物学、分子遗传学及生物化学等方法来研究天然产物生物合成的精细过程，除了将天然产物结构与相应生物合成基因相对应，还包括阐明生物合成的调控机制。尤其是2010年以来，随着基因组测序技术的发展，该领域的发展更为迅速。也正是随着生物合成研究的不断深入，天然产物合成生物学也获得长足进展。

本章将通过对不同时期生物合成研究的相关技术、方法及策略进行梳理，展示技术的发展引起的研究策略的变化及对学科发展的推动作用。

第二节　生物合成研究的相关技术方法

一、化学与物理学相关技术方法

（一）化学结构比较分析

对天然产物生物合成的研究最早起源于科学家通过比较分析类似化合物的结构特点而提出的生源假说。在此基础上，通过关键前体化合物的发现和化学沟通，验证假说在化学上的可行性。最早的报道是19世纪末到20世纪初Wallach提出的异戊二烯规则（1887年）[1]和John Norman Collie提出的“聚酮理论”（1893年、1907年）[2, 3]。其中，异戊二烯规则由于异戊烯基焦磷酸的发现（1953年）得到初步证明[1, 4]。

（二）同位素示踪技术

同位素示踪技术是利用放射性同位素或经富集的稀有稳定同位素标记目标分子（示踪剂）的特定原子（示踪原子），并且追踪示踪原子在体内或体外的位置、数量及其转变的分析方法。该方法是生物合成研究中的重要手段之一，可用于揭示生物合成途径及特定生化反应的机制。同位素示踪技术是由George Charles de Hevesy于1912年发明的，之后被广泛地用于天然产物代谢和生物合成研究中。20世纪中期利用放射性同位素示踪技术获得了许多重要发现，包括胆固醇生物合成途径的阐明、卡尔文循环（Calvin cycle）的发现、聚酮理论的确证、甲羟戊酸途径的揭示等[1]。20世纪70年代后，随着核磁技术和质谱技术的发展，稳定同位素示踪技术得到广泛的应用，如MEP途径的发现（1993年）[5]。至今，同位素示踪技术仍然在生物合成途径和生物合成酶机制研究中发挥着重要作用。

（三）化合物分离技术

化合物的分离纯化是天然产物及其生物合成研究的前提条件，因此分离技术的发展同样推动了天然产物生物合成的研究进程。20 世纪以前，化合物的分离主要采用溶剂萃取、重结晶等方法。例如，采用溶剂萃取和重结晶得到苔黑素，为聚酮理论的提出奠定了基础[6]。1906 年，茨维特（Tswett）首次采用色谱技术分离植物色素，之后色谱技术得到快速发展并广泛地应用于有机化合物的分离和分析中。例如，1935 年，人工合成的离子交换树脂被用于化合物分离[7]；1938 年，Lzmailov 创建的薄层色谱法用于药物分析[8]；1941 年，Archer J. P. Martin 和 Richard L. M. Synge 发明了分配柱色谱（获 1952 年的诺贝尔化学奖）[9]；20 世纪 60 年代，高效液相色谱仪的发明大大提高了色谱分离的效率[10]。

（四）有机化合物结构鉴定技术

1. 核磁共振技术

核磁共振是一种基于具有自旋性质的原子核在核外磁场作用下吸收射频辐射而产生能级跃迁的谱学技术。该技术是目前天然产物结构研究中最主要的技术手段之一，也是阐明生物合成机制的重要手段。Wolfgang Pauli 于 1924 年预言了核磁共振现象；20 世纪 30 年代，Isidor Isaac Rabi 发明了核磁共振仪，首次观察到核磁共振现象（获 1944 年的诺贝尔物理学奖）；1946 年，Edward M. Purcell 和 Felix Bloch 独立观测到稳态的核磁共振现象，从而创建了核磁共振波谱学（获 1952 年的诺贝尔物理学奖）；Richard R. Ernst 之后发明了傅里叶变换核磁共振分光法和二维核磁共振技术（获 1991 年的诺贝尔化学奖）[11]。从 20 世纪 60 年代开始，核磁共振技术被广泛地应用于复杂天然产物的结构研究中[12]。在天然产物生物合成研究方面，通过核磁共振与同位素示踪技术联用，揭示了许多重要生物合成（代谢）步骤。例如，MEP 途径的发现[13]；通过饲喂 ^{13}C 标记的琥珀酸结合 ^{13}C 核磁共振分析，揭示三羧酸循环中化合物的转化机制[14]；通过饲喂同位素标记的乙酸钠和甲硫氨酸结合核磁共振和质谱分析，阐明了洛伐他汀的生物合成过程，尤其是 Diels-Alder 反应参与的双环形成机制[15]。

2. 质谱技术

质谱技术是一种测量离子质荷比（质量-电荷比）的分析方法，是确定化合物分子量和分子式的主要手段之一，与同位素示踪技术联用是阐明生物合成途径和酶催化机制的重要方法。Wilhelm Wien 在 1898 年发现带正电荷的离子束在磁场中发生偏转[12]。1919 年，Francis W. Aston 发明了聚焦质谱仪，并用于发现同位素（获 1922 年的诺贝尔化学奖）[12]。20 世纪 50 年代之后，质谱技术开始快速发展，并从 20 世纪 60～70 年代开始，质谱技术被广泛地应用于有机化合物的结构分析，主要代表性工作包括生物碱和甾体类化合物的结构研究[16, 17]。在质量分析器方面，1953 年，Wolfgang Paul 和 Hans Georg Dehmelt 发明离子阱质谱仪（获得 1989 年的诺贝尔物理学奖），以此发展出多级质谱技术；20 世纪 50 年代中期，John Beynon 发明了双聚焦质谱仪，显著提升了质谱的分辨率；1946 年，Stephens 发明的飞行时间质量分析仪，在 20 世纪 80 年代后被广泛用于化合物准确分子量的测定[17]；20 世纪 70 年代，Alan Marshall 和 Melvin Comisarow 发明了傅里叶变换质谱仪，很好地解决了分辨率、灵敏度和分析速度三者之间的平衡难题[17]；20 世纪 70 年代中期，三重四极杆质谱仪被广泛地用于定量分析，尤其是复杂组分的分析[18]。在电离技术方面，自 1929 年发明热电子轰击离子源之后，又发展出多种软电离技术来获得目标分子的分子离子峰，包括化学电离（1966 年）、快原子轰击电离（1981 年）等电离技术[17, 18]；1988 年，John Bennet Fenn 和田中耕一（Koichi Tanaka）发明了电喷雾电离技术和基质辅助激光解吸电离技术（获 2002 年的诺贝尔化学奖），这两种技术突破了化合物分子量大小对软电离技术应用的局限[17, 18]。此外，各种色谱-质谱联用仪的发明实现了分离和分析过程的在线偶联，如气相质谱联用仪（1959 年）[18] 和液相质谱联用仪（1973 年）。质谱技术和同位素示踪技术的联合使用，是研究天然产物生物合成机制的重要手段。

3. X 射线单晶衍射技术

X 射线单晶衍射技术是利用 X 射线在晶体物质中的衍射效应进行物质结构分析的技术。该技术在天然产物及其生物合成酶的结构研究方面发挥着极其重要的作用。自从 1895 年伦琴发现 X 射线（获 1901 年的诺贝尔物理学奖），Max von Laue 在 1912 年发现晶体的 X 射线衍射（获 1914 年的诺贝尔物理学奖）等为 X 射线衍射技术用于化合物的结构分析奠定了重要基础。1934 年，Dorothy Mary Hodgkin 和 John Desmond Bernal 首次将 X 射线单晶衍射技术用于结构研究，解析了胃蛋白酶的结构[19]。许多重要的天然产物的结构最终由 X 射线单晶衍射技术确证，如青霉素（1949 年）[20]、吗啡（1955 年）[21]、维生素 B_{12}（1956 年）[22] 等。通过 X 射线单晶衍射技术解析生物合成酶的结构进而揭示其催化机制，大大促进了天然产物的生物合成研究，如 1997 年 David W. Christianson、Joseph P. Noel 和 Georg E. Schulz 三个课题组分别解析了并环萜烯合酶（pentalenene synthase）、5–表–马兜铃烯合酶（5-*epi*-aristolochene synthase）和角鲨烯环化酶（squalene cyclase）的结构[23-25]，为阐明萜类环化酶的催化机制和进化过程及萜类化合物结构多样性的形成机制奠定了重要基础。

4. 紫外光谱技术

紫外光谱技术是分析化合物特殊基团在近紫外区（200～400 nm）的特征吸收光谱，并在此基础上研究化合物结构的一门技术。伍德沃德（Robert Burns Woodward）于 1955 年提出“伍德沃德规则”，用于计算共轭双烯衍生物的紫外光谱最大吸收波长；弗塞尔（Louis Frederick Fieser）对其进行修正后形成伍德沃德–弗塞尔（Woodward-Fieser）规则[12]。紫外光谱在化合物结构鉴定中发挥了重要作用。例如，在利血平的结构确定中，利用紫外光谱法分析出利血平结构中含有吲哚和没食子酸衍生物两个共轭体系，从而极大地促进了该化合物结构的确定[12]。

5. 红外光谱技术

分子选择性吸收特定波长的红外线，可引起振动能级和转动能级的跃迁。红外光谱技术是通过分析分子的结构特征及其红外光谱特征之间的关系，研究其结构的技术。Captain Abney 和 Lieut Colonel Festing 在 1883 年首次将红外光谱技术用于化合物结构的解析[12]。1950 年，美国珀金埃尔默（Perkin-Elmer）公司开发了首台商业化的双光束红外光谱仪 Perkin-Elmer 21，促使红外光谱技术被广泛地用于化合物的结构解析[12]。

从 19 世纪末到 20 世纪中叶，由于落后的分离和分析技术所限，天然产物的生物合成研究主要采用以下模式：首先通过比较化合物的结构特点，提出生源假说，然后通过关键前体化合物的发现和化学沟通，提供可能的实验证据。从20世纪中叶开始，分离和分析技术得到快速发展，其中包括分配色谱等现代色谱分离技术、同位素示踪技术及各种光谱技术。这些技术的发展，不仅促进了化合物（包括关键中间体）及其生物合成酶的分离纯化和结构鉴定，而且为生物合成过程和酶催化机制提供了更直接的实验证据。

二、生物学相关技术方法

（一）遗传物质DNA的确定

1928年，英国卫生官员Frederick Griffith利用肺炎双球菌体内转化实验，发现被加热杀死的*S*型致病菌中含有能使*R*型非致病菌转化为致病菌的因子，并认为该转化因子就是生物的遗传物质[26]。1944年，美国生化学家Oswald Avery在Griffith等研究的基础上，发现具有遗传特性的转化因子为DNA[27]。1952年，Alfred Hershey和Martha Chase设计了著名的噬菌体侵染实验，证明了进入侵染细菌内部发生作用的物质是DNA而非蛋白质[28]。在此基础上，James Watson和Francis Crick于1953年建立了DNA双螺旋结构模型[29]，并于1958年提出了DNA指导蛋白质合成的中心法则。这些发现不仅打开了分子生物学和分子遗传学的大门，而且为重组DNA技术的发展奠定了基础。

（二）经典基因克隆技术

基因克隆技术是将外源DNA片段与载体结合，人为构建重组DNA的技术。经典基因克隆技术利用能识别特异DNA序列的限制性核酸内切酶切断目标DNA和载体DNA双链，产生具有黏性末端或平末端的片段，具有相同末端的DNA在DNA连接酶的作用下形成重组DNA分子。经典基因克隆技术的诞生依赖于限制性内切酶的发现。20世纪70年代，美国生物学家Kent Wilcox和Hamilton Smith成功分离出能够识别并精准切割特定序列的Ⅱ型限制性内切酶[30-32]。1971年，美国生化学家Paul Berg等利用限制性内切酶，把从λ噬菌体中切割下来的DNA片段连接到经相同酶处理的SV40猴病毒环状DNA分子上，成功构建了首个重组DNA分子[33, 34]。利用基因克隆技术构建重组DNA是进行异源表达和基因编辑操作的基础。

（三）DNA重组技术

DNA重组技术是指将体外拼接重组的遗传物质转入另一种生物体内，定向改造生物的遗传特性，使之按照人们的意愿表达出新产物或新性状并稳定遗传的操作。1974年，Stanley Cohen和Herbert Boyer把带四环素和链霉素抗性的重组质粒导入大肠杆菌中，获得抵抗两种抗生素的重组菌株及后代，这说明重组质粒在大肠杆菌中可正常表达并稳定遗传[35]。1980年，Glibert等分别把编码胰岛素和干扰素的基因在体外重组后导入大肠杆菌中，使大肠杆菌合成了胰岛素和干扰素[36]。20世纪70～80年代，研究者陆续在动物和植物中完成DNA重组，首次培育出转基因小鼠[37, 38]和转基因烟草[39]。在生物合成研究中，通过DNA重组技术，可以把不同的外源基因重组到不同宿主中进行异源表达，使重组生物表现新的性状、产生新的代谢产物，从而阐明未知基因功能或积累目标产物。Keasling等在酵母中重组多个青蒿酸合成基因和甲羟戊酸途径相关的酶，得到高产青蒿素前体紫穗槐二烯和青蒿酸的工程酵母[40, 41]。

（四）基因编辑技术

基因编辑技术是一项能在生物体基因组水平上实现DNA序列精确定向修饰的新技术[42]。1988年，出现了基于酶切和同源重组原理的第一代基因组编辑技术，随着人工改造的锌指核酸酶（2002年）及类转录激活因子效应物核酸酶（2010年）的发现，提高了基因编辑的效率，在真正意义上实现了高效的第二代基因组编辑技术[43-45]。2013年，CRISPR/Cas9作为第三代编辑技术的出现，极大地推动了生命科学的研究进程[46]。该技术应用于生物合成领域，大大加速了由于天然菌株遗传操作和完整基因簇克隆的难题，加速了生物合成相关基因的功能研究和途径解析。例如，吴珺珺和梁景龙等利用CRISPR干扰方法提高了大肠杆菌中类黄酮及银松素的产量[47, 48]。2009年起，研究者先后用锌指核酸酶和类转录激活因子效应物核酸酶技术编辑了烟草编码乙酰乳酸合成酶的基因*SurA*和*SurB*，提高了烟草对除草剂的抗性[49, 50]。2017年，张锋团队利用第三代基因编辑技术，在多个链霉菌基因组中插入启动子，激活了不同类型的沉默基因簇，获得了多个新型聚酮和非核糖体肽天然产物[51]。2019年，孙宇辉课题组基于CRISPR/Cas9基因编辑技术，将其与体外λ包装系统相结合，成功靶向克隆了西索米星（庆大霉素的结构类似物）合成基因簇（40.7 kb）[52]。2020年，法国科学家Emmanuelle Charpentier和美国科学家Jennifer A. Doudna因共同发现Cas9的切割作用和CRISPR RNA（crRNA）的定位作用，并将crRNA与反式激活crRNA（tracrRNA）融合成单链引导RNA（sgRNA），使CRISPR/Cas9基因组编辑方法进一步升级而获得了诺贝尔化学奖。

（五）PCR技术

PCR即“聚合酶链式反应”，是在体外特异性大量扩增某个DNA片段，以满足核酸体外研究和应用。1968年，Khorana首次完成丙氨酸tRNA编码基因的体外合成[53]，但由于技术的限制，DNA的体外合成并未得到广泛应用。直到1985年，Mullis等发明了具有划时代意义的PCR技术[54]，其原理类似于DNA的体内复制，使DNA经历多次变性、复性及延伸过程从而实现体外扩增。最初PCR使用的DNA聚合酶不耐高温，每次加热变性后都要重新加入新的DNA聚合酶。1989年，Saiki等从温泉的一株嗜热杆菌中提取到一种耐热DNA聚合酶——Taq DNA聚合酶[55]，它具有耐高温、不易钝化的特点，使PCR效率和准确率大大提高，PCR技术得到快速发展。20世纪90年代，PCR技术逐渐细分出反转录PCR、定量PCR、免疫PCR等。PCR技术是生物合成研究的核心技术之一，是在体外获得目的DNA的最重要手段之一。反转录PCR和定量PCR技术让研究者可以分析不同组织、环境下基因表达水平的变化，从而挖掘生物合成的关键基因和判断基因功能。

（六）DNA测序技术

DNA测序是分析特定DNA核苷酸排列方式的技术，是认识基因的结构、表达和功能的基础。1977年，Frederick Sanger和Walter Gilbert等基于化学降解法和双脱氧链终止法建立了第一代测序技术[56]，拉开了基因组测序的序幕。经历了第一代测序技术的低通量和高成本的历程后，21世纪诞生了基于合成法及连接法原理的高通量测序技术［如罗氏（Roche）公司的454测序仪］

及单分子测序和长读长为标志的单分子测序技术（如 Heliscope 测序技术）。2012 年，Adam Phillippy 团队将高通量测序和单分子测序技术结合，开发了近乎完全准确的长读取技术 [57]。随着测序技术的革命性发展，测序费用和成本大大降低，这极大促进了天然产物的生物合成研究。首次使用第一代测序技术完成了噬菌体 X174 的基因组测序 [58]，之后在 1995 年、1996 年、2000 年陆续完成了流感嗜血杆菌 Rd 株（*Haemophilus influenzae* Rd）[59]、酿酒酵母和拟南芥三类模式生物 [60, 61] 的基因组测序。结合生物信息学分析，研究人员可以清晰地知道生物体产生次级代谢产物的潜能，进而推动新药先导化合物的发现 [62]，加速重要活性化合物如青霉素、青蒿素、大麻素等生物合成机制的解析及工程化构建。

（七）不依赖连接酶的基因克隆技术

经典的依赖限制性内切酶的基因克隆技术存在着明显的缺点，如受酶切位点和限制酶种类的限制、克隆效率低。不依赖于连接酶的克隆技术能使基因克隆摆脱酶切位点的限制，使基因克隆更加灵活。1990 年依赖 T4 DNA 聚合酶的基因克隆技术 [63] 及 2010 年 In-Fusion 融合克隆体系的出现，为研究者带来了第二阶段基因克隆技术，该方法不受限制性内切酶限制，无须连接酶参与，操作简单甚至能达到无缝克隆。21 世纪初，GateWay[64, 65]、Golden Gate[66] 及一步 LR 重组法 [67] 等第三阶段依赖 DNA 重组酶的克隆技术推出，实现了更高通量、强靶向性的基因克隆，方便将大量基因转入多个载体中。

（八）DNA 大片段组装技术

DNA 大片段组装技术是指把连续的或不连续的一大段 DNA 片段，通过技术组装成完整的 DNA 大片段（10 kb 至 Mb 级别）进而研究其功能的技术，是合成生物学的核心技术。1973 年，S. N. Cohen 和 P. E. Lobban 等第一次通过限制性内切酶和连接酶实现了 DNA 序列的酶切连接 [34, 68]，可组装 15 kb 以内的 DNA 片段。1985 年，S. Kunes 等首次在酵母细胞中证明两个含有同源序列的 DNA 分子可以重组，并将其开发用于体内 DNA 大片段组装，后命名为 TAR 克隆技术 [69]。经过不断的改良优化，该技术已能实现约 300 kb 的 DNA 片段组装。在生物合成研究中，通过 DNA 大片段组装技术，可以实现次级代谢产物生物合成完整基因簇的快速组装，从而实现其在异源宿主的表达和产物鉴定。2009 年，美国 Gibson 等开发了一种无缝 DNA 组装技术，称为 Gibson 重组技术，该方法直接利用 T5 核酸外切酶、Phusion 聚合酶及 Taq DNA 连接酶三种酶，将多个带有末端重叠序列的 DNA 片段在单温反应管内实现了大片段连接，组装片段长度可达 580 kb[70]。2016 年，基于 RNA 引导的 Cas9 蛋白酶切割导入酿酒酵母中的多个环状 DNA 分子，使环状 DNA 变成线型 DNA，再利用酵母细胞进行内源同源重组开发出 Cas9 促进的同源重组组装（Cas9-facilitated homologous recombination assembly，CasHRA）技术，该技术能够组装 1.03 Mb 的 DNA 片段[71]。2017 年，张友明团队将体外重组和体内重组相结合，研发出一种新的克隆技术 ExoCET，该技术可直接从哺乳动物和细菌的基因组中克隆任何想要的部分[72]。借助这些高效的 DNA 组装技术，天然产物生物合成的研究得到更好更快的发展。例如，2012 年，赵惠民等通过酿酒酵母 HZ848 同源重组获得了含有 29 kb 金链菌素生物合成基因簇的表达载体，将其成功在铅青链霉菌中异源表达，并通过定点突变，获得金链菌素的衍生物。

（九）异源表达技术

异源表达技术是将在天然宿主不容易操作的基因转移至天然不含有该基因的宿主中表达的技术。在天然产物生物合成研究中，异源表达技术发挥了至关重要的作用，大大加速了新天然产物生物合成机制的研究。目前常用的异源表达体系主要分为以下四类。

第一类是原核生物表达系统，适用于天然产物合成途径解析与人工生物合成。例如，在 2012 年利用大肠杆菌体系实现了苯丙酸类等次级代谢产物的人工生物合成[73]，在 2014 年利用枯草芽孢杆菌体系表达出镰刀菌素生物合成基因簇[74]。

第二类是酵母表达系统，常见的为酿酒酵母体系与毕赤酵母体系。以该类系统作为底盘，通过代谢工程改造，至少实现了 27 种药用天然产物产业化生产。例如，在 2006 年利用酵母体系生产青蒿素前体——青蒿酸，创造了巨大的市场价值[40]；2013 年，开发出 ExRex 法快速构建酵母表达载体[75]，大大缩短了表达周期。毕赤酵母常用启动子载体有甲醇诱导型启动子载体与 pGAP 组成型启动子载体，2012 年利用该体系成功完成了叶黄素、番茄红素等产物的异源表达[76]。

第三类是植物表达系统，是萜类化合物表达的优良宿主。2014 年，利用小立碗藓表达系统提高了广藿香醇产量，利用烟草表达系统提高了香叶醇产量，利用油棕系统提高了 β-胡萝卜素产量。

第四类是丝状真菌表达系统，是真核生物天然产物异源表达的优良宿主。2019 年，通过在该类体系中引入 CRISPR/Cas9 系统[77]，提高了真菌赤霉素等天然产物产量[78]，并完成 trypacidin 等生物合成途径的构建。

（十）结构生物学技术

结构生物学是通过研究生物大分子的结构与功能阐明生命现象的科学。通过对生物合成过程中酶的结构进行解析，可对其参与生物合成反应的功能进行阐明。解析大分子结构时采用的技术主要有 X 射线单晶衍射技术、核磁共振技术与冷冻电子显微术[79]。X 射线单晶衍射现象于 1912 年被发现，1990 年，同步辐射等新技术的出现促进了该技术的发展[80]。2000 年后，硫元素单波长反常散射法（S-SAD）逐渐成为重要蛋白质晶体结构检测手段[81]。2019 年，周佳海课题组利用 X 射线单晶衍射技术成功解析了 *S*-腺苷甲硫氨酸依赖性周环反应酶的催化结构基础，提高了生物合成酪胺的催化效率[82]。核磁共振谱仪也被应用于蛋白质的结构解析，但有一定的局限性[83]。2006 年，Masatsune Kainosho 课题组采用优化的同位素标记方法，改进了光谱的质量，使核磁共振被更好地用于蛋白质结构的研究[84]。2020 年，Ram Hari Dahal 等利用生物信息学手段和核磁共振技术揭示了 *Streptomyces Lannensis* 中放线菌素 D 的合成机制，推动了以链霉菌为载体的抗菌剂的合成[85]。冷冻电子显微术最初于 1974 年被提出，通过傅里叶变换将电镜成像的二维投影还原为分子的三维结构。2013 年，陈一帆与 David Julius 等采用单电子计数探测器和单颗粒技术首次使冷冻电子显微镜测定蛋白结构分辨率达 3.4 Å，成为冷冻电子显微镜的“分辨率革命”[86]。2021 年，邓子新课题组采用单颗粒冷冻电子显微术解析洛伐他汀生物合成途径的 LovB 等酶的结构，推动了他汀类药物生物合成的研究[87]。

（十一）生物信息学与人工智能

生物信息学是从大数据的角度，利用深度学习等工具对庞大的生物信息数据库进行分析的学科。这些不仅为生物合成基因功能预测提供前瞻分析方法，而且为天然药物发现提供大数据支持。目前应用比较广泛的是antiSMASH等软件，可以从基因组水平预测所含有的次级代谢产物生物合成基因簇。antiSMASH软件自2011年发布至2021年，已更新到第六代，在不断优化用户体验的同时，引入ClusterFinder等工具、CASIS和SANDPUMA等算法，实现了从细菌扩展到真菌、植物的生物合成基因簇的功能预测[88]。在次级代谢数据库方面，2013年首个ClusterMine360数据库建成，用于存储次级代谢产物的生物合成基因簇。2015年，生物合成基因簇和化合物结构一体化的数据库MIBiG建成，广泛用于生物合成基因簇的分析与研究[88]。随着人工智能的发展，以AlphaFold为首的深度学习人工智能可以采用同源建模或从头预测的方法从氨基酸序列预测出蛋白质三维结构。在2018年和2020年，两代AlphaFold分别以优秀的成绩领跑了被称为蛋白质结构预测领域奥林匹克竞赛的CASP13、CASP14[89]。生物信息学的分析，能以较低的成本从宏观的角度指导实验研究，使生物合成的研究更加高效。

（十二）合成生物学技术

合成生物学是21世纪的一门新兴学科，它依据基因组和系统生物学的知识进行工程设计，采用现代生物与相关的物理、化学技术，建造优化的生物系统，使细胞完成设计人员设想的各种任务，对医药行业和工农业有重要影响。目前，科研人员利用这些技术已取得了可喜的成果。2003年，V. J. Martin等在大肠杆菌中引入青蒿素前体紫穗槐-4, 11-二烯合酶基因和甲羟戊酸途径，利用内源法尼基焦磷酸（FPP），使其产量提高了3.6倍[90]。2006年，D. K. Ro等在酵母菌中上调FPP的表达，并引入黄花蒿来源的紫穗槐-4, 11-二烯合酶和一个细胞色素P450酶，使青蒿酸产量达到100 mg/L[40]。2008年，B. Engels等在酿酒酵母中共表达酸热硫化叶菌来源的香叶基二磷酸合酶与红豆杉来源的紫杉二烯合成酶，使紫杉烯产量提高了近40倍[91]。2013年，C. J. Paddon等在酿酒酵母中引入黄花蒿来源的脱氢酶和细胞色素P450酶，使青蒿素产量提高至25 g/L[92]。2015年，S. Galanie等设计改造出能够从糖开始产生具有镇痛功效的阿片类化合物二甲基吗啡和氢可酮的酵母工程菌株[93]。2019年，罗小舟等[94]对酿酒酵母进行工程改造，同时利用生物信息学挖掘数种植物的基因组和转录组，寻找基因元件，引入并改造15个来自不同物种的基因，在酵母中实现了具有抗癫痫等药用价值的大麻素类化合物及其非天然类似物的全合成，这一酵母异源表达技术平台也适用于合成更多的大麻素类衍生物。

三、计算机与信息技术

尽管人类早在4000年前就已经开始使用类似算盘进行演算，但是可以自动运行一系列逻辑算法、存储并交流数据的计算机直到20世纪中叶才诞生。相对于物理化学与生物学相关的技术，计算机与信息技术的发展相对较晚，它的发展在很大程度上受限于计算机运行性能的提升，但是现代计算机的诞生为当今计算化学和生物信息学的飞速发展奠定了硬件基础。

计算化学是将理论化学的算法和计算机程序相结合，阐明和模拟分子结构、能量、电荷分布、偶极矩、振动特征、反应性质、光谱特征、内部电子效应等的科学。计算化学的飞速发展对于天然产物生物合成研究的推动作用主要在于解释生物合成酶的催化机制。由于计算过程需要将所有原子核及电子的状态变量带入量子力学方程求解，因此随着研究对象的原子数量和分子复杂程度的提升，计算工作量也会相应地呈指数式提升。计算化学在生物大分子，特别是酶学研究领域的应用归功于2013年的诺贝尔化学奖得主Warshel和Levitt在1976年建立和发展的量子力学和分子力学（QM/MM）组合方法，它在保留量子力学精确性的同时，又兼顾分子力学的高效性[95]。利用计算化学可以阐明复杂的酶促周环反应、自由基反应和碳正离子重排反应等酶学机制，这些反应机制涉及难以使用通常生物化学研究方法检测和捕捉的高能反应过渡态和不稳定的中间体。例如，spinosyn A的生物合成途径中SpnF是科学家发现的首个能够催化［4+2］环加成反应的酶，Houk团队通过计算化学详细地阐明了SpnF的催化机理，证明它催化的电环化反应经历了可以生成两种不同产物的“两可”过渡态（ambimodal transition state），通过这种过渡态既可生成［4+2］环加成产物，也可以生成［6+4］环加成产物，而［6+4］环加成产物可以进一步通过 Cope 重排转化为［4+2］环加成产物［图 11-1(a)］[96]。类似地，唐奕和 Houk 研究团队合作证实，在莱波林 B（leporin B）的生物合成途径中 LepI 可以催化含有杂原子的 Diels-Alder 反应，并通过计算化学证明反应同样经历了一个双模板过渡态，通过这种过渡态即可生成杂原子 Diels-Alder 反应产物，同时也可以生成分子内 Diels-Alder 反应产物，然后再通过逆克莱森重排产生与杂原子 Diels-Alder 反应相同的产物［图 11-1(b)］[97]。除协同反应外，计算化学也可用于揭示均裂反应酶学机制。例如，在研究涉及自由基化学的赖氨酸-2, 3-氨基变位酶的反应机制过程中，Radom 研究团队通过计算化学证明了能量最低且与实验数据吻合的氮杂三元环自由基过渡态的存在，从而阐明了酶促自由基反应的机理［图 11-1(c)］[98]。计算化学也成功地应用于揭示异裂反应酶学机制，如多级碳正离子复杂重排的酶促反应机理。例如，二倍半萜骨架 quiannulatene 的生物合成途径中，二倍半萜合成酶通过一步酶促反应将线型底物焦磷酸香叶基金合欢酯（geranylfranesyl-pp，GFPP）进行环化，产生具有 8 个手性中心的五环碳骨架，Uchiyama 和 Abe 研究团队合作通过计算化学证明该转化过程涉及 11 步碳正离子重排，并且产物的结构严格受到底物 GFPP 的构象的调控［图 11-1(d)］[99]。

生物信息学是包括生物学、统计学、计算科学和信息技术等多学科融合的科学，它通过分析包括 DNA（基因）、RNA（转录）、蛋白质（翻译）和代谢产物等源于细胞生理代谢不同水平和阶段的生物学数据，可以有效地阐明天然产物生物合成科学研究中的诸多难题，并推动其快速发展。其中生物信息学对于 DNA 水平来源数据的分析最为基础，也是生物信息学最早在天然产物研究中发挥推动作用的起点，主要包括：基因功能分析和注释、生物合成基因簇的基因组挖掘、生物合成基因的宏基因组分析等。基因功能准确分析和注释是研究天然产物领域的一次革命，而在 20 世纪 80 年代末随着一些天然产物生物合成基因如放线紫红素[100]和红霉素[101]生物合成基因簇的发现也逐渐在天然产物生物合成科学研究中普及。2000 年以后，得益于基因组测序技术的飞速发展、序列比对工具的操作日益简便和天然产物生物合成基因功能的大量解析，科学家开始意识到微生物基因组中只有小于 10% 的次级代谢基因能与其产生的次级代谢产物相对应，而大于 90% 的次级代谢基因是沉默

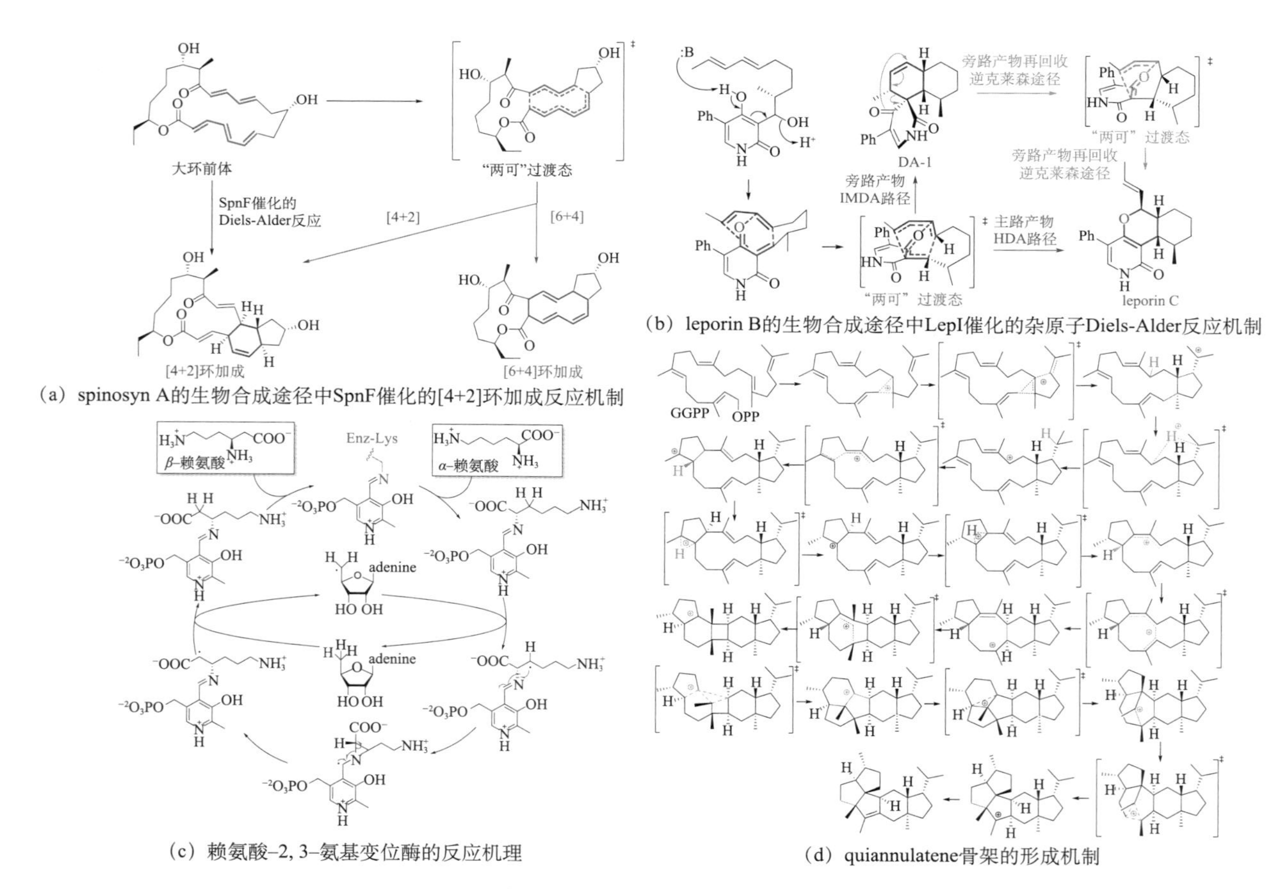

图 11-1　计算化学对于生物合成研究的推动作用

adenine：腺嘌呤；IMDA：分子内 Diels-Alder；HDA：杂 Diels-Alder；Enz-Lys：酶与赖氨酸的复合体

或隐秘的[102, 103]。因此，利用生物信息学准确定位未知天然产物基因推动了对于沉默或隐秘生物合成基因的功能与产物，即“基因组挖掘”这个研究方向的前进与发展[103, 104]。近年来，随着测序技术和基因组组装算法的发展，对于复杂生态环境中天然产物的研究已经开始向宏基因组学和单细胞基因组学两个不同的方向发展。前者的研究体系超越单一可培养物种，而将复杂的未知生态体系整体作为研究对象，通过对宏基因组分析来研究体系中存在的次级代谢基因簇[105, 106]；后者则将复杂生态环境体系中的单一细胞进行全基因组测序，然后分析单细胞基因组中的次级代谢基因簇[107]。尽管通过分析基因组数据可以在很大程度上帮助预测和阐明天然产物的生物合成途径，但对于生物合成基因不成簇或生物合成母核基因未知的情况，有效结合转录组数据的分析则可以进一步提高阐明生物合成途径的效率。例如 O’Connor 和 Sattley 研究团队分别结合转录组分析，阐明了天然抗肿瘤药物长春花碱生物合成途径中缺失的 2 步酶促反应［图 11-2(a)］[108] 和抗肿瘤药物前体鬼臼毒素在药用植物桃儿七中未知的 6 步生物合成途径［图 11-2(b)］[109]。不同于基因组和转录组可以有效地在基因组中定位生物合成基因，蛋白质水平的生物信息学分析在天然产物生物合成研究中的应用通常通过序列比对和同源建模来预测未知蛋白质的结构，为优化和改造，甚至从头设计能够催化高价值反应的酶奠定了基础。例如，Baker 团队曾基于蛋白质结构的生物信息学分析成功地从头设计出能够高效催化 Kemp 消除反应[110]［图 11-2(c)］和具有立体选择性的分子间 Diels-Alder 反应[111] 的“人工”酶［图 11-2(d)］。近期报道的由人工智能企业 DeepMind 研发的基于深度神经网络的蛋白质结构预测软件 AlphaFold[89] 大大提高了蛋白质结构预测的准确度，并可能在未来改变相关学科，包括天然产物生物合成科学的研究模式。代谢组学分析在天然产物化学研究中是最为普遍的实验方法，基于现代信息学的精细分析更不断地推动天然产物生物合成研究。例如，Siuzdak 团队开发的非靶向代谢组学分析软件 XCMS[112] 可以对代谢组进行细微的差异分析，这项分析技术帮助 Chang 团队发现了末端炔基氨基酸合成途径中的关键氯代中间体，从而阐明了其生物合成途径［图 11-2(e)］[113]。

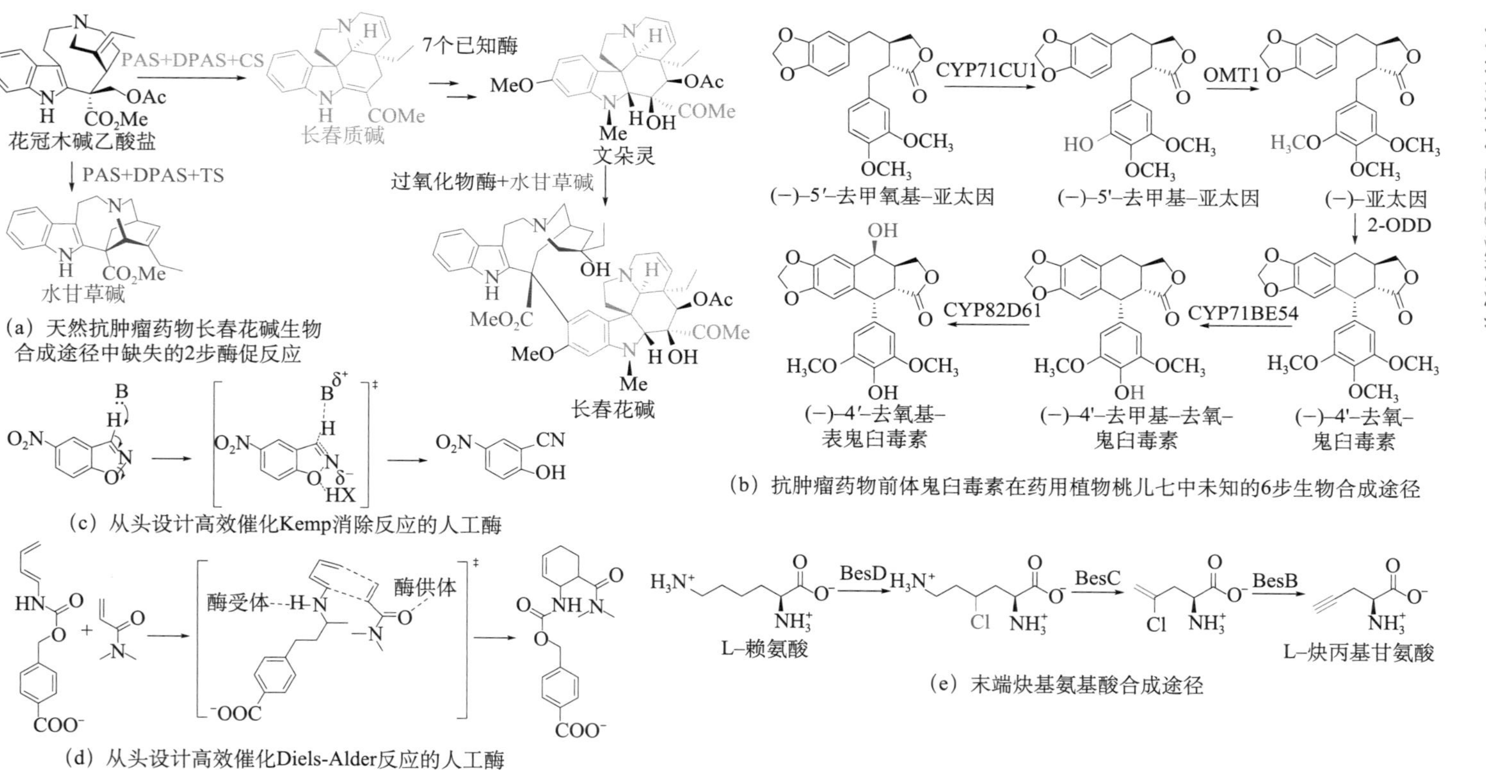

图 11-2 生物信息学对于生物合成研究的推动作用

PAS：前骨节心蛤碱乙酸酯合酶 (precondylocarpine acetate synthase)；DPAS：二氢前骨节心蛤碱乙酸酯合酶（dihydroprecondylocarpine acetate synthase)；TS：水甘草碱合酶（tabersonine synthase）；CS：长春质碱合酶（catharanthine synthase）

四、与生物合成相关的其他学科技术

（一）化学生物学技术

化学生物学技术是主要指通过化学合成的方法构建连有化学探针的生物合成中间体类似物，然后利用化学探针标记的底物来捕获生物合成酶或研究生物合成酶的催化机制。天然产物的生物合成基因通常是成簇排列的，但是也有一些天然产物的生物合成基因不是成簇排列的，特别是植物来源的天然产物。因此，为了快速找到生物合成基因不成簇排列的天然产物的生物合成酶，研究人员利用中间体探针分子从生物体粗酶液中捕获与其发生相互作用的蛋白质，再结合蛋白质组学分析、差异转录组分析等快速确定目标化合物潜在的生物合成酶[114]。此外，中间体探针分子在解析酶的催化机制方面也有着重要的应用[115]。聚酮合酶与非核糖体肽合成酶是两类含有多个模块的酶，而且每个模块又含有多个结构域，底物是如何在这些结构域中传递进而合成相应的产物的，这一问题一直困扰着研究人员。当选用酶的真正底物与酶进行共结晶时，很难获得底物在不同结构域中传递时的晶体。因此，研究人员通过化学衍生化合成中间体探针分子，该探针可以使得反应终止于某一特定传递过程中，进而通过蛋白质晶体解析底物在各个结构域中是如何进行传递、延伸及释放的。利用化学探针分子，结合蛋白晶体阐明聚酮合酶或非核糖体肽合成酶的催化机制，为通过生物信息分析预测未知酶的功能，以及聚酮合酶或非核糖体肽合成酶的生物改造提供了理论基础。

（二）自动化合成生物技术

自动化合成生物技术是指集自动化技术、智能设计技术及合成生物支撑技术等为一体，通过低成本、多循环地完成海量工程试错性实验，提高研究通量和效率，大幅增加实验设计的复杂度和系统性，从而快速积累大批优质基因功能模块，建立标准化的合成生命工艺流程[116]。该技术在合成生物学研究及天然产物生物合成研究领域有着重要的应用。2019 年，英国曼彻斯特大学 Scrutton 团队[117]为了研究萜烯合酶的催化机制，构建了大量的萜烯合酶突变体。随后，为了快速分析这些萜烯合酶突变体的催化功能，作者搭建了自动化合成生物技术平台，除了重组质粒构建及质粒转化到大肠杆菌中是由研究人员手动完成的，其他的一切实验操作，包括大肠杆菌克隆挑选、菌株培养、代谢物提取及分析等工作均由自动化合成生物技术平台完成，最终作者阐明了萜烯合酶的催化机制。

第三节　生物合成研究的不同发展阶段及其相应策略

基于生物合成研究历史发展脉络的梳理，根据不同历史阶段生物合成研究所采用策略的不同，将其发展历程分为 4 个主要阶段：生物合成研究的萌芽期、生物合成实验的科学确立期、生物合成的初步发展期及生物合成的快速发展期（图 11-3）。依据对生物合成研究的总体回顾与分析，我们对未来该领域的发展趋势提出看法和建议。值得注意的是，每个阶段的时间界定并不是严格的年份切割，相邻发展阶段的进化是一个交融贯通的过程。我们将以相关技术推动力的促进作用为纲、以标志性研究成果为目的对这 4 个主要发展阶段进行阐述。

一、生物合成研究的萌芽期（1800～1920 年）

在该阶段，现代物理与化学科学体系和技术逐渐萌芽与发展，促进了天然产物的研究，重心是单体纯品化合物的发现与结构确证，生物合成研究主要是基于结构共性与“合理想象”提出天然产物分子的生源假说[118]。

在天然药物单体研究的初期，工作重心是通过结晶、重结晶、蒸馏、液-液萃取等分离技术获得粗提物中的高含量成分，主要为生物碱、有机酸、挥发油等物质。在此期间所发现的代表性生物碱天然药物分子有吗啡（1804 年）、不纯的依米丁（1817 年）、纯的依米丁（1887 年）、那可汀（1817 年）、士的宁（1818 年）、藜芦碱（1818 年）、马钱子碱（1819 年）、胡椒碱（1819 年）、咖啡因（1819 年）、秋水仙碱（1820 年）、奎宁（1820 年）、辛可宁（1820 年）、

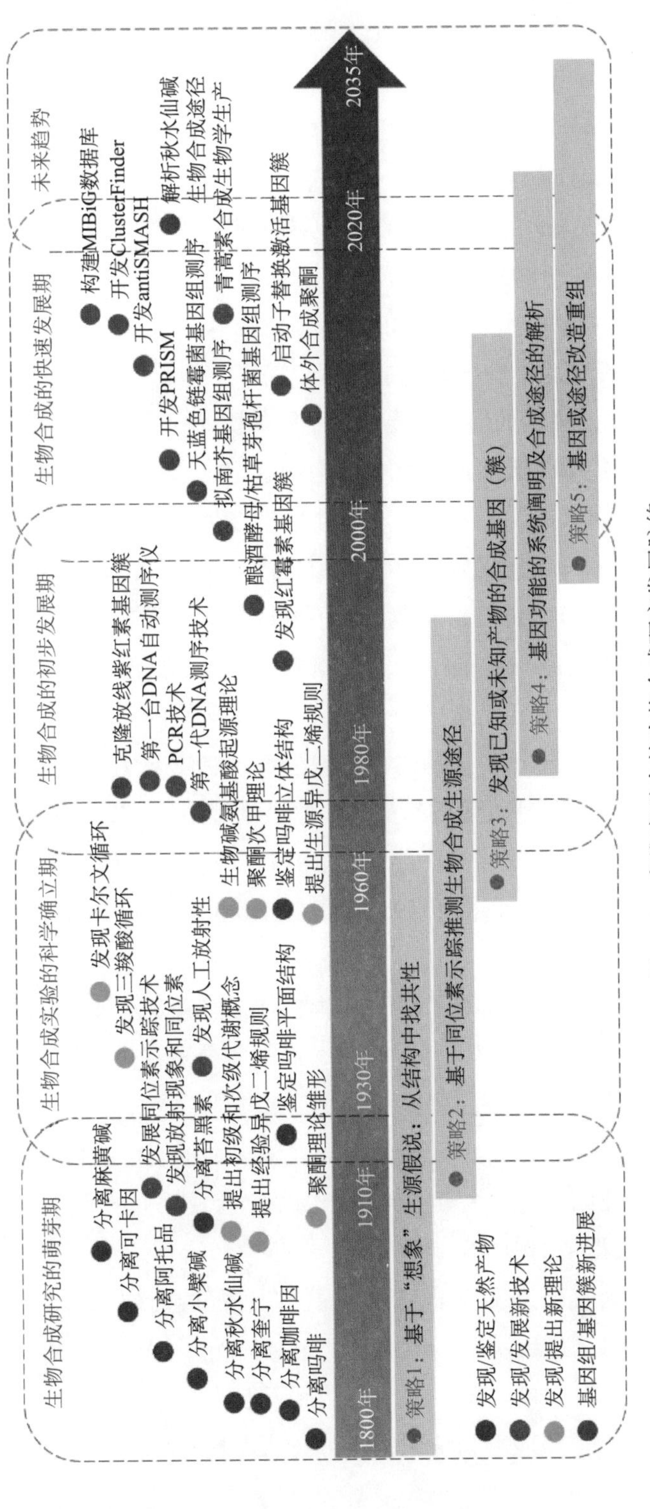

图 11-3　多维度融合的生物合成研究发展脉络

小檗碱（1826 年）、毒芹碱（1827 年）、烟碱（1828 年）、可待因（1832 年）、阿托品（1933 年）、可卡因（1955～1956 年）、山道年碱（1871 年）、麻黄碱和伪麻黄碱（1885 年）、筒箭毒碱（1897 年）等[118]。到 19 世纪末，一大批生物碱活性分子被分离出来，促进了医药学、化学、生物学的发展。有机酸的代表分子水杨酸的研究起始于 1828 年从柳树皮中发现的水杨苷，而苔黑素和苔色酸分别发现于 1893 年和 1907 年。挥发油的研究始于 19 世纪末，主要成分为萜类化合物，如挥发性萜烯的鉴定（1872 年）。这些工作促进了香料工业的发展，也促使了生物合成研究的萌芽[118]。

整个 19 世纪，虽然如何分离出更多不同的天然化合物是科学家的主要研究内容，然而这些单体天然产物化学结构的确定也吸引着化学家的目光。化合物的物理化学性状知识的积累及有机化学的发展推动了天然产物化学结构的表征工作，这些研究又成为有机化学和药物化学发展的重要驱动力，也最终为不同类型天然产物的归属分类提供了结构基础。在这个时期，天然化合物的组分及结构确定是一个非常艰难的工作，主要依靠样品-樟脑混合熔点下降法估算分子量，再结合元素微量分析法或衍生化推断分子式，利用各种官能团实验判断羟基、羰基、氨基的存在与否等。总体来说，经典的结构分析法不仅费时费力还要消耗大量的样品，因此进展缓慢。例如，吗啡于 1804 年就被结晶纯化，其分子式和分子结构到 1924～1925 年才被 Robinson 通过一系列降解实验确定，立体结构于 1955 年才被 Dorothy May Hodgkin 通过 X 射线单晶衍射法证实[118]。

化学结构的表征工作推动了基于化学结构的生源途径猜想。1887 年，德国化学家 Wallach 注意到，挥发油主要成分萜烯类分子在热降解时都会形成异戊二烯产物的现象，从而提出了经验异戊二烯规则，也即所有的天然萜类化合物分子骨架均由异戊二烯单元构建而成。该规则不仅帮助科学家理解更加复杂的萜类化合物结构，更为萜类天然产物生物合成研究的萌芽奠定了基础。Wallach 也因此获得了 1910 年的诺贝尔化学奖[19]。

生源途径猜想又促进了科学家对不同代谢途径的归纳总结，为生物合成研究的系统化提供了理论基础。例如，早在 1891 年，“初级代谢（产物）”和“次级代谢（产物）”的概念就被提出，然而天然产物作为次级代谢产物的化学生态学意义并未得到理解和认识，通常被认为是初级代谢的副产物。但是这些基于经验提出的概念准确区分了细胞生命活动必需的代谢过程和天然产物代谢途径，也为后来研究天然产物（次级代谢产物）以部分初级代谢产物为原料的生物合成指明了方向 [118]。

聚酮类天然产物研究可以追溯到 1893 年 Collie 分离到第一个聚酮化合物苔黑素，又在 1907 年分离出苷色酸。紧接着，仅根据化合物的化学结构，Collie 将以苔黑素和苷色酸为代表的相关化合物定义为聚酮，并提出了聚酮化合物是由二碳单元经重复的缩合或聚合反应形成的聚酮理论雏形。这也成为后续聚酮天然产物生物合成研究的基本指导理论 [118]。

总体来说，整个 19 世纪到 20 世纪初这一时期，天然产物生物合成研究处于萌芽阶段，研究开始摆脱经验性尝试并开始探索系统的科学研究，主要研究内容为天然产物单体的纯化与结构鉴定，同时仅仅在所获得化学结构的基础上进行归纳总结，并提出了一些经验性规则或假说，为理解天然产物的来源问题，即生物合成过程带来了思考与理性的猜想。这样类似方式的基于化学科学知识进行猜想或提出生物合成假设的研究方法至今仍在复杂天然产物研究中应用，如大部分植物来源的天然产物。

二、生物合成实验的科学确立期（1921～1970 年）

随着物理与化学技术的飞速发展，生物合成研究逐渐在该时期摆脱了没有实验支撑的“猜想”，逐步进入对假说和猜想进行实验证据支持和验证的阶段，从而形成了可靠的实验结论与科学理论 [118]。其中最为重要的技术是同位素的发现与应用，天然产物生物合成假说的验证始于同位素示踪技术的发展，同时相关分离纯化技术和光谱技术的开发应用也极大地促进了生物合成实验科学的确立。

自 20 世纪 30 年代开始，同位素示踪法逐步开始应用于追踪生物代谢产物，包括初级代谢产物和次级代谢产物，从而将生物合成研究从假说猜想的萌芽期正式引入实验科学阶段。具有代表性的例子是胆固醇的生物合成途径研究，进一步阐明了胆酸、性激素和维生素 D 都源于胆固醇，确证了胆固醇的生物合成原料为乙酰辅酶 A 及其化学结构。胆固醇生物合成途径的解析为萜类分子的生物合成研究提供了范例 [118]。

在生物合成理论研究方面，1939年的诺贝尔化学奖得主Ruzicka在Wallach的研究基础上[19]，对萜类化合物进行进一步的深入研究，发现异戊二烯本身并不直接参与萜类化合物的生物合成，而是其活化形式IPP和DMAPP作为前体直接参与萜类化合物的生物合成。基于这些研究，他于1953年提出了生源的异戊二烯规则，即所有的萜类化合物都是经甲羟戊酸途径衍生而来的。

随后科学家采用同位素示踪法实验验证了生源的异戊二烯规则，发现甲戊二羟酸可以作为乙酸替代物标记萜类化合物，从而统一了乙酰辅酶A和甲戊二羟酸为萜类/甾体化合物生物合成前体的研究结果，确立了异戊二烯途径在萜类和甾体化合物生物合成中的重要作用。同时期科学家分别发现了IPP（1950年）和甲羟戊酸（1956年）分子在生物体中存在，进一步证明了生源的异戊二烯规则的成立[118]。

在Collie提出聚酮生物合成理论近半个世纪以后，化学家Arthur John Birch于1953年进一步对其进行了发展和完善，并于1955年开始用同位素标记的乙酸酯证实了聚酮化合物源于乙酸结构单元的聚合。Birch的学生Robert Robison在20世纪50年代注意到聚酮天然产物结构之间的生源关系，于1955年出版了《天然产物的结构关系》（*The Structural Relations of Natural Products*）一书，提出了著名的生源学说，包括“聚酮次甲理论”（polyketomethylene theory），首次采用了聚酮生物合成的表述[118]。

从1945年开始，生物化学家Melvin Ellis Calvin（1961年的诺贝尔化学奖得主）[19]及其同事采用放射性同位素（^{14}C、^{3}H）追踪标记的方法，发现植物通过光合作用固定空气中的CO_2形成有机物的途径，被称为卡尔文循环。不同类型天然产物（萜类、聚酮）生物合成的共同前体乙酰辅酶A的载体辅酶A发现于20世纪40年代，乙酰辅酶A源于复杂的葡萄糖酵解及后续的三羧酸循环（1937年），这些成果获得了1953年的诺贝尔生理学或医学奖[19]。20世纪50年代中期Robinson还提出了氨基酸是生物碱的生物合成前体，该假说在1960年被科学家用同位素标记方法证实。这些经过实验研究确证的工作进一步明确了天然产物生物合成原料的初级代谢来源，支撑了整个生物合成研究体系[118]。

自20世纪30年代同位素示踪法开始应用于生物合成研究，至20世纪70

年代多种类型代谢产物的生物合成途径理论与假说被实验验证，生物合成研究的实验科学属性被逐步确立，形成了提出假说、验证假说，进一步提出新理论的完整研究体系。

三、生物合成的初步发展期（1971～2000年）

20世纪70年代末到80年代初，随着DNA测序技术、DNA体外扩增技术、异源表达、波谱学结构鉴定等技术的发展和应用，天然产物生物合成研究开始深入分子水平。在生物学、物理-化学领域多种技术蓬勃发展的综合驱动下，生物合成研究开始进入初步发展阶段。

作为最重要的遗传物质，DNA携带有合成RNA和蛋白质所必需的遗传信息，其重要性不言而喻。20世纪70年代，DNA测序技术的出现极大促进了生物学研究的发展。1977年，Sanger便利用第一代测序技术完成了噬菌体X174的基因组测序[58]。1986年，美国应用生物系统（ABI）公司推出第一台DNA自动测序仪（基于毛细管电泳和荧光标记技术），很快应用于分子生物学研究领域，DNA测序开始进入自动化测序的时代。1996年，酿酒酵母基因组测序完成[60]；1997年，枯草芽孢杆菌基因组测序完成，从中发现了多个天然产物生物合成相关基因[119]。2000年，模式植物拟南芥的基因组测序完成[61]。多种微生物和植物基因组信息的明晰让人们看到基因组中蕴藏着巨大的天然产物生物合成信息，这些信息等待人们挖掘，基于基因组序列开展天然产物生物合成的研究开始蓬勃发展。

20世纪80年代开始，基因组片段克隆技术广泛应用于产抗生素微生物生物合成基因的克隆。1984年，Malpartida等克隆得到首个天然产物生物合成基因簇——放线紫红素基因簇[100]，标志着生物合成研究进入基因时代。1990～1991年，发现了包括模块化Ⅰ型聚酮合酶基因在内的红霉素生物合成的多个功能基因[120, 121]。

1985年，Mullis利用热稳定的Taq DNA聚合酶开发出PCR技术（Mullis博士因此荣获1993年的诺贝尔化学奖），使DNA的高效体外扩增成为可能。具有跨时代意义的PCR技术的出现，大大促进了包括天然产物生物合成在内的生物学研究的发展。20世纪80～90年代，DNA自动测序技术、PCR技术，结合传统基因文库技术的应用很快成为研究生物合成功能基因的主要手段。同一时期，基因敲除、嵌入等基因编辑技术被广泛应用于微生物天然产物生物合成基因的鉴定。已趋成熟的蛋白质自动测序技术被应用于天然产物生物合成酶 / 肽段的序列测定，可以为生物合成基因的发现提供更多有效信息。在该时期，紫杉醇、青蒿素、莨菪烷生物碱生物合成关键酶基因，如紫杉烯合酶基因[122]、紫穗槐-4, 11-二烯合酶基因[123]、莨菪碱 6-羟基化酶[124]相继得到克隆。

生物合成基因获取技术的迅速发展促使了多种基因异源表达技术的开发和应用，基因异源表达技术的发展又反过来促进了更多生物合成基因的发现。1984 年，放线紫红素生物合成基因簇的确认便应用了链霉菌作为表达宿主[100]，1990 年，Hopwood 更利用链霉菌为异源表达宿主生产出首个杂合抗生素[125]。1999 年，利用链霉菌同时表达多个质粒实现了聚酮的组合生物合成[126]。1990 年，利用丝状真菌表达青霉素生物合成基因簇，实现了青霉素 V 的合成[127]。20 世纪末，大肠杆菌、酵母等表达宿主开始广泛应用于天然产物生物合成基因的异源表达和功能鉴定，大大促进了紫杉醇、青蒿素、长春花碱等重要天然产物的生物合成途径的解析。

四、生物合成的快速发展期（2001 ～ 2020 年）

1997 年，Kunst 等完成了枯草芽孢杆菌基因组的测序[119]，发现 4% 的基因组序列与天然产物的生物合成相关，拉开了利用基因组数据研究天然产物生物合成的序幕。随后 2002 年 Bentley 等完成了天然产物生物合成模式菌天蓝色链霉菌基因组的测序[102]，为通过基因组挖掘发现新颖结构的天然产物和通过遗传工程创制新型药物奠定了基础。迄今，基因组测序、拼接和分析测序技术已取得了巨大的进展，从一次只能获得长度在 700～1000 个碱基序列的第一代测序技术发展到直接得到长度在数万个碱基序列的单分子测序技术。与 20 世纪 90 年代相比，基因组的测序成本下降了近 100 倍，测序的读长增加了近 100 倍，获取高 GC 含量、高重复序列等复杂区域序列的技术也有了长足的进展，基因组的准确性和完整性大大提高，为生物合成进入“后基因组时代”的快速发展期提供了条件。随着基因组数据的倍数级增加，加上 20

世纪 80～90 年代对聚酮、非核糖体多肽、RiPP 和萜烯等天然产物生物合成机制的深入认知与理解，通过基因组挖掘预测天然产物合成基因簇成为可能。2000 年，Challis 等在对天蓝色链霉菌的基因组分析过程中，发现了未知的非核糖体肽合成酶合成簇 [128]，并预测了其产物结构。2005 年，Lautru 等通过基因敲除和异源表达，鉴定该化合物为 coelichelin[129]。

随着植物和微生物基因组数据的积累，大批天然产物的合成基因簇被预测并鉴定出来，开发了注释和预测基因组天然产物合成基因的 PRISM（2005 年）[130]、antiSMASH（2011 年）[131]、ClusterFinder（2014）[132] 等软件和服务器，构建了天然产物生物合成基因簇 MIBiG（2015 年）[133] 等专门数据库，改进了基因和基因组数据库 NCBI、蛋白质数据库 UniProt、代谢通路数据库 KEGG 等综合数据库中相关的注释、检索和分析功能。antiSMASH 基于规则聚类检测，可实现基因组与基因组之间的相关天然产物合成基因簇的查询和预测，自 2011 年首次发布以来，antiSMASH 已成为生物合成研究领域最流行的工具之一，2019 年初更新至第 5 版。2020 年，Skinnider 等发布的 PRISM4 可基于未知功能蛋白质和已知功能蛋白质的同源关系，预测基因组编码抗生素的化学结构 [134]，提过 PRISM4 能够绘制出来自培养分离株和宏基因组数据集的 10 000 多个细菌基因组中的次级代谢物生物合成图表。

以基因组数据为基础，利用相应的软件和服务器，通过发展和应用体外酶法、转录激活、基因组编辑、异源表达等技术，加速了发现新型天然产物和阐明生物合成机制的进程。2007 年，程前采用体外酶法合成了聚酮 wailupemycins 和肠道菌素（enterocin），以及混源萜 terrequinone A[135]。2009 年，Chiang 等通过替换启动子的方式 [136]，激活了构巢曲霉中合成聚酮 asperfuranone 的合成基因簇。2020 年，Nett 等结合转录组、代谢逻辑和途径重组等手段，解析了秋水仙碱的生物合成途径 [137]。

随着结构生物学技术的进步，晶体解析能力由单一结构域（2001 年）[138] 提高到多模块（2019 年）[139]，催生了对合成途径的关键酶进行理性改造和重组的研究，加深了对生物合成分子机制的认知。近年来，合成生物学的迅猛崛起，也推动了天然产物生物合成的快速发展，体现在青蒿素（2013 年）[140]、阿片类生物碱（2015 年）[93] 和大麻素及其非天然类似物（2019 年）[94] 可以在酿酒酵母中完全生物合成。

第四节　天然产物生物合成研究经典案例分析

前面详细介绍了各种技术方法的发展历程及其在天然产物生物合成研究的不同时期所发挥的重要作用。本节将介绍吗啡等 4 种重要天然药物分子的生物合成研究历程，旨在以具体实例阐述在不同的研究时期各种技术所解决的关键问题。

一、吗啡的生物合成研究

吗啡是由 Friedrich Sertürner 于 1806 年发现的，是获得的第一个单体天然产物，其结构于 1955 年被 X 射线衍射技术确证 [19]。吗啡的生物合成研究可大致分为如下三个阶段。

（一）生源假想阶段

1910 年，E. Winterstein 和 G. Trier 首先提出苄基异喹啉骨架来自两个 C_8 单元（如二羟基苯乙醛和多巴胺）；1925 年，Robinson 提出吗啡来自苄基异喹啉的猜想；1957 年，Barton 和 Cohen 又根据芳香族化合物的自由基氧化偶联反应，提出从网状番荔枝碱（reticuline）到吗啡的转化机制 [141]。

（二）基于同位素示踪技术和化学沟通的实验验证阶段

1. 证明吗啡来自酪氨酸

1958～1959 年，通过向罂粟饲喂酪氨酸-2-^{14}C，证明酪氨酸是吗啡的生物合成前体；进一步通过化学降解确证吗啡中所标记的碳为 C-9 和 C-16，与 Robinson 的假设吻合 [141]。1964 年，通过向罂粟饲喂多巴胺-1-^{14}C，得到 C-16 标记的吗啡，进一步证实酪氨酸-C_8 单元化合物-吗啡的生物合成路线 [141]。

2. 证明网状番荔枝碱是吗啡生物合成中的关键中间体

饲喂 ^{14}C 标记的网状番荔枝碱及重要中间体沙罗泰里啶（salutaridine），检测到 ^{14}C 标记的蒂巴因、可待因和吗啡，并且在弱酸的条件下，沙罗泰里啶可转化为蒂巴因，由此证明吗啡烷类生物碱是由网状番荔枝碱经自由基氧化偶联合成的[141, 142]。1966 年，从产蒂巴因的罂粟属植物鬼罂粟（*Papaver orientale*）中分离鉴定了沙罗泰里啶，进一步证实了从网状番荔枝碱到吗啡的转化机制[141]。在饲喂 ^{14}C 标记的网状番荔枝碱的实验中，发现 (*S*)–网状番茄荔枝碱和 (*R*)–网状番荔枝碱生成吗啡烷型生物碱的速率相当；同时，当以 (*S*)–网状番荔枝碱–1–^{3}H 为底物时，所生成的蒂巴因完全失去放射性；当以 (*R*)–网状番荔枝碱–1–^{3}H 为底物时，所生成的蒂巴因仅失去部分放射性，提示 (*R*)–网状番茄荔枝碱和 (*S*)–网状番荔枝碱可相互转化[141]。1964 年，从罂粟中分离鉴定了 (*R*)–网状番荔枝碱和 (*S*)–网状番荔枝碱，从而证明 (*R*)–番荔枝碱和 (*S*)–网状番荔枝碱均为吗啡的生物合成前体，且两者可以互相转化[141, 142]。

3. 证明从蒂巴因到吗啡的生物合成步骤

通过分别饲喂 ^{14}C 标记的蒂巴因、可待因和吗啡，发现饲喂 ^{14}C 标记的蒂巴因能检测到 ^{14}C 标记的可待因和吗啡；饲喂 ^{14}C 标记的可待因，能检测到 ^{14}C 标记的吗啡；饲喂 ^{14}C 标记的吗啡，检测不到 ^{14}C 标记的蒂巴因和可待因。发现饲喂 ^{14}C 标记的去甲劳丹碱（norlaudanosoline）首先生成蒂巴因；通过饲喂［2-^{3}H］标记的可待因酮（codeinone）证明可待因酮可转化为可待因和吗啡[141-143]。以上结果证明了蒂巴因—可待因酮—可待因—吗啡生物合成路线；同时提示去甲劳丹碱须经过三次甲基化，才能被进一步转化为吗啡烷型骨架。

（三）运用现代生物技术揭示吗啡生物合成途径的研究阶段

1. 基于生物化学技术发现天然酶

Meinhart H. Zenk 课题组在 20 世纪 80～90 年代通过从不同植物组织或其悬浮细胞中分离纯化天然酶，鉴定了从 C_8 单元化合物多巴胺和二羟基苯乙醛到萨卢它定醇（salutaridinol）和可待因的所有酶（图 11-4）[142, 144, 145]。

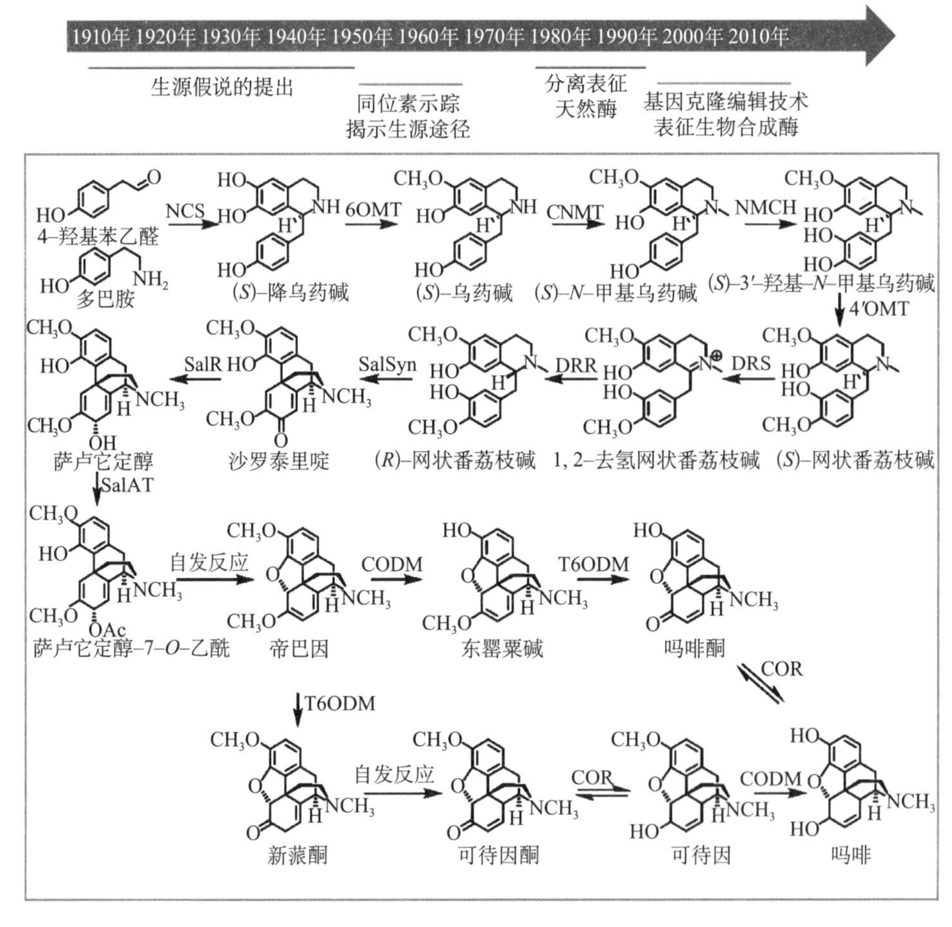

图 11-4 生物合成研究策略在不同历史阶段对于吗啡研究的推动作用

NMCH：N-甲基乌药碱羟化酶；COR：可待因还原酶

2. 基因测序、组学技术结合基因克隆和异源表达表征生物合成酶

运用表达序列标签（EST）测序技术，通过在大肠杆菌中异源表达，发现并表征了 (*S*)-降乌药碱合成酶（NCS）、(*R*, *S*)-3′-羟基-*N*-甲基乌药碱-4′-*O*-甲基转移酶（4′OMT）、salutaridinol 7-*O*-乙酰转移酶（SalAT）（图 11-4）[142]。运用 EST 测序技术结合微阵分析鉴定了沙罗泰里啶还原酶（SalR）和沙罗泰里啶合成酶（SalSyn）[142]。运用基于二维凝胶电泳的蛋白质组学分析，通过在昆虫细胞中表达，发现并表征了降乌药碱 6-*O*-甲基转移酶（6OMT）[142]。运用 DNA印迹（southern blotting）法筛选罂粟的互补 DNA（cDNA）文库，通

过在大肠杆菌中异源表达，表征了 (*S*)–乌药碱 *N*–甲基转移酶（CNMT）[142]。运用功能基因组分析，通过在大肠杆菌中异源表达，发现并表征了蒂巴因 6–*O*–脱甲基酶（T6ODM）和可待因 *O*–脱甲基酶（CODM）[142]。2015 年，通过 BLAST 筛选罂粟的 cDNA 文库，分别在酿酒酵母和大肠杆菌中表征了融合酶去氢网状番荔枝碱合酶–去氢网状番荔枝碱还原酶（dehydroreticuline synthase-dehydroreticuline reductase，DRS-DRR），从而阐明了 (+)–网状番荔枝碱和 (−)–网状番荔枝碱之间的转化机制[146, 147]。

3. 基因编辑技术

运用病毒诱导的基因沉默（VIGS）技术确证了蒂巴因 6–*O*–脱甲基酶、可待因 *O*–脱甲基酶和融合酶 DRS-DRR 的功能（图 11-4）[142, 147]。

二、托品烷生物碱的生物合成研究

托品烷生物碱是一类具有由吡咯环和哌啶环骈合而成的托品烷特征性骨架结构的生物碱。代表性托品烷生物碱（TAs），如莨菪碱（其消旋体为阿托品）和东莨菪碱是目前临床上广泛使用的天然抗胆碱类药物，具有镇痛、麻醉、抗痉挛、抗帕金森病、抗抑郁等活性。颠茄、曼陀罗等茄科植物是 TAs 的主要来源。20 世纪 30 年代，人们便已制备得到阿托品的晶体[148]，然而其化学结构直到 1901 年才由 Willstätter 通过化学降解、合成的方法阐明[149, 150]。1917 年，Robinson 实现了托品酮的化学全合成，其采用的合成路线被当作仿生合成的经典案例[151]。由于 TAs 化学结构特殊，并具有多种重要的生物活性，该类化合物的生物合成研究一直受到人们的关注。

（一）现代分子生物学技术揭示 TAs 生物合成途径

TAs 的生物合成被认为是困扰学术界近百年的科学难题[152]，自 1954 年 Leete 等采用放射性同位素标记的鸟氨酸饲喂草本曼陀罗，证明了鸟氨酸是莨菪碱的氨基酸前体[153]，此后 TAs 生物合成途径的研究一直进展缓慢。进入 20 世纪 80 年代，随着现代分子生物学研究的发展及应用，TAs 生物合成途径解析的研究得到快速发展。1991 年，以蛋白质测序技术获取的肽段信息为指导，从植物天仙子（*Hyoscyamus niger*）中克隆得到首个 TAs 生物合成关键酶基因——莨菪碱 6*β*-羟基化酶基因 *H6H*[124]。此后，结合基因克隆、异源表达、RNA 干扰（RNAi）、差异转录组等技术的综合运用，TAs 生物合成相关酶基因，如托品酮还原酶 I 基因（*TRI*）、海螺碱变位酶基因（*CYP80F1*）等陆续被克隆和鉴定。莨菪醛还原酶基因（*HDH*）是 TAs 生物合成途径中最后一个被鉴定的功能基因，廖志华研究组于 2019 年获得该基因并申请了相关专利[154]；2020 年，Smolke 课题组则公开报道了 *HDH* 的发现及在 TAs 生物合成中的应用[155]，至此 TAs 生物合成途径得到完全阐明（图 11-5）。

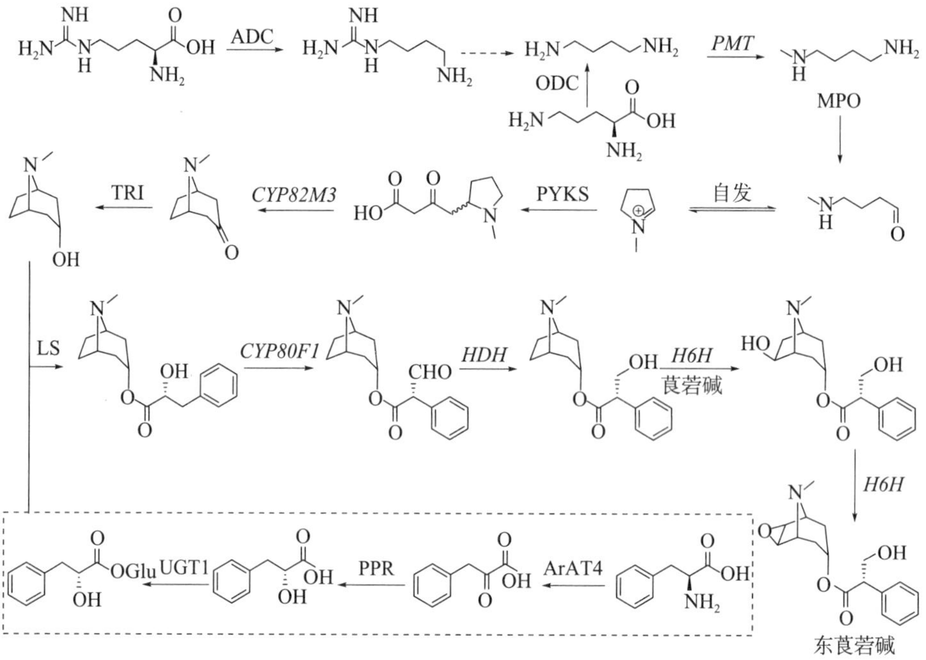

图 11-5　莨菪碱和东莨菪碱的生物合成途径

ADC：精氨酸脱羧酶（arginine decarboxylase）；ODC：鸟氨酸脱羧酶（ornithine decarboxylase）；MPO：甲基腐胺氧化酶（methyl putrescine oxidase）；PYKS：吡咯烷丁酮酸合酶（pyrrolidine ketide synthase）；ArAT4：芳香氨基转移酶（aromatic aminotransferase）；PPR：苯丙酮酸还原酶（phenylpyruvate reductase）；UGT1：葡萄糖基转移酶

（二）分子酶学、化学和结构生物学等多学科技术阐明 TAs 生物合成关键酶的催化机制

伴随 TAs 生物合成途径的阐明，该类型化合物生物合成关键酶的催化机

制引起科研工作者的广泛关注。Hashimoto 和 Yamada 于 1986 年报道从天仙子根培养物中分离到部分纯化的 H6H 蛋白质，发现该酶催化反应依赖于 α-酮戊二酸和二价铁离子 [156]，研究发现 H6H 同时具有催化莨菪碱 6β-羟基化生成山莨菪碱及催化山莨菪碱进一步环化生成东莨菪的功能 [157]。2018 年，刘鸿文课题组报道通过化学合成的底物探针进行 H6H 催化机制的深度研究，揭示了取代羟基的构象对该双功能酶催化氧化环化反应的决定作用 [158]，进一步研究发现，两步反应中 H6H 对氢原子攫取的位置选择性存在明显差异 [159]。2019 年，黄胜雄研究组与张余研究组合作，结合体外酶促反应和蛋白质晶体结构研究阐明了托品烷骨架形成的关键酶 PYKS 的催化机制，该研究也为 100 年前 Robinson 的仿生化学合成提供了直接的证据 [160]。2021 年，廖志华研究组和黄胜雄研究组合作，结合生化和结构生物学研究揭示了莨菪醛还原酶（HDH）的催化机制，同时通过 RNAi 阐明了该酶在植物体合成 TAs 过程中的作用 [161]。

（三）植物代谢工程、合成生物学等技术应用于托品烷生物碱的生产

20 世纪以来，植物代谢及细胞工程技术研究得到快速发展，对代谢途径进行遗传改造或调控有望实现植物中有价值次生代谢产物的绿色、高效生产。部分 TAs 在天然来源植物中的含量较低，且受产地、气候和个体差异的影响；另外，在阻断副交感神经和抑制中枢神经系统上，比莨菪碱具有更强的药理作用和更小的毒副效果的东莨菪碱在来源植物中的含量往往远低于莨菪碱的含量。因此，人们希望通过植物代谢工程技术提高 TAs 产量，同时将莨菪碱最大限度地转化为天然含量更低、经济价值更高的东莨菪碱。通过转基因技术在颠茄中过表达莨菪 *H6H* 基因，可以明显提高东莨菪碱的含量 [162]。通过诱导莨菪发状根生长，并在发根中同时过表达 *PMT* 基因和 *H6H* 基因，东莨菪碱含量可高达 411 mg/L [163]。

TAs 生物合成相关酶基因的鉴定为在微生物中重构 TAs 生物合成途径，并对该类化合物进行异源生产提供了必要的元件。2019 年，肖友利课题组与周志华课题组合作实现了 *N*-甲基吡咯啉及托品醇的异源从头生物合成 [164, 165]。同年，Smolke 课题组实现了肉桂酰托品在酵母中的从头合成 [166]。

具有里程碑式的进展是，该课题组于 2020 年报道，在酵母中重构 TAs 生物合成途径，实现了莨菪碱和东莨菪碱的从头合成[155]。该研究实现了二十余个不同来源的功能基因在酵母中的表达，并综合运用代谢流调节、功能酶在亚细胞的合理定位及调控生物合成中间体在不同细胞器间的转运等方法和策略进行区室化生物合成，以简单的糖和氨基酸为起始原料，实现了莨菪碱和东莨菪碱的生物合成，该 TAs 微生物生物合成平台的成功建立标志了现阶段药用天然产物合成生物学研究的一个重要进步。

三、他汀类天然产物的生物合成研究

洛伐他汀是由土曲霉产生的天然降脂药物，它可以有效通过抑制羟甲基戊二酸单酰辅酶 A 还原酶（HMGR），从而阻断胆固醇的生物合成。其半合成衍生物辛伐他汀具有更强的降脂活性和更低的副作用，因此成为人类历史上最为畅销的药物之一。从洛伐他汀的发现到利用酶促反应高效生产衍生物辛伐他汀这个“认识–利用–改造”的发展过程，恰恰反映了在生物合成研究过程中技术与方法变革的历史脉络和对于科学研究的推动作用，可以分为如下三个阶段。

（一）化学与物理学相关技术驱动洛伐他汀生物合成研究的起始

洛伐他汀生物合成研究的起始阶段的主要推动力源于物化相关技术的发展。1980 年，洛伐他汀由 Springer 团队首次从一株土曲霉中分离得到，由于在当时分析化学和生物化学分析方法都已经比较完善，因此在首次分离获得时，依靠质谱、红外光谱、紫外光谱、核磁共振和 X 射线单晶衍射等分析方法确定了其化学结构，同时依靠酶的抑制动力学测定了它对大鼠来源的 HMGR 的抑制动力学常数，证实了它高效的降脂活性（图 11-6）[167]。1985 年，Vederas 团队通过同位素示踪实验证实了洛伐他汀的碳骨架源于乙酸二碳单元的缩合和分子内 Diels-Alder 反应[168]，而后在 1996 年进一步通过更为精细的同位素示踪实验修正了洛伐他汀分子中氧原子的来源，并证实它是由聚酮合成途径形成的[169]（图 11-6）。

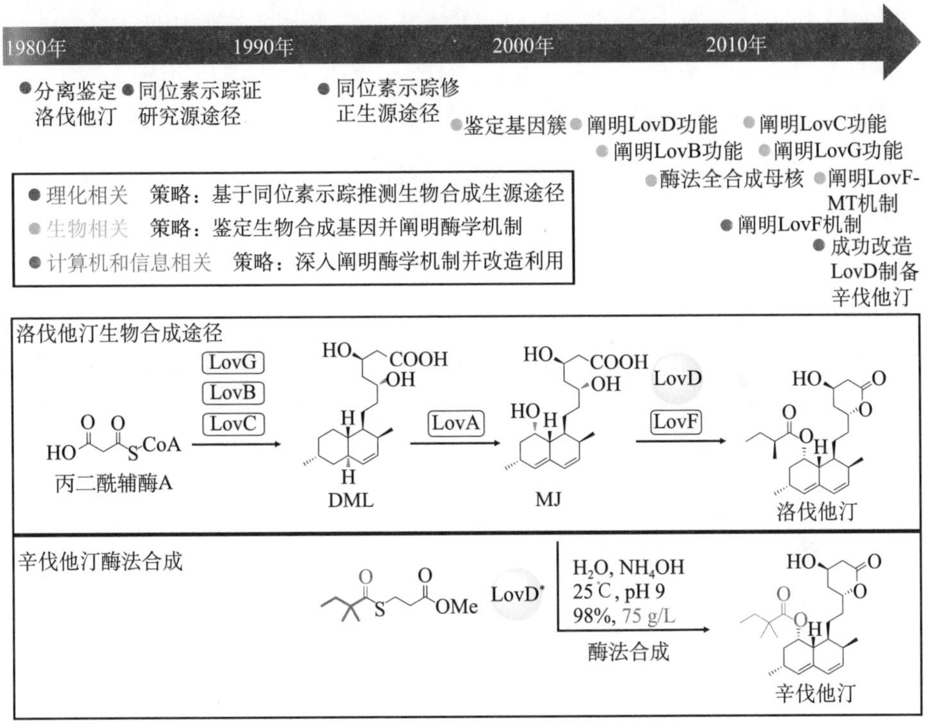

图 11-6　经典案例分析——生物合成研究策略在不同历史阶段对于洛伐他汀研究的推动作用

（二）生物相关技术加速洛伐他汀生物合成研究进程

随着基因组测序和分子生物学等生物学相关技术的飞速发展，洛伐他汀生物合成研究的主要推动力也在逐渐转移。1999 年 Hutchinson 和 Vederas 团队在土曲霉基因组中成功定位并且克隆了洛伐他汀生物合成基因簇[170]，对簇中基因功能的分析也使洛伐他汀的生物合成途径变得清晰起来，这也标志着对洛伐他汀生物合成研究的推动力开始从理化相关技术的发展转向生物相关技术的变革（图 11-6）。洛伐他汀生物合成基因簇中各个基因功能的研究开始于合成途径中最下游的酰基转移酶 LovD，2006 年唐奕团队证实 LovD 负责侧链 α- 甲基丁酸的上载，可以将前体莫纳可林 J（monacolin J，MJ）转化为终产物洛伐他汀，该团队在证实了 LovD 的底物杂泛性后，还成功地利用 LovD 上载非天然侧链 α- 二甲基丁酸，将莫纳可林 J 转化为药学性质更为优越的辛伐他汀，这一发现为后来高效地制备辛伐他汀奠定了酶学基础

（图 11-6）[171]。另外一个需要解决的问题是天然反应的底物中的侧链供体是与聚酮合酶 LovF 通过硫酯键共价连接的 α-二甲基丁酸。后续研究表明，聚酮合酶 LovF 可以用巯基丙酸甲酯代替蛋白质通过硫酯键与 α-二甲基丁酸相连（DMB-SMMP），大大降低侧链供体的制备成本。随后他们又将基因簇中的聚酮合酶 LovB 的各结构域的功能进行了验证[172]，并以此为基础，在体外利用聚酮合酶 LovB 和烯酰基还原酶 LovC 完成了洛伐他汀骨架结构的酶法全合成，同时阐明了酶学机制（图 11-6）[173]。Tsai 团队则利用 X 射线单晶衍射方法解析了反式烯酰基还原酶 LovC 的蛋白质结构，从而阐明了反式烯酰基还原酶在迭代型聚酮合酶催化的聚酮合成过程中发生催化作用的分子机制[174]。在此基础上，更为细致和深入的研究工作揭示了硫酯酶 LovG 在二氢莫纳可林 L（dihydromanocolin L，DML）从聚酮合酶 LovB 上释放和催化循环中的重要性[175]，以及迭代型聚酮合酶 LovB 甲基转移酶对底物的催化存在区域选择性（图 11-6）[176]。

（三）计算机和信息相关技术提升洛伐他汀生物合成研究深度

近年来，计算机和信息相关技术也逐渐开始助力于洛伐他汀生物合成机制和改造的研究。2011 年，Dorrestein 和唐奕团队合作利用傅里叶变换离子回旋共振质谱技术证实洛伐他汀侧链 α-甲基丁酸的生物合成机制[177]。这项质谱技术依赖强大的计算机进行数据分析，得出精准的结果（图 11-6）。虽然已证实具有底物杂泛性的 LovD 可以用来上载非天然侧链 α-二甲基丁酸，用于制备辛伐他汀，但是天然的 LovD 经过酶学定向进化后，催化人工侧链上载的反应效率仍然比较低，因而需要进一步深入研究其反应酶学机制，并通过改造 LovD 而提高反应效率，以满足酶法合成辛伐他汀在工业生产上的应用[178]。经过 8 年的深入研究，唐奕团队与美国 Codexis 公司合作，利用蛋白质序列与活性关系（ProSAR）辅助的酶学定向进化技术，通过 9 轮定向进化，从 61 779 个突变体中筛选出活性最优且含有 29 个氨基酸残基突变的 LovD 突变体，它的活性比野生型高出 1000 倍，并且成功实现了利用酶法大量制备辛伐他汀（图 11-6）[179]。与传统的定向进化相比，ProSAR 辅助的酶学定向进化可以借助生物信息学技术，对每轮进化过程中有利于优化酶学活性的突变进行统计，在保留这些优势突变的基础上设计下一轮突变体[180]。对于 LovD 突变体蛋白质结构的解析和利用计算化学研究方法的微秒级分子动力学模拟揭示了野生型 LovD 的催化活性依赖于 LovD 和 α-甲基丁酸载体 LovF 的蛋白质-蛋白质相互作用产生的变构调节效应，而 29 个氨基酸残基突变恰好消除了 LovD 突变体对于这种蛋白质-蛋白质相互作用和变构调节的依赖，从而提高了反应活性[179]。

在以上的洛伐他汀的生物合成研究实例中，从 1980 年天然降脂药物产物洛伐他汀的发现到 2014 年最终实现大量高效的酶法制备药效性质更为优越的衍生物辛伐他汀的研究过程中，整个时间跨度为 34 年，其研究进程的脉络可以根据主要外在驱动力来源梳理成三个阶段：1980～1999 年，由理化相关技术驱动研究的起始；2000～2011 年由生物相关技术加速研究进程；在 2011 年后由计算机和信息相关技术提升研究深度（图 11-6）。上述的这种技术与方法变革的历史脉络反映了天然产物生物合成研究是由多个学科相互交叉融合共同推动的，而且在未来的研究中，各个学科在未来的进一步发展也将继续推动天然产物生物合成研究的进程。

四、红霉素的生物合成研究

红霉素是一类广谱大环内酯类抗生素，具有良好的抗革兰氏阳性菌活性和较低的胃肠道毒副作用，其使用率一直位于全球抗生素类药物的前列。红霉素首先于 1952 年由礼来（EliLilly）公司团队分离得到[181, 182]，其化学结构于 1957 年被确定，绝对构型于 1965 年通过 X 射线单晶衍射法被归属（图 11-7）。红霉素的生物合成研究大致分为以下两个阶段。

（一）基于同位素示踪技术解析聚酮骨架的生物合成

红霉素具有复杂的化学结构与生物合成过程，早期的生物合成研究主要由理化相关技术的发展与应用推动。从化学结构上看，红霉素由红霉内酯、L-碳霉糖和 D-脱氧糖胺三部分以 O-糖苷键连接而成。红霉素内酯的生物合成前体是 6-脱氧红霉素内酯，是典型的 I 型聚酮产物（图 11-7）。

Corcoran 和同事于 1962 年通过同位素示踪法证明了同位素标记前体被整合进 6-脱氧红霉素内酯中[183]，直接说明红霉素骨架是由 7 个 C_3 单元构建而成的。

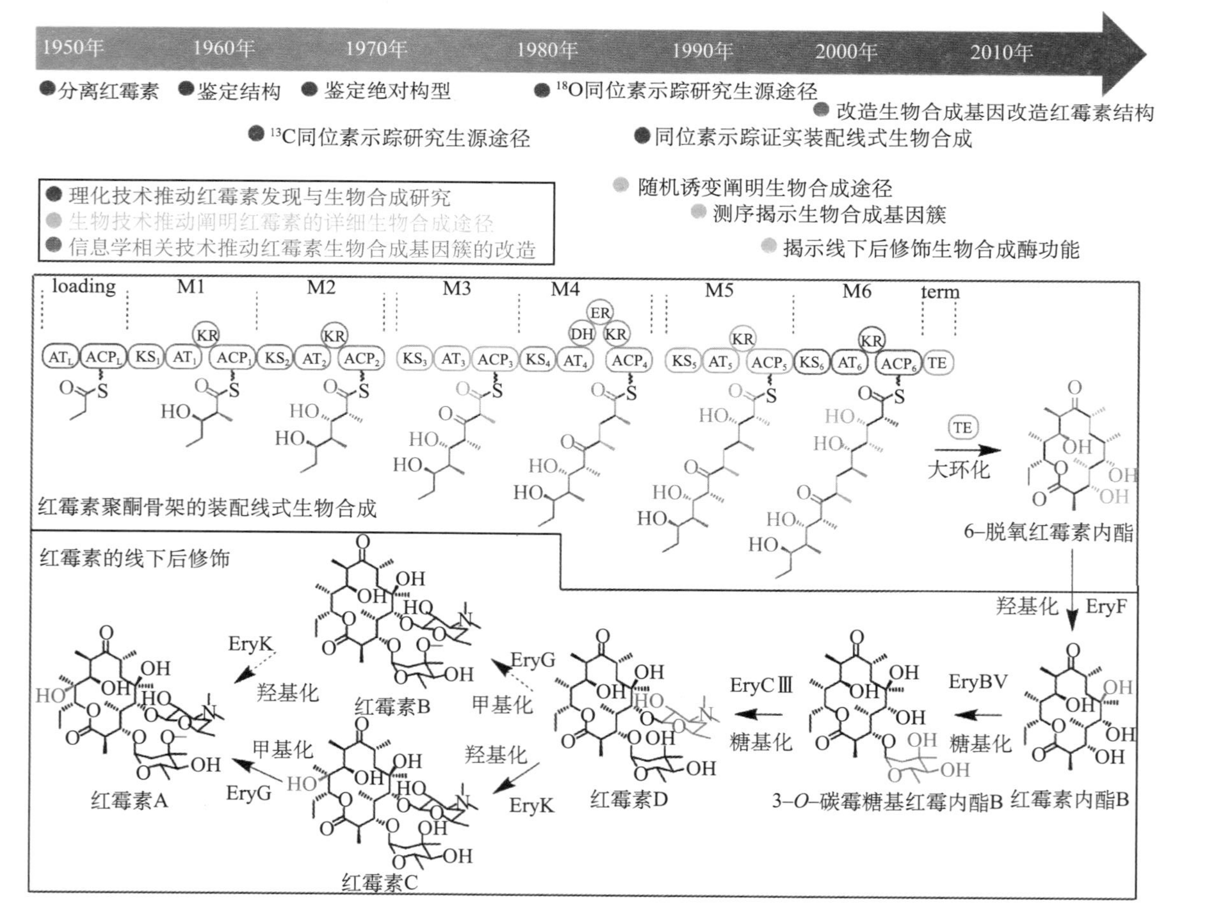

图 11-7 经典案例分析——红霉素的生物合成研究概览

Cane 等随后于 1981 年通过 ^{18}O 同位素标记的丙酸盐为前体说明了 6-脱氧红霉素内酯聚酮骨架中的氧原子源于前体结构中的羧基氧，而不是分子氧或者水[184]。这些结果支持了聚酮骨架延伸的缩合、还原步骤分步进行的生物合成机理。

为了进一步验证该机理，1987 年，Cane 和 Hutchinson 等分别采用两种中间体类似物（二酮酸及 *N*-乙酰基巯基乙胺硫酯偶联的二酮酸）进行同位素追踪实验，证明了二酮酸只有与 *N*-乙酰基巯基乙胺通过硫酯偶联才能被完整地整合进红霉素的聚酮骨架[185, 186]。其原因在于 *N*-乙酰基巯基乙胺硫酯的结构与辅酶 A 的巯基端和活化 ACP 上 4′-磷酸泛酰巯基乙胺基团高度相似。这些结果支持了聚酮天然产物“装配线”式的生物合成途径（图 11-7）。

（二）运用现代生物学技术完整解析红霉素的生物合成途径

生物学技术尤其是遗传操作技术的发展推动了红霉素生物合成的线下后修饰过程研究，也进一步验证了前期同位素示踪实验的研究结果。红霉素的线下后修饰将 6-脱氧红霉素内酯修饰为最终的红霉素结构，对红霉素的抗菌活性至关重要。主要包括 2 步立体特异性的羟基化反应、2 步位点特异性的糖基化反应和 1 步甲基化反应（图 11-7）。

该部分研究主要通过生物合成基因突变实验结合相应生物合成中间体或产物的分离鉴定来完成[182]。1985 年，Hutchinson 团队通过紫外线随机诱变技术创建了不同的红霉素生物合成突变菌株，并从突变菌株的培养液中分离到不同的红霉素生物合成中间体，通过比较分析解析了红霉素线下后修饰部分的生物合成途径[187]。这些突变菌株中均未分离到 6-脱氧红霉素内酯之前的生物合成中间体[187]，说明在此之前所有的生物合成中间体都是与生物合成蛋白质（活化 ACP 上 4′-磷酸泛酰巯基乙胺基团）共价键结合的，佐证了红霉素骨架的在线组装方式（图 11-7）。

随着 20 世纪 80 年代末 DNA 自动化测序技术的飞速发展，科学家将测序技术应用于天然产物尤其是聚酮天然产物的生物合成研究中，可以高效定位生物合成基因簇，帮助解析生物合成途径[125]。Leadlay 和 Katz 团队分别于 1990 年[120]和 1991 年[121]报道了红霉素的生物合成基因簇，其中包括负责 6-脱氧红霉素内酯生物合成的在线聚酮合酶基因区域和负责线下后修饰的非聚酮合酶基因区域。聚酮生物合成基因的分析和突变揭示了红霉素聚酮骨架的“装配线”生物合成形式，也即7个模块分别按顺序进行7个C_3结构单元的组装（图11-7）。红霉素聚酮“装配线”也成了Ⅰ型聚酮生物合成研究的范例。这些基因的功能随后也被定向基因突变和相应生物合成中间体的分离等实验所证实。

随着DNA重组、基因靶向敲除、异源表达、酶学、结构生物学技术的兴起与发展，负责红霉素线下后修饰的生物合成酶功能及催化机理于20世纪90年代得到进一步解析。其中P450酶EryF负责第一步线下生物合成步骤，对6-脱氧红霉素内酯的C6位进行羟基化，生成红霉素内酯B[188]。随后，糖基转移酶EryBV在红霉素内酯B的C3位羟基上连接L-碳霉糖，形成3-*O*-碳霉糖基红霉内酯B；另一个糖基转移酶EryCⅢ在C5位羟基上连接D-脱氧糖胺，形成首个具有生物活性的中间体—红霉素D[189]。红霉素D在细胞色素P450氧化酶EryK的催化下完成C12位的羟基化，合成红霉素C；再在甲基转移酶EryG的作用下催化碳霉糖单元C3"位的羟甲基化，合成最终产物红霉素A。此外，红霉素D也可以以较低的效率先在EryG的作用下完成碳霉糖单元的甲基化，得到红霉素B，再通过EryK的作用，合成红霉素A（图11-7）[190]。

从20世纪末开始，信息学科的发展与上述生物技术一起助力通过改造红霉素生物合成基因从而改造其结构的研究。对红霉素大环内酯骨架的结构改造研究主要集中在模块和功能域的改变上，常见的策略包括功能域的替换、失活或插入，以及模块的替换、重组或改造等[191]。对红霉素线下后修饰途径的改造主要集中在大环内酯骨架的糖基化上，利用糖基转移酶较宽泛的底物选择性合成了一系列带有不同糖基取代的红霉素衍生物[192-196]。

红霉素从1952年发现至今已有70年，其早期生物合成研究主要集中在聚酮骨架上，由理化相关技术的发展所推动，如同位素示踪法结合产物结构的表征；后期研究主要由生物相关技术的发展所推动，研究过程中广泛采用了遗传操作技术、测序技术等方法。20世纪末，在信息科学的推动下，科学家开始对红霉素的生物合成基因进行靶向性的改造，从而实现有目标地改造红霉素结构的工作，将生物合成研究推向新的阶段。红霉素的生物合成研究见证了天然产物生物合成研究的发展历程及多维度融合的研究方式，也为未来生物合成的进一步发展提供了借鉴。

第五节　生物合成发展瓶颈与未来展望

一、主要瓶颈

生物合成发展的主要瓶颈有以上几点：①生物合成基因（簇）与天然产物的结构及功能之间的对应关系大部分不清楚，难以实现通过基因预测结构及生物功能；②生物合成基因在异源宿主中的适配性不高；③未成簇生物合成基因难以准确定位（尤其是植物中）。

二、未来展望

未来，人工智能、机器操作、远程打印等技术将被应用于生物合成研究领域，主要体现在合成途径的人工智能设计、基因元件的标准定制、关键酶结构的数字解析、化合物结构的自动解析、合成产物的远程智造等多学科交叉融合技术的开发和应用，由此，将生物合成领域推向另一个高度。

三、本领域中存在的重要问题和政策建议

（1）问题：①过于强调应用，对生物合成原理及规律等基本问题的认识不够深入，生物合成的基础研究比较薄弱；②学科交叉性强，但向其他相关学科的渗透度不够，有交叉研究背景的领军人才不足。

（2）政策建议：加大生物合成基础研究的支持力度，实行分类评价机制，对基础研究和应用研究采用不同的评价方式。

本章参考文献

[1] 王伟, 李韶静, 朱天慧, 等. 天然药物化学史话: 天然产物的生物合成. 中草药, 2018, 49: 3193-3207.

[2] Collie J N. The production of naphthalene derivatives from dehydracetic acid. J Chem Soc Trans, 1893, 63: 329-337.

[3] Collie J N. Derivatives of the multiple keten group. J Chem Soc Trans, 1907, 91: 1806-1813.

[4] Ruzicka L. The isoprene rule and the biogenesis of terpenic compounds. Experientia, 1953, 9: 357-367.

[5] Rohmer M, Knani M, Simonin P, et al. Isoprenoid biosynthesis in bacteria: A novel pathway for the early steps leading to isopentenyl diphosphate. Biochem J, 1993, 295: 517-524.

[6] Collie N, Myers W. The formation of orcinol and other condensation products from dehydracetic acid. J Chem Soc Trans, 1893, 63: 122-128.

[7] Fritz J S. Early milestones in the development of ion-exchange chromatography: A personal account. J Chromatogr A, 2004, 1039: 3-12.

[8] Berezkin V. Contributions from NA izmailov and MS schraiber to the development of thin-layer chromatography (on the 70th anniversary of the publication of the first paper on thin-layer chromatography). J Anal Chem, 2008, 63: 400-404.

[9] Martin A J, Synge R L. A new form of chromatogram employing two liquid phases: A theory of chromatography. 2. Application to the micro-determination of the higher monoamino-acids in proteins. Biochem J, 1941, 35: 1358-1368.

[10] Gika H, Kaklamanos G,Manesiotis P, et al. Chromatography: High-performance liquid chromatography//Caballero B, Finglas P M, Toldrá F. Encyclopedia of Food and Health. Oxford: Academic Press, 2016: 93-99.

[11] Becker E D. A brief history of nuclear magnetic resonance. Anal Chem, 1993, 65: 295A-302A.

[12] 王思明, 付炎, 刘丹, 等. 天然药物化学史话: “四大光谱”在天然产物结构鉴定中的应用. 中草药, 2016, 47: 2779-2796.

[13] Rohmer M, Seemann M, Horbach S, et al. Glyceraldehyde 3-phosphate and pyruvate as precursors of isoprenic units in an alternative non-mevalonate pathway for terpenoid biosynthesis. J Am Chem Soc, 1996, 118: 2564-2566.

[14] Jones J G, Sherry A D, Jeffrey F M H, et al. Sources of acetyl-CoA entering the tricarboxylic acid cycle as determined by analysis of succinate carbon-13 isotopomers. Biochemistry, 1993, 32: 12240-12244.

[15] Moore R N, Bigam G, Chan J K, et al. Biosynthesis of the hypocholesterolemic agent mevinolin by *Aspergillus terreus*. Determination of the origin of carbon, hydrogen, and oxygen atoms by carbon-13 NMR and mass spectrometry. J Am Chem Soc, 1985, 107: 3694-3701.

[16] Biemann K. Structure determination of natural products by mass spectrometry. Annu Rev Anal Chem, 2015, 8: 1-19.

[17] Griffiths J. A brief history of mass spectrometry. Anal Chem, 2008, 80: 5678-5683.

[18] Yates J R. A century of mass spectrometry: From atoms to proteomes. Nat Methods, 2011, 8: 633-637.

[19] 付炎，王于方，李力更，等. 天然药物化学史话：天然产物研究与诺贝尔奖. 中草药，2016, 47: 3749-3765.

[20] Crowfoot D, Bunn C W, Rogers-Low B W, et al. The x-ray crystallographic investigation of the structure of penicillin//Clarke H T. Chemistry of Penicillin. Princeton: Princeton University Press, 2015: 310-366.

[21] Mackay M, Hodgkin D C. A crystallographic examination of the structure of morphine. J Chem Soc Trans, 1955, (0): 3261-3267.

[22] Hodgkin D C, Kamper J, Mackay M, et al. Structure of vitamin B_{12}. Nature, 1956, 178: 64-66.

[23] Lesburg C A, Zhai G, Cane D E, et al. Crystal structure of pentalenene synthase: Mechanistic insights on terpenoid cyclization reactions in biology. Science, 1997, 277: 1820-1824.

[24] Starks C M, Back K, Chappell J, et al. Structural basis for cyclic terpene biosynthesis by tobacco 5-*epi*-aristolochene synthase. Science, 1997, 277: 1820-1824.

[25] Wendt K U, Poralla K, Schulz G E. Structure and function of a squalene cyclase. Science, 1997, 277: 1811-1815.

[26] Griffith F. The significance of pneumococcal types. J Hyg, 1928, 27: 113-159.

[27] Avery O T, Macleod C M, Mccarty M. Studies on the chemical nature of the substance inducing transformation of pneumococcal types. J Exp Med, 1944, 79: 137-158.

[28] Hershey A D, Chase M. Independent functions of viral protein and nucleic acid in growth of bacteriophage. J Gen Physiol, 1952, 19: 39-52.

[29] Watson J D, Crick F H C. Molecular structure of nucleic acids: A structure for deoxyribose nucleic acid. Nature, 1953, 248: 623-624.

[30] Smith H O, Welcox K W. A restriction enzyme from hemophilus influenzae: Ⅰ. Purification and general properties. J Mol Biol, 1970, 51: 379-391.

[31] Kelly T J, Smith H O. A restriction enzyme from Hemophilus influenzae: Ⅱ. Base sequence of the recognition site. J Mol Biol, 1970, 51: 393-409.

[32] Alfred P, Wilson G G, Wolfgang W. Type Ⅱ restriction endonucleases—A historical perspective and more. Nucleic Acids Res, 2014, 42: 7489.

[33] Jackson D A, Robert H, Berg S P. Biochemical method for inserting new genetic information into DNA of Simian Virus 40: Circular SV40 DNA molecules containing lambda phage genes and the galactose operon of *Escherichia coli*. Proc Natl Acad Sci, 1972, 69: 2904-2909.

[34] Cohen S N, Chang A C Y, Boyert H W, et al. Construction of biologically functional bacterial plasmids *in vitro*. Proc Natl Acad Sci, 1973, 70: 3240-3244.

[35] Morrow J F, Cohen S N, Chang A C, et al. Replication and transcription of eukaryotic DNA in *Escherichia coli*. Proc Natl Acad Sci, 1974, 71: 1743-1747.

[36] Gilbert W, Villa-Komaroff L. Useful proteins from recombinant bacteria. Sci Am, 1980, 242: 74.

[37] Mintz J B. Simian Virus 40 DNA sequences in DNA of healthy adult mice derived from preimplantation blastocysts injected with viral DNA. Proc Natl Acad Sci, 1974, 71: 1250-1254.

[38] Gordon J W, Scangos G A, Plotkin D J, et al. Genetic transformation of mouse embryos by microinjection of purified DNA. Proc Natl Acad Sci, 1981, 77: 7380-7384.

[39] Krens F A, Molendijk L, Wullems G J, et al. *In vitro* transformation of plant protoplasts with Ti-plasmid DNA. Nature, 1982, 296: 72-74.

[40] Ro D K, Paradise E M, Ouellet M, et al. Production of the antimalarial drug precursor artemisinic acid in engineered yeast. Nature, 2006, 440: 940-943.

[41] Westfall P J, Pitera D J, Lenihan J R, et al. Production of amorphadiene in yeast, and its conversion to dihydroartemisinic acid, precursor to the antimalarial agent artemisinin. Proc Natl Acad Sci, 2012, 109: E111-E118.

[42] Zhang D B, Luo Y, Chen W J. Current development of gene editing. Chineses Journal of Biotechnology, 2020, 36: 2345-2356.

[43] Bibikova M, Beumer K, Trautman J K, et al. Enhancing gene targeting with designed zinc finger nucleases. Science, 2003, 300: 764.

[44] Wilen C B, Wang J B, Tilton J C, et al. Engineering HIV-resistant human CD^{4+} T cells with CXCR4-specific zinc-finger nucleases. PLoS Pathog, 2011, 7: 1002020.

[45] Li H, Haurigot V, Doyon Y, et al. *In vivo* genome editing restores haemostasis in a mouse model of haemophilia. Nature, 2011, 475: 217-221.

[46] Cong L, Ran F A, Cox D, et al. Multiplex genome engineering using CRISPR/Cas systems. Science, 2013, 339: 819-823.

[47] Wu J J, Du G C, Chen J, et al. Enhancing flavonoid production by systematically tuning the central metabolic pathways based on a CRISPR interference system in *Escherichia coli*. Sci Rep, 2015, 5: 13477.

[48] Liang J L, Guo L Q, Lin J F, et al. A novel process for obtaining pinosylvin using combinatorial bioengineering in *Escherichia coli*. World J Microbiol Biotechnol, 2016, 32: 102.

[49] Townsend J A, Wright D A, Winfrey R J, et al. High-frequency modification of plant genes using engineered zinc-finger nucleases. Nature, 2009, 459: 442-445.

[50] Zhang Y, Zhang F, Li X H, et al. Transcription activator-like effector nucleases enable efficient plant genome engineering. Plant Physiol, 2013, 161: 20-27.

[51] Zhang M M, Wong F T, Wang Y, et al. CRISPR-Cas9 strategy for activation of silent *Streptomyces* biosynthetic gene clusters. Nat Chem Biol, 2017, 13: 607-611.

[52] Tao W X, Chen L, Zhao C H, et al. *In vitro* packaging mediated one-step targeted cloning of natural product pathway. ACS Synth Biol, 2019, 8: 1991-1997.

[53] Khorana H G, Buchi H, Caruthers M H, et al. Progress in the total synthesis of the gene for ala-tRNA. Cold Spring Harb. Symp Quant Biol, 1968, 33: 35-44.

[54] Rodriguez-Lazaro D, Gonzalez-Garcia P, Valero A, et al. Analytical Methods Committee AMCTB, No59. PCR - the polymerase chain reaction. Anal Methods, 2013, 6: 333-336.

[55] Lawyer F C, Stoffel S, Saiki R K, et al. Isolation, characterization, and expression in

Escherichia coli of the DNA polymerase gene from *Thermus aquaticus*. J Biol Chem, 1989, 264: 6427-6437.

[56] Sanger F, Nicklen S, Coulson A R. DNA sequencing with chain-terminating inhibitors. Proc Natl Acad Sci, 1977, 74: 5463-5467.

[57] Peters B A, Kermani B G, Sparks A B, et al. Accurate whole-genome sequencing and haplotyping from 10 to 20 human cells. Nature, 2012, 487: 190-195.

[58] Sanger F, Air G M, Barrell B G, et al. Nucleotide sequence of bacteriophage phi X174 DNA. Nature, 1977, 265: 687-695.

[59] Fleischmann R D, Adams M D, White O, et al. Whole-genome random sequencing and assembly of *Haemophilus influenzae* Rd. Science, 1995, 269: 496-512.

[60] Goffeau A, Barrell B G, Bussey H, et al. Life with 6000 genes. Science, 1996, 274: 563-547.

[61] Initiative T A G. Analysis of the genome sequence of the flowering plant *Arabidopsis thaliana*. Nature, 2000, 408: 796-815.

[62] Harvey A L, Edrada-Ebel R, Quinn R J. The re-emergence of natural products for drug discovery in the genomics era. Nat Rev Drug Discov, 2015, 14: 111-129.

[63] Aslanidis C, de Jong P J. Ligation-independent cloning of PCR products (LIC-PCR). Nucleic Acids Res, 1990, 18: 6069-6074.

[64] Hartley J L, Temple G F, Brasch M A. DNA cloning using *in vitro* site-specific recombination. Genome Res, 2000, 10: 1788-1795.

[65] Curtis M D, Grossniklaus U. A gateway cloning vector set for high-throughput functional analysis of genes in planta. Plant Physiol, 2003, 133: 462-469.

[66] Engler C, Gruetzner R, Kandzia R, et al. Golden gate shuffling: A one-pot DNA shuffling method based on type IIs restriction enzymes. PLoS One, 2009, 4: 5553.

[67] Fu C L, Wehr D R, Edwards J, et al. Rapid one-step recombinational cloning. Nucleic Acids Res, 2008, 36: 54.

[68] Lobban P E, Kaiser A D. Enzymatic end-to-end joining of DNA molecules. J Mol Biol, 1973, 78: 453-471.

[69] Kunes S, Botstein D, Fox M S. Transformation of yeast with linearized plasmid DNA. J Mol Biol, 1985, 184: 375-387.

[70] Gibson D G, Young L, Chuang R Y, et al. Enzymatic assembly of DNA molecules up to several hundred kilobases. Nat Methods, 2009, 6: 343-345.

[71] Zhou J T, Wu R H, Xue X L, et al. CasHRA (Cas9-facilitated homologous recombination assembly) method of constructing megabase-sized DNA. Nucleic Acids Res, 2016, 44: 124.

[72] Wang H L, Li Z, Jia R N, et al. ExoCET: Exonuclease *in vitro* assembly combined with RecET recombination for highly efficient direct DNA cloning from complex genomes. Nucleic Acids Res, 2018, 46: 28.

[73] Kang S Y, Choi O, Lee J K, et al. Artificial biosynthesis of phenylpropanoic acids in a tyrosine overproducing *Escherichia coli* strain. Microb Cell Fact, 2012, 11: 153.

[74] Zobel S, Kumpfmuller J, Sussmuth R D, et al. *Bacillus subtilis* as heterologous host for the secretory production of the non-ribosomal cyclodepsipeptide enniatin. Appl Microbiol Biotechnol, 2015, 99: 681-691.

[75] Tsunematsu Y, Ishiuchi K, Hotta K, et al. Yeast-based genome mining, production and mechanistic studies of the biosynthesis of fungal polyketide and peptide natural products. Nat Prod Rep, 2013, 30: 1139-1149.

[76] Araya-Garay J M, Ageitos J M, Vallejo J A, et al. Construction of a novel *Pichia pastoris* strain for production of xanthophylls. AMB Express, 2012, 2: 24.

[77] Liu R, Chen L, Jiang Y P, et al. Efficient genome editing in filamentous fungus *Trichoderma reesei* using the CRISPR/Cas9 system. Cell Discov, 2015, 1: 15007.

[78] Shi T Q, Gao J, Wang W J, et al. CRISPR/Cas9-based genome editing in the filamentous fungus *Fusarium fujikuroi* and its application in strainengineering for gibberellic acid production. ACS Synth Biol, 2019, 8: 445-454.

[79] 张晓凯 , 张丛丛 , 刘忠民 , 等 . 冷冻电镜技术的应用与发展 . 科学技术与工程 , 2019, 19: 9-17.

[80] 马礼敦 . X 射线晶体学的百年辉煌 . 物理学进展 , 2014, 34: 47-117.

[81] 刘科 , 童水龙 , 李锐鹏 , 等 . NSRL 衍射和散射站在蛋白质晶体学的应用 . 核技术 , 2008, 501-505.

[82] Cai Y J, Hai Y, Ohashi M, et al. Structural basis for stereoselective dehydration and hydrogen-bonding catalysis by the SAM-dependent pericyclase LepI. Nat Chem, 2019, 11: 812-820.

[83] 施蕴渝 , 吴季辉 . 核磁共振波谱应用于结构生物学的研究进展 . 生物物理学报 , 2007, 23: 240-245.

[84] Kainosho M, Torizawa T, Iwashita Y, et al. Optimal isotope labelling for NMR protein

structure determinations. Nature, 2006, 440: 52-57.

[85] Dahal R H, Nguyen T M, Pandey R P, et al. The genome insights of streptomyces lannensis T1317-0309 reveals actinomycin D production. J Antibiot, 2020, 73: 837-844.

[86] Liao M F, Cao E H, Julius D, et al. Structure of the TRPV1 ion channel determined by electron cryo-microscopy. Nature, 2013, 504: 107-112.

[87] Wang J J, Liang J D, Chen L, et al. Structural basis for the biosynthesis of lovastatin. Nat Commun, 2021, 12: 867.

[88] Kautsar S A, Blin K, Shaw S, et al. MIBiG 2.0: A repository for biosynthetic gene clusters of known function. Nucleic Acids Res, 2020, 48: D454-D458.

[89] Senior A W, Evans R, Jumper J, et al. Improved protein structure prediction using potentials from deep learning. Nature, 2020, 577: 706-710.

[90] Martin V J, Pitera D J, Withers S T, et al. Engineering a mevalonate pathway in *Escherichia coli* for production of terpenoids. Nat Biotechnol, 2003, 21: 796-802.

[91] Engels B, Dahm P, Jennewein S. Metabolic engineering of taxadiene biosynthesis in yeast as a first step towards taxol (paclitaxel) production. Metab Eng, 2008, 10: 201-206.

[92] Paddon C J, Westfall P J, Pitera D J, et al. High-level semi-synthetic production of the potent antimalarial artemisinin. Nature, 2013, 496: 528-532.

[93] Galanie S, Thodey K, Trenchard I J, et al. Complete biosynthesis of opioids in yeast. Science, 2015, 349: 1095-1100.

[94] Luo X Z, Reiter M A, d'Espaux L, et al. Complete biosynthesis of cannabinoids and their unnatural analogues in yeast. Nature, 2019, 567: 123-126.

[95] Kamp M W, Mulholland A J. Combined quantum mechanics/molecular mechanics (QM/MM) methods in computational enzymology. Biochemistry, 2013, 52: 2708-2728.

[96] Yang Z Y, Yang S, Yu P Y, et al. Influence of water and enzyme SpnF on the dynamics and energetics of the ambimodal [6+4]/[4+2] cycloaddition. Proc Natl Acad Sci, 2018, 115: E848-E855.

[97] Ohashi M S, Liu F, Hai Y, et al. SAM-dependent enzyme-catalysed pericyclic reactions in natural product biosynthesis. Nature, 2017, 549: 502-506.

[98] Sandala G M, Smith D M, Radom L. In search of radical intermediates in the reactions catalyzed by lysine 2, 3-aminomutase and lysine 5, 6-aminomutase. J Am Chem Soc, 2006, 128: 16004-16005.

[99] Sato H, Mitsuhashi T, Yamazaki M, et al. Computational studies on biosynthetic carbocation rearrangements leading to quiannulatene: Initial conformation regulates biosynthetic route, stereochemistry, and skeleton type. Angew Chem Int Ed, 2018, 57: 14752-14757.

[100] Malpartida F, Hopwood D A. Molecular cloning of the whole biosynthetic pathway of a streptomyces antibiotic and its expression in a heterologous host. Nature, 1984, 309: 462-464.

[101] Bibb M J, Janssen G R, Ward J M. Cloning and analysis of the promoter region of the erythromycin resistance gene (*ermE*) of *Streptomyces erythraeus*. Gene, 1985, 38: 215-226.

[102] Bentley S D, Chater K F, Cerdeno-Tarraga A M, et al. Complete genome sequence of the model actinomycete *Streptomyces coelicolor* A3(2). Nature, 2002, 417: 141-147.

[103] Walsh C T, Fischbach M A. Natural products version 2.0: Connecting genes to molecules. J Am Chem Soc, 2010, 132: 2469-2493.

[104] Challis G L. Genome mining for novel natural product discovery. J Med Chem, 2008, 51: 2618-2628.

[105] Boisvert S, Raymond F, Godzaridis E, et al. Ray meta: Scalable de novo metagenome assembly and profiling. Genome Biol, 2012, 13: R122.

[106] Howe A C, Jansson J K, Malfatti S A, et al. Tackling soil diversity with the assembly of large, complex metagenomes. Proc Natl Acad Sci, 2014, 111: 4904-4909.

[107] Cahn J K B, Piel J. Opening up the single-cell toolbox for microbial natural products research. Angew Chem Int Ed, 2021, 60: 18412-18428.

[108] Caputi L, Franke J, Farrow S C, et al. Missing enzymes in the biosynthesis of the anticancer drug vinblastine in Madagascar periwinkle. Science, 2018, 360: 1235-1239.

[109] Lau W, Sattely E S. Six enzymes from mayapple that complete the biosynthetic pathway to the etoposide aglycone. Science, 2015, 349: 1224-1228.

[110] Rothlisberger D, Khersonsky O, Wollacott A M, et al. Kemp elimination catalysts by computational enzyme design. Nature, 2008, 453: 190-195.

[111] Siegel J B, Zanghellini A, Lovick H M, et al. Computational design of an enzyme catalyst for a stereoselective bimolecular Diels-Alder reaction. Science, 2010, 329: 309-313.

[112] Tautenhahn R, Patti G J, Rinehart D, et al. XCMS online: A web-based platform to process untargeted metabolomic data. Anal Chem, 2012, 84: 5035-5039.

[113] Marchand J A, Neugebauer M E, Ing M C, et al. Discovery of a pathway for terminal-alkyne

amino acid biosynthesis. Nature, 2019, 567: 420-424.

[114] Gao L, Su C, Du X X, et al. FAD-dependent enzyme-catalysed intermolecular [4+2] cycloaddition in natural product biosynthesis. Nat Chem, 2020, 12: 620-628.

[115] Gulick A M, Aldrich C C. Trapping interactions between catalytic domains and carrier proteins of modular biosynthetic enzymes with chemical probes. Nat Prod Rep, 2018, 35: 1156-1184.

[116] Tang T, Fu L, Guo E, et al. Automation in synthetic biology using biological foundries. Chin Sci Bull, 2021, 66: 300-309.

[117] Leferink N G H, Dunstan M S, Hollywood K A, et al. An automated pipeline for the screening of diverse monoterpene synthase libraries. Sci Rep, 2019, 9: 11936.

[118] 付炎 , 张嫚丽 , 李力更 , 等 . 天然药物化学史话 . 北京：科学出版社 , 2019.

[119] Kunst F, Ogasawara N, Moszer I, et al. The complete genome sequence of the gram-positive *Bacterium bacillus* subtilis. Nature, 1997, 390: 249-256.

[120] Cortes J, Haydock S F, Roberts G A, et al. An unusually large multifunctional polypeptide in the erythromycin-producing polyketide synthase of *Saccharopolyspora erythraea*. Nature, 1990, 348: 176-178.

[121] Donadio S, Staver M J, McAlpine J B, et al. Modular organization of genes required for complex polyketide biosynthesis. Science, 1991, 252: 675-679.

[122] Wildung M R, Croteau R. A cDNA clone for taxadiene synthase, the diterpene cyclase that catalyzes the committed step of taxol biosynthesis. J Biol Chem, 1996, 271: 9201-9204.

[123] Mercke P, Bengtsson M, Bouwmeester H J, et al. Molecular cloning, expression, and characterization of amorpha-4,11-diene synthase, a key enzyme of artemisinin biosynthesis in *Artemisia annua* L. Arch Biochem Biophys, 2000, 381: 173-180.

[124] Matsuda J, Okabe S, Hashimoto T, et al. Molecular cloning of hyoscyamine 6 beta-hydroxylase, a 2-oxoglutarate-dependent dioxygenase, from cultured roots of *Hyoscyamus niger*. J Biol Chem, 1991, 266: 9460-9464.

[125] Hopwood D A, Sherman D H. Molecular genetics of polyketides and its comparison to fatty acid biosynthesis. Annu Rev Genet, 1990, 24: 37-66.

[126] Xue Q, Ashley G, Hutchinson C R, et al. A multiplasmid approach to preparing large libraries of polyketides. Proc Natl Acad Sci, 1999, 96: 11740-11745.

[127] Smith D J, Burnham M K, Edwards J, et al. Cloning and heterologous expression of the penicillin

biosynthetic gene cluster from *Penicillum chrysogenum*. Biotechnology, 1990, 8: 39-41.

[128] Challis G L, Ravel J. Coelichelin, a new peptide siderophore encoded by the *Streptomyces coelicolor* genome: Structure prediction from the sequence of its non-ribosomal peptide synthetase. FEMS Microbiol Lett, 2000, 187: 111-114.

[129] Lautru S, Deeth R J, Bailey L M, et al. Discovery of a new peptide natural product by *Streptomyces coelicolor* genome mining. Nat Chem Biol, 2005, 1: 265-269.

[130] Ogmen U, Keskin O, Aytuna A S, et al. PRISM: Protein interactions by structural matching. Nucleic Acids Res, 2005, 33: W331-W336.

[131] Medema M H, Blin K, Cimermancic P, et al. antiSMASH: Rapid identification, annotation and analysis of secondary metabolite biosynthesis gene clusters in bacterial and fungal genome sequences. Nucleic Acids Res, 2011, 39: W339-W346.

[132] Cimermancic P, Medema M H, Claesen J, et al. Insights into secondary metabolism from a global analysis of prokaryotic biosynthetic gene clusters. Cell, 2014, 158: 412-421.

[133] Medema M H, Kottmann R, Yilmaz P, et al. Minimum information about a biosynthetic gene cluster. Nat Chem Biol, 2015, 11: 625-631.

[134] Skinnider M A, Johnston C W, Gunabalasingam M, et al. Comprehensive prediction of secondary metabolite structure and biological activity from microbial genome sequences. Nat Commun, 2020, 11: 6058.

[135] Cheng Q, Xiang L K, Izumikawa M, et al. Enzymatic total synthesis of enterocin polyketides. Nat Chem Biol, 2007, 3: 557-558.

[136] Chiang Y M, Szewczyk E, Davidson A D, et al. A gene cluster containing two fungal polyketide synthases encodes the biosynthetic pathway for a polyketide, asperfuranone, in *Aspergillus nidulans*. J Am Chem Soc, 2009, 131: 2965-2970.

[137] Nett R S, Lau W, Sattely E S. Discovery and engineering of colchicine alkaloid biosynthesis. Nature, 2020, 584: 148-153.

[138] Weber T, Marahiel M A. Exploring the domain structure of modular nonribosomal peptide synthetases. Structure, 2001, 9: R3-R9.

[139] Reimer J M, Eivaskhani M, Harb I, et al. Structures of a dimodular nonribosomal peptide synthetase reveal conformational flexibility. Science, 2019, 366: 4388.

[140] Peplow M. Malaria drug made in yeast causes market ferment. Nature, 2013, 494: 160-161.

[141] Kirby G. Biosynthesis of the morphine alkaloids. Science, 1967, 155: 170-173.

[142] Hagel J M, Facchini P J. Benzylisoquinoline alkaloid metabolism: A century of discovery and a brave new world. Plant Cell Physiol, 2013, 54: 647-672.

[143] Battersby A R, Martin J A, Brochmann-Hanssen E. Alkaloid biosynthesis. X. Terminal steps in the biosynthesis of the morphine alkaloids. J Chem Soc Perkin, 1967, 19: 1785-1788.

[144] Zenk M H, Rueffer M, Amann M, et al. Benzylisoquinoline biosynthesis by cultivated plant cells and isolated enzymes. J Nat Prod, 2004, 48: 725-738.

[145] Heinz N, Moller B L. Homage to professor meinhart H. Zenk: Crowd accelerated research and innovation. Phytochemistry, 2013, 91: 20-28.

[146] Winzer T, Kern M, King A J, et al. Morphinan biosynthesis in opium poppy requires a P450-oxidoreductase fusion protein. Science, 2015, 349: 309-312.

[147] Farrow S C, Hagel J M, Beaudoin G A, et al. Stereochemical inversion of (*S*)-reticuline by a cytochrome P450 fusion in opium poppy. Nat Chem Biol, 2015, 11: 728-732.

[148] Geiger P L, Hesse K. Darstellung des atropins. Ann Pharmacother, 1833, 5: 43-81.

[149] Willstätter R. Synthese des tropidins. Berichte der Deutschen Chemischen Gesellschaft, 1901, 34: 129-144.

[150] Willstätter R. Umwandlung von tropidin in tropin. Berichte der Deutschen Chemischen Gesellschaft, 1901, 34: 3163-3165.

[151] Robinson R. A synthesis of tropinone. J Chem Soc Trans, 1917, 111: 762-768.

[152] Humphrey A J, O'Hagan D. Tropane alkaloid biosynthesis. A century old problem unresolved. Nat Prod Rep, 2001, 18: 494-502.

[153] Leete E, Marion L, Spenser I D. Biogenesis of hyoscyamine. Nature, 1954, 174: 650-651.

[154] 廖志华，陈敏，杨春贤，等. 莨菪醛还原酶及其应用: CN110452916A. 2019.

[155] Srinivasan P, Smolke C D. Biosynthesis of medicinal tropane alkaloids in yeast. Nature, 2020, 585: 614-619.

[156] Hashimoto T, Yamada Y. Hyoscyamine 6beta-hydroxylase, a 2-oxoglutarate-dependent dioxygenase, in alkaloid-producing root cultures. Plant Physiol, 1986, 81: 619-625.

[157] Hashimoto T, Matsuda J, Yamada Y. Two-step epoxidation of hyoscyamine to scopolamine is catalyzed by bifunctional hyoscyamine 6*β*-hydroxylase. FEBS Lett, 1993, 329: 35-39.

[158] Ushimaru R, Ruszczycky M W, Chang W C, et al. Substrate conformation correlates with the outcome of hyoscyamine 6*β*-hydroxylase catalyzed oxidation reactions. J Am Chem Soc, 2018, 140: 7433-7436.

[159] Ushimaru R, Ruszczycky M W, Liu H W. Changes in regioselectivity of H atom abstraction during the hydroxylation and cyclization reactions catalyzed by hyoscyamine 6β-hydroxylase. J Am Chem Soc, 2019, 141: 1062-1066.

[160] Huang J P, Fang C, Ma X, et al. Tropane alkaloids biosynthesis involves an unusual type Ⅲ polyketide synthase and non-enzymatic condensation. Nat Commun, 2019, 10: 4036.

[161] Qiu F, Yan Y J, Zeng J L, et al. Biochemical and metabolic insights into hyoscyamine dehydrogenase. ACS Catalysis, 2021, 11: 2912-2924.

[162] Yun D J, Hashimoto T, Yamada Y. Metabolic engineering of medicinal plants: Transgenic *Atropa belladonna* with an improved alkaloid composition. Proc Natl Acad Sci, 1992, 89: 11799-11803.

[163] Zhang L, Ding R X, Chai Y R, et al. Engineering tropane biosynthetic pathway in *Hyoscyamus niger* hairy root cultures. Proc Natl Acad Sci, 2004, 101: 6786-6791.

[164] Ping Y, Li X D, Xu B F, et al. Building microbial hosts for heterologous production of *N*-methylpyrrolinium. ACS Synth Biol, 2019, 8: 257-263.

[165] Ping Y, Li X D, You W J, et al. De novo production of the plant-derived tropine and pseudotropine in yeast. ACS Synth Biol, 2019, 8: 1257-1262.

[166] Srinivasan P, Smolke C D. Engineering a microbial biosynthesis platform for *de novo* production of tropane alkaloids. Nat Commun, 2019, 10: 3634.

[167] Alberts A W, Chen J, Kuron G, et al. Mevinolin: A highly potent competitive inhibitor of hydroxymethylglutaryl-coenzyme A reductase and a cholesterol-lowering agent. Proc Natl Acad Sci, 1980, 77: 3957-3961.

[168] Moore R N, Bigam G, Chan J K, et al. Biosynthesis of the hypocholesterolemic agent mevinolin by *Aspergillus terreus*. Determination of the origin of carbon, hydrogen, and oxygen atoms by carbon-13 NMR and mass Spectrometry. J Am Chem Soc, 1985, 107: 3694-3701.

[169] Wagschal K, Yoshizawa Y, Witter D J, et al. Biosynthesis of ML-236C and the hypocholesterolemic agents compactin by *Penicillium aurantiogriseum* and lovastatin by *Aspergillus terreus*: Determination of the origin of carbon, hydrogen and oxygen atoms by ^{13}C NMR spectrometry and observation of unusual labelling of acetate-derived oxygens by $^{18}O_2$. J Chem Soc, Perkin Trans 1, 1996, 19: 2357-2363.

[170] Kennedy J, Auclair K, Kendrew S G, et al. Modulation of polyketide synthase activity by accessory proteins during lovastatin biosynthesis. Science, 1999, 284: 1368-1372.

[171] Xie X, Watanabe K, Wojcicki W A, et al. Biosynthesis of lovastatin analogs with a broadly specific acyltransferase. Chem Biol, 2006, 13: 1161-1169.

[172] Ma S M, Tang Y. Biochemical characterization of the minimal polyketide synthase domains in the lovastatin nonaketide synthase LovB. FEBS J, 2007, 274: 2854-2864.

[173] Ma S M, Li J W, Choi J W, et al. Complete reconstitution of a highly reducing iterative polyketide synthase. Science, 2009, 326: 589-592.

[174] Ames B D, Nguyen C, Bruegger J, et al. Crystal structure and biochemical studies of the *trans*-acting polyketide enoyl reductase LovC from lovastatin biosynthesis. Proc Natl Acad Sci, 2012, 109: 11144-11149.

[175] Xu W, Chooi Y H, Choi J W, et al. LovG: The thioesterase required for dihydromonacolin L release and lovastatin nonaketide synthase turnover in lovastatin biosynthesis. Angew Chem Int Ed, 2013, 52: 6472-6475.

[176] Cacho R A, Thuss J, Xu W, et al. Understanding programming of fungal iterative polyketide synthases: The biochemical basis for regioselectivity by the methyltransferase domain in the lovastatin megasynthase. J Am Chem Soc, 2015, 137: 15688-15691.

[177] Meehan M J, Xie X, Zhao X, et al. FT-ICR-MS characterization of intermediates in the biosynthesis of the α -methylbutyrate side chain of lovastatin by the 277 kDa polyketide synthase LovF. Biochemistry, 2011, 50: 287-299.

[178] Gao X, Xie X K, Pashkov I, et al. Directed evolution and structural characterization of a simvastatin synthase. Chem Biol, 2009, 16: 1064-1074.

[179] Jimenez-Oses G, Osuna S, Gao X, et al. The role of distant mutations and allosteric regulation on LovD active site dynamics. Nat Chem Biol, 2014, 10: 431-436.

[180] Fox R J, Davis S C, Mundorff E C, et al. Improving catalytic function by ProSAR-driven enzyme evolution. Nat Biotechnol, 2007, 25: 338-344.

[181] Mcguire J M, Bunch R L, Anderson R C, et al. Ilotycin, a new antibiotic. Swiss Medical Weekly, 1952, 82: 1064-1065.

[182] Staunton J, Wilkinson B. Biosynthesis of erythromycin and rapamycin. Chem Rev, 1997, 97: 2611-2630.

[183] Kaneda T, Butte J C, Taubman S B, et al. Actinomycete antibiotics. J Biol Chem, 1962, 237: 322-328.

[184] Cane D E, Hasler H, Liang T C. Macrolide biosynthesis. Origin of the oxygen atoms in the

erythromycins. J Am Chem Soc, 1981, 103: 5960-5962.

[185] Yue S, Duncan J S, Yamamoto Y, et al. Macrolide biosynthesis. Tylactone formation involves the processive addition of three carbon units. J Am Chem Soc, 1987, 109: 1253-1255.

[186] Cane D E, Yang C C. Macrolide biosynthesis. 4. Intact incorporation of a chain-elongation intermediate into erythromycin. J Am Chem Soc, 1987, 109: 1255-1257.

[187] Weber J M, Wierman C K, Hutchinson C R. Genetic analysis of erythromycin production in *Streptomyces erythreus*. J Bacteriol, 1985, 164: 425-433.

[188] Weber J M, Leung J O, Swanson S J, et al. An erythromycin derivative produced by targeted gene disruption in *Saccharopolyspora erythraea*. Science, 1991, 252: 114-117.

[189] Salah-Bey K, Doumith M, Michel J M, et al. Targeted gene inactivation for the elucidation of deoxysugar biosynthesis in the erythromycin producer *Saccharopolyspora erythraea*. Mol Gen Genet, 1998, 257: 542-553.

[190] Lambalot R H, Cane D E, Aparicio J J, et al. Overproduction and characterization of the erythromycin C-12 hydroxylase, EryK. Biochemistry, 1995, 34: 1858-1866.

[191] McDaniel R, Welch M, Hutchinson C R. Genetic approaches to polyketide antibiotics. Part 1. Chem Rev, 2005, 105: 543-558.

[192] Zhang C S, Fu Q, Albermann C, et al. The *in vitro* characterization of the erythronolide mycarosyltransferase EryBV and its utility in macrolide diversification. ChemBioChem, 2007, 8: 385-390.

[193] Chung H S, Hang C, Kahne D, et al. Reconstitution and characterization of a new desosaminyl transferase, EryCⅢ, from the erythromycin biosynthetic pathway. J Am Chem Soc, 2004, 126: 9924-9925.

[194] Yuan Y Q, Chung H S, Leimkuhler C, et al. *In vitro* reconstitution of EryCⅢ activity for the preparation of unnatural macrolides. J Am Chem Soc, 2005, 127: 14128-14129.

[195] Schell U, Haydock S F, Kaja A L, et al. Engineered biosynthesis of hybrid macrolide polyketides containing D-angolosamine and D-mycaminose moieties. Org Biomol Chem, 2008, 6: 3315-3327.

[196] Tang L, McDaniel R. Construction of desosamine containing polyketide libraries using a glycosyltransferase with broad substrate specificity. Chem Biol, 2001, 8: 547-555.

第十二章

生物降解与转化

第一节　科学意义与战略价值

一、科学意义

微生物能够降解地球上几乎所有的天然与人工来源化合物，并蕴含着众多人们尚未知晓的分解代谢途径及相关功能酶系。对此方面开展研究，有助于人类深入全面地理解生物代谢多样性，特别是与物质降解和转化相关的特殊反应，进而利用这种近于无限的降解潜力，安全地处理各类难降解的有毒物质，为合成科学产生的海量新型人工化合物提供最终归宿，协同推进合成科学的绿色发展。同时，对于生物降解机理的研究可揭示有机物化学结构与相关生物催化反应间的关系，以此为指导持续获得新型功能蛋白质，为生物转化/生物合成提供更优质的资源，从源头上为合成科学研究提供新的助力。

二、战略价值

（一）变危为安

通过设计和构建生物降解体系，实现环境持久性有机污染物（如二噁英、高分子量多环芳烃等）和难降解聚合物（如塑料、橡胶等）的高效生物降解及有毒有害物质的高效转化，减轻其对环境的破坏和对人体健康的危害，从而安全地处理各类有毒物质和难降解物质，为合成科学解决后顾之忧。

（二）变无为有

充分利用微生物代谢潜能，从降解途径中挖掘新的菌种和酶，解析降解酶的空间构效关系，进化和创制新型降解酶，并基于酶催化反应的成 / 断键方式开发新型化学反应，实现酶及代谢反应的从无到有，为合成科学提供全新的资源。

（三）变废为宝

针对塑料、造纸黑液、纤维素糖废液、烟草废弃物、秸秆等典型大宗废弃物质，开发高效降解体系，打通废弃物中从各种芳香族化合物到关键代谢节点化合物的通路，把复杂多样的组分转化成单个或少数个易利用的小分子前体，拓展提高废弃物质的可利用度和利用效率，为大宗高值化合物的生产提供丰富的前体资源。

（四）变弱为强

通过理性设计或高通量筛选，开展功能蛋白质的分子机制更替、功能域重组、催化中心及周边结构优化等改造，拓展蛋白质底物谱，提高催化效率，获得超自然进化功能蛋白质。在此基础上，优化单细胞或多细胞体系的代谢网络，大幅度提高生物降解、转化、合成的催化效率，实现变弱为强的目标。

第二节　现状及其形成

一、概述

生物降解与转化研究可分为三个发展阶段。在发展之初，研究者通过筛选、驯化降解菌株，初步实现了污染场地的微生物修复，学界将这种经典研究方式从20世纪中叶沿用至今。从20世纪80年代开始，随着分子生物学、DNA测序技术、生物信息学和结构生物学的不断发展，越来越多的研究者开始解析降解过程中的代谢、生化和分子机理，多年来不断拓宽人类对微观世界的认知。在2010年前后，大量新兴技术如合成生物学、微生物组学开始涌现。高通量筛选、元件进化、机器学习、数学模拟、菌群重构等技术开始在生物降解与转化领域得到广泛应用，从而使本领域的研究步入快速发展阶段。

二、生物降解与转化研究的发展脉络

（一）初期起步：降解菌种资源挖掘，初步实现土壤或水体的微生物修复

微生物降解是指微生物把有机物质转化成简单无机物的现象。微生物降解作用使得生命元素的循环往复成为可能，使各种复杂的有机化合物得到降解，从而保持生态系统的良性循环。自然界中广泛存在各种降解天然有机物的微生物，部分微生物经过长期的自然驯化，也具备了降解人工合成有机化合物的能力。早在1964年，Davies和Evans就报道了第一株能降解土壤中萘的假单胞菌。目前，通过自然筛选、驯化微生物而来的降解菌株，以及随之开发的大量高效、低成本、环境友好型的生物修复技术，已被广泛用于清除受污染农田、地下水、河流、湖泊和海洋等环境中的污染物。20世纪80年代末，美国首次利用生物修复技术成功清除了“埃克森•瓦尔迪兹”号油轮在阿拉斯加海域漏油造成的大面积污染。2010年，微生物治理技术在墨西哥湾钻井平台溢油事件中又一次发挥了重要作用[1]。在我国，2016年多种石油烃降解菌被用于修复厦门市观音山人造沙滩的重油污染，石油污染物的总降解率达到99.7%，降解后的油泥达到重新填埋标准。上述成功的案例，充分说明了微生物修复在环境治理中拥有广阔前景。除此以外，还有大量具备应用潜力的降解菌株被筛选出来。例如，可以联苯为唯一碳源进行生长的恶臭假单胞菌株B6-2，可共代谢多种芳香族化合物，且具备良好的有机溶剂耐受能力[2]；从毛单胞菌属（*Comamonas*）菌株CNB-1在氯硝基芳香族污染物的植

物-微生物联合修复中有着良好的表现[3]。此外，微生物在难降解高聚物的降解领域也有了重大突破。长期以来，人们认为塑料极难被微生物利用。随着科学家的不懈探索，日本科学家 Kenji Miyamoto 于 2016 年发现了世界上第一例可以聚对苯二甲酸乙二醇酯（polyethylene glycol terephthalate，PET）塑料为主要碳源的细菌 *Ideonella sakaiensis*[4]。塑料降解菌的发现再次印证了自然界中微生物具有近乎无限的代谢潜能，进一步激发了科学家筛选更多具备人工有机污染物降解能力的微生物的热情。

（二）深入探索：关键基因资源挖掘，解析降解过程中的代谢/分子/调控机理

在不断获得具备有机污染物降解能力的纯培养菌株的基础上，科学家开始聚焦系统挖掘降解菌株代谢潜能，坚持不懈地鉴定关键降解基因和酶，解析污染物降解途径并阐明污染物代谢分子机制，不断拓展着人类在分子生物学层面的认知。例如，许平和唐鸿志团队完整揭示了烟碱吡咯降解途径的代谢、分子和调控机理，填补了当时世界上相关研究领域的空白[5, 6]；刘双江团队解析了睾酮假单胞菌（*Comamonas testosteroni*）中基于三羧酸循环中间体的化学受体的芳香族化合物趋化反应机制[7]；宋茂勇团队解析了聚乙烯吡咯烷酮促进 DNA 裂解的分子机理[8]；吴晓磊团队揭示了一种由“自私”驱动的合作演化新机制[9]。

另一类引起学界持续性关注的污染物被称为持久性有机污染物（persistent organic pollutant，POP）。POP 具有高毒性、持久性、长距离迁移性和高生物富集性等特点，对环境的危害极大，已在世界范围内引起多起环境灾难事件。多年来，全球学者通过系统挖掘降解菌株的基因资源，已鉴定得到大量 POP 的降解酶，如多氯联苯代谢途径中涉及的四种酶，包括多组分双加氧酶（BphAEFG）、脱氢酶（BphB）、外二醇双加氧酶（BphC）和水解酶（BphD）[10, 11]。持续性的基因挖掘工作促进了 POP 的代谢机理解析，并发现了大量全新的酶和催化反应。例如，蒋建东团队鉴定获得了好氧微生物中第一个“呼吸型”还原脱卤酶，实现了溴苯腈的好氧降解；周宁一团队解析了 4-羟基苯甲酸代谢过程中新的羧基分子内迁移的酶学机理[12, 13]。

（三）快速发展：通过改造酶、单细胞或多细胞体系提高人工功能系统效能

经过前期对于基础元件的挖掘与代谢、分子和调控机理的积累，研究者发现，许多天然状态下的元件活性或功能并不能达到预期目标，因此，提高这些关键酶的活性或拓展这些关键酶的功能，成为目前的一个研究热点。2020年，I. André、S. Duquesne和A. Marty等对降解PET的关键酶——叶枝堆肥角质酶（leaf-branch compost cutinase，LCC）进行了定向进化，使其拥有更快的降解速率、更高的T_m①值，并且在特定温度下，LCC解聚PET的产物能重新形成PET晶体，这为工业化回收再利用PET塑料提供了一个全新、高效的方案[14]。Nicholas J. Turner等在2013年对单胺氧化酶MAO-N的底物口袋进行了定向进化，使得其能催化降解的底物从苯甲胺拓展到二苯甲胺，且其降解产物的手性是特定的，纯度可达99%，这对于有严格手性要求的制药行业而言意义重大[15]。

基于基因组操作的单细胞重构也是提高微生物效能的方式，具体而言即为将不同的生物元件通过基因工程方法重新组合，改变菌株原有特征或使其表现出新的特征。Victor de Lorenzo等使用同源重组无痕敲除方法删去恶臭假单胞菌KT2440基因组上约4.3%的冗余片段后，敲除菌株表现出明显更优的生长特性，包括更短的滞后时间、更高的生物量产量和更快的生长速率。该团队利用双顺反子GFP-LuxCDABE报告系统对菌株代谢活力进行表征，结果显示菌株的整体生理活性增加了50%以上。丢弃不必要的细胞功能，不仅在生物合成上大有潜力，而且在生物降解和生物修复方面也有着不可忽视的作用和潜力[16]。

随着合成生物学的快速发展，越来越多的科学家不再局限于将多个基因模块进行组装以实现特定生物功能，转而开始对不同的微生物菌株进行整合，人工创建可满足特定需求的稳定微生物群落。2019年，苏海佳和许平团队构建了一套能以淀粉为碳源产生氢气的微生物组，在该微生物组中，蜡样芽孢杆菌A1（*Bacillus cereus* A1）通过代谢淀粉产生乳酸，而日本血吸虫短波单胞菌B1（*Brevundimonas naejangsanensis* B1）能利用乳酸作为碳源产生

① T_m为DNA熔解温度（melting temperature）。

氢气[17]。2017年，宋浩和元英进团队基于奥奈达希瓦氏菌（*Shewanella oneidensis*）以乳酸作为碳源并将乳酸氧化为乙酸盐进而发电的特性，利用丙酮酸代谢旁路*pflB*基因被敲除的大肠杆菌菌株为奥奈达希瓦氏菌提供大量乳酸，同时在系统中引入枯草芽孢杆菌，为奥奈达希瓦氏菌提供大量核黄素，最终构建了可以保证550 mV电压的稳定输出的系统[18]。2020年，Michael H. Studer等构建了一套固定化微生物组，表层用好氧的里氏木霉（*Trichoderma reesei*）分泌的纤维素裂解酶将木质素裂解为葡萄糖、木糖等寡糖，中部用兼性厌氧的戊糖乳杆菌（*Lactobacillus pentosus*）通过代谢寡糖为厌氧菌提供氧化还原电势和碳源，底部用厌氧的仓鼠韦荣球菌（*Veillonella criceti*）、酪丁酸梭菌（*Clostridium tyrobutyricum*）、埃氏巨球型菌（*Megasphaera elsdenii*）生产乙酸、丙酸、丁酸、戊酸、己酸等短链脂肪酸，借助上述人工微生物组生产丙酸，其产量可与商业化木质素裂解酶媲美[19]。

元件进化、单细胞重构、合成微生物组是当今合成科学的研究前沿，也是日后生物降解与转化的必要手段。北京大学吴晓磊团队通过深入研究菌株间的相互作用，揭示了自私驱动的微生物群落相互依赖模式，为人工创建微生物组提供了新的思路[9]。利用微生物代谢的多样性机制，科学家已经可以改造微生物，如以PET为碳源合成短链脂肪酸等生物可降解材料或其他化学品，“变废为宝”，成功地将微生物降解拓展到工业合成领域。

三、生物降解与转化的研究主体及经典案例

（一）人工合成化合物的生物降解研究

1. 降解资源库构建

充分挖掘微生物代谢资源，分离筛选靶标污染物降解菌株，建立降解菌株及降解酶的资源库。目前已有多株具有好氧或厌氧降解POP能力的菌株被分离获取，涵盖了假单胞菌属（*Pseudomonas*）、芽孢杆菌属（*Bacillus*）、鞘氨醇单胞菌属（*Sphingomonas*）、红球菌属（*Rhodococcus*）等。这些微生物具有多种POP降解能力，为POP的生物降解提供了重要的菌株资源[20-23]。

2. 污染物降解分子机理解析

测绘降解菌株基因组图谱，系统性挖掘其中蕴含的降解基因资源，鉴定污染物降解关键酶及其降解代谢产物，从而解析污染物降解代谢通路，在生物化学和分子生物学层面上阐明降解机理。例如，周宁一团队解析对羟基苯甲酸的龙胆酸代谢途径，首次阐明羧基的分子内迁移是经由辅酶A硫酯化合物的形成、苯环羟基化和硫酯键的水解这三步完成的，进而从酶学水平详细阐明羧基分子内迁移的本质是对羟基苯甲酰辅酶A中酰基辅酶A的迁移[13]。

3. 高效降解系统的设计和组装

定向改造微生物代谢路径，构建人工代谢线路，使无降解性能的菌株获得降解靶标污染物的能力，提高降解菌株降解效率，增强降解菌株环境适应性。例如，由于目前未分离出好氧降解1, 2, 3-三氯丙烷（1, 2, 3-trichloropropane, TCP）的天然菌株，研究者将来自三个不同菌株的酶的基因，包括卤代烷脱卤素酶（DhaA）、卤代醇脱卤素酶（HheC）和环氧化物水解酶（EchA）的基因组装到大肠杆菌，并在大肠杆菌中实现了TCP的高效降解[24]。

4. 污染物降解微生物组设计合成

设计与构建人工多细胞生物体系，将代谢路径分配到多个独立细胞，降低单菌株的代谢负担。进一步设计并优化单个底盘细胞的代谢能力，获得各单细胞模块的最佳组合，实现对复杂污染物的高效降解。例如，蒋建东团队利用代谢模型技术人工设计并合成除草剂阿特拉津代谢微生物组，定量解析不同微生物组代谢污染物的动态过程，有效设计高效微生物组并用于污染环境的修复[25]。

（二）人工合成化合物的生物转化研究

1. 碳代谢流的定向重整

根据塑料、烟叶废弃物、造纸黑液、纤维素提取废液所含的多种化合物资源的结构和定量特点，以关键节点化合物的合成为导向，在原有底盘菌株的代谢基础上理性设计，补充关键降解基因，激活原有代谢潜能，打通多种化合物到节点化合物的代谢通路，同时通过解除代谢抑制，消除不同代谢途径的相互干扰，实现多种复合化合物资源的高效共转化，实现以废弃物为底物高效积累有价值的小分子中间体。

2. 高值化合物的人工途径

以上述积累的小分子中间体为起点，根据生物制造的产业需求，选择苯乙醇、香草醛、白藜芦醇、己二酸、芳香氨基酸等重要的大宗高价值产品或聚合物单体作为出口，理性设计和构建新的人工代谢线路，并创制人工细胞工厂，将积累的小分子中间体转化为目标高值产品。

3. 代谢线路的智能优化

整合代谢组、转录组、蛋白质组的多组学大数据，结合循环神经网络对代谢模式进行解析，结合代谢流分析建立精准代谢模型，实现代谢效应的高可信预测；在此基础上结合多靶点基因组编辑、RNA 编辑、人工基因线路等手段优化整体代谢线路，消除产物抑制、减少副产物，优化底盘网络对载流途径的支撑，解除有害的刚性代谢偶联，最终大幅提高目标产物的转化效率。

（三）以高效生物降解和生物转化为导向的超自然进化

综合利用蛋白质结构生物学和计算生物学方法，系统解析高效生物降解与生物转化过程中关键蛋白质的结构，深入揭示其结构与功能间的联系；基于对蛋白质结构–功能关系的理解，利用计算生物学方法指导蛋白质理性改造，通过定向进化提高野生型酶生物降解和生物转化效能，突破自然进化的限制；与此同时，在已有的生物转化与降解功能蛋白质基础上，通过随机突变产生大量候选蛋白质，利用高通量筛选技术获取具有更高目标效能的新型蛋白质，以此作为生物降解与转化应用资源和蛋白质结构功能关系研究资源。

NicA2 是恶臭假单胞菌 S16 中的烟碱氧化还原酶，在催化烟碱降解的第一步反应中起着重要作用。2020 年，唐鸿志团队获取了 NicA2 与其辅因子 FAD、底物烟碱形成的三元配合物晶体，利用 X 射线衍射方法结合 Coot 迭代建模与 REFMAC 精细化修正解析其结构，发现了 NicA2 分别与 FAD 和烟碱结合的结构域及关键氨基酸残基，进而推断出 NicA2 分子内底物进入和产物释放的机制；在结构生物学研究基础上，通过替换 NicA2 产物出口通道的氨基酸残基，将烟碱降解催化收率提高至野生型的 3.7 倍[26]。

PET 是当今世界使用最广的聚酯塑料，在自然界中仅有角质酶等少数天然蛋白质能催化其降解，且效率较低。2020 年，Tournier 等基于先前的 X 射线衍射结果，利用分子对接和酶接触表面分析方法对 LCC 结构进行解析，重点关注底物结合结构域和直接影响热稳定性的二价金属结构域，锁定了关键氨基酸残基并进行饱和点突变，对能提升酶的活性和热稳定性的突变进行整合重组，最终获得了能在 72 ℃下催化 PET 降解、在 10 h 内达到 90% 以上收率的人工角质酶 [11]。利用人工角质酶催化降解 PET 所得的对苯二酚重新可用于合成 PET 并吹制成瓶，产品机械性能等参数达到商用标准。该研究成果于 2020 年 4 月完成中试，2021 年 9 月其示范工厂开始运营。

第三节　关键科学问题、关键技术问题与发展方向

一、关键科学问题与技术问题

（一）如何实现极端化合物的降解？

针对极端化合物（高分子聚合物、极毒化合物）聚集和污染区域进行原位采样，实验室模拟不同生境，经富集后筛选降解菌（群），或对原位样品进行人工诱变并筛选降解菌（群），结合物理方法和化学方法，利用微生物降解极端化合物。通过生物多样性分析，鉴定功能菌群结构，以极端化合物为唯一碳源，分离菌群中关键菌株，构建极端化合物最小集群的高效降解体系。利用分子、生化和遗传学方法探究极端化合物在不同生境中的迁移、转化和归趋机制，明确关键降解中间产物，选择中间产物降解菌为底盘，筛选降解元件进行智能组装，构建极端化合物的智能降解菌株。

倘若无法获得降解菌，则通过结构生物学改造现有的酶蛋白质结构，采用理性或非理性方法获得极端化合物的降解酶。

（二）如何提高功能微生物在实际修复中的效能？

针对难降解污染物，通过结构生物学解析关键催化酶的三维结构，人工

设计优化核心功能区域和蛋白质骨架结构，构建人工蛋白质，提高催化酶的活性，实现污染物的高效降解。

针对未能降解污染物，通过计算机模拟指导定向进化关键蛋白质元件，或基于随机突变高通量筛选高效蛋白质元件，创制新型高效功能蛋白质元件，突破自然进化局限，实现未可降解污染物的降解。

定向改造底盘细胞代谢路径，重构污染物代谢途径，同时增加污染物感应元件、环境胁迫抗性元件，在底盘细胞中实现高效降解代谢系统的设计和组装，使底盘细胞在具有高效降解能力的同时增强环境适应性。

设计合成微生物组，将代谢路径分配组装到多个独立细胞中，降低单菌株的代谢负担与遗传改造难度。进一步设计并优化单个底盘细胞的代谢能力，最优化各单细胞模块的组合方式，实现对复杂污染物的高效降解。

（三）如何保证人工功能系统的生物安全性？

为使工程菌株完成特定目标，往往需要构造大量新的复杂遗传线路或对其基因组进行改造。为防止工程菌逃逸，可通过毒性蛋白质的表达、营养缺陷型的构造或对必需基因进行调控等手段设计生物自限系统，使工程菌逃逸到环境中时或预期功能完成后无法正常生存，从而在特定环境下发挥指定功能；模拟自然界中生物体通过矿化形成复合材料这一过程，在细胞膜表面表达能与材料发生相互作用的特定蛋白质，并结合光驱动等物理手段，达到收集菌体避免工程菌逃逸的目的。

二、发展趋势

（一）高效化

1. 高效筛选

提高对功能基因、改造元件的筛选效率。自然环境中存在大量未可培养微生物。传统微生物富集培养法筛选获得的降解微生物资源十分有限。为了高效筛选功能菌株，挖掘微生物基因资源，研究者不断开发出新的具有快速、灵敏和准确等特点的高效筛选方法。例如，磁性纳米颗粒分选法具有不依赖微生物培养、直接从环境样品中原位分离出目标微生物且不影响微生物活性等优点；微流控芯片微滴技术能在微米尺度下，对样本进行精确、高度均一的操控，从而在复杂体系中筛选目标物。这些新兴技术为合成生物学的自动化、定向、高通量筛选提供了重要技术方法。

2. 高效催化

通过定向进化、随机突变等方法进一步提高细胞或酶的降解活性。生物自然进化是一个极其缓慢的过程，利用人工干预的方式对蛋白质进行定向的设计、表征和筛选，能够在极短的时间内实现蛋白质的快速进化，有效提高酶的活性。定向进化策略包括蛋白质改造、随机突变和高通量筛选。基于蛋白质结构与机制的理性设计，构建人工蛋白质；基于随机突变和高通量筛选的人工进化，可以有效创制新型催化酶，提高降解效率，突破自然进化局限，实现未可降解污染物的降解。突变体库构建方法包括易错 PCR 技术、多位点饱和突变技术、CRISPR/Cas9 技术、EvolvR 技术等。高通量筛选方法主要包括体内筛选的表面展示技术，以及体外筛选的核糖体展示技术、差示荧光扫描技术等。

（二）智能化

1. 智能设计

建立基于高效筛选与构建的标准化生物功能元件库（如污染物降解元件库、环境抗逆元件库等），结合微生物生理生化机制（如不同生物的密码子偏好等）、微生物代谢工程分析技术（如代谢流分析等）和依靠基因调控元件（如启动子、增强子、阻遏子）的逻辑门基因线路设计原则，对人工基因线路进行高通量模拟、计算和预测，实现单一细胞内人工线路设计方案的优化推荐。在单一细胞设计基础上，结合群体感应、营养依赖、环境胁迫压力（如细菌素、温度、盐度等），克服单一细胞降解的代谢负担，提高功能复杂性，对合成微生物群落相互作用网络进行评估，指导构建稳定高效的多微生物群落模型。

2. 智能调节

随着人工细胞 / 菌群被赋予复杂的多重功能，对其行为和基因表达进行精细的时空调节显得尤为必要。挖掘或创制相应污染物的高灵敏度传感器，使其迅速对外界信号做出响应，开启或关闭下游基因的表达；利用人工无膜细胞器区室化分隔，在空间上调控胞内酶反应的进行，减少有毒底物或产物对细胞的损伤，提高限定区域内酶浓度；利用核糖开关、CRISPR 平台等在时间尺度上控制转录翻译过程，精准控制行使特定功能的时间，合理分配菌体生长和降解代谢；构建人工菌群时，采用基因组学、转录组学、代谢组学分析降解菌株在污染物降解过程中的协同作用，结合代谢流分析模型对人工降解体系中的成员进行代谢水平上的再设计。综上所述，利用合成生物学的感应-响应-调控元件，从基因表达、蛋白质活性等各个角度，从时间、空间两个尺度上构建智能化调节系统，提高人工体系的降解能力和降解效率。

（三）安全化

1. 过程安全

提高对中间产物毒性的关注度，防止危害更强的物质的积累。一方面，微生物的种类不同，代谢途径不同，具有生物毒性的中间产物可能导致目标物不能完全降解。例如，有观点认为聚己二酸丁二醇酯（poly butyleneadipate-*co*-terephthalate, PBAT）/ 聚对苯二甲酸丁二醇酯（poly butylene terephthalate, PBT）降解的中间产物对苯二甲酸（*p*-phthalic acid, PTA）具有生物毒性且在自然界无法进一步生物降解，造成了环境的二次污染，影响土壤菌群并可能导致荒漠化。另一方面，微生物降解过程中产生的中间产物可能对微生物本身没有影响，但对包括人类在内的其他生物可能具有较强的生物毒性，增加了环境暴露风险。因此，在设计和构建生物降解体系过程中，应充分考虑中间产物的毒性和积累性，减少和降低新的环境风险。

2. 结果安全

设计自毁系统，从细胞和核酸两个水平降低生物安全风险。通过自毁开关设计，确保微生物在完成自身预定目标时得到有效的关闭或者自杀。例如，在微生物基因组内构建噬菌体基因，通过噬菌体基因激活杀死微生物，但随着微生物的不断进化，有可能导致预先设定的自毁开关失效。也可借助类似毒素和抗毒素 DNA 的结合方法构建调控开关，通过开关与温度变化耦合同步控制毒素基因和抗毒基因的激活或抑制。因此，在微生物内创造复杂的检测和平衡系统，确保自毁开关在微生物进化过程中能够保持完整，这是确保合成生物降解体系未来安全应用的重要前提。

第四节　相关政策建议

随着合成化学领域的飞速发展，新型化合物的种类也在不断增多，应当意识到这些新型化合物的生产与释放对我国国民健康和生态环境的潜在危害。生物降解与转化领域的研究，周期长、难度高、社会意义巨大，但直接经济效益不明显，因此需要国家进行持续的政策和资金支持。

（1）本领域需要在各个重要研究方向上支持有国际影响力和核心竞争力的优秀研究团队，培养优秀的青年人才，搭建健康的人才梯队。

（2）针对越来越多的新型化合物，建议国家专门设立重大研究项目，聚焦国家重大环境需求和本领域研究的重大瓶颈问题，在促进生物降解与转化领域快速发展的同时，鼓励创新思维，培养研究人员优势互补、合作共赢、共同发展的研究理念，推动本领域的整体发展。

（3）由于本领域特殊性，成果转化的经济效益不明显，但社会意义重大，因此需要政策上的鼓励。建议在应用初期以补贴、减税等方式加大扶持力度，同时遴选重点扶持项目，对场地、设备进行重点资助。

本章参考文献

[1] Hazen T C, Dubinsky E A, DeSantis T Z, et al. Deep-sea oil plume enriches indigenous oil-degrading bacteria. Science, 2010, 330: 204-208.

[2] Wang W W, Li Q G, Zhang L G, et al. Genetic mapping of highly versatile and solvent-tolerant *Pseudomonas putida* B6-2 (ATCC BAA-2545) as a 'superstar' for mineralization of PAHs and dioxin-like compounds. Environ Microbiol, 2021, 23: 4309-4325.

[3] Liu L, Jiang C Y, Liu X Y, et al. Plant-microbe association for rhizoremediation of chloronitroaromatic pollutants with *Comamonas* sp. strain CNB-1. Environ Microbiol, 2007, 9: 465-473.

[4] Yoshida S, Hiraga K, Takehana T, et al. A bacterium that degrades and assimilates poly(ethylene terephthalate). Science, 2016, 351: 1196-1199.

[5] Tang H Z, Wang L J, Wang W W, et al. Systematic unraveling of the unsolved pathway of nicotine degradation in *Pseudomonas*. PLoS Genetics, 2013, 9: 1003923.

[6] Liu G Q, Zhao Y L, He F Y, et al. Structure-guided insights into heterocyclic ring-cleavage catalysis of the non-heme Fe(Ⅱ) dioxygenase NicX. Nat Commun, 2021, 12: 1301.

[7] Ni B, Huang Z, Fan Z, et al. *Comamonas testosteroni* uses a chemoreceptor for tricarboxylic acid cycle intermediates to trigger chemotactic responses towards aromatic compounds. Mol Microbiol, 2013, 90: 813-823.

[8] Song M Y, Zeng L Z, Hong X J, et al. Polyvinyl pyrrolidone promotes DNA cleavage by a ROS-independent and depurination mechanism. Environ Sci Technol, 2013, 47: 2886-2891.

[9] Wang M X, Liu X N, Nie Y, et al. Selfishness driving reductive evolution shapes interdependent patterns in spatially structured microbial communities.ISME Journal, 2021, 15: 1387-1401.

[10] Masai E, Sugiyama K, Iwashita N, et al. The bphDEF meta-cleavage pathway genes involved in biphenyl/polychlorinated biphenyl degradation are located on a linear plasmid and separated from the initial bphACB genes in *Rhodococcus* sp. strain RHA1. Gene, 1997, 187: 141-149.

[11] Master E R, Mohn W W. Induction of *bphA*, encoding biphenyl dioxygenase, in two polychlorinated biphenyl-degrading bacteria, psychrotolerant *Pseudomonas* strain cam-1 and mesophilic *Burkholderia* strain LB400. Appl Environ Microbiol, 2001, 67: 2669-2676.

[12] Chen K, Huang L L, Xu C F, et al. Molecular characterization of the enzymes involved in the degradation of a brominated aromatic herbicide. Mol Microbiol, 2013, 89: 1121-1139.

[13] Zhao H, Xu Y, Lin S, et al. The molecular basis for the intramolecular migration (NIH shift) of the carboxyl group during *para*-hydroxybenzoate catabolism. Mol Microbiol, 2018, 110: 411-424.

[14] Tournier V, Topham C M, Gilles A, et al. An engineered PET depolymerase to break down and recycle plastic bottles. Nature, 2020, 580: 216-219.

[15] Ghislieri D, Green A P, Pontini M, et al. Engineering an enantioselective amine oxidase for the synthesis of pharmaceutical building blocks and alkaloid natural products. J Am Chem Soc, 2013, 135: 10863-10869.

[16] Lieder S, Nikel P I, de Lorenzo V, et al. Genome reduction boosts heterologous gene expression in *Pseudomonas putida*. Microb Cell Fact, 2015, 14: 23.

[17] Wang S J, Tang H Z, Peng F, et al. Metabolite-based mutualism enhances hydrogen production in a two-species microbial consortium. Commun Biol, 2019, 2: 82.

[18] Liu Y, Ding M Z, Ling W, et al. A three-species microbial consortium for power generation. Energy Environ Sci, 2017, 10: 1600-1609.

[19] Shahab R L, Brethauer S, Davey M P, et al. A heterogeneous microbial consortium producing short-chain fatty acids from lignocellulose. Science, 2020, 369: 1214.

[20] Nagata Y, Prokop Z, Sato Y, et al. Degradation of beta-hexachlorocyclohexane by haloalkane dehalogenase linb from *Sphingomonas paucimobilis* UT26. Appl Environ Microbiol, 2005, 71: 2183-2185.

[21] Robrock K R, Coelhan M, Sedlak D L, et al. Aerobic biotransformation of polybrominated diphenyl ethers (PBDEs) by bacterial isolates. Environmental Science & Technology, 2009, 43: 5705-5711.

[22] Yang X Q, Xue R, Shen C, et al. Genome sequence of *Rhodococcus* sp. strain R04, a polychlorinated-biphenyl biodegrader. J Bacteriol, 2011, 193: 5032-5033.

[23] Huang X, He J, Yan X, et al. Microbial catabolism of chemical herbicides: Microbial resources, metabolic pathways and catabolic genes. Pest Biochem Physiol, 2017, 143: 272-297.

[24] Kurumbang N P, Dvorak P, Bendl J, et al. Computer-assisted engineering of the synthetic pathway for biodegradation of a toxic persistent pollutant. ACS Synth Biol, 2014, 3: 172-181.

[25] Xu X H, Zarecki R, Medina S, et al. Modeling microbial communities from atrazine contaminated soils promotes the development of biostimulation solutions. ISME J, 2019, 13: 494-508.

[26] Tang H Z, Zhang K Z, Hu H Y, et al. Molecular deceleration regulates toxicant release to prevent cell damage in *Pseudomonas putted* S16 (DSM 28022). mBio, 2020, 11: 02012-02020.

第十三章

DNA 信息存储与计算

第一节　科学意义与战略价值

近年来，随着大数据与人工智能技术的兴起，第二次信息技术革命呼之欲出，对于海量数据的存储与计算需求也呈现爆炸式的增长。自 2017 年起，供需关系驱动存储器的市场需求大幅度上涨。存储器不仅成为集成电路领域销售额最大的产品类别，更直接刺激全球半导体市场急速扩大。国际数据公司（International Data Corporation，IDC）于 2018 年发布白皮书，预计五年内全球数据存储量将达到 1.75×10^{14} GB[1]。然而当前最密集的闪存方式，其极限存储密度也仅为 10^3 GB/mm^3[2]。在短短十几年内，主流存储介质的需求量将远超其供应量。

半导体芯片技术作为信息存储与计算的基础，始终引领着信息科学技术的进步，在经济社会发展与国家安全领域中发挥着不可替代的作用。基于“自上而下”（top-down）制造工艺的传统半导体行业发展到今天，面临着技术和成本方面的诸多挑战。例如，目前的器件尺寸水平已经接近传统半导体的物理极限，并伴随着高性能、高功耗的桎梏。同时，随着纳米加工进入亚

5 nm 精度，极紫外等光刻技术造成器件加工成本急剧上升。由于硅基器件的物理极限制约，传统的半导体芯片运算性能的进一步提升还面临着很多困难。进一步地，由于“自上而下”的制造工艺高度依赖精密的外部加工设备，而这些设备与关键制造工艺由美国等少数西方国家把持，使得高性能存储与计算器件的制造技术成为制约我国提高国际竞争力的“卡脖子”技术。

与传统工艺相反，自然界的生命系统采取“自下而上”（bottom-up）的自组装合成路径，产生了丰富多彩的多尺度有序的生命结构。在这种途径中，结构单元（生物分子）的形貌与相互作用决定了目标结构的特性，即目标结构的信息存储于结构单元中。这一“自下而上”的合成模式对外部加工设备的依赖性较低，且具有大规模并行制造的能力。例如，即便 1pmol 分子的合成反应也相当于有 10^{12} 个组装进程在同时进行。这些优势给信息技术领域的微纳制造带来了启发。

作为“自下而上”仿生制造的有力工具，合成生物学旨在工程化改造天然的生物合成系统，合成具有原子级精度和定制功能的生物元器件。近年来，合成生物学技术和半导体技术的交叉融合为应对上述挑战带来了新的机遇。这些元器件具备精准识别、特异感知、信息存储密度高、与生物系统无缝集成等特性，可发展颠覆性信息获取、存储、处理和计算能力，超越传统器件的加工分辨率极限、降低功耗、开创未来智能信息系统新形态。从信息存储与计算系统的各个维度来看，合成生物学仿生技术与传统半导体技术可以实现优势融合互补。以合成生物学-半导体技术融合为基础，发展合成生物学引导的精准制造工艺，有望为突破传统半导体技术瓶颈提供新的途径，从而实现“弯道超车”，开辟信息存储与计算技术发展的新局面，进而带动信息技术领域相关科学技术的发展，优化国家学科布局。

DNA 作为亿万年自然进化选择出来的碳基生命遗传密码的存储介质，具有极高的存储密度和稳健性。DNA 本身所具有的可编码性和高效复制能力，有可能为数据高密度存储和高性能运算提供一种全新策略。DNA 存储具有物理稳定性高的优点，不像电子介质会随读取次数而衰退，为数据的长期存储提供了一种根本性的解决方案。另外，DNA 兼具信息处理和计算能力，为发展新型的存算一体架构和系统提供了新的思路。发展 DNA 数据存储与计算，体现了信息技术与生物技术的融合，有可能在信息存储、智能计算、生物合成、医学诊疗等方向成为我国科技发展的重要突破口，同时有望在减少半导体材料生产造成的环境污染，尤其是在用可生物降解的 DNA 代替不可降解的电子垃圾等方面发挥重要作用。

2019 年，《科学美国人》将 DNA 存储技术列为十大新兴技术之一，同时与以金属为材料的微型透镜并称为榜单上最具颠覆性的科技创新技术。2021 年 3 月，《中华人民共和国国民经济和社会发展第十四个五年规划和 2035 年远景目标纲要》正式公布，全文明确提出打造数字经济新优势，加强通用处理器、云计算系统和软件核心技术一体化研发，加快布局量子计算、量子通信、神经芯片、DNA 存储等前沿技术。

第二节 现状及其形成

与传统的硅基存储与计算技术不同，DNA 存储与计算是一种结合 DNA 分子、生化反应及分子生物学的技术。基于腺嘌呤（adenine，A）、鸟嘌呤（guanine，G）、胸腺嘧啶（thymine，T）和胞嘧啶（cytosine，C）四种碱基，利用 DNA 双链互补杂交的规则，通过设计 DNA 序列，可以调节双链形成的位置结合力等参数，进而设计 DNA 的化学反应系统，构建 DNA 存储与计算系统。其原理是数字化信息在二进制码流、四进制碱基序列和实际 DNA 片段之间的转化与流动。

如图 13-1 所示，DNA 数据存储流程主要包括信息写入、信息保存、信息检索和信息读取 4 个部分。信息写入部分主要包括 DNA 编码与 DNA 合成两个部分。DNA 编码是通过计算机算法将比特串映射成 DNA 序列，即将二进制信息转化为长度任意但有限的 DNA 编码序列，根据特定算法，加入一些冗余信息之后，将转换后的 DNA 编码序列进一步加工成 DNA 信息编码。之后进入 DNA 合成步骤，即将信息数据写入一系列 DNA 分子中，同时生成每个序列的许多物理副本。合成后的 DNA 序列需要进行保存，并形成一个基于 DNA 序列样本库的存储系统，即信息保存，主要使用 DNA 封装和生物矿化技术。当接收到数据读取请求时，对相应的 DNA 样本库进行物理检索和采样，从大量的数据中读取特定的数据项并选定相应的 DNA 序列样本，即信息检索。信息读取部分包括测序和 DNA 信息解码两个部分。之后对该 DNA 序列进行测序，产生一组 DNA 序列信息，并经过纠错和解码将这些序列信息翻译成真实的信息数据。

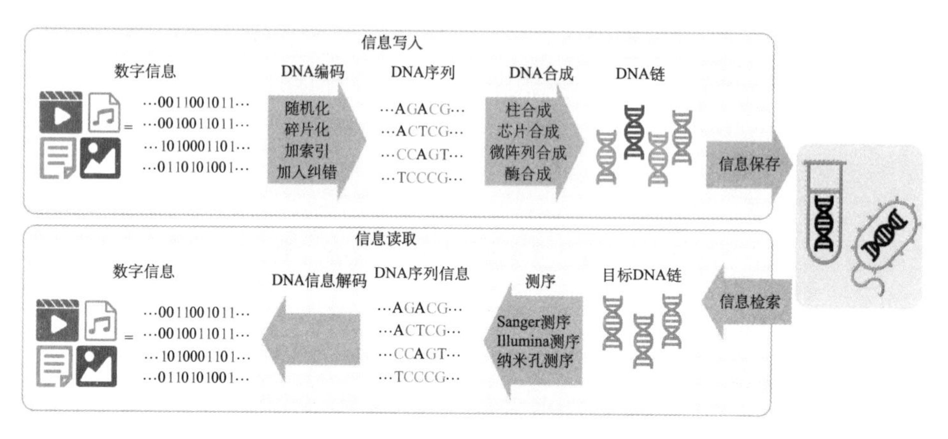

图 13-1　DNA 数据存储整体流程图示

一、发展历程及现状

（一）DNA 信息存储

自然界早在数亿年前就将编码生命的遗传密码存储到细胞中纳米尺度的 DNA 分子内，人们甚至可以从数万年前的化石中提取 DNA 分子并恢复它的序列信息。如果将人类信息编码成 DNA 序列，存储到 DNA 分子上，这样的分子存储器将在信息密度上有百万至千万倍的提升，同时具有极高的稳定性和便携性，以及极低的维护成本，尤其适合用于“冷数据”的存储。

使用 DNA 进行数据存储的理念可以追溯到 20 世纪 60 年代中期，然而当时 DNA 测序和合成技术仍在起步阶段，限制了 DNA 存储的发展。1988 年，艺术家 Joe Davis 与生物学家合作，首次构建了真正的 DNA 存储[3]。他将一个象征女神的符文图的像素信息转换为二值化的矩阵，随后编码到一个 28 bp 长的 DNA 分子中并被插入大肠杆菌中。将 DNA 检索排序后，原始图像得以成功恢复。1999 年，Clelland 等提出了一种基于“DNA 微点”（DNA microdots）的隐写术方法用于在DNA分子中存储加密信息[4]。两年后，Bancroft等提出以类似编码氨基酸序列的方式，用 DNA 碱基来直接编码英文字母[5]。这些早期的尝试工作所存储的信息量往往只有几十个字节，实际应用的潜力极为有限。

进入 21 世纪之后，哈佛大学 George Church 与欧洲生物信息学研究所 Nick Goldman 等的工作将 DNA 存储这一领域推上了一个新的台阶，并引发了 DNA 存储研究的热潮。2012 年，Church 等利用新一代的合成与测序方法，成功将 659 KB 的数字化信息存储于 DNA 中[6]。次年，Goldman 等则用十几万条人工合成的 DNA 片段实现了 739 KB 的 DNA 数据存储[7]。DNA 测序验证了 100% 的数据恢复准确率。他们存储的信息不仅有文本，还包括图像、声音、PDF 编码的文件等，表明 DNA 存储可以通用于各种不同的数据类型。利用更加复杂的编码方式，DNA 存储的数据量也逐步提高。至 2018 年，DNA 存储在单次实验中的最大存储量已经超过 200 MB，存储于 1300 万条 DNA 片段中[8]。2020 年，Koch 等设计了一种嵌入式的 DNA 存储架构。他们将 DNA 分子包裹进用于 3D 打印的纳米颗粒中，将数字信息打印成任意形状的物体，实现了信息的物理隐藏及稳定保存。华盛顿大学的 Ceze 团队系统考察了 DNA 存储系统数据读取的物理极限，实现了物理密度 17 EB/g 下的数据可靠读出，表明 DNA 分子在信息高密度存储上有潜力。2021 年，麻省理工学院 Bathe 团队发展了一种基于矿物包裹的 DNA 信息封装策略，实现了 DNA 信息随机读取选择能力的提升，并通过包裹颗粒的外部标签实现了对数据集的布尔操作。

随着 DNA 合成与测序技术的进步，新的 DNA 存储方法在不断涌现，使 DNA 存储技术向着实用化的方向演进。经过 30 余年的技术进步，DNA 的合成和测序已进入“摩尔定律”时期，在成本降低了 1000 万倍的同时，读写速度方面也有较大提升。例如，2020 年，新型冠状病毒（简称新冠病毒）的全基因组在几天内即得到破译。美国国家科学基金会（National Science Foundation，NSF）分子信息存储项目预测，至 2030 年，DNA 存储的写入成本将降低至 1 美元 /GB，而数据的写入与读取速度将超越 1GB/s，可与现有存储技术匹敌[9]。然而，这一预测能否实现，还有赖于一系列技术瓶颈的突破。

信息读写一直是 DNA 存储领域的一大挑战。传统的读写模式主要基于 DNA 化学合成与测序。受到自然界生命广泛存在的基因横向传递、编辑、表观遗传修饰等遗传信息读写现象的启发，各种可对核酸进行编辑（如内切酶、重组酶）的酶或修饰（如甲基转移酶）也被用于 DNA 存储信息的读写。

合成生物学的兴起为改造这些天然的信息读写系统提供了有力的手段，尤其是近年来备受关注的 CRISPR 系统。CRISPR 系统作为细菌的获得性免疫系统，可以帮助细菌捕获病毒 DNA 分子，利用它们产生短的所谓的“间隔”序列，并且将这些间隔序列作为新的序列元件添加到不断增加的位于细菌基因组中的 CRISPR 阵列内。当相同的病毒再次入侵时，CRISPR 系统持续地利用这些间隔序列摧毁它们。近年来，各种利用合成生物学改造的 CRISPR 系统已经在基因编辑、基因调控、核酸检测等方面获得了广泛的应用，在 DNA 信息存储领域也显示了巨大的潜力。2016 年，Church 团队构建出首个基于 CRISPR 系统的分子记录器 [10]。该记录器让细菌细胞获取按照时间顺序输入的 DNA 编码信息，并在基因组的 CRISPR 阵列中按时间顺序存储它们。这样，这些包含时间顺序的事件信息就能够被读取和重建。2017 年，他们成功使用 CRISPR 系统存取了一段骑马奔跑的视频短片 [11]，所有的帧都可以按正确顺序重建。2021 年，哥伦比亚大学 Wang 团队开发了一种基于电遗传学的 DNA 存储架构，实现了从数字信息到 DNA 遗传信息的直接转变。响应电刺激的 CRISPR 系统可以将外部电脉冲转换成可遗传的基因信息，为硅基–碳基的信息交互探索了新的可能性 [12]。

（二）DNA 计算

1. 在仿生计算方面

DNA 计算因其大规模的并行计算能力、超低的能耗和与生命系统无缝衔接的能力而受到广泛的关注。尽管经过几十年的 DNA 计算和分子编程的发展，研究者通常认为 DNA 计算机在多数典型的计算任务上可能不会比硅基计算机更高效，然而，DNA 计算机可以通过直接与分子相互作用，在生物和化学系统中提供嵌入式控制，这与硅基计算机在宏观尺度上所做的工作是有巨大差别的。因此，DNA 计算的发展，可能为分子尺度的精确控制与分子科学领域（包括化学、生物、医学、材料学等）带来方法革新。另外，自合成生物学与核酸纳米技术兴起以来，核酸分子已经成为一类新型的智能材料，可以实现精确的“自下而上”的纳米构筑，从而构建各种功能纳米结构与器件，为仿生信息存储与计算提供先进的工具[13]。

1994 年，Adleman 提出了利用 DNA 在溶液中杂交的并行性来求解高复杂度的非多项式完全问题[14]，被视为 DNA 计算领域的开端。利用 DNA 计算，他们成功解决了一个 7 顶点的哈密顿路径（Hamilton path）问题。哈密顿路径指在一个无向图或有向图上，由指定的起点前往指定的终点，途中经过所有其他节点且只经过一次。相比之下，经典电子计算机进行这样的非多项式问题（nonpolynomial problem，NP）的计算时，其计算步骤 / 计算时间与变量数目呈指数关系，因此在变量数目较大时，电子计算机就对 NP 无能为力了。随后，DNA 计算被用来求解多种复杂的决策问题。同时，用 DNA 体系来构建图灵机的可行性也被深入探讨[15]，各种 DNA 计算系统纷纷涌现。例如，1995 年，普林斯顿大学 Lipton 研究组使用类似方法[16]求解了一个可满足性问题：在合成所有可能的变量取值组合后，逐次通过试管操作在前一次操作的基础上挑选出满足每一个语句的变量组合所对应的序列，最后剩下的序列所对应的变量组合就是满足问题的解。1997 年，Ouyang 等提出了给“0”和“1”所代表的值赋以不同长度的 DNA 序列的方法，在生成的所有可能的解中找出长度最短序列的方法求出了图的“最大团问题”的解[17]。2002 年，Adleman 研究组用这样的 DNA 计算系统解决了一个具有 20 个变量的 NP 完全的三元满足性问题。该计算系统能够对超过一百万种可能的解进行穷举搜索，并找出唯一正确的答案[18]。2000 年，Liu 等报道了在固相表面（或 DNA 芯片）进行 DNA 计算的工作，使得基于这类模型的 DNA 计算具有可扩展性和可自动化的潜力[19]。核酸计算机的主要优势之一就是可实施大规模的并行运算。核酸计算之父 Adleman 指出，DNA 计算机一步可完成 10^{20} 次运算；同时，生物计算机每消耗 1 J 的能量，可以完成 10^{19} 次运算，其能量损耗及能量效率远远优于电子计算机。因此，DNA 计算可以用来解决像 NP 这样的用电子计算机难以解决的计算问题。

由电子元件（如晶体管）构成的逻辑门是传统的电子计算机重要的构成单元。由于逻辑门具有模块化和通用性的特点，它们之间的组合与连接可以实现任意的编程与运算。受到电子计算机结构的启发，人们开始尝试使用生物分子尤其是DNA分子及其所具有的碱基互补配对特点来构建分子逻辑门。随着核酸化学技术的发展，各种基于核酸化学反应的逻辑门构建模型得以实现。DNA酶（包括DNA聚合酶、DNA限制性内切酶、DNA连接酶等）具有序列特异性，而且催化DNA反应有很高的效率，因此常常作为“处理器”被应用于经典的DNA计算中。此外，具有核酸酶活性的核酸分子——包括核酶（ribozyme或RNAzyme）和脱氧核酶（deoxyribozyme或DNAzyme），也被广泛用于核酸生物计算。例如，有一种DNAzyme具有DNA水解酶活性，可以在铜离子辅助下催化氧化并切割底物DNA[20]。

2. 在DNA信息存储与计算的应用方面

疾病智能诊疗是一个具有潜力的应用方向。这方面的代表性工作之一是哈佛医学院Church课题组发展出的一种基于DNA逻辑门的纳米机器人[21]，可以在活细胞表面工作。它的主体是一个由DNA折纸构建的可打开的纳米容器，其内部可以装载药物分子。容器的开口处配有两把由DNA结构做成的“锁”，只有当环境中同时存在与两把“锁”分别匹配的指标分子（“钥匙”）时，两把“锁”都被打开，容器才会被开启，使内部的药物分子暴露出来发挥效用；否则，纳米容器就处于闭合状态，不发挥作用。这就是一种基于与门的条件判定，非常适合应用于多指标控制的药物释放。2014年，Amir等[22]在这种DNA纳米机器人的基础上，展示了多个机器人在活体动物中交互作用并发挥功能的潜力。这些纳米机器人通过通用的输入输出（DNA链）进行交互与级联，产生复合的逻辑输出，以决定是否释放载荷分子。他们使用该系统创建了多种逻辑门运算，并成功地将其应用于活蟑螂体内，以实现对一种针对动物细胞的分子的逻辑释放。国家纳米科学中心团队报道了一种新型的基于DNA折纸的智能载体。这种载体外部有可与核仁蛋白结合的核酸适配体锁扣，在锁闭状态下呈中空管状，内部装载凝血酶[23]。由于肿瘤血管内皮细胞往往有高水平表达的核仁蛋白，这种载体的核酸适配体与核仁蛋白结合时特异性地打开锁扣，即可在肿瘤血管内定点暴露活化的凝血酶，发生凝血形成血栓，阻断肿瘤血管对肿瘤细胞的供养，进而抑制肿瘤的生长转移。实验结果表明，该体系可实现在癌症小鼠体内的精准运输和定点栓塞，在实验室条件下对乳腺肿瘤、黑色素瘤、卵巢癌和原发性肺部肿瘤等多种肿瘤具有良好的治疗效果。2020 年上海交通大学团队构建了基于数据分类算法的 DNA 神经网络，实现了基于 DNA 分子计算的肿瘤早期诊断。利用微 RNA（miRNA）扩增技术，该 DNA 计算系统可原位同时分析血清样本中多个 miRNA 的表达谱，在不需要人工干预和复杂仪器的情况下快速给出肺癌诊断结果。该体系成功将分子计算应用到临床诊断中，为肿瘤的早期分子诊断提供了新途径[24]。

二、政策规划布局

在全球数据信息总量呈指数级增长的背景下，DNA 信息存储与计算这一技术领域已引起多个国家和地区决策层的重视，在论文发表和专利申请方面都呈现出显著的快速增长趋势。

美国是全球范围内率先对 DNA 存储技术领域进行研发布局的国家，也是迄今进行相关规划布局最多的国家，其涵盖了从数据“写入”到“读取”的多个技术过程。2017 年 5 月，美国 NSF 发布“针对信息存储和检索技术的半导体合成生物学”（SemiSynBio）项目指南，拨款 400 万美元用于探索合成生物学与半导体技术之间的协同作用，促进两大领域的新技术突破，增强信息处理和存储能力。2018 年，NSF 公布投入 1200 万美元资助包括基于 DNA 的可读取电子存储器、使用嵌合 DNA 的纳米级芯片存储系统、基于纳米孔读取的高度可扩展随机访问 DNA 数据存储、核酸内存等在内的 8 个项目的研究。同年 10 月，在美国国家标准与技术研究院支持下，半导体合成生物学联盟制定第一版《半导体合成生物学路线图》，该路线图描述了 5 个技术领域的技术目标，其第一个技术目标便是基于 DNA 的大规模信息存储。2020 年，NSF 发布 SemiSynBio-Ⅱ期的项目招标指南，将继续开发与利用结合半导体技术的新兴合成生物学以实现下一代信息存储。美国国防高级研究计划局（Defense Advanced Research Projects Agency，DARPA）发布招标指南，拟研发快速、灵活地制造用于合成生物学和治疗应用的 DNA 分子技术，以能够快速有效地合成高精度、千碱基对长度的 DNA 构建体。同年，美国情报高级研究计划局（Intelligence Advanced Research Projects Activity，IARPA）正式启动了分子信息存储（Molecular Information Storage，MIST）计划，该计划旨在使用合成 DNA 来存储 EB 级（100 万 TB）数据。哈佛大学、麻省理工学院、佐治亚理工学院、洛斯·阿拉莫斯国家实验室、桑迪亚国家实验室和美国陆军研究实验室等研究机构获得资助，以进行包括“写入”、测序读取等与DNA存储相关技术的研发。2021年，美国半导体产业协会发布《半导体十年计划》，将DNA数据存储列为未来海量数据存储的重要选项。

欧盟未明确出台与DNA存储相关的政策文件，但在DNA存储技术领域已推出数个规划。2019年，未来和新兴技术（Future and Emerging Technologies，FET）欧盟计划下的FET Open启动OLIGOARCHINVE项目。该项目聚焦智能DNA存储系统的新技术研究，涉及从编码到测序解码的DNA存储系统所需的基本技术全领域。英国政府也注意到DNA存储技术的应用潜力，资助Goldman等科学家成立专门的公司，用于研发下一代DNA存储技术。此外，以色列、爱尔兰、法国、澳大利亚和日本等国也纷纷开展了DNA存储方面的研究工作。

我国高度重视DNA信息存储与计算技术领域的研发，迄今主要通过国家重点研发计划对合成生物学等领域专项进行部署和资助。2018年，国家重点研发计划“合成生物学”重点专项专门设置了与DNA存储技术相关的项目。“高通量脱氧核糖核酸（DNA）合成创新技术及仪器研发”项目由中国人民解放军军事医学科学院牵头，拟开发化学法DNA合成新技术、复杂结构序列的高效合成技术和大片段DNA高效组装技术，研制基于高通量芯片的原位组装控制系统及仪器。“使用合成DNA进行数据存储的技术研发”项目由南方科技大学牵头，上海交通大学、中国科学院长春应用化学研究所、福州大学、同济大学联合申报，拟开发利用合成DNA高效快速、高密度数据加密编码转码、随机读取、无损解读新方法；开发多类型数据存储DNA介质；通过合成DNA开发快速编码、存储及数据读取的集成型软件系统。

2020年，中国科学院深圳先进技术研究院牵头获批“合成生物学”重点专项中的“多方协同合成基因信息安全存取方法研究”项目。该项目主要针对DNA存储过程中多方协同操作和安全性问题提出混合加密方法和增量编码技术，进一步探究如何保障合成基因信息多方安全协同与提高DNA存储信息高效管理能力，实现合成基因在复杂信息存储需求场景中的存储与可靠读取。同年，天津大学牵头获批“变革性技术关键科学问题”重点专项中的“DNA存储中的组合方法”项目，参加单位包括首都师范大学、东南大学、北京化工大学、中国科学院长春应用化学研究所、深圳华大生命科学研究院。该项目拟通过组合理论的研究，给出 DNA 存储的最优编码和现有生化约束下的高效编码方法，构建百太字节级别模拟系统和百兆字节级别大规模 DNA 存储实验体系，对相应理论成果加以验证和优化，最终推动大规模 DNA 存储实用化技术的发展。2021 年，上海交通大学牵头获批国家自然科学基金“核酸信息材料”基础科学中心项目，参加单位包括北京大学和中国科学院肿瘤与基础医学研究所。该中心拟发展核酸分子基元与组装体的高效设计与合成、DNA 分子网络与智能计算与 DNA 信息存储应用方法，推动核酸信息存储技术的应用转化与产业化。

三、主要研究机构与重点企业

美国哈佛大学是全球最早开展 DNA 信息存储技术研究的科研机构，华盛顿大学的 DNA 存储技术也处于世界领先地位。此外，美国的加利福尼亚大学、约翰斯·霍普金斯大学、伊利诺伊大学、劳伦斯伯克利国家实验室、哥伦比亚大学和纽约基因组中心，欧洲生物信息研究所，法国的查尔斯-赛德伦高分子研究所和艾克斯-马赛大学，爱尔兰沃特福德理工学院，瑞士苏黎世理工学院，以色列理工学院等高校或科研机构均开展了 DNA 信息存储技术的相关研究并纷纷取得突破性成果。

美国微软公司是当前全球研究 DNA 存储技术最活跃的高科技公司，与华盛顿大学密切合作，产出了多个突破性成果。根据公开信息报道，微软公司于 2015 年正式立项 DNA 信息存储项目；2016 年实现 200 MB 图像文件信息的 DNA 存储和无损读取；2017 年，微软公司投资 20 亿美元为其高能耗的数据中心开发 DNA 服务器，并计划在 10 年内部署一台复印机大小的商用 DNA 存储装置；2019 年实现全自动的 DNA 数据存储与读取，历时 21 h 实现了 hello（你好）的全自动 DNA 写入与读取。除传统科技巨头外，DNA 信息存储行业近年涌现出众多初创科技企业，如美国 Catalog 公司、Molecular Assemblies 公司、Twist Bioscience 公司和 Iridia 公司等，以及英国的 Evonetix 公司、法国的 DNA Script 公司、爱尔兰的 Helixworks Technologies 公司和奥地利的 Kilobaser 公司等。

2020 年 11 月，微软、西部数据等传统信息技术企业与 Twist Bioscience、Illumina 等新兴生物技术公司，共同宣布成立了第一个 DNA 数据存储联盟（www.dnastoragealliance.org），将制定全面的行业路线图，为经济高效的商业档案存储奠定基础。2021 年 6 月，该联盟宣布了其第一份白皮书，题为“保护我们的数字遗产：DNA 数据存储介绍”。中国在 DNA 存储技术领域刚刚起步，高校、科研机构或企业的研究水平目前距离世界领先水平仍有一定差距。2019 年，上海交通大学团队发展了一套基于 DNA 折纸技术的生物分子加密系统，实现了加密术与隐写术的整合。该 DNA 加密系统采用一条长度为 7000 碱基左右的骨架链，实现了约 700 位的理论密钥长度 [25]。2019 年，天津大学团队联合华大基因，将开国大典视频等文件存储于人工合成的 272 340 条寡核苷酸序列中；之后利用合成生物学技术，构建了“酵母 CD”，将两张图片及一段视频存入酵母人工染色体中 [26]。2021 年，东南大学团队报道了一种基于单电极上 DNA 合成和测序的集成 DNA 数据存储系统，将该校校训“止于至善”存入一段 DNA 序列 [27]。

国内已有某些企业开始将目光转向 DNA 存储技术。华为公司于 2019 年公布“创新 2.0”路线图，明确提出“投资 DNA 存储研究，突破数据存储容量极限”。华大基因表示基因测序与信息技术的高度融合是行业发展的趋势，于 2020 年发布了《2020 年度创业板非公开发行 A 股股票预案》，募资扩大基因诊断试剂及 DNA 合成产能。苏州泓迅生物科技股份有限公司专注于合成生物学，致力于以新一代 DNA 合成技术为基础的应用和开发，已在 DNA 信息存储技术领域申请了相关专利。2021 年 2 月，国内第一家专注于 DNA 数据存储技术开发的初创公司密码子（杭州）科技有限公司成立。2021 年 5 月，中科碳元（深圳）生物科技有限公司成立。该公司设计了“悟空编码”，可实现任意数据到易于合成和测序的 DNA 序列之间的编码转换。2021 年 11 月，该公司联合中国科学院深圳先进技术研究院研究团队发布了首款 DNA 数据存储在线编解码软件——“阿童木”（ATOM1.0）。2022 年 4 月，深圳华大生命科学研究院、深圳国家基因库等多家机构的研究团队，开创了一套名为“阴阳”的比特-碱基编解码系统。基于华大集团已有的 DNA 合成和测序技术，结合该比特-碱基编解码技术，华大集团已经实现了 DNA 存储的全流程技术闭环。

第三节　关键科学问题、关键技术问题与发展方向

在全球数据信息总量呈指数级增长的背景下，DNA 存储与计算技术开始在不同领域探索应用，各国逐渐认识到未来 DNA 作为存储介质的应用前景及开发相关新技术的重要性。目前，DNA 信息存储领域主要面临单位信息存储成本高、信息读写速度慢、自动化程度低、无法高效对接现有信息系统等挑战。从中短期来看，高通量 DNA 合成、测序及编码作为 DNA 存储技术三个主要的技术领域，是各国政策规划布局和技术研发的重点。

一、降低信息写入成本

迄今，DNA 合成主要用于生命科学研究，其技术指标与 DNA 信息存储的需求不匹配。目前，寡核苷酸池的商业合成价格大约为每碱基 2 美分，折合每字节 1 美分（约 8.6×10^6 美元 /GB），写入成本约为硬盘的 10^8 倍 [28]。美国情报高级研究计划局分子信息存储项目提出目标，2023 年将 DNA 信息写入成本降低 7 个数量级（约 0.86/GB）。

面向 DNA 信息存储的合成，能够容忍合成步骤产生的更多错误，进而降低精度与纯度要求，减少质量控制成本。在保证数据准确性而不是序列准确性的基础上提升合成的长度和通量，有望大幅降低合成成本。进一步地，由于信息存储领域市场规模巨大，随着半导体器件、微纳加工、生物合成在 DNA 信息存储领域的应用，该领域的巨大投入将对 DNA 合成技术产生重大影响。可以预见，DNA 合成技术与装备的快速迭代升级能够在短期内快速提升合成通量，信息写入成本有望快速下降。

二、提升数据读取速度

DNA 信息存储的读取主要依赖测序技术。以 Illumina 为代表的高通量测

序技术读取速度可达 5～500 KB/s，但是需测序完全结束后才能获取原始数据，读取速度远低于磁、光、电等存储方式（通常每秒可读取几十到几百兆字节数据）。三代纳米孔测序技术已经做到便携化和低延迟数据生成，单通道测序速度约为 450 bp/s（约 112 B/s），基于 MinION 测序芯片（最多支持 512 个通道同时读取）的最高读取速度约为 56 KB/s（不包含电信号到碱基转换时间）。

基于高通量测序的数据读取受化学反应限制，较难突破性地缩短反应时间，可以通过进一步增大通量来满足未来大规模冷数据的读取需求；基于三代纳米孔测序的数据读取，仍然有较大潜力来提高单孔读取速度，如固相纳米孔的发展有望在保证分辨率的前提下继续提高读取速度 1～3 个数量级，甚至在未来超越现有存储的读取速度。此外，提高并行化读取的集成程度，构建一体化、自动化的读取专用设备也面临很大挑战，需要机械、生化、信息、控制等的多学科协同解决。

三、提升存储规模

数字信息的快速增长要求新一代数据存储介质具有足够高的存储容量。DNA 在存储密度和存储容量上的潜力尚未被充分挖掘。迄今，研究工作实现的 DNA 存储规模仍然在 GB 以内。虽然美国 Catolog 公司声称实现了 16 GB 维基百科信息的 DNA 写入，这与 DNA 存储的实际应用相比仍然有较大距离。

DNA 合成价格的下降有望在一定程度上提升可负担的存储规模。高通量合成、酶促法合成等技术对写入速度的提高，也将使实际应用规模的 DNA 信息存储成为可能。此外，提高编码密度、提高大规模数据存储中信息索引的有效性和准确性，也是提高 DNA 存储规模需要克服的重要挑战。面向 DNA 固有性质的编码算法、基于纳米自组装技术的多维存储架构、基于微阵列等技术的空间隔离等新策略的提出和发展将继续推动存储规模的提高。

四、加快与现有存储系统融合

DNA 作为新介质融入现代存储系统的过程，也是信息存储系统不断演化完善的过程。图 13-2 为 DNA 信息存储在开放系统互联（open systems interconnection，OSI）模型中的映射关系及存储系统分等级架构。依据 DNA 合成与读取的技术发展现状和特点，短期内 DNA 信息存储技术特性与大容量冷数据归档存储最为匹配。据预测，归档的冷数据比例高达 60%，冷数据的 DNA 存储有望平稳融入现代数据存储体系。

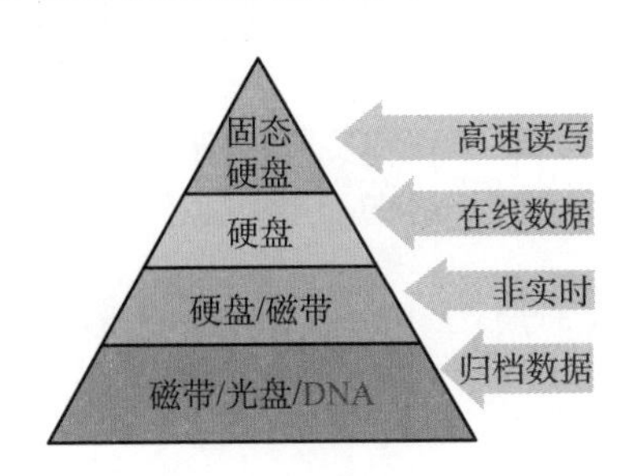

图 13-2 DNA 信息存储与现代存储系统的融合

在物理层面，造成 DNA 数据存储不可靠的因素主要包括合成、扩增及测序处理过程的非理想，体现在碱基的插入、缺失、替代错误及 DNA 分子或片段丢失等；按照信息理论研究范式，一旦建立了准确的碱基错误模型，就可以设计匹配的信息编码方法与数据恢复方法，设计有效的数据链路层。但是，由于 DNA 信息存储信道的一些新特点，如包含得失位（indel）错误、信道容量尚无法准确计算，适用于 DNA 信息存储的信息理论研究范式值得深入研究。中间各层是 DNA 信息存储融入现代存储系统的桥梁。传统数据存储领域的关键技术，需要结合 DNA 介质与 DNA 信息存储的新特点进行优化设计。例如，目前纠删码已经在基于寡核苷酸池的信息存储模式中得到很好的应用。同时，纠删码也广泛应用于存储系统的中间各层，如何协调设计是一个非常有价值的问题。在应用层面，提供的用户服务需要与 DNA 存储特点相适配。例如，数据检索、聚类分析、数据挖掘、特征识别等，需要方便地读取数据，而现阶段 DNA 信息存储将大块数据封装于无法实时读取的 DNA 介质中。因此，探索结合 DNA 信息存储特点的“存算一体化”的处理引擎，设计跨层的直达 DNA 介质的机制就显得极为重要。

DNA 可同时作为存储介质与计算材料，然而迄今两方面主要是独立发展的，DNA 计算与存储系统间的数据接口仍然缺乏。如图 13-3 所示，连接 DNA 信息存储与计算，为 DNA 信息存储提供了分子层面的数据读出与操纵方式，发展生物兼容的信息存储与非典型计算架构，有助于推动活体计算、生物传感、智能药物开发等领域的发展。

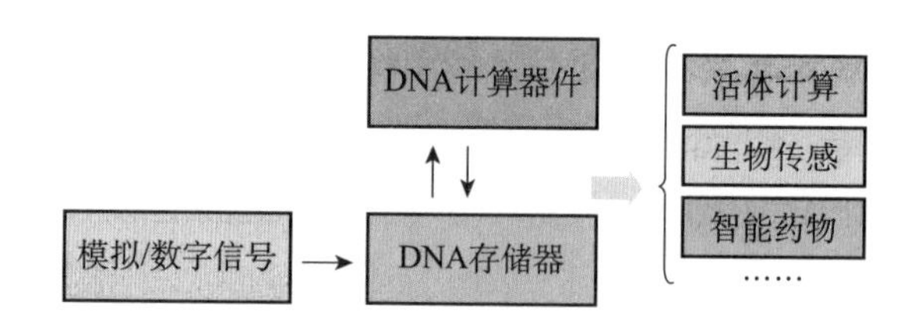

图 13-3　DNA 信息存储与 DNA 计算的连接

第四节　相关政策建议

DNA 信息存储与计算是一个新兴的、多学科深度交叉融合的研究方向，对国家开发替代性的数据存储介质、维护生态环境安全和能源安全等具有重要的战略意义，目前该领域正处于取得重大突破与开拓应用的关键阶段。提前做好对 DNA 信息存储技术的战略布局，有利于在新兴产业中提前立足、在国防安全中提前防御，并推动一批基础与前沿交叉学科的发展。

国内 DNA 信息存储与计算领域刚起步不久，与国际先进水平存在很大差距，国内科研机构和企业在该领域的关注度与研究水平有待提高。虽然我国在合成生物学领域已有所部署和关注，但与其他国家尤其是美国相比还存在较大差距。为此，就我国推动 DNA 信息存储领域技术发展提出以下几点建议。

一、加大政府支持和资助力度，强化相关技术领域研发及战略布局

应抓住新兴存储技术的发展机遇，加大政府支持与资助力度，并建立多

层次的资本市场，拓宽融资渠道；密切跟踪全球重要团队的研究进展，重视关键技术的突破，为产业技术进步积累原创资源，促进新兴产业高质量发展。

从中短期来看，目前 DNA 信息存储技术领域发展的主要瓶颈是 DNA 合成的成本和合成速率，以下核心技术领域需要在未来 5 年重点布局：利用工程酶合成 DNA 片段的技术或成为“第二代”合成技术，结合微列阵平台的发展，有望从根本上降低成本，促进数据存储应用领域的新技术开发；应用 DNA 修饰技术和 DNA 纳米技术，有望大幅增加 DNA 中数据存储的密度。

随着 DNA 合成与测序技术的不断改进，DNA 信息存储与计算技术领域有望在更广泛的信息科学领域和其他应用领域带来创新。开发适合 DNA 存储设备的高级编码方案和操作系统，构建存储数据的随机访问检索机制，具有重要意义。同时，其他生物存储技术也值得重点关注。例如，2019 年 5 月，美国哈佛大学开发出利用蛋白质存储数据的新技术[29]。该技术减少了合成新分子的难度和消耗时间，同时避免了从线型 DNA 大分子中编码和读取数据的难题。同年 7 月，美国布朗大学报道了利用含有糖、氨基酸和其他类型小分子的液体混合物阵列存储数据的新方法[30]。2020 年，中国科学院上海微系统与信息技术研究所构建了蚕丝蛋白存储器[31]，实现了活体可植入的信息存储。这些生物分子存储系统的开发有望与 DNA 信息存储实现协同创新。

二、促进多学科研究和公私协同合作，加速成果应用转化

DNA 信息存储与计算这一新兴领域的发展需要工程学、计算机科学、信息科学、化学、材料科学、生命科学等多学科深入交叉融合。需要在高校、科研机构等中打造综合交叉学科群，尝试制定跨学科课程体系，培育新兴学科和特色学科，构建融合创新的科研平台与育人平台，促进多学科研究人员之间的交流和国际协作。

此外，DNA 信息存储与计算技术具有巨大的市场应用前景，应鼓励企业协同参与，对重点企业进行精准扶持引导，不断提高自身的创新能力和科技水平，采取公私协同合作模式，促进企业承接公共机构的研发成果，加快重要科技成果的市场化进程。也应增强相关领域的军民融合项目研究，支持

DNA 信息存储技术在国防安全中的潜在应用项目及其相关的安全预警防御项目。

三、监管数据安全与生物安全风险

DNA 具有微型性、生物相容性等隐蔽性特点，传统安检设备对 DNA 无效。并且，存储数据的 DNA 可整合到细菌基因组、动物基因组上，数据可随细胞复制而拷贝扩增。因此，以 DNA 为存储介质的新型数据存储系统将严重冲击当前的数据管理模式，增加数据失窃风险。发展与 DNA 信息存储相匹配的数据安全监控模式，是 DNA 信息存储走向应用的必备环节。

有必要将 DNA 信息存储与计算纳入《生物安全法》立法工作的考虑范畴，制定相应的法规和市场准则，构建相应的国家安全预警系统，更新数据管理理念和模式，研发 DNA 信息存储相关的新型监测和监管设备，提高科学监管和防控能力。

本章参考文献

[1] Reinsel D, Gantz J, Rydning J. Data Age 2025: The Digitization of the World from Edge to Core. Framingham: International Data Corporation, 2018.

[2] Fontana R E, Decad G M, Hetzler S R. Volumetric density trends (TB/in.^{3}) for storage components: TAPE, hard disk drives, NAND, and Blu-ray. J Appl Phys, 2015, 117: 17E301.

[3] Davis J. Microvenus. Art Journal, 1996, 55: 70-74.

[4] Clelland C T, Risca V, Bancroft C. Hiding messages in DNA microdots. Nature, 1999, 399: 533-534.

[5] Bancroft C, Bowler T, Bloom B, et al. Long-term storage of information in DNA. Science, 2001, 293: 1763-1765.

[6] Church G M, Gao Y, Kosuri S. Next-generation digital information storage in DNA. Science,

2012, 337: 1628.

[7] Goldman N, Bertone P, Chen S Y, et al. Towards practical, high-capacity, low-maintenance information storage in synthesized DNA. Nature, 2013, 494: 77-80.

[8] Organick L, Ang S D, Chen Y J, et al. Random access in large-scale DNA data storage. Nat Biotechnol, 2018, 36: 242-248.

[9] Potomac Institute for Policy Studies. The Future of DNA Data Storage. https://www.potomacinstitute.org/images/studies/Future_of_DNA_Data_Storage.pdf. [2022-09-16].

[10] Shipman S L, Nivala J, Macklis J D, et al. Molecular recordings by directed CRISPR spacer acquisition. Science, 2016, 353: 1175.

[11] Shipman S L, Nivala J, Macklis J D, et al. CRISPR-cas encoding of a digital movie into the genomes of a population of living bacteria. Nature, 2017, 547: 345-349.

[12] Yim S S, McBee R M, Song A M, et al. Robust direct digital-to-biological data storage in living cells. Nat Chem Biol, 2021, 17: 246-253.

[13] Li J, Green A A, Yan H, et al. Engineering nucleic acid structures for programmable molecular circuitry and intracellular biocomputation. Nat Chem, 2017, 9: 1056-1067.

[14] Adleman L. Molecular computation of solutions to combinatorial problems. Science, 1994, 266: 1021-1024.

[15] Rothemund P W K. A DNA and restriction enzyme implementation of turing machines. DNA Based Computers, 1995, 27: 75-119.

[16] Lipton R J. DNA solution of hard computational problems. Science, 1995, 268: 542-545.

[17] Ouyang Q, Kaplan P D, Liu S S, et al. DNA solution of the maximal clique problem. Science, 1997, 278: 446-449.

[18] Braich R S, Chelyapov N, Johnson C, et al. Solution of a 20-variable 3-SAT problem on a DNA computer. Science, 2002, 296: 499-502.

[19] Liu Q H, Wang L M, Frutos A G, et al. DNA computing on surfaces. Nature, 2000, 403: 175-179.

[20] Liu J W, Lu Y. A DNAzyme catalytic beacon sensor for paramagnetic Cu^{2+} ions in aqueous solution with high sensitivity and selectivity. J Am Chem Soc, 2007, 129: 9838-9839.

[21] Douglas S M, Bachelet I, Church G M. A logic-gated nanorobot for targeted transport of molecular payloads. Science, 2012, 335: 831-834.

[22] Amir Y, Ben-Ishay E, Levner D, et al. Universal computing by DNA origami robots in a

living animal. Nat Nanotechnol, 2014, 9: 353-357.

[23] Li S P, Jiang Q, Liu S L, et al. A DNA nanorobot functions as a cancer therapeutic in response to a molecular trigger *in vivo*. Nat Biotechnol, 2018, 36: 258.

[24] Zhang C, Zhao Y M, Xu X M, et al. Cancer diagnosis with DNA molecular computation. Nat Nanotechnol, 2020, 15: 709-715.

[25] Zhang Y N, Wang F, Chao J, et al. DNA origami cryptography for secure communication. Nat Commun, 2019, 10: 5469.

[26] Chen W G, Han M Z, Zhou J T, et al. An artificial chromosome for data storage. Natl Sci Rev, 2021, 8: 028.

[27] Xu C T, Ma B A, Gao Z L, et al. Electrochemical DNA synthesis and sequencing on a single electrode with scalability for integrated data storage. Sci Adv, 2021, 7: 0100.

[28] 韩明哲 , 陈为刚 , 宋理富 , 等 . DNA 信息存储：生命系统与信息系统的桥梁 . 合成生物学 , 2021, 2: 1-14.

[29] Cafferty B J, Ten A S, Fink M J, et al. Storage of information using small organic molecules. ACS Cent Sci, 2019, 5: 911-916.

[30] Kennedy E, Arcadia C E, Geiser J, et al. Encoding information in synthetic metabolomes. PLoS One, 2019, 14: 217364.

[31] Lee W, Zhou Z T, Chen X Z, et al. A rewritable optical storage medium of silk proteins using near-field nano-optics. Nat Nanotechnol, 2020, 15: 941-947.

第十四章

糖 的 合 成

第一节　科学意义与战略价值

糖是自然界分布最广泛，也是最重要的生物大分子之一。现代化学和生物学意义的糖的发现始于 18 世纪中期，但是长期以来，糖都被认为只承担结构支撑和保护及能量储存和循环的功能，直到 20 世纪 60 年代以来，糖的重要性才逐渐被揭示。经过几十年的发展，糖链的研究已被公认为继蛋白质和核酸研究后生命科学研究的又一里程碑[1]。一方面，糖和其他生命大分子在结构上紧密相连，如哺乳动物 50% 以上的蛋白质是被糖基化的；核糖和脱氧核糖构成了核酸的核心骨架；糖和脂类化合物连接也形成了糖脂；2021 年，Flynn 和 Bertozzi 等也发现了糖和 RNA 构成的糖核酸（glycoRNA）[2]。另一方面，糖链的复杂性和多样性及和其他生命分子联系的紧密性也导致了其功能的丰富性和多样性，糖链所包含的信息量远比蛋白质和核酸丰富。研究逐渐发现，糖以各种形式几乎参与了所有的生命活动，在细胞的分化、增殖、免疫、凋亡、信息传递和迁移等过程中都扮演着重要的角色；同时糖在肿瘤及各种慢性疾病的发生发展，以及感染性疾病中病原体的免疫逃逸、识别和侵入中也起着关键的作用[3]。因此，糖的研究是揭示生命奥秘的重要一环，是全面了解生命体系进化和发育的关键，是解释疾病发生机制及预防和治疗疾病的核心，也是疫苗和药物开发的重要手段。糖科学的研究也是涉及生物学、医学、药学、化学、工程、材料等多个学科交叉的新兴领域，在医药、食品、农业、畜牧业等领域有着广泛的应用。

自 20 世纪末以来，世界各国均加强了对糖科学研究的重视力度，但是，糖的研究仍远远滞后于核酸、蛋白质及脂类的研究。其主要原因在于糖的化学结构的复杂度远超核酸和蛋白质（表 14-1）。相对于蛋白和核酸这类线型分子，糖上的羟基众多，且都可以参与成键；成键的方式也有 α 和 β 两种立体构型；此外，糖与糖之间及糖和各种生物分子之间除了可以通过 C—O 键连接，还可以通过 C—N、C—S 和 C—C 键连接。这些复杂的连接方式构成了各种线型和支链型的糖复合物，在生命体内以杂合的形式存在，具有微观不均一性，导致对生命体内糖的跟踪、捕捉、分析、分离和鉴定都困难重重。尽管自然界中糖的总体含量丰富，但特定糖链的结构复杂性、微观不均一性、高极性、水溶性及低含量和难结晶的性质，使得直接从自然界分离获取糖链远不足以满足糖科学研究的需求。糖也不是由基因直接调控的产物，不能用转录、扩增等传统的生物手段获得。糖链的高效获取已成为糖科学和技术发展的最大瓶颈。

表 14-1　生物大分子结构的复杂性

大分子	单体	链接方式	成键选择性	结构	合成
蛋白质	20 种常见氨基酸	C—N	无	线型	自动化、模板化
核酸	2 种糖 5 种碱基	P—O	无	线型	自动化、模板化
糖	数百种单糖	C—O、C—C、C—S、C—N	区域选择性、立体选择性	直链 / 支链	非模板化、合成困难

通过酶法和化学法合成仍然是获取结构组成确定、成分均一、结构多样的糖链的最有效手段。进入 21 世纪以来，我国的糖合成研究在国家自然科学基金委员会和科学技术部等的资助下，经一大批优秀学者的不懈努力，取得了快速的发展，一大批令人瞩目的标志性科研成果不断涌现：开发了一系列结构新颖的糖基供体及相应的活化方法，报道了多种立体选择性和区域选择性控制的手段，发展了高效快速的化学和酶法糖链组装策略，在复杂糖类天

然产物全合成领域也硕果累累。尤其是叶新山创纪录的92呋喃糖的高效合成及俞飚对拟杆菌脂多糖 *O*-抗原糖链128糖的合成标志着我国的糖化学研究整体水平已居于世界领先之列。然而，糖类化合物自身结构的复杂性和多样性，导致其在合成上有着固有的困难，目前尚没有普遍适用的方法和策略，糖基化的基本原理也仍不完全清楚。因而复杂寡糖的合成仍然是一个具有挑战性的难题。

第二节 现状及其形成

相较于多肽和核酸的合成，糖的合成要困难得多，涉及复杂的化学选择性、立体选择性和区域选择性问题。迄今，多糖、寡糖和糖复合物主要通过酶法和化学法合成。其中，酶法是对自然界中糖类化合物的生物合成方式的直接借鉴和利用，通过人工挖掘糖合成相关酶，构建糖苷键并完成糖链的组装。化学法则是依靠有机合成化学的发展，通过化学试剂和化学方法活化糖的异头碳位并构建糖苷键。不论是酶法还是化学法，糖合成的核心都是糖苷键的高效构建及糖砌块的快速组装。

将两种糖砌块通过糖苷键偶联的反应称为糖基化反应。通常提供异头碳连接位点的糖称为糖基化供体（或给体），而另一部分称为糖基化受体。不论酶法还是化学法的糖基化反应，实质上都是对糖的生物合成过程的应用和模拟。在典型的经由勒卢瓦尔（Leloir）糖苷化途径的糖的生物合成过程中（图14-1）[4, 5]，端基为自由羟基的糖首先在激酶或核苷酸转移酶的作用下生成糖基的单磷酸或二磷酸核苷，该核苷作为糖基供体，其中端基的核苷酸作为有效的离去基团（LG）可以在糖基转移酶的作用下活化离去，从而使糖基供体和糖基受体偶联，生成构型保持或反转的糖苷键。酶法糖基化的核心是对上述过程中的糖基转移酶进行挖掘；而化学法糖基化的核心则是寻找上述核苷酸离去基团的类似物和替代物，并筛选合适的活化方法，以促使端基官能团的有效离去。

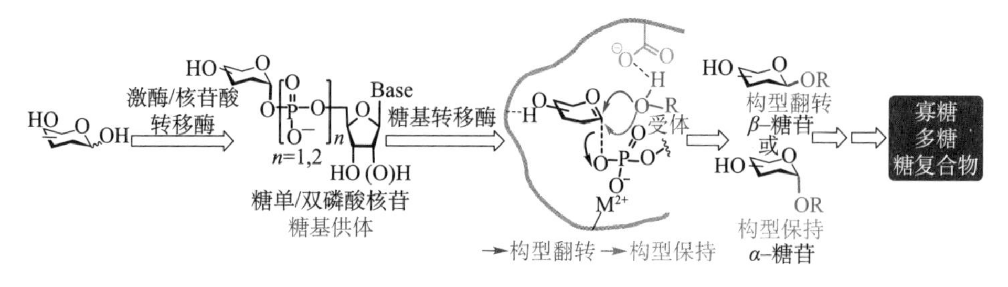

图 14-1 经由 Leloir 途径的糖的生物合成

一、糖的化学法合成

（一）糖基化方法

糖的化学合成起源于 19 世纪末期，1879 年，Michael 报道了第一个糖基化反应，他以氯原子为端基离去基团，将全乙酰基的氯代葡萄糖和苯酚的钾盐混合得到苯基糖苷[6]。1893 年，Fischer 通过盐酸促进无保护葡萄糖和甲醇反应得到甲基葡萄糖苷[7]。尽管这些反应在当时并没有直接应用到糖链的合成中，但是它们仍然开启了糖的化学合成的时代。糖化学家在糖的生物合成途径还完全未知的情况下，就已经认识到构建糖苷键的关键是糖基供体的有效活化，因而在随后的一百多年时间里，糖化学家尝试在糖的异头碳位安装各种离去基团或官能团，开发了数十种糖基供体及相应的活化方法（图 14-2），极大地促进了糖的化学合成。在此过程中，也发展了各种立体选择性和区域选择性的控制方法及糖链组装策略。

1. 糖基供体的设计和活化

第一个可控的且具备一定通用性的糖基化方法是柯尼希斯-克诺尔（Koenigs-Knorr）糖基化方法。1901 年，Koenigs 和 Knorr 对迈克尔（Michael）糖基化方法进行了改进，他们发现在过量的 Ag_2CO_3 作用下，氯代糖或溴代糖可以作为糖基供体和甲醇反应[8]；1929 年，Helferich 也将碘代糖应用于苄基苷的合成[9]。Fischer 和 Koenigs-Knorr 糖基化方法的发现及应用开启了糖的化学合成的时代，糖化学家逐渐认识到糖基供体设计的关键是活性和稳定性的平衡。基于这一原则，数十种糖基供体得以发现，包括糖基乙酸酯[10]、1, 2-不饱和糖即烯糖[11, 12]、硫苷[13]、三氯乙酰亚胺酯[14]、氟苷[15]、4-戊烯基苷[16]、磷酸酯苷[17]、亚砜苷等[18]。其中，以硫苷为糖基供体构建糖苷键这一方法的发现无疑是糖化学发展史上最重要的里程碑之一，硫苷高度的稳定性及独特的活化方式使其成为目前最受青睐的糖基供体之一，并在连续糖基化、一釜化糖基化及自动合成等糖基组装策略中得到广泛的应用。三氯乙酰亚胺酯即施密特（Schmidt）酯供体是20世纪80年代糖化学领域又一重要发现，其易于制备、选择性在一定程度上可控及可催化活化的性质使其得到广泛的应用。4-戊烯基苷的发现则开启了转糖基化及基于远程活化方式的糖基供体的时代。

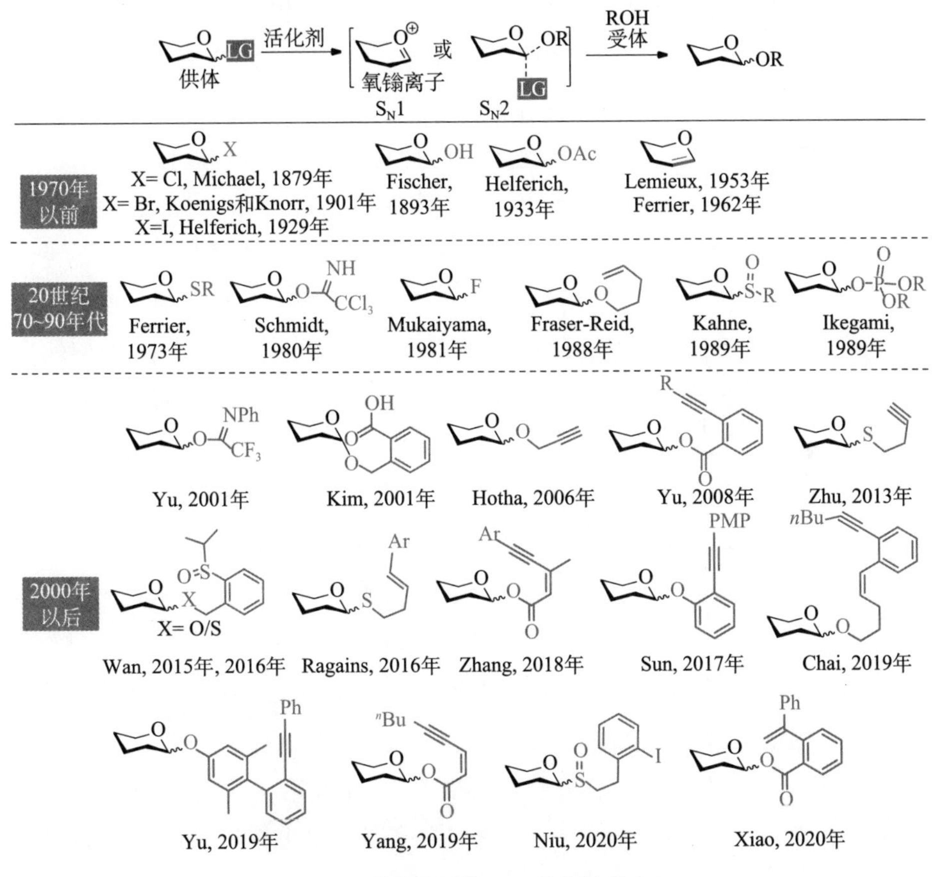

图 14-2 糖基化过程及糖基供体的发展

图中显示的人名为化学式所在文献的通讯作者，下同

进入21世纪以来，新的糖基供体不断涌现。例如，俞飚课题组发展了*N*-苯基三氟乙酰亚胺酯（PTFA）[19]；Kim等报道了以邻羧基苄基为离去基团

的糖基供体[20]，Hotha 等发现了炔丙基醚供体[21]。2008 年，俞飚团队报道了 Au(Ⅰ)催化活化邻炔基苯甲酸酯供体构建糖苷键的“俞氏糖基化方法”[22]，其中性的、温和的反应条件及优异的活化效率使得该方法广泛适用于各种受体的糖苷化，并被迅速应用于大量复杂糖苷类天然产物的全合成中，成为构建复杂糖苷的最有效方法之一。这一突破性的成果也激发了多个团队。例如，朱江龙[23]、Ragains[24]、孙建松[25]、张礼明[26]、俞飚[27]、柴永海[28]、杨友[29]、肖国志[30]等团队相继发展了各种通过活化远程烯烃或炔烃构建糖苷键的方法。不同于远程活化烯烃和炔烃的糖基供体，万谦团队发展了一种基于苄基氧苷/苄基硫苷（O/SPSB）供体活化的方法，通过活化远端的亚砜，经由扰动的普梅雷尔（Pummerer）反应机理诱导端基的氧/硫原子合环离去，因而又被称为“扰动的 Pummerer 反应介导的糖基化反应”（IPRm 糖基化反应）[31, 32]。钮大文也报道了通过自由基机理活化的端基亚砜供体并用于构建碳糖苷[33]。除了上述基于糖基供体活化的糖基化方法，O’Doherty[34]、Rhee[35]等也发展了从非糖原料出发的“从头合成”（*de novo* synthesis）法来构建糖苷键。

同时，各种经典糖基供体的新活化试剂和活化方法层出不穷。例如，各种卤素类、亚砜类及过渡金属试剂被广泛应用于硫苷的活化。尤为重要的是，黄雪飞和叶新山发现的硫苷的预活化一釜化糖苷化策略极大地简化了寡糖的合成过程，使得寡糖的构建进入全新的阶段[36]。各种过渡金属和有机小分子催化剂的应用使得经典糖基供体的活化更高效、更温和和更绿色，同时也在立体选择性控制上有了新的模式。例如，Vankar 等[37]及彭鹏和 Schmidt[38]分别发现的 Au(Ⅲ)，Nguyen 发现的 Pd(Ⅱ)[39]和 Ni(Ⅱ)[40]都是 Schmidt 等酯的有效催化活化剂；而 Schmidt 联用硫脲和亚磷酸[41]，Fairbanks 等[42]和 Toshima 等[43]分别使用手性磷酸催化剂催化活化 Schmidt 酯立体选择性地构建糖苷键。自 Toste 等报道 Re(Ⅴ)试剂可用于催化活化烯糖以来[44]，Pd(Ⅱ)[45]、Au(Ⅰ)[46]、硫脲[47]、缺电子的吡啶盐试剂[48]都被用作活化烯糖的催化剂来合成 2-脱氧糖；叶新山[49]、刘学伟[50]等课题组也系统性地发展了钯催化的烯糖经由类 Ferrier 重排或 Heck 反应合成 2, 3-不饱和烯糖[51, 52]。叶新山[53]和 Jacobsen 课题组[54]分别发现，以硫脲作为小分子催化剂可以高效活化氯代糖，并选择性地构建 α-糖苷键；Nguyen 使用催化量的菲咯啉活化溴代糖[55]；而陈弓和何刚团队则通过 Pd(Ⅱ)催化活化氯代糖立体选择性地构建碳[56, 57]、氧和氮糖苷键[58]；Montgomery 等[59]和李明等[60]也以 $B(C_6F_5)_3$ 为催化剂活化了氟苷。硫苷的催化活化极为少见，Uchiro 和 Mukaiyama 利用 20 mol% 的 $TrB(C_6F_5)_4$ 实现了硫苷的首次催化活化[61]；随后，Pohl 等发现 0.5 equiv 的 $Ph_3Bi(OTf)_2$ 可以活化硫苷[62]；万谦团队发展了一种通过 Rh（Ⅱ）及弱 Brønsted 酸连续催化活化硫苷的方法，其中 Rh（Ⅱ）及弱 Brønsted 酸的用量可以低至 0.5 mol%，该方法温和的条件可以用于合成一些常规方法难以构建的糖苷，为硫苷的活化研究提供了新的思路[63]。合成有机化学的新技术和新方法的发展也为糖的合成带来新的动力。尤其是进入 21 世纪以来，可见光和电促进的合成方法学的突破对糖的合成起到极大的促进作用[64]。Gagné[65]、Bowers[66]、Toshima[67]、叶新山[68]、Raganis[24]、Wang[69]团队在可见光促进的糖基化反应方面，以及 Noyori[70]、Amatore[71]、Yoshida[72]和叶新山[73]团队在电化学促进的糖基化方面，都做了很多开创性和突破性的工作。

经过一百年多年时间的发展，各种糖基供体和活化方式的出现为糖苷键的构建提供了充足的工具，但是应当指出的是还没有哪一种方法能够适用于构建所有类型的糖苷键，糖苷键构建效率仍然有很大的不足。因此，糖苷键的构建一方面需要从已知方法中筛选最合适的条件，另一方面也需要开发结构更简单、活化方式更高效、催化剂用量更少、适用范围更广泛的糖基供体和糖基化方法。

2. 立体选择性控制

糖基化的立体选择性控制是糖合成的核心，也是难点。与蛋白质和核酸的连接不同，糖的连接在异头碳位常常产生 α 和 β 两种构型。除此之外，与糖的 C2取代基的构型相联系，糖苷键还可以产生 1, 2- *cis* 和 1, 2-*trans* 构型（图 14-3）。由于 C2 取代基的影响，通常认为 1, 2−*cis*−糖苷键的构建要比 1, 2-*trans* 糖苷键的构建困难得多。

在糖的生物合成过程中，在酶的调控下，糖基化可以通过不同途径实现端基构型的保持或者翻转，从而立体专一性地获得 α−异构体或 β−异构体。但在糖的化学合成过程中，糖基供体的活化是经由 S_N1 机理或类 S_N1 机理及 S_N2 机理的共同作用过程，因而糖基化大多得到 α−异构体和 β−异构体的混合物，反应效率低，分离困难。糖科学家在早期的研究中已发现异头碳位的高电负性的取代基更倾向于占据直立键位置（通常为 α 构型）。1955 年，

Edward 首次报道了这一现象[74]。随后，Lemieux 将这一现象定义为端基异构效应（也称为异头碳效应）[75]。尽管端基异构效应通常使得糖基化更倾向于形成热力学更稳定的 *α*–糖苷键，但一方面该效应使得 *β*–糖基化，尤其是 1, 2-*cis* 的 *β*–糖基化如 *β*–甘露糖糖基化和 *β*–鼠李糖糖基化异常困难；另一方面，糖基化的选择性实际上还受到多种因素如电性、离去基团、溶剂、反应温度及活化剂等的影响，因而获得单一选择性极具挑战。

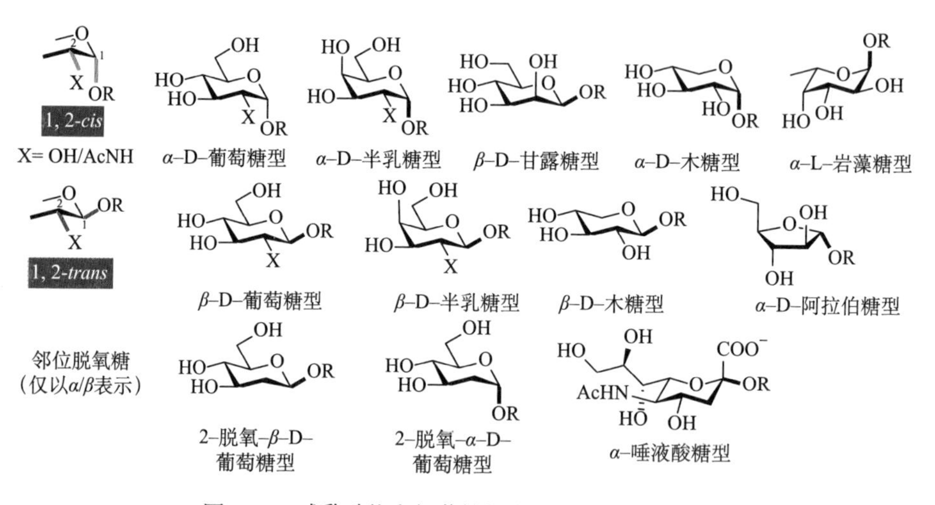

图 14-3　哺乳动物和细菌糖链中的常见糖苷键构型

邻基参与是控制糖基化 1, 2-*trans* 选择性的最有效和最常用方法［图 14-4（a）］。Lemieux[76] 和 Fletcher[77, 78] 等很早就注意到当糖的 C2 位保护基为酰基类的基团时，一般都会得到高选择性甚至立体构型单一的 1, 2–*trans*–糖苷键。除了酰基，在邻位引入其他具有亲核性的基团也可以调控糖基化的立体选择性。例如，孙建松等在唾液酸的 C1 位引入吡啶基团控制唾液酸的 *α*–糖基化[79]。Boons 等发现，C2 位引入手性硫醚辅基可以在端基离去基团活化后与氧鎓离子中间体形成反式十氢萘中间体，从而高立体选择性地构建 1, 2–*cis*–糖苷键[80-82]。刘学伟等也尝试在 C2 位引入邻腈基苄基醚作为辅基参与选择性的调控，并发现糖基化的选择性和受体的性质也高度相关[83]。邻基参与的选择性控制也促使糖化学家研究远程基团的参与作用，以获取和参与基团构型相反的选择性[84]。但是与邻基参与效应相比，远程基团的参与作用要弱得多，尽管在一些情况下也能获得较好的立体选择性，但一般不具备通用性。通常而言，C6 位和位于直立键的基团对立体选择性有更好的促进作用[85]。

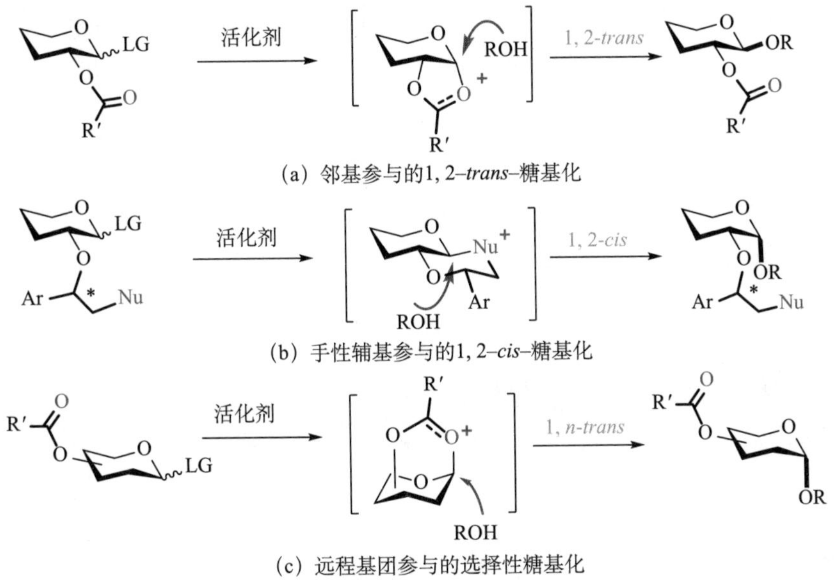

(a) 邻基参与的1, 2–*trans*–糖基化

(b) 手性辅基参与的1, 2–*cis*–糖基化

(c) 远程基团参与的选择性糖基化

图 14-4　官能团参与的立体选择性控制

不同于邻基参与效应中 C2 保护基的直接参与，1991 年，Hindsgaul 等将受体通过共价连接基团与 C2 羟基相连，使受体在活化剂的作用下从 C2 取代基的同面进攻端基，有效地构建了 1, 2–*cis*–糖苷键[86]。这一策略被称为分子内苷元传递［intramolecular aglycon delivery, IAD，图 14-5(a)］。IAD 策略为 1, 2–*cis*–糖苷键的构建尤其是 1, 2–*cis*–β–甘露糖化这一糖化学的挑战提供了全新的解决方案，是 1, 2–*cis*–糖苷键构建的最有效策略之一。糖化学家对该方法做了各种改进，如 Fairbanks 等改进了缩酮的结构和引入方法；Stork[87]、Bols[88]、Rychnovsky[89] 等采用硅醚为链接基团；而最有效和应用最广泛的无疑是 Ogawa 等发展的对甲氧基苄基（PMB）[90] 和 Ito 等发展的萘甲基（NAP）[91] 介导的 IAD。对甲氧基苄基和萘甲基自身是稳定的羟基保护基，在二氯二氰基苯醌等的氧化条件下很容易和受体连接形成缩酮，这一特点为该方法的应用提供了便利性。

为解决 IAD 的步骤较烦琐的问题，2012 年，Demchenko 等发展了一种新的策略：氢键介导的苷元传递［H-bond mediated aglycone delivery，HAD，图 14-5(b)］[92]。Demchenko 引入吡啶亚甲基或以吡啶酰基为供体羟基的保护基，该基团和受体可以形成分子间的氢键，从而诱导受体从该保护基的同面进攻端基，高选择性地构建糖苷键。因而通过调整保护基的位点，该方法既可以构建α-糖苷键又可以构建β-糖苷键。应用这一策略，2013年，杨劲松以2-喹啉甲酰基为辅基，实现了阿拉伯呋喃糖[93]和2-酮基-3-脱氧辛酸（KDO）[94]的β-糖苷化，并成功完成了复杂海洋鞘糖脂 vesparioside B 的全合成[95]。2020年，李中军等也将该策略应用于β-D-呋喃果糖的合成[96]。这一策略也被广泛应用于其他各类糖苷键如β-甘露糖化[97]、α-唾液酸糖苷化[98]的立体选择性构建。

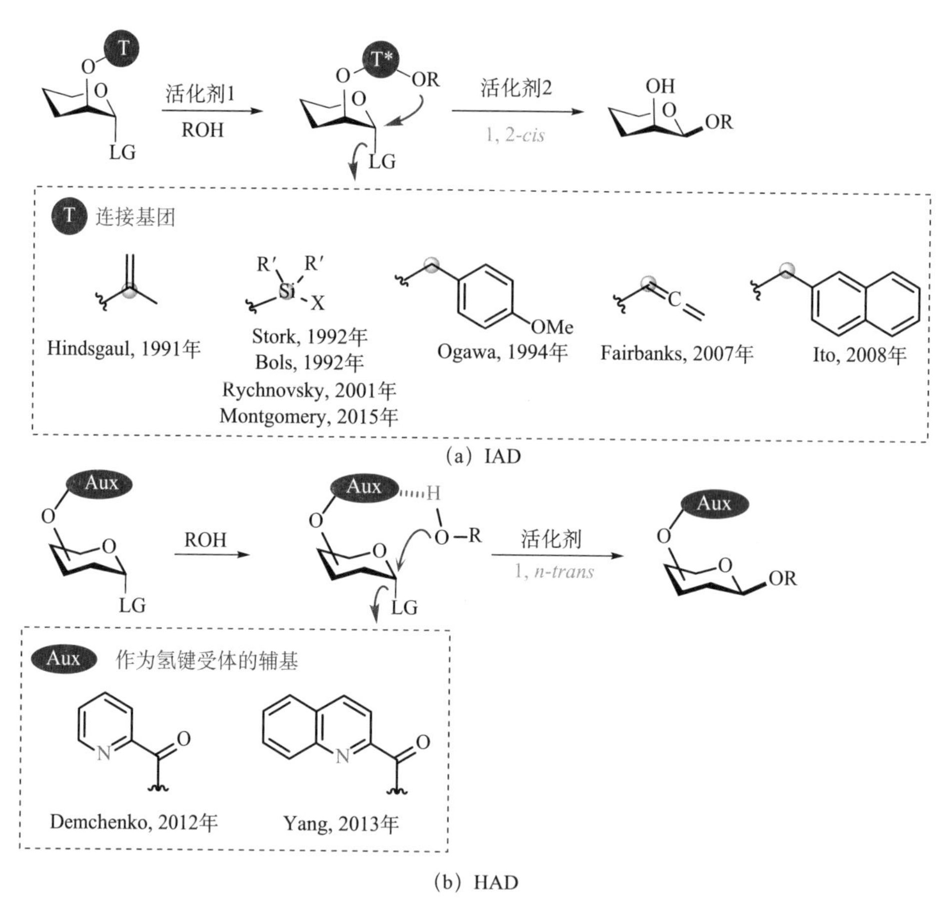

图14-5　IAD和HAD介导的选择性糖基化

相比于IAD和HAD，直接利用外源性试剂来调控糖基化的选择性无疑更为便捷（图14-6）。糖科学家很早就已经注意到亲核性的溶剂能参与调控糖基化的选择性。例如，Hasegawa等[99, 100]和Schuerch等[101]在20世纪70年代就分别报道了二氧六环和乙醚的 α-诱导效应，而 Fraser-Reid 等 [102] 和 Sinaÿ 等 [103] 也分别在 20 世纪 90 年代为腈类溶剂的 β-促进效应提供了坚实的证据。1974 年，Schuerch 等首次报道了直接利用外源性亲核试剂（exNu）如三乙胺、二甲硫醚和三苯基膦可以实现全苄基保护的溴代葡萄糖的 α-糖苷化 [104]。随后，Lemieux 等成功地应用四乙基溴化铵调控了溴代葡萄糖的 α-糖苷化 [105]。此后，各种外源性亲核试剂被广泛应用于调控各种糖的 α-糖基化，如 Koto 等 [106] 和 Mong 等 [107] 等报道了酰胺类试剂，Mukaiyama 等 [108-110]、Codeé 等 [111] 报道了氧化磷（$R_3P=O$）类试剂，Crich 等 [112] 和邢国文等 [113] 报道了亚砜类试剂，Boons 等 [114] 和 Yoshida 等 [115] 报道了硫醚类试剂等。通常认为，这类外源性亲核试剂在糖苷化过程中容易进攻供体活化后形成的氧鎓离子，从而形成处于平衡状态的 α-中间体鎓盐和 β-中间体鎓盐，其中 β-中间体鎓盐相较其 α-异构体稳定性差但活性更高，因而一旦形成后迅速和糖基受体发生 S_N2 反应，从而有效促进 α-糖基化。尽管外源性亲核试剂介导的糖基化操作更为便利，但与 IAD 和 HAD 相比，这一方法的选择性更易受到其他因素的影响，普适性不够强，而且通常都需要大大过量的试剂才能保证一定的选择性。万谦团队结合外源性亲核试剂效应和氢键效应，逆转了常规外源性亲核试剂的 α-诱导效应，成功构建了稀有 3-氨基糖的 β-糖苷键，而且该方法只需要亚化学剂量的外源性亲核试剂 [116]。

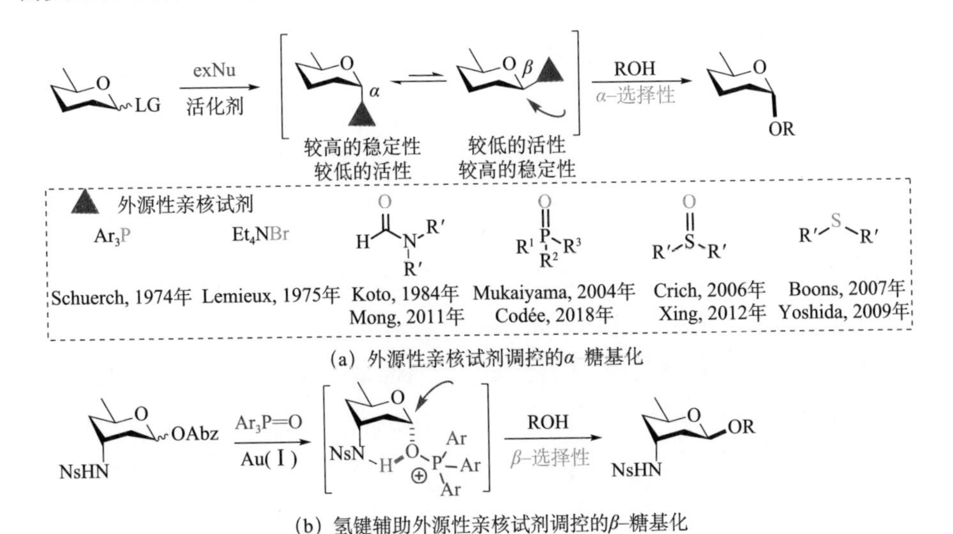

(a) 外源性亲核试剂调控的α 糖基化

(b) 氢键辅助外源性亲核试剂调控的β-糖基化

图 14-6 外源性亲核试剂调控的立体选择性糖基化

糖环上的自由羟基也能直接参与诱导糖基化的选择性（图 14-7）。1979 年，Schmidt 和 Reichrath 报道了一种经由端基 *O*–烷基化（anomeric *O*-alkylation）的糖基化反应 [117, 118]。大约 20 年后，Hodosi 等报道了有机锡试剂参与的端基 *O*–烷基化反应构建 1, 2–*cis*–糖苷键 [119]。朱江龙发展了 NaH 或 Cs_2CO_3 参与的 2–脱氧糖 [120] 和甘露糖 [121] 的 1, 3–*cis*–糖基化和 1, 2–*cis*–糖基化。Takemoto 等改进了 Hodosi 的方法，使用催化量的有机硼试剂代替剧毒的锡试剂实现了 1, 2–*cis*–糖基化 [122]。当糖环上不存在自由羟基的诱导效应时，端基 *O*–烷基化的选择性受到动力学端基异构效应的影响，主要产生 β–选择性，朱江龙利用这一效应成功地构建了 2–脱氧糖的 β–糖苷键 [123]。

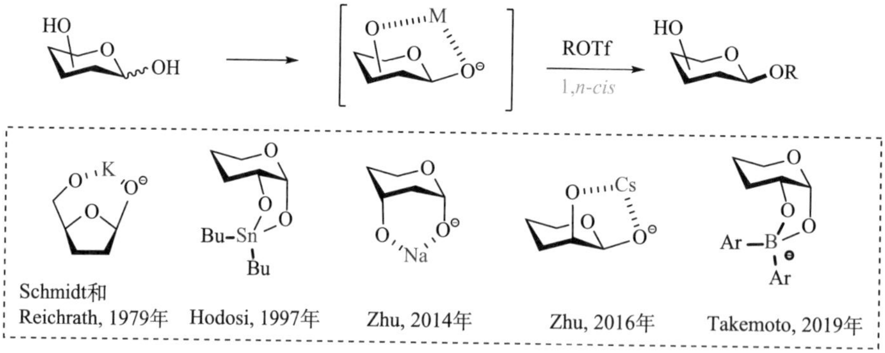

(a) 羟基诱导的立体选择性糖基化

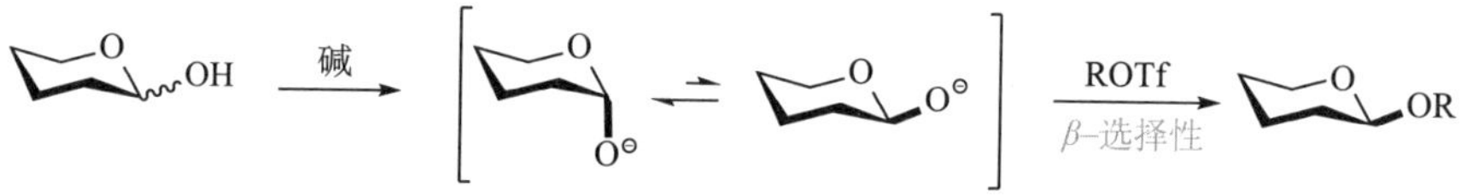

(b) 动力学端基异构效应控制的立体选择性糖基化

图 14-7　经由端基 *O*–烷基化的立体选择性糖基化

糖上的保护基不仅能直接通过邻基和远程的参与效应调控糖基化的选择性，也可以通过控制糖环的构象来调控糖基化的选择性（图 14-8）。1996 年，Crich 等发现活化 4, 6–苯亚甲基缩醛保护的甘露糖亚砜苷可以高选择性构建非常难以得到的 β–甘露糖糖苷键 [124]。这一突破性的发现激发了糖化学家尝试在糖环的 2, 3–位、3, 4–位或 4, 6–位等引入碳酸酯、硅醚等环状保护基，以和糖环形成并环的形式来控制中间体的构象，从而调控 α–选择性或 β–选择性 [125]。除并环保护基外，糖化学家发现，桥环也能有效控制糖环的构象实现

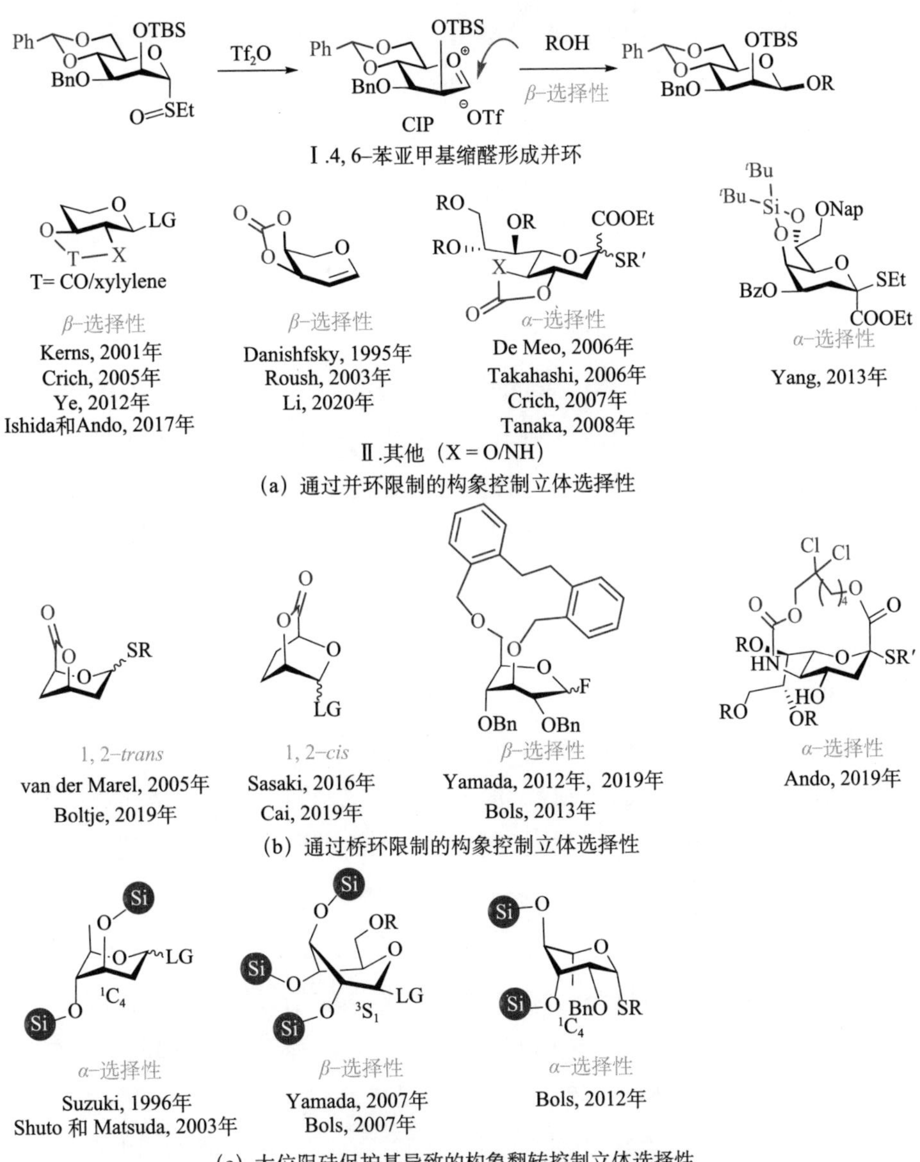

图 14-8　供体的构象限制实现立体选择性糖基化

立体选择性的糖基化。例如，van der Marel[126] 和 Boltje[127] 分别报道了 3, 6-内酯的葡萄糖醛酸和甘露糖醛酸的 1, 2-*cis*-糖苷化；Sasaki[128] 和柴永海 [129] 分别发展了甘露糖醛酸的 2, 6-内酯供体以构建 β-糖苷键。Yamada 团队在自己 [130] 及 Bols 课题组 [131] 工作的基础上，将葡萄糖的 3, 6-位桥联构建葡萄糖的

[12, 3, 1] 桥环供体，实现了 α−糖基化，并构建了目前最小的三元环糊精分子[132]；Ando 也通过长链烷烃桥联唾液酸的 1, 5−位，实现了唾液酸的单一 α−糖基化[133]。糖合成中保护基的使用不仅能改变糖基供体的活性，而且能改变糖环的构象。尤其是当邻位的反式羟基都采用大位阻的硅基保护基时，糖环的构象通常都会发生翻转，使得大位阻的基团位于直立键上，相应地也使糖基化的立体选择性发生变化。例如，Suzuki[134]、Shuto 和 Mastuda[135]、Yamanda[136]、Bols[137, 138] 等课题组在糖环上引入大位阻的硅基保护基，迫使糖环构象发生翻转，从而立体选择性地构建糖苷键。

模拟糖的生物合成过程，利用金属催化剂或小分子催化剂来控制糖基化的立体选择性引起了糖化学家的兴趣（图 14-9）。但在糖合成中，金属催化剂大多扮演活化离去基团的角色，立体选择性控制主要依赖糖自身的性质。1992 年，Kobayashi 等报道了钛试剂和 TMSOTf 催化的阿拉伯呋喃糖的 1, 2−*cis*−糖基化[139]。这是第一例过渡金属催化的立体选择性糖基化。同样地，Nguyen[39]、Schmidt 和彭鹏[38] 也分别采用钯催化剂和金催化剂经由 S_N2 机理活化了三氯乙酰亚胺酯供体，立体选择性地构建了 *O*−糖苷键。过渡金属直接参与的糖基化立体选择性控制最主要的模式是利用过渡金属和烯糖形成 π−烯丙基−金属复合物中间体来控制亲核试剂的进攻方向。1999 年，Feringa 等报道了钯催化的吡喃酮糖的选择性糖基化[140]，钯和膦配体形成的复合物从吡喃酮糖端基离去基团的反面与双键配位，形成 π−烯丙基−钯复合物中间体，亲核试剂进一步从钯复合物的反面进攻异头碳，最终实现构型的保持。这一策略随后被 O’Doherty 等应用于寡糖的从头合成[34]。2004 年，Lee 等发现可以通过配体调节糖基化的立体选择性[141]。Nguyen 等[142] 和刘学伟等[143] 发现当烯糖的 C3 位离去基团同时也含有亚胺、吡啶等基团时，可以诱导钯从同面配位，从而实现选择性的逆转。刘学伟等也发现选择性和受体的性质也高度相关，硬的亲核试剂通常从钯复合物的同面进攻异头碳，而软的亲核试剂更倾向于从反面进攻异头碳[144]，而当 C3 离去基团含有亲核性的基团时，也可以发生分子内的重排反应[145, 146]。利用 Ni(Ⅱ) 催化剂和亚胺的亲和性，Nguyen 等也利用 C2 位亚胺和 Ni(Ⅱ) 催化剂配位，诱导受体从同面进攻异头碳位，构建 1, 2−*cis*−糖苷键[40]。

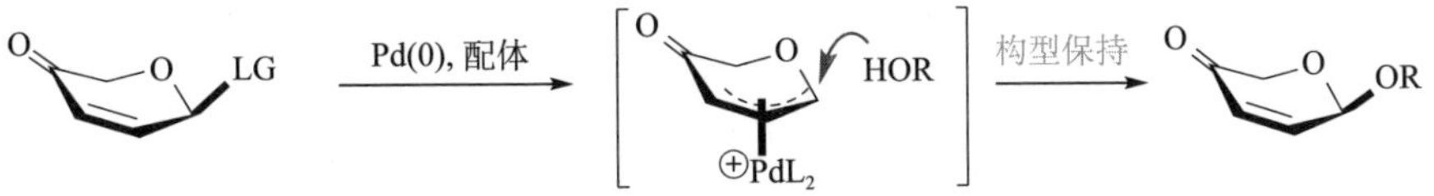

(a) 钯催化吡喃酮糖基化

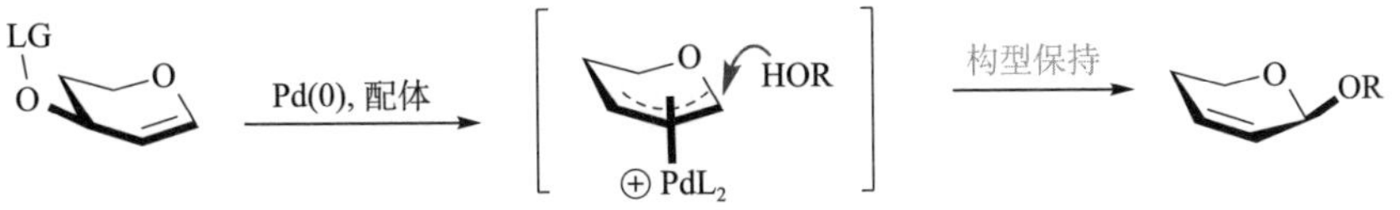

(b) 类Ferrier重排

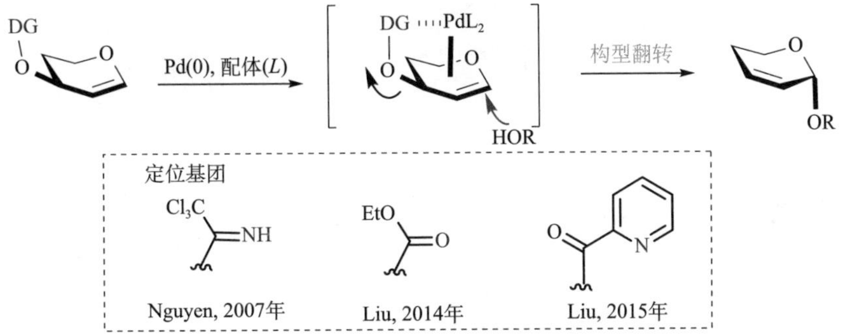

(c) 诱导基团参与类Ferrier重排

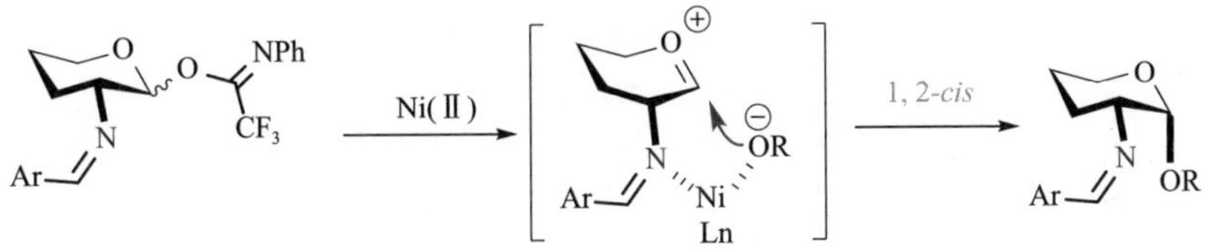

(d) 诱导基团参与的直接糖基化

图 14-9 过渡金属催化的立体选择性糖基化

小分子催化的糖基化也取得了一些进展（图 14-10）。但由于糖的手性中心和官能团众多，因此有机小分子和糖的作用模式非常复杂，往往导致选择性难以预测。2003 年，Miller 课题组尝试使用脯氨酸取代的磺酰胺为催化剂来模拟酶催化的糖基化过程，但该方法几乎没有选择性 [147]；十年后，Miller 课题组又报道了四肽和 $MgBr_2$ 共同催化活化三氯乙酰亚胺酯，并获得中等程度的 α-选择性 [148]。2010 年，Fairbanks 以手性磷酸催化剂活化了三氯乙酰亚胺酯供体，获得了一定程度上的 β-选择性 [42]。随后，Toshima[43] 和 Bennett[149] 课题组对该反应进行了进一步的研究，发现糖基化的选择性不仅和催化剂结构相关，还和供受体结构也高度相关，表现出供体 / 受体的匹配 / 不匹配

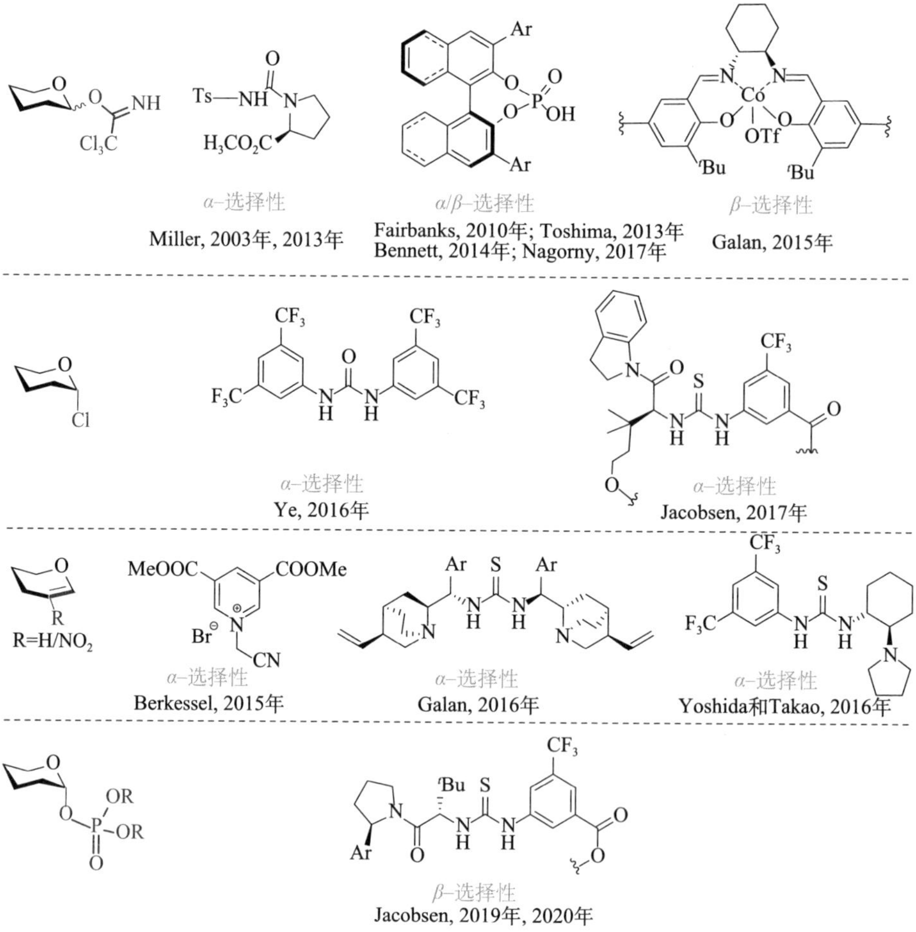

α–选择性
Miller, 2003年, 2013年

α/β–选择性
Fairbanks, 2010年; Toshima, 2013年
Bennett, 2014年; Nagorny, 2017年

β–选择性
Galan, 2015年

α–选择性
Ye, 2016年

α–选择性
Jacobsen, 2017年

R=H/NO$_2$

α–选择性
Berkessel, 2015年

α–选择性
Galan, 2016年

α–选择性
Yoshida和Takao, 2016年

β–选择性
Jacobsen, 2019年, 2020年

图 14-10　小分子催化的立体选择性糖基化

（match/mismatch）效应。应用该方法，Nagorny 课题组对红霉素内酯进行了区域和立体选择性的糖基化修饰。但有意思的是，大多数情况下他们得到是α–选择性[150]。Galan 课题组发现 salen-Co 二聚体也可以催化活化三氯乙酰亚胺酯供体，以β–选择性为主，但同样地，选择性与供体受体的结构及反应条件相关[151]。2016 年，叶新山团队报道了第一例小分子催化活化的卤代糖糖基化，该团队应用简单的苯基脲为催化剂，在碱性条件下高效活化氯代糖构建了α–糖苷键[53]。随后，Jacobsen 课题组也报道了手性硫脲催化的氯代糖α–糖基化反应[54]。烯糖的第一例可靠的小分子催化活化由 Berkessel 课题组于 2015 年报道，使用的催化剂为吡啶鎓盐，大多数情况下都能得到优异的

α−选择性[48]。Galan[152]和Yoshida和Takao[153]课题组几乎同时报道了手性硫脲催化的2−硝基烯糖的α−糖基化反应。采用磷酸作为糖基供体的离去基团，Jacobsen等模拟自然界的糖基化过程[154]，发展了手性双硫脲分子催化的磷酸酯供体的糖基化反应。这一催化体系广泛适用于各种受体，可以获得中等程度到优异的β−选择性，同时也适用于呋喃糖[155]和甘露糖[156]的β−糖基化。

3. 区域选择性控制

糖基化的区域选择性控制是糖合成的又一难题。糖环上的羟基众多，且这些羟基化学环境和反应性差别不大，因而要实现选择性的控制极其困难。传统的也是最广泛使用的方法是，通过保护和去保护的方法定点释放特定的羟基参与糖基化反应，因而几十年来发展了各种可化学正交的保护基试剂和保护、去保护方法及一釜保护方法[157]。但是，频繁地保护、去保护使得糖的合成过程极为烦琐，且原子经济性差。因此，围绕特定羟基的定点释放，又发展了多种选择性的保护和去保护方法。一方面，可以利用糖上羟基内在反应性的细微差别，通过精细的调控反应条件实现一定程度上的选择性，如通常伯羟基更易被保护，位于平伏位的羟基比位于直立位的羟基更活泼；另一方面，借鉴酶催化的糖的区域选择性官能团化，也发展了多种选择性保护的试剂和方法。其中最常见的是利用有机锡试剂易和两个羟基缩合成环的性质来选择性地屏蔽多个羟基，或者特异性地活化位于平伏键的羟基。但锡试剂的高毒性也促使化学家寻找各种替代性的试剂，其中得到最广泛使用的是有机硼试剂。Aoyoma等发现有机硼酸和有机锡试剂一样，它和糖上的1, 2−顺式二醇结合，能有效活化位于平伏键的羟基[158]，基于此，Taylor等发展了一系列的有机硼酸催化剂和方法，实现糖上1, 2−顺式羟基中的平伏羟基的催化官能团化[159]。过渡金属试剂也被应用于糖的区域选择性保护，如董海等发展的铁试剂催化的选择性保护[160]，钮大文等结合铜催化剂、配体和有机硼试剂开发的选择性官能团化等[161]。此外，小分子催化在糖的选择性官能团化上也得到一定程度的应用，如Vesella等[162]开发的脯氨酸类催化剂，Miller等[163]、Kawabata等[164]、Kirsch等[165]发展的小分子肽类催化剂，以及Tan等[166]发展的咪唑类催化剂和Tang等[167]发展的苯并咪唑类催化剂等都能有效催化糖上羟基的选择性保护。

尽管糖的选择性官能团化已经取得了一些进展，但将这些方法应用到糖的区域选择性糖基化仍然面临很大的挑战。相对于羟基的常规官能团化，糖基化的过程和影响因素要复杂得多。此外，除了考虑糖基受体特定位点羟基的区域选择性活化，还需要考虑糖基供体上羟基的屏蔽，因而完全无保护的糖基化极少有报道，目前糖的区域选择性糖基化研究主要围绕少保护的或部分保护的受体和供体开展（图 14-11）。

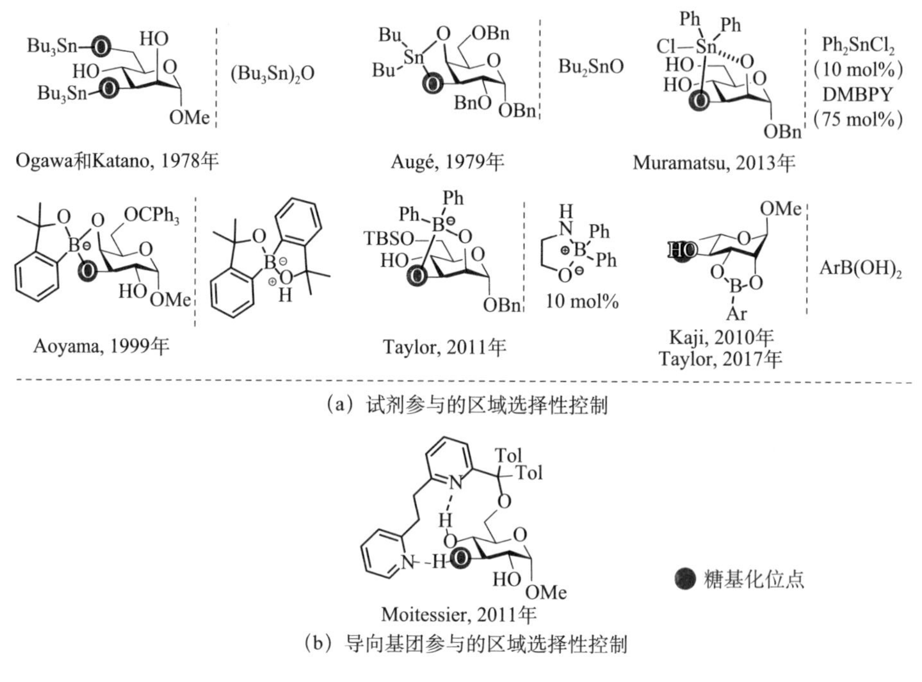

图 14-11　试剂和导向基团参与的区域选择性糖基化

1978 年，Ogawa 和 Katano 等首次报道了利用 $(Bu_3Sn)_2O$ 活化甘露糖的 3, 6-位羟基实现选择性的糖苷化，但效率不高 [168]。随后，Augé 等借鉴有机锡介导 1, 2-顺式羟基的选择性保护经验，成功实现了平伏羟基的糖基化 [169]。此后，有机锡试剂成为区域选择性糖基化最常用的试剂。但直到 2013 年，Muramatsu 等才报道了第一例有机锡催化的区域选择性糖基化 [170]。和糖的区域选择性保护一样，有机硼试剂也是有机锡试剂的最好替代物。1999 年，Aoyama 等应用二苯基硼酸酯实现了三羟基半乳糖的 C3 位选择性糖基化 [171]。但直到十多年以后，Taylor 等才报道二苯基硼氨基乙酯催化的选择性糖基化 [172]。有机硼试剂除了能作为选择性活化剂，同时也可以作为临时的选择性屏蔽基团，如 Kaji 等应用芳基苯硼酸选择性地保护鼠李糖的顺式的 2, 3-二羟基，使糖基化选择性地发生在 C4 位[173]；综合利用有机硼试剂的保护和活化的性质，Taylor 等发展了一种连续糖基化的方法，即选择性屏蔽鼠李糖 2, 3-二羟基完成 C4 位的糖基化后，再活化 C3 位平伏羟基，实现 C3 位的糖基化[174]。除了有机锡和有机硼介导的区域选择性糖基化，糖化学家也尝试在糖环上引入特定的基团，通过立体位阻效应或者氢键效应来屏蔽或者活化某一羟基，实现区域选择性糖基化。例如，Moitessier 等在葡萄糖的 6 位引入联吡啶基团，通过空间效应和氢键选择性地活化 C3 羟基来参与糖基化[175]。

无保护或少保护的供体参与的糖基化的报道要早得多。例如，最早的 Fisher 糖基化应用的就是全羟基的葡萄糖供体，但是这类反应通常需要大大过量的受体参与，且受体仅限于简单的醇类；尽管近年来也发展了一些新的方法，但仍然有很大的局限性，在寡糖合成中的实际应用价值不大[176]。为数不多的例子报道了少保护的糖基供体的糖基化，这些报道大多采用临时性保护基屏蔽供体羟基的方法（图 14-12）。例如，2012 年，Wei 等报道了直接利用离去基团在铜的活化下和 C2 羟基形成临时保护基[177]；2017 年，刘学伟等应

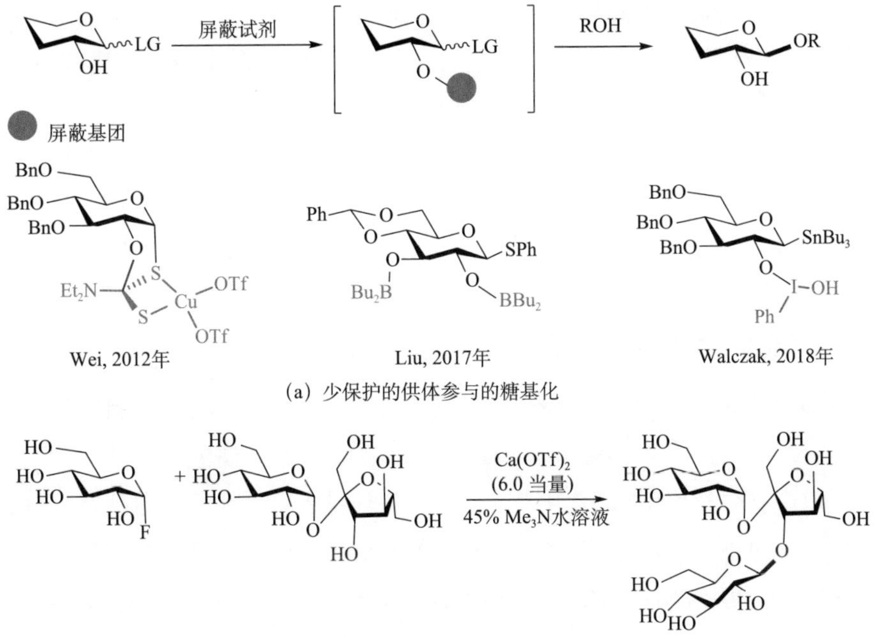

(a) 少保护的供体参与的糖基化

(b) 无保护的供体参与的糖基化

图 14-12　糖基供体的区域选择性

用有机硼试剂屏蔽硫苷供体羟基[178]；2018年，Walczak等使用高碘试剂屏蔽羟基并参与端基Sn离去基团的活化[179]。值得注意的是，这些临时性保护基不仅屏蔽了供体的羟基，而且可以参与控制糖基化的立体选择性。除此之外，如前文所介绍，供体上的羟基也能在碱金属、有机锡及有机硼的作用下和受体结合，诱导糖基化的立体选择性。2016年，Miller团队在无保护的糖基化中也取得重要的突破，他们利用钙离子的识别作用，实现了无保护的氟苷和无保护的蔗糖的水相中的立体选择性和区域选择性糖基化[180]。应用该方法，该团队也实现了水相酪氨酸酚羟基的选择性糖基化[181]。

（二）糖链的组装策略

糖链的组装是指将糖砌块通过糖基化反应按照一定顺序连接。糖链的组装既可以从非还原端向还原端依次连接，又可以从还原端向非还原端依次连接（图14-13）。还原端向非还原端组装也可以称为逆序组装，它的关键步骤是选择性地脱除非端基的羟基保护基，以和糖基供体发生下一步的糖基化反应。但随着糖链的延长，糖上的保护基也越来越多，因而选择性的脱保护通常也会变得困难。非还原端向还原端的组装也可以称为顺序组装。该策略可以最大限度地避免在复杂的糖链上进行非端基羟基的选择性脱保护，但是它的还原端的端基羟基需要先稳定地保护起来，和供体发生糖基化反应后，再将端基保护基转化为活泼的离去基团以发生后续的糖基化反应。因此，两种组装策略都涉及频繁的保护基的转换操作，使得糖链的组装过程异常冗长和低效。为了避免这些烦琐的步骤，先后发展了多种糖链的组装策略，这些策略大多采用了非还原端向还原端的连接，同时避免了端基的复杂的转换，极大地提高了糖链组装的效率。

1.“武装-去武装”策略

糖化学家早已发现保护基不仅能起到保护作用，还可以影响糖基供体、受体的反应活性[182]。1988年，Fraser-Reid总结了这一现象并将其运用到4-戊烯基苷的化学选择性活化中[183]。他们发现烷基保护基可以提高4-戊烯基苷的活性，并将其称为“武装”（armed）的供体，而酯基保护基可降低活性，因而也称为“去武装”（disarmed）的供体。“武装-去武装”（armed-disarmed）被证明是一个普适的规律，并被广泛应用于其他类型的糖基供体化学选择性糖苷化中（图14-14）。

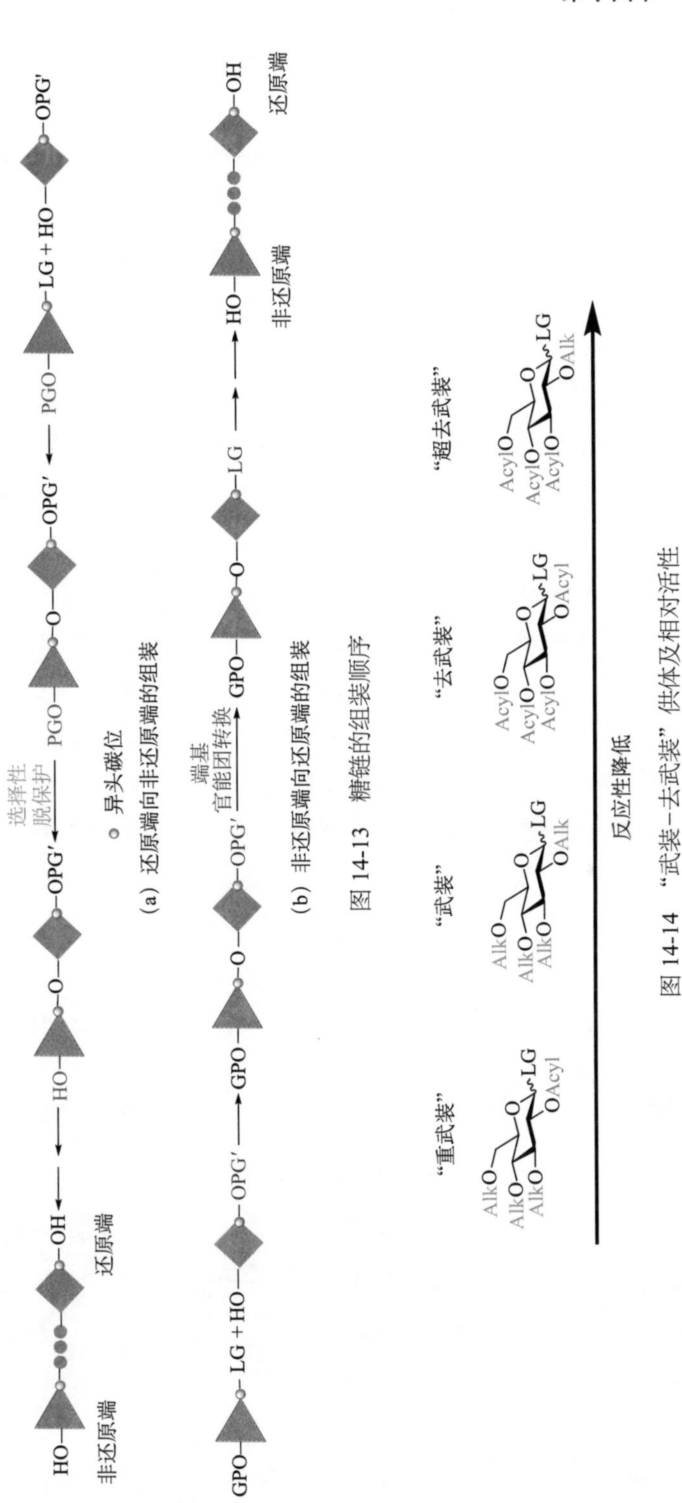

(a) 还原端向非还原端的组装

(b) 非还原端向还原端的组装

图 14-13 糖链的组装顺序

图 14-14 "武装-去武装"供体及相对活性

很快，糖化学家发现了活性高于全烷基保护的活化型糖基供体的“重武装”（superarmed）型供体。例如，C2 位酰基氧上的孤对电子也可通过邻基参与作用稳定端基氧𬭩离子，因而 C2 位被酰基保护的同时其他位被烷基化保护的糖的活性要高于全烷基保护的糖基供体。糖环羟基取代基的直立朝向有助于提高糖基的反应活性。Bols 等 [137, 184, 185]、Hung 和 Wong[186]、Yamada 等 [136] 和 Demchenko 等 [187] 发现，在糖环上引入大位阻的硅基保护基或者通过引入环状保护基改变糖环的构象，不仅能调控反应的选择性，而且可以大幅地提高供体的活性。另外，也存在比全酰基保护的去活化型糖基供体活性更低的“超去武装”（superdisarmed）型供体。Fraser-Reid 等 [188]、Ley 等 [189]、Boons 等 [190]、Demchenko 等 [191] 的研究结果表明，缩醛、缩酮及 2, 3-碳酸酯等环状保护基相较于酰基能进一步降低糖基供体的活性。Demchenko 也发现，将弱化型糖基供体的 C2 位保护基更换为不具备邻基协助作用的烷基，使得“武装-去武装”生成的碳正离子没有任何的稳定因素，因而活性也降得更低。

这些效应的发现使得糖化学家可以利用保护基来调控供体的反应活性，一种基于“武装-去武装”效应的化学选择性糖苷化策略应运而生（图 14-15）。该策略利用糖基砌块的保护基来调节糖基砌块的活性，使糖基砌块的活性按照糖链的连接顺序从非还原端到还原端逐渐降低，同时糖基化也按照顺序组装的方向顺次进行。因而在该策略中，即使糖基砌块的端基离去基团采用同一类型也完全不受影响，避免了端基离去基团的转化步骤。Fraser-Reid 等最早于 1990 年将该策略应用于糖蛋白寡糖链的构建中 [192]。随着对糖性质的认识和理解，尤其是 Ley 和 Wong 等系统深入地评价了各类糖的相对反应值

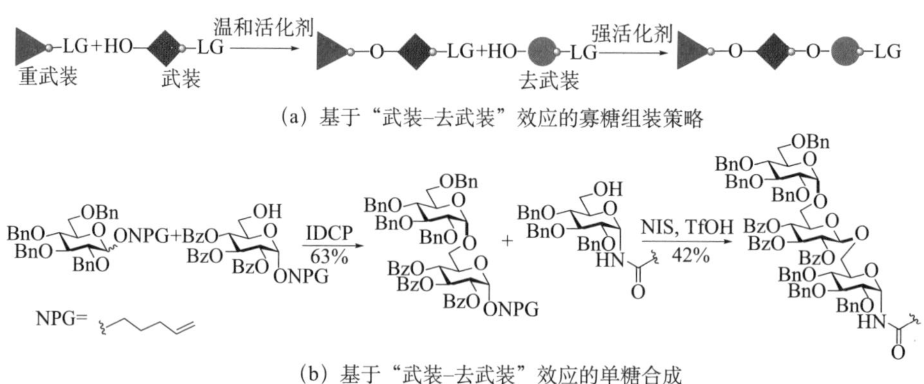

（a）基于“武装-去武装”效应的寡糖组装策略

（b）基于“武装-去武装”效应的单糖合成

图 14-15　基于“武装-去武装”效应的化学选择性糖苷化策略

(relative reactivity value，RRV)，基于“武装–去武装”效应的化学选择性活化策略的适用范围得到进一步拓展，可合成的寡糖链的长度及连接类型也不断增加，并广泛应用到糖链的一釜合成中。

2. 隐蔽–活化策略

隐蔽–活化（latent-active）策略利用一对结构相似但活性有较大差异的离去基团来调节糖基供体的活性，实现糖链的快速组装（图 14-16）。低活性的离去基团安装在糖基受体上（也称隐蔽型糖基供体）作为糖端基的保护基，它在具有高活性的离去基团的糖基供体（通常称为活化型糖基供体）的活化条件下保持稳定。隐蔽型和活化型的一对糖基供体发生糖苷化反应生成一个新的隐蔽型糖基供体，将该隐蔽型糖基供体的离去基团转化为活化型糖基供体的高活性离去基团，可以继续参与糖链的延长。

1992 年，Roy 首先提出了“隐蔽–活化”的概念[193]。该团队应用强吸电子的对硝基苯硫基为隐蔽型供体的离去基团，该离去基团的硝基经还原酰化转变为乙酰氨基之后，隐蔽型供体就转化成活化型糖基供体。同年，Fraser-Reid 课题组报道了 4, 5–二溴戊基、戊–4–烯基分别作为隐蔽型和活化型离去基团的隐蔽–活化策略，并对该策略进行了巧妙运用，合成了 *O*–甘露糖九糖[194]。1994 年，Boons 等也利用 1–甲基–2–丙烯基和 1–甲基–丙烯基之间的重排，实现了隐蔽–活化策略的新运用[195]。

进入 21 世纪以来，隐蔽–活化策略得到蓬勃的发展，许多团队都相继发展了新的隐蔽型和活化型离去基团。例如，2001 年 Kim 课题组报道的 2–(苄氧羰基)苄基（BCB）和 2–羧基苄基（HCB）[20]；2011 年，Demchenko 课题组报道的苯并咪唑硫醚（SBiz）和 *N*–对甲氧基苯甲酰化的 SBiz[196]；2015 年，俞飚团队报道的邻碘苄基和邻（甲基对甲基苯磺酰基氨基乙炔）苄基[197]。同年，万谦团队发展了一类新型的基于扰动的 Pummerer 反应的 2–(2–丙基硫基)苄基氧苷（OPTB）供体和 2–(2–丙基亚磺酰基)苄基氧苷（OPSB）供体[31]，随后，该团队进一步发展了 2–(2–丙基硫基)苄基硫苷（SPTB）供体和 2–(2–丙基亚磺酰基)苄基硫苷（SPSB）供体[32]，并将该策略应用到一系列天然苯乙醇苷和树脂糖苷的合成中。2017 年，孙建松报道了基于邻对甲氧基苯基乙炔基苯基（MPEP）糖苷的隐蔽–活化策略的全新运用[25]。

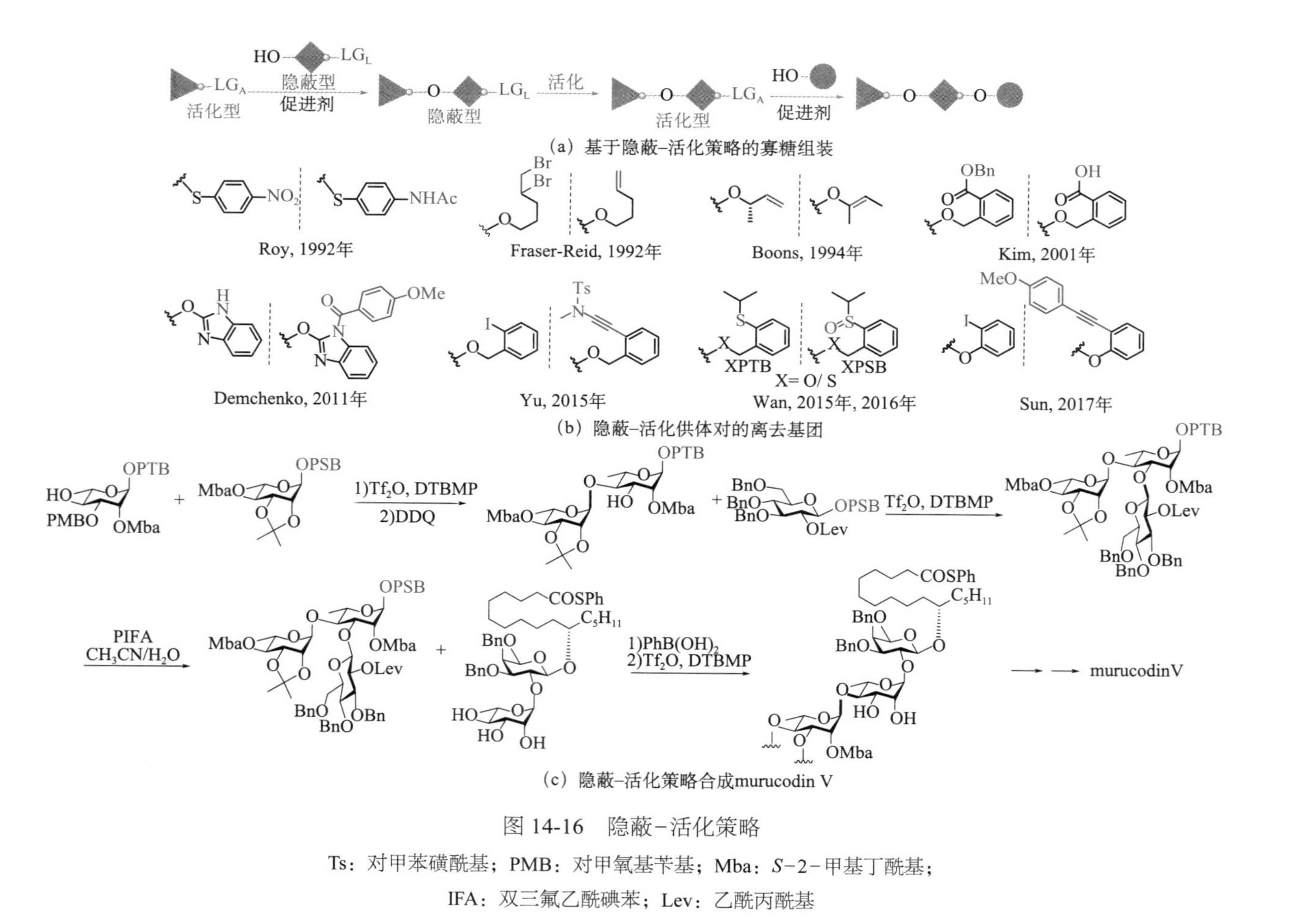

图 14-16　隐蔽–活化策略

Ts：对甲苯磺酰基；PMB：对甲氧基苄基；Mba：*S*−2−甲基丁酰基；

IFA：双三氟乙酰碘苯；Lev：乙酰丙酰基

在隐蔽-活化策略中，隐蔽型离去基团通常在寡糖合成的起始阶段引入，充当糖基砌块异头位的临时性保护基，通过对糖环其他位点的保护基进行操作，可以使隐蔽型糖苷作为受体参与糖苷化反应。后期仅需简单修饰，如烯烃异构化、硫醚氧化、炔烃偶联等即可将隐蔽型离去基团快速转化为活化型离去基团，得到活化型糖基供体，用于新的糖苷化反应。由于后期修饰通常仅涉及异头位离去基团远端的某个官能团转化，因此避免了传统方法中耗时费力的异头位离去基团的转换步骤，使得糖链组装过程中的端基离去基团转换变得更为快速和简便，极大地提高了糖链组装的效率。

3. 一釜化合成

在传统的寡糖合成中，糖类分子大多以分步法的形式依次组装。在每步糖苷化反应结束后，糖苷化产物均需要经过后处理和分离，然后将其异头位保护基转化为离去基团，或者将糖环的羟基保护基选择性脱除，使其转化为新的糖基供体或糖基受体参与下一步糖苷化反应。“武装-去武装”策略和隐蔽-活化策略尽管在一定程度上避免了烦琐的保护基操作，但其在糖苷化反应中的应用仍然离不开中间体的分离纯化。相比之下，一釜化合成策略表现出明显的优势。它是一种更加高效的糖组装技术，无需中间体分离即可一釜构建多根糖苷键。自 1993 年 Kahne 等报道了第一个真正意义上的寡糖的一釜化合成以来 [198]，目前报道的一釜化合成策略主要有以下几种：基于反应活性的一釜化合成、基于正交反应的一釜化合成、基于预活化的一釜化合成及接力一釜化合成 [199]。

基于反应活性的一釜化合成是按照糖基砌块异头位的反应活性从高到低的顺序，不同糖砌块依次发生糖苷化反应来实现（图 14-17）。1994 年，Ley 等首次报道了基于反应活性的一釜化合成，利用反应活性最高的硫苷供体和反应活性较高的硫苷受体及反应活性最低的受体以 62% 的总收率一釜化合成了 B 群链球菌（group B *Streptococci*）多糖抗原中的三糖片段 [200]。1998 年，Ley 通过设计竞争实验对硫苷供体的反应活性进行了量化比较，并且开创性地引入相对反应值对糖基砌块的反应活性进行定量描述 [201]。随后，Wong 更加系统深入地研究了硫苷供体的反应活性及影响因素，建立了由上百种具有不同相对反应值的糖砌块组成的化合物库，并实现了程序化的一釜化合成 [202]。

经过二十多年的发展，基于反应活性的一釜化合成被成功用于合成众多具有生物功能的糖复合物。代表性的工作包括 Wong 课题组完成的 Lewis X 二聚体[203]、Lewis Y[204, 205]、岩藻糖 GM1 神经节苷脂（fucosyl GM_1）[206]、肝素（heparin）[207]、阶段特异性胚胎抗原-4（SSEA-4）[208]、Globo-H[209]，以及俞飚首次完成的大环内酯 tricolorin A[210] 的合成等。

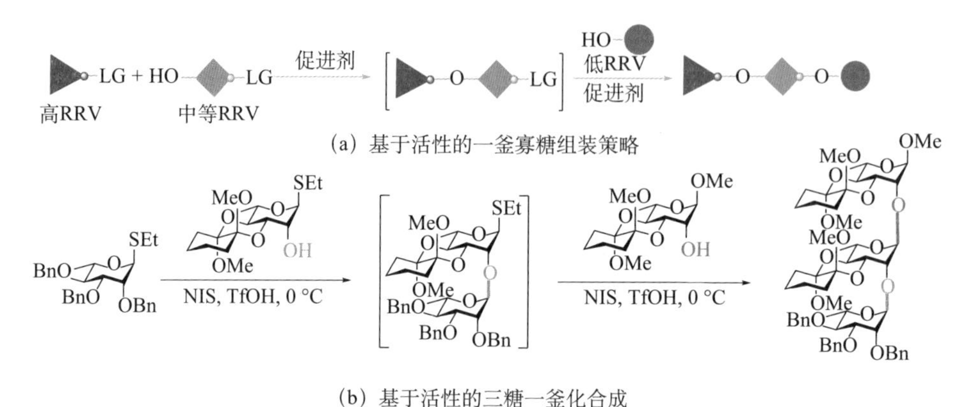

图 14-17　基于反应活性的一釜化合成

基于正交反应的一釜化合成利用不同糖基化方法的反应条件相互正交、互不干扰这一特点，采用不同种类的供体和活化条件进行一釜糖苷化反应（图 14-18）。这一策略的应用可以追溯至 1994 年，Takahashi 利用三氯乙酰亚胺酯三糖供体和硫苷受体的正交活化一釜完成了植物抗毒素活性六糖的合成[211]。迄今，基于正交反应的一釜化合成复杂寡糖涌现了许多代表性例子。例如，Boons 等完成的 *P*-选择素糖蛋白配体 1（PSGL-1）六糖[212]，Seeberger 等报道的抗幽门螺杆菌五糖[213]，van der Marel 等完成的透明质酸低聚物[214] 等。此外，孙建松等发展的邻对甲氧基苯基乙炔基苯基糖苷供体可以和三氯乙酰亚胺酯（TCAI）供体、邻炔基苯甲酸酯（OABz）供体用于基于正交反应的一釜化合成[25]。最近，中国科学院昆明植物研究所的肖国志团队报道了两种新颖高效的基于 OABz 供体和邻 (1-苯基乙烯基) 苯甲酸酯（OPVB）供体的一釜化合成，并且成功运用于多种活性寡糖分子的合成[215, 216]。

基于预活化的一釜化合成是目前最有效和应用最广泛的糖基组装策略之一（图 14-19）。该方法基于硫苷供体的预活化流程[217]，首先将糖基供体和活化剂混合，生成的活性中间体与随后加入反应体系的受体发生糖苷化反应，生成新的糖苷键，重复这种操作，从而一釜化合成所需的糖类化合物。与基于活性的一釜化合成和基于正交反应的一釜化合成策略不同，该策略不需要精细地设计和挑选糖基供体的离去基团，不需要考虑供体的活性高低，糖基的组装顺序完全取决于受体的加入顺序，因此具有最大的自由度和弹性。该策略最早由黄雪飞和叶新山于 2004 年报道 [36]。经过近二十年的发展，基于预活化的一釜化合成已经成为复杂寡糖化学合成的有力工具，被广泛应用于 chitotetraose[218]、Globo-H 六糖 [219]、iGb_3 寡糖 [220]、Lewis X 和 Lewis X 二聚体 [221]、透明质酸寡糖 [222, 223]、肝素 [224] 等的合成中。尤其是叶新山团队应用该策略完成了结核分枝杆菌阿拉伯半乳聚糖 92 糖的化学合成，充分体现了基于预活化的一釜化合成策略在复杂糖缀物合成中的巨大潜力 [225]。

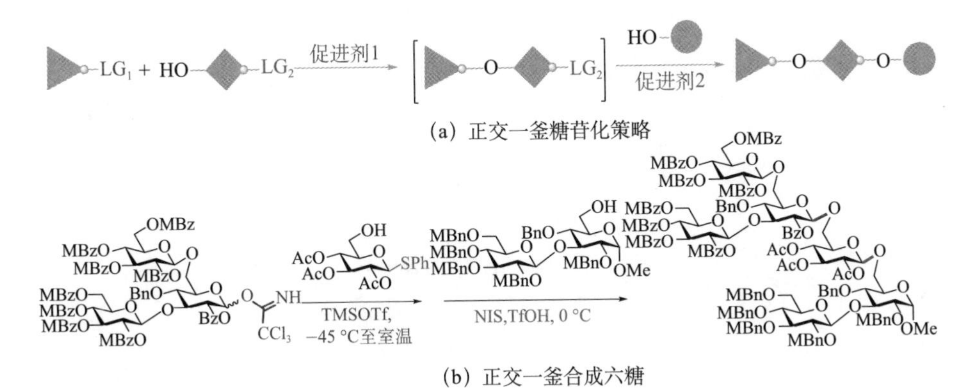

图 14-18 基于正交反应的一釜化合成

LG：离去基团；TMSOTf：三氟甲磺酸三甲基硅酯；NIS：*N*−碘代丁二酰亚胺；TfOH：三氟甲磺酸

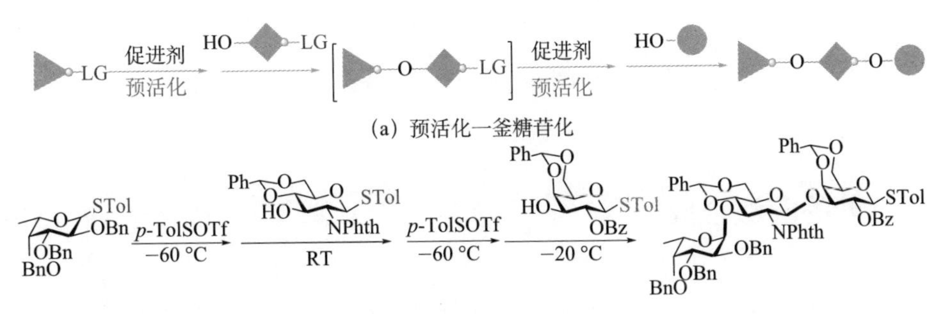

图 14-19 基于预活化的一釜化合成

p-TolSOTs：对甲苯亚磺酰基三氟甲烷磺酸酯；Phth：邻苯二甲酰

万谦团队基于扰动的 Pummerer 反应介导的糖苷化反应（IPRm Glycosylation），发展了一种全新的基于硫苷供体活化的接力一釜化合成（图 14-20）[226]。该策略首先利用三氟甲磺酸酐（Tf_2O）活化 2-(2-丙基亚磺酰基) 苄基硫苷糖基供体，与硫苷受体发生糖苷化反应，生成二糖硫苷供体，同时。该过程会释放与苄基硫苷供体等量的五元环硫代锍盐中间体，此中间体可作为接力活化剂（relay promotor）在升高反应温度的条件下将新生成的硫苷供体活化，从而完成第二个糖苷键的构建。值得一提的是，当使用双羟基的硫苷受体或者 2-(2-丙基亚磺酰基) 苄基氧苷糖基受体参与反应时，可一锅构建至多三个糖苷键，极大提高了寡糖的合成效率。该策略也被成功应用于具有保肝活性的苯乙醇苷 kankanoside F 和大环内酯 tricolorin A 的一釜化合成。尤其是通过两次接力一釜糖苷化反应成功实现了树脂糖苷 merremoside D 的全合成，充分体现了寡糖一釜化组装的优势。

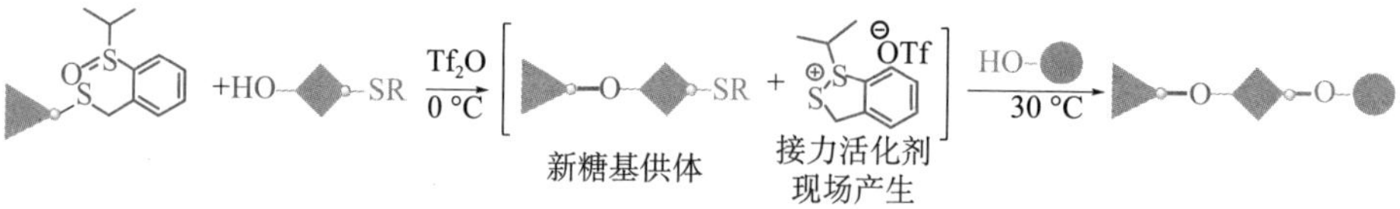

(a) 一釜接力糖苷化

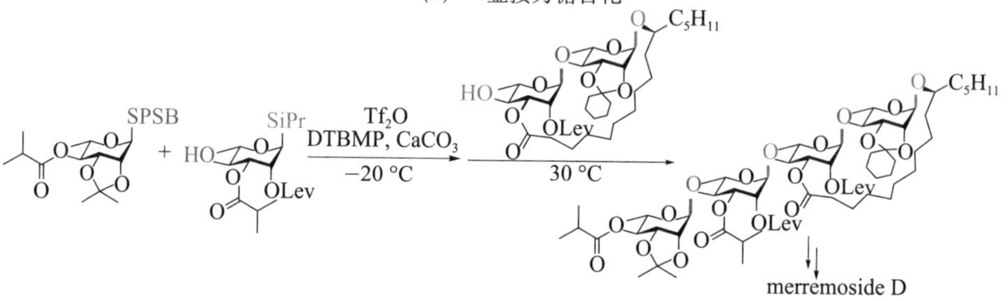

(b) 一釜接力糖苷化合成 merremoside D

图 14-20 接力一釜化合成

二、糖的酶法合成

复杂糖链特别是人体健康相关复杂糖链的可及性是研究糖链重要生物学功能的前提。以自然界进化选择积累的天然催化剂——糖基转移酶为工具，实现人体健康相关复杂糖链的可及性合成一直是糖科学家的努力方向。

相对于糖的化学合成，糖的酶法合成发展要晚得多。直到 1953 年，Leloir 分离到糖核苷供体，糖生物学家才逐渐了解到糖的生物合成过程并将其应用到糖的人工合成中（图 14-21）[4, 5]。但早期的酶法合成需要用到昂贵且不易获取的糖核苷作为供体，用于糖合成的酶也非常有限，因而糖的酶法合成发展缓慢。直到 20 世纪 80 年代，DNA 重组技术及聚合物链式反应的发现使得通过酶的工程化和过表达获取更稳定、活性更好和更专一的糖链合成酶成为现实，各种糖基转移酶、糖苷酶及磷酸化酶被相继发现。同时，Wong 和 Whiteside 等也发现了核苷供体的原位再生技术 [227]。这些突破性的发现使得糖的酶法合成得到快速的发展，一大批重要的天然寡糖分子及糖缀合物相继通过酶法被合成出来。到 1998 年，Withers 等通过糖苷酶的突变获得了第一个糖苷合成酶 [228]，此后定点突变和定向进化技术被广泛应用于获取具有松弛的底物专一性的糖苷合成酶，并应用于糖链的合成。同年，Koizumi 利用代谢工程菌大批量地合成了尿苷二磷酸半乳糖并用于半乳糖三糖 globotriose 的细胞内合成 [229]，开启了细胞工厂合成聚糖的时代。

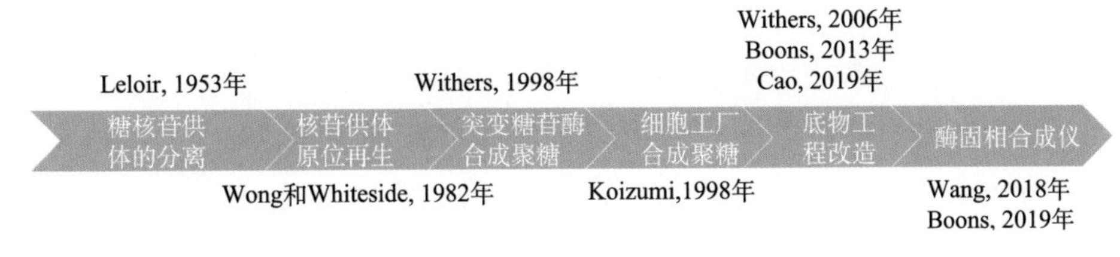

图 14-21　糖的酶法合成的发展

得益于生物学科发展促进的糖合成相关酶类的资源挖掘、机理研究及工程化改造，得益于糖基转移酶供体底物核苷酸糖的获得或再生更加容易，以糖基转移酶为中心糖的酶法合成在近几年取得了革命性发展，我国学者在其中发挥了主导作用。山东大学、中国海洋大学曹鸿志课题组发展了“酶法模块化组装”策略，发掘和筛选系列微生物来源糖基转移酶，构建涵盖重要糖链常见糖苷键的酶法组装模块，理性设计模块化组装程序，实现了包括人乳寡糖、血型糖抗原及 *O*-甘露聚糖等系列复杂人源寡糖库的构建 [230-234]；为突破“酶催化模块”在底物适应性方面的限制，曹鸿志课题组将有机合成的理念、方法和策略引入寡糖酶促合成中，创新发展出“底物工程化”“酶法重编程”等酶法糖合成新策略，调控糖基转移酶催化过程，首次实现了唾液酸化糖链及岩藻糖基化糖链的精准可控合成[235]。南方科技大学王鹏教授与中国科学院上海药物研究所文留青研究员创新发展了“机器驱动自动化酶法糖合成”策略，将固相合成、自动化合成方法成功融入酶法糖合成中，近期成果是使用商业化多肽合成仪化学-酶法半自动化合成带有复杂寡糖结构的糖肽[236]。江南大学高晓冬教授课题组首次完成了蛋白*N*-糖苷生物合成过程的体外重建，通过化学-酶法高效合成了高甘露糖型*N*-糖苷Man9GlcNAc2及其合成中间体[237]。

三、糖的自动化合成

糖的合成涉及多个步骤和多种保护基操作，是典型的“劳动密集型”工作。核酸和蛋白质的合成已经实现了自动化，且有多种成熟的商业化仪器可用。由于单糖种类及单糖之间的连接方式极其多样，寡（多）糖的合成比以少数几种残基以固定方式连接的核酸和蛋白质的合成要更加困难。寡（多）糖的自动化合成一直是糖化学家的梦想。进入21世纪以来，糖化学家在糖链的自动化合成方面做了大量的工作，取得了可喜的进展。

基于化学法的寡糖固相自动化合成仪已初步实现商业化。2001年，Seeberger课题组通过对固相多肽合成仪的改造，搭建了第一台寡糖固相自动化合成仪[238]。此后，Seeberger课题组[239]不断改进固相载体、连接臂、临时保护基、糖基供体的适用性、监测方法等关键要素，并在该合成仪上完成了含30个、50个和151个糖单元的合成[274, 275, 240, 241]，并初步实现了寡糖固相自动化合成仪Glyconeer 2.1的商业化。

利用Glyconeer 2.1对不同寡糖进行合成，仍需要糖化学专业人员根据个人经验不断优化条件才有可能实现，因此亟待开发更加高效的寡糖固相自动化合成技术。2012年，Demchenko课题组发展了高效液相色谱法（HPLC）辅助的寡糖固相自动化合成方法[242, 243]。2018年，王鹏课题组利用温敏树脂成功实现了基于酶法的寡糖固相自动化合成方法[244]。他们以对温度敏感的聚(*N*-异丙基丙烯酰胺)为固相载体，当环境温度低于该聚合物的低临界溶解温度时，它会和水形成分子间氢键而溶解在水溶液中，在液相中进行糖基转移酶催化的糖基化反应；当环境温度升高则会形成分子内氢键而发生聚集和沉淀，简单的过滤操作即可分离产物而去除多余的供体和其他反应原料。利用该原理，王鹏课题组使用未经改造的商业化微波多肽自动合成仪（CEM Liberty Blue）来执行设计好的标准寡糖自动化合成程序，实现了多种寡糖的酶法自动化合成。这些新技术还处于概念证明阶段，需要进一步验证和完善。

固相合成的优势在于便于分离，但也存在合成规模较小、糖基砌块大幅过量、监测困难等缺陷。液相合成正好能与固相合成形成互补。翁启惠是寡糖液相自动化合成的开拓者。1999 年，该课题组合成了 200 多个硫苷供体，然后用 HPLC 方法测定了这些模块的相对反应活性值，并设计了一个名叫 Optimer 的计算机软件，以指导“基于活性的一釜寡糖合成策略”所需糖基砌块的快速、正确选择[202]。2018 年，Wong 课题组[245]开发了机器学习软件 Auto-CHO，增加了软件的预测功能，使其更加智能化。在 Auto-CHO 软件的指导下，他们完成了肿瘤相关糖抗原 Globo-H、肝素五糖、寡聚 LacNAc 和抗原 SSEA-4 的程序化一釜化合成。目前，该软件在多糖合成中的应用还处于空白期。2013 年，Yoshida 和 Nokami 课题组[72]利用低温下硫苷可被电化学活化生成活性中间体–糖基三氟甲磺酸酯的原理，发展了电化学液相自动合成平台，完成了 β–1,6–氨基葡萄糖的合成。2015 年，Pohl 课题组[246, 247]以 C_8F_{15} 为氟标签，结合氟固相提取技术，利用改造的商业化自动液体处理设备，发展了基于氟相技术的寡糖液相自动化合成技术。2019 年，Boons 课题组[248]利用改造的商业化液体处理平台（瑞士 ChemSpeed 公司的 ISYNTH AI SWING 工作站），实现了液相反应–硫酸根标签辅助分离的自动化酶法寡糖合成。2020 年，叶新山课题组[249]将他们发展的“预活化一釜合成策略”固化到仪器上，搭建了全新的寡糖液相自动化合成平台，有望进一步商业化应用。

四、糖的合成应用

（一）糖类天然产物的全合成

糖类化合物广泛分布于自然界的各个角落。仅从较为低等的动物（海绵、海参、海星等）、植物和真菌、细菌中就能分离到不计其数的糖类化合物。例如，细菌的代谢产物中超过 1/5 都被糖基所修饰。这些化合物中的很大一部分都具有丰富的生物活性，包括我国很多中草药的主要有效组分，如人参皂苷等。因此，糖类化合物是生物医药的重要组成部分，很多天然来源的药物（红霉素、罗红霉素、万古霉素、阿霉素、地高辛、肝素、抗坏血酸等）中都有糖基的身影。由我国自主开发的治疗阿尔茨海默病的寡糖类原创新药甘露特钠（GV-971），更是预示着天然提取和衍生的糖类化合物有着巨大的开发潜力。以天然糖类分子为契机来发展糖类药物，是解决小分子药物研发目前所面临的缺少新骨架、新靶点等瓶颈问题的有效途径，为医药研发提供了新的活力和增长点。

糖类天然产物的全合成一直是有机合成领域的巨大挑战，其中不乏里程碑级别的案例。例如，1994 年 Kishi 课题组完成的海葵毒素的合成 [250]，被誉为有机合成的珠穆朗玛峰。由 Gin 课题组完成的几种强效免疫佐剂 QS-21A 和 QS-7 的合成 [251-253]，同样以分子复杂的结构和良好的医药应用前景受到广泛的关注。

自 1997 年上海有机化学所俞飚研究员和惠永正先生完成 tricolorin A [210] 的首次全合成以来，我国的糖类天然产物化学合成研究取得了蓬勃发展，涌现了以俞飚研究员和叶新山教授为代表的一大批优秀的糖化学家，完成了诸多高难度和活性糖类天然产物的首次合成（图 14-22）。例如，俞飚课题组于 1999 年率先完成的热点分子虎眼万年青皂苷（OSW-1）的合成，为系统研究这种强效的抗肿瘤皂苷的活性和机制提供了重要基础。在接下来的 20 年时间里，他们相继报道了近四十种不同骨架的糖类天然产物的化学合成，包括蓝道霉素 [254]、人参皂苷 [255]、杠柳苷 [256]、海参皂苷 [257]、海星皂苷 [258]、核苷类抗生素和天然聚糖等 [259-263]。其他的关于天然糖类产物的代表性合成工作还包括四川大学杨劲松课题组完成的树脂糖苷如 batatin Ⅵ [264] 和海洋糖脂 vesparioside B 的合成 [95]。江南大学尹健课题组关于包括鲍氏梭菌和幽门螺杆菌在内的多种细菌表面复杂氨基寡糖抗原的合成 [265-267]，香港大学李学臣完成的绿毛杆菌菌毛蛋白三糖的合成 [268]，北京大学李中军课题组完成的岩藻糖基化硫酸软骨素九糖合成 [269]，江西师范大学孙建松课题组关于甜菊糖苷等多种糖苷的合成 [270]，华中科技大学万谦课题组报道的树脂糖苷 murucoidins 及类似物的合成 [271]，以及中国科学院昆明植物研究所肖国志课题组报道的番石榴多糖的 19 糖的合成等 [272]。可以说，我国在复杂糖类天然产物的合成成果上几乎占据了国际上相关研究的半壁江山，以此为基础来发展糖类药物有着巨大优势。

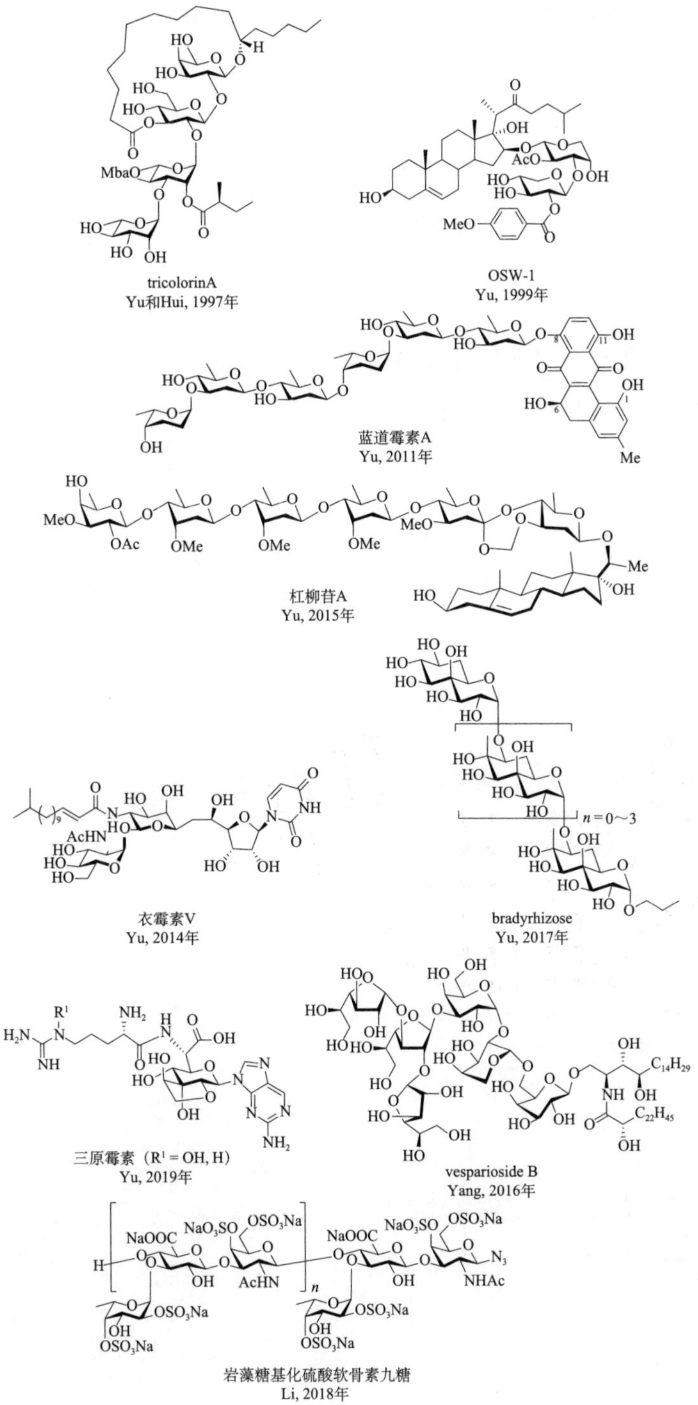

tricolorinA
Yu和Hui, 1997年

OSW-1
Yu, 1999年

蓝道霉素A
Yu, 2011年

杠柳苷A
Yu, 2015年

衣霉素V
Yu, 2014年

bradyrhizose
Yu, 2017年

三原霉素（R^1 = OH, H）
Yu, 2019年

vesparioside B
Yang, 2016年

岩藻糖基化硫酸软骨素九糖
Li, 2018年

图 14-22 我国科学家合成的代表性的糖类天然产物

超过20个单糖单元组成的糖链称为多糖，天然存在的多糖结构复杂，且存在微观不均一性，分离提取困难，而化学合成是解决均一多糖可获得性的重要手段，但也极具挑战。随着糖化学的快速发展和合成手段的丰富，21世纪以来，多糖合成的尺度取得了快速突破（图14-23）。在21世纪的前10年，多糖合成还仅限于25个单糖单元以下的分子的构建。2015年和2017年，Gardiner等[273]和Seeberger等[274]先后实现了肝素40糖分子的合成突破。2017年，叶新山团队则实现了多糖合成的巨大突破。该团队利用基于预活化的一釜化合成策略，完成了分枝杆菌表面的具有高度分支结构的、由92个单糖单元所组成的阿拉伯半乳聚糖的合成。该分子的合成是多糖合成的里程碑，为复杂多糖的合成开启了新的篇章，也被美国《化学与工程新闻》（*C&EN*）

Ogawa, 1993（25糖分子）
Pozsgay, 2000（24糖分子）
Kong, 2005（20糖分子）
L. Lowary, 2007（22糖分子）
Ito, 2011（22糖分子）

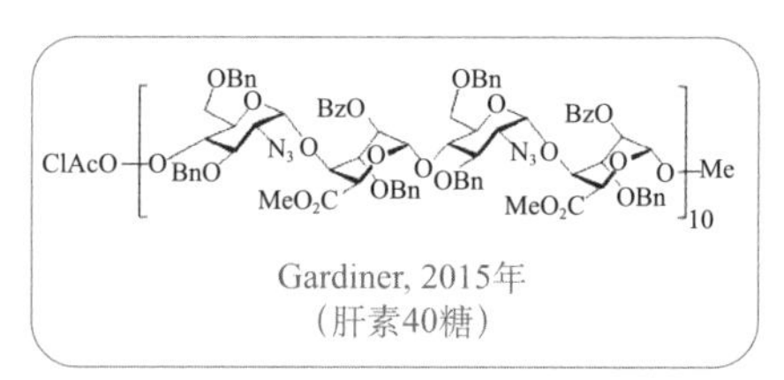

Gardiner, 2015年
（肝素40糖）

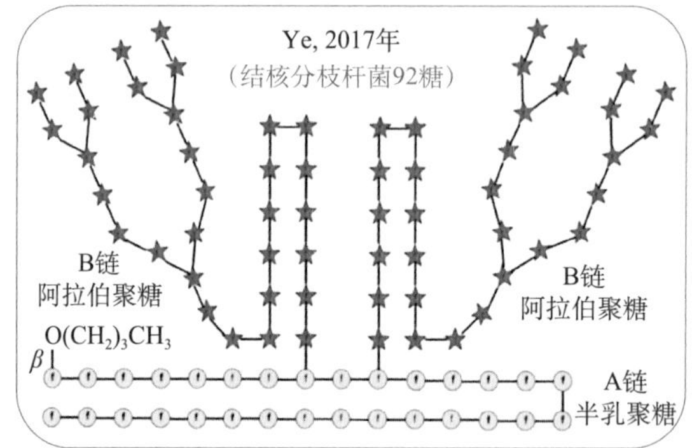

Ye, 2017年
（结核分枝杆菌92糖）

H
HO
OH
HO
50
NH_2
5
Seeberger, 2017年
（甘露聚糖50糖）

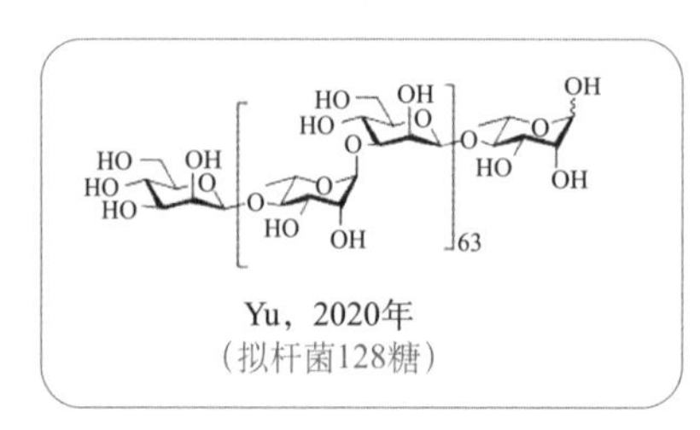

Yu，2020年
（拟杆菌128糖）

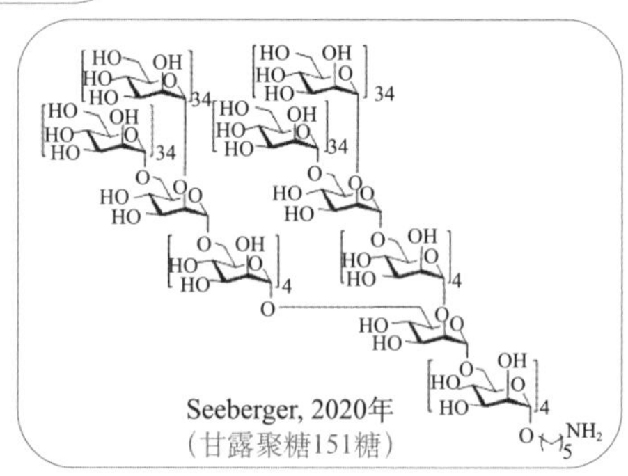

Seeberger, 2020年
（甘露聚糖151糖）

图14-23　多糖合成的突破

评为 7 个最具特色的“年度分子”之首[225]。随后，俞飚团队报道了一种拟杆菌表面的长达 128 糖的 O-抗原糖链的合成，这也是迄今采用化学方法合成的最长线型聚糖[275]。同年，Seeberger 等利用自动多糖合成仪实现了分支型 151 糖的合成[276]。

（二）糖类药物合成

糖类物质已成为“后基因组时代”新药开发的重要来源，为恶性肿瘤、病毒、阿尔茨海默病、糖尿病等重大疾病的新药研发提供了新的可能。狭义的糖类药物是指不含糖类以外其他组分的药物，主要包括不同来源的单糖、寡糖、多糖及其衍生物等，如阿卡波糖、肝素等。广义的糖类药物可拓展至为数众多的结构中含有糖基或糖链的药物，包括糖苷类药物、糖缀合物药物（糖蛋白、糖脂等）、拟糖复合物等，如恩格列净、盐酸阿柔比星、地高辛等。糖链结构的高度复杂性使得结构明确的糖类化合物的高效和规模化制备成为制约糖类药物开发的主要瓶颈。糖化学的发展为突破上述瓶颈提供了关键的技术支持，成为推动糖类药物研发的重要驱动力[277]。

化学合成和发现的典型糖类药物包括磺达肝癸钠、舒更葡糖钠及恩格列净、达格列净等，其中最具代表性的是肝素类药物磺达肝癸钠（图 14-24）。多糖类化合物肝素是临床上使用最广泛的抗凝血药物。然而，主要提取于动物体内的传统肝素类药物由于来源多样、分子大小和结构各异，质量较难监控，且有致病菌污染的风险，使用过程中存在安全隐患。化学合成类肝素药物也因此应运而生，其中最著名的代表是磺达肝癸钠（又称磺达肝素）于 2002 年上市，是首个也是目前唯一的全人工合成的肝素类寡糖抗凝血药物，2020 年的全球销售额超 5 亿美元。磺达肝癸钠的核心骨架是具有大量裸露羟基和羧基的戊聚糖，由 D-葡萄糖胺、D-葡萄糖醛酸和 L-艾杜糖醛酸三种糖单元以（1 → 4）糖苷键连接而成。磺达肝癸钠全合成的关键在于各单糖模块的合成，以及通过糖苷化反应实现正确构型全保护五糖的组装，其合成路线多达 60～70 步。近年来，多个课题组如上海有机所林峰[278]、南开大学王鹏[279]和赵炜[280]、台湾“中央研究院”洪上程[281]、四川大学秦勇[282]等，对磺达肝癸钠的合成进行了优化，使其合成效率不断提升，合成路线缩短至三十余步，环境友好度也大大提高。人工合成的磺达肝癸钠化学成分单一，其纯度、质量均一性和药物安全性得到保障，药理学和药代动力学的表现也均优于传统肝素药物[283-286]，极大地提高了其医药价值和市场潜力。

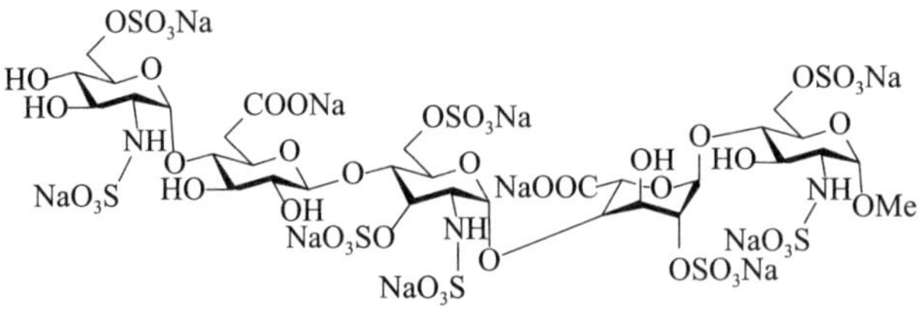

磺达肝癸钠（fondaparinux sodium）

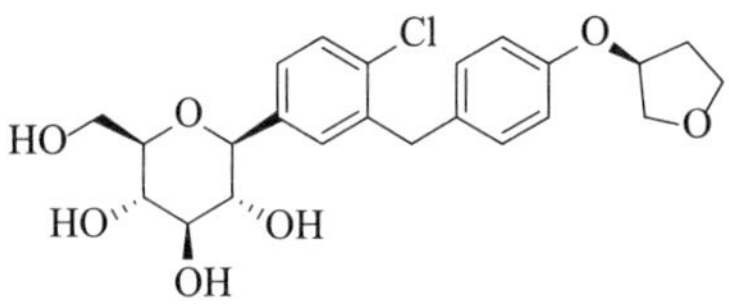

恩格列净（empagliflozin）

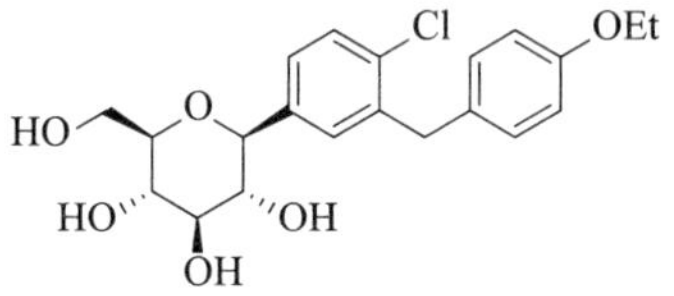

达格列净（dapagliflozin）

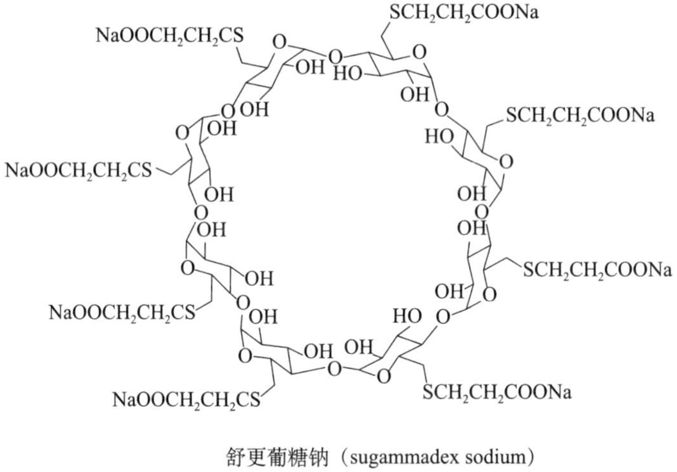

舒更葡糖钠（sugammadex sodium）

图 14-24　近年合成的典型糖类药物

（三）糖类疫苗的合成

自 1923 年 Avery 和 Heidelberger 发现肺炎链球菌的荚膜多糖具有免疫活性，多糖疫苗便成为人类对抗疾病的重要手段[287, 288]。目前已有 4 种病原菌——b 型流感嗜血杆菌（Hib）、脑膜炎球菌、伤寒沙门菌、肺炎链球菌的糖类疫苗被批准上市并广泛应用。在设计新型糖类疫苗过程中，糖类抗原多样性较高，大至细菌荚膜多糖，小至肿瘤单糖抗原，精准高效制备是最核心的问题。合成法可以制备得到结构明确、均一的糖链片段并构建相应糖库，将有助于开展糖类物质免疫原性的构效关系研究，促进糖类疫苗的开发[289]。

相较于人体细胞糖链，病原体表面糖链具有显著特点，即普遍含有氨基糖、庚糖、壬糖等稀有单糖，并修饰有多种稀有基团，最典型的特征是高密度修饰氨基糖。针对这一合成难题，Kulkarni[290, 291]、万谦[292]、柴永海[293]、杨劲松[294]、李学臣[268]、Crich[295]等团队已发展了多种可用于氨基脱氧糖合成的方法[296]。

病原体糖类抗原普遍具有高度的修饰多样性，研究人员成功地在糖结构合成中实现了各种脂肪酰基[297]、烷基胺[263]、胍基[298]、脒基[255]、丙酮酸基[299]等修饰基团的高效组装。具有多种氨基修饰基团的高密度氨基糖的组装则具有更大的挑战性。Schmidt等报道了肺炎链球菌脂磷壁酸八糖的全合成，该八糖结构中含有两个2, 4-二氨基脱氧糖[300]。类志贺邻单胞菌O51血清型*O*-抗原三糖组装氨基连接臂后共含有6个氮原子，且其结构中5个氨基具有4种不同的修饰情况，包括乙酰氨基、乙脒基、D-3-羟基丁酰氨基和连接臂氨基，尹健等利用氨基正交保护策略实现了该三糖的全合成[265]。俞飚等报道了高密度氨基高碳糖阿米霉素的全合成研究，利用D-丝氨酸和D-阿拉伯糖实现高碳糖骨架和烷基的组装，经氨基正交保护，实现嘌呤环氨基和糖环氨基的选择性修饰[259-263]。

与天然提取所得多糖不同的是，合成法制备的寡糖分子较小，确保在抗原设计时保留正确的B细胞表位结构是合成寡糖疫苗制备过程中的主要挑战。研究发现，合成糖链的长度对其免疫活性有重要影响，Robbins等在利用痢疾志贺菌*O*-抗原开展合成寡糖疫苗研究时，发现其四糖重复单元无免疫原性，而将糖链长度延伸至八糖时则表现出良好的免疫原性[301]。叶新山等通过伤寒沙门菌Vi荚膜多糖不同长度片段的合成和免疫活性评价，发现六糖醛酸是最小活性单元[302]。在肺炎链球菌6B型寡糖疫苗的研究中，其荚膜多糖的单个重复单元二糖片段即足以刺激动物产生具保护性的免疫应答[303]。除了糖链长度，糖类抗原结构中重要表位的研究通常还需要考虑糖苷键的立体化学和重复单元的截取顺序。尹健等完成幽门螺杆菌O6血清型*O*-抗原的化学合成时，

发现 α-(1 → 3)-连接的庚聚糖片段是重要抗原表位，而末端 Lewis-Y 四糖和其他连接方式的庚聚糖无抗原性，且末端 Lewis-Y 四糖可阻碍抗体对庚聚糖抗原表位的识别[304]。此外，糖链分支结构及不同取代基（乙酰基、磷酸酯基和丙酮酸基等）均会对寡糖免疫原性产生影响[305]。

偶联至载体蛋白的糖抗原种类也是糖类疫苗合成中的研究热点。Danishefsky 等合成了同时含有 Tn、STn、TF、Le^y、GM2、Globo-H 抗原的六价肿瘤糖抗原[306]。相较于传统的簇状单价疫苗，同时含有多种不同的肿瘤相关糖抗原的多价疫苗更加接近肿瘤细胞表面抗原的实际状态。鉴于糖类抗原和载体蛋白偶联的位点与数量有不确定性，且载体蛋白引起的免疫反应对糖类抗原的免疫应答存在潜在影响，将糖类抗原与 T 细胞表位短肽、佐剂共价组装形成全合成疫苗是糖类疫苗开发的重要新策略。Boons 等合成了由内源性佐剂聚丙烯酰胺 3-半脱氨酸（Pam3Cys）、人类辅助 T 细胞表位 YAF 和 Tn 糖抗原共价连接而成的三组分全合成疫苗[307]。李艳梅等将黏蛋白 1（MUC1）糖肽与人类辅助 T 细胞表位 P30 结合，该全合成糖类疫苗在无佐剂条件下具有突出免疫活性[308]。郭忠武等将脑膜炎球菌 C 型荚膜多糖的合成片段与单磷酸化脂 A 共价连接，该全合成疫苗可刺激机体产生 T 细胞依赖性免疫应答[309]。此外，对糖抗原进行结构修饰增加其异源性，也是糖类疫苗合成中的重要研究手段。叶新山等对 STn 抗原的结构修饰做了系统而深入的研究工作，发现 *N*-乙酰基氟代修饰衍生物与载体蛋白偶联后表达的免疫反应是天然唾液酸化 Tn-钥孔血蓝蛋白（STn-KLH）的 3～5 倍[310, 311]，这一氟代修饰策略已被成功应用于多种糖类抗原的优化[312, 313]。目前，已有多种合成糖类疫苗进入临床试验阶段（图 14-25）[314-317]，主要应用包括针对无疫苗病原体和肿瘤的糖类疫苗开发、已上市多糖结合疫苗的补充或更新。2004 年，针对 b 型流感嗜血杆菌的合成寡糖疫苗已在古巴成功上市[318]。Seeberger 等针对商品化 13 价肺炎多糖结合疫苗 Prevnar 13 中未包含的 2 型和 8 型荚膜多糖开展合成和免疫表位探究，并通过将合成的 2 型和 8 型寡糖免疫表位与 Prevnar 13 组合，制备了具有突出免疫效能的 15 价肺炎候选疫苗[319]。

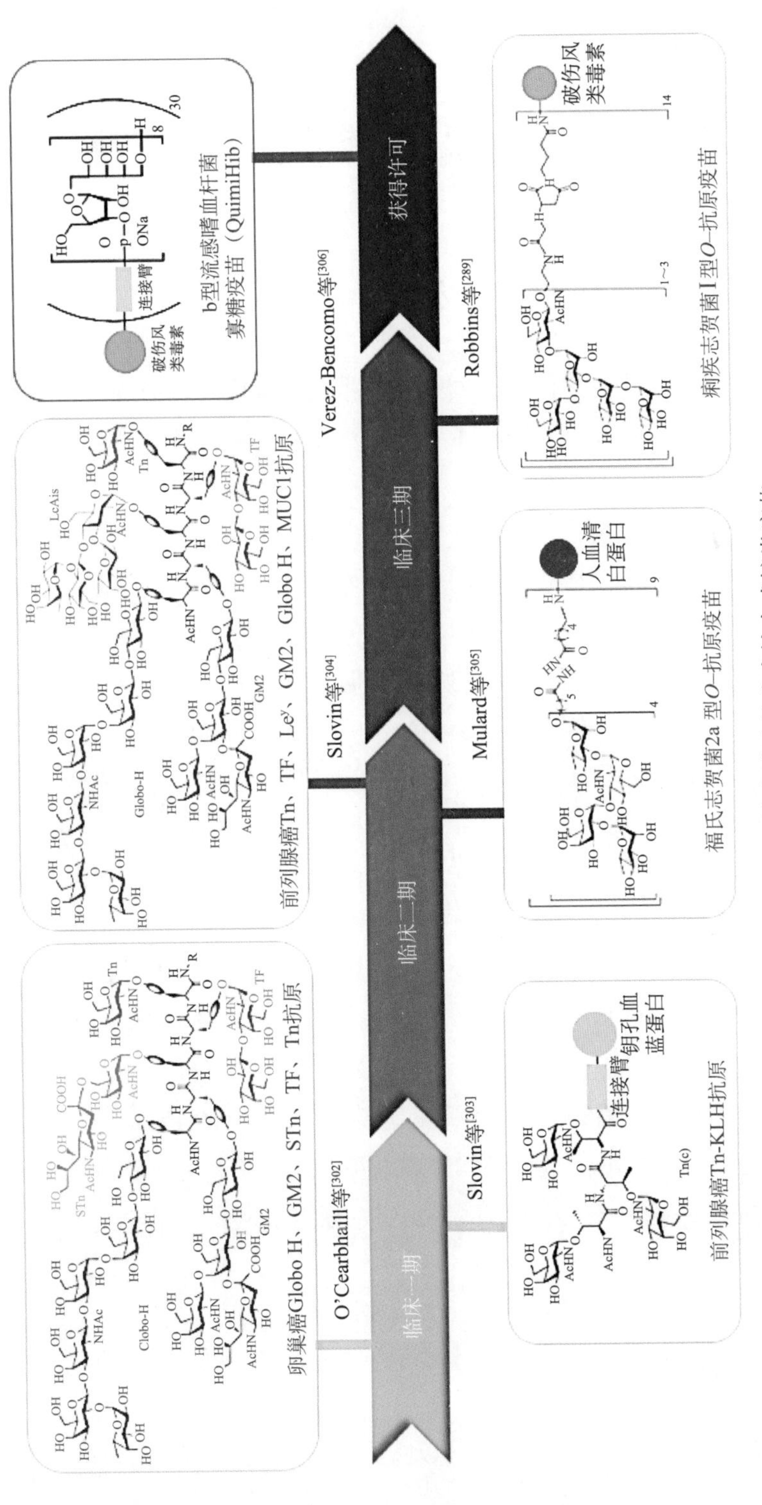

图 14-25 已开展临床试验的代表性合成糖类疫苗

第三节 关键科学问题、关键技术问题与发展方向

一、关键科学问题与关键技术问题

寡糖和糖复合物合成的关键问题仍然是糖苷键构建和糖链组装的效率问题。我们在糖合成领域已经取得了巨大的进展，发展了一系列糖苷键构建及立体和区域选择性控制的方法，开发了多种糖链的组装策略，在糖链的尺度上，已经有能力合成包含上百个糖单元的多糖，但是也还存在大量需要解决的科学和技术问题。肽链和核酸的自动化合成已经较成熟，且常规肽链和核酸都已可以商业化获取，但糖链的合成整体效率仍然不高，目前还没有一种方法能普遍性地适用于各种糖链的合成，糖链的获取仍然需要依靠有经验的技术人员反复摸索，大规模的自动化合成和商业化获取仍然路途遥远。

因此，糖苷键的高效构建、糖链的有效组装及复杂糖类天然产物和药物的高效获取仍然是糖合成需要解决的关键科学问题和技术问题。在糖苷键的构建上，目前的方法尽管各有优点，但也存在诸多问题：糖苷化及立体选择性和区域选择性控制方法的底物结构依赖性高、普适性差、催化模式少；供体结构复杂，原子经济性差；活化方式繁复，副产物多，反应控制不易；糖苷化的基本原理和机制不清晰等。这些问题也进一步导致糖链的组装仍然是一个冗长而繁杂的过程，分离纯化不易，效率低。尽管目前糖科学家已经突破了含上百个糖单元糖链的合成，但即便是仅含数十个糖单元的，尤其是结构特异、复杂度高的糖链合成仍然困难重重，难以常态化；而自动化合成也仅限于结构较简单的糖，且成本高昂，目前还难以实现大规模的自动化合成和商业化获取。

二、发展方向

发展糖苷键的高效构建方法、开发糖链的有效组装策略及高效获取复杂

糖类天然产物和药物仍然是糖合成研究的首要目标和发展方向。具体而言，包括以下内容。

（一）糖苷化方法和组装策略

糖苷化方法和糖链的组装策略是糖化学合成研究的核心和关键，发展温和、高效、便捷、绿色的糖苷化方法和糖链组装策略是快速获取各种糖链以支撑糖生物学研究的基础。通过设计新结构的糖基供体离去基团发展新的糖苷化方法成为糖合成化学研究的热点。基于绿色化学和可持续发展的理念，开发稳定性更好、离去基团结构更简单、活化方式更温和高效的糖基供体并将其应用到寡糖的组装无疑是发展的重要方向。合成化学的新趋势、新进展和新手段如金属试剂催化、小分子催化及光化学合成、电化学合成等也为糖基供体的催化活化和立体选择性控制提供了新的驱动力和模式，并为基于一釜反应、串联反应等糖链的快速组装策略发展奠定了坚实的基础。

频繁地保护和去保护是导致糖链合成冗长繁杂的最主要原因，因而发展无保护基参与的糖苷化方法既是提高合成效率的需求，也是满足原子经济性的必然之路。但是糖链的复杂性使得糖链的无保护的化学合成极其困难，进展甚微。在这一方面，酶法合成具有天然的优势，因此向糖的生物合成学习，向酶学习，并应用材料化学、表面物理化学的理论和进展，设计和开发可以选择性识别和活化特点位点的新材料、新催化剂和新体系，有可能给糖合成化学带来突破性的发展。另一方面，发展少保护、临时性保护和去保护的策略也不失为一种渐进性的替代方案。同样地，借鉴酶的催化识别过程，应用金属试剂和配体的联合及小分子催化剂来模拟酶和底物的结合和识别作用，是实现少保护的糖基化方法的有效手段。

自然界中，还存在一类总体含量很少，但是结构和种类丰富多样的稀有糖，如各种脱氧糖、高碳糖、糖环上含有支链的糖、含有各种氧原子以外的杂原子的糖及具有特殊立体构型的糖等。这类糖的生物功能丰富，是新药和疫苗开发的重要源泉。但从自然界获取这些糖非常困难，它们的性质也各有特点，常规的糖基化方法和选择性控制策略的适用性不高，因此其糖单元和糖链的合成都需要探索新的方法和手段，也是糖合成的重要发展方向。

在世界范围内，以糖基转移酶为中心的寡糖化学酶法合成，从 21 世纪初开始不断取得令人瞩目的发展，欧美糖科学研究相关课题组（其中有很多中国学者参与）一直引领这一发展过程，令人欣喜的是，近几年来，随着不断有青年才俊加入中国糖合成研究领域，也得益于糖化学与糖生物学交叉融合不断深化，我国在这一领域的最新进展中也开始占有一席之地，在复杂寡糖合成策略、自动化糖合成等方面取得了原创性突破。这一领域的发展也得益于国家项目支持及国际交流合作，如国家自然科学基金委员会资助了中国-以色列国际合作重点项目“肿瘤相关糖链的合成与免疫疗法新策略研究”，但总体来说，酶法糖合成这一关键科学领域的科技投入零散、量少，亟待国家重大科研项目规划及投入。酶法糖合成取得了阶段性成果，但在一些关键糖结构特别是修饰型糖结构合成方面还需要发展有效生物催化剂、高效化学酶法合成策略，同时在实现复杂糖链可及性制备的基础上，将精准合成与糖链功能研究更好结合也是未来发展重要趋势。另外，为实现重要糖链在生物医药等领域的应用，如何经济性、规模化地制备有应用价值的重要寡糖也是糖的酶法合成的重要研究方向。

（二）糖链的程序化、自动化和智能化合成

进入21世纪以来，糖化学家开发了越来越多的糖基化方法。寡糖的自动化合成取得了长足的发展，但至今尚无成熟的商业化自动合成平台来合成糖链。实验室里的糖合成与20世纪相比没有太大变化，仍旧需要手工操作，耗费大量的人力来完成。当前，糖链的自动化合成平台研究多集中于把某一策略固化到仪器上，在加料和取样等方面初步实现了程序化和自动化。随着机械制造技术的不断进步和发展，自动监测反应和自动分离纯化将是未来发展的重要趋势。此外，随着人工智能时代的到来，糖链的智能化合成也是未来的重要研究方向。

（三）生物体中重要糖缀合物的合成、糖基化修饰及糖类药物的发现

生物体内的糖链常与脂类和蛋白质结合形成糖脂、糖蛋白、蛋白聚糖等糖缀合物，是细胞结构的重要组成部分。生命分子的糖基化对它们的结构、功能和稳定性有巨大的影响，同时也深度参与大量复杂的生命过程。但是，

生命中的糖基化过程及功能还远远不够清楚，因而人工合成天然糖脂和糖蛋白及对天然的生命分子进行糖基化修饰有可能为分子生物学和细胞生物学的研究提供物质基础和探针工具，是从细胞和分子水平探索和了解生命过程的前提，也是发现糖类药物和疫苗的重要手段。

酶法和化学法合成仍然是获取生命体系中糖缀合物的最有效方法。化学法能够实现精准和结构多样性的合成，但在分子尺度的复杂性及生产的规模化上仍然有很大的局限；酶法合成由于不受保护基的限制，且可以在水相中进行，对于特定结构的糖链和糖缀合物的合成往往有更高的效率，但受限于糖基转移酶的种类和性质，合成的糖链种类也受到很大程度的限制。结合化学法和酶法的优点，通过化学法合成寡糖或糖肽砌块，通过酶法组装是当前的研究热点。依靠酶法和化学法糖基化反应和糖链组装策略的发展，快速获取生命体系中重要的糖链和糖缀合物将对糖的生物学研究起到巨大的推动作用。同时，糖合成方法学的发展也能促进脂类和蛋白质的合成和应用。另外，对生命体系中发现的重要糖链、糖脂和蛋白质的后期糖基化修饰是研究糖链功能的直接途径，也是开发用于疾病预防和治疗的功能性糖链、糖脂和糖蛋白的有效手段。基于生物大分子结构的复杂性和溶解性，开发水相、无保护和选择性的化学修饰方法，以及利用酶法合成的独特优势，挖掘相关糖基化酶和糖基转移酶，实现特点位点的选择性修饰将是生物大分子的后期糖基化修饰的主要研究方向。

化学合成肝素类寡糖抗凝血药物磺达肝癸钠的成功高度体现了人工合成糖类药物的优势。相比于天然提取肝素，磺达肝癸钠结构组成确定、质量均一，因而有更好的安全性和有效性。但是也应该看到，相比于天然提取物，磺达肝癸钠合成步骤冗长、总体效率低、成本高。例如，江苏恒瑞医药股份有限公司于2018年获批的磺达肝癸钠注射剂（泽瑞妥），其原料药的合成步骤仍然超过50步，生产成本高昂，国家药品集中采购的中标价格达到140元/支（2.5 mg/支）。尽管近期多个课题组都报道了更优的合成路线，但是离生产放大还有一定距离。因而，针对糖类药物的获取难题，开发更强有力的合成工艺、提高合成效率、降低成本是糖合成研究的重要课题。

自然界中还有很多具有重要的生理活性的糖类化合物，他们是药物发现的重要先导化合物；同时围绕糖的生物功能研究，通过化学生物学方法，也能发现关键糖类药物先导化合物。开展这些先导化合物的合成和结构修饰研究，进一步通过药物化学研究方法发现抗菌、抗病毒、抗肿瘤及抗糖尿病等糖类新药，是“后基因组时代”新药开发的重要来源，为重大疾病的治疗提供了新的可能。

第四节　相关政策建议

（一）重视基础，强化应用

糖的合成尽管取得了巨大的进步，但是糖的合成仍然有很多基础问题没有解决，如糖基化的反应机理，尤其是一些关键中间体包括端基氧鎓离子的捕获和确认；糖基化反应中各种影响因素的定性和定量分析；糖苷键成键和选择性控制的本质和模式；各种天然来源糖苷酶的发掘和定向进化等。这些基础问题是制约糖合成发展的关键问题。同时，糖的合成也是直接面向应用，满足下游的糖生物学、糖药物学等研究领域的实际需求，为解密生命奥秘和解决人民健康需求提供工具和材料的关键学科。因此，发挥科技主管部门的主导作用，在政策制定和指南的编制上加强引领作用，在相关研究领域设立数个重点资助项目。一方面，加强基础研究领域的投入和资助力度，助力基础理论研究的突破；另一方面，以需求为牵引，鼓励发展有实际应用价值的糖基化方法和策略，鼓励产业化合作，支持开发有重要应用价值的寡糖、多糖及糖复合物的合成。

（二）支持人才梯度和团队的建设

进入 21 世纪以来，在老一辈糖科学家的精心培育下，在国家自然科学基金委员会和科学技术部等的资助下，涌现出了一大批优秀的中青年糖合成科学家和团队，在糖合成领域取得了一系列重大突破。为支持原始创新和攻坚克难，建议遴选一批糖合成研究团队和中青年科学家，给予持续和稳定的支持，鼓励自主探索和自由探索，释放创新活力。糖合成在很大程度上仍然高度依赖实验人员的经验和技术，因此，除了加强学术带头人的支持和培育外，也应重视实验技术人员的培育和建设，需要从政策和待遇方面对实验技术人员包括具有研发、使用和维护仪器设备的工程技术人才给予支撑，维持稳定的实验技术人员队伍。结合科研和教学，保障未来从事糖科学研究的青年人才的培育和成长，设立专项基金，支持和促进青年学生参与国内外会议和访学，促进青年人才的交流；结合糖合成研究的最新进展，组织翻译和编著一批优秀的糖科学教材和书籍。

（三）加强学科交叉和国际合作

糖的合成与糖生物、糖工程及糖药物学的研究密不可分，近年来，我们已经建立了多个糖科学的研究中心和平台，围绕这些中心和平台，持续召开了糖生物、糖工程和糖合成的国内国际会议，凝聚了一大批糖科学研究人员，促进了糖合成和其他糖科学研究的交流和融通。除此之外，我们也应重视糖合成和化学、材料、生物、医学等研究领域的交叉和融合，支持组织相关领域的国际国内会议和交叉项目的合作和申报。通过若干重大交叉项目的实施，组织不同领域的科研人员协同创新、合作攻关，解决糖科学的一些关键问题，使我国糖科学得到飞跃式的发展。在国际合作上，一方面，支持和国际上的一流研究机构和科研人员开展重大项目的合作和交流；另一方面，也应支持人才的流动，既鼓励国内的青年学生和研究人员走出去，去国际一流机构开展和学习研究，同时也支持将优秀的海外科研人员引进来，包括海外人才引进及吸引海外青年学生到国内留学及从事博士后研究。

本章参考文献

[1] 陈惠黎 . 糖生物学是研究生命现象的第三个里程碑 . 生命科学 , 2011, 23: 525.

[2] Flynn R A, Pedram K, Malaker S A, et al. Small RNAs are modified with *N*-glycans and displayed on the durface of living cells. Cell, 2021, 184: 3109-3124.

[3] Varki A. Biologiocal roles of glycans. Glycobiology, 2017, 27: 3-49.

[4] Nidetzky B, Gutmann A, Zhong C. Leloir glycosyltransferases as biocatalysts for chemical production. ACS Catal, 2018, 8: 6283-6300.

[5] Mestrom L, Przypis M, Kowalczykiewicz D, et al. Leloir glycosyltransferases in applied biocatalysis: A multidisciplinary approach. Int J Mol Sci, 2019, 20: 5263.

[6] Michael A. On the synthesis of helicin and phenolglucoside. Am Chem J, 1879, 1: 305-312.

[7] Fischer E. Ueber die glucoside der alkohole. Chem Ber, 1893, 26: 2400-2412.

[8] Koenigs W, Knorr E. Ueber einige derivate des traubenzuckers und der galactose. Ber Dtsch Chem Ges, 1901, 34: 957-981.

[9] Helferich B, Gootz R. Über einige neue 1-acyl-derivate der glucose. Synthese des α-benzyl glucosids. Ber Dtsch Chem Ges, 1929, 62: 2788-2792.

[10] Helferich B, Schmitz-Hillebrecht E. Eine neue methode zur synthese von glykosiden der phenole. Ber Dtsch Chem Ges, 1933, 66B: 378-383.

[11] Fischer E, Zach K. Reduction of acetobromoglucose.and similar compounds. Sitzber Kgl Preuss Akad Wiss, 1913, 16: 311-317.

[12] Lemieux R U. A chemical synthesis of octa-*o*-acetyl-β-D-maltose. Can J Chem, 1953, 31: 949.

[13] Ferrier R J, Hay R W, Vethaviyasar N. A potentially versatile synthesis of glycosides. Carbohydr Res, 1973, 27: 55-61.

[14] Schmidt R R, Michel J. Facile synthesis of α- and β-*O*-glycosyl imidates; preparation of glycosides and disaccharides. Angew Chem Int Ed, 1980, 9: 731-732.

[15]Mukaiyama T, Murai Y, Shoda S. An efficient method for glucosylation of hydroxy compounds using glucopyranosyl fluoride. Chem Lett, 1981, 10: 431-432.

[16] Mootoo D R, Date V, Fraser-Reid B. *n*-Pentenyl glycosides permit the chemospecific liberation of the anomeric center. J Am Chem Soc, 1988, 110: 2662-2663.

[17] Hashimoto S, Honda T, Ikegami S. A rapid and efficient synthesis of 1, 2-*trans*-β-linked glycosides via benzyl- or benzoyl-protected glycopyranosyl phosphates. J Chem Soc, Chem Commun, 1989, 685-687.

[18] Kahne D, Walker S, Cheng Y, et al. Glycosylation of unreactive substrates. J Am Chem Soc, 1989, 111: 6881-6882.

[19] Yu B, Tao H C. Glycosyl trifluoroacetimidates. Part 1: Preparation and application as new glycosyl donors. Tetrahedron Lett, 2001, 42: 2405-2407.

[20] Kim K S, Kim J H, Lee Y J, et al. 2-(Hydroxycarbonyl)benzyl glycosides: A novel type of glycosyl donors for highly efficient *β*-mannopyranosylation and oligosaccharide synthesis by latent-active glycosylation. J Am Chem Soc, 2001, 123: 8477-8481.

[21] Hotha S, Kashyap S. Propargyl glycosides as stable glycosyl donors: Anomeric activation and glycoside syntheses. J Am Chem Soc, 2006, 128: 9620-9621.

[22] Li Y, Yang Y, Yu B. An efficient glycosylation protocol with glycosyl *ortho*-alkynylbenzoates as donors under the catalysis of $Ph_3PAuOTf$. Tetrahedron Lett, 2008, 49: 3604-3608.

[23] Adhikari S, Baryal K N, Zhu D Y, et al. Gold-catalyzed synthesis of 2-deoxy glycosides using *S*-but-3-ynyl thioglycoside donors. ACS Catal, 2013, 3: 57-60.

[24] Spell M L, Deveaux K, Bresnahan C G, et al. A visible-light-promoted *O*-glycosylation with a thioglycoside donor. Angew Chem Int Ed, 2016, 55: 6515-6519.

[25] Hu Y, Yu K, Shi L L, et al. *o*-(*p*-Methoxyphenylethynyl)phenyl glycosides: Versatile new glycosylation donors for the highly efficient construction of glycosidic linkages. J Am Chem Soc, 2017, 139: 12736-12744.

[26] Dong X, Chen L, Zheng Z T, et al. Silver-catalyzed stereoselective formation of glycosides using glycosyl ynenoates as donors. Chem Commun, 2018, 54: 8626-8629.

[27] Hu Z, Tang Y, Yu B. Glycosylation with 3, 5-dimethyl-4-(2′-phenylethynylphenyl)phenyl (EPP) glycosides via a dearomative activation mechanism. J Am Chem Soc, 2019, 141: 4806-4810.

[28] Zu Y J, Cai C L, Sheng J Y, et al. *n*-Pentenyl-type glycosides for catalytic glycosylation and their application in single-catalyst one-pot oligosaccharide assemblies. Org Lett, 2019, 21: 8270-8274.

[29] Li X N, Li C Y, Liu R K, et al. Gold(Ⅰ)-catalyzed glycosylation with glycosyl ynenoates as donors. Org Lett, 2019, 21: 9693-9698.

[30] Li P H, He H Q, Zhang Y Q, et al. Glycosyl *ortho*-(1-phenylvinyl)benzoates versatile glycosyl donors for highly efficient synthesis of both *O*-glycosides and nucleosides. Nat Commun, 2020, 11: 405.

[31] Shu P, H Xiao X, Zhao Y Q, et al. Interrupted Pummerer reaction in latent-active glycosylation: Glycosyl donors with a recyclable and regenerative leaving group. Angew Chem Int Ed, 2015, 54: 14432-14436.

[32] Xiao X, Zhao Y Q, Shu P H, et al. Remote activation of disarmed thioglycosides in latent-active glycosylation via interrupted Pummerer reaction. J Am Chem Soc, 2016, 138: 13402-13407.

[33] Shang W D, Su S N, Shi R R, et al. Generation of glycosyl radicals from glycosyl sulfoxides and its use in the synthesis of C-linked glycoconjugates. Angew Chem Int Ed, 2021, 60: 385-390.

[34] Babu R S, O'Doherty G A. A palladium-catalyzed glycosylation reaction: The de novo synthesis of natural and unnatural glycosides. J Am Chem Soc, 2003, 12: 12406-12407.

[35] Lim W, Kim J, Rhee Y H. Pd-catalyzed asymmetric intermolecular hydroalkoxylation of allene: An entry to cyclic acetals with activating group-free and flexible anomeric control. J Am Chem Soc, 2014, 136: 13618-13621.

[36] Huang X F, Huang L J, Wang H S, et al. Iterative one-pot synthesis of oligosaccharides. Angew Chem Int Ed, 2004, 43: 5221-5224.

[37] Roy R, Palanivel A K, Mallick A, et al. $AuCl_3$- and $AuCl_3$-phenylacetylene-catalyzed glycosylations by using glycosyl trichloroacetimidates. Eur J Org Chem, 2015, 2015: 4000-4005.

[38] Peng P, Schmidt R R. An alternative reaction course in *O*-glycosidation with *O*-glycosyl trichloroacetimidates as glycosyl donors and Lewis acidic metal salts as catalyst: Acid-base catalysis with gold chloride-glycosyl acceptor adducts. J Am Chem Soc, 2015, 137: 12653-12659.

[39] Yang J, Cooper-Vanosdell C, Mensah E A, et al. Cationic palladium(Ⅱ)-catalyzed stereoselective glycosylation with glycosyl trichloroacetimidates. J Org Chem, 2008, 73: 794-800.

[40] Mensah E A, Nguyen H M. Nickel-catalyzed stereoselective formation of α-2-deoxy-2-amino glycosides. J Am Chem Soc, 2009, 131: 8778-8780.

[41] Geng Y, Kumar A, Faidallah H M, et al. Cooperative catalysis in glycosidation reactions with *O*-glycosyl trichloroacetimidates as glycosyl donors. Angew Chem Int Ed, 2013, 52: 10089-10092.

[42] Cox D J, Smith M D, Fairbanks A J. Glycosylation catalyzed by a chiral Brønsted acid. Org Lett, 2010, 12: 1452-1455.

[43] Kimura T, Sekine M, Takahashi D, et al. Chiral Brønsted acid mediated glycosylation with recognition of alcohol chirality. Angew Chem Int Ed, 2013, 52: 12131-12134.

[44] Sherry B D, Loy R N, Toste F D. Rhenium(Ⅴ)-catalyzed synthesis of 2-deoxy-α-glycosides. J Am Chem Soc, 2004, 126: 4510-4511.

[45] Sau A, Williams R, Palo-Nieto C, et al. Palladium-catalyzed direct stereoselective synthesis of deoxyglycosides from glycals. Angew Chem Int Ed, 2017, 56: 3640-3644.

[46] Palo-Nieto C, Sau A, Galan M C. Gold(Ⅰ)-catalyzed direct stereoselective synthesis of

deoxyglycosides from glycals. J Am Chem Soc, 2017, 139: 14041-14044.

[47] Palo-Nieto C, Sau A, Williams R, et al. Cooperative Brønsted acid-type organocatalysis for the stereoselective synthesis of deoxyglycosides. J Org Chem, 2017, 82: 407-414.

[48] Das S, Pekel D, Neudörfl J M, et al. Organocatalytic glycosylation by using electron-deficient pyridinium salts. Angew Chem Int Ed, 2015, 54: 12479-12483.

[49] Xiong D C, Zhang L H, Ye X S. Oxidant-controlled Heck-type C-glycosylation of glycals with arylboronic acids: Stereoselective synthesis of aryl 2-deoxy-C-glycosides. Org Lett, 2009, 11: 1709-1712.

[50] Xiang S H, Cai S T, Zeng J, et al. Regio- and stereoselective synthesis of 2-deoxy-C-aryl glycosides via palladium catalyzed decarboxylative reactions. Org Lett, 2011, 13: 4608-4611.

[51] 郭真言, 柏金和, 刘苗, 等. 基于糖烯的碳苷合成方法研究进展. 有机化学, 2020, 40: 3094-3111.

[52] Li X H, Zhu J L. Glycosylation via transition-metal catalysis: Challenges and opportunities. Eur. J Org Chem, 2016, 2016: 4724-4767.

[53] Sun L F, Wu X W, Xiong D C, et al. Stereoselective Koenigs-Knorr glycosylation catalyzed by urea. Angew Chem Int Ed, 2016, 55: 8041-8044.

[54] Park Y, Harper K C, Kuhl N, et al. Macrocyclic bis-thioureas catalyze stereospecific glycosylation reactions. Science, 2017, 355: 162-166.

[55] Yu F, Li J Y, DeMent P M, et al. Phenanthroline-catalyzed stereoretentive glycosylations. Angew Chem Int Ed, 2019, 58: 6957-6961.

[56] Wang Q Q, An S, Deng Z Q, et al. Palladium-catalysed C—H glycosylation for synthesis of C-aryl glycosides. Nat Catal, 2019, 2: 793-800.

[57] Wang Q Q, Fu Y, Zhu W J, et al. Total synthesis of C-mannosyl tryptophan via palladium-catalyzed C-glycosylation. CCS Chem, 2020, 2: 1729-1736.

[58] An S, Wang Q Q, Zhu W J, et al. Palladium-catalyzed *O*- and *N*-glycosylation with glycosyl chlorides. CCS Chem, 2020, 2: 1821-1829.

[59] Sati G C, Martin J L, Xu Y S, et al. Fluoride migration catalysis enables simple, stereoselective, and iterative glycosylation. J Am Chem Soc, 2020, 142: 7235-7242.

[60] Long Q, Gao J R, Yan N J, et al. $(C_6F_5)_3B \cdot (HF)_n$-catalyzed glycosylation of disarmed glycosyl fluorides and reverse glycosyl fluorides. Org Chem Front, 2021, 8: 3332-3341.

[61] Uchiro H, Mnkaiyama T. An efficient method for catalytic and stereoselective glycosylation with thioglycosides promoted by trityl tetrakis (pentafluorophenyl)borate and sodium

periodate. Chem Lett, 1997, 26: 121-122.

[62] Goswami M, Ellern A, Pohl N L B. Bismuth(Ⅴ)-mediated thioglycoside activation. Angew Chem Int Ed, 2013, 52: 8441-8445.

[63] Meng L K, Wu P, Fang J, et al. Glycosylation enabled by successive rhodium(Ⅱ) and Brønsted acid catalysis. J Am Chem Soc, 2019, 141: 11775-11780.

[64] 张瀚予, 刘萌, 武霞, 等. 光电驱动的糖化学反应. 化学进展, 2020, 32: 1804-1823.

[65] Andrews R S, Becker J J, Gagné M R. Intermolecular addition of glycosyl halides to alkenes mediated by visible light. Angew Chem Int Ed, 2010, 49: 7274-7276.

[66] Wever W J, Cinelli M A, Bowers A A. Visible light mediated activation and *O*-glycosylation of thioglycosides. Org Lett, 2013, 15: 30-33.

[67] Iwata R, Uda K, Takahashi D, et al. Photo-induced glycosylation using reusable organophotoacids Chem Commun, 2014, 50: 10695-10698.

[68] Mao R Z, Xiong D C, Guo F, et al. Light-driven highly efficient glycosylation reactions. Org Chem Front, 2016, 3: 737-743.

[69] Zhao G Y, Wang T. Stereoselective synthesis of 2-deoxyglycosides from glycals by visible-light-induced photoacid catalysis. Angew Chem Int Ed, 2018, 57: 6120-6124.

[70] Noyori R, Kurimoto I. Electrochemical glycosylation method. J Org Chem, 1986, 51: 4320-4322.

[71] Amatore C, Jutand A, Mallet J M, et al. Electrochemical glycosylation using phenyl *S*-glycosides. J Chem Soc, Chem Commun, 1990, 9: 718-719.

[72] Nokami T, Hayashi R, Saigusa Y, et al. Automated solution-phase synthesis of oligosaccharides via iterative electrochemical assembly of thioglycosides. Org Lett, 2013, 15: 4520-4523.

[73] Liu M, Liu K M, Xiong D C, et al. Stereoselective electro-2-deoxyglycosylation from glycals. Angew Chem, Int Ed, 2020, 59: 15204-15208.

[74] Edward J T. Stability of glycosides to acid hydrolysis. Chem Ind, 1955, 3: 1102-1104.

[75] Lemieux R U. Effects of unshared pairs of electrons and their solvation on conformational equilibria. Pure Appl Chem, 1971, 25: 527-548.

[76] Lemieux R U. Some implications in carbohydrate chemistry of theories relating to the mechanisms of replacement reactions. Adv Carbohydr Chem Biochem, 1954, 9: 1-57.

[77] Ness R K, Fletcher H G, Hudson C S. New tribenzoyl-D-ribopyranosyl halides and their reactions with methanol. J Am Chem Soc, 1951, 73: 959-963.

[78] Ness R K, Fletcher H G. Evidence that the supposed 3, 5-di-*O*-benzoyl-1, 2-*O*-(1-hydroxybenzylidene)-α-D-ribose is actually 1, 3, 5-tri-*O*-benzoyl-α-D-ribose. J Am Chem Soc, 1956, 78: 4710-4714.

[79] Chen J, Hansen T, Zhang Q J, et al. 1-Picolinyl-5-azido thiosialosides: Versatile donors for the stereoselective construction of sialyl linkages. Angew Chem Int Ed, 2019, 58: 17000-17008.

[80] Mensink R A, Boltje T J. Advances in stereoselective 1, 2-*cis*-glycosylation using C-2 auxiliaries. Chem Eur J, 2017, 23: 17637-17653.

[81] Kim J H, Yang H, Boons G J. Stereoselective glycosylation reactions with chiral auxiliaries. Angew Chem Int Ed, 2005, 44: 947-949.

[82] Kim J H, Yang H, Park J, et al. A general strategy for stereoselective glycosylations. J Am Chem Soc, 2005, 127: 12090-12097.

[83] Hoang K L M, Liu X W. The intriguing dual-directing effect of 2-cyanobenzyl ether for a highly stereospecific glycosylation reaction. Nat Commun, 2014, 5: 5051.

[84] Komarova B S, Tsvetkov Y E, Nifantiev N E. Design of α−selective glycopyranosyl donors relying on remote anchimeric assistance. Chem Rec, 2016, 16: 488-506.

[85] Lu L D, Shie C R, Kulkarni S S, et al. Synthesis of 48 disaccharide building blocks for the assembly of a heparin and heparan sulfate oligosaccharide library. Org Lett, 2006, 8: 5995-5998.

[86] Barresi F, Hindsgaul O. Synthesis of β-mannopyranosides by intramolecular aglycon delivery. J Am Chem Soc, 1991, 113: 9376-9377.

[87] Stork G, Kim G. Stereocontrolled synthesis of disaccharides via the temporary silicon connection. J Am Chem Soc, 1992, 114: 1087-1088.

[88] Bols M. Stereocontrolled synthesis of α−glucosides by intramolecular glycosidation. J Chem Soc, Chem Commun, 1992, 12: 913-914.

[89] Packard G K, Rychnovsky S D. β-Selective glycosylations with masked D-mycosamine precursors. Org Lett, 2001, 3: 3393-3396.

[90] Ito Y, Ogawa T. A novel approach to the stereoselective synthesis of β-mannosides. Angew Chem Int Ed, 1994, 33: 1765-1767.

[91] Ishiwata A, Munemura Y, Ito Y. NAP ether mediated intramolecular aglycon delivery: A unified strategy for 1, 2-*cis*-glycosylation. Eur J Org Chem, 2008, (25): 4250-4263.

[92] Yasomanee J P, Demchenko A V. Effect of remote picolinyl and picoloyl substituents on the stereoselectivity of chemical glycosylation. J Am Chem Soc, 2012, 134: 20097-20102.

[93] Liu Q W, Bin H C, Yang J S. β-Arabinofuranosylation using 5-*O*-(2-quinolinecarbonyl) substituted ethyl thioglycoside donors. Org Lett, 2013, 15: 3974-3977.

[94] Huang W, Zhou Y Y, Pan X L, et al. Stereodirecting effect of C5-carboxylate substituents on the glycosylation stereochemistry of 3-deoxy-D-manno-oct-2-ulosonic acid (Kdo) thioglycoside donors: Stereoselective synthesis of α- and β-Kdo glycosides. J Am Chem Soc, 2018, 140: 3574-3582.

[95] Gao P C, Zhu S Y, Cao H, et al. Total synthesis of marine glycosphingolipid vesparioside B. J Am Chem Soc, 2016, 138: 1684-1688.

[96] Wang P, Mo Y D, Cui X Y, et al. Hydrogen-bond-mediated aglycone delivery: Synthesis of β-D-fructofuranosides. Org Lett, 2020, 22: 2967-2971.

[97] Pistorio S G, Yasomanee J P, Demchenko A V. Hydrogen-bond-mediated aglycone delivery: Focus on β-mannosylation. Org Lett, 2014, 16: 716-719.

[98] Wu Y F, Tsai Y F. Assistance of the C-7, 8-picoloyl moiety for directing the glycosyl acceptors into the α−orientation for the glycosylation of sialyl donors. Org Lett, 2017, 19: 4171-4174.

[99] Hasegawa A, Kurihara N, Nishimura D, et al. Synthetic studies on carbohydrate antibiotics: Part IX. Synthesis of kanamycin A and related compounds. Agric Biol Chem, 1968, 32: 1130-1134.

[100] Hasegawa A, Nishimura D, Nakajima M. Solvent effect and anchimeric assistance on α-glycosylation. Agric Biol Chem, 1972, 36: 1767-1772.

[101] Eby R, Schuerch C. The use of 1-*O*-tosyl-D-glucopyranose derivatives in α-D-glucoside synthesis. Carbohydr Res, 1974, 34: 79-90.

[102] Ratcliffe A J, Fraser-Reid B. Generation of α-D-glucopyranosylacetonitrilium ions. concerning the reverse anomeric effect. J Chem Soc, Perkin Trans, 1990, 1: 747-750.

[103] Braccini I, Derouet C, Esnault J, et al. Conformational analysis of nitrilium intermediates in glycosylation reactions. Carbohydr Res, 1993, 246: 23-41.

[104] West A C, Schuerch C. Reverse anomeric effect and the synthesis of α-glycosides. J Am Chem Soc, 1973, 95: 1333-1335.

[105] Lemieux R U, Hendriks K B, Stick R V, et al. Halide ion catalyzed glycosidation reactions. syntheses of α-linked disaccharides. J Am Chem Soc, 1975, 97: 4056-4062.

[106] Koto S, Morishima N, Owa M, et al. A stereoselective α-glucosylation by use of a mixture of 4-nitrobenzenesulfonyl chloride, silver tri-fluoromethanesulfonate, *N*,

N-dimethylacetamide, and trimethylamine. Carbohydr Res, 1984, 130: 73-83.

[107] Lu S R, Lai Y H, Chen J H, et al. Dimethylformamide: An unusual glycosylation modulator. Angew Chem Int Ed, 2011, 50: 7315-7320.

[108] Kobashi Y, Mukaiyama T. Highly α-selective glycosylation with glycosyl acetate via glycosyl phosphonium iodide. Chem Lett, 2004, 33: 874-875.

[109] Mukaiyama T, Kobashi Y. Highly α-selective synthesis of disaccharide using glycosyl bromide by the promotion of phosphine oxide. Chem Lett, 2004, 33: 10-11.

[110] Kobashi Y, Mukaiyama T. Glycosyl phosphonium halide as a reactive intermediate in highly α-selective glycosylation. Bull Chem Soc Jpn, 2005, 78: 910-916.

[111] Wang L M, Overkleeft H S, Marel G A, et al. Reagent controlled stereoselective synthesis of α-glucans. J Am Chem Soc, 2018, 140: 4632-4638.

[112] Crich D, Li W J. Efficient glycosidation of a phenyl thiosialoside donor with diphenyl sulfoxide and triflic anhydride in dichloromethane. Org Lett, 2006, 8: 959-962.

[113] Gu Z Y, Zhang J X, Xing G W. *N*-Acetyl-5-*N*, 4-*O*-oxazolidinone-protected sialyl sulfoxide: An α-selective sialyl donor with $Tf_2O/(Tol)_2SO$ in dichloromethane. Chem Asian J, 2012, 7: 1524-1528.

[114] Park J, Kawatkar S, Kim J H, et al. Stereoselective glycosylations of 2-azido-2-deoxy-glucosides using intermediate sulfonium ions. Org Lett, 2007, 9: 1959-1962.

[115] Nokami T, Shibuya A, Manabe S, et al. α- and β-glycosyl sulfonium ions: Generation and reactivity. Chem Eur J, 2009, 15: 2252-2255.

[116] Zeng J, Wang R B, Zhang S X, et al. Hydrogen-bonding-assisted exogenous nucleophilic reagent rffect for β-selective glycosylation of rare 3-amino sugars. J Am Chem Soc, 2019, 141: 8509-8515.

[117] Schmidt R R, Reichrath M. Facile, highly selective synthesis of α- and β-disaccharides from 1-*O*-metalated D-ribofuranoses. Angew Chem Int Ed, 1979, 18: 466-467.

[118] Schmidt R R, Klotz W. Glycoside bond formation via anomeric *O*-alkylation: How many protective groups are required? Synlett, 1991, 1991: 168-170.

[119] Hodosi G, Kováč P. A fundamentally new, simple, stereospecific synthesis of oligosaccharides containing the β-mannopyranosyl and β-rhamnopyranosyl linkage. J Am Chem Soc, 1997, 119: 2335-2336.

[120] Zhu D Y, Adhikari S, Baryal K N, et al. Stereoselective synthesis of α-digitoxosides and α-boivinosides via chelation-controlled anomeric *O*-alkylation. J Carbohydr Chem, 2014,

33: 438-451.

[121] Nguyen H, Zhu D Y, Li X H, et al. Stereoselective construction of β-mannopyranosides by anomeric *O*-alkylation: Synthesis of the trisaccharide core of *N*-linked glycans. Angew Chem Int Ed, 2016, 55: 4767-4771.

[122] Izumi S, Kobayashi Y, Takemoto Y. Regio- and stereoselective synthesis of 1, 2-*cis*-glycosides by anomeric *O*-alkylation with organoboron catalysis. Org Lett, 2019, 21: 665-670.

[123] Zhu D Y, Baryal K N, Adhikari S, et al. Direct synthesis of 2-deoxy-β-glycosides via anomeric *O*-alkylation with secondary electrophiles. J Am Chem Soc, 2014, 136: 3172-3175.

[124] Crich D, Sun S X. Formation of β-mannopyranosides of primary alcohols using the sulfoxide method. J Org Chem, 1996, 61: 4506-4507.

[125] Jeanneret R A, Johnson S E, Galan M C. Conformationally constrained glycosyl donors as tools to control glycosylation outcomes. J Org Chem, 2020, 85: 15801-15826.

[126] von den Bos L J, Litjens R E J N, Von den Berg R J B H N, et al. Preparation of 1-thio uronic acid lactones and their use in oligosaccharide synthesis. Org Lett, 2005, 7: 2007-2010.

[127] Elferink H, Mensink R A, Castelijns W W A, et al. The glycosylation mechanisms of 6, 3-uronic acid lactones. Angew Chem Int Ed, 2019, 58: 8746-8751.

[128] Hashimoto Y, Tanikawa S, Saito R, et al. β-Stereoselective mannosylation using 2, 6-lactones. J Am Chem Soc, 2016, 138: 14840-14843.

[129] Xu H F, Chen L, Zhang Q, et al. Stereoselective β-mannosylation with 2, 6-lactone-bridged thiomannosyl donor by remote acyl group participation. Chem Asian J, 2019, 14: 1424-1428.

[130] Okada Y, Asakura N, Bando M, et al. Completely β-selective glycosylation using 3, 6-*O*-(*o*-xylylene)-bridged axial-rich glucosyl fluoride. J Am Chem Soc, 2012, 134: 6940-6943.

[131] Heuckendorff M, Pedersen C M, Bols M. Conformationally armed 3, 6-tethered glycosyl donors: Synthesis, conformation, reactivity, and selectivity. J Org Chem, 2013, 78: 7234-7248.

[132] Ikuta D, Hirata Y, Wakamori S, et al. Conformationally supple glucose monomers enable synthesis of the smallest cyclodextrins. Science, 2019, 364: 674-677.

[133] Komura N, Kato K, Udagawa T, et al. Constrained sialic acid donors enable selective synthesis of α-glycosides. Science, 2019, 364: 677-680.

[134] Hosoya T, Ohashi Y, Matsumoto T, et al. On the stereochemistry of aryl C-glycosides:

Unusual behavior of bis-TBDPS protected aryl C-olivosides. Tetrahedron Lett, 1996, 37: 663-666.

[135] Tamura S, Abe H, Matsuda A, et al. Control of *α*/*β* stereoselectivity in Lewis acid promoted C-glycosidations using a controlling anomeric effect based on the conformational restriction strategy. Angew Chem Int Ed, 2003, 42: 1021-1023.

[136] Okada Y, Mukae T, Okajima K, et al. Highly *β*-selective *O*-glucosidation due to the restricted twist-boat conformation. Org Lett, 2007, 9: 1573-1576.

[137] Pedersen C M, Nordstrøm L U, Bols M. "Super armed" glycosyl donors: Conformational arming of thioglycosides by silylation. J Am Chem Soc, 2007, 129: 9222-9235.

[138] Heuckendorff M, Pedersen C M, Bols M. Rhamnosylation: Diastereoselectivity of conformationally armed donors. J Org Chem, 2012, 77: 5559-5568.

[139] Mukaiyama T, Yamada M, Suda S, et al. Stereoselective synthesis of 1,2-*cis*-arabinofuranosides using a new titanium catalyst. Chem Lett, 1992,21:1401-1404.

[140] Deen H, van Oeveren A, Kellogg R M, et al. Palladium catalyzed stereospecific allylic substitution of 5-acetoxy-2(5*H*)-furanone and 6-acetoxy-2*H*-pyran-3(6*H*)-one by alcohols. Tetrahedron Lett, 1999, 40: 1755-1758.

[141] Kim H, Men H, Lee C. Stereoselective palladium-catalyzed *O*-glycosylation using glycals. J Am Chem Soc, 2004, 126: 1336-1337.

[142] Schuff B P, Mercer G J, Nguyen H M. Palladium-catalyzed stereoselective formation of *α*-*O*-glycosides. Org Lett, 2007, 9: 3173-3176.

[143] Xiang S H, He J X, Tan Y J, et al. Stereocontrolled *O*-glycosylation with palladium-catalyzed decarboxylative allylation. J Org Chem, 2014, 79: 11473-11482.

[144] Xiang S H, Hoang K L M, He J X, et al. Reversing the stereoselectivity of a palladium-catalyzed *O*-glycosylation through an inner-sphere or outer-sphere pathway. Angew Chem Int Ed, 2015, 54: 604-607.

[145] Zeng J, Ma J M, Xiang S H, et al. Stereoselective *β*-C-glycosylation by a palladium-catalyzed decarboxylative allylation: Formal synthesis of aspergillide A. Angew Chem Int Ed, 2013, 52: 5134-5137.

[146] Xiang S H, Lu Z Q, He J X, et al. *β*-Type glycosidic bond formation by palladium-catalyzed decarboxylative allylation. Chem Eur J, 2013, 19: 14047-14051.

[147] Griswold K S, Horstmann T E, Miller S J. Acyl sulfonamide catalysts for glycosylation reactions with trichloroacetimidate donors. Synlett, 2003, 2003: 1923-1926.

[148] Gould N D, Liana Allen C, Nam B C, et al. Combined Lewis acid and Brønsted acid-mediated reactivity of glycosyl trichloroacetimidate donors. Carbohydr Res, 2013, 382: 36-42.

[149] Liu D S, Sarrafpour S, Guo W, et al. Matched/mismatched interactions in chiral Brønsted acid-catalyzed glycosylation reactions with 2-deoxy-sugar trichloroacetimidate donors. J Carbohydr Chem, 2014, 33: 423-434.

[150] Tay J H, Argüelles A J, DeMars M D, et al. Regiodivergent glycosylations of 6-deoxy-erythronolide B and oleandomycin-derived macrolactones enabled by chiral acid catalysis. J Am Chem Soc, 2017, 139: 8570-8578.

[151] Medina S, Henderson A S, Bower J F, et al. Stereoselective synthesis of glycosides using (salen)Co catalysts as promoters. Chem Commun, 2015, 51: 8939-8941.

[152] Medina S, Harper M J, Balmond E I, et al. Stereoselective glycosylation of 2-nitrogalactals catalyzed by a bifunctional organocatalyst. Org Lett, 2016, 18: 4222-4225.

[153] Yoshida K, Kanoko Y, Takao K. Kinetically controlled α-selective *o*-glycosylation of phenol derivatives using 2-nitroglycals by a bifunctional chiral thiourea catalyst. Asian J Org Chem, 2016, 5: 1230-1236.

[154] Levi S M, Li Q H, Rötheli A R, et al. Catalytic activation of glycosyl phosphates for stereoselective coupling reactions. Proc Natl Acad Sci USA, 2019, 116: 35-39.

[155] Mayfield A B, Metternich J B, Trotta A H, et al. Stereospecific furanosylations catalyzed by bis-thiourea hydrogen-bond donors. J Am Chem Soc, 2020, 142: 4061-4069.

[156] Li Q H, Levi S M, Jacobsen E N. Highly selective β-mannosylations and β-rhamnosylations catalyzed by bis-thiourea. J Am Chem Soc, 2020, 142: 11865-11872.

[157] Wang C C, Lee J C, Luo S Y, et al. Regioselective one-pot protection of carbohydrates. Nature, 2007, 446: 896-899.

[158] Oshima K, Kitazono E I, Aoyama Y. Complexation-induced activation of sugar OH groups. Regioselective alkylation of methyl fucopyranoside via cyclic phenylboronate in the presence of amine. Tetrahedron Lett, 1997, 38: 5001-5004.

[159] Taylor M S. Catalysis based on reversible covalent interactions of organoboron compounds. Acc Chem Res, 2015, 48: 295-305.

[160] Lv J, Ge J T, Luo T, et al. An inexpensive catalyst, $Fe(acac)_3$, for regio/site-selective acylation of diols and carbohydrates containing a 1, 2-*cis*-diol. Green Chem, 2018, 20: 1987-1991.

[161] Shang W D, Mou Z D, Tang H, et al. Site-selective *O*-arylation of glycosides. Angew Chem

Int Ed, 2018, 57: 314-318.

[162] Hu G X, Vasella A. Regioselective benzoylation of 6-*O*-protected and 4, 6-*O*-diprotected hexopyranosides as promoted by chiral and achiral ditertiary 1, 2-diamines. Helv Chim Acta, 2002, 85: 4369-4391.

[163] Griswold K S, Miller S J. A peptide-based catalyst approach to regioselective functionalization of carbohydrates. Tetrahedron, 2003, 59: 8869-8875.

[164] Kawabata T, Muramatsu W, Nishio T, et al. A catalytic one-step process for the chemo- and regioselective acylation of monosaccharides. J Am Chem Soc, 2007, 12: 12890-12895.

[165] Huber F, Kirsch S F. Site-selective acylations with tailor-made catalysts. Chem Eur J, 2016, 22: 5914-5918.

[166] Sun X X, Lee H, Lee S, et al. Catalyst recognition of *cis*-1, 2-diols enables site-selective functionalization of complex molecules. Nat Chem, 2013, 5: 790-795.

[167] Xiao G Z, Cintron-Rosado G A, Glazier D A, et al. Catalytic site-selective acylation of carbohydrates directed by cation-*n* interaction. J Am Chem Soc, 2017, 139: 4346-4349.

[168] Ogawa T, Katano K, Matsui M. Regio- and stereo-controlled synthesis of core oligosaccharides of glycopeptides. Carbohydr Res, 1978, 64: C3-C9.

[169] Augé C, Veyrières A. Stannylene derivatives in glycoside synthesis. Application to the synthesis of the blood-group B antigenic determinant. J Chem Soc, Perkin Trans, 1979, 1: 1825-1832.

[170] Muramatsu W, Yoshimatsu H. Regio- and stereochemical controlled Koenigs-Knorr-type monoglycosylation of secondary hydroxy groups in carbohydrates utilizing the high site recognition ability of organotin catalysts. Adv Synth Catal, 2013, 355: 2518-2524.

[171] Oshima K, Aoyama Y. Regiospecific glycosidation of unprotected sugars via arylboronic activation. J Chem Soc, 1999, 121: 2315-2316.

[172] Gouliaras C, Lee D, Chan L N, et al. Regioselective activation of glycosyl acceptors by a diarylborinic acid-derived catalyst. J Am Chem Soc, 2011, 133: 13926-13929.

[173] Kaji E, Nishino T, Ishige K, et al. Regioselective glycosylation of fully unprotected methyl hexopyranosides by means of transient masking of hydroxy groups with arylboronic acids. Tetrahedron Lett, 2010, 51: 1570-1573.

[174] Mancini R S, Lee J B, Taylor M S. Sequential functionalizations of carbohydrates enabled by boronic esters as switchable protective/activating groups. J Org Chem, 2017, 82: 8777-8791.

[175] Lawandi J, Rocheleau S, Moitessier N. Directing/protecting groups mediate highly regioselective glycosylation of monoprotected acceptors. Tetrahedron, 2011, 67: 8411-8420.

[176] Downey A M, Hocek M. Strategies toward protecting group-free glycosylation through selective activation of the anomeric center. Beilstein J Org Chem, 2017, 13: 1239-1279.

[177] Padungros P, Alberch L, Wei A. Glycal assembly by the *in situ* generation of glycosyl dithiocarbamates. Org Lett, 2012, 14: 3380-3383.

[178] Le M, Hoang K, He J X, et al. A minimalist approach to stereoselective glycosylation with unprotected donors. Nat Commun, 2017, 8: 1146.

[179] Yang T Y, Zhu F, Walczak M A. Stereoselective oxidative glycosylation of anomeric nucleophiles with alcohols and carboxylic acids. Nat Commun, 2018, 9: 3650.

[180] Pelletier G, Zwicker A, Allen C L, et al. Aqueous glycosylation of unprotected sucrose employing glycosyl fluorides in the presence of calcium ion and trimethylamine. J Am Chem Soc, 2016, 138: 3175-3182.

[181] Wadzinski T J, Steinauer A, Hie L, et al. Rapid phenolic *O*-glycosylation of small molecules and complex unprotected peptides in aqueous solvent. Nat Chem, 2018, 10: 644-652.

[182] Paulsen H. Advances in selective chemical syntheses of complex oligosaccharides. Angew Chem Int Ed, 1982, 21: 155-173.

[183] Mootoo D R, Konradsson P, Udodong U, et al. "Armed" and "disarmed" *n*-pentenyl glycosides in saccharide couplings leading to oligosaccharides. J Am Chem Soc, 1988, 110: 5583-5584.

[184] Jensen H H, Pedersen C M, Bols M. Going to extremes: "Super" armed glycosyl donors in glycosylation chemistry. Chem Eur J, 2007, 13: 7576-7582.

[185] Pedersen C M, Marinescu L G, Bols M. Conformationally armed glycosyl donors: Reactivity quantification, new donors and one pot reactions. Chem Commun, 2008, 2465-2467.

[186] Hsu Y, Lu X A, Zulueta M M, et al. Acyl and silyl group effects in reactivity-based one-pot glycosylation: Synthesis of embryonic stem cell surface carbohydrates Lc_4 and $IV^2Fuc\text{-}Lc_4$. J Am Chem Soc, 2012, 134: 4549-4552.

[187] Heuckendorff M, Premathilake H D, Pornsuriyasak P, et al. Superarming of glycosyl donors by combined neighboring and conformational effects. Org Lett, 2013, 15: 4904-4907.

[188] Fraser-Reid B, Wu Z F, Andrews C W, et al. Torsional effects in glycoside reactivity: Saccharide couplings mediated by acetal protecting groups. J Am Chem Soc, 1991, 113: 1434-1436.

[189] Boons G J, Grice P, Leslie R, et al. Dispiroketals in synthesis (part 5): A new opportunity for oligosaccharide synthesis using differentially activated glycosyl donors and acceptors. Tetrahedron Lett, 1993, 34: 8523-8526.

[190] Zhu T, Boons G J. Thioglycosides protected as *trans*-2,3-cyclic carbonates in chemoselective glycosylations. Org Lett, 2001, 3: 4201-4203.

[191] Kamat M N, Demchenko A V. Revisiting the armed-disarmed concept rationale: *S*-benzoxazolyl glycosides in chemoselective oligosaccharide synthesis. Org Lett, 2005, 7: 3215-3218.

[192] Ratcliffe A J, Konradsson P, Fraser-Reid B. *n*-Pentenyl glycosides as efficient synthons for promoter-mediated assembly of N-α-linked glycoproteins. J Am Chem Soc, 1990, 112: 5665-5667.

[193] Roy R, Andersson F O, Letellier M, et al. "Active" and "latent" thioglycosyl donors in oligosaccharide synthesis. Application to the synthesis of α sialosides. Tetrahedron Lett, 1992, 33: 6053-6056.

[194] Merritt J R, Fraser-Reid B. *n*-Pentenyl glycoside methodology for rapid assembly of homoglycans exemplified with the nonasaccharide component of a high mannose glycoprotein. J Am Chem Soc, 1992, 114: 8334-8336.

[195] Boons G J, Isles S. Vinyl glycosides in oligosaccharide synthesis. Part 1: A new latent-active glycosylation strategy. Tetrahedron Lett, 1994, 35: 3593-3596.

[196] Hasty S J, Kleine M A, Demchenko A V. *S*-benzimidazolyl glycosides as a platform for oligosaccharide synthesis by an active-latent strategy. Angew Chem Int Ed, 2011, 50: 4197-4201.

[197] Chen X P, Shen D C, Wang Q L, et al. *ortho*-(Methyltosylaminoethynyl)benzyl glycosides as new glycosyl donors for latent-active glycosylation. Chem Commun, 2015, 51: 13957.

[198] Raghavan S, Kahne D. A one step synthesis of the ciclamycin trisaccharide. J Am Chem Soc, 1993, 115: 1580-1581.

[199] Kulkarni S S, Wang C C, Sabbavarapu N M, et al. "One-pot" protection, glycosylation, and protection-glycosylation strategies of carbohydartes. Chem Res, 2018, 118: 8025-8104.

[200] Ley S V, Priepke H W. A facile one-pot synthesis of a trisaccharide unit from the common polysaccharide antigen of group B *streptococci* using cyclohexane-1, 2-diacetal (CDA) protected rhamnosides. Angew Chem Int Ed, 1994, 33: 2292-2294.

[201] Douglas N L, Ley S V, Lucking U, et al. Tuning glycoside reactivity: New tool for efficient

oligosaccharide synthesis. J Chem Soc, Perkin Trans, 1998, 1: 51-66.

[202] Zhang Z Y, Ollmann I R, Ye X S, et al. Programmable one-pot oligosaccharide synthesis. J Am Chem Soc, 1999, 121: 734-753.

[203] Tsai B L, Han J L, Ren C T, et al. Programmable one-pot synthesis of tumor-associated carbohydrate antigens Lewis X dimer and KH-1 epitopes. Tetrahedron Lett, 2011, 52: 2132-2135.

[204] Tsukida T, Yoshida M, Kurokawa K, et al. A highly practical synthesis of sulfated Lewis X: One-pot, two-step glycosylation using "armed/disarmed" coupling and selective benzoylation and sulfation. J Org Chem, 1997, 62: 6876-6881.

[205] Mong T K K, Wong C H. Reactivity-based one-pot synthesis of a Lewis Y carbohydrate hapten: A colon-rectal cancer antigen determinant. Angew Chem Int Ed, 2002, 41: 4087-4090.

[206] Mong T K K, Lee H K, Durón S G, et al. Reactivity-based one-pot total synthesis of fucose GM1 oligosaccharide: A sialylated antigenic epitope of small-cell lung cancer. Proc Natl Acad Sci USA, 2003, 100: 797-802.

[207] Polat T, Wong C H. Anomeric reactivity-based one-pot synthesis of heparin-like oligosaccharides. J Am Chem Soc, 2007, 129: 12795-12800.

[208] Hsu C H, Chu K C, Lin Y S, et al. Highly alpha-selective sialyl phosphate donors for efficient preparation of natural sialosides. Chem Eur J, 2010, 16: 1754-1760.

[209] Burkhart F, Zhang Z Y, Wacowich-Sgarbi S, et al. Synthesis of the globo H hexasaccharide using the programmable reactivity-based one-pot strategy. Angew Chem Int Ed, 2001, 40: 1274-1277.

[210] Lu S F, O'Yang Q, Guo Z W, et al. The first total synthesis of tricolorin A. Angew Chem Int Ed, 1997, 36: 2344-2346.

[211] Yamada H, Harada T, Takahashi T. Synthesis of an elicitor-active hexaglucoside analog by a one-pot, two-step glycosidation procedure. J Am Chem Soc, 1994, 116: 7919-7920.

[212] Vohra Y, Buskas T, Boons G J. Rapid assembly of oligosaccharides: A highly convergent strategy for the assembly of a glycosylated amino acid derived from PSGL-1. J Org Chem, 2009, 74: 6064-6071.

[213] Wang P, Lee H, Fukuda M, et al. One-pot synthesis of a pentasaccharide with antibiotic activity against *Helicobacter pylori*. Chem Commun, 2007, 43: 1963-1965.

[214] Dinkelaar J, Gold H, Overkleeft H S, et al. Synthesis of hyaluronic acid oligomers using

chemoselective and one-pot strategies. J Org Chem, 2009, 74: 4208-4216.

[215] Zhang Y Q, Xiang G S, He S J, et al. Orthogonal one-pot synthesis of oligosaccharides based on glycosyl *ortho*-alkynylbenzoates. Org Lett, 2019, 21: 2335-2339.

[216] He H Q, Xu L L, Sun R J, et al. An orthogonal and reactivity-based one-pot glycosylation strategy for both glycan and nucleoside synthesis: Access to TMG-chitotriomycin, lipochitooligosaccharides and capuramycin. Chem Sci, 2021, 12: 5143-5151.

[217] 耿铁群，叶新山．寡糖合成中的“预活化”策略．化学进展，2007, 19: 1896-1902.

[218] Huang L J, Wang Z, Li X N, et al. Iterative one-pot syntheses of chitotetroses. Carbohydr Res, 2006, 341: 1669-1679.

[219] Wang Z, Zhou L Y, El-Boubbou K, et al. Multi-component one-pot synthesis of the tumor-associated carbohydrate antigen globo-H based on preactivation of thioglycosyl donors. J Org Chem, 2007, 72: 6409-6420.

[220] Wang C N, Wang H S, Huang X F, et al. Benzenesulfinyl morpholine: A new promoter for one-pot oligosaccharide synthesis using thioglycosides by pre-activation strategy. Synlett, 2006, 2846-2850.

[221] Miermont A, Zeng Y L, Jing Y Q, et al. Syntheses of Lewis^X and dimeric Lewis^X: Construction of branched oligosaccharides by a combination of preactivation and reactivity based chemoselective one-pot glycosylations. J Org Chem, 2007, 72: 8958-8961.

[222] Huang L J, Huang X F. Highly efficient syntheses of hyaluronic acid oligosaccharides. Chem Eur J, 2007, 13: 529-540.

[223] Lu X, Kamat M N, Huang L, et al. Chemical synthesis of a hyaluronic acid decasaccharide. J Org Chem, 2009, 74: 7608-7617.

[224] Wang Z, Xu Y M, Yang B, et al. Preactivation-based, one-pot combinatorial synthesis of heparin-like hexasaccharides for the analysis of heparin-protein interactions. Chem Eur J, 2010, 16: 8365-8375.

[225] Wu Y, Xiong D C, Chen S C, et al. Total synthesis of mycobacterial arabinogalactan containing 92 monosaccharide units. Nat Commun, 2017, 8: 14851.

[226] Xiao X, Zeng J, Fang J, et al. One-pot relay glycosylation. J Am Chem Soc, 2020, 142: 5498-5503.

[227] Wong C H, Haynie S, Whitesides G. Enzyme-catalyzed synthesis of *N*-acetyllactosamine with in situ regeneration of uridine 5′-diphosphate glucose and uridine 5′-diphodphate galactose. J Org Chem, 1982, 47: 5416-5418.

[228] Mackenzie L F, Wang Q P, Warren R A J, et al. Glycosynthases: Mutant glycosidases for oligosaccharide synthesis. J Am Chem Soc, 1998, 120: 5583-5584.

[229] Koizumi S, Endo T, Tabata K, et al. Large-scale production of UDP-galactose and globotriose by coupling metabolically engineered bacteria. Nat Biotechnol, 1998, 16: 847-850.

[230] Chen C C, Zhang Y, Xue M Y, et al. Sequential one-pot multienzyme (OPME) synthesis of lacto-*N*-neotetraose and its sialyl and fucosyl derivatives. Chem Commun, 2015, 51: 7689-7692.

[231] Ye J F, Liu X W, Peng P, et al. Diversity-oriented enzymatic modular assembly of ABO histo-blood group antigens. ACS Catal, 2016, 6: 8140-8144.

[232] Meng C C, Sasmal A, Zhang Y, et al. Chemoenzymatic assembly of mammalian *O*-mannose glycans. Angew Chem Int Ed, 2018, 57: 9003-9007.

[233] Gao T, Yan J, Liu C C, et al. Chemoenzymatic synthesis of *O*-mannose glycans containing sulfated or nonsulfated HNK-1 epitope. J Am Chem Soc, 2019, 141: 19351-19359.

[234] Lu N, Ye J F, Cheng J S, et al. Redox-controlled site-specific α2-6-sialylation. J Am Chem Soc, 2019, 141: 4547-4552.

[235] Ye J F, Xia H, Sun N, et al. Reprogramming the enzymatic assembly line for site-specific fucosylation. Nat Catal, 2019, 2: 514-522.

[236] Zhang J B, Liu D, Saikam V, et al. Machine-driven chemoenzymatic synthesis of glycopeptide. Angew Chem Int Ed, 2020, 59: 19825-19829.

[237] Li S T, Lu T T, Xu X X, et al. Reconstitution of the lipid-linked oligosaccharide pathway for assembly of high-mannose *N*-glycans. Nat Commun, 2019, 10: 1813.

[238] Plante O J, Palmacci E R, Seeberger P H. Automated solid-phase synthesis of oligosaccharides. Science, 2001, 291: 1523-1527.

[239] Seeberger P H. The logic of automated glycan assembly. Acc Chem Res, 2015, 48: 1450-1463.

[240] Calin O, Eller S, Seeberger P H. Automated polysaccharide synthesis: Assembly of a 30mer mannoside. Angew Chem Int Ed, 2013, 52: 5862-5865.

[241] Pardo-Vargas A, Delbianco M, Seeberger P H. Automated glycan assembly as an enabling technology. Curr Opin Chem Biol, 2018, 46: 48-55.

[242] Ganesh N V, Fujikawa K, Tan Y H, et al. HPLC-assisted automated oligosaccharide synthesis. Org Lett, 2012, 14: 3036-3039.

[243] Pistorio S G, Geringer S A, Stine K J, et al. Manual and automated syntheses of the N-linked glycoprotein core glycans. J Org Chem, 2019, 84: 6576-6588.

[244] Zhang J B, Chen C C, Gadi M R, et al. Machine-driven enzymatic oligosaccharide synthesis by using a peptide synthesizer. Angew Chem Int Ed, 2018, 57: 16638-16642.

[245] Cheng C W, Zhou Y X, Pan W H, et al. Hierarchical and programmable one-pot synthesis of oligosaccharides. Nat Commun, 2018, 9: 5202.

[246] Tang S L, Pohl N L B. Automated solution-phase synthesis of β-1, 4-mannuronate and β-1, 4-mannan. Org Let, 2015, 17: 2642-2645.

[247] Bhaduri S, Pohl N L B. Fluorous-tag assisted syntheses of sulfated keratan sulfate oligosaccharide fragments. Org Lett, 2016, 18: 1414-1417.

[248] Li T H, Liu L, Wei N, et al. An automated platform for the enzyme-mediated assembly of complex oligosaccharides. Nat Chem, 2019, 11: 229-236.

[249] 叶新山，姚文龙，熊德彩. 一种液相自动化合成仪：中国，202011508994.X.2020.

[250] Suh E M, Kishi Y. Synthesis of palytoxin from palytoxin carboxylic acid. J Am Chem Soc, 1994, 116: 11205-11206.

[251] Wang P F, Kim Y J, Navarro-Villalobos M, et al. Synthesis of the potent immunostimulatory adjuvant QS-21A. J Am Chem Soc, 2005, 127: 3256-3257.

[252] Kim Y J, Wang P F, Navarro-Villalobos M, et al. Synthetic studies of complex immunostimulants from *Quillaja saponaria*: Synthesis of the potent clinical immunoadjuvant QS-21A_{api}. J Am Chem Soc, 2006, 128: 11906-11915.

[253] Deng K, Adams M M, Gin D Y. Synthesis and structure verification of the vaccine adjuvant QS-7-Api. Synthetic access to homogeneous *Quillaja saponaria* immuno stimulants. J Am Chem Soc, 2008, 130: 5860-5861.

[254] Yang X Y, Fu B Q, Yu B. Total synthesis of landomycin A, a potent antitumor angucycline antibiotic. J Am Chem Soc, 2011, 133: 12433-12435.

[255] Yu J, Sun J S, Niu Y M, et al. Synthetic access toward the diverse ginsenosides. Chem Sci, 2013, 4: 3899-3905.

[256] Zhang X H, Zhou Y, Zuo J P, et al. Total synthesis of periploside A, a unique pregnane hexasaccharide with potent immuno suppressive effects. Nat Commun, 2015, 6: 5879.

[257] Chen X P, Shao X F, Li W, et al. Total synthesis of echinoside A, a representative triterpene glycoside of sea cucumbers. Angew Chem Int Ed, 2017, 56: 7648-7652.

[258] Zhu D P, Yu B. Total synthesis of linckosides A and B, the representative starfish

polyhydroxysteroid glycosides with neuritogenic activities. J Am Chem Soc, 2015, 137: 15098-15101.

[259] Wang S Y, Zhang Q J, Zhao Y C, et al. The miharamycins and amipurimycin: Their structural revision and the total synthesis of the latter. Angew Chem Int Ed, 2019, 58: 10558-10562.

[260] Li J K, Yu B. A modular approach to the total synthesis of tunicamycins. Angew Chem Int Ed, 2015, 54: 6618-6621.

[261] Nie S Y, Li W, Yu B. Total synthesis of nucleoside antibiotic A201A. J Am Chem Soc, 2014, 136: 4157-4160.

[262] Li W, Silipo A, Gersby L B A, et al. Synthesis of bradyrhizose oligosaccharides relevant to the bradyrhizobium *O*-antigen. Angew Chem Int Ed, 2017, 56: 2092-2096.

[263] Yang Y, Li Y, Yu B. Total synthesis and structural revision of TMG-chitotriomycin, a specific inhibitor of insect and fungal *β-N*-acetylglucosaminidases. J Am Chem Soc, 2009, 131: 12076-12077.

[264] Zhu S Y, Huang J S, Zheng S S, et al. First total synthesis of the proposed structure of batatin VI. Org Lett, 2013, 15: 4154-4157.

[265] Qin C J, Schumann B, Zou X P, et al. Total synthesis of a densely functionalized *Plesiomonas shigelloides* serotype 51 aminoglycoside trisaccharide antigen. J Am Chem Soc, 2018, 140: 3120-3127.

[266] Cai J T, Hu J, Qin C J, et al. Chemical synthesis elucidates the key antigenic epitope of the autism-related bacterium clostridium bolteae capsular octadecasaccharide. Angew Chem Int Ed, 2020, 59: 20529-20537.

[267] Tian G Z, Qin C J, Liu Z H, et al. Total synthesis of the *Helicobacter pylori* serotype O_2 *O*-antigen α-(1→2)- and α-(1→3)-linked oligoglucosides. Chem Commun, 2020, 56: 344-347.

[268] Liu H, Zhang Y F, Wei R H, et al. Total synthesis of *Pseudomonas aeruginosa* 1244 pilin glycan via de novo synthesis of pseudaminic acid. J Am Chem Soc, 2017, 139: 13420-13428.

[269] Zhang X, Liu H Y, Lin L S, et al. Synthesis of fucosylated chondroitin sulfate nonasaccharide as a novel anticoagulant targeting intrinsic factor Xase complex. Angew Chem Int Ed, 2018, 57: 12880-12885.

[270] Qiao Z, Liu H, Sui J J, et al. Diversity-oriented synthesis of steviol glycosides. J Org Chem,

2018, 83: 11480-11492.

[271] Fang J, Zeng J, Sun J C, et al. Total syntheses of resin glycosides murucoidins Ⅳ and Ⅴ. Org Lett, 2019, 21: 6213-6216.

[272] Zhang Y Q, Chen Z X, Huang Y Y, et al. Modular synthesis of nonadecasaccharide motif from *Psidium guajava* polysaccharides: Orthogonal one-pot glycosylation strategy. Angew Chem Int Ed, 2020, 59: 7576-7584.

[273] Hansen S U, Miller G J, Cliff M J, et al. Making the longest sugars: A chemical synthesis of heparin-related $[4]_n$ oligosaccharides from 16-mer to 40-mer. Chem Sci, 2015, 6: 6158-6164.

[274] Naresh K, Schumacher F, Hahm H S, et al. Pushing the limits of automated glycan assembly: Synthesis of a 50mer polymannoside. Chem Commun, 2017, 53: 9085-9088.

[275] Zhu Q, Shen Z N, Chiodo F, et al. Chemical synthesis of glycans up to a 128-mer relevant to the *O*-antigen of *Bacteroides vulgatus*. Nat Commun, 2020, 11: 4142.

[276] Joseph A A, Pardo-Vargas A, Seeberger P H. Total synthesis of polysaccharides by automated glycan assembly. J Am Chem Soc, 2020, 142: 8561-8564.

[277] 尹健，叶新山．糖化学：糖类药物研发的重要驱动力．药学进展，2020, 44: 481-483.

[278] Lin F, Lian G Y, Zhou Y. Synthesis of fondaparinux: Modular synthesis investigation for heparin synthesis. Carbohydr Res, 2013, 371: 32-39.

[279] Li T H, Ye H, Cao X F, et al. Total synthesis of anticoagulant pentasaccharide fondaparinux. Chem Med Chem, 2014, 9: 1071-1080.

[280] Jin H Z, Chen Q, Zhang Y Y, et al. Preactivation-based, iterative one-pot synthesis of anticoagulant pentasaccharide fondaparinux sodium. Org Chem Front, 2019, 6: 3116-3120.

[281] Chang C H, Lico L S, Huang T Y, et al. Synthesis of the heparin-based anticoagulant drug fondaparinux. Angew Chem Int Ed, 2014, 53: 9876-9879.

[282] Dai X, Liu W T, Zhou Q L, et al. Formal synthesis of anticoagulant drug fondaparinux sodium. J Org Chem, 2016, 81: 162-184.

[283] Middeldorp S. Heparin: From animal organ extract to designer drug. Thromb Res, 2008, 122: 753-762.

[284] Nagler M, Haslauer M, Wuillemin W A. Fondaparinux-data on efficacy and safety in special situations. Thromb Res, 2012, 129: 407-417.

[285] Petitou M, Duchaussoy P, Herbert J M, et al. The synthetic pentasaccharide fondaparinux: First in the class of antithrombotic agents that selectively inhibit coagulation factor Xa.

Semin. Thromb Hemost, 2002, 28: 393-402.

[286] Walenga J M, Jeske W P, Samama M M, et al. Fondaparinux: A synthetic heparin pentasaccharide as a new antithrombotic agent. Expert Opin Investig Drugs, 2002, 11: 397-407.

[287] Heidelberger M, Avery O T. The soluble specific substance of pneumococcus. J Exp Med, 1923, 38: 73-79.

[288] Avery O T, Goebel W F. Chemo-immunological studies on conjugated carbohydrate-proteins: V. The immunological specifity of an antigen prepared by combining the capsular polysaccharide of type Ⅲ pneumococcus with foreign protein. J Exp Med, 1931, 54: 437-447.

[289] Micoli F, Bino L D, Alfini R, et al. Glycoconjugate vaccines: Current approaches towards faster vaccine design. Expert Rev Vaccines, 2019, 18: 881-895.

[290] Sanapala S R, Kulkarni S S. Expedient route to access rare deoxy amino L-sugar building blocks for the assembly of bacterial glycoconjugates. J Am Chem Soc, 2016, 138: 4938-4947.

[291] Emmadi M, Kulkarni S S. Synthesis of orthogonally protected bacterial, rare-sugar and D-glycosamine building blocks. Nat Protoc, 2013, 8: 1870-1889.

[292] Zeng J, Sun G F, Yao W, et al. 3-Aminodeoxypyranoses in glycosylation: Diversity-oriented synthesis and assembly in oligosaccharides. Angew Chem Int Ed, 2017, 56: 5227-5231.

[293] Peng Y L, Dong J, Xu F Y, et al. Efficient large scale syntheses of 3-*d*eoxy-D-manno-2-octulosonic acid (Kdo) and its derivatives. Org Lett, 2015, 17: 2388-2391.

[294] Huang J S, Huang W, Meng X, et al. Stereoselective synthesis of α-3-deoxy-D-manno-oct-2-ulosonic acid (α-Kdo) glycosides using 5,7-*O*-di-tert-butylsilylene-protected kdo ethyl thioglycoside donors. Angew Chem Int Ed, 2015, 54: 10894-10898.

[295] Dhakal B, Crich D. Synthesis and stereocontrolled equatorially selective glycosylation reactions of a pseudaminic acid donor: Importance of the side-chain conformation and regioselective reduction of azide protecting groups. J Am Chem Soc, 2018, 140: 15008-15015.

[296] Emmadi M, Kulkarni S S. Recent advances in synthesis of bacterial rare sugar building blocks and their applications. Nat Prod Rep, 2014, 31: 870-879.

[297] Shangguan N, Katukojvala S, Greenberg R, et al. The reaction of thio acids with azides: A new mechanism and new synthetic applications. J Am Chem Soc, 2003, 125: 7754-7755.

[298] Baker T J, Luedtke N W, Tor Y, et al. Synthesis and anti-HIV activity of guanidinoglycosides. J Org Chem, 2000, 65: 9054-9058.

[299] Bajza I, Kerékgyárto J, Hajkó J, et al. Chemical synthesis of the pyruvic acetal-containing trisaccharide unit of the species-specific glycopeptidolipid from *Mycobacterium avium*

serovariant 8. Carbohydr Res, 1994, 253: 111-120.

[300] Pedersen C M, Figueroa-Perez I, Lindner B, et al. Total synthesis of lipoteichoic acid of *Streptococcus pneumoniae*. Angew Chem Int Ed, 2010, 49: 2585-2590.

[301] Pozsgay V, Chu C, Pannell L, et al. Protein conjugates of synthetic saccharides elicit higher levels of serum IgG lipopolysaccharide antibodies in mice than do those of the *O*-specific polysaccharide from *Shigella dysenteriae* type 1. Proc Natl Acad Sci USA, 1999, 96: 5194-5197.

[302] Zhang G L, Wei M M, Song C C, et al. Chemical synthesis and biological evaluation of penta- to octa- saccharide fragments of Vi polysaccharide from *Salmonella typhi*. Org Chem Front, 2018, 5: 2179-2188.

[303] Jansen W T M, Hogenboom S, Thijssen M J L, et al. Synthetic 6B di-, tri-, and tetrasaccharide-protein conjugates contain pneumococcal type 6A and 6B common and 6B-specific epitopes that elicit protective antibodies in mice. Infect Immun, 2001, 69: 787-793.

[304] Tian G Z, Hu J, Qin C J, et al. Chemical synthesis and immunological evaluation of *Helicobacter pylori* serotype O6 tridecasaccharide *O*-antigen containing a DD-heptoglycan. Angew Chem Int Ed, 2020, 59: 13362-13370.

[305] Pereira C L, Geissner A, Anish C, et al. Chemical synthesis elucidates the immunological importance of a pyruvate modification in the capsular polysaccharide of *Streptococcus pneumoniae* serotype 4. Angew Chem Int Ed, 2015, 54: 10016-10019.

[306] Ragupathi G, Koide F, Livingston P O, et al. Preparation and evaluation of unimolecular pentavalent and hexavalent antigenic constructs targeting prostate and breast cancer: A synthetic route to anticancer vaccine candidates. J Am Chem Soc, 2006, 128: 2715-2725.

[307] Buskas T, Ingale S, Boons G J. Towards a fully synthetic carbohydrate-based anticancer vaccine: Synthesis and immunological evaluation of a lipidated glycopeptide containing the tumor-associated tn antigen. Angew Chem Int Ed, 2005, 44: 5985-5988.

[308] Cai H, Chen M S, Sun Z Y, et al. Self-adjuvanting synthetic antitumor vaccines from MUC1 glycopeptides conjugated to T-cell epitopes from tetanus toxoid. Angew Chem Int Ed, 2013, 52: 6106-6110.

[309] Liao G C, Zhou Z F, Suryawanshi S, et al. Fully synthetic self-adjuvanting α-2,9-oligosialic acid based conjugate vaccines against group C meningitis. ACS Cent Sci, 2016, 2: 210-218.

[310] Yang F, Zheng X J, Huo C X, et al. Enhancement of the immunogenicity of synthetic

carbohydrate vaccines by chemical modifications of STn antigen. ACS Chem Biol, 2011, 6: 252-259.

[311] Song C, Zheng X J, Liu C C, et al. A cancer vaccine based on fluorine-modified sialyl-Tn induces robust immune responses in a murine model. Oncotarget, 2017, 8: 47330-47343.

[312] Song C, Sun S, Huo C X, et al. Synthesis and immunological evaluation of *N*-acyl modified Tn analogues as anticancer vaccine candidates. Bioorg Med Chem, 2016, 24: 915-920.

[313] Sun S, Zheng X J, Huo C X, et al. Synthesis and evaluation of glycoconjugates comprising *N*-acyl-modified thomsen-friedenreich antigens as anticancer vaccines. Chem Med Chem, 2016, 11: 1090-1096.

[314] O'Cearbhaill R E, Ragupathi G, Zhu J L, et al. A phase I study of unimolecular pentavalent (Globo-H-GM2-sTn-TF-Tn) immunization of patients with epithelial ovarian, fallopian tube, or peritoneal cancer in first remission. Cancers, 2016, 8: 46.

[315] Slovin S F, Ragupathi G, Musselli C, et al. Fully synthetic carbohydrate-based vaccines in biochemically relapsed prostate cancer: Clinical trial results with α-*N*-Acetylgalactosamine-*O*-serine/threonine conjugate vaccine. J Clin Oncol, 2003, 21: 4292-4298.

[316] Slovin S F, Ragupathi G, Fernandez C, et al. A polyvalent vaccine for high-risk prostate patients: "Are more antigens better?". Cancer Immunol Immunother, 2007, 56: 1921-1930.

[317] Put R M F, Kim T H, Guerreiro C, et al. A synthetic carbohydrate conjugate vaccine candidate against shigellosis: Improved bioconjugation and impact of alum on immunogenicity. Bioconjugate Chem, 2016, 27: 883-892.

[318] Verez-Bencomo V, Fernández-Santana V, Hardy E, et al. A synthetic conjugate polysaccharide vaccine against *Haemophilus influenzae* type b. Science, 2004, 305: 522-525.

[319] Kaplonek P, Khan N, Reppe K, et al. Improving vaccines against *Streptococcus pneumoniae* using synthetic glycans. Proc Natl Acad Sci USA, 2018, 115: 13353-13358.

第十五章

蛋白质的合成

第一节　科学意义与战略价值

蛋白质人工合成最早由 Fischer 提出。1953 年，V. du Vigneaud 分离鉴定并化学合成了催产素，获得了 1955 年的诺贝尔化学奖。1965 年，我国科学家首次完成了结晶牛胰岛素的化学合成，在科学史上第一次展示出蛋白质的一级结构可以折叠为具有完整生物活性的构象。20 世纪 60 年代，Merrifield 发展了多肽固相合成方法，极大地推进了蛋白质化学合成的发展，获得了 1984 年的诺贝尔化学奖。由于蛋白质多肽的化学合成可以在任意位点引入非天然基团，人们可以更加主动地改造蛋白质功能、创造非天然蛋白质，为蛋白质多肽药物的发展提供了关键技术。时至今日，已经有超过 70 个多肽药物获得临床应用，另有数百个多肽药物处于不同的临床研究阶段。2003 年，FDA 批准了含有 36 个氨基酸的抗艾滋病多肽药物恩夫韦肽（fuzeon）。2019 年，胰高血糖素样肽-1（glucagon-like peptide-1，GLP-1）类多肽药物市场规模逾 100 亿美元。

另外，蛋白质的功能不仅取决于其自身的氨基酸序列（在人体中有 20 000～25 000 个基因编码），而且取决于复杂的蛋白质翻译后修饰。多种氨基酸侧链上都存在翻译后修饰的现象，包括酰基化、甲基化、磷酸化、糖基化、泛素化、类泛素化等（图 15-1）。蛋白质翻译后修饰提高了蛋白质功能的复杂性，使其处于精密的生物调控网络中，并产生复杂的翻译后修饰间串扰（crosstalk）。深入研究蛋白质的翻译后修饰过程，需要逐一解析靶标蛋白质分子的特定修饰对其结构与功能的影响。由于翻译后修饰的复杂性和动态性，通过生物表达方法和酶促反应获得所需目标样品存在困难。蛋白质的化学合成为获得结构均一且在特定位点具有特定类型修饰的蛋白质提供可能。

蛋白质化学合成将推动不断合成更为复杂的人造蛋白质体系，实现具有重要功能的生物酶催化的仿生构建，发现乃至构造新的自催化、自复制等生命化学系统，推动生命化学的“自下而上”的重新构建，最终实现合成化学与合成生物学的深度融合。

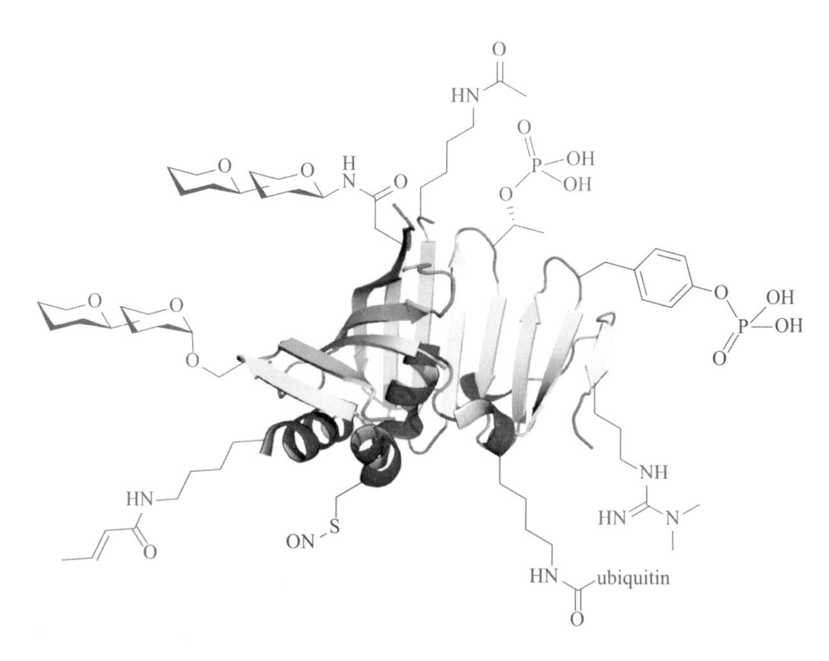

图 15-1　蛋白质翻译后修饰

ubiquitin：泛素

第二节　现状及其形成

一、主要合成方法

（一）固相肽合成法

固相肽合成法（solid-phase peptide synthesis，SPPS）[1] 是多肽和蛋白质合成的核心技术，采用 α-氨基和侧链被保护的氨基酸为基本合成单元。首先，将目标多肽的 C-末端氨基酸共价连接到树脂上，随后脱除氨基上的保护基使其裸露，与经预先活化的另一氨基酸的羧基进行缩合形成肽键，并循环操作使得多肽链在树脂上延长，最终将多肽从树脂上切割下来并脱除侧链保护基，纯化后得到目标多肽（图 15-2）。固相肽合成通过洗涤过滤，除去每步反应后的过量试剂和可溶杂质，避免了繁杂的分离纯化步骤，极大地提高了合成效率。根据 α-氨基保护基的不同，固相肽合成法主要被分为叔丁氧羰基-苄基（Boc-Bzl[2]）和 9-芴甲氧羰基-叔丁基（Fmoc-^{t}Bu）两种策略 [3]。其中基于 Fmoc 保护基的多肽合成反应的脱保护条件更温和，对氨基酸衍生物的化学反应兼容性更好 [4]。2010 年以来发展起来的基于微波加热的自动化多肽合成技术能够更加高效地合成多肽 [5, 6]。

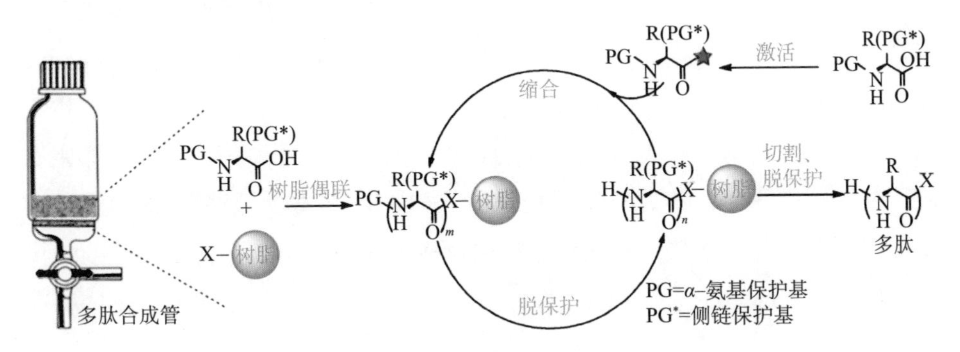

图 15-2　固相肽合成法流程

*：活化基因

（二）多肽片段连接策略

随着树脂上多肽链的延伸[7]，树脂表面的多肽链会发生局部聚集而导致后续的缩合与脱保护不完全，产生与目标多肽序列性质接近的副产物。因此，固相肽合成法通常只能较为高效地获取含50个氨基酸左右的多肽[8]。为了能够化学合成通常含有数百个氨基酸的蛋白质，科学家提出突破固相肽合成局限的新策略，如类似“积木拼接”的多肽片段连接策略（图15-3）。这种拼接策略需要发展多肽片段连接效率高、选择性好、连接位点氨基酸不发生消旋，且能在水相进行的反应。

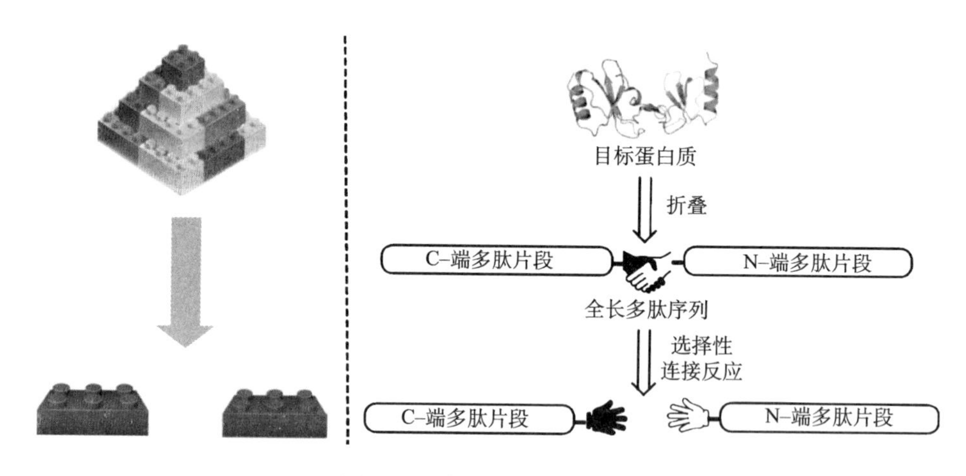

图15-3　多肽片段连接策略

1. 自然化学连接

1953年，Wieland等报道了缬氨酸硫酚酯在水溶液中与半胱氨酸快速反应形成酰胺键［图15-4(a)］[9]。1994年，Kent等提出了自然化学连接（native chemical ligation, NCL）［图15-4(b)］[10]。在温和的中性水相缓冲液中，以C端为硫酯的多肽与另一段N端为半胱氨酸的多肽片段通过分子间转硫酯化反应形成硫酯中间体，随后经过不可逆的分子内S→N酰基迁移形成天然肽键，从而实现多肽片段连接。自然化学连接反应无需有机溶剂，具有很好的生物兼容性及化学选择性，多肽链的C–末端硫酯在氨基、羟基、羧基等基团存在下，无需任何保护基，就可以专一性地与另一多肽链N末端的半胱氨酸巯基进行反应。

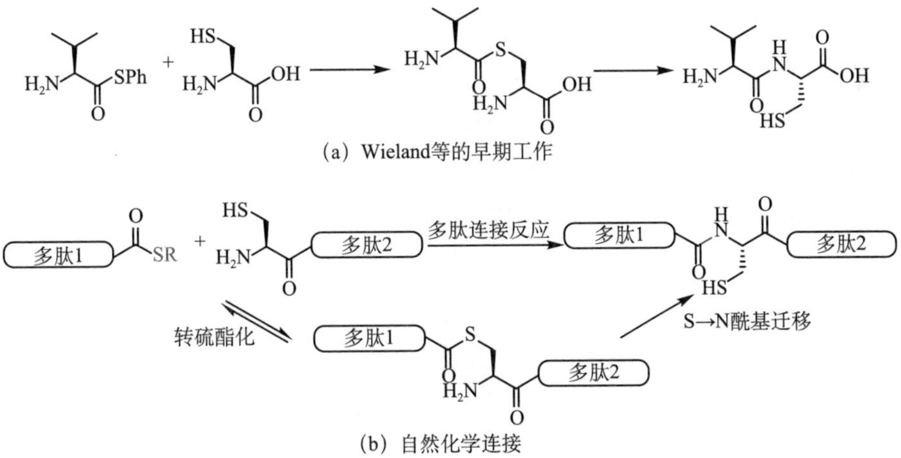

(a) Wieland等的早期工作

(b) 自然化学连接

图 15-4　硫酯与半胱氨酸反应形成酰胺键与自然化学连接及其反应机理

自然化学连接反应对多肽硫酯的活性有较高要求。活泼的硫酯容易发生水解副反应，且在制备和保存过程中容易发生降解。由于硫酯不能与常用的 Fmoc 固相肽合成法策略相兼容，而直接在多肽 C 末端修饰又可能造成氨基酸的消旋，因此多肽硫酯常依靠 Boc 固相肽合成法制备得到。为了克服直接合成硫酯的困难，利用可转化为硫酯的掩蔽型多肽或者多肽硫酯替代物进行连接的策略得到发展和应用 [11]。其中一个策略是利用酰基迁移反应。例如，Liu 等利用分子内 O→S 酰基迁移 [12] 或 N→S 酰基迁移 [13]，原位生成多肽硫酯进行连接（图 15-5）。这些方案有效地解决了多肽硫酯与 Fmoc-SPPS 的兼容性问题。

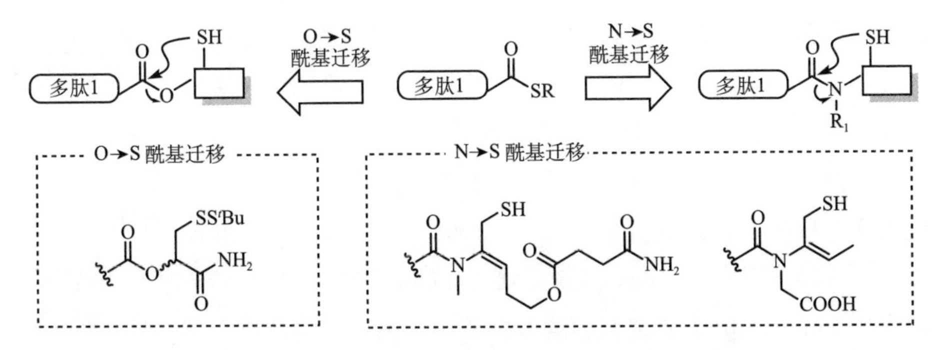

图 15-5　分子内 O/N→S 酰基迁移策略合成多肽硫酯

另一个策略是通过添加外源活化剂将前体 C 末端转化为活性离去基团，在不发生消旋的情况下用硫醇处理，转化为相应的多肽硫酯（图 15-6）。例如，

Pessi 等[14]和 Bertozzi 等[15]发展了一种基于 Kenner 磺酰胺型连接臂合成多肽硫酯替代物，之后以烷基化试剂对其进行活化的策略。2008 年，Dawson 等通过 3, 4–二氨基苯甲酸（3,4-diaminobenzoic acid，Dbz）合成多肽硫酯前体，随后以酰化试剂将其活化为苯并咪唑酮（*N*-acyl-benzimidazolinone，Nbz）[16]。Liu 等发现 Nbz 还可以在酸性条件下氧化生成苯并三氮唑衍生物而被活化[17]。

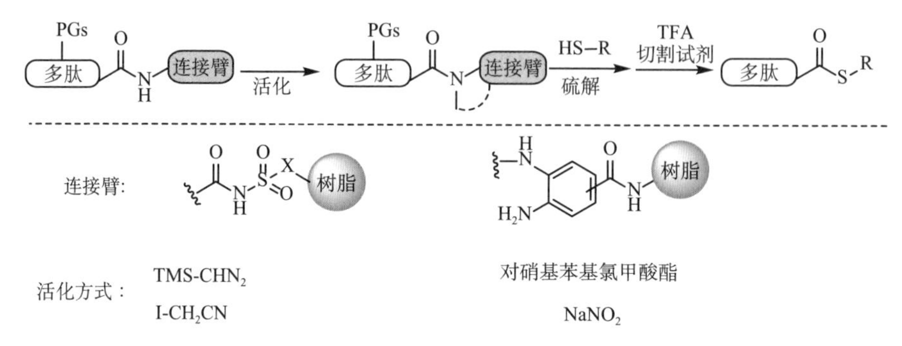

图 15-6　基于酰胺键“外活化”策略制备多肽硫酯

$TMS\text{-}CHN_2$：三甲基硅重氮甲烷；$I\text{-}CH_2CN$：碘乙腈；$NaNO_2$：亚硝酸钠；TFA：三氟乙酸

2011 年，Liu 等发展了基于多肽酰肼的连接反应（图 15-7）[18]。表面修饰为肼的树脂方便易得，可直接应用于固相合成多肽酰肼。多肽酰肼合成效率高、性质稳定、易于储存。在酸性缓冲液中，以亚硝酸钠为氧化剂，可以快速将酰肼氧化活化为酰基叠氮，再通过添加羧甲基苯硫酚（MPAA）原位高效转化为多肽硫酯。由于多肽酰肼与硫酯的反应惰性，无需正交保护就可以实现多肽片段由蛋白质 N 端向 C 端的顺次连接。该方法已经成为多肽片段连接中应用最为广泛的多肽硫酯转化策略，并已被成功应用于多个蛋白质的合成[19]。2018 年，Dawson 等以乙酰丙酮替代亚硝酸钠来活化多肽酰肼，进一步拓展了酰肼法的应用[20]。

蛋白质合成领域的另一项里程碑式的工作是结合了自然化学连接和蛋白质表达两项技术的蛋白质半合成法。1998 年，Muir 等[21]和 Xu 等[22]报道了表达蛋白质连接法（expressed protein ligation，EPL）。这种策略通过将改造的内含肽（intein）插入所要表达的蛋白质中，再通过内含肽介导的蛋白质剪接而得到 C 端带有硫酯的蛋白质，最后利用自然化学连接法将其和化学合成的 N 端含有半胱氨酸的多肽连接起来。这一策略融合了生物合成和化学合成的优势，可以更加高效地合成蛋白质。

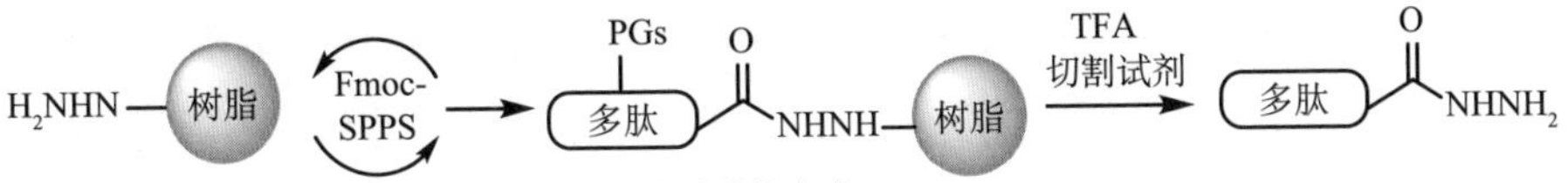

(a) 多肽酰肼的合成

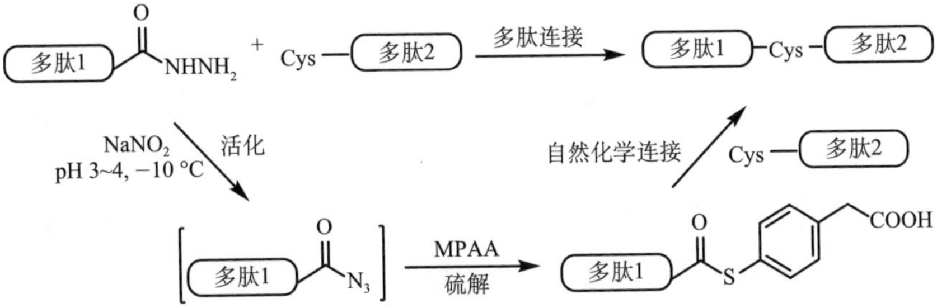

(b) 多肽酰肼连接反应

图 15-7　基于多肽酰肼的片段连接策略

不依赖 N 端半胱氨酸的巯基捕获多肽片段连接。借助多肽 N 端连接的辅助基团进行片段连接，可以突破多肽 N 端半胱氨酸的限制，扩展自然化学连接的应用范围。该方法通过辅基上的巯基介导的转硫酯化反应连接两段多肽，再经过 S→N 酰基迁移形成酰胺键，最后将辅基脱除即可得到连接产物（图 15-8）。辅助基团可以安装到 N 端残基的 α-氨基上，如 Canne 等[23]、Kent 等[24]、

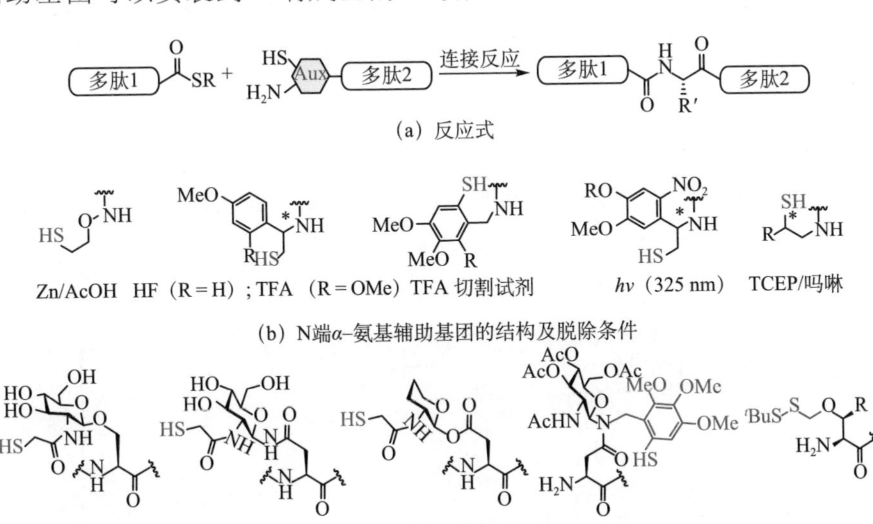

(a) 反应式

(b) N端α-氨基辅助基团的结构及脱除条件

(c) N端侧链辅助基团

图 15-8　N 端 α-氨基辅助基团介导的多肽连接策略

Aimoto 等[25]、Dawson 等[26]、Danishefsky 等[27]、Muir 等[28]、Seitz 等[29, 30]开发了各种基于 α-氨基辅基的连接策略；或者将辅助基团置于氨基酸侧链上，如 Wong 等糖基辅助连接[31, 32]、Brik 等基于天冬氨酸侧链辅基[33]、Liu 等基于糖基化天冬酰胺侧链辅基[34]，以及 Hojo 和 Nakahara 等基于丝 / 苏氨酸侧链辅基[35]的连接策略。

辅助基团的合成、安装和脱除步骤较为烦琐。2001 年，Dawson 等提出了多肽片段的连接-脱硫策略，在连接反应完成后通过催化氢解将巯基脱除，将自然化学连接所必需的半胱氨酸转化为丙氨酸（图 15-9）[36]。Crich 等合成 β-巯基苯丙氨酸作为多肽 N 末端残基以介导与多肽硫酯的连接反应，再经过催化氢解脱除 β 位巯基，实现苯丙氨酸位点的多肽连接[37]。2007 年，Danishefsky 等发展的无金属脱硫反应，为多肽片段连接-脱硫策略带来了突破性进展。该反应以偶氮类化合物 VA-044 为自由基引发剂，三 (2-羧乙基) 膦［tris(2-carboxyethyl) phosphine，TCEP］为还原剂，叔丁硫醇（^{t}BuSH）为氢源，在温和的水相条件下将多肽片段中的半胱氨酸残基转化为丙氨酸[38]。这一反应具有高效、广谱、选择性高等特点，被应用于不同巯基取代氨基酸的连接-脱硫反应中，将多肽片段连接的位点拓展到缬氨酸[39]、亮氨酸[40, 41]、精氨酸[42]、天冬氨酸[43, 44]、赖氨酸[45, 46]、苏氨酸[47]、脯氨酸[48]、谷氨酰胺[49]、谷氨酸[50]、苯丙氨酸[51]、异亮氨酸[52]、色氨酸[53]、赖氨酸等（图 15-10）。

2016 年以来，多个课题组报道了新的温和脱硫反应（图 15-11），包括 Guo 等[54]和 Reiser 等[55]报道的可见光催化脱硫反应、Li 等报道的“膦硼对”TCEP-$NaBH_4$ 脱硫策略[56]、Payne 等报道的基于微流体化学的紫外光脱硫反应[57]等。

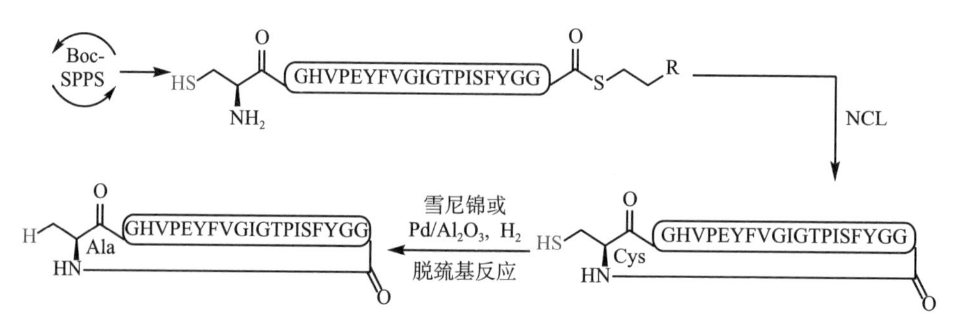

图 15-9　基于金属脱硫策略合成微菌素 (Microcin J25)

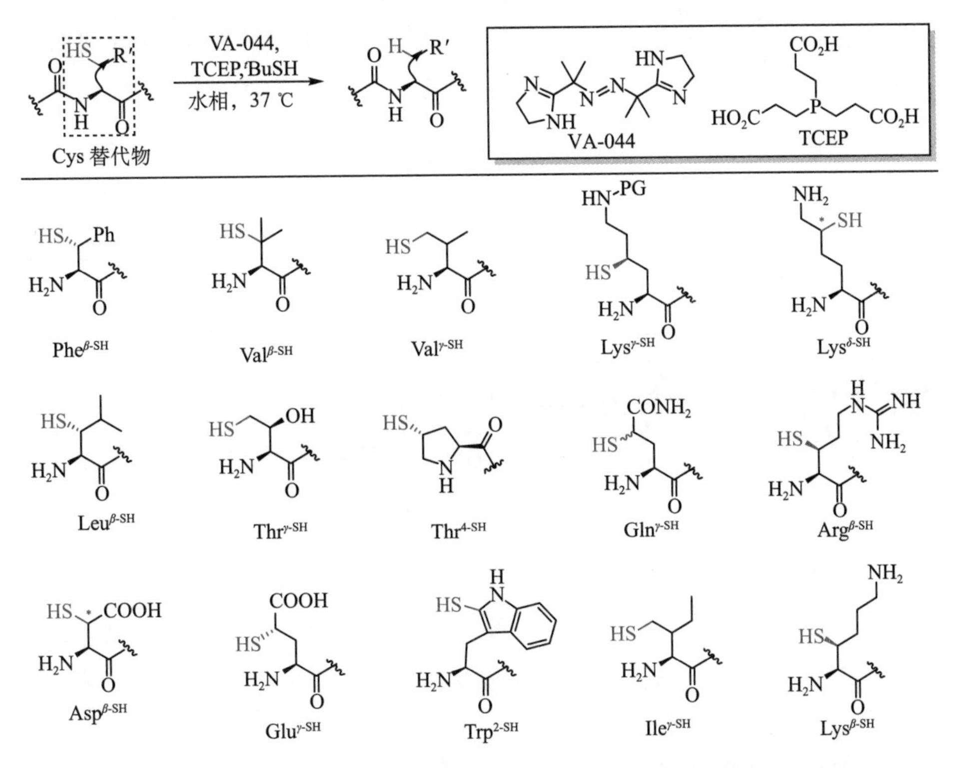

图 15-10　无金属脱硫反应及其在多肽片段连接−脱硫策略中的应用

VA-044：2, 2′−氮杂双 (2−咪唑啉) 二盐酸盐；Cys：半胱氨酸；Phe：苯丙氨酸；Val：缬氨酸；Lys：赖氨酸；Leu：亮氨酸；Thr：苏氨酸；Gln：谷氨酰胺；Arg：精氨酸；Asp：天冬氨酸；Glu：谷氨酸；Trp：色氨酸；Ile：异亮氨酸

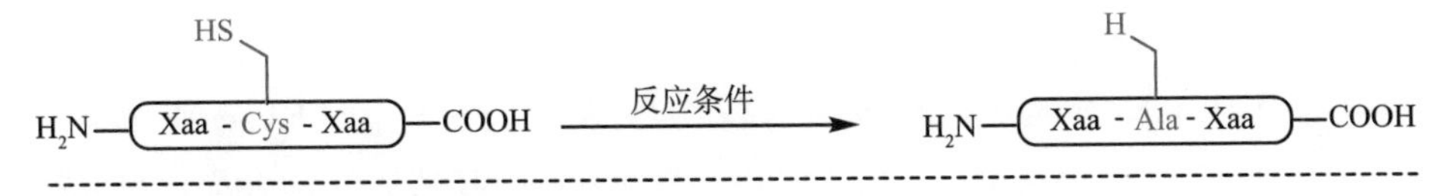

反应条件 a) $h\nu$, TPPTS, $Ru(bpy)_3^{2+}$ (5 mol%)

b) $h\nu$, $P(OEt)_3$, $Ir(dF(CF_3)ppy)_2(dtb\text{-}bpy)PF_6$

c)TCEP-$NaBH_4$

d)TCEP, $h\nu$ (λ=254 nm)

图 15-11　多肽的光催化脱硫反应与 P-B 脱硫反应

Xaa：任一氨基酸；Cys：半胱氨酸；bpy：2, 2′−联吡啶；ppy：2−苯基吡啶；dtb：4, 4′−二叔丁基

基于硒代半胱氨酸和多肽硒酯的多肽连接，硒与硫有许多相似的化学性质[58]。Raines 等[59]、van de Donk 等[60] 和 Hilvert 等[61] 发展了硒代半胱氨酸

（selenolcysteine, Sec）介导的多肽片段连接反应（图 15-12）。该反应的机理与自然化学连接相似，并已经被应用于多种重要的含硒蛋白质的合成，如硒代核糖核苷酶 A[59]、硒代铜蓝蛋白——天青蛋白（azurin）[62] 等。

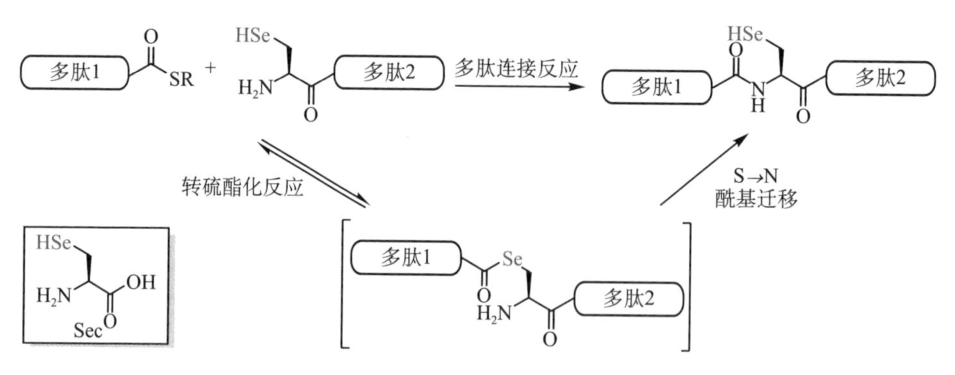

图 15-12　硒代半胱氨酸介导的多肽连接

随后，多个课题组研究了基于含硒醇基团氨基酸的多肽片段连接策略（图 15-13），包括 4-反式硒醇取代脯氨酸衍生物[63]、β-硒醇-苯丙氨酸衍生物[64] 等。研究发现，Sec 上的硒醇可以被选择性还原脱除[65] 或者转化为羟基[66]，并且不影响同一分子上的半胱氨酸巯基。Wang 等近期发展了通过光催化 Giese 反应发散性合成多种硫 / 硒代天然或非蛋白质氨基酸的通用策略（图 15-14）[67]。

另外，人们也研究以活性更高的多肽硒酯代替硫酯进行片段连接反应（图 15-15）。2011 年，Durek 等报道了多肽硒酯的合成，实现了在大位阻的脯氨酸位点与 N 端半胱氨酸多肽的高效连接[68]。2015 年，Payne 等发现多肽硒酯与 N 末端为 Sec 的多肽可以在数分钟内完成片段连接，发生二硒-硒

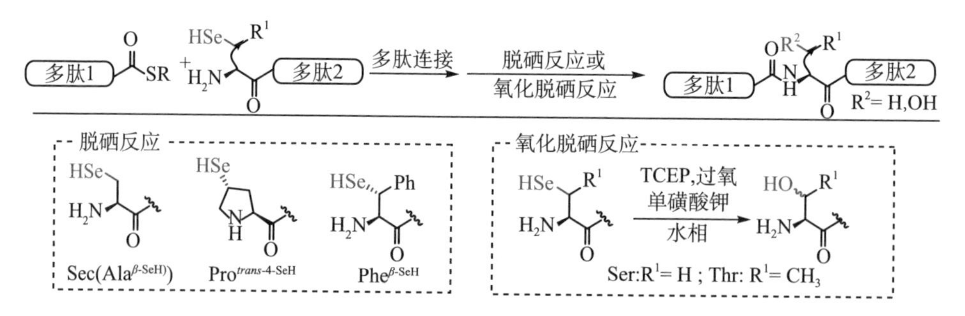

图 15-13　硒代氨基酸衍生物介导的连接后脱硒转化策略

Sec：硒代半胱氨酸；Pro：脯氨酸；Phe：苯丙氨酸；Ser：丝氨酸；Thr：苏氨酸

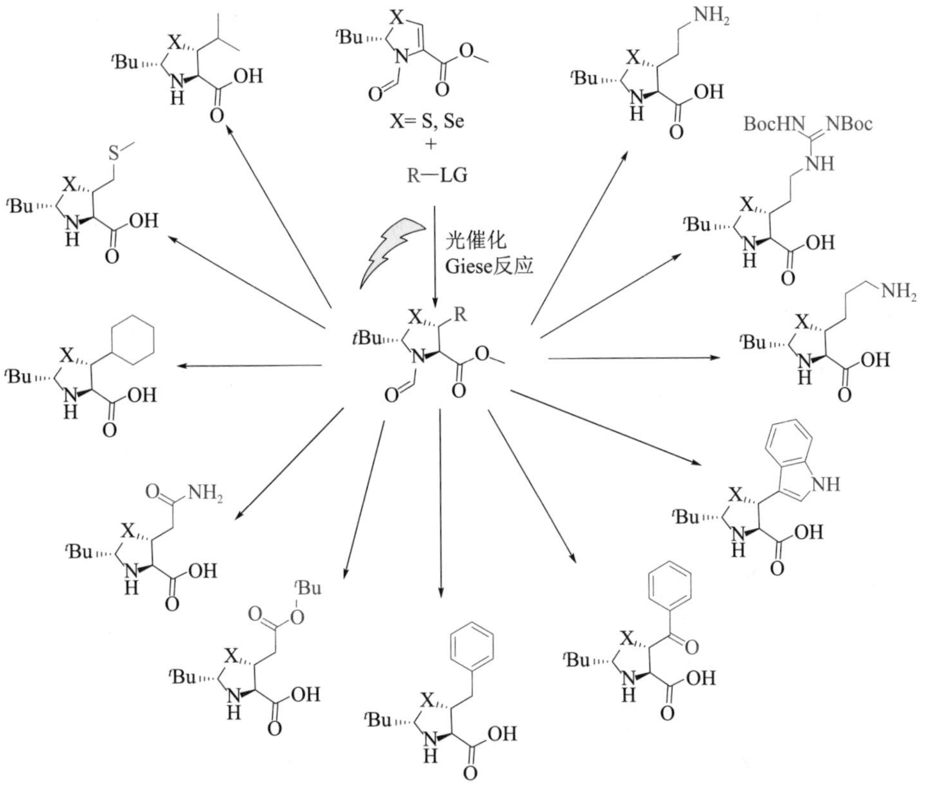

图 15-14　利用光催化 Giese 反应发散性合成多种硫 / 硒代氨基酸

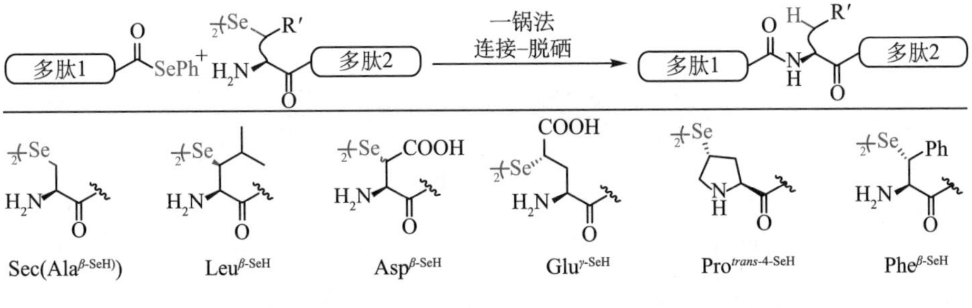

图 15-15　多肽二硒－硒酯连接与连接后脱硒策略的应用

Sec：硒代半胱氨酸；Leu：亮氨酸；Asp：天冬氨酸；Glu：谷氨酸；Pro：脯氨酸；Phe：苯丙氨酸

酯连接反应[69]。随后，Payne 等实现在亮氨酸[70]、天冬氨酸[71]、谷氨酸[71]、苯丙氨酸[72]甚至脯氨酸[73]位点的多肽片段连接，高效完成多个含有磺酸化、糖基化等修饰的蛋白质的合成。最近，Payne 等还发现将二苯基二硒（DPDS）预还原为苯硒醇盐后，可以在低至纳摩尔浓度条件下实现多肽连接[74]。

2. 亚胺捕获多肽连接

1975 年，Kemp 等发现 8-乙酰基萘醛可以与苄胺反应形成亚胺中间体，随后发生 O → N 酰基迁移，生成含酰胺结构的产物（图 15-16）[75]。1994 年，Tam 等在多肽 C 端缀合带有醛基的基团，实现了与 N 端含丝氨酸、苏氨酸和半胱氨酸的多肽片段的连接 [76]。2010 年以来，Li 等的丝氨酸 / 苏氨酸连接反应（图 15-17）[77, 78] 及半胱氨酸 / 青霉胺连接成为基于亚胺捕获连接策略的一项重要进展。该方法运用水杨醛作为亚胺捕获的“把手”，在完成多肽连接

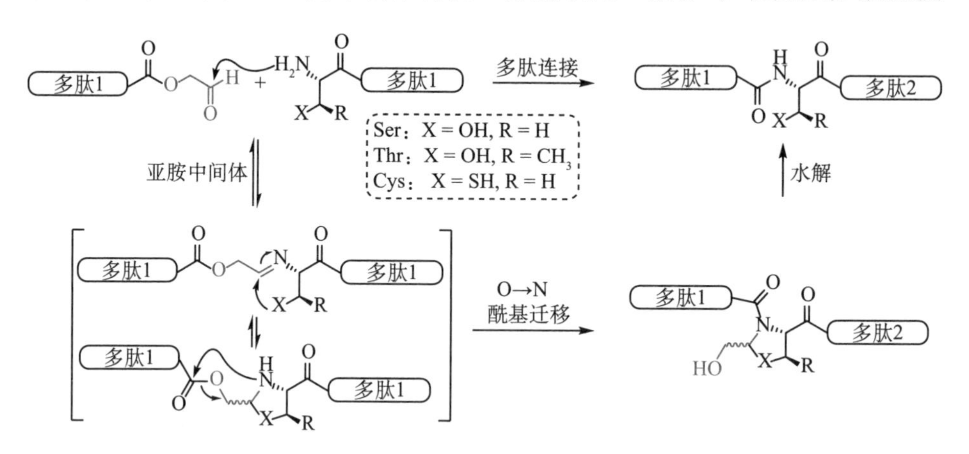

图 15-16　多肽的亚胺捕获连接及其反应机理

Ser：丝氨酸；Thr：苏氨酸；Cys：半胱氨酸

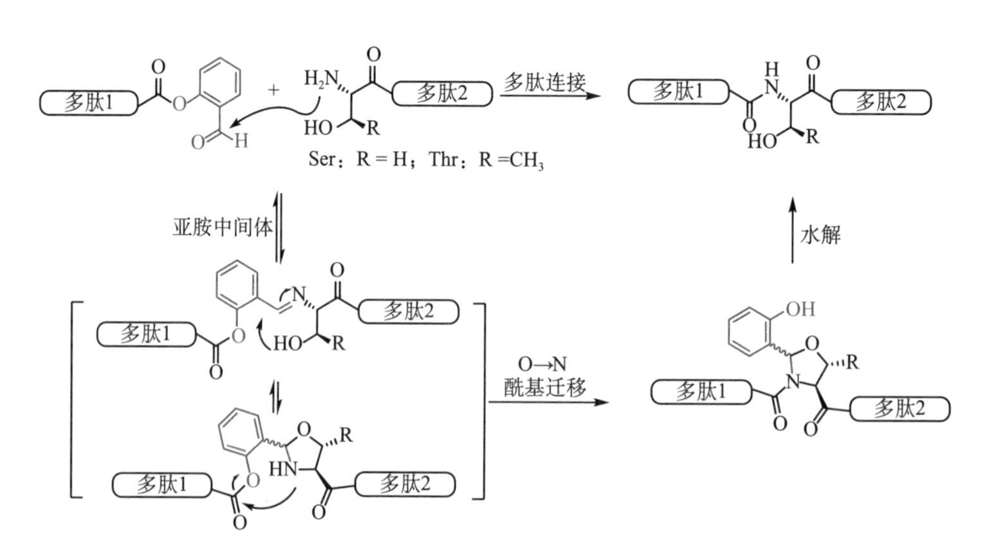

图 15-17　丝氨酸 / 苏氨酸连接及其反应机理

后，可在酸性水解条件下除去“把手”，得到含天然氨基酸残基的目标多肽。该方法基于自然界中丰度较高的丝氨酸 / 苏氨酸、半胱氨酸，以及可以脱硫成为缬氨酸的青霉胺，具有高效连接、高选择性、无消旋化副反应等特点，被应用于达托霉素[79]、泰斯巴汀（Teixobactin）[80]、人红细胞酰基磷酸酶[81]、糖基化修饰的白细胞介素−25[82]及磷酸化修饰的高迁移率族蛋白 A1[83]等多种活性肽和蛋白质合成中。

3. Staudinger 多肽连接

1919 年，Staudinger 等报道了有机叠氮化合物与三芳基膦反应生成亚胺基膦中间体，水解后得到伯胺化合物的反应（图 15-18）[84]。基于该反应原理，Raines 等将三苯基膦衍生物连接到多肽 C 端（图 15-19）[85]，与 N 端为 α−叠氮氨基酸的多肽反应，经亚胺基膦中间体的生成和自发的水解脱除，形成天然肽键[86]。Bertozzi 等也将基于 Staudinger 反应的生物正交连接策略应用于细胞表面糖链的标记中（图 15-20）[87]。

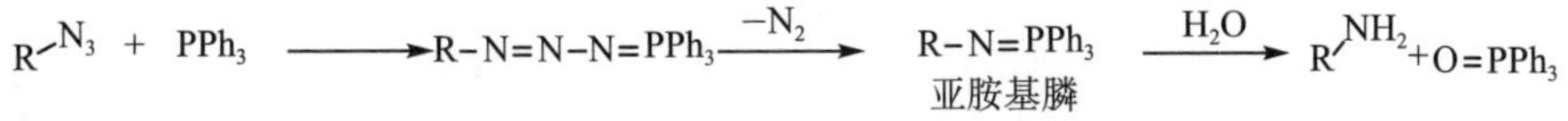

$$RN_3 + PPh_3 \longrightarrow R{-}N{=}N{-}N{=}PPh_3 \xrightarrow{-N_2} \underset{\text{亚胺基膦}}{R{-}N{=}PPh_3} \xrightarrow{H_2O} RNH_2 + O{=}PPh_3$$

图 15-18　Staudinger 反应及其机理

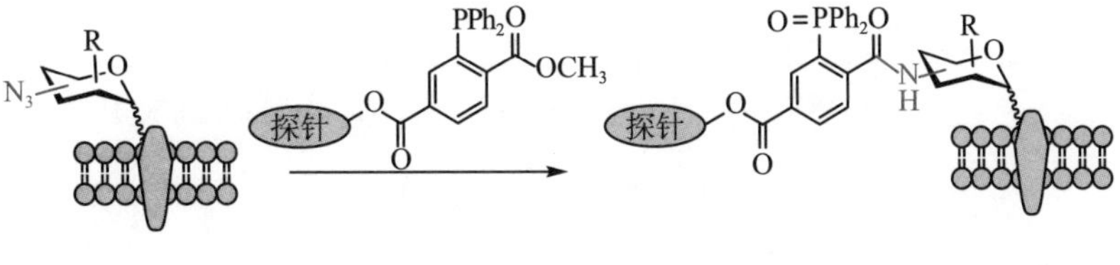

图 15-19　Staudinger 连接进行细胞表面糖标记

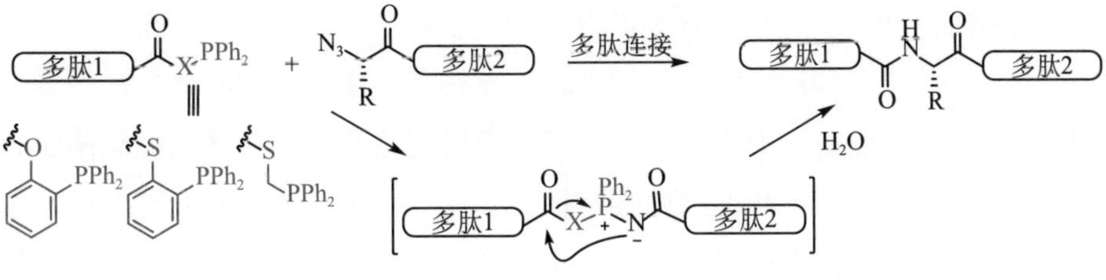

图 15-20　多肽的 Staudinger 连接

4. 酮酸羟胺多肽连接

2006 年，Bode 等发现 α－酮酸与羟胺化合物可以在加热条件下，经脱羧和脱水形成酰胺键［图 15-21(a)］[88]。他们将其扩展到多肽连接中，即通过固相肽合成得到 C 端含酮酸基团的多肽，与 N 端含羟胺的多肽反应，高效、高选择性地形成肽键，并将这一方法称为酮酸羟胺多肽连接（α-ketoacid-hydroxylamine ligation，KAHA 连接）[89]。氧杂脯氨酸、氧氮杂环丁烷衍生物、二氟氧杂脯氨酸衍生物等作为 N 端氨基酸的多肽，均可以与多肽酮酸连接，得到连接位点分别为高丝氨酸、丝氨酸、苏氨酸和天冬氨酸的连接产物［图 15-21(b)］[90-92]。这一方法被成功运用于一氧化氮转运蛋白[93]、AS-48[94]等蛋白质的化学合成中。

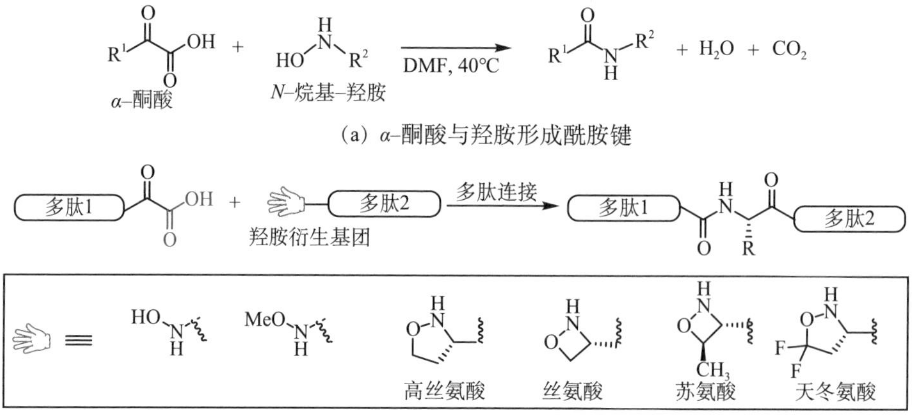

(a) α–酮酸与羟胺形成酰胺键

(b) 酮酸羟胺多肽连接及不同氨基酸的羟胺衍生物前体

图 15-21　KAHA 连接反应

二、主要应用领域

化学合成可以获取生物方法难以制备的蛋白质。例如，化学合成的高度均一的、带有特定翻译后修饰的精密蛋白质样品，有助于理解体外重构的翻译后修饰蛋白质的生物学奥秘；通过对氨基酸残基侧链、多肽二级结构进行精准改造，可以改善多肽的代谢稳定性、膜穿透性等理化性质，开发应用于疾病诊断和治疗的蛋白质多肽药物。化学合成还可以创造自然界中不存在的蛋白质，如由 D 型氨基酸组成的镜像蛋白质。这种 D 型蛋白质可用于研究蛋白质的外消旋结晶、镜像噬菌体筛选 D 型多肽类药物，以及构建镜像生命系统等。

（一）合成翻译后修饰的蛋白质

蛋白质翻译后修饰是指蛋白质生物合成后，在生物体内一些酶的作用下，氨基酸侧链与特定的修饰基团发生共价连接或者进行肽链切割。常见的修饰基团包括磷酸基团、烷基、酰基、聚糖等，也包括一些复杂的修饰，如泛素和类泛素等。这些修饰参与多种细胞过程，并影响蛋白质的结构和功能。生物技术难以获取均质、带有翻译后修饰的蛋白质样品，限制了人们对于翻译后修饰调控蛋白质结构及功能的认识。化学合成则通过在氨基酸侧链引入特定修饰基团，实现带有翻译后修饰的蛋白质样品的精准获取，有力推动了蛋白质翻译后修饰的研究。

1. 小型翻译后修饰

常见的小型翻译后修饰包括磷酸化、乙酰化等。这些翻译后修饰通过改变蛋白质的理化性质或者改造蛋白质结构，来调控蛋白质功能。例如，p62 是一种自噬蛋白受体，其活性受 S403 和 S407 位磷酸化调控[95]。2017 年，Tan 等[96]利用转肽酶（sortase）介导的酰肼连接法合成了三种带有磷酸化修饰的 p62。定量生化研究发现，S403/S407 双磷酸化修饰的 p62 通过增加与 K63 二泛素的结合力，上调选择性自噬。除了磷酸化修饰，化学合成也能实现乙酰化修饰蛋白质的合成。2017 年，Li 等[97]通过酰肼法化学半合成了 K19/K48 双乙酰化修饰的 Atg3 蛋白质，并发现 Atg3 乙酰化作用增强了其与含有磷脂酰乙醇胺的脂质体和内质网的结合作用，促进了 Atg8 酯化过程。

2. 糖基化修饰

蛋白质糖基化修饰是常见的翻译后修饰之一。它指的是糖基转移酶将糖类转移至底物蛋白特定氨基酸侧链，形成糖苷键的过程。由于糖基化修饰的复杂异质性，生物重组或酶法难以获取含有均一糖链的蛋白质，长期阻碍了这一方面的研究进展。化学合成可以克服这一困难，为阐明糖修饰对蛋白质结构与功能的影响，以及开发更好功效的糖蛋白药物，提供了关键的方法。例如，Danishefsky 等[98]及 Kajihara 等[99, 100]分别实现了促红细胞生成素均质糖基化变体的化学全合成，发现该糖基化的促红细胞生成素变体与天然促红细胞生成素具有类似的生理活性。

3. 泛素化修饰

泛素化修饰是功能最为丰富的蛋白质翻译后修饰之一，广泛参与细胞周期调节、细胞凋亡和自噬等过程[101]。泛素通过C端的α-羧基与底物蛋白赖氨酸侧链氨基形成异肽键，称为单泛素化；泛素还能通过其M1、K6、K11、K27、K29、K33、K48、K63等残基侧链与另一泛素C端的α-羧基缩合，形成链型丰富的泛素链。深入理解泛素化的功能及分子机制，需要获取精准修饰的泛素样品。

近期，核因子kB关键调控蛋白（NEMO）的K27泛素链修饰被发现抑制树突状细胞产生白细胞介素-6（IL-6）[102]。为探究K27泛素链的生化机制，2016年，Pan等使用甘氨酸辅基的方法化学合成了K27二/三泛素。通过观察晶体结构，他们首次发现K27二/三泛素分别采用对称和三角构象，两者都具有异肽键包埋在内部的新特征，为K27泛素链的独特功能提供了结构基础[103]。2020年，Lutz等通过“点击化学”制备了不同长度的泛素链类似物，发现泛素链的互作蛋白质偏好性与其长度相关，如K29/33六泛素倾向于与转移酶等代谢相关酶结合，激酶等蛋白质修饰酶却更倾向于结合K29/33二泛素或四泛素[104]。

4. 翻译后修饰的核小体

真核生物的DNA缠绕着由核心组蛋白H2A、H2B、H3、H4组成的八聚体而构成核小体，并以此为基本单元，高度压缩在染色质中。核心组蛋白上的翻译后修饰，如甲基化、乙酰化、乳酸化、泛素化、类泛素化等，改变了核小体的理化性质或影响了其互作效应蛋白质[105]，在DNA复制、转录等染色质相关进程中扮演着重要角色[106]。鉴定识别核小体上各种翻译后修饰的功能和相关互作蛋白质是需解决的重点问题。2014年，Muir等利用化学半合成方法获取多种翻译后修饰组蛋白，并将其组装成核小体，通过DNA编码文库技术实现了核小体蛋白互作组和翻译后修饰之间串扰关系的高通量筛查[107]。他们又利用蛋白质内含肽剪接技术在细胞内获取了带有翻译后修饰的核小体，进一步原位评估了核小体翻译后修饰对其互作组的影响[108]。

（二）合成蛋白质多肽药物

多肽药物因其安全性高、适应性广且疗效显著等特点，被广泛应用于多种疾病的治疗[109]。化学合成已成功应用于人造多肽、多肽毒素、环肽等药物研发领域，弥补了天然蛋白质多肽药物在代谢稳定性、免疫原性等方面的不足。

1. 人造多肽药物

天然多肽类药物具有较差的吸收、分布、代谢特性。化学合成可以通过对先导化合物进行改造，如对二硫键或氨基酸进行非天然修饰[110]，合成一系列药物备选物以供筛选，从而改善药物的安全性、稳定性等。目前，化学合成的多肽类药物已被应用于多种疾病的治疗[111]。例如，2000 年，研究人员对天然水蛭素与凝血酶的结构和分子作用机制进行研究，通过化学合成得到目前应用最广泛的抗凝血药物比伐卢定（bivalirudin）。与水蛭素相比，比伐卢定可以可逆结合凝血酶，展现出特异性强、代谢快等特点[112]。

2. 多肽毒素药物

多肽毒素是一类来自动物或植物毒液的富含二硫键的小型蛋白质。该类蛋白质可作为调控子，特异性激活或抑制各类膜蛋白，进而调控相应生理过程，包括兴奋传递、代谢、内环境稳态维持等[113]。然而，多肽毒素大多数具有复杂的拓扑结构，难以通过重组表达或从毒液中原位提取等方式大量制备。化学合成已成为获取多肽毒素药物的重要手段。例如，齐考诺肽（prialt，镇痛药）是一种包含 3 个二硫键的芋螺毒素类似物。2004 年化学合成的齐考诺肽批准上市[114]，2012 年化学合成的利那洛肽（Linaclotide）批准上市[115]。

3. 环肽类药物

相比于线型肽，环肽结构刚性大，不易被蛋白酶降解，可精确靶向蛋白质间的相互作用，具有巨大的成药潜力。化学合成在对环肽进行修饰和改造的同时，也为解决天然环肽产物含量低、分离困难的问题指明了方向。

环肽抗生素 malacidin A 是一种钙依赖性的抗生素，对多种细菌具有普适性。malacidin A 的结构为包含五个非蛋白质氨基酸的环九肽，其中两种氨基酸的 *R*/*S* 构型无法确定。Li 等[116]采用固相肽合成结合 β-羟基天冬氨酸介导的多肽环化方法，全合成了上述化合物。通过比对报道的 NMR 数据，确定了

malacidin A 的绝对构型。该合成策略具有化学选择性，不产生差向异构体和天冬氨酸多聚副产物，为含羟基天冬氨酸（HyAsp）等羟氨基酸环肽的合成及其构效关系的研究提供了指导方法。

除了全合成，化学合成还可以对环肽药物进行改造，得到临床候选药物。Vicente 等[117]合成了抗真菌多肽 Cm-p5 的环肽类似物 CysCysCm-p5。该环肽的抗真菌能力优于广谱抗真菌药物氟康唑，在保留 Cm-p5 低细胞毒性的基础上，用二硫键稳定其 α-螺旋结构，增加了代谢稳定性。

（三）合成生物学

除了合成自然界中存在的蛋白质，化学合成还可以人工创造自然中不存在的蛋白质。例如，将化学合成的 D 型蛋白质应用到噬菌体展示技术中，筛选特异性高且半衰期长的 D 型多肽药物。另外，化学合成 D 型蛋白质还可以用于构建 D 型的 DNA 聚合酶、RNA 聚合酶等，实现自下而上的生命化学重构。

1. 镜像噬菌体展示技术

多肽药物半衰期短且具有潜在的免疫原性，是困扰多肽分子成药的重要问题[118]。通过直接合成自然界不存在的 D 型多肽来抵抗天然 L 型蛋白酶的降解，可大大提高多肽药物的半衰期，且不会产生免疫原性[119]。1996 年，Kim 等开发了镜像噬菌体展示技术[120]。他们将化学合成的 D 型蛋白质作为靶标，通过镜像噬菌体展示技术筛选特异性结合 D 型靶标蛋白的 L 型多肽。随着固相肽合成和各种蛋白连接技术的发展，合成尺寸更大、功能更复杂的 D 型蛋白质成为可能，促进了镜像噬菌体展示技术在 D 型多肽药物发现中的应用。例如，将镜像噬菌体展示技术用于针对肿瘤免疫治疗的 D-肽抑制剂的筛选。肿瘤细胞可以通过表达免疫检查点蛋白质（如 PD-L1），阻止 T 细胞的进攻，逃避宿主的免疫系统[121]。因此，以免疫检查点蛋白质为靶点的抗肿瘤研究有望成为治疗癌症的方向[122]。2015 年，Chang 等首次通过镜像噬菌体展示的方法筛选了针对 PD-1/PD-L1 通路的 D-肽抑制剂[123]。他们首先通过基于酰肼法的自然化学连接法合成了 D 型的 PD-L1 的 IgV 结构域；然后将复性的 D-PD-L1-IgV 作为靶标，经镜像噬菌体展示技术得到最优的分子 D-PPA1。小鼠模型证明，D-PPA1 能有效地阻碍 PD-1/PD-L1 的相互作用，从而抑制肿瘤的生长并延长动物存活期。

2. 镜像生命系统

除了诊断和治疗的应用，化学合成的D型蛋白质还能帮助我们探索为何几乎所有的蛋白质都是由L型氨基酸和非手性的甘氨酸组成的。2016年，Wang等通过基于蛋白质酰肼的三片段连接法化学全合成了D型非洲猪瘟病毒聚合酶X（D-ASFV pol X）[124]。研究表明，中心法则中的复制和转录步骤都可以由D-ASFV pol X来完成，并遵循自然界碱基配对的原则，具有严格的手性特异性及自然的镜像形式。然而，D-ASFV pol X的热稳定性差，无法进行PCR，限制了其进一步应用。2017年，Pech、Jiang和Xu等分别通过基于蛋白质酰肼的自然化学连接反应，合成出能够实现PCR的D型热稳定聚合酶D-Dpo4-3C及D-Dpo4-5m [125-127]。热稳定的D型聚合酶的发展，验证了镜像PCR的可行性，进一步完善了镜像中心法则，为镜像生命系统的构建奠定了基础。

（四）其他

1. D−蛋白质的外消旋晶体学

D−蛋白质还被应用于外消旋晶体学。基于D−蛋白质的外消旋晶体学，具有提高结晶成功率、弥补天然蛋白质对称性缺失、消除晶体衍射随机相位问题的独特优势。借助D−蛋白质的外消旋晶体学的优势，许多难以被解析的天然蛋白质结构被测定出。2013年，Dang等通过自然化学连接法全合成了海葵毒素ShK的镜像分子D-ShK；利用外消旋晶体学，他们解析了海葵毒素ShK的晶体结构 [128]。

2. 可光控蛋白质的合成

光化学交联基团依靠紫外光照射引发交联反应，具有对反应进行时空控制的独特优势。将光化学基团修饰到蛋白质上，能够在不同环境下实现对蛋白质活性和功能时空选择性的研究。2015年，Liu等合成了可被双光子激活的细胞趋化因子CCL5，并在单细胞水平上成功实现了光激发的T细胞迁移，展现了化学合成的高质量可光控蛋白质在研究活细胞生命事件中的潜力 [129]。2020年，Burton等合成组蛋白H3K9me3光交联探针IntN，可以高效地与细胞核内天然表达的IntC H3发生剪接反应，在分离出的细胞核内原位合成带有 H3K4me3 修饰和二氮环丙烯光交联基团的组蛋白 H3；再结合稳定同位素标记（SILAC）技术，筛查 H3K4me3 修饰的蛋白质互作组 [108]。

3. 膜蛋白的合成

膜蛋白或作为生物膜的一部分，或与生物膜相互作用，在信号转导和底物转运等过程中起着关键的生理作用。2013 年，Asahina 等利用 *O*-酰基异肽结构增强合成片段的溶解度，通过自然化学连接法，成功合成了 T 细胞免疫受体 Tim-3 [130]。但是，这些方法仍然需要针对特定膜蛋白序列选择助溶基团，并且操作烦琐。为解决这个问题，Zheng 等报道了可移除骨架修饰策略用于合成膜蛋白。在膜蛋白跨膜肽骨架上安装可移除的多精氨酸助溶标签。带有这种标签的跨膜肽，在纯化、连接和质量表征过程中的性质与水溶性肽相似。将这种策略与基于酰肼法的自然化学连接相结合，他们成功实现了流感病毒 M2 质子通道、内向整流性钾离子通道 Kir5.1 跨膜区域和丙肝病毒 p7 阳离子通道的高效合成 [131]。

第三节　关键科学问题、关键技术问题与发展方向

一、关键科学问题与关键技术问题

（一）方法与效率

得益于固相肽合成技术和多肽片段连接方法的发展，合成超过 300 个氨基酸的蛋白质已经成为可能。但是固相肽合成的价格昂贵 [132]，且多段蛋白质连接需要多次纯化分离，造成产物的大量损失。虽然一锅法 [133] 及固相多肽连接可以减少分离纯化步骤，但它们的应用仍然具有很大的局限性 [134]。此外，较大蛋白质还具有严重的中间体聚集问题 [135]。目前，只有少数含有大于 300 个氨基酸的蛋白质可以通过化学全合成得到 [125, 136-138]，大部分较大蛋白质的化学合成仍然十分困难 [139, 140]。

（二）人工智能设计

在现有蛋白质分子基础上进行人工设计来得到新的蛋白质分子的方法，耗时且效率低。因此，发展快速高效得到具有生理活性的蛋白质分子方法已成为科学家们的研究重点。传统确定蛋白质空间结构的方法包括 X 射线晶体学及核磁共振法等，但这些方法仅对一些小型蛋白质的结构确定有一定作用，使用范围受限。Baker 等[141]尝试利用计算机模型解决蛋白质折叠的问题。他们通过计算相邻氨基酸间的相互作用来预测蛋白质结构，并进一步建立计算机模型，从而设计出不同类型的蛋白质序列。

（三）全自动化

2020 年，Pentelute 等发展了自动化流动多肽合成法[142]。该方法提高了多肽缩合反应的效率，但需要在高温条件下才能有效进行，且有消旋副产物的生成，不适用于大型蛋白质的合成。2018 年，Payne 等发展了一种利用流动化学手段来实现自然化学连接–脱硫合成蛋白质的方法，以突破自然化学连接对传统液相反应的依赖[57]。

二、发展方向

（一）蛋白质翻译后修饰机器：结构、机制、调控

天然来源的蛋白质翻译后修饰合成过程不可控，且得到的通常是非均一、多修饰的混合物。使用化学方法制备翻译后修饰蛋白质，可以定向地得到单一修饰且功能可控的蛋白质，但是合成步骤较长且过程较为烦琐[143]。将化学和生物方法相结合，可高效地获取带有复杂翻译后修饰的蛋白质。例如，通过化学合成和酶催化，实现单一糖基化蛋白质家族的合成（图 15-22）。首先，在多肽片段上先引入一个单糖，再结合化学–酶法，在糖基转移酶的作用下实现糖链的延伸[144, 145]，最后通过自然化学连接合成结构均一的糖蛋白，实现定向、单一翻译后糖基化修饰蛋白质的制备。此外，通过对表达系统进行优化，可直接生物合成携带有天然蛋白质或非蛋白质氨基酸（图 15-23），并分析该修饰对蛋白质功能等的影响[146]。

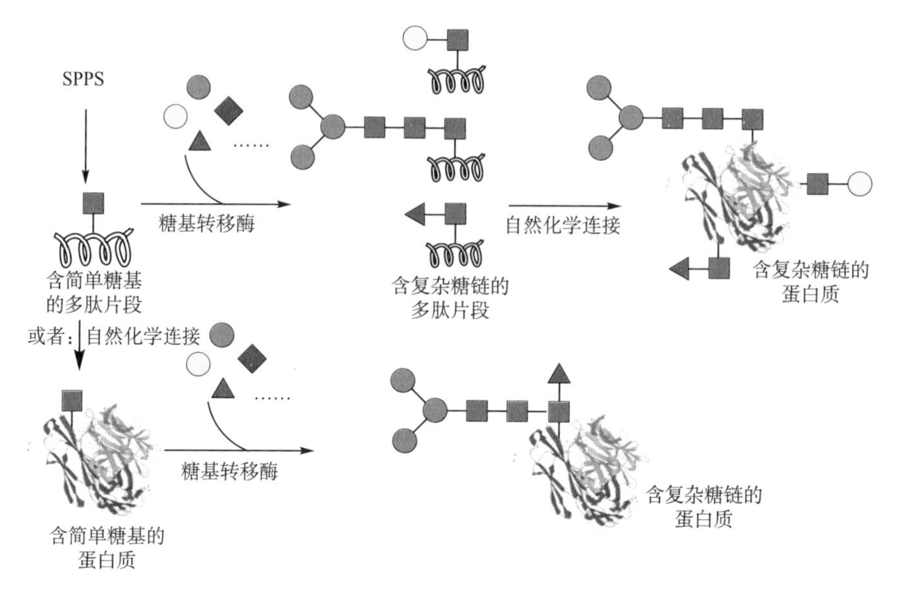

图 15-22　糖基转移酶参与的糖基化蛋白质合成

SPPS：固相多肽合成

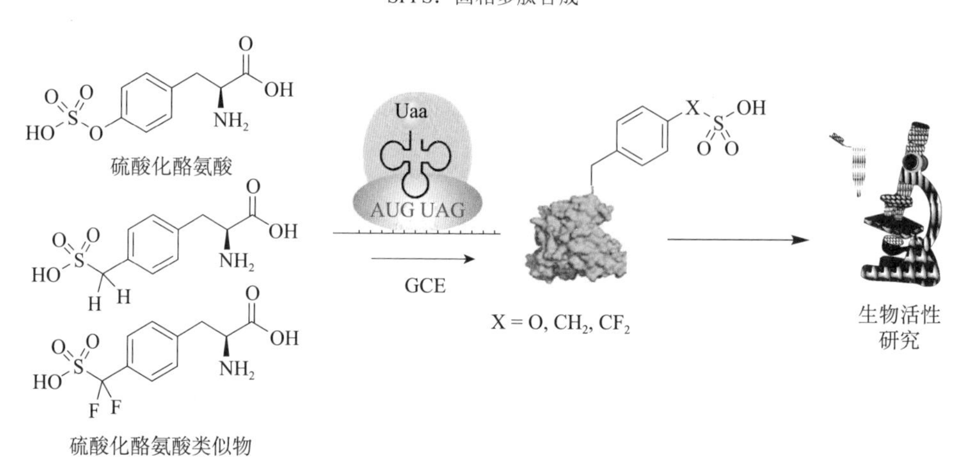

图 15-23　基因表达和化学方法结合的翻译后修饰

（二）合成多肽 / 蛋白质药物

越来越多的多肽药物得到开发并被应用于肿瘤、肝炎、糖尿病、艾滋病等疾病的预防、诊断和治疗中 [147]。一部分多肽药物可以从动植物中直接提取获得，但该方法获得的多肽纯度和产量都较低。随着多肽合成技术的发展 [10, 98, 139]，化学合成法在多肽药物的合成中占有更大的比例。例如，化学合成的口服长效降糖药索马鲁肽，其全球销量达到每年200亿美元以上。通过化学合成的方法改造和优化多肽药物，可以改善其半衰期短的特点，更快确定其药用价值。例如，在合成过程中实现氨基酸替代、定点修饰突变、糖基化、环化与聚合物缀合等，都可以提高合成多肽药物在体内的生物利用度[148, 149]。此外，自然化学连接与多肽药物化学修饰的结合成为蛋白质类药物高通量筛选的手段之一[150]（图15-24）。各种变异氨基酸模块可以在固相肽合成法中被精确引入所需位点，对所得多肽片段进行自然化学连接组装，得到具有目标修饰的同类蛋白质库，从而对其活性和副作用进行测试。

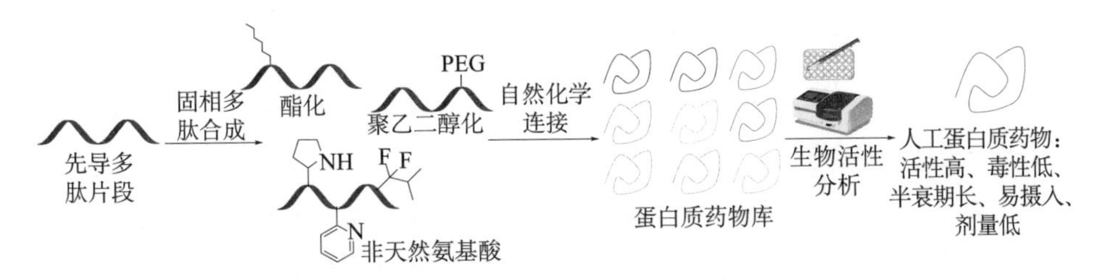

图15-24　通过自然化学连接合成蛋白质类药物

PEG：聚乙二醇

（三）功能材料：力学材料、生医材料、信息材料

蛋白质化学合成可以提供生物方法难以获得的蛋白质。越来越多的化学合成蛋白质被应用于生物化学和生物物理研究[151]，在力学材料、生医材料及信息材料应用方面具有广阔的发展前景。例如，通过化学合成技术将蛋白质与卟啉类、芳醚类树枝状聚合物分子（图15-25）结合，制备出具有优良物理性能的人工蛋白质偶联超分子；对与弹性蛋白有关的简单重复多肽进行改造，使其表现出类似于完整蛋白质的机械性能[152]，同时，化学制备的类弹性蛋白多肽具有更加优异的生物相容性与稳定性[153]；将纳米粒子等与蛋白质缀合，得到具备多种化学、物理学和生物学特性的携带蛋白质的纳米粒子[154]。此外，采用多学科交叉手段构建由L型核酸和D型镜像蛋白质组成的镜像生物学体系[124]，通过化学合成制备一系列DNA/RNA聚合酶、连接酶等，构建镜像酶工具箱，并进一步实现镜像扩增、转录、镜像筛选、测序等，发展镜像信息存储、编码，完善镜像信息分子技术，是化学合成蛋白质的另一发展方向。

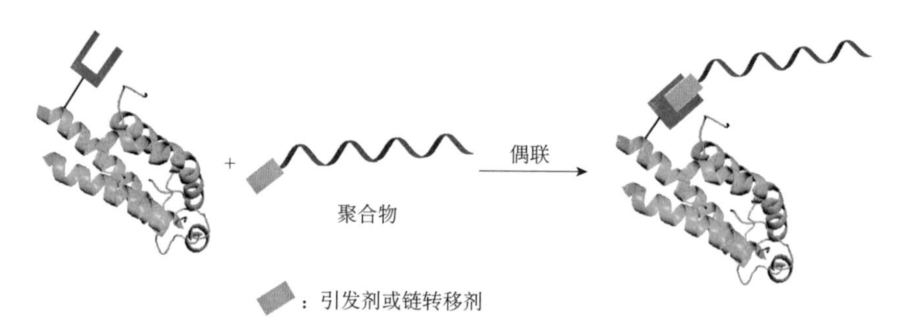

图 15-25 形成聚合物–蛋白质结合物的通用策略

（四）与生物合成深层次交叉融合

化学合成大型带有修饰的蛋白质（>300 个氨基酸）仍然会是自然化学连接方法学的主要目标。大型蛋白质的化学合成存在合成步骤中的产率问题。发展表达蛋白质连接方法学可以有效地克服这些问题，达到高效合成的目的。受限于现有方法的瓶颈，表达蛋白质必须包含 N 端半胱氨酸残基以进行自然化学连接。为解决现有方法普适性低的问题，我们需要发展在非半胱氨酸连接位点进行表达蛋白质连接的策略。其主要包括：①对生物表达系统进行优化，使之可以引入 N 端硫 / 硒代氨基酸 [67, 69] 以进行化学连接；②对之后的脱硫 / 硒反应进行优化，仅消除连接位点的硫 / 硒，保留蛋白质序列中原有的半胱氨酸残基。解决了两个问题，将会显著提高蛋白质半合成方法的通用性（图 15-26）。

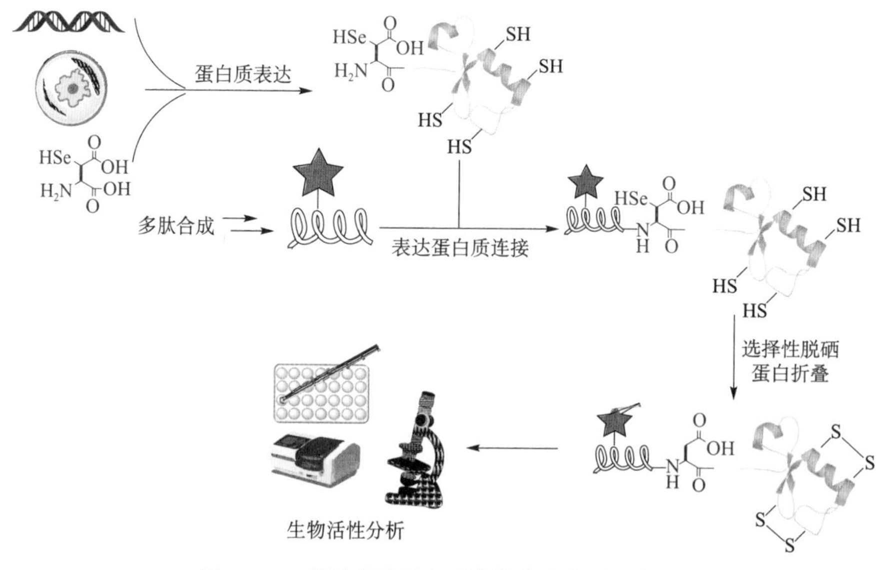

图 15-26 通过表达蛋白质连接合成大型蛋白质

第四节　相关政策建议

一、蛋白质合成前沿领域发展的资助策略

化学合成可提供生物方法难以获取的、具有定制化结构及功能的蛋白质。化学合成与生物合成的紧密结合，将能够极大地提升人类设计并获取各种结构的蛋白质的可能性。面向更复杂的目标生物体系、更丰富的应用场景需求，蛋白质化学合成在引领前沿科学研究方向的同时，亟须结合当前国家在相关领域发展中的实际问题，满足高精尖核心技术及国计民生的实际应用需求。

根据前述蛋白质化学合成领域的前沿科学研究内涵与国际发展形势，结合国家重大战略需求，本领域值得重点关注与资助的研究发展方向如下。

（一）加强重视高效蛋白质化学合成的方法学研究，加强重视蛋白质化学合成仪器的升级换代

针对制约蛋白质化学合成发展的关键技术瓶颈，创新合成的方法，为实现大型蛋白质、“困难”蛋白质、复杂修饰蛋白质等的高效合成奠定基础。蛋白质与多肽合成仪器未来将呈现出更加自动化、更加智能化的特点，新化学反应原理与人工智能的引入，将推动蛋白质化学合成最终走向全自动化与全智能化。此外，需要加强重视蛋白质化学合成与生物合成的深层次交叉融合，加强蛋白质半合成的研究，推动实验室合成走向工业大规模制造。

（二）加强重视发展人工合成的多肽 / 蛋白质类生物药，以及蛋白质基功能材料

在蛋白质化学合成方法学发展的基础上，开发具有新型结构、独特作用机理的人造蛋白质多肽药物，针对一些关键疾病及小分子药物难以克服的靶点提供变革性的诊疗方案，尤其是抗病毒、抗肿瘤、抗衰老等一些顽症，惠及更多患者。此外，发展可实现定制化功能的化学合成蛋白质，有望在生物

医学功能材料、DNA信息存储材料、可穿戴材料、软体机器人材料等方面展现广阔的应用潜力，甚至引发新一代技术变革。

（三）加强重视蛋白质化学合成在探索生命机制与生命本质中的应用。这方面具体包括以下两个方面

（1）翻译后修饰蛋白质的结构及功能解析。高效合成通过生物方法难以获取的均一、选择性修饰的各家族翻译后修饰蛋白质，推动它们结构与功能的精准阐明，为靶向化学干预提供分子水平的科学基础。

（2）合成更复杂的人造蛋白质体系，实现具有重要功能的生物酶催化的仿生构建，发现乃至构造新的自催化、自复制等生命化学系统，推动生命化学的自下而上的重构研究，深度实现合成化学与合成生物学的最终融合。

二、配套措施

为推动我国在蛋白质化学合成研究领域的持续发展，实现上述前沿领域资助战略，需注意做到以下几点。

（一）能力与队伍建设

营造良好的科研氛围，对上述蛋白质化学合成的前沿领域战略方向给予稳定支持。加大对相关基础设施及仪器设备的投入，重视并组建具有研发和使用尖端仪器设备，且可长期保持稳定的高水平工程技术人才团队。推动科研与教育的融合，加强交叉型创新人才的培养。建立创新人才及成果科学评价体系，有效地激励和保障蛋白质化学合成领域科研人才的成长。

（二）法规与环境建设

进一步加强知识产权保护，促进化学合成多肽/蛋白质类生物医药产业的发展。强化司法保护环境的建设和相关执法，保障知识产权制度的建设和落地，全方位维护生物医药知识产权，保护环境。

（三）组织保障与国际合作政策

进一步发挥科技主管部门在相关政策制定、项目指南编制过程中的主导

作用，确保本领域的几个前沿研究方向纳入相关项目的重点支持范围。在科学技术部、国家自然科学基金委员会等相关资助项目框架下，进一步加大对蛋白质化学合成领域国际合作研究的支持，提高我国在该领域的研究水平和国际竞争力。

本章参考文献

[1] Merrifield R B. Solid phase peptide synthesis. Ⅰ. The synthesis of a tetrapeptide. J Am Chem Soc, 1963, 85: 2149-2154.

[2] Shumpei S, Yasutsugu S, Yasuo K, et al. Use of anhydrous hydrogen fluoride in peptide synthesis. Ⅰ. Behavior of various protective groups in anhydrous hydrogen fluoride. Bull Chem Soc Jpn, 1967, 40: 2164-2167.

[3] Carpino L A, Han G Y. 9-Fluorenylmethoxycarbonyl function, a new base-sensitive amino-protecting group. J Am Chem Soc, 1970, 92: 5748-5749.

[4] Behrendt R, White P, Offer J. Advances in Fmoc solid-phase peptide synthesis. J Pept Sci, 2016, 22: 4-27.

[5] Vanier G S. Microwave-assisted solid-phase peptide synthesis based on the Fmoc protecting group strategy (CEM) //Jensen K, Tofteng Shelton P, Pedersen S. Peptide Synthesis and Applications. Methods in Molecular Biology. vol 1047. Totowa: Humana Press,.

[6] Collins J M, Porter K A, Singh S K, et al. High-efficiency solid phase peptide synthesis (HE-SPPS). Org Lett, 2014, 16: 940-943.

[7] Carpino L A, Han G Y. 9-Fluorenylmethoxycarbonyl amino-protecting group. J Org Chem, 1972, 37: 3404-3409.

[8] Kent S B H. Total chemical synthesis of proteins. Chem Soc Rev, 2009, 38: 338-351.

[9] Wieland T, Bokelmann E, Bauer L, et al. Über peptidsynthesen. 8. Mitteilung bildung von *S*-haltigen peptiden durch intramolekulare wanderung von aminoacylresten. Justus Liebigs Ann Chem, 1953, 583: 129-149.

[10] Dawson P E, Muir T W, Clark-Lewis I, et al. Synthesis of proteins by native chemical

ligation. Science, 1994, 266: 776-779.

[11] Li H X, Dong S W. Recent advances in the preparation of Fmoc-SPPS-based *N*-terminal peptide fragments for NCL-type reactions. Sci China Chem, 2017, 60: 201-213.

[12] Zheng J S, Cui H K, Fang G M, et al. Chemical protein synthesis by kinetically controlled ligation of peptide *O*-esters. ChemBioChem, 2010, 11: 511-515.

[13] Kawakami T, Sumida M, Nakamura K I, et al. Peptide thioester preparation based on an N-S acyl shift reaction mediated by a thiol ligation auxiliary. Tetrahedron Lett, 2005, 46: 8805-8807.

[14] Ingenito R, Bianchi E, Fattori D, et al. Solid phase synthesis of peptide C-terminal thioesters by Fmoc/*t*-Bu chemistry. J Am Chem Soc, 1999, 121: 11369-11374.

[15] Shin Y, Winans K A, Backes B J, et al. Fmoc-based synthesis of peptide α thioesters: Application to the total chemical synthesis of a glycoprotein by native chemical ligation. J Am Chem Soc, 1999, 121: 11684-11689.

[16] Blanco-Canosa J B, Dawson P E. An efficient Fmoc-SPPS approach for the generation of thioester peptide precursors for use in native chemical ligation. Angew Chem Int Ed, 2008, 47: 6851-6855.

[17] Wang J X, Fang G M, He Y, et al. Peptide *O*-aminoanilides as crypto-thioesters for protein chemical synthesis. Angew Chem Int Ed, 2015, 54: 2194-2198.

[18] Fang G M, Li Y M, Shen F, et al. Protein chemical synthesis by ligation of peptide hydrazides. Angew Chem Int Ed, 2011, 50: 7645-7649.

[19] Huang Y C, Fang G M, Liu L. Chemical synthesis of proteins using hydrazide intermediates. Nat Sci Rev, 2016, 3: 107-116.

[20] Flood D T, Hintzen J C J, Bird M J, et al. Leveraging the knorr pyrazole synthesis for the facile generation of thioester surrogates for use in native chemical ligation. Angew Chem, 2018, 130: 11808-11813.

[21] Muir T W, Sondhi D, Cole P A. Expressed protein ligation: A general method for protein engineering. Proc Natl Acad Sci USA, 1998, 95: 6705-6710.

[22] Evans T C, Benner J, Xu M Q. Semisynthesis of cytotoxic proteins using a modified protein splicing element. Protein Sci, 1998, 7: 2256-2264.

[23] Canne L E, Bark S J, Kent S B H. Extending the applicability of native chemical ligation. J Am Chem Soc, 1996, 118: 5891-5896.

[24] Low D W, Hill M G, Carrasco M R, et al. Total synthesis of cytochrome b562 by native chemical ligation using a removable auxiliary. Proc Natl Acad Sci USA, 2001, 98: 6554-6559.

[25] Kawakami T, Akaji K, Aimoto S. Peptide bond formation mediated by 4, 5-dimethoxy-2-mercaptobenzylamine after periodate oxidation of the *N*-terminal serine residue. Org Lett, 2001, 3: 1403-1405.

[26] Offer J, Boddy C N C, Dawson P E. Extending synthetic access to proteins with a removable acyl transfer auxiliary. J Am Chem Soc, 2002, 124: 4642-4646.

[27] Wu B, Chen J H, Warren J D, et al. Building complex glycopeptides: Development of a cysteine-free native chemical ligation protocol. Angew Chem Int Ed, 2006, 45: 4116-4125.

[28] Chatterjee C, McGinty R K, Pellois J P, et al. Auxiliary-mediated site-specific peptide ubiquitylation. Angew Chem Int Ed, 2007, 46: 2814-2818.

[29] Loibl S F, Harpaz Z, Seitz O. A type of auxiliary for native chemical peptide ligation beyond cysteine and glycine junctions. Angew Chem Int Ed, 2015, 54: 15055-15059.

[30] Loibl S F, Dallmann A, Hennig K, et al. Features of auxiliaries that enable native chemical ligation beyond glycine and cleavage via radical fragmentation. Chem Eur J, 2018, 24: 3623-3633.

[31] Brik A, Yang Y Y, Ficht S, et al. Sugar-assisted glycopeptide ligation. J Am Chem Soc, 2006, 128: 5626-5627.

[32] Ficht S, Payne R J, Brik A, et al. Second-generation sugar-assisted ligation: A method for the synthesis of cysteine-containing glycopeptides. Angew Chem Int Ed, 2007, 46: 5975-5979.

[33] Lutsky M Y, Nepomniaschiy N, Brik A. Peptide ligation via side-chain auxiliary. Chem Commun, 2008: 1229-1231.

[34] Chai H, Hoang K L M, Vu M D, et al. *N*-linked glycosyl auxiliary-mediated native chemical ligation on aspartic acid: Application towards *N*-glycopeptide synthesis. Angew Chem Int Ed, 2016, 55: 10363-10367.

[35] Hojo H, Ozawa C, Katayama H, et al. The mercaptomethyl group facilitates an efficient One-pot ligation at Xaa-Ser/Thr for (Glyco)peptide synthesis. Angew Chem Int Ed, 2010, 49: 5318-5321.

[36] Yan L Z, Dawson P E. Synthesis of peptides and proteins without cysteine residues by native chemical ligation combined with desulfurization. J Am Chem Soc, 2001, 123: 526-533.

[37] Crich D, Banerjee A. Native chemical ligation at phenylalanine. J Am Chem Soc, 2007, 129: 10064-10065.

[38] Wan Q, Danishefsky S J. Free-radical-based, specific desulfurization of cysteine: A powerful advance in the synthesis of polypeptides and glycopolypeptides. Angew Chem Int Ed, 2007, 46: 9248-9252.

[39] Chen J, Wan Q, Yuan Y, et al. Native chemical ligation at valine: A contribution to peptide and glycopeptide synthesis. Angew Chem Int Ed, 2008, 47: 8521-8524.

[40] Harpaz Z, Siman P, Kumar K S, et al. Protein synthesis assisted by native chemical ligation at leucine. Chem Bio Chem, 2010, 11: 1232-1235.

[41] Tan Z P, Shang S Y, Danishefsky S J. Insights into the finer issues of native chemical ligation: An approach to cascade ligations. Angew Chem Int Ed, 2010, 49: 9500-9503.

[42] Malins L R, Cergol K M, Payne R J. Peptide ligation-desulfurization chemistry at arginine. Chem Bio Chem, 2013, 14: 559-563.

[43] Thompson R E, Chan B, Radom L, et al. Chemoselective peptide ligation-desulfurization at aspartate. Angew Chem Int Ed, 2013, 52: 9723-9727.

[44] Sayers J, Thompson R E, Perry K J, et al. Thiazolidine-protected beta-thiol asparagine: Applications in one-pot ligation-desulfurization chemistry. Org Lett, 2015, 17: 4902-4905.

[45] Ajish Kumar K S, Haj-Yahya M, Olschewski D, et al. Highly efficient and chemoselective peptide ubiquitylation. Angew Chem Int Ed, 2009, 48: 8090-8094.

[46] Yang R L, Pasunooti K K, Li F P, et al. Dual native chemical ligation at lysine. J Am Chem Soc, 2009, 131: 13592-13593.

[47] Chen J, Wang P, Zhu J L, et al. A program for ligation at threonine sites: Application to the controlled total synthesis of glycopeptides. Tetrahedron, 2010, 66: 2277-2283.

[48] Shang S Y, Tan Z P, Dong S W, et al. An advance in proline ligation. J Am Chem Soc, 2011, 133: 10784-10786.

[49] Siman P, Karthikeyan S V, Brik A. Native chemical ligation at glutamine. Org Lett, 2012, 14: 1520-1523.

[50] Cergol K M, Thompson R E, Malins L R, et al. One-pot peptide ligation-desulfurization at glutamate. Org Lett, 2014, 16: 290-293.

[51] Malins L R, Giltrap A M, Dowman L J, et al. Synthesis of β-thiol phenylalanine for applications in one-pot ligation-desulfurization chemistry. Org Lett, 2015, 17: 2070-2073.

[52] Pasunooti K K, Yang R L, Banerjee B, et al. 5-Methylisoxazole-3-carboxamide-directed palladium-catalyzed γ-C(sp^3)–H acetoxylation and application to the synthesis of γ-mercapto amino acids for native chemical ligation. Org Lett, 2016, 18: 2696-2699.

[53] Malins L R, Cergol K M, Payne R J. Chemoselective sulfenylation and peptide ligation at tryptophan. Chem Sci, 2014, 5: 260-266.

[54] Gao X F, Du J J, Liu Z, et al. Visible-light-induced specific desulfurization of cysteinyl peptide and glycopeptide in aqueous solution. Org Lett, 2016, 18: 1166-1169.

[55] Lee M, Neukirchen S, Cabrele C, et al. Visible-light photoredox-catalyzed desulfurization of thiol- and disulfide-containing amino acids and small peptides. J Pept Sci, 2017, 23: 556-562.

[56] Jin K, Li T L, Chow H Y, et al. P-B desulfurization: An enabling method for protein chemical synthesis and site-specific deuteration. Angew Chem Int Ed, 2017, 56: 14607-14611.

[57] Chisholm T S, Clayton D, Dowman L J, et al. Native chemical ligation-photodesulfurization in flow. J Am Chem Soc, 2018, 140: 9020-9024.

[58] Mousa R, Notis Dardashti R, Metanis N. Selenium and selenocysteine in protein chemistry. Angew Chem Int Ed, 2017, 56: 15818-15827.

[59] Hondal R J, Nilsson B L, Raines R T. Selenocysteine in native chemical ligation and expressed protein ligation. J Am Chem Soc, 2001, 123: 5140-5141.

[60] Gieselman M D, Xie L L, van der Donk W A. Synthesis of a selenocysteine-containing peptide by native chemical ligation. Org Lett, 2001, 3: 1331-1334.

[61] Quaderer R, Sewing A, Hilvert D J. Selenocysteine - mediated native chemical ligation. Helv Chim Acta, 2001, 84: 1197-1206.

[62] Berry S M, Gieselman M D, Nilges M J, et al. An engineered azurin variant containing a selenocysteine copper ligand. J Am Chem Soc, 2002, 124: 2084-2085.

[63] Townsend S D, Tan Z P, Dong S W, et al. Advances in proline ligation. J Am Chem Soc, 2012, 134: 3912-3916.

[64] Malins L R, Payne R J. Synthesis and utility of β-selenol-phenylalanine for native chemical ligation-deselenization chemistry. Org Lett, 2012, 14: 3142-3145.

[65] Metanis N, Keinan E, Dawson P E. Traceless ligation of cysteine peptides using selective deselenization. Angew Chem Int Ed, 2010, 49: 7049-7053.

[66] Malins L R, Mitchell N J, McGowan S, et al. Oxidative deselenization of selenocysteine:

Applications for programmed ligation at serine. Angew Chem Int Ed, 2015, 54: 12716-12721.

[67] Yin H L, Zheng M J, Chen H, et al. Stereoselective and divergent construction of β-thiolated/selenolated amino acids via photoredox-catalyzed asymmetric giese reaction. J Am Chem Soc, 2020, 142: 14201-14209.

[68] Durek T, Alewood P F. Preformed selenoesters enable rapid native chemical ligation at intractable sites. Angew Chem Int Ed, 2011, 50: 12042-12045.

[69] Mitchell N J, Malins L R, Liu X Y, et al. Rapid additive-free selenocystine-selenoester peptide ligation. J Am Chem Soc, 2015, 137: 14011-14014.

[70] Wang X Y, Sanchez J, Stone M J, et al. Sulfation of the human cytomegalovirus protein UL22A enhances binding to the chemokine RANTES. Angew Chem Int Ed, 2017, 56: 8490-8494.

[71] Mitchell N J, Sayers J, Kulkarni S S, et al. Accelerated protein synthesis via one-pot ligation-deselenization chemistry. Chem, 2017, 2: 703-715.

[72] Wang X Y, Corcilius L, Premdjee B, et al. Synthesis and utility of β-selenophenylalanine and β-selenoleucine in diselenide-selenoester ligation. J Org Chem, 2020, 85: 1567-1578.

[73] Sayers J, Karpati P M T, Mitchell N J, et al. Construction of challenging proline-proline junctions via diselenide-selenoester ligation chemistry. J Am Chem Soc, 2018, 140: 13327-13334.

[74] Chisholm T S, Kulkarni S S, Hossain K R, et al. Peptide ligation at high dilution via reductive diselenide-selenoester ligation. J Am Chem Soc, 2020, 142: 1090-1100.

[75] Kemp D S, Vellaccio F Jr. Rapid intramolecular acyl transfer from phenol to carbinolamine-progress toward a new class of peptide coupling reagent. J Org Chem, 1975, 40: 3003-3004.

[76] Liu C F, Tam J P. Chemical ligation approach to form a peptide bond between unprotected peptide segments. concept and model study. J Am Chem Soc, 1994, 116: 4149-4153.

[77] Li X C, Lam H Y, Zhang Y F, et al. Salicylaldehyde ester-induced chemoselective peptide ligations: Enabling generation of natural peptidic linkages at the serine/threonine sites. Org Lett, 2010, 12: 1724-1727.

[78] Liu H, Li X C. Serine/threonine ligation: Origin, mechanistic aspects, and applications. Acc Chem Res, 2018, 51: 1643-1655.

[79] Lam H Y, Zhang Y F, Liu H, et al. Total synthesis of daptomycin by cyclization via a

chemoselective serine ligation. J Am Chem Soc, 2013, 135: 6272-6279.

[80] Jin K, Sam I H, Po K H L, et al. Total synthesis of teixobactin. Nat Commun, 2016, 7: 12394.

[81] Zhang Y F, Xu C, Lam H Y, et al. Protein chemical synthesis by serine and threonine ligation. Proc Natl Acad Sci USA, 2013, 110: 6657-6662.

[82] Lee C L, Liu H, Wong C T T, et al. Enabling N-to-C Ser/Thr ligation for convergent protein synthesis via combining chemical ligation approaches. J Am Chem Soc, 2016, 138: 10477-10484.

[83] Li T L, Liu H, Li X C. Chemical synthesis of HMGA1a proteins with post-translational modifications via Ser/Thr ligation. Org Lett, 2016, 18: 5944-5947.

[84] Staudinger H, Meyer J. Über neue organische phosphorverbindungen Ⅲ. Phosphinmethylenderivate und phosphinimine. Helv Chim Acta, 1919, 2: 635-646.

[85] Nilsson B L, Kiessling L L, Raines R T. Staudinger ligation: A peptide from a thioester and azide. Org Lett, 2000, 2: 1939-1941.

[86] Saxon E, Armstrong J I, Bertozzi C R. A "traceless" staudinger ligation for the chemoselective synthesis of amide bonds. Org Lett, 2000, 2: 2141-2143.

[87] Saxon E, Bertozzi C R. Cell surface engineering by a modified Staudinger reaction. Science, 2000, 287: 2007-2010.

[88] Bode J W, Fox R M, Baucom K D. Chemoselective amide ligations by decarboxylative condensations of *N*-alkylhydroxylamines and alpha-ketoacids. Angew Chem Int Ed, 2006, 45: 1248-1252.

[89] Bode J W. Chemical protein synthesis with the α-ketoacid-hydroxylamine ligation. Acc Chem Res, 2017, 50: 2104-2115.

[90] Baldauf S, Ogunkoya A O, Boross G N, et al. Aspartic acid forming alpha-ketoacid-hydroxylamine (KAHA) ligations with (*S*)-4,4-difluoro-5-oxaproline. J Org Chem, 2020, 85: 1352-1364.

[91] Baldauf S, Schauenburg D, Bode J W. A threonine-forming oxazetidine amino acid for the chemical synthesis of proteins through KAHA ligation. Angew Chem Int Ed, 2019, 58: 12599-12603.

[92] Pusterla I, Bode J W. An oxazetidine amino acid for chemical protein synthesis by rapid, serine-forming ligations. Nat Chem, 2015, 7: 668-672.

[93] He C M, Kulkarni S S, Thuaud F, et al. Chemical synthesis of the 20 kDa heme protein

nitrophorin 4 by alpha-ketoacid-hydroxylamine (KAHA) ligation. Angew Chem Int Ed, 2015, 54: 12996-3001.

[94] Rohrbacher F, Zwicky A, Bode J W. Chemical synthesis of a homoserine-mutant of the antibacterial, head-to-tail cyclized protein AS-48 by α−ketoacid-hydroxylamine (KAHA) ligation. Chem Sci, 2017, 8: 4051-4055.

[95] Lim J, Lachenmayer M L, Wu S, et al. Proteotoxic stress induces phosphorylation of p62/SQSTM1 by ULK1 to regulate selective autophagic clearance of protein aggregates. PLoS Genet, 2015, 11: 1004987.

[96] Tan X L, Pan M, Zheng Y, et al. Sortase-mediated chemical protein synthesis reveals the bidentate binding of bisphosphorylated p62 with K63 diubiquitin. Chem Sci, 2017, 8: 6881-6887.

[97] Li Y T, Yi C, Chen C C, et al. A semisynthetic Atg3 reveals that acetylation promotes Atg3 membrane binding and Atg8 lipidation. Nat Commun, 2017, 8: 14846.

[98] Wang P, Dong S W, Shieh J H, et al. Erythropoietin derived by chemical synthesis. Science, 2013, 342: 1357-1360.

[99] Murakami M, Kiuchi T, Nishihara M, et al. Chemical synthesis of erythropoietin glycoforms for insights into the relationship between glycosylation pattern and bioactivity. Sci Adv, 2016, 2: 1500678.

[100] Hossain M A, Okamoto R, Karas J A, et al. Total chemical synthesis of a nonfibrillating human glycoinsulin. J Am Chem Soc, 2020, 142: 1164-1169.

[101] Komander D, Rape M. The ubiquitin code. Annu Rev Biochem, 2012, 81: 203-229.

[102] Liu J, Han C F, Xie B, et al. Rhbdd3 controls autoimmunity by suppressing the production of IL-6 by dendritic cells via K27-linked ubiquitination of the regulator NEMO. Nat Immunol, 2014, 15: 612-622.

[103] Pan M, Gao S, Zheng Y, et al. Quasi-racemic X-ray structures of K27-linked ubiquitin chains prepared by total chemical synthesis. J Am Chem Soc, 2016, 138: 7429-7435.

[104] Lutz J, Höllmüller E, Scheffner M, et al. The length of a ubiquitin chain: A general factor for selective recognition by ubiquitin-binding proteins. Angew Chem Int Ed, 2020, 59: 12371-12375.

[105] Bowman G D, Poirier M G. Post-translational modifications of histones that influence nucleosome dynamics. Chem Rev, 2015, 115: 2274-2295.

[106] Brahma S, Henikoff S. Epigenome regulation by dynamic nucleosome unwrapping. Trends Biochem Sci, 2020, 45: 13-26.

[107] Nguyen U T, Bittova L, Müller M M, et al. Accelerated chromatin biochemistry using DNA-barcoded nucleosome libraries. Nat Meth, 2014, 11: 834-840.

[108] Burton A J, Haugbro M, Gates L A, et al. *In situ* chromatin interactomics using a chemical bait and trap approach. Nat Chem, 2020, 12: 520-527.

[109] Malavolta L, Cabral F R. Peptides: Important tools for the treatment of central nervous system disorders. Neuropeptides, 2011, 45: 309-316.

[110] Qi Y K, Qu Q, Bierer D, et al. A diaminodiacid (DADA) strategy for the development of disulfide surrogate peptides. Chem Asian J, 2020, 15: 2793-2802.

[111] Di L. Strategic approaches to optimizing peptide ADME properties. AAPS J, 2015, 17: 134-143.

[112] Taylor T, Campbell C T, Kelly B. A review of bivalirudin for pediatric and adult mechanical circulatory support. Am J Cardiovasc Drugs, 2021, 21: 395-409.

[113] Ducancel F, Durban J, Verdenaud M. Transcriptomics and venomics: Implications for medicinal chemistry. Future Med Chem, 2014, 6: 1629-1643.

[114] Newman D. The influence of brazilian biodiversity on searching for human use pharmaceuticals. J Braz Chem Soc, 2017, 28: 402-414.

[115] Seeger F, Quintyn R, Tanimoto A, et al. Interfacial residues promote an optimal alignment of the catalytic center in human soluble guanylate cyclase: Heterodimerization is required but not sufficient for activity. Biochemistry, 2014, 53: 2153-2165.

[116] Sun Z Q, Shang Z, Forelli N, et al. Total synthesis of malacidin A by beta-hydroxyaspartic acid ligation-mediated cyclization and absolute structure establishment. Angew Chem Int Ed, 2020, 59: 19868-19872.

[117] Vicente F E M, Gonzalez-Garcia M, Diaz Pico E, et al. Design of a helical-stabilized, cyclic, and nontoxic analogue of the peptide Cm-p5 with improved antifungal activity. ACS Omega, 2019, 4: 19081-19095.

[118] Henninot A, Collins J C, Nuss J M. The current state of peptide drug discovery: Back to the future? J Med Chem, 2018, 61: 1382-1414.

[119] Uppalapati M, Lee D J, Mandal K, et al. A potentd-protein antagonist of VEGF-A is nonimmunogenic, metabolically stable, and longer-circulating *in vivo*. ACS Chem Biol,

2016, 11: 1058-1065.

[120] Ton N M, Schumacher L M M, Daniel L, et al. Identification of D-peptide ligands through mirror-image phage display. Science, 1996, 271: 1854-1857.

[121] Chen L P, Flies D B. Molecular mechanisms of T cell co-stimulation and co-inhibition. Nat Rev Immunol, 2013, 13: 227-242.

[122] Pardoll D M. The blockade of immune checkpoints in cancer immunotherapy. Nat Rev Cancer, 2012, 12: 252-264.

[123] Chang H N, Liu B Y, Qi Y K, et al. Blocking of the PD-1/PD-L1 interaction by a D-peptide antagonist for cancer immunotherapy. Angew Chem Int Ed, 2015, 54: 11760-11764.

[124] Wang Z M, Xu W L, Liu L, et al. A synthetic molecular system capable of mirror-image genetic replication and transcription. Nat Chem, 2016, 8: 698-704.

[125] Pech A, Achenbach J, Jahnz M, et al.A thermostable D-polymerase for mirror-image PCR. Nucl Acids Res, 2017, 45: 3997-4005.

[126] Jiang W J, Zhang B C, Fan C Y, et al. Mirror-image polymerase chain reaction. Cell Discov, 2017, 3: 17037.

[127] Xu W L, Jiang W J, Wang J X, et al. Total chemical synthesis of a thermostable enzyme capable of polymerase chain reaction. Cell Discov, 2017, 3: 17008.

[128] Dang B B, Kubota T, Mandal K, et al. Native chemical ligation at Asx-Cys, Glx-Cys: Chemical synthesis and high-resolution X-ray structure of ShK toxin by racemic protein crystallography. J Am Chem Soc, 2013, 135: 11911-11919.

[129] Chen X, Tang S, Zheng J S, et al. Chemical synthesis of a two-photon-activatable chemokine and photon-guided lymphocyte migration *in vivo*. Nat Commun, 2015, 6: 7220.

[130] Asahina Y, Kamitori S, Takao T, et al. Chemoenzymatic synthesis of the immunoglobulin domain of Tim-3 carrying a complex-type *N*-glycan by using a one-pot ligation. Angew Chem Int Ed, 2013, 52: 9733-9737.

[131] Li J B, Tang S, Zheng J S, et al. Removable backbone modification method for the chemical synthesis of membrane proteins. Acc Chem Res, 2017, 50: 1143-1153.

[132] Zhang B C, Li Y L, Shi W W, et al. Chemical synthesis of proteins containing 300 amino acids. Chem Res Chin Univ, 2020, 36: 733-747.

[133] Zuo C, Zhang B C, Yan B J, et al. One-pot multi-segment condensation strategies for chemical protein synthesis. Org Biomol Chem, 2019, 17: 727-744.

[134] Tan Y, Wu H X, Wei T Y, et al. Chemical protein synthesis: Advances, challenges, and outlooks. J Am Chem Soc, 2020, 142: 20288-20298.

[135] Masuda S, Tsuda S, Yoshiya T. A trimethyllysine-containing trityl tag for solubilizing hydrophobic peptides. Org Biomol Chem, 2019, 17: 10228-10236.

[136] Kumar K S, Bavikar S N, Spasser L, et al. Total chemical synthesis of a 304 amino acid K48-linked tetraubiquitin protein. Angew Chem Int Ed, 2011, 50: 6137-6141.

[137] Weinstock M T, Jacobsen M T, Kay M S. Synthesis and folding of a mirror-image enzyme reveals ambidextrous chaperone activity. Proc Natl Acad Sci USA, 2014, 111: 11679-11684.

[138] Vogel E M, Imperiali B. Semisynthesis of unnatural amino acid mutants of paxillin: Protein probes for cell migration studies. Protein Sci, 2009, 16: 550-556.

[139] Agouridas V, El Mahdi O, Diemer V, et al. Native chemical ligation and extended methods: Mechanisms, catalysis, scope, and limitations. Chem Rev, 2019, 119: 7328-7443.

[140] Thompson R E, Muir T W. Chemoenzymatic semisynthesis of proteins. Chem Rev, 2020, 120: 3051-3126.

[141] Chevalier A, Silva D A, Rocklin G J, et al. Massively parallel *de novo* protein design for targeted therapeutics. Nature, 2017, 550: 74-79.

[142] Hartrampf N, Saebi A, Poskus M, et al. Synthesis of proteins by automated flow chemistry. Science, 2020, 368: 980-987.

[143] Kasteren S I, Kramer H B, Jensen H H, et al. Expanding the diversity of chemical protein modification allows post-translational mimicry. Nature, 2007, 446: 1105-1109.

[144] Li C, Zhu S L, Ma C, et al. Designer α-1,6-fucosidase mutants enable direct core fucosylation of intact *N*-glycopeptides and *N*-glycoproteins. J Am Chem Soc, 2017, 139: 15074-15087.

[145] Li S T, Lu T T, Xu X X, et al. Reconstitution of the lipid-linked oligosaccharide pathway for assembly of high-mannose *N*-glycans. Nat Commun, 2019, 10: 1813.

[146] Liu J, Cheng R J, van Eps N, et al. Genetically encoded quinone methides enabling rapid, site-specific, and photocontrolled protein modification with amine reagents. J Am Chem Soc, 2020, 142: 17057-17068.

[147] Witteloostuijn S B, Pedersen S L, Jensen K J. Half-life extension of biopharmaceuticals using chemical methods: Alternatives to PEGylation. Chem Med Chem, 2016, 11: 2474-2495.

[148] Harris J M, Chess R B. Effect of pegylation on pharmaceuticals. Nat Rev Drug Discov, 2003, 2: 214-221.

[149] Pasut G, Veronese F M. State of the art in PEGylation: The great versatility achieved after forty years of research. J Control Release, 2012, 161: 461-472.

[150] Hartley O, Gaertner H, Wilken J, et al. Medicinal chemistry applied to a synthetic protein: Development of highly potent HIV entry inhibitors. Proc Natl Acad Sci USA, 2004, 101: 16460-16465.

[151] Liu L. Chemical synthesis of proteins that cannot be obtained recombinantly. ISR J Chem, 2019, 59: 64-70.

[152] Lee J, Macosko C W, Urry D W. Mechanical properties of cross-linked synthetic elastomeric polypentapeptides. Macromolecules, 2001, 34: 5968-5974.

[153] Urry D W, Parker T M, Reid M C, et al. Biocompatibility of the bioelastic materials, poly(GVGVP) and its γ-irradiation cross-linked matrix: Summary of generic biological test results. J Bioact Compat Polym, 1991, 6: 263-282.

[154] Johnson J A, Lu Y Y, van Deventer J A, et al. Residue-specific incorporation of non-canonical amino acids into proteins: Recent developments and applications. Curr Opin Chem Biol, 2010, 14: 774-780.

第十六章

核酸的合成

第一节　科学意义与战略价值

作为三大基础生命物质之一，核酸是生物体中遗传信息的载体，是所有生物分子中最重要的物质，广泛存在于所有动植物细胞和微生物体内。核酸是DNA和RNA的总称，由核苷酸聚合而成，而核苷酸单体由五碳糖、磷酸基和含氮碱基组成。如果五碳糖是核糖，则形成的聚合物是RNA；如果五碳糖是脱氧核糖，则形成的聚合物是DNA。核酸在生命中的核心地位决定了核酸合成研究在探索生命本质和拓展科学前沿中的战略价值。

核酸的合成是以核苷或单核苷酸为原料，采用有机合成反应或酶促合成反应进行的寡核苷酸或核酸大分子的合成，一般狭义的概念是指不依赖任何天然模板或引物的核酸合成。人工合成核酸是核酸理论研究和实际应用的重要底层支撑。在历史上，核酸合成的突破推动了遗传密码的破译。当前，核酸的合成已经成为生物技术的基础层和核心关键技术。核酸合成理论和技术的发展使基因合成已经成为现代生物技术的核心研究手段之一，正在推动生物医药、生物能源、现代种业、环境治理等领域的迅速发展。根据适度超前预测，依托DNA合成的DNA信息存储、基因组医学等战略新兴产业将形成至少可达数千亿至数万亿元市场，核酸合成正在成为战略新兴产业的基础。将来核酸合成理论和技术的突破将进一步深刻变革生命科学的研究和应用范式，使得基因组合成成为生命科学研究的重要解决方案之一。

核酸的合成是典型的化学与生物学深度交叉的研究领域。通常短核酸来自化学合成，长核酸的制备需要在化学合成的基础上引入生物策略。早期的短核酸链主要通过化学合成方法获得，而随着核酸长度增加到数百个核苷酸以上，生物化学策略的优势逐渐明显；当核酸长度增加到数万核苷酸以上后，通常需要借助合成生物学策略的生物体内组装方法进行操作。因此，核酸的合成是一个化学与生物学紧密交叉融合的前沿研究方向。

第二节　现状及其形成

核酸的合成始于20世纪50年代发展出化学合成方法和酶催化合成方法，随着技术的进步和产业化的要求，进一步发展了高通量DNA合成策略。根据后续用途不同，对初步合成DNA的后续操作也有较大差异。根据对寡核苷酸分子不同的修饰，可以形成具有特殊化学或生物功能的活性分子，形成了功能核酸的方向。核酸合成的另一重要作用是组装形成基因甚至基因组，成为调控生物性能的遗传物质。本节将从核酸的合成方法、功能核酸和人工基因组的合成三个层面进行介绍。

一、核酸的合成方法

核酸的合成是以核苷或单核苷酸为原料并且不依靠任何天然模板或引物，采用有机合成反应或酶促合成反应进行的寡核苷酸或核酸大分子的合成。根据基本原理来看，核酸的合成方法包括化学合成和酶促法合成。

（一）核酸的化学合成

核酸合成相关研究最早可追溯到20世纪50年代，Carter在1951年的研究表明，DNA可被磷酸二酯酶降解而得到四种2′-脱氧核糖核苷磷酸盐，这为核酸的化学合成提供了重要结构信息[1]。Michelson和Todd则在1955年首次实现了胸腺嘧啶核苷二聚体的合成，这一研究发现被认为是核酸化学合成领域的开端，具有里程碑式的意义[2]。

20世纪60～70年代，Schaller致力于核酸化学合成研究，发展了一系列保护基。二甲氧三苯甲基（dimethoxytrityl，DMTr）用于5′-OH的保护，具有良好的稳定性，且可在温和酸性条件下高效率定量脱除[3]。Letsinger和Ogilvie则将多肽化学中的固相合成技术引入核酸化学合成中，并发展了亚磷酸三酯合成法[4]。Beaucage和Caruthers对Letsinger发展的固相合成方法进行了改进，利用可控微孔玻璃珠替代有机聚合物，解决了其肿胀问题。此外，他用有机胺替代了亚磷酸三酯合成法中的氯原子，并促进了稳定型亚磷酰胺单体的发展[5]。1983年，Köster等随后发现2-氰基乙基取代的亚磷酰胺单体具有稳定性更高、更易制备及更易脱除的特点，使核酸的纯化难度大幅降低[6]。经过几十年的持续化学创新，以亚磷酰胺单体为基础的核酸化学合成方法得以完善（图16-1），该方法包括脱保护、偶联、加帽（可选）及氧化4个步骤[7]。ABI公司设计和发展的394合成仪在1991年上市，顺利实现了核酸的自动化化学合成。

基于亚磷酰胺单体的核酸合成法虽然大幅推动了核酸研究的快速发展，使核酸被广泛应用于基因工程、生物信息学、核酸纳米技术、核酸医药及信息存储等众多领域。但在核酸合成过程中，链长增加会带来化学反应效率、合成纯度及产率的显著下降，目前该方法合成的寡核苷酸长度一般不超过200个核苷酸，估计难以超过300个核苷酸[8]。核酸化学合成这一研究领域在过去三十年中的创新主要集中于核酸合成仪的技术创新，在基本的合成原理方面尚未取得突破性进展。近年来，随着核酸医药及核酸合成生物学等前沿领域不断取得突破，对核酸化学合成提出了更高的要求。如何降低错误率、降低成本、提高精准性、提升合成规模等已成为核酸化学合成领域亟待解决的关键科学与技术问题。美国、日本、欧洲等发达国家和地区均对该前沿科研领域进行了重点布局和持续性科研经费的投入。

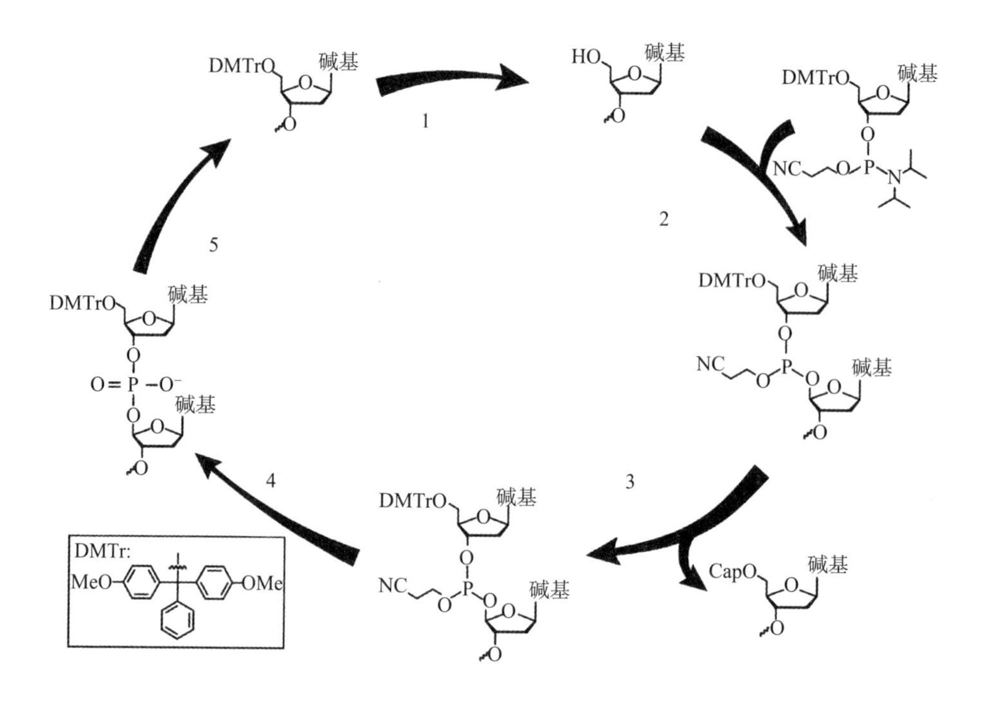

图 16-1 基于亚磷酰胺单体的核酸化学合成

随着核酸在重大疾病诊断和治疗等众多新兴前沿研究领域中的应用日益广泛、作用日益突出，核酸的高效、精准化学合成作为上述研究的基础，已成为合成生物学领域的关键和热点研究方向之一。我国在核酸化学合成领域起步较晚，处于该研究领域的“跟跑”阶段，尚存在研究方向布局不完善、研究重点不突出、攻关内容不明确等问题，严重影响我国在这个前沿尖端科研领域的整体布局、竞争力和影响力。如何实现核酸合成技术的高质量创新，克服核酸合成错误率高，合成长度不理想等关键科学与技术问题，是我国未来核酸合成研究所面临的挑战。核酸合成技术的重大突破有利于破解发达国家或地区对我国在该领域形成的技术壁垒，有助于我国在核酸相关的前沿新兴研究领域获得领跑地位，显著增强我国的竞争力与话语权。因此，应鼓励领域内的科研人员拓宽学术视野，积极应对核酸合成所面临的时代挑战，发展基于新的有机化学反应原理的核酸合成新方法、新试剂，同时加强对核酸合成配套仪器设备的研发，提升我国在核酸化学合成领域的核心竞争力。

（二）核酸的酶促法合成

从20世纪50年代开始，有大量的研究工作致力于开发从核酸单体合成多核苷酸的化学方法[9]。与此同时，酶促法合成DNA的潜力也被发现[10]。酶促DNA合成的概念诞生于DNA聚合酶发现之后[11]，但想要获得用户自定义序列的DNA则需要无模板依赖型聚合酶的参与，PNP T4 RNA连接酶（T4 RNA ligase，T4Rnl）及末端脱氧核苷酸转移酶（terminal deoxynucleotidyl transferase，TdT），基于这类酶合成DNA的研究也一直是研究的热点。

1. PNP介导的核酸合成

在1956年，Ochoa等[10]从微生物固氮菌中发现并分离出PNP。最初，PNP被认为主要参与RNA的代谢过程降解RNA的活性。现已经证明，当Mg^{2+}存在时，PNP也可以聚合核苷二磷酸（图16-2）。PNP以NDP为底物进行无模板依赖模式合成RNA，副产物为正磷酸盐（Pi），但该酶的聚合过程不可控，无法在聚合一个碱基后停止聚合，现阶段合成确定序列的核酸采取的办法主要为可逆基团阻断法，封锁住核苷酸的3′-OH，每次允许添加一个碱基[12-14]。通过优化体系中金属离子的种类和浓度，可以使该酶催化脱氧核苷二磷酸（dNDP）的聚合，成功地在4nt（nt表示核苷酸）的寡核苷酸引物后聚合了9个dNDP[15]。

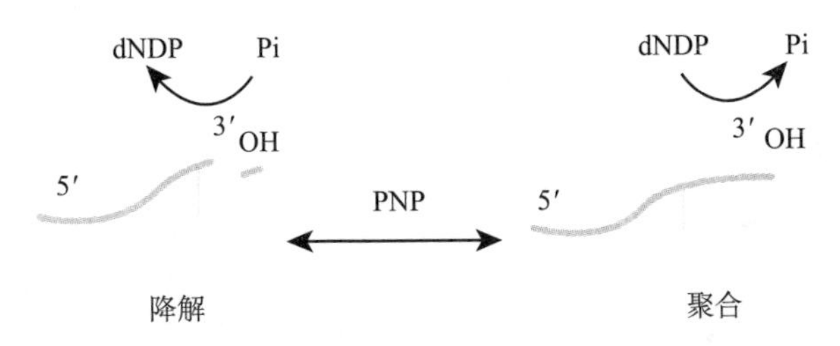

图16-2　多核苷酸磷酸化酶催化DNA合成和降解

2. T4Rnl介导的核酸合成

T4Rnl是一种ATP依赖的RNA连接酶，其可以在两条寡核苷酸的5′－磷酸和3′-OH之间形成一个磷酸二酯键，因此其产物大多为均聚物（图16-3）。1978年，Hinton等[16]使用3′端和5′端均为磷酸基团的脱氧核苷酸单体实现了单核苷酸的聚合，1979年Hinton等[17]通过优化反应体系将合成产率提升至 85%。1999 年，Grunberg-Manago 等首次利用 T4Rnl 在固相载体表面进行了酶促法合成 DNA[18]。该合成策略也存在不可忽视的缺点，如反应时间较长（144 h）、聚合长度较短（<10 nt），并且容易发生分子内连接。

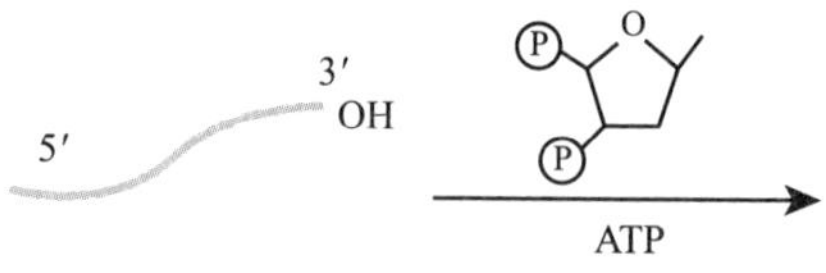

图 16-3　T4Rnl 合成 DNA

3. TdT 介导的核酸合成

1959 年，Bollum 发现了第一个无模板依赖型 DNA 聚合酶——TdT，在催化过程中，TdT 以一段寡核苷酸为引物，在金属离子的辅助下，随机在核酸序列的 3′-OH 端添加多个三磷酸脱氧核苷酸（dNTP）而生成核酸聚合物（图 16-4）[19]。当体系中存在微摩尔级的焦磷酸时，TdT 还具有 3′-5′ 外切酶活性[20]。

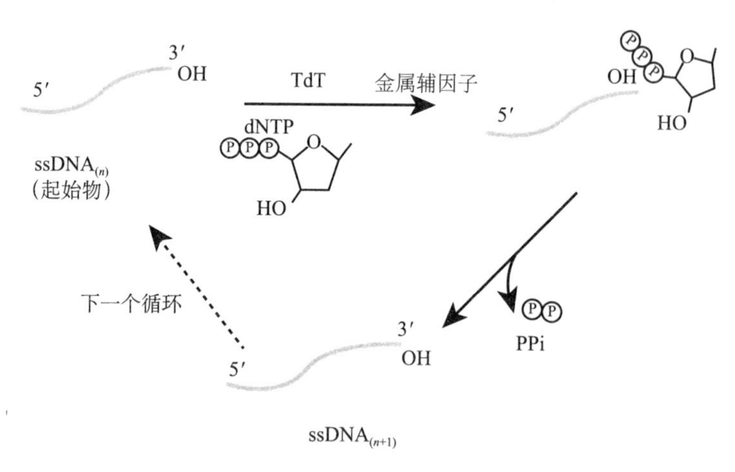

图 16-4　TdT 催化合成 DNA

TdT 的无模板聚合活性为酶促合成 DNA 提供了可能，但它催化聚合反应的持续性使得产物的序列不是唯一的。1962 年，Bollum 证明了当 dNTP 的 3′-OH 被乙酰基封锁时，可以阻止多核苷酸的添加，进而提出了使用阻断基团实现逐步合成一个确定序列寡核苷酸的策略[21]。

为了克服上述方法中聚合速率慢、试剂昂贵等缺点，Palluk 等[22]使用 TdT-核苷酸偶联物，以每个碱基 10～20 s 的合成速度实现了酶促法精准合成 DNA［图 16-5(a)］。

除了被应用于酶促法精准合成 DNA，TdT 还可以用于介导生物信息存储领域中的 DNA 合成[23]。由于在 TdT 介导的以 dNTP 为底物的 DNA 合成过程中，每个循环体系内各个寡核苷酸分子延伸的长度不同，但每相邻的两个循环之间碱基的转换恒定，因此，可以将信息存储在 DNA 序列中不同碱基的转换之间。在这种情况下，TdT 的聚合反应只要保证每个循环后体系中的每条 DNA 上均有已知的 dNTP 并入即可保证信息的存入。为了提升存储密度和产物分子量的均一度，Lee 等[24]使用腺三磷双磷酸酶（apyrase）与 TdT 竞争 dNTP 底物，从而达到从动力学角度控制每个循环聚合长度的目的［图 16-5(b)］。此后，该团队[25]在原有策略的基础上结合无掩模光刻技术开发了一种多路复用的酶促 DNA 合成法。TdT独特的生化特性使酶促法合成 DNA 代替传统的化学合成法成为可能。

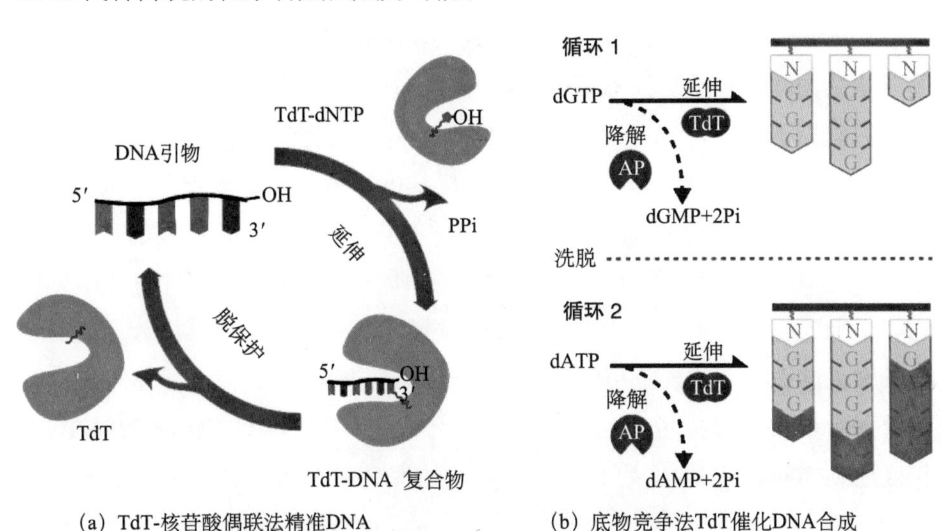

(a) TdT-核苷酸偶联法精准DNA　　(b) 底物竞争法TdT催化DNA合成

图 16-5　两种酶促法合成 DNA 的策略

dGTP：脱氧鸟苷三磷酸；dATP：脱氧腺苷三磷酸；dAMP：脱氧腺苷单磷酸

纵观多种酶促合成 DNA 的策略，实现精准合成的方法几乎依赖于可逆阻断基团的“保护-去保护”循环。但这一过程从根本上讲属于化学法与生物法的结合，合成过程所使用的原料是昂贵的，去保护的过程是复杂且耗时的，继续向这个方向探索酶促合成策略将很难降低合成 DNA 的成本。因此，开发以天然 dNTP 为原料的精准合成 DNA 策略将是未来酶促合成 DNA 研究的目标。

TdT 的酶动力学参数和独特的生化性质为其在酶法 DNA 合成技术中的应用提供了一个良好的基础，是一种较好的酶促合成 DNA 工具酶。在未来的研究中通过优化缓冲液和 / 或反应条件，构建 TdT 突变文库来筛选更适合用于精准合成 DNA 的突变体 TdT 都将是探索的方向。

（三）核酸的高通量合成

微阵列寡核苷酸合成技术最初用作诊断用途，现在已经成为一种极有希望低成本替代柱式寡核苷酸合成的方法。昂飞（Affymetrix）公司开发了物理掩膜法原位合成仪器 [26, 27]，是这一领域的早期先驱之一，采用光活化化学技术，利用标准掩膜光刻技术，在芯片表面选择性地去保护特殊的光不稳定性核苷亚磷酰胺单体，从而控制不同区域的寡核苷酸合成；LC 科学（LC Sciences）公司和 Roche Nimblegen 公司简化了光介导的合成过程，将光控方法从物理掩膜升级到数字化控制方法，开发了光敏保护基介导的光控原位合成仪器 [28, 29]；CustomArray 公司发展了基于电化学介导酸脱保护合成方法的半导体原位合成仪器 [30, 31]，可使用标准的亚磷酰胺单体和相关试剂进行 DNA 合成，避免了昂贵的物理掩膜或光学仪器；安捷伦公司研发的喷墨式打印 DNA 原位合成仪器则采用非接触式工业喷墨印刷工艺，四种碱基单体作为“墨水”逐个喷点在芯片上，实现原位打印寡核苷酸引物，该公司能够合成长度超过 200 nt 的长链引物 [32, 33]；Twist Bioscience 公司发展了基于硅片的喷墨式合成仪器及原位拼接技术（专利号：US9981239B2、US9677067B2），长度达到 300nt。国内主要有杭州联川生物医药科技有限公司首创的光敏酸介导 μParaflo® 微流控原位合成技术 [29, 34] 成功构建了大肠杆菌核糖体基因（14.6 kb），实现了微 RNA（microRNA）芯片合成、靶向捕获探针库合成等。

基于芯片的寡核苷酸微阵列合成技术提供了传统柱式合成所不可能实现的多通道合成模式。每张芯片可能有上万合成密度，一些合成仪能够同时合成多个芯片，因此基于微阵列的合成能力远远超过了最大的柱式合成仪器的能力。

微阵列合成平台将寡核苷酸的合成通量显著提高，牺牲的是单条寡核苷酸的产量，通常比柱式合成低2～4个数量级。但随之相应地，合成所需消耗的试剂量显著减少，从而大大降低了合成成本。根据寡核苷酸长度和合成规模的不同，基于微阵列平台的寡核苷酸每个碱基合成成本从0.000 01美元到0.0001美元不等。与柱式合成的寡核苷酸每个碱基0.05～0.10美元的成本相比，芯片合成的寡核苷酸在基因合成应用中的吸引力变得十分明显。

尽管基于微阵列的DNA合成平台在通量和成本方面卓越，但要使用这些平台提供基因合成所需的寡核苷酸材料仍存在一些挑战。最严峻的一个问题是微阵列合成的寡核苷酸质量往往较低，与柱式合成的寡核苷酸相比，存在更多合成错误[35, 36]。合成质量下降的原因之一是芯片上的寡核苷酸序列的脱嘌呤化。在合成周期中，由于新生的寡核苷酸长时间暴露在去保护试剂中，脱嘌呤会自发发生。优化反应条件和试剂在合成芯片的流动循环中已经被证明可以有效提高寡核苷酸合成芯片的质量，减少脱嘌呤和提高整体综合收益率，进而使寡核苷酸的合成多达200 nt的长度[37]。另一个原因是“边缘效应”，如反应液滴未对准，试剂封闭不力，或光控系统中光束偏移导致不精确的去保护反应，都会造成边缘效应，导致邻近区域的寡核苷酸序列产生碱基错误。对芯片设计的改进可以提高微阵列寡核苷酸的保真度[38]。因此，微阵列设计及合成试剂与工艺的不断改进，将推动高质量长寡核苷酸的保真合成，并成为低成本寡核苷酸的来源。

二、功能核酸

功能核酸是一类具有独立结构、特殊化学或生物功能的寡核苷酸分子，可替代传统蛋白酶及抗体等，主要包括适体、核酸探针、核酸纳米材料等。功能核酸作为核酸分子具有合成简单、易于修饰、易于结合信号放大策略等特征，功能多、应用广，还具有优异的可编程性和可操纵性，这些特点使其在生命信息网络研究和操控中有着独特的优势和巨大的应用潜力。

（一）核酸适体

核酸适体是指从人工合成的DNA/RNA/XNA① 文库中通过指数富集的配体系统进化（systematic evolution of ligands by exponential enrichment，SELEX）技术筛选得到的、能够高特异性识别并以高亲和力与多种靶标结合的单链寡核苷酸[39]。1990年，Szostak（2009年的诺贝尔生理学或医学奖获得者）和Gold两个研究课题组在《自然》（*Nature*）和《科学》（*Science*）上分别报道了可结合噬菌体T4 DNA聚合酶和小分子染料的核酸适体，奠定了该研究领域的基础[40, 41]。随后，核酸适体的筛选方法得到广泛研究，毛细管电泳筛选、荧光磁珠筛选、自动化筛选、消减筛选、细胞筛选、组织筛选及活体筛选等新型SELEX技术不断涌现，大幅提高了核酸适体的筛选效率，为核酸适体的便捷获取提供了重要的技术保障。

核酸适体也被称为“化学抗体”，可通过折叠形成特定的三维结构与小分子，可以与蛋白质和抗体等多种多样的靶标结合。除了具备高特异性和高亲和力等特点，核糖适体还具有其独特优点：①核酸适体可通过自动化的固相合成来大规模制备，批间误差小，重复性好；②核酸适体的生产不涉及活体动物或活细胞，成本低廉；③核酸适体的物理和热稳定性好，无需低温运输、保存；④核酸适体易进行生物化学修饰，赋予了核酸适体良好的功能扩展性能；⑤核酸适体还具有分子量小、扩散速度快、无毒性、免疫原性低等优点[42]。核酸适体技术的发现，突破了传统意义上核酸只是遗传信息存储和转运载体的认知，表明其可实现类似抗体的分子识别探针的功能[43]。

基于上述独特优势，核酸适体自被发现以来，取得了飞速发展，在精准医学分析、生物医学成像、化学生物传感、疾病精准诊断、疾病标志物发现、分子病理学、无创筛查、循环靶标分离分析、细胞间信息传递、癌症靶向治疗药物及个性化医疗等众多科学研究领域实现了广泛应用[44]。中国科学家在核酸适体研究领域开展了大量原创性研究，取得了十分突出的研究成果，发展了核酸适体的细胞筛选新方法（Cell-SELEX）等一系列变革性创新技术（图16-6），已成为核酸适体研究领域的“领跑”力量[45]。

① XNA：非天然核酸。

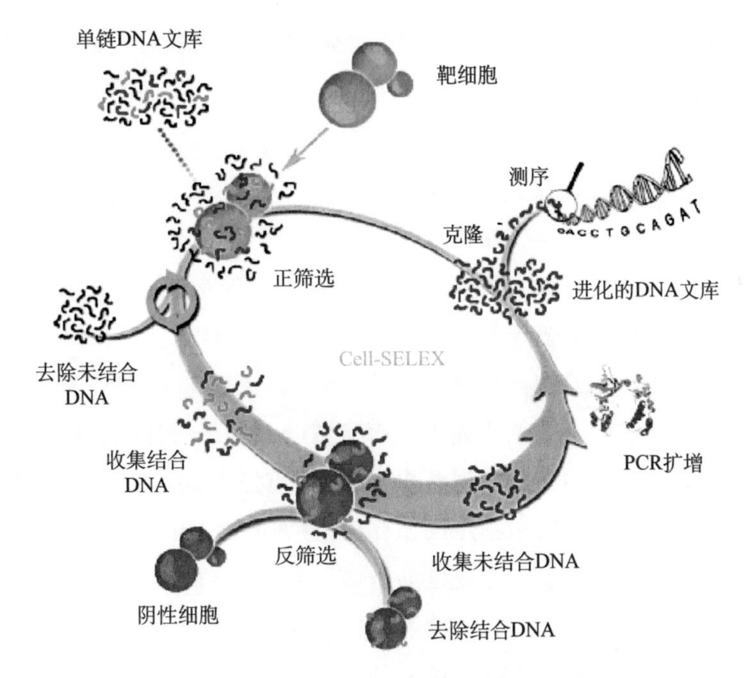

图 16-6　核酸适体的活细胞筛选技术 [45]

核酸适体可应用于诸多研究领域，并取得了突出的研究成果，展现出了极大的实际转化应用潜力，但核酸适体研究仍存在一些关键瓶颈问题尚待解决。例如：① 非天然核酸适体及其高级分子材料获取问题。传统核酸适体以天然核苷为基本合成单元，缺乏人工材料所具有的多样性。通过设计具有多种化学、生物学、药学活性的非天然核苷，可极大地拓展核酸适体基本构成单元的丰富程度，获得具有人工设计且功能和活性更丰富的新型非天然核酸适体分子。② 单价核酸适体易受识别微环境影响问题。这一局限性使得核酸适体难以对复杂生物体系开展复杂程度较高的研究。因此，有效利用核酸适体易进行化学修饰的特点，大幅提升其特异性、亲和力等生物学性能，对于核酸适体在活体等复杂体系中有效发挥其生物医学功能起到关键作用。③ 核酸适体在重大疾病诊疗中的应用难于取得突破性进展。核酸适体虽然在众多生物医学相关的研究领域中取得了引人瞩目的研究成果。然而，这种优异的分子工具在实际应用中仅取得了少数几例成功案例，如在 2005 年上市的第一个靶向性治疗湿性老年黄斑病变的核酸适体药物哌加他尼钠（Macugen）[46]。如何突破核酸适体在癌症等重大疾病中的应用所面临的巨大挑战，发展基于核酸适体且能在临床广泛应用的精准诊断技术及靶向治疗药物是当前该领域在转化应用方面的关键瓶颈问题。

对核酸适体进行有效的化学修饰与改造，赋予其新功能并改善其生物学性能，有望为解决高性能核酸适体获取问题、拓展其在生物医学中的实际应用等提供关键技术支撑[12]。其中，应对创制非天然核苷等分子基元、构建非天然核酸适体及其高级分子材料、核酸适体精确纳米组装、核酸适体的靶标特异性识别机理、构效规律和生物学效应研究、建立面向恶性肿瘤等重大疾病精准诊疗新技术等方面的研究给予重点资助。上述研究的顺利开展，有助于中国在核酸适体方面完成知识产权布局，形成在国际上有突出竞争力和重大应用价值的变革性成果，满足国家在重大疾病诊疗领域对新识别工具、新技术和新方法的重大需求，建成核酸适体研究的学术高地，并培养一批具有国际知名度的优秀科学家，为继续引领核酸适体领域发展储备科学人才。另外，也有助于推动核酸适体诊疗技术的实际应用转化与产业化，为促进我国“健康中国”等国家战略的实施做出突出贡献。

（二）核酸探针

核酸探针是一类能特异性识别目标分子，并将目标识别转换成可检测信号的核酸序列，主要分为 DNA 探针、RNA 探针、cDNA 探针、cRNA 探针及寡核苷酸探针等。核酸探针出现于 20 世纪 60 年代，发展迅速，已被广泛应用于临床诊断、法医鉴定、疫情防控、环境保护、食品安全等诸多领域，为满足人类健康需求和建设“健康中国”提供了重要技术支撑。在过去六十多年中，核酸探针的制备精确度和检测性能（特异性、灵敏度、适用性）在逐渐提高。1953 年，沃森（Watson）和克里克（Crick）提出了 DNA 双螺旋结构，并预示了 DNA 依据碱基互补配对原则进行遗传复制[47]。这一发现具有划时代的意义，使生命科学的研究进入分子层面，核酸成为生命科学领域的核心研究对象。随着分子克隆技术的发展和应用，基因组 DNA 探针应运而生。由于对核酸复制和转录机制研究上的突破及体外复制和转录技术的快速发展，RNA 探针、cDNA 探针、cRNA 探针被成功制备。在 21 世纪初，随着人类基因组计划的完成和基因测序技术的不断完善，很多与疾病相关的基因序列被鉴定出来，以核酸序列为基础的精准探针设计变得越发重要。寡核苷酸探针的成功合成是核酸探针领域的里程碑式突破，极大地推动了核酸检测技术的革新。由于具有可设计性强、复杂度低、响应速度快、识别特异性高、易于大规模合成、便于进行酶学或化学标记等优点，寡核苷酸探针在化学、生物学、医学等诸多领域备受关注。1979 年，Wallace 课题组首次利用同位素标记的单链寡核苷酸探针对微生物基因序列中的单碱基突变位点进行检测，开启了核酸探针人为设计年代的序幕[48]。1996 年，Tyagi 课题组设计出一种“发夹”型的寡核苷酸探针——分子信标。他们通过在“发夹”茎部的两末端分别共价标记上 5-(2-氨基乙氨基)-1-萘磺酸荧光基团和 4-[4-(二甲基氨)苯偶氮]苯甲酸 *N*-丁二酰亚胺酯猝灭基团，实现了靶标基因序列在细胞实时检测[49]。1999 年，谭蔚泓课题组利用亚磷酰胺固相合成法制备了分子信标[50]，并于 2000 年将分子信标的环部序列改成了核酸适体，利用寡核苷酸探针实现了非核酸分子——蛋白质的检测[51]。2018 年，Andrews 课题组筛选出多种对神经递质特异性识别的核酸适体，并通过化学共价修饰将其修饰在场效应晶体管上，构建了无信号标记的核酸检测探针，利用核酸适体的构象变化实现了复杂生理体系中靶标神经递质的灵敏检测[52]。随着核酸适体、脱氧核酶等功能核酸的快速发展，核酸探针的检测目标分子逐渐从核酸序列拓展至蛋白质、小分子、多肽，甚至是细胞、病毒、组织等复杂生物体系，为重大疾病的防诊治提供了重要的分子识别工具和分析技术[53]。同时，随着对核酸杂交理化特性的深入研究及核酸工具酶的快速发展，多种核酸级联信号放大反应［如 PCR、滚环扩增（RCA）等］被开发，实现了核酸探针检测灵敏度的大幅提升。

目前，设计发展核酸新化学与新功能，提高核酸探针的识别特异性、抗干扰能力、检测灵敏度、生物稳定性、功能多样性等是该研究领域亟待解决的关键科学问题。同时，利用核酸探针开发重大疾病诊疗的新方法与新应用，发展多参数分子分型、时空分辨成像、活体智能诊疗等新技术，实现重大疾病和传染病的精准预防诊治，是该领域未来的发展方向。

（三）DNA 折纸

DNA 折纸技术让我们“自下而上”构建结构的复杂度开始接近自然结构

的复杂度。从这个意义上说，这个领域已经改变了我们在实验室里所能创造的东西。DNA 折纸已经开始运用于生物物理学和等离子体学领域，同时将在许多其他领域产生变革性作用，如作为各个研究学科的工具，用于合成生物学、蛋白质装配、靶向及智能药物传递、构建智慧诊疗平台等领域。

当前已经发展的 DNA 纳米结构合成技术包括基于 DNA 瓦片（DNA Tile）结构的 DNA 纳米结构合成、基于 DNA 折纸的 DNA 纳米结构合成、基于非对称瓦片的 DNA 纳米结构合成等（图 16-7）。DNA 纳米技术最早于 1982 年由纽约大学 Seeman 教授提出，1983 年 Seeman 教授构建了最初始的 DNA 瓦片结构——DNA 十字架（DNA Cross），后续基于这些基本的瓦片结构，设计并构建了众多的 DNA 纳米结构 [54, 55]。从此，开启了 DNA 纳米技术近四十年的迅猛发展。2006 年，Rothemund 展示了一种新的 DNA 纳米技术——DNA 折纸，为这一领域的发展注入新的活力 [56]。他设计和制备了一系列二维图案，包括正方形、长方形、梯形、三角形、五角星形和笑脸图案。这种方法构造的纳米图形具有很好的可寻址性，在合适的位置引入发夹结构还可以得到具有不同图案的二维图形。随后，樊春海院士等也首次设计并制备了非对称 DNA 折纸图案——中国地图 [57]。随后，2012 年，Yin 教授团队也发展了另外一种 DNA 纳米技术：非对称瓦片，该技术可以设计并制备出更个性化的图形，包括文字 [58]。基于这三类技术，研究者设计了不同尺寸、不同大小的二维结构 [59]。随后，这些技术也实现了三维 DNA 结构的构建。其中代表性的工作是：2009 年，Gothelf 教授团队利用方块折纸构建了一个中空的立方体结构 [60]；2009 年，Shih 教授团队制备了三维多层 DNA 折纸立方体结构 [61]；2011 年，Yan 教授团队设计了曲面三维 DNA 折纸结构，包括中空球和中空花瓶结构 [62]；2017 年，Yin 教授团队基于非对称瓦片构建了更个性化的三维 DNA 结构，如“泰迪熊”等 [63]；2020 年，樊春海院士团队基于 DNA 折纸基元，设计制备了更大尺度的三维 DNA 结构——元 DNA（Meta-DNA），为构建更大尺寸、更强刚性的 DNA 结构提供了基础 [64]。DNA 折纸功能核酸在材料领域解决了一些挑战性问题，如结构的可控空间组装、结构的时空操作等，其有望实现更高尺度、更高维度、更精密材料的构建。

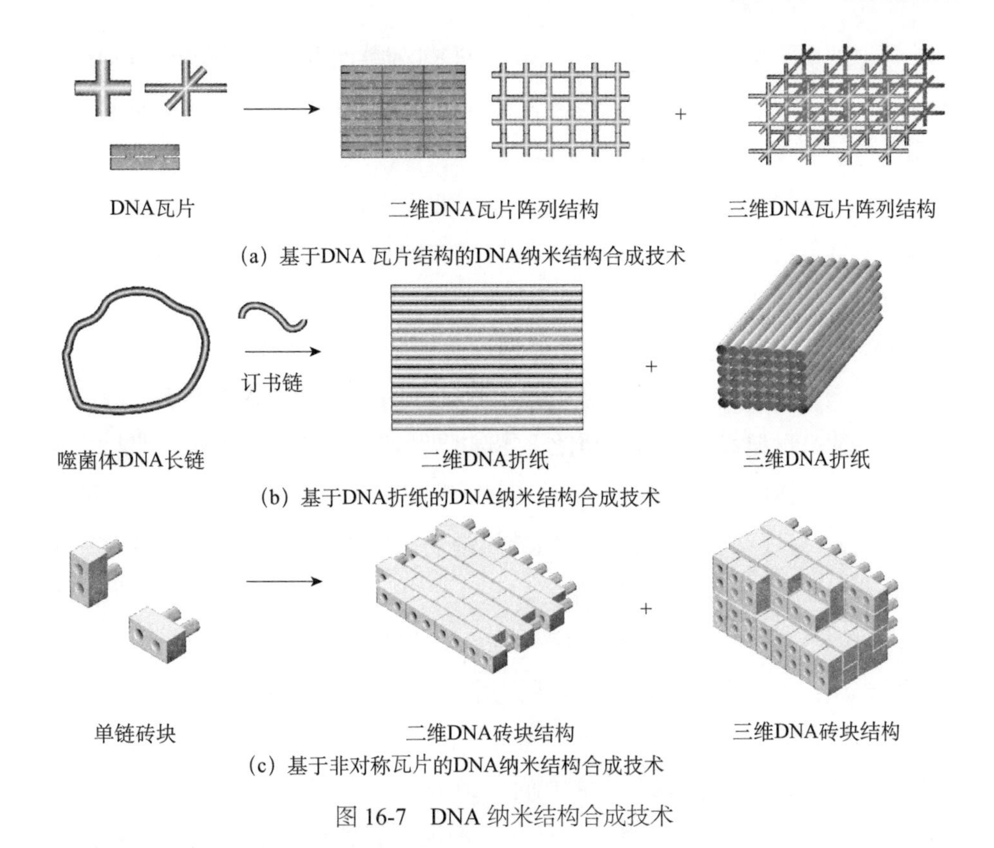

图 16-7　DNA 纳米结构合成技术

基于 DNA 折纸功能核酸的结构可控、智能响应等特性，这一技术被用于多个领域，如检测、成像、诊疗等领域 [65, 66]。在检测领域，2008 年，Yan 教授团队基于 DNA 方块折纸平面界面的可寻址性和原子力显微术，实现了核酸分子的单分子分析 [67]；2017 年，樊春海院士团队利用 DNA 折纸的多样性和编程性，实现了对基因突变位点的多重单分子分析 [68]。在成像领域，DNA 折纸也展现了优势，尤其是在超分辨成像、多色成像和智能成像方向。2012 年，尹鹏教授团队基于 DNA 折纸和 DNA 点聚集纳米拓扑成像（PANIT）技术，实现了多色超分辨成像 [69, 70]。2016 年，Rothemund 教授等在硅片上绘制成一幅名画《星空》[71]。DNA 折纸结构以其巨大的结构优势、低毒性、多功能、高灵敏的特点，在疾病精准诊疗方面也具有巨大的应用潜能。2018～2019 年，樊春海院士团队将 DNA 折纸用于急性肾损伤的靶向治疗，并将药物递送用于黑色素瘤的治疗 [72, 73]。2018～2020 年，Ding 教授团队利用 DNA 折纸实现了靶向智能的疾病诊疗 [74, 75]。DNA 折纸功能核酸基于其结构可控、智能响应等特性，解决了检测、成像及诊疗领域一些挑战性问题，如多靶标、单分子、多色成像、超分辨成像、特异响应性诊疗等，其有望实现更高效的检测、成像和诊疗。

DNA 折纸功能核酸的多样化、复杂精细化为其他的纳米结构和功能性分子提供了具备可精确控制位点的组装模板。由于 DNA 折纸模板中每条订书钉链都可延伸出可识别的特定序列，便于进行功能分子的可控修饰，研究者借助 DNA 模板组装金属纳米颗粒、蛋白质等功能单元，所得到的新型功能纳米材料在未来的生物纳米材料和很多前沿的学科交叉领域中有很重要的应用潜力。在纳米材料操控领域，2012 年 Liedl 教授团队基于 DNA 折纸组织纳米颗粒形成手性几何体排列的金属纳米颗粒 [76]。随后，Liedl 教授及其他团队以 DNA 折纸为模板精确控制分散的组装体中的金属纳米颗粒之间的任意距离，从而使 DNA 折纸模板可以用来系统地研究光电子学、与间距有关的金属纳米颗粒之间的等离子体共振耦合效应和量子尺寸效应等，这些效应在传感与检测、光波导、共振器等方面发挥积极作用 [77, 78]。除了对无机纳米颗粒的操控，DNA 折纸还被用于生物分子、有机小分子的精密操控上，被用于酶学、单分子有机合成等方面。在酶学研究方面，2016 年，年严浩教授团队利用 DNA 折纸在单分子水平上研究了酶级联的相互作用 [79]；2019 年，Willner 教授团队利用 DNA 折纸技术实现了逻辑门控制酶学效应 [80, 81]；2020 年，Greef 教授团队利用 DNA 折纸，在单分子水平上研究了酶配体之间的距离与酶活性的相关关系 [82]。DNA 折纸功能核酸基于其程序控制性，解决了纳米器件领域一些挑战性问题，如无机纳米材料、小分子、生物分子的可控操作等，其有望实现更精度和智能的器件、反应容器和生物复合体的构建。

DNA 折纸技术的挑战是平衡设计的简单性和复杂的功能。同时，化学家将需要更多地参与到稳定性、可扩展性、功能化和药物输送的问题中；生物学家、物理学家、计算机科学家和工程师需要开拓 DNA 纳米材料的应用场景和发掘拟解决的科学问题。这两个领域的交叉对于 DNA 纳米技术的发展至关重要。

（四）核酸药物

核酸药物因其序列特异性地作用于致病基因的靶标序列，可从基因表达的源头上发挥作用，是精准药物治疗的重要领域。FDA 已经批准的核酸药物包括信使 RNA（mRNA）新冠肺炎疫苗在内有 14 种。2019 年以来，就已有 6 个寡聚核苷酸药物相继问世，特别是基因干扰小 RNA（siRNA）的三种药物，如 2019 年底批准的 givlaari 在 2020 年销售 5500 万美元和 2018 年底批准的 onpattro 在 2020 年销售超 3 亿美元。自 Wolff 等首次报道肌内注射 mRNA 到小鼠骨骼肌产生编码蛋白质的表达以来，基于 mRNA 的药物治疗被广泛应用，包括肿瘤免疫治疗、传染病疫苗生产、蛋白质替换和细胞基因工程调控等。2020 年暴发的新冠肺炎疫情促使了 mRNA 疫苗的发展，并且已批准的 mRNA 疫苗在抑制新冠病毒的免疫方面发挥了巨大作用。除了目前已经批准的核酸药物，处于临床前研究和临床研究阶段的还有上百种寡聚核酸药物和数百种 mRNA 药物。因此，近年来核酸药物的研究已经成为未来精准治疗药物的重要组成部分。

目前的核酸药物主要基于不同作用机制的功能核酸，包括反义核酸药物、siRNA 药物、miRNA 药物、mRNA 药物，以及基于基因编辑的向导 RNA（gRNA）药物等。然而天然的功能核酸无法直接成为核酸药物，需要对功能核酸的各个部分进行适当的修饰（如碱基、糖环及磷酸骨架），以解决目前核酸药物存在的稳定性、特异性、脱靶效应及靶向递送问题。目前针对核酸药物修饰的化学合成包括磷酸骨架修饰、核糖修饰和碱基（非天然碱基）修饰等（图 16-8）。在磷酸骨架修饰方面，磷酸骨架的硫代修饰（包括单硫代和二硫代磷酸酯）是目前核酸药物研究中骨架修饰的最重要形式，其可以大大提高核酸药物面对核酸酶的稳定性。在核糖修饰方面，糖环修饰和取代是目前功能核酸药物研究最广泛和最全面修饰的合成方式，其中包括核糖 2 位取代的核酸［如 2′-*O*-甲基（2′-OMe）、2′-*O*-甲氧乙基（2′-*O*-MOE）、2′-氟代（2′-F，亲和力提高）、2′-阿拉伯氟（2′-Ara-F）、2′-*O*-苄基、2′-*O*-甲基-4-吡啶等］、糖环构象固定的锁核酸（LNA，亲和力提高）和桥核酸［约束乙基桥核酸（S-cEt-BNA）、三环的 DNA（tcDNA）等］、开环锁核酸（UNA 和 GNA，柔韧性 / 热稳定性增加或减少脱靶的肝毒性），以及完全取代骨架磷酸酯键的吗啡啉寡聚核苷酸（PMO，电中性，阻止 RNA 剪接）和以酰胺键骨架连接的肽核酸（PNA）等。国内在功能核酸药物的核酸糖环修饰方面，张礼和院士团队的功能核酸的异

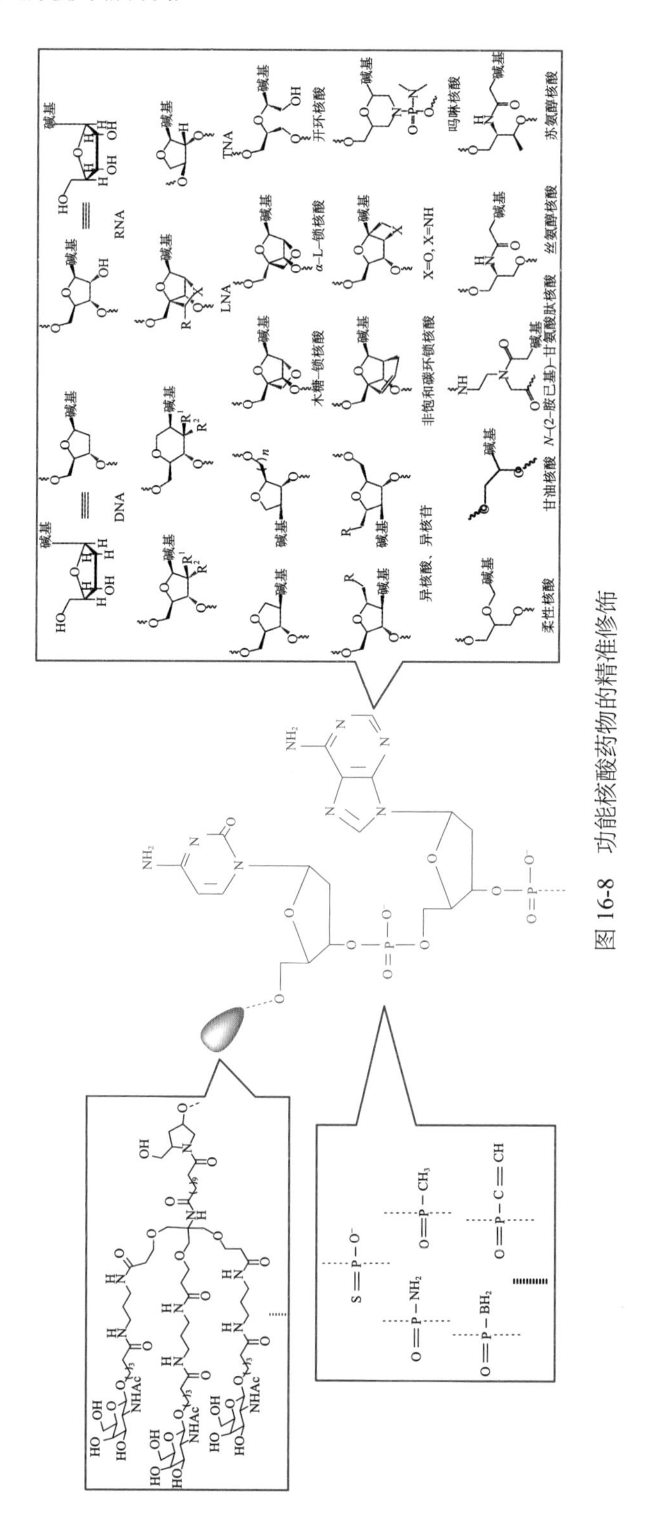

图 16-8 功能核酸药物的精准修饰

核苷修饰具有开创性，并成为核苷糖环修饰家族的重要成员之一。在碱基（非天然碱基）修饰方面，对于核酸碱基修饰也是核酸药物修饰的一种重要方式，可以降低核酸药物免疫原性、提高核酸酶稳定性，其中包括天然存在的修饰碱基［N6′-甲基腺苷（m^6A）、5′-甲基胞苷（m^5C）、假尿苷（Ψ）、硫尿苷（s2U）等］及人工合成的非天然碱基［如 T′(*N*-乙基哌啶三唑)-7′-脱氧-8′-氮-腺苷类似物、6′-苯基吡咯胞嘧啶、5′-硝基吲哚、5′-氟-2′-脱氧尿苷］。此外，核酸药物的端基修饰也是重要方面。目前功能核酸药物的端基修饰主要目的基本包括：靶向基团和脂溶性分子修饰促进细胞摄取［*N*-乙酰半乳糖胺 Ga(NAc)、脂肪链、胆固醇、维生素 E 等］、增强功能核酸活性｛如 siRNA 反义链的 5′-(*E*)-乙烯基磷酸酯［5′-(*E*)-VP］｝。

目前核酸药物的原创性研究和批准的药物都是国外从 20 世纪 90 年代后取得的成果。寡聚核苷酸类药物主要的国外研发公司包括阿尔尼拉姆制药公司（Alnylam）、伊奥尼斯制药公司（Ionis）、Silence、Arrowhead 等及基于新机制的初创公司如爱迪塔斯医药（Editas）等，而国内的研发公司主要有苏州瑞博生物技术股份有限公司、圣诺生物医药技术（苏州）有限公司等。新冠肺炎疫情进一步催发了大量 mRNA 疫苗的研发，国外几大 mRNA 领军公司如莫德纳（Moderna）、贝英泰科（BioNTech）、CureVac 均在开展相关研究。国内在 mRNA 药物布局稍晚，苏州艾博生物科技有限公司的新冠肺炎 mRNA 疫苗在 2021 年 7 月和 9 月分别进入国内三期临床试验和国际多中心三期临床试验；斯微（上海）生物科技股份有限公司的新冠肺炎 mRNA 疫苗于 2021 年 1 月进入一期临床试验；上海细胞治疗集团致力于 mRNA 介导的细胞治疗；此外，北京沃森创新生物技术有限公司、江苏恒瑞医药股份有限公司、远大医药（中国）有限公司、上海复星医药（集团）股份有限公司等国内医药巨头也纷纷投入巨资来研发 mRNA 药物。

目前可以用于核酸药物的原创性的功能核酸都是由国外的研究发现的，而其后续的药物研究和开发等相关技术领域专利都已经被国外公司进行了广泛的专利布局，并占据了核酸药物所有研发管线中的绝大部分，已经对我国核酸药物相关产业的发展形成了相当大的制约。因此，基于新机理的功能核酸仍然是核酸药物的关键科学问题。此外，在功能核酸药物的研发中还存在大量的关键技术问题有待解决。①功能核酸药物的大规模制备和纯化技术：目前核酸药物的合成工艺成本及产能仍是核酸药物大规模应用的瓶颈。②功能核酸药物的精准修饰技术：天然核酸存在的稳定性、脱靶效应和自身免疫原性等因素制约着功能核酸的成药性，对功能核酸药物进行新型的碱基、糖环和骨架修饰成为核酸药物成药性的关键。③新型功能核酸药物精准递送材料和技术：由于核酸是带负电荷的生物大分子，难以通过渗透作用进入靶细胞。递送材料对功能核酸药物递送效率低和组织选择性差一直是难以解决的问题。目前对于寡聚核苷酸药物，利用 GalNAc 的端基修饰是目前唯一可以部分解决靶向肝脏的修饰技术。此外，还有更多的组织选择性问题有待于进一步的发现和研究，特别是针对肿瘤选择性的核酸药物递送和修饰技术。

三、人工基因组的合成

人工基因组的合成是通过化学、生物等多种技术将核苷酸小分子组装成可以调控生命活动的基因组，是合成生物学的核心内容之一，具有化学与生命科学交叉的特点。从发展历程看，人工基因组的合成经历了病毒基因组合成、原核基因组合成、真核基因组合成，其中真核基因组合成正是当前研究的重点。人工基因组的合成根据合成和操作的核酸大小可以分为多个层面的技术，如小基因片段合成、大基因片段组装、基因组转移和复活等。

（一）小基因片段合成

第一条人工合成基因是在 1970 年报道的编码酵母丙氨酸 tRNA 的基因[83]。随着亚磷酰胺三酯化学合成法应用于柱式合成[5]，寡核苷酸（Oligo）拼接连成基因片段的方法迅速发展。其基本原理是通过核酸连接酶和聚合酶催化双链补齐和连接作用，或者利用生物体内核酸同源重组作用，实现单链核酸小分子拼接成双链 DNA 分子。传统的基因片段合成是利用柱式合成的寡核苷酸进行拼接，主要的技术是聚合酶链式组装。随着寡核苷酸芯片合成技术的发展，源于芯片的寡核苷酸的拼接技术发展迅速。20 世纪 90 年代，亚磷酰胺三酯化学合成法被应用于基于芯片的高通量合成技术中[84]，研究人员利用 DNA

微芯片作为 DNA 的来源，使 Oligo 的合成成本有数量级的下降，但也带来了错误率高、片段长度不足等问题。2010 年，Kosuri 等[85]通过使用高保真 DNA 微芯片、选择性寡核苷酸池、优化的基因组装方案及酶促错误校正等策略来提高从芯片寡核苷酸池拼接基因的保真性。2011 年，Quan 等[86]在单个微芯片上采用喷墨打印、等温寡核苷酸扩增等技术，进一步优化了芯片合成基因片段的方案。当前源于芯片的寡核苷酸的拼接已经发展了原位扩增拼接和离位扩增拼接两种方法。

（二）大基因片段组装

从 DNA 小片段到 DNA 大片段的组装是实现复杂生物设计功能的重要手段，根据技术特点不同，主要分为体内组装和体外组装的策略。

DNA 片段的体外组装主要发展了基于重叠延伸 PCR 的连接组装、基于同尾酶的连接组装、基于 IIS 型内切酶组装和基于外切酶的组装等（图 16-9）。2003 年，美国麻省理工学院 Knight 研究组在国际遗传工程机器大赛基础上提出生物砖（BioBrick）体外拼接法，该方法基于同尾的限制性内切酶进行相同黏性末端的连接；2009 年，Engler 等[87]发明了 Golden Gate 组装方法，该方法利用Ⅱ型限制性内切酶切割位点在识别序列外部的特点，通过设计切割后的 4 bp 悬挂序列来实现 DNA 片段的无缝顺序拼接。同年，Gibson 等[88]利用 5′-外切酶、DNA 聚合酶和耐热 DNA 连接酶的混合物，开发了新型组装方式；利用外切酶制造的黏性末端，实现了 DNA 片段之间的无痕连接。

在 DNA 片段的体内组装方面，主要发展了基于枯草芽孢杆菌重组系统的 BGM 组装方法、基于酿酒酵母同源重组的转化辅助组装、DNA 汇编、RADOM 等组装方法和基于大肠杆菌的 Red/ET 组装系统。2008 年，Itaya 等[89]以枯草芽孢杆菌基因组作为 DNA 克隆的载体，开发了多米诺骨牌法组装技术。2008 年，Kouprina 等[90]提出酿酒酵母体内同源重组技术，Zhao 等[91]提出在酿酒酵母体内利用其自身的重组能力一步将生化途径整合到质粒载体或基因组上的组装方法。2015 年，Yuan 团队[92]结合蓝 / 白筛选的方法开发出一种在酿酒酵母体内可以快速准确地组装 DNA 片段的方法。2012 年 Zhang 团队[93]基于全长 Rac 噬菌体蛋白 RecE 及其伴侣 RecT 开发了高效的线性-线性同源重组 Red/ET 技术。

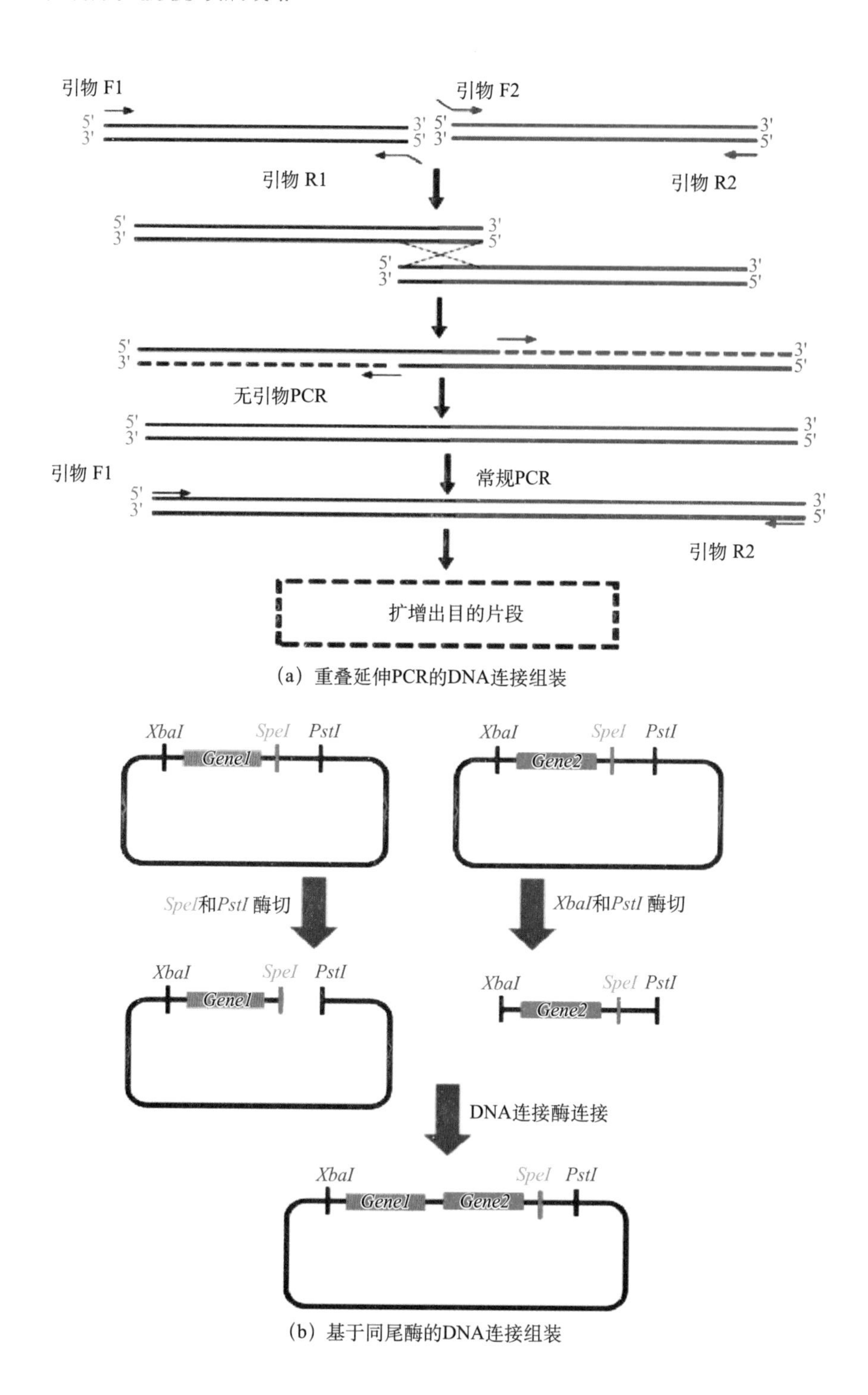

(a) 重叠延伸PCR的DNA连接组装

(b) 基于同尾酶的DNA连接组装

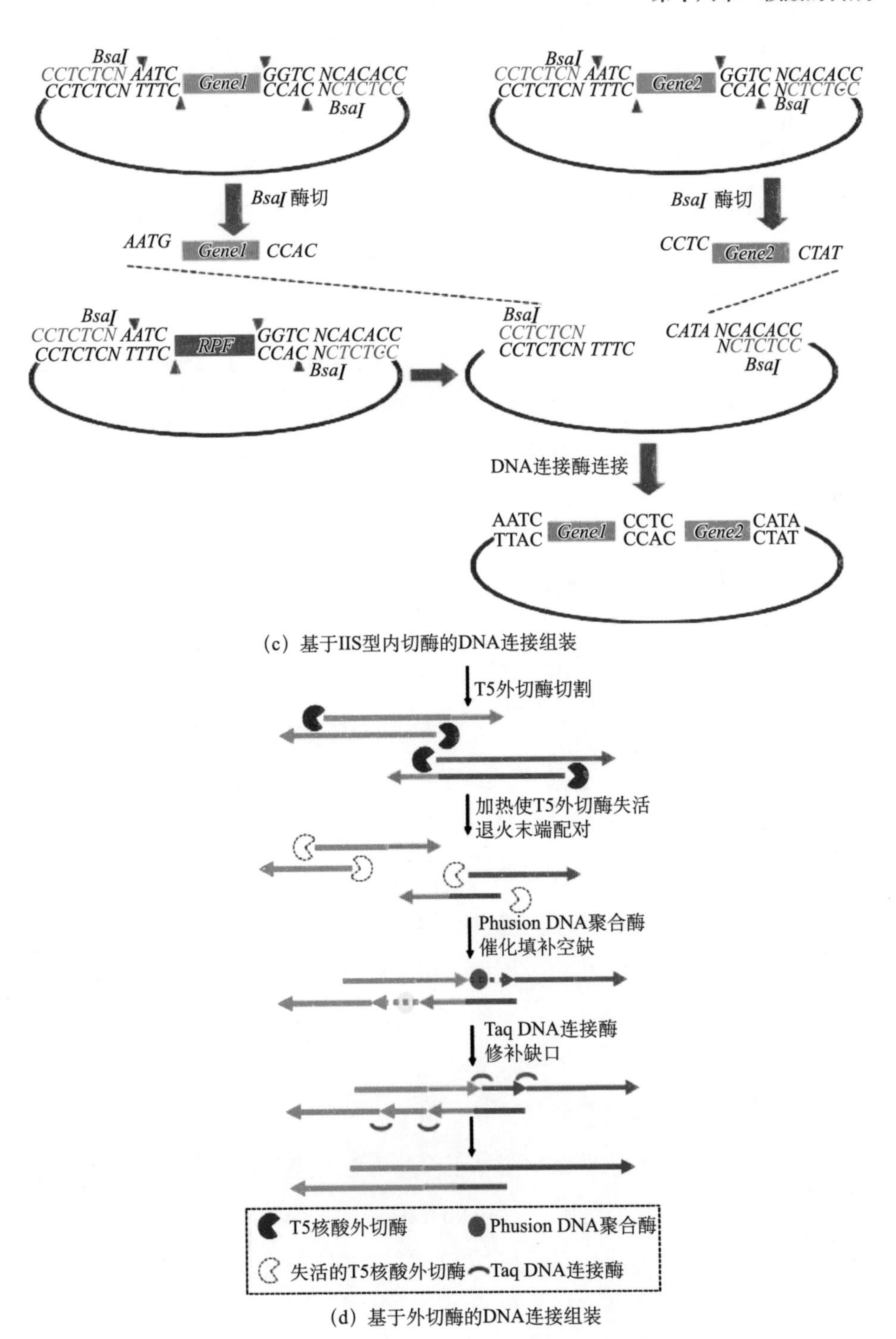

(c) 基于IIS型内切酶的DNA连接组装

(d) 基于外切酶的DNA连接组装

图 16-9　DNA 片段的体外组装策略

与体外组装策略相比，体内组装策略可以实现更大尺度DNA片段，甚至基因组的组装。2005年，Itaya等[94]在枯草芽孢杆菌体内通过尺度延伸法组装了光合细菌蓝藻PCC6803的基因组，成功把3.5 Mb的蓝藻PCC6803基因组整合到4.2 Mb的枯草芽孢杆菌BGM载体上，形成一个7.7 Mb的杂合基因组。Venter等在2008年和2010年在酿酒酵母中完成了583 kb的生殖支原体基因组[95]和1.08 Mb的蕈状支原体基因组（JCVI-syn1.0）[96]的组装，并于2016年组装了蕈状支原体的最小基因组（JCVI-syn3.0）[97]。“酿酒酵母基因组合成计划”（Sc2.0项目）的研究者在酿酒酵母中已经完成了人工重新设计的酿酒酵母2号[98]、3号[99]、5号[100]、6号[101]、10号[102]和12号[103]染色体的组装。

（三）基因组转移和复活

人工合成基因组的合成组装通常在操作系统相对完善的模式生物体内进行，如大肠杆菌、酿酒酵母等，但人工合成基因组的功能发挥通常依赖与目标基因组相近的宿主，这就需要将人工合成的基因组从组装需要的模式生物体内转移到目标宿主内，这是基因组合成的关键之一。当前发展的基因组转移方法主要有基因组整体转移和基因组分布替换转移两个方面。基因组整体转移策略方面，主要是Venter及其团队开发的细菌到细菌、真菌到细菌、细菌到真菌的基因组整体转移完整策略，该技术主要针对相对较小的基因组，通过原生质体转移的方式进行。例如，在酵母中组装完成的基因组可以通过原生质体融合来实现酵母和其他生物间基因组的快速转移。针对较大的基因组，当前主要应用基因组分步替换转移方法。英国Chin团队开发了大肠杆菌系统的基因组分步替换转移方法，并实现了大肠杆菌的合成基因组替换。在酵母基因组的合成中，主要采用了基于同源重组的逐步替换转移的方法，每条酵母染色体被分为几个到几十个30 kb的片段，每个片段带有一个营养缺陷型*LEU2*或者*URA3*标记基因。通过*LEU2*和*URA3*的交互循环替代，最终将整条染色体替换为合成的序列（图16-10）。2017年3月已经完成了6条人工设计合成染色体的替换。

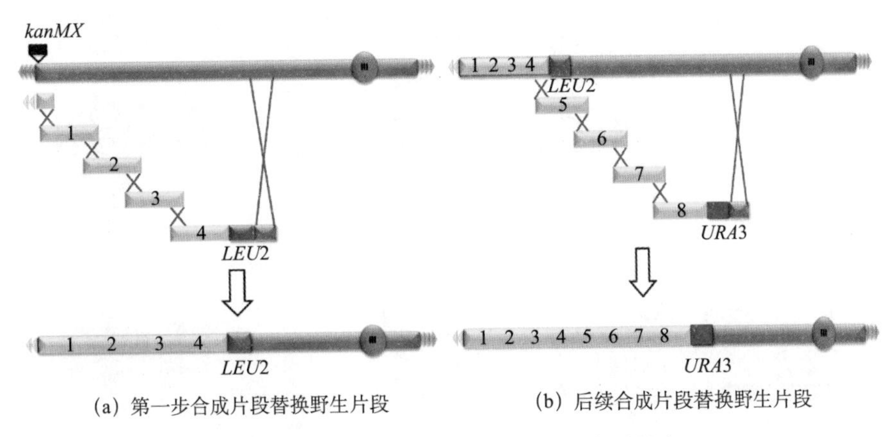

(a) 第一步合成片段替换野生片段　　(b) 后续合成片段替换野生片段

图 16-10　逐步替换转移酿酒酵母染色体技术

完成基因组的转移替换后，面临着基因组合成的核心难点——人工基因组功能重建。由于设计的复杂性和合成组装过程的不精准等问题，人工合成基因组通常会有各种表型缺陷，这是限制基因组合成的瓶颈之一。*Nature* 曾专文报道 Venter 研究所人工合成原核基因组的过程："从一开始就是修复过程，99% 的实验失败了。"[104] 百万碱基中一个碱基的错误就会导致整个基因组失去生物活性。人工基因组缺陷修复首先要找到导致缺陷的基因位点。在合成基因组中寻找缺陷位点的方法主要是逐段替换缺陷定位，也就是逐段替换人工设计合成序列进行活性验证，寻找可能导致缺陷的位点所在区域，费时费力。天津大学元英进团队开发了混菌标签缺陷序列定位方法（PoPM），利用合成染色体中设计的识别标签，通过标签引物的 PCR 来检验缺陷表型和正常表型菌群的差异染色体区域，实现了缺陷靶点的快速定位（图 16-11）。该方法具有通用性，解决了基因组碱基错误导致失活的难题。

确定基因组缺陷定位后，迎来的缺陷修复也是技术难点。早期缺陷修复主要采用同源重组修复策略，但有很多基因组位点同源重组效率低，难以有效修复。元英进团队开发了双标定点编辑修复方法，耦合了基因编辑和同源重组，实现了酵母基因组的缺陷位点全覆盖，获得了完全匹配设计序列的人工酵母染色体。合成型酵母通过合成基因组诱导重排可以进行基因组进化演化和代谢产物的产量提高；英国剑桥大学 Chin 教授课题组的合成基因组大肠杆菌已经在非氨基酸等方面获得应用[105]。

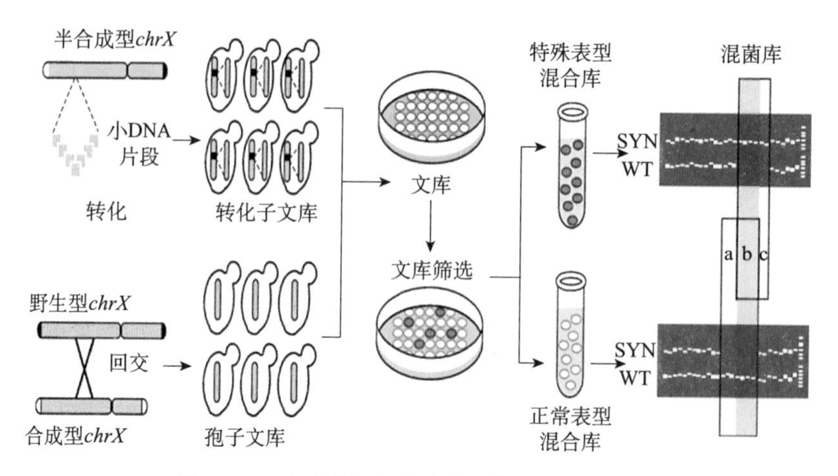

图 16-11　合成基因组缺陷的混菌标签定位方法

SYN：合成型标签；WT：野生型标签；*chrX*：10 号染色体

第三节　关键科学问题、关键技术问题与发展方向

一、当前的瓶颈问题

近年来，随着核酸医药及核酸合成生物学等前沿领域不断取得突破，人们对核酸化学合成和生物功能控制提出了更高的要求。当前的核酸化学合成在进一步技术提升方面已经遇到瓶颈。如何解决当前方法的技术瓶颈，持续降低错误率，降低成本，提高精准性，提升合成规模等已成为核酸化学合成领域亟待解决的关键科学问题和关键技术问题，也已成为美国、日本、欧洲等发达国家和地区重点布局的前沿科研领域，这些国家和地区对此进行了持续性科研经费投入。

（一）核酸合成的成本高、通量低

固相亚磷酰胺化学法核酸合成技术是过去几十年商业化 DNA 合成的

最佳选择方法。受限于化学反应效率，合成的寡核苷酸链长度一般不超过150～200 bp。该法合成的寡核苷酸链可以作为原料，用于以DNA连接酶或DNA聚合酶为基础的DNA合成组装技术。然而，当前的化学法核酸合成高额的成本和有限的通量成为合成生物学新时代大规模DNA合成和基因组合成等海量DNA需求类研究和应用的瓶颈。

（二）核酸的精准设计和修饰难

功能核酸的精准设计和精准修饰是影响其功能的重要因素。对核酸适体进行有效的化学修饰与改造，将赋予其新功能并改善其生物学性能，提高其在临床应用上的诊断能力和靶向能力。设计发展核酸新化学性能与新功能，提高核酸探针的识别特异性、抗干扰能力、检测灵敏度、生物稳定性、功能多样性等是该研究领域亟待解决的关键难题。天然核酸存在的稳定性、脱靶效应和自身免疫原性等因素制约功能核酸的成药性，对功能核酸药物进行新型的碱基、糖环和骨架修饰成为核酸药物成药性的关键。通过对核酸的精准修饰可以提高核酸药物的投递效率和组织选择性。

（三）核酸超长片段合成亟待突破

基因组从头合成研究发展迅速，从病毒基因组和原核生物基因组的全合成，已经快速发展到真核生物基因组的全合成阶段，寡核苷酸和基因合成技术得到显著发展。不同尺度的DNA组装方法相继诞生，为我们不断探索长片段DNA组装的极限提供了多种路线，特别是超大DNA的组装也越来越具备一定的可行性。但仍然还面临着很多技术的挑战，一方面，虽然目前我们组装的片段长度越来越长，但与自然界的功能基因组等超大核酸相比，仍然长度不足；另一方面，超长片段核酸的操作技术仍然非常不成熟，成功率不高，且成本高昂，需要开发更加高效简便的大片段组装方法。

二、未来发展方向

近年来，随着核酸在不同领域的需求迅速增长，对核酸合成的精准度、合成速度、产量和产物长度等方面都不断提出更高的差异化需求。同时，核酸合成和操作技术的日益发展将带动以核酸为基础原料的基因组医学、农业等多个前沿科学领域的快速发展。

（一）未来发展方向一：核酸合成在医学上的进一步拓展

基因组合成从以大肠杆菌、酵母等为模式的基础研究，将进一步走向通过基因组合成研究复杂人类疾病的临床研究。基于核酸合成，针对癌症、艾滋病等重大疾病和传染性病，开发重大共性关键治疗技术和个性化安全治疗方法，开展重大疫苗、抗体和检测试剂研制，推动核酸转化医学快速发展。围绕染色体缺陷疾病和非传染性疾病，加速核酸精准医学技术研发，改善生殖健康，防控出生缺陷，加强人口健康保障。开发基于核酸合成的人体器官移植和疾病模型，加速大动物器官人源化和免疫细胞疗法研发。核酸合成将支持重大疾病诊疗。

（二）未来发展方向二：核酸合成在农业上的拓展

基于核酸合成的种业制造和调控创新将引领绿色农业生产方式，大幅提高粮食产量和粮食安全，改善农业生产环境，颠覆传统生产模式；围绕农作物和家畜育种、增产及抗病抗虫害，将实现复杂基因组的设计再造，实现品种的改良；通过生物固氮、二氧化碳固定等研究，提升农作物产量，减少农药和化学肥料的使用；通过基因组重排技术、分子模块设计构建筛选高品质品种，开辟农业育种新途径。2021 年 7 月已经报道，核酸分子修饰可以使水稻或土豆产量提升 50%[106]。

（三）未来发展方向三：核酸合成自身提升

高通量合成微阵列寡核苷酸合成技术现在已经成为一种极有希望低成本替代柱式寡核苷酸合成的方法，提供了多通道合成模式，每张芯片可能有上万合成密度。基于微阵列的 DNA 合成平台在通量和成本方面性能卓越，基于引物池的应用在多个领域已经走向成熟，如基因组外显子捕获探针库、基因突变文库、基因组编辑 sgRNA 文库等。但是，相对于柱法合成，基于引物池的拼接成双链基因的工艺技术流程较普通的基因合成更复杂一些，仍存在一些理论和技术挑战。原因主要是单条寡核苷酸的含量低和错误率高，这导致高通量、低成本的寡核苷酸到精准的高通量基因和基因组仍然困难。因此，高通量、低成本的核酸合成还需要发展新型酶法或化学法合成原理，发展新型保护基试剂、配套脱保护技术、核酸合成新策略，研制新型高通量核酸合成仪，从而降低核酸合成成本，加快合成速度，推动核酸大规模合成技术的发展。

（四）未来发展方向四：核酸合成的智能化与自动化

随着对生物认知的加深，人们设计复杂生物的能力在迅速提升，因此构建更复杂、更长的核酸分子的需要将日益突出。这样的核酸分子合成对核酸合成的智能化和自动化提出了迫切需求。智能化方面需要开发针对复杂核酸分子开展结构预测，通过合理的设计，在保持功能的情况下消除难合成核酸结构，降低核酸合成复杂度。由于对更长核酸合成难度的认知有限，机器学习等计算机模拟技术有望对核酸复杂结构识别和合成条件优化等提供帮助，指导建立超大 DNA 组装合成技术新方法，甚至可能通过智能算法优化实现一锅法组装数十亿含特定序列的超大核酸分子，推动合成基因组学的工程化、经济化。在自动化方面主要是指针对基因合成的自动化。将自动化应用到基因合成，尤其是大片段基因合成领域，对大规模降低人力成本、提升核酸合成速度和效率具有重要意义，这也是未来的重要发展趋势。还可以预测，未来智能化的核酸预测和设计可以使核酸合成工艺更可控，这也将进一步推动核酸合成的自动化实现。

第四节　相关政策建议

核酸合成已经成为化学和生物学交叉的典型领域，已经成为生物技术相关的医药、能源、环境等领域的底层支撑。因此，核酸合成这样的基础层研究，需要从前瞻性规划、战略型引导、基础设施建设、机制配套、创新人才培养、产学研创新价值链建设等方面进行多层、综合的管理，以保证并促进其健康快速的发展。

（一）加强顶层设计，制定核酸合成发展路线图

核酸合成的发展离不开政府的战略引导和大力支持。加强顶层设计，制定核酸合成发展路线图，有序布局相关项目，稳定连续支持10～20年，确保原创性、突破性成果落地；根据各地特征，全国统筹建立适合各地发展的核酸合成技术研发基地，形成全国核酸合成的科技联盟。

（二）建立科学、高效、促进创新的机制体制和氛围

核酸合成的发展在很大程度上依赖于化学、生物、仪器、计算机等多个领域、多个合作伙伴的专业知识的整合。因而，开放与包容的文化、合理的组织结构与管理制度、通用的概念与标准及共同的目标对支持这种密切合作关系十分必要。针对核酸合成的特点，建立科学、理性、有效、可行的管理原则，制定相应的研发、生产、应用各环节及其衔接的配套政策和规范和体系。

（三）重视学科和教育体系建设，培养跨学科人才队伍

核酸合成的学科交叉特点需要创新的教育模式和人才培养模式。通过实施合成生物学相关的教育计划，逐步建立核酸合成的学科教育体系，夯实多学科专业基础，促进跨学科人才队伍的培养；根据学科交叉的需要，精心设计和推行“会聚”的教育和培训项目，进一步支持本科生、研究生、研究人员和教职员工的跨学科教育和培训，建立系统的核酸合成跨学科培训体系；注重学科建设与人才培养相结合，强调基地建设与队伍建设相结合，结合国家和地方政府的系列人才工程，积极引进人才，重点培养一批战略科学家、技术创新人才、工程开发人才。倡导跨学科的团队合作，培育造就高水平的研究梯队。

本章参考文献

[1] Carter C E. Enzymatic evidence for the structure of desoxyribonucleotides. J Am Chem Soc, 1951, 73: 1537-1539.

[2] Michelson A M, Todd A R. Nucleotides part XXXII. Synthesis of a dithymidine dinucleotide containing a 3′: 5′-internucleotidic linkage. J Chem Soc, 1955, 1955: 2632-2638.

[3] Schaller H, Weimann G, Lerch B, et al. Studies on polynucleotides. XXIV.1 The stepwise synthesis of specific deoxyribopolynucleotides (4).2 protected derivatives of deoxyribonucleosides and new syntheses of deoxyribonucleoside-3′ phosphates3. J Am Chem Soc, 1963, 85: 3821-3827.

[4] Letsinger R L, Ogilvie K K. Nucleotide chemistry. XⅢ. Synthesis of oligothymidylates via phosphotriester intermediates. J Am Chem Soc, 1969, 91: 3350-3355.

[5] Beaucage S L, Caruthers M H. Deoxynucleoside hosphoramidites. A new class of key intermediates for deoxypolynucleotide synthesis. Tetrahedron Lett, 1981, 12: 1859-1862.

[6]Sinha N D, Biernat J, Köster H. *β*-Cyanoethyl *N*, *N*-dialkylamino/*N*-morpholinomonochloro phosphoamidites, new phosphitylating agents facilitating ease of deprotection and work-up of synthesized oligonucleotides. Tetrahedron Lett, 1983, 24: 5843-5846.

[7] Reese C B. Oligo- and poly-nucleotides: 50 Years of chemical synthesis. Org Biomol Chem, 2005, 3: 3851-3868.

[8] Beaucage S L, Iyer R P. Advances in the synthesis of oligonucleotides by the phosphoramidite approach. Tetrahedron, 1992, 48: 2223-2311.

[9] Letsinger R L, Mahadevan V. Oligonucleotide synthesis on a polymer support. J Am Chem Soc, 1965, 87: 3526-3527.

[10] Grunberg-Manago M, Ortiz P J, Ochoa S. Enzymic synthesis of polynucleotides. Ⅰ. Polynucleotide phosphorylase of *Azotobacter vinelandii*. Biochimica et Biophysica Acta, 1956, 1000: 65-81.

[11] Mitra S, Kornberg A. Enzymatic mechanisms of DNA replication. J Gen Physiol, 1966, 49: 59-79.

[12] Kaufmann G, Fridkin M, Zutra A, et al. Monofunctional substrates of polynucleotide phosphorylase. Eur J Biochem, 1971, 24: 4-11.

[13] Mackey J K, Gilham P T. New approach to the synthesis of polyribonucleotides of defined sequence. Nature, 1971, 233: 551-553.

[14] Gillam S, Waterman K, Smith M. Enzymatic synthesis of oligonucleotides of defined sequence. Addition of short blocks of nucleotide residues to oligonucleotide primers. Nucleic Acids Res, 1975, 2: 613-624.

[15] Gillam S, Rottman F, Jahnke P, et al. Enzymatic synthesis of oligonucleotides of defined sequence: Synthesis of a segment of yeast *iso*-1-cytochrome c gene. Proc Natl Acad Sci USA, 1977, 74: 96-100.

[16] Hinton D M, Baez J A, Gumport R I. T4 RNA ligase joins 2′-deoxyribonucleoside 3′, 5′-bisphosphates to oligodeoxyribonucleotides. Biochemistry, 1978, 17: 5091-5097.

[17] Hinton D M, Gumport R I. The synthesis of oligodeoxyribonucleotides using RNA ligase. Nucleic Acids Res, 1979, 7: 453-464.

[18] Gangi-Peterson L, Sorscher D H, Reynolds J W, et al. Nucleotide pool imbalance and adenosine deaminase deficiency induce alterations of N-region insertions during V(D)J recombination. J Clin Invest, 1999, 103: 833-841.

[19] Bollum F J. Thermal conversion of nonpriming deoxyribonucleic acid to primer. J Biol Chem, 1959, 234: 2733-2734.

[20] Anderson R S, Bollum F J, Beattie K L. Pyrophosphorolytic dismutation of oligodeoxynucleotides by terminal deoxynucleotidyltransferase. Nucleic Acids Res, 1999, 27: 3190-3196.

[21] Bollum F J. Oligodeoxyribonucleotide-primed reactions catalyzed by calf thymus polymerase. J Biol Chem, 1962, 237: 1945-1949.

[22] Palluk S, Arlow D H, Rond T, et al. *De novo* DNA synthesis using polymerase-nucleotide conjugates. Nat Biotechnol, 2018, 36: 645-650.

[23] Jensen M A, Griffin P, Davis R W. Free-running enzymatic oligonucleotide synthesis for data storage applications. BioRxiv, 2018, 355719.

[24] Lee H H, Kalhor R, Goela N, et al. Terminator-free template-independent enzymatic DNA synthesis for digital information storage. Nat Commun, 2019, 10: 2383.

[25] Lee H, Wiegand D J, Griswold K, et al. Photon-directed multiplexed enzymatic DNA synthesis for molecular digital data storage. Nat Commun, 2020, 11: 5246.

[26] Fodor S P, Read J L, Pirrung M C, et al. Light-directed, spatially addressable parallel chemical synthesis. Science, 1991, 251: 767-773.

[27] Pease A C, Solas D, Sullivan E J, et al. Light-generated oligonucleotide arrays for rapid DNA sequence analysis. Proc Natl Acad Sci USA, 1994, 91: 5022-5026.

[28] Singh-Gasson S, Green R D, Yue Y J, et al. Maskless fabrication of light-directed oligonucleotide microarrays using a digital micromirror array. Nat Biotechnol, 1999, 17: 974-978.

[29] Gao X L, LeProust E, Zhang H, et al. A flexible light-directed DNA chip synthesis gated by

deprotection using solution photogenerated acids. Nucleic Acids Res, 2001, 29: 4744-4750.
[30] Egeland R D, Marken F, Southern E M. An electrochemical redox couple activitated by microelectrodes for confined chemical patterning of surfaces. Anal Chem, 2002, 74: 1590-1596.
[31] Ghindilis A L, Smith M W, Schwarzkopf K R, et al. CombiMatrix oligonucleotide arrays: Genotyping and gene expression assays employing electrochemical detection. Biosens Bioelectron, 2007, 22: 1853-1860.
[32] Recht M I, Fourmy D, Blanchard S C, et al. RNA sequence determinants for aminoglycoside binding to an A-site rRNA model oligonucleotide. J Mol Biol, 1996, 262: 421-436.
[33] Hughes T R, Mao M, Jones A R, et al. Expression profiling using microarrays fabricated by an ink-jet oligonucleotide synthesizer. Nat Biotechnol, 2001, 19: 342-347.
[34] Zhou X C, Cai S Y, Hong A L, et al. Microfluidic PicoArray synthesis of oligodeoxynucleotides and simultaneous assembling of multiple DNA sequences. Nucleic Acids Res, 2004, 32: 5409-5417.
[35] Kosuri S, Church G M. Large-scale *de novo* DNA synthesis: Technologies and applications. Nat Methods, 2014, 11: 499-507.
[36] Wan W, Li L L, Xu Q Q, et al. Error removal in microchip-synthesized DNA using immobilized muts. Nucleic Acids Res, 2014, 42: 102.
[38] Kosuri S, Eroshenko N, LeProust E M, et al. Scalable gene synthesis by selective amplification of DNA pools from high-fidelity microchips. Nat Biotechnol, 2010, 28: 1295-1299.
[39] Dunn M R, Jimenez R M, Chaput J C. Analysis of aptamer discovery and technology. Nat Rev Chem, 2017, 1: 0076.
[40] Ellington A D, Szostak J W. *In vitro* selection of RNA molecules that bind specific ligands. Nature, 1990, 346: 818-822.
[41] Tuerk C, Gold L. Systematic evolution of ligands by exponential enrichment: RNA ligands to bacteriophage T4 DNA polymerase. Science, 1990, 249: 505-510.
[42] Zhou J H, Rossi J. Aptamers as targeted therapeutics: Current potential and challenges. Nat Rev Drug Discov, 2017, 16: 181-202.
[43] Wu L L, Wang Y D, Xu X, et al. Aptamer-based detection of circulating targets for precision medicine. Chem Rev, 2021, 10: 01140.
[44] Maier K E, Levy M. From selection hits to clinical leads: Progress in aptamer discovery. Mol Ther-Meth Clin D, 2016, 3: 16014.
[45] Shangguan D, Li Y, Tang Z, et al. Aptamers evolved from live cells as effective molecular

probes for cancer study. Proc Natl Acad Sci USA, 2006, 103: 11838-11843.
[46] Vinores S A. Pegaptanib in the treatment of wet, age-related macular degeneration. Int J Nanomed, 2006, 1: 263-268.
[47] Watson J D, Crick F H C. A structure for deoxyribose nucleic acid. Resonance, 1953, 171: 737-738.
[48] Wallace R B, Shaffer J, Murphy R F, et al. Hybridization of synthetic oligodeoxyribonucleotides to Φ X 174 DNA: the effect of single base pair mismatch. Nucleic Acids Res, 1979, 6: 3543-3558.
[49] Lewington J, Mistry R, Sanchez J A. Single tube quantitative polymerase chain reaction (PCR): WO2012097303A1.
[50] Fang X H, Liu X J, Schuster S, et al. Designing a novel molecular beacon for surface-immobilized DNA hybridization studies. J Am Chem Soc, 1999, 121: 2921-2922.
[51] Li J J, Fang X, Schuster S, et al. Molecular beacons: A novel approach to detect protein-DNA interactions. Angew Chem Int Ed, 2000, 39: 1049-1052.
[52] Nakatsuta N, Yang K, Abendroth J M, et al. Aptamer-field-effect transistors overcome Debye length limitations for small-molecule sensing. Science, 2018, 362: 319-324.
[53] Kong R M, Zhuo C, Mao Y, et al. Cell-SELEX-based aptamer-conjugated nanomaterials for enhanced targeting of cancer cells. Sci China Chem, 2011, 54: 1218-1226.
[54] Kallenbach N R, Ma R I, Seeman N C. An immobile nucleic acid junction constructed from oligonucleotides. Nature, 1983, 305: 829-831.
[55] Wang X, Chandrasekaran A R, Shen Z Y, et al. Paranemic crossover DNA: There and back again. Chem Rev, 2019, 119: 6273-6289.
[56] Rothemund P W K. Folding DNA to create nanoscale shapes and patterns. Nature, 2006, 440: 297.
[57] Qian L L, Wang Y, Zhang Z, et al. Analogic china map constructed by DNA. Chin Sci Bull, 2006, 51: 2973-2976.
[58] Wei B, Dai M J, Yin P. Complex shapes self-assembled from single-stranded DNA tiles. Nature, 2012, 485: 623.
[59] Seeman N C, Sleiman H F. DNA nanotechnology. Nat Rev Mater, 2017, 3: 17068.
[60] Andersen E S, Dong M, Nielsen M M, et al. Self-assembly of a nanoscale DNA box with a controllable lid. Nature, 2009, 459: 73.
[61] Douglas S M, Dietz H, Liedl T, et al. Self-assembly of DNA into nanoscale three-dimensional

shapes. Nature, 2009, 459: 414-418.

[62] Han D R, Pal S, Nangreave J, et al. DNA origami with complex curvatures in three-dimensional space. Science, 2011, 332: 342-346.

[63] Ong L L, Hanikel N, Yaghi O K, et al. Programmable self-assembly of three-dimensional nanostructures from 10,000 unique components. Nature, 2017, 552: 72.

[64] Yao G B, Zhang F, Wang F, et al. Meta-DNA structures. Nat Chem, 2020, 12: 1067-1075.

[65] Hu Q Q, Li H, Wang L H, et al. DNA nanotechnology-enabled drug delivery systems. Chem Rev, 2018, 119: 6459-6506.

[66] Li F, Li J, Dong B J, et al. DNA nanotechnology-empowered nanoscopic imaging of biomolecules. Chem Soc Rev, 2021, 50: 5650-5667.

[67] Ke Y G, Lindsay S, Chang Y, et al. Self-assembled water-soluble nucleic acid probe tiles for label-free RNA hybridization assays. Science, 2008, 319: 180-183.

[68] Zhang H L, Chao J, Pan D, et al. DNA origami-based shape IDs for single-molecule nanomechanical genotyping. Nat Commun, 2017, 8: 14738.

[69] Lin C X, Jungmann R, Leifer A M, et al. Submicrometre geometrically encoded fluorescent barcodes self-assembled from DNA. Nat Chem, 2012, 4: 832.

[70] Jungmann R, Avendaño M S, Woehrstein J B, et al. Multiplexed 3D cellular super-resolution imaging with DNA-PAINT and Exchange-PAINT. Nat Methods, 2014, 11: 313-318.

[71] Gopinath A, Miyazono E, Faraon A, et al. Engineering and mapping nanocavity emission via precision placement of DNA origami. Nature, 2016, 535: 401.

[72] Jiang D W, Ge Z L, Im H J, et al. DNA origami nanostructures can exhibit preferential renal uptake and alleviate acute kidney injury. Nat Biomed Eng, 2018, 2: 865-877.

[73] Wiraja C, Zhu Y, Lio D C S, et al. Framework nucleic acids as programmable carrier for transdermal drug delivery. Nat Commun, 2019, 10: 1147.

[74] Li S P, Jiang Q, Liu S L, et al. A DNA nanorobot functions as a cancer therapeutic in response to a molecular trigger *in vivo*. Nat Biotechnol, 2018, 36: 258-264.

[75] Liu S L, Jiang Q, Zhao X, et al. A DNA nanodevice-based vaccine for cancer immunotherapy. Nat Mater, 2020, 20: 421-430.

[76] Kuzyk A, Schreiber R, Fan Z, et al. DNA-based self-assembly of chiral plasmonic nanostructures with tailored optical response. Nature, 2012, 483: 311.

[77] Kuzyk A, Schreiber R, Zhang H, et al. Reconfigurable 3D plasmonic metamolecules. Nat

Mater, 2014, 13: 862-866.

[78] Thacker V V, Herrmann L O, Sigle D O, et al. DNA origami based assembly of gold nanoparticle dimers for surface-enhanced raman scattering. Nat Commun, 2014, 5: 3448.

[79] Fu J L, Yang Y R, Dhakal S, et al. Assembly of multienzyme complexes on DNA nanostructures. Nat Protoc, 2016, 11: 2243-2273.

[80] Wang J B, Yue L, Li Z Y, et al. Active generation of nanoholes in DNA origami scaffolds for programmed catalysis in nanocavities. Nat Commun, 2019, 10: 4963.

[81] Vazquez-Gonzalez M, Wang C, Willner I. Biocatalytic cascades operating on macromolecular scaffolds and in confined environments. Nat Catal, 2020, 3: 256-273.

[82] Rosier B J H M, Markvoort A J, Gumí Audenis B, et al. Proximity-induced caspase-9 activation on a DNA origami-based synthetic apoptosome. Nat Catal, 2020, 3: 295-306.

[83] Agarwal K L, Buchi H, Caruthers M H, et al. Total synthesis of the gene for an alanine transfer ribonucleic acid from yeast. Nature, 1970, 227: 27-34.

[84] Tian J D, Ma K S, Saaem I. Advancing high-throughput gene synthesis technology. Mol Biosyst, 2009, 5: 714-722.

[85] Kosuri S, Eroshenko N, LeProust E M, et al. Scalable gene synthesis by selective amplification of DNA pools from high-fidelity microchips. Nat Biotechnol, 2010, 28: 1295-1299.

[86] Quan J Y, Saaem I, Tang N, et al. Parallel on-chip gene synthesis and application to optimization of protein expression. Nat Biotechnol, 2011, 29: 449-452.

[87] Engler C, Gruetzner R, Kandzia R, et al. Golden gate shuffling: A one-pot DNA shuffling method based on type IIS restriction enzymes. PLoS One, 2009, 4: 5553.

[88] Gibson D G, Young L, Chuang R Y, et al. Enzymatic assembly of DNA molecules up to several hundred kilobases. Nat Methods, 2009, 6: 343-345.

[89] Itaya M, Fujita K, Kuroki A, et al. Bottom-up genome assembly using the *Bacillus subtilis* genome vector. Nat Methods, 2008, 5: 41-43.

[90] Kouprina N, Larionov V. Selective isolation of genomic loci from complex genomes by transformation-associated recombination cloning in the yeast *Saccharomyces cerevisiae*. Nat Protoc, 2008, 3: 371-377.

[91] Shao Z Y, Zhao H, Zhao H M. DNA assembler, an *in vivo* genetic method for rapid construction of biochemical pathways. Nucleic Acids Res, 2009, 37: 16.

[92] Lin Q H, Jia B, Mitchell L A, et al. RADOM, an efficient *in vivo* method for assembling

designed DNA fragments up to 10 kb long in *Saccharomyces cerevisiae*. ACS Synth Biol, 2015, 4: 213-220.

[93] Fu J, Bian X Y, Hu S B, et al. Full-length rece enhances linear-linear homologous recombination and facilitates direct cloning for bioprospecting. Nat Biotechnol, 2012, 30: 440-446.

[94] Itaya M, Tsuge K, Koizumi M, et al. Combining two genomes in one cell: Stable cloning of the synechocystis PCC6803 genome in the *Bacillus subtilis* 168 genome. Proc Natl Acad Sci USA, 2005, 102: 15971-15976.

[95] Gibson D G, Benders G A, Andrews-Pfannkoch C, et al. Complete chemical synthesis, assembly, and cloning of a mycoplasma genitalium genome. Science, 2008, 319: 1215-1220.

[96] Gibson D G, Glass J I, Lartigue C, et al. Creation of a bacterial cell controlled by a chemically synthesized genome. Science, 2010, 329: 52-56.

[97] Hutchison C A, Chuang R Y, Noskov V N, et al. Design and synthesis of a minimal bacterial genome. Science, 2016, 351: 6253.

[98] Shen Y, Wang Y, Chen T, et al. Deep functional analysis of synII, a 770-kilobase synthetic yeast chromosome. Science, 2017, 355: 4791.

[99] Annaluru N, Muller H, Mitchell L A, et al. Total synthesis of a functional designer eukaryotic chromosome. Science, 2014, 344: 55-58.

[100] Xie Z X, Li B Z, Mitchell L A, et al. “Perfect” designer chromosome V and behavior of a ring derivative. Science, 2017, 355: 4704.

[101] Mitchell L A, Wang A, Stracquadanio G, et al. Synthesis, debugging, and effects of synthetic chromosome consolidation: SynVI and beyond. Science, 2017, 355: 4831.

[102] Wu Y, Li B Z, Zhao M, et al. Bug mapping and fitness testing of chemically synthesized chromosome X. Science, 2017, 355: 4706.

[103] Zhang W M, Zhao G H, Luo Z Q, et al. Engineering the ribosomal DNA in a megabase synthetic chromosome. Science, 2017, 355: 3981.

[104] Baker M. The next step for the synthetic genome. Nature, 2011, 473: 403-408.

[105] Dunkelmann D L, Oehm S B, Beattie A T, et al. A 68-codon genetic code to incorporate four distinct non-canonical amino acids enabled by automated orthogonal mRNA design. Nat Chem, 2021, 13: 1110-1117.

[106] Yu Q, Liu S, Yu L, et al. RNA demethylation increases the yield and biomass of rice and potato plants in field trials. Nat Biotechnol, 2021, 39: 1581-1588.

关键词索引

A

B

C

D

F

G

H

J

K

L

M

Q

R

S

T

W

X

Y

Z

其　他